Illustrated Ship's Data of IJN 1868-1945

Vol. 2 /*Cruisers* *Sloops, Corvettes, Torpedo gunboats and Dispatch boats*

日本帝国海軍全艦船　1868-1945

第2巻　巡洋艦　スループ・コルベット・水雷砲艦・通報艦

下巻

編著・石橋孝夫

下巻総目次

第 5 部

☐ 天龍型 (天龍 II /Tenryu/ 龍田 II /Tatsuta) —————————————— 6

☐ 5,500 トン型

球磨 /Kuma・多摩 /Tama・北上 /Kitakami・大井 /Oi・木曽 /Kiso ————— 21

長良 /Nagara・五十鈴 /Isuzu・名取 /Natori・由良 /Yura・鬼怒 /Kinu・阿武隈 /Abukuma ———— 21

川内 /Sendai・神通 /Jintsu・那珂 /Naka ————————————————— 21

☐ 夕張 /Yubari ———————————————————————————— 103

第 6 部

☐ 古鷹型 (古鷹 /Furutaka・加古 /Kako) ————————————————— 119

青葉型 (青葉 /Aoba・衣笠 /Kinugasa) ————————————————— 119

☐ 妙高型 (妙高 /Myoko・那智 /Nachi・足柄 /Ashigara・羽黒 /Haguro) ——— 151

☐ 高雄型 (高雄 II /Takao・愛宕 /Atago・鳥海 /Chokai・摩耶 /Maya) ——— 200

☐ 最上型 (最上 II /Mogami/ 三隈 /Mikuma・ 鈴谷 II /Suzuya・熊野 /Kumano) —— 232

☐ 利根型 (利根 II /Tone・筑摩 II /Chikuma) ———————————————— 264

第 7 部

☐ 香取型 (香取 /Katori・鹿島 /Kashima・香椎 /Kashii) ————————— 284

☐ 阿賀野型 (阿賀野 /Agano・能代 /Noshiro・矢矧 II /Yahagi・酒匂 /Sakawa) —— 299

☐ 大淀 /O yodo —————————————————————————————— 319

☐ (伊吹 /Ibuki) —————————————————————————————— 333

☐ (5037 号艦 /No.5037 Cruiser) —————————————————————— 338

☐ 五百島 /Ioshima・八十島 /Yasoshima ————————————————— 340

(注) 艦名の後に付したローマ数字は艦名が 2 代目であることを示す。ただし先代、
2 代目の別は本書に収録した艦に限り、他艦種に及ぶものではない。

下巻総目次

第8部
- □ 砲身データ一覧 —————————————— 352
- □ 砲塔・砲架一覧 —————————————— 355
- □ 砲熕兵器資料 —————————————— 358
- □ 魚雷兵器資料 —————————————— 376
  - 日本海軍創設以来の制式魚雷一覧 ————————— 376
  - 日本海軍主要制式魚雷姿図 ————————————— 378
  - 主要制式魚雷発射管外型略図及びデータ —————— 380
  - 巡洋艦装備魚雷発射管詳細図 ————————————— 385
- □ 日本海軍巡洋艦図解年表 ————————————— 391
- □ 日本海軍巡洋艦艦型比較 ————————————— 398
- □ 索引 —————————————————————— 410

機関室一般配備図略語凡例

略語	名称	略語	名称	略語	名称	略語	名称
A.A.P.	補助抽気ポンプ	D.H.P.	水防戸用水圧ポンプ	I.C.T.	低圧巡航タービン	O.F.	オイル・フィルター
A.B.E.	火吹機械	D.T.	ドレイン・タンク	I.K.	海水吸入弁	O.F.P.	噴燃重油ポンプ
A.C.D.	補助復水器	D.T.P.	ドレイン・タンク・ポンプ	I.R.T.	中圧前進タービン	O.G.T.	強圧注油グラビテー・タンク
A.C.E.	補助送水ポンプ	D.W.C.	蒸留器用真水循環ポンプ			O.H.	油加熱器
A.E.	灰放射器灰放逐器			(L)	大型	O.H.P.	人力油ポンプ
A.E.P.	同上送水ポンプ	E.	蒸化器	L.	旋盤	O.S.T.	油澄タンク
A.F.F.	補助給水フィルター	E.B.P.	蒸化器用除塩ポンプ	L.C.	主機械揚程用管制器	O.T.P.	重油移動ポンプ
A.F.P.	補助給水ポンプ	E.D.P.	蒸化器用及び蒸留器用ポンプ	L.M.	主機械揚程用電動機		
A.I.K.	補助海水吸入弁	E.F.B.	蒸化器用給水駆逐ポンプ	L.P.T.	低圧前進タービン	R.F.	油清浄機
A.O.K.	補助海水吐捨弁	E.F.H.	造水装置用加熱器	L.R.M.	主機械揚程及び回転用電動機	R.M.	主機械回転用電動機
A.O.P.	補助噴燃重油ポンプ	E.J.C.	放射抽気器	L.R.T.	低圧後進タービン		
A.P.	抽気ポンプ	E.X.P.	抽水ポンプ			(S)	小型
A.R.	気蓄器			M.	電動機	S.B.	片面缶
A.S.S.	補助蒸気分離器	F.A.P.	消防灰放射ポンプ	(M)	混焼缶	S.C.R.	軸流送水ポンプ
		F.B.P.	消防汚水ポンプ	M.A.	電動交流機	S.C.	強圧通風囲
B.	缶 (ボイラー)	F.E.	送風機械・通風機械	M.A.P.	主抽気ポンプ	S.E.	舵取機械
B.E.	汚水放射器	F.E.(SU)	通風機械 (吸気用)	M.C.D.	主復水器	S.S.	蒸気分離器
B.M.	排水ポンプ	F.E.(EX)	通風機械 (排気用)	M.C.P.	主送水ポンプ		
B.P.	汚水ポンプ	F.F.	給水フィルター	M.F.F.	主給水フィルター	T.	変圧器
		F.H.	給水加熱器	M.F.P.	主給水ポンプ	T.B.	推力軸受
C.	管制器	F.L.P.	注油ポンプ	M.I.K.	主海水吸入弁	T.C.	電話室
C.A.P.	補助送水抽気ポンプ	F.L.T.	強圧注油タンク	M.O.K.	主海水吐捨弁	T.(D)	直流変圧器
C.F.V.	浮子管制弁	F.T.	給水タンク	M.O.T.P.	鉱油タンク・ポンプ	T.L.P.	トンネルリューブリケーション・ポンプ
C.R.	操縦室			M.S.S.	主蒸気分離器	T.M.	振り計測器
C.R.(G)	操縦室兼指揮所	G.B.	ゲージ・ボールド	M.(T)	無線電信用交流機	T.P.	タービン・ポンプ
C.T.	巡航タービン	G.C.	減速車室			T.(T)	通信機用直流変圧器
		G.R.	指揮所	(O)	専焼缶		
D.	蒸留器			O.C.	油冷却器	U.T.	誘導タービン
D.B.	両面缶	H.C.T.	高圧巡航タービン	O.C.P.	冷却水ポンプ		
D.B.T.P.	補助缶用給水及び重油汲上ポンプ	H.P.T.	高圧前進タービン	O.C.P.(F)	送風機機械油冷却ポンプ	W.S.P.	缶水ポンプ
D.E.	発電機	H.R.T.	高圧後進タービン	O.C.T.	強圧注油冷却タンク		
D.E.J.	造水装置用放射抽気器			O.D.T.	オイル・ドレーン・タンク		

(注) この略語凡例は、以下本文中に各艦型別に掲載してある機関室配備図の略語の意味を示したものである。

この配備図は艦本第 5 部 (機関) 調査課が大正 12 年に作成した資料で、その後昭和 7 年に増補版を出しており、この時代までの主要な日本海軍艦艇の機関室配備についての基本資料であり、巡洋艦については利根 (初代) 以降の建造艦について収録されている。

一部、意味不明な名称もあるが、ここでは原文通りに収録した。

第 5 部 /Part 5

◎ 大正期に建造された八八艦隊計画時の軽巡洋艦

 ▌日本海軍最初の軽巡洋艦天龍型
 ▌同型 14 隻という多数が建造された八八艦隊主力軽巡洋艦 5,500 トン型
 ▌平賀デザインを世界に認めさせた最初の日本式巡洋艦夕張

―――――――――――――――― 目　次 ――――――――――――――――

▢ 天龍型 (天龍Ⅱ /Tenryu・龍田Ⅱ /Tasuta) ――――――――――――――― 6

▢ 5,500 トン型

　球磨 /Kuma・多摩 /Tama・北上 /Kitakami・大井 /Oi・木曽 /Kiso ――――― 21

　長良 /Nagara・五十鈴 /Isuzu・名取 /Natori・由良 /Yura・鬼怒 /Kinu

　阿武隈 /Abukuma・川内 /Sendai・神通 /Jintsu・那珂 /Naka

▢ 夕張 /Yubari ――――――――――――――――――――――――――― 103

天龍(Ⅱ)型 /Tenryu Class

型名 /Class name	天龍 /Tenryu	同型艦数 /No. in class	2	設計番号 /Design No.	C-26(初期計画、艦型試験所模型番号 C-E) C-33(最終計画、模型番号 C-E3)	設計者 /Designer	①

艦名 /Name	計画年度 /Prog. year	建造番号 /Prog. No	起工 /Laid down	進水 /Launch	竣工 /Completed	建造所 /Builder	建造費 (船体・機関 + 兵器 = 合計) /Cost(Hull・Mach + Armament = Total)	除籍 /Deletion	喪失原因・日時・場所 /Loss data
天龍Ⅱ /Tenryu	T05/1916	第 1 号小型巡洋艦	T06/1917-05-17	T07/1918-03-11	T08/1919-11-20	横須賀海軍工廠	4,758,350 + 1,443,086 = 6,201,436	S18/1943-02-01	S17/1942-12-18 マダン港外で米潜水艦 Albacore により撃沈
龍田Ⅱ /Tatsuta	T05/1916	第 2 号小型巡洋艦	T06/1917-07-24	T07/1918-05-29	T08/1919-03-31	佐世保海軍工廠	5,429,863 + 1,370,269 = 6,800,132	S19/1944-05-10	S19/1944-03-13 八丈島西南西で米潜水艦 Sand Lance により撃沈

注 /NOTES ① 日本海軍最初の近代的軽巡洋艦。本型の基本計画担当造船官名は不明だが、近藤基樹造船総監の部下の造船官と推定される、本型は設計に際し艦型試験所による船型試験により船体形状を決定した最初の巡洋艦である【出典】海軍省年報 / その他

船 体 寸 法 /Hull Dimensions

艦名 /Name	状態 /Condition	排水量 /Displacement	長さ /Length(m) 全長 /OA	水線 /WL	垂線 /PP	幅 /Breadth (m) 全幅 /Max	水線 /WL	水線下 /uw	深さ /Depth(m) 上甲板 /m	最上甲板	吃水 /Draught(m) 前部 /F	後部 /A	平均 /M	乾舷 /Freeboard(m) 艦首 /B	中央 /M	艦尾 /S	備考 /Note
天龍 /Tenryu	新造完成 /New (T)	常備 /Norm. 3,497.697	142.646	①	134.112	12.344	12.344		7.468		3.658	4.267	3.962	6.401	3.505	3.658	新造完成時の大正 8 年 12 月 15 日施行の重心査定試験による
		満載 /Full 4,513.993									4.737	4.819	4.778				(大正 8 年 12 月 23 日完成線図による)
		軽荷 /Light 3,038.967									2.930	4.192	3.561				
	昭和 5 年 /1930 (t)	公試 /Trial 4,263											4.500				昭和 5 年 5 月 4 日施行の重心査定試験による
		満載 /Full 4,752											4.909				
		軽荷 /Light 3,187											3.635				
	昭和 11 年 /1936 (t)	公試 /Trial 4,359											4.530				昭和 11 年 11 月 17 日施行の重心査定試験による
		満載 /Full 4,813											4.940				
		軽荷 /Light 3,241											3.680				
	昭和 14 年 /1939 (t)	公試 /Trial 4,346.576	142.646		134.112	12.344	12.344		7.468				4.570				昭和 14 年 11 月 6 日施行の重心査定試験による
		満載 /Full 4,795.721											4.950				
		軽荷 /Light 3,218.040											3.680				
龍田 /Tatsuta	新造完成 /New (T)	常備 /Norm. 3,518.488									3.634	4.311	3.992				新造完成時の大正 8 年 3 月 26 日施行の重心査定試験による
		満載 /Full 4,548.201									4.816	4.812	4.814				
		軽荷 /Light 3,008.421									2.922	4.158	3.540				
(共通)	新造計画 /Design (T)	常備 /Norm. 3,495															
	公称排水量 /Official(T)	常備 /Norm. 3,500			440'-0"	40'-6"							13'-0"				ワシントン条約締結前の公表値
	公称排水量 /Official(T)	基準 /St'd 3,230			134.11	12.42							3.96				ワシントン条約締結後の公表値

注 /NOTES ① < 軍艦基本計画 - 福田 > によれば、天龍完成時の数値として常備排水量 3,553.8T、全長 142.646m、水線長 139.556m、垂間長 134.069m、幅 12.421m、深さ 7.468m、吃水 (平均)3.962m のデータがある。< 日本の軍艦 - 福井 > < 昭和造船史 > 掲載の本型の新造時の常備排水量 3,948T という値には疑問があり、3,498T の誤記かミスプリントの疑いが強い　【出典】一般計画要領書 / 艦船復原性能比較表 (艦本 4 部)/ 各種艦船 KG、GM 等に関する参考資料 (平賀)/ 軍艦基本計画 (福田)

解説 /COMMENT

日露戦争後の列強海軍はドレッドノート /Dreadnought の出現による、主力艦の革新時代を迎えることになり、その建艦計画にも大きな影響を与えることになった。巡洋艦についても従来の装甲巡洋艦、防護巡洋艦は巡洋戦艦、軽巡洋艦に変化して、ドレッドノート時代の近代的な巡洋艦に生まれ変わることになる。軽巡洋艦とは軽装甲巡洋艦の意味で、従来の防禦甲板のみによる船体防禦方式を改めて、舷側部に軽い装甲を施すことで、効率を高めた中小口径砲の攻撃に対処したものであった。またこれとは別に日露戦前後には小型防護巡の速力を高めたスカウト / 偵察巡と称する艦も出現しはじめ、後の軽巡洋艦への変化のきざしが見え始めていた。

こうした巡洋艦の変化に最初に対応した英国海軍は、第 1 次大戦前に既に最初の近代的軽巡洋艦アリシューザ Arethusa 級 3,750T の建造に着手しており、開戦とほぼ同時に第 1 艦が完成している。本級は同型 8 隻、15cm 砲 2 門、12cm 砲 6 門、53cm 連装発射管 2 基を備え、速力 28.5 ノット、舷側甲鈑厚 76mm、艦型は駆逐艦型の拡大で、艦隊型軽巡洋艦の水準を大きく引上げた存在であった。

大戦中に英国海軍はこの系列の軽巡洋艦を暫時排水量を増加させながら以後 40 隻を建造、最後のダナイー Danae 級では 4,970T、15cm 砲 6 門、8cm 高角砲 2 門、53cm3 連装発射管 4 基、速力 29 ノットにまで強化されていた。

もちろん第 1 次大戦に際してこうした近代的巡洋艦を豊富に投入できたのは英国海軍だけで、僅かに追従したドイツ海軍も量質ともとても及ばなかった。日本海軍の場合も b 級艦同様、こうした近代的軽巡洋艦の整備では大きく遅れ、最初の近代的軽巡洋艦天龍型の完成は第 1 次大戦の終戦直前であった。日本海軍最後の防護巡筑摩型は明治 45 年の完成で、主機にタービンを採用した最初の巡洋艦で、防護巡から軽巡洋艦への過渡期の艦であったが、天龍型の出現までには 7 年ものブランクがあったことになる。

日本海軍も第 1 次大戦に参戦したものの相手はドイツ東洋艦隊の装甲巡と防護巡で、現有勢力で十分対応できたこともあって、近代

的軽巡洋艦の必要性をあまり感じなかったようだが、大正初期シーメンス事件や陸海軍軍備不均等問題から議会の予算成立が不可能となる事態が続き、海軍の新造艦艇建造計画も遅れ遅れとなってしまった。

大正 3 年の八四艦隊整備案では主力艦の整備を優先することもあって巡洋艦は含まれず、大正 4 年の八四艦隊完成案において、はじめて小型巡洋艦 3,500 トン型 2 隻が盛り込まれ、大正 5 年の議会で承認された。これがこの天龍型である。内 1 隻は水雷戦隊旗艦とうたっているところからも、この 2 隻は先行している駆逐艦の大型化かつ高速化に対処して計画されたことは明らかで、第 1 次大戦中英海軍では駆逐艦の集団、水雷戦隊の旗艦としては通常の駆逐艦より大型強武装化した嚮導駆逐艦という艦を当てていたが、日本海軍ではこの任務に小型軽巡を当てることを意図したものであった。

天龍型についてのまとまった資料はこれまで余り知られていなかったが、先年公開された平賀アーカイブにより天龍型の計画時の技術的問題点と設計意図がほぼ明らかになっており、以下これにより記述することにする。

まず、計画の主眼は次のとおりである。

1. 高速力を有し、かつ相当に大なる航続力を有すること
2. 巡航速力において燃料として石炭の使用を可能にすること
3. 相当な強さの砲力、強い魚雷力を備え、かつある種の兵器 (注 / 当時最高度の機密事項だった 1 号連繋機雷を意味する) を相当数装備して常に有効に使用し得ること
4. 軽度の防禦を有すること

天龍(Ⅱ)型 /Tenryu Class

機 関 /Machinery

		天 龍 型 /Tenryu Class
主機械 /Main mach.	型式 /Type ×基数 (軸数) /No.	ブラウン・カーチス式高低圧衝動式オール・ギアード・タービン /Brown-Curtis geared turbine × 3
	機械室 長さ・幅・高さ (m)・面積(㎡)・1㎡当たり馬力	23.164・10.896・6.477・250.1・210.5
缶 /Boiler	型式 /Type ×基数 /No.	ロ号艦本式専焼缶大型× 6、同小型× 2、同混焼缶× 2/Ro-go kanpon type, 6 oil fired large, 2 oil fired small, 2 mixed fired ②
	蒸気圧力 /Steam pressure(kg/cm²)	(計画 /Des.) 18.3
	蒸気温度 /Steam temp.(℃)	(計画 /Des.) 100° F 過熱①
	缶室 長さ・幅・高さ (m)・面積(㎡)・1㎡当たり馬力	32.613・10.972・6.477・343.1・157.4
計画 /Design (普通 /密閉)	速力 /Speed(ノット /kt)	/33 (10/10 全力) /22(後進) ③
	出力 /Power(軸馬力 /SHP)	/51,000
	推進軸回転数 /(rpm)	/400 (高圧タービン /H. Pressure turbine-2,940rpm、低圧タービン /L Pressure turbine-1,800rpm)
新造公試 /New trial (普通 /密閉)	速力 /Speed(ノット /kt)	(天龍 /Tenryu) /34.206 (龍田 /Tatsuta) /32.765
	出力 /Power(軸馬力 /SHP)	/59,829.9 /58,686
	推進軸回転数 /(rpm)	/439.8 /432.6
	公試排水量 /T disp.・施行年月日 /Date・場所 /Place	3,421T・T8/1919-5-26・浦賀水道 3,435.47T・T8/1919-1-30・三重沖
改造 (修理) 公試 /Repair trial (普通 /密閉)	速力 /Speed(ノット /kt)	(龍田 /Tatsuta) /32.054
	出力 /Power(軸馬力 /SHP)	/51,101
	推進軸回転数 /(rpm)	/393.45
	公試排水量 /T. disp.・施行年月日 /Date・場所 /Place	3,656T・T15/1926-12-7・三重沖
推進器 /Propeller	数 /No.・直径 /Dia.(m)・節 /Pitch(m)・翼数 /Blade no.	× 3 ・3.048 ・3.137 ・3 翼
舵 /Rudder	舵機型式 /Machine・舵型式 /Type・舵面積 /Rudder area(㎡)	側立 2 筒機械 (蒸気)・釣合舵 / balanced × 1・8.195
燃料 /Fuel	重油 /Oil(T)・定量 (Norm.)・全量 (Max.)	/920 (天龍 /Tenryu S14/1939 960.384t)
	石炭 /Coal(T)・定量 (Norm.)/ 全量 (Max.)	/150 (天龍 /Tenryu S14/1939 182.332t)
航続距離 /Range(ノット /Kts −浬 /SM)	基準速力 /Standard speed	(計画 /Des.)14 − 5,000、(天龍 /Tenryu)14.48 ノット、2,783 SHP、重油 1t 当たりの航続距離− 3.958 浬 (重油量換算 4,045.08 浬)、T8/1919-6-3 公試
		(龍田 /Tatsuta)14.17 ノット、2,475 SHP、重油 1t 当たりの航続距離− 3.87 浬 (重油量換算 3,955.14 浬)、T8/1919-2-16 公試
	巡航速力 /Cruising speed	(天龍 /Tenryu)22.76 ノット、11,205 SHP、重油 1t 当たりの航続距離− 3.22 浬 (重油量換算 3,290.84 浬)、T8/1919-6-6 公試
		(龍田 /Tatsuta)23.62 ノット、12,444 SHP、重油 1t 当たりの航続距離− 2.552 浬 (重油量換算 2,608.14 浬)、T8/1919-2-14 公試
発電機 /Dynamo・発電量 /Electric power(W)		レシプロ機械 110V/600A × 1、110V/400A × 1・110kW
新造機関製造所 / Machine maker at new		両艦中央軸タービンは川崎造船所、それ以外のタービン及び缶は各担当工廠
		減速装置 9 組 (3 組は予備) 中 6 組は三菱長崎造船所、3 組は英国 Cammell Laird 社で製造

注 /NOTES

① <一般計画要領書>では 262°C と記載されている

② 5,500 トン型のような混焼缶の専焼缶化改造は未実施

③公表値も 51,000 軸馬力、速力 33 ノット、主機ブラウン・カーチス・タービン 3 基、艦本式缶 10 基と事実と変わりなし

【出典】帝国海軍機関史 / 一般計画要領書 / 軍艦基本計画 (福田)/ 艦艇燃料消費量及び航続距離調査表 (艦本基本計画班 S11-8-10)/ 公文備考 / 舶用蒸気タービン設計法

---

5. 長期間にわたり荒天下でも単独行動に耐えること
6. 水雷戦隊旗艦としての施設を備えること
7. 以上の諸要件を充たし得る範囲で排水量は極力最小におさえる
次に計画上考慮すべき事項をあげると
1. 速力と艦型 (注 / 日本海軍最初の艦型試験所による模型シミュレーションによる船体形状決定)
2. 強度と HHT (超高張力) 鋼材の採否
3. 復原力の増大
4. 安全性と全二重底構造の採用
5. 全ての兵器の中心線配置
6. 連装砲塔の採否と移動式発射管 (艦幅が駆逐艦より大なるため発射に際して発射管を舷側方向に移動する必要あり) の採用
7. 4 軸および 3 軸に対して主機械と推進器の配置
8. 防禦配置
9. 動揺とスタビライザーの採否
10. 高速時推進器の震動軽減 11. 重量軽減
天龍型についてはこれまでたびたび述べてきたように、艦型試験所の水槽における模型実験により船体形状 (線図) が決定された最初の日本巡洋艦であった。これまでの巡洋艦 (巡洋艦に限ったことではない) が経験則や英国艦のコピーで船体形状を決定してきた

のに対し、天龍型ははじめて水槽模型実験により船体形状が決定されたことは、当時にあっては画期的なことであった。
艦型試験所は明治 41 年に設立され、艦政本部で設計主任格であった近藤基樹造船総監が所長代理として兼務していた。実際に水槽実験が始まったのは明治 44 年ごろからで、近藤が正式に所長に任命されており、大正 12 年に技術研究所となるまで同職にあった。
天龍型の線図決定までの経緯はあまりに専門的になりすぎるので割愛するが、天龍型が最初の 30 ノットを超える (33 ノット) 高速艦であっただけに、基本計画担当者は相当苦労したらしく、ほぼ同大の英国巡アリシューザ級を基に設計された最初の船型で、艦型試験所で模型実験を行ったところ、この水線長では 33 ノットの発揮ができず、水線長を 20 フィート (6.6m) 延長すべきことを提案したという。
設計者は船体延長は強度的心配があるとして、さらに用兵側も旋回圏が増大するとしてしぶっていたが、結局提案に従い水線長を増加、4 度の改正作業で最終形状を決定したという。また艦尾形態についても従来の巡洋艦型か駆逐艦型かの比較実験も行われ、天龍型程度の艦型から上の速力比では駆逐艦型艦尾が有利との結論が得られたとしている。艦政本部の計画番号履歴に残されている C-26 はこの天龍型の最初の原案らしく、水槽実験により決定した最終案 C-33 までに相当数の改正案のあったことがうかがえる。
本型に対する製造訓令は大正 5 年 5 月 12 日付で横須賀、佐世保鎮守府長官宛に発せられている。当initial建造予算は合計 4,591,320 円、内訳は船体 -1,645,000 円、機関 -2,115,000 円、甲鈑 -5,460 円、備品 -30,413 円、兵器 -795,447 円とされている。ただし別記のように、海軍省年報記載の年度別支出額を積算すると、実際の建造費は天龍の場合では 60 余万円、龍田の例では 120 余万円上回っており、いささか超過が多すぎるが、これはこの時期の艦船全般にいえることで本型に限ったことではない。
天龍型の主砲 3 年式 50 口径 14cm 砲は伊勢型戦艦より採用された中口径砲で、巡洋艦としては本型が最初の搭載であった。従来の 15cm 砲の代わりに戦艦の副砲、軽巡洋艦の主砲として以後広く採用されることになり、体格に劣る日本人の弾薬 (P- 9 に続く)

天龍(Ⅱ)型 /Tenryu Class

兵装・装備 /Armament & Equipment (1)

天龍型 /Tenryu Class		新造 - 昭和18/New build-1943	
	主砲 /Main guns	50口径3年式14cm砲 /3 Year type × 4	
	高角砲 /AA guns	40口径3年式8cm高角砲 /3 Year type × 1	
	機銃 /Machine guns ①	3年式6.5mm機銃 /3 Year type × 2、93式13mm単装機銃1型 /93 type Mod 1 × 2 (S11/1936装備、S17/1942-2 トラックで96式25mm連装機銃×2に換装)	
	その他砲 /Misc. guns	山内5cm砲 /Yamanouchi type × 2(礼砲 /Salute、S17/1942-2 トラックで撤去)	
	陸戦兵器 /Personal weapons	38式小銃× 92式重機× (S12/1937) 陸式拳銃× 96式軽機× (S17/1942)	
砲熕兵器 / Guns	弾薬定数 Ammunition. 主砲 /Main guns	×120(1門当り)	
	高角砲 /AA guns	×200	
	機銃 /Machine guns	×15,000(3年式、1門当り)	
	揚弾薬機 Ammun.tube 主砲 /Main guns	横揚式×2	
	高角砲 /AA guns		
	機銃 /Machine guns		
	射撃指揮装置 Fire cont. system 主砲 /Main gun director	中口径砲射撃用方位盤×1 ②	
	高角砲 /AA gun director		
	機銃 /Machine gun		
	主砲射撃盤 /M. gun computer	距離時計×1	
	その他装置 /	変距率盤乙型×2、11式変距率盤×2、12式測的盤×1(後2種は竣工後装備)	
	装填演習砲 /Loading machine	14cm砲用×1	
	発煙装置 /Smoke generator	88式発煙機5型×1 (S9/1934 装備)	
水雷兵器 / Torpedo etc	発射管 /Torpedo tube	6年式53cm3連装発射管 /6 Year type Ⅲ × 2	
	魚雷 /Torpedo	44式2号53cm魚雷(計画 /Des.) 6年式53cm魚雷 /6 Year type × 12(16最大 /Max.) ①	
	発射指揮装置 Fire cont. 方位盤 /Director	90式2型×2 ②	
	発射指揮盤 /Cont. board		
	射法盤 /Course indicator		
	その他 /		
	魚雷用空気圧縮機 /Air compressor	武式V型200気圧×2	
	酸素魚雷用第2空気圧縮機 /		
	爆雷投射機 /DC thrower	81式投射機×2 ③	
	爆雷投下軌条 /DC rack		
	爆雷投下台 /DC chute	水圧投下機×2、手動投下機×6 ④	
	爆雷 /Depth charge	88式×8(18)、91式2型×4(8) ⑤	
	機雷 /Mine	1号機雷甲×(48) 又は5号機雷改1×(64) ⑥	
	機雷敷設軌条 /Mine rail	×2	
	掃海具 /Mine sweep. gear	小掃海具×1(天龍×3)	
	防雷具 /Paravane	中防雷具1型改1×2	
	測深器 /	2型×2	
	水中処分具 /	1型×2	
	海底電線切断具 /		

注 /NOTES

① ■ S8/1933-5 毘式12mm単装機銃1型改1 1基、同改2 1基貸与装備訓令 (龍田)
■ S17/1942-6 舞鶴で96式25mm連装機銃2基追加装備、25mm機銃弾薬定数10,400(天龍、龍田)
■ S18/1943-2 舞鶴で3年式機銃を92式7.7mm単装機銃2基に換装、弾薬定数20,000(龍田)
② 本型に新造時より装備された14cm砲の方位盤射撃照準装置には型式なし、換装なし

【出典】一般計画要領書 /公文備考 /舞鶴鎮守府戦時日誌 /18戦隊戦時日誌 /その他

注 /NOTES

① 開戦時の装備は6年式改2
② 竣工時方位盤の装備なし、S2/1927 4年式方位盤装備、S5/1930以降90式に換装、
③ 竣工後に装備したものと推定
④ S10/1935頃の状態を示す、手動投下機は龍田のみ4基、他に内火艇用の投下機4基を有す、開戦後に増備されたものと推定
⑤ S10/1935頃の状態、88式のみ6個、開戦後は88式に替えて95式を搭載、定数も増加したと推定
⑥ 有事における搭載可能数を示す、開戦時は93式1型56個

【出典】一般計画要領書 /公文備考 /舞鶴鎮守府戦時日誌 /18戦隊戦時日誌 /平賀資料

兵装・装備 /Armament & Equipment (2)

天龍型 /Tenryu Class			新造時 /New build	昭和18年 /1943
無線兵器 / Electronics Weapons	通信装置 Communication equipment	送信装置 /Transmitter		95式短4改1×1
				95式短5改1×1
				91式特4号改1×1
		受信装置 /Receiver		92式特4号改3×7
				92式特4号改4×1
		無線電話装置 /Radio telephone		2号話送1型×2
				92式特4号改4×1
	測波装置 /Wave measurement equipment		測波器3号×1	15式2号改1×1、92式短改1×1
				96式超短×1、96式中波×1
				96式長×1、96式短×1
	電波鑑査機 /Wave detector			92式改1×1
	方位測定装置 /D F			92式短改1×1
	印字機 /Code machine			93式1号×1
				97式印字機 (天龍 S17/1942-5 舞鶴で装備)
	電波兵器 Radar	電波探信儀 /Radar		
	電波探知機 /Counter measure			S19/1944-2 呉で電波探知機 E-27型を装備 (龍田)
水中兵器 / UW weapon	探信儀 /Sonar			
	聴音機 /Hydrophone			S19/1944-2 播磨造船で93式聴音機を装備 (龍田)
	信号装置 /UW commu. equip.			
	測深装置 /Echo sounder			
電気兵器 / Electric Weapons	一次電源 Main P. Sup.	ターボ発電機 /Turbo genera.	レシプロ /Recipro.110V・400A × 1、44kW	左に同じ
			レシプロ /Recipro.110V・600A × 1、66kW	左に同じ
		ディーゼル発電機 /Diesel genera.	セミディーゼル×1 12kW	
	二次電源 2nd power supply	発電機 /Generator	15V/35A×2(直流変圧器通報用)	
			20V/600A×1、20V/400A×1(無線用)	
		蓄電池 /Battery		
	探照灯 /Searchlight		須(スペリー /Sperry)式手動90cm×2	S17/1942-6 舞鶴で後部を96式に換装、前部を配置変更
	探照灯管制器 /SL controller			
	信号用探照灯 /Signal SL		40cm×2	S17/1942-6 舞鶴で換装
	信号灯 /Signal light		2kW信号灯	S17/1942-6 2kW信号灯換装
	舷外電路 /Degaussing coil			龍田 S16 装備、天龍 S17/1942-6 装備

天龍(Ⅱ)型 /Tenryu Class

兵装・装備 /Armament & Equipment (3)

天龍型 /Tenryu Class			新造時 /New build	昭和 18 年 /1943
航海兵器 /Navigation Equipment	羅針儀 Compass	磁気 /Magnetic	×4	90 式 1 型 ×1
				水式 ×1
		転輪 /Gyro	須 /Sperry 式 5 型 (単式) ×1	須 /Sperry 式 5 型 (単式) ×1
	測深儀 /Echo sounder		普通測深儀 ×1	電動式 ×1
	測程儀 /Log		保式 ×1	玄式 ×1
	航跡儀 /DRT		須 /Sperry 式航跡自画器 ×1	安式改 2 ×1
	気象兵器 Weather	風信儀 /Wind vane		91 式改 1 ×1
		海上測風経緯儀 /		
		高層気象観測儀 /		
	信号兵器 /Signal light			97 式山川灯 1 型 ×2、亜式信号灯改 1 ×1
光学兵器 /Optical Weapons	測距儀 /Range finder		武式 2.5m(2.7m) ×2	
			4 年式 1.5m(1.37m) ×2	
	望遠鏡 /Binocular		S7/1932 発射指揮官用 12cm 双眼鏡装備	12cm ×2
			弾着観測鏡 ×5	
	見張方向盤 /Target sight			
	その他 /Etc.			
航空兵器 /Aviation Weapons	搭載機 /Aircraft			
	射出機 /Catapult			
	射出装薬 /Injection powder			
	搭載爆弾・機銃弾薬 /Bomb・MG ammunition			
	その他 /Etc.		1 号繋留気球及び同繋留装置 (T12/1923 装備 S3/1928 撤去)	
短艇 /Boats	内火艇 /Motor boat		30' ×1	11m(60HP) ×1、9m(20HP) ×1
	内火ランチ /Motor launch			
	カッター /Cutter		30' ×3	9m ×2
	内火通船 /Motor utility boat			
	通船 /Utility boat		27' ×1、20' ×1	6m ×1
	その他 /Etc.			

防禦 /Armor

天龍型 /Tenryu Class			新造時 /New build	昭和 18 年 /1934
弾火薬庫 /Magazine	舷側 /Side		25.4mm/1" 高張力鋼 /HT	
	甲板 /Deck		22 ～ 25.4mm/0.875 ～ 1" 高張力鋼 /HT(上甲板)	
	前部隔壁 /For. bulkhead			
	後部隔壁 /Aft. bulkhead			
機関区画 /Machinery	舷側 /Side		25.4 ＋ 38mm/1 ＋ 1.5" 高張力鋼 /HT ①	
	甲板 /Deck	平坦 /Flat	22 ～ 25.4mm/0.875 ～ 1" 高張力鋼 /HT(上甲板)	
		傾斜 /Slope		
	前部隔壁 /For. bulkhead			
	後部隔壁 /Aft. bulkhead			
	煙路 /Funnel			
砲架 /Gun mount	主砲楯 /Shield		38mm/1.5" 高張力鋼 /HT	
	砲支筒 /Barbette			
	揚弾薬筒 /Ammu. tube			
舵機室 /Steering gear room	舷側 /Side		25.4mm/1" 高張力鋼 /HT	
	甲板 /Deck		22 ～ 25.4mm/0.875 ～ 1" 高張力鋼 /HT(上甲板)	
	その他 /			
操舵室 /Wheel house			51mm/2" 高張力鋼 /HT(司令塔 /C. tower)	
水中防禦 /UW protection				
その他 /				S11/1936 羅針艦橋に防弾板装備
				S17/1942 魚雷頭部用防弾板装備

注 /NOTES ① 38mm 厚舷側甲帯は長さ 56.4m、幅 4.3m、機関区画を水線下 (計画)76cm から上甲板上縁までカバーしている
【出典】天龍最大中央断面図 (平賀資料)/ 一般計画要領書 / 舞鶴鎮守府戦時日誌

(P-7 から続く)
取扱いに考慮した結果 14cm という口径が選択されたといわれている。前述のように採用に際しては連装砲も検討されたらしく、大正 4 年に試作訓令が出されているが後に取り消されている。多分この艦型では無理と判断されたらしく、後部を開放した楯付単装砲 4 基を艦橋前後及び後楼前後の最上甲板中心線上に配置、艦尾上構端上甲板に 8cm 高角砲 1 門が配置されている。発射管は巡洋艦として最初の 53cm3 連装発射管が採用され、煙突前後の上甲板中心線上に配置された。前述のように中心線配備としたことで発射に際して舷側部に移動する特殊な構造を採用したが、使用実績が不評で昭和 8 年に移動装置を廃止して、発射管旋回基部の高さを高めて中心線上で固定、正横前後 15 度まで使用可の旋回制限を設けて使用するように改正された。

艦尾には 2 組の機雷敷設用の軌条があり、軍機兵器の 1 号連繋機雷を左右 24 個ずつ搭載可能となっていた。ただし、昭和期にはいって 1 号機雷が廃止されたため、通常の 93 式機雷 56 個搭載に改めている。

砲戦指揮装置として新造時から無型式の中口径砲用方位盤装置を艦橋上に装備、測距儀としては 5 年式 2.5m(2.7m)2 基 4 年式 1.5m2 基を前後に装備した。また発令所用装備としては距離時計を装備、これは最後まで変わりなかった。その他測的兵器として変距率盤乙 2 基を艦橋部に装備、後により新しい変距率盤と測的盤が追加されている。

新造時魚雷発射用の方位盤装置はなく昭和期にはいって 4 年式方位盤を装備、さらに開戦時までに新型に換装を実施している。須式 90cm 探照灯は米国スペリー社製の外国製で前後に 1 基ずつ装備している。

機関は英国ジョン・ブラウン社計画のブラウン・カーチス複式タービン 3 基構成で、前後の機械室の内前部左右に各 1 基、後部機械室中央に 1 基を配し高圧タービン 3,000rpm、低圧タービン 1,800rpm をギア装置により推進軸の回転数 400rpm に減速しており、日本軍艦として最初のオール・ギアード・タービンを採用している。このタービン機関は同時期建造の 1 等駆逐艦谷風や江風と同型であった。ただし、この時代のタービン機関は公試中からタービン翼のトラブルを頻発、翼の脱落や折損等を生じて天龍でもたびたび公試をやり直すはめになった。これらのトラブルはタービン回転時の振動に起因する共振現象によるものが多かったが、当時はその原因究明ができず翼の材質や形状を変更して改善を試みたものの、その解消にはその後 10 年を要している。

缶は当時の燃料事情から一部混焼缶を搭載して巡航速力は混焼缶だけで可能にしていた。公試成績は前述のトラブルもあり、あまり良好とはいえなかったが、一つは公試場所の水深に影響されたものともいわれている。

巡洋艦としての防禦は最小限にとどめられ、舷側鋼鈑は機関区画舷側部のみに 25.4mm 高張力鋼板外板に　(P-10 に続く)

天龍(II)型 /Tenryu Class

重量配分 /Weight Distribution

天龍/Tenryu		新造時 /As build (単位T)				昭和 14 年 /1939 (単位t)		
		常備 /Norm.	満載 /Full	軽荷 /Light	基準 /St'd	公試 /Trial	満載 /Full	軽荷 /Light
船殻	船 殻 /Hull	1,448.452	1,448.452	1,448.452		1,512.342	1,512.342	1,512.342
	甲 鈑 /Armor							
	防禦材 /Protect	171.274	171.274	171.274		174.014	174.014	174.014
	艤装 /Fittings	171.193	171.193	171.193		180.831	180.831	180.831
	(合計 /S.total)	(1,790.919)	(1,790.919)	(1,790.919)		(1,867.187)	(1,867.187)	(1,867.187)
斉備品	固定斉備品	63.476	76.809	76.809		81.935	81.935	81.935
	その他斉備品	137.487	178.282	63.579		139.860	174.438	69.687
	(合計 /S.total)	(200.963)	(241.758)	(127.055)		(221.795)	(256.377)	(151.622)
兵器	砲 熕 /Guns	138.017	179.313	101.117		141.399	141.399	98.729
	水雷 /Torpedo	52.587	52.587	37.982		122.811	123.997	40.759
	電気 /Electric	62.968	62.968	62.968		78.053	78.053	78.053
	無線 /Electronic							
	航 海 /Nav.	2.033	2.033	2.033		2.912	2.912	2.912
	光学 /Optical							
	航空 /Aviation							
	(合計 /S.total)	(255.790)	(297.086)	(204.100)		(345.175)	(346.361)	(220.453)
機関	主機 /Machine	335,449	335,449	335,449				
	缶煙路煙突 /boil.	344.136	344.136	344.136				
	補機 /Aux.mach.	60.028	60.028	60.028				
	諸管 弁等 / Tube	135.924	135.924	135.924				
	予備品 缶水	61.905	61.905	10.853				
	復水器内水	33.230	33.230	0				
	給水	8.850	17.700	0				
	淡水タンク水	0	5.415	0				
	(合計 /S.total)	(979.522)	(993.787)	(886.390)		(1,014.751)	(1,014.751)	(909.790)
重 油 /Oil		100.000	944.264	0		640.256	960.384	0
石 炭 /Coal		140.000	179.460	0		121.554	182.332	0
軽質油 Gasoline	内火艇用					1.554	3.331	0
	飛行機用							
潤滑油 Lub.oil	主機械用					8.881	12.367	
	飛行機用							
予備水 /Res. water			60.200			56.431	84.607	0
バラスト /Ballast								
水中防禦管 /WT tube								
不明重量 /Unknown		30.503	30.503	30.503		75.681	75.681	75.681
余裕 /Margin								
(総合計 /Total)		(3,497.697)	(4,513.993)	(3,038.967)	(3,230.0)	(4,246.576)	(4,795.721)	(3,218.040)

注 /NOTES
新造時は T8-12-15 施行重心査定試験による、昭和 14 年状態は S14-11-6 施行重心公試による
【出典】新造完成重量表 (平賀)/ 一般計画要領書

復原性能 /Stability

天 龍 /Tenryu		新造時 /As build			昭和 14 年 /1939		
		常備 /Norm.	満載 /Full	軽荷 /Light	公試 /Trial	満載 /Full	軽荷 /Light
復原性能	排水量 /Displacement (T)	3,497.697	4,513.993	3,038.967	4,347.0(t)	4,796.0(t)	3,218.0(t)
	平均吃水 /Draught,ave. (m)	3.962	4.778	3.561	4.57	4.95	3.68
	トリム /Trim (m)	0.609(後)	0.076(後)	1.262(後)	0.61(後)	0.09(後)	1.01(後)
	艦底より重心点の高さ /KG (m)	4.862	4.446	5.084	4.570	4.500	5.150
	重心からメタセンターの高さ /GM (m)	1.009	1.170	1.024	1.080	1.080	0.840
	最大復原挺 /GZ max. (m)				0.76	0.75	0.47
	最大復原挺角度 /Angle of GZ max.				43.8	44.0	40.2
	復原性範囲 /Range (度 /°)	81.54	90 以上	75.9	103.1	106.4	76.1
	水線上重心点の高さ /OG (m)	0.906	− 0.423	1.524	0	− 0.45	1.47
	艦底からの浮心の高さ /KB(m)	2.389	2.835	2.180			
	浮心からのメタセンターの高さ /BM(m)	3.483	2.782	3.929			
	予備浮力 /Reserve buoyancy (T)						
	動的復原力 /Dynamic Stability (T)						
	船体風圧側面積 / A (㎡)						
	船体水中側面積 / Am (㎡)						
	風圧側面積比 / A/Am (㎡/㎡)				1.51	1.30	2.15
旋回性能	公試排水量 /Disp. Trial (T)	4,027					
	公試速力 /Speed (ノット /kts)	28.6					
	舵型式及び数 /Rudder Type & Qt'y	釣合舵× 1					
	舵面積 /Rudder Area : Ar (㎡)	11.624					
	舵面積比 / Am/Ar (㎡/㎡)	49.3					
	舵角 /Rudder angle(度 /°)						
	旋回圏水線長比 /Turning Dia. (m/m)	8					
	旋回中最大傾斜角 /Heel Ang. (度 /°)						
	動揺周期 /Rolling Period (秒 /sec)						

注 /NOTES
改装後についてはを昭和 14 年 11 月 6 日施行の重心公試を示す
【出典】一般計画要領書 / 艦船復原性能比較表 / 各種艦船 KG、GM 等に関する参考資料 (平賀)/ 軍艦基本計画 (福田)

(P-9 から続く)

　38mm 高張力鋼鈑を重ね張りしたもので、計画吃水線下 76cm までカバーしている。上甲板は 22 ～ 25.4mm 高張力鋼板を構造材として用いており、司令塔 (操舵室) は 51mm 厚の円筒よりなっている。あまり新味のある配置とはいいがたく、全体のレイアウトそのものはかなり保守的である。

　完成後に両艦は大正 9 年度連合艦隊第 1 艦隊第 1 水雷戦隊及び第 2 艦隊第 2 水雷戦隊の旗艦に編入されて、子隊の駆逐隊を牽いるに十分な速力と兵装を備えた最初の水雷戦隊旗艦となった。しかし、暫時 5,500 トン型の就役に伴ってその座を譲り、昭和 3 年度第 1 艦隊第 1 水雷戦隊旗艦に就いた天龍を最後に、以後水雷戦隊旗艦に就くことはなかった。これはひとつに駆逐艦自体の大型化高速化に天龍型では追従できなくなった事情があり、航空機の搭載する余地もない天龍型のような小型軽巡の用途は限られたものとなってしまった。

　本型は太平洋戦争に参戦した最古参の軽巡洋艦で、たいした改装もなくほぼ原型のまま前線に出動、中部太平洋でそれなりに活動したが、天龍は早くも 1 年で米潜水艦に撃沈され、残った龍田は残り 2 年強を生き延びたが、昭和 19 年 3 月に同じ運命をたどっている。

　艦名の天龍、龍田ともに 2 代目にあたり特に説明は要しない。(P-15 に続く)

天龍(II)型 / Tenryu Class

◎上図は天龍の新造時を示す。部分図は同型の龍田の相違点を示す。下はS12頃の艦姿で、前檣を三脚檣に換え、発射管支台を高くして固定位置で発射可能にした以外にはあまり変わりない。1番煙突前の機銃は93式13mm単装機銃でS11に装備

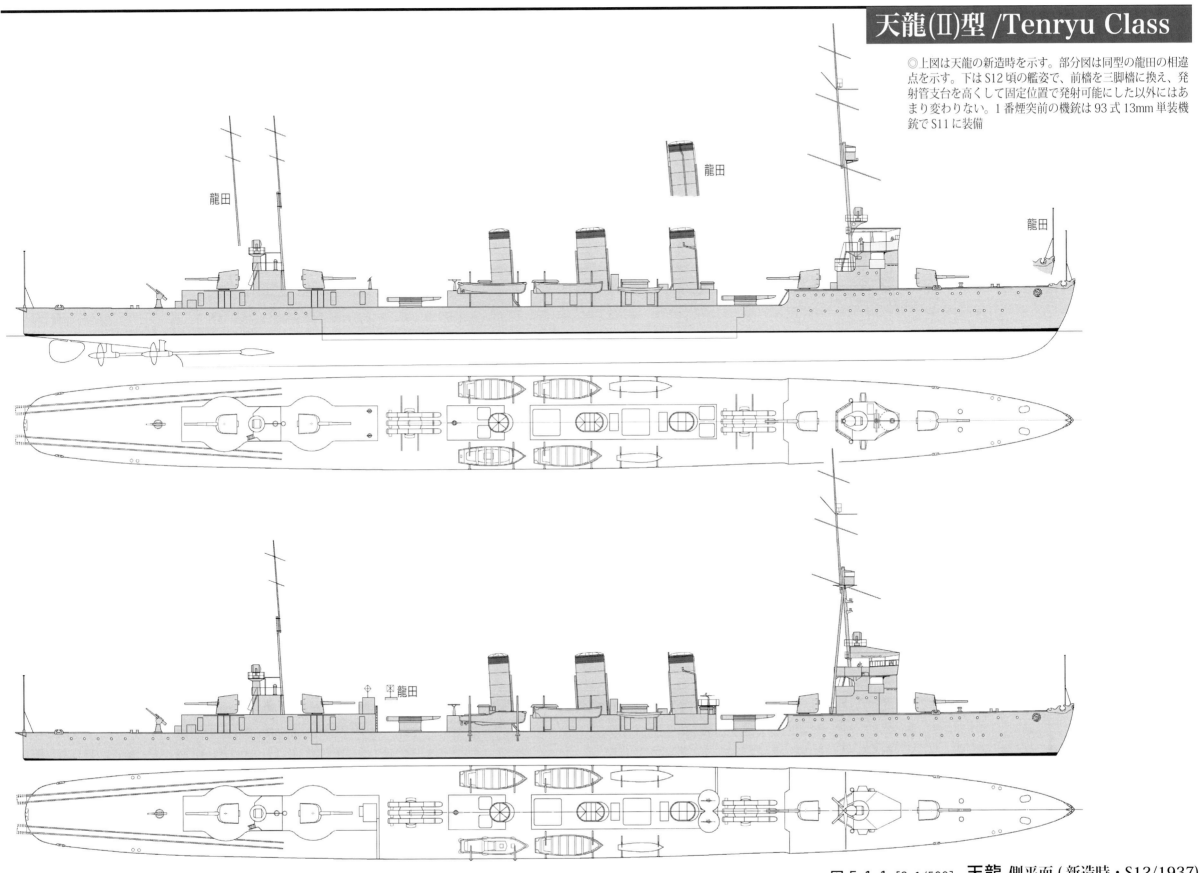

図 5-1-1 [S=1/500] 天龍 側平面 (新造時・S12/1937)

天龍(II)型 /Tenryu Class

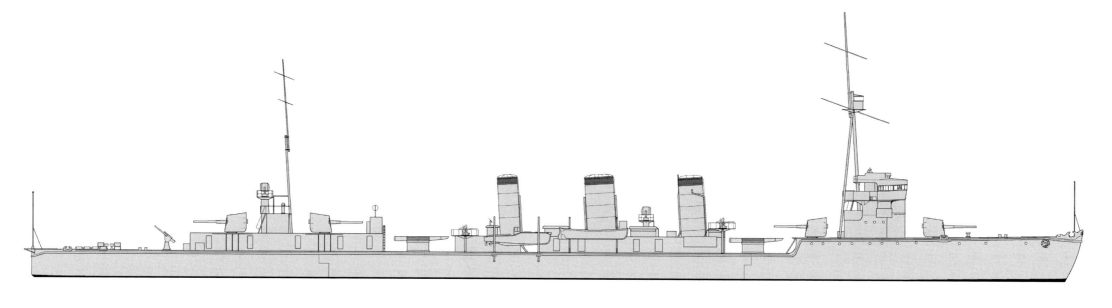

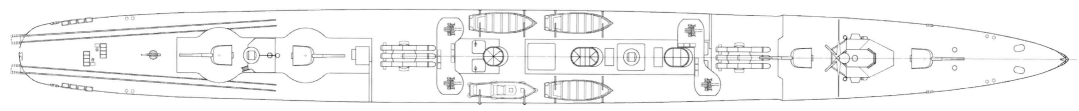

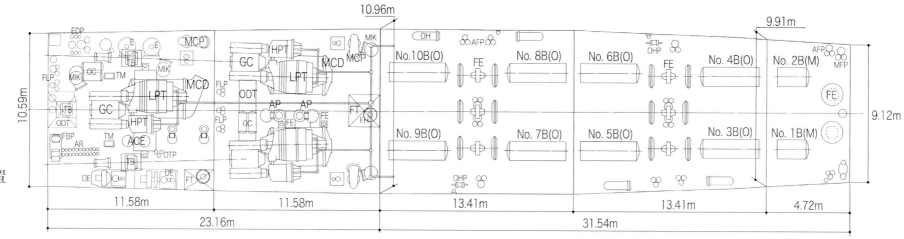

天龍型機関配置

図 5-1-2 [S=1/500] **天龍 側平面 (S18/1943)**

◎天龍の最終状態を示す。本艦への機銃増備は比較的早い時期に実施されており、開戦直後のS17-2に現地トラックで1番煙突前の13mm機銃を25mm連装機銃に換装、さらに同年5-6月に舞鶴でさらに25mm連装機銃2基を3番煙突の背後に装備した。この時に艦橋の防空指揮のため艦橋部にあった探照灯を1、2番煙突間に移設、96式に換装した。これは龍田においても同様、ただし舷外電路は、天龍は開戦時に装備を終えていたが、龍田はこの時の工事で装備した。

この後S19に入って龍田には93式水中聴音機を装備したというが、機銃装備はこれが最後と推定される。

天龍(Ⅱ)型 /Tenryu Class

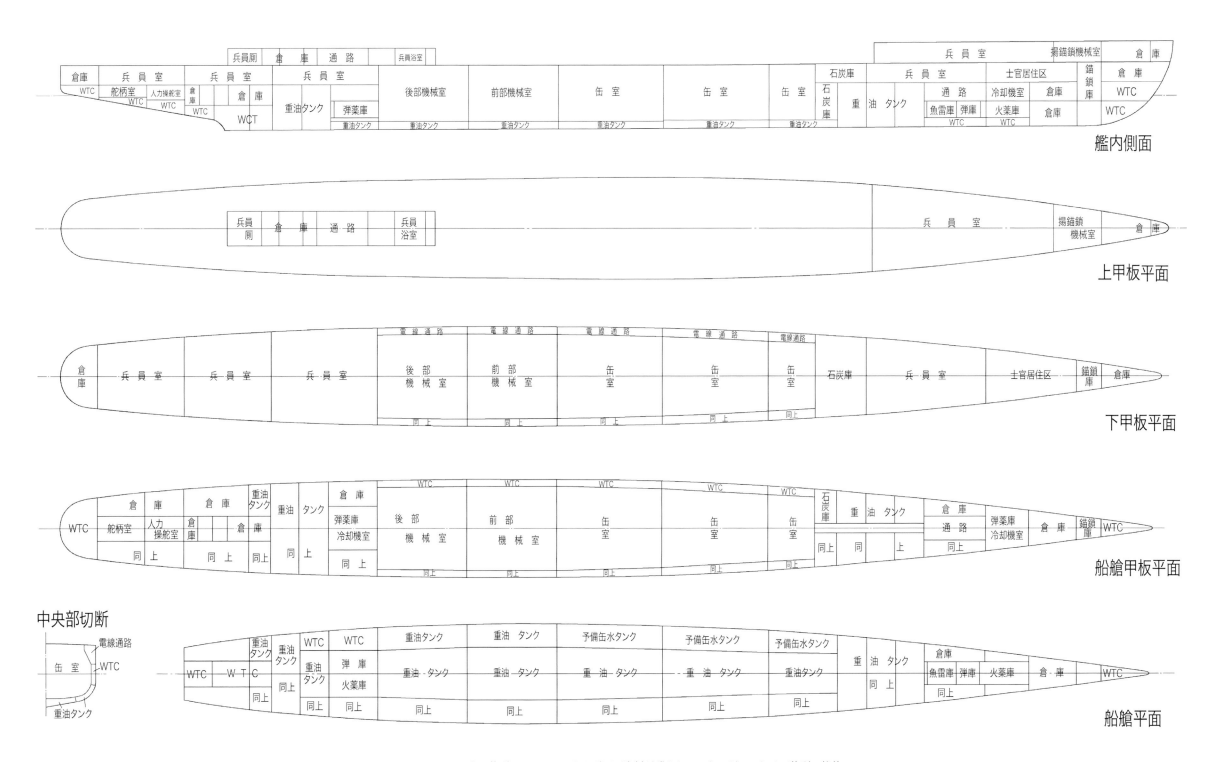

◎天龍型についてはほとんど図面資料が残されていないが、これは天龍型の船体の一般配置を示す数少ないもので、戦艦大和設計実務者として知られる松本喜太郎氏が戦後、戦前の東大工学部船舶工学科の講義用テキスト「軍艦構造と艤装」を青焼製本で再生した第2巻附図に収録されていたものである。

図 5-1-3 [S=1/500] 天龍 一般配置図

天龍(II)型 /Tenryu Class

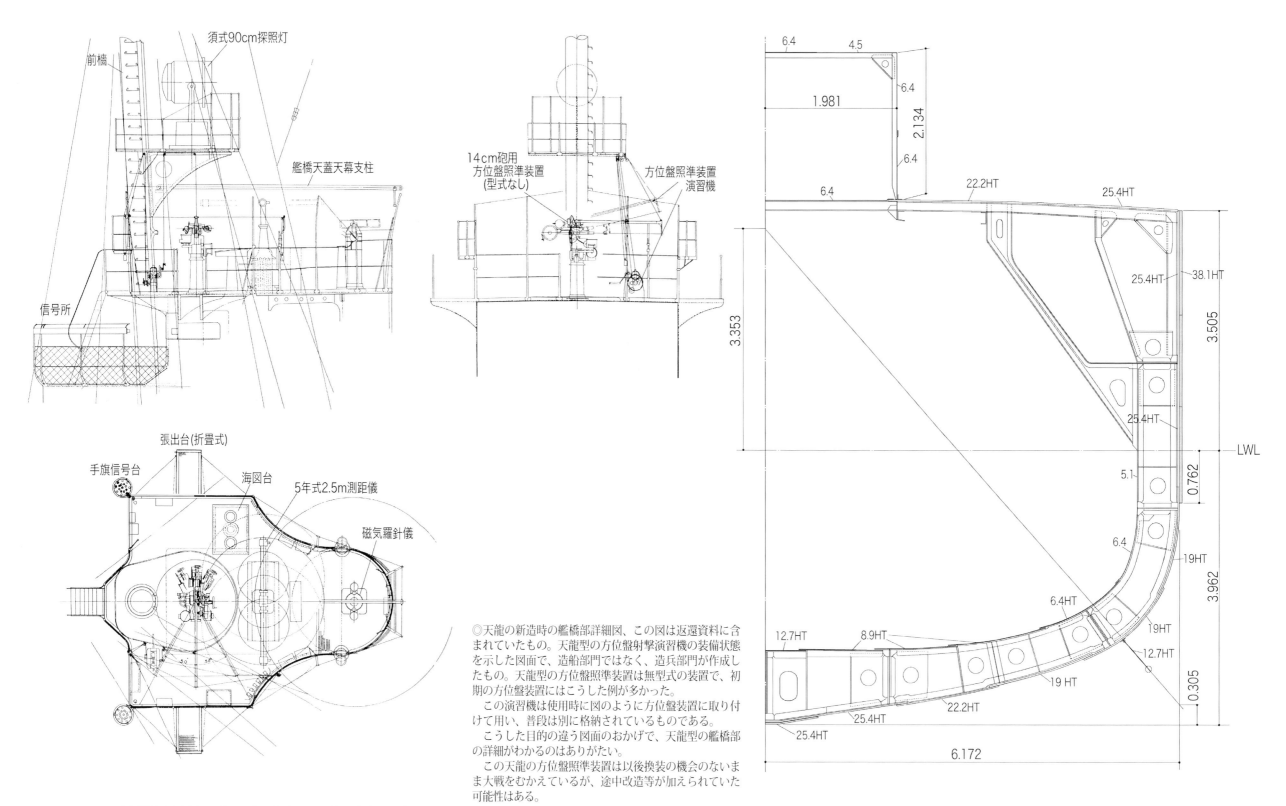

図 5-1-4　天龍 艦橋部詳細(新造時)及び中央部構造切断図

天龍(II)型 /Tenryu Class

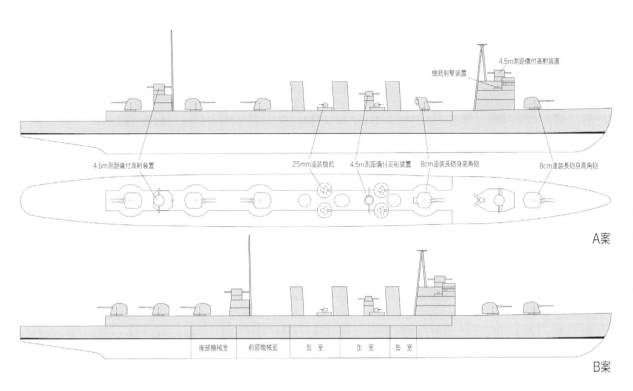

図 5-1-5　**天龍型 S13 防空艦改装艦本試案**

◎天龍型防空艦改装試案は S16 に福井静夫氏 (当時造船大尉) が重巡鳥海に連合艦隊司令部付として乗艦中に、勤務録に書き写したとされる艦本 4 部作成資料で、<艦本船軍極秘 13 第 517 号の 42> と記されていたというから個人的な着想ではなく、艦本が正式に作成した、当時の防空艦試案ということがわかる。付随した説明文によれば、防空艦の用途は

(1) 艦隊随伴用と (2) 泊地、局地用の二つがあり、艦隊随伴用としては諸性能から新計画の防空艦が必要で、また防空専門空母との併用が効果的として、泊地、局地用には低速な改装防空艦でも可としている。

新防空艦の実現まで、または実現困難な場合は既成艦の改装もやむをえないとして、その候補として、天龍型、5,500 トン型、鳳翔 (防空空母) をあげていた。

ここでは天龍型について説明すると、A、B の 2 案があり、A 案は前後の艦橋位置をそのままとし、B 案は前後の艦橋をそれぞれ内側に移動して、前後の砲塔群をまとめたものである。従来の兵装は全て撤去して、新たに当時制式化されたばかりの長 8cm 高角砲、98 式 60 口径 8cm 連装高角砲を 5 基 (弾薬 1 門あたり 250 発)、25mm 連装機銃 4 基 (弾薬 1 挺あたり 2,000 発)、94 式高射装置 2 基、爆雷投射機 6 基 (爆雷 60 個) を装備する。

公試排水量 4,358T、速力 31.5 ノット、航続距離 3,760 浬という試案であるが、もちろん艦本の試案だから撤去重量と新たな搭載重量のバランスは計算ずみであろうが、本当に実現可能なのか、若干の疑念は残る。

この時期、後の秋月型駆逐艦の原案としての直衛艦構想があったと承知しており、この改装案でも爆雷兵装の強化等は同思想の延長にあると見られる。

結局、この試案は秋月型が実現したことで、紙上プランだけで終わってしまったが、もし実現していれば天龍型の太平洋戦争時の用法はもう少し変わったものになったかもしれない。

天龍・龍田　定　員 /Complement (1)

職名 /Occupation	官名 /Rank	定数 /No.		職名 /Occupation	官名 /Rank	定数 /No.	
艦長	大佐	1			1 等船匠兵曹	1	
副長	少佐	1			2、3 等船匠兵曹	1	
砲術長	少佐 / 大尉	1			1 等機関兵曹	10	
水雷長	〃	1			2、3 等機関兵曹	22	下士 /39
航海長	〃	1			1、2 等看護手	1	
分隊長	〃	4			1 等筆記	1	
	中少尉	7	士官 /21		2、3 等筆記	1	
機関長	機関少佐	1			1 等厨宰	1	
分隊長	機関大尉	3			2、3 等厨宰	1	
	機関中少尉	2			1 等水兵	44	
軍医長	大軍医	1			2、3 等水兵	45	
軍医		1			4 水兵	12	
主計長	大主計	1			1 等木工	1	
主計		1			2、3 等木工	2	
	兵曹長 / 上等兵曹	1			1 等機関兵	46	卒 /227
	上等兵曹	2	准士 / 7		2、3 等機関兵	52	
	機関兵曹長 / 上等機関兵曹	1			4 等機関兵	12	
	上等機関兵曹	2			1、2 等看護	2	
	船匠師	1			1 等主厨	3	
	1 等兵曹	14	下士 /38		2 等主厨	3	
	2、3 等兵曹	24			3、4 等主厨	5	
				(合　計)		332	

注/NOTES　大正 7 年 5 月 29 日内令 173 による 2 等巡洋艦天龍、龍田の定員を示す【出典】海軍制度沿革
(1) 兵曹長、上等兵曹は掌水雷長、上等兵曹 1 人は掌砲長、1 人は掌帆長の職にあたるものとする
(2) 本表の外必要に応じて 1 等兵曹 2 人、2、3 等兵曹 2 人及び 1 等水兵 6 人をおくことができる

(P-10 から続く)

【資料】本型の公式資料として残っている図面は <福井資料> にある天龍兵装図、<平賀資料> にある中央構造切断図、その他艦体断面図ぐらいでめぼしいものはない。また要目簿もまったく存在しない。一般計画要領表も空欄が多いが、それでも本型のもっとも貴重なデータといえる。要するに本型のデータは各資料、文献等の断片的なものの収集によるしかないのが現状である。

写真類はそれなりに多数存在するが、太平洋戦争時代の鮮明な艦姿を示すものは 1 枚も知られていない。

天龍(Ⅱ)型 /Tenryu Class

天龍・龍田　定 員 /Complement (2)

職名 /Occupation	官名 /Rank	定数 /No.		職名 /Occupation	官名 /Rank	定数 /No.	
艦長	大佐	1			1等兵曹	15	
副長	中少佐	1			2、3等兵曹	25	
砲術長	少佐 / 大尉	1			1等船匠兵曹	1	
水雷長兼分隊長	〃	1			2、3等船匠兵曹	1	下士 /77
航海長兼分隊長	〃	1			1等機関兵曹	10	
分隊長	〃	3	士官 /20		2、3等機関兵曹	20	
	中少尉	4			1等看護兵曹	1	
機関長	機関中少佐	1			1等主計兵曹	2	
分隊長	機関少佐 / 大尉	2			2、3等主計兵曹	2	
	機関中少尉	2			1等水兵	47	
軍医長兼分隊長	軍医少佐 / 大尉	1			2、3等水兵	57	
	軍医中少尉	1			1等船匠兵	1	
主計長兼分隊長	主計少佐 / 大尉	1			2、3等船匠兵	2	
	特務中少尉	1	特士 / 3		1等機関兵	36	兵 /212
	機関特務中少尉	1			2、3等機関兵	56	
	主計特務中少尉	1			1等看護兵	1	
	兵曹長	3	准士 / 7		2、3等看護兵	1	
	機関兵曹長	3			1等主計兵	3	
	船匠兵曹長	1			2、3等主計兵	8	
					（合 計）	319	

注 /NOTES 大正9年8月内令267による2等巡洋艦天龍、龍田の定員を示す【出典】海軍制度沿革
(1) 兵曹長の1人は掌砲長、1人は掌水雷長、1人は掌帆長の職にあたるものとする
(2) 機関特務中少尉及び機関兵曹長の内1人は掌機長、1人は機械長、1人は缶長、1人は補機長にあてる
(3) 運用長兼分隊長又は兵科分隊長の内1人は特務大尉を以て、機関科分隊長中1人は機関特務大尉を以て補することが可

天龍・龍田　定 員 /Complement (3)

職名 /Occupation	官名 /Rank	定数 /No.		職名 /Occupation	官名 /Rank	定数 /No.	
艦長	大佐	1			特務中少尉	2	特士 / 4
副長	中少佐	1			機関特務中少尉	1	
砲術長兼分隊長	少佐 / 大尉	1			主計特務中少尉	1	
水雷長兼分隊長	〃	1			兵曹長	3	准士 / 7
航海長兼分隊長	〃	1			機関兵曹長	4	
通信長兼分隊長	〃	1			兵曹	44	
分隊長	〃	1	士官 /19		機関兵曹	29	下士 /78
	中少尉	4			看護兵曹	1	
機関長	機関中少佐	1			主計兵曹	4	
分隊長	機関少佐 / 大尉	2			水兵	105	
	機関中少尉	2			機関兵	97	兵 /214
軍医長兼分隊長	軍医少佐 / 大尉	1			看護兵	2	
	軍医中少尉	1			主計兵	10	
主計長兼分隊長	主計少佐 / 大尉	1			（合 計）	322	

注 /NOTES 昭和12年4月内令169による2等巡洋艦天龍、龍田の定員を示す【出典】海軍制度沿革
(1) 兵科分隊長は砲台長の職にあたるものとする
(2) 機関科分隊長の内1人は機械部、1人は缶部の各指揮官にあたる
(3) 特務中少尉及び兵曹長の1人は掌砲長、1人は掌水雷長、1人は掌運用長、1人は掌運用長、1人は信号長兼掌航海長、1人は掌通信長の職にあたるものとする
(4) 機関特務中少尉及び機関兵曹長の内1人は掌機長、1人は機械長、1人は缶長、1人は電機長、1人は掌工作長にあてる
(5) 機雷多数を搭載する場合においては各艦に兵曹及び水兵各3人を増加するものとする
(6) 運用長兼分隊長又は兵科分隊長の内1人は特務大尉を以て、機関科分隊長中1人は機関特務大尉又は機関兵曹長を以て補することが可

天龍(Ⅱ)型 /Tenryu Class

艦　歴 /Ships History (1)

艦　名	天　龍 1/4
年　月　日	記　事 /Notes
1916(T 5)- 5-13	命名
1916(T 5)- 6-26	2等巡洋艦に類別、横須賀鎮守府に仮入籍
1917(T 6)- 5-17	横須賀工廠で起工
1918(T 7)- 3-11	進水、横須賀鎮守府に入籍
1918(T 7)- 7-20	艤装員長角田貫三中佐 (26期) 就任
1919(T 8)- 6-26	主機開放検査で左舷低圧タービン翼の切損発見
1919(T 8)-11-20	竣工、第1予備艦、艦長村瀬貞次郎大佐 (29期) 就任
1919(T 8)-11-26	第1海堡付近の浅瀬に擱座損害軽微
1919(T 8)-12- 4	第2艦隊第2水雷戦隊旗艦
1920(T 9)- 7-11	尾下駆逐艦と夜間襲撃演習中第2缶室3号缶底の重油に引火、14分後に消火、損害なし
1920(T 9)- 8-29	館山発露領沿岸警備、9月7日小樽着
1920(T 9)-12- 1	第2艦隊第2水雷戦隊旗艦
1921(T10)- 1-10	横須賀工廠で5cm礼砲装備、31日完成
1921(T10)- 3- 1	呉鎮守府に転籍
1921(T10)- 4-20	第2予備艦
1921(T10)- 9- 1	第1予備艦
1921(T10)-12- 1	第1艦隊第1水雷戦隊旗艦、艦長横尾敬義大佐 (30期) 就任
1922(T11)- 2- 2	呉出港時駆逐艦蔦と衝突、艦首左舷外板に深さ20cmの凹みを生じる、蔦は重油タンク破損、士官
	室浸水、入渠を要す
1922(T11)- 3- 1	呉工廠で機関部修理、31日完成
1922(T11)- 6-26	仁川発旅順方面警備、7月4日鎮海着
1922(T11)- 8-29	呉発聖ウラジミール方面警備、9月10日小樽着
1922(T11)-12- 1	警備兼練習艦 (兵学校、潜水学校)、艦長松下元大佐 (31期) 就任
1923(T12)- 4-22	兵学校3学年 (1次) 乗艦実習江田島発 - 鹿児島 - 長崎 - 福岡 - 安下庄 -4月29日江田島着、同2次乗
	艦実習5月1日から5月8日まで、31日から6月8日まで同2学年乗艦実習、7月5日から8日
	まで同1学年乗艦実習
1923(T12)- 8-10	呉工廠で機関修理、31日完成
1923(T12)- 9- 4	関東大震災に際し呉より救援物資を搭載芝浦着、以後16日まで横浜方面警備任務、帰途清水まで
	避難民輸送
1923(T12)-10-15	艦長小栗信一大佐 (31期) 就任
1923(T12)-12- 1	第1艦隊第1水雷戦隊旗艦
1923(T12)-12-10	兵学校、機関学校1学年乗艦実習江田島発、16日着
1923(T12)-12-20	呉工廠で気球繋留装置装備、翌年6月5日完成
1924(T13)- 3- 8	佐世保発中国警備、20日馬公着
1924(T13)- 5-28	特殊標的船曳航実験
1924(T13)-12- 1	第2予備艦、艦長滝田吉郎大佐 (31期) 就任
1925(T14)- 3-30	佐世保発泰皇島方面警備、4月5日旅順着
1925(T14)- 8- 5	佐伯湾に碇泊中第1缶室でビルジ浮遊の重油に引火、火災を生じたが損害軽微
1925(T14)-10-20	艦長木田新平大佐 (32期) 就任
1925(T14)-12- 1	艦長毛内効大佐 (33期) 就任

艦　歴 /Ship's History (2)

艦　名	天　龍 2/4
年　月　日	記　事 /Notes
1926(T15)- 9- 1	第1予備艦
1926(T15)-11- 1	艦長山口清七大佐 (32期) 就任
1927(S 2)- 2- 5	第1遣外艦隊
1927(S 2)- 2-19	佐世保発揚子江流域警備、6月3日呉着、この間2度一時帰朝
1927(S 2)- 6- 3	第1予備艦、佐世保工廠で17日より特定修理、缶管入換、総検査、翌年1月12日完成、この間
	缶室非常用出口新設、冷蔵庫冷却装置改造、消毒室兵員厠兵員病室防熱装置新設、第2士官次室新
	設、前部艦橋装置一部改造、前後火薬庫ガス抜き装置新設、後部弾薬庫撒水装置新設、航海用諸灯
	増設、防雷具、爆雷投射機及び同投下装置新設
1927(S 2)- 7-15	第3予備艦
1927(S 2)-11-15	艦長菊野茂大佐 (34期) 就任
1927(S 2)-12- 1	第1艦隊第1水雷戦隊旗艦
1928(S 3)- 1-17	呉工廠で6kW送信機装備工事着手、5月20日完成
1928(S 3)- 3-29	有明湾発舟山列島、香港方面航海、4月15日馬公着
1928(S 3)- 5- 4	呉工廠で前部艦橋改正、31日完成
1928(S 3)-12- 4	横浜沖大礼特別観艦式参列
1928(S 3)-12-10	警備兼練習艦、艦長沢本頼雄大佐 (36期) 就任
1929(S 4)-	横須賀工廠で艦橋防弾装置及びラムネ製造機装備
1929(S 4)- 6-26	7月末まで約1か月間那智とともに日本海沿岸巡航
1929(S 4)- 8-20	艦長高橋伊望大佐 (36期) 就任
1929(S 4)-11- 1	艦長蜂屋義尾大佐 (36期) 就任
1930(S 5)-10-26	神戸沖大演習観艦式参列
1930(S 5)-12- 1	第1予備艦、艦長斑目健介大佐 (36期) 就任
1931(S 6)- 9-22	呉工廠で缶修理、10月30日完成
1931(S 6)-10- 9	第1遣外艦隊、呉発揚子江流域方面警備、昭和8年10月25日着
1932(S 7)- 2- 2	第3艦隊第1遣外艦隊、2月1日南京での陸上戦闘で1名戦死、3名軽傷
1932(S 7)- 8- 1	第3艦隊
1932(S 7)-11-15	艦長田結穣大佐 (39期) 就任
1933(S 8)- 4- 9	上海で繋留中英船と接触、艦尾旗竿と機雷投下軌条一部損傷
1933(S 8)- 5- 8	毘式12mm単装機銃1型改1及び改2各1挺を付属品三脚架とともに貸与訓令
1933(S 8)- 5-20	第3艦隊第10戦隊
1933(S 8)- 9-14	平戸11m内火艇1隻と天龍30'内火艇1隻を相互交換搭載訓令
1933(S 8)-11- 1	艦長金沢正夫大佐 (39期) 就任
1933(S 8)-11- 2	呉工廠でこの前後、方向探知機換装、発射管及び魚雷格納装置改造、発射用2次電池装備
1933(S 8)-11-15	第3艦隊より除く、警備艦、旅順要港部隊
1933(S 8)-11-29	呉発旅順方面警備、翌年11月15日旅順着
1934(S 9)- 5-25	艦長井沢徹大佐 (38期) 就任
1934(S 9)-11-15	旅順要港部隊より除く、警備兼練習艦、呉警備戦隊、艦長春日末章大佐 (37期) 就任
1935(S10)- 4-24	満州国皇帝訪日に際して宮島で兼備任務を務める
1935(S10)- 9-26	大演習中第4艦隊 (赤軍) に参加大型台風に遭遇、本艦の被害は軽かったが1名が行方不明となる
1935(S10)-10-10	呉工廠で損傷修理、翌年3月31日完成、この間高圧タービン修理、空中線無線兵器一部改正

天龍(Ⅱ)型 /Tenryu Class

艦　歴/Ship's History (3)

艦　名	天　龍 3/4
年 月 日	記事/Notes
1935(S10)-11-15	呉警備戦隊より除く、第3予備艦、この間呉工廠で93式13mm単装機銃2基及び弾薬筐を前部艦橋部に装備、羅針艦橋固定天蓋新設、88式5型改1発煙機改造
1935(S10)-11-21	艦長鎌田道章大佐 (39期) 就任
1936(S11)- 2-15	艦長工藤久八大佐 (39期) 就任
1936(S11)-11- 1	第1予備艦
1936(S11)-11-10	艦長宇垣完爾大佐 (39期) 就任
1936(S11)-11-18	呉発揚子江流域、青島方面警備、翌年9月4日佐世保着
1936(S11)-11-20	第3艦隊第10戦隊
1937(S12)- 2-17	30' 内火艇を9m内火艇に換装訓令
1937(S12)- 8- 2	艦長阿部孝壮大佐 (40期) 就任
1937(S12)- 8-10	機関修理、31日完成、一時帰朝中
1937(S12)- 9- 8	92式7.7mm機銃仮装備
1937(S12)- 9- 9	佐世保発台湾馬公、基隆等を基地に南支方面警備、翌年12月14日呉着
1937(S12)-10-20	第4艦隊第14戦隊
1937(S12)-12- 1	第3艦隊第10戦隊
1938(S13)- 7- 1	第5艦隊第10戦隊
1938(S13)-12-15	第3予備艦、艦長山崎貞直大佐 (42期) 就任
1939(S14)-10-20	第1予備艦
1939(S14)-11-13	警備兼練習艦 (機関学校)
1939(S14)-11-15	艦長鹿目善輔大佐 (44期) 就任
1939(S14)-12- 1	舞鶴鎮守府に転籍
1940(S15)-10-11	横浜沖紀元2600年特別観艦式参列
1940(S15)-10-15	艦長高橋雄次大佐 (44期) 就任
1940(S15)-11-15	第4艦隊第18戦隊旗艦
1941(S16)- 2- 5	須崎発南洋方面行動、4月14日舞鶴着
1941(S16)- 5- 8	呉入港、10日入渠、16日出渠
1941(S16)- 5-25	横須賀発南洋方面行動、7月6日トラック着
1941(S16)- 8-28	艦長後藤光太郎大佐 (46期) 就任
1941(S16)-12- 2	トラック発、5日ルオット着
1941(S16)-12- 8	ルオット発ウエーキ島攻略作戦に従事したが不成功一時撤退、13日ルオット着、再度作戦準備
1941(S16)-12-21	ルオット発再度ウエーキ島攻略作戦に従事、上陸占領に成功、27日ルオット着
1941(S16)-12-31	ルオット発、翌年1月3日トラック着、次期作戦準備
1942(S17)- 1-20	トラック発ビスマルク諸島攻略作戦支援に従事
1942(S17)- 2- 3	カビエン発スルミ攻略作戦に従事
1942(S17)- 2-20	トラック発米機動部隊迎撃、23日トラック着
1942(S17)- 2-23	トラックで機銃装備工事に着手、25mm連装機銃2基を前部煙突両側に装備、艦橋部の13mm単装機銃及び5cm礼砲は撤去、27日完成
1942(S17)- 3- 2	トラック発ラエ、サラモア攻略作戦支援に従事
1942(S17)- 3-14	ラバウル発ブーゲンビル島攻略作戦支援に従事
1942(S17)- 4- 2	ラバウル発アドミラルティ攻略作戦支援に従事

艦　歴/Ship's History (4)

艦　名	天　龍 4/4
年 月 日	記事/Notes
1942(S17)- 4-10	トラック着、以後作戦準備、訓練に従事
1942(S17)- 4-28	トラック発モレスビー攻略作戦支援に従事
1942(S17)- 5-12	ラバウル着、13日発整備のため舞鶴に回航
1942(S17)- 5-23	舞鶴着、6月3日入渠、15日出渠、25mm連装機銃2基増備、舷外電路装備、2kW信号灯換装、97式印字機装備、魚雷頭部防禦板装備、1番探照灯移装、40cm信号用探照灯換装、8cm高角砲側弾薬筐増備、12cm双眼鏡2基新設、無線兵器一部改正
1942(S17)- 6- 5	艦長浅野新平大佐 (45期) 就任
1942(S17)- 6-15	舞鶴発、23日トラック着
1942(S17)- 6-30	トラック発ガダルカナル島飛行場設営を支援、7月9日ラバウル着
1942(S17)- 7-14	第18戦隊を第8艦隊に編入
1942(S17)- 7-20	ラバウル発輸送作戦に従事
1942(S17)- 8- 7	ラバウル発ガ島方面の敵艦隊撃滅に向かう龍田欠、8日第1次ソロモン海戦に参戦、被害機銃弾数発が命中したのみ、後部探照灯破損、空中線切断、軽傷3、発射弾数14cm砲 -80、8cm高角砲 -23、魚雷 -6、第18戦隊戦闘詳報ではケント型重巡1隻、クレーブン型駆逐艦1隻撃沈としている、10日着
1942(S17)- 8-24	ラバウル発ミルネ湾に呉第5特別陸戦隊を揚陸、28日着
1942(S17)- 8-28	ラバウル発ラビに揚陸、30日着
1942(S17)- 9- 4	ラバウル発ラビ揚陸部隊を収容、7日着
1942(S17)- 9-11	ラバウル発被爆炎上中の弥生救援に向かった発見できず、13日着
1942(S17)- 9-18	ラバウル発トラック間往復機雷輸送に従事、93式機雷60個及び敷設軌条を搭載、24日着、第8艦隊司令部が第18戦隊によるツラギ泊地への機雷敷設を意図したものの結局未実施に終わる
1942(S17)-10- 2	ラバウルで同日未明米B17数機が来襲、後甲板左舷側に命中弾1、前部右舷に至近弾を受け戦闘航海不能となる、戦死22、重傷15、軽傷11、後甲板左舷側に大破孔、前部右舷外板に大小破孔多数、8cm高角砲大破、後部探照灯、1番25mm機銃、1番連管、左舷爆雷投下機、舷外電路いずれも使用不能要修理、特設工作艦八海丸により約20日間の応急工事で戦線復帰を目指して工事を実施、21日に試運転を実施、23日には第8根拠地隊より借用の8cm高角砲を搭載
1942(S17)-10-26	ラバウル発ラビで佐世保第5特別陸戦隊収容、27日着、菊川丸にて29日に到着した8cm高角砲を装備工事、11月1日完成
1942(S17)-11- 1	ショートランド発ガ島輸送2回実施、9日着
1942(S17)-11-12	ショートランド発ガ島砲撃部隊鈴谷、摩耶の掩護任務に従事
1942(S17)-11-23	ラバウル発同方面で護衛任務に従事
1942(S17)-12- 5	艦長上田光治大佐 (45期) 就任
1942(S17)-12-16	ラバウル発マダン攻略部隊護衛任務に従事
1942(S17)-12-18	マダン港外で夜間20時25分米潜水艦アルバコア /Albacore SS-218の発射した魚雷2本が左舷機械室に命中、23時に沈没する、涼風が曳航浅瀬に擱座させようとしたが果たせず、乗員は艦長以下大半が同艦に救助される、戦死23、負傷21、司令部は磯波に移乗
1943(S18)- 2- 1	除籍

天龍(Ⅱ)型 /Tenryu Class

艦 歴 /Ship's History (5)

艦 名	龍 田 1/4
年 月 日	記 事 /Notes
1916(T 5)- 5-13	命名
1916(T 5)- 6-26	2 等巡洋艦に類別、佐世保鎮守府に仮入籍
1917(T 6)- 7-24	佐世保工廠で起工
1918(T 7)- 5-29	進水、佐世保鎮守府に入籍
1918(T 7)- 9-20	艤装員長加々良乙比古中佐 (27 期) 就任
1918(T 7)-10-22	方位盤照準装置定数 2 から 1 に変更、羅針艦橋の 5 年式 2.5m 測距儀を武式 2.5m 測距儀に変更
1919(T 8)- 3-31	竣工、第 1 艦隊第 1 水雷戦隊旗艦、艦長加々良乙比古大佐 (27 期) 就任
1919(T 8)- 6-13	呉にて第 6 号缶重油ガス爆発、人員の被害はないものの缶損傷
1919(T 8)-10-28	横浜沖大演習観艦式参列
1920(T 9)- 8-29	館山発露領沿岸警備、9 月 7 日小樽着
1920(T 9)-12- 1	第 1 艦隊第 1 水雷戦隊旗艦
1920(T 9)-	佐世保工廠で 5cm 礼砲装備、機雷投下装置改造、中央軸推進器換装
1921(T10)- 3-24	28' カッターを 30' 内火艇に換装訓令
1921(T10)- 4-28	左右及び中央高圧タービン及び右中圧タービン翼折損発見
1921(T10)- 5- 3	右舷高圧タービン及び中央低圧タービン翼脱離を発見
1921(T10)- 8-19	佐世保発青島方面警備、30 日有明湾着
1921(T10)-11-20	艦長河村達蔵大佐 (30 期) 就任
1921(T10)-12- 1	第 2 予備艦
1922(T11)- 4-12	佐世保工廠で方向探知機装備、12 月 16 日完成
1922(T11)- 7- 6	佐世保工廠で羅針盤補強工事、12 月 16 日完成
1922(T11)- 6-10	艦長高橋武次郎大佐 (28 期) 就任
1922(T11)-11-10	第 1 予備艦
1922(T11)-11-20	艦長館明治郎大佐 (30 期) 就任
1923(T11)-12- 1	第 1 艦隊第 1 水雷戦隊旗艦
1923(T12)- 5-10	艦長竹内正大佐 (30 期) 就任
1923(T12)- 6- 1	艦長市村久雄中佐 (31 期) 就任
1923(T12)- 8-25	横須賀発中国沿岸警備、9 月 3 日佐世保着、この間 8 月 30 日裏長山列島の錨地に向かう途中触礁
1923(T12)-12- 1	第 1 水雷戦隊より除く、警備艦
1924(T13)- 3-19	佐世保港外伏瀬の東方 3 浬で基本演習中、第 43 潜水艦と衝突、同潜水艦沈没
1924(T13)- 3-25	艦長松崎直大佐 (31 期) 就任
1924(T13)- 9- 2	第 1 遣外艦隊
1924(T13)- 9- 3	佐世保発中国警備、19 日着
1924(T13)- 9-15	第 1 遣外艦隊より除く、警備艦
1924(T13)-10- 9	館山発南洋方面演習、20 日佐世保着
1924(T13)-11-10	艦長柴山司馬大佐 (32 期) 就任
1925(T14)- 6- 6	第 1 遣外艦隊、佐世保発揚子江流域警備、8 月 29 日寺島水道着
1925(T14)- 8-31	第 1 遣外艦隊より除く、警備艦
1925(T14)-12- 1	艦長新山良幸大佐 (32 期) 就任
1926(T15)- 4- 1	佐世保工廠で特定修理着手、缶管入換え、機関総検査、缶室非常出口新設、前後艦橋装置一部改造、
	冷蔵庫冷却装置改造、冷却装置換装、前後機械室電話室改造その他

艦 歴 /Ship's History (6)

艦 名	龍 田 2/4
年 月 日	記 事 /Notes
1926(T15)- 5- 1	第 3 予備艦
1926(T15)- 5-20	艦長高木平次大佐 (31 期) 就任
1926(T15)-11- 1	第 1 予備艦、艦長岩村兼言大佐 (31 期) 就任
1926(T15)-12- 1	第 1 艦隊第 1 水雷戦隊旗艦
1927(S 2)- 3-27	佐伯発青島、芝罘方面警備、4 月 7 日旅順着
1927(S 2)-10-25	佐世保工廠で缶室通風筒改正、12 月 22 日完成
1927(S 2)-10-30	横浜沖大演習観艦式参列
1927(S 2)-12- 1	第 2 予備艦、艦長山本松四大佐 (33 期) 就任
1928(S 3)- 2-15	佐世保工廠で気球繋留装置撤去、25 日完成
1928(S 3)-12-10	第 3 予備艦
1929(S 4)- 4-10	第 1 予備艦
1929(S 4)- 5- 1	艦長川名彪雄大佐 (34 期) 就任
1929(S 4)- 5-31	佐世保工廠でラムネ製造機新設、10 月 30 日完成
1929(S 4)- 7-31	佐世保工廠で第 2 士官次室新設、11 月 30 日完成
1929(S 4)-11-30	警備艦、艦長丹下薫二大佐 (36 期) 就任
1930(S 5)-10-26	神戸沖特別大演習観艦式参列
1930(S 5)-11-20	艦長佐間応雄大佐 (36 期) 就任
1930(S 5)-12- 1	第 2 予備艦
1931(S 6)- 9-21	佐世保工廠で 28' カッター 2 隻の内 1 隻を 30' カッターに換装、12 月 5 日完成
1931(S 6)-11- 1	第 1 予備艦
1931(S 6)-12- 1	警備艦、艦長松木益吉大佐 (37 期) 就任
1932(S 7)- 1-27	佐世保工廠で 28' カッター 1 隻を 30' カッターに換装、2 月 26 日完成
1932(S 7)- 1-29	佐世保発支那事変に従事、5 月 31 日横須賀着
1932(S 7)-12- 1	艦長藍原有孝大佐 (38 期) 就任
1933(S 8)- 3-24	佐世保工廠で発射管及び魚雷格納装置改造、5 月 29 日完成
1933(S 8)- 5- 9	佐世保工廠で 14cm 砲揚弾薬機改造
1933(S 8)- 5-19	佐世保工廠で磁気羅針儀と従羅針儀を相互交換
1933(S 8)- 8-16	館山発南洋諸島航海、21 日木更津着
1933(S 8)- 8-25	横浜沖大演習観艦式参列
1933(S 8)-11-15	艦長大島四郎大佐 (36 期) 就任
1933(S 8)-12-11	佐世保鎮守府警備戦隊
1934(S 9)- 4-21	佐世保工廠で第 1、2 カッター用ダビットと付属具を撤去夕張装備と同じものを新造装備認可
1934(S 9)- 5- 8	電気冷蔵庫新設認可
1934(S 9)- 5- 3	30' 20 馬力内火艇 2 隻の内の 1 隻を陸揚、新造 11m60 馬力内火艇 1 隻を搭載訓令
1934(S 9)- 7-18	11m60 馬力内火艇 1 と多摩搭載 10m30 馬力内火艇 1 を相互交換搭載訓令
1934(S 9)-11- 1	艦長原忠一大佐 (39 期) 就任、佐世保工廠で二重天幕装置、江水濾過装置新設、22 日完成
1934(S 9)-11-15	第 3 艦隊第 5 水雷戦隊旗艦、佐世保工廠で 88 式発煙機 5 型 1 組装備
1934(S 9)-11-24	寺島水道発南支方面警備、翌年 11 月 12 日馬公着
1934(S 9)-12-12	馬公で機関部修理、翌年 3 月 31 日完成
1935(S10)-11- 5	佐世保工廠で各公室食器室の舷窓に蠅除金網を新設、20 日完成

天龍(II)型 /Tenryu Class

艦 歴/Ships History (7)

艦 名	龍田 3/4
年 月 日	記 事 /Notes
1935(S10)-11-15	第3予備艦、佐世保鎮守府警備戦隊、艦長八代祐吉大佐(40期)就任
1936(S11)- 4-10	西海製作所で船体修理、6月2日完成
1936(S11)- 6- 1	艦長福田貞三郎大佐(40期)就任
1936(S11)- 7- 2	九州鉄工所で艤装改善工事、8月24日完成
1936(S11)-11- 1	第1予備艦
1936(S11)-11-10	佐世保工廠で羅針艦橋に防弾板装備、18日完成
1936(S11)-11-14	佐世保工廠で93式機銃単装2基仮装備、16日完成
1936(S11)-11-18	佐世保発揚子江流域、青島方面警備、翌年9月5日旅順着
1936(S11)-11-20	第3艦隊第10戦隊
1937(S12)- 4- 1	艦長高柳儀八大佐(41期)就任
1937(S12)- 8-29	青島で陸戦隊上陸準備中弾薬供給の手榴弾1個が甲板に落下爆発、死亡2、重傷1、軽傷19を生じる
1937(S12)- 9- 9	佐世保発南支、中支方面警備、翌年2月24日着
1937(S12)-10-20	支那方面艦隊第4艦隊第14戦隊
1937(S12)-12- 1	第3艦隊第10戦隊、艦長山口次平大佐(40期)就任
1938(S13)- 3-11	佐世保発南支面警備、12月13日着
1938(S13)- 7- 1	第5艦隊第10戦隊
1938(S13)- 8-20	艦長伊藤安之進大佐(42期)就任、翌年1月15日より兼香久丸艦長
1938(S13)-12-15	第3予備艦
1939(S14)- 5-25	艦長松良祐宏大佐(40期)就任、7月1日より兼能登呂艦長
1939(S14)-12- 1	舞鶴鎮守府に転籍
1940(S15)- 9-25	艦長沢正雄大佐(44期)就任
1940(S15)-11-15	第4艦隊第18戦隊
1941(S16)- 2- 5	須崎発南洋諸島行動、4月14日舞鶴着
1941(S16)- 5- 8	呉入港、10日入渠、16日出渠
1941(S16)- 5-25	横須賀発南洋諸島行動、7月15日舞鶴着
1941(S16)- 8- 6	舞鶴で入渠、20日出渠
1941(S16)- 8-20	艦長馬場良文大佐(46期)就任
1941(S16)- 9- 1	舞鶴発、9月12日トラック着、整備、訓練に従事
1941(S16)-12- 2	トラック発、5日ルオット着
1941(S16)-12- 8	ルオット発、ウエーキ島攻略作戦に従事したが揚陸失敗、ルオットに戻る13日着、敵戦闘機の機銃
	掃射により戦死1、重傷4、軽傷4、戦闘行動に支障なし、発射弾数14cm砲-5、8cm高角砲-20
1941(S16)-12-21	ルオット発、再度ウエーキ島攻略作戦に従事し揚陸占領成功、27日着、この作戦での発射弾数
	14cm砲-10、揚陸に用いた第1内火艇大破沈没、第1カッター大破、第2カッター沈没
1941(S16)-12-31	ルオット発、翌年1月3日トラック着
1942(S17)- 1-20	トラック発、カビエン攻略作戦支援に従事
1942(S17)- 2- 3	カビエン発、スルミ攻略作戦支援に従事
1942(S17)- 2-23	トラックで機銃装備工事に着手、25mm連装機銃2基を前部煙突両側に装備、艦橋部の13mm単装
	機銃及び5cm礼砲は撤去、28日完成
1942(S17)- 3- 2	トラック発、ラエ、サラモア攻略作戦支援に従事
1942(S17)- 3-14	ラバウル発、ブーゲンビル攻略作戦支援に従事

艦 歴/Ships History (8)

艦 名	龍田 4/4
年 月 日	記 事 /Notes
1942(S17)- 4- 5	カビエン発、アドミラリティ攻略作戦支援に従事
1942(S17)- 4-10	トラック着、整備、訓練に従事
1942(S17)- 4-28	トラック発、モレスビー攻略作戦支援に従事、発射弾数14cm砲-26、8cm高角砲-41
1942(S17)- 5-13	フィーンカロラ発、入渠整備のため24日舞鶴着
1942(S17)- 6- 3	入渠、13日出渠、25mm連装機銃2基増備、2kW信号灯換装、97式印字機装備、
	魚雷頭部防禦板装備、1番探照灯移設、40cm信号用探照灯換装、8cm高角砲側弾薬筐増備、
	12cm双眼鏡2基新設、無線兵器一部改正、カッター換装
1942(S17)- 6-18	舞鶴発、23日トラック着
1942(S17)- 6-30	トラック発ソロモン方面行動、7月9日ラバウル着、警泊
1942(S17)- 7-14	第8艦隊第18戦隊
1942(S17)- 7-20	艦長吉武真武大佐(45期)就任
1942(S17)- 8-12	ラバウル近辺で補給作戦に従事
1942(S17)-10- 6	ラバウル発ガ島輸送作戦に従事
1942(S17)-11- 3	ラバウル発、明石での動舵装置修理のため5日トラック着、7日から修理に着手、18日礁外で試運
	転以後当面同地で整備訓練に従事
1942(S17)-12-24	第8艦隊付属、天龍戦没により第18戦隊解隊
1943(S18)- 1- 7	艦長船木守衛大佐(48期)就任
1943(S18)- 1-12	トラック発、19日舞鶴着、以後入渠修理工事実施、中甲板以下舷窓閉塞、消防主管利用による排水
	装置新設、艦橋測距儀改造、軽質油庫撒水装置新設、機械室排気通風機増備、舵機修理、艦橋部の
	3年式6.5mm機銃2挺を7.7mm機銃に換装
1943(S18)- 3-28	舞鶴発内海西部へ回航
1943(S18)- 4- 1	第1艦隊第11水雷戦隊旗艦、以後内海西部で新造駆逐艦などの急速錬成等の任務に従事
1943(S18)- 4- 5	艦長小川莚喜大佐(46期)就任
1943(S18)- 8-18	呉工廠に入渠、25日出渠、舵機修理、整備作業
1943(S18)-10-11	呉発、宇品へ回航、陸軍部隊搭載
1943(S18)-10-15	佐賀関陸軍部隊輸送、20日トラック着、以後月末までポナペ2往復で兵員輸送
1943(S18)-10-31	トラック発、11月6日徳山着、7日呉に回航以後整備、訓練作業
1943(S18)-12-22	艦長島居威美大佐(47期)就任
1944(S19)- 2-10	播磨造船所着、入渠修理、93式水中聴音機装備、20日出渠、同日呉に回航、残工程公試等実施
1944(S19)- 2-25	連合艦隊付属第11水雷戦隊
1944(S19)- 3- 4	呉発、6日横須賀着、補給待機、回航中荒天により内火艇、カッター破損、修理
1944(S19)- 3- 9	横須賀発木更津沖で船団と合同兵員等を搭載、12日サイパンに向け木更津沖発
1944(S19)- 3-13	八丈島西南西40浬で0315米潜水艦サンド・ランス/Sand Lance SS-381の発射した魚雷2本が後
	部機械室前部に命中航行不能となる(日本側では1本と認識) 当面沈没の危険はないと判断、横須
	賀から救援のため夕張が派遣されたが、暫時浸水が拡大1536沈没する、機関長以下戦死26、重傷8、
	卯月に274人が救助され玉波に移乗横須賀に向う(便乗者149人全員も救助されたというが、当時
	の龍田の乗員数は370人-第11水雷戦隊戦時日誌昭和19年3月-との記述からは救助者の員数があわ
	ない)
1944(S19)- 5-10	除籍

5,500 トン型 /5,500 Ton Class

型名 /Class name	球磨型 /Kuma Class(5)、長良型 /Nagara Class(6)、川内型 /Sendai Class(3)	同型艦数 /No. in class	14	設計番号 /Design No.	C-	設計者 /Designer	河合定二造船少監①

艦名 /Name	計画年度 /Prog. year	建造番号 /Prog. No	起工 /Laid down	進水 /Launch	竣工 /Completed	建造所 /Builder	建造費 (船体・機関+兵器=合計) /Cost(Hull・Mach. + Armament = Total)	除籍 /Deletion	喪失原因・日時・場所 /Loss data
球磨 /Kuma	T06/1917	第1号中型巡洋艦	T07/1918-08-29	T08/1919-07-14	T09/1920-08-31	佐世保海軍工廠	9,578,757 + 3,294,693 = 12,873,450	S19/1944-03-10	S19/1944-01-11 ペナン西方で英潜水艦 Tally Ho により撃沈
多摩 /Tama	T06/1917	第2号中型巡洋艦	T07/1918-08-10	T09/1920-02-10	T10/1921-01-29	三菱長崎造船所	10,840,146 + 3,187,333 = 14,027,479	S19/1944-12-20	S19/1944-10-25 比島沖海戦で米潜水艦 Jallao により撃沈
北上 /Kitakami	T06/1917	第3号中型巡洋艦	T08/1919-09-01	T09/1920-07-03	T10/1921-04-15	佐世保海軍工廠	8,423,386 + 3,532,818 = 11,956,204	S20/1945-11-30	終戦時小破状態、工作艦任務従事後 S21/1946 長崎で解体
大井 /Oi	T06/1917	第4号中型巡洋艦	T08/1919-11-24	T09/1920-07-15	T10/1921-10-03	神戸川崎造船所	10,978,087 + 3,535,767 = 14,513,844	S19/1944-09-10	S19/1944-07-19 マニラ東方で米潜水艦 Flasher により撃沈
木曽 /Kiso	T06/1917	第5号中型巡洋艦	T08/1919-06-10	T09/1920-12-14	T10/1921-05-04	三菱長崎造船所	10,867,998 + 3,508,585 = 14,376,583	S20/1945-03-20	S19/1944-11-13 マニラ港内で米艦載機により撃沈
長良 /Nagara	T06/1917	第6号中型巡洋艦	T09/1920-09-09	T10/1921-04-25	T11/1922-04-21	佐世保海軍工廠	8,122,495 + 4,140,371 = 12,262,866	S19/1944-10-10	S19/1944-08-07 樺島沖で米潜水艦 Groaker により撃沈
五十鈴 /Isuzu	T06/1917	第7号中型巡洋艦	T09/1920-08-10	T10/1921-10-29	T12/1923-08-15	浦賀船渠	7,141,925 + 3,741,673 = 10,883,598	S20/1945-06-20	S20/1945-04-07 スンバワ島付近で米潜水艦 Charr により撃沈
名取 /Natori	T06/1917	第8号中型巡洋艦	T09/1920-12-14	T11/1922-02-16	T11/1922-09-15	三菱長崎造船所	11,150,932 + 4,244,583 = 15,395,515	S19/1944-10-10	S19/1944-08-18 中部太平洋で米潜水艦 Hardhead により撃沈
由良 /Yura	T07/1918		T10/1921-05-21	T11/1922-02-15	T12/1923-03-20	佐世保海軍工廠	11,086,205 + 4,156,571 = 15,242,776	S17/1942-11-20	S17/1942-10-25 ツラギ沖で米機により被爆、処分
鬼怒 /Kinu	T07/1918		T10/1921-01-17	T11/1922-05-29	T11/1922-11-10	神戸川崎造船所	11,164,109 + 3,570,864 = 14,734,973	S19/1944-12-20	S19/1944-10-26 パナイ島北東で米機により撃沈
阿武隈 /Abukuma	T07/1918		T10/1921-12-08	T12/1923-03-16	T14/1925-05-26	浦賀船渠	11,214,507 + 3,873,380 = 15,087,887	S19/1944-11-20	S19/1944-10-26 ミンダナオ海で米機により撃沈
川内 /Sendai	T09/1920		T11/1922-02-16	T12/1923-10-30	T13/1924-04-29	三菱長崎造船所	9,436,442 + 4,298,972 = 13,735,414	S19/1944-01-05	S18/1943-11-02 ブーゲンビル島沖海戦で米艦により撃沈
神通 /Jintsu	T09/1920		T11/1922-08-04	T12/1923-12-08	T14/1925-07-31	神戸川崎造船所	9,658,239 + 3,984,672 = 13,642,911	S18/1943-09-10	S18/1943-07-12 コロンバンガラ沖海戦で米艦により撃沈
那珂 /Naka	T09/1920		T11/1922-06-10	T14/1925-03-24	T14/1925-11-30	横浜船渠	10,974,122 + 3,905,055 = 14,879,177	S19/1944-03-31	S19/1944-02-17 トラック北水道で米艦載機により撃沈

注/NOTES ① 八八艦隊計画における中型巡洋艦、当時混乱していた軽巡計画を本型で統一同型14隻という多数が建造された、基本計画は技術本部第4部の河合定二造船少監が担当したものとされている、本型の設計番号は不明だが艦型試験所の模型実験における番号は球磨がC-G、五十鈴がC-G1と記録されている【出典】海軍省年報/その他

船体寸法 /Hull Dimensions (1)

艦名 /Name	状態 /Condition	排水量 /Displacement		長さ /Length(m) 全長/OA	水線/WL	垂線/PP	幅 /Breadth(m) 全幅/Max	水線/WL	水線下/uw	深さ /Depth(m) 上甲板/m	最上甲板	吃水 /Draught(m) 前部/F	後部/A	平均/M	乾舷 /Freeboard(m) 艦首/B	中央/M	艦尾/S	備考 /Note
球磨 /Kuma	新造完成 /New (T)	常備 /Norm.	5,496.525	162.154		152.400	14.173	14.173		8.788		4.346	5.689	5.202				新造完成時の大正9年/1920 8月26日施行の重心査定試験による
		満載 /Full	6,982.585											5.689				
		軽荷 /Light	4,799.123									3.210	5.348	4.279				
	昭和9年/1934 (T)	常備 /Norm.	5,987.564									4.674	5.448	5.061				昭和9年/1934 12月7日施行の重心査定試験による
		満載 /Full	7,472.624									5.893	6.145	6.019				
		軽荷 /Light	5,284.778															
	昭和16年/1941 (t)	公試 /Trial	7,104											5.65				昭和16年/1941 6月1日施行の重心査定試験による
		満載 /Full	7,749											6.05				
		軽荷 /Light	5,775											4.62				
多摩 /Tama	新造完成 /New (T)	常備 /Norm.	5,494.803							8.799		4.370	5.161	4.770				新造完成時の大正10年/1921 1月6日施行の重心査定試験による
		満載 /Full	6,947.380									5.662	5.693	5.677				
		軽荷 /Light	4,802.768									3.275	5.293	4.284				
	昭和9年/1934 (t)	常備 /Norm.	6,153.140											5.115				昭和9年/1934 11月18日施行の重心査定試験による
		満載 /Full	7,800.410											6.041				
		軽荷 /Light	5,264.430											4.578				
	昭和15年/1940(t) 特定修理後(バラスト搭載)	公試 /Trial	7,064											5.64				昭和15年/1940 3月25日施行の重心査定試験成績に、バラスト110トン搭載訓令後の艦本計算で改正
		満載 /Full	7,663											6.04				
		軽荷 /Light	5,462											4.65				

5,500 トン型 /5,500 Ton Class

船体寸法 /Hull Dimensions (2)

艦名 /Name	状態 /Condition	排水量 /Displacement		長さ /Length(m)			幅 /Breadth (m)			深さ /Depth(m)		吃水 /Draught(m)			乾舷 /Freeboard(m)			備考 /Note
				全長 /OA	水線 /WL	垂線 /PP	全幅 /Max	水線 /WL	水線下 /uw	上甲板 /m	最上甲板	前部 /F	後部 /A	平均 /M	艦首 /B	中央 /M	艦尾 /S	
北上 /Kitakami	新造完成 /New (T)	常備 /Norm.	5,493.045	162.154		152.400	14.173	14.173		8.788		4.216	5.296	4.756				新造完成時施行の重心査定試験による
		満載 /Full	6,980.376									5.559	5.788	5.673				
		軽荷 /Light	4,796.433									3.064	5.462	4.263				
	昭和 11 年 /1936 (t)	公試 /Trial	6,835											5.505				昭和 11 年 /1936 3 月 27 日施行の重心査定試験による
		満載 /Full	7,502											5.945				
		軽荷 /Light	5,227											4.475				
	昭和 15 年 /1940 (t)	公試 /Trial	6,770											5.458				昭和 15 年 /1940 1 月 26 日施行の重心査定試験による
		満載 /Full	7,407											5.801				
		軽荷 /Light	5,207											4.480				
大井 /Oi	新造完成 /New (T)	常備 /Norm.	5,562.780	162.154		152.400	14.173	14.173		8.854		4.407	5.228	4.817				新造完成時施行の重心査定試験による
		満載 /Full	7,048.600									5.756	5.727	5.741				
		軽荷 /Light	4,906.683									3.278	5.398	4.338				
	昭和 14 年 /1939 (t)	公試 /Trial	7,117											5.64				昭和 14 年 /1939 7 月 20 日施行の重心査定試験による
		満載 /Full	7,765											6.07				
		軽荷 /Light	5,497											4.65				
	重雷装艦昭和 15 年計画 Reconst./1940 Des. (t)	公試 /Trial	6,900	162.154	159.80 ①	152.000	17.45	14.173		8.854		5.24	5.86	5.55				昭和 15 年 /1940 年 10 月 5 日現在の基本計画案による
		満載 /Full	7,519											5.95				
		軽荷 /Light	5,360											4.57				
	重雷装艦昭和 16 年完成 Reconst./1941 (t)	公試 /Trial	7,173	162.154	159.80 ①	152.000	17.45	14.173		8.854				5.68				昭和 16 年 /1941 7 月 31 日施行の重心査定試験による
		満載 /Full	7,823											6.13				
		軽荷 /Light	5,524											4.67				
木曽 /Kiso	新造完成 /New (T)	常備 /Norm.	5,527.926	162.154		152.400	14.173	14.173		8.799		4.311	5.247	4.779				新造完成時の施行の重心査定試験による
		満載 /Full	6,977.133									5.611	5.761	5.686				
		軽荷 /Light	4,835.725									3.210	5.374	4.292				
長良 /Nagara	新造完成 /New (T)	常備 /Norm	5,602.947	162.154		152.400	14.173	14.173		8.788		4.300	5.364	4.832				新造完成時の施行の重心査定試験による
		満載 /Full	7,090.278									5.646	5.847	5.746				
		軽荷 /Light	4,896.247									3.126	5.486	4.312				
	昭和 9 年 /1934 (t)	常備 /Norm	6,260.029															昭和 9 年 /1934 6 月 11 日施行の重心査定試験による
		満載 /Full	7,813.194															
		軽荷 /Light	5,521.254															
	昭和 16 年 /1941 (t)	公試 /Trial	7,199.470											5.190				昭和 16 年 /1941 1 月 27 日施行の重心査定試験による
		満載 /Full	7,845.549											7.840				
		軽荷 /Light	5,549.715											5.550				
五十鈴 /Isuzu	新造完成 /New (T)	常備 /Norm	5,559.682							8.839		4.486	5.066	4.776				新造完成時の施行の重心査定試験による
		満載 /Full	7,078.648									5.761	5.678	5.719				
		軽荷 /Light	4,863.198									3.267	5.334	4.301				
	昭和 9 年 /1934 (t)	常備 /Norm	6,360.700											5.527				昭和 9 年 /1934 6 月 11 日施行の重心査定試験による
		満載 /Full	7,518.080											6.43				
		軽荷 /Light	5,261.650											4.495				

5,500 トン型 /5,500 Ton Class

船体寸法/Hull Dimensions (3)

艦名 /Name	状態 /Condition		排水量 /Displacement	長さ /Length(m)			幅 /Breadth (m)			深さ /Depth(m)		吃水 /Draught(m)			乾舷 /Freeboard(m)			備考 /Note
				全長 /OA	水線 /WL	垂線 /PP	全幅 /Max	水線 /WL	水線下 /uw	上甲板 /m	最上甲板	前部 /F	後部 /A	平均 /M	艦首 /B	中央 /M	艦尾 /S	
五十鈴 /Isuzu	昭和14年 /1939 (t)	公試 /Trial	7,134											5.64				昭和14年 /1939 5月5日施行の重心査定試験による
		満載 /Full	7,773											6.04				
		軽荷 /Light	5,542											4.64				
名取 /Natori	新造完成 /New (T)	常備 /Norm.	5,622.139							8.799		4.394	5.284	4.829				新造完成時施行の重心査定試験による
		満載 /Full	7,079.894									5.734	5.779	5.756				
		軽荷 /Light	4,919.710									3.243	5.461	4.345				
	昭和9年 /1934 (t)	常備 /Norm.	6,381.019									5.097	5.266	5.432				昭和9年 /1934 6月14日施行の重心査定試験による
		満載 /Full	7,846.053									6.401	5.921	6.161				
		軽荷 /Light	5,589.414									5.097	5.266	5.432				
由良 /Yura	新造完成 /New (T)	常備 /Norm.	5,621.279							8.788		4.429	5.253	4.841				新造完成時施行の重心査定試験による
		満載 /Full	7,108.610									5.659	5.854	5.756				
		軽荷 /Light	4,913.489									3.130	5.816	4.493				
	昭和9年 /1934 (t)	常備 /Norm.	6,350.680											5.250				昭和9年 /1934 6月11日施行の重心査定試験による
		満載 /Full	7,901.500											6.710				
		軽荷 /Light	5,614.180											4.735				
	昭和11年 /1936 (t)	公試 /Trial	7,177.9											5.670				昭和11年 /1936 11月27日施行の重心査定試験による(バラスト搭載後)
		満載 /Full	7,824.5											6.107				
		軽荷 /Light	5,621.0											4.708				
鬼怒 /Kinu	新造完成 /New (T)	常備 /Norm.	5,744.300	162.154		152.400	14.173	14.173		8.839		4.694	5.191	4.942				新造完成時施行の重心査定試験による
		満載 /Full	7,233.720									6.055	5.880	5.704				
		軽荷 /Light	5,072.271											4.461				
	昭和9年 /1934 (t)	常備 /Norm.	6,460.384											5.294				昭和9年 /1934 8月26日施行の重心査定試験による
		満載 /Full	8,073.766											6.289				
		軽荷 /Light	5,762.356									4.438	5.264	4.851				
	昭和15年 /1940 (t)	公試 /Trial	7,346											5.77				昭和15年 /1940 10月5日施行の重心査定試験による
		満載 /Full	7,997											6.18				
		軽荷 /Light	5,710											4.75				
阿武隈 /Abukuma	新造完成 /New (T)	常備 /Norm.	5,693.316									5.825	5.771	5.797				新造完成時施行の重心査定試験による
		満載 /Full	7,798.146									4.438	5.264	4.851				
		軽荷 /Light	5,672.271									3.321	5.391	4.356				
	昭和9年 /1934 (t)	常備 /Norm.	6,250											5.112				昭和9年 /1934 7月27日施行の重心査定試験による、この状態では艦首改正により全長は那珂に同じ
		満載 /Full	7,798											6.023				
		軽荷 /Light	5,530											4.572				
	昭和13年 /1938 (t)	公試 /Trial	7,158											5.650				昭和13年 /1938 2月5日施行の重心査定試験による
		常備 /Norm.	7,812											6.066				
		軽荷 /Light	5,565											4.636				
川内 /Sendai	新造完成 /New (T)	常備 /Norm.	5,771.342	162.154		152.400	14.173	14.173		8.799		4.249	5.511	4.880	7.62	4.034	4.267	新造完成時施行の重心査定試験による
		満載 /Full	7,256.378									5.789	6.711	5.836				
		軽荷 /Light	5,093.546									3.409	5.461	4.434				

5,500 トン型 /5,500 Ton Class

船体寸法 /Hull Dimensions (4)

艦名 /Name	状態 /Condition	排水量 /Displacement		長さ /Length(m) 全長 /OA	水線 /WL	垂線 /PP	幅 /Breadth(m) 全幅 /Max	水線 /WL	水線下 /uw	深さ /Depth(m) 上甲板 /m	最上甲板	吃水 /Draught(m) 前部 /F	後部 /A	平均 /M	乾舷 /Freeboard(m) 艦首 /B	中央 /M	艦尾 /S	備考 /Note
川内 /Sendai	昭和10年 /1935 (t)	公試 /Trial	5,771.342											5.80				昭和10年 /1935 8月3日施行の重心査定試験による
		満載 /Full	7,256.378											6.16				
		軽荷 /Light	5,093.546											4.84				
	昭和15年 /1940 (t)	公試 /Trial	7,326											5.78				昭和15年 /1940 4月22日施行の重心査定試験による
		満載 /Full	7,982											6.22				
		軽荷 /Light	5,714											4.76				
神通 /Jintsu	新造完成 /New (T)	常備 /Norm.	5,974.844							8.855		4.413	5.586	5.000				新造完成時の大正14年 /1925 7月26日施行の重心査定試験による
		満載 /Full	7,489.709									6.010	5.916	5.963				
		軽荷 /Light	5,297.050									3.601	5.507	4.554				
	昭和9年 /1934 (t)	常備 /Norm.	6,510.94									4.813	7.043	5.928				昭和9年 /1934 8月12日施行の重心査定試験による、この状態では艦首形状改正で全長は那珂に同じ
		満載 /Full	7,979.25									6.363	6.165	6.264				
		軽荷 /Light	5,830.15									4.013	5.721	4.867				
那珂 /Naka	新造完成 /New (T)	常備 /Norm.	5,809.748	162.458		152.400	14.173	14.173		8.846		4.390	5.446	4.918				新造完成時施行の重心査定試験による、本艦のみ艦首形状改正により全長若干増加
		満載 /Full	7,381.763									5.993	5.841	5.933				
		軽荷 /Light	5,201.769									3.564	5.463	4.513				
	昭和9年 /1934 (t)	常備 /Norm.	6,469.313									3.409	5.461	4.434				昭和9年 /1934 6月13日施行の重心査定試験による
		満載 /Full	8,079.300									3.409	5.461	4.434				
		軽荷 /Light	5,843.256									3.409	5.461	4.434				
	昭和13年 /1938 (t)	公試 /Trial	7,549											5.234				昭和13年 /1939 1月28日施行の重心査定試験による
		満載 /Full	8,227											6.236				
		軽荷 /Light	5,894											4.870				
	昭和15年 /1940 (t)	公試 /Trial	7,563.023											5.902				昭和15年 /1940 12月10日施行の重心査定試験による
		満載 /Full	8,229.779											6.360				
		軽荷 /Light	5,917.343											4.910				
計画常備排水量 /Design Norm. Disp.	球磨型 /Kuma Class	常備 /Norm.	5,500	162.154	158.534	152.400	14.173	14.173		8.839		4.496	5.105	4.801	7.62	4.034	4.267	
	長良型 /Nagara Class	常備 /Norm.	5,570							8.839				4.839				
	川内型 /Sendai Class	常備 /Norm.	5,595							8.852				4.851				
公称排水量 /Offical Disp.	(各型共通)	常備 /Norm.	5,500				500'-0"	46'-9"						15'-9"				ワシントン条約締結前
	球磨型 /Kuma Class	基準 /St'd	5,100				152.40	14.40						4.80				ワシントン条約締結後
	長良型 /Nagara Class	基準 /St'd	5,170											4.84				
	川内型 /Sendai Class	基準 /St'd	5,195											4.84				

注 /NOTES 5,500トンの別称で知られる本型は太平洋戦争開戦時、新造時に比べて航空兵装の追加等により満載状態では800t前後排水量が増大しており、戦艦や重巡と違ってバルジ等による浮力のカバーができないため、吃水は30-40cm増加している。これによる船舶性能、復原力等の悪化を防ぐためか上部構造物の新設、増設等は極力抑えられていた。また第4艦隊事件後は多くの艦がバラスト200t前後を搭載して性能の悪化を防止している。大井、北上のような重雷装艦への改装も重量の増加は極力抑えていたことがわかる。

　鬼怒新造時の入渠図によれば全長533'(162.458m)、水線長520.125'(158.534m)、垂線間長500'(152.4m)、幅46.5'(14.173m)、最大幅46.75'(14.249m)、深さ29.05'(8.854m)、吃水前部14.75'(4.496m)、同後部16.75'(5.105m)、同平均15.75'(4.801m)乾舷高さ艦首30'-0"(9.144m)、同中央14'-9"(4.496m)、同艦尾14'-0"(4.267m)、排水量5,525T(常備)の数値がある。部分的に上記数値と異なる部分があるもそのままとした。また艦の深さ数値が艦によって微妙に異なるが、これは「各種艦船KG、GM等に関する参考資料(平賀資料)」記載の数値によったが、ただし実測値なのか計画値なのかは不明。

【出典】一般計画要領書 /艦船復原性能比較表 /各種艦船KG、GM等に関する参考資料(平賀)/軍艦基本計画(福田)

5,500トン型 /5,500 Ton Class

機　関 /Machinery

5,500トン型 /5,500T Class		球磨型 /Kuma Class	長良型 /Nagara Class	川内型 /Sendai Class
主機械 /Main mach.	型式 /Type ×基数(軸数)/No.	高圧衝動技本式低圧反動パーソンズ式分流式オール・ギアード・タービン /HP Gihon type & LP Parsons all geared turbine × 4 ①		
		ブラウン・カーチス高低圧衝動式オール・ギアード・タービン /Brown-Curtis all geared turbine × 4 ②		
		高圧衝動低圧反動パーソンズ式オール・ギアード・タービン /HP Inpulse & LP reaction Parsons all geared turbine × 4 ③		
	機械室 長さ・幅・高さ(m)・面積(㎡)・1㎡当たり馬力	28.04・12.496・7.695・345.1・260.8	28.04・12.496・7.695・345.1・260.8	28.04・12.496・7.695・345.1・263.1
缶 /Boiler	型式 /Type ×基数 /No.	ロ号艦本式専焼缶大型×6、同小型×4、同混焼缶×2/Ro-go kanpon type, 6 oil fired large, 4 oil fired small, 2 mixed fired ④		
		ロ号艦本式過熱器付専焼缶×8、同混焼缶×4/Ro go kanpon type, 8 oil fired , 4 mixed fired with over heater ⑤		
	蒸気圧力 /Steam pressure (kg/㎠)	(計画/Des.) 18.3		
	蒸気温度 /Steam temp.(℃)	(計画/Des.) 飽和/Saturation (鬼怒/Kinu、神通/Jintsu のみ 100°F 過熱)		
	缶室 長さ・幅・高さ(m)・面積(㎡)・1㎡当たり馬力	40.230・12.597・7.545・494.7・181.9	40.230・12.597・7.545・494.7・181.9	40.230・12.597・7.545・488.3・186.4
計画 /Design (普通・密閉)	速力 /Speed(ノット/kt)	/36 (10/10全力) /24(後進)	/36 (10/10全力) /24(後進) ⑥	/35.25 (10/10全力) /24(後進) ⑦
	出力 /Power(軸馬力/SHP)	/90,000	/90,000	/90,000
	推進軸回転数 /(rpm)	/380 (HPT-2,780rpm、LPT -2,270rpm)	/385 (HPT-2,710rpm、LPT -1,390rpm)	/360 (HPT-2,700rpm、LPT -2,150rpm)
改造(修理)公試 /Repair trial (普通・密閉)	速力 /Speed(ノット/kt)	(球磨/Kuma)/33.547 ⑧	(長良/Nagara)/33.4 ⑨	⑩
	出力 /Power(軸馬力/SHP)	/92,175	/90,083	
	推進軸回転数 /(rpm)			
	公試排水量 /T. disp.・施行年月日 /Date・場所 /Place	S15/1940	S15/1940	
推進器 /Propeller	数 /No.・直径 /Dia.(m)・節 /Pitch(m)・翼数 /Blade no.	×4 ・3.353 ・3.429 ・3翼		
舵 /Rudder	舵機式 /Machine・舵型式 /Type・舵面積 /Rudder area(㎡)	側立2筒機械(蒸気)・半釣合舵 /Semi balanced × 1・15.174		
燃料 /Fuel	重油 /Oil(T)・定量(Norm.)・全量(Max.)	/1,247～1,284(新造時/New、大井、北上 - 重雷装艦改装時 -S16 1,609t)		/1,010 (新造時/New、那珂 S15 1,627t)
	石炭 /Coal(T)・定量(Norm.)/全量(Max.)	/340～360(新造時/New) ⑪		/570 (新造時/New) ⑪
航続距離 /Range(ノット/Kts -浬/SM)	計画 /Design	14－5,300(石炭のみで/Coal only 925浬)	14－5,000(石炭のみで/Coal only 925浬)	14－5,000(石炭のみで/Coal only 1,200浬)
	基準速力 /Standard speed	(北上/Kitakami)13.87ノット、3,465 SHP、重油1t当たりの航続距離－5.015浬(重油量換算航続距離7,672.95浬)、T10/1921-3-1公試 ⑫	(名取/Natori)14.45ノット、3,822 SHP、重油1t当たりの航続距離－4.225浬(重油量換算航続距離6,460.03浬)、T11/1922-7-22公試	(川内/Sendai)13.38ノット、3,732 SHP、重油1t当たりの航続距離－4.335浬(重油量換算航続距離6,060.33浬)、T13/1924-3-15公試
	巡航速力 /Cruising speed	(北上/Kitakami)14.9ノット、5,216 SHP、重油1t当たりの航続距離－5.440浬(重油量換算航続距離8,323.32浬)、T10/1921-3-1公試 ⑫	(名取/Natori)15.79ノット、5,143 SHP、重油1t当たりの航続距離－2.800浬(重油量換算航続距離4,281.2浬)、T11/1922-7-12公試	(川内/Sendai)17.12ノット、6,919 SHP、重油1t当たりの航続距離－3.538浬(重油量換算航続距離4,946.12浬)、T13/1924-3-15公試
発電機 /Dynamo・発電量 /Electric power(W)		レシプロ式110V/800A×1、110V/600A×1・154kW	レシプロ式110V/600A×2 ターボ式110V/600A×1・198kW	ターボ式225V/400A×2 ディーゼル式225V/200A×1・225kW
新造機関製造所 / Machine maker at new		タービンは神戸川崎造船所建造艦は同造船所製、それ以外の艦のタービンは全て三菱長崎造船所製		

注 /NOTES

① 大井以外の球磨型、鬼怒以外の長良型
② 大井、鬼怒、神通
③ 神通以外の川内型
④ 球磨型、長良型、開戦までに混焼缶を専焼缶に改造
⑤ 川内型、S9-S10 に混焼缶を重油専焼缶に改造、石炭庫を重油庫に改造
⑥ 鬼怒のみを示す、他の長良型は球磨型と同じ
⑦ 神通を除く、神通は推進軸回転数を除いては鬼怒に同じ
⑧ 球磨型の開戦時の全力速力レベルと考えられた、S15 に重雷装艦に改造された本型の大井、北上の改装計画出力76,000軸馬力、速力31ノット、S19の北上の輸送艦(回天母艦)への改装時の計画速力は32ノット、航続距離14ノットにて7,700浬、重油搭載量1,565t、木曽のS19-7現在速力32.1ノット、出力76,000軸馬力、重油搭載量1,530t
⑨ 長良型の開戦時の全力速力レベルと考えられた、S19防空艦に改装された五十鈴の速力32.2ノット、出力80,000軸馬力、航続力14ノットにて7,550浬、重油搭載量1,529t、鬼怒S19-7現在速力34.42ノット(公試?)、出力85,000軸馬力、航続距離17ノットにて4,870浬、重油1,597t、その他S19-7現在の速力、名取、長良32.1ノット、阿武隈31.8ノット
⑩ 川内型についての開戦時の全力速力については不明だが、水雷戦隊旗艦として排水量の増大も大きく、全力速力は32-33ノットのレベルを超えることはなかったものと推定される
⑪ 混焼缶を専焼缶に改造後石炭庫を重油タンクに改造
⑫ 艦艇燃料消費量及び航続距離調査表(筆写)-S11-8-10- 基本計画班(艦本)による、航続力算出には石炭を1.47tを重油1tに換算、いずれも新造時のデータで、後に混焼缶を改造、重油専焼缶化したときの航続力とは必ずしも一致しない
⑬ 下記に示す5,500トン型の公試成績は原則として終末運転10/10全速の最高値を示す、特に断らない限り密閉排気状態を示す

【出典】帝国海軍機関史 / 一般計画要領書 / 軍艦基本計画(福田)/ 艦艇燃料消費量及び航続距離調査表(艦本基本計画班S11-8-10)/ 公文備考 / 舶用蒸気タービン設計法 / 艦船速力比較表 - 平賀資料 / 艦船要目概要一覧表 -S19-7-1 艦本調べ

公試運転記録 /Trial Speed Record

艦名 /Name	状態 Condition	速力 Speed (kt)	出力 (軸馬力/SHP)	回転数 (RPM)	公試排水量 Trial Disp.	日時 Date	場所 Location	備考 Note
球磨 /Kuma	新造公試	34.266	91,229	383.54	5,451	T9/1920-7-6	三重沖	
〃	修理公試	33.547	90,902	374.469	5,909	S5/1930-2-27	〃	
多摩 /Tama	新造公試	35.514	91,377	384.9	5,603	T9/1920-12-6	甑島沖	
北上 /Kitakami	新造公試	35.04	90,601	384	5,534	T10/1921-3-16	三重沖	
大井 /Oi	新造公試	34.223	91,108	385.5	5,499.053	T10/1921-8-24	紀州沖	
木曽 /Kiso	新造公試	34.43	89,489	381	5,580	T10/1921-4-2	甑島沖	
長良 /Nagara	新造公試	34.887	92,687.4	386.156	5,580.8	T11/1922-3-1	甑島沖	密閉排気
五十鈴 /Isuzu	新造公試	35.142	92,740	389	5,589	T12/1923-6-19	館山沖	密閉排気
〃	新造公試	34.9	88,520	383	5,520	〃	〃	普通排気

公試運転記録 /Trial Speed Record

艦名 /Name	状態 Condition	速力 Speed (kt)	出力 (軸馬力/SHP)	回転数 (RPM)	公試排水量 Trial Disp.	日時 Date	場所 Location	備考 Note
名取 /Natori	新造公試	34.93	91,127	384.9	5,000	T11/1922-7-18	甑島沖	密閉排気
〃	新造公試	34.42	89,281	381.7	4,630	〃	〃	普通排気
由良 /Yura	新造公試	35.178	94,331	393.36	5,595	T12/1923-2-18	甑島沖	
鬼怒 /Kinu	新造公試	35.454	95,411	401.6	5,524	T11/1922-9-20	紀伊水道	密閉排気
〃	新造公試	34.27	90,556	390.6	5,634	〃	〃	普通排気
阿武隈 /Abukuma	新造公試	34.615	94,005		5,587.82	T14/1925-4-14	館山沖	
川内 /Sendai	新造公試	36.189	97,657		5,631.26	T13/1924-3-8	甑島沖	
神通 /Jintsu	新造公試	35.107	94,883		5,700.54	T14/1925-5-18	紀伊水道	
那珂 /Naka	新造公試	35.504	96,282	372.7	5,734	T14/1925-10-5	館山沖	

25

5,500 トン型 /5,500 Ton Class

兵装・装備/Armament & Equipment (1)

5,500 トン型 /5,500T Class			新造 - 昭和 16 年 /New build-1941
砲熕兵器 / Guns		主砲 /Main guns	50 口径 3 年式 14cm 砲 /3 Year type × 7 ①
		高角砲 /AA guns	40 口径 3 年式 8cm 高角砲 /3 Year type × 2 ②
		機銃 /Machine guns	3 年式 6.5mm 機銃 /3 Year type × 2 ③
			留式 7.7mm 機銃 /Lewis type × 2 ④
		その他砲 /Misc. guns	山内 5cm 砲 /Yamanouchi type × 2 ⑤ 山内 1 号 6cm 砲 /Yamanouchi 1-go type × 2 ⑥
		陸戦兵器 /Personal weapons	38 式小銃 × 110 ⑦
			陸式拳銃 × 30 ⑦
	弾薬定数 Ammunition	主砲 /Main guns	× 120(1 門当り)
		高角砲 /AA guns	× 200(1 門当り)
		機銃 /Machine guns	× 15,000(3 年式、1 門当り)
	揚弾薬機 Ammun.tube	主砲 /Main guns	電動式 × 4
		高角砲 /AA guns	× 1 ⑧
		機銃 /Machine guns	
	射撃指揮装置 Fire cont. system	主砲 /Main gun director	中口径砲射撃用方位盤 × 1 ⑨
		高角砲 /AA gun director	
		機銃 /Machine gun	
		主砲射撃盤 /M. gun computer	距離時計 × 1
		その他装置 /	変距率乙型 × 2、11 式変距率盤 × 2、12 式 (又は 13 式) 測的盤 × 1(後 2 種は竣工後装備)
	装填演習砲 /Loading mac		14cm 砲用 × 2、8cm 高角砲用 × 1 ⑧
	発煙装置 /Smoke generator		88 式発煙機 5 型 × 1 (S9/1934 以降装備)
水雷兵器 / Torpedo etc	発射管 /Torpedo tube		6 年式 53cm 連装発射管 /6 Year type Ⅱ × 4、8 年式 61cm 連装発射管 /8 Year type Ⅱ × 4 ①
	魚雷 /Torpedo		44 式 2 号 53cm 魚雷 /(計画 /Des.) 6 年式 53cm 魚雷 /6 Year type × 12(16 最大 /Max.) ②
	発射指揮装置 Fire cont	方位盤 /Director	90 式 × 2 ③
		発射指揮盤 /Cont. board	14 式 2 型 × 4(S16 球磨)、97 式 × 3(大井、北上)
		射法盤 /Course indicator	1 式 × 4 (S16 大井、北上)
		その他 /	
	魚雷用空気圧縮機 /Air compressor		武式 V 型 200 気圧 × 2 (球磨型新造時) ④
	酸素魚雷用第 2 空気圧縮機 /		95 式圧縮機 × 1、艦本式 5 型改 1 × 1 ⑤
	爆雷投射機 /DC thrower		81 式投射機 × 2 ⑥
	爆雷投下軌条 /DC rack		
	爆雷投下台 /DC chute		水圧投下機 × 2、手動投下機 × 2 ⑦
	爆雷 /Depth charge		88 式 × 8、91 式 2 型 × 4(8) ⑧
	機雷 /Mine		1 号機雷甲 × (48) 又は 5 号機雷改 1 × (64) ⑨
	機雷敷設軌条 /Mine rail		× 2
	掃海具 /Mine sweep. gear		小掃海具 × 1 (天龍 × 3)
	防雷具 /Paravane		中防雷具 1 型改 1 × 2
	測深器 /		2 型 × 2
	水中処分具 /		1 型 × 2
	海底電線切断具 /		

注 /NOTES
① S16 に大井、北上のみ重雷装艦に改造された際に後部の 3 門を撤去
② S9 以降球磨、大井、北上、木曽を除く艦は 13mm 連装機銃に交換装備、さらに S14 以降 (推定) 全艦 25mm 連装機銃に換装
③ 球磨型、長良型が新造時装備、S5 以降 (推定) 留式 7.7mm 機銃に換装、S7 (推定) 以降北上、大井、木曽を除く各艦に 13mm4 連装備機銃 1 基 (球磨、多摩、阿武隈、川内、那珂は 2 基) を艦橋前に装備、留式機銃は引き続き装備
④ 川内型新造時装備
⑤ 球磨型及び長良の新造時装備 (礼砲、実口径 47mm)
⑥ 上記以外の艦の新造時装備 (礼砲、実口径 57mm)
⑦ 球磨型の新造時の装備数
⑧ 8cm 高角砲撤去にともない撤去
⑨ 新造時の装備、長良型、川内型については S10 以降 (推定) 一部の艦は 94 式方位盤 4 型に換装

注 /NOTES
① 球磨型 53cm 発射管、長良、川内型 61cm 発射管装備、S16 大井、北上は重雷装艦に改装 92 式 61cm4 連 3 型 10 基に換装、阿武隈、神通、那珂 3 艦は 92 式 61cm4 連 4 型 2 基に換装
② 長良、川内は 8 年式 61cm 魚雷装備 (定数同) 開戦時の搭載魚雷 53cm-6 年式改 2、61cm-8 年式 2 号改 2、S16 大井、北上 93 式 1 型改 3 61cm 魚雷 40 阿武隈、神通、那珂は 93 式 1 型改 2 61cm 魚雷 16
③ 球磨型は新造時方位盤の装備なし、長良、川内型は S10 以降 90 式に換装、開戦時球磨型 90 式 1 型、その他 91 式 2 型
④ 長良、五十鈴、名取同 225 気圧型、その他 250 気圧型
⑤ 93 式魚雷を装備した各艦が装備したものと推定
⑥ 竣工後の装備、S16 の大井、北上では撤去
⑦ S10/1935 頃の状態、手動投下機は多摩なし、阿武隈、神通、那珂のみ 4 基
⑧ S10/1935 頃の状態、阿武隈、川内型は 6 個、開戦時は各艦 95 式 12 個が標準か
⑨ S10/1935 頃の状態、5 号機雷に替えて多摩 93 式 36 個、北上、木曽、鬼怒は同 56 個、開戦時各艦 93 式 36-56 個、

兵装・装備/Armament & Equipment (2)

5,500 トン型 /5,500T Class			昭和 18 年 /1943	球磨	長良	那珂	大井
無線兵器 / Electronics Weapons	通信装置 Communication equipment	送信装置 /Transmitter	92 式 4 号改 1	1	1	1	1
			95 式短 3 号改 1	1	1	1	
			95 式短 4 号改 1	1	1	1	1
			95 式短 5 号改 1	1	2	2	2
			91 式特 4 号改 1	1	1	1	
			97 式	1	1	1	
		受信装置 /Receiver	91 式 1 型改 1	3	3	3	3
			95 式短 3	3	3	3	
			92 式特改 3	8	7	16	8
			92 式特改 4	8	9		4
		無線電話装置 /Radio telephone	2 号話送 1 型	2	1	2	3
			90 式改 3/ 改 4	/1	1/	1/1	/1
			93 式超短送	1	2	2	1
			同受信機	1	2	2	1
	測波装置 /Wave measurement equipment		15 式 2 号改 1/ 同 3 号	1/1	1/1		1/1
			92 式短改 1/96 式超短 (96 式 1 型)	1/1	1/2	/2 (1)	1/2
			96 式長波 /96 式中波 (96 式中 1 型 /97 式短 1 型)	1/2	1/2	2/2(2/1)	/1
	電波鑑査機 /Wave detector		92 式改 1/ 同改 2	1/	/1	/1	1/
	方位測定装置 /DF		93 式 1 号	1	1	1	1
	印字機 /Code machine		97 式 1 型 / 同 2 型	1/1	/2	/2	/2
	電波兵器 / Radar	電波探信儀 /Radar	戦時変遷を参照のこと				
			〃				
			〃				
		電波探知機 /Counter measure	〃				
	水中兵器 / UW weapon	探信儀 /Sonar	〃				
		聴音機 /Hydrophone	〃				
		信号装置 /UW commu. equip.	S9/1934 潜水戦隊旗艦時の由良は潜航中の潜水艦との通信のため複式水中通信機を装備				
		測深装置 /Echo sounder	90 式 2 型改 1/L 型			1/	/1
電気兵器 / Electric Weapons	一次電源 Main P. Sup. / 2nd power supply	ターボ発電機 /Turbo genera.	機関の項を参照				
		ディーゼル発電機 /Diesel genera.	〃				
		発電機 /Generator					
		蓄電池 /Battery	S10 ごろの名取の各科における蓄電池の使用例を示す 機関科 /3 号 3 型 46 個、3 号 4 型 4 個 砲術科 /3 号 3 型 16 個、同 4 型 86 個、同 7 型 80 個 航海科 /4 号 1 型 4 個、3 号 3 型 12 個、同 4 型 10 個 通信科 3 号 3 型 190 個、同 10 型 64 個、同 16 型 12 個 飛行科 /3 号 4 型 2 個 合計 /525 個				
		探照灯 /Searchlight ①	(新造時) 須式 90cm 手動	3	3	3	
			(開戦時) 須式 90cm/92 式 90cm(92 式 110cm)	2/1	2/1	2/ (1)	2 ※
		探照灯管制器 /SL controller	92 式従動装置 (※計画 96 式探照灯及び管制器)	1	1	1	2 ※
		信号用探照灯 /Signal SL	40cm 信号探照灯				
		信号灯 /Signal light	2kW 信号灯				
		舷外電路 /Degaussing coil	S16/1941 装備				

5,500トン型 /5,500 Ton Class

兵装・装備/Armament & Equipment (3)

5,500トン型 /5,500T Class		昭和18年 /1943	球磨	長良	那珂	大井
航海兵器 / Navigation Equipment	羅針儀 Compass 磁気/Magnetic	90式1型改1①	1	1	1	1(計画)
		知式/修整式	1/	1/	1/	/1(計画)
	羅針儀 Compass 転輪/Gyro	須式/Sperry式5型(単式)	1	1	1	
	測深儀 /Echo sounder	普通/電動②	/1	/1	/1	/1
	測程儀 /Log	91式/92式③	1/	1/	1/	/1(計画)
	航跡儀 /DRT	安式改2④	1	1	1	1
	気象兵器 Weather 風信儀 /Wind vane	91式改1				
	気象兵器 Weather 海上測風経緯儀 /					
	気象兵器 Weather 高層気象観測儀 /					
	信号兵器 /Signal light	97式山川灯1型・亜式信号灯改1	2/1	2/1	2/1	2/1
光学兵器 / Optical Weapons	測距儀 /Range finder ⑤	武式2.5m	1			
		武式3.5m		1		
		武式5.5m			1	
	望遠鏡 /Binocular ⑥	指揮官用12cm双眼鏡	2	2	2	2
		[参考]S20-8 現在北上の双眼鏡装備 ■15cm双眼鏡2基 ■12cm双眼鏡5基 ■12cm高角双眼鏡2基 ■8cm高角双眼鏡4基 ■6cm高角双眼鏡6基				
	見張方向盤 /Target sight					
	その他 /Etc.					
航空兵器 / Aviation Weapons	搭載機 /Aircraft ⑦	94式3座水偵/96式夜偵	1/	1/	/1	
	射出機 /Catapult ⑧	呉式2号3型改1	1	1	1	
	射出装薬 /Injection powder					
	搭載爆弾・機銃弾薬 /Bomb・MG ammunition					
	その他 /Etc	1号繋留気球及び同繋留装置(T12/1923装備) 同上(S3/1928撤去)				
短艇 / Boats	内火艇 /Motor boat	9m(20HP)/11m(60HP)	2/1	2/1	2/1	1/1
	内火ランチ /Motor launch					
	カッター /Cutter	30'/9m	1/1	/3	2/1	2/1
	内火通船 /Motor utility boat					
	通船 /Utility boat ⑨	20'/6m	1/	/1	/1	
	その他 /Etc.					

防 禦/Armor

5,500トン型 /5,500T Class			新造時 /New build	昭和17-20年 /1942-45
弾火薬庫 /Magazine	舷側 /Side		25.4mm/1" 高張力鋼 /HT	
	甲板 /Deck		28.6mm/1.125" 高張力鋼 /HT(上甲板)	
	前部隔壁 /For. bulkhead			
	後部隔壁 /Aft. bulkhead			
機関区画 /Machinery	舷側 /Side		25.4 + 38mm/1 + 1.5" 高張力鋼 /HT	
	甲板 /Deck	平坦 /Flat	28.6mm/1.125" 高張力鋼 /HT(上甲板)	
		傾斜 /Slope		
	前部隔壁 /For. bulkhead			
	後部隔壁 /Aft. bulkhead			
	煙路 /Funnel			
砲架 /Gun mount	主砲楯 /Shield		38mm/1.5" 高張力鋼 /HT	
	砲支筒 /Barbette			
	揚弾薬筒 /Ammu. tube			
舵機室 /Steering gear room	舷側 /Side		25.4mm/1" 高張力鋼 /HT	
	甲板 /Deck		28.6mm/1.125" 高張力鋼 /HT(上甲板)	
	その他 /			
司令塔 /Conning tower			13 + 38mm/0.5 + 1.5" 高張力鋼 /HT①	
水中防禦 /UW protection				
その他 /				S12/1937 艦橋防弾板装備
				S17/1942 魚雷頭部用防弾板装備

注/NOTES ①球磨型のみ、長良、川内型は司令塔を廃止
【出典】球磨最大中央切断図 / 一般計画要領表 / 各鎮守府戦時日誌 / 極秘版海軍省年報

注/NOTES

[兵装・装備(2)表]
① S8/1933以降航空兵装の装備に伴って後檣の探照灯を1基から2基に増加したのは球磨、名取、阿武隈及び川内型の6隻ただし開戦までに再度1基に変更、その際水雷戦隊旗艦の阿武隈と川内型は管制装置付92式110cmに換装、他は同じく92式90cmに換装、他の長良型も後檣の須式を管制装置付92式90cmに換装したものと推定

[兵装・装備(3)表]
① S11/1936 当時の装備数球磨型3基、長良、川内型2基
② S11/1936 当時の装備状態、90式測深儀1基(川内、阿武隈、長良)、L式音響測深儀1基(那珂、神通、鬼怒)上記以外の艦は普通測深儀1基または電動測深儀1基または2基を装備
③ S11/1936 当時の装備状態、去式艦底測程儀1基(多摩、阿武隈)、保式艦底測程儀1基(球磨、北上、大井、木曽、鬼怒)91式艦底測程儀1基(長良、五十鈴、名取、由良、川内、神通、那珂)
④ S8/1933以降各艦安式航跡自画器を装備
⑤ S11/1936 当時の装備状態、武式2.5m測距儀1基(球磨、多摩)、5年式2.5m測距儀1基(北上、大井、木曽、阿武隈、多摩)、武式3.5m測距儀1基(長良、五十鈴、名取、由良、川内、神通、那珂)、14式3.5m測距儀1基(鬼怒)
⑥ S11/1936 当時の装備状態、8cm双眼鏡2基(球磨、名取、由良、鬼怒、阿武隈、那珂)、同1基装備(木曽)、12cm双眼鏡3基(鬼怒、川内)、同2基(長良、五十鈴、名取、由良、阿武隈、神通、那珂)、15cm双眼鏡1基(阿武隈、川内型)18cm双眼鏡1基(北上、長良、鬼怒、阿武隈、川内型)
⑦ T10/8 多摩にソッピース・シュナイダー水上戦闘機1機搭載
◆T11/1922 木曽前甲板で発艦実験、10式艦戦その他搭載
◆T15/1926 由良 14式1号水偵搭載
◆S4/1929 由良 90式1号水偵搭載
◆S6/1931 鬼怒 90式1号水偵搭載
◆S7/1932 球磨、神通 90式2号水偵搭載
◆S9/1934以降 多摩、長良、五十鈴、名取、由良、鬼怒、阿武隈、川内型に90式2号水偵搭載、さらにS10/1935以降94式3座水偵、96式夜偵に機種変更
⑧ S4/1929 由良の前甲板に萱場式発進促進装置を実験装備
◆S5/1930 由良の前甲板に呉式2号1型射出機装備(S9に呉式2号3型に換装、装備位置変更)
◆S6/1931 鬼怒、神通の前甲板に呉式2号1型射出機装備(S9に呉式2号3型に換装、装備位置変更)
◆S7/1932 球磨の後甲板に呉式2号1型射出機装備(S12に呉式2号5型に換装)
◆S8/1933以降、多摩、長良、五十鈴、名取、阿武隈、川内型の後甲板に呉式2号3型射出機装備
⑨ 5,500トン型の短艇搭載定数は内火艇2、カッター3、通船2
【出典】一般計画要領表 / 航海兵器一覧 - 平賀資料 / 極秘版海軍省年報 / 飛行機搭載艦物語 - 永石

5,500トン型 /5,500 Ton Class 戦時兵装・装備変遷一覧　1/4

開戦時 /Dec. 1941（球磨～那珂の14隻）／昭和17年末 /End of 1942（球磨・多摩・北上・大井・木曽・長良の各「増／減／現」）

区分	項目	球磨	多摩	北上	大井	木曽	長良	五十鈴	名取	由良	鬼怒	阿武隈	川内	神通	那珂	球磨増	球磨減	球磨現	多摩増	多摩減	多摩現	北上増	北上減	北上現	大井増	大井減	大井現	木曽増	木曽減	木曽現	長良増	長良減	長良現
砲熕兵器・Gun	14cm砲	7	7	4	4	7	7	7	7	7	7	7	7	7	7			7			7			4			4			7			7
	12.7cm連装高角砲																																
	山内 47/57mm砲	2	2	2	2	2	2	2	2	2	2	2	2	2	2			2		2①	0		2②	0		2④	0		2⑥	0		2	0
	25mm機銃3連装																																
	〃　連装	2	2	2	2	2	2	2	2	2	2	2	2	2	2			2			2			2			2			2			2
	〃　単装																																
	13mm機銃4連装						1	1	1	1	1	1	1	1	1																	1⑦	0
	〃　連装																		1①		1	2②		2	2④		2	1⑥		1	1⑦		1
	〃　単装																																
	7.7mm機銃単装	2	2	2	2	2	2	2	2	2	2	2	2	2	2			2			2			2			2			2			2
	主砲方位盤	1	1	1	1	1	1	1	1	1	1	1	1	1	1			1			1			1			1			1			1
	高射装置																																
	機銃射撃装置																																
	その他																																
魚雷兵器・Torpedo	53cm連装発射管	4	4			4												4			4									4			
	61cm連装発射管						4	4	4	4	4		4																				4
	61cm4連装発射管			10	10							2		2	2								4③	6		4⑤	6						
	53cm魚雷	16	16			16												16			16									16			
	61cm魚雷(8年式)						16	16	16	16	16		16																				16
	61cm魚雷(93式)			40	40							16		16	16								16③	24		16⑤	24						
爆雷・DC	投射機	2	2				2	2	2	2	2	2	2	2	2			2			2												2
	投下軌条																																
	投下台	2	2	4	4	2	2	2	2	2	2	4	4	4	4			2			2			4			4			2			2
	爆雷	16	8	8	8	16	16	16	16	16	16	16	16	16	16			16			8			8			8			16			16
電子兵器・Electro. W.	21号電探																																
	22号電探																																
	13号電探																																
	電波探知機																																
	水中探信儀																																
	水中聴音機																																
	哨信儀																																
航空兵装	射出機	1	1				1	1	1	1	1	1	1	1	1			1			1												1
	水上偵察機	1	1				1	1	1	1	1	1	1	1	1			1			1												1
探照灯	探照灯90cm	3	3	2	2	3	3	3	3	3	3	2	2	2	2			3			3			2			2			3⑥			3
	探照灯110cm											1	1	1	1																		

注/NOTES ① S17-7 横須賀で艦橋前に13mm機銃Ⅱ1基装備、山内砲撤去　② S17-4 佐世保で13mm機銃Ⅱ2基装備、山内砲撤去　③ S17-9 横須賀で輸送任務のため後部の7-10番連管陸揚げ　④ S17-4 呉で13mm機銃Ⅱ2基装備、山内砲撤去　⑤ ③と同じ　⑥ S17-12 舞鶴で13mm機銃Ⅱ1基装備、山内砲撤去、後檣の3番探照灯を96式90cmに換装、96式管制装置を前檣上に装備　⑦ S17-4 舞鶴で艦橋前の13mm機銃Ⅳ1基を同Ⅱ1基に換装

【出典】各鎮守府戦時日誌/各戦隊戦時日誌/各艦戦時日誌/既成艦船工事記録/歴史群像-太平洋戦史シリーズ(球磨・長良・川内型/真実の艦艇史2-田村俊夫氏による5,500トン型の戦時兵装変遷調査)

戦時兵装・装備変遷一覧　2/4　5,500トン型/5,500 Ton Class

兵装	項目	昭和17年末/End of 1942																								昭和18年末/End of 1943											
		五十鈴			名取			由良(最終)			鬼怒			阿武隈			川内			神通			那珂			球磨			多摩			北上			大井		
		増	減	現	増	減	現	増	減	現	増	減	現	増	減	現	増	減	現	増	減	現	増	減	現	増	減	現	増	減	現	増	減	現	増	減	現
砲熕兵器・Gun	14cm砲			7			7			7			7			7			7			7			7		1⑥	6		2⑦	5			4			4
	12.7cm連装高角砲																												1⑦		1						
	山内 47/57mm 砲			2			2			2			2		2②	0		2③	0		2④	0		2⑤	0		2⑥	0									
	25mm 機銃 3 連装																									2⑥		2	4⑦		4	2⑧		2	2⑨		2
	〃　連装			2			2			2			2			2			2			2			2			2			2			2			2
	〃　単装																																				
	13mm 機銃 4 連装		1①	0			1			1			1		1②	0		1③	0		1④	0		1⑤	0												
	〃　連装	1①		1										1②		1	1③		1	1④		1	1⑤		1				1⑦		1			2			2
	〃　単装																																				
	7.7mm 機銃単装			2			2			2			2			2			2			2			2			2			2			2			2
	主砲方位盤			1			1			1			1			1			1			1			1			1	1⑦		1			1			1
	高射装置																																				
	機銃射撃装置																												2⑦		2						
	その他																																				
魚雷兵器・Torpedo	53cm 連装発射管																											4			4						
	61cm 連装発射管			4			4			4			4									4															
	61cm4 連装発射管															2			2						2							2⑧		4	2⑨		4
	53cm 魚雷																											16			16						
	61cm 魚雷 (8 年式)			16			16			16			16									16															
	61cm 魚雷 (93 式)															16			16						16							8⑧		16	8⑨		16
爆雷・DC	投射機			2			2			2			2			2			2			2			2			2			2						
	投下軌条																																				
	投下台			2			2			2			2			2			2			2			2			2			2			4			4
	爆雷			16			16			16			16			16			16			16			16			16			16			8＋			8＋
電子兵器・Electro W.	21 号電探																												1⑦		1						
	22 号電探																																				
	13 号電探																																				
	電波探知機																												1⑦		1						
	水中探信儀																												1⑦		1						
	水中聴音機																												1⑦		1						
	哨信儀																												2⑦		2						
航空兵装	射出機			1			1			1			1			1			1			1			1		1⑥	0		1⑦	0						
	水上偵察機			1			1			1			1			1			1			1			1		1⑥	0		1⑦	0						
探照灯	探照灯 90cm			3			3			3			3		2②	2			2			2			2			3		1⑦	2			2			2
	探照灯 110cm															1						1			1												

注/NOTES

① S17-7 横須賀で艦橋前の 13mm 機銃IV 1 基を同II 1 基に換装
② S17-4 佐世保で 13mm 機銃IV 1 基を同II 1 基に換装、前檣部の 1，2 番探照灯を須式から 92 式に換装
③ S17-4 佐世保で 13mm 機銃IV 1 基を同II 1 基に換装
④ S17-6 横須賀で 13mm 機銃IV 1 基を同II 1 基に換装
⑤ S17-6 舞鶴で艦橋前の 13mm 機銃IV 1 基を同II 1 基に換装
⑥ S18-9 101 工作部で 5 番 14cm 砲、射出機撤去、25mm 機銃III 2 基装備

⑦ S18-5 舞鶴で 5 番 14cm 砲撤去、25mm 機銃III 2 基を装備、21 号電探 1 基を装備、電探の重量代償として前檣の探照灯撤去、1 基のみ 3 番煙突後方に新設した探照灯台に移設　S18-10 横須賀にて 7 番 14cm 砲を 12.7cm 連装高角砲に換装、射出機及び艦橋前 13mm 機銃撤去、25mm 機銃III 2 基、95 式機銃 射撃装置 2 基装備、93 式探信儀、93 式聴音機、電波探知機各 1、哨信儀 2 を新設、主砲方位盤を 94 式 2 型に換装
⑧ S18-11 101 工作部で発射管 1-4 番を撤去、内 2 基を 7-8 番位置に移設、25mm 機銃III 2 基を増備　⑨同前
【出典】各鎮守府戦時日誌／各戦隊戦時日誌／各艦戦時日誌／既成艦船工事記録／歴史群像-太平洋戦史シリーズ (球磨・長良・川内型／真実の艦艇史 2- 田村俊夫氏による 5,500 トン型の戦時兵装変遷調査)

5,500トン型/5,500 Ton Class　戦時兵装・装備変遷一覧　3/4

昭和18年末/End of 1943：木曽・長良・五十鈴・名取・鬼怒・阿武隈・川内(最終)・神通(最終)・那珂　／　昭和19年末/End of 1944：球磨(最終)・多摩(最終)・北上

分類	項目	木曽 増	木曽 減	木曽 現	長良 増	長良 減	長良 現	五十鈴 増	五十鈴 減	五十鈴 現	名取 増	名取 減	名取 現	鬼怒 増	鬼怒 減	鬼怒 現	阿武隈 増	阿武隈 減	阿武隈 現	川内 増	川内 減	川内 現	神通 増	神通 減	神通 現	那珂 増	那珂 減	那珂 現	球磨 増	球磨 減	球磨 現	多摩 増	多摩 減	多摩 現	北上 増	北上 減	北上 現
砲熕兵器・Gun	14cm砲			7		1②	6		1③	6		2④	5		2⑤	5		2⑥	5		1⑦	6		1⑧	6		2⑨	5			6			5		4⑪	0
	12.7cm連装高角砲										1④		1	1⑤		1	1⑥		1							1⑨		1							2⑪		2
	山内47/57mm砲																																				
	25mm機銃3連装							2③		3	4④		4	2⑤		2				2⑦		2				2⑨		2			2	1⑩		5	10⑩		12
	〃 連装	2①		4	2②		4			2			2			2	2⑥		2			2	2⑧		4			2			2	2⑩		4		2⑪	0
	〃 単装																															16⑩		16	27⑪		27
	13mm機銃4連装											1④	0																								
	〃 連装			1						1	1④		1			1			1			1			1			1								2⑪	0
	〃 単装																																		8⑩		8
	7.7mm機銃単装			2			2			2			2			2			2			2			2			2			2		2⑩	0			2
	主砲方位盤			1			1			1			1			1			1			1			1			1			1			1		1⑪	0
	高射装置																																		1⑪		1
	機銃射撃装置																									2⑨		2							2⑪		2
	その他																																				
魚雷兵器・Torpedo	53cm連装発射管			4																											4			4			
	61cm連装発射管						4			4			4			4						4															
	61cm4連装発射管																		2						2			2								4⑪	0
	53cm魚雷			16																											16			16			
	61cm魚雷(8年式)						16			16			16			16						16															
	61cm魚雷(93式)																		16						16			16								16⑪	0
爆雷・D.C	投射機			2			2			2	2④		4	2⑤		2	2⑥		2			2			2			2			2			2	2⑪		2
	投下軌条										2④		2																						2⑪		2
	投下台			2			2			2			2	4⑤		4	4⑥		4			4			4			4			4			4			4
	爆雷			16			16			16			36④			12⑤			12⑥			16			16			16			16			16	12⑩		60⑪
電子兵器・Electro.W.	21号電探	1①		1	1②		1				1④		1	1⑤		1				1⑦		1	1⑧		1	1⑨		1									1
	22号電探																																		1⑪		1
	13号電探																															1⑩		1	2⑪		2
	電波探知機	1①		1	1②		1				1④		1	1⑤		1	1⑥		1													2⑪		2			1
	水中探信儀										1④		1																					1			1
	水中聴音機										1④		1	1⑤		1	1⑥		1													1⑪		1			2
	哨信儀																2⑥		1																2⑪		2
航空兵装	射出機				1②		1			1		1④	0		1⑤	0	1⑥		1			1			1			1									
	水上偵察機						1			1		1④	0		1⑤	0			1			1			1			1									
探照灯	探照灯90cm		2①	1		2②	1			3			2			2	1⑥		2			3			2			3			2			3	1⑪		1
	探照灯110cm																																				

注/NOTES

① S18-4 舞鶴で 25mm 機銃Ⅱ2基装備、21号電探1基装備、S18-6 幌筵で八海丸にて電波探知機装備、同7月同地で艦尾に陸軍88式7.5cm高射砲1門をキスカ撤退作戦中仮装備、電探の重量代償として前檣の探照灯2基撤去、1基のみ後部に移設

② S18-1 舞鶴で5番14cm砲撤去、25mm機銃Ⅱ2基を装備、S18-10舞鶴で21号電探、電波探知機各1装備、射出機呉式2号5型に換装、1、2番探照灯撤去、1基のみ須式90cmから96式90cmに換装して後方の新設探照灯台に移設、木曽と同様理由、以下同様

③ S18-1 浅野船渠で5番14cm砲撤去、25mm機銃Ⅲ2基を装備

④ S18-7よりS19-4まで舞鶴で6、7番14cm砲及び射出機撤去、12.7cm連装高角砲1基、25mm機銃Ⅲ4基を装備、爆雷兵装整備、21号電探、93式探信儀、93式水中聴音機、電波探知機各1装備

⑤ S18-8 呉で6、7番14cm砲及び射出機撤去、12.7cm連装高角砲1基、25mm機銃Ⅲ2基を装備、21号電探、93式水中聴音機、電波探知機各1装備、爆雷兵装はS19-7時を示す

⑥ S18-1 佐世保で5番14cm砲撤去、25mm機銃Ⅱ2基装備、1、2探照灯を92式90cmに換装、S18-6幌筵で八海丸にて電波探知機装備、S18-10横須賀で7番14cm砲を12.7cm連装高角砲に換装、射出機呉式2号5型に換装、93式水中聴音機1、2式哨信儀2を装備

⑦ S18-5 舞鶴で5番14cm砲撤去、25mm機銃Ⅲ2基を装備、21号電探1基を装備

⑧ S18-1 呉で5番14cm砲撤去、25mm機銃Ⅱ2基増備、神通は以後内地に帰投の機会のないまま戦没、21号電探装備、その他の装備

戦時兵装・装備変遷一覧 4/4　5,500トン型/5,500 Ton Class

昭和19年末/End of 1944（大井・木曽・長良・五十鈴・名取・鬼怒・阿武隈・那珂）／昭和20年/1945（五十鈴・北上）

装備	大井 増	大井 減	大井 現	木曽 増	木曽 減	木曽 現	長良 増	長良 減	長良 現	五十鈴 増	五十鈴 減	五十鈴 現	名取 増	名取 減	名取 現	鬼怒 増	鬼怒 減	鬼怒 現	阿武隈 増	阿武隈 減	阿武隈 現	那珂 増	那珂 減	那珂 現	五十鈴(最終) 増	五十鈴(最終) 減	五十鈴(最終) 現	北上 増	北上 減	北上 現
14cm砲			4		2⑬	5		1⑭	5		6⑮	0			5			5			5			5						
12.7cm連装高角砲				1⑬		1	1⑭		1	3⑮		3						1			1			1			3			2
山内47/57砲																														
25mm機銃3連装			2	4⑬		4	2⑭		2	9⑮		11						4	2⑱		4			2			11			12
〃 連装			2	4⑬		4	2⑭		6		2⑮	0																		
〃 単装				18⑬		18	14⑭		14	17⑪		17	4⑯		4	10⑰		10	20⑱		20						17			27
13mm機銃4連装																														
〃 連装			2			1			1		1⑮	0						1						1			1			
〃 単装				8⑬		8	8⑭		8										8⑱		8									
7.7mm機銃単装						2			2		2⑮	0						2			2			2			2			2
主砲方位盤				1⑬		1			1	1⑮		1				1⑯		1			1			1			1			1
高射装置										1⑮		1															1			1
機銃射撃装置				2⑬		2																		2						2
その他																														
53cm連装発射管				4																										
61cm連装発射管							4⑭		4		4⑮	0						4			4									
61cm4連装発射管				4						2⑮		2									2			2			2			
53cm魚雷				14⑬																										
61cm魚雷(8年式)																		16			16									
61cm魚雷(93式)			16						16⑭			16⑮									16			16			16			
投射機							4⑭		4	4⑮		4	4⑯		4						2			2			4			2
投下軌条							2⑭		2	2⑮		2	2⑯		2												2			2
投下台			2			4												6			4			4						
爆雷			8			12			60⑭			60⑮						36⑯			12⑰			16			60			60
21号電探						1			1			1			1			1			1			1			1			1
22号電探				1⑬		1			1	1⑮		1							1⑱		1						1			1
13号電探	1⑫		1			1				1⑮		1						1			1			1			1			2
電波探知機	1⑫		1			1			1	1⑮		1						1			1			1			1			2
水中探信儀							1⑭		1	1⑮		1															1			1
水中聴音機				1⑬		1	1⑭		1	1⑮		1						1			1			1			1			2
哨信儀				2⑬		2				2⑮		2									2			2			2			2
射出機								1⑭	0									1		1⑱	0			1						
水上偵察機								1⑭	0									1		1⑱	0			1						
探照灯90cm			2			2			2		2⑮	1						2			2			2			2			2
探照灯110cm																														

左区分：砲熕兵器・Gun／魚雷兵器・Torpedo／爆雷・DC／電子兵器・Electro.W／航空兵装／探照灯

注/NOTES

はなかったものと推定

⑨ S18-3 舞鶴で5、7番14cm砲撤去、12.7cm連装高角砲1基、25mmⅢ2基、95式機銃射撃装置2基、21号電探1基装備

⑩ S19-7 横須賀で25mm機銃Ⅲ1基、同Ⅱ2基、同単装16基、13mm機銃Ⅰ8基を増備、7.7mm機銃は撤去したと推定、さらにS19-8に呉で13号電探1を装備したものと推定

⑪ S19-8から20-1まで佐世保で高速輸送艦への改造工事を実施したが途中より回天母艦に変更されて完成する、新規兵装、装備は表に示す通り

⑫ S19-2 101工作部で13号電探、電波探知機装備

⑬ S18-11からS19-2まで舞鶴で5、7番14cm砲撤去、12.7cm連装高角砲1基、25mm機銃Ⅲ3基を装備(内2基は同連装2基と換装)、同Ⅰ6基、93式水中聴音機1、2式哨信儀2を装備、魚雷発射管を改造、95式(酸素)53cm魚雷に換装、S19-6横須賀で25mm機銃Ⅲ1基、同Ⅱ2基、同Ⅰ12基、13mm機銃Ⅰ8基を装備、S19-8呉で22号電探1装備、S19-9呉で電探射撃実験練習艦となり21号電探を射撃用試験機に換装

⑭ S19-1からS19-4まで舞鶴で7番14cm砲、射出機を撤去、12.7cm連装高角砲1基、25mm機銃Ⅲ2基、同Ⅰ4基、93式探信儀、93式水中聴音機各1を装備、発射管改造、魚雷を93式に換装、爆雷兵装を大幅に強化、S19-6横須賀で25mm機銃Ⅰ10基、13mm機銃Ⅰ基を増備

⑮ S19-1からS19-9まで横須賀で防空巡洋艦に改装、5,500トン型で唯一本格的な防空巡洋艦として、各兵装装備を刷新して完成、各装備は表中の通り

⑯ S18-6からS19-4まで舞鶴で損傷修理及び兵装改装を実施したが、S19に入ってからの追加工事として25mm機銃単装4基装備、主砲方位盤を94式4型に換装、爆雷兵装の強化を実施、以後機銃増備、13号電探の現地装備の可能性はあるも不明

⑰ S19に入ってから現地101工作部等で25mm機銃Ⅰ10基の増備を実施したものと推定、爆雷兵装とともにS19-7時点での装備、以後戦没までに現地での機銃増備、電探装備等があった可能性があるものの不明

⑱ S19-3大湊で射出機を撤去、25mm機銃Ⅲ2基、同Ⅰ4基を装備、S19-6横須賀で25mm機銃Ⅰ8基、13mm機銃Ⅰ8基を増備、S19-7横須賀で22号電探1を装備、さらに25mm機銃Ⅰ8基を追加装備したと推定

五十鈴、北上のS20に入ってからの最終状態については現地での機銃増備や電探等の装備があった可能性もあるが詳細は不明である

【出典】各鎮守府戦時日誌/各戦隊戦時日誌/各艦戦時日誌/既成艦船工事記録/歴史群像-太平洋戦史シリーズ(球磨・長良・川内型/真実の艦艇史2-田村俊夫氏による5,500トン型の戦時兵装変遷調査/軍艦北上引渡目録/艦船要目概要一覧表-艦本2課S19-7-1/各艦機銃 電探 哨信儀等現状調査表-福井/巡洋艦砲熕兵器一覧表-艦本4部S19-3現在

5,500 トン型 /5,500 Ton Class

解説 /COMMENT

日本海軍の近代的軽巡は 3,500 トン型の天龍型でスタートしたが、天龍型の建造を承認した大正 5 年 /1916 の翌年、大正 6 年度の予算要求には軽巡洋艦 3、小型巡洋艦 6 の 9 隻の軽巡が含まれていた。小型巡洋艦の計画トン数は示されていないが、単艦の予算金額が先の天龍型と同じところから 3,500 トン型と推定出来る。軽巡洋艦として要求したのは多分 5,500-6,000 トン型と思われる。ところが、約 1 年後に起工されたのは 5,500 トン型軽巡 (中巡) 8 隻と、小巡 1 隻に変わっていた。

すなわち水雷戦隊旗艦として計画された天龍はこの時点で 5,500 トン型に変わってしまったことになる。これに関して説明した公式資料は知られていない。推定すれば水雷戦隊旗艦として 3,500 トン型が早くも不十分と判断されて 5,500 トン型に移行したわけだが、その理由は用兵側からの要求によるものであったのか、技術本部主導であったかの明確な証拠はない。一つは当時ライバルの米海軍が 7,000 トン級 6" 砲の偵察巡洋艦 (後のオマハ /Omaha 級) を計画していたことは、当然意識したものと思われ、これが大型化に影響した可能性は少なくないであろう。

いずれにしても、技術本部 4 部の河合定二造船少監が基本計画を担当した 5,500 トン型はかなり先行して艦型試験所での船型実験等を行って、その線図を決定して自信を持っていたものらしく、一挙に同型 8 隻が 2 年の内に起工されるに至った。この時 1 隻のみ小巡として建造が認められたのが後の夕張とされていたが、実際に夕張の基本計画が完成したのは大正 10 年で、この時点では単なる建造枠だけが認められただけで実体はなかった。

かくして、次の大正 7 年度予算においても中巡 3 隻の建造が認められて同型 11 隻となり、さらに大正 9 年の八八艦隊完成案において大型巡 8,000 トン型 4 隻とともに中巡 8 隻の建造が承認され、ここに同型は 19 隻に達した。結局、この計画案はワシントン条約の締結により中巡は 3 隻のみ建造を続け、4 隻目の加古は起工前に建造中止となり、同じく建造中止となった 8,000 トン大巡とともに条約後の新規計画で艦型を改訂して再度建造されることになった。

14 隻は建造順に公式には球磨型 5 隻、長良型 6 隻、川内型 3 隻の 3 型に類別されるが、一般には 5,500 トン型としてくくられている。最初の球磨型 1 番艦球磨は定石通り佐世保工廠で建造され、3 番艦の北上も同じく佐世保工廠、2、5 艦の多摩と木曽が三菱長崎造船所、4 番艦の大井が神戸川崎船所で建造された。球磨型の船型は先の天龍型の拡大といってよく、艦首、艦尾の形状も踏襲しており、ただ船体後半の対波性を改善するために艦橋直後に一段低めたいわゆるウエルデッキを設けて発射管を装備、以後の乾舷を後部の発射管装備位置まで高めている。計画速力が天龍型を上回る 36 ノットという海外に於いても余り例のない高速艦のため、水線長と艦幅の比が 11 を超えており、米国のオマハ級や英国のエメラルド /Emerald 級を上回っている。

艦型的には全体に当時の駆逐艦とも共通するが、上部構造の艤装には英国式の形態が残っており、主砲の 14cm 砲 7 門はほぼ船首楼甲板の高さに装備、3、4 番砲のみ艦橋部背後に並列装備となったが他は中心線配備として片舷 6 門指向を可能にしている。発射管は 53cm 連装 4 基を前後の両舷側部に置き、天龍型で採用された中心線配置で発射に際しては舷側に移動する方式の発射管は不都合が多いとして採用されなかった。ただ魚雷兵装は当時の海外の水準から見ると幾分貧弱で、3 連装発射管を採用しなかったのも不思議ではなかった。14cm 砲の方位盤射撃装置は新造時より天龍型と同じ中口径用方位盤装置を装備した。他の射撃指揮装置としては発令所に距離時計を、艦橋部に変距率盤乙 2 基を装備していた。14cm 砲の揚弾機は 4 組、8cm 高角砲の揚弾機は 2 組、14cm 砲の装填演習砲 2 基、8cm 高角砲の装填演習砲 1 基を装備していた。

発射管の水雷方位盤及び発射指揮は後部に装備され、艦橋部からの方位盤発射指揮方式はまだ採用されていなかった。艦尾上甲板両舷に機雷敷設用軌条を有し、軍機兵器の 1 号機雷または 5 号機雷の敷設を予定していた。

本型の防禦計画はほぼ天龍型と同様で、機関区画舷側部のみに 25mm 厚外板の上に 38mm 高張力鋼板を重ね張りしたもので、長さ 73m、計画水線下 84cm までカバーしている。その他は司令塔兼操舵部に 51mm 厚の円筒を設けただけである。

主機は高圧衝動技術本式低圧反動パーソンズ式オール・ギアード・タービン 4 基 4 軸、出力 90,000 軸馬力、缶はロ号艦本式専焼缶大型 6 基、小型 4 基、同混焼缶 2 基の合計 12 缶を 3 室の缶室に配置、主機は前後 2 室に配置する。公試成績では計画の 36 ノットに達した艦はなく、最高でも多摩の 35.514 ノットがベストで他は 34 ノット台にとどまっていた。ただ本型の場合も完成後のタービン翼に関連するトラブルが絶えず、解消までには長期間を要した。

なお、本型の木曽のみ新造時より当時の英巡洋艦に倣って艦橋部に飛行機格納庫を設けて、2 番 14cm 砲上に滑走台を仮設、車輪付戦闘機の搭載を意図して完成後に発艦実験を行ったものの、艦側の評判もあまりかんばしくなく、搭載は中止された。なお、木曽以外の球磨型には後部の 5、6 番砲間に飛行機用格納庫が設けられていたが、実際に飛行機を搭載格納し運用した多摩の実績は極めて不評で (P- 34 に続く)

重量配分 /Weight Distribution

球磨型 /Kuma class	球磨 /Tama・新造時 /New build (単位 T) 常備 /Norm	満載 /Full	軽荷 /Light	大井 /Oi・昭和 16 年 /1941 (単位 t) 公試計画 /Des	公試完成 /Act	満載計画 /Des	満載完成 /Act	軽荷計画 /Des	軽荷完成 /Act
船殻	2,427.984	2,427.984	2,427.984	2,807.80	2,693.605	2,807.80	2,693.605	2,807.80	2,693.605
甲鈑									
防禦材	234.514	234.514	234.514	237.10	240.950	237.10	240.950	237.10	240.950
艤装	287.063	287.063	287.063		339.132		339.132		339.132
(合計)	(2,949.561)	(2,949.561)	(2,949.561)	(3,044.90)	(3,273.687)	(3,044.90)	(3,273.687)	(3,044.90)	(3,273.687)
固定斉備品	105.497	105.497	105.497	120.10	125.638	120.10	125.638	120.10	125.638
その他斉備品	160.948	192.305	77.108	194.50	198.759	246.80	248.768	89.90	98.741
(合計)	(266.445)	(297.805)	(182.605)	(314.60)	(324.397)	(366.90)	(374.406)	(210.00)	(224.379)
砲熕				141.60	147.379	142.00	147.832	93.90	94.852
水雷				281.80	292.971	284.20	295.894	173.20	183.612
電気					118.203		118.342		117.924
無線	111.70			111.70		111.70			
航海					3.188		3.188		3.188
光学					0.398		0.398		0.398
航空									
(合計)	(358.306)	(402.616)	(287.740)	(535.10)	(562.139)	(537.90)	(565.654)	(378.80)	(399.974)
主機	1,271.491	1,271.491	1,271.491						
缶煙路煙突									
補機	104.426	104.426	104.426						
諸管弁等									
缶水									
復水器内水	155.145	155.145	0						
給水									
淡水タンク水									
(合計)	(1,531.062)	(1,531.062)	(1,375.917)	(1,632.20)	(1,714.182)	(1,644.90)	(1,726.076)	(1,456.50)	(1,495.232)
重油	250.000	1,283.757	0	1,002.50	1,072.862	1,503.70	1,609.293	0	0
石炭	100.000	361.340							
軽質油 内火艇用				2.20	6.756	4.80	10.134	0	0
軽質油 飛行機用									
潤滑油 主機械用	37.851	37.851	0	27.00	12.792	40.50	19.188	0	0
潤滑油 飛行機用									
予備水		115.296		70.50	75.497	105.80	113.246		
バラスト									
応急用諸材料					2.342		2.342		2.342
不明重量	3.300	3.300	3.300	38.60	−71.414	38.60	−71.414	38.60	−71.414
マージン / 余裕				30.00		30.00		30.00	
(総合計)	(5,496.525)	(6,982.585)	(4,799.123)	(6,899.70)	(7,173.489)	(7,519.10)	(7,822.861)	(5,359.90)	(5,524.449)

注 /NOTES 球磨は T9-8-26 施行重心査定試験による、大井計画は S15-10-5 艦本機密第 462 号による木曽型特殊改造 (重雷装艦) による基本計画による、完成は S16-7-31 施行重心公試 (舞鶴) による 【出典】新造完成重量表 (平賀) /一般計画要領書

5,500 トン型 /5,500 Ton Class

重量配分 /Weight Distribution — 長良 /Nagara

長良 /Nagara		新造時 /New build (単位 T)				昭和 16 年 /1941 (単位 t)		
		常備 /Norm.	満載 /Full	軽荷 /Light	基準 /St'd	公試 /Trial	満載 /Full	軽荷 /Light
船殻	船殻	2,470.832	2,470.832	2,470.832		2,608.557	2,608.557	2,608.557
	甲鈑							
	防禦材	217.126	217.126	217.126		220.600	220.600	220.600
	艤装	292.033	292.033	292.033		322.739	322.739	322.739
	(合計)	(2,979.991)	(2,979.991)	(2,979.991)		(3,151.896)	(3,151.896)	(3,151.896)
斉備品	固定斉備品	109.103	109.103	109.103		126.314	126.314	126.314
	その他斉備品	160.628	193.256	77.108		187.511	235.563	91.407
	(合計)	(269.731)	(302.859)	(186.211)		(313.825)	(361.877)	(217.721)
兵器	砲熕					245.634	245.917	165.695
	水雷					155.213	160.101	73.937
	電気					98.539	98.539	98.539
	無線							
	航海					3.752	3.780	3.752
	光学					7.618	7.618	7.618
	航空					32.946	33.934	26.025
	(合計)	(391.839)	(436.149)	(308.352)		(543.702)	(549.889)	(375.566)
機関	主機	1,313.384	1,313.384	1,313.384				
	缶煙路煙突							
	補機	107.786	107.786	107.786				
	諸管弁等							
	缶水	151.842	267.138	0				
	復水器内水							
	給水							
	淡水タンク水							
	(合計)	(1,573.012)	(1,688.308)	(1,421.170)		(1,690.672)	(1,703.277)	(1,464.328)
重油		250.000	1,283.757	0		※1,261.018	※1,739.682	0
石炭		100.000	361.340	0				
軽質油	内火艇用					8.266	12.400	0
	飛行機用							
潤滑油	主機械用	37.851	37.851	0		15.462	23.188	0
	飛行機用							
予備水						76.577	114.686	0
バラスト								
水中防禦管								
不明重量		0.523	0.523	0.523				
マージン / 余裕						138.074	188.074	138.074
(総合計)		(5,602.947)	(7,090.278)	(4,896.247)	(5,602.9)	(7,199.470)	(7,845.549)	(5,854.136)

注 /NOTES 新造時は T11-4-21 施行重心査定試験による、昭和 16 年状態は S16-1-27 施行重心公試 (舞鶴) による
【出典】新造完成重量表 (平賀)/ 一般計画要領書 (※ 昭和 16 年状態を記載した一般計画要領書では重油重量が空欄となっているが、総合計が記載の数値の合計数と一致せず、逆算から重油重量を算出して追記してある)

重量配分 /Weight Distribution — 川内型 /Sendai class

川内型 /Sendai class		神通 /Jintsu・新造時 /New build (単位 T)				那珂 /Naka・昭和 15 年 /1940 (単位 t)		
		常備 /Norm.	満載 /Full	軽荷 /Light	基準 /St'd	公試 /Trial	満載 /Full	軽荷 /Light
船殻	船殻	2,594.474	2,594.474	2,594.474		2,918.310	2,918.310	2,918.310
	甲鈑							
	防禦材	231.628	231.628	231.628		241.038	241.038	241.038
	艤装	334.124	334.124	334.124		349.071	349.071	349.071
	(合計)	(3,160.226)	(3,160.226)	(3,160.226)		(3,508.419)	(3,508.419)	(3,508.419)
斉備品	固定斉備品	119.052	119.052	119.052		125.927	125.927	125.927
	その他斉備品	147.283	190.737	73.883		197.047	251.253	88.537
	(合計)	(266.335)	(309.789)	(192.935)		(322.974)	(377.180)	(214.464)
兵器	砲熕	242.680	258.030	177.460		256.289	256.289	178.276
	水雷	102.850	133.470	72.220		122.454	125.931	74.186
	電気	122.430	122.430	122.430		158.363	158.363	158.363
	無線							
	航海					0.580	0.580	0.580
	光学							
	航空		(飛行機)3.000			31.144	31.877	25.225
	(合計)	(467.960)	(516.930)	(372.110)		(568.830)	(573.040)	(436.630)
機関	主機	661.998	661.998	661.998				
	缶煙路煙突	547.952	547.952	547.952				
	補機	86.915	86.915	86.915				
	諸管弁等	274.914	274.914	274.914				
	缶水	82.735	82.735	0				
	復水器内水	61.386	61.386	0				
	給水	14.423	28.846	0				
	淡水タンク水	0	9.160	0				
	(合計)	(1,730.323)	(1,753.906)	(1,571.779)		(1,822.103)	(1,834.162)	(1,615.111)
重油		200.000	1,055.827	0		1,084.806	1,627.209	0
石炭		150.000	585.933	0				
軽質油	内火艇用					0.832	10.247	0
	飛行機用					6.160	9.240	0
潤滑油	主機械用					23.100	34.650	0
	飛行機用					0.603	0.920	0
予備水		0	107.098	0		71.052	106.578	0
バラスト								
応急用諸材料						5.415	5.415	0
不明重量						142.719	142.719	142.719
マージン / 余裕								
(総合計)		(5,974.844)	(7,489.709)	(5,297.050)	(5,974.8)	(7,563.023)	(8,229.779)	(5,917.343)

注 /NOTES 神通は T14-7-26 施行重心査定試験による、那珂は S15-12-10 施行重心公試 (横須賀) による
【出典】新造完成重量表 (平賀)/ 一般計画要領書

5,500 トン型 /5,500 Ton Class

復原性能 /Stability

球磨 /Kuma		新造時 /New build			昭和 16 年 /1941		
		常備 /Norm	満載 /Full	軽荷 /Light	公試 /Trial	満載 /Full	軽荷 /Light
復原性能	排水量 /Displacement (T)	5,496.5	6,982.5	4,799.1	7,104.0t	7,749.0t	5,486.0t
	平均吃水 /Draught,ave. (m)	4.77	5.69	4.28	5.65	6.05	4.62
	トリム /Trim (m)				0.610(後)	0.04	1.780(後)
	艦底より重心点の高さ /KG (m)	5.840	5.352	6.157	5.420	5.350	6.220
	重心からメタセンターの高さ /GM (m)	0.905	1.180	0.765	1.100	1.140	0.540
	最大復原挺 /GZ max. (m)						
	最大復原挺角度 /Angle of GZ max.						
	復原性範囲 /Range (度 /°)	98.5	118.35	87.0	103.0	105.4	64.0
	水線上重心点の高さ /OG (m)				− 0.230	− 0.700	1.600
	艦底からの浮心の高さ /KB(m)	2.911	3.352	2.673			
	浮心からのメタセンターの高さ/BM(m)	3.834	3.136	4.249			
	予備浮力 /Reserve buoyancy (T)						
	動的復原力 /Dynamic Stability (T)						
	船体風圧側面積 /A (㎡)	1,410 ①					
	船体水中側面積 /Am (㎡)	716 ①					
	風圧側面積比 / A/Am (㎡ /㎡)	1.97 ①					
旋回性能	公試排水量 /Disp. Trial (T)						
	公試速力 /Speed (ノット /kts)						
	舵型式及び数 /Rudder Type & Qt'y						
	舵面積 /Rudder Area : Ar (㎡)						
	舵面積比 / Am/Ar (㎡ /㎡)						
	舵角 /Rudder angle (度 /°)						
	旋回圏水線長比 /Turning Dia. (m/m)						
	旋回中最大傾斜角 /Heel Ang. (度/°)						
	動揺周期 /Rolling Period (秒 /sec)						

注 /NOTES 昭和 16 年のデータは昭和 16 年 6 月 1 日施行の重心公試による、新造時のデータ中①は昭和 9 年 7 月 18 日施行の多摩の重心公試による、この時の排水量 6,153t、平均吃水 5.042m
【出典】一般計画要領表 / 各艦艇重心査定公試成績表 S6-1-27- 平賀資料 / その他艦本資料

復原性能 /Stability

大井 /Oi 重雷装艦改装 /Torpedo cruiser		計画時 /Design			完成時 /New build		
		常備 /Norm	満載 /Full	軽荷 /Light	公試 /Trial	満載 /Full	軽荷 /Light
復原性能	排水量 /Displacement (t)	6,900.0	7,519.0	5,360.0	7,173.0	7,823.0	5,524.0
	平均吃水 /Draught,ave. (m)	5.55	5.95	4.57	5.68	6.13	4.67
	トリム /Trim (m)	0.620	0.070	1.850	0.610(後)	0.430(前)	1.530(後)
	艦底より重心点の高さ /KG (m)	5.590	5.490	6.290	5.320	5.230	6.130
	重心からメタセンターの高さ /GM (m)	0.950	1.000	0.480	1.210	1.260	0.820
	最大復原挺 /GZ max. (m)	0.830	0.840	0.510			
	最大復原挺角度 /Angle of GZ max.	40.0	41.0	36.8			
	復原性範囲 /Range (度 /°)	95.4	99.0	70.4	113.30	119.00	92.20
	水線上重心点の高さ /OG (m)	0.040	− 0.460	1.720	− 0.360	− 0.900	1.270
	艦底からの浮心の高さ /KB(m)	2.911	3.352	2.673			
	浮心からのメタセンターの高さ/BM(m)	3.834	3.136	4.249			
	予備浮力 /Reserve buoyancy (t)	7,888	7,269	9,428			
	動的復原力 /Dynamic Stability (t)						
	船体風圧側面積 /A (㎡)						
	船体水中側面積 / Am (㎡)						
	風圧側面積比 / A/Am (㎡ /㎡)	1.60	1.40	2.21			
旋回性能	公試排水量 /Disp. Trial (t)	6,900					
	公試速力 /Speed (ノット /kts)	公試 8/10					
	舵型式及び数 /Rudder Type & Qt'y	半平衡能 /SB・1					
	舵面積 /Rudder Area : Ar (㎡)	15.15					
	舵面積比 / Am/Ar (㎡ /㎡)	1/52.5					
	舵角 /Rudder angle(度 /°)	35					
	旋回圏水線長比 /Turning Dia. (m/m)	4.5					
	旋回中最大傾斜角 /Heel Ang. (度/°)	12					
	動揺周期 /Rolling Period (秒 /sec)	11.5					

注 /NOTES 計画時は昭和 15 年 10 月 5 日艦本基本計画当初案による、完成時は昭和 16 年 7 月 31 日施行の重心公試による
【出典】一般計画要領表

(P-32 から続く) 搭載を中止している。長良型は球磨型より約 1 年おいて起工されたが、球磨型と同じパターンで佐世保工廠で 2 隻、三菱長崎と川崎造船所で各 1 隻、さらに浦賀船渠で 2 隻の建造を担当した。浦賀船渠が巡洋艦を建造するのは始めにしてこれが最後であった。

長良型は計画常備排水量を 70 トン増加して 5,570 トンとしており、船体寸法に変わりはないが当然吃水は若干増している。兵装において魚雷発射管を 61cm 型に強化、魚雷は 8 年式を装備したのが最大の相違で、これ以外には先に木曽で試みた戦闘機搭載設備を新造時より盛り込まれ、艦橋部に格納庫、その前面に 2 番砲をまたぐ形で滑走台を装備して完成した。このため、球磨型の簡素な艦橋構造物からかなり大型の背の高い構造に変わっている。機関関係に大きな変更はなかったが、発電機ははじめてターボ式 1 基を追加装備、発電容量を 154kW から 198kW に強化している。また防禦では可令塔が廃止されている。

川内型は最初の球磨型から起工、三菱長崎と川崎造船所および横浜船渠の全て民間造船所で建造された。横浜船渠で起工された那珂は進水前船台上で建造中に関東大震災に遭遇、進水台等が損傷したため、再度船台上で建造し直して進水、1 年余の後れで完成した。本型は長良型に対して機関関係の改正が実施され、日本の国情から石炭燃料の比率増すことになり、缶を専焼缶 8 基に減じて混焼缶を 4 基に増して、混焼缶のみによる出力を 6,500 軸馬力から 13,000 軸馬力に向上、速力では 12.5 ノットから 18 ノットに増加して、このため重油燃料搭載量を 250 トン減じて、石炭搭載量を 200 トン増加していた。航続力は計画では球磨より 300 浬少ない 14 ノット

5,000 浬に減じているが、石炭のみによる航続距離では 925 浬から 1,200 浬に改善されていた。

その他発電機はレシプロ機械をやめターボ式とディーゼル式のみとして電圧を 110V から 225V に改め、発電容量は長良型の 198kW から 225kW に再度強化されている。艦型的には缶の変更から煙突を 3 本から 4 本に改めているが、船体寸法は同じとされている。

以上の変化から計画常備排水量は若干増加して 5,595 トンとなり、計画速力も 35.25 ノットに低下した。最後に竣工した那珂は再工事を実施した際に艦首形状を従来のスプーン形から先端を突出した形態に改めて完成、当然全長は若干増加している。

川内型の公試成績は全体に良好で、川内は 5,500 トン型 14 隻中唯一 36 ノットを超え 36.189 ノットを記録している。

5,500 トン型の建造費については議会における説明では大正 7 年度で 1 隻 6,019,511 円としているが、実際の予算書では船体費 3,692,299 円、機関費 5,699,487 円、備品費 74,857 円、合計 9,451,643 円を計上している。これはもちろん佐世保工廠における船体の建造と艤装さらに機関の製造と据え付けに対する見積りで、兵器については別である。さらに兵装費調書というのが別にありここでは 20 万余円を計上しているものの、これは各種兵器、装備の取り付けに要する工数と材料費等を示すもので、個々の兵器、装備の製造費、購入費等は別である。こうしたお役所書類が実際の球磨 1 隻の建造に要した費用の実体をきわめて不鮮明にしているが、ここでは海軍省年報 (白本) の各年度版における個艦別の新造支出金額を集計することで、個艦別の建造費 (船体・機関+兵器) を別表のよ

5,500トン型 /5,500 Ton Class

復原性能 /Stability

長 良 /Nagara	新造時 /New build			昭和 16 年 /1941		
	常備 /Norm	満載 /Full	軽荷 /Light	公試 /Trial	満載 /Full	軽荷 /Light
排水量 /Displacement (T)	5,602.9	7,090.3	4,896.2	7,199.0t	7,848.0t	5,550.0t
平均吃水 /Draught,ave. (m)	4.77	5.69	4.28	5.69	6.13	4.68
トリム /Trim (m)				0.610(後)	0.200(前)	1.590(後)
艦底より重心点の高さ /KG (m)	5.974	5.465	6.297	5.590	5.480	6.330
重心からメタセンターの高さ /GM (m)	0.853	1.058	0.597	0.93	1.02	0.43
最大復原挺 /GZ max. (m)	0.154	0.207	0.107			
最大復原挺角度 /Angle of GZ max.						
復原性範囲 /Range (度 / °)	98.5	118.35	87.0	92.5	98.5	58.6
水線上重心点の高さ /OG (m)	0.751	− 0.596	1.539	− 0.100	− 0.650	1.650
艦底からの浮心の高さ /KB(m)	2.950	3.429	2.697			
浮心からのメタセンターの高さ /BM(m)	3.770	3.094	4.197			
予備浮力 /Reserve buoyancy (T)						
動的復原力 /Dynamic Stability (T)	0.387	0.726	0.252			
船体風圧側面積 / A (㎡)						
船体水中側面積 / Am (㎡)						
風圧側面積比 / A/Am (㎡ /㎡)						
公試排水量 /Disp. Trial (T)						
公試速力 /Speed (ノット /kts)						
舵型式及び数 /Rudder Type & Qt'y						
舵面積 /Rudder Area : Ar (㎡						
舵面積比 / Am/Ar (㎡ /㎡)						
舵角 /Rudder angle (度 / °)						
旋回圏水線長比 /Turning Dia. (m/m)						
旋回中最大傾斜角 /Heel Ang. (度 /°)						
動揺周期 /Rolling Period (秒 /sec)						

注 /NOTES 昭和 16 年のデータは昭和 16 年 1 月 27 日施行の重心公試による、新造時のデータは S8-6 艦本資料によるも新造時ではなく S8 ごろまでの昭和初期のデータの可能性あり
【出典】一般計画要領表 / 各艦艇重心査定公試成績表 S6-1-27- 平賀資料 / その他艦本資料

復原性能 /Stability

那 珂 /Naka	新造時 /New build			昭和 15 年 /1940		
	常備 /Norm	満載 /Full	軽荷 /Light	公試 /Trial	満載 /Full	軽荷 /Light
排水量 /Displacement (T)	5,496.5	6,982.5	4,799.1	7,563.0t	8,230.0t	5,917.0t
平均吃水 /Draught,ave. (m)	4.77	5.69	4.28	5.90	6.36	4.91
トリム /Trim (m)				0.610(後)	0.550	1.280(後)
艦底より重心点の高さ /KG (m)	5.840	5.352	6.157	5.600	5.520	6.280
重心からメタセンターの高さ /GM (m)	0.905	1.180	0.765	0.890	0.950	0.400
最大復原挺 /GZ max. (m)						
最大復原挺角度 /Angle of GZ max.						
復原性範囲 /Range (度 / °)	98.5	118.35	87.0	99.6	94.3	59.5
水線上重心点の高さ /OG (m)	0.210	− 0.218		− 0.310	− 0.840	1.370
艦底からの浮心の高さ /KB(m)	2.911	3.352	2.673			
浮心からのメタセンターの高さ /BM(m)	3.834	3.136	4.249			
予備浮力 /Reserve buoyancy (T)						
動的復原力 /Dynamic Stability (T)						
船体風圧側面積 / A (㎡)	1,376					
船体水中側面積 / Am (㎡)	844					
風圧側面積比 / A/Am (㎡ /㎡)	1.63					
公試排水量 /Disp. Trial (T)						
公試速力 /Speed (ノット /kts)						
舵型式及び数 /Rudder Type & Qt'y						
舵面積 /Rudder Area : Ar (㎡						
舵面積比 / Am/Ar (㎡ /㎡)						
舵角 /Rudder angle (度 / °)						
旋回圏水線長比 /Turning Dia. (m/m)						
旋回中最大傾斜角 /Heel Ang. (度 /°)						
動揺周期 /Rolling Period (秒 /sec)						

注 /NOTES 昭和 15 年のデータは昭和 15 年 12 月 10 日施行の重心公試による、新造時のデータは昭和 8 年ごろまでの昭和初年のデータの可能性あり
【出典】一般計画要領表 / 各艦艇重心査定公試成績表 S6-1-27- 平賀資料 / その他艦本資料

うに算出してみた。これによれば球磨の建造実費は 12,873,450 円で議会説明の 5,500 トン型建造費の約倍になっていることがわかる。ただし、船体と機関の建造費は 9,578,757 円で先の予算書と大差なく、ほぼ一致している。こうしてみると船体費に対して機関費がいかに高額かがわかり、さらに兵器費がほぼ船体費に匹敵することも意外な事実である。

数字上では浦賀建造の五十鈴が 10,883,598 円と最も低額で、最高は三菱長崎建造の名取 15,395,515 円で実に 450 万円ほどの差異があるのがわかる。

[球磨級巡洋艦艦型研究会] について

5,500 トン型の第 1 陣、球磨型の完成後の実績を調査して以後の同型艦の建造に反映させるために、大正 10 年 11 月 10 日より同 12 日までの 3 日間、海軍において「球磨級巡洋艦艦型研究会」が開催された。これは日本海軍としては前例のない 14 隻もの同型艦を建造するにあたって、その艦の是非、改善要望等を実際に乗り組んで体験した指揮官、艦長の生の声を聞いて、当時建造、計画中の長良型や川内型に反映させることが最大の眼目で、その他艦隊側が希望する理想の水雷戦隊旗艦、または艦隊用途の軽巡洋艦についての要望も聴取することも目的の一つであった。出席者は次の通り、

艦隊側 - 第 4 戦隊司令官、第 2 水雷戦隊司令官、第 2 艦隊参謀長、同艦隊機関長、第 2 水雷戦隊機関長、球磨、多摩、北上、大井、

木曽各艦長 (球磨艦長のみは交代して間もないため前艦長が出席)

艦政本部 - 艦政本部長 (主宰者)、総務部長、2 課長、部員 8 名 (造船大佐平賀譲、造船中佐河合定二 /5,500 トン基本計画担当者を含む)

軍務局 - 第 1 課長、局員 1 名

軍令部 -1 班長、第 2 課長、参謀 2 名

海軍大学校 - 教頭、教官 1 名

以上 29 名によるこうした大規模な研究会は過去に例のないものといってよく、研究会に当たっては艦長側は事前に各艦長より詳細な報告書を提出させ、問題点を整理して艦本側に提出ずみで、艦本側もそれに書面で回答しており、研究会当日はこうした個々の問題点について検討、議論することになっていた。幸いというかこうした関係書類、議事録一式が公文備考に保管されていたおかげで今日これらを解明することで 5,500 トン型に関する多くの未知の事実を知ることができる。一部は平賀資料にも収録されている。

全体はかなり多岐にわたり膨大な分量となるので、詳細は公文備考を参照してもらうとして、ここではその要点のみを採り上げることにする。なお、この研究会とは別に大正 10 年 6 月に艦政本部においては「巡洋艦兵装改良調査委員会」が設けられて報告書が提出され、当時建造中の長良型、計画中の川内型及び完成済みの球磨型に対する対処事項が決定されており、とりあえずこれにより (P-63 に続く)

5,500トン型 / 5,500 Ton Class

◎5,500トン型第1陣の球磨型は日本巡洋艦で最初に建造時から航空機搭載を意図した設計が施されていた艦で、木曽以外の4艦にはこの多摩の図のように、5番砲と6番砲の間の甲板室に航空機格納のレセスを設けていた。ただし、この方式は多摩の最初の実験結果から、とても実用にならないとの艦隊側の申し出により、実際の運用は以後中止され、この状態で航空機を搭載した艦はなかったもよう(詳細は本文参照のこと)。

◎球磨型最後の木曽は航空機搭載方式を変更して艦橋構造物、羅針艦橋の下部に航空機格納庫を設けて、2番砲上に滑走台の一部を置き、さらにその前方に仮設の滑走台を設けることで、航空機、車輪付き戦闘機を発艦させる方式を試みた。格納庫部分の前扉はヒンジ式に倒して滑走台への道板になる仕組みで、発進実験には成功したが、実用化はせず、格納庫以外の滑走台は撤去、以後木曽は航空機を搭載することなく終わった。ただし、この方式は次の長良型において採用されている。

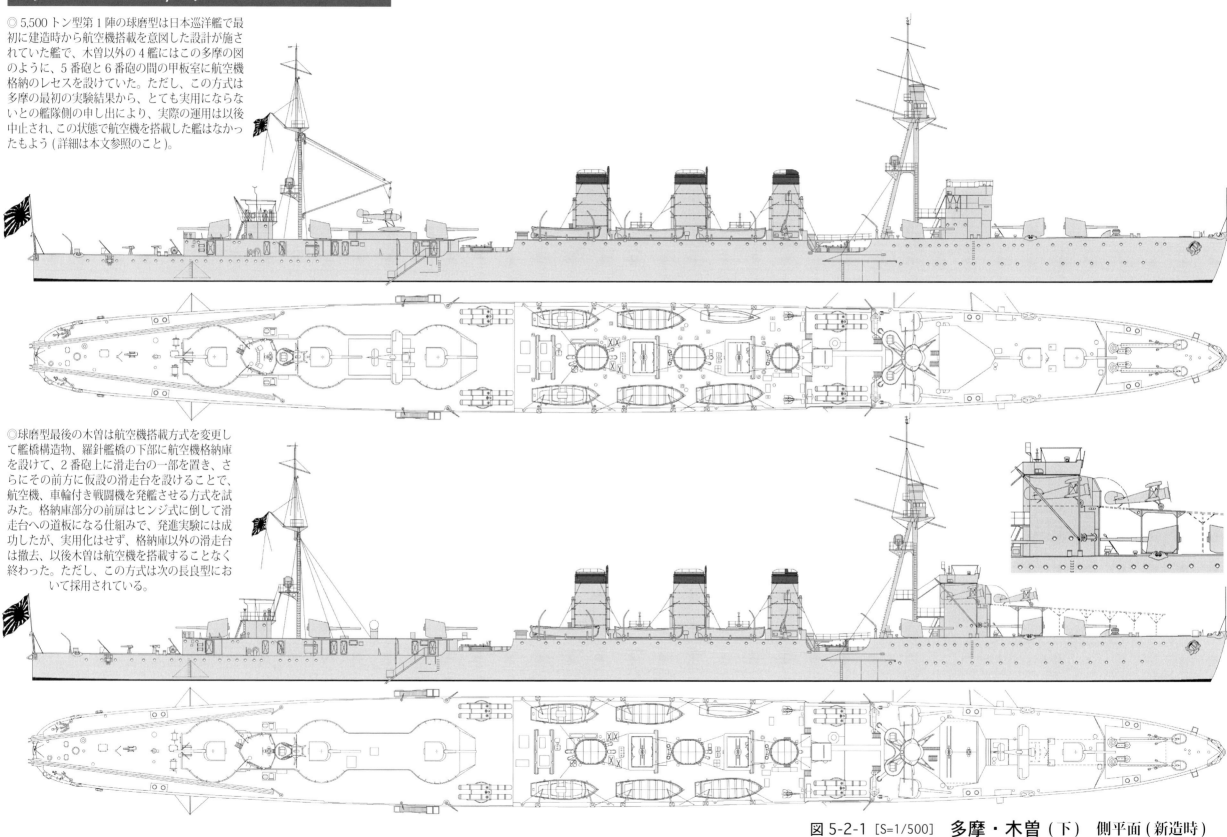

図 5-2-1 [S=1/500]　多摩・木曽（下）　側平面（新造時）

5,500トン型 /5,500 Ton Class

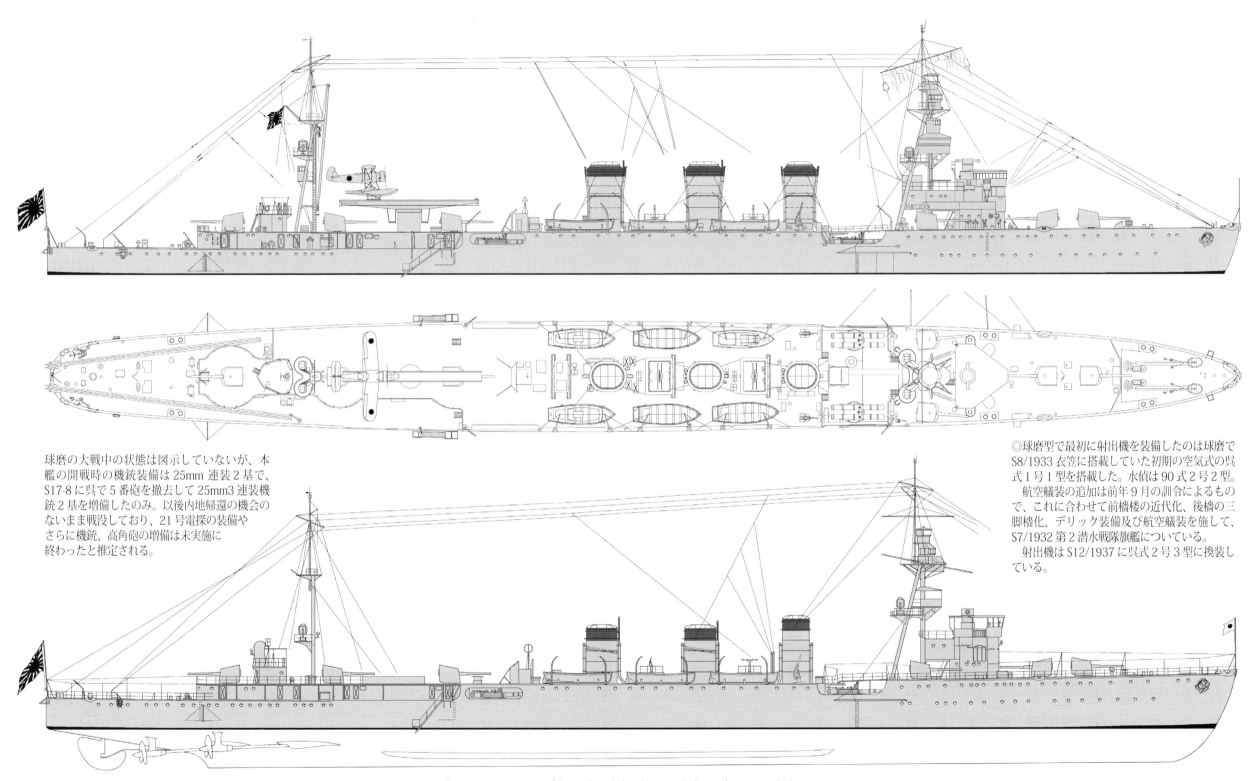

球磨の大戦中の状態は図示していないが、本艦の開戦時の機銃装備は 25mm 連装 2 基で、S17-8 に呉で 5 番砲を撤去して 25mm3 連装機銃 2 基を増備したのみ。以後内地帰還の機会のないまま戦没しており、21 号電探の装備やさらに機銃、高角砲の増備は未実施に終わったと推定される。

◎球磨型で最初に射出機を装備したのは球磨で S8/1933 衣笠に搭載していた初期の空気式の呉式 1 号 1 型を搭載した。水偵は 90 式 2 号 2 型。
　航空艤装の追加は前年 9 月の訓令によるもので、これに合わせて前檣楼の近代化、後檣の三脚檣化、デリック装備及び航空艤装を施して、S7/1932 第 2 潜水戦隊旗艦についている。
　射出機は S12/1937 に呉式 2 号 3 型に換装している。

◎球磨型で射出機を装備しなかったのは北上、大井、木曽の 3 艦で、途中敷設艦、練習艦等への変更計画もあったが、結局、全体的に近代化がもっとも遅れ、この北上は S15/1940 になってもまだ 8cm 高角砲を搭載していた。これは、S13/1938 以降は有事に際してこの 3 艦は重雷装艦に改装することが予定されていたために、手をつけないままになっていたものである。このためとりあえず 2 隻分の魚雷発射管、高角砲、機銃の準備が、S13/1938 末に始まっていた。2 番、3 番煙突に雨水除けが見られるが、初期のような煙突が膨らむ、ソロバン玉のような形状とは異なる。

図 5-2-2 [S=1/500]　球磨 (S10/1935) 北上 (S15/1940) 下

5,500トン型 / 5,500 Ton Class

図 5-2-3 [S=1/500] 北上 (S16/1941 重雷装艦改装後) 北上 (S17/1942 雷装一部撤去時) 下

◎北上の重雷装艦完成時の状態。本艦の改装工事はS16/1941に入ってから佐世保工廠で実施され、同年12月25日に完成した。改装では1番煙突以降の煙突両側の上甲板部を露出させて、92式4連装発射管5基(片舷)を配置したもので、そのために舷側に張出部を設けている。発射管は当初、楯はなかったが、

艦隊側の要望で盾を設けることとなり、左右非対称の特殊な盾を設計して装着した。この盾をもつ発射管を92式3型と称する。発射管は次発魚雷は持たないが、魚雷装填用の運搬軌条が設けられている。14cm砲は艦橋周囲の4基を残して撤去されたが、最初の計画では全て撤去して12.7cm連装高角砲2基を装備するはずであった。

◎北上と大井は開戦時、第9戦隊を編成して第1艦隊に属していたが、艦隊決戦の機会はなく、重雷装は持ちぐされであった。ガ島戦の開始とともに、陸軍部隊の輸送任務に駆り出されることとなり、S17-9横須賀で後方の発射管4基を撤去、大発4隻を搭載する臨時改装を実施して輸送任務に従事することになった。これはその状態を示す。

この後も北上と大井は中部太平洋方面で輸送任務に従事することになり、場面場面に応じて現地で発射管、魚雷の陸揚げ、再装備を繰り返して、輸送任務にあたっていた。

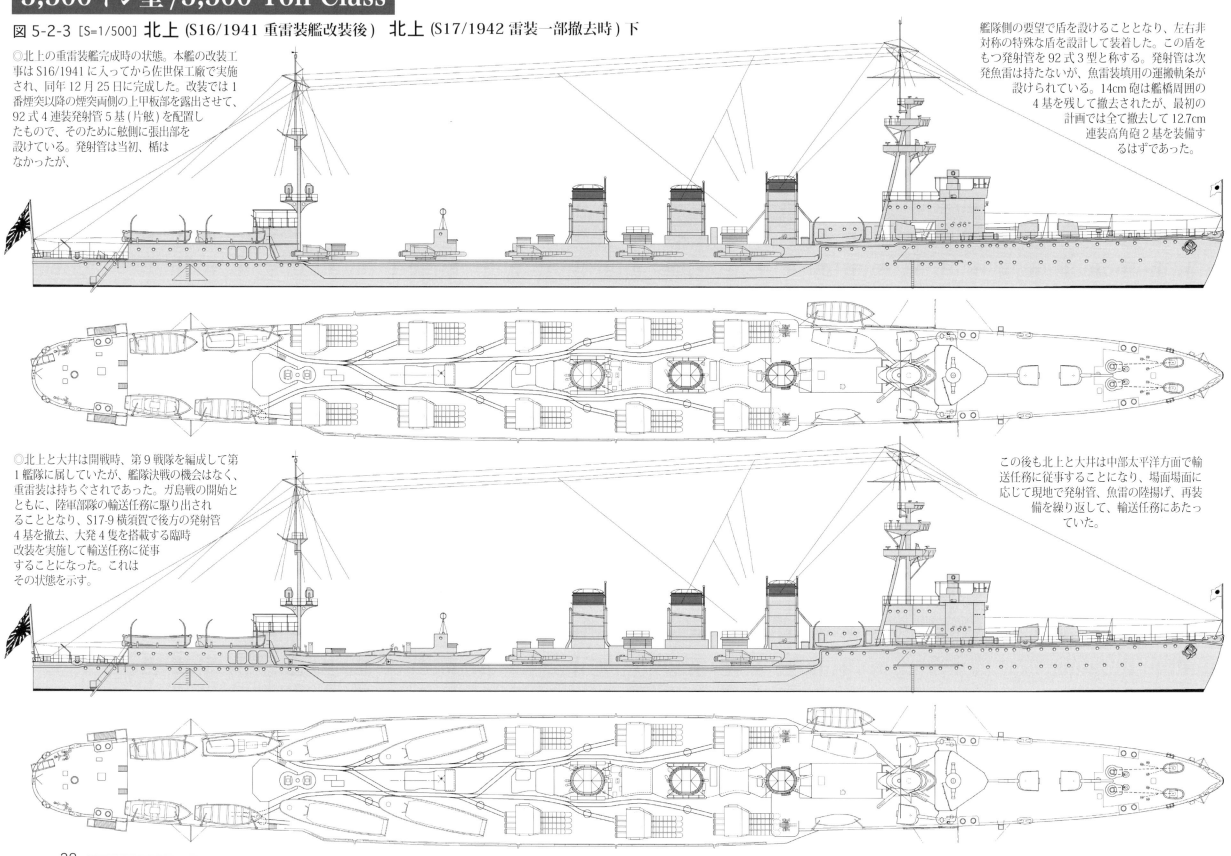

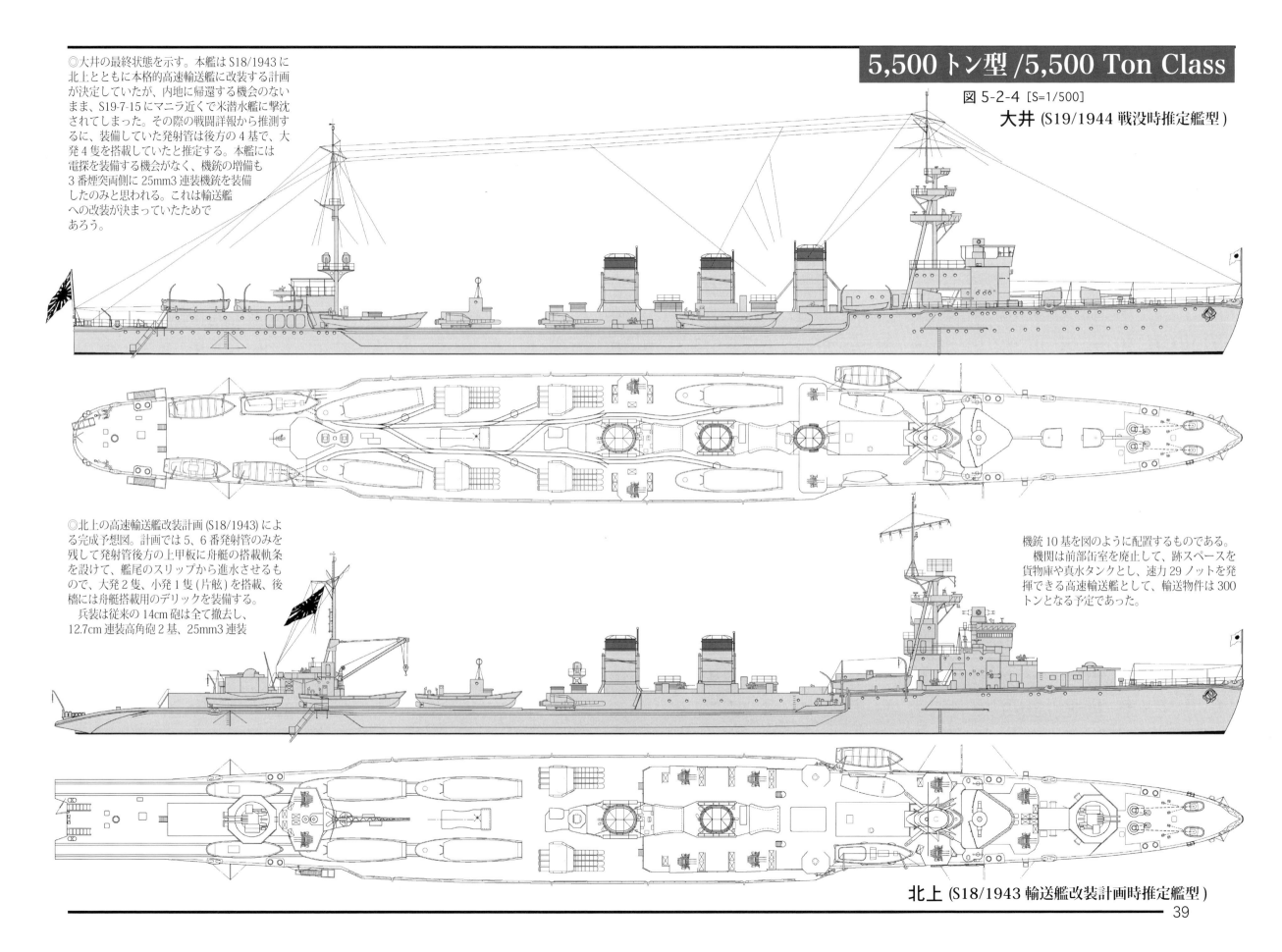

5,500トン型 / 5,500 Ton Class

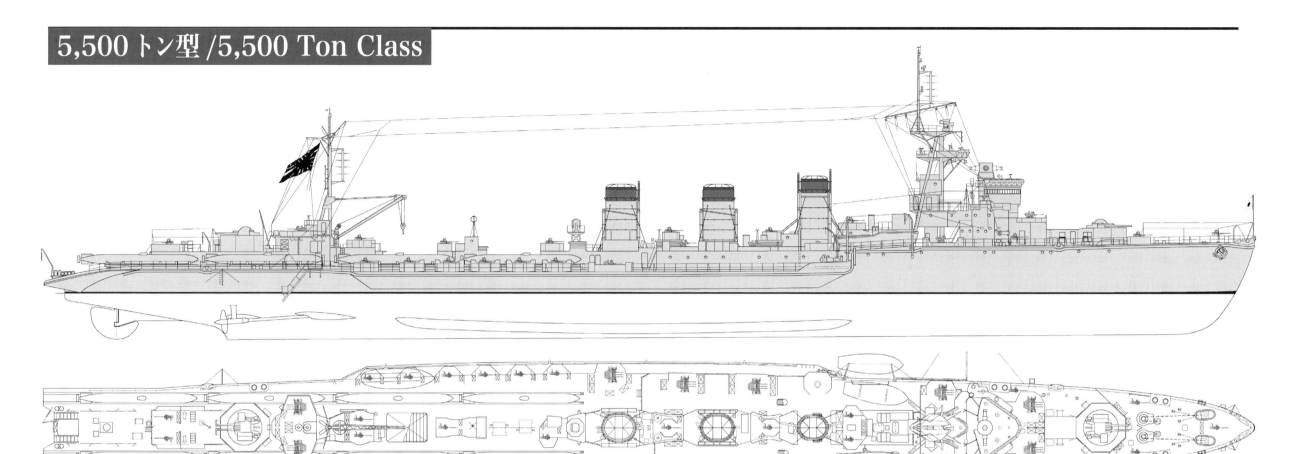

図 5-2-5 [S=1/500]　**北上** (S20/1945 回天搭載母艦改装時)

◎北上と大井の高速輸送艦改装計画は両艦とも内地帰還の機会がないままのびのびになっていた。北上は、S19-1-25 英潜水艦に雷撃され、魚雷が2本命中したにもかかわらず沈没にいたらず、シンガポールに曳航されて仮修理を実施した。同年7月になんとか修理がおわり8月にやっと佐世保に帰還できた。しかし、この直前に大井は米潜水艦に撃沈されて2隻揃っての改装工事は実現しなかった。

戦局はもはや輸送任務を続ける見込みもなくなって、北上はほぼ原計画の舟艇搭載、進水計画を踏襲し代わりに当時、特攻兵器の一つとして期待されていた回天を搭載して洋上で発進させる回天母艦に改装することがきまった。舟艇の代わりに回天4基(片舷)を搭載するもので、その他の構造は輸送艦時のものと大差なく、後檣のデリックは水上機母艦から空母に改装された千歳の撤去物の再利用である。先の被雷で大破した後部機械室は主機を撤去して内側2軸を廃止され、跡は倉庫となり、速力は23ノットと大幅に低下した。

25mm機銃は3連装12基、単装27基を搭載、上甲板張り出し部に装備された単装機銃の一部は、搭載する艦載艇により除去できるようになっている。

電探は22号1基と13号2基を装備、艦尾には爆雷投下軌条2基を設け、2式爆雷54個を搭載した。高角砲の射撃指揮は4式射撃装置2基、機銃射撃装置は2基を装備している。

その他、零式水中聴音機、仮称4式水中聴音機、仮称3式探信儀2型各1基が装備されていた。

公試では速力23.81ノット、35,110軸馬力、公試排水量7,008t、搭載物件搭載の場合は7,208tが記録されている。完成はS20-1-19である。

5,500トン型中央部構造切断図

5,500トン型/5,500 Ton Class

◎多摩はS9/1934に呉式2号3型射出機を装備、94式1号3座水偵を搭載、この際に前檣、後檣部の近代化改正が施された。これは球磨の場合と同じく、第1潜水戦隊の旗艦に就くためであった。この後S17/1942時は北方方面配置の第5艦隊に属してS18末まで同方面で行動した。この当時までに搭載機と射出機は変わったが、艦の外観はS9時とあまり変わりなく、ただ8cm高角砲は戦前に25mm機銃に換装されていた。

◎多摩のS19-10の最終状態、北方任務の間、S18-5に舞鶴で21号電探を装備、その際前檣部の2基の探照灯は、21号電探の代償重量として撤去、うち1基は3番煙突の背後に新設した探照灯台に移設、この21号電探装備に伴う前檣探照灯の撤去と移設は5,500トン型全てに共通する事項で、これまで全く指摘されていなかったが→

本艦を含めて公式図により全て確認済みのことで、移設に当たっては須式探照灯は96式探照灯に換装されている場合が多い。また前檣の探照灯台跡には探照灯管制機が装備された例が多い。
その他本艦の対空火器の増強はS18-10、12月に横須賀で行われ、12月には射出機を撤去して航空機の搭載はなくなった。

14cm7番砲と12.7cm高角砲の換装はS18-10、22号電探はS18-12に装備、この時点での25mm機銃の増備は3連装4基で、さらにS19-6艦尾上甲板に3連装1基、が後部発射管上方の短艇甲板上に連装2基、さらに他に25mm及び13mm単装機銃が装備された とされている。また図示していないがS19-6-24以降この状態で中央部の最後尾の内火艇のうち1隻は10m運貨船に、また5番砲の横の甲板に大発1隻を搭載していたという。本艦と木曽は方位盤照準装置を開戦後に94式2型方位盤に換装されていた。

図 5-2-6 [S=1/500] 多摩 (S17/1942 及び S19/1944-下)

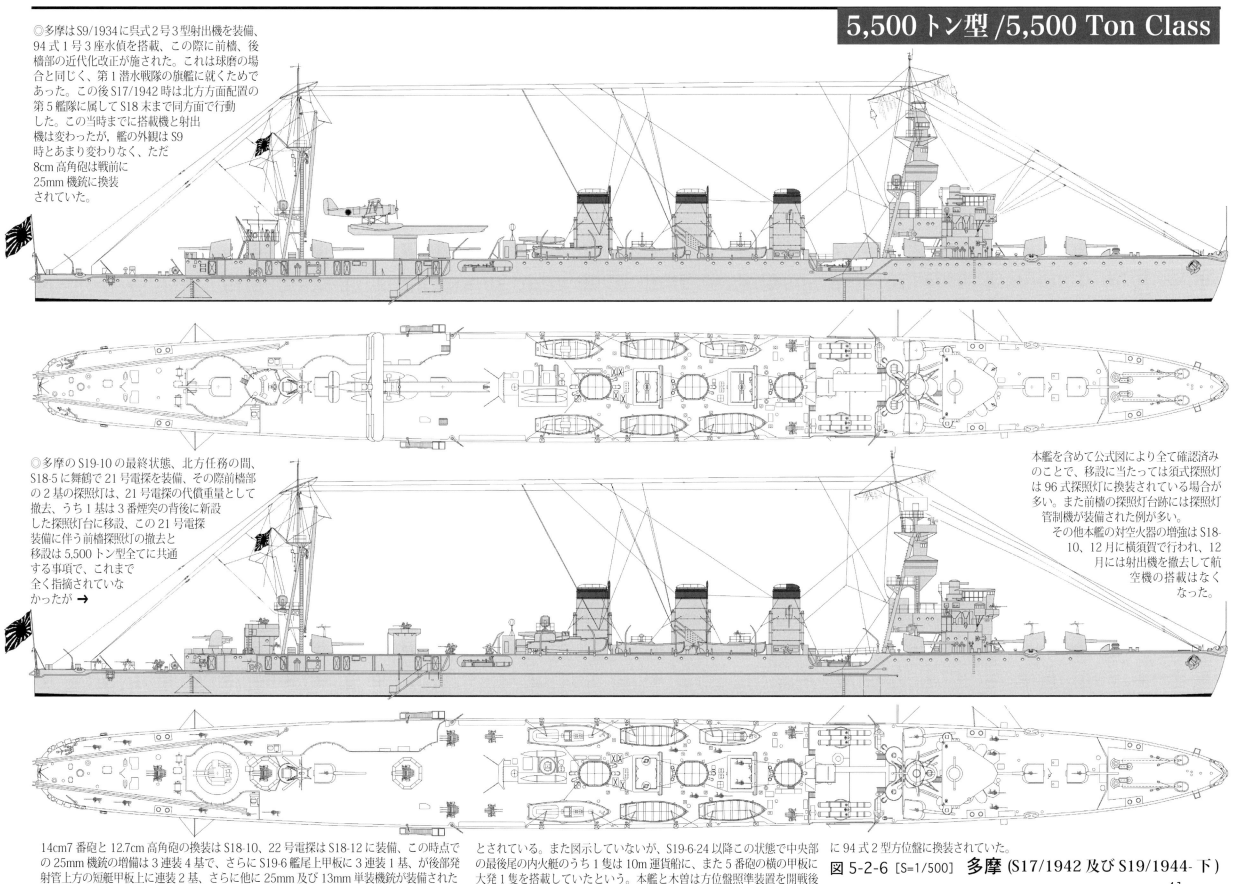

5,500トン型 /5,500 Ton Class

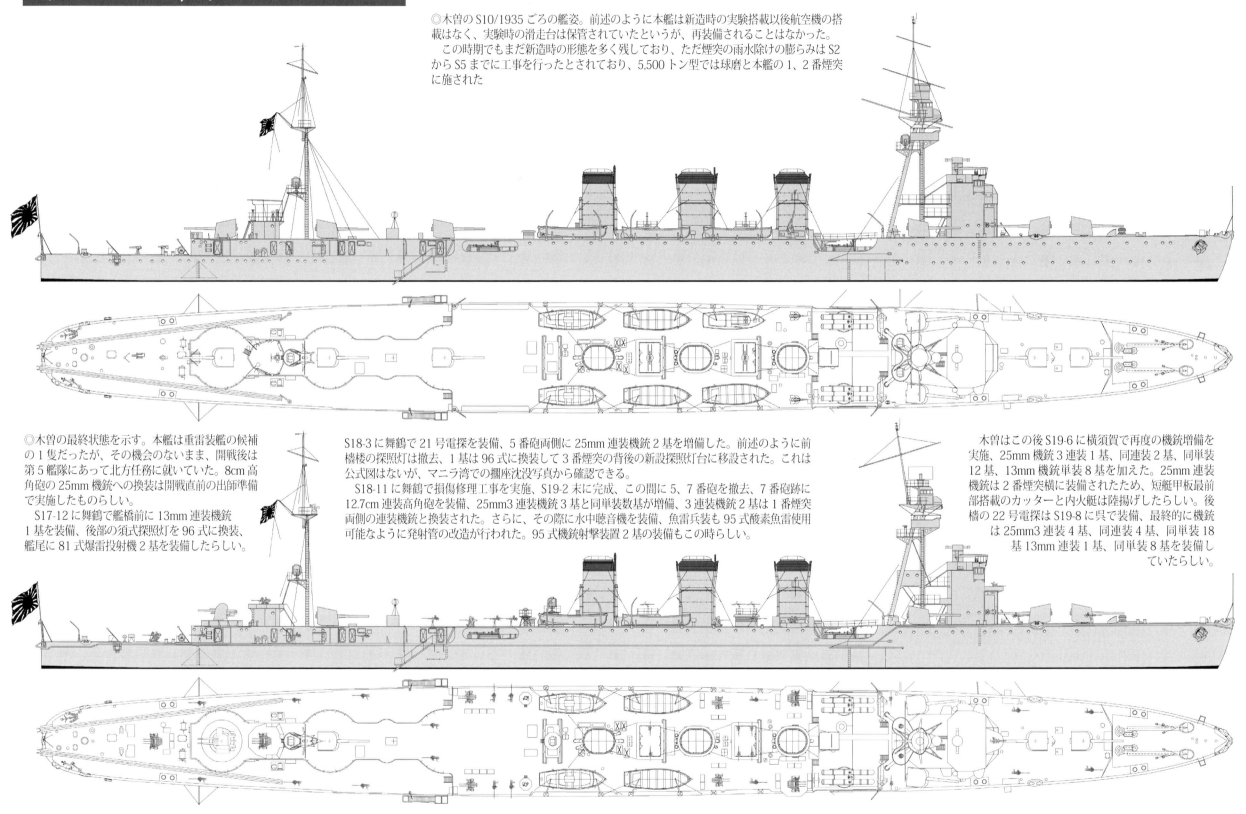

◎木曽のS10/1935ごろの艦姿。前述のように本艦は新造時の実験搭載以後航空機の搭載はなく、実験時の滑走台は保管されていたというが、再装備されることはなかった。
　この時期でもまだ新造時の形態を多く残しており、ただ煙突の雨水除けの膨らみはS2からS5までに工事を行ったとされており、5,500トン型では球磨と本艦の1、2番煙突に施された

◎木曽の最終状態を示す。本艦は重雷装艦の候補の1隻だったが、その機会のないまま、開戦後は第5艦隊にあって北方任務に就いていた。8cm高角砲の25mm機銃への換装は開戦直前の出師準備で実施したらしい。
S17-12に舞鶴で艦橋前に13mm連装機銃1基を装備、後部の須式探照灯を96式に換装、艦尾に81式爆雷投射機2基を装備したらしい。

S18-3に舞鶴で21号電探を装備、5番砲両側に25mm連装機銃2基を増備した。前述のように前檣楼の探照灯は撤去、1基は96式に換装して3番煙突の背後の新設探照灯台に移設された。これは公式図はないが、マニラ湾での擱座沈没写真から確認できる。
S18-11に舞鶴で損傷修理工事を実施、S19-2末に完成、この間に5、7番砲を撤去、7番砲跡に12.7cm連装高角砲を装備、25mm3連装機銃3基と同単装数基が増備、3連装機銃2基は1番煙突両側の連装機銃と換装された。さらに、その際に水中聴音機を装備、魚雷兵装も95式酸素魚雷使用可能なように発射管の改造が行われた。95式機銃射撃装置2基の装備もこの時らしい。

木曽はこの後S19-6に横須賀で再度の機銃増備を実施、25mm機銃3連装1基、同連装2基、同単装12基、13mm機銃単装8基を加えた。25mm連装機銃は2番煙突横に装備されたため、短艇甲板最前部搭載のカッターと内火艇は陸揚げしたらしい。後檣の22号電探はS19-8に呉で装備、最終的に機銃は25mm3連装4基、同連装4基、同単装18基13mm連装1基、同単装8基を装備していたらしい。

図 5-2-7 [S=1/500]　木曽 (S10/1935 及び S19/1944-下)

5,500トン型 /5,500 Ton Class

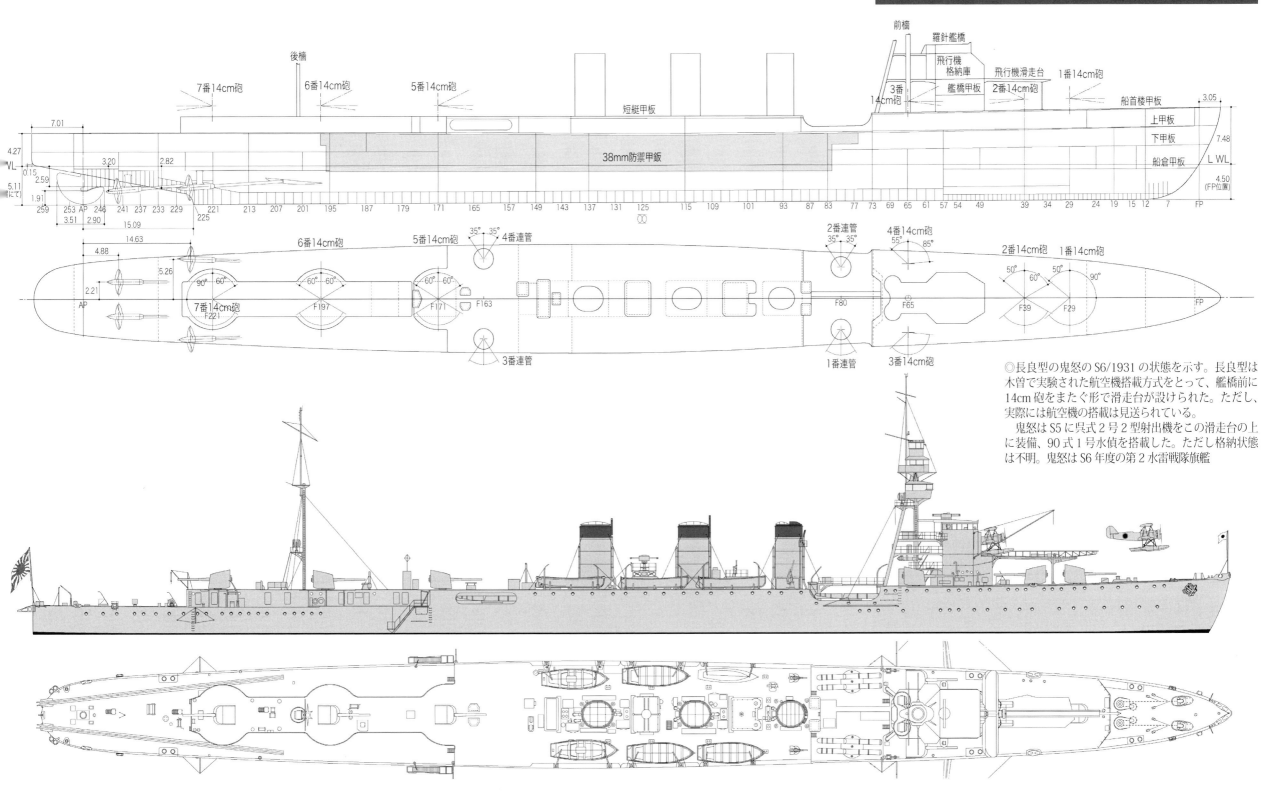

◎長良型の鬼怒のS6/1931の状態を示す。長良型は木曽で実験された航空機搭載方式をとって、艦橋前に14cm砲をまたぐ形で滑走台が設けられた。ただし、実際には航空機の搭載は見送られている。

鬼怒はS5に呉式2号2型射出機をこの滑走台の上に装備、90式1号水偵を搭載した。ただし格納状態は不明。鬼怒はS6年度の第2水雷戦隊旗艦

図 5-2-8 [S=1/500] 鬼怒 (入渠図及びS6/1931下)

5,500トン型 / 5,500 Ton Class

◎鬼怒はS9の特定修理に際して、航空兵装の刷新を行い、他艦と同様5、6番砲間に呉式2号3型改1射出機を装備して94式3座水偵を搭載した。
先の呉式2号2型射出機はS6に早くも撤去して次の第2水雷戦隊旗艦の神通に移設された。
この時に艦橋前の滑走台は撤去され、中段に13mm4連装機銃を装備しており、S10末から本艦は第2潜水戦隊の旗艦。8cm高角砲を13mm連装機銃に換装したのはS12-7の日中戦争開戦後。

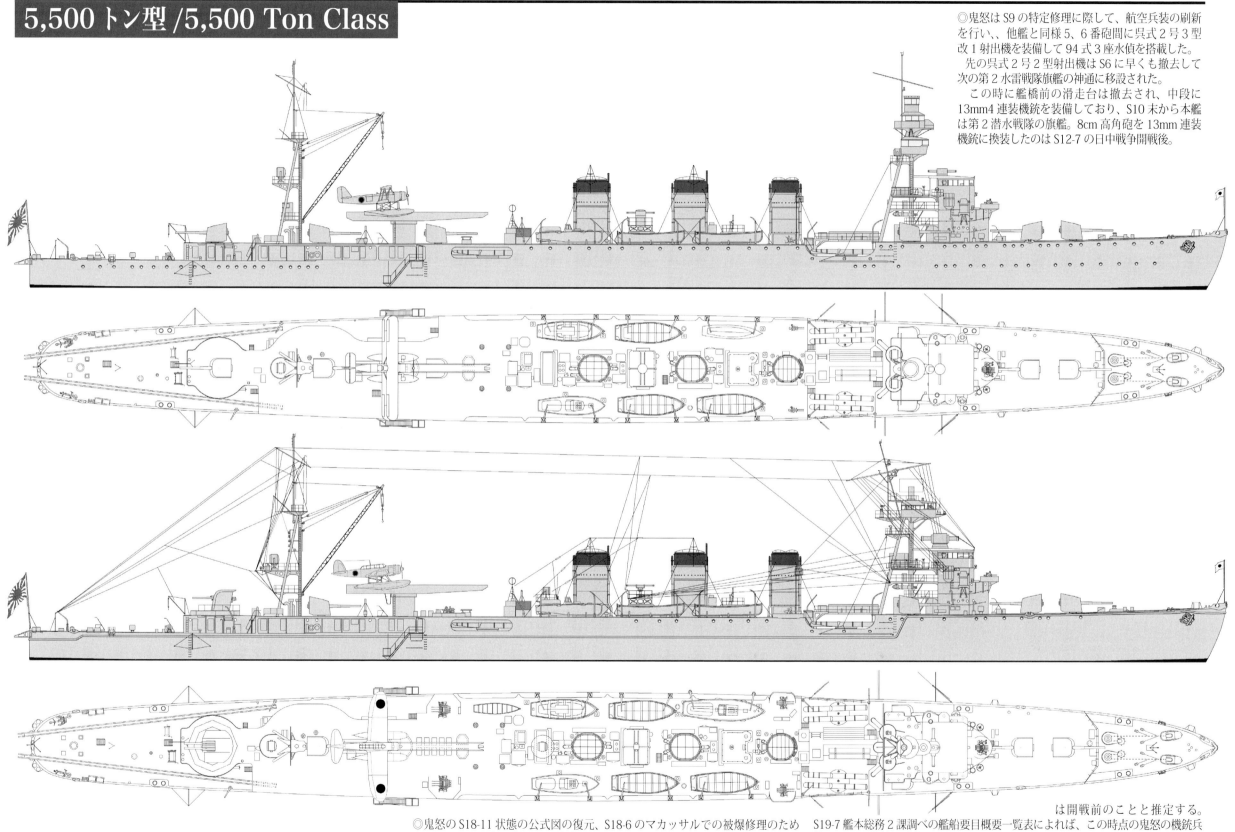

◎鬼怒のS18-11状態の公式図の復元、S18-6のマカッサルでの被爆修理のためS18-8に呉で工事を完了した状態。この時7番砲を12.7cm連装高角砲に換装、25mm3連装機銃2基を5番砲を撤去して装備、また21号電探を新設、探照灯の撤去移設は他と同様。1番煙突両側の13mm連装機銃の25mm連装機銃への換装は開戦前のことと推定する。
S19-7艦本総務2課調べの艦船要目概要一覧表によれば、この時点の鬼怒の機銃兵装は25mm機銃3連装2基、同連装2基、同単装10基、13mm機銃連装2基となっており、艦橋前の13mm4連装機銃を同連装2基に換装、25mm単装機銃がこの後追加されたとされており、航空兵装は残されている。

図5-2-9 [S=1/500]　鬼怒 (S12/1937 及び S18/1943 下)

5,500トン型/5,500 Ton Class

図 5-2-10 [S=1/500]
由良 (S4/1929 及び S17/1942 下)

◎ 5,500トン型で最初に射出機を装備したのはこの由良で、S4/1929-6に萱場式発艦促進装置の実験搭載が完了した。この萱場式射出機はスプリングの圧縮瞬発力を利用した特殊な構造で、艦橋前の滑走台に装着された。90式1号水偵によりS8/1933まで実験が行われたが、実用射出機の目処がついたため、撤去されて実験は中止された。
萱場式射出機を最初に艦上実験したのは五十鈴で、S4-3実験終了後由良に移設して実用化実験を実施したものだが、結局、ものにならなかったことになる。この射出機は中心線上でなく左舷側に軽く傾斜して装備されていた。

由良は5,500トン型最初の戦没艦で、S17-1-25にツラギ付近で被爆、火災を生じて沈没した。従って電探や機銃の増備のひまはなく、ほぼ開戦時の状態にあったものと推定される。

◎ 由良は萱場式射出機を撤去後、他艦と同様の呉式2号3型射出機を後部に装備して、第2潜水戦隊旗艦に就いている。5,500トンの航空艤装において後部砲甲板を飛行作業のため、片舷側を舷側部まで張り出しているが、これが右舷側か左舷側かは艦によって異なっており、どのような理由によるものか明らかではない。艦橋前の13mm4連装機銃装備と滑走台撤去もこの時の工事。

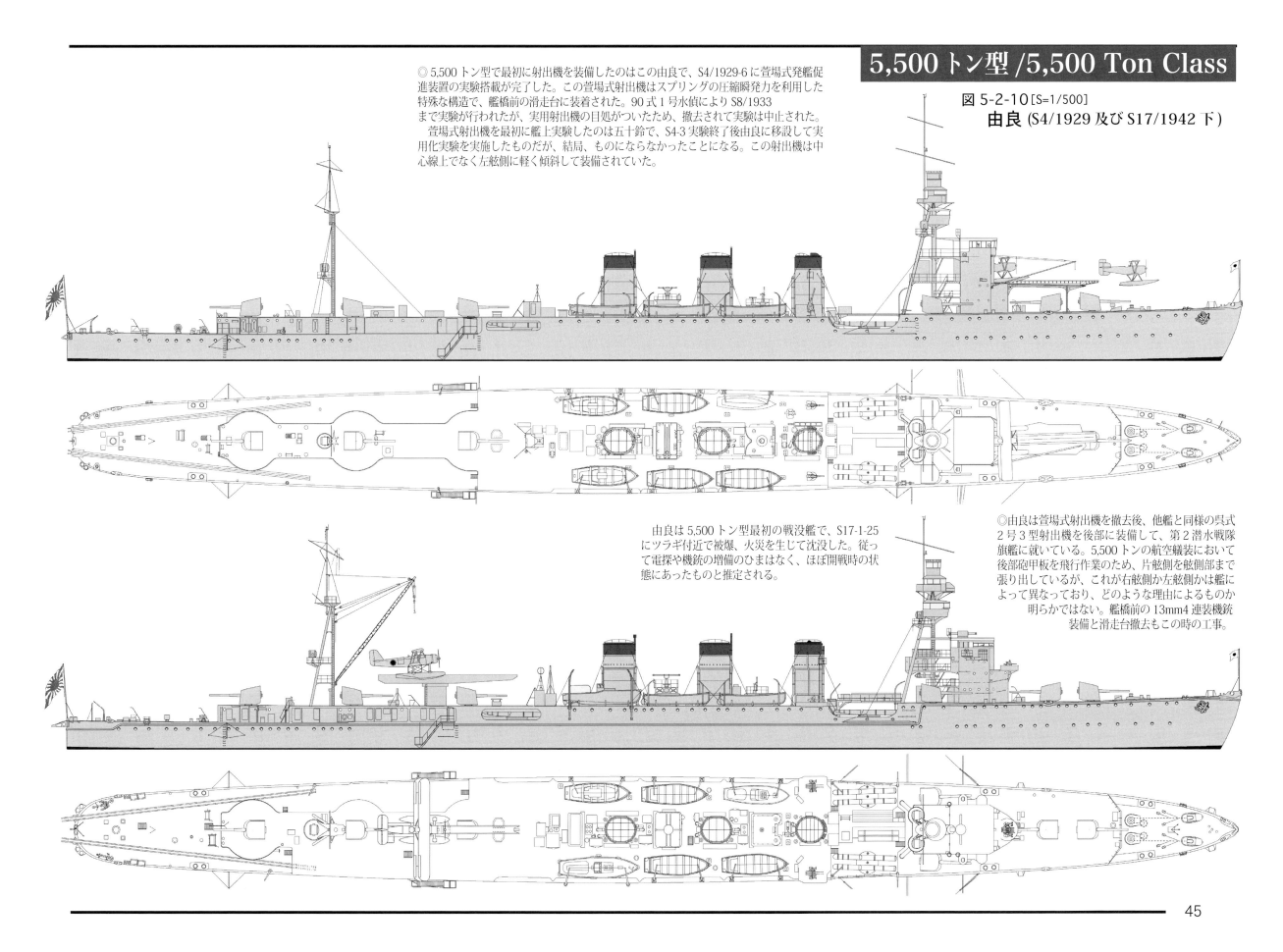

45

5,500トン型 /5,500 Ton Class

◎名取はS8の改装で後檣に90cm探照灯2基を並列装備していたが、S15の水雷戦隊旗艦就役時に110cm探照灯1基に変更されている。

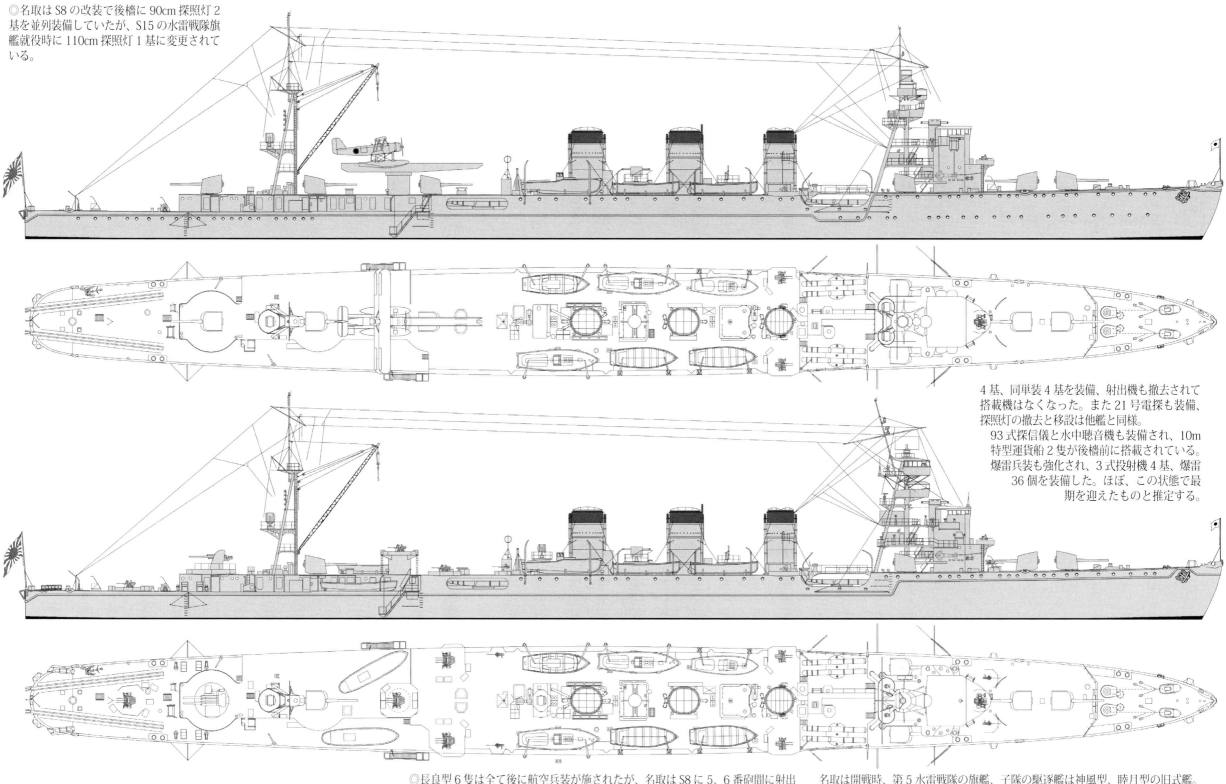

4基、同単装4基を装備、射出機も撤去されて搭載機はなくなった。また21号電探も装備、探照灯の撤去と移設は他艦と同様。
93式探信儀と水中聴音機も装備され、10m特型運貨船2隻が後檣前に搭載されている。爆雷兵装も強化され、3式投射機4基、爆雷36個を装備した。ほぼ、この状態で最期を迎えたものと推定する。

◎長良型6隻は全て後に航空兵装が施されたが、名取はS8に5、6番砲間に射出機を装備、90式2号水偵を搭載した。艦橋部前檣楼や後檣の近代化もこの時の工事だが、艦橋前の滑走台は撤去されず、先端部に13mm4連装機銃を装備した。滑走台を撤去して艦橋部中段に機銃台を設けたのはS10前後か。

名取は開戦時、第5水雷戦隊の旗艦、子隊の駆逐艦は神風型、睦月型の旧式艦。この時点での搭載機は94式3座水偵、8cm高角砲は25mm機銃に換装ずみ。
下は名取がS18-6に舞鶴で損傷修理を行い翌年4月に完成した状態の公式図の復元図。この工事で5、7番砲を撤去、12.7cm連装高角砲と25mm3連装機銃

図5-2-11 [S=1/500] 名取 (S17/1942及びS18/1943下)

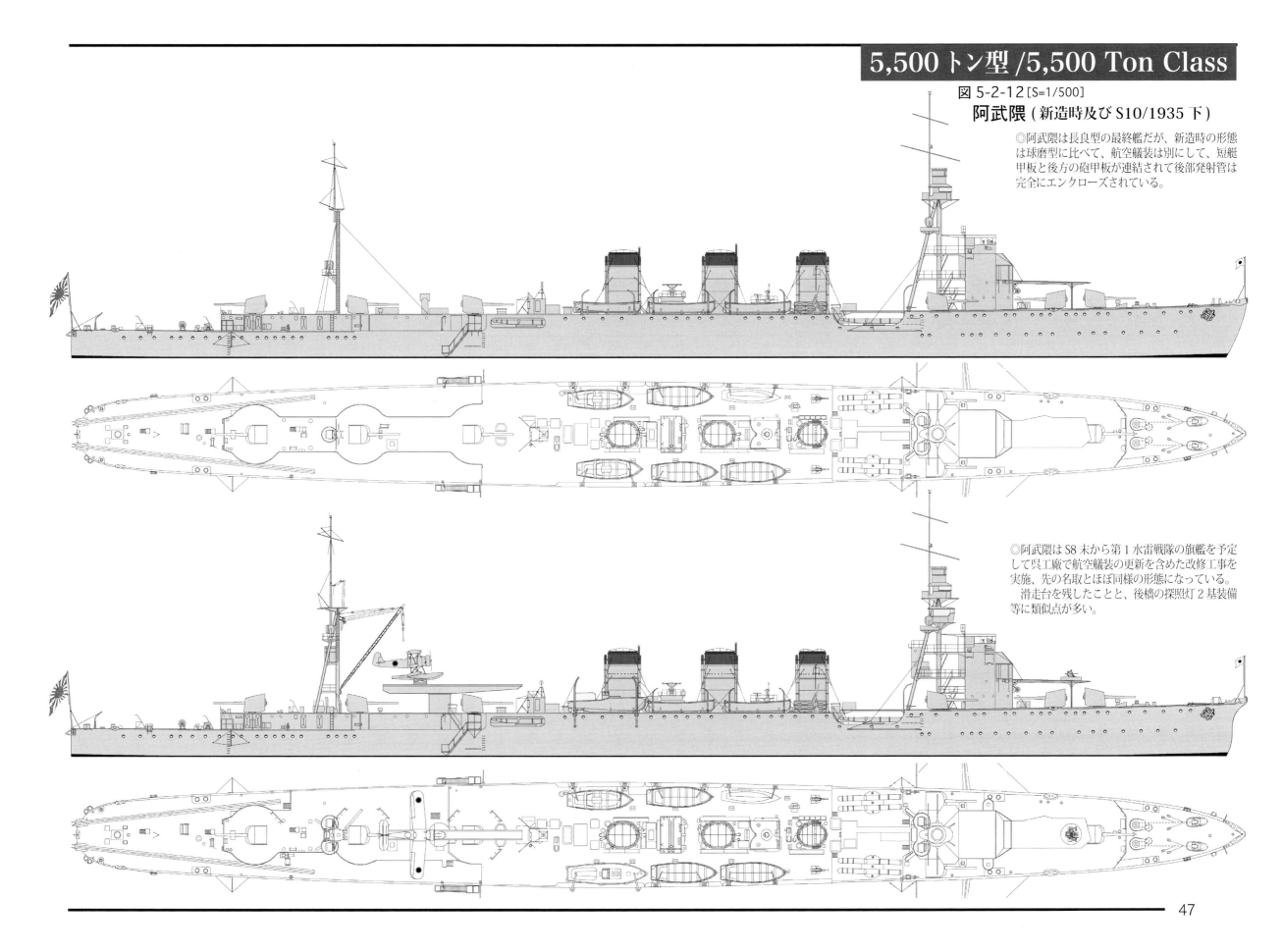

5,500 トン型 /5,500 Ton Class

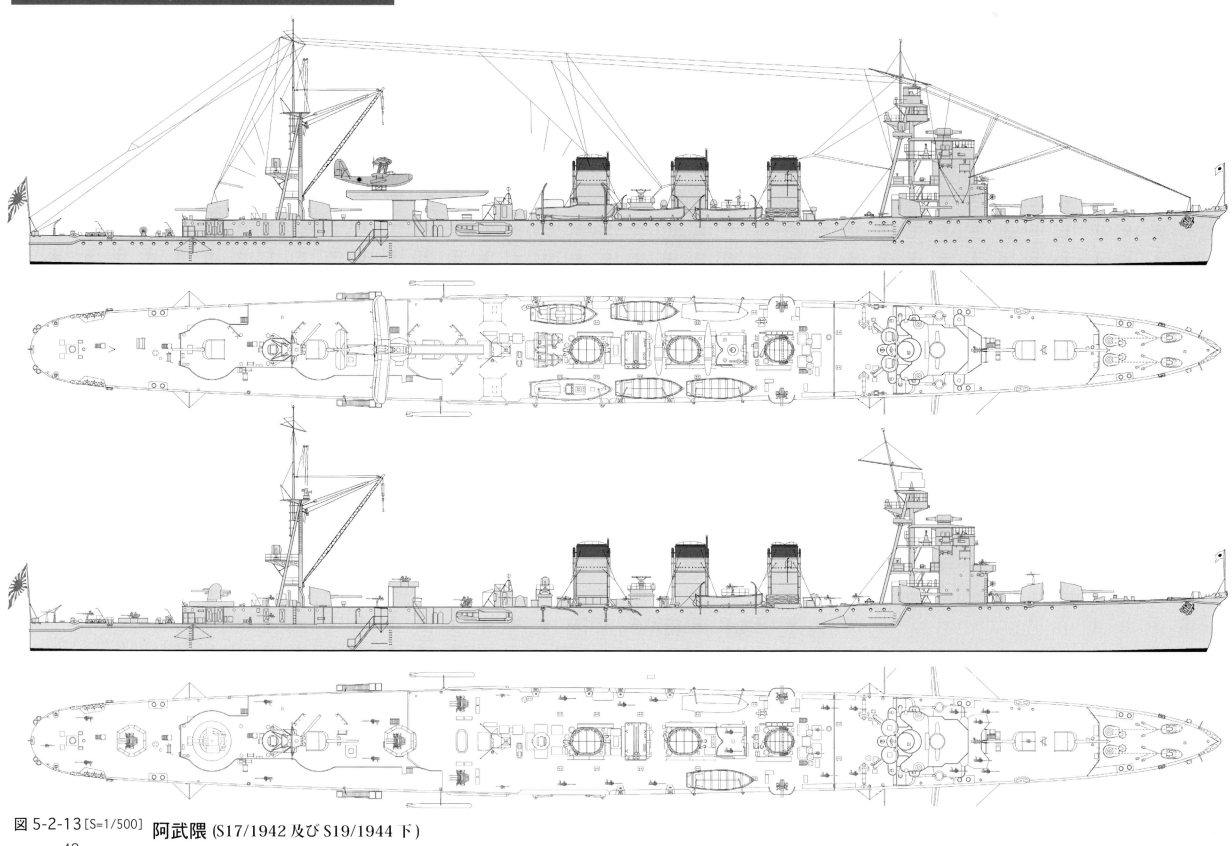

図 5-2-13 [S=1/500] 阿武隈 (S17/1942 及び S19/1944 下)

5,500トン型/5,500 Ton Class

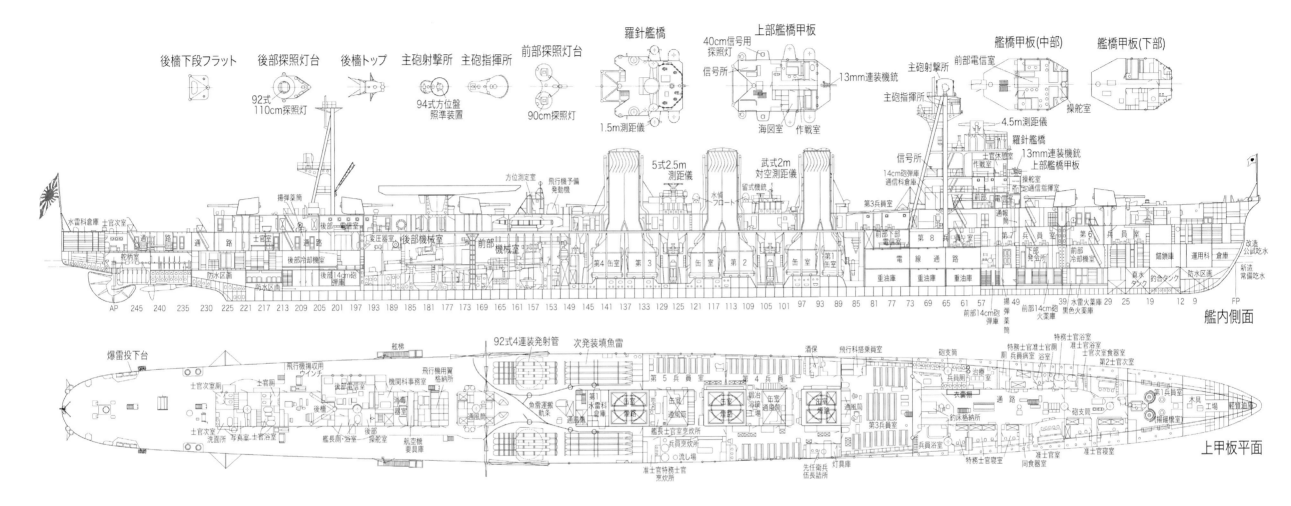

◎阿武隈はS14末に第1水雷戦隊旗艦に就いたが、この後魚雷兵装の更新工事を行っており、これは子隊の駆逐艦の魚雷兵装に合わせるために、前部の発射管を撤去して、後部発射管位置に新たに92式4連装発射管を装備、93式酸素魚雷の搭載を実現している。前部発射管のあったウエル・デッキは船首楼甲板と後部の短艇甲板を連結してエンクローズされ、兵員居住区になった。この工事がいつ行われたのか確定できないが、S14-15であることは推定でき、S16は阿武隈の所在を示す海軍公報からも可能性は低い。

この魚雷兵装の更新は長良型では本艦のみに実施されたが、他に川内型の神通と那珂にも実施されており、これは子隊の駆逐艦が93式魚雷を装備した水雷戦隊旗艦だけに実施した改修工事である。大戦中に防空艦に改装された五十鈴が同じく魚雷兵装を更新したが、これは例外とみるべきであろう。

もちろん長良のように従来の発射管でも改造により93式魚雷の装備は可能であったが、効率的には4連装発射管の方がベターである。

阿武隈は以後、大戦中を通して第1水雷戦隊旗艦を務めており、開戦前に後檣の探照灯は110cm1基に改められていた。開戦時は水雷戦隊旗艦用として98式夜偵を搭載していたが、ハワイ作戦参加時は94式水偵を搭載している。

ここに掲げた阿武隈のS17状態の艦型図はS17-4-20製図の舷外側面、上部平面及び艦内側面、上甲板平面図に基づくものだが、この実物は呉の大和ミュージアムにあるもので、現物は青焼きの図面である。ただしこの青焼き図面には朱色で後のS18/19に実施した機銃増備等が上書きされており、従ってこれはS17の製図青焼き図に後から、S19に関係者が機銃増備等の装備要領を書き込んだものと思われる。このため、一部の出版物に掲載された際に、S17に阿武隈は21号電探や12.7cm高角砲の装備が予定されていた等の誤解解説が行われているが、もちろん、そんなことはなく、朱書きされたのがS19であることを忘れてはいけない。

艦橋前の13mm連装機銃はS17-4に同4連装機銃と換装してものである。

次頁下は阿武隈の最終状態を示すものだが、この間の経緯を以下に述べる。S17-12に佐世保で5番砲を撤去し25mm3連装機銃2基を装備、前檣の須式探照灯、同管制器を92式探照灯、同管制器に換装。
S18-4 舞鶴で21号電探装備、探照灯の撤去、移設は他艦と同様。
S18-7 キスカ撤収作戦中に艦尾甲板に陸式7.5cm高角砲を臨時搭載する。
S18-10 横須賀で7番砲を12.7cm連装高角砲に、射出機を呉式2号5型に換装、93式水中聴音機、2式哨信儀を装備、測程儀や音響測深

儀を換装、応急舵も装備された。
S19-3に大湊で射出機を撤去し、支持台上と艦尾甲板に25mm3連装機銃2基と同単装4基を装備した。
S19-6に横須賀で再度の機銃増備を行い、25mm機銃単装8基、13mm機銃単装8基を装備した。さらに同年7月に横須賀で22号電探を後檣に装備している。S19-8-10現在機銃増備――調査表によれば本艦の単装機銃は25mm14挺、13mm5基となっており、艦橋両側の13mm機銃が25mm機銃に入れ換わり、2番砲上の13mm機銃もなくなっている。

この最終図は阿武隈の戦没時の戦闘詳報に添付されている見取り図に基づいて作図したもので、25mm単装機銃は24基、同13mm機銃は6基となっており、これが事実とすれば戦没時までにさらに25mm単装機銃が増備されたことになる。このために搭載短艇は最前部を残して陸揚げする必要があった。

図 5-2-14 [S=1/500] **阿武隈** (S17/1942 艦内側面諸甲板平面)

5,500トン型 / 5,500 Ton Class

◎長良の新造時の艦橋前滑走台は左右非対称の形をしており、航空機は中心線上ではなく、やや左舷よりに斜めに発進することを意図していたふしがある。本艦の航空兵装の更新もS8に実施しており、他艦と同様である。

◎長良が大戦中の工事で魚雷兵装を92式4連装発射管に換装したとの説が一部にあるが、艦本総務2課調べのS19-7現在の要目表でも発射管は連装4基として魚雷のみ93式と記しており、S19-1に93式魚雷用に発射管を改造したとするのが正しいと思われる。ただ93式魚雷を装備したのは、魚雷調整班の記録からも間違いない。

◎下は長良の最終状態を示すものだが、例の機銃増備──調査表によれば日付はないが、ほぼ最終状態と見てよいであろう。艦橋前の13mm連装機銃はS17-4に舞鶴で同4連装機銃と換装、S18-3に舞鶴で21号電探を装備、探照灯の撤去と移設を行った。この際、機銃増備も一部行われたらしく、5番砲の撤去と25mm連装機銃2基が装備されたと推定する。

S19-1に舞鶴で損傷修理を兼ねて7番砲を12.7cm連装高角砲に換装、射出機をおろして、25mm機銃3連装2基、同連装2基を増備し、水中聴音機も装備した。爆雷兵装の強化もこの時らしい。その後S19-6に横須賀で25mm機銃単装10基、13mm機銃単装8基を追加装備したという。艦橋前と2、3番煙突間の25mm単装機銃はこれ以前に装備されたものらしい。

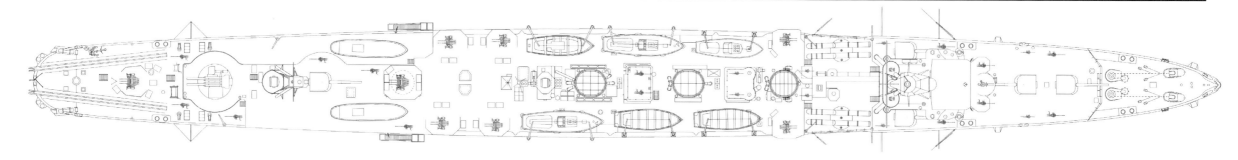

図 5-2-15 [S=1/500]　長良 (新造時及びS19/1944 下)

5,500トン型 /5,500 Ton Class

◎五十鈴は大戦中に本格的な防空艦に改装された唯一の巡洋艦で、S19-1からほぼ半年かけて横須賀と横浜で改装工事を実施した。

改装では従来の14cm砲、発射管、射出機等を全て撤去して、新たに12.7cm連装高角砲3基、25mm3連装機銃11基を装備、92式4連装発射管を後部発射管位置に装備したもの。94式高射装置を三脚前檣トップに置いたため、21号電探は艦橋上部に配置されている。艦載艇として小発2隻が搭載されているのがわかる。

改装では上構はほぼ従来のままで規模はかなり簡易にとどめており、高角砲3基は相当に物足りないが、日本海軍としてはかなり思い切った計画であったらしい。幸いこの状態の公式図が残されており、本図はこれを復元したもの。

ただし、要目簿はなく、本艦のこの状態の排水量は不明のままだ。この改装では22号と13号電探を装備す

備する予定だったが、13号は後日装備となり比島沖海戦後の修理時に装備したという。五十鈴は5,500トン型最後の戦没艦でS19-11に米潜に雷撃されて大破したがその修理が終わって間もなくS20-4再度米潜水艦に雷撃され撃沈した。

◎S13に艦本で試案した由良を対象とする防空艦の概案。基本仕様は、

公試排水量7,178T、速力32.3ノット、軸馬力90,000（原文は9,000と誤記）、航続力18ノットにて3,750浬、兵装は長10cm高角砲連装7基、25mm連装機銃4基、高射装置、機銃射撃装置、探照灯は図示の通りで、他に

この試案は福井静夫氏が造船大尉時代に鳥海乗艦中に勤務録に書き写していたもので、先の龍田型の改装案や後に示す新防空艦と同一の資料である。

爆雷投射機6基、爆雷60個を搭載するという。基本的には14cm砲を長10cm連装高角砲に置き換えた案だが、重量的にバランスしていることは計算済みとは思うが、過剰の感がないでもない。重量軽減のため中央部の砲は砲室を省いて露出しているのも重量的にギリギリゆえと推定される。これは上の五十鈴の例と比べても明白である。

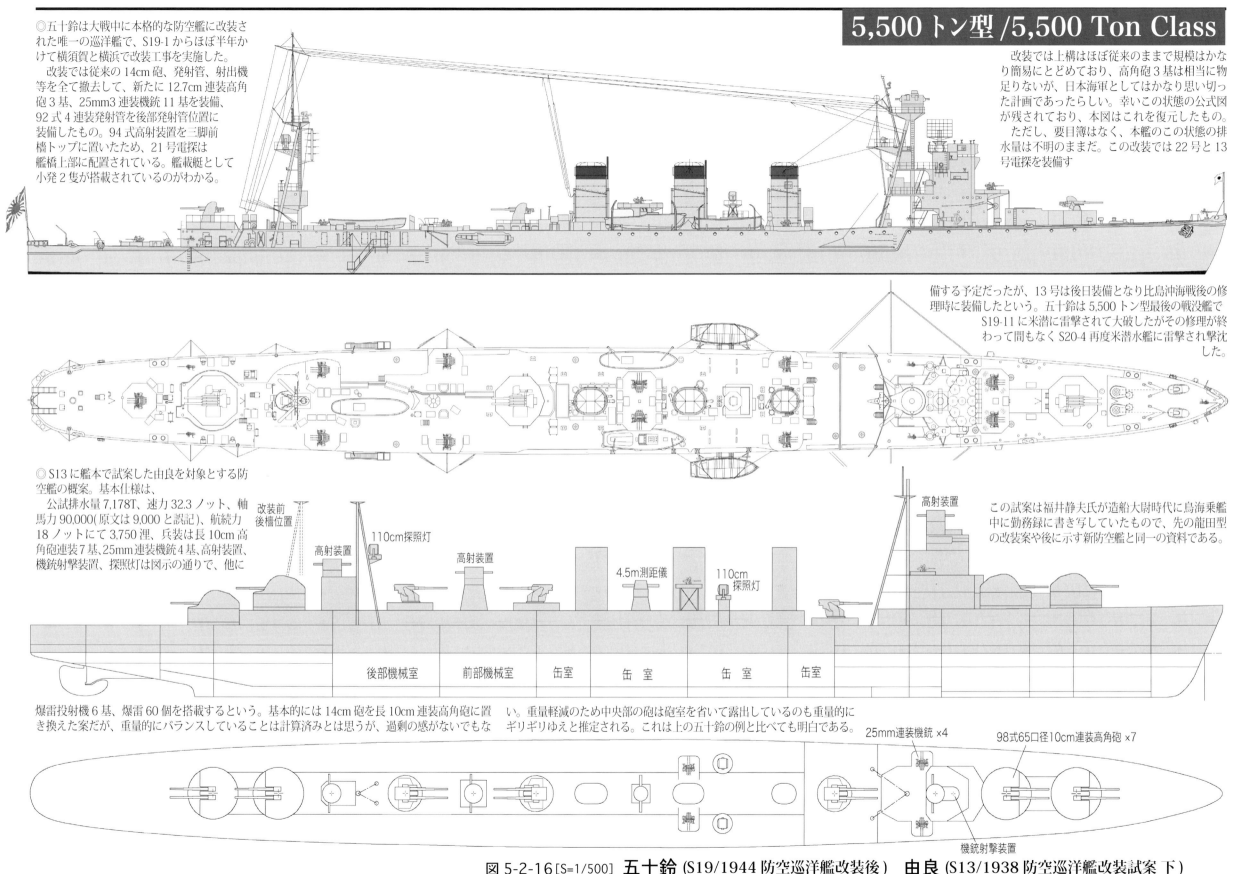

図 5-2-16 [S=1/500] 五十鈴 (S19/1944 防空巡洋艦改装後)　由良 (S13/1938 防空巡洋艦改装試案 下)

5,500トン型 /5,500 Ton Class

図 5-2-17 [S=1/500] **那珂** (計画時艦型及び新造時 下)

◎5,500トン3型目の川内型は長良型に比べて専焼缶2基を混焼缶2基に変更したため、煙突が4本に増加したが、その他はほぼ同じである。ここに示したのは川内型の原計画艦型として公文備考に収録されていた図で、あまり知られていないものである。

この図によれば川内型は当初、艦首の形状、航空機格納庫と旋回式滑走台、軽く傾斜した煙突等、目新しい形状が多々見受けられて興味深いものがある。

図には大正10年度中型巡洋艦大体計画図と記されており、計画番号 C-33 と記載されていることからも、艦本(技本)の正式な計画図で、記載の垂線間長は 504′、153.62mと記載されており、5,500トン型共通の 152.40mより若干長い。

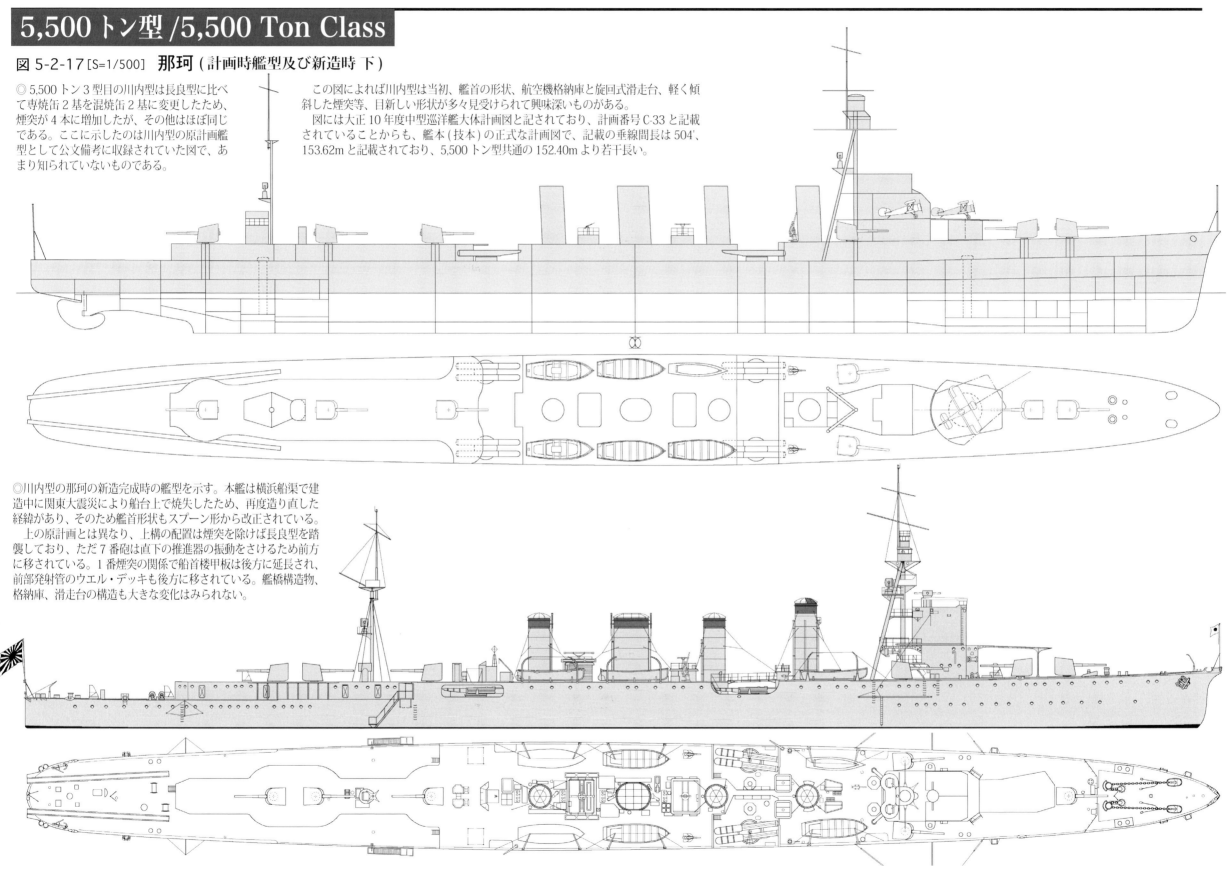

◎川内型の那珂の新造完成時の艦型を示す。本艦は横浜船渠で建造中に関東大震災により船台上で焼失したため、再度造り直した経緯があり、そのため艦首形状もスプーン形から改正されている。

上の原計画とは異なり、上構の配置は煙突を除けば長良型を踏襲しており、ただ 7番砲は直下の推進器の振動をさけるため前方に移されている。1番煙突の関係で船首楼甲板は後方に延長され、前部発射管のウエル・デッキも後方に移されている。艦橋構造物、格納庫、滑走台の構造も大きな変化はみられない。

5,500トン型/5,500 Ton Class

◎神通の射出機装備はS6/1931末のことで、先に鬼怒に搭載した呉式2号2型を移設したもの。川内型では最初の射出機装備だったが、S9/1934には早くも呉式2号3型に換装して下の那珂のような実用タイプの航空艤装に改めている。神通の艦首はS2の美保ヶ関事件による損傷復旧に際して那珂のような形状に改められていた。

神通は新造時に比べて満載排水量ではS10当時には500トン前後増加しており、各種重量が徐々に増加して復原性は目をつむっても差し支えない程度まで悪化していたことは事実であったらしい。舷側にバルジを設ければ浮力はかせげるが、速力の低下は否めず、巡洋艦にとっては致命的であった。

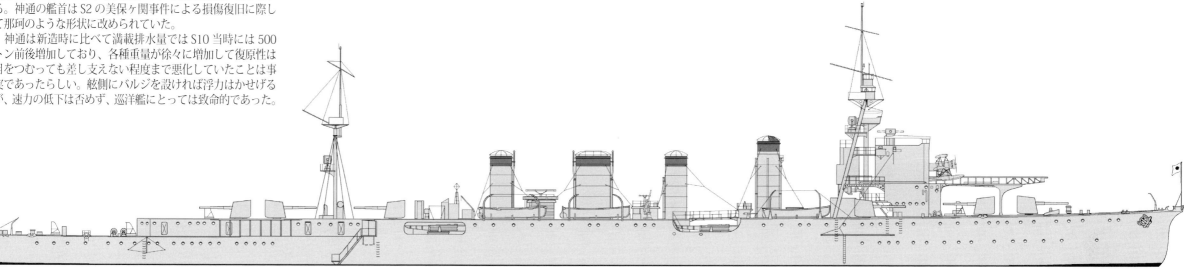

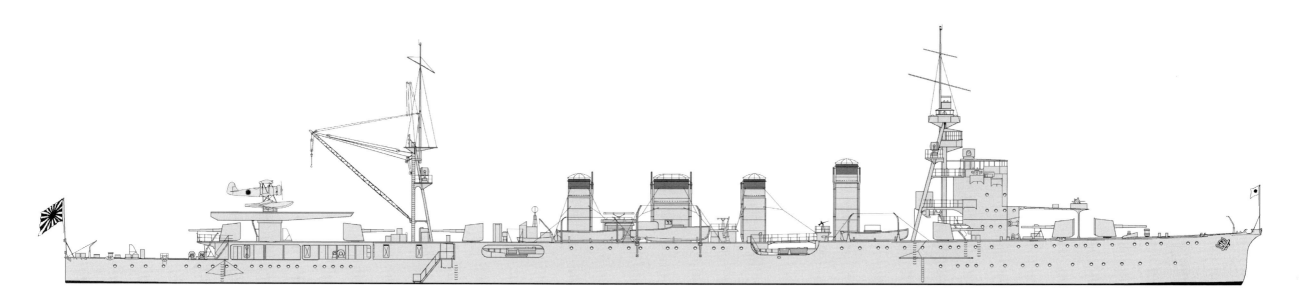

◎那珂のS9/1934当時の艦型、S8に呉で航空兵装の装備を実施、本型の場合射出機は7番砲を後方に移して、6、7番砲間に装備された。このため、三脚後檣は長良型とは逆に取り付けられている。この状態では、まだ旧滑走台が残されて、先端部に13mm4連装機銃が搭載されたが、これは間もなく撤去されている。
この当時本艦は第2水雷戦隊旗艦に就いていた。

図 5-2-18 [S=1/500] **神通** (S8/1932)　**那珂** (S9/1934 下)

5,500トン型 /5,500 Ton Class

◎川内のS12/1937当時の艦型。本艦の航空兵装更新もS8に佐世保で行われた。本艦の場合、滑走台はこの時に撤去されたようである。

S10に舞鶴において缶改造と艦橋構造の改正を行い、従来より艦橋高さが低くなったため後方視界を改善するために、S11に1番煙突を2.2m、3番煙突を60cm短縮する工事を実施した。この工事で4本煙突はほぼ同一の高さとなり他の同型艦との識別は容易である。

ただし、「海軍艦艇公式図面集」掲載のS17川内の図面では1番煙突が高いままで、これはS9の川内の図面を下敷きにしてS17の図面を製図した際に修正を忘れたもので、検図者も見逃したミスと推定する。

この状態では機銃は艦橋前の13mm4連装1基と8cm高角砲と換装した13mm連装機銃2基。第4艦隊事件による損傷修理を兼ね船体補強を実施したと言われている。ただS10当時とS15の満載排水量の比較では、8,019tに対して7,982tと僅かに減少しており、性能改善工事により排水量の増加を防止したものとみられる。

後檣の探照灯はS12に90cm2基から110cm1基に換装していた。この時期方位盤照準装置は94式4型に換装ずみで、同様の艦は、名取、阿武隈、鬼怒、那珂、神通がある。

◎那珂の最終状態と推定される艦型を示す。本艦はS15に第3水雷戦隊旗艦に就いたが、子隊の駆逐艦が93式魚雷を持たない特型駆逐艦だったため、魚雷兵装の更新は行われなかった。両舷の13mm連装機銃は開戦前に25mm連装機銃に換装されたらしく、艦橋前の13mm4連装機銃はS17に入ってから連装機銃に換装したもの。本艦は幸運にも大した被害もなく

S18-5に佐世保で1か月以上かけて改修工事を実施、21号電探を装備、前檣部の探照灯の撤去、移設を行い、さらに5番砲を撤去して25mm3連装機銃2基を増備した。この4か月後にブーゲンビル島沖海戦で、米艦隊と交戦、撃沈されてしまった。

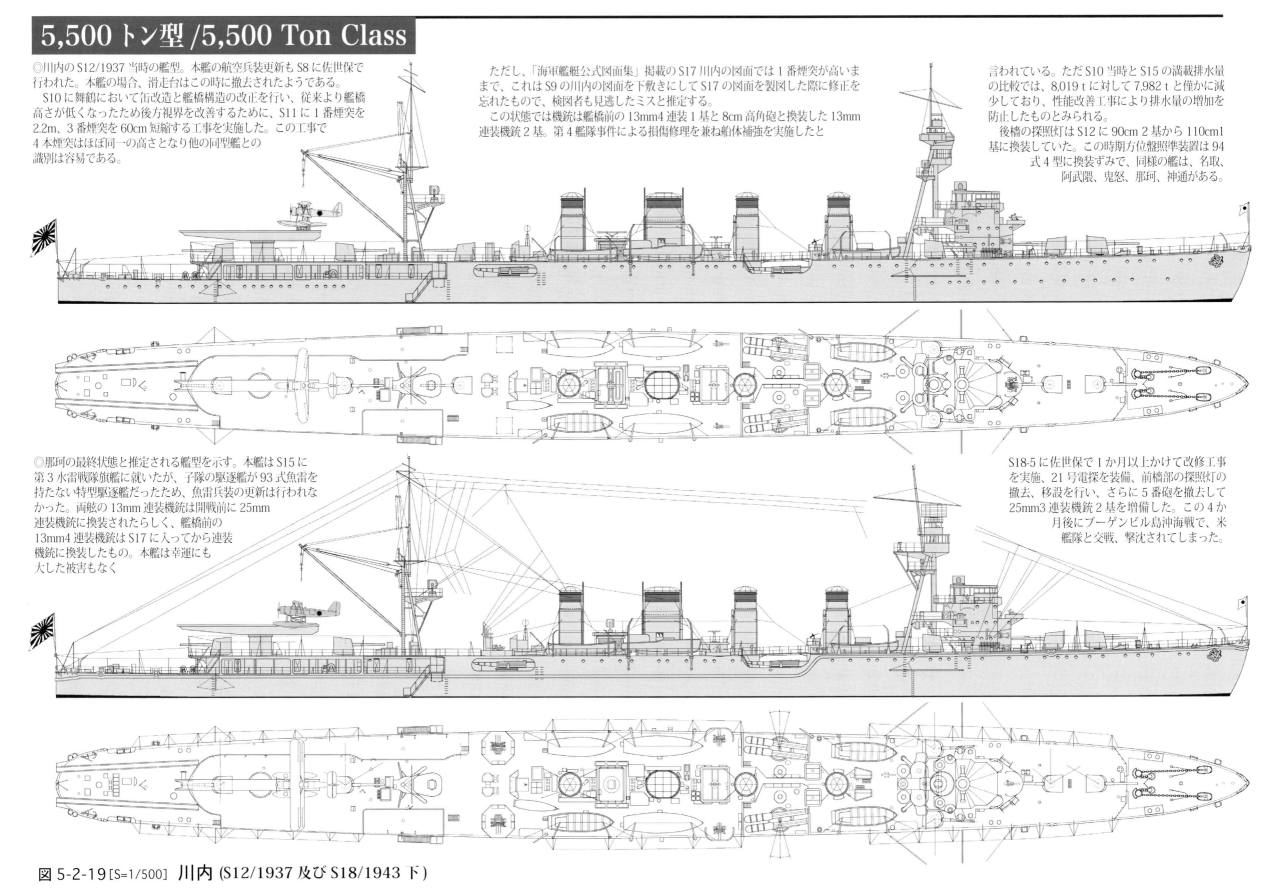

図 5-2-19 [S=1/500] 川内 (S12/1937 及び S18/1943 下)

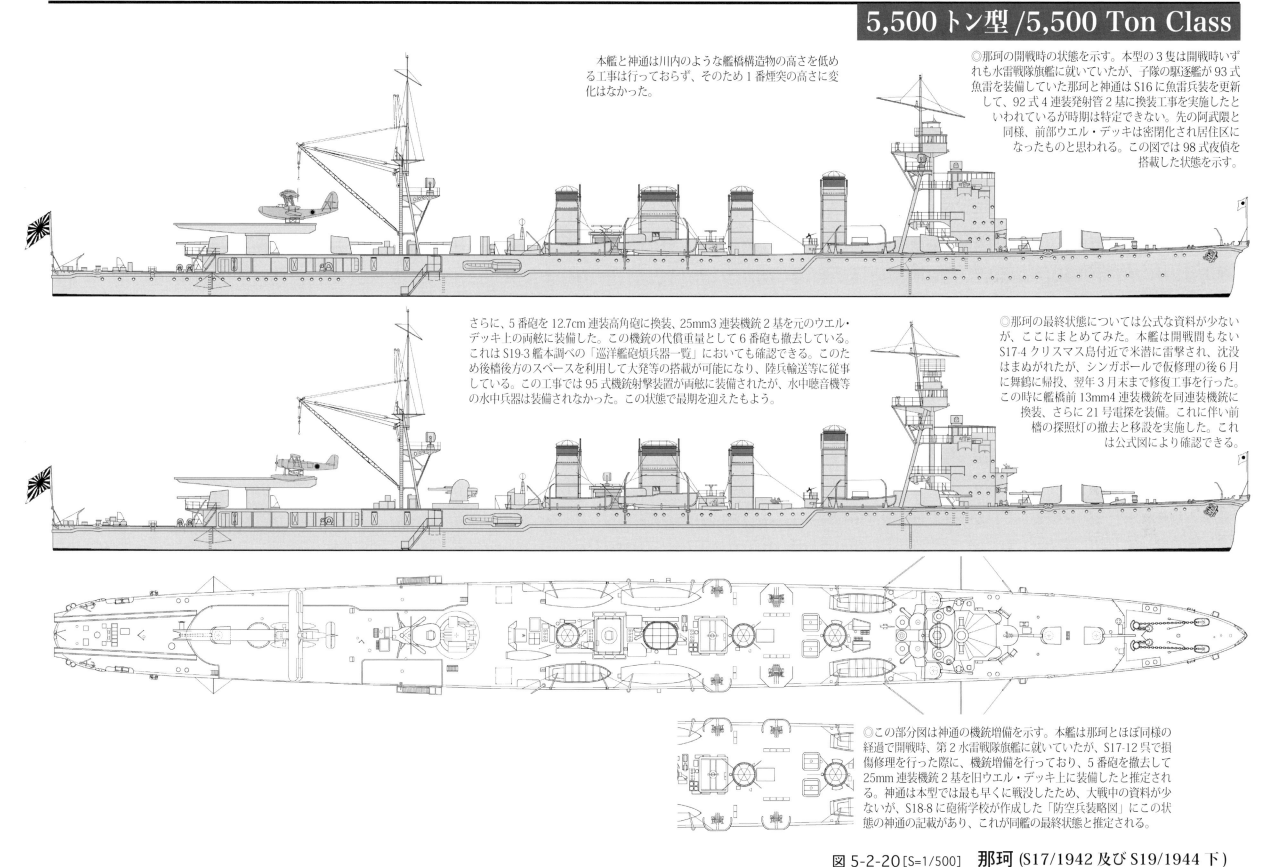

図 5-2-20 [S=1/500] 那珂 (S17/1942 及び S19/1944 下)

5,500トン型 /5,500 Ton Class

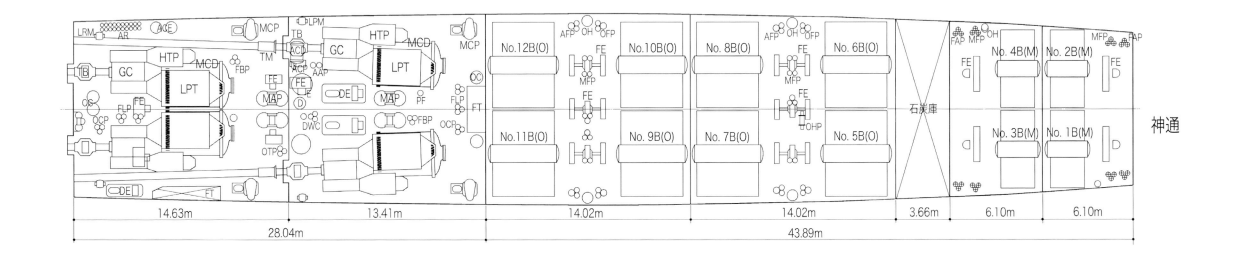

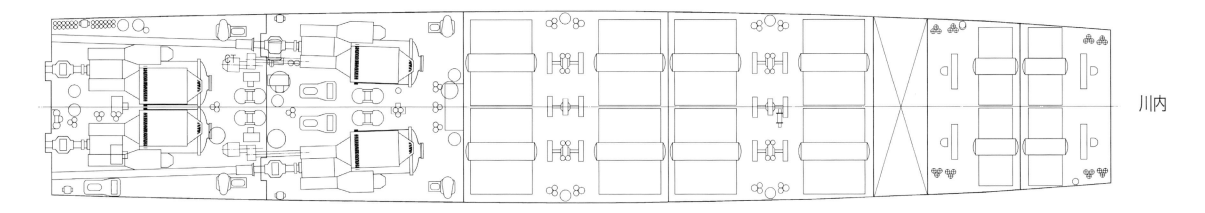

○神通はS7年度に機械室混合給水加熱器を撤去し、噴射給水加熱器を装備した状態を示す。
川内は那珂と同様、神通と相違する部分のみ表記

図 5-2-21　5,500トン型 (機関区画比較/1)

5,500トン型 /5,500 Ton Class

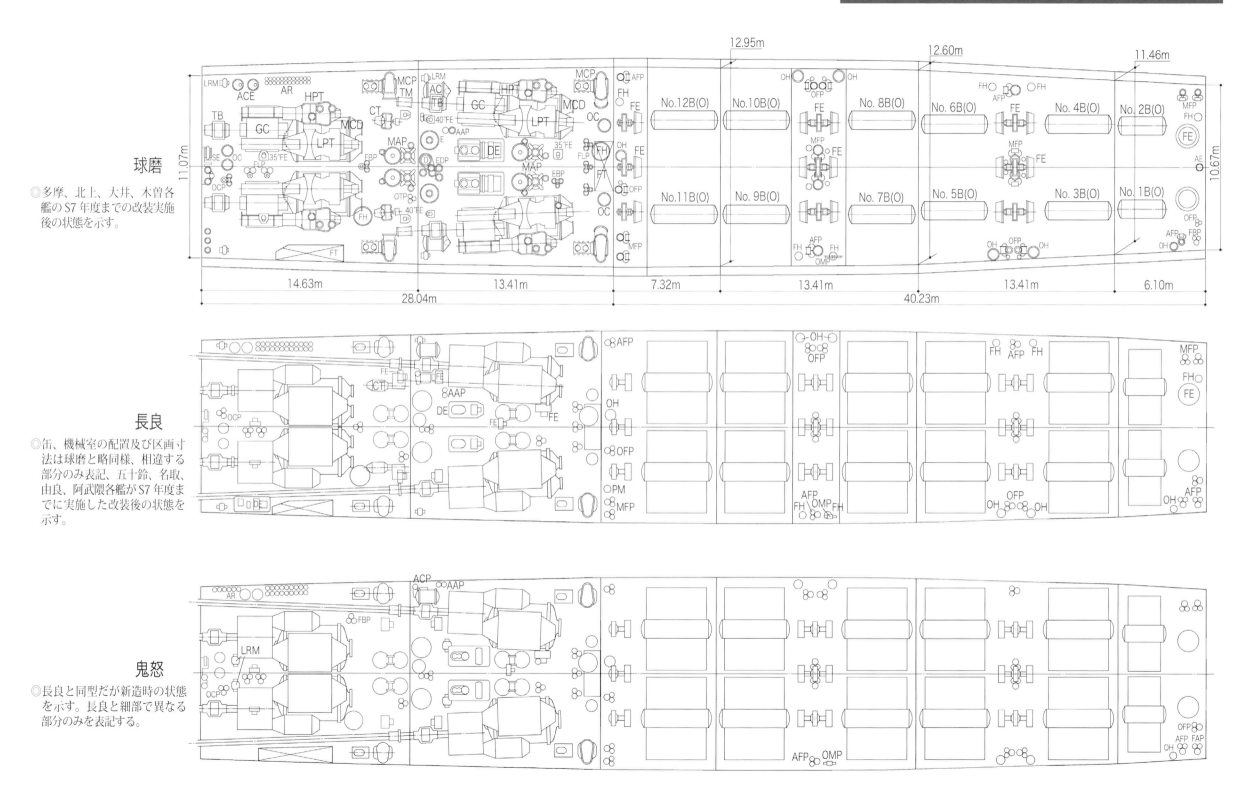

図 5-2-22　5,500トン型 (機関区画比較/2)

5,500トン型 /5,500 Ton Class

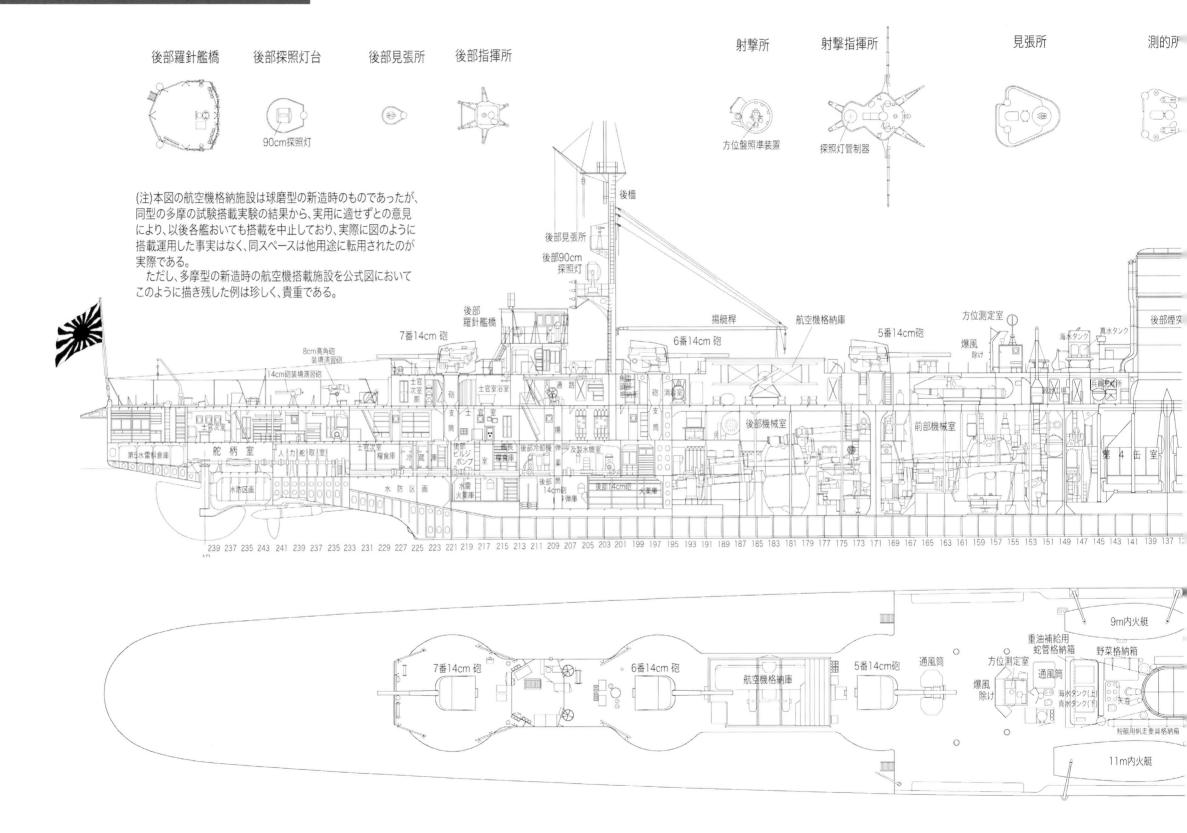

5,500トン型 / 5,500 Ton Class

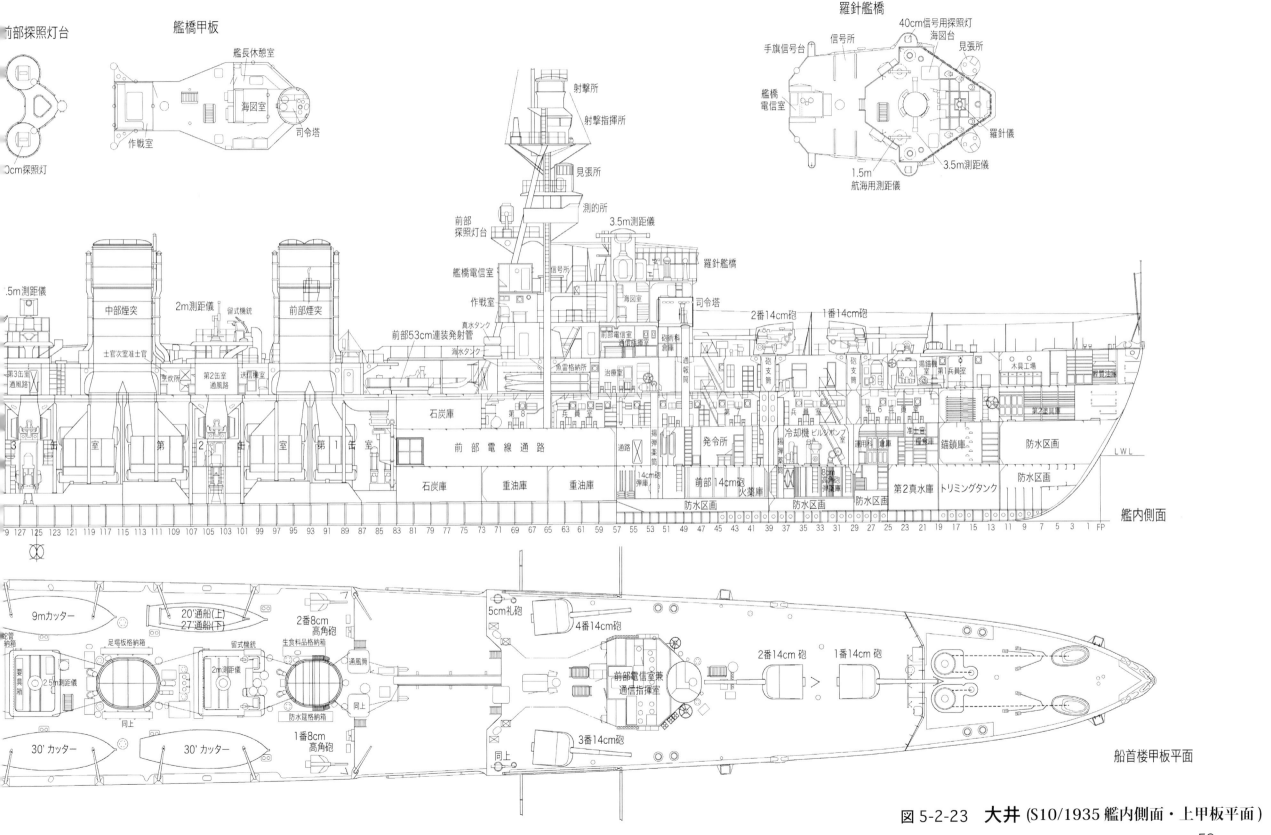

図 5-2-23　大井（S10/1935 艦内側面・上甲板平面）

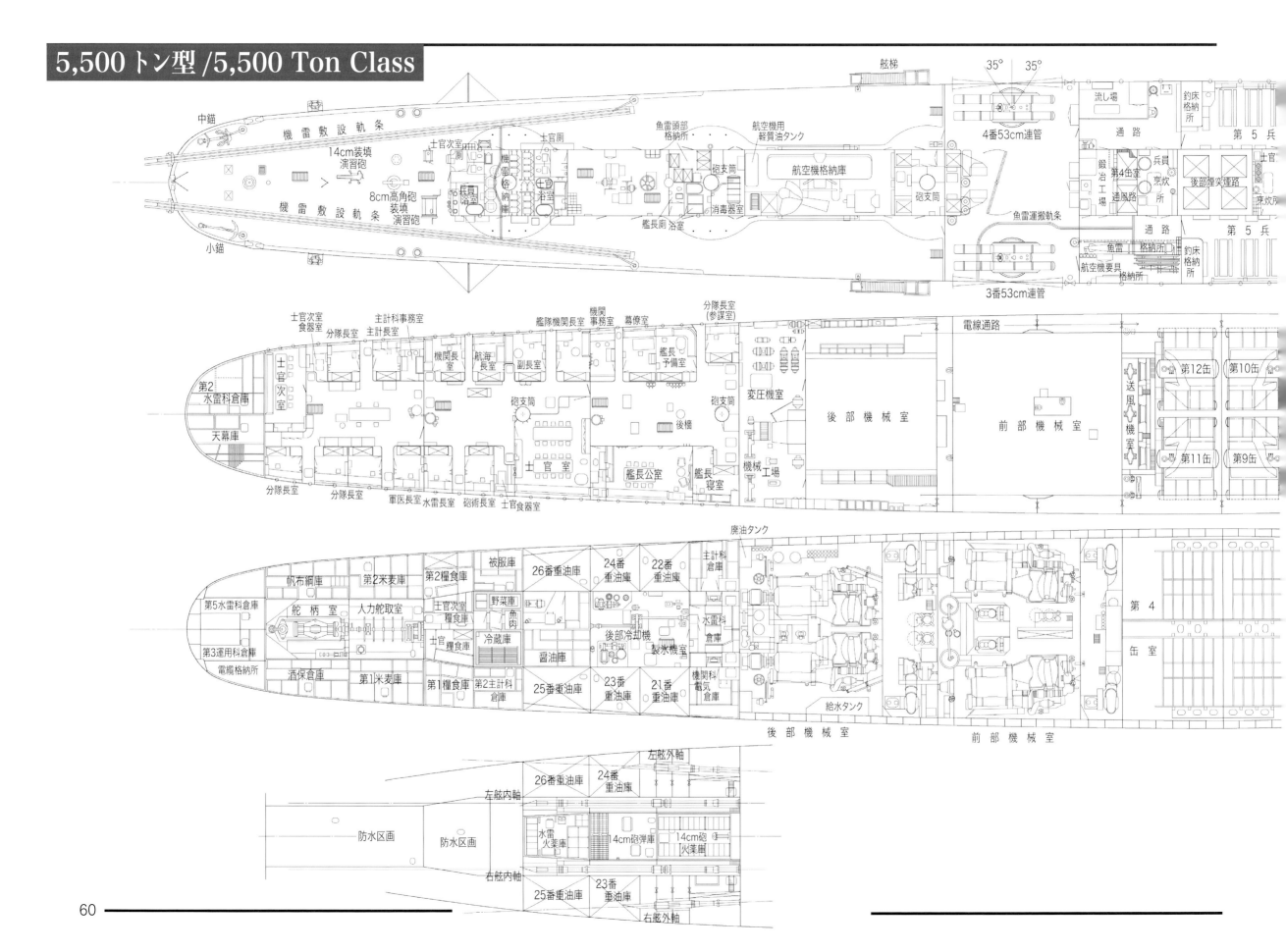

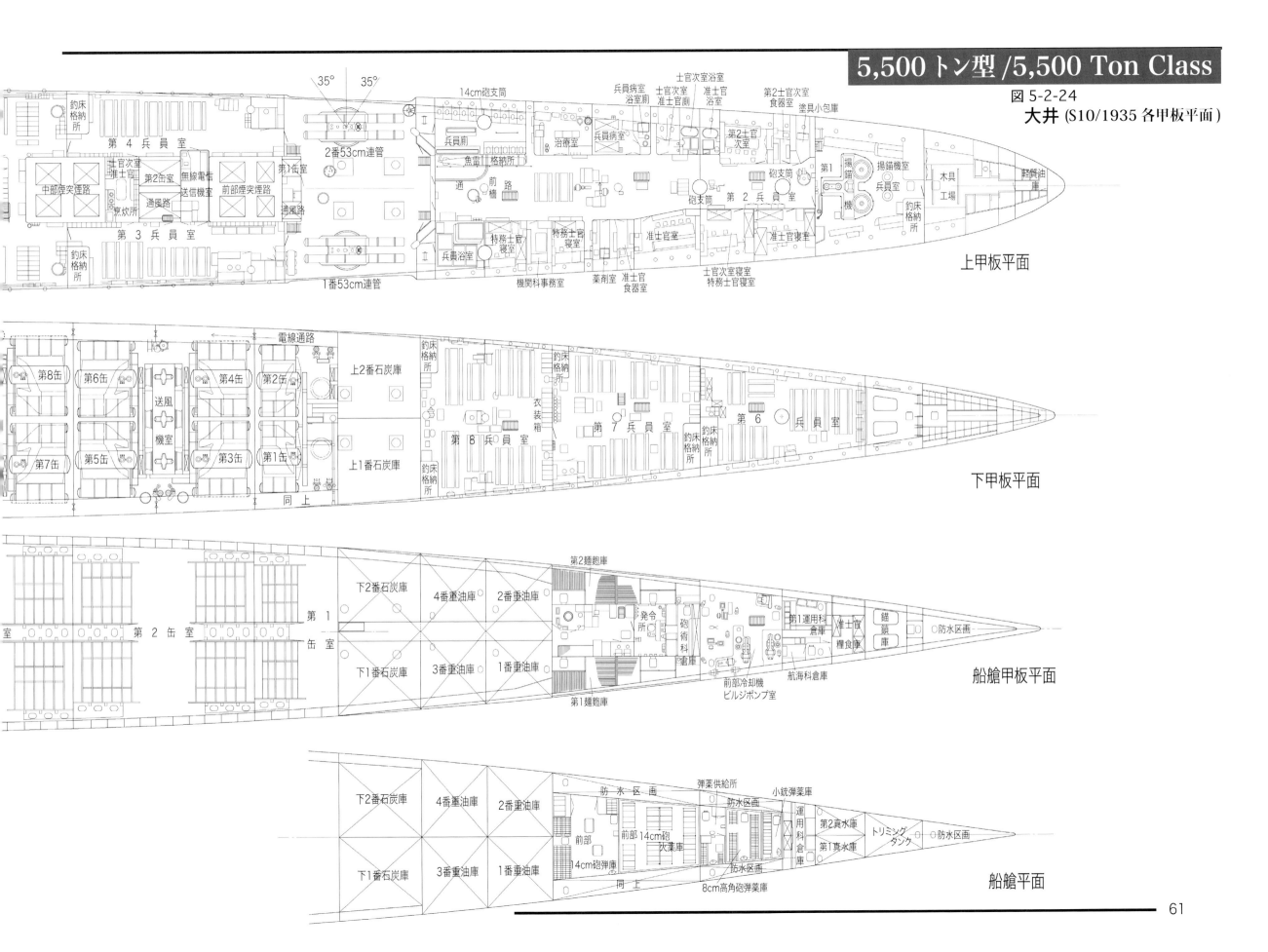

5,500トン型 / 5,500 Ton Class

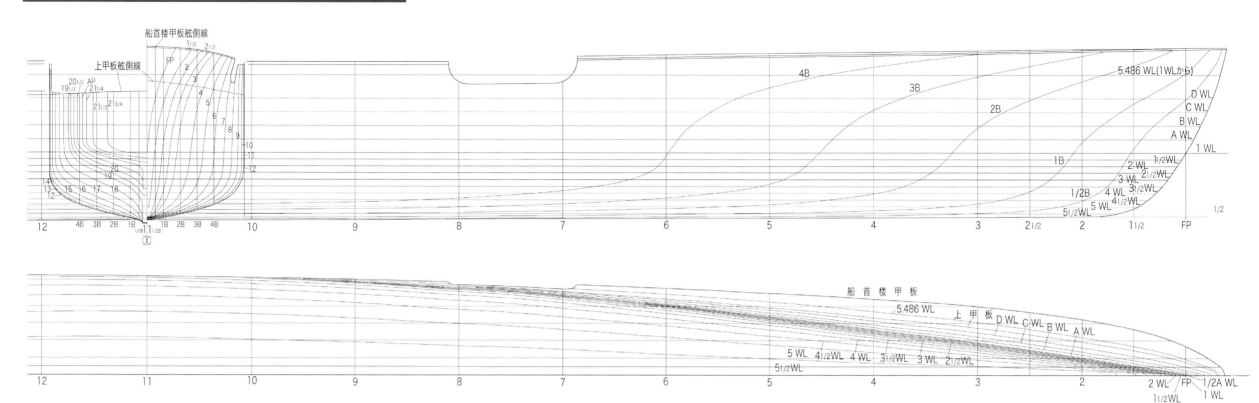

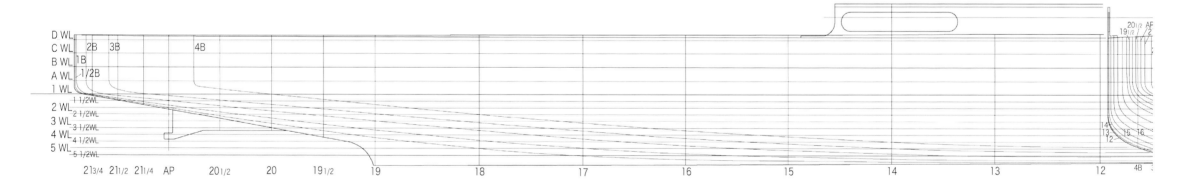

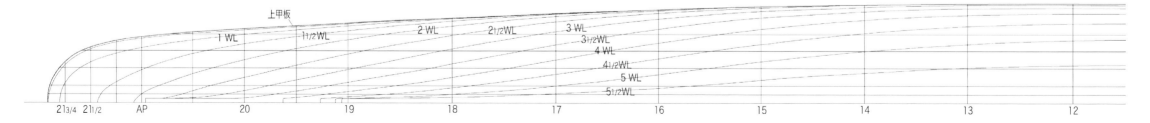

図 5-2-25 鬼怒（船体線図）

5,500 トン型 /5,500 Ton Class

球磨　定員/Complement（1）

職名/Occupation	官名/Rank	定数/No.		職名/Occupation	官名/Rank	定数/No.	
艦長	大佐	1			1等兵曹	19	
副長	中佐	1			2、3等兵曹	39	
砲術長	少佐/大尉	1			1等船匠兵曹	1	
水雷長	〃	1			2、3等船匠兵曹	1	
航海長兼分隊長	〃	1			1等機関兵曹	13	
運用長兼分隊長	〃	1			2、3等機関兵曹	22	下士/100
分隊長	〃	3			1、2等看護手	1	
	中少尉	9	士官/29		1等筆記	1	
機関長	機関中少佐	1			2、3等筆記	1	
分隊長	機関少佐/大尉	1			1等厨宰	1	
分隊長	機関大尉	2			2、3等厨宰	1	
	機関中少尉	3			1等水兵	73	
軍医長兼分隊長	大軍医	1			2、3等水兵	56	
軍医		1			4等水兵	27	
主計長兼分隊長	主計少監	1			1等木工	1	
主計		1			2、3等木工	2	卒/300
	兵曹長/上等兵	1			1等機関兵	56	
	上等兵曹	3	准士/10		2、3等機関兵	58	
	機関兵曹長/上等機関兵曹	2			4等機関兵	12	
	上等機関兵曹	3			1、2等看護	2	
	船匠師	1			1等主厨	4	
					2等主厨	4	
					3、4等主厨	5	
				（合計）		439	

注/NOTES　大正8年7月14日内令215による2等巡洋艦球磨の定員を示す【出典】海軍制度沿革
(1) 専務兵科分隊長の内2人は砲台長、1人は水雷砲長の職にあたるものとする
(2) 機関科分隊長の内1人は機械部、1人は缶部、1人は補機部の各指揮官にあたる
(3) 兵曹長、上等兵曹の1人は掌砲長、上等兵曹1人は掌水雷長(飛行機掛を兼ねる)、1人は掌帆長、1人は電信長の職にあたるものとする
(4) 機関兵曹長、上等機関兵曹の1人は掌機長、上等機関兵曹の1人は機械長、1人は缶長、1人は補機長にあてる
(5) 飛行機を搭載しないときは厨官2人、機関兵曹長、上等機関兵曹1人、1等兵曹1人、2、3等兵曹1人、1等機関兵曹1人、2、3等機関兵曹1人、1等水兵3人、2、3等水兵2人、1等機関兵3人を減ずることができる

球磨型　定員/Complement（2）

職名/Occupation	官名/Rank	定数/No.		職名/Occupation	官名/Rank	定数/No.	
艦長	大佐	1			1等兵曹	21	
副長	中佐	1			2、3等兵曹	43	
砲術長	少佐/大尉	1			1等船匠兵曹	1	
水雷長兼分隊長	〃	1			2、3等船匠兵曹	1	下士/106
航海長兼分隊長	〃	1			1等機関兵曹	13	
運用長兼分隊長	〃	1			2、3等機関兵曹	22	
分隊長	〃	2	士官/23		1等看護兵曹	1	
	兵科尉官	2			1等主計兵曹	2	
	中少尉	4			2、3等主計兵曹	2	
機関長	機関中少佐	1			1等水兵	73	
分隊長	機関少佐/大尉	3			2、3等水兵	88	
	機関中少尉	2			1等船匠兵	2	
軍医長兼分隊長	軍医少佐/大尉	1			2、3等船匠兵	3	
	軍医中少尉	1			1等機関兵	56	兵/307
主計長兼分隊長	主計少佐/大尉	1			2、3等機関兵	70	
	特務中少尉	3	特士/7		1等看護兵	1	
	機関特務中少尉	3			2、3等看護兵	1	
	主計特務中少尉	1			1等主計兵	4	
	兵曹長	3	准士/7		2、3等主計兵	9	
	機関兵曹長	3					
	船匠兵曹長	1		（合計）		450	

注/NOTES　大正10年4月30日内令164による2等巡洋艦球磨型の定員を示す【出典】海軍制度沿革
(1) 専務兵科分隊長は砲台長の職にあたるものとする
(2) 機関科分隊長の内1人は機械部、1人は缶部、1人は補機部の各指揮官にあたる
(3) 特務中少尉1人及び兵曹長の内1人は掌砲長、1人は掌水雷長(飛行機掛を兼ねる)、1人は掌帆長、1人は電信長の職にあたるものとする
(4) 機関特務中少尉2人及び機関兵曹長の内1人は掌機長、1人は機械長、1人は缶長、1人は補機長にあてる
(5) 兵科分隊長の内1人は特務大尉を以て、機関科分隊長中1人は機関特務大尉を以て補することが可
(6) 飛行機を搭載しないときは兵科尉官2人、機関特務中少尉又は機関兵曹長1人、1等兵曹1人、2、3等兵曹1人、1等機関兵曹1人、2、3等機関兵曹1人、1等水兵3人、2、3等水兵2人、1等機関兵3人を減ずることができる

(P-35から続く)以後の建造、計画及び既成艦に対する兵装関連の変更点を理解する上で有用である。
1.計画中の川内型に対する変更点
　(1) 2番砲の旋回角度を制限、飛行機、その他に対する爆風影響を緩和する
　(2) 6、7番砲の機雷に及ぼす爆風を緩和するため俯角を制限する
　(3) 3、4番砲をやや前方に移し、その後方に配置する高角砲への爆風の影響を避けるため後方にあった短艇を高角砲の前方に置く
　(4) 後部7番砲は高速航行時の振動激しく使用に耐えないため後部艦橋を廃止、その跡に7番砲を移し、後檣は5、6番砲間に移す
　(5) 後部発射管及びその付近に対する5番砲の爆風の影響を排除するため発射管上面を覆う甲板を新設
　(6) 艦橋甲板を後方に拡張し射撃用測距儀と発射用測撃儀の中間に区画を設けて、前方を航海及び夜戦用射撃指揮所とし後方を発射指揮所にあて、かつ拡張甲板の下部甲板をまた拡張して信号所とする
　(7) 5、6番砲間に相互の爆風除けを設ける
　(8) 8cm高角砲装填演習砲を簡易式に改める

2.建造中の長良型に対する変更点(14cm砲位置は変更せず、工事が進行中の長良に対しては支障なき範囲で適用する)
　(1) 1～4番砲の旋回角度を制限、爆風影響を緩和する
　(2) 6、7番砲の機雷に及ぼす爆風を緩和するため俯角を制限する
　(3) 後部の発射測的所を廃してその設備を羅針艦橋に移す
　(4) 艦橋部の拡張及び配置変更は川内型に対するものと同様
　(5) 5、6番砲間にある発射測的所を廃した跡に相互の爆風除けを設ける
　(6) 後部発射管上面の甲板設置は川内型と同様とする
　(7) 後部艦橋を撤廃する、ここにあった2.5m測距儀は2、3番煙突間に移設する
3.既成の球磨型に対する変更点(木曽を除く4艦について兵装位置はそのままとし、必要に応じて改良を実施する)
　(1) 2～4番砲の旋回角度を制限し他への爆風影響を緩和する
　(2) 6、7番砲の俯角制限を行い機雷に及ぼす爆風影響を緩和する
　(3) 後部発射管上部へ甲板設置

5,500 トン型 /5,500 Ton Class

5500 トン型　定 員/Complement（3）

職名/Occupation	官名/Rank	定数/No.	職名/Occupation	官名/Rank	定数/No.	
艦長	大佐	1		特務中少尉	3	特士/7
副長	中佐	1		機関特務中少尉	3	
砲術長	少佐/大尉	1		主計特務中少尉	1	
水雷長兼分隊長	〃	1		兵曹長	3	准士/7
航海長兼分隊長	〃	1		機関兵曹長	3	
通信長兼分隊長	〃	1		船匠兵曹長	1	
分隊長	〃	2		兵曹	61	下士 ③/104 ④/103
	兵科尉官	2		船匠兵曹	2	
	中少尉	4		機関兵曹	①	
機関長	機関中少佐	1		看護兵曹	1	
分隊長	機関少佐/大尉	3		主計兵曹	4	
	機関中少尉	2		水兵	152	兵 ③/305 ④/298
軍医長兼分隊長	軍医少佐/大尉	1		船匠兵	5	
	軍医中少尉	1		機関兵	②	
主計長兼分隊長	主計少佐/大尉	1		看護兵	2	
				主計兵	13	
			（合 計）		⑤	

（士官/23）

注/NOTES 大正13年4月29日内令108による2等巡洋艦球磨型、長良型、川内型の定員を示す【出典】海軍制度沿革
①球磨、長良型-35、川内型-36 ②球磨、長良型-126、川内型-133 ③川内型 ④球磨、長良型 ⑤球磨、長良型-438、川内型-446
(1) 専務兵科分隊長の内1人は砲台長、1人は射撃幹部員にあたるものとする
(2) 機関科分隊長の内1人は機械部、1人は缶部、1人は補機部の各指揮官にあたる
(3) 特務中少尉1人及び兵曹長の内1人は掌砲長、1人は掌水雷長(飛行機掛を兼ねる)、1人は掌帆長、1人は電信長の職にあたるものとする
(4) 機関特務中少尉2人及び機関兵曹長の内1人は掌機長、1人は機械長、1人は缶長、1人は補機長にあてる
(5) 兵科分隊長の内1人は特務大尉を以て、機関科分隊長中1人は機関特務大尉を以て補することが可
(6) 飛行機を搭載しないときは兵科尉官2人、機関特務中少尉又は機関兵曹長1人、兵曹2人、機関兵曹2人、水兵5人、機関兵3人を減ずることができる

5500 トン型　定 員/Complement（4）

職名/Occupation	官名/Rank	定数/No.	職名/Occupation	官名/Rank	定数/No.	
艦長	大佐	1		兵曹長	3	准士/7
副長	中佐	1		機関兵曹長	3	
砲術長	少佐/大尉	1		整備兵曹長	1	
水雷長兼分隊長	〃	1		兵曹	61	下士 ③/106 ④/105
航海長兼分隊長	〃	1		航空兵曹	2	
通信長兼分隊長	〃	1		整備兵曹	2	
分隊長	〃	2		機関兵曹	①	
	兵科尉官	2		看護兵曹	1	
	中少尉	4		主計兵曹	4	
機関長	機関中少佐	1		水兵	152	兵 ③/309 ④/302
分隊長	機関少佐/大尉	3		航空兵	3	
	機関中少尉	2		整備兵	5	
軍医長兼分隊長	軍医少佐/大尉	1		機関兵	②	
	軍医中少尉	1		看護兵	2	
主計長兼分隊長	主計少佐/大尉	1		主計兵	13	
	特務中少尉	3				
	機関特務中少尉	3				
	主計特務中少尉	1	（合 計）		⑤	

（士官/23）（特士/7）

注/NOTES 昭和9年4月1日内令139による2等巡洋艦球磨型、長良型、川内型の定員を示す【出典】海軍制度沿革
①球磨、長良型-35、川内型-36 ②球磨、長良型-127、川内型-134 ③川内型 ④球磨、長良型 ⑤球磨、長良型-444、川内型-452
(1) 兵科分隊長の内1人は砲台長、1人は射撃幹部員にあたるものとする
(2) 機関科分隊長の内1人は機械部、1人は缶部、1人は補機部の各指揮官にあたる
(3) 特務中少尉1人及び兵曹長の内1人は掌砲長、1人は掌水雷長(飛行機掛を兼ねる)、1人は掌帆長、1人は通信長の職にあたるものとする
(4) 機関特務中少尉及び機関兵曹長の内1人は掌機長、1人は機械長、1人は缶長、1人は補機長にあてる
(5) 兵科分隊長の内1人は特務大尉を以て、機関科分隊長中1人は機関特務大尉を以て補することが可
(6) 飛行機を搭載しないときは兵科尉官2人、整備兵曹長1人、航空兵曹2人、整備兵曹2人、整備兵5人、航空兵3人を減ず、ただし必要に応じて航空兵曹、整備兵曹、航空及び整備兵に限り減員合計数の1/5以内の人員を減じなくてもよい
(7) 兵科尉官の中1人は航空特務中少尉、航空兵曹長又は掌航空兵たる航空科下士官、兵をもってこれに代わることが可

---

(4) 後部艦橋はそのままとし、2.5m測距儀は2、3煙突間に移設する
4.既成の木曽に対する変更点
(1) 1～4番砲の旋回角度を制限し他への爆風影響を緩和する
(2)～(4)については同じ

　研究会においては研究項目として8項目のテーマを挙げてあらかじめ艦隊側の意見、要望を提出してもらい、研究会において検討、議論することになっていた。以下その順序でその概要に触れてみることにする。
1.球磨級の巡洋艦及び水雷戦隊旗艦としての価値(ここでは代表的意見として第4戦隊司令部の見解を記す)
　球磨級巡洋艦は本年度はじめて戦技演習等に従事したもので、まだ外洋における長期の行動実績はなく、荒天その他の状況に対する経験はないが、過去約1年の実験によれば従来の巡洋艦に比し、一頭地を抜くものにして特に速力の優越せること、速力転換の容易なこと、比較的有力なる武器を有すること、通信能力大なること、操縦比較的容易なること、風波に対して艦体抵抗の小さいことと等は主要なる特質で戦時に際し警戒、捜索、偵察に、あるいは艦隊戦闘における助攻部隊として迅速敏活を要する諸任務に服し偉大な効果を発揮するであろうことは疑わないが、第2項に示すようにその能力を発揮するには遺憾とする点が少なくなく、実際に高温の南洋地方を長期にわたり行動するには改善すべきことが多い
2.既成の球磨級に対し改善を要する点
　問題の研究会において艦隊側からの球磨型に対するクレーム、要望等はきわめて多岐にわたり、それは50項目近くに達していた。ここではその重要度の高いもの、改善優先度の高いものについて述べる。

(1) 艦の振動が大きく、速力に比例してひどくなり兵器や機器の操作が困難になる、特に艦尾の推進器に近い7番砲への影響が著しい(対策・振動は推進器の回転により生じるもので現状では有効な防止策なし、川内型では艦尾推進器付近の船体強度を上げ、7番砲を前方に移設予定)
(2) 各14cm砲の付近の他兵器や機器に対する爆風の影響大(対策・特定の砲の旋回角度、俯角に制限を設け、後部発射管上面に甲板を新設する、個別の爆風除けの設置、川内型では3、4番砲位置を変更する)
(3) 艦の動揺が大きい、ジャイロコンパスの使用にも支障をきたす、風がなくてもうねりに弱い(対策・ビルジキールを倍以上に大型化するのも一つの案、根本的対策は苦心研究中‐著者注:大正15年に実際にビルジキールの改造を実施)
(4) 兵員室が高温化し居住環境が悪化する、木曽第3、4兵員室温度6～9月碇泊中33～49℃の記録あり(対策・根本対策困難、ボイラー室の防熱処置及び兵員室の通風施設の強化で多少の改善は可能、実行可能なものは実施)
(5) 艦首耐波性悪く飛沫により1、2番砲の操作困難となる(対策・艦首水線上5、6'より上の形状を扶桑のようにすれば改善の可能性あり、研究を要す‐著者注:最終艦那珂で実施、以後も事故により艦首改正の機会のあった神通と阿武隈に適用)
(6) 艦橋構造の改良、せまく射撃指揮と発射指揮所が混在、適切な戦闘指揮に支障(対策・艦橋構造を拡張、射撃、発射指揮機能の分離、信号所の拡張、各機器の配置を改正、ただし艦橋部の振動により機器の操作に支障をきたす件については当面有効な対策なし)
(7) 後部艦橋の廃止、振動と爆風の影響で機能せず(対策・長良型より適用、同測距儀は2、3番煙突間に移設、同様に司令塔、水雷測的所の廃止も適用)
(8) 前甲板と中部短艇甲板を結ぶ通路を新設、後部発射管上部に甲板新設(対策・長良型より適用、既成艦にも後刻実施)
(9) 球磨型に対する飛行機の搭載は廃止すべきや(球磨型への飛行機搭載は艦隊側ではきわめて不評、取扱いが不便で実際の運用に疑問があり)(対策・木曽の実験結果待ち、実際には長良型から木曽式飛行機搭載方式が適用された)

5,500トン型 /5,500 Ton Class

5500トン型 定員/Complement (5)

職名/Occupation	官名/Rank	定数/No.	計	職名/Occupation	官名/Rank	定数/No.	計
艦長	大佐	1			兵曹長	3	
副長	中佐	1			機関兵曹長	3	准士/8
砲術長兼分隊長	少佐/大尉	1			航空兵曹長	1	
水雷長兼分隊長	〃	1			整備兵曹長	1	
航海長兼分隊長	〃	1			兵曹	66	下士/113
通信長兼分隊長	〃	1			航空兵曹	2	
分隊長	〃	2	士官/23		整備兵曹	2	③/111
	中少尉	7			機関兵曹	①	④
機関長	機関中少佐	1			看護兵曹	1	
分隊長	機関少佐/大尉	3			主計兵曹	4	
	機関中少尉	2			水兵	②	兵
軍医長兼分隊長	軍医少佐/大尉	1			航空兵	5	③/299
	軍医中少尉	1			整備兵	2	④/297
主計長兼分隊長	主計少佐/大尉	1			機関兵	123	
	特務中少尉	3	特士/7		看護兵	2	
	機関特務中少尉	3			主計兵	14	
	主計特務中少尉	1		(合計)		⑤	

注/NOTES 昭和12年4月内令169による2等巡洋艦球磨型、長良型、川内型の定員を示す【出典】海軍制度沿革
①球磨型-36、長良、川内型-38 ②球磨型-151、長良、川内型-153 ③長良、川内型 ④球磨型 ⑤球磨型-446、長良、川内型-450
(1) 兵科分隊長の内1人は砲台長、1人は飛行長の職務を行うものとする
(2) 機関科分隊長の内1人は機械部、1人は缶部、1人は電機部の各指揮官にあたる
(3) 特務中少尉及び兵曹長の内1人は掌砲長、1人は掌水雷長、1人は掌運用長、1人は信号長兼掌航海長、1人は掌通信長、1人は砲台部付の職にあたるものとする
(4) 機関特務中少尉及び機関兵曹長の内1人は掌機長、2人は機械長、1人は缶長、1人は電機長、1人は掌工作長にあてる
(5) 機雷多数を搭載する場合は兵曹及び水兵各4人を増加するものとする
(6) 飛行機(3座)搭載の場合においては1機に付き1人の割合で航空兵曹を増加するものとする
(7) 飛行機を搭載しないときは兵科分隊長1人、整備兵曹長、航空兵曹長、整備兵曹、航空兵曹、整備兵、航空兵をおかず、
　　ただし航空科、整備科下士官兵に限りその合計数の1/5以内の人員を減じなくてもよい
(8) 中少尉の中3人は特務中少尉又は兵曹長を以て、機関科分隊長の中の1人は機関特務大尉を以て、機関中少尉の中
　　1人は機関特務中少尉又は機関兵曹長をもってこれに代わることが可

(10) 魚雷兵装は現状では不十分、水戦旗艦としては最低6射線必要、2射線追加装備、3連装発射管または61cm発射管への換装の可能性は(対策・長良型から61cm発射管に変更、既成艦は重量的に追加装備、3連装への換装は困難)
(11) 艦首14cm砲を背負式とする、又は全体の砲配置を連装砲塔化して連装3砲塔、単装1として砲操作上の波浪の影響及び爆風の影響の改善をはかる(対策・研究を要する、著者注/当時夕張には連装砲塔の搭載が決定していたもよう)
3.5,500トン型程度の巡洋艦として最良の艦型(2.における改善点を実現したという前提)
　(1) 発射管装備数を片舷6射線とする、61cm発射管12門を可とするも53cm12門にても可なり
　(2) 連装砲4基を首尾線上に装備する
　(3) 飛行機は現状では搭載しないことを可とする、又は戦隊の半数のみに搭載することは可
　(4) 機雷は搭載しないのを可とする、又は戦隊の半数が搭載する方法もあり
　(5) 旋回圏を小さくする手段をとる
4. 巡洋艦として最良の艦型
　(1) 1案. トン数/9,000T、速力/38kt、航続力/現状軽巡以上、武力/敵巡洋艦以下を凌駕、砲装/15cm以上連装8-10基中心線配置、雷装/61cm3連4基または連装6基
　(2) 2案. トン数/不明、速力/40kt1等駆逐艦と同速力、航続力/戦艦と同一、砲装/敵巡洋艦より優勢、雷装/61cm片舷4門以上、凌波性/相当の荒天下でも最大速力で兵器使用を可能とする、防御力/1万mで同程型の砲撃に対し機関部は耐えること

五十鈴・北上 戦時定員 定員 定員/Complement (6)

職名/Occupation	官名/Rank	定数/No.	計	職名/Occupation	官名/Rank	定数/No.	計
艦長	大佐	1			兵曹長	4	
副長	中佐	1			機関兵曹長	2	准士/9
機関長	中少佐	1			飛行兵曹長	1	
航海長兼分隊長	少佐/大尉	1			整備兵曹長	1	
通信長兼分隊長	〃	1			工作兵曹長	1	
砲術長兼分隊長	〃	1	士官/25		兵曹	③	下士
機雷長兼分隊長	〃	①			飛行兵曹	2	五十鈴/136
水雷長兼分隊長	〃	②			整備兵曹	2	北上/155
分隊長	〃	6			機関兵曹	④	
	中少尉	9			工作兵曹	5	
軍医長兼分隊長	軍医少佐/大尉	1			衛生兵曹	2	
	軍医中少尉	1			主計兵曹	4	
主計長兼分隊長	主計少佐/大尉	1			水兵	⑤	
	中少尉(水)	3	特士/7		機関兵	⑥	
	中少尉(機)	3			工作兵	7	兵/481
	中少尉(主)	1			整備兵	7	
					衛生兵	2	
					主計兵	17	
				(合計)		⑦	

注/NOTES 昭和19年12月20日内令2490による2等巡洋艦五十鈴、北上の定員を示す【出典】内令提要
①五十鈴-1、北上-0 ②五十鈴-0、北上-1 ③五十鈴-85、北上-103 ④五十鈴-36、北上-37 ⑤五十鈴-287、北上-250
⑥五十鈴-119、北上-127 ⑦五十鈴-658、北上-677
(1) 兵科分隊長の内1人は砲台長、1人は機銃指揮官、1人は飛行長、1人は機械部、1人は缶部、1人は電機部の各指揮官にあてる
(2) 中少尉(水)及び兵曹長の内1人は掌内務長、1人は掌砲長、1人は掌水雷長もしくは掌機雷長、1人は掌通信長、2人は砲台部付にあてる
(3) 中少尉(機)及び機関兵曹長の内1人は掌機長、2人は機械長、1人は缶長、1人は電機部にあてる
(4) 多数機雷を搭載する場合においては兵曹及び水兵各4人を増加するものとする
(5) 飛行機(3座)搭載の場合においては1機に付き1人の割合で航空兵曹を増加するものとする
(6) 飛行機を搭載しないときは兵科分隊長1人、飛行兵曹長、整備兵曹長、飛行兵曹、整備兵曹及び整備兵を置かず、ただし飛行科、整備科下士官及び兵に限りその合計数の1/5の人員を置くことができる
(7) 兵科分隊長の内1人は大尉(水)を以て、中少尉の中の3人は中少尉(水)又は兵曹長を以て、1人は中少尉(機)又は機関兵曹長を以て補することが可
(8) 両艦とも戦傷修復を兼ね大幅に改装された際の定員を示す、実際には両艦とも飛行機の搭載はなく、飛行、整備関係の人員は乗艦することはなかった

　(3) 3案. トン数/7,000T以上、砲装/14cm連装5基、雷装/61cm6射線
　(4) 4案. トン数/7,000T以上、速力40kt、航続力/長大、武力優先度/1.魚雷、2.砲煩、3.機雷、4.飛行機
　(5) 5案. 略
　(6) 総合. トン数/巡洋戦艦と軽巡洋艦の中間、速力/38-40kt、航続力/増大、武力/敵巡洋艦対等以上、雷装/61cm6射線
　　　凌波性/相当の荒天にて兵器使用支障なし、防禦力/1万m付近にて同程度艦の砲撃に耐え得る程度
5. 水雷戦隊旗艦としての最良の巡洋艦型
　(1) 2項改善の艦型(球磨型以下の小艦は不可)
　(2) 巡洋戦艦を浅吃水とした型
　(3) 現在の巡洋戦艦と軽巡洋艦との中間付近のもの
6. 巡洋艦と水雷戦隊旗艦とを同型とすることの利害

5,500トン型/5,500 Ton Class

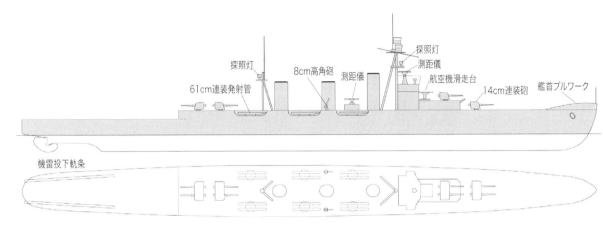

図 5-2-26 5,500 トン型 (T10/1921 多摩前艦長提出改良案)

(1) 理想としては個別に計画するべきだが水雷戦隊旗艦として多数を準備することが不可能な状況にあっては、同型の巡洋艦をもってこれに充てることも差しつかえなし
(2) 運動力上から必ずしも同型となる必要はないが、同型にしても不都合なし
(3) 各種多様な艦型を建造するよりも造艦計画上からは同型艦をそろえた方が得策なり
(4) 略
(5) 水雷戦隊旗艦は自ら独特の任務を有するため、趣旨としては一般の巡洋艦と異型となるべきだが、これら両艦型はトン数、速力及び攻防力共に近似しており、両方を兼ねることはやむをえないところである
7. 一等駆逐艦より 5,500T 巡洋艦型に至るまでの凌波性に対する意見
(1) 5,500T 型は波浪ある海面では容易に 20 度ぐらいの動揺を生じ、局部的風波に対しては動揺比較的小さいがうねりに対してはきわめて弱い
(2) 峯風型 1 等駆逐艦においては風力 3-4、速力 28 ノットの場合、激浪前甲板の波除を破壊、砲楯を屈曲させ、艦橋のガラス窓を破壊負傷者を生じたが、前甲板砲はかろうじて射撃を連続し得たる実例あり、5,500T 型の前甲板形状の改良、波除の補強に一層の考慮を要す
(3) 5,500T 型については艦型大なるだけ凌波性大なるはずなれど、その割合はトン数に比例せず、横動揺などは 1 等駆逐艦と大差なく、状況によってはかえって不良なることあり。北上の例では速力 32 ノットにて波浪艦橋を襲い前甲板砲は弾丸押し流される危険のため射撃不能となった実例あり、前甲板の改良、波除の新設等が必要なり。前甲板と艦橋との関係を 1 等駆逐艦のごとくに改造すれば一層可なり
(4) 4-5 の風を艦尾に受けて 30 ノットで航行する多摩の場合、前甲板に飛散する飛沫が前部砲の操作を妨げ、装薬の置き場に苦しむという。この風波に逆らうときは 20 ノットの速力にて前部砲の操作はほとんど不可能で、その横動揺はほとんど駆逐艦と変わらず、艦型の大きさの割にはもの足りなさ感あり
(5) 5,500T 型においては動揺を減じて、艦首の受ける波浪を防止する手段をこうじることは主要改善点の一つである
8. 省略

以上が研究会における問題点と対策、さらに艦隊側のいだく理想の巡洋艦像のアウトラインであった。なお、テーマ 3 については球磨前艦長よりの報告に素人考えと断わりながら、別図のような艦型図が提出されており非常に興味深いものがある。

[球磨級巡洋艦の飛行機搭載]

球磨型への飛行機搭載について補足しておくと、球磨型は新造時より飛行機の搭載を計画した最初の日本巡洋艦で、その格納庫は後部の 5、6 番砲に甲板室に埋め込む形で設けられ、新造時の写真等にその上面が甲板レベルより突出した状態がみてとれる。格納するのはもちろん水上機で、計画としてはハ号単座水上機 (ソッピース式水上機の国産型) を予定していた。球磨型の最初の 4 艦はこの形態で完成したらしく、最後の木曽のみは艦橋部に格納庫を設けて陸上式戦闘機を搭載、前方の滑走台より発進する方式を採用、これは第一次大戦末期より英国巡洋艦が採用していた方式に倣ったものである。

最初に実機を搭載したのは多摩で、大正 10 年の小演習に実機を搭載して参加することを命じられ、8 月 19 日に佐世保で受領、後日大連で最初の飛行を実施したが、余りにトラブルが多く、機材の故障もあり僅か 10 分の飛行で中断、9 月 6 日に呉で機長を陸揚げ、運用を中止している。この際の多摩型艦長及び実務担当飛行長の報告により、上部の第 4 戦隊司令官及び第 2 艦隊司令長官もこの種巡洋艦に飛行機を搭載運用するにはまだ時期早尚として、陸上機の発進実験はまだ未実施であったものの、飛行機搭載には消極的であった。

もちろん、これには事前の準備不足、さらに艦の設計担当者の認識不足等があったものの、一回も搭載したことのない機材をいきなり搭載したことに無理があり、作業は最初からつまずき、受領した機材の不備不調、さらに格納庫は機械室の真上にあり 50℃ 近い高温と振動により機材の木部等が変形するなど、整備、組立作業には十分なスペースもなくまともに作業を行える環境になかった。さらにデリックブームは長さが不足しているなどトラブルが続出、飛行機の発進準備が整うまで 1 時間半を要したという。

さらに最大の問題は艦隊側がこうした飛行機搭載目的に疑問を持っていたことで、偵察よりも敵機の駆逐を目的としたこのような単座機を効果的に使用出来る場面が本当にあるのか懐疑的であったのも当然であった。この辺は先の研究会でも問題になったようである。

結局、球磨型の水偵搭載は当面中止されたらしく木曽の実験待ちとなったらしい。木曽の実験は翌大正 11 年 3 月 1〜10 日に吉良、坂元両大尉によりスパローホーク、10 式艦戦等を用いて実施され、一応成功を収め、同様の実験はこの後戦艦山城でも実施された。

この木曽方式は以後の長良、川内型 9 隻に一部改正して実施されたが、結果的には艦戦の搭載は未実施に終わっている。これは、こうした陸式戦闘機の搭載の有効性について疑問が多く、特に艦側に帰投出来ない陸上機の運用は航空母艦に任せるべきとの結論に達したようであった。さらに木曽の例では艦橋部に大きな空洞部となる格納庫を設けたことで艦橋部の振動が激しくなり、機器の操作に支障を来したという。いずれにしても、こうしたことは飛行機という兵器を艦艇に搭載することにより生じた過渡期の問題で、やがて信頼性のある射出機と搭載機が出現して、5,500 トン型の航空兵装も昭和 10 年以降は完成の域に達するのである。

[5,500 トン型の開戦時までの主な改装・改正点]

5,500 トン型軽巡洋艦は日本海軍としては唯一 14 隻もの大量の同型艦が完成したが、これに見合う八八艦隊案の主力艦の大半が未成

球磨戦時乗員実数　定員/Complement (7)

職名	主務	官名	定数		職名	主務	官名	定数
艦長		大佐	1		乗組	掌水雷長	中尉	1
砲術長兼分隊長	副長代理	少佐	1		〃	分隊士兼発令所長	〃	1
機関長		少佐	1		〃	掌運用長	少尉	1
航海長兼分隊長		大尉	1		〃	掌砲長	〃	1
水雷長兼内務長兼分隊長		〃	1		〃	掌航海長	〃	1
通信長兼分隊長		〃	1		〃	見張士兼分隊士	〃	特士/10
分隊長	砲台分隊長、衛兵司令	〃	1		〃	掌機長	中尉	1
〃	機械分隊長	〃	1		〃	缶長	少尉	1
〃	缶分隊長	〃	1		〃	機械長付	〃	1
〃	電機工業分隊長	〃	1 士官/21		〃	缶分隊士	〃	1
軍医長兼分隊長		医大尉	1		〃	掌通信長	兵曹長	1
主計長兼分隊長		主大尉	1		〃	水雷士兼分隊士	〃	1
乗組	砲術士兼分隊士	中尉	1		〃	砲台分隊士	〃	1
〃	艦長付兼航海士	少尉	1		〃	電機長兼分隊長	機曹長	1 准士/8
〃	副長付兼甲板士官	〃	1		〃	機械長	〃	1
〃	機関長付	〃	1		〃	掌工作長	〃	1
〃	航海士	〃	1		〃			
〃	通信士兼分隊士	〃	1		〃	掌経理長兼庶務主任	主曹長	1
〃	電機工業分隊士	〃	1		乗組	水兵科	下士兵	243
〃	機械分隊士	〃	1		〃	機関科	〃	162
〃	医務科分隊長	医少尉	1		〃	工作科	〃	13 下士兵/451
					〃	看護科	〃	4
					〃	主計科	〃	25
					〃	傭人		4
					(合計)			490

注/NOTES 昭和 18 年 11 月末現在 2 等巡洋艦球磨の乗員実数を示す 【出典】球磨戦時日誌
(1) 本艦のほぼ最後の乗員数を示すもの、上記以降 12 月 6 日に少尉候補生 7 名が乗艦
(2) 昭和 12 年の定数より 50 名前後増えているが、この時期飛行機は降しており、関係要員は乗艦していない　戦時下のため士官の階級が全体に下がっているのがわかる

5,500トン型 /5,500 Ton Class

阿武隈戦時乗員実数　定員/Complement (8)

職名	主務	官名	定数	職名	主務	官名	定数
艦長		大佐	1	乗組	掌砲長	少尉	1
砲術長兼分隊長	副長代理	少佐	1	〃	掌通信長	〃	1
航海長兼分隊長		〃	1	〃	掌機長	中尉	1
水雷長兼内務長兼分隊長		大尉	1	〃	機械長	〃	1
通信長兼分隊長		〃	1	〃	掌内務長(電)	少尉	1
分隊長	兵科分隊長	中尉	1	〃	掌航海長	兵曹長	1
乗組	砲術士	〃	2	〃	見張士	〃	1
〃	航海士	少尉	1	〃	砲術科分隊士	〃	2
〃	砲術士	〃	1	〃	水雷士	〃	1
〃	内務士兼甲板士官	〃	1	〃	掌内務長(運)	〃	1
〃	通信士	〃	1	〃		〃	1
〃	暗号士	予少尉	1	〃	缶長	機曹長	1
〃	航海士	〃	1	〃	機械長	〃	1
機関長		少佐	1	〃	掌内務長(工)	工曹長	1
分隊長		大尉	2	〃	掌経理長	主曹長	1
〃		予大尉		乗組	水兵科 機関科 工作科	下士兵	469
乗組	缶分隊士	予中尉		〃	看護科	〃	3
〃	機関長付	予少尉		〃	主計科	〃	19
軍医長兼分隊長		医少佐	1	〃	備人		2
乗組	軍医長付	医大尉		(合計)			534
主計長兼分隊長		主大尉	1				
乗組	主計長付	主少尉					
〃	庶務主任	主見習尉官	1				

（区分：士官/25、特士/5、准士/11、下士兵/493）

注/NOTES 昭和19年10月末現在の2等巡洋艦阿武隈の乗員実数を示す【出典】阿武隈戦時日誌
(1) 本艦の最後の乗員数を示すもの、他に第1水雷戦隊司令部付予備少尉2名(艦内配置電測士)乗艦
(2) この時期飛行機は降しており、関係要員は乗艦していない、戦時下のため予備士官が配置されているのがわかる

五十鈴戦時乗員実数　定員/Complement (9)

職名	主務	官名	定数	職名	主務	官名	定数
艦長		大佐	1	乗組	掌水雷長	兵曹長	1
砲術長	副長代理	少佐	1	〃	測的分隊士	〃	1
機関長		〃	1	〃	掌内務長	〃	1
航海長兼分隊長		〃	1	〃	掌砲長	〃	1
通信長兼分隊長		大尉	1	〃	見張士兼分隊士	〃	1
水雷長兼内務長兼分隊長		〃	1	〃	掌航海長	〃	1
軍医長兼分隊長		医大尉	1	〃	掌通信長兼分隊士	〃	1
主計長兼分隊長		主大尉	1	〃	水雷士兼分隊士	〃	1
分隊長	高角砲機銃分隊長	大尉	1	〃	高角砲分隊士	〃	1
〃	内務科	〃	1	〃	機銃分隊士	〃	1
〃	機械、缶	中尉	2	〃	電機長	機曹長	1
〃	高角砲機銃分隊長	〃	1	〃	缶兼分隊士	〃	1
乗組	分隊士	医大尉	1	〃	機械兼分隊士	〃	2
〃	副長付兼甲板士官	中尉	1	〃	缶分隊士	〃	1
〃	機関長付兼分隊士	少尉	1	〃	掌経理長兼分隊士	主曹長	1
〃	水測士兼分隊士	〃	1	乗組	水兵科	下士兵	365
〃	電測士兼分隊士	〃	1	〃	工作科	〃	12
〃	砲術士兼分隊士	〃	1	〃	機関科	〃	159
〃	航海士兼分隊士	〃	1	〃	衛生科	〃	4
〃	通信士兼分隊士	〃	1	〃	主計科	〃	19
〃	工業長	〃	1	〃	備人		3
〃	主計長付庶務主任分隊士	主少尉	1	(合計)			602
〃	主計長付兼分隊士　主見習尉官		1				

（区分：士官/24、特士/24、准士/16、下士兵/562）

注/NOTES 昭和19年10月1日現在の2等巡洋艦五十鈴の乗員実数を示す【出典】五十鈴戦時日誌
(1) 本艦のほぼ最後の乗員数を示す、昭和19年9月に防空巡洋艦に改装後の乗員数、前掲の昭和19年12月内令定員に比べて50名ほど少ない

に終わったため、ワシントン条約下では水雷戦隊旗艦、潜水戦隊旗艦以外には同型艦による戦隊が編制されて、さらに各学校の練習艦役務にも従事する艦が相当あった。先の研究会で指摘されたように凌波性に劣ることや動揺の激しさは、子隊の駆逐艦が特型駆逐艦の出現でより運動性が向上すると旗艦の方がかえって荒天下の高速航行に苦労する場面も珍しくなくなったが、高温による居住環境の悪さ等とともに根本的解決策はなかった。また、条約下での軽巡洋艦の新造枠は保有数を抑えられた重巡の兵力を補強するための大型強兵装軽巡最上型を建造したため、水雷戦隊旗艦の新造は当面見送られることになり、結局開戦時まで水雷戦用新型軽巡は出現しなかった。

1. 航空兵装
球磨型の水偵搭載は大正10年8月の多摩搭載がきわめて不評で以後中断されていたが、そもそもこれは大正9年5月の基本方針、「球磨型軽巡は従来水上機を搭載する計画なれど、陸上機の発艦可能な今日依然として水上機を搭載しておくのは、艦載機の使用不利少なからず、すみやかに陸上機を搭載することに計画換えを行い、北上以降の艦に実施することにいたしたく」により実際は球磨型最後の木曽より実施されたもので、大正11年3月の木曽での発艦実験は成功を収め、既に建造中の長良型ではこの艦戦搭載施設を設ける形に改正ずみで、以後の艦全てに適用された。

しかし、この方針も実際には艦隊側の消極性から実施にいたらず、大正12年12月の「近い将来に於ける常備海軍航空兵力並びにこの編制配置に関する標準を別紙のごとく定め、もって充実上の目標とする」として各巡洋艦に常用補用各1機宛の搭載を定めたものの実施には至っていない。

大正15年1月には「既成の2等巡洋艦で艦戦搭載施設を有するものには水偵乙(14式水偵)を搭載するを立前とするも、その完成まで大正15年5月以降艦戦付属軽巡の一部にはデリックをもって出入しうる水偵を搭載し平時訓練を実施すること、ただし乙型水偵完成までは戦時には艦戦を搭載するものとする」と方針を改めていた。

この方針により大正15年12月1日に第1艦隊第1潜水戦隊旗艦となった由良に14式1号水偵1機が搭載され、常時艦橋下の格納庫に機体後半のみを格納する形で搭載、デリックにて吊り上げ揚収することで運用した。これが5,500トン型に実用型水偵が搭載された最初であった。昭和2年度に阿武隈(当時第1艦隊第4戦隊)にも艦戦操縦者である大尉が配員乗り組んでおり、これは陸式艦戦の搭載を予定していたらしいが、実際には搭載に至らなかったともいわれている。

昭和4年2月航空本部起案の覚え書きによる艦載機搭載方針における軽巡に関するものは次の通りであった。
「乙巡用水上偵察機は既定の一時的便法たる戦闘機搭載方針はこれを廃し、所要飛行機及び小型射出機完成まで飛行機は搭載せず、ただし差し当たり実験のため名取、由良、川内の内の1艦に自力発艦促進装置を装備し、ハインケル1号水偵を搭載する、なお、球磨、多摩、北上、大井の4艦は格納庫形状の関係上、飛行機搭載は他の軽巡の最後に考慮することとする」

昭和4年5月に横須賀で五十鈴に萱場式発艦促進装置を装備、ダミーの発艦実験が行われ、5月9日に実験終了の報告がある。実験の終わった同装置は五十鈴より取り外され、5月26日呉着の高崎により呉に送られ、同地で由良の艦橋前滑走台に装備されたものらしい。これが上記の記述にあたるものである。このいわゆる萱場式カタパルトは民間会社の萱場製作所が考案試作して海軍に売り込んだものらしく、詳細は不明だが長さ約15m、幅約1.5m、高さ約1m、重量約9トンの構造物で、機械的なバネの力を利用した射出機とされている。由良における実験結果については不明だが、結果的に採用にならなかったことからも失敗作であったようだ。いずれにしてもこれは5,500トン型の装備した最初の射出機であった。

当時、海軍も射出機の開発に力を入れており、昭和3年4月に試製呉式1号射出機1型(圧縮空気式)を完成、朝日に搭載して実験、同時に衣笠に搭載したが、同10月には火薬式の呉式2号射出機の1型も完成、翌年4月青葉に、6月には妙高にも搭載される。

この呉式2号射出機1型は昭和5年鬼怒と由良に、翌6年には神通と球磨に装備された。搭載水偵は14式で鬼怒、由良及び神通は前甲板の滑走台上に、由良の場合は萱場式装置撤去跡に装備したものらしい。この時鬼怒は第2水雷戦隊旗艦で、翌年の球磨の装備は第2潜水戦隊旗艦ということでの装備だった。球磨は元々艦橋部に艦戦搭載設備を持たなかったので、後部5、6番砲間に旋回式射出機を

5,500 トン型 /5,500 Ton Class

装備、本型では最初の旋回式射出機の搭載艦となり、これが以後の5,500トン型の標準的航空艤装となる。当然、旧格納庫は廃止され後檣も水偵を揚収するための大型デリックを装備する必要から三脚檣に改造、補強された。

以後5,500トン型の航空兵装は完全に実用化の時代に入り、昭和6〜8年に北上、大井、木曽を除く各艦に球磨と同じスタイルで航空兵装の装備が実施され、射出機は呉式2号3型が標準装備となった。先に呉式2号1型を装備した4艦も由良、鬼怒及び神通は昭和9年ごろまでに換装、神通は開戦前に換装を迎えている。

搭載機は長途の索敵、偵察を主任務とするため3座水偵の搭載を標準として14式3号、90式2号、94式1号、94式2号さらに96式夜偵、98式夜偵搭載で開戦を迎えている。

2. 兵装・装備

14cm砲については原型のままで、ただ揚弾機等の改正、噴気装置の改造等は逐次実施されていた。8cm高角砲は昭和8年ごろより13mm連装機銃への換装がはじまり、長良型、川内型については昭和13年の阿武隈を最後に換装を完了している。これにより当然8cm砲揚弾機は撤去されていた。なお、球磨型についてこの時期に13mm機銃への換装を完了したのは多摩のみで、北上、大井、木曽については換装未実施に終わっている。これとは別に艦橋部への13mm4連装機銃の装備を実施しており、艦によっては8cm高角砲の換装に先だって実施している場合もあり、名取、阿武隈では艦橋前の滑走台先端上に装備したが、通常滑走台撤去後の艦橋前面中段の機銃台に装備された。従って航空兵装の工事と同時に行うケースが多かったようで、この13mm4連装機銃を装備しなかったのは由良と神通だけで、それに北上、大井、木曽で、反面資料(機銃型別一覧表-昭和14年10月12日　海軍艦政本部)によれば2基装備とされているものの写真等では確認出来ない例として、多摩、阿武隈、川内、那珂の場合があり、唯一2基装備が確認出来るのは球磨だけである。

8cm高角砲に換わった13mm連装機銃は竣工時までには再度25mm連装機銃に換装されており、昭和14年以降に実施されたものと推定されるが、この時期の公式文書、資料が欠落しており明確に確認出来るケースは少ない。なお、小口径機銃としては球磨、長良型の装備した3年式6.5mm機銃は昭和5年以降留式7.7mm機銃に換装されており、開戦時まで装備されていた。

14cm砲の方位盤照準装置は長良以降の艦では一部94式4型に換装したらしく、多分水雷戦隊旗艦等を優先したものらしい。

魚雷兵装はほぼ原型のままで大正10年の研究会で艦隊側より強い要望のあった、球磨型の53式3連装発射管または61cm連装発射管への換装は実現せず、開戦直前に水雷戦隊旗艦の阿武隈、神通、那珂の3艦が魚雷兵装の刷新工事を実施、従来の発射管を全て撤去、両舷の後部発射管位置に92式61cm4連装発射管を装備、93式酸素魚雷を搭載するように改めて、子隊の駆逐艦と同一の魚雷発射を可能にしていた。従来発射管のあった前部ウエル・デッキは閉塞して兵員居住区に変えられた。例えば艦橋両側の14cm砲を撤去する等の方法で前部にも4連射管を装備して片舷8射線を確保するのも可能なように思えるが、あまり無理しないで93式魚雷化を実現した感が強い。なお、水雷戦隊旗艦であった川内が酸素魚雷への更新を行わなかったのは、子隊の駆逐艦が特型で90式魚雷を現用していたため発射管の改造で対処出来たものと推定される。

発射指揮装置は竣工後、後部にあった一部の指揮所を艦橋部に集約、艦橋部の拡張拡大により発射方位盤、発射指揮盤の指揮装置を搭載して充実したものになった。方位盤は開戦時90式1型または91式2型等を両舷に装備していたものらしい。

爆雷兵装は昭和10年ごろまでに手動または水圧式爆雷投下機(台)、81式投射機(K砲)が艦尾周りに装備され、爆雷本体は88式または91式を最大16個程度の搭載を可能にした。装備は艦によってかなり相違している。

機雷敷設用軌条は依然残されていたが機雷は有事搭載で、演習や必要に応じての搭載で、艦内に格納庫等はなかった。ただ、球磨型竣工時の5、6番砲間の水偵格納庫は機雷庫も兼ねたともいわれるが、実際に用いられたかどうかは不明である。

その他、掃海具、防雷具等の装備も竣工後に逐次装備されたものらしく、航海兵器の類も逐次追加、更新装備が実施された。測距儀は竣工後に位置変更、一部換装が実施され、昭和10年頃までは3.5m型が主用されていたが、以後艦橋構造部の近代化が実施され4.5m測距儀の中心線配備が実現、新型測的盤の装備等も実施されていた。

探照灯については新造時の須式90cm3基は、後檣を航空兵装の装備にあたって3脚檣化した際に、球磨、名取、阿武隈及び川内では2基に増強していたが、昭和12年以降開戦時までに水戦旗艦の阿武隈と川内型については92式110cm1基に再度換装、装備位置も変更され、92式縦動装置を3脚檣部に設けている。球磨と名取は92式90cm1基に換装、縦動装置を設けたかどうかは明らかでない。

他艦については新造時艦隊側から要望のあった縦動装置は装備されず、戦時中に一部の艦が92式または96式90cmに換装、管制装置を設けていた。

3. 船体・艤装

長良の例でいうと新造時に比べて開戦時の排水量は満載排水量で約643t(新造時の排水量を仏トンに換算比較)増大している。船体、船殻については124tの増加で、これは後檣の三脚檣化、艦橋部の拡張拡大、三脚前檣の肥大化の他、射出機装備に伴う作業甲板をかなり大きく設けたこと等によるものであろう。もちろん、艦橋前の滑走台の撤去等償却重量もあるが、昭和10年以降の第4艦隊事件による船体補強等も船殻重量の増加に影響したものと思われる。

兵装重量についてみれば107tの増加で、この内1/3は航空兵装にかかわるものと見てよく、砲熕兵器と魚雷兵器は基本兵器に変化はなく、指揮装置の拡充、電気、通信装置の増加によるもので、他に水雷、電気及び通信兵器の増加も影響したとみられる。

4. 機関

機関については混焼缶の専焼缶への改造(一部に言われている缶の換装は誤り)が昭和8年に鬼怒に実施されたのを最初に、各艦に実施されている。なお、改造重油専焼缶のコーンは艦本式06コーン4型7個とし噴燃器は艦本式06噴燃器1型とされた。また改造缶毎に重油噴燃ポンプ1個、重油加熱器1個、重油濾器1組を装備して在来のものを撤去している。また、これに伴って他缶においても各缶囲側面に掃除戸を新設、各煙管噴油器の改造、各缶点火用噴燃器及び点火用重油加熱装置を改装している。

当然、石炭庫は重油庫に改造、諸管の工事も行われ長良型ではこの改造で石炭360トンの代わりに重油430トン余を増量、航続距離

は12ノットで600浬ほど増加が見込まれていた。ただし、重油庫は機関区画の二重底の空き部分及び後方軸室の空所を利用して重油搭載量を増す必要があり、これを実施しない場合は航続力の増加は150浬どまりであったともいわれている。

なお、重油専焼化が終了した時点で、川内では従来混焼缶の1番煙突のみ高くしてあったが、艦橋構造の改造により後方視界が妨げられるとして、他煙突と同一高さに修正することを上申して昭和11年に改造工事を実施、同一高さに改められた。改造前の短縮甲板からの各煙突の高さは、1番10.3m、2番8.13m、3番8.72m、4番8.13mとなっており、改造では1番煙突2,200mm、3番煙突600mmの短縮がはかられたとしている。ただし、神通と那珂ではこの改造は実施されなかった。

竣工以来の課題であった機関室の高温対策として通風装置の改造も逐次各艦に適用されたが根本的解決策にはならなかった。また同じくタービン翼を不銹鋼翼に換装する工事も昭和9年ごろまでに完了したようである。

機関関係重量は長良の場合で新造時と昭和16年時の差異は僅かなもので、昭和16年時が満載状態で15tほど多いだけである。

5. 練習艦への改装案

昭和5年のロンドン条約で補助艦についてもそれぞれ保有量が定められて、日本海軍は兵力全体で対米7割に抑えられ、苦しい立場に追い込まれたが、この条約の日本のみの特別規定として球磨型軽巡の最初の3隻を練習艦として保有することが認められていた。当時日本海軍では少尉候補生の練習艦は日露戦争以来の装甲巡洋艦が充てられており、毎年の遠洋航海に従事していたが、艦の旧式さが目立ち有効な士官教育に適さないとの指摘も少なくなかった。このためこの3艦を練習艦として用いる場合は、約定の定めにより14cm砲は4門のみ存続可能、魚雷兵装、航空兵装の撤去、汽缶の半数の撤去を義務付けられていた。また練習艦とする場合は軽巡洋艦の保有枠外の制限外艦艇として保有することを認められていた。

当初、海軍当局もこの3艦の練習巡洋艦化にはかなり積極的で、5,500トン型の各修理計画においてもこの3艦を除外するなどの配慮を見せており、昭和7年5月の艦政本部報告でも多摩を昭和8年12月より同10年7月まで、球磨は昭和10年4月より同11年7月まで、北上は昭和11年4月から同12年7月までの予定で練習艦に改造する意向を示していたが、それも立ち消えになっている。というのも当時球磨と多摩には航空兵装の装備が実施さらに計画されており、この2隻は当て馬で北上、大井、木曽が実際にはその候補であったとも推測できる。実際にはこの球磨型の改造ではかなり改造費をかけないと有効な練習艦への変身が難しく、かつ条約明けがせまっており現役で使用する方針に変わったものらしく、後に香取型練習艦の新造に至っている。

6. 敷設艦への改装案

ロンドン条約前の昭和4年の第1次補充計画の商議において、球磨型軽巡1隻を機雷敷設艦に改造する案があった。これは老朽化した常磐の代艦として計画され、球磨又は多摩を改造して敷設艦とするというものであった。

最大速力25ノット、機雷搭載数300個、同時敷設数100個を要求、従来の兵装は魚雷兵装を撤去するものとされて、昭和11年度に実施を予定していたが、ロンドン条約の締結により中止となり、制限外艦艇として新造敷設艦沖島が建造されている。

7. 防空艦への改装案

昭和14年の海軍軍備充実計画、通称④計画において初めて直衛艦構想を一部改めた秋月型駆逐艦(防空艦)が建造されることになったが、この構想の初期段階では既成艦を直衛艦(防空艦)に改造する案が幾つかあったことは、先の天龍型の項で述べた。この時改造の対象として5,500トン型も含まれていたことは、造船官として帝国海軍に奉職した福井静夫氏の残された勤務録によって、その一端が明らかになっている。ここでは由良型としてその一般配置図と簡単な要目の写しが示されており、原図は艦本船軍極秘13第514号の42とあるように艦本で昭和13年正式に作成した防空艦の試案であったことがうかがえる。

図によれば長良型の在来兵装、砲、発射管、射出機等を全て撤去して、当時制式化されたばかりの98式65口径10cm高角砲連装を7基を中心線上に配置したもので、他に高射装置、測距儀等を同様に配置、後檣をやや前方に移動、他に25mm機銃連装4基を艦橋部と中央部に配備、さらに艦尾に爆雷投射機6基(Y砲3基の意味か?)を装備、爆雷60個を搭載して当時としては画期的な対空・対潜攻撃力を有する予定であった。艦首尾の4基は密閉式の砲楯に装備、中間の3基は楯なしの装備とされているが、はたしてこうした重武装が実現可能なのか疑問がないわけではない。公試排水量7,178T、馬力90,000、速力32.3ノット、航続距離18ノットにて3,750浬、弾薬定数は10cm高角砲1門あたり300発、25mm機銃は1挺あたり2,000発とされている。高射装置は94式3基を搭載しており、それぞれ個別の目標に砲を指向できるものと思われる。

この5,500トン型直衛艦構想は結局実現しなかったが、後の太平洋戦争の後期に本型の五十鈴が防空艦として唯一改装を実施した例があるが、それと比べてもこれほど大規模なものではなかった。

8. 重雷装艦への改装

昭和期の条約時代にあって対米7割の兵力差に苦慮していた日本海軍は93式酸素魚雷の開発に成功すると、その卓越した威力を生かす戦術にいろいろ策をめぐらしていたが、その一つとして生まれたのが重雷装艦構想で、5,500トン型の両舷に92式4連装発射管5基づつを搭載、片舷20射線という強大な魚雷兵装をもって、敵主力艦隊を奇襲して一挙に有効な打撃を与えることを意図していた。

具体的な構想は昭和11年以降に生まれたといわれており、平時より改装を実施してその存在を知られてしまっては奇襲効果がなくなるおそれがあるため、有事に際して短期間に改装を完成させることを意図して、昭和12年度の出師計画に初めて盛り込まれ、翌13年の第3次戦備促進計画では、92式4連装発射管22基、89式12.7cm連装高角砲8基、95式25mm連装機銃8基を準備することとされていた。これらは重雷装艦2隻分の装備と推定され、このことから当初の改装案では14cm砲は全て撤去して、12.7cm連装高角砲4基に換装、防空艦任務をも兼ねることを計画していたものらしい。発射管が22基という数字から1艦11基を搭載するのではという見方もあるが、これは予備又は実験用を含んだ数と考えた方がよいように思える。

昭和15年8月に当面の戦備促進方針が決定され、これによれば当時重雷装艦への改装候補艦は球磨、北上、大井、木曽の4艦で球磨と大井は特定修理中、球磨は機関状態が許せば改装を行うとし、大井は改装実施、北上、木曽は改装時期は別途指示とされていた。

5,500トン型 /5,500 Ton Class

昭和15年度艦船主要工事施工予定表 - 昭和15年3月27日　官房機密第2237号によれば球磨は昭和15年8月から翌年7月末まで大阪鉄工所で、大井は昭和15年6月より翌年4月末まで川崎重工で特定修理を予定しており、木曽は同14年12月から翌年7月末まで同じ川崎重工で特定修理を行うことになっていた。しかし、実際は重雷装艦に改装されたのは北上と大井の2隻だけで、北上は佐世保工廠で昭和16年8月末に着手4か月間ほどの短期間で改装工事を完了して開戦直後に完成している。大井は昭和16年初頭から8月まで舞鶴工廠で改装工事を実施したらしく、川崎重工での特定修理予定を切り上げたものらしい。

改装は当初の計画より簡略化され発射管10基は予定通り両舷上甲板に張出しを設けて舷側部に装備したが、14cm砲は前部の4門を残して撤去したものの、12.7cm高角砲の装備は見送られた。艦橋部は発射指揮装置と指揮機能の増大から羅針艦橋背後に拡張され、背後のウエル・デッキは上面に甲板を張りさらに甲板室を設けている。後橋前方の甲板室は発射管の旋回を妨げるため一部を残して撤去され、反面後橋後方の甲板室は艦一杯後方に延長して短艇収納スペースに充てるとともに、発射管の装備で削られた上甲板の居住区を移したものらしい。機関計画では軸馬力76,000まで落として速力31ノット、公試排水量6,900tを予定していたが、大井の実際の完成公試排水量は7,173tを記録している。こうした艤装の変更は昭和15年10月の基本計画では変更済であったらしいことは、一般計画要領書によっても明らかだ。この時点では木曽の改装も予定していたことがうかがえるが、最終的には改装の時期を逸したものと推定される。

いずれにしても、北上、大井、木曽の3艦は先の練習艦構想からこの重雷装備候補となったことで、昭和中期以降近代化改装を外れていたもので、5,500トン型の中にあっては航空兵装未装備の特異な存在であったことがわかる。

しかし、こうして実現した重雷装艦は2隻で第9戦隊を編制、戦艦部隊に随伴するため第1艦隊に加えられたが、艦隊決戦の機会はなく、ミッドウェー海戦に参加したのを最後に中部太平洋方面の輸送任務にかり出されることになった。

9. 高速輸送艦・回天母艦への改装

ミッドウェー海戦後、搭載発射管6基前後を陸揚げし空いたスペースを利用して大発や重量物の輸送任務に当たることの多かった北上、大井に対しては、昭和18年中頃より本格的輸送艦への再改装計画が持ち上がった。なかなか改装工事の機会のなかった両艦のうち北上は昭和19年1月英潜水艦に雷撃されかろうじて沈没をまぬがれたものの、シンガポールで4か月以上の仮修理の後、同年8月佐世保に帰投、やっと改装工事に着手することになった。

当初の輸送艦への改装計画では14cm砲は全て撤去、12.7cm連装高角砲2-3基、25mm機銃3連装11基等を装備、発射管は2基を残して撤去、艦尾の爆雷兵装を強化、投射機、投下軌条を新設して爆雷60個を搭載する等の兵装強化を図るとともに、輸送任務のために前部缶室の4缶と内軸主機2基を撤去、第1煙突を廃止して、空いた前部缶室と後部機械室は輸送物件の搭載又は真水タンクに充てるとしていた。これにより速力は29ノットに低下することになる計画であった。

重量物輸送物件の揚収用に先に空母への改装のため千代田、千歳から撤去したクレーンを再装備、発射管を撤去した両舷側に大発4隻を搭載して、迅速な揚陸作業をはかることになっており、輸送物件の搭載量は約300トンを見込んでいた。

北上が佐世保に到着した時期は、太平洋方面の戦局は悪化していたがまだ絶望的ではなく、本艦を最初から回天母艦へ改装することは不自然で、最初は予定通り輸送を目的に改装に着手したものの、戦局が決定的になった昭和19年11月以降に変更を決定したものと推定される。

回天母艦としての完成は昭和20年1月20日とされており、艦尾のスリップ構造も輸送艦として大発を艦尾より発進させるための設備で、回天搭載用に新たに設けたものではないと推定される。このため回天母艦としての新工事は極力抑えたようで、1番煙突及び前部缶室の缶も撤去せずそのままとされ、後部機械室（「海軍造船技術概要」に前部機械とあるのは誤り、後部機械室でないと後橋のクレーン・アームがとどかない。また撤去した内軸は後部機械室の主機に繋がる）の主機2基と内側2軸の撤去を実施され、機械室上部には搭載用のハッチが設けられるのが公式図から読み取れる。速力は23.8ノットまで低下したというから、缶の使用を制限していたのであろう。

計画では回天1型8基を両舷に分けて搭載、8分で全艇の発進が可能とされていた。

本艦の目的の半分は回天を水上艦艇に搭載した場合の訓練用で、発進後の攻撃標的を兼ねるとされていたが、もちろん、実戦も想定されていたもので、いかに非常時とはいえ本艦のような艦が回天を搭載してはたして攻撃対勢をとれるまで目標に接近出来るのか、疑問がないわけではないが、おかげで5,500トン型では唯一終戦時まで残存することができた。

10. 防空艦への改装

太平洋戦争中の5,500トン型の各艦の兵装変遷については別表に示した通りであるが、主要な改装事例は上記の北上の例以外には五十鈴の防空艦への改装が最も規模の大きいものであった。

五十鈴は昭和17-18年を通して南西及び中部太平洋方面で行動してきたが、昭和18年末に数度の損傷を受け、その修理、整備のため昭和19年1月末に横須賀に帰投した。これまで5番砲を撤去して25mm機銃3連装2基増備程度の改造しか受けていなかった五十鈴は、この際根本的に改造して対空、対潜攻撃力を大幅に強化することになり、横須賀工廠と横浜の浅野船渠で修復を兼ねた改装工事を実施、同年9月に完成した。

改装は従来の14cm砲、発射管を全て撤去し、新たに12.7cm連装高角砲3基を前、中、後部中心線上に配し、機銃兵装を充実、従来の後部発射管位置に新たに92式4連装発射管を装備して93式魚雷に更新したもので、爆雷投射機4基、同投下軌条2基と爆雷60個を搭載、さらに水中聴音機、探信儀を装備してかつての直衛艦構想に似た装備を備えるに至った。その他電探等の装備もほぼ完備していたが上部構造物の改正は最小限に抑えられ、あと2基ぐらいは12.7cm高角砲の増備が可能と思われる、最上甲板空きスペースが確保されていたのは、小発の搭載とともに輸送任務等を考慮したものと推定される。

改装完成後に五十鈴は対潜掃討部隊の旗艦につき、その能力の一端を発揮したかに見えたが、北上とともに昭和20年まで生き残ったものの、同年4月に米潜水艦に喰われて5,500トン型としては最後の戦没艦となった。

太平洋戦争に参戦した5,500トン型は最古参の艦では艦齢20年に達しており、装備の刷新は実施されているとはいえ、第一線での活動はかなり無理なもので、特に各水雷戦隊旗艦及び潜水戦隊旗艦任務は後継艦の計画の後れから、5,500トン型に頼るしかなかった。

しかし、緒戦の南方各方面の進攻作戦では連合国側の兵力が貧弱であったことにも助けられ、第一線での戦闘任務にかなりの活躍を示したのは立派であった。昭和17年夏以降連合国側の反攻がはじまると、5,500トン型にとっては試練の時代となり、南方各地での輸送任務にかり出されることが多く、またガ島をめぐる夜戦において水上戦闘にも投入されたが、昭和18年末ごろまでは敵の航空機と潜水艦が最大の脅威になっていた。

昭和17年末までに戦没したのは由良1隻にとどまり航空機の爆撃によるものであった。18年末までには神通と川内、ともに水雷戦隊旗艦が夜戦において敵艦に撃沈され、1年前のガ島戦時代の夜戦と様変わりした、米艦隊のレーダー等の性能向上による夜戦能力に対抗出来なくなっていた。19年に入ると連合国の中部太平洋における島伝いの本格的反攻が開始され、完全に再建された米空母機動部隊が作戦支援のため活発に動きだすと、日本海軍は守勢に追われるしかなかった。6月のマリアナ沖海戦は日本海軍にとって最後の再建空母兵力による挑戦であったが、惨敗を喫し、以後日本海軍は温存してきた水上艦艇による最後の抵抗しか残っていなかった。

19年に入ってすぐ蘭印方面で球磨が英潜水艦に撃沈されて、潜水艦による戦没第1号となり、さらに2月にはトラックで来襲した米機動部隊に那珂が沈められる。7、8月には大井、長良、名取が続けざまに米潜水艦に撃沈される。5,500トン型の場合命中魚雷1本で沈む場合も多く、2本を受けて持ちこたえたのは北上だけであった。

19年10、11月の一連の比島沖海戦で鬼怒、阿武隈、木曽は航空機により、多摩が米潜水艦により撃沈され、ここに5,500トン型は内地で工事中の北上を除くと、五十鈴1隻を残して全滅するのである。

昭和20年4月にその五十鈴もつけ狙う米潜水艦群により最期を迎えることになる。そして終戦時唯一残存した5,500トン型が回天母艦に改造された北上で、戦後、復員輸送の工作艦任務に従事した後解体されて姿を消した。

同型艦14隻という日本海軍にとって前例のない多数の同型艦が建造された5,500トン型軽巡は、昭和の条約時代の日本海軍においてそれなりの役割を果たしたわけで、新陳代謝が遅れたというデメリットはあったにせよ、老骨にむち打った太平洋戦争における活動も14隻という多数が果たした役割は、評価すべき点が少なくない。

[資料] 本型の公式資料として残っているものは多数ある。図面としてまとまっているものは、木曽(S19)、多摩S17/19、北上(S15/20)、大井(S5)、阿武隈(S17)、鬼怒(S18)、名取(S19)、五十鈴(S19)、川内(S17)等があり、全体に大戦中のものが多く、ある意味では貴重だが、あまり知られていない存在が多く、模型ファンのリサーチもそれほど進んでいないことがわかる。これらの大戦末期の図面から、これまで全く知られていなかった21号電探装備に伴う、前檣からの探照灯撤去の事実が明白になっている。

他に戦後の造工資料に鬼怒の線図と入渠図があり、本型の正確な寸法が把握できる。こうした図面は呉の福井資料にあり、一部は昭和造船史の図面集等に掲載されている。

要目簿も数多く残っており大井(新造時)、北上(S16/20)、五十鈴(S16)、阿武隈(S13)、神通(新造時)、川内(S12)、那珂(S13)があるが、兵装部分のない船体データが多く、ただ、北上の重雷装艦時期の要目簿は貴重である。五十鈴の最終改装、防空艦の図面はあるものの、この時期の要目簿はなく、五十鈴の防空艦時の排水量や船体データは不明のままである。

全般に公式図面や要目簿はあるものの、これ以外の公式資料はほとんどなく、知られているようであまりわかっていないのは戦前の本型の姿である。こうした5,500トンの新造後の用兵側のクレームや要望はこれまであまり知られていなかったが、公文備考や平賀アーカイブスの公開により、初めて知られた事実も多く、真面目に本型をリサーチしたい研究者にとっては、まだまだ宝は残っているともいえる。

艦名は同型14隻という多数のため、戦後の海上自衛隊の艦艇に襲名されたのは、昭和34年度の「いすず」にはじまり「おおい」「きたかみ」「あぶくま」「じんつう」「せんだい」が河川名を艦名とする護衛艦(DE)に襲名されている。

5,500 トン型 /5,500 Ton Class

艦　歴/Ship's History (1)

艦　名	球　磨 (1/4)
年 月 日	記 事 /Notes
1917(T 6)- 8-20	命名
1917(T 6)- 8-23	2 等巡洋艦に類別
1917(T 6)- 9-17	呉鎮守府に仮入籍
1918(T 7)- 8-29	佐世保工廠で起工
1919(T 8)- 7-14	進水、呉鎮守府に入籍
1919(T 8)- 7-24	艤装員長青木董平大佐 (27 期) 就任
1920(T 9)- 8-31	竣工、第 1 予備艦、艦長宮村歴造大佐 (27 期) 就任
1920(T 9)- 9- 1	第 2 艦隊第 4 戦隊
1920(T 9)- 9- 2	佐世保発露領沿岸行動、7 日小樽着
1920(T 9)-12- 1	第 2 艦隊第 4 戦隊
1920(T 9)-12-12	高速試験で左舷外軸高圧タービンに故障を生じる
1921(T10)- 5-25	呉工廠で上記タービン修理
1921(T10)- 8-20	佐世保発旅順、大連方面警備、9 月 2 日呉着
1921(T10)-11- 1	艦長右田熊五郎大佐 (29 期) 就任
1921(T10)-12- 1	第 1 艦隊第 3 戦隊
1922(T11)- 4- 3	馬公発香港方面行動、12 日横浜着
1922(T11)- 6-19	佐世保発青島、大連方面行動、7 月 4 日鎮海着
1922(T11)- 8-25	舞鶴発、シベリア撤兵船団護衛、9 月 10 日小樽着
1922(T11)-11-20	艦長高橋寿太郎大佐 (28 期) 就任
1922(T11)-11-27	呉工廠で機関修理
1923(T12)- 4- 1	呉工廠で火薬庫ガス抜き装置新設
1923(T12)- 4-22	諸島諸島付近で濃霧中大和と接触事故、損傷軽微
1923(T12)- 6- 1	呉工廠で無電機改造、缶室非常口改造、20 日完成
1923(T12)- 8-25	横須賀発中国沿岸警備、9 月 5 日神戸着
1923(T12)- 9- 6	関東大震災に際して多摩、大井とともに大阪より救援物資を搭載 7 日品川着、以後 30 日まで京浜
	地区の警備任務に従事
1923(T12)-12- 1	警備兼練習艦、兵学校、機関学校、潜水学校、艦長松下薫大佐 (32 期) 就任
1924(T13)- 4-22	6 月 29 日まで 4 次にわたり兵学校及び機関学校生徒 (3~1 学年) の乗艦実習 (7~4 日間) に従事
1924(T13)- 5-10	艦長橋本才輔大佐 (30 期) 就任
1924(T13)- 7-24	11 月 1 日まで少尉候補生実務練習艦任務に従事
1924(T13)-10- 9	館山発大演習参加、20 日館山着
1924(T13)-12- 1	第 3 予備艦、艦長今川真金大佐 (31 期) 就任
1925(T14)- 4-20	艦長山本土岐大佐 (31 期) 就任、10 月 20 日より兼多摩艦長
1925(T14)-12- 1	艦長福島貫三大佐 (32 期) 就任
1926(T15)- 4- 1	艦長辺見辰彦大佐 (32 期) 就任
1926(T15)- 4- 5	呉工廠で高圧後進タービン改造訓令、曳航力増加のため
1926(T15)- 5-17	呉工廠でビルジキール改造訓令
1926(T15)-11- 1	第 1 予備艦、艦長大野寛大佐 (32 期) 就任
1926(T15)-12- 1	第 1 艦隊第 3 戦隊
1927(S 2)- 3-26	佐伯発青島、揚子江流域第 1 艦隊巡航、5 月 9 日呉着

艦　歴/Ship's History (2)

艦　名	球　磨 (2/4)
年 月 日	記 事 /Notes
1927(S 2)- 4- 1	呉工廠で主タービン修理及び支那事変帰着機関修理、翌年 3 月 31 日完成
1927(S 2)- 6-16	大正 12 年 3 月 12 日山口県佐波郡午礼村海岸で沖合航行中の本艦により生じた波浪で、船体積荷に
	損害を受けた帆船 2 隻に対する補償金を支払う
1927(S 2)- 6-20	第 2 予備艦
1927(S 2)- 8-21	呉工廠で大演習参加のため機関部修理
1927(S 2)- 9- 1	第 1 予備艦
1927(S 2)-10-30	横浜沖大演習観艦式に供奉艦として参列
1927(S 2)-12- 1	第 2 遣外艦隊、艦長林義寛大佐 (33 期) 就任、呉発青島方面警備、翌年 11 月 25 日横須賀着
1928(S 3)-12- 4	横浜沖大礼特別観艦式参列
1928(S 3)-12-10	第 3 予備艦
1929(S 4)- 3-22	呉工廠で缶室蒸気管修理、31 日完成
1929(S 4)- 4-12	呉工廠で第 2 士官次室新設、5 月 30 日完成
1929(S 4)- 6-13	呉工廠で特定修理着手、不良缶管取換え、翌年 3 月 15 日完成
1929(S 4)- 7-15	呉工廠で測的所スクリーン改正認可
1929(S 4)-11-30	艦長杉坂悌二郎大佐 (33 期) 就任
1930(S 5)- 1-29	呉工廠で 30' 内火艇 1 隻を木曽 11m 内火艇 1 隻と相互交換搭載訓令
1930(S 5)- 2- 1	第 2 予備艦
1930(S 5)- 4- 1	第 1 予備艦
1930(S 5)- 4- 8	呉工廠で煙突固定雨覆装置、雨覆板修理、30 日完成
1930(S 5)- 5- 1	第 2 遣外艦隊
1930(S 5)- 5- 5	呉発青島方面警備、昭和 7 年 9 月 7 日着
1930(S 5)-12- 1	艦長湯野川忠一大佐 (34 期) 就任
1931(S 6)-12- 1	艦長角田貞雄大佐 (36 期) 就任
1932(S 7)- 9- 8	第 1 予備艦
1932(S 7)-	呉工廠で飛行機射出機呉式 2 号 3 型及び飛行機 90 式水偵 2 型搭載施設装備
1932(S 7)-10-14	呉工廠で見張所新設、艦橋測距儀台改造
1932(S 7)-12- 1	第 2 艦隊第 2 潜水戦隊旗艦、艦長熊岡譲大佐 (36 期) 就任
1932(S 7)-12-10	呉工廠で後部上甲板機雷庫に臨時病室用寝台 4 個を装備
1932(S 7)-12-14	長鯨の内火艇及びカッター各 1 隻を球磨に転載訓令
1933(S 8)- 1-30	呉工廠で 30' カッター 1 隻増備
1933(S 8)- 6-29	佐世保発馬鞍群島方面警備及び南洋方面行動、8 月 21 日木更津沖着
1933(S 8)-11- 1	第 2 潜水戦隊より除く、警備艦、馬公要港部附属
1933(S 8)-11- 5	馬公着以後同地を基地として南支方面行動、翌年 10 月 17 日呉着
1933(S 8)-11-15	艦長堀内茂礼大佐 (39 期) 就任
1934(S 9)- 9- 9	本艦搭載の 90 式 2 号水偵 2 型、台湾の蘇澳飛行基地で行動中、海岸に着水中砂浜に乗上げ転覆中破
1934(S 9)-11-15	第 3 艦隊第 10 戦隊
1934(S 9)-12- 6	呉工廠で 90 式方位盤 (水雷) を装備
1934(S 9)-12-12	呉発以後旅順を基地として中国沿岸警備行動、翌年 12 月 18 日呉着
1935(S10)-11-15	艦長醍醐忠重大佐 (40 期) 就任
1936(S11)- 6-20	呉工廠で艤装改善工事

5,500トン型 /5,500 Ton Class

艦 歴/Ship's History (3)	
艦 名	球 磨 (3/4)
年 月 日	記 事 /Notes
1936(S11)-10- 5	呉工廠で毘式 12mm 単装機銃 2 基装備、18 日完成
1936(S11)-10-20	呉工廠で無線兵器改善
1936(S11)-12- 1	第 3 予備艦、呉警備戦隊、艦長佐藤勉大佐 (40 期) 就任
1937(S12)- 7- 1	広工廠で射出機換装公試実施、毘式 2 号 5 型に換装、水偵は 94 式に搭載換
1937(S12)- 7-14	呉工廠で防弾鋼板装備、10 月 26 日完成
1937(S12)- 9- 1	第 1 予備艦
1937(S12)- 9- 7	警備兼練習艦、兵学校
1937(S12)- 9- 8	佐世保発中支方面警備、9 月 17 日呉着
1937(S12)-11-17	佐世保工廠で防寒施設装備、12 月 6 日完成
1937(S12)-11-20	第 4 艦隊付属
1937(S12)-12- 1	第 4 艦隊第 3 潜水戦隊
1937(S12)-12-12	旅順発中支方面警備、14 年 11 月 17 日呉着
1938(S13)- 6-15	艦長八代祐吉大佐 (40 期) 就任
1938(S13)- 6-20	第 4 艦隊第 4 航空戦隊
1938(S13)- 8- 1	第 4 艦隊第 13 戦隊
1938(S13)-12-15	第 4 艦隊第 12 戦隊
1939(S14)- 5-18	艦長小林謙五大佐 (42 期) 就任
1939(S14)-11-15	特別役務艦、艦長平塚四郎大佐 (40 期) 就任
1940(S15)- 8- 1	第 1 予備艦、大阪鉄工所で 16 年 6 月末 (予定では 7 月末) まで特定修理、探照灯換装その他
1940(S15)-10-15	艦長江口松郎大佐 (40 期) 就任
1941(S16)- 4-10	第 3 艦隊第 16 戦隊
1941(S16)- 7- 5	呉発南支方面警備、9 月 7 日着
1941(S16)- 9-20	艦長渋谷清見大佐 (45 期) 就任
1941(S16)-11-23	佐世保発寺島水道で戦備作業、29 日寺島水道発、12 月 2 日馬公着
1941(S16)-12- 7	馬公発比島攻略作戦支援、14 日着
1941(S16)-12-19	馬公発リンガエン上陸作戦支援、23 日着、訓練、整備に従事
1942(S17)- 1- 5	第 3 南遣艦隊旗艦
1942(S17)- 1-10	高雄発マニラ湾口哨戒任務に従事、31 日リンガエン湾着
1942(S17)- 2- 8	リンガエン湾発船団護衛に従事、11 日リンガエン湾着
1942(S17)- 2-16	スビック湾ガラレ攻略作戦支援に従事
1942(S17)- 3- 1	セブ港砲撃、2 日サンボンガ攻略作戦支援、5 日リンガエン湾着、25 日スビック湾に回航
1942(S17)- 4- 4	オロンガボ発コレヒドール攻略作戦支援、9 日夜半セブ島南端タノン岬沖で米魚雷艇 PT34、41 と交戦、PT34 の発射した魚雷 1 本が艦首に命中したが不発、魚雷艇の機銃による軽微な損害あり
1942(S17)- 4-29	オロンガボ着、5 月 9 日マニラに回航、警泊
1942(S17)- 5-16	マニラ発、18 日ポートプリンセサに陸戦隊揚陸、19 日陸戦隊収容、21 日マニラ着
1942(S17)- 6-21	マニラ碇泊中下痢患者発生、防疫につとめる
1942(S17)- 8- 7	マニラ発、12 日呉着、修理、整備、29 日入渠、9 月 10 日出渠、この間 8cm 高角砲を 25mm 連装機銃に換装したものと推定
1942(S17)- 9-15	呉発、20 日マニラ着
1942(S17)- 9-20	第 2 南遣艦隊第 16 戦隊

艦 歴/Ship's History (4)	
艦 名	球 磨 (4/4)
年 月 日	記 事 /Notes
1942(S17)- 9-22	マニラ発、24 日香港着、陸軍部隊乗艦、26 日発、10 月 4 日パラオ着
1942(S17)-10- 5	パラオ発、沖輸送 (陸軍部隊輸送) に従事、10 日ラバウル着、同日発 18 日マッカサル着、警泊
1942(S17)-11-14	艦長横山一郎大佐 (47 期) 就任
1942(S17)-11-19	マッカサル発、アンボン経由 25 日マニラ着
1942(S17)-11-27	マニラ発、夏輸送 (陸軍部隊輸送)、12 月 3 日ラバウル着陸軍部隊揚陸、同日発 11 日マッカサル着
1942(S17)-12-28	マッカサル発、翌年 1 月 8 日アンボン着、22 日発、24 日マッカサル着
1943(S18)- 2- 6	マッカサル発、12 日スラバヤ着、鬼怒とともに陸軍部隊乗艦、27 日カイマナ湾着部隊揚陸、カブイへ回航陸戦隊上陸、3 月 3 日同地発マノクワリ、ソロン経由、15 日マッカサル着
1943(S18)- 4-12	マッカサル発、13 日スラバヤ着、25 日発 28 日シンガポール着、5 月 1 日入渠、8 日出渠、修理、整備を実施、この間 25mm3 連装機銃 2 基を増備したものと推定
1943(S18)- 5-25	シンガポール発、27 日スラバヤ着、陸軍第 25 防空隊兵員、装備搭載、29 日発、30 日マッカサル着
1943(S18)- 5-31	マッカサル発、6 月 2 日アンボン着、輸送兵員物資陸揚、同日発 3 日バチャン着、警泊、6 日発、8 日バリクパパン着、9 日発、10 日マッカサル着、警泊、訓練に従事
1943(S18)- 6-24	マッカサル発、25 日スラバヤ着、27 日発、30 日バリクパパン着、7 月 2 日発、4 日カウ泊地着、13 日発、15 日タラカン着、16 日発、17 日バリクパパン着
1943(S18)- 7-22	バリクパパン発、24 日スラバヤ着、30 日発、8 月 1 日シンガポール着、修理、整備
1943(S18)- 8-14	艦長杉野修一大佐 (46 期) 就任
1943(S18)- 8-16	シンガポール発、17 日ペラワン着陸軍部隊乗艦、18 日発、19 日ポートブレア着陸軍部隊陸揚、同日発、21 日ペナン着、23 日発、同日ペラワン着、陸軍部隊乗艦、24 日発、25 日ポートブレア着同日発、28 日シンガポール着、整備作業
1943(S18)- 9- 9	シンガポール発、10 日サバン着、13 日発、14 日シンガポール着
1943(S18)- 9-15	シンガポール発、同日リンガ泊地着、訓練、27 日発同日シンガポール着
1943(S18)-10- 1	シンガポール発、ポートブレア輸送任務、7 日シンガポール着
1943(S18)-10-10	シンガポール発、11 日ペナン着、訓練、14 日発 23 日シンガポール着、11 月 1 日入渠、8 日出渠
1943(S18)-11-12	シンガポール発、同日リンガ泊地着、訓練
1943(S18)-11-30	シンガポール発、ポートブレア輸送任務、12 月 8 日シンガポール着
1943(S18)-12-15	シンガポール発、輸送任務、17 日スラバヤ着、20 日発、21 日ジャカルタ着、23 日発、25 日シンガポール着
1944(S19)- 1- 3	シンガポール発、4 日ペナン着、5 日発陸軍部隊輸送、6 日メルキー泊地着部隊陸揚、7 日発、8 日ペナン着
1944(S19)- 1-11	ペナン発航空雷撃訓練地点に向け警戒航行中ムカヘッド岬 270 度 18 浬で 1145、英潜水艦 Tally Ho の発射した魚雷 4 本の内 2 本が右舷後方より後部機械室と艦尾に命中、艦は急速に沈下 1157 右舷に傾斜艦尾より沈没、戦死 138、重傷 3、軽傷 4、生存者は艦長以下全員浦波に収容
1944(S19)- 3-10	除籍

5,500 トン型 /5,500 Ton Class

艦 歴/Ship's History (5)

艦　名	多　摩 (1/4)
年 月 日	記 事 /Notes
1917(T 6)- 8-20	命名
1917(T 6)- 8-23	2 等巡洋艦に類別
1917(T 6)- 9-17	呉鎮守府に仮入籍
1918(T 7)- 8-10	三菱長崎造船所で起工
1920(T 9)- 2-10	進水、
1920(T 9)- 6- 1	艤装員長河合退蔵大佐 (27 期) 就任
1921(T10)- 1-29	竣工、呉鎮守府に入籍、第 2 艦隊第 4 戦隊、艦長河合退蔵大佐 (27 期) 就任
1921(T10)- 8-19	ハ号単座水上機を佐世保で搭載、20 日発旅順、大連方面行動、9 月 6 日呉で機材陸揚げ
1921(T10)-12- 1	第 1 艦隊第 3 戦隊、艦長百武源吾大佐 (30 期) 就任
1922(T11)- 4- 3	馬公発香港方面行動、12 日横浜着
1922(T11)- 5-21	呉工廠で繋留気球繋留装置仮設、6 月 22 日完成
1922(T11)- 6-27	下関海峡西航中帆船 9 隻と触衝、沈没 2、大破 4、中破 2、後に沈没して溺死 2 名を生じた金比羅丸
	に補償金 8,885 円、その他 8 隻に合計 14,934 円を支払う
1922(T11)- 8-31	舞鶴発露領沿岸方面行動、9 月 10 日小樽着
1922(T11)-12- 1	両舷外側高圧タービン翼損傷を発見
1923(T12)- 3-15	艦長田中勇大佐 (30 期) 就任
1923(T12)- 4-14	呉工廠で火薬庫ガス抜き新設、6 月 8 日完成
1923(T12)- 5- 1	呉工廠で機関修理
1923(T12)- 5-15	呉工廠で缶室非常口改造
1923(T12)- 8-25	横須賀発中国方面行動、9 月 5 日神戸着
1923(T12)- 9- 6	関東大震災に際して球磨、大井とともに大阪より救援物資を搭載、7 日品川着、以後 30 日まで京浜
	地区の警備任務に従事
1923(T12)-10-20	艦長池田他人大佐 (30 期) 就任
1923(T12)-12- 1	艦長竹内正大佐 (30 期) 就任
1923(T12)-12-24	呉工廠で測距所新設、翌年 1 月 13 日完成
1924(T13)- 1-10	艦長及川古志郎大佐 (31 期) 就任
1924(T13)- 3- 8	佐世保発中国方面行動、20 日馬公着
1924(T13)-12- 1	第 3 予備艦、艦長青木国太郎大佐 (31 期) 就任
1925(T14)- 7-10	第 1 予備艦、艦長出光萬兵衛大佐 (33 期) 就任
1925(T14)- 8- 1	警備艦
1925(T14)- 8- 6	横浜発駐日米国大使バンクロフト氏の遺骸をホノルル経由サンペドロに護送、帰途サンフランシスコ
	でカリフォルニア合併 75 周年記念祭に参列、10 月 10 日横須賀着
1925(T14)-10-20	第 1 予備艦、艦長山本土岐彦大佐 (31 期) 就任、兼矢矧艦長
1925(T14)-12- 1	第 3 予備艦、艦長松井利三郎大佐 (32 期) 就任
1926(T15)- 5-20	艦長池中健一大佐 (31 期) 就任
1926(T15)-11- 1	第 1 予備艦
1926(T15)-12- 1	警備艦、舞鶴要港部付属、兼練習艦 (機関学校)
1927(S 2)-10-27	横須賀鎮守府に転籍、舞鶴要港部付属、警備兼練習艦 (機関学校)
1927(S 2)-12- 1	艦長清宮善高大佐 (33 期) 就任
1928(S 3)- 5-13	舞鶴工作部で機関部改造、翌年 2 月 8 日完成

艦 歴/Ship's History (6)

艦　名	多　摩 (2/4)
年 月 日	記 事 /Notes
1928(S 3)- 8-20	艦長嶋田繁太郎大佐 (32 期) 就任
1928(S 3)-12- 4	横浜沖大礼特別観艦式参列
1928(S 3)-12-10	艦長石井二郎大佐 (33 期) 就任
1929(S 4)- 8- 2	舞鶴工作部で無線主送信機改装、翌年 3 月 31 日完成
1929(S 4)-11-30	舞鶴要港部付属を解く、第 2 予備艦、艦長大野功大佐 (34 期) 就任
1930(S 5)- 5-30	横須賀工廠で機械室補助蒸気管一部改造、9 月 30 日完成
1930(S 5)- 9-30	第 1 予備艦
1930(S 5)-10-26	神戸沖特別大演習観艦式参列
1930(S 5)-11-10	艦長高橋頴雄大佐 (36 期) 就任
1930(S 5)-12- 1	警備兼練習艦 (機関学校)、舞鶴要港部付属
1931(S 6)- 4- 2	舞鶴工作部で冷却機修理、翌年 3 月 26 日完成
1931(S 6)- 5- 1	艦長清水光美大佐 (36 期) 就任
1931(S 6)-11-14	艦長戸塚道太郎中佐 (38 期) 就任、12 月 1 日大佐艦長
1932(S 7)- 1-20	舞鶴工作部で重油専焼缶コーンに撒風器装備、3 月 31 日完成
1932(S 7)- 6-29	横須賀工廠で 30' 24 馬力内火艇を新造 10m30 馬力内火艇と換装
1932(S 7)- 7-11	艦長山口寛大佐 (36 期) 就任
1932(S 7)-11-15	艦長副島大助大佐 (38 期) 就任
1933(S 8)- 2-21	舞鶴発旅順、青島方面行動、4 月 23 日着
1933(S 8)- 6-26	佐世保港内で第 1 内火艇が鳴門内火艇と衝突沈没、人員被害なし
1933(S 8)- 8-25	横浜沖大演習観艦式参列
1933(S 8)-10-31	横須賀工廠で高圧タービン翼換装
1933(S 8)-11-15	艦長越智孝平大佐 (38 期) 就任
1934(S 9)- 3-16	舞鶴工廠で機雷敷設軌条改造
1934(S 9)- 4- 2	横須賀工廠でビルジキール改正訓令
1934(S 9)- 5-19	舞鶴工作部で飛行機及び射出機搭載設備工事、7 月 20 日完成、搭載水偵は 90 式 2 号 2 型
1934(S 9)- 7-13	舞鶴工作部で 90 式方位盤装備、20 日完成
1934(S 9)- 7-18	10m30 馬力内火艇 1 を龍田の 11m60 馬力内火艇 1 と相互交換搭載訓令
1934(S 9)- 7-31	公称 502 内火艇を第 1 潜水戦隊旗艦の間、司令部用として臨時搭載のこと通告
1934(S 9)-11- 1	艦長高塚省吾大佐 (38 期) 就任
1934(S 9)-11-15	第 1 艦隊第 1 潜水戦隊
1934(S 9)-12- 1	横須賀工廠で艦底測程儀換装
1934(S 9)-12- 5	退鯨 30' 20 馬力内火カッター 1 隻を本艦に搭載、27' 通船 1 隻を陸揚訓令
1935(S10)- 1- 9	横須賀で仏海軍武官ドラノー中佐本艦他金剛、伊 2 潜を見学、翌日独海軍武官も見学
1935(S10)- 3-22	横須賀工廠で旗艦に伴う設備改正、艦長寝室、参謀事務室等艤装 一部改正通告
1935(S10)- 3-29	佐世保発馬鞍群島方面行動、4 月 4 日寺島水道着
1935(S10)- 4-24	広島湾で第 1 潜水戦隊として満州国皇帝奉迎作業
1935(S10)- 4- 1	横須賀工廠で安式航跡自画器装備
1935(S10)-11-15	第 1 潜水戦隊より除く、警備兼練習艦 (機関学校)、舞鶴要港部付属、艦長下村勝美大佐 (39 期) 就任
1936(S11)- 2- 5	横須賀工廠で防雷具曳航装置装備
1936(S11)- 3-16	艦長阿部勝雄大佐 (40 期) 就任

5,500 トン型 /5,500 Ton Class

艦 歴 /Ship's History (7)

艦 名	多摩 (3/4)
年 月 日	記 事 /Notes
1936(S11)- 8-31	横須賀工廠で艤装改善、トリミングタンク補強、翌年 3 月 31 日完成
1936(S11)-10-	呉工廠で電動測深儀装備
1936(S11)-11-16	艦長代谷清志大佐 (40 期) 就任
1936(S11)-12- 2	舞鶴発北支方面行動、翌年 8 月 2 日佐世保着
1937(S12)- 1-27	舞鶴工廠で船体部修理
1937(S12)- 2-16	佐世保工廠で通船及び同搭載施設撤去、3 月 28 日完成
1937(S12)- 5- 3	広工廠で射出機検査、修理、6 月 15 日完成
1937(S12)-	舞鶴工廠で 8cm 高角砲を 13mm 連装機銃に換装
1937(S12)- 7-22	舞鶴工廠で防弾板装備
1937(S12)- 7-28	第 3 艦隊第 9 戦隊
1937(S12)- 7-29	呉発中南支方面行動、翌年 3 月 24 日高雄着
1937(S12)- 9- 1	中国碯石湾付近で沿岸封鎖任務中激しい暴風雨に遭遇、船体損傷
1937(S12)-10-20	支那方面艦隊第 4 艦隊第 9 戦隊
1937(S12)-11- 1	艦長金子繁治大佐 (42 期) 就任
1937(S12)-12- 1	第 3 艦隊第 9 戦隊
1938(S13)- 1-16	横須賀工廠で側曳給油装置装備、2 月 5 日完成
1938(S13)- 2- 1	第 5 艦隊第 9 戦隊
1938(S13)- 4- 3	横須賀発南方面行動、12 月 15 日高雄着
1938(S13)-12-15	第 3 予備艦、艦長堀内馨大佐 (40 期) 就任、
1939(S14)-11-15	特別役務、艦長森友一大佐 (42 期) 就任
1940(S15)- 5- 1	第 4 艦隊第 18 戦隊
1940(S15)- 5-15	横須賀発南洋方面行動、9 月 21 日着
1940(S15)-10-11	横浜沖紀元 2600 年特別観艦式参列
1940(S15)-11- 1	艦長新美和貴大佐 (40 期) 就任
1940(S15)-11-15	警備兼練習艦
1940(S15)-11-24	横浜に回航、横浜船渠で入渠、12 月 2 日横須賀に回航
1941(S16)- 7-24	横須賀工廠で入渠、30 日出渠
1941(S16)- 7-25	第 5 艦隊第 21 戦隊
1941(S16)- 7-31	横須賀発、8 月 4 日舞鶴着、18 日発北海道方面行動、9 月 1 日舞鶴着
1941(S16)- 9-10	艦長川畑正治大佐 (47 期) 就任
1941(S16)-10- 2	舞鶴発、内海西部経由 18 日横須賀着
1941(S16)-11- 2	横須賀発、6 日父島着、8 日発 10 日横須賀着、17 日入渠、24 日出渠、出師準備、整備
1941(S16)-11-26	横須賀発、28 日大湊着、30 日発 12 月 1 日厚岸着、迷彩塗装実施、4 日発 6 日松輪島着、7 日発
	千島方面哨戒、21 日大湊着、25 日発、26 日横須賀着
1941(S16)-12-27	入渠、翌年 1 月 16 日出渠、21 日横須賀発、26 日厚岸着、2 月 1 日発北方方面哨戒、20 日着、補給、
	3 月 4 日発、8 日横須賀着、入渠、12 日出渠
1942(S17)- 3-12	横須賀発、敵機動部隊迎撃、19 日横須賀着、補給、26 日発索敵哨戒任務、4 月 5 日厚岸着、18 日
	敵機動部隊来襲の報で同地出撃、25 日大湊着
1942(S17)- 4-29	大湊発、30 日厚岸着、5 月 4 日発索敵、10 日厚岸着、同日発尻矢を救援、16 日大湊着
1942(S17)- 5-28	大湊発、アリューシャン攻略作戦支援、6 月 7 日着、13 日発、23 日川内湾着、28 日発

艦 歴 /Ship's History (8)

艦 名	多摩 (4/4)
年 月 日	記 事 /Notes
	作戦支援、7 月 16 日横須賀着
1942(S17)- 8- 1	艦長鹿目善輔大佐 (44 期) 就任
1942(S17)- 8- 2	横須賀発哨戒任務、6 日大湊着、29 日発作戦支援、哨戒任務、10 月 2 日大湊着、待機
1942(S17)-10-21	大湊発第 2 次アリューシャン攻略作戦支援、25 日柏原湾着、陸軍部隊乗艦、27 日発、29 日アッツ
	島着、部隊陸揚、30 日発、11 月 4 日大湊着、訓練に従事、
1942(S17)-11-14	大湊発、15 日小樽着、17 日発、21 日片岡湾着、24 日発セミチ攻略部隊護衛、一時延期 12 月 2 日
	片岡湾着、翌年 1 月 6 日発、9 日横須賀着、修理、整備
1943(S18)- 2- 6	横須賀発、9 日大湊着、警戒待機、
1943(S18)- 2-23	大湊発、27 日片岡湾着、3 月 4 日柏原着、7 日発アッツ島輸送船団護衛、18 日柏原着、17 日片岡
	湾着、23 日発アッツ島輸送船団護衛、28 日アッツ島沖海戦に参加、発射弾数 14cm 砲 -135
	被害なし、同日片岡湾着、29 日発
1943(S18)- 5- 4	舞鶴着、14 日入渠、19 日出渠、21 号電探装備、20 日舞鶴発、23 日片岡湾着、警泊、6 月 18 日発
	21 日大湊着、整備作業
1943(S18)- 6-22	艦長神重徳大佐 (48 期) 就任
1943(S18)- 7- 1	大湊発、5 日幌筵着、10 日キスカ撤退作戦に従事途中引き返す、15 日幌筵着、22 日再度出撃、29
	日キスカ突入撤収に成功、31 日幌筵着、8 月 27 日発、28 日大湊着
1943(S18)- 8- 1	横須賀着、修理、整備、12 日横須賀発、内海西部へ回航
1943(S18)- 9-15	宇品発陸軍部隊輸送、22 ポナペ着、部隊陸揚、同日発 23 日トラック着、26 日発、27 日ポナペ
	着、同日発、28 日トラック着、29 日発、10 月 4 日徳山着、
1943(S18)-10-10	佐世保発、11 日呉淞着、12 日発 18 日トラック着、19 日発 21 日ラバウル着、敵機の爆撃を受け
	至近弾により外板鋲がゆるみ浸水、同日発、トラック経由、27 日横須賀着
1943(S18)-12- 9	出渠、この間損傷部修理、6 番 14cm 砲、射出機、艦橋部 13mm 連装機銃 1 基を撤去、12.7cm
	連装高角砲 1 基、25mm 機銃 3 連装 2 基、水中聴音機、哨信儀装備、21 号電探換装その他
1943(S18)-12-15	艦長山本岩多大佐 (46 期) 就任
1943(S18)-12-24	横須賀着、26 日大湊着、29 日発、翌年 1 月 1 日幌筵着、15 日発、18 日室蘭着、警泊、28 日発同
	日陸奥湾に回航、2 月 5 日大湊着、以後同地で訓練、整備
1944(S19)- 6-19	大湊発、21 日横須賀着、機銃増備、中発、小発各 1 搭載、9m 内火艇撤去
1944(S19)- 6-30	横須賀発陸軍部隊輸送、7 月 1 日父島着、2 日発、3 日横須賀着、警泊、待機
1944(S19)- 8- 8	横須賀より横浜に回航、10 日発、12 日父島着、同日発 14 日柱島着、15 日呉着
1944(S19)- 8-21	呉工廠で入渠、27 日出渠、30 日呉発内海西部で訓練に従事
1944(S19)- 8-30	連合艦隊付属第 1 水雷戦隊 (錬成部隊)
1944(S19)-10-20	内海西部発、小沢艦隊に編入、比島海戦に参加
1944(S19)-10-25	比島沖海戦で米空母機の雷撃を受け艦隊より落伍、単独北上中、米潜水艦ジャラオ /Jallao の発射し
	た魚雷 4 本中 3 本が命中沈没、生存者なし、沈没地点北緯 21 度 23 分東経 127 度 19 分
1944(S19)-12-20	除籍

5,500 トン型 /5,500 Ton Class

艦 歴/Ship's History (9)

艦 名	北 上 (1/5)
年 月 日	記 事/Notes
1918(T 7)- 1-24	命名、2 等巡洋艦に類別
1918(T 7)- 2-22	呉鎮守府に仮入籍
1919(T 8)- 9- 1	佐世保工廠で起工
1920(T 9)- 7- 3	進水、
1920(T 9)-11-15	艤装員長坂元貞二大佐 (28 期) 就任
1921(T10)- 4-15	竣工、横須賀鎮守府に入籍、第 1 予備艦、艦長坂元貞二大佐 (28 期) 就任
1921(T10)- 4-18	第 2 艦隊第 2 水雷戦隊編入
1921(T10)- 6- 6	呉で魚雷燃料室気密試験中、爆発事故を起し死亡 2、重傷 2、軽傷 1 を生じる
1921(T10)- 8-19	佐世保発旅順、大連方面警備行動、30 日有明湾着
1921(T10)-12- 1	練習艦兼警備艦
1922(T11)- 3-15	艦長山崎正策大佐 (27 期) 就任
1922(T11)- 3-20	横須賀工廠で艦首波除新設工事着手
1922(T11)-11- 3	伊豆大島東方海面で夜間応用教練射撃実施中、1840 ごろ標的曳航中の本艦の前部 1 番砲付近の水線
	上部舷側を左より右に山城の発射した 15cm 砲弾 1 発が貫通、死亡 1、軽傷 1 を生ずる
1922(T11)-12- 1	第 2 艦隊第 2 水雷戦隊編入旗艦、艦長高橋律大大佐 (28 期) 就任
1923(T12)- 1-20	横須賀工廠で重油取入管修理、29 日より火薬庫ガス抜き装置新設工事着手
1923(T12)- 2-18	呉発南洋警備巡航、3 月 22 日横須賀着
1923(T12)- 3-29	横須賀工廠で伝声管新設工事、同 5 月 11 日缶室非常口改造工事着手
1923(T12)- 8-25	横須賀発中国沿岸警備行動、9 月 4 日徳山着
1923(T12)- 9- 6	関東大震災に際して以後 9 月 30 日まで京浜地区で救難、警備任務
1923(T12)-12- 1	艦長河野董吾大佐 (31 期) 就任
1924(T13)- 3-19	呉発中国方面警備行動、4 月 16 日佐世保着
1924(T13)- 4-10	揚子江グラヴナー水道江岸で流圧の観測を誤り艦底を江岸に触礁したが損害軽微
1924(T13)-11- 1	艦長吉川真清大佐 (31 期) 就任
1924(T13)-12- 1	第 3 予備艦
1925(T14)- 4-15	艦長松田利三郎大佐 (32 期) 就任
1925(T14)-11- 1	第 1 予備艦
1925(T14)-11-20	艦長古川良一大佐 (31 期) 就任
1925(T14)-12- 1	第 1 艦隊第 1 潜水戦隊旗艦
1926(T15)- 3-29	横須賀工廠で測的所雨覆装置新設認可、5 月 5 日着工、同 31 日完成
1926(T15)- 3-30	中城湾発厦門方面警備行動、4 月 5 日馬公着
1926(T15)- 4-19	基隆発舟山島方面警備行動、26 日寺島水道着
1926(T15)- 7- 6	搭載気球 (1 号型第 51 号) 突風により繋留索切断流失
1926(T15)-12- 1	第 3 予備艦
1927(S 2)- 1-10	艦長清宮善高大佐 (33 期) 就任、兼阿蘇艦長
1927(S 2)- 2- 2	横須賀工廠でタービン修理着手、12 月 15 日完成、4 月以降その他機関部修理着手
1927(S 2)- 9- 1	第 1 予備艦
1927(S 2)-10-30	横浜沖大演習観艦式参列
1927(S 2)-11- 1	第 3 予備艦
1927(S 2)-12- 1	艦長小檜山真二大佐 (33 期) 就任

艦 歴/Ship's History (10)

艦 名	北 上 (2/5)
年 月 日	記 事/Notes
1928(S 3)- 6-12	横須賀工廠でビルジキール改造着手、10 月以降無電送信機改修、短波無電機装備
1928(S 3)-11- 1	第 1 予備艦
1928(S 3)-12- 4	横浜沖大礼特別観艦式参列
1928(S 3)-12-10	警備艦、馬公要港部付属
1928(S 3)-12-27	馬公着以後同地を基地に行動、翌年 4 年 11 月 30 日基隆発横須賀に帰港
1929(S 4)- 1-31	内火艇 1 隻を神通に貸与通達
1929(S 4)- 6-10	横須賀工廠で 30' 内火艇を修理
1929(S 4)- 7-31	30' 内火艇 1 隻を間宮に貸与
1929(S 4)-10- 5	艦長斉藤直彦大佐 (34 期) 就任
1929(S 4)-11-30	馬公要港部付属を解く、警備兼練習艦 (砲術、水雷学校)
1929(S 4)-12- 5	艦長園田滋中佐 (37 期) 就任
1930(S 5)- 1-11	横須賀工廠で防雷具装備、3 月 31 日完成
1930(S 5)- 5-20	横須賀工廠で第 4 缶重油噴燃装置一部改造、9 月 2 日完成
1930(S 5)-10-20	昭和 5 年度特別大演習において遠州灘付近で赤軍夜間戦隊運動中、1501 阿武隈が本艦の左舷短艇甲
	板付近に衝突、阿武隈は 1 番砲前の艦首部を切断流失する被害を生じたが、本艦の被害は比較的軽
	微で左舷艇側部長さ約 20m にわたり屈曲陥没したものの浸水、人員の被害なく、ただ舷側の艤装品
	の多くが損傷、4 番発射管が大破、搭載魚雷、方位盤等も破損、これらの破損品は 24 日に横須賀入
	港後直ちに陸揚げ、同日出港して観艦式参列のため神戸に急行した。
1930(S 5)-10-26	神戸沖特別大演習観艦式参列
1930(S 5)-12- 1	第 2 予備艦、艦長堀江六郎大佐 (36 期) 就任、翌年 9 月 14 日以降兼五十鈴艦長
1931(S 6)- 1-27	横須賀工廠で第 2 士官次室新設工事、4 月 13 日完成、
1931(S 6)- 4-21	横須賀工廠で先の損傷修理訓令、9 月 18 日着手、11 月 18 日完成、この間 87 式方向探知機装備
	工事 12 月 11 日完成
1931(S 6)-11- 1	第 1 予備艦
1931(S 6)-11-14	艦長草鹿任一大佐 (37 期) 就任
1931(S 6)-12- 1	警備艦、馬公要港部付属
1931(S 6)-12- 5	馬公着以後同地を基地として警備行動、翌年 12 月 25 日横須賀に帰投
1932(S 7)-11-14	11m 内火艇を五十鈴 30' 内火艇と相互交換
1932(S 7)-12- 1	第 2 予備艦、艦長鮫島具重大佐 (37 期) 就任
1933(S 8)- 5-10	第 1 予備艦
1933(S 8)- 6-21	横須賀工廠で機関部改造指令、3 月以降機関関係各所改造修理工事着手
1933(S 8)- 7- 8	横須賀工廠で 2、3 番煙突に雨水覆装着、11 月 14 日完成
1933(S 8)- 8-25	横浜沖大演習観艦式参列
1933(S 8)- 8-26	第 2 予備艦
1933(S 8)-11-15	第 3 予備艦
1933(S 8)-12-11	横須賀警備隊
1934(S 9)- 3-14	艦長武田盛治大佐 (38 期) 就任
1934(S 9)- 4- 1	横須賀工廠で方位盤照準装置改造、翌年 3 月 9 日完成
1934(S 9)- 5-16	横須賀工廠で高圧タービン翼換装、翌年 4 月 20 日完成
1934(S 9)- 6-20	第 1 予備艦

5,500トン型/5,500 Ton Class

艦　歴/Ship's History (11)

艦　名	北　上 (3/5)
年　月　日	記　事 /Notes
1934(S 9)-11-15	佐世保鎮守府に転籍、警備艦、佐世保警備戦隊、艦長井上保雄大佐 (38 期) 就任
1935(S10)- 2- 1	佐世保工廠で機雷敷設軌条改造、3 月 31 日完成
1935(S10)- 6- 4	佐世保工廠で作戦室新設、信号所位置変更工事指示
1935(S10)- 7-10	佐世保工廠で空中線無線兵装改正
1935(S10)- 7-20	佐世保で右舷機関科要具庫前方電線通路より失火、5 時間後に消火、漏電によるもの、本日より
	昭和 10 年度演習に参加、第 4 艦隊第 9 戦隊に編入
1935(S10)- 7-22	佐世保工廠で艦底固定バラスト搭載工事、友鶴事件の教訓、12 月 10 日完成
1935(S10)- 9-26	大演習中三陸沖で大型台風に遭遇 (第 4 艦隊事件) したが目立った被害なし
1935(S10)-10-10	艦長松山光治大佐 (40 期) 就任、翌年 12 月 1 日から 12 年 2 月 20 日まで兼長良艦長
1935(S10)-10-13	佐世保工廠で方向探知機爆風除新設、翌年 2 月 16 日完成
1935(S10)-10-16	佐世保工廠で第 4 艦隊事件損傷部修復工事着手、12 年 5 月 12 日完成
1936(S11)- 3- 7	佐世保工廠で主砲方位盤照準装置に動揺修正装置装備、8 月 11 日完成
1936(S11)- 3-27	佐世保工廠で 1-6 号缶々管換装訓令
1936(S11)- 4-14	鈴田造船鉄工所で艦体修理、前部トリミングタンク補強、6 月 6 日完成
1936(S11)- 7- 2	佐世保工廠で 9m 内火艇搭載
1936(S11)- 7-17	佐世保工廠で 88 式発煙器 2 型改 1 仮装備、8 月 11 日完成
1936(S11)-10-29	神戸沖特別大演習観艦式参列
1936(S11)-11-19	佐世保工廠で 27' 通船搭載
1936(S11)-12- 1	第 3 予備艦
1937(S12)- 2- 1	第 1 予備艦
1937(S12)- 6- 1	警備艦
1937(S12)- 7-12	佐世保工廠で艦橋防弾鋼板、江水濾過装置装備、8 月 12 日完成
1937(S12)- 7-28	第 3 艦隊第 3 水雷戦隊に編入、水雷戦隊旗艦
1937(S12)- 8-10	佐世保工廠で留式 7.7mm 機銃 2 挺装備、12 日完成
1937(S12)- 8-14	佐世保発中国中部水域に出動、12 月 2 日着
1937(S12)- 8-16	上海にて江上で回頭中の初霜が本艦の左舷艦尾に接触、初霜は艦首を損傷
1937(S12)-10-20	第 3 艦隊第 3 水雷戦隊支那方面艦隊に編入
1937(S12)-12- 1	第 3 予備艦、艦長堀内馨大佐 (40 期) 就任
1938(S13)-12-15	艦長上野正雄大佐 (40 期) 就任
1940(S15)-10-19	艦長西岡茂泰大佐 (40 期) 就任
1940(S15)-11- 1	特別役務艦、艦長鍋島俊策大佐 (42 期) 就任
1940(S15)-11-15	連合艦隊付属第 4 潜水戦隊編入
1941(S16)- 2-25	中城湾発南支方面行動、3 月 3 日基隆着
1941(S16)- 3-15	艦長浦孝一大佐 (46 期) 就任
1941(S16)- 3-18	第 2 艦隊第 5 戦隊
1941(S16)- 3-29	有明湾発廈門、パラオ方面行動、4 月 19 日横須賀着
1941(S16)- 4-22	呉鎮守府練習兼警備艦 (兵学校及び機関学校)
1941(S16)- 8-25	特別役務艦、佐世保工廠で重雷装艦改装工事に着手
1941(S16)- 9- 1	艦長荒木伝大佐 (45 期) 就任
1941(S16)-11-20	第 1 艦隊第 9 戦隊に編入

艦　歴/Ship's History (12)

艦　名	北　上 (4/5)
年　月　日	記　事 /Notes
1941(S16)-11-28	艦長則満宰次大佐 (46 期) 就任
1941(S16)-12-27	諸公試終了、重雷装艦改装工事完成、呉入港、出動訓練に従事
1942(S17)- 1-16	呉発陸軍船団護衛任務、22 日馬公着、2 月 1 日高雄発 4 日柱島着、訓練
1942(S17)- 4-14	佐世保へ回航、訓合工事 (13mm 連装機銃 2 基の装備その他)、20 日入渠、5 月 3 日出渠
1942(S17)- 5-11	佐世保発、12 日柱島着、ミッドウェー海戦参加準備
1942(S17)- 5-29	柱島発、ミッドウェー海戦参加、6 月 17 日横須賀着、22 日発 24 日柱島着
1942(S17)- 7- 9	呉工廠で訓令残工事実施、24 日呉発柱島へ
1942(S17)- 9- 5	艦長鶴岡信道大佐 (43 期) 就任
1942(S17)- 9- 9	呉発 10 日横須賀に回航、発射管 4 基同魚雷 16 本及び内火艇 1 隻を陸揚げ、大発 4 隻を搭載 12 日
	横須賀発大井とともに舞鶴第 4 特別陸戦隊をトラックに輸送、17 日着
1942(S17)-10- 4	部隊を搭載してトラック発、6 日ショートランド着部隊を下し同日発、9 日トラック着、なおこの
	出動に際し本艦のみ大発その他大型重量物搭載のためトラックで発射管 6 基と同魚雷 24 本を靖国丸
	に、内火艇 1 隻を僚艦大井に預けて出撃
1942(S17)-11-20	第 9 戦隊解隊
1942(S17)-11-21	トラック発 26 日マニラ着、出撃に際して魚雷 19 本を第 4 軍需部に還納、27 日発陸軍部隊輸送、
	12 月 3 日ラバウル着部隊揚陸、この際残り魚雷 5 本を第 8 軍需部に還納、4 日発 6 日トラック着、
	以後訓練整備
1942(S17)-12-19	トラック発 24 日佐世保着、28 日入渠、1 月 2 日出渠、
1943(S18)- 1- 4	佐世保発同日鎮海着、7 日発同日釜山着、9 日発陸軍部隊乗艦 14 日パラオ着、16 日発 19 日ウエワ
	ク着陸軍部隊揚陸、20 日発 22 日パラオ着
1943(S18)- 1-24	パラオ発 31 日青島着、2 月 4 日発陸軍部隊乗艦 10 日パラオ着、17 日発 20 日ウエワク着陸兵揚陸、
	21 日発 24 日パラオ着、28 日発 3 月 2 日トラック着、警泊
1943(S18)- 3-15	連合艦隊付属南西部隊編入
1943(S18)- 3-20	トラック発 29 日スラバヤ着、4 月 3 日発陸軍部隊輸送 7 日カイマナ着陸兵揚陸、同日発 12 日スラ
	バヤ着
1943(S18)- 4-19	スラバヤ発物資搭載、20 日マカッサル着、補給、24 日発 27 日カイマナ着揚陸、同日発 5 月 2 日ス
	ラバヤ着
1943(S18)- 5- 7	スラバヤ発物資搭載、11 日アンボン着、揚陸、同日発 12 日カイマナ着揚陸、同日発 15 日マカッサル着、
	16 日発 17 日スラバヤ着、訓練整備、警泊
1943(S18)- 5-17	艦長野村留吉大佐 (46 期) 就任
1943(S18)- 6-21	スラバヤ発 22 日マカッサル着、23 日米 B24 の空襲により軽微な損傷を受け、重傷 2、軽傷 2、
	同日発 30 日バリックパパン着
1943(S18)- 7- 1	南西方面艦隊第 16 戦隊に編入
1943(S18)- 7- 4	バリックパパン発 5 日スラバヤ着、同地で復水器、推進器翼修理の予定であったが船渠故障のため
	入渠工事ができず、30 日発、8 月 1 日シンガポール着、10 日入渠、25 日出渠、修理完了
1943(S18)- 8-30	シンガポール発陸軍部隊輸送、9 月 2 日カーニコバル着陸兵揚陸、3 日発 4 日ペナン着補給 6 日発
	7 日シンガポール着、リンガ泊地で訓練
1943(S18)-10-10	シンガポール発 11 日ペナン着警泊、20 日発人員輸送、22 日ポートブレア着、23 日発 25 日シンガ
	ポール着
1943(S18)-10-29	シンガポール発 31 日ポートブレア着、同日発 11 月 2 日ペナン着輸送物件搭載、3 日発 4 日シンガポー

5,500トン型 /5,500 Ton Class

艦 歴/Ship's History (13)

艦 名	北 上 (5/5)
年 月 日	記 事/Notes
	ル着、7日リンガ泊地回航26日まで同地で訓練に従事
1943(S18)-11-21	艦長田中穣大佐(47期)就任
1943(S18)-11-26	シンガポール着、12月16日入渠、23日出渠、翌年1月4日リンガ泊地回航、21日まで同地で訓練に従事
1944(S19)-1-21	シンガポール着人員物資搭載、鬼怒とともに24日発、25日ポートブレア着、同日発シンガポールに帰投中、27日未明マラッカ海峡入口で英潜水艦テンプラー/Templarの発射した魚雷2本が右舷の前後部に命中、航行不能となるが鬼怒に曳航されてランサ湾で応急工事の後、駆逐艦等5隻や航空機に護衛されて2月1日シンガポールに到着、戦死12、負傷4を生じたが潜水艦魚雷2本を受けて生き延びた5,500トン型は本艦のみである、以後同地で損傷修理を実施、6月21日に確認運転を行い一応完成、内地で本格修復を実施することとなる
1944(S19)-6-10	艦長加瀬三郎大佐(44期)就任
1944(S19)-7-2	シンガポール発9日マニラ着、修理個所より浸水、12日マニラ浮ドックに入渠修理、26日に出渠再度浸水し30日再入渠、8月6日出渠、8日マニラ発、14日佐世保着、以後回天8基搭載母艦へ改装工事に着手
1944(S19)-8-29	艦長清水正心大佐(43期)就任
1944(S19)-12-1	艦長金岡国三大佐(48期)就任
1945(S20)-1-20	改装工事完成、連合艦隊付属となる
1945(S20)-3-19	早瀬入口で米艦載機と交戦
1945(S20)-7-1	倉橋島泊地で偽装を施し繋留、付近の陸上に単装機銃等を移設して防空強化、生き残りを図る
1945(S20)-7-24	倉橋島泊地で2度にわたり米艦載機の空襲を受け交戦、至近弾、機銃掃射等により戦死32、重傷7、軽傷46を生じ航行不能となったが浸水は軽微にとどまる
1945(S20)-9-10	第4予備艦
1945(S20)-11-30	除籍
1945(S20)-12-	鹿児島に曳航復員艦船用工作艦として用いられる
1946(S21)-7-	上記任務終了後長崎で解体に着手

艦 歴/Ship's History (14)

艦 名	大 井 (1/4)
年 月 日	記 事/Notes
1918(T 7)- 1-24	命名、2等巡洋艦に類別
1918(T 7)- 2-22	舞鶴鎮守府に仮入籍
1919(T 8)-11-24	神戸川崎造船所で起工
1920(T 9)- 7-15	進水、
1920(T 9)- 9- 1	艤装員長丸尾剛大佐(28期)就任
1921(T10)-10- 3	竣工、舞鶴鎮守府に入籍、第1予備艦、艦長丸尾剛大佐(28期)就任
1921(T10)-10- 5	第2艦隊第4戦隊編入
1921(T10)-12- 1	第1艦隊第3戦隊編入
1922(T11)- 2- 2	舞鶴工廠で中央測距所新設着手、7月6日完成
1922(T11)- 4- 3	馬公発香港警備、4月12日横浜着
1922(T11)- 5- 8	舞鶴工廠で無電機改造工事着手
1922(T11)- 5-13	舞鶴工廠で艦首波除新設工事着手
1922(T11)- 6-19	佐世保発青島、大連警備、7月4日鎮海着
1922(T11)- 8-31	舞鶴発セントウラジミール警備、9月10日小樽着
1922(T11)-11-10	艦長浜野英次郎大佐(30期)就任
1922(T11)-12- 1	呉鎮守府に転籍
1923(T12)- 1-15	呉工廠でタービン修理着手、6月30日完成
1923(T12)- 1-19	呉工廠で無電機改造
1923(T12)- 3- 3	呉工廠で伝声管新設着手
1923(T12)- 8-25	横須賀発中国沿岸警備行動、9月5日大阪着
1923(T12)- 9- 7	関東大震災に際して神戸より救援物資を搭載して横浜着、以後30日まで京浜地区で警備任務
1923(T12)-11-10	呉工廠で機関修理、翌年3月31日完成
1923(T12)-12- 1	警備艦馬公要港部付属、艦長橋本才輔大佐(30期)就任
1923(T12)-12-21	馬公着、以後翌年8月26日まで同地を基地に同方面警備行動
1924(T13)- 5-10	艦長松下薫大佐(32期)就任
1924(T13)- 6- 5	馬公発東南アジア巡航、香港、海口、海防、サイゴン、バンコック、シンガポール、バタビア、サマラン、マカッサル、メドナ、イロイロ、マニラ、8月20日馬公着、陸軍将校2名、国学院大教授学生12名同行
1924(T13)- 6-13	シンガポール在泊中に内火艇が現地帆船と衝突、相手帆船が沈没
1924(T13)-10 -9	館山発南洋方面演習、20日佐世保着
1924(T13)-12- 1	第1艦隊第3戦隊、艦長枝原百合一大佐(31期)就任
1925(T14)- 2-21	三田尻沖で高度1,000mで繋留中の1号気球の気嚢が破れ海上に墜落亡失す
1925(T14)- 3-30	佐世保発泰皇島警備、4月5日旅順着
1925(T14)- 8-26	第3戦隊(大井、鬼怒、阿武隈、神通)日本海巡航、舞鶴発敦賀、新潟、大湊、青森、函館9月16日横須賀着
1925(T14)-11-20	艦長秋山虎六大佐(33期)就任
1925(T14)-12- 1	第2予備艦
1926(T15)- 9- 1	第1予備艦
1926(T15)-12- 1	警備艦、馬公要港部付属
1926(T15)-12-27	馬公着、以後翌年11月15日まで同地を基地に同方面警備行動
1927(S 2)- 9- 9	呉工廠で入渠修理、10月10日完成

5,500トン型/5,500 Ton Class

艦 歴/Ship's History (15)

艦 名	大 井 (2/4)
年 月 日	記 事/Notes
1927(S 2)-11-15	艦長日比野正治大佐 (34 期) 就任
1927(S 2)-10-30	横浜沖大演習観艦式参列
1927(S 2)-12-22	呉工廠で二重天幕新設工事着手、翌年6月8日完成
1928(S 3)- 7-26	佐世保工廠で短波無電機装備、9月21日完成
1928(S 3)-11-30	呉工廠で第2士官次室新設、翌年9月5日完成
1928(S 3)-12- 4	横浜沖大礼特別観艦式参列
1928(S 3)-12-10	練習艦 (兵学校)、艦長糟谷宗一大佐 (35 期) 就任
1929(S 4)- 2-20	呉工廠で缶室主隔壁弁修理、3月4日完成
1929(S 4)- 4- 1	艦長片桐英吉大佐 (34 期) 就任
1929(S 4)- 5-19	呉発、英皇族グロスター公瀬戸内海巡航中お召艦、20日神戸着
1929(S 4)- 5-21	大阪着、天皇大阪神戸行幸警備艦、5月28日まで
1929(S 4)- 7-10	呉工廠で短艇甲板拡張、12月10日完成
1929(S 4)- 7-17	呉工廠で巡航タービン修理、8月30日完成
1929(S 4)-11-30	艦長塚原二四三大佐 (36 期) 就任
1930(S 5)- 7-10	呉工廠で機関部修理
1930(S 5)-10-26	神戸沖特別大演習観艦式参列
1930(S 5)-12- 1	練習艦兼警備艦 (兵学校、潜水学校)、艦長岡田倍一大佐 (35 期) 就任
1931(S 6)- 1-27	兵学校4学年乗艦実習、2月1日まで
1931(S 6)- 3-16	兵学校4学年乗艦実習、29日まで
1931(S 6)- 4- 1	艦長新見政一大佐 (36 期) 就任
1931(S 6)- 9- 5	兵学校3学年乗艦実習、14日まで
1931(S 6)-10-15	艦長太田泰治大佐 (37 期) 就任
1932(S 7)- 7- 1	兵学校乗艦実習瀬戸内海、伊勢湾方面巡航、7月29日まで
1932(S 7)- 9-15	第2予備艦
1932(S 7)-12- 1	艦長山内大蔵大佐 (36 期) 就任
1933(S 8)- 5-10	第1予備艦、この間呉工廠で見張設備新設、艦橋測距儀換装
1933(S 8)- 8- 7	館山発南洋行動、21日木更津沖着
1933(S 8)- 8-25	横浜沖大演習観艦式参列
1933(S 8)-11-13	警備艦兼練習艦 (兵学校)
1934(S 9)- 3- 1	兵学校4学年乗艦実習、12日まで、江田島、徳山、佐伯湾、萩、福岡、門司、安下庄、江田島
1934(S 9)- 3-14	兵学校4学年乗艦実習、22日まで、同上
1934(S 9)- 4- 4	兵学校2学年乗艦実習、7日まで
1934(S 9)- 4-20	兵学校2学年乗艦実習、23日まで
1934(S 9)- 5- 1	兵学校3学年乗艦実習、14日まで
1934(S 9)- 6- 1	艦長平岡粂一大佐 (39 期) 就任
1934(S 9)- 6-20	呉工廠で発射用2次電池装備
1934(S 9)- 7-20	呉工廠で90式方位盤1型装備
1934(S 9)-11-15	練習艦 (兵学校)
1935(S10)- 7- 5	呉工廠で無線装備改造
1935(S10)- 7-20	昭和10年度大演習中第4艦隊第9戦隊に編入

艦 歴/Ship's History (16)

艦 名	大 井 (3/4)
年 月 日	記 事/Notes
1935(S10)- 9-26	演習中三陸沖で大型台風に遭遇 (第4艦隊事件) したが目立った損傷なし、艦首を失った夕霧を大湊まで曳航
1935(S10)-10-11	呉工廠で損傷修理 (船体補強) 着手、翌年5月31日完成
1935(S10)-11-15	艦長山口儀三朗大佐 (40 期) 就任
1936(S11)- 2-29	呉工廠で空中線、無線兵器一部改正
1936(S11)-12- 1	艦長志摩清英大佐 (39 期) 就任
1937(S12)- 4-	呉工廠で90式測深儀装備、艦底測程儀換装
1937(S12)- 5-17	呉工廠で缶改装及び引き続きこれに伴う船体改装工事
1937(S12)- 7-28	連合艦隊付属
1937(S12)- 8-20	多度津発、中支方面出動、27日佐世保着
1937(S12)- 8-23	中国余山沖45浬で陸兵移乗のため長門に横付作業中、突離し用円材が両艦の間にはさまり、当時波浪が大きく動揺が激しかったため両艦を圧迫、本艦の舷側に約40cmの破口を生じる
1937(S12)- 9- 8	佐世保発、中支方面出動、9月11日基隆着
1937(S12)- 9-12	基隆発、16日佐世保着
1937(S12)-10-29	佐世保発、中支方面出動、11月27日呉着
1937(S12)-11-21	上海にて江上で出港中の満潮が碇泊中の本艦と堅田に接触、満潮は船体を損傷す
1937(S12)-12- 1	警備艦兼練習艦 (兵学校)、艦長安場保雄大佐 (42 期) 就任
1937(S12)-12-	呉工廠で91式風信儀装備
1938(S13)-12-15	練習艦 (兵学校)
1939(S14)- 1-10	艦長武田勇大佐 (43 期) 就任
1939(S14)- 4- 1	兼警備艦
1939(S14)- 8-11	小松島発南洋巡航、26日岸和田着
1939(S14)-11-15	第3予備艦、艦長殿村千三郎大佐 (40 期) 就任
1940(S15)-11-15	特別役務艦、艦長金桝義夫大佐 (40 期) 就任、舞鶴工廠で特定修理及び重雷装艦改装工事着手、翌年8月完成
1941(S16)- 8-25	呉鎮守府練習兼警備艦 (潜水学校)
1941(S16)- 9- 1	艦長森下信衛大佐 (45 期) 就任
1941(S16)-11-20	第1艦隊第9戦隊に編入
1941(S16)-12-14	呉工廠に爆雷兵装新設指令
1941(S16)-12-30	呉工廠で重雷装艦への改装残工事完成
1942(S17)- 1-21	六連発輸送船団護送、26日馬公着、2月1日発4日柱島着、以後呉に回航、第9戦隊として魚雷搭載、発射教育訓練を実施、出撃準備
1942(S17)- 4-10	艦長成田茂一大佐 (43 期) 就任
1942(S17)- 4-23	呉工廠で入渠訓令工事13mm連装機銃2基装備その他を実施、5月9日出渠
1942(S17)- 5-29	柱島出撃ミッドウェー作戦に参加、6月17日横須賀着、22日発24日柱島着
1942(S17)- 9- 9	呉発10日横須賀着、舞鶴第4特別陸戦隊 (950 人) を北上とともに輸送するため、発射管4基、魚雷16本を一時的に陸揚げ大発4隻を搭載、12日発17日トラック着
1942(S17)-10- 3	艦長長井武夫大佐 (47 期) 就任
1942(S17)-10-29	トラック発陸兵輸送31日ラバウル着、同日発11月1日ブイン着揚陸、同日発3日トラック着
1942(S17)-11-20	第9戦隊解隊
1942(S17)-11-21	トラック発26日マニラ着陸軍部隊乗艦、27日発12月3日ラバウル着揚陸、4日発、トラック出撃

77

5,500 トン型 /5,500 Ton Class

艦 歴/Ship's History (17)

艦 名	大 井 (4/4)
年 月 日	記事/Notes
	に際して第4軍需部に魚雷19本を還納、同様ラバウルで第8軍需部に残り魚雷5本を還納
1942(S17)-12-19	トラック発、24日呉着
1942(S17)-12-24	艦長相馬信四郎大佐 (42期) 就任、28日入渠31日出渠
1943(S18)- 1- 4	呉発同日鎮海着、7日発同日釜山着、9日発陸軍部隊乗船14日パラオ着、16日発19日ウエワク
	着陸軍部隊揚陸、20日発22日パラオ着
1943(S18)- 1-25	パラオ発31日青島着、2月4日発陸軍部隊乗船10日パラオ着、17日発20日ウエワク着陸兵揚陸
	21日発24日パラオ着、28日発3月3日トラック着、警泊
1943(S18)- 3-11	トラック発17日バリクパパン着、19日発20日スラバヤ着、訓練、警備
1943(S18)- 3-15	連合艦隊付属南西部隊編入
1943(S18)- 4- 3	スラバヤ発陸軍部隊輸送、7日カイマナ着陸兵揚陸、以後同輸送作戦2度実施
1943(S18)- 5-16	マカッサル発19日サンボアンガ着人員乗艦、同日発24日スラバヤ着、人員揚陸後訓練整備警泊
1943(S18)- 6-11	スラバヤ発12日マカッサル着、23日米B24の空襲により軽微な損傷を受け、機銃掃射により戦死1、
	軽傷2、同日発30日バリクパパン着
1943(S18)- 7- 1	南西方面艦隊第16戦隊に編入
1943(S18)- 7- 2	バリクパパン発、4日カウ湾作業地着、13日発15日タラカン着、16日発17日バリクパパン着、21
	日発22日スラバヤ着、復水器検査修理に従事
1943(S18)- 7-23	艦長川井繁蔵大佐 (46期) 就任
1943(S18)- 7-30	スラバヤ発8月1日シンガポール着、10日入渠25日出渠
1943(S18)- 8-30	シンガポール発陸軍部隊輸送、9月2日カーニコバル着陸兵揚陸、3日発4日ペナン着補給6日発
	7日シンガポール着、リンガ泊地で訓練
1943(S18)-10- 8	シンガポール発12日ペナン着、警泊、20日発人員輸送22日ポートブレア着、23日発、25日シン
	ガポール着
1943(S18)-10-29	シンガポール発31日ポートブレア着、同日発11月2日ペナン着輸送物件搭載、3日発3日シンガポー
	ル着、7日リンガ泊地回航、26日まで同地で訓練に従事
1944(S19)- 1-23	シンガポール発ナンカウリ島へ陸軍部隊輸送、27日シンガポール着
1944(S19)- 2- 2	シンガポール発ペナンへ人員輸送、3日ペナン着、10日シンガポール着
1944(S19)- 2-12	艦長柴勝男大佐 (50期) 就任
1944(S19)- 2-18	シンガポール101工作部で入渠、同24日出渠
1944(S19)- 2-27	シンガポール発インド洋で通商破壊戦 (サ1号作戦) に従事 (補給隊)、3月15日ジャカルタ着
	25日発シンガポールに回航
1944(S19)- 4- 1	シンガポール発ダバオへ人員輸送2回、5月13日パラオ発ソロンへ陸軍部隊輸送2回
1944(S19)- 7- 6	スラバヤ発南西方面艦隊司令部輸送、24日マニラ着
1944(S19)- 7-19	マニラよりシンガポールへ回航中マニラ東方海面で1214、米潜水艦フラッシャー /Flasher に雷撃さ
	れ魚雷1本が左舷後部機関室付近に命中、航行、通信不能となる。1652分敷波による曳航準備
	ができたが1725損傷部より船体切断、1728総員退去、1735全没、艦長以下368名 (内1名便乗
	者後死亡) が敷波に救助されたが、151名 (内1名便乗者) が戦死した。被雷時の戦死者は8名と少
	なかったが、船体切断が予想外であったため死亡者が急増したものと推定、本艦の場合久しく内地
	に戻れず電探、水中探信儀、水中聴音機がいずれも未装備で、船体の老朽化もすすんでおり、被雷
	時の衝撃で7、8番発射管が海中に落下するという状況だった
1944(S19)- 9-10	除籍

艦 歴/Ship's History (18)

艦 名	木 曽 (1/5)
年 月 日	記事/Notes
1918(T 7)- 1-24	命名、2等巡洋艦に類別
1918(T 7)- 2-22	舞鶴鎮守府に仮入籍
1919(T 8)- 6-10	三菱長崎造船所で起工
1920(T 9)-12-14	進水
1921(T10)- 1-15	艤装員長立野徳治郎大佐 (28期) 就任
1921(T10)- 5- 4	竣工、舞鶴鎮守府に入籍、第1予備艦、艦長立野徳治郎大佐 (28期) 就任
1921(T10)- 5- 9	第2艦隊第4戦隊編入
1921(T10)- 5-12	佐世保碇泊中右舷第1機関科倉庫より出火、小被害を生ずる
1921(T10)- 8-20	佐世保発旅順、大連方面警備、30日有明湾着
1921(T10)-10-27	舞鶴工廠で中央測距所新設着手、翌年9月11日完成
1921(T10)-12- 1	第1艦隊第3戦隊編入
1921(T10)-12- 5	舞鶴工廠で14cm砲俯仰旋回制限装置新設着手
1922(T11)- 1-30	機関開放検査で高低圧タービンにブレード折損を発見
1922(T11)- 3- 1	同10日まで館山で吉良、坂元両大尉によりスパローホーク、10式戦闘機による艦首仮設滑走台からの
	発進実験を行い成功する、14cm2番砲の砲楯上部に滑走台を支える支持枠が竣工時より仮設されて
	いたがこれに接続する形で滑走台が仮設されたもの、実験終了後直ちに撤去したもよう
1922(T11)- 3-15	横須賀で繋留替えの際、隣接繋留艦の繋留錨鎖と船体に触れ推進器翼およびビルジキールを小破損
1922(T11)- 3-29	佐世保発英国皇太子奉迎任務 (第3戦隊)、4月4日馬公経由香港着、同8日発、12日横浜着、26
	日大井とともに横浜発、大阪経由30日神戸着、5月5日発英皇太子お召船景福丸の供奉警護艦と
	して宮島着、同7日木曽に英皇太子御乗江田島経由呉着、同8日呉発英艦レナウン、ダーバンの供
	奉警護艦として同9日鹿児島着、同日英艦の出港を見送って任務完了
1922(T11)- 4-26	舞鶴工廠で艦首波除新設工事着手
1922(T11)- 5- 3	舞鶴工廠で無電機改造工事着手
1922(T11)- 5-10	艦長和田健吉大佐 (29期) 就任
1922(T11)- 6-19	佐世保発青島、大連警備、7月4日鎮海着
1922(T11)- 8-31	舞鶴発セントウラジミール警備、9月10日小樽着
1922(T11)-12- 1	呉鎮守府に転籍、警備艦、馬公要港部付属、艦長森電三大佐 (28期) 就任
1923(T12)- 1-15	呉工廠でタービン修理着手、5月31日完成
1923(T12)- 2-12	馬公発南支那海方面行動、9月14日横須賀着、30日馬公要港部付属を解く
1923(T12)- 5-15	呉工廠で各室非常口改造、19日伝声管新設着手
1923(T12)- 9-14	関東大震災に際して横須賀で待機、以後9月29日まで京浜地区で警備任務
1923(T12)-10- 1	艦長本宿直次郎大佐 (30期) 就任、翌13年2月23日より7月1日まで兼野間特務艦長
1923(T12)-11- 1	第2予備艦
1924(T13)- 9- 1	第1予備艦
1924(T13)-10- 9	館山発南洋方面演習、同20日佐世保着
1924(T13)-12- 1	第3予備艦、艦長水野熊雄大佐 (31期) 就任
1925(T14)- 4-15	艦長佐藤英夫中佐 (33期) 就任、兼大和特務艦長
1925(T14)- 7-10	艦長青木国太郎大佐 (31期) 就任
1925(T14)-11- 1	第1予備艦
1925(T14)-12- 1	練習兼警備艦 (潜水学校)

5,500トン型 /5,500 Ton Class

艦　歴 /Ship's History (19)

艦　名	木　曽 (2/5)
年　月　日	記　事 /Notes
1926(T15)-10- 5	神戸発スウェーデン皇太子グスタフ・アドルフ親王一行乗艦、宮島経由同 6 日別府着、非公式訪日
1926(T15)-12- 1	練習兼警備艦 (兵学校)、艦長浜田吉次郎大佐 (33 期) 就任
1927(S 2)- 3- 9	江田島発兵学校 2 学年乗艦実習、25 日着
1927(S 2)- 4- 7	練習兼警備艦 (兵学校、潜水学校)
1927(S 2)- 4-16	呉工廠で煙路内側板修理着手
1927(S 2)- 5-21	大演習参加のため呉工廠で機関修理
1927(S 2)- 6-10	艦長有馬寛大佐 (33 期) 就任
1927(S 2)- 7- 9	和歌山古座入港時 1 号缶の焼損発見、出力 8/10 制限付きで当面航行可能
1927(S 2)-10-15	呉工廠で主タービン改造着手
1927(S 2)-10-30	横浜沖大演習観艦式参列
1927(S 2)-11-15	艦長山口清七大佐 (32 期) 就任
1927(S 2)-12- 1	練習艦 (兵学校)
1928(S 3)- 4-10	呉工廠で端舟甲板拡張工事、5 月 10 日完成
1928(S 3)- 5- 1	横須賀鎮守府に転籍、練習艦 (兵学校)
1928(S 3)- 6-22	横須賀工廠で第 2 士官次室新設、8 月 26 日完成
1928(S 3)- 7-20	横須賀工廠で無電送信機改修、8 月 26 日完成
1928(S 3)- 9-24	佐世保工廠で缶蒸気管修理、翌年 3 月 31 日完成
1928(S 3)-12- 4	横浜沖大礼特別観艦式参列、艦長三井清三郎大佐 (34 期) 就任
1928(S 3)-12-10	第 2 遣外艦隊編入
1928(S 3)-12-12	横須賀発、以後旅順を基地として同方面で警備行動、5 年 5 月 13 日着
1929(S 4)- 5- 1	艦長大野功大佐 (34 期) 就任
1929(S 4)- 5- 9	30' 内火艇 1 隻を技術研究所に貸与訓令
1929(S 4)-11-30	艦長荒木貞亮大佐 (35 期) 就任
1930(S 5)- 1-29	11m 内火艇 1 隻を球磨 30' 内火艇 1 隻と相互交換訓令
1930(S 5)- 5- 1	第 2 予備艦
1930(S 5)- 5-15	艦長曽我清市郎大佐 (35 期) 就任
1930(S 5)- 6- 1	第 3 予備艦
1930(S 5)- 6-11	横須賀工廠で防寒施設撤去
1930(S 5)- 6-19	佐世保工廠で特定修理着手、缶管換装総検査、翌年 3 月 15 日完成
1931(S 6)- 1-15	第 2 予備艦
1931(S 6)- 4-15	練習兼警備艦 (砲術、水雷、通信、工機学校)
1931(S 6)-11-14	艦長大川内伝七大佐 (37 期) 就任
1931(S 6)-12- 7	横須賀工廠で防雷具装備
1932(S 7)- 2-27	小松島発揚子江警備 (上海事変)、3 月 9 日佐世保着
1932(S 7)- 6-17	横須賀発地方巡航
1932(S 7)-11-30	30' 20 馬力内火艇 1 隻を新造 11m60 馬力内火艇 1 隻に更新訓令
1932(S 7)-12- 1	艦長小松輝久大佐 (37 期) 就任
1933(S 8)- 1-30	横須賀工廠で機関部改造、2 月 24 日完成
1933(S 8)- 3-28	横須賀工廠で混焼缶消煙装置整備、7 月 24 日完成
1933(S 8)- 6-19	横須賀工廠で見張設備新設、艦橋測距儀台改造

艦　歴 /Ship's History (20)

艦　名	木　曽 (3/5)
年　月　日	記　事 /Notes
1933(S 8)- 8-25	横浜沖大演習観艦式参列
1933(S 8)-11-15	艦長伊藤整一大佐 (39 期) 就任
1933(S 8)-12-11	横須賀鎮守府警備戦隊
1934(S 9)- 3-10	艦長角田覚治大佐 (39 期) 就任
1934(S 9)- 5-17	横須賀発地方巡航、下田、勝浦、湊、平潟、小名浜、釜石、気仙沼、6 月 1 日着
1934(S 9)- 6-14	横須賀工廠で発煙兵器装備
1934(S 9)- 6-20	横須賀工廠で Z 型万能調理器及び電気冷蔵庫装備
1934(S 9)-10-20	横須賀工廠で前揚錨機改造
1934(S 9)-11-15	第 2 予備艦、艦長水野準一大佐 (37 期) 就任
1934(S 9)-11-20	准士官室と第 2 士官次室相互交換認可
1935(S10)- 6- 9	横須賀工廠で無線兵器及び空中線改修
1935(S10)- 6-20	第 1 予備艦
1935(S10)- 7-20	昭和 10 年度大演習中第 4 艦隊第 9 戦隊に編入
1935(S10)- 9-26	演習中三陸沖で大型台風に遭遇 (第 4 艦隊事件)、浸水数カ所、14cm 砲楯一圧壊、同砲旋回電動機
	海水侵入絶縁不良
1935(S10)-11-15	艦長岡新大佐 (40 期) 就任、警備兼練習艦
1935(S10)-12-22	横須賀工廠で損傷修理着手、艦底に固定バラスト搭載、翌年 3 月 31 日完成
1936(S11)- 3-12	横須賀工廠で 14cm 砲噴気装置改造
1936(S11)- 5- 7	横須賀工廠で損傷復旧に伴う船体部工事、翌年 3 月 31 日完成
1936(S11)- 5-17	横須賀発地方巡航、6 月 2 日着
1936(S11)- 5-23	横須賀工廠で航跡自画器装備、艦底測程儀換装
1936(S11)- 7-15	横須賀工廠で前部トリミングタンク補強、12 月 19 日完成
1936(S11)-10-29	神戸沖特別大演習観艦式参列
1936(S11)-11-10	艦長工藤久八大佐 (39 期) 就任
1936(S11)-11-13	30' 内火艇 1 隻を 9m 内火艇 1 隻に換装
1937(S12)- 1-16	横須賀工廠で側曳給油装置装備工事着手
1937(S12)- 7-28	第 2 艦隊第 4 水雷戦隊
1937(S12)- 7-31	横須賀工廠で艦橋防弾鋼板、江水濾過装置装備、8 月 7 日完成
1937(S12)- 8-17	旅順発中国沿岸方面出動、翌年 4 月 18 日横須賀着、この間数度一時帰朝
1937(S12)- 9- 5	第 3 艦隊第 4 水雷戦隊
1937(S12)-10- 5	中国緑華山錨地で錨泊中の本艦に知床が艦首を右舷艦尾に接触、両艦とも損傷
1937(S12)-10- 9	佐世保工廠で損傷部修理、20 日完成
1937(S12)-10-20	支那方面艦隊第 4 艦隊第 4 水雷戦隊
1937(S12)-12- 1	第 3 艦隊第 4 水雷戦隊
1938(S13)- 4-19	第 3 予備艦
1938(S13)- 6-15	練習艦、艦長梶固定道大佐 (39 期) 就任
1938(S13)-10- 1	横須賀発南洋方面遠洋航海、15 日仁川着
1938(S13)-12-15	艦長田代蘇平大佐 (41 期) 就任
1939(S14)- 4-11	横須賀発南洋方面遠洋航海、22 日佐世保着
1939(S14)- 3-30	艦長八木秀綱大佐 (42 期) 就任

5,500 トン型 /5,500 Ton Class

艦 歴/Ship's History (21)

艦名	木 曽 (4/5)
年月日	記事/Notes
1939(S14)- 4- 1	第3予備艦、この間8cm高角砲を25mm連装機銃に換装
1939(S14)-11- 1	艦長森良造大佐(39期)就任
1939(S14)-12- 1	舞鶴鎮守府に転籍
1940(S15)-10-15	艦長木山辰雄大佐(42期)就任
1940(S15)-11-15	舞鶴鎮守府付属編入、練習艦(機関学校)
1941(S16)- 3-24	第2艦隊第5戦隊
1941(S16)- 4-22	舞鶴鎮守府付属編入、練習艦(機関学校)
1941(S16)- 7-15	第5艦隊第21戦隊
1941(S16)- 8-18	舞鶴発北海道方面行動、9月1日着
1941(S16)-10- 2	舞鶴発内海西部経由18日横須賀着
1941(S16)-11- 2	横須賀発、4日父島着8日発、11日着
1941(S16)-11-10	艦長大野竹二大佐(44期)就任
1941(S16)-11-17	横須賀工廠で入渠、24日出渠
1941(S16)-11-26	横須賀発28日厚岸着臨戦準備、12月2日迷彩塗装を施す、4日厚岸発、6日松輪島着7日発千島方面哨戒行動、機動部隊引揚げ掩護、21日大湊着25日発、26日横須賀着
1941(S16)-11-27	横須賀工廠に入渠、哨戒中荒天により船体損傷修理、翌年1月17日出渠
1942(S17)- 1-21	横須賀発26日厚岸着、2月1日発北方海面哨戒、20日厚岸着3月4日発、8日横須賀着、10日入渠12日出渠
1942(S17)- 3-26	横須賀発4月5日厚岸着、18日発24日厚岸着、25日発26日室蘭着、30日発5月1日厚岸着6日発君川丸とともにアダック方面偵察、18日大湊着
1942(S17)- 5-28	大湊発アリューシャン攻略作戦支援、6月7日キスカ着作戦従事、18日発24日川内湾着28日発攻略作戦支援、7月16日横須賀着、整備作業
1942(S17)- 8- 2	横須賀発6日大湊着、29日発作戦従事、9月18日大湊着、警泊
1942(S17)- 9-20	艦長川井巌大佐(47期)就任
1942(S17)-10-21	大湊発25日柏原湾着陸軍部隊乗艦、27日発29日アッツ島着陸軍部隊揚陸、同日発11月1日幌筵着、14日発17日小樽着、陸軍部隊乗艦、20日発25日アッツ島着部隊揚、陸同日発、28日幌筵着輸送物件搭載30日発、12月3日キスカ島着揚陸同日発、7日幌筵着同日発10日大湊着、11日発12日舞鶴着
1942(S17)-12-16	舞鶴で入渠22日出渠、艦橋前の7.7mm機銃2基を13mm連装機銃に、後檣の探照灯を96式に換装、その他爆雷兵装装備、9mカッター補充等を実施
1942(S17)-12-30	舞鶴発31日大湊着、翌年1月2日発5日幌筵着輸送物件搭載、18日発キスカに向かうも途中引き返し24日幌筵着輸送物件陸揚、2月13日発再度キスカに輸送任務、22日幌筵着、3月15日発18日大湊着、同日発20日舞鶴着
1943(S18)- 4- 4	舞鶴で入渠20日出渠、25mm機銃増備、21号電探装備、前檣探照灯換装、4月25日完成
1943(S18)- 4-28	舞鶴発5月3日幌筵着、11日発アッツ方面行動15日幌筵着、25日発再度アッツ方面行動31日幌筵着、6月18日発21日大湊着、整備作業
1943(S18)- 6-27	大湊発30日幌筵着、7月7日発キスカ撤収作戦に従事するも突入できず引き返す、18日幌筵着、22日再度出撃29日キスカ突入全員撤収に成功、本艦は1,189人収容、31日幌筵着8月3日発6日小樽着、10日発11日大湊着、整備訓練に従事、作戦中艦尾甲板に陸式7.5cm高射砲1門仮装備
1943(S18)- 9- 6	大湊発9日呉着、14日宇品へ回航陸軍部隊乗艦、15日発22日ポナペ着部隊揚陸、同日発23日トラ

艦 歴/Ship's History (22)

艦名	木 曽 (5/5)
年月日	記事/Notes
	ク着、29日発10月5日呉着
1943(S18)-10- 4	艦長沢勇夫大佐(46期)就任
1943(S18)-10- 9	呉発11日呉淞着陸軍部隊乗艦、12日発18日トラック着、19日発21日ラバウル着部隊揚陸
	しかしラバウル入港直前の深夜オーストラリア雷爆撃機の空襲を受け本艦の第1煙突右舷側の第2
	缶室に被爆1中破状態、9ノット発揮可能でラバウルに入港応急修理を実施、戦死12、行方不明7、
	負傷多数
1943(S18)-10-28	ラバウル発30日トラック着応急修理、11月4日発8日徳山着、9日発
1943(S18)-11-10	舞鶴着、以後翌年2月28日まで損傷部修理、5、7番14cmを撤去、7番砲跡に12.7cm連装高角砲1基を装備、25mm機銃増備、水中聴音機、2式哨信儀、魚雷兵装更新
1944(S19)- 2- 7	艦長今村了之介大佐(49期)就任
1944(S19)- 3- 3	舞鶴発4日大湊着、以後同地で訓練に従事
1944(S19)- 6-19	大湊発21日横須賀着、以後25mm機銃増備、9m内火艇を小発に換装、24日完成
1944(S19)- 6-30	横須賀発陸軍部隊輸送、7月1日父島着部隊揚陸同日発、3日横須賀着、以後整備作業
1944(S19)- 8-11	横須賀発12日呉着待機、この間機銃増備、後檣に22号電探装備、また電探射撃試験用に21号電探を改型に換装、9月8日から10月5日まで砲術学校の研究実験任務に従事
1944(S19)- 8-30	横須賀鎮守府に転籍
1944(S19)-10-27	呉発28日佐世保着、30日発隼鷹を護衛11月1日馬公着、2日発6日ブルネイ着、8日発10日マニラ着
1944(S19)-11-10	第5艦隊第1水雷戦隊に編入
1944(S19)-11-13	マニラ港で米空母機の空襲を連続して受け被爆、翌日沈没着底、戦死89、負傷105
1945(S20)- 3-20	除籍
1955(S30)-12-	マニラ港で沈没着底状態であったものを日本サルベージの手で引揚げ浮揚、翌年現地で解体

5,500トン型 /5,500 Ton Class

艦 歴 /Ship's History (23)

艦 名	長 良 (1/5)
年 月 日	記 事 /Notes
1919(T 8)- 7-17	命名、2 等巡洋艦に類別、佐世保鎮守府に仮入籍
1920(T 9)- 9- 9	佐世保工廠で起工
1921(T10)-4-25	進水
1921(T10)- 6-15	艤装員長黒田瀧二郎大佐 (28 期) 就任
1922(T11)- 4-21	竣工、佐世保鎮守府に入籍、第 1 予備艦、艦長黒田瀧二郎大佐 (28 期) 就任
1922(T11)- 5-15	練習艦
1922(T11)- 6-16	航空機滑走台改造訓令
1922(T11)-11-10	艦長藤井謙介大佐 (30 期) 就任
1922(T11)-11-30	横須賀港外で防雷具及び機雷投下実験中、左舷外軸推進翼 1 枚損傷
1922(T11)-12-19	佐世保工廠で繋留気球緊留装置新設
1923(T12)- 2-18	呉発南洋方面警備行動、3 月 23 日横須賀着
1923(T12)- 4-13	佐世保工廠で火薬庫ガス抜き及び伝声管新設工事着手
1923(T12)- 5-20	佐世保工廠で缶室非常口改造着手、9 月 19 日完成
1923(T12)- 8-25	横須賀発中国沿岸方面警備行動、9 月 4 日呉着
1923(T12)- 9-23	関東大震災に際し関西より救援物資を搭載して横浜着、以後 30 日まで京浜地区で警備任務
1923(T12)-11- 1	艦長佐藤巳之吉大佐 (30 期) 就任
1923(T12)-11-29	佐世保工廠でビルジキール改造着手、12 月 18 日完成
1924(T13)- 1- 8	佐世保工廠で測的所新設、22 日完成
1924(T13)- 2-13	呉工廠で内火艇機関修理、3 月 31 日完成
1924(T13)- 8-15	佐世保工廠で天幕新設、9 月 24 日完成
1924(T13)-11- 1	艦長堀悌吉大佐 (32 期) 就任
1924(T13)-12- 1	第 2 艦隊第 5 戦隊編入
1925(T14)- 3-25	佐世保発揚子江流域及び青島方面行動、4 月 23 日着
1925(T14)- 6-22	長崎沖にて第 2 艦隊基本演習中第 2 缶室で蒸気管破裂、重傷 1、軽傷 3
1925(T14)-10-20	艦長吉武純蔵大佐 (32 期) 就任
1925(T14)-12- 1	警備艦、馬公要港付属
1925(T14)-12-27	馬公着、以後翌年 15 年 11 月 24 日まで馬公を基地として台湾在勤、この間 5 月 5 日から 7 月 3 日ま
	ではサイゴン、シンガポール、マカッサル、マノクワリ、メドナ、タラカン、マニラ巡航
1926(T15)- 7- 1	艦長柳沢恭亮大佐 (32 期) 就任
1926(T15)-12- 1	第 2 予備艦
1927(S 2)- 4- 1	警備艦
1927(S 2)- 8- 4	佐世保発天皇奄美大島行幸に際してお召艦警備任務
1927(S 2)-10-30	横浜沖大演習観艦式に供奉艦として参列
1927(S 2)-12- 1	艦長伴次郎大佐 (33 期) 就任
1927(S 2)-12-20	第 2 遣外艦隊編入
1927(S 2)-12-22	佐世保発青島方面警備行動、翌年 2 月 10 日着
1928(S 3)- 2-10	第 2 遣外艦隊より除く、警備艦
1928(S 3)- 5- 1	第 1 予備艦
1928(S 3)- 5- 9	徳島撫養沖で碇泊中本艦内火艇が陸上に向かった際高波により転覆艇員 1 名溺死
1928(S 3)-12- 4	横浜沖大礼特別観艦式参列

艦 歴 /Ship's History (24)

艦 名	長 良 (2/5)
年 月 日	記 事 /Notes
1928(S 3)-12-10	艦長佐藤市郎大佐 (36 期) 就任、第 1 艦隊第 3 戦隊編入
1929(S 4)- 1-10	佐世保工廠で重油噴燃装置改修、2 月 25 日完成
1929(S 4)- 1-30	佐世保工廠で無電装置改造、第 2 士官次室新設工事着手
1929(S 4)- 2- 5	佐世保工廠で 11 式変距率盤改 1 装備、20 日完成
1929(S 4)- 3-29	佐伯発青島方面警備行動、4 月 21 日長崎着
1929(S 4)- 5- 1	艦長三井清三郎大佐 (34 期) 就任
1929(S 4)- 5-11	佐世保工廠で測的所ブルワーク装着、25 日完成
1929(S 4)-11-30	艦長安藤隆大佐 (34 期) 就任
1930(S 5)- 1- 8	佐世保工廠でタービン推力軸受改造、5 月 31 日完成
1930(S 5)- 1-20	佐世保工廠で無電装置改造、2 月 10 日完成
1930(S 5)- 2-21	佐世保工廠で重油噴燃装置改造、5 月 31 日完成
1930(S 5)- 3-28	佐世保発青島方面警備行動、4 月 3 日大連着
1930(S 5)- 5- 1	第 2 予備艦
1930(S 5)- 5- 9	佐世保工廠で艦橋遮風装置改造通告
1930(S 5)- 5-15	艦長小林宗之助大佐 (35 期) 就任
1930(S 5)- 5-29	佐世保工廠で連携識別信号灯仮装備、6 月 2 日完成
1930(S 5)-10-26	神戸沖大演習観艦式参列
1930(S 5)-12- 1	第 1 予備艦、艦長脇鼎大佐 (36 期) 就任
1931(S 6)- 1-23	佐世保工廠で艦橋遮風装置改造
1931(S 6)- 2-10	第 1 艦隊第 3 戦隊
1931(S 6)- 3-29	佐世保発青島方面警備行動、4 月 5 日裏長山列島着
1931(S 6)- 4-20	佐世保工廠で 8cm 高角砲身々換装、5 月 15 日完成
1931(S 6)- 5-12	佐世保工廠で磁気従羅針儀位置変更、6 月 27 日完成
1931(S 6)-12- 1	第 2 予備艦、艦長池谷三郎大佐 (36 期) 就任
1932(S 7)-11- 2	佐世保工廠で保式 13mm4 連装機銃 1 基装備工事着手
1932(S 7)-11-20	佐世保工廠で特定修理、9 年 9 月 20 日完成
1932(S 7)-12- 1	艦長渡部徳四郎大佐 (37 期) 就任
1933(S 8)- 4-26	佐世保工廠で見張設備新設
1933(S 8)- 5- 9	佐世保工廠で 14cm 砲揚弾薬機改造、10 月 5 日完成
1933(S 8)- 5-30	佐世保工廠で艦底測程儀装備、翌年 1 月 31 日完成
1933(S 8)- 8-30	佐世保工廠で安式航跡自画器装備、翌年 3 月 31 日完成
1933(S 8)- 9-20	佐世保工廠で水偵搭載施設及び射出機等の航空艤装新設、90 式 2 号水偵搭載、翌年 1 月 30 日完成
1933(S 8)-10-15	第 1 予備艦
1933(S 8)-11-15	第 1 艦隊第 7 戦隊、艦長高木武雄大佐 (39 期) 就任
1933(S 8)-11-20	8 年 6 月 22 日通牒の新造内火艇と換装予定の既存内火艇を 7 戦隊旗艦任務中臨時搭載すること
1934(S 9)- 1-14	佐世保工廠で 15cm、18cm 双眼鏡装備、29 日完成
1934(S 9)- 5-21	佐世保工廠で爆雷投下装置装備、6 月 11 日完成
1934(S 9)- 6-25	佐世保工廠で無電装置改装工事着手
1934(S 9)- 8-25	佐世保工廠で発射指揮装置及び発射管一部改正工事着手
1934(S 9)- 9-27	旅順発青島方面警備行動、10 月 5 日佐世保着

5,500トン型 /5,500 Ton Class

艦　歴/Ship's History (25)	
艦　名	長　良 (3/5)
年 月 日	記 事/Notes
1934(S 9)-11- 2	佐世保工廠で測距儀防振装置装備、翌年 1 月 15 日完成
1934(S 9)-11-15	艦長松永次郎大佐 (38 期) 就任
1935(S10)- 3-29	佐世保発馬鞍群島方面警備行動、4 月 4 日寺島水道着
1935(S10)-10-20	佐世保工廠で缶改造、混焼缶を専焼缶に改造、翌年 2 月 20 日完成
1935(S10)-11- 1	佐世保工廠で 90 式測深儀装備
1935(S10)-11-15	艦長梶岡定道大佐 (39 期) 就任
1935(S10)-12- 6	佐世保工廠で射撃指揮所改造、26 日完成
1935(S10)-12-11	佐世保工廠で 14cm 砲噴気装置改造
1936(S11)- 1-26	佐世保工廠で 90 式山川灯改 1 装備
1936(S11)- 4-13	佐世保発青島方面警備行動、22 日寺島水道着
1936(S11)- 4-15	本艦搭載 90 式 2 号水偵沈没
1936(S11)- 6-29	佐世保工廠で巡洋艦側曳給油装置装備
1936(S11)- 8- 4	基隆発厦門方面警備行動、7 日馬公着
1936(S11)- 9-26	佐世保発馬鞍列島方面警備行動、12 月 17 日着
1936(S11)-11-16	佐世保工廠でカッター 2 隻新造艇と引換え通知
1936(S11)-11-19	佐世保工廠で 27' 通船搭載設備撤去
1936(S11)-12- 1	第 2 予備艦、佐世保鎮守府警備戦隊、艦長松山光治大佐 (40 期) 就任兼北上艦長、佐世保工廠で定
	例検査にともなう機関部修理
1937(S12)- 2- 1	第 3 予備艦
1937(S12)- 2-20	艦長中尾八郎大佐 (40 期) 就任
1937(S12)- 8-11	佐世保工廠で居住設備改善訓令、現特務及び准士官浴室を第 2 士官次室浴室として准士官浴室を新設、
	第 2 士官次室及び准士官厠を改造、中甲板 3 番石炭庫を兵員室に改造、同兵員室に排気通風機 2 基
	を新設、11 月 15 日までに施工完了のこと
1937(S12)- 9-10	佐世保工廠で同上工事及び前橋改造着工、9 月 28 日完成
1937(S12)- 9-15	佐世保工廠で前橋改造及びバラスト整理工事、9 月 28 日及び 10 月 10 日完成
1937(S12)-10- 1	第 2 予備艦、佐世保工廠で 91 式風信儀改 1 装備
1937(S12)-11-10	艦長沢田虎夫大佐 (41 期) 就任
1937(S12)-11-15	第 1 予備艦
1937(S12)-11-22	佐世保工廠で飛行機クレーン換装、暗室、通信筒伝声管新設、12 月 2 日完成
1937(S12)-12- 1	第 3 艦隊第 5 水雷戦隊、佐世保工廠で兵員病室仮設
1937(S12)-12- 7	佐世保工廠で暗号室新設
1937(S12)-12- 8	高雄発南支方面警備行動、15 年 11 月 24 日佐世保着
1938(S13)- 2- 1	第 5 艦隊第 5 水雷戦隊
1938(S13)- 7-15	艦長一瀬信一大佐 (41 期) 就任
1938(S13)-12-15	艦長江戸兵太郎大佐 (40 期) 就任
1939(S14)- 7- 1	艦長矢野英雄大佐 (43 期) 就任
1939(S14)- 9- 1	艦長中里隆治大佐 (39 期) 就任
1939(S14)-11-15	第 2 遣支艦隊第 5 水雷戦隊
1939(S14)-11-25	特別役務艦
1939(S14)-12- 1	舞鶴鎮守府に転籍

艦　歴/Ship's History (26)	
艦　名	長　良 (4/5)
年 月 日	記 事/Notes
1940(S15)- 4- 1	予備艦
1940(S15)-10-15	特別役務艦、舞鶴工廠で特定修理実施
1940(S15)-10-15	艦長曽爾章大佐 (44 期) 就任
1940(S15)-11-15	第 2 遣支艦隊第 15 戦隊
1941(S16)- 1-30	修理完成舞鶴発南部仏印進駐作戦に従事、4 月 8 日着
1941(S16)- 4-10	第 3 艦隊第 16 戦隊に編入
1941(S16)- 6-10	佐世保発南支方面行動、9 月 9 日舞鶴着
1941(S16)- 9-10	艦長直井俊夫大佐 (47 期) 就任
1941(S16)- 9-15	舞鶴工廠で入渠、22 日出渠
1941(S16)-11-26	寺島水道発 12 月 1 日パラオ着、12 月 8 日発レガスビー攻略作戦に従事、13 日レガスビー発 15 日
	古仁屋湾着
1941(S16)-12-17	古仁屋湾発ラモン湾上陸作戦に従事、24 日ラモン湾着、30 日発、翌年 1 月 2 日ダバオ着
1942(S17)- 1- 9	ダバオ発 16 日バンカ着、21 日発ケンダリー攻略作戦に従事
1942(S17)- 1-25	ケンダリーで初春と接触小破、27 日ダバオ着応急修理
1942(S17)- 2- 1	ダバオ発 4 日ケンダリー着、6 日発マカッサル攻略作戦に従事、11 日マカッサル着、19 日発バリ島
	攻略作戦に従事、21 日マカッサル着
1942(S17)- 2-23	マカッサル発船団護送に従事
1942(S17)- 3-10	第 2 南遣艦隊第 16 戦隊に編入
1942(S17)- 3-29	バンダム発クリスマス島攻略作戦に従事、4 月 2 日バンダム着同日発舞鶴に向かう
1942(S17)- 4-10	第 1 航空艦隊第 10 戦隊に編入
1942(S17)- 4-11	舞鶴着、12 日入渠、24 日出渠、この間 13mm 機銃の換装、7.7mm 機銃位置変更、羅針艦橋に防
	弾板装着、予備魚雷頭部防弾板装備、前橋一部改正、97 式印字機装備等を実施
1942(S17)- 5- 4	舞鶴発 6 日柱島回航、訓練に従事
1942(S17)- 5-27	柱島発ミッドウェー海戦に参加、6 月 13 日呉着、ミッドウェー海戦中 6 月 5 日空母部隊の全滅に伴
	い第 1 航空艦隊司令部が移乗艦時に艦隊旗艦を務める、14 日柱島に回航、21 日発 22 日横須賀着
1942(S17)- 6-23	横須賀発 24 日今治着、25 日発柱島に回航、整備訓練に従事
1942(S17)- 7-10	艦長田原吉興大佐 (43 期) 就任
1942(S17)- 7-14	第 3 艦隊第 10 戦隊に編入
1942(S17)- 8-10	呉で入渠、14 日出渠、16 日機動部隊の警戒護衛任務で呉出撃
1942(S17)- 8-24	第 2 次ソロモン海戦に参加、9 月 5 日トラック着
1942(S17)- 9- 9	トラック発ソロモン方面行動、23 日トラック着、警泊訓練に従事
1942(S17)-10-11	トラック発 26 日南太平洋海戦に参加、30 日トラック着、警泊訓練に従事
1942(S17)-11- 9	トラック発 13-14 日第 3 次ソロモン海戦に参加、14 日の夜戦で米駆逐艦を砲撃致命傷を与える、自
	身も被弾小破、18 日トラック着、警泊訓練に従事
1942(S17)-11-20	第 2 艦隊第 4 水雷戦隊に編入
1942(S17)-12-17	艦長篠田勝清大佐 (44 期) 就任
1942(S17)-12-20	トラック発、27 日舞鶴着、28 日入渠、翌年 1 月 13 日出渠、水雷兵装一部換装等を実施
1943(S18)- 1-20	舞鶴発 21 日徳山着、同日発、25 日トラック着
1943(S18)- 1-31	トラック発ガ島撤退作戦に従事、2 月 9 日トラック着、以後訓練に従事
1943(S18)- 5- 8	トラック発敵潜に雷撃された厚生丸救援に出動、曳航を試みたが沈没、乗員を救助 10 日トラック着

5,500トン型 /5,500 Ton Class

艦　歴/Ship's History (27)

艦　名	長　良 (5/5)
年　月　日	記事/Notes
1943(S18)- 6-23	トラック発榛名より移乗の横2特陸戦隊350名をナウル島に輸送、雪風、浜風同行28日トラック着
1943(S18)- 7- 8	トラック発11日ルオット着隼鷹派遣隊を収容、同日発13日トラック着
1943(S18)- 7-14	トラック発カビエンに物資輸送16日着、荷役中磁気機雷が艦尾で爆発、横付中の大発1隻沈没、
	1隻小破、本艦5、6番砲旋回不能の他損害軽微、戦闘航海に支障なし、大発艇員1名行方不明、
	15日カビエン発16日ラバウル着、17日発19日トラック着
1943(S18)- 7-20	第2艦隊第2水雷戦隊に編入
1943(S18)- 7-21	トラック発26日横須賀着、補給、31日発雲鷹護衛8月5日トラック着
1943(S18)- 8- 9	トラック発14日呉着、16日舞鶴に回航、同日入渠、損傷部修理、21号電探装備
1943(S18)- 8-16	艦長北村昌幸大佐 (45期) 就任
1943(S18)- 8-20	第8艦隊編入
1943(S18)-10- 7	舞鶴工廠出渠、同日発9日柱島に回航訓練、18日発23日トラック着
1943(S18)-10-24	トラック発26日ラバウル着、27日発29日トラック着
1943(S18)-11- 8	第4艦隊編入
1943(S18)-11-12	トラック発被雷した阿賀野救援のため出動、14日阿賀野を曳航、15日トラック着
1943(S18)-11-22	トラック発陸軍部隊輸送のため26日クェゼリン着待機、12月5日ルオットに向け出撃直後米空母
	機の空襲を受け、至近弾により右舷前部発射管の魚雷が誘発火災を生じ、戦死48、負傷112という
	人的大被害を生じたが、船体の損傷は比較的軽く航行可能で、クェゼリンに戻り応急修理を実施、
	9日クェゼリン発12日トラック着、再度応急修理を実施
1944(S19)- 1-12	トラック発被雷、艦尾を失った長波を曳航、24日徳島着、29日舞鶴に回航修理に着手、損傷修理と
	ともに5、7番14cm砲を撤去12.7cm連装高角砲1基を7番砲跡に、25mm機銃3連装2基連装
	4基を装備、射出機は撤去し水中聴音機が装備される、4月2日完成
1944(S19)- 4- 7	艦長近藤新一大佐 (49期) 就任
1944(S19)- 4-20	中部太平洋方面艦隊付属に編入
1944(S19)- 4-24	舞鶴発柱島に回航、訓練に従事、この間呉工廠で残工事を施工、5月10日完成
1944(S19)- 5- 8	艦長中原義一郎大佐 (48期) 就任
1944(S19)- 5-15	連合艦隊第11水雷戦隊編入
1944(S19)- 6-19	横須賀に回航、機銃増備25mm単装10基、13mm単装8基を装備、9m内火艇1隻を撤去、中発
	小発各1を搭載、29日小笠原父島への陸軍部隊輸送に従事
1944(S19)- 7-11	内海西部に回航、14日門司発陸軍部隊の沖縄輸送に従事
1944(S19)- 7-21	内海西部着、30日佐世保へ回航、8月2日鹿児島回航沖縄輸送に従事、引揚げ島民を乗せて6日
	鹿児島着島民を降ろす
1944(S19)- 8- 7	佐世保に向け出港後1222樺島の171度22浬で米潜水艦クローカー/Croaker の発射した魚雷1本
	が右舷舷梯付近に命中、舵故障機関停止、前部機械室に浸水右に22度傾くが左舷注水で15度に戻る
	が1240左舷中部に2本目が命中、後部より急激に沈没総員退去を命令、艦首を直立させ沈没、生存
	者234名、内負傷者約40名、当時の乗員数は594名であったので艦長以下360名が戦死したこと
	になる、中原艦長は2階級特進中将、戦隊司令官の高間完少将は救助される
1944(S19)-10-10	除籍

艦　歴/Ship's History (28)

艦　名	五十鈴 (1/5)
年　月　日	記事/Notes
1919(T 8)- 7-17	命名、2等巡洋艦に類別
1919(T 8)- 8- 1	横須賀鎮守府に仮入籍
1920(T 9)- 8-10	浦賀船渠で起工
1921(T10)-10-29	進水
1922(T11)- 9- 1	艤装員長石渡武章大佐 (28期) 就任
1923(T12)- 8-15	竣工、横須賀鎮守府に入籍、第1予備艦、艦長石渡武章大佐 (28期) 就任
1923(T12)- 8-20	練習艦兼警備艦 (砲術、水雷学校長の指揮を受ける)
1923(T12)- 9- 3	関東大震災に際し横浜、横須賀方面で警備任務、30日まで
1923(T12)-11-20	艦長堀悌吉大佐 (32期) 就任
1923(T12)-12- 1	第1艦隊第3戦隊編入
1923(T12)-12-22	横須賀工廠でビルジキール改造、防雷具装備着手、翌年5月31日完成
1924(T13)- 1-16	横須賀工廠で測距所新設、2月16日完成
1924(T13)- 3- 2	呉工廠で左舷低圧タービン修理、6日完成
1924(T13)- 3- 6	艦長市村久雄大佐 (31期) 就任
1924(T13)- 3- 8	佐世保発中国方面警備行動、20日馬公着
1924(T13)- 5-10	横須賀工廠で無電機改造、方向探知機装備、9月9日完成
1924(T13)-12- 1	第2艦隊第2水雷戦隊編入、艦長松山茂大佐 (30期) 就任
1925(T14)- 3-30	長崎発芝罘方面警備行動、4月5日旅順着
1925(T14)- 4-14	大連発青島方面警備行動、23日佐世保着
1925(T14)-11-20	艦長田村重彦大佐 (32期) 就任
1926(T15)- 1-12	横須賀軍港で本艦汽艇と春日汽艇が衝突、本艦汽艇浸水坐座
1926(T15)- 3-29	徳山発芝罘、青島方面警備行動、4月9日旅順着
1926(T15)- 7- 1	艦長中原市介大佐 (31期) 就任
1926(T15)-10-16	小演習終了帰港中降雨視界不良のため山口県豊浦群安岡町沖で仮泊しようとして座礁、2時間半後に
	離礁、艦底凹み及び推進器翼先端欠損
1926(T15)-12- 1	練習艦兼警備艦 (砲術、水雷学校長の指揮を受ける)
1926(T15)-12- 1	艦長津留雄三大佐 (30期) 就任
1927(S 2)- 3- 3	第1遣外艦隊に編入、横須賀発揚子江方面行動、4月15日着
1927(S 2)- 4-15	練習艦兼警備艦 (砲術、水雷学校長の指揮を受ける)
1927(S 2)- 9-17	横須賀工廠で無線装置改修、27日完成
1927(S 2)-10-30	横浜沖大演習観艦式参列
1927(S 2)-12- 1	艦長鎮目静大佐 (32期) 就任
1928(S 3)- 1-14	横須賀工廠でサイレン換装
1928(S 3)- 6-25	練習艦 (砲術、水雷学校長の指揮を受ける)
1928(S 3)- 8-20	艦長山本五十六大佐 (32期) 就任
1928(S 3)-12- 4	横浜沖大礼特別観艦式参列
1928(S 3)-12-10	艦長羽仁六郎大佐 (33期) 就任
1929(S 4)- 4-15	横須賀工廠で缶室重油点火装置改造、20日完成
1929(S 4)- 5- 9	横須賀で萱場式発艦促進装置のダミー発艦実験を行う
1929(S 4)- 8-20	横須賀工廠で無線装置改修、第2士官次室新設、9月22日完成

5,500トン型 /5,500 Ton Class

艦 歴/Ship's History (29)

艦 名	五十鈴 (2/5)
年 月 日	記 事/Notes
1929(S 4)- 9-11	横須賀工廠で高低圧タービン改正、12月5日完成
1929(S 4)- 9-26	艦長池中健一大佐 (31 期) 就任、兼金剛艦長
1929(S 4)-11-17	横須賀工廠で二重天幕新設、内火艇換装
1929(S 4)-11-27	艦長高須四郎大佐 (35 期) 就任
1929(S 4)-11-30	練習艦を解く、警備艦、馬公要港部付属
1929(S 4)-12-17	馬公着、以後同地を基地として南支方面警備行動、翌年12月1日横須賀着
1930(S 5)-12- 1	馬公要港部付属を解く、練習艦、艦長後藤輝道大佐 (35 期) 就任
1931(S 6)- 5-15	第2予備艦
1931(S 6)- 9-14	艦長堀江六郎大佐 (36 期) 就任、兼北上艦長
1932(S 7)- 1-14	艦長藍原有孝大佐 (38 期) 就任
1932(S 7)- 2- 7	横須賀工廠で機関部修理、8月31日完成
1932(S 7)- 2-16	艦長真崎勝次大佐 (34 期) 就任、兼山城艦長
1932(S 7)- 6-20	艦長山田省三中佐 (37 期) 就任、12月1日大佐艦長
1932(S 7)-11- 1	第1予備艦
1932(S 7)-11-14	北上11m 内火艇と本艦30' 内火艇を相互交換、北上2重天幕装置を本艦に装備することを訓令
1932(S 7)-11-15	艦長山口実大佐 (36 期) 就任
1932(S 7)-12- 1	警備艦、馬公要港部付属
1932(S 7)-12- 5	馬公着、以後同地を基地として南支方面警備行動、翌年10月11日馬公発横須賀へ
1933(S 8)- 5-25	横須賀工廠で浄缶剤注入装置新設工事着手
1933(S 8)- 7- 4	横須賀工廠で艦底測程儀、安式航跡自画器装備工事着手
1933(S 8)- 9- 1	横須賀工廠で水偵及び射出機搭載工事着手、翌年1月22日完成
1933(S 8)-10- 9	横須賀工廠で機関部装置改造工事着手
1933(S 8)-10-28	横須賀工廠で発射用2次電池装備工事着手
1933(S 8)-11- 1	第1艦隊第7戦隊編入
1933(S 8)-11-15	艦長山田満大佐 (37 期) 就任
1933(S 8)-12- 7	横須賀工廠で見張所新設、艦橋測距儀台改造工事着手
1933(S 8)-12-21	横須賀工廠で見張用12cm 双眼鏡装備工事着手
1934(S 9)- 3-31	宮崎都井崎沖で本艦搭載の90式2号水偵が発動機不調のため不時着水、機体大破
1934(S 9)- 4- 4	横須賀工廠で方位盤照準装置改造工事着手、20日以降5月22日までに測距儀防振装置装備、発射指揮装置及び発射管一部改正、爆雷投下装置装備工事着手
1934(S 9)- 5-20	横須賀工廠でZ型万能調理器、電気冷蔵庫装備工事着手
1934(S 9)- 7-24	横須賀工廠で缶改造工事着手、翌年1月15日完成
1934(S 9)- 9-27	旅順発青島方面警備行動、10月5日佐世保着
1934(S 9)-10- 6	横須賀工廠で測的所一部改造通知
1934(S 9)-11-15	第1艦隊第8戦隊編入、艦長牧田覚三郎大佐 (38 期) 就任
1935(S10)- 1-29	横須賀工廠で前部揚錨機改造工事着手、2月2日完成
1935(S10)- 3-27	横須賀工廠で缶室給水加熱器装備着手、6月20日完成
1935(S10)- 8-22	佐世保工廠 (横須賀工廠委託) で缶管換装着手、11月10日完成
1935(S10)-11-15	第2予備艦、横須賀鎮守府警備戦隊付属、艦長千葉慶蔵大佐 (38 期) 就任
1936(S11)- 1- 7	艦長原顕三郎大佐 (37 期) 就任、兼高雄艦長

艦 歴/Ship's History (30)

艦 名	五十鈴 (3/5)
年 月 日	記 事/Notes
1936(S11)- 4-25	艦長松永貞市大佐 (41 期) 就任
1936(S11)- 6-29	96式水偵搭載公試
1936(S11)- 7- 1	第1予備艦
1936(S11)- 7- 8	横須賀工廠で飛行機搭載用クレーン改造、20日完成
1936(S11)- 7-30	横須賀工廠で通信筒新設、作戦室仮設、8月5日完成
1936(S11)- 9-25	横須賀工廠でラムネ製造機室新設、10月7日完成
1936(S11)-10-29	神戸沖特別大演習観艦式参列
1936(S11)-11-12	横須賀工廠で前部トリミングタンク補強、12月19日完成、90式山川灯装備、翌年1月30日完成
1936(S11)-11-12	横須賀工廠で那珂搭載の9m 内火艇1隻を第1潜水戦隊旗艦の間搭載訓令
1936(S11)-12-12	横須賀工廠で27'通船搭載施設撤去、翌年1月15日完成
1936(S11)-12-17	横須賀工廠で機雷庫を兵員病室に改造、翌年1月15日完成
1936(S11)-12-30	横須賀工廠で巡洋艦側曳給油装置装備、翌年1月20日完成
1936(S11)-12- 1	第1艦隊第1潜水戦隊編入、艦長山口多聞大佐 (40 期) 就任
1937(S12)- 1-28	横須賀工廠で8m 内火艇1隻臨時搭載
1937(S12)- 3-27	寺島水道発青島方面行動、4月6日有明湾着
1937(S12)- 5- 5	高知宿毛湾で94式水偵着水時中破
1937(S12)- 8-15	横須賀工廠で防弾鋼板装備、19日完成
1937(S12)- 8-16	横須賀工廠で8cm 高角砲仮装備、17日完成
1937(S12)- 8-20	多度津発中支方面行動、25日佐世保着
1937(S12)- 9-17	佐世保発南支方面行動、10月7日馬公着
1937(S12)-12- 1	艦長中邑元司大佐 (39 期) 就任
1938(S13)- 3- 1	第3予備艦
1938(S13)-11-20	艦長橋本愛次大佐 (39 期) 就任
1939(S14)-10-20	第1予備艦
1939(S14)-11-15	第2艦隊第3潜水戦隊編入、艦長鶴岡信道大佐 (43 期) 就任
1940(S15)- 3-26	中城湾発南支方面行動、4月2日高雄着
1940(S15)- 8-23	横須賀発南洋方面行動、9月21日着
1940(S15)-10-11	横浜沖紀元2600年特別観艦式参列
1940(S15)-11-15	第6艦隊第3潜水戦隊編入
1941(S16)- 9- 1	艦長浦孝一大佐 (46 期) 就任
1941(S16)- 9-15	第2遣支艦隊第15戦隊編入
1941(S16)- 9-16	横須賀発南支方面行動、12月3日馬公開戦時の香港攻略作戦に従事、27日香港着陸戦隊揚陸、翌年1月15日香港発、16日馬公着
1942(S17)- 1-26	馬公発陸軍輸送船団護衛、2月3日シンゴラ着同日発、5日カムラン湾着6日発
1942(S17)- 2- 8	香港着整備作業、3月31日第2工作部船渠に入渠、4月8日出渠
1942(S17)- 4-10	第2南遣艦隊第16戦隊編入
1942(S17)- 4-11	香港発15日マカッサル着
1942(S17)- 4-23	マカッサル発24日バリクパパン着、26日発27日マカッサル着
1942(S17)- 4-28	マカッサル発29日スラバヤ着
1942(S17)- 5- 1	第16戦隊旗艦となる

5,500トン型/5,500 Ton Class

艦 歴/Ship's History (31)

艦 名	五十鈴 (4/5)
年 月 日	記事/Notes
1942(S17)- 5- 8	スラバヤ発小スンダ列島戡定作戦に従事、25日スラバヤ着
1942(S17)- 6- 9	スラバヤ発10日バタビア着、12日発14日スラバヤ着
1942(S17)- 6-18	旗艦を鬼怒に変更
1942(S17)- 6-20	スラバヤ発修理のため横須賀へ、28日着、30日入渠、7月8日出渠、17日修理完成
1942(S17)- 7-18	横須賀発26日アンボン着、29日発タニンバル諸島攻略作戦に参加、31日アンボン着
1942(S17)- 8- 1	アンボン発5日シンガポール着、6日発8日メルギー着、9日発10日サバン着、11日発12日ペナン着、待機
1942(S17)- 8-24	ペナン発28日マカッサル着、警泊
1942(S17)- 9- 8	マカッサル発9日スラバヤ着、11日発12日バタビア着陸軍第2師団の一部460名乗艦、13日発16日ケンダリー着、同日発20日ラバウル着、21日発22日ショートランド着部隊揚陸、同日発25日トラック着
1942(S17)- 9-25	第2艦隊第2水雷戦隊に編入旗艦となる
1942(S17)-10-11	トラック発前進部隊の護衛任務、26日南太平洋海戦に参加、配下の駆逐艦が敵空母ホーネット/Hornet の処分にあたる、30日トラック着
1942(S17)-11- 3	トラック発5日ショートランド着、13日発ガ島砲撃任務の第7戦隊を支援する主隊に加わり、14日ニュージョージア島南方面で砲撃に成功した支援隊と合同、ショートランドに向かう途中米空母機の空襲により至近弾で第2、3缶室が浸水、舵も故障一時航行不能となったが、後朝潮の護衛の下同日ショートランド着、応急修理16日発、20日トラック着、再度応急修理を実施、12月8日発横須賀に向かう
1942(S17)-12-14	横須賀着、修理、翌年1月11日横浜に回航、浅野船渠で修理工事を続行、19日入渠
1943(S18)- 1-20	第2南遣艦隊第16戦隊に編入
1943(S18)- 1-30	艦長篠田清彦大佐(43期)就任
1943(S18)- 4- 1	第4艦隊第14戦隊に編入
1943(S18)- 5- 7	横浜発横須賀に回航、改造公試実施及び訓練、この修理に際して5番14cm砲撤去、25mm機銃3連装2基を装備した模様
1943(S18)- 5-21	横須賀発22日柱島に回航訓練に従事
1943(S18)- 6-10	内海西部発12日横須賀着、ナウル増援部隊器材を搭載16日発、21日トラック着22日発25日ナウル着人員器材を揚陸、同日発28日トラック着警泊
1943(S18)- 7-16	トラック発ナウル増援部隊輸送任務、19日ナウル着、同日発22日トラック着
1943(S18)- 7-24	トラック発被雷した第3図南丸救援のため出動、曳航して28日トラック着
1943(S18)- 8-15	トラック発陸軍部隊輸送、17日ラバウル着、同日発19日トラック着
1943(S18)- 9- 3	トラック発陸軍部隊輸送、7日クェゼリン着、待機、19日発ミレ、ウォッゼ、クェゼリンを経て26日ヤルート着、29日発10月3日トラック着
1943(S18)-10- 6	トラック発被雷した風早の救援に向かったが同艦沈没、7日深夜トラック着
1943(S18)-10-11	トラック発陸軍部隊輸送のため上海に向かうが、12日被雷した間宮の救援を命じられ同艦を曳航15日徳島着、16日発18日上海着、陸軍部隊搭乗21日発28日トラック着
1943(S18)-11- 1	トラック発陸軍部隊輸送中3日米重爆の空襲を受ける、至近弾により航行不能となった清澄丸を曳航4日カビエン着、部隊揚陸、転錨中艦首下部付近で磁気機雷が爆発したが被害軽微戦闘航行可能同日ラバウルに向い5日着警泊中米艦載機引き続き陸軍機の空襲を受けるが被害なし、6日発9日トラック着

艦 歴/Ship's History (32)

艦 名	五十鈴 (5/5)
年 月 日	記事/Notes
1943(S18)-11-21	トラック発陸軍部隊輸送任務22日ポナペ着部隊搭載同日発、25日クェゼリン着部隊陸揚30日発
	12月1日ミレ着同日発2日クェゼリン着、4日発同日ルオット着、5日同地で碇泊中米艦載機の空襲を受ける、6番14cm砲右舷側に直撃弾3発さらに至近弾多数により4軸の内左舷外軸以外の3軸が使用不能、舵軸折損、後部弾薬庫同電信室等が浸水または使用不能となり、戦死20、負傷40を生じたが12ノットで自力航行可能、7日発同日クェゼリン着、応急修理9日発12日トラック着
1944(S19)- 1-17	仮修理の後トラック発本格修理のため横須賀に向かう
1944(S19)- 1-23	横須賀着入渠修理、31日出渠、修理整備作業
1944(S19)- 3- 4	中部太平洋方面艦隊付属に編入
1944(S19)- 5- 1	横須賀発横浜に回航、三菱横浜造船所で防空巡洋艦への改装工事実施、9月24日完成
1944(S19)- 6-20	艦長松田源吾大佐(49期)就任
1944(S19)- 7-18	連合艦隊付属第31戦隊に編入
1944(S19)-10- 5	横浜発横須賀に回航、6日発8日呉着、訓練及び93式魚雷搭載、水中聴音機装備、3式爆雷投射機等装備
1944(S19)-10-23	佐伯発小沢艦隊の護衛役として比島沖海戦に参加、25日米艦載機の空襲で被弾1至近弾6及び機銃掃射により高射装置、1番高角砲左砲、25mm単装機銃2基使用不能、艦橋諸電路、操舵装置故障戦死13、負傷56、千歳乗員480名を救助(空襲で3名戦死)、消耗弾数高角砲弾584、機銃弾40,600、爆雷14、米巡洋艦部隊の追撃を受けるも27日沖縄中城湾着同日発
1944(S19)-10-29	呉着、損傷部修理、13号電探及び3式爆雷投射機2基追加装備
1944(S19)-11-14	呉発航空部隊器材をマニラに輸送、18日着揚陸、19日発コレヒドール沖で米潜水艦ハーク/Hakeの発射した魚雷6本中1本が艦尾に命中、艦尾部がめくれ上がり操舵装置が全壊、左右軸の操作で航行可能、戦死32
1944(S19)-11-20	第5艦隊第31戦隊に編入
1944(S19)-11-23	桃の護衛の下シンガポール着、同地の101工作部で修理を受ける予定であったが、工事量が輻輳しており、応急処置だけで12月10日発、12日スラバヤ着、同地の102工作部で本格修理を実施することになる
1945(S20)- 2- 5	連合艦隊第31戦隊に編入
1945(S20)- 3-15	第2艦隊第31戦隊に編入
1945(S20)- 3-25	修理完成、第10方面艦隊付属に編入
1945(S20)- 4- 4	スラバヤ発陸軍部隊輸送任務に従事、6日クーパン着部隊搭乗、同日発途中オーストラリア機の爆撃を受け至近弾により舵故障、同日ビマ着、7日発ビマ北方40浬で米潜水艦ガビラン/Gabilanの発射した魚雷5本中1本が右舷艦橋後方に命中、応急修理で8ノットで航行可能だったが、最初の被雷から約2時間後、今度は米潜水艦チャール/Charrの発射した魚雷3本が左舷機関部に命中、船体が折れ急速に沈没した、当時付近には米潜水艦2隻、英潜水艦1隻が待伏せ中であった、戦死189(乗艦者は除く)、艦長以下450名は雁に救助される、本艦は太平洋戦争最後13隻目の5,500トン型軽巡の喪失である
1945(S20)- 6-20	除籍

5,500トン型 /5,500 Ton Class

艦 歴/Ship's History (33)

艦 名	名 取 (1/6)
年 月 日	記 事 /Notes
1919(T 8)- 7-17	命名、2 等巡洋艦に類別、舞鶴鎮守府に仮入籍
1920(T 9)-12-14	三菱長崎造船所で起工
1921(T10)- 6- 9	佐世保鎮守府に入籍
1922(T11)- 2-16	進水、艤装員長副島慶親大佐 (28 期) 就任
1922(T11)- 9-15	竣工、第 1 予備艦、艦長副島慶親大佐 (28 期) 就任
1922(T11)-11-20	艦長森田登大佐 (30 期) 就任
1922(T11)-12- 1	第 2 艦隊第 5 戦隊に編入
1923(T12)- 2- 6	教練魚雷発射の際自艦発射魚雷 1 本が縦舵機故障のため左舷外側推進器翼に衝突損傷
1923(T12)- 2- 8	佐世保工廠で推進器修理
1923(T12)- 2-18	呉発南洋方面警備行動、3 月 23 日横須賀着
1923(T12)- 3-12	南洋方面で教練運転中蒸気管が破裂、死亡 10、重傷 2
1923(T12)- 4-13	佐世保工廠で火薬庫ガス抜き装置新設、5 月 26 日完成
1923(T12)- 5-10	佐世保工廠で機関修理、12 月 6 日完成
1923(T12)- 5-20	佐世保工廠で缶室非常口改造、9 月 19 日完成
1923(T12)- 7- 4	佐世保工廠で 10 式方向探知機装備、14 日完成
1923(T12)- 8-25	横須賀発中国方面警備行動、9 月 4 日呉着
1923(T12)- 9-23	関東大震災に際し大阪より救護材搭載品川着、以後横浜、横須賀方面で警備任務、30 日まで
1923(T12)-11-20	艦長小倉泰造大佐 (31 期) 就任
1923(T12)-12-18	佐世保工廠で無電機改修
1923(T12)-12-24	佐世保工廠で繋留気球繋留装置及び繋留機装備、翌年 1 月 22 日完成
1924(T13)- 1- 8	佐世保工廠で測的所新設、22 日完成
1924(T13)- 2-12	佐世保工廠で防雷具装備、5 月 31 日完成
1924(T13)- 8- 6	別府で台風に遭遇、第 49 号気球繋留索を切断吹き流される
1924(T13)-10-12	母島発大演習、20 日佐世保着
1924(T13)-12- 1	艦長井上四郎大佐 (31 期) 就任
1925(T14)- 3-25	佐世保発揚子江流域及び青島方面警備行動、4 月 23 日佐世保着
1925(T14)-11-20	艦長加島次太郎大佐 (31 期) 就任
1926(T15)- 3-29	徳山発青島、芝罘方面警備行動、4 月 9 日旅順着
1926(T15)- 5- 1	警備艦
1926(T15)- 5-20	艦長水城圭次大佐 (32 期) 就任
1926(T15)-11- 1	艦長市来崎慶一大佐 (31 期) 就任、兼常磐艦長
1926(T15)-12- 1	第 2 予備艦、艦長松本忠左大佐 (32 期) 就任
1927(S 2)- 3- 1	佐世保工廠で主タービン改造、9 月 23 日完成
1927(S 2)- 8-20	艦長津田威彦大佐 (33 期) 就任
1927(S 2)- 9- 1	第 1 予備艦
1927(S 2)-10-30	横浜沖大演習観艦式参列
1927(S 2)-11-15	艦長有地十五郎大佐 (33 期) 就任
1927(S 2)-11-30	佐世保工廠で第 2 士官室新設、翌年 2 月 10 日完成
1928(S 3)- 1-20	佐世保工廠で気球繋留装置撤去、30 日完成

艦 歴/Ship's History (34)

艦 名	名 取 (2/6)
年 月 日	記 事 /Notes
1928(S 3)- 3-29	有明湾発山東半島方面警備行動、4 月 9 日旅順着
1928(S 3)- 5- 1	佐世保工廠で無線機改修、28 日完成
1928(S 3)- 5- 9	佐世保工廠で測的所ブルワーク新設、18 日完成
1928(S 3)- 5-20	佐世保工廠で後甲板二重天幕新設、6 月 15 日完成
1928(S 3)- 7- 4	呉工廠 (佐世保工廠委託) で舵取装置修理、10 日完成
1928(S 3)- 8- 1	艦長日暮豊年大佐 (34 期) 就任
1928(S 3)-12- 4	横浜沖大礼特別観艦式参列
1928(S 3)-12-10	第 1 艦隊第 3 戦隊、艦長佐田健一大佐 (35 期) 就任
1929(S 4)- 1- 7	佐世保工廠で前檣ヤード位置改正、1 月 19 日完成
1929(S 4)- 3-29	佐伯発青島方面警備行動、4 月 8 日佐世保着
1929(S 4)- 3-31	青島沖で左舷前部減速装置歯車に鎖がからみ機関使用不能となる
1929(S 4)- 5- 3	佐世保工廠でラムネ製造機新設、28 日完成
1929(S 4)- 5-24	佐世保工廠で 1 号無線電話機新設、28 日完成
1929(S 4)- 6-24	呉工廠で缶修理、30 日完成
1929(S 4)-11-30	第 2 予備艦、艦長小山与四郎大佐 (34 期) 就任
1930(S 5)- 9- 1	第 1 予備艦
1930(S 5)-10-26	神戸沖特別大演習観艦式参列
1930(S 5)-11- 1	第 2 予備艦
1930(S 5)-12- 1	艦長三木太市大佐 (35 期) 就任、兼常磐艦長
1931(S 6)- 4- 5	艦長星野倉吉大佐 (36 期) 就任
1931(S 6)- 5-12	佐世保工廠で磁気羅針儀位置変更、6 月 27 日完成
1931(S 6)- 8-21	佐世保工廠で特定修理、翌年 9 月 30 日完成
1931(S 6)-12- 1	艦長坂部省三大佐 (37 期) 就任
1932(S 7)- 6-10	艦長後藤輝道大佐 (35 期) 就任
1932(S 7)- 7-29	佐世保工廠で羅針艦橋 3.5m 測距儀台改造、測距塔新設認可
1932(S 7)- 8- 1	佐世保工廠で艤装一部改造認可
1932(S 7)- 8-29	佐世保工廠で羅針艦橋防風ガラス窓新設認可
1932(S 7)- 9-10	佐世保工廠で方向探知室改造、爆風除けスクリーン新設認可
1932(S 7)-	佐世保工廠で飛行機搭載艤装工事実施
1932(S 7)-11- 1	第 1 予備艦
1932(S 7)-12- 1	第 1 艦隊第 3 戦隊、艦長松本益吉大佐 (37 期) 就任
1933(S 8)-	佐世保工廠で 90 式 2 号水偵搭載
1933(S 8)- 1-13	佐世保工廠でラムネ製造機室新設認可
1933(S 8)- 5- 9	佐世保工廠で 13mm4 連装機銃装備、14cm 砲揚弾薬機改造
1933(S 8)- 5-30	第 1 艦隊第 7 戦隊、佐世保工廠で艦底測程儀装備
1933(S 8)- 6-29	佐世保発馬鞍群島警備行動、7 月 4 日基隆着
1933(S 8)- 7- 7	佐世保工廠で揮薬格納箱増設認可
1933(S 8)- 7-23	馬公発南洋方面行動、8 月 21 日木更津着
1933(S 8)- 8-25	横浜沖大演習観艦式参列
1933(S 8)- 8-30	佐世保工廠で安式航跡自画器装備

5,500 トン型 /5,500 Ton Class

艦 歴 /Ship's History (35)

艦 名	名 取 (3/6)
年 月 日	記 事 /Notes
1933(S 8)- 9- 8	佐世保工廠で見張設備改造
1933(S 8)-11-15	艦長松浦永次郎大佐 (38 期) 就任
1934(S 9)- 5-21	佐世保工廠で爆雷投下機装備、6 月 11 日完成
1934(S 9)- 9-27	旅順発青島方面行動、10 月 5 日佐世保着
1934(S 9)-11- 1	佐世保工廠で測距儀防振装置装備、翌年 1 月 15 日完成
1934(S 9)-11-15	第 1 艦隊第 8 戦隊編入、艦長岸福治大佐 (40 期) 就任
1934(S 9)-11-22	佐世保工廠で無線兵装改修工事、翌年 2 月 20 日完成
1935(S10)- 3-29	佐世保発馬鞍群島方面行動、10 月 5 日寺島水道着
1935(S10)- 3-31	馬鞍群島花鳥山島東方で 90 式 2 号水偵帰艦揚収時に波浪のため右に傾斜右翼端が海中に圧入され
	潮流に流されて転覆大破沈没、人員被害なし
1935(S10)-10-19	佐世保工廠で缶改造工事、翌年 7 月 15 日完成
1935(S10)-11-15	第 2 予備艦、佐世保鎮守府警備戦隊、艦長岡村政夫大佐 (38 期) 就任
1935(S10)-12-17	佐世保工廠で定例検査に伴う機関部修理、翌年 7 月 22 日完成
1936(S11)- 6-23	鈴田造船鉄工所で船体修理、8 月 6 日完成
1936(S11)- 7- 1	第 1 予備艦
1936(S11)- 7- 8	佐世保工廠で 13mm 機銃装備、以後 28 日までに 18cm 双眼鏡装備、9m 内火艇搭載、作戦
	室仮設工事に着手、翌年 1 月 15 日までに完成
1936(S11)-10-29	神戸沖特別大演習観艦式参列
1936(S11)-11-15	佐世保及横須賀工廠で 91 式風信儀装備、以後 12 月 5 日までに 27' 通船搭載施設撤去、90 式測深
	儀装備、巡洋艦側曳給油装置装備、90 式山川灯装備工事を着手、翌年 3 月 25 日までに完成
1936(S11)-12- 1	第 1 艦隊第 8 戦隊編入、艦長中原義正大佐 (41 期) 就任
1937(S12)- 2- 1	鹿児島串木野沖で 94 式水偵着水の際転覆大破
1937(S12)- 3-27	寺島水道発青島方面行動、4 月 6 日有明湾着
1937(S12)- 5- 3	高知宿毛湾で 94 式水偵着水の際浮舟折損転覆大破す
1937(S12)- 5-31	佐世保工廠で前橋改造、6 月 15 日完成
1937(S12)- 8-10	佐世保発中支方面行動、10 月 23 日着
1937(S12)- 8-22	中国黄浦江上の戦闘で敵 15cm 砲弾が命中、船体数カ所に損傷を受けたが戦闘航海に支障なし
1937(S12)-10-30	佐世保発中支方面行動、11 月 22 日着
1937(S12)-11-10	艦長中尾八郎大佐 (40 期) 就任
1938(S13)- 1-29	佐世保工廠で船体損傷部復旧工事、2 月 16 日完成
1938(S13)- 2- 1	佐世保工廠でバラスト整理工事、20 日完成
1938(S13)-12- 5	艦長有賀武夫大佐 (42 期) 就任
1938(S13)-12-10	佐世保発南支方面行動、翌年 9 月 7 日着
1938(S13)-12-15	第 5 艦隊第 9 戦隊
1939(S14)- 9-25	第 3 予備艦
1939(S14)-10- 1	佐世保工廠で大修理、損傷修理その他整備、翌年 4 月末完成
1939(S14)-11-15	艦長松原寛三大佐 (39 期) 就任
1939(S14)-12- 1	舞鶴鎮守府に転籍
1940(S15)-10-15	特別役務艦
1940(S15)-11-15	第 2 遣支艦隊第 5 水雷戦隊編入、艦長山澄貞次郎大佐 (44 期) 就任

艦 歴 /Ship's History (36)

艦 名	名 取 (4/6)
年 月 日	記 事 /Notes
1940(S15)-11-19	舞鶴発南支方面行動
1941(S16)- 4-10	第 3 艦隊第 5 水雷戦隊
1941(S16)- 7-28	艦長佐々木静吾大佐 (45 期) 就任、7 月の南部仏印進駐作戦に従事、9 月 8 日着
1941(S16)- 9- 8	舞鶴着、22 日入渠、30 日出渠
1941(S16)-10- 2	舞鶴発橘湾に訓練に従事
1941(S16)-11-26	寺島水道発、29 日馬公着、12 月 7 日発比島アパリまで陸軍輸送船団護送、10 日 1330 アパリで米
	B17 重爆の空襲で至近弾 3 により損傷、搭載機大破、重油タンク浸水、戦死 6、負傷 22 を生じる
	同日発 11 日馬公着応急修理、搭載機更新
1941(S16)-12-18	高雄発リンガエン湾まで第 4、5 水雷戦隊で陸軍輸送船団護衛、26 日馬公着、戦備作業
1941(S16)-12-31	馬公発シンゴラまで陸軍輸送船団護送、翌年 1 月 8 日着、9 日発 12 日カムラン湾着、16 日馬公着、
	18 日同日同日高雄
1942(S17)- 1-31	高雄発船団護送 2 月 3 日カムラン湾着、5 日発船団護送 6 日カムラン湾着、18 日発船団護送 3 月
	1 日バンタム湾着、第 7 戦隊の三隈、最上及び第 3 水雷戦隊の一部の艦とともに来襲した米巡ヒュー
	ストン、豪巡パースと交戦これらを撃沈 (バタビア沖海戦)、本艦に被害なし、発射弾数 29、魚雷 4
1942(S17)- 3-10	第 2 南遣艦隊第 16 戦隊編入
1942(S17)- 3-10	第 2 南遣艦隊 15 日マッカサル着、26 日発 28 日バンタム湾着、クリスマス島攻略のため 29 日発、
	31 日着同日占領、4 月 1 日第 4 水雷戦隊の那智米潜に雷撃され本艦が曳航バンタム湾に向かうが
	2 日自力航行可能となり曳航中止、3 日バンタム湾着、5 日発同日バタビア着、15 日発 18 日マッカ
	サル着、23 日発 24 日バリクパパン着、26 日発 29 日スラバヤ着
1942(S17)- 5- 2	スラバヤ発 3 日バタビア着、11 日発クリスマス島守備隊一部引揚げ支援のため同日バンタム湾着
	15 日発同日バタビア着
1942(S17)- 5-20	足柄内地帰還の間本艦が第 2 南遣艦隊旗艦となる
1942(S17)- 6- 9	スラバヤ発 14 日馬公着、同日発 17 日舞鶴着、20 日入渠、7 月 5 日出渠、この間艦橋、予備魚雷
	頭部防弾板装着、97 式印字機装備、羅針艦橋天井に上空観測孔新設、上甲板外舷補強、無線兵器
	改装等を実施
1942(S17)- 7- 1	艦長猪口敏平大佐 (46 期) 就任
1942(S17)- 7-10	舞鶴発 17 日マッカサル着、19 日発 20 日スラバヤ着、教練作業
1942(S17)- 7-24	スラバヤ発 26 日シンガポール着、28 日発 29 日サバン着 30 日発、31 日メルギー着インド洋ベン
	ガル湾通商破壊戦の準備を行うも作戦中止、8 月 9 日メルギー発サバン経由 12 日ペナン着、待機
	17 日発、シンガポール経由 21 日スラバヤ着、23 日発ケンダリー進出中右舷内軸推進器に損傷を
	発見、単独スラバヤに引き返し修理実施、30 日発 31 日マッカサル着
1942(S17)- 9- 1	マッカサル発推進器換装のためダバオ経由 9 日佐世保着、10 日入渠、22 日出渠、23 日発、10 月
	2 日スラバヤ着
1942(S17)-10-10	スラバヤ発敵艦船出現の報により出動、チモール島方面警戒行動、16 日マッカサル着、待機この間
	数回教練作業のため出動、28 日発バリクパパン経由、11 月 1 日アンボン経由 3 日ファクファリ着
	待機
1942(S17)-11- 8	ファクファリ発バオ、コカス、ファクファリ経由 14 日アンボン着、待機、21 日発多摩とともにマニ
	ラ - ラバウル間の陸軍部隊急速輸送に従事したが 24 日任務を解かれバリクパパン経由、27 日ワイ
	ヒンガで本隊と合同、30 日発チモール海索敵行動後 12 月 2 日ワイヒンガ着、待機、11 日発 13 日
	マッカサル着

87

5,500 トン型 /5,500 Ton Class

艦 歴/Ship's History (37)

艦 名	名 取 (5/6)
年 月 日	記 事/Notes
1942(S17)-11- 8	ファクファリ発バオ、コカス、ファクファリ経由 14 日アンボン着待機、21 日発多摩とともにマニラ－ラバウル間の陸軍部隊急速輸送に従事したが 24 日任務を解かれ、バリクパパン経由、27 日ワイヒンガで本隊と合同、30 日発チモール海索敵行動後 12 月 2 日ワイヒンガ着待機、11 日発 13 日マカッサル着
1942(S17)-12-19	マカッサル発バリクパパン、タラカン経由 23 日アンボン着諸準備の後同日発、25 日ホーランディア着第 21 特別根拠地陸戦隊を陸揚げ、26 日発 29 日アンボン着待機
1942(S17)-12-31	アンボン発翌年 1 月 1 日ワイヒンガ着、本隊に合同、待機訓練、6 日発友鶴救援部隊支援のため出動、7 日アンボンに向かうが 9 日入港直前 1043 米潜水艦トウタグ/Tautog に雷撃され魚雷 1 本が艦尾に命中、229 番ビームより後方の船体切断、舵を失うも機関区画に浸水なく、両舷外軸で 24 ノット発揮可能、戦死 7、負傷 12、直ちにアンボンに入港応急修理
1943(S18)- 1-20	艦長植田弘之介大佐 (42 期) 就任
1943(S18)- 1-21	応急修理完成シンガポールに向かう予定であったが 1005、B24 重爆 3 機が来襲、至近弾により損傷、21 日発球磨、蒼鷹護衛のもとマカッサルに向かう、途中サラヤル海峡で米潜ガー/Gar の雷撃を 2 度受けるが回避、23 日マカッサル着 27 日発鬼怒、蒼鷹護衛のもと 31 日シンガポール着、2 月 3 日入渠仮修理、4 月 30 日出渠、5 月 22 日仮修理完成、24 日発本格修理のため馬公経由舞鶴に向かう
1943(S18)- 4-15	南西方面艦隊第 16 戦隊
1943(S18)- 6- 1	舞鶴着 7 日入渠 10 日出渠、以後損傷部修理及び兵装更新改装工事等実施、5、7 番 14cm 砲撤去、7 番砲跡に 12.7cm 連装高角砲その他 25mm3 連装機銃 4 基、21 号電探、93 式聴音機、93 式探信儀等装備及び方位盤照準装置換装、ガソリン庫撒水装置新設、発射管室防水幕装備、機械室大排水装置改正、居住区通風装置増備等実施また射出機も一時的に撤去
1943(S18)- 7- 1	舞鶴鎮守府予備艦
1943(S18)- 7-20	艦長平井泰次大佐 (43 期) 就任
1944(S19)- 3-18	艦長久保田智大佐 (46 期) 就任
1944(S19)- 4- 1	舞鶴鎮守府部隊
1944(S19)- 4-10	若狭湾で改造公試、12 日入渠 16 日出渠
1944(S19)- 4-20	中部太平洋方面艦隊付属
1944(S19)- 4-25	舞鶴発 30 日柱島に回航、訓練及び呉工廠で残工事実施、5 月 7-9 日
1944(S19)- 5-15	中部太平洋方面艦隊第 3 水雷戦隊
1944(S19)- 6- 5	呉発第 126 防空隊をダバオに輸送、11 日着人員陸揚、16 日発人員輸送 17 日パラオ着、同日発あ号作戦補給部隊護衛任務につく、18 日補給部隊と合同 19 日まで護衛、22 日マニラ着、補給警泊
1944(S19)- 6-25	連合艦隊付属
1944(S19)- 6-26	マニラ発 28 日ダバオ着、警泊、7 月 12 日発 13 日パラオ着、14 日発人員輸送 15 日ダバオ着
1944(S19)- 7-18	連合艦隊第 3 水雷戦隊編入
1944(S19)- 7-20	ダバオ発 21 日パラオ着引揚げ民間婦女子 800 名を収容同日発、22 日ダバオ着人員陸揚、29 日発人員輸送、31 日マニラ着、8 月 5 日マニラ工作部で入渠、8 日出渠
1944(S19)- 8-10	マニラ発パラオまで人員輸送、途中反転 12 日セブ着 13 日発同日チクリン水道仮泊、14 日発ヒリラン水道仮泊、15 日発セブ着、16 日発チクリン水道仮泊、17 日発パラオに向かう
1944(S19)- 8-18	0241 艦橋下の第 1 缶室左舷に米潜水艦ハードヘッド Hardhead の発射した魚雷 1 本命中、重油タンク破壊重油噴出炎上、航行停止、0330 右舷後檣付近に 2 本目の魚雷命中したが不発、0540 前甲板浸水で海中に没す、0700 前部発射管甲板海中に没し、0702 総員退去、0705 沈没、戦死 332、負傷 2、

艦 歴/Ship's History (38)

艦 名	名 取 (6/6)
年 月 日	記 事/Notes
	艦長、副長とも戦死、生存者 191 はカッター 3 隻で 250 浬を航海 11 日めの 8 月 29 日にヒナツアン水道東入口着、陸軍船舶に曳航されて 30 日朝スリガオ着帰還
1944(S19)- 8-20	連合艦隊付属
1944(S19)-10-10	除籍

5,500トン型/5,500 Ton Class

艦 歴/Ship's History (39)

艦 名	由 良 (1/5)
年 月 日	記事/Notes
1920(T 9)- 3-26	命名、2等巡洋艦に類別、佐世保鎮守府に仮入籍
1921(T10)- 5-21	佐世保工廠で起工
1922(T11)- 2-15	進水
1922(T11)- 2-16	艤装員長小副川敬治大佐 (29 期) 就任
1923(T12)- 3-20	竣工、佐世保鎮守府に入籍、第1予備艦、艦長小副川敬治大佐 (29 期) 就任
1923(T12)- 4- 1	第2艦隊第5戦隊に編入
1923(T12)- 5-20	佐世保工廠で缶室非常口改造、9月19日完成
1923(T12)- 8-25	横須賀発中国沿岸警備行動、9月4日呉着
1923(T12)- 9-20	呉工廠で送風機修理、27日完成
1923(T12)- 9-23	関東大震災に際して大阪より救護材輸送品川着、30日まで同地で警備任務
1923(T12)-11-29	佐世保工廠でビルジキール改造、12月18日完成
1923(T12)-12- 1	艦長石川清大佐 (30 期) 就任
1923(T12)-12-24	佐世保工廠で繋留気球繋留装置及び繋留機装備、翌年1月22日完成
1924(T13)- 1- 8	佐世保工廠で測的所新設、22日完成
1924(T13)- 5- 8	佐世保工廠で無線装置改修、方向探知機、防雷具装備、6月5日完成
1924(T13)-10-12	母島発南洋方面大演習、20日佐世保着
1924(T13)-11- 1	艦長中原市介大佐 (31 期) 就任
1925(T14)- 3-25	佐世保発揚子江流域及び青島方面警備行動、4月23日佐世保着
1925(T14)- 5-21	左舷外軸高圧タービン故障、修理に10日を要す
1925(T14)- 6-11	第3予備艦
1925(T14)- 7- 2	艦長重岡信治郎大佐 (30 期) 就任、兼出雲艦長
1925(T14)- 8-25	艦長小槙和輔大佐 (33 期) 就任
1925(T14)-11- 1	第1予備艦
1925(T14)-12- 1	第2艦隊第5戦隊
1926(T15)- 3-29	徳山発青島、芝罘方面警備行動、4月11日佐世保着
1926(T15)-12- 1	第1艦隊第1潜水戦隊に編入、艦長豊田副武大佐 (33 期) 就任
1927(S 2)- 3- 6	佐世保工廠で右舷高圧タービン修理、7月11日完成
1927(S 2)- 3-10	山口県藤生沖で魚雷発射訓練後運貨船に繋留中の気球が烈風のため繋留索切断飛び去り、愛媛県越
	知郡宮窪村に飛来電柱2本折損、民家1棟倒壊、2棟の屋根破壊、気球は大破
1927(S 2)- 3-27	佐伯発青島方面警備行動、5月16日佐世保着
1927(S 2)- 6- 1	佐世保工廠でターボ発電機排気管及び機械室清水管改造、翌年3月8日完成
1927(S 2)- 6-15	魚雷調整中気筒爆発1等水兵1名右手切断の重傷を負う
1927(S 2)- 6-18	第1艦隊第3戦隊
1927(S 2)- 8-15	佐世保工廠で無電機用2次電池装備、9月28日完成
1927(S 2)-10-30	横浜沖大演習観艦式に供奉艦として参列
1927(S 2)-11-15	艦長池田武義大佐 (32 期) 就任
1927(S 2)-12- 1	第3予備艦
1928(S 3)- 2-15	佐世保工廠で気球繋留装置撤去、25日完成
1928(S 3)- 7- 5	佐世保工廠で第2士官次室新設、10月15日完成
1928(S 3)- 7-26	佐世保工廠で測的所ブルワーク新設、9月20日完成

艦 歴/Ship's History (40)

艦 名	由 良 (2/5)
年 月 日	記事/Notes
1928(S 3)-11- 1	第1予備艦
1928(S 3)-12- 4	横浜沖大礼特別観艦式参列
1928(S 3)-12-10	艦長太田垣富三郎大佐 (34 期) 就任
1929(S 4)- 1- 7	佐世保工廠で後部発射管直上短艇甲板補強、2月25日完成
1929(S 4)- 1-21	佐世保工廠で11式変距率盤装備、2月20日完成
1929(S 4)- 3-29	佐伯発青島、泰皇島方面警備行動、4月22日長崎着
1929(S 4)- 4-26	佐世保工廠で飛行機発進促進装置搭載仮公試開始、7月22日完成
1929(S 4)- 5- 8	佐世保工廠で標的船第1ポンツーン1隻搭載、29日完成
1929(S 4)- 5-25	佐世保工廠で1号無線電話機増設、28日完成
1929(S 4)- 5-17	佐世保工廠で羅針橋遮風装置改造 (ガラス窓の高さ改正) 通知
1929(S 4)- 7- 3	夜間射撃訓練の際爆風で搭載の水偵 (ハインケル1号水偵) 破損
1929(S 4)-11- 1	艦長和田専三大佐 (34 期) 就任
1929(S 4)-11-20	佐世保工廠でタービン自在接手改造、12月7日完成
1930(S 5)- 2- 7	佐世保工廠で重油噴燃装置改造、6月3日完成
1930(S 5)- 3- 7	呉工廠で主機械修理、13日完成
1930(S 5)- 3-28	佐世保発青島方面警備行動、4月3日大連着
1930(S 5)- 5-28	佐世保工廠で連携識別信号灯仮装備、7月10日完成
1930(S 5)-10-26	神戸沖特別大演習観艦式参列
1930(S 5)-12- 1	第2予備艦、艦長小倉次次郎大佐 (35 期) 就任、兼佐多特務艦長6年1月15日まで
1931(S 6)- 9-14	佐世保工廠で羅針艦橋改造、前方ブルワークを10度外方に傾斜、ガラス窓の高さを上げる、天幕位
	置を下げる、3.5m 測距儀台改造、1.5m 測距儀台新設両舷、12cm 双眼鏡1基新設、12月24日完成
1931(S 6)-10-20	第1予備艦
1931(S 6)-10-21	佐世保工廠でL式音響測深儀装備、12月30日完成
1931(S 6)-11-30	佐世保工廠で磁気羅針儀と縦羅針儀位置相互交換、12月5日完成
1931(S 6)-12- 1	第1艦隊第3戦隊、艦長谷本馬太郎大佐 (35 期) 就任
1932(S 7)- 1-17	佐世保工廠で艦橋に12cm 双眼鏡架台3、8cm 双眼鏡架台2を新設、2月1日完成
1932(S 7)- 1-29	佐世保発上海事変に従事、3月22日寺島水道着
1932(S 7)- 2- 2	第3艦隊第3戦隊
1932(S 7)- 3-20	第3戦隊より除く
1932(S 7)- 3-22	舞鶴工廠で戦傷部修理補強、翌年1月31日完成
1932(S 7)- 6-15	油谷湾で水偵発射時途中より射出力低下、90式1号水偵が前甲板に右浮舟をひっかけ海中に大
	破、人員の被害なし
1932(S 7)- 6-29	佐世保発馬鞍群島及び南洋方面行動、8月21日木更津着
1932(S 7)-12- 1	艦長富田貴一大佐 (38 期) 就任
1933(S 8)- 5- 9	佐世保工廠で14cm 砲揚弾薬機改造、翌年3月31日完成
1933(S 8)- 5-20	第1艦隊第7戦隊
1933(S 8)- 5-30	佐世保工廠で艦底測程儀装備、翌年1月31日完成
1933(S 8)- 6-15	艦長杉山六蔵大佐 (38 期) 就任
1933(S 8)- 8-25	横浜沖大演習観艦式参列
1933(S 8)- 8-30	佐世保工廠で安式航跡自画器装備、翌年3月31日完成

5,500トン型 /5,500 Ton Class

艦 歴/Ship's History (41)

艦 名	由 良 (3/5)
年 月 日	記事/Notes
1933(S 8)- 9-20	佐世保工廠で航空艤装改造、射出機換装位置変更、翌年1月30日完成
1933(S 8)-11- 1	第2艦隊第2潜水戦隊
1933(S 8)-11-15	艦長春日篤大佐(37期)就任
1933(S 8)-11-16	佐世保工廠で不良缶管換装、翌年3月31日完成
1933(S 8)-11-20	佐世保工廠で佐多搭載30'20馬力内火艇1隻を潜水戦隊旗艦の間臨時搭載
1934(S 9)- 1- 4	佐世保工廠で2kW信号灯装備、3月30日完成
1934(S 9)- 5-15	佐世保工廠で仮複式水中信号機(対潜水艦交信用)装備、6月12日完成
1934(S 9)- 5-21	佐世保工廠で爆雷投下装置装備、6月11日完成
1934(S 9)- 8-25	佐世保工廠で発射指揮装置及び発射管一部改造、翌年1月15日完成
1934(S 9)- 9-27	旅順発青島方面行動、10月5日佐世保着
1934(S 9)-10-12	第3期対抗演習中右舷後部発射管甲板付近に夕張触衝、損傷軽微
1934(S 9)-11- 1	艦長若林清作大佐(39期)就任
1934(S 9)-11- 2	佐世保工廠で測距儀防振台装備、翌年1月15日完成
1935(S10)- 2- 7	単冠湾発幌筵海峡方面行動、25日宿毛着
1935(S10)- 3-29	油谷湾発馬鞍群島方面行動、4月4日寺島水道着
1935(S10)-10-25	艦長友成佐市郎大佐(38期)就任
1935(S10)-11-15	第3予備艦、佐世保鎮守府警備戦隊付属
1936(S11)- 2-20	夕張と9m内火艇1隻を搭載換え、21日完成
1936(S11)- 3-10	佐世保工廠で特定修理(電気)実施、11月20日完成
1936(S11)- 6-19	佐世保工廠委託の鈴田造船で艤装改善工事実施、8月21日完成
1936(S11)- 7- 8	横須賀工廠で18cm双眼鏡装備、翌年1月15日完成
1936(S11)- 7-13	佐世保工廠で13mm機銃装備、7月18日完成
1936(S11)- 7-20	佐世保工廠委託の九州鉄工所で特定修理実施、12月25日完成
1936(S11)- 8-24	佐世保工廠で仮複式水中信号機撤去、27日完成
1936(S11)-10-16	佐世保軍港で工廠繋船池第2岸壁繋留中、第3号缶焚試中蒸気噴出職工3名を含む7名死亡、重傷2名、軽傷7名
1936(S11)-11- 1	第1予備艦
1936(S11)-11-10	佐世保工廠で特務士官、准士官室改造、翌年1月15日完成
1936(S11)-11-18	佐世保工廠で27'通船搭載施設撤去、翌年3月20日完成
1936(S11)-11-21	佐世保工廠で91式風信儀装備、翌年1月26日完成
1936(S11)-11-28	佐世保工廠で巡洋艦側曳給油装置装備、翌年2月15日完成
1936(S11)-12- 1	第1艦隊第8戦隊
1937(S12)- 1- 6	佐世保工廠で14cm砲噴気装置改造、12日完成
1937(S12)- 2-17	佐世保工廠で内火艇臨時搭載
1937(S12)- 3-27	寺島水道発青島方面行動、4月6日有明湾着
1937(S12)- 5-31	佐世保工廠で前橋改造、6月15日完成
1937(S12)- 6- 2	佐世保工廠で探照灯換装、20日完成
1937(S12)- 7-14	佐世保工廠で毘式12mm単装機銃及び銃側弾薬函仮装備、18日完成
1937(S12)- 7-15	佐世保工廠で航空兵装改造、8月25日完成
1937(S12)- 8-10	佐世保発中支方面行動、11月22日着

艦 歴/Ship's History (42)

艦 名	由 良 (4/5)
年 月 日	記事/Notes
1937(S12)- 9-12	佐世保工廠で損傷部修理、翌年1月25日完成
1937(S12)-10-12	中国呉淞上流で左錨泊中潮流のため右にふられるのを修正しょうとして錨鎖を短縮した際錨鎖切断錨亡失す
1937(S12)-12- 1	艦長徳永栄大佐(41期)就任
1937(S12)-12-21	佐世保工廠で97式山川灯整備、翌年1月26日完成
1937(S12)-12-22	佐世保工廠で防雷具装置改正、翌年1月30日完成
1937(S12)-12-24	佐世保工廠でバラスト整理、翌年1月30日完成
1938(S13)- 1- 8	佐世保工廠で全14cm砲身換装、20日完成
1938(S13)- 3-24	佐世保工廠で羅針艦橋天蓋新設、4月7日完成
1938(S13)-11-13	高雄発南方方面行動、16日佐世保着
1938(S13)-11-15	艦長市岡寿大佐(42期)就任
1939(S14)- 3-22	鹿児島発北支方面行動、4月2日寺島水道着
1939(S14)- 8- 9	小松島発南洋方面行動、26日岸和田着
1939(S14)-11- 1	艦長魚住治策大佐(42期)就任
1939(S14)-11-15	特別役務艦、佐世保工廠で修理
1940(S15)- 5- 1	第4艦隊第5潜水戦隊
1940(S15)- 5-17	佐世保発南洋方面行動、9月22日横須賀着
1940(S15)-11-15	連合艦隊第5潜水戦隊
1941(S16)- 2-24	佐世保発南支方面行動、3月3日基隆着
1941(S16)- 9- 1	艦長三好輝彦大佐(43期)就任
1941(S16)- 9-13	佐世保工廠で入渠、22日出渠
1941(S16)-11-26	佐世保発パラオに進出
1941(S16)-11-28	南方部隊マレー部隊編入、三亜に回航12月3日着、5日発上陸輸送船団護衛
1941(S16)-12- 9	マレー半島東岸沖に散開哨戒中の第4潜水戦隊の伊65が北上中の英戦艦2隻を発見、由良は鬼怒とともに小沢中将の本隊に合流を命じられたが、翌日の中攻隊の攻撃で英戦艦2隻は撃沈され、本艦は11日カムラン湾着
1941(S16)-12- 9	マレー、ボルネオ攻略の輸送船団護衛、15日ミリ着沖合で連合国側の水上艦艇に備える、22日ミリ発クチン攻略作戦を支援、23日クチン着25日発、27日カムラン湾着、待機
1942(S17)- 1-16	カムラン湾発19日シンゴラ着
1942(S17)- 1-20	将旗を伊65潜に移す、以後潜水戦隊任務を離れて第3水雷戦隊等に付属して上陸作戦支援にあたる、同日シンゴラ発、22日サンジャック着24日発エンドウ上陸作戦支援、2月3日カムラン湾着
1942(S17)- 2-10	カムラン湾発バンカ、パレンバン上陸作戦支援、13日バンカ湾北方で川内と協同で英武装商船を撃沈、その他小型船1隻捕獲、1隻撃沈、19日アナンバス着、20日発西部ジャワ上陸作戦支援、3月3日バタビア東方のカンダンハウで敵砲兵陣地を艦砲射撃、陸軍を直接支援する、4日被雷した襷裳の救援に向かったが沈没、生存者162名(内20名負傷)を収容、6日シンガポール着
1942(S17)- 3- 9	シンガポール発スマトラ攻略作戦を支援、サバン島沖で敵水上艦艇の出現に備える、15日ペナン着20日発アンダマン攻略部隊を護衛、23日上陸成功、28日メルギー着、4月1日発インド洋通商破壊に参加、中央隊(鳥海、龍驤、本艦、駆逐艦2)で行動、6日本艦は英商船ガンジス/Ganges(6,245総トン)及びオランダ商船2隻を撃沈、10日ペナン着、11日発佐世保に向かう
1942(S17)- 4-20	佐世保着、艦長佐藤四郎大佐(43期)就任

5,500トン型/5,500 Ton Class

艦 歴/Ship's History (43)

艦 名	由 良 (5/5)
年 月 日	記 事/Notes
1942(S17)- 5- 3	佐世保工廠で入渠、11 日出渠
1942(S17)- 5- 9	第 2 艦隊第 4 水雷戦隊編入
1942(S17)- 5-19	佐世保発 20 日柱島着、29 日発ミッドウェー作戦に参加、6 月 19 日小松島着、警泊
1942(S17)- 8-11	呉発 17 日トラック着、20 日発機動部隊前進部隊として 24 日第 2 次ソロモン海戦参加、5 日トラック着
1942(S17)- 9- 9	トラック発ガ島東方面に進出、22 日ショートランド着、23 日発ラバウルに向ったが反転 24 日着、25 日ガ島増援輸送において挺身輸送隊に定められる、同日ショートランドで爆撃を受け小破
1942(S17)-10- 5	ショートランド発キエタ北方海面に向け出動、6 日ショートランドに帰投
1942(S17)-10-12	ショートランド発輸送任務を果たした日進、千歳収容のため出動、同日合同帰投
1942(S17)-10-14	ショートランド発ガ島輸送任務エスペランス岬着、揚陸、15 日発同日ショートランド着
1942(S17)-10-17	ショートランド発ガ島輸送任務エスペランス岬着、揚陸、18 日発北上中、0445 米潜グランパス / Grampus の発射した魚雷 1 本が本艦の左舷前部に命中したが不発、直径 80cm 深さ 15cm の凹みを生じるも航行に支障なし、同日ショートランド着
1942(S17)-10-23	ショートランド発ガ島輸送任務に出動するが反転引き返す、24 日増援部隊第 2 次攻撃隊として秋月以下駆逐艦 5 隻とともに再度出撃、25 日ルンガ岬砲撃のため南下中 1055 米艦爆の爆撃により本艦と秋月が被爆、由良は射撃指揮所と変圧器室後方の 2 カ所に直撃弾を受け、操舵装置と消防管系が使用不能となりまた至近弾により浸水も生じる、午後まで排水及び消火に努め、応急舵で 16 ノット程度で航行可能であったが、1400 頃より推進軸の焼損により航行不能となり、1540 再度敵艦載機の攻撃があり、これはどうにか回避したものの B17 の爆撃が続き、この 3 弾は病室及び 3、4 番砲付近に命中大火災となり逐次誘爆等のため消火不能と判断、1614 総員退去、戦死砲術長以下 55、負傷 90、生存者は秋月に収容される、なお、本艦はこの後も炎上漂流していたが 1620 春風と夕立が各 1 本の魚雷を発射、ついで夕立が砲撃を行って自沈処分された、なお本艦の 94 式水偵は衣笠に充当された、本艦の喪失は太平洋戦争最初の 5500 トン型軽巡の戦没艦である
1942(S17)-11-20	除籍

艦 歴/Ship's History (44)

艦 名	鬼 怒 (1/5)
年 月 日	記 事/Notes
1920(T 9)-10- 1	命名
1920(T 9)-11- 9	2 等巡洋艦に類別、呉鎮守府に仮入籍
1921(T10)- 1-17	神戸川崎造船所で起工
1922(T11)- 5-10	艤装員長矢野馬吉大佐 (28 期) 就任
1922(T11)- 5-29	進水
1922(T11)-11-10	竣工、呉鎮守府に入籍、第 1 予備艦、艦長矢野馬吉大佐 (28 期) 就任
1922(T11)-12- 1	第 2 艦隊第 5 戦隊
1923(T12)- 1-15	呉工廠でタービン修理、5 月 31 日完成
1923(T12)- 2-18	呉発南洋方面警備行動、3 月 23 日横須賀着
1923(T12)- 8-25	横須賀発中国方面警備行動、9 月 4 日呉着
1923(T12)- 9-23	関東大震災に際して大阪より救護材輸送横浜着、30 日まで京浜地区で警備任務
1923(T12)-11-10	呉工廠でタービン修理、翌年 1 月 31 日完成
1923(T12)-12- 1	第 2 予備艦、艦長及川古志郎大佐 (31 期) 就任
1924(T13)- 1-10	艦長竹内正大佐 (30 期) 就任
1924(T13)- 1-14	呉工廠で気球繋留機 1 基撤去、15 日完成
1924(T13)- 2-20	呉工廠で機関修理、3 月 31 日完成
1924(T13)- 4-15	呉工廠で伝声管新設、6 月 7 日完成
1924(T13)- 5-19	呉工廠で缶室非常口改造、7 月 30 日完成
1924(T13)- 9- 1	第 1 予備艦
1924(T13)-10- 9	館山発南洋方面大演習、20 日佐世保着
1924(T13)-10-26	呉軍港で補助 1 号缶焼損、修理に約 1 か月を要す
1924(T13)-11-10	艦長松崎直大佐 (31 期) 就任
1925(T14)- 3-30	佐世保発泰皇島方面警備行動、4 月 5 日旅順着
1925(T14)-12- 1	艦長瀬崎仁平大佐 (32 期) 就任
1926(T15)- 3-30	中城湾発厦門、舟山島方面警備行動、4 月 26 日寺島水道着
1926(T15)-11- 1	艦長小野弥一大佐 (33 期) 就任
1926(T15)-12- 1	第 1 艦隊第 3 戦隊
1927(S 2)- 3-26	佐伯発青島方面警備行動、5 月 14 日呉着
1927(S 2)- 6-13	呉工廠で真水及び海水管装置一部改正
1927(S 2)-10-30	横浜沖大演習観艦式に先導艦として参列
1927(S 2)-11-15	艦長小旗巍大佐 (33 期) 就任
1927(S 2)-12- 1	第 2 予備艦
1928(S 3)- 9- 1	第 1 予備艦
1928(S 3)- 7-10	呉工廠で第 2 士官次室新設、9 月 5 日完成
1928(S 3)-11-17	呉工廠で主機左舷内軸修理、翌年 3 月 31 日完成
1928(S 3)-11-30	呉工廠で作戦室新設、翌年 5 月 28 日完成
1928(S 3)-12- 4	横浜沖大礼特別観艦式参列
1928(S 3)-12-10	第 2 艦隊第 2 水雷戦隊、艦長田尻敏郎大佐 (33 期) 就任
1929(S 4)- 1-20	呉工廠で重油噴出装置修理、2 月 28 日完成
1929(S 4)- 3-28	呉発芝罘方面警備行動、4 月 3 日旅順着

5,500 トン型 /5,500 Ton Class

艦　歴 /Ship's History (45)

艦　名	鬼　怒 (2/5)
年 月 日	記事 /Notes
1929(S 4)- 4-12	呉工廠で羅針艦橋 3.5m 測距儀台改造、5 月 26 日完成
1929(S 4)-11-30	艦長中島隆吉大佐 (35 期) 就任
1930(S 5)- 1- 6	呉工廠で揚錨機修理、30 日完成
1930(S 5)- 5-17	古仁屋発南洋方面行動、6 月 19 日横須賀着
1930(S 5)-10-26	神戸沖特別大演習観艦式参列
1930(S 5)-11-16	呉工廠で飛行機搭載設備及び射出機装備、翌年 1 月 31 日完成
1930(S 5)-12- 1	艦長坂本伊久太大佐 (36 期) 就任
1931(S 6)- 3-29	福岡発青島方面行動、4 月 5 日裏長山列島着
1931(S 6)- 2- 5	呉で缶室より出火、15 分後に鎮火、隔壁一部焼損
1931(S 6)- 5-18	呉工廠でタービン修理、7 月 10 日完成
1931(S 6)-12- 1	第 2 予備艦、艦長佐倉武夫大佐 (37 期) 就任
1932(S 7)- 2-20	第 1 予備艦
1932(S 7)- 4-10	第 2 予備艦
1932(S 7)- 8-	呉工廠で方位盤改造、翌年 5 月 20 日完成
1932(S 7)-11- 1	警備兼練習艦 (兵学校)
1933(S 8)- 3- 1	江田島発兵学校 4 学年乗艦実習、13 日着
1933(S 8)- 3-15	江田島発兵学校 4 学年乗艦実習、27 日着
1933(S 8)- 7- 7	江田島発兵学校 4 学年乗艦実習、13 日着
1933(S 8)- 8-16	館山発南洋方面行動、21 日木更津沖着
1933(S 8)- 8-25	横浜沖大演習観艦式参列
1933(S 8)- 9-10	江田島発兵学校 3 学年乗艦実習巡航、23 日着
1933(S 8)-10- 末	佐世保工廠で特定修理、翌年 8 月 30 日完成
1933(S 8)-11-15	第 2 予備艦、艦長木幡行大佐 (37 期) 就任
1934(S 9)- 3-16	佐世保工廠で機雷敷設軌条改造、翌年 1 月 10 日完成
1934(S 9)- 6- 8	佐世保工廠で爆雷投下装置装備、8 月 26 日完成
1934(S 9)- 6-15	佐世保工廠で飛行機搭載設備及び射出機換装、8 月 30 日完成、見張設備新設、7 月 31 日完成
1934(S 9)- 7-13	舞鶴工作部で水雷発射 90 式方位盤 1 型装備、翌年 1 月 31 日完成
1934(S 9)- 7-20	第 1 予備艦
1934(S 9)- 9- 2	呉工廠で誘導タービン検査修理、翌年 1 月 10 日完成
1934(S 9)-11- 1	艦長遠藤喜一大佐 (39 期) 就任
1934(S 9)-11-15	警備兼練習艦 (機関学校)、舞鶴要港部付属
1935(S10)- 4-12	舞鶴工作部で製氷機換装、9 月 6 日完成
1935(S10)- 5-25	舞鶴工作部で 18cm 双眼鏡装備、6 月 28 日完成
1935(S10)- 6- 6	舞鶴工作部で無線兵装改修、7 月 30 日完成
1935(S10)- 7-29	大演習中第 4 艦隊第 3 水雷戦隊に編入
1935(S10)- 9-26	大演習中三陸沖で大型台風に遭遇 (第 4 艦隊事件)、乗員に重傷 1 を生じ、兵器や各装置の電動機が浸水使用不能となり、排気筒亀裂流出
1935(S10)-10-11	呉工廠で損傷 (第 4 艦隊事件) 修理、翌年 5 月 31 日完成
1935(S10)-11-15	第 2 艦隊第 2 潜水戦隊、艦長三輪茂義大佐 (39 期) 就任
1936(S11)- 4-13	福岡発青島方面行動、22 日寺島水道着

艦　歴 /Ship's History (46)

艦　名	鬼　怒 (3/5)
年 月 日	記事 /Notes
1936(S11)- 6-	呉工廠で 91 式風信儀装備、12 月 1 月完成
1936(S11)- 8- 4	馬公発厦門方面行動、6 日高雄着
1936(S11)-11- 1	呉工廠で無線兵器改修、翌年 3 月 1 月完成
1936(S11)-12- 1	第 1 艦隊第 8 戦隊、艦長石川茂大佐 (40 期) 就任
1937(S12)- 3-27	佐世保発青島方面行動、4 月 6 日有明湾着
1937(S12)- 3-28	済州島南東海面で 94 式水偵が着水時大破
1937(S12)- 6-22	広工廠で射出機ダミー射出実験、10 月 20 月完成
1937(S12)- 7-14	呉工廠で防弾鋼板装備
1937(S12)- 8-10	佐世保発中支方面行動、11 月 23 日呉着
1937(S12)- 8-28	呉工廠で無線兵器改修及び水中信号機装備、翌年 5 月 31 月完成
1937(S12)-10- 9	呉工廠で砲戦指揮装置改造、翌年 1 月 31 日完成
1937(S12)-10-17	上海において投錨回頭中潮流に圧流されて繋留中の朝顔に接触、双方軽い損傷
1937(S12)-12- 1	艦長田代蘇平大佐 (41 期) 就任
1938(S13)- 4- 9	寺島水道発南支方面行動、14 日基隆着
1938(S13)- 9-20	館山発中支方面行動、28 日寺島水道着
1938(S13)-10- 9	馬公発南支方面行動、11 月 17 日呉着
1938(S13)-12-15	艦長渡辺清七大佐 (42 期) 就任
1939(S14)- 3-22	鹿児島発北支方面行動、4 月 2 日寺島水道着
1939(S14)-11-15	第 3 予備艦、艦長橋本愛次大佐 (39 期) 就任
1940(S15)- 4-20	艦長伊藤徳嶤大佐 (39 期) 就任
1940(S15)-11- 1	特別役務艦、舞鶴工廠で特定修理、8cm 高角砲を 25mm 連装機銃に換装
1940(S15)-11-15	警備兼練習艦 (兵学校)
1940(S15)-12- 2	艦長矢牧章大佐 (46 期) 就任
1941(S16)- 3-15	艦長鍋島俊策大佐 (42 期) 就任
1941(S16)- 4-10	連合艦隊付属第 4 潜水戦隊
1941(S16)- 8-11	艦長加藤与四郎大佐 (43 期) 就任
1941(S16)-11-20	岩国発 26 日三亜着、12 月 4 日発南方部隊編入輸送船団の間接護衛
1941(S16)-12- 9	マレー半島東岸に展開した指揮下の伊 65 潜が英戦艦 2 隻の北上を発見、本艦は本隊への合同を命じられるが搭載の 94 式水偵が英戦艦を探索これを発見、翌日英戦艦は中攻隊の攻撃で撃沈され、本艦は 11 日カムラン湾に帰投
1941(S16)-12-13	カムラン湾発第 2 次マレー上陸船団護送、17 日ミリ方面輸送船団護衛、26 日カムラン湾着、待機
1942(S17)- 1- 5	カムラン湾発マレー船団護衛、9 日カムラン湾着、待機
1942(S17)- 1-16	カムラン湾発英艦隊迎撃のため出撃したが会敵せず 19 日カムラン湾着。待機
1942(S17)- 1-29	カムラン湾発レド航空基地への輸送部隊護衛、2 月 11 日カムラン湾着、警泊待機
1942(S17)- 2-17	カムラン湾発特設潜水母艦名古屋丸護衛 24 日スターリング湾着、同日重油補給後発ジャワ攻略作戦支援任務に従事、3 月 1 日クラガン泊地で船団護衛中改装した英戦闘機の攻撃で、至近弾により戦死 2、負傷 11 を生じたが戦闘航行に支障なし、6 日スターリング湾着
1942(S17)- 3-10	第 2 南遣艦隊第 16 戦隊
1942(S17)- 3-17	スターリング湾発 18 日マカッサル着、25 日発 27 日アンボン着
1942(S17)- 3-30	アンボン発ニューギニア各地の攻略平定作戦に従事、8 カ所に陸戦隊上陸、4 月 26 日マカッサル着

5,500 トン型 /5,500 Ton Class

艦 歴 /Ship's History (47)

艦　名	鬼　怒 (4/5)
年　月　日	記　事 /Notes
1942(S17)- 4-28	マカッサル発 29 日スラバヤ着、5 月 1 日発呉に向かう
1942(S17)- 5-10	呉着、21 日入渠 28 日出渠、整備作業
1942(S17)- 6- 5	呉発 11 日タラカン着重油搭載、12 日発 14 日スラバヤ着戦隊本隊と合同、20 日発訓練のため出動
	21 日バタビア着、29 日発 7 月 1 日パンジェルマン着、2 日発 3 日マカッサル着、7 日発 8 日スラバヤ着
1942(S17)- 7-24	スラバヤ発ベンガル湾通商破壊戦部隊に参加、26 日シンガポール着 28 日発 29 日サバン着、30 日発 31 日メルギー着、警戒待機、8 月 8 日前記通商破壊戦取り止め編成を解く
1942(S17)- 8- 9	メルギー発当面マレー方面部隊の指揮下にとどまりペナンでの待機を命じられる、12 日ペナン着 16 日東印方面への復帰を命じられて 17 日発シンガポール、スラバヤ、マカッサル経由 26 日ケンダリー着、30 日発途中名取と合同、訓練後 31 日マカッサル着、待機
1942(S17)- 9- 8	マカッサル発 9 日スラバヤ着、11 日発 12 日バタビア着陸軍部隊乗艦ラバウルへ輸送、アンボン経由 20 日ラバウル着 21 日発ショートランドまで部隊輸送、22 日着同日発 29 日バリクパパン着、10 月 1 日発 2 日スラバヤ着
1942(S17)-10- 3	スラバヤで司令官交代、本艦戦隊旗艦
1942(S17)-10-10	スラバヤ発小スンダ列島方面警戒任務、ビマ、ワインガップ、フガ湾、クーパン経由 16 日マカッサル着、待機訓練
1942(S17)-10-28	マカッサル発バリクパパン経由 11 月 1 日アンボン着、2 日発 3 日ファクファク着警戒待機
1942(S17)-11- 8	ファクファク発 14 日アンボン着、24 日発同日ワイヒンガ湾着名取合同、30 日発スターリング湾に向かうも途中商船発見の報によりチモール島方面に向かう進出、1 日敵機の爆撃を受けるも被害なし、2 日ワイヒンガ湾着、警戒待機及び訓練、11 日発 13 日マカッサル着、待機
1942(S17)-12-12	艦長上原義雄大佐 (45 期) 就任
1942(S17)-12-28	マカッサル発 29 日スラバヤ着、31 日発シンガポールに向かう
1943(S18)- 1- 2	シンガポール着、3 日入渠 9 日出渠、乗員にパラチフス発生 10 日現在送院者 167、19 日発 21 日スラバヤ着、24 日発同日マカッサル着、27 日発被雷した名取を護衛して 31 日シンガポール着
1943(S18)- 2- 2	シンガポール発 5 日マカッサル着本隊と合同、6 日発 8 日アンボン着 9 日発 12 日スラバヤ着
1943(S18)- 2-21	スラバヤ発陸軍部隊輸送 22 日マカッサル着、23 日発 27 日カイマナ着部隊陸揚同日発、28 日カブイ着、陸戦隊上陸、警泊、訓練
1943(S18)- 3- 9	カブイ発 13 日タラカン着、15 日発 16 日マカッサル着、警戒待機
1943(S18)- 3-22	艦長板倉得止大佐 (42 期) 就任
1943(S18)- 4-12	マカッサル発 13 日スラバヤ着、待機、25 日発 27 日シンガポール着、整備、修理作業
1943(S18)- 5-13	シンガポール発 14 日リンガ泊地着、15 日発 17 日ジャカルタ着、20 日発 21 日スラバヤ着陸軍部隊輸送、29 日発 30 日マカッサル着、31 日発 6 月 2 日アンボン着部隊陸揚、3 日発バボ、ブラ、バチャン経由、10 日マカッサル着、待機訓練
1943(S18)- 6-23	マカッサル碇泊中 1115 敵 B24 重爆約 2 時間半にわたり来襲、本艦は至近弾による破口多数、左舷後部各倉庫浸水、後部機械室満水、最大速力 14 ノット可能、戦死 3、負傷 17、応急修理後 24 日発 25 日スラバヤ着、以後同地で仮修理
1943(S18)- 7-20	スラバヤ発 21 日マカッサル着、22 日発タラカン、馬公経由本格修理のため呉に向かう
1943(S18)- 8- 2	呉着、修理整備作業及び兵装換装新設、7 番 14cm 砲を 12.7cm 連装高角砲に換装、5 番砲撤去、25mm3 連装機銃 2 基、21 号電探、水中聴音機等装備、17 日入渠 27 日出渠、再度 9 月 25 日入渠 29 日出渠

艦 歴 /Ship's History (48)

艦　名	鬼　怒 (5/5)
年　月　日	記　事 /Notes
1943(S18)-10-14	呉発、16 日軸受焼損のため引き返す
1943(S18)-10-19	呉発 26 日シンガポール着、整備作業、11 月 4 日発同日ルンガ泊地着、以後同地で訓練、26 日発同日シンガポール着、
1943(S18)-11-30	シンガポール発海上交通保護のため出動、12 月 2 日マラッカ着、7 日発 8 日ペナン着、11 日発 12 日サバン着、13 日発 21 日ジャカルタ着、23 日発 24 日スラバヤ着、25 日発 27 日タラカン着、30 日発被雷した早鞆の救援に出動、翌年 1 月 8 日曳航してシンガポール着、以後警泊、整備
1944(S19)- 1-16	シンガポール発同日リンガ泊地着、訓練、21 日発同日シンガポール着
1944(S19)- 1-23	シンガポール発陸軍部隊輸送、25 日ポートブレア着部隊揚陸、同日発 27 日ペナン着、28 日発途中被雷した北上を曳航、31 日シンガポール着
1944(S19)- 2- 4	艦長川崎晴実大佐 (46 期) 就任
1944(S19)- 2- 7	シンガポール発同日リンガ泊地着、訓練、22 日発同日シンガポール着
1944(S19)- 2-26	シンガポール発インド洋通商破壊戦に従事、3 月 3 日ジャカルタ着、6 日発同日バンカ着、訓練、14 日発 15 日ジャカルタ着通商破壊戦の編成を解く、19 日発 20 日バンカ泊地、25 日シンガポール着
1944(S19)- 4- 2	シンガポール発輸送任務、4 日バリクパパン着、5 日発 7 日ダバオ着、13 日発 17 日サイパン着、23 日陸軍部隊輸送、27 日トコペイ着同日発、28 日ダバオ着、30 日発 5 月 1 日タラカン着、5 日発船団護送、10 日バリクパパン着、15 日発船団護送、21 日タラカン着、31 日発 6 月 1 日ダバオ着
1944(S19)- 6- 2	ダバオ発ビアク島への逆上陸を意図した陸軍渾作戦部隊を搭載出撃、3 日敵機に発見され作戦中止、4 日ソロン着 5 日発、8 日アンボン着 9 日発、11 日バチャン泊地着 14 日発、27 日マカッサル着 28 日発シンガポールに向かう
1944(S19)- 7- 1	シンガポール着、12 日入渠、19 日出渠、24 日発 25 日リンガ泊地着、8 月 3 日発同日シンガポール着、機銃増備、7 日発 11 日マニラ着陸軍部隊輸送 15 日発、パラオ、セブへ輸送、27 日シンガポール着
1944(S19)- 8-30	シンガポール発同日マラッカ着、9 月 6 日発同日シンガポール着、19 日発 20 日リンガ泊地着訓練
1944(S19)-10-11	リンガ泊地発同日シンガポール着、16 日入渠、17 日出渠、同日発リンガ泊地、ブルネイ経由 23 日マニラ着、途中被雷した青葉を曳航
1944(S19)-10-24	マニラ発マニラ湾口で米艦載機と交戦、機銃掃射により戦死 8、負傷 41、戦闘航行可能、25 日ミンダナオ島カガヤン着陸兵 347 名搭載、同日発 26 日オルモック着陸兵揚陸、同日 0500 発コロン湾に向かう、1020 米艦載機の攻撃を受ける 1130 左舷後部機械室に直撃弾 1 及び至近弾 2 により後部機械室は浸水、舵取機使用不能、外軸 2 軸のみ運転可能、1200 傾斜大前部機械室浸水航行不能、1600 火災はほぼ鎮火したが浸水が拡大、1715 総員退去、1720 沈没、戦死 83、負傷 51、通りかかった第 1 輸送隊の 3 隻の 1 等輸送艦に戦隊司令部以下生存者は救助される
1944(S19)-12-20	除籍

5,500 トン型 /5,500 Ton Class

艦　歴 /Ship's History (49)

艦　名	阿武隈 (1/4)
年 月 日	記 事 /Notes
1920(T 9)-10- 1	命名
1920(T 9)-11- 9	2 等巡洋艦に類別、横須賀鎮守府に仮入籍
1921(T10)- 6- 9	呉鎮守府に仮入籍
1921(T10)-12- 8	浦賀船渠で起工
1923(T12)- 3-16	進水
1924(T13)-10-20	艤装員長徳田伊之助大佐 (30 期) 就任、関東大震災により竣工遅延
1925(T14)- 5-26	竣工、呉鎮守府に入籍、第 1 予備艦、艦長徳田伊之助大佐 (30 期) 就任
1925(T14)- 6- 5	第 1 艦隊第 3 戦隊
1925(T14)- 8-26	舞鶴発日本海沿岸巡航、9 月 16 日横須賀着
1925(T14)-12- 1	艦長大谷四郎大佐 (31 期) 就任
1926(T15)- 3-30	中城湾発厦門方面警備行動、4 月 5 日馬公着
1926(T15)-11- 1	艦長長井実大佐 (32 期) 就任
1927(S 2)- 3-26	佐伯湾発青島、揚子江流域方面警備行動、5 月 14 日呉着
1927(S 2)-10-20	呉工廠で中国派遣より帰着臨時修理、翌年 3 月 31 日完成
1927(S 2)-10-30	横浜沖大演習観艦式に供奉艦として参列
1927(S 2)-11-15	艦長豊田貞次郎大佐 (33 期) 就任
1927(S 2)-11-24	呉工廠で第 2 士官次室新設、翌年 3 月 31 日完成
1928(S 3)- 3-29	有明湾発揚子江流域方面警備行動、4 月 20 日奄美大島着
1928(S 3)- 4-30	呉工廠で測的所ブルワーク新設、5 月 31 日完成
1928(S 3)- 5-10	呉発中国方面警備行動、6 月 28 日呉着
1928(S 3)-12- 4	横浜沖大礼特別観艦式参列
1928(S 3)-12-10	第 3 予備艦、艦長入江渕平大佐 (33 期) 就任
1929(S 4)- 7- 4	呉工廠で左舷外軸低圧タービン修理、8 月 30 日完成
1929(S 4)-10- 1	第 2 予備艦
1929(S 4)-11- 1	第 1 予備艦
1929(S 4)-11-30	警備兼練習艦、舞鶴要港部付属、艦長野原伸治大佐 (34 期) 就任
1930(S 5)- 2-19	舞鶴工廠で機関学校生徒用居住区設備設置、3 月 31 日完成
1930(S 5)-10-20	赤軍艦隊第 7 戦隊 2 番艦として特別大演習中、0301、3 番艦北上の左舷後部短艇甲板に約 10 度の交差角で艦首を衝突、本艦艦首 29 番ビームより屈曲切断流失す、乗員 1 名行方不明、航行不能、艦尾を日向が曳航、24 日横須賀着、呉回航のため仮艦首を横須賀工廠で施工、12 月呉に回航、本格修復工事実施
1930(S 5)-12- 1	第 3 予備艦、舞鶴要港部付属を解く、艦長古賀七三郎大佐 (36 期) 就任
1931(S 6)- 3- 1	呉工廠で応急修理、31 日完成
1931(S 6)- 4- 1	呉工廠で損傷船体復旧工事、艦首形状改正、12 月 20 日完成
1931(S 6)- 6-18	呉工廠で揚錨機損傷修理、翌年 3 月 31 日完成
1931(S 6)-11- 1	第 1 予備艦
1931(S 6)-12- 1	第 1 艦隊第 3 戦隊、艦長岩村清一大佐 (37 期) 就任
1932(S 7)- 1-28	呉発中国方面警備行動、3 月 22 日寺島水道着
1932(S 7)- 2- 2	第 3 艦隊第 3 戦隊

艦　歴 /Ship's History (50)

艦　名	阿武隈 (2/4)
年 月 日	記 事 /Notes
1932(S 7)- 4-28	呉工廠で作戦室新設及び艦橋電信室位置変更訓令
1932(S 7)-11-15	艦長小島謙太郎大佐 (36 期) 就任
1932(S 7)-12-21	呉工廠で艦橋拡張及び見張所新設訓令
1933(S 8)- 5-20	第 1 艦隊第 7 戦隊
1933(S 8)- 5-21	呉工廠で小型製氷機械付冷蔵庫装備、6 月 9 日完成
1933(S 8)- 6-29	佐世保発馬鞍群島及び南洋方面行動、8 月 21 日木更津沖着
1933(S 8)- 8- 4	呉工廠で安式航跡自画器装備工事着手
1933(S 8)- 8-25	横浜沖大演習観艦式参列
1933(S 8)-11-15	第 2 予備艦、艦長小橋義亮大佐 (37 期) 就任、この間呉工廠で 13mm4 連装機銃装備、上空見張所新設、飛行機搭載施設、呉式 2 号射出機 3 型改 1、90 式 2 号水偵装備
1933(S 8)-12- 1	呉鎮守府警備戦隊付属
1934(S 9)- 6-20	第 1 予備艦、呉工廠で発射指揮装置及び発射管一部改造
1934(S 9)- 7-27	呉工廠で電気信号灯改造
1934(S 9)-11-15	第 1 艦隊第 1 水雷戦隊、佐世保鎮守府に転籍、艦長栗田健男大佐 (38 期) 就任
1934(S 9)-11-22	佐世保工廠で双眼鏡架台改造、無線兵装改修、翌年 2 月 20 日完成
1935(S10)- 1- 9	佐世保工廠で 30'20 馬力内火艇 1 隻臨時搭載、この間カッター 1 隻陸揚げ、15 日完成
1935(S10)- 3-29	佐世保発馬鞍群島方面行動、4 月 4 日寺島水道着
1935(S10)-10-20	佐世保工廠で缶改造、翌年 2 月 20 日完成
1935(S10)-11-15	艦長藤田類太郎大佐 (38 期) 就任
1935(S10)-12-11	佐世保工廠で 14cm 砲噴気装置改造、翌年 7 月 4 日完成
1936(S11)- 1-26	横須賀工廠で 90 式山川灯改 1 及び 91 式風信儀装備、6 月 30 日完成
1936(S11)- 3- 9	佐世保工廠で巡洋艦側曳給油装置装備、4 月 12 日完成
1936(S11)- 4-13	佐世保発青島方面行動、22 日寺島水道着
1936(S11)- 8- 4	基隆発青島方面行動、7 日馬公着
1936(S11)-11-19	佐世保工廠で 27' 通船搭載施設撤去、翌年 3 月 20 日完成
1936(S11)-12- 1	第 3 予備艦、佐世保鎮守府警備戦隊付属、艦長清水巌大佐 (39 期) 就任
1937(S12)- 4-15	佐世保鎮守府警備戦隊付属を解く、横須賀工廠で特定修理、翌年 2 月 26 日完成
1937(S12)- 9- 2	横須賀工廠で砲戦指揮装置改造、翌年 3 月 15 日完成
1937(S12)- 9-17	横須賀工廠で通風装置改善、翌年 2 月 26 日完成
1937(S12)- 9-20	横須賀工廠でバラスト整理、翌年 2 月 26 日完成
1937(S12)-11-12	横須賀工廠で 8cm 高角砲を 13mm 連装機銃に換装、翌年 3 月 31 日完成
1937(S12)-12- 1	艦長秋山勝三大佐 (40 期) 就任
1937(S12)-12-18	横須賀工廠で探照灯換装、後部見張所改正、翌年 2 月 26 日完成
1937(S12)-12-28	横須賀工廠で兵員病室仮設、翌年 2 月 26 日完成
1938(S13)- 2-25	第 2 艦隊第 2 潜水戦隊
1938(S13)- 4- 9	寺島水道発南支方面行動、4 月 14 日基隆着
1938(S13)-10-17	寺島水道発南支方面行動、23 日馬公着
1938(S13)-12- 1	艦長田中菊松大佐 (43 期) 就任
1939(S14)- 2- 8	第 1 艦隊第 8 戦隊
1939(S14)- 3-22	鹿児島発北支方面行動、4 月 2 日寺島水道着

5,500トン型 / 5,500 Ton Class

艦　歴 / Ship's History (51)

艦　名	阿武隈 (3/4)
年 月 日	記 事 /Notes
1939(S14)-11-15	第1艦隊第1水雷戦隊、艦長崎山釈大大佐 (42期) 就任
1940(S15)- 3-26	有明湾発南方面行動、4月2日高雄着
1940(S15)- -	この間魚雷兵装を93式魚雷4連装発射管2基、13mm連装機銃2基を25mm連装機銃に換装と推定
1940(S15)- 9-17	佐世保発南方面行動、10月5日佐世保着
1940(S15)-11- 1	艦長村山清六大佐 (42期) 就任
1941(S16)- 1-27	高雄発南方面行動、3月3日基隆
1941(S16)- 9- 6	呉発佐世保、室積沖、別府、室積、宿毛、佐伯、有明湾等行動
1941(S16)-11- 9	呉着、臨戦準備作業、16日発22日単冠湾着
1941(S16)-11-26	単冠湾出撃、ハワイ攻撃機動部隊警戒任務に従事、無事作戦終了、12月24日呉着、補給整備
1942(S17)- 1- 8	広島湾発ラバウル攻略作戦支援、14日トラック着17日発、作戦支援、27日トラック着
1942(S17)- 2- 1	トラック発米機動部隊迎撃のため出動、8日パラオ着南方部隊に編入、15日発ポートダーウィン攻撃の機動部隊警戒隊として出撃、19日ポートダーウィン攻撃実施、21日スターリング湾着
1942(S17)- 2-25	スターリング湾発、第2次機動作戦 (ジャワ南方機動作戦) のため出撃、子隊の駆逐艦が敵商船捕獲撃沈、陸上砲撃に従事、3月11日スターリング湾着
1942(S17)- 3-26	スターリング湾発、第3次機動作戦 (インド洋機動作戦) のため出撃、4月5日コロンボ空襲、9日トリンコマリー空襲、22日佐世保着、整備作業、5月10日入渠、18日出渠
1942(S17)- 5-20	佐世保発22日大湊着北方部隊に編入
1942(S17)- 5-29	大湊発アリューシャン攻略作戦に従事、6月7日アッツ島に陸戦隊上陸、24日川内沖着、28日発7月7日キスカ着、応急修理、10日発、特設給油艦帝洋丸より燃料補給同艦を護衛して横須賀に向かう、16日横須賀着、以後整備訓練作業
1942(S17)- 8- 4	横須賀発6日大湊着、8日発11日加熊別湾着、12日発15日大湊着、訓練、29日発9月2日加熊別湾着、3日発北方海面で哨戒護衛任務、18日大湊着20日室蘭に回航、24日発大湊に向かう
1942(S17)- 9-20	艦長渋谷紫郎大佐 (44期) 就任
1942(S17)- 9-24	大湊発30日発哨戒配備、10月2日大湊着15日発、18日片岡湾着陸軍部隊乗艦、25日発加熊別湾同日着、27日発29日アッツ島部隊揚陸、30日発11月1日片岡湾着、同日発4日大湊着
1942(S17)-11- 9	大湊発10日小樽着陸軍部隊及び輸送物件搭載、20日発加熊別湾経由25日アッツ島着揚陸、同日発28日加熊別湾着、30日発12月3日キスカ島着輸送物件揚陸、同日発7日加熊別湾着同日発10日大湊着、同日発12日佐世保着、14日入渠1月12日出渠、この間5番14cm砲撤去、25mm機銃3連装2基を増備、前橋の1、2番須式探照灯及び同管制器を92式に換装、甲板及び舷側外板補強その他を実施
1943(S18)- 1-16	佐世保発18日大湊着、19日発24日柏原湾着、25日座礁した東光丸救助のため出動、石垣にその任を渡し同日片岡湾着、30日発同日柏原湾着、2月18日発粟田丸護衛キスカ島に向かう、21日分離反転25日柏原湾着、3月7日発アッツ島輸送船団護衛任務、10日アッツ島着同日発13日柏原湾着、哨戒、訓練、23日発アッツ島輸送船団護衛
1943(S18)- 3-27	輸送船団護衛中0308、北緯53度25分東経168度40分で敵艦隊 (重巡1、軽巡1、駆逐艦4) と遭遇、船団を退避させた後0342砲戦開始、我方はこれに倍する兵力 (那智、摩耶、多摩、阿武隈、駆逐艦4) で敵を圧倒出来るはずであったが、消極的な遠距離砲戦と拙戦に終始し、決定打を与えることなく約4時間半にわたる砲雷戦後戦闘を中止、阿武隈以下の第1水雷戦隊は特にその拙戦目立ち、阿武隈の発射弾数14cm砲96、発射魚雷8、日本側ではこれをアッツ島沖海戦と称する、戦闘後部隊は船団とともに片岡湾に引き返す

艦　歴 / Ship's History (52)

艦　名	阿武隈 (4/4)
年 月 日	記 事 /Notes
1943(S18)- 3-28	片岡湾着、以後同地で哨戒任務、4月13日発舞鶴へ
1943(S18)- 4- 1	第5艦隊第1水雷戦隊
1943(S18)- 4-17	舞鶴着整備、21号電探装備、5月3日入渠14日出渠、
1943(S18)- 5-17	舞鶴発20日片岡湾着哨戒任務、25日発アッツ島方面敵艦隊奇襲及び駆逐艦による輸送作戦のため出撃したが、天候不良のため31日片岡湾に引き返す、6月7日発大湊へ
1943(S18)- 6-10	大湊着、輸送物件搭載、11日発14日幌筵水道着、待機、訓練
1943(S18)- 7- 7	幌筵水道発第1次キスカ撤退作戦出撃、天候事情により中止、17日幌筵水道着、以後待機
1943(S18)- 7-22	幌筵水道発第2次キスカ撤退作戦出撃、27日濃霧中国後と触衝したが損傷軽微、作戦続行、29日キスカ着全部隊収容同日発、8月1日幌筵水道着、3日発6日小樽着、休養、10日発11日大湊着
1943(S18)- 8-21	大湊発24日幌筵水道着、警泊、訓練
1943(S18)- 8-28	艦長小西要人大佐 (44期) 就任
1943(S18)- 9-12	幌筵水道において敵爆撃機来襲対空戦闘、至近弾により軽微な損傷、重傷2
1943(S18)- 9-24	幌筵水道発労務員輸送協力、26日根室着30日発、10月2日幌筵水道着、4日発横須賀へ
1943(S18)-10- 8	横須賀着、整備及び兵装換装新設、7番砲を12.7cm連装高角砲に、呉式2号射出機3型改1を同5型に、その他測程儀、音響測深儀を換装、2式哨信儀及び93式水中聴音機2型甲を装備、21号電探改良、20日入渠11月5日出渠
1943(S18)-11-23	木更津沖発25日大湊着、12月3日発7日幌筵水道着、待機、10日発13日大湊着、29日発1月1日幌筵水道着、待機、訓練、15日発18日室蘭着、28日発29日大湊着、以後同地で警泊、訓練、この間、大湊工作部で25mm3連装機銃2基、同単装機銃4基を増備、搭載機、射出機を撤去
1944(S19)- 3-18	大湊発19日厚岸着対潜掃討作戦支援、25日発同日大湊着
1944(S19)- 3-26	艦長花田卓夫大佐 (48期) 就任
1944(S19)- 3-28	大湊発29日厚岸着、4月2日発3日大湊着、以後5月中大湊、川内にて訓練、整備に従事
1944(S19)- 6- 4	大湊発5日小樽着、以後同地で作戦指導にあたる、18日発同日大湊着、19日発21日横須賀着、整備、22号電探装備、25mm単装機銃8基、13mm単装機銃8基増備、9m内火艇撤去、中発、小発各1隻を搭載
1944(S19)- 7-13	横須賀発15日大湊着、16日発17日小樽着、以後同地で千島方面への船団護衛統制任務につく傍ら、訓練に従事、28日発29日大湊着、31日発呉に向かう
1944(S19)- 8- 1	第1水雷戦隊は機動部隊第2遊撃部隊に編入される、2日呉着、6日柱島回航訓練、11日呉に回航14日入渠、20日出渠、22日呉発柱島回航、24日発徳山湾回航、27日発柱島回航、以後9月中内海西部で訓練に従事、10月9日呉工廠で25mm機銃単装10基増備
1944(S19)-10-15	岩国沖発台湾沖航空戦の残敵追撃のため出撃、17日奄美大島着18日発、20日馬公着21日発、23日コロン湾着、24日発スリガオ海峡突入をはかる
1944(S19)-10-25	スリガオ海峡突入に際し0325敵魚雷艇の襲撃を受け、左舷艦橋前の艦底部に魚雷1本命中、浸水量約千トン、砲戦指揮装置、水雷発射指揮装置、各種通信装置使用不能、機関10ノット可能、戦死37、負傷3、以後反転敵機の攻撃を排して同日2230タピタン着応急修理、26日早朝発コロン湾に向かったが、米陸軍機B24に狙われ1006第1波6機来襲16ノットで回避を図るも直撃弾2至近弾により火災発生、機銃の7割使用不能及び機銃員死傷、1044第2波の攻撃で再度直撃弾2、後部機械室に命中した1弾により内軸2軸停止、魚雷誘爆、大火災を生じる、1128総員退去、1242沈没1506艦長以下283名潮に救助される、戦死217、負傷111
1944(S19)-12-20	除籍

5,500トン型/5,500 Ton Class

艦 歴/Ship's History (53)

艦 名	川 内 (1/5)
年 月 日	記事/Notes
1921(T10)- 3- 9	命名
1921(T10)- 6- 9	2等巡洋艦に類別、佐世保鎮守府に仮入籍
1922(T11)- 2-16	三菱長崎造船所で起工
1923(T12)-10-30	進水
1923(T12)-12- 1	艤装員長亥角喜蔵大佐 (31期) 就任
1924(T13)- 4-29	竣工、佐世保鎮守府に入籍、第1予備艦、艦長亥角喜蔵大佐 (31期) 就任
1924(T13)- 5-10	第2艦隊第5戦隊
1924(T13)-12- 1	艦長伊地知清弘大佐 (30期) 就任
1925(T14)- 3-25	佐世保発揚子江流域及び青島方面警備行動、4月23日着
1925(T14)- 7- 2	艦長中原市介大佐 (31期) 就任
1925(T14)-11-20	艦長今川真金大佐 (31期) 就任
1926(T15)- 3-29	徳山発青島及び芝罘方面警備行動、4月9日旅順着
1926(T15)- 7-13	佐世保工廠で機関修理
1926(T15)-11- 1	艦長相良達夫大佐 (32期) 就任
1926(T15)-12- 1	警備艦
1927(S 2)- 3- 3	第1遣外艦隊編入、佐世保発揚子江流域方面警備行動、9月13日着
1927(S 2)- 9-20	第1予備艦
1927(S 2)-10-30	横浜沖大演習観艦式参列
1927(S 2)-12- 1	第3予備艦
1927(S 2)-12-21	艦長伴次郎大佐 (33期) 就任
1928(S 3)- 3-15	艦長間崎霞大佐 (33期) 就任
1928(S 3)- 7- 5	佐世保工廠で第2士官次室新設、10月15日完成
1928(S 3)- 8-11	佐世保工廠で測的所ブルワーク新設、9月20日完成
1928(S 3)-11- 1	第1予備艦
1928(S 3)-11- 7	前部機械室右舷高圧タービン故障
1928(S 3)-12- 4	横浜沖大礼特別観艦式参列
1928(S 3)-12-10	艦長和田専三大佐 (34期) 就任
1928(S 3)-12-10	第3予備艦
1929(S 4)- 5- 1	艦長野原伸治大佐 (34期) 就任
1929(S 4)- 6- 6	佐世保工廠で11式変距率盤装備、13日完成
1929(S 4)-10- 1	第2予備艦
1929(S 4)-10-26	佐世保工廠で無線兵器改修、翌年1月25日完成
1929(S 4)-11- 1	第1予備艦
1929(S 4)-11-30	第1艦隊第3戦隊、艦長三木太市大佐 (35期) 就任
1929(S 4)-12- 1	佐世保工廠で司令部庶務室明取新設、翌年1月20日完成
1930(S 5)- 3-28	佐世保発青島方面行動、4月3日大連着
1930(S 5)-10-26	神戸沖特別大演習観艦式参列
1930(S 5)-12- 1	第1艦隊第1水雷戦隊、艦長岸本鹿子治大佐 (37期) 就任
1930(S 5)-12-13	佐世保工廠で羅針艦橋3.5m 測距儀台改正、翌年1月31日完成
1930(S 5)-12-23	佐世保工廠で作戦室新設、翌年2月4日完成、第1水雷戦隊旗艦中石廊内火艇を本艦に貸与

艦 歴/Ship's History (54)

艦 名	川 内 (2/5)
年 月 日	記事/Notes
1931(S 6)- 1-21	佐世保工廠で気球搭載設備撤去、30日完成
1931(S 6)- 3-29	佐世保発青島方面行動、4月5日裏長山列島着
1931(S 6)- 4-20	佐世保工廠で8cm 高角砲々身換装、30日完成
1931(S 6)- 9-14	艦長後藤輝道大佐 (35期) 就任、翌年6月10日より兼名取艦長
1931(S 6)-12- 1	第2予備艦
1932(S 7)- 1-31	30' カッター1隻を加賀に一時貸与訓令
1932(S 7)-11- 2	佐世保工廠で保式13mm4連装機銃装備
1932(S 7)-12- 1	艦長高崎武雄大佐 (37期) 就任
1933(S 8)- 5- 9	佐世保工廠で14cm 砲揚弾薬機改造、翌年3月31日完成
1933(S 8)- 5-10	第1予備艦
1933(S 8)- 8-25	横浜沖大演習観艦式参列
1933(S 8)- 8-30	佐世保工廠で安式航跡自画器、艦底測程儀装備、翌年3月31日完成
1933(S 8)- 9- 8	佐世保工廠で見張装置新設、翌年1月30日完成
1933(S 8)- 9-14	佐世保工廠で30' 内火艇1を新造11m60馬力内火艇と更新訓令
1933(S 8)- 9-20	佐世保工廠で飛行機搭載設備、射出機装備、翌年1月30日完成、ラムネ製造機新設認可
1933(S 8)-11-15	第1艦隊第1水雷戦隊、艦長鈴木田幸造大佐 (37期) 就任
1934(S 9)- 1-14	佐世保工廠で15cm、18cm 双眼鏡新設、29日完成
1934(S 9)- 1-18	佐世保工廠で方位盤照準装置及び方位盤射撃演習機改造、6月15日完成
1934(S 9)- 6- 5	佐世保工廠で飛行機搭載射出公試、15日完成
1934(S 9)- 7- 4	艦長吉田庸光大佐 (36期) 就任
1934(S 9)- 9-27	旅順発青島方面行動、10月5日佐世保着
1934(S 9)-10-12	北緯26度28分東経128度52分で本艦と菊月が反航々過の際本艦右舷後部と菊月右舷前部が接触、
	両艦とも損傷す、人員被害なし
1934(S 9)-11- 1	艦長中村一夫大佐 (37期) 就任
1934(S 9)-11-15	第2予備艦、18日舞鶴工作部で機関部特定修理、翌年9月10日完成
1934(S 9)-12- 2	舞鶴工作部で発射指揮装置及び発射管一部改造
1935(S10)- 2-23	舞鶴工作部で缶を重油専焼式に改造、3月31日完成
1935(S10)- 6-17	舞鶴工作部で艦橋改造、艦橋構造物の高さを1.4m 低くする (本艦のみ)。9月10日完成
1935(S10)- 7-15	舞鶴工作部で爆雷投下装置装備、9月12日完成
1935(S10)- 9- 1	第1予備艦
1935(S10)- 9-26	大演習で赤軍第4艦隊第3戦隊に編入、三陸沖で大型台風に遭遇損傷を受ける (第4艦隊事件)
	90式2号水偵転落流失、飛行機繋止装置切断流失、艦橋ガラス破損、14cm 砲旋回用電動機絶縁
	不良、2号無線電話機空中戦切断その他の損害を生じる
1935(S10)-11-15	第1艦隊第8戦隊、艦長中島寅彦大佐 (39期) 就任
1935(S10)-12- 2	佐世保工廠で第4艦隊事件損傷機関部修理、翌年3月31日完成
1936(S11)- 1-26	横須賀工廠で90式山川灯改1装備
1936(S11)- 3- 9	佐世保工廠で巡洋艦側曳給油装置装備、6月29日完成
1936(S11)- 3-25	豊後水道において演習中速力26ノットで転舵した際、第2カッターが波浪にたたかれて中央部より
	切断流失、小銃等艇内各納品も亡失
1936(S11)- 4-13	旅順発青島方面行動、22日寺島水道着

5,500トン型/5,500 Ton Class

艦　歴/Ship's History (55)

艦　名	川　内 (3/5)
年　月　日	記　事 /Notes
1936(S11)- 4-10	佐世保工廠で9mカッター1隻更新
1936(S11)- 5-15	横須賀工廠で91式風信儀装備
1936(S11)- 8- 4	基隆発厦門方面行動、7日寺島水道着
1936(S11)- 9-26	佐世保発馬鞍群島方面行動、10月27日着
1936(S11)-11-10	佐世保発馬鞍群島方面行動、21日着
1936(S11)-12- 1	第1艦隊第1水雷戦隊、艦長山本正夫大佐(38期)就任
1936(S11)-11-19	佐世保工廠で27通船搭載施設撤去、翌年2月26日完成
1936(S11)-12-13	佐世保工廠で船体部補強、翌年2月20日完成、この際1、3番煙突の高さを2,4番煙突と同一に短縮
1937(S12)- 3-27	寺島水道発青島方面行動、4月6日有明湾着
1937(S12)- 6- 2	佐世保工廠で探照灯換装、20日完成
1937(S12)- 7-22	長竹水道発北支方面行動、30日佐世保着
1937(S12)- 8-10	佐世保発中支方面行動、10月23日着
1937(S12)- 8-23	揚子江沖で長門に横付け上海派遣陸戦隊及び器材移載中、風波のため両艦の舷側部に圧壊を生じる
1937(S12)-10-20	佐世保工廠で射撃所遮風装置新設通知
1937(S12)-11- 2	八口浦発中支方面行動、11月22日佐世保着
1937(S12)-12- 1	艦長木村進大佐(40期)就任
1937(S12)-12-10	佐世保工廠で97式山川灯装備、12月20日完成
1938(S13)- 4- 9	寺島水道発南支方面行動、4月14日基隆着
1938(S13)- 7-21	佐世保発中支方面行動、12月11日着
1938(S13)- 8- 1	第3艦隊第1水雷戦隊
1938(S13)-12-15	第1艦隊第1水雷戦隊、艦長伊﨑俊二大佐(42期)就任
1939(S14)- 3-22	鹿児島発北支方面行動、4月2日寺島水道着
1939(S14)-11-15	特別役務艦(練習艦)、艦長久宗米次郎大佐(41期)就任
1940(S15)- 5- 1	第1艦隊第3水雷戦隊
1940(S15)- 7- 8	呉発南支方面行動、11月2日佐世保着
1941(S16)- 2-24	佐世保発南支方面行動、3月3日着
1941(S16)- 7-25	艦長島崎利雄大佐(44期)就任
1941(S16)- 9- 8	佐世保工廠で入渠、15日出渠、臨戦準備
1941(S16)-11-20	柱島発26日海南島三亜着、12月4日発マレー上陸輸送船団護衛、7日コタバル沖着、9日発11日カムラン湾着、補給、13日発16日コタバル沖着、19日発21日カムラン湾着、24日発27日シンゴラ着、29日発31日カムラン湾着
1942(S17)- 1- 3	カムラン湾発6日万山泊地着、船団護衛8日発、10日カムラン湾着、16日発英艦隊誘出作戦19日カムラン湾帰還、21日発船団護衛22日シンゴラ着、24日発輸送船護衛26日エンドウ沖着、未明敵駆逐艦2隻侵入、川内以下の第3水雷戦隊の各艦と交戦、英駆逐艦サネット/Thanetを撃沈、豪駆逐艦ヴァンパイヤー/Vampireは遁走す、川内の発射弾数14cm-72、被害なし、30日カムラン湾着
1942(S17)- 2- 9	カムラン湾発バンカ、パレンバン上陸作戦支援、13日バンカ水道着、アナンバス経由27日シンガポール着
1942(S17)- 3- 8	ケッペル商港発北部スマトラ上陸作戦支援、11日サバン沖着14日発15日ペナン着、20日発23日ポートブレア沖着、哨戒、4月4日発11日シンガポール着、13日発22日佐世保着
1942(S17)- 4-25	艦長森下信衛大佐(45期)就任

艦　歴/Ship's History (56)

艦　名	川　内 (4/5)
年　月　日	記　事 /Notes
1942(S17)- 4-27	佐世保工廠で入渠、5月10日出渠、整備作業
1942(S17)- 5-16	佐世保発17日柱島に回航、訓練、26日発27日宿毛湾着、29日発主力部隊の警戒任務でミッドウェー海戦に参加、6月14日呉着、26日柱島発27日佐世保着
1942(S17)- 7- 1	佐世保発東南海方面対潜掃討に従事、10日南西諸島各地経由奄美大島着、15日発17日高雄着、18日発、23日シンガポール着、28日シンガポール発31日メルギー着
1942(S17)- 8- 8	メルギー発ベンガル湾海上交通破壊戦に備えて待機していたものの、ソロモン方面に敵が来襲したことにより作戦中止、急遽ダバオに向かう、途中マカッサルで補給17日ダバオ着、19日発23日トラック着
1942(S17)- 8-24	トラック発ガ島増援川口支隊輸送船団を護衛、途中1個大隊600人を摩下の第20駆逐隊(駆逐艦4隻)に移乗、分離、輸送船を護衛して28日ラバウル着、30日発31日ショートランド着、この間第20駆逐隊はガ島の米海兵隊艦爆の攻撃で大被害を生じ、輸送を断念す、29日増援部隊指揮官が更迭され川内に司令部を置く第3水雷戦隊司令官(橋本信太郎少将)が後任に任命される
1942(S17)- 9- 4	ショートランド発陸軍大発動機舟艇による増援部隊を護衛、途中分離5日ショートランド着
1942(S17)- 9-12	ショートランド発ガ島タイポ岬に敵部隊上陸の報により本艦以下駆逐艦8隻が出撃、同日夜間同地に突入したが敵を見ず、ツラギに向い在泊の米掃海艇1隻を撃沈、同1隻を大破させて、13日帰還
1942(S17)- 9-14	ショートランド発駆逐艦7隻に分乗した陸軍部隊輸送、本艦のみ途中反転15日帰還、駆逐隊揚陸に成功無事帰還す
1942(S17)- 9-18	ショートランド発駆逐艦4隻を率いてルンガ泊地の敵艦隊攻撃を目指すが、敵を見ずルンガ桟橋付近を約5分間砲撃後19日帰還す、以後しばらく月明下の増援輸送は敵機の攻撃を避けるため中断、またショートランドも連日敵機の空襲が続く
1942(S17)-10-12	ショートランド発由良、駆逐艦5隻を率いてサボ島沖海戦で損害を受けた第6戦隊の掩護に向かう同日帰還
1942(S17)-10-17	ショートランド発、由良、龍田及び駆逐艦15隻による陸兵2,159名、砲18門等の輸送作戦出撃、無事揚陸成功、18日帰還
1942(S17)-11- 1	ショートランド発衣笠、駆逐艦2隻とともに増援部隊輸送の全般支援にあたる、3日帰還
1942(S17)-11- 3	ショートランド発6日トラック着、第2水雷戦隊と交代、9日発ガ島砲撃の前進部隊本隊の哨戒任務にあたる、14日ガ島砲撃のため再度突入したが敵艦隊と交戦、前夜の比叡に続き霧島を失う、(第3次ソロモン海戦)本艦戦果及び被害なし、18日トラック着、警泊、12月28日から翌年1月3日まで明石に横付、修理実施
1943(S18)- 1-22	トラック発24日ラバウル着、ガ島撤収作戦支援のため27日カビエン回航、待機
1943(S18)- 2-25	第8艦隊第3水雷戦隊
1943(S18)- 4-10	ラバウル発12日トラック着整備、19日発21日ラバウル着、同日発カビエンに回航、同日発同地で被爆大破した青葉を曳航、25日トラック着、28日発佐世保へ
1943(S18)- 5- 4	佐世保着、10日入渠、26日出渠、5番砲撤去、25mm機銃3連装2基増備、21号電探装備、6月9日再入渠、14日出渠
1943(S18)- 5-20	艦長荘司喜一郎大佐(45期)就任
1943(S18)- 6-25	佐世保発、柱島経由28日横須賀着、30日発第20防空隊搭載、トラック経由8日ラバウル着部隊揚陸、以後10月末まで在ラバウル方面、警泊、輸送任務
1943(S18)-11- 1	ラバウル発、ブーゲンビル島に上陸した米軍艦船の撃滅及び逆上陸のため出動、兵力重巡2、軽巡2(本艦を含む)、駆逐艦6(他に輸送隊駆逐艦4)、12月1日真夜中に敵艦隊と遭遇、本艦は敵レーダー

5,500 トン型 /5,500 Ton Class

艦 歴/Ship's History (57)

艦　名	川　内 (5/5)
年　月　日	記　事 /Notes
	射撃の集中打 (クリーブランド /Cleveland 級軽巡 4 隻) を受けて、機械停止、戦闘開始後約 4 時間
	後の 0530 右に傾いて沈没、沈没地点ムッピナ岬の 280 度 45 浬、生存者第 3 水雷戦隊司令官以下
	133 名、内 75 名は 3 日午後呂 104 潜により救助、さらに 51 名がカッターで 5 日セントジョージ岬
	にたどりつき生還、司令部を含めて乗員総数は 600 名近かったものと思われるので、戦死者は 450
	名以上と推定される、なお、カッターで航走中米機の機銃掃射による戦死者もあり
1944(S19)- 1- 5	除籍

艦 歴/Ship's History (58)

艦　名	神　通 (1/4)
年　月　日	記　事 /Notes
1921(T10)- 3-19	命名
1921(T10)- 6- 9	2 等巡洋艦に類別、呉鎮守府に仮入籍
1922(T11)- 8- 4	神戸川崎造船所で起工
1923(T12)-12- 8	進水
1923(T12)-12- 1	艤装員長柘植道二大佐 (30 期) 就任
1925(T14)- 2- 2	艤装員長福島貫三大佐 (32 期) 就任
1925(T14)- 7-31	竣工、呉鎮守府に入籍、第 1 予備艦、艦長福島貫三大佐 (32 期) 就任
1925(T14)- 8- 5	第 1 艦隊第 3 戦隊に編入
1925(T14)-12- 1	艦長山内豊中大佐 (32 期) 就任
1926(T15)- 3-30	中城湾発厦門、舟山島方面警備行動、4 月 26 日佐世保着
1926(T15)-11- 1	艦長水城圭次大佐 (32 期) 就任
1926(T15)-12- 1	第 2 艦隊第 5 戦隊
1927(S 2)- 3-27	佐伯発厦門方面警備行動、4 月 5 日馬公着
1927(S 2)- 8-24	美保関湾沖で連合艦隊基本演習中、2320、子隊の蕨の右舷後部舷側に衝突、蕨船体両断 3 分で沈没
	す、神通は 1 番砲より前方の上甲板以下の区画を破壊流失、翌朝 0800 防水工事完了、金剛が艦尾
	より曳航、加古が護衛して 26 日 0900 舞鶴着、神通の人員被害重傷 1、軽傷 7、蕨は艦長以下 92
	名死亡、負傷 13 名、舞鶴工作部で応急工事後呉に回航
1927(S 2)- 9- 4	呉工廠で事故復旧工事着手、翌年 3 月 22 日完成
1927(S 2)- 9- 5	第 1 予備艦
1927(S 2)-10- 1	第 3 予備艦
1927(S 2)-10- 3	呉工廠に艦首形状改正訓令
1927(S 2)-10- 7	艦長三矢四郎大佐 (31 期) 就任、兼吾妻艦長、前艦長は事故の責任をとって 12 月 26 日自決
1927(S 2)-11-15	艦長秋山虎六大佐 (33 期) 就任
1927(S 2)-12- 1	第 1 予備艦
1927(S 2)-12-20	佐世保工廠で第 2 士官次室新設、翌年 3 月 29 日完成
1928(S 3)- 1-20	呉工廠で両舷内側軸推進器修理、3 月 31 日完成
1928(S 3)- 3- 1	第 1 艦隊第 3 戦隊
1928(S 3)- 3-29	有明湾発揚子江流域方面警備行動、4 月 20 日奄美大島着
1928(S 3)- 4-30	呉工廠で測的所ブルワーク新設、5 月 31 日完成
1928(S 3)- 5-10	呉発中国方面警備行動、6 月 16 日宿毛湾着
1928(S 3)-12- 4	横浜沖大礼特別観艦式参列
1928(S 3)-12-10	第 1 艦隊第 1 水雷戦隊、艦長町田進一郎大佐 (35 期) 就任
1929(S 4)- 1- 7	呉軍港で第 1 内火艇が港務部の巡邏艇と衝突沈没、翌日引き揚げられる、人員被害なし
1929(S 4)- 3-18	呉工廠で無電装置改装、5 月 31 日完成
1929(S 4)- 3-25	広島湾南方で、早苗と洋上補給訓練中、横付けより離れる際早苗の推進器翼が本艦の艦首右舷に触
	れ軽微な損傷を生じる
1929(S 4)- 3-29	佐伯発青島、泰皇島方面警備行動、4 月 22 日佐世保着
1929(S 4)-11-30	第 2 予備艦、艦長遠山彦次大佐 (34 期) 就任
1930(S 5)- 2-10	呉工廠で重油噴燃装置修理、8 月 31 日完成
1930(S 5)- 9- 1	第 1 予備艦

5,500トン型 /5,500 Ton Class

艦　歴 /Ship's History (59)

艦 名	神 通 (2/4)
年 月 日	記事 /Notes
1930(S 5)-10-26	神戸沖特別大演習観艦式参列
1930(S 5)-12- 1	第1艦隊第3戦隊、艦長伊沢春馬大佐 (35期) 就任
1930(S 5)-12-22	呉工廠で作戦室新設、翌年1月31日完成
1931(S 6)- 1- 8	呉工廠で羅針艦橋3.5m測距儀新設、翌年1月31日完成
1931(S 6)- 3-29	佐世保発青島方面行動、4月5日裏長山列島着
1931(S 6)- 4-20	呉工廠でL式音響測深儀装備、5月23日完成
1931(S 6)- 7-17	呉工廠で艦橋電信室位置変更及び艦橋一部拡張、翌年1月25日完成
1931(S 6)-11- 5	呉工廠で射出機、飛行機搭載設備装備、翌年1月20日完成
1931(S 6)-11-21	呉工廠で重油噴燃装置改造、翌年3月19日完成
1931(S 6)-12- 1	第2艦隊第2水雷戦隊、艦長岩下保太郎大佐 (37期) 就任
1932(S 7)- 2- 6	佐世保発中国方面行動、21日着
1932(S 7)- 2-27	三津浜発中国方面行動、3月7日佐世保着
1932(S 7)- 4-22	内火艇30'20馬力1隻を新造12m80馬力内火艇と更新
1932(S 7)- 6-24	内火艇30'20馬力1隻を増備
1932(S 7)-11-15	艦長大熊政吉大佐 (37期) 就任
1933(S 8)- 2-17	呉工廠で羅針艦橋遮風装置改造及び天蓋新設訓令
1933(S 8)- 5-25	呉工廠で砲戦指揮装置増備、翌年2月8日完成
1933(S 8)- 6-29	佐世保発馬鞍群島及び南洋方面行動、8月21日木更津沖着
1933(S 8)- 7-13	呉工廠で主タービン翼換装、翌年3月16日完成
1933(S 8)- 8- 4	呉工廠で安式航跡自画器装備、翌年7月20日完成
1933(S 8)- 8-21	呉工廠で誘導タービン装備、翌年3月16日完成
1933(S 8)- 8-25	横浜沖大演習観艦式参列
1933(S 8)-11-15	第2予備艦、艦長鈴木幸三大佐 (36期) 就任
1933(S 8)-12-11	呉鎮守府警備艦
1934(S 9)- 4- 1	呉工廠で射出機、飛行機搭載設備位置変更、射出機呉式2号3型改1及び水偵90式2号に更新、7月15日完成
1934(S 9)- 6-20	第1予備艦、呉工廠で発射指揮装置及び発射管一部改装、翌年6月20日完成
1934(S 9)- 7-17	呉工廠で平戸搭載の11m54馬力内火艇を司令官用として搭載のこと
1934(S 9)- 7-27	呉工廠で電気信号灯改修、翌年3月8日完成
1934(S 9)- 9-20	呉工廠で3.5m測距儀装備、12月20日完成
1934(S 9)- 9-25	那珂貸与中の12m及び30'内火艇各1を復旧、現搭載の旧平戸11m内火艇と旧石廊28'内火艇を那珂へ転載の訓令
1934(S 9)-10-26	呉工廠で混焼缶を専焼缶に改造、翌年2月2日完成
1934(S 9)-11-15	第2艦隊第2水雷戦隊、艦長原顕三郎大佐 (37期) 就任
1935(S10)- 3-29	油谷湾発馬鞍群島方面行動、4月4日寺島水道着
1935(S10)- 4- 5	佐世保港内で本艦内火艇が扶桑の艦載水雷艇と衝突沈没、乗員36名中2名溺死
1935(S10)- 6-17	呉工廠で万能調理機1台装備訓令
1935(S10)-10- 5	東京港芝浦岸壁で木曽、名取とともに大演習後の一般公開、8日まで
1935(S10)-10-21	呉工廠で無線兵器改修
1935(S10)-11-15	第1艦隊第8戦隊、艦長阿部孝壮大佐 (40期) 就任

艦　歴 /Ship's History (60)

艦 名	神 通 (3/4)
年 月 日	記事 /Notes
1935(S10)-12- 7	呉工廠でタービン翼修理、翌年1月30日完成
1936(S11)- 1- 8	呉工廠で士官寝室改造訓令
1936(S11)- 2-12	呉工廠で射撃指揮所改造訓令
1936(S11)- 4- 6	呉工廠で船体修理、5月7日完成
1936(S11)- 4-13	佐世保発青島方面行動、22日寺島水道着
1936(S11)- 4-24	呉工廠で損傷部修理、11月20日完成
1936(S11)- 7-23	搭載の90式2号水偵2型、台風により海中に飛ばされ海没亡失
1936(S11)- 8- 4	基隆発厦門方面行動、7日馬公着
1936(S11)- 9-25	呉工廠で出動準備、26日完成
1936(S11)- 9-26	佐世保発鞍馬群島方面行動、11月21日着
1936(S11)-12- 1	第2艦隊第2水雷戦隊、艦長阿部弘毅大佐 (39期) 就任
1936(S11)-12-30	呉工廠で損傷復旧修理、翌年3月31日完成
1937(S12)- 3-27	寺島水道発青島方面行動、4月6日有明湾着
1937(S12)- 5- 5	高知宿毛湾で本艦内火艇と五十鈴搭載94式水偵が着水時に衝突、内火艇乗員1名溺死、3名重傷、内火艇上構大破
1937(S12)- 7- 1	宮崎都井岬沖で応用教練中、1723、伊65潜が本艦の艦底に触衝、伊65潜は艦橋部は本艦は艦底部を損傷
1937(S12)- 8-11	六連島発北支方面行動、15日佐世保着
1937(S12)- 8-20	熱田発北支方面行動、11月15日大連着
1937(S12)-11-26	呉工廠で船体部補強工事、翌年1月20日完成
1937(S12)-12- 1	艦長田中頼三大佐 (41期) 就任
1938(S13)- 4- 9	寺島水道発南支方面行動、4月14日高雄着
1938(S13)- 9-20	館山発中支方面行動、9月27日寺島水道着
1938(S13)-10- 9	馬公発南支方面行動、11月10日高雄着
1938(S13)-12-15	第3予備艦、艦長難波波祐之大佐 (39期) 就任
1938(S13)-12-	呉工廠で特定修理実施、翌年11月完成
1939(S14)-10-20	第1予備艦
1939(S14)-11-15	第2艦隊第2水雷戦隊、艦長伊崎俊二大佐 (42期) 就任、兼最上艦長
1939(S14)-12- 5	艦長木村昌福大佐 (41期) 就任
1940(S15)- 3-27	中城湾発南支方面行動、4月2日基隆着
1940(S15)-10-15	艦長河西虎三大佐 (42期) 就任
1941(S16)- 2-26	中城湾発南支方面行動、3月3日高雄着
1941(S16)- 3-25	有明湾発中支方面行動、4月4日佐世保着
1941(S16)- 8	呉工廠で魚雷兵装換装、前部発射管を撤去、後部発射管を92式4連装発射管に更新
1941(S16)-11-26	寺島水道発出撃、12月2日パラオ着
1941(S16)-12- 6	パラオ発ダバオ空襲部隊の龍驤等を護衛して出撃、14日パラオ着
1941(S16)-12-17	パラオ発ダバオ攻略部隊船団護衛、20日ダバオ上陸支援、23日発ホロ島攻略に向かう、29日マララグ湾着、警泊、翌年1月9日発メナド攻略作戦支援、11日着上陸支援、15日発18日マララグ湾着、待機
1942(S17)- 1-26	マララグ湾発、27日パンカ着28日アンボン攻略部隊支援、2月4日アンボン上陸作戦支援、8日ケンダリー着、9日発10日アンボン着、待機

99

5,500 トン型 /5,500 Ton Class

艦 歴 /Ship's History (61)

艦 名	神 通 (4/4)
年 月 日	記 事 /Notes
1942(S17)- 2-17	アンボン発クーパン攻略作戦支援、21日クーパン着上陸作戦支援、24日発25日マカッサル着同日
	発ジャワ攻略部隊船団護衛、27日連合国艦隊と遭遇、スラバヤ沖海戦に参加したが顕著な戦果なし
	3月4日船団を護衛、上陸地のクラガン沖着、12日マカッサルに回航、15日発呉に向かう
1942(S17)- 3-23	呉着、28日入渠4月6日出渠
1942(S17)- 4-19	呉発ドーリットル本土空襲部隊を追撃、23日呉帰投、訓練整備作業
1942(S17)- 5-21	呉発ミッドウェー攻略部隊護衛任務、25日サイパン着作戦準備、28日発出撃、作戦中止6月13日
	トラック着、15日発輸送船団護衛21日横須賀着、24日柱島に回航、28日横須賀に回航、整備作
	業
1942(S17)- 8-11	横須賀発15日トラック着、16日ガ島増援部隊支援のため出撃、途中反転再度突入を図ったが25日
	本艦はガ島からの米海兵隊艦爆の爆撃を受け、前部に被爆1、1、2番砲損傷、通信能力を喪失、戦
	死24、旗艦を陽炎に移して、本艦は涼風に護衛されて28日トラック着、応急修理実施
1942(S17)- 9-25	呉鎮守府付属部隊に編入
1942(S17)-10- 2	トラック発8日呉着、修理、整備作業、11月29日入渠、12月8日出渠、この間5番砲撤去25mm
	連装機銃2基増備
1942(S17)-12-26	艦長藤田俊造大佐 (42期) 就任
1943(S18)- 1-10	改造公試のため出動
1943(S18)- 1-16	第2艦隊第2水雷戦隊
1943(S18)- 1-18	呉発24日トラック着、警泊
1943(S18)- 1-31	トラック発ガ島撤収作戦支援、2月9日トラック着、以後6月はじめまで同地で警泊訓練
1943(S18)- 2-12	艦長佐藤寅次郎大佐 (43期) 就任
1943(S18)- 6-14	トラック発隼鷹飛行隊人員機材をルオットに輸送、16日着揚陸17日発、19日トラック着、訓練整
	備
1943(S18)- 7- 8	トラック発10日ラバウル着、対空戦闘被害なし12日発同日ショートランド着、コロンバンガラ島
	増援陸軍部隊が駆逐艦4隻に搭乗、本艦以下駆逐艦5隻が護衛して同日発コロンバンガラ島に向か
	う、12日2300連合国艦隊 (軽巡3、駆逐艦10) が先にレーダーで日本艦隊を発見、2313ごろより
	砲戦開始、さらに雷撃戦がはじまり、先頭の本艦は集中打を浴び、2317行動不能となり、2348雷
	撃を受けて船体両断沈没す、2水戦司令官、艦長以下482名が戦死、人的被害は4か月後に同様の
	戦闘で戦没した川内とともに5,500トン型軽巡としては最も多い、このころよりレーダー射撃指揮
	による米艦の夜間射撃能力が向上、日本海軍得意の夜戦も劣勢におちいる

艦 歴 /Ship's History (62)

艦 名	那 珂 (1/5)
年 月 日	記 事 /Notes
1921(T10)- 3-19	命名
1921(T10)- 6- 9	2等巡洋艦に類別、呉鎮守府に仮入籍
1921(T11)- 6-10	横浜船渠で起工
1925(T14)- 3-24	進水、進水予定3か月前に関東大震災により船台上で焼損、解体、13年5月24日再起工
1925(T14)- 4-15	艤装員長井上肇治中佐 (33期) 就任
1925(T14)-11-30	竣工、呉鎮守府に入籍、第1予備艦、艦長井上肇治中佐 (33期) 就任、12月1日大佐艦長
1925(T14)-12- 5	第1艦隊第3戦隊
1926(T15)- 3-30	中城湾発厦門方面警備行動、4月5日馬公着
1926(T15)- 4-20	基隆発舟山島方面警備行動、26日寺島水道着
1926(T15)-12- 1	第2艦隊第5戦隊、艦長中村亀三郎大佐 (33期) 就任
1927(S 2)- 3-27	佐伯湾発厦門方面警備行動、4月5日馬公着
1927(S 2)- 4- 5	艦長三戸基介大佐 (32期) 就任
1927(S 2)- 8-24	美保関沖で夜間基本演習中神通と蕨が衝突、神通を避けようとして左回頭中1120蕨の後部左 舷
	に衝突、蕨の艦尾切断、28名死亡、本艦の人員被害なし、艦首破損、25日0240補強工事完了、比
	叡、古鷹護衛のもと自力で舞鶴回航
1927(S 2)- 8-25	舞鶴工作部で応急修理
1927(S 2)- 9- 8	呉工廠で事故復旧工事着手、11月30日完成、機関部は翌年3月31日完成
1927(S 2)-10-30	横浜沖大演習観艦式参列
1927(S 2)-11- 1	艦長毛内効大佐 (33期) 就任
1927(S 2)-11-25	呉工廠で第2士官次室新設、翌年2月20日完成
1927(S 2)-12- 1	第1艦隊第3戦隊
1928(S 3)- 3-28	有明湾発揚子江流域方面警備行動、4月20日奄美大島着
1928(S 3)- 4-30	呉工廠で測的所ブルワーク新設、5月20日完成
1928(S 3)- 5- 5	呉工廠で第5、6、8、12号缶内レンガ修理、25日完成
1928(S 3)- 5-10	呉工廠で無線兵器改修、20日完成
1928(S 3)-12- 4	横浜沖大礼特別観艦式参列
1928(S 3)-12-10	第3予備艦、艦長伴次郎大佐 (33期) 就任
1929(S 4)- 9-21	呉工廠で3号缶修理、10月20日完成
1929(S 4)-10- 1	第2予備艦
1929(S 4)-10-20	呉工廠で揚錨機工事、12月17日完成
1929(S 4)-11- 1	第1予備艦
1929(S 4)-11-30	第1艦隊第1水雷戦隊、艦長南雲忠一大佐 (36期) 就任
1930(S 5)- 3-28	佐世保発上海方面警備行動、4月18日馬公着
1930(S 5)- 5- 7	呉工廠で作戦室新設、6月5日完成
1930(S 5)-10-26	神戸沖特別大演習観艦式参列
1930(S 5)-12- 1	第1艦隊第3戦隊、艦長山田定男大佐 (36期) 就任
1931(S 6)- 3-29	佐世保発魚島方面警備行動、4月5日裏長山列島着
1931(S 6)- 4-20	呉工廠でL式音響測深儀同水深通報器装備、5月23日完成
1931(S 6)-11-21	呉工廠で天幕装置、艦長寝室防熱装置装備及びサーモタンク改造、翌年11月20日完成
1931(S 6)-12- 1	艦長山本弘毅大佐 (36期) 就任

5,500トン型 /5,500 Ton Class

艦 歴 /Ship's History (63)

艦　名	那　珂 (2/5)
年　月　日	記事 /Notes
1932(S 7)- 1-28	呉発中国方面警備行動、3月22日寺島水道着
1932(S 7)- 2- 2	第3艦隊第3戦隊
1932(S 7)- 3-20	第3戦隊より除く
1932(S 7)- 8-	呉工廠で方位盤改装、翌年5月20日完成
1932(S 7)-12- 1	第2予備艦、艦長園田滋大佐 (37期) 就任
1933(S 8)- 2- 2	12m80馬力内火艇1を青葉に貸与訓令
1933(S 8)- 5-10	第1予備艦
1933(S 8)- 8-10	呉工廠で艦底測程儀換装、翌年2月20日完成
1933(S 8)- 8-20	呉工廠で機関装置改造、翌年1月13日完成
1933(S 8)- 8-25	横浜沖大演習観艦式参列
1933(S 8)- 9- 1	呉工廠で飛行機搭載設備、射出機装備、探照灯改装、翌年1月26日完成、神通臨時搭載の30' 20
	馬力内火艇1を第2水雷戦隊旗艦中本艦に搭載訓令
1933(S 8)-11-15	第2艦隊第2水雷戦隊、艦長後藤英次大佐 (37期) 就任
1934(S 9)- 6-12	呉工廠で旧飛行機格納庫内に仮写真室新設通知
1934(S 9)- 6-20	横須賀工廠で発射指揮装置及び発射管一部改造、翌年6月20日完成
1934(S 9)- 7-25	呉工廠で飛行機搭載に伴う7番砲支筒構造一部補強を認可
1934(S 9)- 9-25	神通内火艇を返還
1934(S 9)- 9-27	旅順発青島方面行動、10月5日佐世保着
1934(S 9)-10-30	横須賀工廠で缶改造、翌年1月15日完成
1934(S 9)-11-15	横須賀鎮守府に転籍、警備兼練習艦、艦長阿部嘉輔大佐 (39期) 就任
1935(S10)- 1-29	横須賀工廠で11m内火艇を陸揚げ、代わりに鈴谷11m内火艇搭載
1935(S10)- 4- 6	横浜で満州国皇帝来訪の奉迎警備任務
1935(S10)- 5-25	艦長醍醐忠重大佐 (40期) 就任
1935(S10)- 6-20	横須賀工廠で30'内火艇1隻を9m内火艇に更新する、9月20日完成
1935(S10)- 7-11	横須賀工廠で士官寝室改造、7月20日完成
1935(S10)- 7-19	横須賀工廠で電気冷蔵庫1個増備、7月20日完成
1935(S10)- 9-26	大演習中赤軍第4艦隊第4水雷戦隊、三陸沖で大型台風に遭遇損傷、各重油タンクに海水漏入、
	前部発射管甲板左舷後部隔壁に亀裂、第2通船及び架台流失、4番連管、8年式方位盤流失
1935(S10)-11- 1	熱田神宮本殿遷座祭奉迎のため名古屋港に派遣訓令
1935(S10)-11-15	第2艦隊第2水雷戦隊、艦長五藤存知大佐 (38期) 就任
1935(S10)-11-28	搭載の90式2号水偵、発動機不調のため着水時中破
1935(S10)-12-22	横須賀工廠で第4艦隊事件損傷修理、翌年3月31日完成
1936(S11)- 2-12	横須賀工廠で厠管、スカッパー管舷外排出口位置変更認可
1936(S11)- 3- 1	大阪港沖で94式水偵着水時2回バウンドして左浮舟支柱折損、人員被害なし
1936(S11)- 4-13	福岡湾発青島方面行動、23日寺島水道着
1936(S11)- 4-20	青島より寺島水道に回航時実施した基本演習で、94式水偵が夜間接敵飛行中に濃霧来襲、演習中止、
	着水して艦の到着を待つ間に傾斜沈没、人員被害なし
1936(S11)- 6- 2	横須賀工廠で巡洋艦側曳給油装置装備、20日完成
1936(S11)- 8- 4	馬公発厦門方面行動、8月6日高雄着
1936(S11)- 8-14	94式水偵着水時中破

艦 歴 /Ship's History (64)

艦　名	那　珂 (3/5)
年　月　日	記事 /Notes
1936(S11)- 9-12	横須賀工廠で応急補強工事、13日完成
1936(S11)-10-29	神戸沖特別大演習観艦式参列
1936(S11)-12-23	横須賀工廠で砲煩兵器損傷部復旧、翌年3月20日完成
1936(S11)-12- 1	第3予備艦、艦長阿部孝壮大佐 (40期) 就任
1937(S12)- 2- 5	横須賀工廠で特定修理、混焼缶を重油専焼式に改造、翌年1月31日完成
1937(S12)- 3- 1	横須賀工廠で船体補強工事、翌年1月31日完成
1937(S12)- 3-10	横須賀工廠で前部トリミングタンク補強、翌年1月31日完成
1937(S12)- 8- 2	艦長中邑元司大佐 (39期) 就任
1937(S12)- 8- 8	横須賀工廠でバラスト固着、翌年1月31日完成
1937(S12)- 9- 2	横須賀工廠で砲戦指揮装置改造、翌年3月15日完成
1937(S12)- 9-17	横須賀工廠で通風装置改善、翌年1月31日完成
1937(S12)-11- 1	第2予備艦、艦長河野千万城大佐 (42期) 就任
1937(S12)-11-12	横須賀工廠で8cm高角砲を13mm連装機銃に換装、翌年3月31日完成
1937(S12)-11-20	第1予備艦
1937(S12)-12-14	横須賀工廠で探照灯換装、後部見張所改正、翌年1月31日完成
1937(S12)-12-15	第1艦隊第8戦隊
1938(S13)- 4- 9	寺島水道発南方面行動、4月14日基隆着
1938(S13)- 9-20	館山発中支方面行動、9月28日寺島水道着
1938(S13)-10- 9	馬公発南方面行動、11月17日横須賀着
1938(S13)-11-15	艦長宮里秀徳大佐 (40期) 就任、兼夕張艦長
1938(S13)-12-15	第2艦隊第2水雷戦隊、艦長高間完大佐 (41期) 就任
1939(S14)- 3-22	佐世保発北支方面行動、4月3日有明湾着
1939(S14)-11-15	特別役務艦、艦長秋山輝男大佐 (41期) 就任
1939(S14)-11-25	第2艦隊第4水雷戦隊
1940(S15)- 3-26	中城湾発北方面行動、4月2日基隆着
1940(S15)-10-15	艦長伊集院松治大佐 (43期) 就任
1941(S16)- 2-25	中城湾発南方面行動、3月3日高雄着
1941(S16)- 4	横須賀工廠で魚雷兵装及び機銃兵装の換装を実施したものと推定
1941(S16)- 8-11	艦長田原吉興大佐 (43期) 就任
1941(S16)- 9-12	室積沖発14日横須賀に回航、15日横浜に回航、入渠、17日出渠、28日横須賀に回航、臨戦準備
1941(S16)-10- 1	横須賀発4日室積沖に回航、22日宿毛湾に回航、以後第4水雷戦隊として南方部隊各地の上陸作戦
	の支援にあたる
1941(S16)-11-26	寺島水道発28日馬公着、12月7日発比島ビガン上陸輸送船団護衛出撃、10日ビガン泊地着、米陸
	軍機が数度にわたり空襲、至近弾により本艦戦死2、負傷7、船体損傷は軽微、翌、翌々日も空襲
	受けたが被害なし、12日発14日馬公着、損傷修理
1941(S16)-12-18	馬公発リンガエン上陸輸送船団護衛、22日リンガエン泊地着作戦支援、24日馬公着、26日高雄に
	回航、次期支援作戦準備
1941(S16)-12-29	高雄発1月2日ダバオ湾着、7日発タラカン攻略作戦支援、10日タラカン沖着、泊地警戒任務につ
	く、21日発バリクパパン攻略作戦支援、23日バリクパパン着泊地警戒、24日夜間泊地に侵入した
	米駆逐艦4隻により船団の4隻が雷撃により撃沈されたが、捕捉できず取り逃がす、30日発2月

101

5,500 トン型 /5,500 Ton Class

艦　歴/Ship's History (65)

艦　名	那　珂 (4/5)
年　月　日	記　事/Notes
	2日リンガエン湾着、8日発スラバヤ攻略船団護衛、12日バタ泊地着19日発、22日バリクパパン
	着仮泊、24日発27日連合国艦隊と遭遇、スラバヤ沖海戦に参加、この戦闘では第4水雷戦隊各艦
	は本艦の8本を含めて合計55本の魚雷を発射したものの命中なし、砲戦でも目立った戦果なく、不
	本意な戦闘に終始したが損傷なし
1942(S17)- 3- 1	ジャワ、クラガン着、泊地警戒上陸支援、8日発空船団護衛、12日マカッサル着、次期作戦準備
1942(S17)- 3-26	マカッサル発クリスマス島攻略作戦支援、31日クリスマス島着、この作戦には他に名取、長良が参
	加、入泊直後に雷撃され魚雷3本を回避、対潜戦闘を行う、4月1日1804、之の字運動哨戒中
	の右舷中部の第1缶室に米潜水艦シーウルフ/Seawolfの発射した魚雷1本が命中、第1、2缶室浸
	水、通信不能、水偵大破、1番探照灯大破、1845一時現場退避して停止の上応急対処、2030名取に
	曳航されてバンタムに向かう、途中機関回復12ノットで自力航行可能、3日バンタム着6日発
1942(S17)- 4-10	シンガポール着、損傷部調査、28発ケッペル商港着、5月3日入渠、6月2日出渠、この間応急修
	理、3日シンガポール発馬公経由12日横須賀着
1942(S17)- 6-15	横須賀鎮守府付属警備艦、同日横須賀発21日舞鶴着、26日入渠、7月6日出渠、以後岸壁に繋留
	復旧工事及び兵装改装実施、5、6番砲撤去、12.7cm連装高角砲1基、25mm3連装機銃2基装備、
	艦橋前13mm4連装機銃を13mm連装機銃に換装、さらに21号電探、95式機銃射撃装置、予備魚
	雷頭部防弾板装備、羅針艦橋天蓋観測孔開口、探照灯、砲戦通信装置の一部改正、舷窓閉塞、小発
	4隻搭載等を実施、翌年3月末完成
1942(S17)- 7-10	艦長中里隆治大佐(39期)就任
1942(S17)-10- 1	艦長高木伴治郎大佐(39期)就任
1943(S18)- 3-25	艦長今和泉喜次郎大佐(44期)就任
1943(S18)- 4- 1	第4艦隊第14戦隊編入
1943(S18)- 4- 5	舞鶴発6日柱島に回航、訓練に従事、20日横須賀着25日発、
1943(S18)- 4-30	トラック着、警泊整備
1943(S18)- 5-15	トラック発18日ヤルート着、警泊、6月15日発18日トラック着
1943(S18)- 6-22	トラック発ナウル増援人員器材を輸送、25日ナウル着揚陸、同日発28日トラック着
1943(S18)- 7-17	トラック発ミレ島増援人員器材を輸送、20日着揚陸、同日発24日トラック着
1943(S18)- 8-25	トラック発ラバウル増援人員器材を輸送、27日着揚陸、同日発29日トラック着
1943(S18)- 9- 3	トラック発クエゼリン増援人員器材を輸送、7日着揚陸、8日発9日タロア着、同日発10日クエゼ
	リン着、12日発被雷した知床の救援に向かう、15日クエゼリン着19日発、20日ミレ島着21日発
	22日ウォッゼ着23日発、24日クエゼリン着25日発、26ヤルート着29日発、10月3日トラッ
	ク着、海上機動兵団編成8日ポナペに向け出動したが直後に中止命令、引き返す
1943(S18)-10-11	トラック発18日上海着、陸軍部隊輸送21日発、28日トラック着、11月1日トラック発、3日航
	行中、B24の空襲を受け本艦は艦橋部を機銃掃射され司令部主席参謀以下戦死2、負傷1、艦側戦死
	5、負傷19、4日カビエン着、同日発5日ラバウル着部隊揚陸、空襲があるも被害なし、
	6日発9日トラック着
1943(S18)-11-21	トラック発22日ポナペ着、23日発25日クエゼリン着、30日発陸軍部隊輸送12月1日ミレ島着
	部隊揚陸、同日発2日クエゼリン着、3日発陸軍部隊輸送、5日クサイ島着部隊揚陸、同日発6日
	ポナペ着7日発、クサイ経由10日トラック着
1943(S18)-12-19	トラック発22日ルオット着、同日発24日トラック着
1944(S19)- 1- 1	トラック発被雷した清澄丸救援のため出動、曳航して8日トラック着

艦　歴/Ship's History (66)

艦　名	那　珂 (5/5)
年　月　日	記　事/Notes
1944(S19)- 1- 7	艦長末沢慶政大佐(48期)就任
1944(S19)- 2-17	トラック発被雷した阿賀野救援のため出動、トラック北水道で米艦載機の攻撃を受ける、午前中の
	2波は何とかしのいだものの正午前後の第3波の攻撃で右舷艦橋後部に魚雷1本が命中、さらに艦
	橋左舷前方に直撃弾を受けて、艦橋後部付近で船体切断、前部はすぐ沈没したが、後部はそのまま
	の状態を保っており、前部の沈没で海中に投げ出された艦長以下の乗員は再び残った船体にもどり、
	応急修理につとめたが、1400ごろの攻撃で残った後部にも直撃弾を受けて急速に浸水が拡大、
	1600ごろに沈没する、砲術長以下戦死440、前年10月末の定員が525人なので、生存者は艦
	長以下80人前後が付近の哨戒艇に救助される、この時米機動部隊によるトラック大空襲で在泊の
	艦船多数が犠牲になる

夕張/Yubari

型名/Class name 夕張/Yubari	同型艦数/No. in class　1	設計番号/Design No.　②	設計者/Designer　藤本喜久雄造船中監①

艦名/Name	計画年度/Prog. year	建造番号/Prog. No	起工/Laid down	進水/Launch	竣工/Completed	建造所/Builder	建造費 (船体・機関＋兵器＝合計)/Cost(Hull・Mach＋Armament＝Total)	除籍/Deletion	喪失原因・日時・場所/Loss data
夕張/Yubari	T06/1917		T11/1922-06-05	T12/1923-03-05	T12/1923-07-31	佐世保海軍工廠	5,261,125 ＋ 2,334,250 ＝ 7,595,375	S19/1944-06-10	S19/1944-4-27 ルソン島付近で米潜水艦 Bluegill により撃沈

注/NOTES ① 本型の基本計画担当造船官は、当時艦本4部で計画主任格だった平賀造船大監の部下の藤本造船官といわれている。5,500T型と同等の性能を約半分の排水量に盛り込むことで建造費を大幅に軽減出来るという平賀の発想を具体化したもので、実際の発案者は藤本ともいわれている。当初は英国に発注する話もあったが、平賀の指導の下当時から逸材といわれた、藤本が基本計画をまとめたものであったが、余りに余裕のない設計で1隻のみの試験的建造に終わっている　② 本型の基本計画番号は平賀資料によれば駆逐艦を示すF42を割り当てており、確かに駆逐艦の計画番号リスト上では睦月型と特型の間のF42は欠番となっており、構造上駆逐艦に近いということで駆逐艦の番号をとったらしいが、正式な艦本の計画番号リストからは欠落している【出典】海軍省年報/造船回想/その他

船体寸法/Hull Dimensions

艦名/Name	状態/Condition	排水量/Displacement		長さ/Length(m)			幅/Breadth (m)			深さ/Depth(m)		吃水/Draught(m)			乾舷/Freeboard(m)			備考/Note
				全長/OA	水線/WL	垂線/PP	全幅/Max	水線/WL	水線下/uw	上甲板/m	最上甲板	前部/F	後部/A	平均/M	艦首/B	中央/M	艦尾/S	
夕張/Yubari	新造完成/New (T)	常備/Norm.	3,509.102	138.989	137.111	132.710	12.040	12.040		7.239		3.791	3.931	3.861				新造完成時の大正12年8月23日施行の重心査定試験による
		満載/Full	4,377.711											4.568				
		軽荷/Light	3,116.733											3.524				
	昭和9年/1934 (t)	常備/Norm.	3,751.734															昭和9年7月17日施行の重心査定試験による
		満載/Full	4,531.439															
		軽荷/Light	3,362.734															
	昭和13年/1938 (t)	公試/Trial	4,447.994									4.558	4.558	4.558	6.668	2.681	2.681	改装完成時の昭和13年10月14日施行の重心査定試験による
		満載/Full	4,838.248											4.87				
		軽荷/Light	3,490.100											3.78				
	新造計画/Design (T)	常備/Norm.	3,141.3	139.446	137.160	132.588	12.040	12.040		7.239		3.581	3.581	3.581	7.620	3.658	3.658	大正10年12月の基本計画による
		2/3満載/Full	3,688															
		満載/Full	3,910															
	公称排水量/Official(T)	常備/Norm.	3,100			435'-0"	39'-6"							14'-9"				ワシントン条約締結前の公表値
	公称排水量/Official(T)	基準/St'd	2,890			132.6	12.0							3.6				ワシントン条約締結後の公表値

注/NOTES ① 上記のように計画値と実際の完成時の排水量の差が大きく、計画値の約12%オーバーの超過となっているが、基本計画にかなり無理があったことを示しており、工廠側にとってはかなり造りにくい艦であったことが想像できる。寸的には先の天龍型を若干下回るもののほぼ同大の艦型で、駆逐艦型船体の拡大型とみられる【出典】一般計画要領書/各種艦船KG、GM等に関する参考資料(平賀)/軍艦基本計画(福田)

解説/COMMENT

夕張については公式文書上でも不明な部分が多い。そもそも夕張の建造予算が承認されたのは大正6年の第39回帝国議会においてで、この時議会に対しては巡洋艦は軽巡洋艦3隻、小型巡洋艦6隻を提示して承認されたが、実際は中巡(5,500T型)8隻、小巡1隻に改めて建造が実施されることになる。中巡については大正7年より建造を開始、8年、9年と建造に着手したものの小巡については佐世保工廠に製造訓令が発せられたのは、大正10年12月5日と大幅に遅れていた。

この大正6年度の巡洋艦建造計画で1隻のみ小巡として残されたのは、推定すれば先に天龍型として建造した3,500トン型小巡が水雷戦隊旗艦としては過小と評価されて、新たに4,100トン型小巡の建造を予定したものの、さらに進めて5,500トン型中巡を標準型とすることで、隻数を大幅に減じて1隻のみの建造枠を将来的に検討材料として試作することを目的に残したと推測される。

平賀が夕張の計画に着手したのは、平賀自身の「新艦型に就いて」の意見書、大正10年6月12日付によれば、同年4月の大臣の建造費節約に関する訓示により喚起されて基本計画を作成することにしたとしている。従ってこの時点まで小巡の具体的な建造計画はなかったことになる。

平賀はこの夕張の基本計画を部下の藤本造船少監に命じたといわれており、ただそのデザインは平賀の要求を満たすように、全てに平賀主導の下に行われたようである。同年9月には製造訓令を発するのに必要な技術資料はほぼ完成していたようで、ほぼ半年弱で基本計画を完成したのはかなりのスピードといってよく、平賀自身もかなりの力の入れようであったとの印象が強い。

平賀自身の夕張についての説明は前記意見書に書かれており、遺稿集にも収録されているのでここではその趣旨を要約するに留める。

ここで平賀が力説した最大の眼目は、排水量を僅か3,100トンにまとめることで建造費を大幅に節減できることを示したかったと思われ、その背景として排水量の減少にかかわらず、兵装で5,500トン型と同等であり、防禦と運動力でも同等以上の性能を有する設計が可能であったこと、そこには当時の1等駆逐艦と同等の機関を採用し、防禦材を構造材の一部として使用すること等により経済性を考慮したとしている。さらに艦型小による凌波性、耐波性にたいする危惧については最近の1等駆逐艦の実績からも設計次第でかなりの改善が望め、5,500トン型にそれほど劣ることはないと主張していた。

夕張については当時これを建造することに明確に反対する人も多く、こんな小型軽巡は水雷戦隊旗艦として凌波性に劣ることは明白で不適とする意見が多かったという。平賀もその説得に苦労したようで、大正8年に海軍少将で病没した実兄の徳太郎のつてを求めて何とか各方面の同意を得たともいわれている。

前述のように大正10年12月5日に夕張の製造訓令が佐世保工廠に発せられ、翌11年6月に起工、12年3月に進水、進水式は平賀は4部長代理の立場で出席している。さらに5か月後の7月31日に竣工し、僅か1年2か月の工期で完成した。

夕張の予算については船体費1,944,673円、機関費2,350,000円、備品費77,668円、合計4,372,341円を計上していた。これには兵器費は含まれていない。別に示したように、各年度の海軍省年報に記載の支出額を累計した額は船体・機関5,261,125円、兵器2,334,250円、合計7,595,375円となり、5,500トン型で最も高額だった名取に比べると半分弱だが、一番低額の由良に比べると7割弱になる。完成常備排水量トン当たり単価は2,165円、同条件の球磨では2,342円となるから、単純にいうとトン当たり単価でも軽減されているといえる。

夕張の建造にあたっては外国への発注も検討されたらしく、現実に英国数社から見積もりをとっていた事実もあった。ただし、これは平賀による夕張の設計が行われる以前、大正9年の後半のころで、要求仕様としては下記の通りであった。

1. 計画常備排水量　3,700トン前後
2. 兵装　14cm50口径砲4門(弾丸定数1門150)、8cm高角砲1門(同200)、発射管53cm8門、探照灯90cm 2
3. 防禦　機関区画舷側水線64mm、甲板25mm
4. 機関　主機ギアードタービン、速力33ノット、航続距離14ノットにて5,000浬、混焼缶使用

見積もりは英国のビッカース社、アームストロング社、ジョン・ブラウン社、キャメル・レアード社の4社から提出されたようで、各社それぞれ数案を提示している。一番低額が8,560,000円、高額は11,920,000円と平賀資料にはある。

比べてわかるように夕張はこれ等よりかなり安価であり、かつ兵装的にはより強力であったから平賀デザインの方に利があるのは明白だが、先の天龍に準じた小型巡洋艦をこの時期に外国に発注する意味合いはよくわからない。

夕張/Yubari

機　関/Machinery

		夕張/Yubari		注/NOTES
主機械 /Main mach.	型式 /Type ×基数 (軸数)/No.	パーソンズ高圧衝動低圧反動式オール・ギアード・タービン /Parsons HP impulse LP reaction type geared turbine × 3		①一般計画要領書では 262°C、
	機械室　長さ・幅・高さ (m)・面積 (㎡)・1㎡当たり馬力	25.755・9.936・6.400・259.6・219.6		
缶 /Boiler	型式 /Type ×基数 /No.	ロ号艦本式専焼缶大型× 6、同小型× 2/Ro-go kanpon type, 6 oil fired large, 2 oil fired small		【出典】帝国海軍機関史 /一般計画要領書 /軍艦基本計画 (福田)/艦艇燃料消費量及び航続距離調査表 (艦本基本計画班 S11-8-10)/公文備考 /舶用蒸気タービン設計法
	蒸気圧力 /Steam pressure (kg/c㎡)	(計画 /Des.) 18.3		
	蒸気温度 /Steam temp.(℃)	(計画 /Des.) 100°F 過熱①		
	缶室　長さ・幅・高さ (m)・面積 (㎡)・1㎡当たり馬力	28.803・9.936・6.400・286.1・199.2		
計画 /Design (普通 /密閉)	速力 /Speed(ノット /kt)	/35.5 (10/10 全力)		
	出力 /Power(軸馬力 /SHP)	/57,750		
	推進軸回転数 /(rpm)	/400　(高圧タービン /H. Pressure turbine-2,750rpm、低圧タービン /L. Pressure turbine-2,250rpm)		
新造公試 /New trial (普通 /密閉)	速力 /Speed(ノット /kt)	/34.784		
	出力 /Power(軸馬力 /SHP)	/61,328		
	推進軸回転数 /(rpm)	/409.669		
	公試排水量 /T disp・施行年月日 /Date・場所 /Place	3,463.25T・T12/1923-7-5・䑓島沖		
改造 (修理)公試 /Repair trial (普通 /密閉)	速力 /Speed(ノット /kt)	/32.727	/32	
	出力 /Power(軸馬力 /SHP)	/62,658	/58,943	
	推進軸回転数 /(rpm)	/384.59		
	公試排水量 /T. disp・施行年月日 /Date・場所 /Place	3,700T・S5/1930-9-13・三重沖	4,447.934t・S13/1938	
推進器 /Propeller	数 /No.・直径 /Dia.(m)・節 /Pitch(m)・翼数 /Blade no.	× 3　・3.124　・3.429　・3 翼		
舵 /Rudder	舵機型式 /Machine・舵型式 /Type・舵面積 /Rudder area(㎡)	側立 2 筒機械 (蒸気)・釣合舵 / balanced × 1・9.77		
燃料 /Fuel	重油 /Oil(T)・定量 (Norm.)/ 全量 (Max.)	180/482.806(計画 /Des.)　　180/918.398 (新造完成)　　　/916.549t (昭和 13-10/Oct. 1938)		
	石炭 /Coal(T)・定量 (Norm.)・全量 (Max.)	/100(計画 /Des.)　　　　/　　　　　/10.709t (昭和 13-10/Oct. 1938)		
航続距離 /Range(ノット /Kts －浬 /SM)	基準速力 /Standard speed	(計画 /Des.)14 － 5,000		
		14.17 ノット、3,071 SHP、重油 1t 当たりの航続距離－ 3.821 浬 (重油量換算航続力 3,509 浬)、T12/1923-7-12 公試		
	巡航速力 /Cruising speed	17.95 ノット、5,500 SHP、重油 1t 当たりの航続距離－ 3.66 浬 (重油量換算航続力 3,361 浬)、T8/1919-6-6 公試		
発電機 /Dynamo・発電量 /Electric power(W)		ターボ発電機　225V/300A × 2、ディーゼル発電機 225V/177A × 1・175kW		
新造機関製造所 / Machine maker at new		機関一式は船体建造担当の佐世保工廠で製造		

完成後の夕張について平賀は、大正 12 年 11 月 15 日付「軍艦の軽構造に就いて」という意見書で本艦の実績について次のように述べている。まずその建造に至る経過に触れ、大正 6 年の球磨型の設計に接して、機関、船体ともに駆逐艦型に近い設計を施すことで、予定の兵装、防禦力及び運動力を有する新艦型を造ることができ、これにより建造費を節減するか隻数を増加することが可能であるという意見を具申したものの、あまり、突飛として採り上げられず、以後 1 等駆逐艦の実績を見るにこの意見はけっして間違っていずと信じて時期の到来を待っていたという。すなわち、5,500 トン型の設計がスタートした時点から平賀は腹案として夕張型小巡の可能性について、その実現を望んでいたことがわかる。そのチャンスがおとずれたのが大正 10 年 4 月の建造費節減の大臣訓示で、その後の経緯は前述の通りである。

夕張の工期がきわめて短かったのは、試作艦としてその実績を早く知りたいという要求があったようで、場合によっては計画中の加古型 (川内型)の何隻かは夕張型に置き換えたいという平賀の思惑もあったようだ。しかし、夕張の竣工時はワシントン条約締結後で 5,500 トン型の建造も 14 隻で打ち切られ、八八艦隊案は未成に終わったため、夕張の同型艦が建造されることはなかった。

夕張の実績については上記意見書で、平賀は公試成績が非常に良好であり、特筆すべきは 5,500 トンで重大な欠陥とされた高速発揮時の船体振動が夕張では 1/3 から 1/4 に軽減されたことを強調しており、また動揺周期も 5,500 トン型より大で凌波性も優るとも劣らないと夕張の優秀性をうたっている。

しかし、一方で夕張の完成常備排水量が同計画値を 367T も上回り、約 12%の超過は通常の艦艇に比べて非常に高い値で、本型の基本計画がかなり無理またはタイトなものであることを示しており、また竣工直後にビルジキールの屈曲を発見、ブラストスクリーンの補強等も実施されていた。その他、煙突頂部の延長等も当然重量増加の一端となっている。

夕張は完成後 2 年を経て大正 14 年 12 月に第 1 艦隊第 1 水雷戦隊の旗艦に就くことになる。翌年第 2 艦隊第 2 水雷戦隊旗艦に替わるが、次に第 1 艦隊第 1 水雷戦隊の旗艦に返り咲くのは 4 年後の昭和 6 年 12 月であった。

夕張は実質平賀デザインとして完成した最初の軍艦であった。長門型は平賀としては改正計画を担当しただけの艦で、それ以降の八八艦隊の主力艦デザインは全て未成に終わったため、平賀としては最初の作品である夕張のデビューは日本におけるよりも海外に於いて軍艦デザイナーとしての平賀の名を知らしめることになった。もちろん、平賀の名を決定的にしたのは次の古鷹型であったが、これまでの英国式デザインの踏襲であった日本巡洋艦の設計に、新風を吹き込むことになったのは、この夕張であったことに間違いはない。しかし、日本海軍内部における夕張の評価は海外と異なりそれほどのことはなく、単なる試験艦と見られる傾向にあったことは否めない。これは、ひとつに夕張の建造に反対した人間は少なくなく、こうした人たちにとっては夕張の成功を認めがたい立場にあったことも否定出来ない。また、夕張自体は失敗作ではなかったといっても、設計的にはほとんど余裕のないぎりぎりの艦型で、将来的に兵装の換装、更新が望めず、水雷戦隊旗艦としては水偵の搭載ができなかったことは致命的であった。

もちろん、重量的には 14cm 砲を 12.7cm 連装高角砲に置き換えて、魚雷兵装を 93 式魚雷に刷新する防空艦構想も不可能でないと推察するものの、結局ほぼ原型のままで開戦を迎えることになる。開戦時の配置は第 3 艦隊第 6 水雷戦隊の旗艦で、第 2 線級駆逐艦の子隊よりなる水雷戦隊の旗艦として太平洋戦争に参戦することになった。

開戦以来主に中部太平洋方面にあった夕張は、第 1 次ソロモン海戦に参加する等の活躍もあったが、熾烈な対空戦闘を経て昭和 18 年末から翌年 3 月はじめまで横須賀で兵装の変換工事を実施、対空、対潜兵装を強化して再出撃したものの僅かに 2 ヵ月で米潜に撃沈されている。

本艦の艦名については、そもそも小巡として建造枠を得た時期に「綾瀬」の艦名を予定していたといわれており、その後大正 10 年 11 月に「夕張 /ゆうばり」と「名寄 /なより」の北海道の河川名が候補にあがり、最終的に夕張に決定したという。この過程では共に地名としても知られており、河川名と混同される、名寄は一般には「なよろ」と発音されるがアイヌ語の発音によるために夕張に決まったという。ただし他に加茂、木津の候補名も存在したようで、かなり紆余曲折があったらしい。(P-106 に続く)

夕張/Yubari

兵装・装備/Armament & Equipment (1)

夕張/Yubari			新造 - 昭和 16/New build-1941	
	主砲/Main guns		50 口径 3 年式 14cm 砲/3 Year type Ⅰ×2、Ⅱ×2 ④	
	高角砲/AA guns		40 口径 3 年式 8cm 高角砲/3 Year type ×1(S10/1935、93 式 13mm 連装機銃/93 type Ⅱ×1 に換装)	
	機銃/Machine guns		留式 7.7mm 機銃/Lewis type ×2	
			93 式 13mm 連装機銃/93 type Ⅱ×2 (S10-12/1935-37 装備) ②	
	その他砲/Misc. guns		山内短 5cm/Yamanouchi short type ×2(礼砲/Salute) ①	
	陸戦兵器/Personal weapons		38 式小銃×	**注/NOTES** 戦時兵装変遷
			陸式拳銃×	① S17/1942-1 93 式 13mm 連装機銃 2 基を艦橋両側に装備、山内砲を撤去
砲熕兵器 / Guns	弾薬定数 Ammunition	主砲/Main guns	×150(1 門当り)	② S17/1942-4 トラック島で旧 8cm 高角砲跡に装備した 13mm 連装機銃 2 基を 96 式 25mm 連装機銃 2 基に換装 (弾薬定数 1 挺当たり 2,000)、代償として艦尾 88 式爆雷投射機 2 基を撤去
		高角砲/AA guns	×200	
		機銃/Machine guns	×15,000(留式、1 挺当り)	③ S18/1943-3-22 完成、横須賀で艦橋両側の 13mm 連装機銃を 25mm 連装機銃に換装
	揚弾薬機 Ammun.tube	主砲/Main guns	縦揚式×2、横揚式×2	④ S19/1944-3-4 完成、横須賀で 14cm 単装砲 2 基を撤去、艦首砲跡は 3 年式 45 口径 12cm 単装高角砲、艦尾砲跡は 25mm3 連装機銃各 1 基に換装、他に 25mm3 連装機銃 2 基、同単装機銃 8 基 (移動式) を装備 (弾薬定数 12cm 高角砲 150、25mm 機銃 1 挺当たり 1,500)
		高角砲/AA guns	縦揚式×2	
		機銃/Machine guns		注/艦尾 25mm3 連装機銃の換装時期については S18/1943-10 完成の横須賀での工事の可能性あり
	射撃指揮装置 Fire cont. system	主砲/Main gun director	中口径砲射撃用方位盤×1	
		高角砲/AA gun director		
		機銃/Machine gun		
		主砲射撃盤/M. gun computer	距離時計×1	
		その他装置/	変距率盤乙型×2、11 式変距率盤×2、13 式測的盤×1(後 2 種は竣工後装備)	
	装填演習砲/Loading machine		14cm 砲用×1	
	発煙装置/Smoke generator		88 式発煙機×1 (S7/1932 装備)	
水雷兵器 / Torpedo etc.	発射管/Torpedo tube		8 年式 61cm 連装発射管/8 Year type Ⅱ×2	
	魚雷/Torpedo		8 年式 2 号 61cm 魚雷/8 Year type ×8 (10 最大/Max.) ①	
	発射指揮装置 Fire cont.	方位盤/Director	91 式 2 型×2 ②	**注/NOTES** 戦時兵装変遷
		発射指揮盤/Cont. board		① 予備魚雷格納は S19 年の改装時存続
		射法盤/Course indicator		② 竣工時方位盤の装備なし、S4/1929 以降装備、S9/1934 に 91 式に換装
		その他/		③ 竣工後に装備、S17-4 機銃換装時に撤去
	魚雷用空気圧縮機/Air compressor		武式 V 型 200 気圧×2	④ S10/1935 頃の状態を示す、S19-4 完成の工事でこれ等投下機を撤去、投下軌条 (6 個搭せ)2 基を装備
	酸素魚雷用第 2 空気圧縮機/			⑤ S10/1935 頃の状態、S19-4 完成の改装工事で爆雷搭載数 36 個搭載に強化
	爆雷投射機/DC thrower		88 式投射機×2 ③	⑥ 新造時における搭載可能推定数を示す、ただし S10/1935 ごろに艦尾の機雷敷設装置を廃止撤去
	爆雷投下軌条/DC rack			
	爆雷投下台/DC chute		水圧投下機×2、手動投下機×6 ④	【出典】一般計画要領書/艦船要目概要一覧-S19-7-1 艦本 2 課/第 6 水雷戦隊戦時日誌/巡洋艦砲兵装備一覧表-S19-3 艦本 4 部/平賀資料/極秘版海軍省年報/公文備考
	爆雷/Depth charge		88 式×6(18)、91 式 2 型×4(8) ⑤	
	機雷/Mine		1 号機雷甲×(48) 又は 5 号機雷改 1×(64) ⑥	
	機雷敷設軌条/Mine rail		×2	
	掃海具/Mine sweep. gear		小掃海具×2	
	防雷具/Paravane		中防雷具 1 型改 1×2	
	測深器/		2 型×2	
	水中処分具/		1 型×2	
	海底電線切断具/			

兵装・装備/Armament & Equipment (2)

夕張/Yubari			新造時/New build	昭和 18 年/1943
無線兵器 / Electronics Weapons	通信装置 Communication equipment	送信装置/Transmitter		92 式 4 号改 1×1
				95 式短 4 号改 1×1
				91 式短 5 号改 1×1
		受信装置/Receiver	87 式×2 を 91 式×2 に換装 (S7/1932 現在)	93 式特改 3×
		無線電話装置/Radio telephone	90 式×1(S7/1932 現在)	2 号話送 1 型×2
				90 式改 4×1
				93 式超短送話×1、同受話×1
	電波兵器 Radar	測波装置/Wave measurement equipment		96 式超短×2
				96 式×1、96 式改 1×1
				97 式短 1 型×1、99 式長短各×1
		電波鑑査機/Wave detector		92 式改 2×1
				92 式短改 2×1
		方位測定装置/DF		93 式 1 号×1
		印字機/Code machine		97 式 2 型×2
		電波探信儀/Radar		22 号×1(S18/1943-10 横須賀で装備)
		電波探知機/Counter measure		S18/1943-6 横須賀で電波探知機 E-27 型を装備
	水中兵器 UW weapon	探信儀/Sonar		S18/1943-10 横須賀で 93 式探信儀を装備
		聴音機/Hydrophone		S18/1943-10 横須賀で 93 式聴音機を装備
		信号装置/UW commu. equip.		
		測深装置/Echo sounder	90 式×1(S9/1934 装備)	90 式 2 型×1
電気兵器 / Electric Weapons	一次電源 Main P Sup.	ターボ発電機/Turbo genera.	225V/300A×2、135kW	左に同じ、ただし S17/1942-4 戦傷 1 基換装
		ディーゼル発電機/Diesel genera.	225V/177A×1、40kW	左に同じ
	二次電源 2nd power supply	発電機/Generator		
		蓄電池/Battery		
		探照灯/Searchlight	須 (スペリー/Sperry) 式手動 90cm×2	S18/1943-10 前部探照灯撤去 22 号電探装備
		探照灯管制器/SL controller		
		信号用探照灯/Signal SL	30cm×2	S17/1942-6 舞鶴にて換装
		信号灯/Signal light	2kW 信号灯	S17/1942-6 2kW 信号灯換装
		舷外電路/Degaussing coil		S16/1941 装備

夕張/Yubari

兵装・装備/Armament & Equipment (3)

夕張/Yubari			新造時/New build	昭和18年/1943
航海兵器 / Navigation Equipment	羅針儀 Compass	磁気 /Magnetic		知式×1
		転輪 /Gyro	須/Sperry式5型(単式)×1	須/Sperry式5型(単式)×1
	測深儀 /Echo sounder		90式測深儀(S9/1934装備)	電動式×1
	測程儀 /Log			去式×1
	航跡儀 /DRT		安式航跡自画器×1(S8/1933装備)	安式改2×1
	気象兵器 Weather	風信儀 /Wind vane		91式改1×1
		海上測風経緯儀 /		
		高層気象観測儀 /		
	信号兵器 /Signal light			97式山川灯1型×2、亜式信号灯改1×1
光学兵器 / Optical Weapons	測距儀 /Range finder			武式3.5m×2
	望遠鏡 /Binocular		S6/1931発射指揮官用12cm双眼鏡装備	12cm×2
	見張方向盤 /Target sight			
	その他 /Etc.			
航空兵器 / Aviation Weapons	搭載機 /Aircraft			
	射出機 /Catapult			
	射出装薬 /Injection powder			
	搭載爆弾・機銃弾薬 /Bomb・MG ammunition			
	その他 /Etc.		1号繋留気球及び同繋留装置(T12/1923装備 S3/1928撤去)	
短艇 /Boats	内火艇 /Motor boat		30'×2	11m(60HP)×1、9m(30HP)×1
	内火ランチ /Motor launch			
	カッター /Cutter		30'×2	9m×2
	内火通船 /Motor utility boat			
	通船 /Utility boat		20'×1	6m×1
	その他 /Etc.			

防禦/Armor

夕張/Yubari			新造時/New build	昭和18年/1934
弾火薬庫 /Magazine	舷側 /Side		19mm/0.75"高張力鋼/HT	
	甲板 /Deck		22mm/0.875"NVNC(上甲板/U. deck)	
	前部隔壁 /For. bulkhead		25.4mm/1"NVNC	
	後部隔壁 /Aft. bulkhead		25.4mm/1"NVNC	
機関区画 /Machinery	舷側 /Side		19+38mm/0.75"HT+1.5"NVNC	
	甲板 /Deck	平坦 /Flat	25.4mm/1"NVNC(上甲板/U. deck)	
		傾斜 /Slope		
	前部隔壁 /For. bulkhead			
	後部隔壁 /Aft. bulkhead			
	煙路 /Funnel			
砲架 /Mount	主砲楯 /Shield		38mm/1.5" NVNC	
	砲支筒 /Barbette			
	揚弾薬筒 /Ammu. tube			
舵機室 /Steering gear room	舷側 /Side		19mm/0.75 高張力鋼/HT	
	甲板 /Deck		19mm/0.75"NVNC(上甲板/U. deck)	
	その他 /			
操舵室 /Wheel house				
水中防禦 /UW protection				
その他 /				S10/1935 羅針艦橋防弾板装着
				S17/1942 魚雷頭部用防弾板装備

(P-104 から続く) 夕張の艦名は戦後の海上自衛隊の護衛艦に襲名されている

[資料] 本型の公式資料は当然ながら平賀資料に多く、公式図としては艦本作成の一般配置図、防禦配置図、最大中央切断図等がある。いずれも基本計画時のもので、艤装のディテールは記入されておらず、細かい点で後の完成図とはかなり異なっている。ただし、平賀アーカイブの欠点のひとつに大型図面類の分割が不適切で、図面記載の文字等は拡大してもほとんど読み取れないという問題がある。

その他夕張の公試記録やさまざまなメモ類、関係者の書簡等があるが、いずれも計画時のものが大半で、完成後の実績等に関する資料はない。

その他図面資料としては呉の福井資料に夕張の図面一式が2組あり、1組は、<海軍艦艇公式図面集>に収録されている昭和19年初頭の改装後のもので、もう一組は戦前のものでこれまで公表されていない。その他船体寸法表、復原力曲線、排水量等曲線、入渠用図等が存在する。

写真は多数存在するものの、開戦前後及び戦時中の写真はほとんど残されておらず、ニュース報道映画に僅かにその一端がとらえられているものの、鮮明な艦影はない。

夕張/Yubari

重量配分/Weight Distribution

夕張/Yubari		新造時/New build (単位T)				昭和13年/1938 (単位t)		
		常備/Norm.	満載/Full	軽荷/Light	基準/St'd	公試/Trial	満載/Full	軽荷/Light
船殻	船殻	1,255.063	1,255.063	1,255.063		1,307.967	1,307.967	1,307.967
	甲鈑							
	防禦材	343.538	343.538	343.538		349.035	349.035	349.035
	艤装	212.568	212.568	212.568		250.912	250.912	250.912
	(合計)	(1,811.169)	(1,811.169)	(1,811.169)		(1,907.914)	(1,907.914)	(1,907.914)
斉備品	固定斉備品	76.809	76.809	76.809		81.935	81.935	81.935
	その他斉備品	90.937	132.718	58.185		135.055	170.772	63.622
	(合計)	(167.749)	(209.727)	(134.994)		(216.990)	(252.407)	(145.557)
兵器	砲熕					216.682	221.514	150.798
	水雷					98.083	100.623	67.473
	電気					56.169	56.169	56.169
	光学							
	航海							
	無線							
	航空							
	(合計)	(303.580)	(324.304)	(247.553)		(370.934)	(378.306)	(274.440)
機関	主機	863.827	863.827	863.827				
	缶煙路煙突							
	補機	58.340	58.340	58.340				
	諸管弁等							
	缶水	97.413	97.413	0				
	復水器内水							
	給水							
	淡水タンク水							
	(合計)	(1,019.580)	(1,019.580)	(922.167)		(1,083.495)	(1,096.369)	(961.737)
重油		180.000	918.398	0		611.032	916.549	0
石炭						7.139	10.709	0
軽質油	内火艇用					4.587	6.880	0
	飛行機用							
潤滑油	主機械用	26.175	26.175	0				
	飛行機用							
予備水			67.708			45.861	68.792	0
バラスト						151.792	151.792	151.792
水中防禦管								
不明重量		0.850	0.850	0.850		48.250	48.250	48.250
マージン/余裕								
(総合計)		(3,509.102)	(4,377.711)	(3,116.733)	(2,890.0)	(4,447.994)	(4,838.268)	(3,490.100)

注/NOTES
新造時はT12-8-23施行重心査定試験による、昭和13年状態はS13-10-14施行重心公試による【出典】新造完成重量表(平賀)/一般計画要領書

復原性能/Stability

夕張/Yubari		新造時/New build			昭和13年/1938		
		常備/Norm.	満載/Full	軽荷/Light	公試/Trial	満載/Full	軽荷/Light
復原性能	排水量/Displacement (T)	3,509.102	4,445.274	3,184.296	4,448.0 t	4,828.0 t	3,490.0 t
	平均吃水/Draught,ave. (m)	3.861	4.568	3.524	4.460	4.870	3.780
	トリム/Trim (m)				0.170(後)	0.030(後)	0.630(後)
	艦底より重心点の高さ/KG (m)	4.840	4.587	5.174	4.550	4.551	5.080
	重心からメタセンターの高さ/GM (m)	0.732	0.776	0.554	0.790	0.740	0.516
	最大復原挺/GZ max. (m)	※0.444	※0.604	※0.331			
	最大復原挺角度/Angle of GZ max.	※42.55	※45.30	※37.75			
	復原性範囲/Range (度/°)	※88.46	※104.6	※73.3	99.6	98.6	68.0
	水線上重心点の高さ/OG (m)	4.905	4.689	5.477	−0.010	−0.320	1.300
	艦底からの浮心の高さ/KB(m)	2.286	2.667	1.890			
	浮心からのメタセンターの高さ/BM(m)	3.286	2.694	3.624			
	予備浮力/Reserve buoyancy (T)						
	動的復原力/Dynamic Stability (T・m)	※0.476	※0.654	※0.253			
	船体風圧側面積/ A (㎡)	958(S10-10-22 重心査定による 公試排水量 4,513t)					
	船体水中側面積/Am (㎡)	600(〃)					
	風圧側面積比/ A/Am (㎡/㎡)	1.597					
	公試排水量/Disp. Trial (T)	3,890					
	公試速力/Speed (ノット/kts)	31.3					
旋回性能	舵型式及び数/Rudder Type & Qt'y	釣合舵/Balance R × 1					
	舵面積/Rudder Area : Ar (㎡)	9.740	9.768				
	舵面積比/ Am/Ar (㎡/㎡)	52.9					
	舵角/Rudder angle (度/°)	35.0					
	旋回圏水線長比/Turning Dia. (m/m)	3.99					
	旋回中最大傾斜角/Heel Ang. (度/°)	17.5					
	動揺周期/Rolling Period (秒/sec)						

注/NOTES
※昭和6年現在の数値を示す、昭和13年の状態はS13-10-14施行の重心公試(横須賀)による
【出典】各種艦船KG及びGMに関する参考資料/一般計画要領書/軍艦基本計画/その他艦本資料

夕張/Yubari

図 5-3-1 [S=1/500] 夕張 (新造時及び S16/1941 下)

◎夕張の新造時の艦姿。T11年5,500トン型に混じって1隻のみ建造された小型巡洋艦で、平賀の強力なバックアップのもとで計画された、超駆逐艦ともいえる異色艦。平賀の主張では片舷戦闘力で5,500トン型と同等の艦を半分の排水量で実現できると称していた。確かに名目上はその通りだが、余裕のなさは歴然で、1隻のみの試作艦に終わっている。

艦尾の機雷敷設装置は本艦独特のもので、48個の1号機雷を格納できたという。

本艦の魚雷発射管は天龍型と異なって左右舷への移動装置は設けられず、その分支台の高さを高めて、両舷への発射を可能にしていた。前後の連装砲塔の背後に見られる甲板室はここに下部の弾薬庫から一旦弾薬を揚げて、ここから人力によりそれぞれの砲塔に給弾する。この14cm連装砲塔はかなり簡易的なもので、当初案ではオープンシールド式砲楯であった。

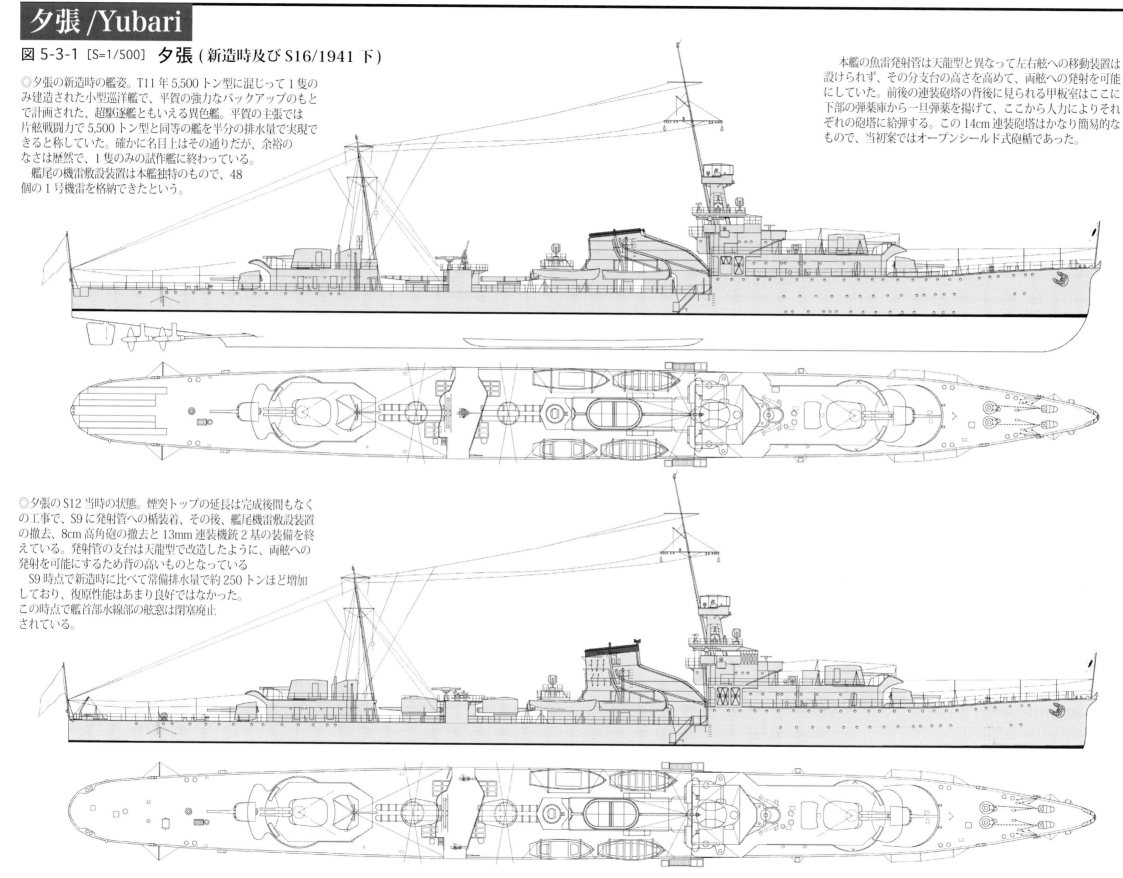

◎夕張のS12当時の状態。煙突トップの延長は完成後間もなくの工事で、S9に発射管への楯装着、その後、艦尾機雷敷設装置の撤去、8cm高角砲の撤去と13mm連装機銃2基の装備を終えている。発射管の支台は天龍型で改造したように、両舷への発射を可能にするため背の高いものとなっている

S9時点で新造時に比べて常備排水量で約250トンほど増加しており、復原性能はあまり良好ではなかった。この時点で艦首部水線部の舷窓は閉塞廃止されている。

夕張/Yubari

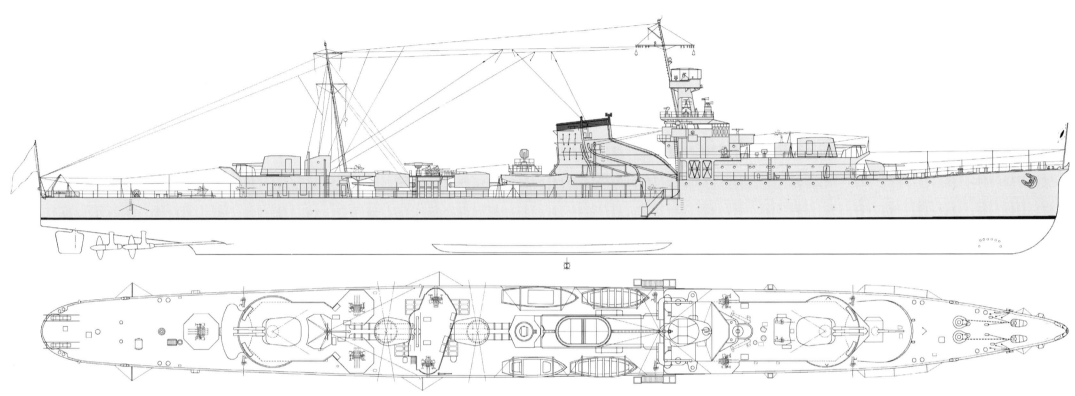

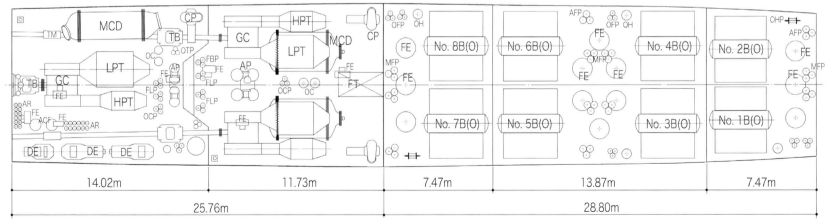

本艦のこの状態は公式図が残っており、これを復元したもの。ただし、この改装後の公試成績は残っておらず、排水量等のデータは不明だが、排水量の増加は最小限に止められていたはずで、12.7cm連装高角砲を諦めて12cm単装高角砲としたのもそのあらわれであろう。

◎夕張の最終状態を示す。本艦の大戦中の兵装の増減については田村俊夫氏の調査によるところ大である。

開戦直後のS17-1に現地で13mm連装機銃を艦橋両側に装備、代償重量として5cm礼砲と関係物件を陸揚げしている。続いてS17-4にトラックで後部13mm連装機銃を25mm連装機銃に換装、艦橋部に防弾板の装着を実施している。この時、中錨と同ダビット、6m通船、爆雷投射機2基を代償重量として陸揚げしており、本艦の復原性能が大分悪化していたことを示している。

S17-12横須賀に帰還し機関の修理を行った際に、舷窓の閉塞の他に、艦橋両側の13mm連装機銃を25mm連装機銃に換装したものらしい。

次はS18-7再度横須賀に帰還、艦橋上の90cm探照灯撤去して22号電探を装備、さらに93式水中聴音機と同水中探信儀を装備した。この際、艦尾の14cm単装砲を25mm3連装機銃に換装した可能性がある。

S18-12に三度横須賀で入渠修理を実施した際、前部14cm単装砲を12cm単装高角砲に換装。後檣両側に25mm3連装機銃を増備、同単装機銃8基を各所に装備したのが、本艦の最終装備といわれている。爆雷兵装は艦尾の投下軌条2基で、この際に設置されたものである。

図 5-3-2 [S=1/500] **夕張 (S19/1944) 及び機関区画**

夕張 /Yubari

図 5-3-3 [S=1/500]

夕張 (S19/1944 艦内側面
各甲板平面）

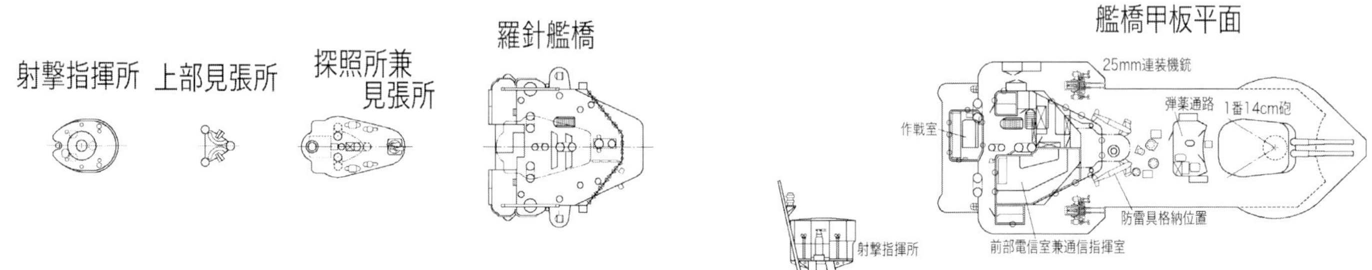

射撃指揮所　上部見張所　探照所兼
　　　　　　　　　　　　見張所

羅針艦橋

艦橋甲板平面

25mm連装機銃
弾薬通路
1番14cm砲
作戦室
防雷具格納位置
前部電信室兼通信指揮室

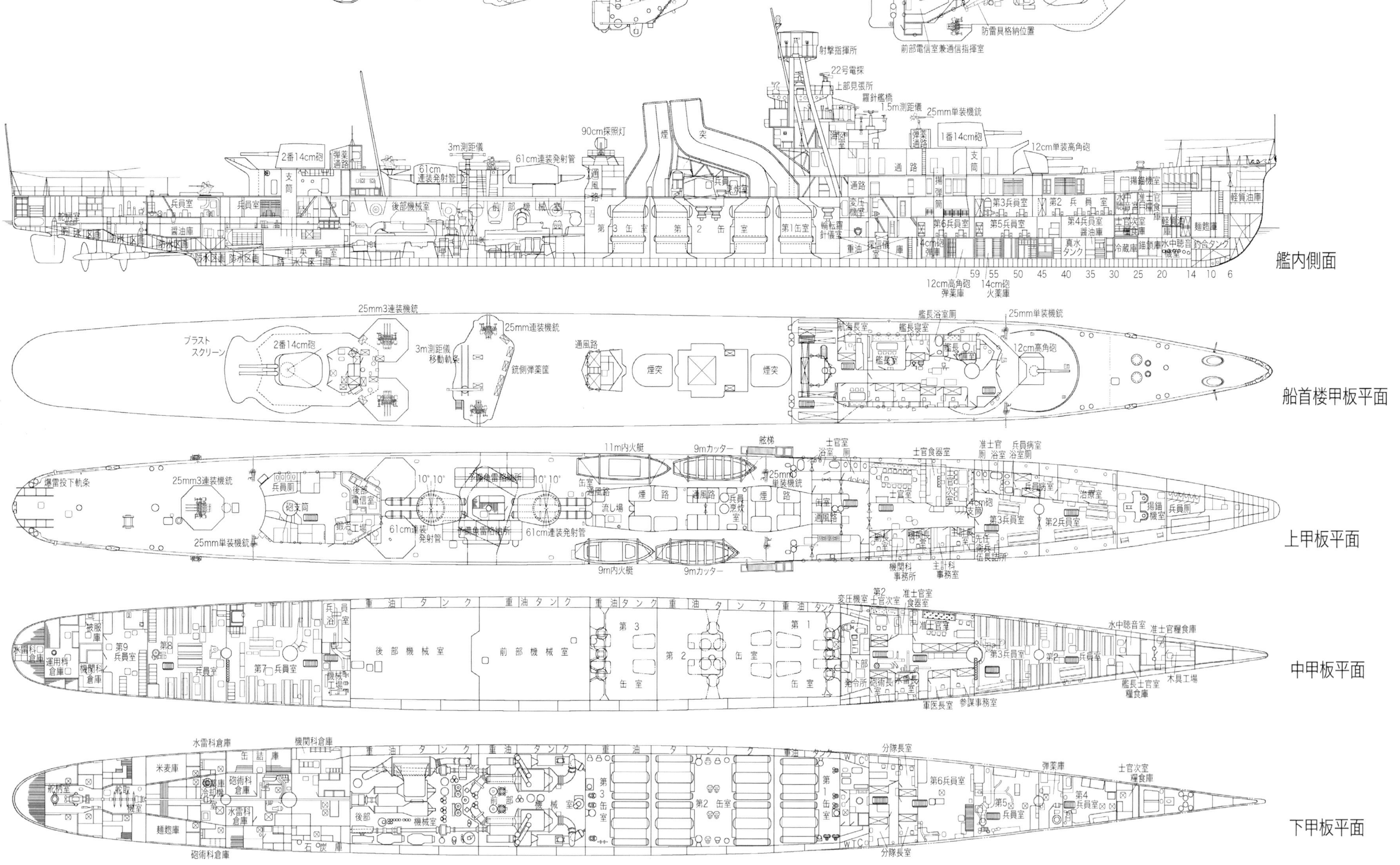

射撃指揮所
22号電探
上部見張所
羅針艦橋
1.5m測距儀
25mm単装機銃
煙突
1番14cm砲
12cm単装高角砲

2番14cm砲
弾薬庫
3m測距儀
61cm連装発射管
90cm探照灯
支筒
兵員室
揚弾室
通路
支筒
揚艇室
揚艇室
水
兵員室
兵員室
煙路
通風塔
酒庫
第3缶室
第2缶室
第1缶室
輪機長
羅針儀室
重油
変圧器室
通路
揚弾室
第3兵員室
第2兵員室
水
士官室
軽質油庫
置油庫
兵員室
水中区画
中央軽油庫
後部機械室
前部機械室
重油
第6兵員室
第5兵員室
真水タンク
糧庫庫動力水中聴音機混合タンク
麺包庫
艦内側面
59 55 50 45 40 35 30 25 20 14 10 6
12cm高角砲
12cm高角砲
弾薬庫
14cm砲
火薬庫

25mm3連装機銃
ブラスト
スクリーン
2番14cm砲
25mm連装機銃
3m測距儀
移動軌条
銃側弾薬庫
通風路
煙突
煙突
航海長室
艦長浴室厠
艦長寝室
艦長
25mm単装機銃
12cm高角砲
船首楼甲板平面

爆雷投下軌条
25mm3連装機銃
兵員室
総員室
11m内火艇
9mカッター
舷梯
土官浴室厠
士官食堂室
准士官
浴室
兵員病室
浴室厠
61cm連装発射管
9m内火艇
9mカッター
機関科事務所
土計科事務所
第3兵員室
第2兵員室
揚錨機室
兵員室
上甲板平面
25mm単装機銃
61cm連装発射管

重油タンク
重油タンク
重油タンク
重油タンク
重油タンク
変圧機室
第2土官次室
土官食器室
准士官
病室
水中聴音室
准士官糧食庫
第9兵員室
後部機械室
前部機械室
第2缶室
第1缶室
兵員室
機械科工場
下部発令所
輪機長
艦長士官糧食庫
木工工場
第7兵員室
第3兵員室
第2兵員室
軍医長室
参謀事務室
中甲板平面

水雷科倉庫
機関科倉庫
重油タンク
重油タンク
重油タンク
分隊長室
弾薬庫
土官次室
羅針室
米麦庫
缶結庫
第3缶室
第2缶室
第1缶室
第5兵員室
第6兵員室
砲術科倉庫
麺麭庫
水雷科倉庫
後部機械室
機械室
WC
WC
分隊長室
下甲板平面
砲術科倉庫
石炭庫

夕張/Yubari

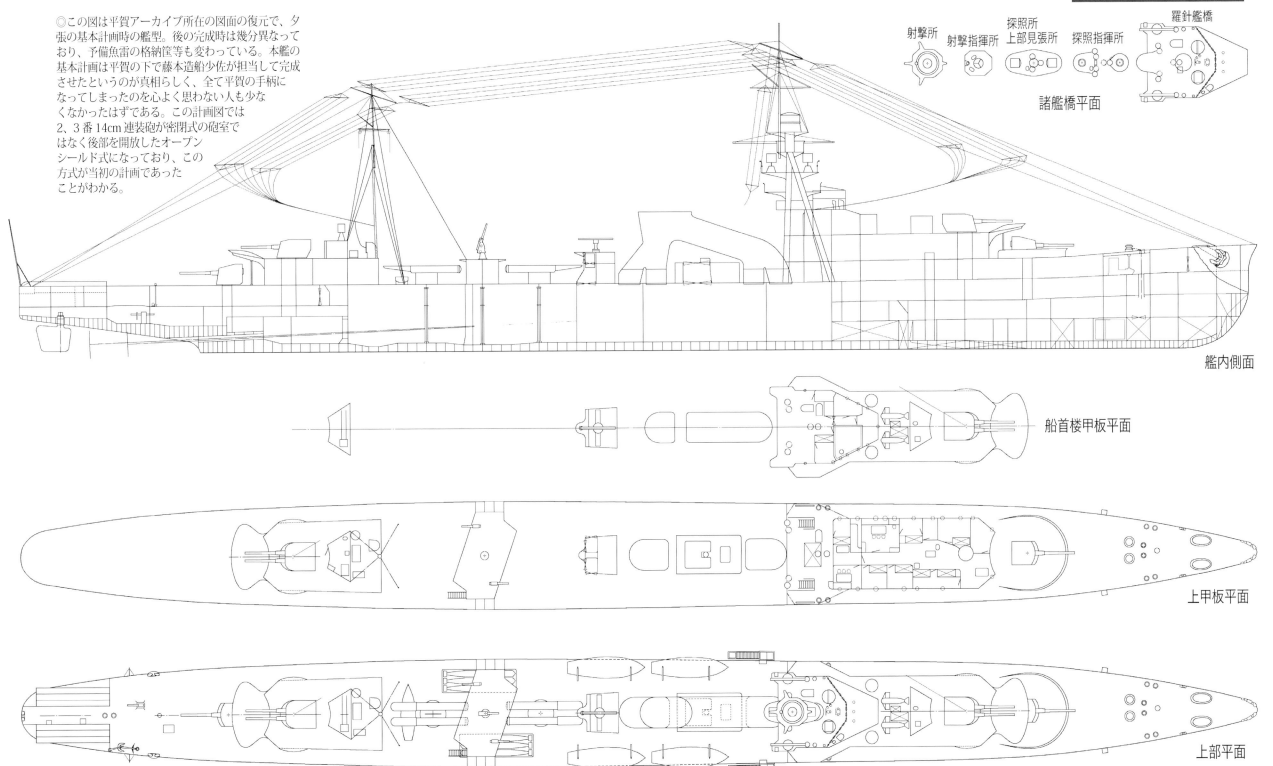

◎この図は平賀アーカイブ所在の図面の復元で、夕張の基本計画時の艦型。後の完成時は幾分異なっており、予備魚雷の格納筐等も変わっている。本艦の基本計画は平賀の下で藤本造船少佐が担当して完成させたというのが真相らしく、全て平賀の手柄になってしまったのを心よく思わない人も少なくなかったはずである。この計画図では2、3番14cm連装砲が密閉式の砲室ではなく後部を開放したオープンシールド式になっており、この方式が当初の計画であったことがわかる。

図 5-3-4　夕張（計画時一般配置図）

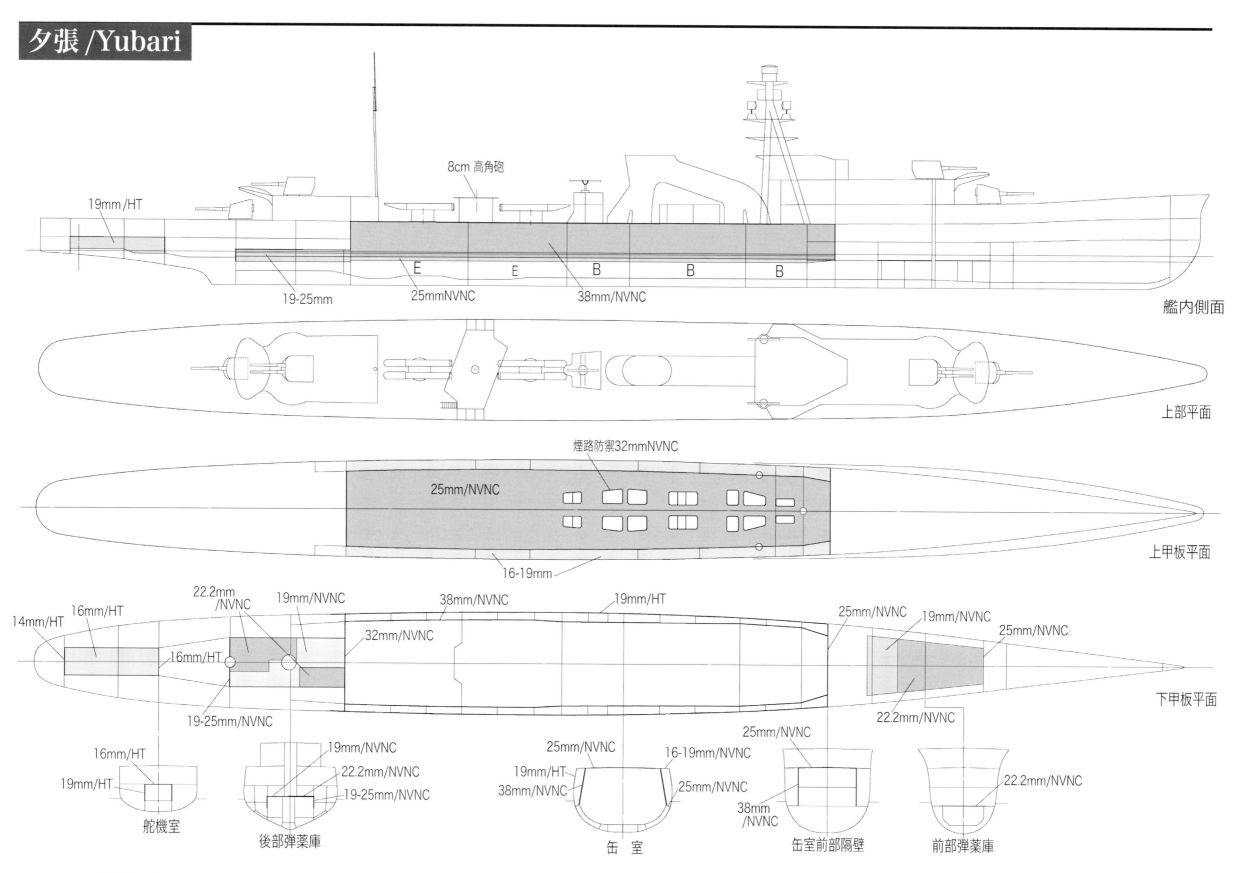

図 5-3-5　夕張（計画時防禦配置）　◎ NVNC-新ヴィッカース式非浸炭均質甲鈑　HT-高張力鋼板

夕張/Yubari

図 5-3-6 夕張 中央部構造切断面

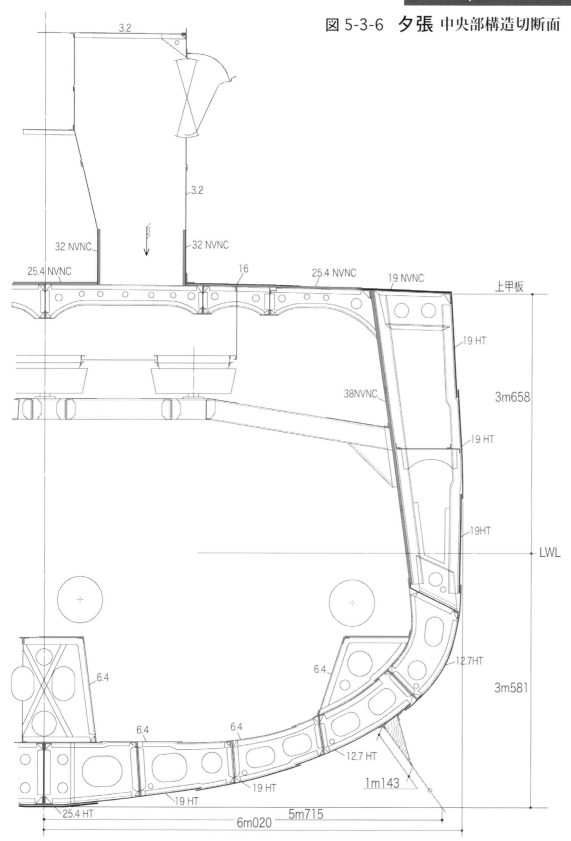

定 員/Complement (1)

職名/Occupation	官名/Rank	定数/No.		職名/Occupation	官名/Rank	定数/No.	
艦長	大佐	1	士官/19		兵曹長	3	准士/7
副長	中少佐	1			機関兵曹長	3	
砲術長	少佐/大尉	1			船匠兵曹長	1	
水雷長兼分隊長	〃	1			兵曹	40	下士/77
航海長兼分隊長	〃	1			船匠兵曹	2	
分隊長	〃	2			機関兵曹	30	
	中少尉	4			看護兵曹	1	
機関長	機関中少佐	1			主計兵曹	4	
分隊長	機関少佐/大尉	2			水兵	114	兵/222
	機関中少尉	2			船匠兵	3	
軍医長兼分隊長	軍医少佐/大尉	1			機関兵	92	
	軍医中少尉	2			看護兵	2	
主計長兼分隊長	主計少佐/大尉	1			主計兵	11	
	特務中少尉	1	特士/3				
	機関特務中少尉	1					
	主計特務中少尉	1		(合計)		328	

注/NOTES 大正12年3月5日内令48による2等巡洋艦夕張の定員を示す【出典】海軍制度沿革
(1) 兵曹長の1人は掌砲長、1人は掌水雷長の職にあたるものとする
(2) 機関特務中少尉及び機関兵曹長の内1人は掌機長、1人は機械長、1人は缶長、1人は補機長にあてる
(3) 運用長兼分隊長又は兵科分隊長の内1人は特務大尉を以て、機関科分隊長中1人は機関特務大尉を以て補することが可

定 員/Complement (2)

職名/Occupation	官名/Rank	定数/No.		職名/Occupation	官名/Rank	定数/No.	
艦長	大佐	1	士官/19		特務中少尉	2	特士/4
副長	中少佐	1			機関特務中少尉	1	
砲術長兼分隊長	少佐/大尉	1			主計特務中少尉	1	
水雷長兼分隊長	〃	1			兵曹長	3	准士/7
航海長兼分隊長	〃	1			機関兵曹長	4	
通信長兼分隊長	〃	1			兵曹	46	下士/78
分隊長	〃	1			機関兵曹	27	
	中少尉	4			看護兵曹	1	
機関長	機関中少佐	1			主計兵曹	4	
分隊長	機関少佐/大尉	2			水兵	118	兵/232
	機関中少尉	2			機関兵	101	
軍医長兼分隊長	軍医少佐/大尉	1			看護兵	2	
	軍医中少尉	1			主計兵	11	
主計長兼分隊長	主計少佐/大尉	1		(合計)		340	

注/NOTES 昭和12年4月内令169による2等巡洋艦夕張の定員を示す【出典】海軍制度沿革
(1) 兵科分隊長は砲台長の職にあたるものとする
(2) 機関科分隊長の内1人は機械部、1人は缶部の各指揮官にあたる
(3) 特務中少尉及び兵曹長の1人は掌砲長、1人は掌水雷長、1人は掌運用長、1人は掌運用長、1人は信号長兼掌航海長、1人は掌通信長の職にあたるものとする
(4) 機関特務中少尉及び機関兵曹長の内1人は掌機長、1人は機械長、1人は缶長、1人は電機長、1人は掌工作長にあてる
(5) 運用長兼分隊長又は兵科分隊長の内1人は特務大尉を以て、機関科分隊長中1人は機関特務大尉又は機関兵曹長を以て補することが可

113

夕張/Yubari

艦　歴/Ship's History (1)

艦　名	夕　張
年 月 日	記 事/Notes
1921(T10)-12-23	命名 (候補艦名「夕張」「名寄」から「夕張」を採用)
1922(T11)- 6- 5	佐世保工廠で起工
1922(T11)- 8-24	2 等巡洋艦に類別、佐世保鎮守府に仮入籍
1923(T12)- 3- 5	進水、佐世保鎮守府に入籍、艤装員長杉浦正雄大佐 (30 期) 就任
1923(T12)- 7-31	竣工、第 1 予備艦、艦長杉浦正雄大佐 (30 期) 就任
1923(T12)- 9- 6	関東大震災に際し 30 日まで横浜、品川方面で警備任務、この間横浜刑務所の囚人を 8 日に 295 人、
	23 日に 135 人、熱田に輸送、名古屋刑務所に収監
1923(T12)-12- 1	第 1 艦隊第 3 戦隊、艦長山口延一大佐 (31 期) 就任
1924(T13)- 3- 8	佐世保発中国警備、20 日馬公着
1924(T13)- 5- 1	佐世保工廠で繋留気球繋留機撤去、3 日完成
1924(T13)-11-10	艦長富岡愛次郎大佐 (32 期) 就任
1924(T13)-12- 1	警備艦、馬公要港部付属
1925(T14)- 1- 6	馬公着、台湾在駐、10 月 21 日発
1925(T14)-10-20	艦長阿武清大佐 (33 期) 就任
1925(T14)-12- 1	第 1 艦隊第 1 水雷戦隊旗艦
1926(T15)- 2- 4	佐世保工廠で錨鎖庫改造認可
1926(T15)- 3-20	鹿児島発第 1 水雷戦隊揚子江流域巡航、上海、南京、九江、漢口、舟山列島経由 4 月 26 日寺島水道着
1926(T15)-11- 1	艦長木田新平大佐 (32 期) 就任
1926(T15)-12- 1	第 2 艦隊第 2 水雷戦隊旗艦
1927(S 2)- 3-27	佐伯発厦門、汕頭方面警備、5 月 6 日馬公着
1927(S 2)- 9- 5	佐世保工廠で諸室改造認可、南方航海のため換気通風装置改造
1927(S 2)-10-30	横浜沖大演習観艦式参列
1927(S 2)-12- 1	第 3 予備艦、艦長森田重房大佐 (33 期) 就任
1928(S 3)- 7-30	佐世保工廠で羅針艦橋遮風装置改造、8 月 20 日完成
1928(S 3)- 9-25	佐世保工廠で煙突雨覆改造認可
1929(S 4)- 6- 1	佐世保工廠で缶煤煙掃除戸改造工事、7 月 10 日完成
1929(S 4)- 7-31	佐世保工廠で第 2 士官次室新設、翌年 3 月 31 日完成
1929(S 4)-11-30	第 2 予備艦、艦長川名彪雄大佐 (34 期) 就任、兼出雲艦長翌年 2 月 5 日まで
1930(S 5)- 4-10	佐世保工廠で重油噴燃装置改造、7 月 25 日完成
1930(S 5)- 9- 1	第 1 予備艦
1930(S 5)-10-26	神戸沖特別大演習観艦式参列
1930(S 5)-11-15	艦長原精太郎大佐 (35 期) 就任
1930(S 5)-12- 1	警備艦
1931(S 6)- 9-21	佐世保工廠で無電装置改正、翌年 1 月 23 日完成
1931(S 6)-10- 7	佐世保工廠で作戦室新設、翌年 1 月 23 日完成
1931(S 6)-12- 4	佐世保工廠で 12cm 双眼鏡新設、翌年 1 月 23 日完成
1931(S 6)-12- 1	第 1 艦隊第 1 水雷戦隊旗艦、艦長斉藤二朗大佐 (36 期) 就任
1932(S 7)- 1-17	佐世保工廠で内火発動機付ギグ 1 隻搭載
1932(S 7)- 1-18	佐世保工廠で発煙兵器装備、23 日完成
1932(S 7)- 1-26	佐世保発揚子江流域警備上海事変従事、3 月 22 日寺島水道着

艦　歴/Ship's History (2)

艦　名	夕　張
年 月 日	記 事/Notes
1932(S 7)- 2- 2	第 3 艦隊第 1 水雷戦隊旗艦
1932(S 7)- 2-28	佐世保工廠で揚子江上での戦闘損傷部修理、3 月 20 日完成
1932(S 7)- 3-20	第 3 艦隊より除く
1932(S 7)- 3-22	佐世保工廠で信号所位置変更工事、双眼鏡装備、伝声管増備、31 日完成
1933(S 8)- 5- 9	佐世保工廠で 14cm 砲揚弾薬装置改造、翌年 3 月 31 日完成
1933(S 8)- 8-30	佐世保工廠で安式航跡自画器装備、翌年 3 月 31 日完成
1933(S 8)- 6-29	佐世保発馬鞍群島、南洋諸島行動、8 月 21 日木更津沖着
1933(S 8)- 8-25	横浜沖大演習観艦式参列
1933(S 8)-11-15	第 2 予備艦、艦長清宮弘大佐 (39 期) 就任
1933(S 8)-12-11	佐世保鎮守府警備戦隊
1934(S 9)- 2-15	佐世保工廠で魚雷斜進角度改調装置改造、翌年 3 月 31 日完成
1934(S 9)- 6-20	第 1 予備艦
1934(S 9)-10-12	第 3 期対抗演習において夜間無灯火で航行中、由良の右舷後部発射管付近に触衝、艦首部左舷側約
	6m に渡り圧壊、両艦とも航行に支障なし、人員の被害もなし
1934(S 9)-10-22	第 2 予備艦
1934(S 9)-11-15	横須賀鎮守府に転籍、第 3 予備艦、横須賀鎮守府警備戦隊、艦長醍醐忠重大佐 (40 期) 就任
1934(S 9)-12-17	横須賀工廠で損傷部個所復旧訓令
1935(S10)- 5- 3	横須賀工廠で特定修理着手、11 月 8 日完成、この間 8cm 高角砲を 93 式 13mm 連装機銃に換装
1935(S10)- 5-21	横須賀工廠で艦底測程儀を換装、10 月 16 日完成
1935(S10)- 5-25	艦長原田清一大佐 (39 期) 就任
1935(S10)- 7-23	横須賀工廠で前部船倉甲板兵員室舷窓撤去、昭和 9 年 6 月 21 日付訓令による性能改善工事により
	吃水が増加し同部分の舷窓 30 個が水線下になるため、11 月 9 日完成
1935(S10)-10- 7	横須賀工廠で兵員病室及び治療室舷側に日覆新設、22 日完成
1935(S10)-10- 9	横須賀工廠で防雷具揚収用フェアリーダ改正、二重天幕新設、11 月 9 日完成
1935(S10)-10-14	横須賀工廠で羅針艦橋、13mm 機銃座防弾板装備、30 日完成
1935(S10)-10-25	横須賀工廠で 2 番探照灯台改造、31 日完成
1935(S10)-10-15	第 1 予備艦
1935(S10)-10-31	艦長山本正夫大佐 (38 期) 就任
1935(S10)-11-15	第 3 艦隊第 5 水雷戦隊旗艦
1935(S10)-11-18	馬公発南支方面警備及び日中戦争に従事、12 年 12 月 4 日着
1936(S11)-12- 1	艦長広瀬末人大佐 (39 期) 就任
1937(S12)-10-20	支那方面艦隊第 4 艦隊第 5 水雷戦隊旗艦、杭州湾敵前上陸作戦支援
1937(S12)-11-15	艦長堀勇五郎大佐 (41 期) 就任
1937(S12)-12- 1	第 3 艦隊第 5 水雷戦隊旗艦
1937(S12)-12- 7	第 1 予備艦
1937(S12)-12-10	第 2 予備艦
1937(S12)-12-16	佐世保工廠で 93 式 13mm 連装機銃 1 基増備
1938(S13)- 1-14	横須賀工廠で性能改善工事、3 月 31 日完成
1938(S13)- 2- 1	横須賀鎮守府警備戦隊
1938(S13)- 7-20	艦長宮里秀徳大佐 (40 期) 就任、11 月 15 日から兼那珂艦長

夕張/Yubari

艦　歴/Ship's History (3)

艦　名	夕　張
年　月　日	記　事/Notes
1938(S13)-12-15	艦長古宇田武郎大佐 (41 期) 就任
1939(S14)- 3- 1	第 1 予備艦
1939(S14)- 3- 4	大湊要港部警備艦
1939(S14)- 5-	大湊発カムチャツカ方面警備、6 月着
1939(S14)- 6- 1	第 2 予備艦
1939(S14)- 7-16	大湊要港部警備艦
1939(S14)- 7-20	大湊発露領樺太沿岸方面警備、10 月 4 日着
1939(S14)-10-10	第 2 予備艦
1939(S14)-11-15	特別役務、艦長江戸兵太郎大佐 (40 期) 就任
1940(S15)-11- 1	艦長阪匡身大佐 (42 期) 就任
1940(S15)-11-15	第 4 艦隊第 6 水雷戦隊旗艦
1941(S16)- 2- 2	高知沖発南洋方面行動、4 月 14 日横須賀着
1941(S16)- 4-20	横須賀発横浜に回航、横浜船渠に入渠、5 月 1 日出渠
1941(S16)- 5-25	横須賀発南洋方面行動、10 月 25 日トラック着、訓練、臨戦準備
1941(S16)-11-29	トラック発、12 月 3 日ルオット着
1941(S16)-12- 8	ルオット発、ウエーキ島攻略作戦に参加したが作戦不成功、12 月 13 日ルオット着、再作戦準備
1941(S16)-12-21	ルオット発、再度ウエーキ島攻略作戦参加、29 日ルオット着、敵機による機銃掃射で戦死 6、負傷 8
1941(S16)-12-31	ルオット発、翌年 1 月 3 日トラック着、5cm 礼砲撤去、13mm 連装機銃 2 基を艦橋部両側に装備
1942(S17)- 1-13	トラック発、15 日メレヨン着、訓練
1942(S17)- 1-17	メレヨン発、ラバウル攻略作戦に参加、27 日ラバウル入港
1942(S17)- 2- 8	ラバウル発、スルミ攻略戦に参加、同地占領、14 日ラバウル着
1942(S17)- 2-20	ラバウル発、敵機動部隊攻撃に出動、23 日トラック着、燃料補給後 3 月 1 日ラバウルに戻る
1942(S17)- 3- 5	ラバウル発、サラモア攻略に参加、8 日同地占領、10 日同地で米空母機及び B17 と交戦、多数の至近弾と機銃掃射により副長以下戦死 13、重傷 21、軽傷 28 の被害を生じ、艦上の魚雷は火災による誘爆を防ぐために全て投棄された、13 日サラモア発 14 日ラバウルに戻る
1942(S17)- 3-20	ラバウル碇泊中 B17 の爆撃による至近弾で後部舷側に破口を生じる
1942(S17)- 3-22	ラバウル発、25 日トラック着、損傷部修理整備を実施、中部 13mm 連装機銃 2 基を 25mm 連装機銃 2 基に換装、6m 通船 1、魚雷取入用ダビット、爆雷投射機 2 基等を撤去、5 月 2 日ラバウルに戻る
1942(S17)- 5- 4	ラバウル発、モレスビー攻略作戦に参加、9 日ショートランド着、13 日キエタ着陸戦隊揚陸、トラックに 17 日着
1942(S17)- 5-19	トラック発、23 日横須賀着、入渠修理、6 月 15 日出渠、魚雷頭部防弾板装備、逆電装備等を実施
1942(S17)- 6-19	横須賀発、23 日トラック着、以後ソロモン方面で船団護衛に従事、7 月 17 日ラバウル入港
1942(S17)- 7-10	第 4 艦隊第 2 護衛隊
1942(S17)- 8- 7	ラバウル発、第 1 次ソロモン海戦参加、23 日トラック着、海戦の被害は盲弾 1 発のみ、死傷なし
1942(S17)- 8-15	艦長平井泰次大佐 (43 期) 就任
1942(S17)- 8-26	トラック発、ナウル、オーシャン攻略、9 月 1 日ヤルート着、3 日同地発、5 日トラック着
1942(S17)- 9-10	トラック発、マーシャル方面警戒任務、12 日ヤルート着、同日発タラワ着、24 日トラック着
1942(S17)- 9-25	トラック発船団護衛、30 日パラオ着、10 月 13 日パラオ発船団護送、21 日パラオ着、22 日同地発

艦　歴/Ship's History (4)

艦　名	夕　張
年　月　日	記　事/Notes
1942(S17)-10-25	トラック着、同日発 30 日タラワ着、警泊、11 月 30 日同地発、12 月 5 日サイパン着
1942(S17)-12- 6	サイパン発、9 日横須賀着、修理整備、艦橋両側の 13mm 連装機銃を 25mm 連装機銃に換装、中甲板以下の舷窓を閉塞、翌年 2 月 16 日入渠、26 日出渠
1943(S18)- 3-22	横須賀発、28 日トラック着、29 日発神川丸護衛
1943(S18)- 4- 1	第 8 艦隊第 3 水雷戦隊旗艦、ラバウル入港、警泊、訓練、整備作業
1943(S18)- 5- 3	艦長船木守衛大佐 (48 期) 就任、ラバウル発ツルブ輸送に従事
1943(S18)- 6-30	ラバウル発、7 月 1 日ブイン着、5 日同地で艦首に触雷、前部真水タンク主計科倉庫等浸水、応急修理後 6 日ラバウルに戻り、山彦丸に横付、損傷部修理
1943(S18)- 7-17	ラバウル発、19 日トラック着、修理損傷部にコンクリート充填
1943(S18)- 7-23	トラック発、24 日サイパン着再度コンクリート充填、27 日発、30 日横須賀着、この機会に 93 式水中探信儀、93 式水中聴音機を装備、艦橋部の 90cm 探照灯を撤去、跡に 22 号電探を装備した他後部の 14cm 単装砲を撤去して跡に 25mm3 連装機銃 1 基を装備した、9 月 1 日入渠、12 日出渠
1943(S18)-10-18	柱島に回航、訓練に従事
1943(S18)-10-27	呉発、11 月 3 日ラバウル着
1943(S18)-11- 4	ラバウル発陸軍部隊輸送に従事
1943(S18)-11-14	ラバウルで敵機の攻撃で小破口
1943(S18)-11-18	ラバウル発ガロベへ陸軍部隊輸送に従事
1943(S18)-11-24	ラバウル発ガロベへの陸軍部隊輸送の途中、敵機の爆撃による至近弾で損傷、ラバウルに戻る　この爆撃での被害、第 5 兵員室及び運用科倉庫少量浸水、重油タンク漏油、一番 14cm 砲旋回不能　転輪羅針儀、測程儀使用不能、機関部一部損傷、24 ノット以上 15 度以上の操舵不能
1943(S18)-12- 3	ラバウル発、運貨船曳航の長波を護衛、8 日トラック着
1943(S18)-12-14	トラック発、19 日横須賀着、損傷部修理、前部 1 番 14cm 単装砲を撤去、12cm 単装高角砲に換装後橋両側に 25mm3 連装機銃各 1 を増備、他に 25mm 単装機銃 8 基を甲板各所に装備、爆雷投下装置を軌条式に改造、翌年 1 月 8 日入渠、12 日出渠、2 月 5 日入渠、25 日出渠
1944(S19)- 2-20	艦長奈良孝雄大佐 (49 期) 就任
1944(S19)- 3- 1	予行運転、3 日確認運転
1944(S19)- 3- 9	横須賀発、同日四日市着、警泊訓練、
1944(S19)- 3-12	四日市発、13 日横須賀着、兵器、機関修理、25mm 単装機銃は先に基礎工事を終えここで装備した可能性が高い
1944(S19)- 3-22	木更津沖発東松船団護衛、30 日サイパン着、
1944(S19)- 4-23	サイパン発、25 日パラオ着
1944(S19)- 4-26	パラオ発、陸軍部隊輸送、27 日ソンソル島着人員物資揚陸
1944(S19)- 4-27	ソンソル島発、パラオに帰投中両中島付近で 1001 米潜水艦ブルーギル /Bluegill の発射した魚雷 6 本の内 1 本が右舷第 1 缶室に命中、主機停止、電源停止、右に約 7 度前部傾斜、1308 中央軸使用可能となり前進微速、人力操作可能となったが、1416 主機停止、五月雨が横付け負傷者重要書類移載後、1605 3 ノットで曳航開始、しかし漸次浸水が増加、28 日 1015 北緯 5 度 38 分東経 131 度 45 分の地点で沈没、戦死 19、重傷 3、軽傷 9
1944(S19)- 6-10	除籍

第6部/Parts 6

◎ 条約時代に建造された日本海軍重巡洋艦

古鷹の名を世界に知らしめた平賀デザイン
列強の中で抜きん出た日本海軍条約型巡洋艦の第一陣、妙高型
日本式城郭を艦橋に模した藤本デザインの高雄型
軽巡の皮をかぶった最上型条約型巡洋艦
前甲板に主砲を集中した特異な巡洋艦、利根型

━━━━━━━━━━━━ 目　次 ━━━━━━━━━━━━

▫ 古鷹・青葉型 ──────────────────────── 119

(古鷹/Furutaka・加古/Kako)

(青葉/Aoba・衣笠/Kinugasa)

▫ 妙高型 (妙高/Myoko・那智/Nachi・足柄/Ashigara・羽黒/Haguro)─── 151

▫ 高雄型 (高雄Ⅱ/Takao・愛宕/Atago・鳥海/Chokai・摩耶/Maya) ─── 200

▫ 最上型 (最上Ⅱ/Mogami・三隈/Mikuma・鈴谷Ⅱ/Suzuya・熊野/Kumano) 232

▫ 利根型 (利根Ⅱ/Tone・筑摩Ⅱ/Chikuma) ──────────── 123

古鷹・青葉 型 /Furutaka・Aoba Class

型名 /Class name 古鷹・青葉 /Furutaka・Aoba		同型艦数 /No. in class 2+2		設計番号 /Design No.			設計者 /Designer 古鷹型 / 平賀譲造船大監、青葉型 / 藤本喜久雄造船中監		
艦名 /Name	計画年度 /Prog. year	建造番号 /Prog. No	起工 /Laid down	進水 /Launch	竣工 /Completed	建造所 /Builder	建造費 (船体・機関＋兵器＝合計) /Cost(Hull・Mach. + Armament = Total)	除籍 /Deletion	喪失原因・日時・場所 /Loss data
古鷹 /Furutaka	T12/1923		T11/1922-12-05	T14/1925-02-25	T15/1926-03-31	三菱長崎造船所	11,128,902 + 7,038,478 = 18,167,380	S17/1942-11-10	S17/1942-10-12 サボ島沖夜戦で米艦と交戦被弾により沈没
加古 /Kako	T12/1923		T11/1922-11-17	T14/1925-04-10	T15/1926-07-20	神戸川崎造船所	11,202,139 + 6,046,804 = 17,248,943	S17/1942-09-15	S17/1942-08-10 ガ島方面で米潜水艦 S-44 により撃沈
青葉 /Aoba	T12/1923		T13/1924-02-04	T15/1926-09-25	S02/1927-09-20	三菱長崎造船所	10,731,744 + 8,730,645 = 19,462,389	S20/1945-11-20	終戦時呉地区で着底状態で残存
衣笠 /Kinugasa	T12/1923		T13/1924-01-23	T15/1926-10-24	S02/1927-09-30	神戸川崎造船所	10,729,077 + 8,720,882 = 19,449,959	S17/1942-12-15	S17/1942-11-14 第 3 次ソロモン海戦で米機により撃沈

注 /NOTES ① 当初八八艦隊案の補助艦艇建造計画において大型軽巡 7,100 トン型として計画中、ワシントン条約の締結により当時先に建造予定であった中巡 (5,500T)5 隻の代わりに急遽建造することに変更、最初の加古は製造訓令が出た直後に建造中止となり、そのまま大型軽巡に変更建造されることになったために軽巡の河川名を艦名としている。正式にはワシントン条約に伴う大正 12 年度艦艇建造新計画によるもので、予算項目上では加古、古鷹は軍艦製造費、青葉、衣笠は補助艦艇製造費による【出典】海軍軍戦備 / 海軍省年報

船 体 寸 法 /Hull Dimensions (1)

艦名 /Name	状態 /Condition	排水量 /Displacement		長さ /Length(m)			幅 /Breadth (m)			深さ /Depth(m)		吃水 /Draught(m)			乾舷 /Freeboard(m)			備考 /Note
				全長 /OA	水線 /WL	垂線 /PP	全幅 /Max	水線 /WL	水線下 /uw	上甲板 /m	最上甲板	前部 /F	後部 /A	平均 /M	艦首 /B	中央 /M	艦尾 /S	
古鷹 /Furutaka	新造完成 /New (T)	基準 /St'd	7,954.378	185.166		177.436	16.545	15.773		10.071		4.890	4.855	4.872				新造完成時の大正 15 年 3 月 25 日施行の重心査定試験による
		2/3 満載 /Full	9,488.239									5.848	5.366	5.607				
		満載 /Full	10,207.719									6.267	5.626	5.947				
		軽荷 /Light	7,501.159									4.597	4.705	4.651				
	昭和 14 年 /1939 (t)	基準 /St'd	8,700															改装完成時の昭和 14 年 6 月 3 日施行の重心査定試験による (一般計画要領表)
		公試 /Trial	10,507.235	185.166		177.436	16.926	16.916		10.071				5.61				
		満載 /Full	11,272.895											6.00				
		軽荷 /Light	8,561.388											4.79				
加古 /Kako	新造完成 /New (T)	基準 /St'd	7,821.231	185.166		177.436	16.545	15.773		10.071		4.772	4.824	4.801				新造完成時の大正 15 年 7 月 18 日施行の重心査定試験による ※吃水 (平均)5.555 の場合を示す
		2/3 満載 /Full	9,393.11		183.532							5.848	5.366	5.607	※ 7.262	※ 4.523	※ 3.736	
		満載 /Full	10,091.013									6.814	5.580	5.850				
		軽荷 /Light	7,484.077									4.525	4.735	4.642				
	昭和 9 年 /1934 (T)	基準 /St'd	8,069.28											5.017				修理完成時の昭和 9 年 5 月 8 日施行の重心査定試験による
		公試 /Trial	9,544.30											5.706				
		満載 /Full	10,194.83											6.026				
		軽荷 /Light	7,821.75											4.813				
	改装計画 /Mod. des.(t)	公試 /Trial	10,586	185.166		177.436	16.926	16.916		10.071				5.660				昭和 11 年改装計画時の数値 (艦船復原性能比較表 S13/16 による)
		満載 /Full	11,359											5.989				
		軽荷 /Light	8,651											4.822				
	改装完成 /1937 (t)	公試 /Trial	10,535											5.632				昭和 12 年改装完成時の数値 S12-12-18 施行重心査定試験による (艦船復原性能比較表 S13/16 による)
		満載 /Full	11,295											6.005				
		軽荷 /Light	8,626											4.811				
青葉 /Aoba	新造完成 /New (T)	基準 /St'd	8,126.372	185.166		177.479	16.545	15.834		10.071		5.086	4.839	4.968				新造完成時の昭和 2 年 9 月 19 日施行の重心査定試験による
		2/3 満載 /Full	9,698.018		183.575							5.977	5.446	5.710				
		満載 /Full	10,416.570									6.375	5.708	6.042				
		軽荷 /Light	7,484.077									4.829	4.670	4.750				
	昭和 15 年 /1940 (t)	基準 /St'd	9,000															改装完成時の昭和 15 年 10 月 19 日施行の重心査定試験による (一般計画要領表)
		公試 /Trial	10,822.007	185.166		177.479	17.558			10.071				5.660				
		満載 /Full	11,659.526											6.050				
		軽荷 /Light	8,738.148											4.780				

古鷹・青葉 型 /Furutaka・Aoba Class

船体寸法 /Hull Dimensions (2)

艦名 /Name	状態 /Condition		排水量 /Displacement	長さ /Length(m)			幅 /Breadth (m)			深さ /Depth(m)		吃水 /Draught(m)			乾舷 /Freeboard(m)			備考 /Note
				全長/OA	水線/WL	垂線/PP	全幅/Max	水線/WL	水線下/uw	上甲板/m	最上甲板	前部/F	後部/A	平均/M	艦首/B	中央/M	艦尾/S	
衣笠 /Kinugasa	新造完成 /New (T)	基準 /St'd	7,961.908	185.166		177.479	16.545	15.834		10.071		5.022	4.744	4.883				新造完成時の昭和2年9月28日施行の重心査定試験による
		2/3 満載 /Full	9,578.446									5.647	5.346	5.659				
		満載 /Full	10,285.522									6.357	5.598	5.978				
		軽荷 /Light	7,604.697									4.814	4.833	4.607				
	昭和9年 (1934)(T)	公試 /Trial	9,922	185.166		177.479	16.545	15.834		10.071				5.721				昭和9年5月施行の性能調査決定による
		満載 /Full	10,654											5.780				
		軽荷 /Light	7,874											6.044				
	昭和13年 (1938)(t)	公試 /Trial	10,095	185.166		177.479	17.558			10.071				6.200				改装完成時の昭和13年1月26日施行の重心査定試験による
		満載 /Full	10,923											4.767				
		軽荷 /Light	8,058											4.880				
(共通)(加古の例を示す)	新造計画 /Design (T)	基準 /St'd	7,139.82	185.166	181.356	176.784	16.507	16.469		10.009		4.496	4.496	4.496	8.534	5.577	4.572	古鷹及び加古の計画値に僅かな差異があるがほぼ同一と見て間違いない同様に青葉型についても計画値は同じであったと推定する
		常備 /Norm.	7,526															
		公試 /Trial	8,586															
		満載 /Full	9,183											5.461				
		軽荷 /Light	6,748											4.305				
	公称排水量 /Official(T)	基準 /St'd	7,100			176.8	15.5							4.50				ワシントン条約締結後の公表値

注/NOTES ①ここに示す2/3満載排水量とは公試排水量に匹敵するものと解釈される、基準状態で各艦700-800Tの計画超過がみとめられることに注意　**【出典】**一般計画要領書/各種艦船KG、GM等に関する参考資料(平賀)/軍艦基本計画(福田)

解説 /COMMENT

八八艦隊計画における巡洋艦の新造計画はきわめて不鮮明な面が多い。大正5年度(八四艦隊案)において、3,500t型(龍田)2隻が水雷戦隊旗艦用小巡として初めて新造を実行して以降、同6年度計画において軽巡3(5,500T)、小型巡6(4,100T)の予算が成立したが、実際に建造されたのは中巡(5,500T)8隻と小巡改型1隻(夕張、ただし夕張の建造は建造枠だけを確保したもので、実際の建造は後年)であった。中巡は次の同7年度計画で3隻、さらに八八艦隊完成案の同9年の計画において初めて8,000T型大型巡4隻が従来の中巡8隻とともに建造されることになったものの、この計画はワシントン軍縮会議の開催及び締結により主要艦については中止または変更が加えられることになった。

8,000T前後の巡洋艦は当時偵察巡洋艦の名で知られていたように、艦型の拡大により5,000T型軽巡よりは航洋性を改善、航続力を増し、兵装を強化することで主力艦隊の前衛として、偵察、索敵、敵巡洋艦の撃攘任務に従事することを目的としていた。

当時この種巡洋艦としては米海軍のオマハ/Omaha級10隻(7,500T、35ノット、6"砲12門)が建造中、英海軍では第1次大戦中の戦時計画においてエッフィンガム/Effingham級5隻(9,750T、30ノット、7.5"砲7門)を建造、一部を残して完成していた。この級は主にドイツ海軍の軽巡エムデン/Emdenのような通商破壊艦の行動に対する戦訓から、これらに対抗することを目的として計画された、通商破壊艦撃攘艦とも言うべき巡洋艦で、図体は大きかったが舷側装甲は3"、速力30ノットは艦隊用としては不足気味で、7.5"砲も中途半端な観がある。もっともこうしたことを考慮して英海軍では当時E級と呼ばれた新型軽巡2隻を建造中で進水を終えていた。この級エメラルド/Emeraldとエンタープイズ/Enterpriseは基準排水量7,600T、33ノット、6"砲7門、舷側装甲3"と仕様的には平凡であったが、竣工は1926年と大幅に遅れたものの、射出機の装備や新戦艦ネルソン/Nelson級で採用した6"連装砲塔の装備(エンタープライズ艦首砲)等の新機軸も見られた。同2隻のみの建造も試験艦的な意味合いが濃かった。

もちろん,日本海軍もこうした列強海軍の偵察または大型巡に対抗するに現行の5,500T型では力不足として、大正9年度計画で初めて8,000T大型巡の建造を策定したものである。この8,000T型というのは平賀が基本計画を担当した7,100T型(古鷹型)をいうものと理解されているが、大正10年8月4日付の意見書では、平賀は冒頭で偵察巡洋艦は最近建造予定表より消失し5,600T型(加古型、後の川内型)をもって満足せられるもののごとしと述べているのは、これは大正10年に入って8,000T型に代わって12,000T型偵察巡を建造するとして、かわりに5,600T型を増加する案が生じたことをいっているものと思われる。

しかし、ワシントン軍縮条約の調印間近となった同年12月において巡洋艦建造計画は再度改訂され、12,000T型4隻、7,100T型4隻に改められ、5,500T型は打ち切られることになるのである。これにより佐世保工廠に製造訓令の出ていた川内型の4番艦加古は建造中止となり、加古の名は川崎造船所で建造予定の7,100T型に流用されることになった。

大正11年2月6日に調印されたワシントン条約は同年8月17日に効力を発生した。この条約により主力艦建造計画は全て白紙に戻されたが、補助艦艇については排水量1万基準トンを超えないこと、備砲口径は8"を超えないことという制限の下に建造が認められていた。この結果出現したのが条約型巡洋艦で、列強海軍が競って1万トンの排水量で8"砲を搭載した巡洋艦を建造することになる。

日本海軍もこの条約時代に入るとともに既存の建造計画を一旦白紙に戻して、大正12年度に新計画に改訂して改めて建造に着手した。この計画では巡洋艦は10,000T型4隻、7,100T型4隻を建造するものとして、これは改定前と12,000T型を10,000T型に改めた以外は同じである。予算項目上は7,100T型の1,2番艦は軍艦製造費、3,4番艦及び10,000T型4隻は補助艦艇製造費によるものであった。

7,100T型(古鷹型)の基本計画は平賀の担当したものであることは前述の通りだが、その設計時期についてはあまり明らかでない。

古鷹型の起工は大正11年11-12月で、三菱長崎造船所に発注された古鷹の建造契約は同年6月20日に行われている。前年8月4日の意見書においてはこの時点で7,100T型の基本計画はほぼ完了していることがわかり、平賀資料においても原案ともいうべき試案が幾つか見られるが、戦艦や巡洋戦艦のように正式に計画番号をとって作成した試案は見つからない。

大正9年9月に新戦艦紀伊型の艦型が天城型巡戦の改型で決定したが、これ以前から新しい主力艦計画の正式な試案作業は中断していたようで、この間平賀は3,100T型(夕張)と7,100T型(古鷹)の基本計画をねっていたのではないかと推定される。今日平賀資料に見られる夕張と古鷹の意見書において平賀がもっとも強く主張していることは、個艦の性能の優位性とともにいかに経済性に優れた軍艦であるか、すなわち、最小限の排水量で卓越した性能を盛り込むことで、いかに建造費を節約できるかということであった。

八八艦隊案の完成には莫大な建造費を要するわけで、建艦費の軽減が大臣の訓示にあったように重要な課題であったが、そうした中でこうした提案は平賀にとっては我が意を得たりと意見書の提案になったものであるが、要するに意見書により訴えなければならないところに、平賀をとりまく環境に難しさがあったことを示していよう。

古鷹型の特異性については当時の列強の巡洋艦の中にあって、卓越した攻撃力に適度の防禦力を備えかつ高速力の発揮を可能としたことにあったが、その艦型そのものが従来の欧米の造艦の常道を打ち破る斬新なものであることが、大いに注目されることになった。

日本の巡洋艦の中にあっても、当時最新の5,500T型に比べて、そのデザインは従来の英国式を完全に脱却した全くオリジナリティに富んだ形態を有しており、平賀デザインといわれるブランドが世界中に知れ渡った最初の艦となった。

古鷹は三菱長崎造船所で建造されたが、大正11年12月に起工、進水まで2年3か月を要し、大正15年3月末に竣工、3年4か月の工期で完成した。当初予定では同14年11月末の竣工であったが、公試中のタービンの故障により4か月遅れている。加古の場合は工期は古鷹より4か月長く、これも工事が輻輳したなどの理由により当初予定より遅れていた。

古鷹の場合基準排水量で見て800余トン(T)計画値より増大しており、平賀デザインの特徴の一つである防禦鋼鈑を極力船殻構造材

古鷹・青葉 型/Furutaka・Aoba Class

機 関/Machinery

古鷹・青葉 型 / Furutaka・Aoba Class		古鷹/Furutaka	加古/Kako	青葉/Aoba	衣笠/Kinugasa
主機械 /Main mach.	型式 /Type ×基数 (軸数)/No.	パーソンズ式ギアード・タービン /Parsons geared turbine×4(古鷹、青葉)		ブラウン・カーチス式ギアード・タービン /Brown-Curtis geared turbine×4(加古、衣笠)	
	機械室 長さ・幅・高さ(m)・面積(㎡)・1㎡当たり馬力				
缶 /Boiler	型式 /Type ×基数 /No.	ロ号艦本式専焼缶×10、同混焼缶×2/Ro-go kanpon type, 10 oil fired , 2 mixed fired ①			
	蒸気圧力 /Steam pressure (kg/cm²)	(計画 /Des.) 18.3			
	蒸気温度 /Steam temp.(℃)	(計画 /Des.) 100°F 過熱			
	缶室 長さ・幅・高さ(m)・面積(㎡)・1㎡当たり馬力				
計画 /Design (普通 /密閉)	速力 /Speed(ノット /kt)	/34.6 (公試状態)			
	出力 /Power(軸馬力 /SHP)	/102,000			
	推進軸回転数 /(rpm)	/360 (高圧タービン /H. Pressuer turbine-2,600rpm、低圧タービン /L Pressuer turbine-2,090rpm/ 古鷹、青葉) (同 2,020rpm、同 1,335rpm/ 加古) (同 2,365rpm、同 1,875rpm/ 衣笠)			
新造公試 /New trial (普通 /密閉)	速力 /Speed(ノット /kt)	35.221/35.682	35.14/34.899	35.486/36.036	35.043/
	出力 /Power(軸馬力 /SHP)	106,352/110,363.9	105,895/103,971	106,959/110,765	103,003/
	推進軸回転数 /(rpm)	364.6/371.5	366.15/369.00	366.7/374.4	
	公試排水量 /T. disp.・施行年月日 /Date・場所 /Place	8,640.38T/8,526.15T・T14/1925-9-19・甑島	8,498T/8,640T・T15/1926-5-1・紀州沖	8,701T/・S2/1927-7-27・甑島	8,610T/・S2/1927-7-18・紀州沖
改造 (修理) 公試 /Repair trial (普通 /密閉)	速力 /Speed(ノット /kt)	32.95/		33.43/ ⑤	
	出力 /Power(軸馬力 /SHP)	103,390/		108,456/ ⑤	
	推進軸回転数 /(rpm)	337/		/ ⑤	
	公試排水量 /T. disp.・施行年月日 /Date・場所 /Place	10,507.235t/・S14/1939-6-9・宿毛湾		10,822.007t/ S15/1940-7-・	
推進器 /Propeller	数 /No.・直径 /Dia.(m)・節 /Pitch(m)・翼数 /Blade no.	×4 ・3.505(計画時 3.581) ・3.682 ・3翼			
舵 /Rudder	舵機型式 /Machine・舵型式 /Type・舵面積 /Rudder area(㎡)	側立 2 筒機械 (蒸気)・釣合舵 / balanced×1・16.722		ジョンネー式油圧機 (青葉) ヘルショー式油圧機 (衣笠)・釣合舵 / balanced×1・16.722	
燃料 /Fuel	重油 /Oil(T)・定量 (Norm.)/ 全量 (Max.)	/1,400 (S14/1939 1,858.079t)	/1,400 (S14/1939 古鷹に準じる)	/1,400 (S15/1940 2,040.020t)	/1,400 (S15/1940 青葉に準じる)
	石炭 /Coal(T)・定量 (Norm.)/ 全量 (Max.)	/400 (S14/1939 24.200t)	/400 (S14/1939 古鷹に準じる)	/400 (S15/1940 0t)	/400 (S15/1940 青葉に準じる)
航続距離 /Range (ノット /Kts －浬 /SM)	計画航続力 /Design 基準速力 /Standard speed	14－7,000、14.05kt、4,395 SHP	14－7,000、14.53kt、4,570 SHP	14－7,000、13.67kt、3,981 SHP	14－7,000、14.62kt、4,594 SHP
	重油 1t 当たり航続距離、重油換算航続距離、公試時期	4.625 浬、7,733 浬、T15/1926-2-19 ②	4.570 浬、7,641 浬、T15/1926-5-10	5.062 浬、8,464 浬、S2/1927-8-4	4.920 浬、8,226 浬、S2/1927-9-20
	巡航速力 /Cruising speed	17.02kt、8,236 SHP	17.47kt、8,988 SHP	16.66kt、8,304 SHP	18.47kt、9,698 SHP
	重油 1t 当たり航続距離、重油換算航続距離、公試時期	3.713 浬、6,208 浬、T15/1926-2-19	3.300 浬、5,518 浬、T15/1926-5-8	3.968 浬、6,634 浬、S2/1927-8-16	3.270 浬、5,467 浬、S2/1927-9-20
発電機 /Dynamo・発電量 /Electric power(W)		レシプロ機械 225V/400A×2、225V/300A×2・315kW ③		レシプロ機械 225V/400A×2、ターボ式 225V/600A×2・450kW ④	
新造機関製造所 / Machine maker at new		各艦の主機及び缶は各担当造船所で製造			

注/NOTES ① 改装に際して古鷹型は缶を全て陸揚げ、混焼缶は撤去、専焼缶は空気予熱器付に改造再搭載、発生馬力は 102,000SHP から 110,000SHP に増加、缶室レイアウトを変更、煙路、通風路位置も変更、中甲板防禦甲鈑の位置、形状も変更された。缶室は長さが短縮され、後部煙突も細い形状に変えられた、旧石炭庫は中甲板部は居住区、缶室側部は重油タンクに変更、中央部バルジ内部にも重油タンクが設けられ、機械室には操縦室と電話室が新設された。青葉型については混焼缶の撤去はおこなわず、専焼缶に改造することで残されている。専焼缶の改造は古鷹型と同様実施されたもので、発生馬力は古鷹型を幾分上回ってたようだ、また重油搭載量も古鷹型より増量されたようである
② 改装後の航続距離については明確な数値は示されていないが、基準速力と重油トン当たり消費量を新造時と同じと仮定すると、古鷹の場合は 14 ノットで 8,500 浬前後に達するものとなる
③ 改装に際して新たにターボ式発電機 3 基、前部 300kW1 基、後部 135kW2 基に換装され、合計発電量は 570kW と強化されている ④ 後の改装でレシプロ式 90kW2 基をターボ式 300kW1 基に換装合計発電量 570kW と古鷹型と同じに強化された
⑤ 青葉の S15 の状態について一般計画要領書では速力と回転数が新造時と同じ数値が記載されているが、これは明らかに間違いで、ここでは <海軍造船技術概要> の青葉改造後の数値からとった
【出典】帝国海軍機関史 / 一般計画要領書 / 軍艦基本計画 (福田)/ 艦艇燃料消費量及び航続距離調査表 (艦本基本計画班 S11-8-10)/ 公文備考 / 舶用蒸気タービン設計法

の一部に用い重量軽減をはかる設計の施工の難しさを示しており、これは先の夕張にも見られた傾向であった。ただこうした排水量増加にもかかわらず、公試成績は良好で計画速力を上回っている。

先の 5.500T 型で問題となった、高速航行時の振動、船体の動揺、艦首凌波性不足、居住区の熱害等のトラブルは平賀も十分承知していたので、これらの対策を十分加味したものらしく、完成後の実績はほぼ満足すべきものであったと自負している。

ただ古鷹の艤装長から提出された「軍艦古鷹艤装任務報告」によれば、艤装中艦側から要望した艤装上の改造、新設件数は 967 件にのぼり、この内 721 件が施工実施されたという。

古鷹型の搭載した 50 口径 20cm 砲は日露戦争時の装甲巡洋艦以来の砲塔構造を採用、単装砲塔として前後に 3 基ずつをピラミッド形に配置するという特異な形態は、当時にあっては非常に斬新なものであった。公試では 13 式方位盤装置による方位射撃の結果は射程 1 万 4 千 m にて 6 弾の散布界は前後 100m、左右 13m という理想的な成績をあげたという。しかし、尾栓開閉及び装填は人力によ

るもので、長時間の射撃においては疲労が蓄積して支障がでるおそれがあり、同様に下部の給弾薬室における連弾揚薬も人力によるため同様の問題があり、また人員の不足も指摘されていた。その他砲塔の旋回、俯仰は機力によるものを主としているが、副次的に人力による作動を可能にしていたものの艦の動揺のある場合はほとんど不可能な状態にあったという。

発射管は 12 式舷側発射管を 2 門ずつ艦橋前、4 番砲前の中甲板 2 か所に左右互いにずらす形で装備されており、加賀や天城と同じ装備方式である。魚雷は 8 年式 61cm 魚雷で次発装填分を含めて 24 本を搭載、最大 30 本 (戦時) の搭載を可能にしている。当時一般的にはこの種巡洋艦は上甲板に旋回連装発射管を装備するのが普通であったが、古鷹の場合は上甲板スペースに余裕がなく、かつ、防禦的には艦内装備のため被害を受けにくい反面、被弾等により艦内で魚雷が自爆した場合はより深刻な被害も予想され、一概に優劣は論じられなかった。

3、4 番艦の青葉、衣笠は 1 年 2 か月後の大正 13 年 1-2 月に起工されたが、多くの改正が盛り込まれた。最大の変更 (P-125 に続く)

古鷹・青葉 型 /Furutaka・Aoba Class

兵装・装備 /Armament & Equipment (1)

		古鷹型 /Furutaka Class	青葉型 /Aoba Class
砲熕兵器 / Guns	主砲 /Main guns	50口径3年式20cm砲 /3 Year type I×6 ①	50口径3年式20cm砲 /3 Year type II×3 ⑬
	高角砲 /AA guns	40口径3年式8cm高角砲 /3 Year type×4 ②	45口径10年式12cm高角砲 /10 Year type×4
	機銃 /Machine guns	留式7.7mm機銃 /Lewis type×2 ③ 保式13mm4連装機銃1型 /Hotchkiss type Mod.1×1	留式7.7mm機銃 /Lewis type×2 ⑭ 保式13mm4連装機銃1型 /Hotchkiss type Mod.1×2
	その他砲 /Misc. guns		
	陸戦兵器 /Personal weapons	38式小銃×179(弾丸定数1挺あて300) 陸式拳銃×41(弾丸定数1挺あて120)	38式小銃×150(弾丸定数1挺あて300) 陸式拳銃×45(弾丸定数1挺あて120)
弾薬定数 Ammunition	主砲 /Main guns	×90(平時1門当り) 120(同戦時)	×90(平時1門当り) 120(同戦時)
	高角砲 /AA guns	×290(同平時) 400(同戦時)	×290(同平時) 400(同戦時)
	機銃 /Machine guns	×10,000(留式、1挺あて平時) ×15,000(留式、同戦時)	×10,000(留式、1挺あて平時) ×15,000(留式、同戦時)
揚弾薬機 Ammun.tube	主砲 /Main guns	縦揚式×6 ④	押揚式×3 ④
	高角砲 /AA guns		
	機銃 /Machine guns		
射撃指揮装置 Fire cont. system	主砲 /Main gun director	13式方位盤照準装置×1 ⑤	13式方位盤照準装置×1 ⑤
	高角砲 /AA gun director	⑥	⑥
	機銃 /Machine gun	⑦	⑦
	主砲射撃盤 /M. gun computer	13式距離時計×1 ⑧	13式距離時計×1 ⑧
	その他装置 /	11式変距率盤	11式変距率盤
	装填演習砲 /Loading machine	20cm砲用×1	
	発煙装置 /Smoke generator	88式発煙機5型×1	88式発煙機5型×1
水雷兵器 / Torpedo etc	発射管 /Torpedo tube	12式61cm舷側水上発射管 /12 type surf. fix.×12	12式61cm舷側水上発射管 /12 type surf. fix.×12
	魚雷 /Torpedo	8年式61cm魚雷×24(戦時×30) ⑨	8年式61cm魚雷×24(戦時×30) ⑨
発射指揮装置 Fire cont.	方位盤 /Director	14式方位盤2型 ⑩	14式方位盤2型 ⑩
	発射指揮盤 /Cont. board		
	射法盤 /Course indicator		
	その他 /		
	魚雷用空気圧縮機 /Air compressor	W8型250気圧×3 ⑪	W8型250気圧×3 ⑪
	酸素魚雷用第2空気圧縮機 /		
	爆雷投射機 /DC thrower		
	爆雷投下軌条 /DC rack		
	爆雷投下台 /DC chute	水圧投下機×2、手動投下機×4 ⑫	水圧投下機×2、手動投下機×4 ⑫
	爆雷 /Depth charge	88式×6、91式2型×4(8) ⑫	88式×6、91式2型×4(8) ⑫
	機雷 /Mine		
	機雷敷設軌条 /Mine rail		
	掃海具 /Mine sweep. gear	小掃海具×2	小掃海具×2
	防雷具 /Paravane	中防雷具3型改1×2	中防雷具3型改1×2
	測深器 /		
	水中処分具 /		
	海底電線切断具 /		

兵装・装備 /Armament & Equipment (2)

		古鷹型 /Furutaka Class	青葉型 /Aoba Class
無線兵器 / Electronics Weapons — 通信装置 Communication equipment	送信装置 /Transmitter		92式短4号改1×1 ① 95式短3号改1×1 95式短4号改1×1 95式短5号改1×2 91式特4号改1×1 YT式5号2型×1
	受信装置 /Receiver		91式1型改1×3 91式短×2 92式特改3×17
	無線電話装置 /Radio telephone		2号話送改2×2 96式改4×3 93式超短送×2 同上受×2
	測波装置 /Wave measurement equipment		15式2号改1×1 92式短改1×1 96式超短×3、96式短×3、96式中×1
	電波鑑査機 /Wave detector		
	方位測定装置 /D F		93式1号×1
	印字機 /Code machine		97式2型×2
電波兵器 Radar	電波探信儀 /Radar		②
	電波探知機 /Counter measure		③
水中兵器 UW weapon	探信儀 /Sonar		④
	聴音機 /Hydrophone		⑤
	信号装置 /UW commu. equip.		
	測深装置 /Echo sounder		
電気兵器 / Electric Weapons — 一次電源 Main P Sup.	ターボ発電機 /Turbo genera.	レシプロ /Recipro. 225V・400A×2、180kW レシプロ /Recipro. 225V・300A×2、135kW	レシプロ /Recipro. 225V・400A×2、180kW ターボ /Turbo 225V・600A×2、270kW
	ディーゼル発電機 /Diesel genera.	⑥	⑦
二次電源 2nd power supply	発電機 /Generator		
	蓄電池 /Battery		
	探照灯 /Searchlight	須(スペリー /Sperry)式90cm×3 ⑧	須式90cm×3 ⑧
	探照灯管制器 /SL controller	13式探照灯追尾照準装置×1(90cm指導灯用)	13式探照灯追尾照準装置×1(90cm指導灯用)
	信号用探照灯 /Signal SL	40cm×2 ⑨	40cm×2 ⑨
	信号灯 /Signal light	2kW信号灯	2kW信号灯
	舷外電路 /Degaussing coil		

古鷹・青葉 型 /Furutaka・Aoba Class

兵装・装備/Armament & Equipment (3)

			古鷹型 /Furutaka Class	青葉型 /Aoba Class
航海兵器 / Navigation Equipment	羅針儀 / Compass	磁気 /Magnetic	磁気羅針儀×2 ①	磁気羅針儀×2 ①
		転輪 /Gyro	須 /Sperry 式 5 型 (単式)×1	須 /Sperry 式 5 型 (単式)×1
		測深儀 /Echo sounder	電動式×1、90 式×1(加古 L 式×1)	電動式×1、L 式×1
		測程儀 /Log	91 式×1	玄式×1
		航跡儀 /DRT	安式航跡自画器×1(S8)	安式改 2×1(S11)
	気象兵器 / Weather	風信儀 /Wind vane		91 式×1(S11)
		海上測風経緯儀 /		
		高層気象観測儀 /		
		信号兵器 /Signal light		
光学兵器 / Optical Weapons		測距儀 /Range finder	武式 3.5m×2(水雷発射指揮用) ②	6m×2(2、3 番砲塔) ②
			4.5m×2(主砲射撃用)	14 式 3.5m×2(水雷発射指揮用)
			1.5m×2(航海用)	4.5m×2(主砲射撃用)
				2.5m×2(高角砲用)
				1.5m×2(航海用)
		望遠鏡 /Binocular	12cm×4 ③	18cm×1
				15cm×1
				12cm×4
		見張方向盤 /Target sight		
		その他 /Etc.		
航空兵器 / Aviation Weapons		搭載機 /Aircraft	15 式水偵×2(T15)、2 式水偵×2(S2)、④ 90 式 2 号 2 型水偵×2(S8)、94 式水偵×2(S12)	15 式水偵×2(S4)、90 式 2 号 2 型水偵×2(S7)、 94 式水偵×2(S12) ④
		射出機 /Catapult	呉式 2 号射出機 3 型改 1(S8) ⑤	呉式 2 号射出機 1 型改 1(S4) ⑤
		射出装薬 /Injection powder		
		搭載爆弾・機銃弾薬 /Bomb・MG ammunition		
		その他 /Etc.		
短艇 / Boats		内火艇 /Motor boat	12m(30HP)×1、8m(20HP)×1 ⑥	11m(60HP)×1 ⑥
		内火ランチ /Motor launch		12m(30HP)×1、8m(20HP)×1
		カッター /Cutter	9m×4	9m×3
		内火汽船 /Motor utility boat		
		通船 /Utility boat	27'×1、20'×1	8m×1、6m×1
		その他 /Etc.		

防禦/Armor

			古鷹型 /Furutaka Class	青葉型 /Aoba Class
弾火薬庫 /Magazine		舷側 /Side		
		甲板 /Deck	35mm/1.375" NVNC(下甲板 /L. deck)	左に同じ
		前部隔壁 /Forw. bulkhead		
		後部隔壁 /Aft. bulkhead		
機関区画 /Machinery		舷側 /Side	76mm/3" NVNC	左に同じ
	甲板 /Deck	平坦 /Flat	35mm/1.357 NVNC(中甲板 /M. deck)	左に同じ
		傾斜 /Slope		
		前部隔壁 /Forw. bulkhead	51mm/2" NVNC	左に同じ
		後部隔壁 /Aft. bulkhead	51mm/2" NVNC	左に同じ
		煙路 /Funnel	38mm/1.5" NVNC	左に同じ
砲塔 /Turret		主砲楯 /Shield	50mm(前楯)、6.4mm(後面、天蓋)、19-6.4mm(床面)	25mm(前楯)、6.3mm(後面、天蓋)、19mm(床面)
		砲支筒 /Barbette		
		揚弾薬筒 /Ammu. tube		
舵機室 /Steering gear room		舷側 /Side	25.4mm/1" 高張力鋼 /HT	左に同じ
		甲板 /Deck	12.7mm/0.5" 高張力鋼 /HT(上甲板)	左に同じ
		その他 /		
操舵室 /Wheel house				
水中防禦 /UW protection				
その他 /				S11/1936 羅針艦橋に防弾板装備
				S17/1942 魚雷頭部用防弾板装備

注/NOTES 新造時を示す。38mm 厚舷側甲帯は長さ 56.4m、幅 4.3m、機関区画を水線下 (計画)76cm から上甲板上縁までカバーしている。開戦前の改装で舷側にバルジを装着した際内部に防禦管を充填、古鷹型は砲塔換装、砲塔防御はこれと異なる 【出典】古鷹防禦配置図 (平賀資料)/ 最大中央断面図 (艦本資料)/ 一般計画要領書 / 舞鶴鎮守府戦時日誌

注/NOTES 兵装・装備 (1)

① S6 に 2 号 20cm 砲に砲身換装、S12-14 改装後は連装砲塔 3 基に換装、足柄、羽黒より撤去砲塔を改造使用、砲身は 2 号 20cm 砲にまた揚弾薬庫を吊瓶式改型に改造、砲塔部は別途新造、91 式徹甲弾の搭載に合わせて弾薬庫等の改造を実施　② S7-8 に青葉と同じ 12cm 高角砲に換装　③ S7-8 に艦橋前に装備、大改装時に 93 式 13mm 連装機銃 2 型 (加古、同保式同 1 型)2 基に換装、他に 96 式 25mm 連装機銃 2 型 4 基を装備　④ 大改装時上記のように吊瓶式改型に改正　⑤ 大改装時 94 式方位盤 2 基に換装、6m 測距儀付　⑥ 新造時高角砲用方位盤 (型式なし) を青葉高角砲装備のは確実、8cm 高角砲装備の古鷹型は未装備と推定、大改装後は古鷹型は 91 式高射装置 2 基を艦橋部に、同様に青葉型は 94 式高射装置 2 基を装備　⑦ 大改装時 95 式機銃射撃装置 2 基を装備　⑧ 大改装時 92 式射撃盤を装備　⑨ 大改装時に舷側固定発射管を撤去、上甲板に 61cm92 式 4 連装発射管 2 基を装備、魚雷は 93 式 1 型改 1 16 本を搭載　⑩ 開戦時の装備は方位盤 14 式 2 型 2 基、90 式 3 型 2 基、91 式 3 型 2 基、発射指揮盤 92 式 2 基、射法盤 1 基 < 古鷹の場合も一般計画要領書による青葉の装備と同様と推定 >　⑪ 大改装時の魚雷兵装の換装に伴って 94 式酸素発生機 (第 2 空気圧縮機 2 型) を装備　⑫ S12 以降の装備を示す。一般計画要領書では投下装置として水圧式 2 型 2 基、艦載艇用 4 基、爆雷 95 式 6 個としている、なお 1 隻のみ生き延びた青葉では S19 半ば時点では投下軌条 (6 個載せ)2 基を装備していたとされるが、爆雷の搭載数は特に増大していない　⑬ S12-15 の大改装で青葉型の主砲は砲身と揚弾薬機及び弾火薬庫の改正改造は古鷹型と同様、砲楯はそのまま　⑭ 大改装時に古鷹型と同様の換装及び増備を実施。ただし青葉型の 13mm 連装機銃の型式については不明。なお戦時中の機銃増備については青葉以外は S17 後期までに戦没したため開戦時の状態のままであったと推定。青葉は S17-12/S18-2 呉で復旧修理に際して艦橋前の 13mm 連装機銃 2 基を 25mm3 連装機銃 1 基に換装、さらに被弾大破した後部 3 番主砲塔は予備砲身の準備が間に合わず砲塔を撤去、バーベットを鋼板で閉塞、25mm3 連装機銃 1 基を搭載して再出撃した。S18-8/ 同 -11 の呉における再度の損傷修理に際して 25mm 連装機銃 2 基を後橋両側に増備、3 番主砲塔を修復復活した。S19-7 シンガポールの 101 工作部で 25mm3 連装機銃 4 基と同単装機銃 15 基を増備、S19-11 末までに現地で 25mm3 連装機銃 2 基を前甲板に、その他同単装機銃を数基増備したもよう。S19-12 呉帰着後に飛行作業甲板に 25mm3 連装機銃 4 基を増備したと推定され、S20-6 以降偽装疎開した状態では機銃の一部は撤去されたらしい

兵装・装備 (2)

① 送信装置から印字機までは開戦時の青葉型の装備状態を示すものと考えられる。なお、古鷹型についてはほぼこれに準じるものと推

古鷹・青葉 型 /Furutaka・Aoba Class

復原性能 /Stability

古鷹 /Furutaka		新造時 /New build			改装後 /Modernization		
		2/3満載 /Trial	満載 /Full	軽荷 /Light	公試 /Trial	満載 /Full	軽荷 /Light
復原性能	排水量 /Displacement (T)	9,488.239	10,207.719	7,501.159	10,507.00	11,273.00	8,561.00
	平均吃水 /Draught,ave. (m)	5.607	5.947	4.651	5.610	6.000	4.790
	トリム /Trim (m)				0	前1.030	前0.230
	艦底より重心点の高さ /KG (m)	5.724	5.651	6.300	5.810	5.670	6.500
	重心からメタセンターの高さ /GM (m)	1.076	1.146	0.634	1.320	1.380	1.010
	最大復原挺 /GZ max. (m)				1.15	1.16	0.88
	最大復原挺角度 /Angle of GZ max.				44.8	45.6	41.9
	復原性範囲 /Range (度 /°)	※ 92.2	95.0	80.7	89.4	93.2	73.3
	水線上重心点の高さ /OG (m)				0.200	− 0.330	1.710
	艦底からの浮心の高さ /KB(m)	3.213	3.389	2.704			
	浮心からのメタセンターの高さ /BM(m)	3.587	3.407	4.231			
	予備浮力 /Reserve buoyancy (T)						
	動的復原力 /Dynamic Stability (T)						
	船体風圧側面積 / A (㎡)	❖ 1,541					
	船体水中側面積 / Am (㎡)	❖ 938					
	風圧側面積比 / A/Am (㎡/㎡)	1.623			1.52	1.35	1.99
旋回性能	公試排水量 /Disp. Trial (T)	8,395					
	公試速力 /Speed (ノット /kts)	速力 8/10					
	舵型式及び数 /Rudder Type & Qt'y	1					
	舵面積 /Rudder Area : Ar (㎡)	16.58					
	舵面積比 / Am/Ar (㎡/㎡)	❖ 56.57					
	舵角 /Rudder angle(度 /°)	35					
	旋回圏水線長比 /Turning Dia. (m/m)						
	旋回中最大傾斜角 /Heel Ang. (度 /°)	10.5					
	動揺周期 /Rolling Period (秒 /sec)						

復原性能 /Stability

青葉 /Aoba		新造時 /New build			改装後 /Modernization		
		2/3満載 /Trial	満載 /Full	軽荷 /Light	公試 /Trial	満載 /Full	軽荷 /Light
復原性能	排水量 /Displacement (T)	9,698.018	10,416.570	7,685.298	10,822.00	11,660.00	8,738.00
	平均吃水 /Draught,ave. (m)	5.710	6.042	4.750	5.660	6.050	4.780
	トリム /Trim (m)	前 1.410	前 1.423	前 1.366	0	前 0.650	前 0.090
	艦底より重心点の高さ /KG (m)	5.724	5.651	6.300	5.770	5.670	6.500
	重心からメタセンターの高さ /GM (m)	1.076	1.146	0.634	1.500	1.500	1.220
	最大復原挺 /GZ max. (m)				1.13	1.11	0.80
	最大復原挺角度 /Angle of GZ max.				44.4	44.0	40.4
	復原性範囲 /Range (度 /°)	※ 90以上	90以上	79.9	86.6	89.5	70.0
	水線上重心点の高さ /OG (m)				0.110	− 0.380	1.720
	艦底からの浮心の高さ /KB(m)	3.271	3.338	2.749			
	浮心からのメタセンターの高さ /BM(m)	3.530	3.459	4.157			
	予備浮力 /Reserve buoyancy (T)				10,978	10,140	13,062
	動的復原力 /Dynamic Stability (T)						
	船体風圧側面積 / A (㎡)						
	船体水中側面積 / Am (㎡)						
	風圧側面積比 / A/Am (㎡/㎡)				1.69	1.51	2.19
旋回性能	公試排水量 /Disp. Trial (T)	8,499					
	公試速力 /Speed (ノット /kts)	速力 8/10					
	舵型式及び数 /Rudder Type & Qt'y	1					
	舵面積 /Rudder Area : Ar (㎡)	16.58					
	舵面積比 / Am/Ar (㎡/㎡)						
	舵角 /Rudder angle(度 /°)	35					
	旋回圏水線長比 /Turning Dia. (m/m)						
	旋回中最大傾斜角 /Heel Ang. (度 /°)	15					
	動揺周期 /Rolling Period (秒 /sec)						

注 /NOTES 改装後は昭和14年6月30日施行の重心公試成績による【出典】一般計画要領表 / 各種艦船KG、GM等に関する参考資料 - 昭和18年6月調整、艦本計算班作成 / 艦船復原性能比較表 (S13,S16)
※常備排水量状態を示す ❖昭和9年5月8日公試による加古成績を示す

注 /NOTES

定される ②電探の装備は青葉のみでS18-8の工事で21号1基を装備 ③青葉への電波探知機の装備は多分あったものと推定されるが詳細は不明 ④青葉への水中聴音機はS18-8の工事で93式が装備されたものと推定 ⑤水中探信儀の装備は他重巡の例からも未装備に終わったものと推定 ⑥古鷹型は大改装時に発電機を換装、いずれもターボ式の300kW1基と135kW2基、合計570kWを装備 ⑦青葉型について大改装時に発電量の強化を実施、レシプロ発電機2基をターボ式300kW1基に換装して古鷹型と同発電量としている ⑧古鷹ではS8に艦橋上部の90cm指導灯を110cmに換装、大改装時に3基全てを92式110cm管制器(94式)付に換装。青葉型では大改装時までに探照灯を全て須式110cmに換装、さらに大改装時に92式110cm管制器(96式)付に更新 ⑨大改装時においても変更なし
兵装・装備(3)
①航海兵器については古鷹型、青葉型ともほぼ開戦時を示す ②測距儀については古鷹、青葉型とも新造時を示す。大改装時の加古の例では測距儀は6m二重式主砲射撃用1基、6m砲塔用2基、3.5m2基、4.5m高角用2基、1.5m航海用2基。青葉型もこれに準じる

注 /NOTES 改装後は昭和15年10月19日施行の重心公試成績による【出典】一般計画要領表 / 各種艦船KG、GM等に関する参考資料 - 昭和18年6月調整、艦本計算班作成 / 艦船復原性能比較表 (S13,S16)
※常備排水量状態を示す

③双眼鏡についてはともに大改装前の状態を示す。大改装後の加古の例では艦橋図面から12cm8基、18cm2基が数えられる
④古鷹、青葉型とも開戦前後に94式2号3座水偵1機を零式1号3座水偵1型(11型と呼称)に換装、この2機が定数として青葉では大戦末期まで用いられた。S17に戦没した3隻についても喪失時この機種を定数としていた ⑤古鷹型は新造時は後部の4,5番砲塔上にハインケル式発艦促進装置(滑走装置)を装備して日本艦艇で最初に艦からの水偵発進を実用化した巡洋艦となったが、S6-7年に滑走装置を撤去、呉式2号3型射出機を装備、さらに大改装時に呉式2号射出機5型に換装された。青葉型では滑走装置は設けられず最初から射出機の装備を予定して設計されており、衣笠がS3-5に試作された圧縮空気式の呉式1号型射出機を先に朝日で実験後に装備し6月5日に15式水偵を用いて公試を実施した。S4に青葉にはほぼ同時開発された火薬式の呉式2号1型が装備されてともに艦隊に配属されて、最初の射出機搭載巡洋艦となったが、衣笠の圧縮空気式射出機は実用性に劣り、S5に青葉と同じ呉式2号1型に換装され、さらに後の大改装時に呉式2号5型に換装されて開戦を迎えた
⑥新造時の状態を示す。大改装時の加古の例では11m内火艇2隻、9m内火ランチ2隻、9mカッター4隻、6m通船1隻となっている

【出典】一般計画要領書 / 公文備考 / 鎮守府戦時日誌 / 加古、青葉戦時日誌 / 平賀資料 / 機銃型別一覧表 / その他

古鷹・青葉 型 /Furutaka・Aoba Class

重量配分 /Weight Distribution — 古鷹/Furutaka

古鷹/Furutaka		新造時 /New build (単位T)				改装後 /Modernization (単位t)		
		公試/Trial	満載/Full	軽荷/Light	基準/St'd	公試/Trial	満載/Full	軽荷/Light
船殻	船殻	3,534.235	3,534.235	3,534.235	3,532.863	3,642.354	3,642.354	3,642.354
	甲鈑	1,023.120	1,023.120	1,023.120	1,023.120	1,283.172	1,283.172	1,283.172
	防禦材	113.467	113.467	113.467	113.467			
	艤装					474.019	474.019	474.019
	(合計)	(4,670.822)	(4,670.822)	(4,670.822)	(4,669.450)	(5,399.545)	(5,399.545)	(5,399.545)
斉備品	固定斉備品	124.599	124.599	124.599	124.599	154.769	154.769	154.769
	その他斉備品	240.823	271.990	105.693	211.422	260.668	324.798	132.388
	(合計)	(365.422)	(396.589)	(230.292)	(335.821)	(415.437)	(479.567)	(287.157)
兵器	砲熕					809.035	813.841	616.309
	水雷					143.130	147.737	94.182
	電気							
	光学							
	航海					11.900	11.917	8.315
	無線							
	航空	(飛行機)3.0	(飛行機)3.0	0	0	43.722	44.156	31.893
	(合計)	(941.885)	(941.885)	(730.429)	(857.986)	(1,007.787)	(1,017.651)	(750.699)
機関	主機	1,711.144	1,711.144	1,711.144	1,697.434			
	缶 煙路 煙突							
	補機	109.771	109.771	109.771	106.173			
	諸管 弁等							
	缶水							
	復水器内水	263.867	263.867	0	238.813			
	給水							
	淡水タンク水							
	(合計)	(2,084.782)	(2,084.782)	(1,820.915)	(2,042.420)	(2,163.526)	(2,178.000)	(1,977.443)
重油		1,316.220	1,974.230	0	0	1,240.790	1,858.079	0
石炭						16.130	24.200	0
軽質油	内火艇用					16.330	24.500	0
	飛行機用							
潤滑油	主機械用					35.750	48.715	0
	飛行機用							
予備水		60.407	90.610			61.370	92.060	0
バラスト								
水中防禦管								
不明重量		48.701	48.701	48.701	48.701	− 65.839	− 65.839	− 65.839
マージン / 余裕								
(総合計)		(9,488.239)	(10,207.719)	(7,501.159)	(7,954.378)	(10,507.235)	(11,272.895)	(8,561.388)

注 /NOTES 新造時は T15(1926)-3-23 施行重心査定試験、改装後は S14(1939)-6-3 施行の重心公試 (呉) による
新造時の船殻に艤装を含む、改装後の甲鈑に防禦板を含む、新造時の公試は 2/3 満載状態
【出典】一般計画要領書 / 新造完成重量表 (平賀)

重量配分 /Weight Distribution — 青葉/Aoba

青葉/Aoba		新造時 /New build (単位T)				改装後 /Modernization (単位t)		
		公試/Trial	満載/Full	軽荷/Light	基準/St'd	公試/Trial	満載/Full	軽荷/Light
船殻	船殻	3,568.742	3,568.742	3,569.742	3,562.798	3,599.345	3,599.345	3,599.345
	甲鈑	1,065.507	1,065.507	1,065.507	1,065.507	1,289.441	1,289.441	1,289.441
	防禦材	112.791	112.791	112.791	112.791			
	艤装					509.365	509.365	509.365
	(合計)	(4,747.040)	(4,747.040)	(4,747.040)	(4,741.096)	(5,398.151)	(5,398.151)	(5,398.151)
斉備品	固定斉備品	129.001	129.001	129.001	128.413	154.769	154.769	154.769
	その他斉備品	254.966	286.245	104.713	199.497	259.051	347.309	136.594
	(合計)	(383.967)	(415.246)	(233.714)	(327.910)	(413.820)	(502.078)	(291.363)
兵器	砲熕					795.458	800.227	603.484
	水雷					143.392	147.194	94.782
	電気					235.050	235.050	235.050
	光学							
	航海					10.092	10.122	8.246
	無線							
	航空	(飛行機)3.0	(飛行機)3.0	0	0	53.437	54.006	40.754
	(合計)	(1,071.761)	(1,071.761)	(780.196)	(847.711)	(1,237.429)	(1,246.599)	(982.316)
機関	主機	1,724.614	1,724.614	1,724.614	1,709.887			
	缶 煙路 煙突							
	補機	110.381	110.381	106.629	110.381			
	諸管 弁等							
	缶水							
	復水器内水	263.870	263.870	0	238.816			
	給水							
	淡水タンク水							
	(合計)	(2,098.865)	(2,098.865)	(1,834.995)	(2,055.332)	(2,182.776)	(2,197.176)	(1,777.987)
重油		1,314.140	1,971.210	0	0	1,360.000	2,040.020	0
石炭								
軽質油	内火艇用							
	飛行機用					10.160	15.240	0
潤滑油	主機械用					25.371	38.047	0
	飛行機用					1.550	2.320	0
予備水		60.407	90.610			61.370	92.060	0
バラスト								
水中防禦管								
不明重量		21.838	21.838	21.838	21.838	93.232	93.232	93.232
マージン / 余裕								
(総合計)		(9,698.018)	(10,416.570)	(7,685.298)	(8,126.372)	(10,822.007)	(11,659.526)	(8,738.148)

注 /NOTES 新造時は S2(1927)-9-19 施行重心査定試験、改装後は S15(1940)-10-14 施行の重心公試 (佐世保) による
新造時の船殻に艤装を含む、改装後の甲鈑に防禦板を含む、新造時の公試は 2/3 満載状態
【出典】一般計画要領書 / 新造完成重量表 (平賀)

古鷹・青葉 型/Furutaka・Aoba Class

(P-120 から続く)

は主砲の20cm砲を単装砲塔から連装砲塔に改めた点で、これにより上甲板スペースは大幅に増大し、上部構造物の形態及び艤装も各所で変更されている。この青葉型の改正設計は平賀の下にあった藤本喜久雄造船中監が担当したといわれており、大正12年10月1日に平賀が計画主任を解任され、条約下の列強建艦状況調査を名目に欧米出張を命じられて艦本を去ったのを待っていたかのように、かなり短期間に実施された可能性が高い。というのも平賀は古鷹型の計画においてこの程度の大きさの船体では20cm砲の連装砲塔の搭載は無理との配慮の下に設計した経緯があり、当然青葉型の連装砲塔化には反対の立場だったと思われる。

この時期、平賀が艦本を去ったのは彼の他と妥協しない強引な性格が他部署との軋轢を高め、これまで艦本で彼の庇護役を務めていた山本開蔵4部長がこの年の8月に退任して艦本を去ることになったことで、彼をかばう人間がいなくなったことも要因のひとつと思われるが、通説では平賀が妙高型の魚雷兵装の廃止を主張、それが水雷関係者の怒りをかい、裏工作で平賀の失脚を謀ったともいわれている。

ただ、青葉型の船体は古鷹型を踏襲していて変更は加えられておらず、計画排水量および防禦計画、機関計画も基本的には同一となっている。もちろん、これは船体までいじる時間的余裕がなかったことにもよると思われるが、結果的にはこの連装砲塔化は成功であったと評価できる。平賀は後年各種講演会で古鷹型については多くを語っているものの、この青葉型の改正については完全に黙殺している。

青葉の搭載した20cm連装砲塔は当時建造を決定した妙高型の主砲として開発したもので、これを先取りして搭載したものである。

最大仰角は40度と古鷹型の25度より増大しており、最大射程25,500mは古鷹型より4,300m延伸している。砲架形状は後の妙高型と同型だが、妙高型が全周25mmNVNC鋼板であったのに対し、青葉型では25mm鋼板は前楯部だけで、後側部は6.3mm、天蓋19mmとなっていた。尾栓開閉は人力だが装填は自由装填油圧式となり、人力を予備としていた。揚弾薬装置は油圧駆動押上式となり古鷹型より効率を高めている。その他、高角砲は8cm砲を10年式45口径12cm砲に変更強化した。

同じ三菱長崎造船所建造の古鷹と青葉の新造時の重量配分を見ると、青葉の場合も計画値に対して基準排水量では1千トン余オーバーしている。完成状態の基準排水量は古鷹の7,954Tに対して青葉は8,126Tと若干上回っているが、問題の兵器については古鷹の858Tに対して青葉980Tと128Tも上回っている点は注目される。とくに砲煩兵器についても加古の例では523Tに対して衣笠636Tという数字があり、やはり兵器の中でも砲煩兵器の増加分が大きいことを示しており、連装砲塔化は重量的に増加はやむをえないものらしい。この連装砲塔化に際して船体の特別な補強を要したとの説もあるが、新造時の古鷹と青葉の船殻及び艤装重量を比較してもその差は30Tしかなく、船体補強が実施されたとしてもその規模は小さかったと推測される。

古鷹型は実用的航空機搭載かつ発進装置を設けた最初の日本軍艦であったが、後部の4番砲塔上に設けたハインケル式の発進装置はなんとか使用できたものの、かなり不完全なもので、青葉型では射出機の装備を前提に艦上の艤装を行っており、完成早々の衣笠は試作空気式射出機を装備して、日本軍艦で最初の射出機搭載艦となった。

古鷹型はS6に主砲砲身を2号20cm(正8″)に換装、S7-8に高角砲も12cm砲に換装、さらにS5ごろに撤去した航空機の発進装置に替えて本格的射出機呉式2号3型を装備して、航空兵装を刷新している。

古鷹型改装

S11-12には妙高型の1次改装に次いで、本型の近代化改装に着手した。重巡の改装としてはもっとも大規模なもので、古鷹は呉工廠でS12-3-6(機関部)、同4-1(船体部)に着手、約2年5か月を要してS14-7-30(船体部)に完成、加古は佐世保工廠でS11-5-18(船体部)同7-4(機関部)に着手、約1年7か月を要してS12-12-28(船体部)に完成、途中両艦ともバルジ新設等の船殻工事を大阪鉄工所の桜島工場において実施した。船殻(船体)関係の改装費は古鷹2,282,412円、加古1,981,458円、改装における撤去重量961トン、搭載重量1,493トン(加古の例)、改装に要した工数(船殻)は古鷹114,755、加古203,850とされているがこの差については明らかでない。古鷹の大阪鉄工所工事分を除いた数字かもしれない

■船体・艤装/ バルジ新設(中甲板より艦底部まで、浮力、縦強度及び重心対策)、ビルジキールはバルジの外側に新設、バルジ内に重油庫新設、旧発射管室を居住区に充当、前部船倉甲板及び下甲板の居住区を廃止、第2士官次室、搭乗員室及び写真室等の航空関係諸室を新設、調理室及び通風施設改善、防毒施設、洗濯機、消毒器新設、艦橋構造及び各装置の近代化、羅針艦橋に10mm防弾板、操舵室(司令部)DS鋼板2重張り36mm厚、砲塔内筒部はコーミング部57mmNVNC、上部25mmDS防禦を施す

■砲煩関係/ 主砲の連装化(足柄, 羽黒の陸揚げ砲塔を流用、砲楯は新製、揚弾薬装置は一部改造の上使用)、20cm2号砲、91式徹甲弾の採用とそれに伴う弾薬庫配置を改正、主砲方位盤の換装(前後の方位盤装置を94式に換装、艦橋部の主砲射撃指揮所に方位盤装置と一体に6m二重測距儀を装備)、発令所 改装および92式射撃盤の装備、91式高射装置及び4.5m高角測距儀の装備、高角砲用発令所及び弾薬庫を後部に設け揚弾筒を新設

25mm連装機銃4基を後部方位盤周辺に、艦橋前部に13mm連装機銃2基を装備(従来の13mm4連装銃は撤去)、また25mm機銃射撃装置2基と機銃射撃管制室を新設

■水雷関係/ 従来の中甲板の固定発射管を撤去、後部上甲板両舷に92式61cm4連装発射管を装備、93式魚雷16本を搭載

■航空関係/ 後部煙突と後檣間中心線に呉式2号射出機5型を装備、後檣前に水偵搭載甲板を新設し94式3座水偵2機を搭載、後檣のデリック及び揚艇機の一部を換装

■電気関係/ 発電機をターボ式300kW1基(前部)135kW2基(後部)に換装、電路を超多芯線に換装、前後に配線室、電信室を再配置、探照灯を92式110cm管制装置付4基に換装

■機関関係/ 缶は全て陸揚げ混焼缶は廃止、専焼缶は空気予熱器付に改造の上再搭載、計画発生馬力は110,000軸馬力に向上、缶室のレイアウト変更、後部煙突、煙路、通風路、中甲板防禦甲板の位置形状を変更、缶室全長は若干短縮、廃止された石炭庫は中甲

板炭庫は居住区に、缶室舷側部は新缶室に、重油タンクは缶室下甲板部、バルジ中央部内等に新設、約500トンを増量、航続力は延伸されていた。その他機械室に操縦室と電話室を新設、舵取装置の機械は蒸気機関から電動油圧式に更新されている。

■航海関係/ 前後の転輪羅針儀を換装、見張機器を整備

古鷹型の改装に際しては当時艦本造船業務委託の立場にあった平賀にその改装計画を示して意見、助言を求めたらしく、これにより改装予算は大幅に超過したともいわれており、彼の影響力はまだ残っていたことになる。

平賀としては古鷹型の連装砲塔化は自分のデザインの否定として当然面白いわけがなく、念入りに改装計画をチェックして必要以上に改正計画に手を入れた可能性もある、しかし後の太平洋戦争で問題となった本型の機関区画における中央隔壁はこの改装ではそのままとされた。

青葉型改装

S13に古鷹型の改装に次いで、青葉型の近代化改装に着手する。改装は古鷹型に準じたもので、青葉は佐世保工廠でS13-11に着手、約2年を要してS15-10-31(船体部)に完成、衣笠も同じく佐世保工廠でS14-1-24(船体部)に着手、約2年1か月を要してS16-2-28(船体部)に完成した。船体(船殻)関係の改装費は青葉2,671,053円、衣笠2,825,095円、改装における撤去重量601トン、搭載重量1,173トン(青葉の例)、改装に要した工数(船殻)は青葉223,020、衣笠209,360とされている。

青葉型では機関の改装にさいして混焼缶の撤去を行わず、専焼缶に改造するにとどめており、従って機関関係工事の簡略化を図っている。船体関係は古鷹型と同様でより大型のバルジの新設も実施した。主砲関係では主砲砲身の2号20cm砲への換装は改装以前に実施済みと思われるが、揚弾薬機はこの改装で押上式から妙高型の吊瓶式を改正の上装備された。砲楯についてはそのままとされたらしい。その他、改装時期が遅くなったため、艦橋上部の防空指揮所の新設もこの改装で行われている。

古鷹、青葉型とも開戦前のこれらの近代化改装により93式魚雷の装備等で全体の戦力はより改善されていた。本型4隻は第6戦隊を編制、第1艦隊にあって主力の戦艦部隊に随伴する重巡部隊として前衛、偵察、水雷戦隊突入支援等の役割になっていたものの、戦艦同士の艦隊決戦の機会が失われたことで、開戦時より中部太平洋方面の攻略を支援する主力部隊としてトラック、ラバウル方面で行動、珊瑚海海戦では初めて空母部隊の支援に加わったが、昭和17年8月のガ島戦の開始とともに戦線の矢面に立たされることになる。初戦の第1次ソロモン海戦では米豪艦隊に甚大な損害を与える活躍をみせたものの、以後の熾烈なガ島争奪戦に投入され、夜間のガ島逆上陸掩護や飛行場砲撃等に駆り出されることが多く、第1次ソロモン海戦の帰途米潜水艦に喰われた加古をはじめ、10月のサボ島沖夜戦で古鷹が米艦隊のレーダー射撃で沈没、青葉も大損害を受けてかろうじて帰還したものの以後修復に3か月を要した。この間残った衣笠も11月の第3次ソロモン海戦で米機の攻撃で最期をむかえ、昭和17年中に3隻が戦没する不運に見舞われた。この間他の重巡で戦没したのはミッドウェー海戦における三隈だけで、以後昭和19年10月の比島沖海戦まで戦没した重巡はなかったのも、面白い巡り合わせであった。もっとも本型が早期に戦没した要因の一つが、機関区画の中央隔壁のため片舷への浸水による傾斜を回復できずに横転沈没したとも言われている。

1隻残った青葉も不運が付きまとい、損傷修復された直後に被爆大破着底の大損傷を受け再度修復工事のため昭和18年中を要した。

昭和19年の比島沖海戦時、マニラ沖で米潜水艦に雷撃され結局比島沖海戦に加われずに生き残り内地に帰国出来、本格的修復を断念して大破着底状態で終戦をむかえている。

艦名の古鷹は海軍兵学校のある江田島の山名、帝国海軍では初代、海上自衛隊では旧海軍駆潜特務艇を掃海艇にした際一隻に「ふるたか」と命名。ただし、これは山名ではなく鳥名とされている。加古は兵庫県にある川名、当初5,500トン型軽巡として計画されたものを重巡に変更したためそのまま流用、海上自衛隊にはなし。青葉は京都府、福井県境にある山名、別名丹後富士ともいう。衣笠は神奈川県三浦半島に所在する山名、ともに海自での襲名なし。衣笠については徳島県の高越山の別名衣笠山に由来する説<浅井将正著-日本海軍艦船命名考>があるが、<高須広一-艦船命名考/雑誌世界の艦船連載>では前者説をとっている。

[資料] 平賀資料の公開により古鷹、青葉型の海軍の公式資料及び平賀自身の意見書、メモの類が多数見られる状態にある。ただし、これらはほぼ計画時、新造時のデータで、図面についても艦本制作の古鷹型の基本計画時の防禦配置図、一般艤装図があるが、ただ残念ながら図面の分割が不十分で、文字や数字がデスプレイ上で拡大してもかなりの部分で読み取ることができないという基本的な欠陥があり、図面価値を半減している。新造時の各種公試記録等は豊富にあるが、古鷹型の誕生経緯についての公式資料は欠落している。

その他の図面資料としては青葉の新造時の入渠図が造工資料にある。さらに呉の<福井静>に青葉の新造時の舷外側面上面、艦内側面、諸艦橋、シェルター甲板平面図があるが、これは戦後の写真で返還資料である。その他、青葉、加古、衣笠の艦装置その他甲板敷物配置、通風装置等の部分図があり、この内改装後の艦橋形態がわかる青葉と加古の図面は貴重である。

遠藤昭氏が靖国神社の偕行文庫に寄贈した図面に、加古の艦内側面、上甲板、シェルター甲板、諸艦橋甲板、さらに古鷹の甲鈑配置図があり、いずれも改装後の図面で貴重なものだが、いずれも返還資料に含まれるもので一部は雑誌等に発表されている。

いずれにしても古鷹、青葉型については要目簿は一冊も残されておらず、一般艦船要領書も空欄が多くデータが不足している。写真類も改装前の時期についてはいろいろ残されているが、改装後、特に戦時中の写真は同型3隻が昭和17年中に戦没しているため、ほとんど見るべきものはなく、ただ青葉が終戦時着底状態で残存していたため、米軍撮影の写真はいろいろ残されている。

古鷹・青葉 型 /Furutaka・Aoba Class

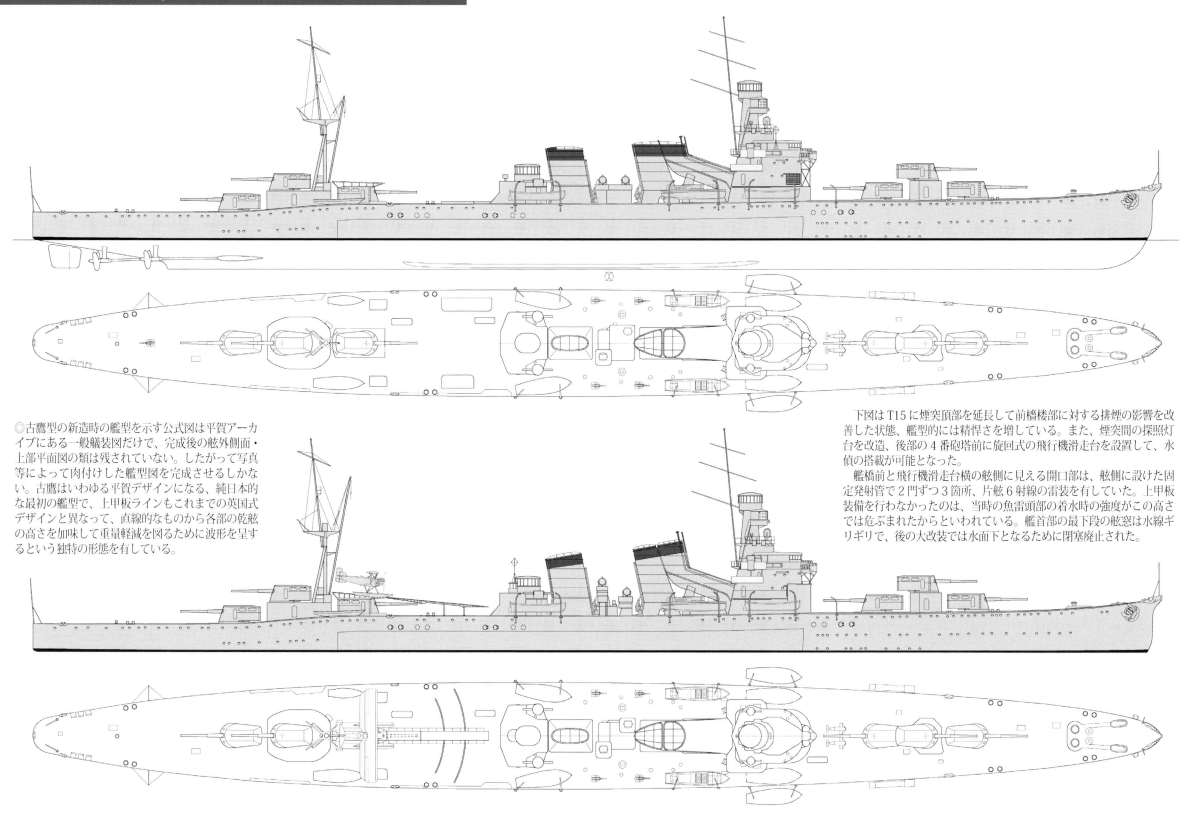

◎古鷹型の新造時の艦型を示す公式図は平賀アーカイブにある一般艤装図だけで、完成後の舷外側面・上部平面図の類は残されていない。したがって写真等によって肉付けした艦型図を完成させるしかない。古鷹はいわゆる平賀デザインになる、純日本的な最初の艦型で、上甲板ラインもこれまでの英国式デザインと異なって、直線的なものから各部の乾舷の高さを加味して重量軽減を図るために波形を呈するという独特の形態を有している。

下図はT15に煙突頂部を延長して前檣楼部に対する排煙の影響を改善した状態、艦型的には精悍さを増している。また、煙突間の探照灯台を改造、後部の4番砲塔前に旋回式の飛行機滑走台を設置して、水偵の搭載が可能となった。
　艦橋前と飛行機滑走台横の舷側に見える開口部は、舷側に設けた固定発射管で2門ずつ3箇所、片舷6射線の雷装を有していた。上甲板装備を行わなかったのは、当時の魚雷頭部の着水時の強度がこの高さでは危ぶまれたからといわれている。艦首部の最下段の舷窓は水線ギリギリで、後の大改装では水面下となるために閉塞廃止された。

図 6-1-1 [S=1/600]　古鷹 (新造時/1926-下)

古鷹・青葉 型 /Furutaka・Aoba Class

◎S4に飛行機滑走台を撤去、射出機を装備し、さらに S8により新型の射出機に換装した。この間、高角砲を楯付きの12cm砲に換装、前部煙突前の両舷に91式高射装置を新設して、対空火力を強化している。

S12 大改装前の艦姿と見てよいであろう。同型の加古もほぼ同様の艦型変遷をたどっていた。ただ、加古ではS3に前部煙突に試験的にソロバン玉のような雨水除けを装着したが、まもなく撤去している。

◎S14に古鷹の大改装を終えた艦姿。改装での主眼は主砲を連装砲(20cm2号砲S15)に換装、船体にはバルジを装着、改装による吃水の増加を防止し、水中防禦力の強化を図ることができた。また機関部も重油専焼缶に換装して、効率は向上したが、排水量の増加により速力は新造時より低下している。その他、魚雷兵装も刷新され92式4連装発射管の上甲板装備を実現し、航空艤装もやや手狭ながらコンパクトにまとめられていた。古鷹型はほぼこの姿のまま開戦を迎え、S17後半のガ島戦でいずれも戦没したものと思われている。

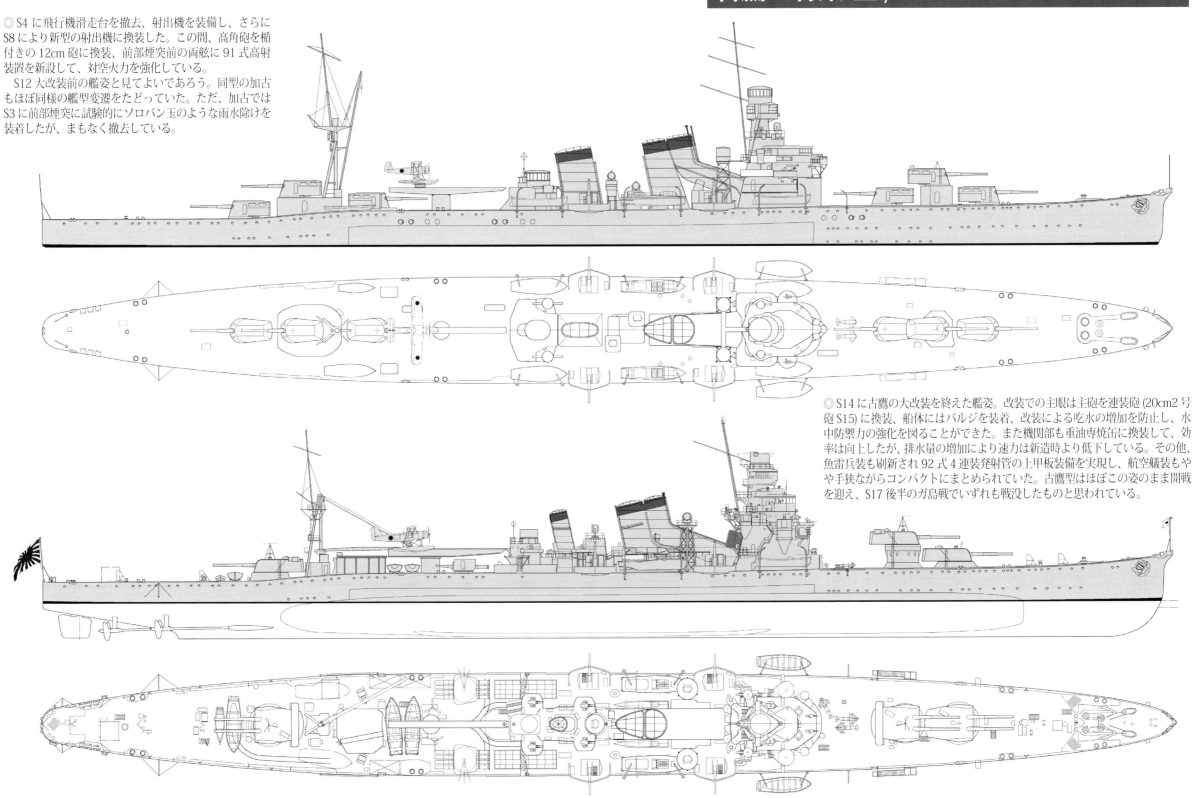

図 6-1-2 [S=1/600]　古鷹 (1935/1939-下)

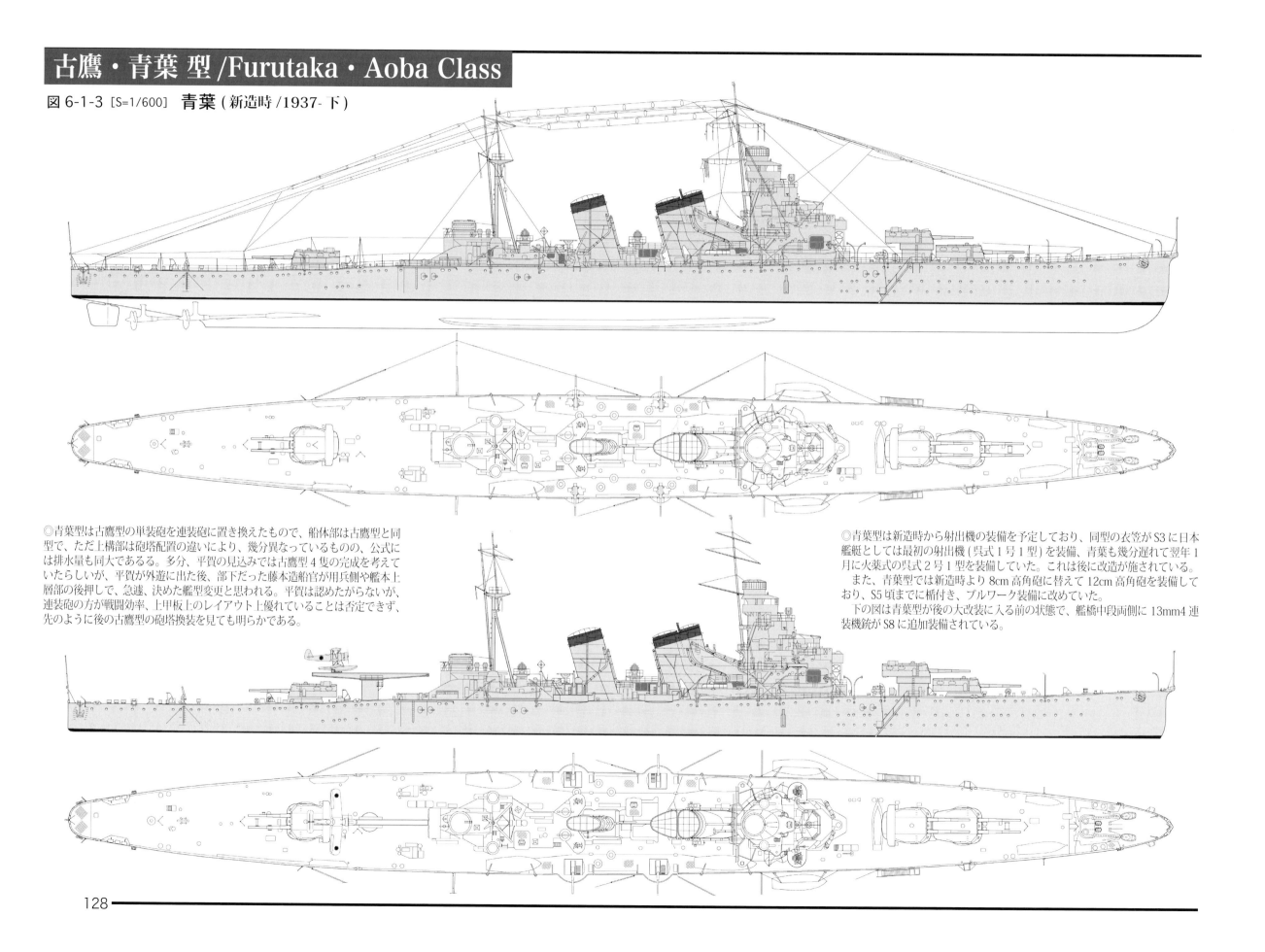

古鷹・青葉 型 /Furutaka・Aoba Class

◎青葉型はS15に大改装を終えたが、改装の程度は古鷹型より小規模に留められ、機関部缶の換装は見送られ、混焼缶を専焼缶に改造したにとどまった。砲塔は砲身を20cm2号砲に変更、揚弾薬装置や弾庫を91式徹甲弾用に改修した。

魚雷兵装、航空兵装は古鷹型に準じており、ただ、艦橋部は射撃指揮装置を含めて大幅に刷新され、高射装置も最新の94式高射装置に換装された。艦橋部の機銃は13mm連装1基に改正され、水偵は94式3座水偵2機を搭載していた。同型の衣笠はこの状態で戦没したものと推定される。

◎青葉は大戦中の日本重巡としては最も不運な艦で、三度の戦傷により長期の修復をよぎなくされた。下図はS18 4月、サボ島沖夜戦の損傷を修復して復帰した直後に、カビエンで飛行甲板右舷に被弾、魚雷が誘爆して大損傷を生じ、その修復が終わった状態。前檣の三脚檣化と艦橋前面の25mm3連装機銃の装備は前回の工事で、このときに前檣上に21号電探新設と後部煙突両側に25mm連装機銃を増備、前部煙突両側の探照灯台を撤去、そのうちの探照灯1基を後部予備指揮所の上に移設した。三脚前檣の中段に電探室が設けられている。

青葉はサボ島沖夜戦で後部の3番砲塔が被弾による装薬の延焼による火災で砲塔員はほぼ全滅し、呉工廠の修復工事に砲身の予備がなく、砲塔を陸揚げして、甲板開口部を鋼板で塞いで、25mm3連装機銃を仮装備して出撃していたもので、3番砲塔の再搭載はこのときに行われたという。

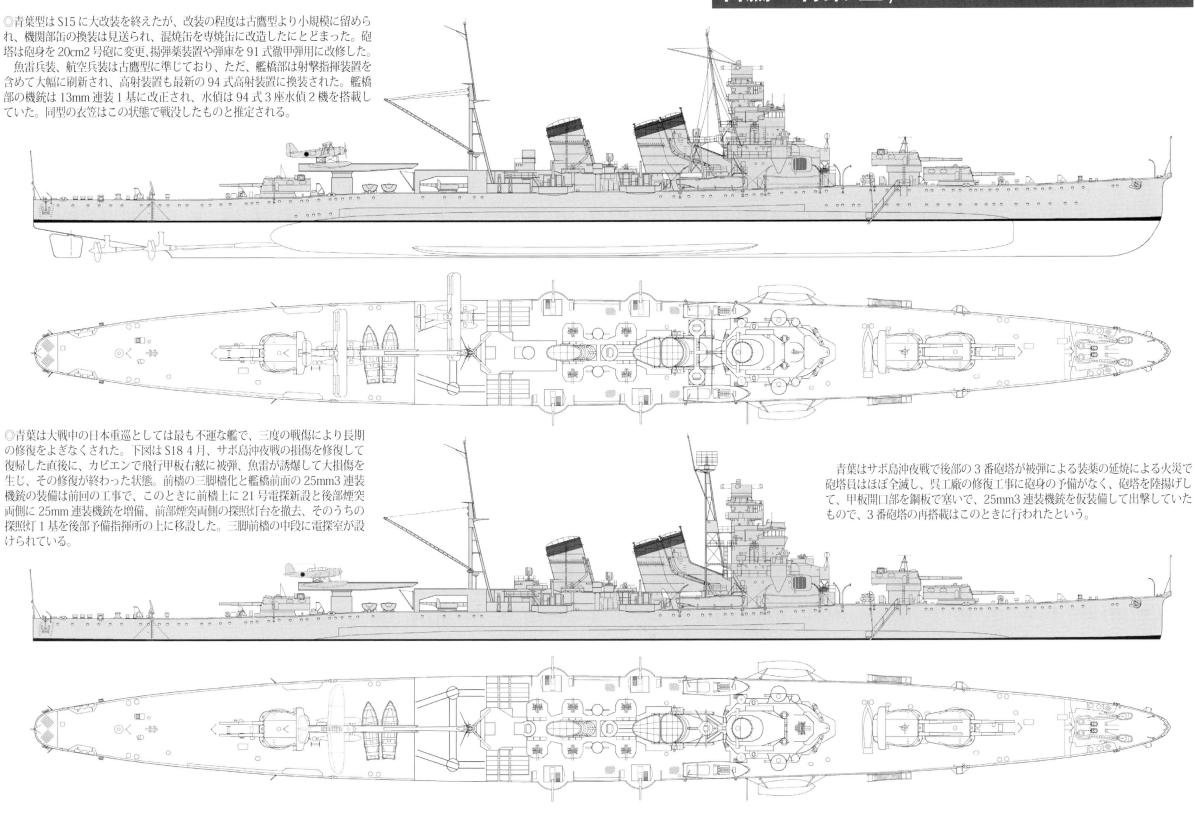

図 6-1-4 [S=1/600] 青葉 (1941/1943-ド)

古鷹・青葉 型 /Furutaka・Aoba Class

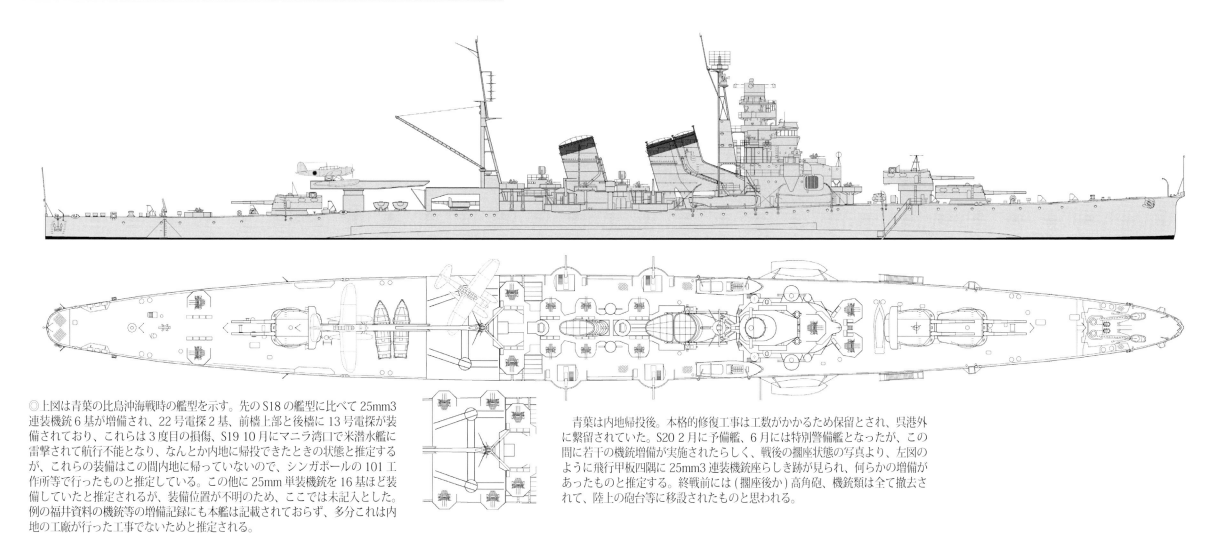

◎上図は青葉の比島沖海戦時の艦型を示す。先のS18の艦型に比べて25mm3連装機銃6基が増備され、22号電探2基、前檣上部と後檣に13号電探が装備されており、これらは3度目の損傷、S19 10月にマニラ湾口で米潜水艦に雷撃されて航行不能となり、なんとか内地に帰投できたときの状態と推定するが、これらの装備はこの間内地に帰っていないので、シンガポールの101工作所等で行ったものと推定している。この他に25mm単装機銃を16基ほど装備していたと推定されるが、装備位置が不明のため、ここでは未記入とした。例の福井資料の機銃等の増備記録にも本艦は記載されておらず、多分これは内地の工廠が行った工事でないためと推定される。

青葉は内地帰投後。本格的修復工事は工数がかかるため保留とされ、呉港外に繋留されていた。S20 2月に予備艦、6月には特別警備艦となったが、この間に若干の機銃増備が実施されたらしく、戦後の擱座状態の写真より、左図のように飛行甲板四隅に25mm3連装機銃座らしき跡が見られ、何らかの増備があったものと推定する。終戦前には(擱座後か)高角砲、機銃類は全て撤去されて、陸上の砲台等に移設されたものと思われる。

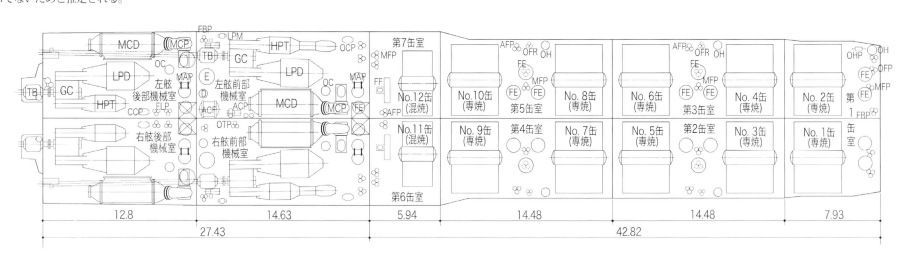

図 6-1-5 [S=1/600]　青葉 (1944-45) 及び機関区画配置

古鷹・青葉 型 /Furutaka・Aoba Class

古鷹の計画時の一般配置図を示す。平賀アーカイブにあるものを復元したもの。飛行機格納庫や魚雷発射管室のレイアウトがよくわかる。艦尾上甲板中心線上に8cm高角砲の装備が見られるが、実際には装備されなかった。古鷹型は夕張に続き、士官居住区をこれまでの艦尾から前甲板に設けた新造艦で、この図でも前部中甲板3砲塔部分両舷に設けられているのがわかる。

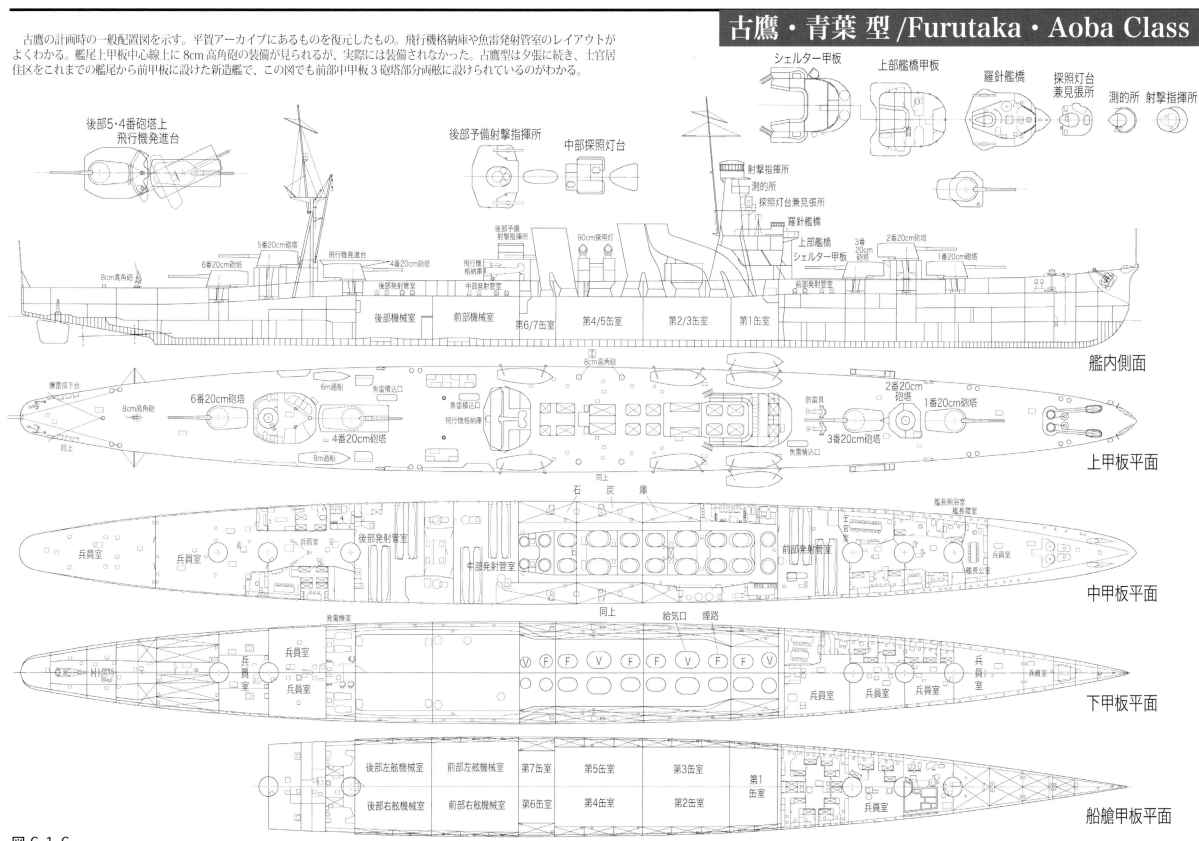

図 6-1-6
古鷹 (一般配置図 - 計画時)

古鷹・青葉 型／Furutaka・Aoba Class

◎青葉の新造時の舷外側面、上部平面、艦内側面、上甲板平面、諸艦橋平面の公式図が残されているが、これは多分、戦後の造工資料の作成にあたって青図を写図したもので、本来の原図ではなく、原図は多分 S29 の防衛庁技本の火事で焼失したものと思われる。当時は図面の配布にあたって青図しかない場合、元図の青図をトレーシングペーパーに写図して青焼きして複数の配布用部数を得るのが普通であった。

この図は、青葉型の新造時のディテールを示すものとして貴重である。

多分、元図は青葉完成時の状態を示す三菱長崎造船所作成の図面であろう。

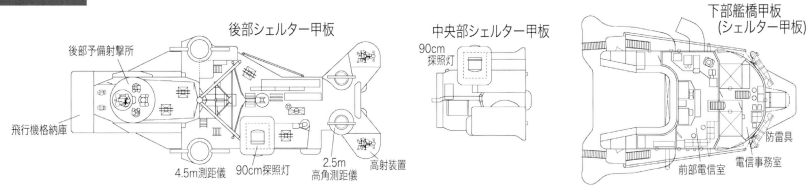

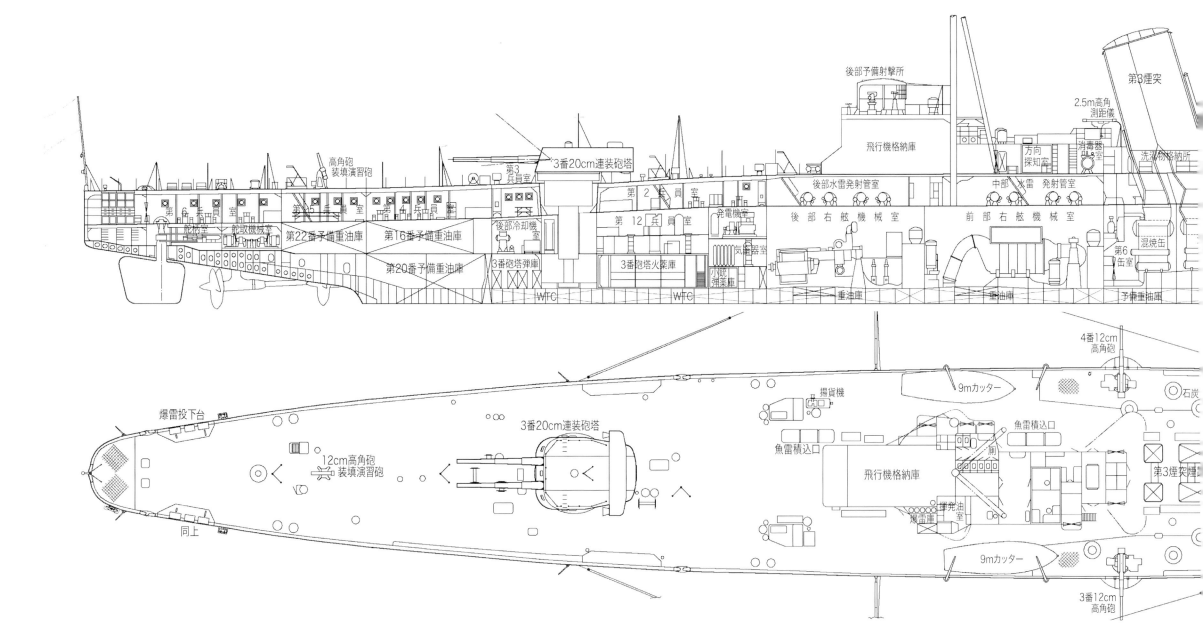

古鷹・青葉 型/Furutaka・Aoba Class

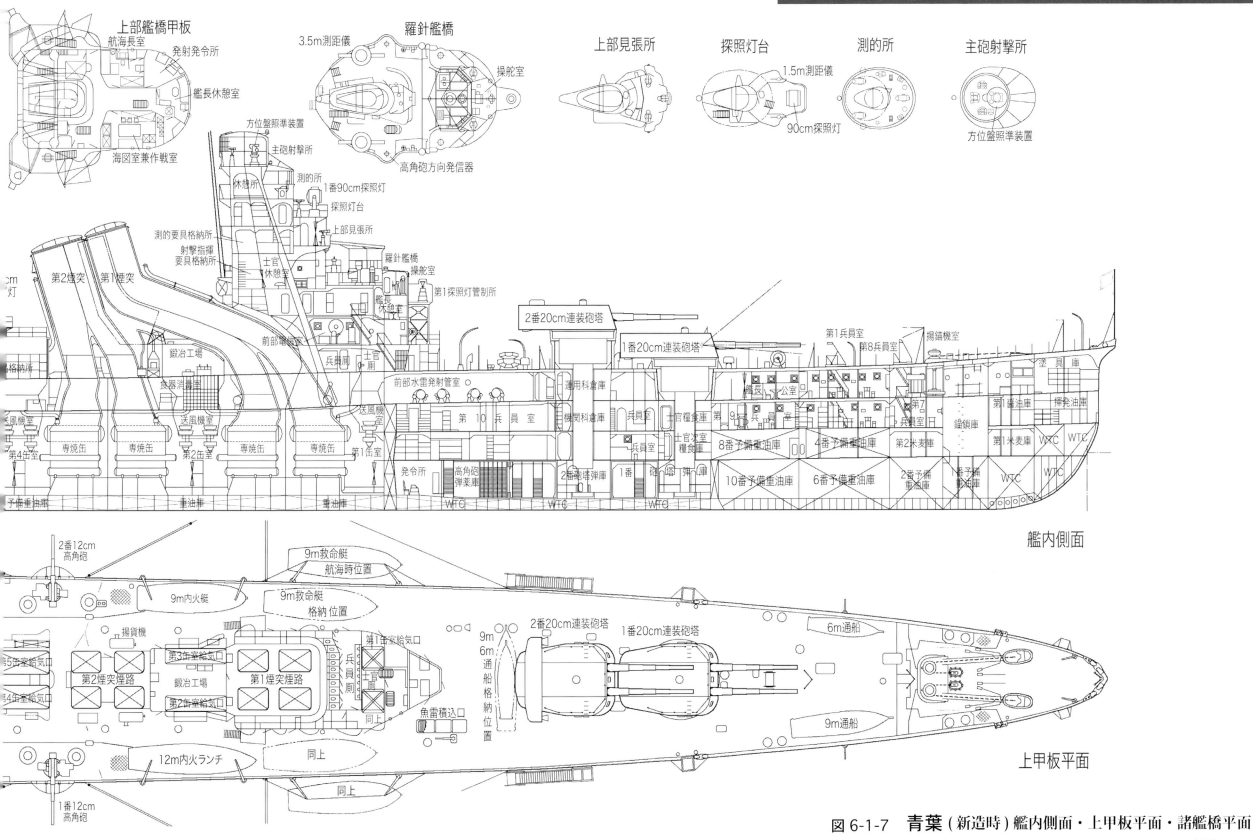

図 6-1-7　青葉 (新造時) 艦内側面・上甲板平面・諸艦橋平面

古鷹・青葉 型 /Furutaka・Aoba Class

◎加古の大改装後の艦内側面、上甲板平面、諸艦橋平面を示す S16 の公式図で、呉の福井資料に残っているものを復元したもの。この種の公式図としては他に大改装後の加古の艦橋装置、青葉の艦橋装置がある。図面資料の少ない古鷹、青葉型にあっては貴重な公式図である。

後檣見張所平面

後檣頂部平面

予備主砲指揮所

予備測的指揮所

機銃台平面
4番25mm機銃
2番25mm機銃
予備主砲指揮所下層区画
3番25mm機銃
1番25mm機銃
予備測的指揮所

主砲射撃指揮所
方位盤
照準装置
12cm双眼鏡
6m測距儀

測的所平面
93式測的盤
乙型変距率盤
11式変距率盤
12cm双眼鏡

艦尾信号灯

後部見張所

飛行機射出機

方位測定室
予備射撃指揮所
兵員待機所
3番110cm探照灯
第3煙突
兵員待機所

3番20cm連装砲塔

後部兵員厠

4連装発射管

水雷洗浄所兼調整所

工作科燃料格納所

第9兵員室

第A兵員室

第8兵員室

第7兵員室

後部電信室

兵員室

消毒器室

通路
揚弾薬筒

第5兵員室

第4兵員室

舵取電動機室

舵柄室
WTC

後部ピッチポンプ室

後部水圧ポンプ室

後部電線室

後部機械室

前部機械室

軽質油タンク

火薬庫

給薬室

火薬庫

高角砲弾薬庫

第4/5缶

プロペラガード

標的船

61cm4連装発射管

次発填魚雷格納位置

4番12c高角

爆雷投下台

9m発動機付ランチ
発動機調整所

揚貨機

9mカッター

6m通船

3番20cm連装砲塔

揚収デリックアーム

9m内火ランチ

9m発動機付ランチ

水偵補用プロペラ
魚雷運搬軌条

気象作業室

高角砲装填演習砲

兵員厠

飛行作業台

同上

第3煙突煙路
第4/5缶室給

運搬軌条

標的船

同上

3番12c高角

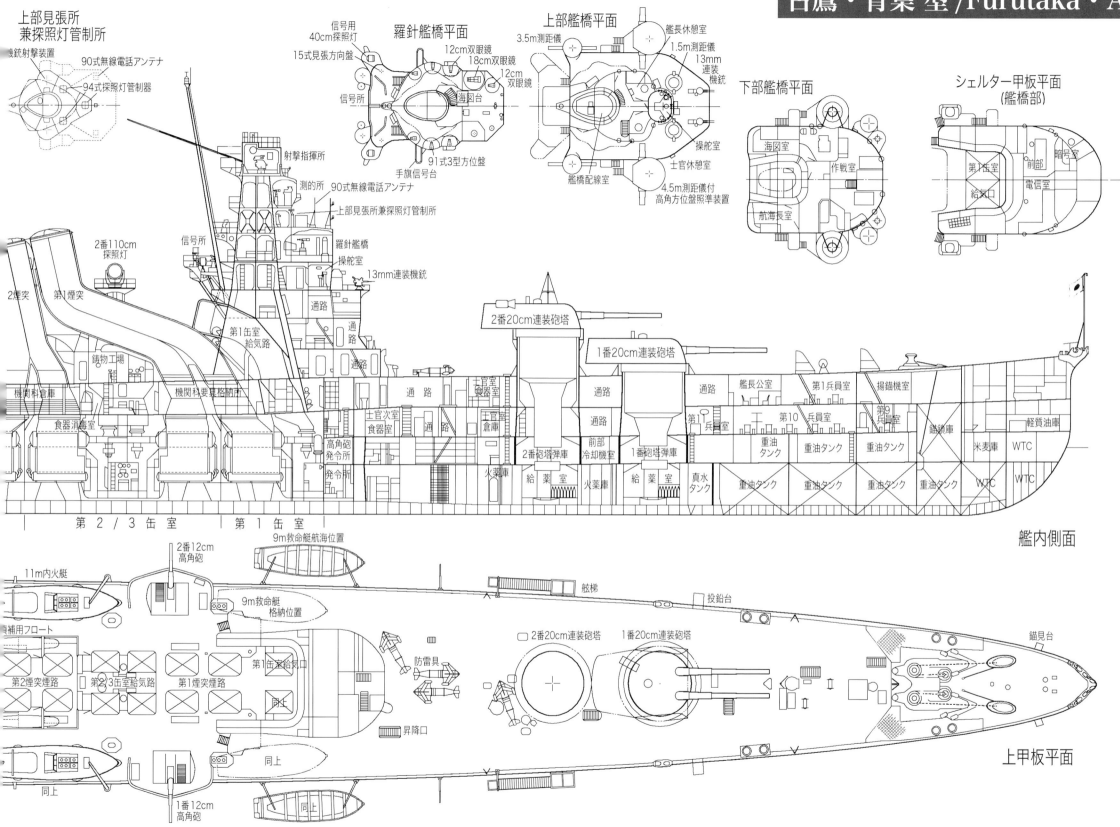

図 6-1-8　加古 (1940) 艦内側面・上甲板平面・諸艦橋平面

古鷹・青葉 型 /Furutaka・Aoba Class

図 6-1-9 古鷹(新造時)線図及び船体寸法図

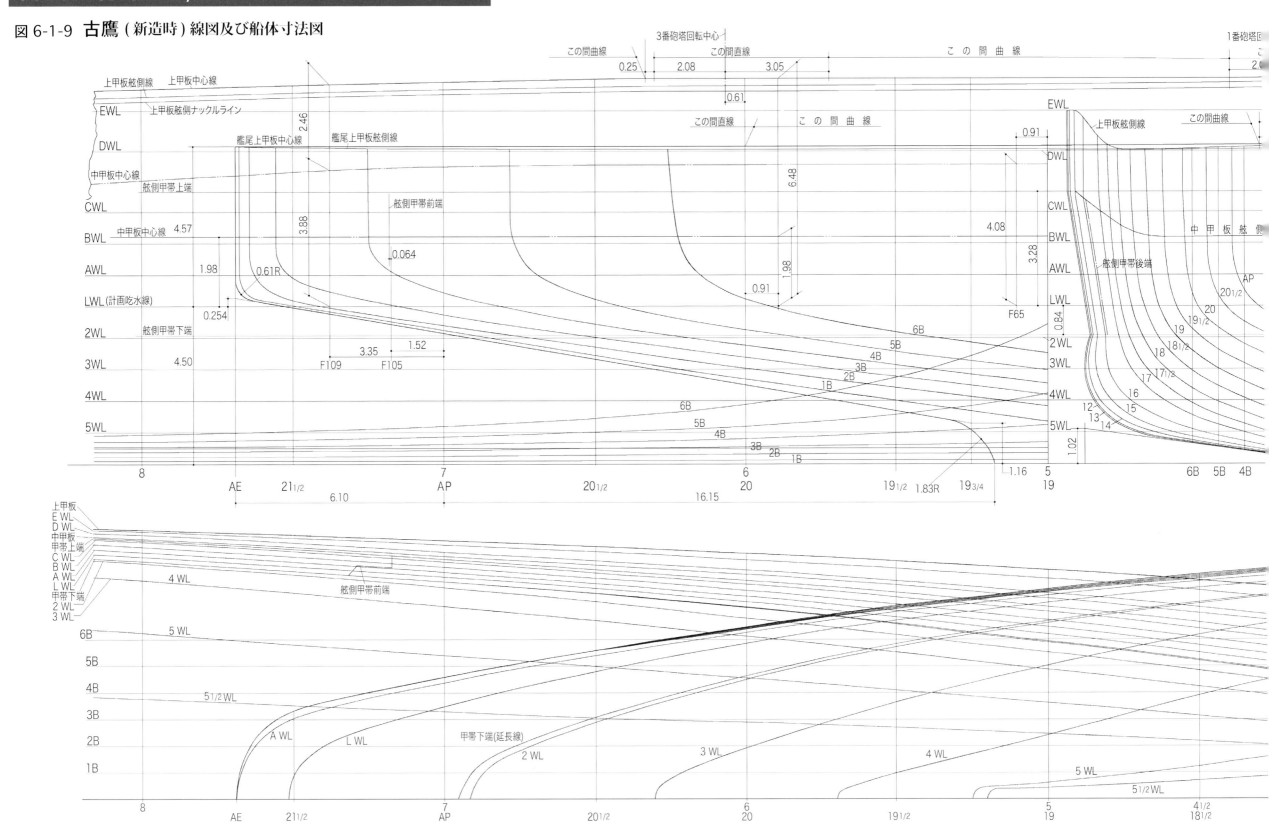

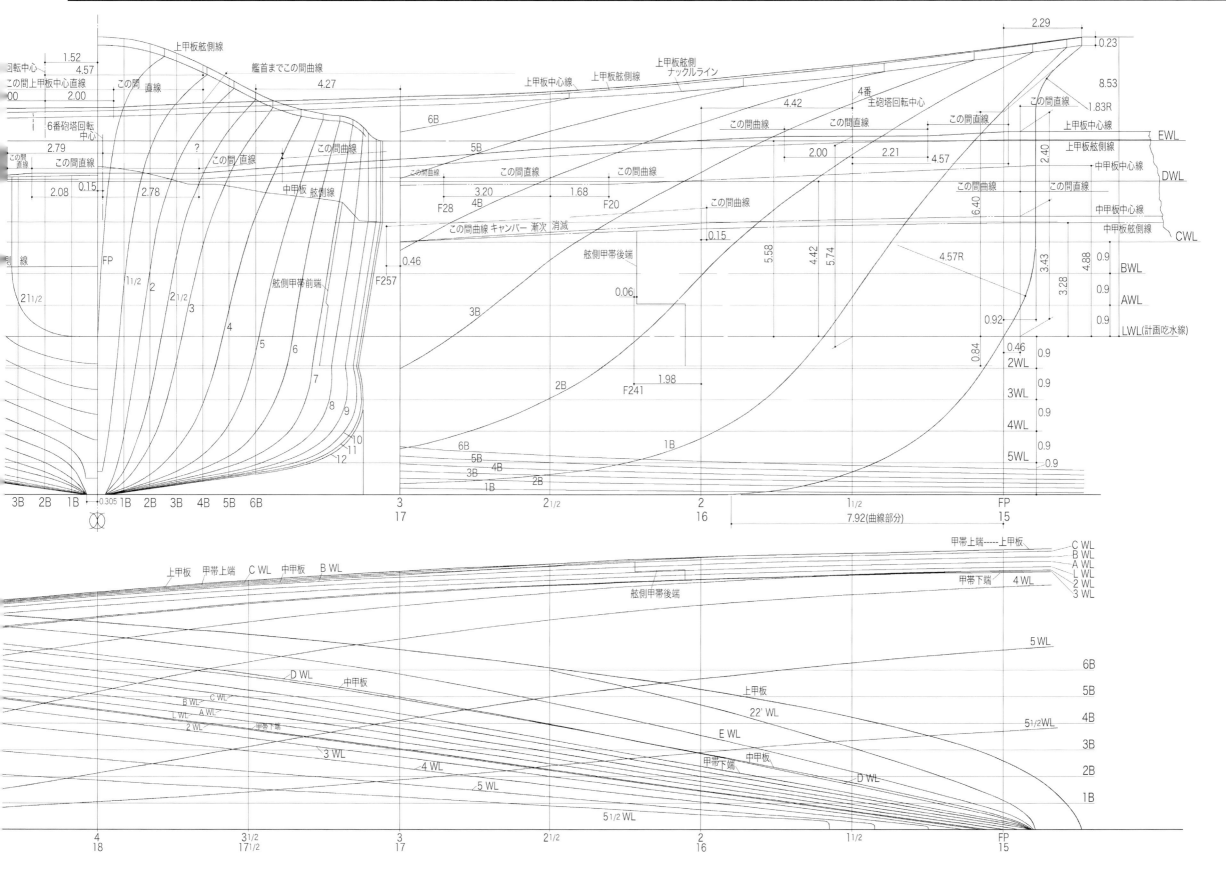

古鷹・青葉 型 / Furutaka・Aoba Class

図 6-1-10　古鷹 (計画時) 防禦配置

(注) 1. 数字単位はmm
2. 鋼板材質は無記名NVNC、HT:高張力鋼
3. 原図は厚さを単位あたりの重量(ポンド)で表記
　40 lb=1in=25.4mmで換算

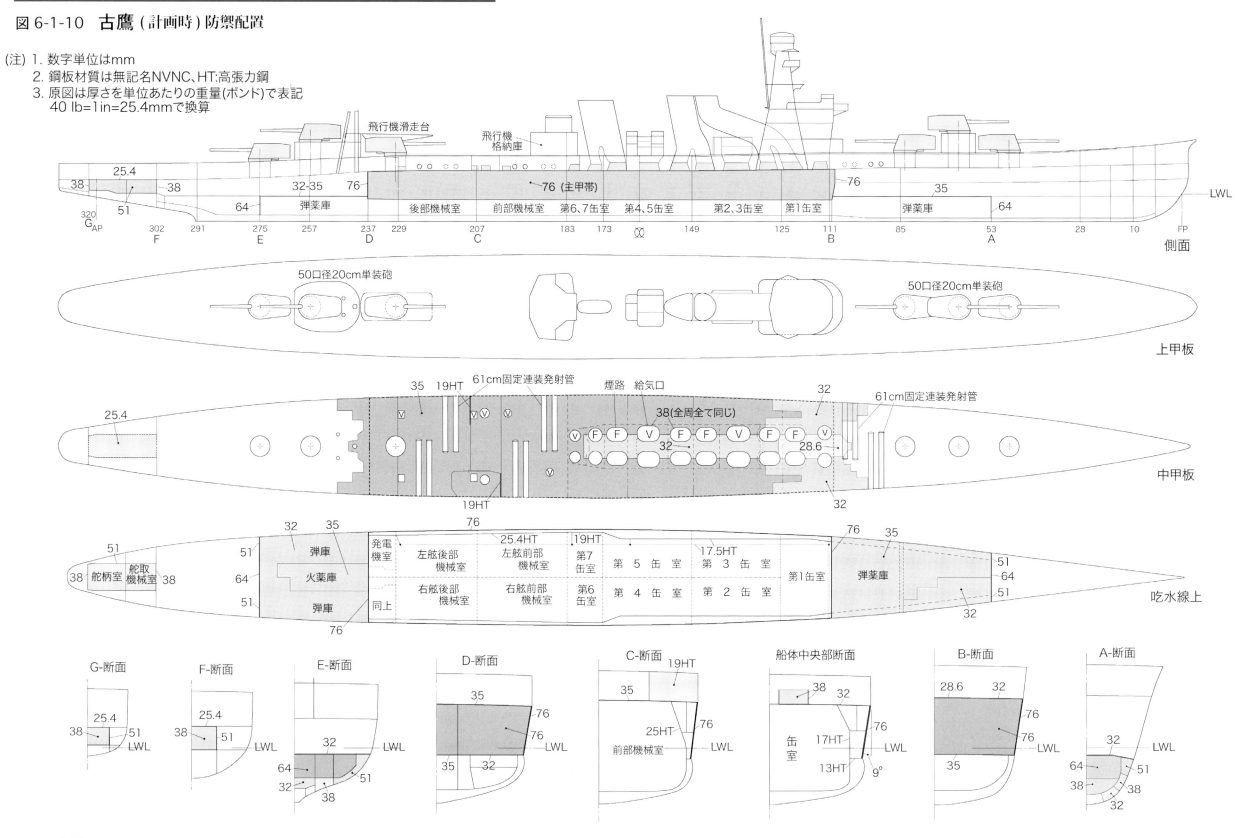

古鷹・青葉 型 /Furutaka・Aoba Class

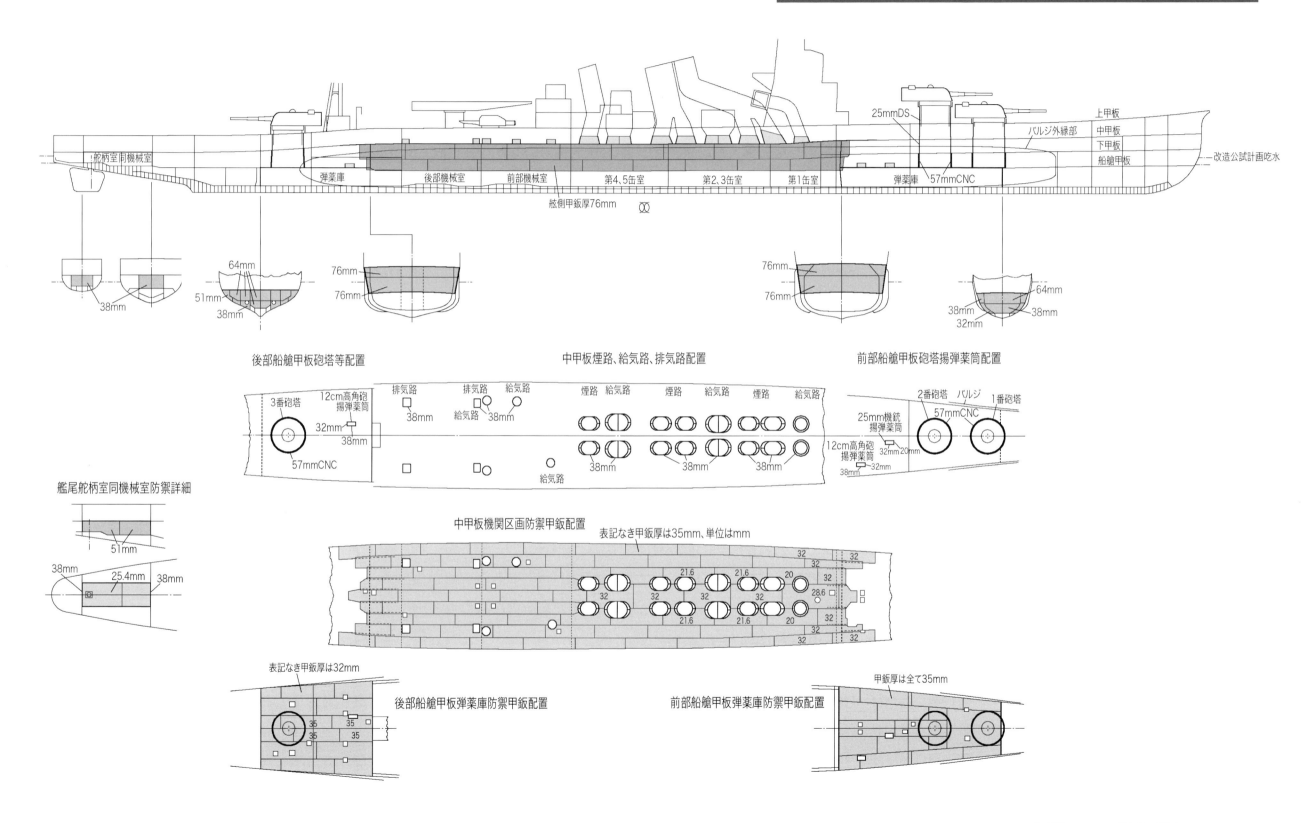

図 6-1-11 古鷹 (1940) 防御配置

古鷹・青葉 型 /Furutaka・Aoba Class

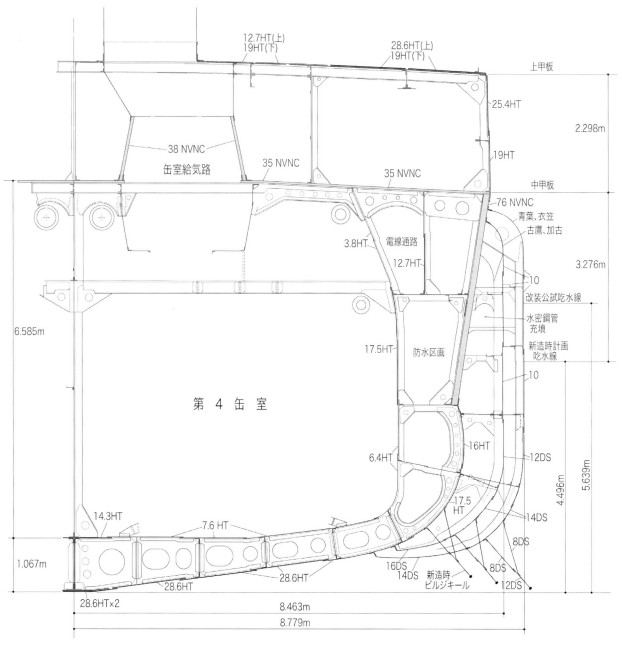

図 6-1-12　古鷹・青葉型 中央切断構造図

古鷹			定　員/Complement (1)			
職名 /Occupation	官名 /Rank	定数 /No.	職名 /Occupation		官名 /Rank	定数 /No.
艦長	大佐	1			兵曹長	6
副長	中佐	1			機関兵曹長	3
砲術長兼分隊長	少佐 / 大尉	1			船匠兵曹長	1	准士 /11
水雷長兼分隊長	〃	1			主計兵曹長	1
航海長兼分隊長	〃	1			兵曹	78
通信長兼分隊長	〃	1	士官 /27		船匠兵曹	2
分隊長	〃	4			機関兵曹	37	下士 /124
	兵科尉官	2			看護兵曹	2
	中少尉	6			主計兵曹	5
機関長	機関中少佐	1			水兵	279
分隊長	機関少佐 / 大尉	3			船匠兵	6
	機関中少尉	2			機関兵	149	兵 /453
軍医長兼分隊長	軍医少佐 / 大尉	1			看護兵	2
	軍医中少尉	1			主計兵	17
主計長兼分隊長	主計少佐 / 大尉	1				
	特務中少尉	3	特士 / 7			
	機関特務中少尉	3				
	主計特務中少尉	1	（合　計）			622

注/NOTES 大正15年3月15日内令50による1等巡洋艦古鷹の定員を示す【出典】海軍制度沿革
(1) 専務兵科分隊長の内2人は砲台長、1人は水雷砲台長、1人は測的長にあたるものとする
(2) 機関科分隊長の内1人は機械部、1人は缶部、1人は補機部の各指揮官にあたる
(3) 特務中少尉2人及び兵曹長の内1人は掌砲長、1人は掌水雷、1人は掌帆長、1人は掌信号長、1人は掌通信長、3人は砲台付、射撃幹部付、水雷砲台付にあたるものとする
(4) 機関特務中少尉2人及び機関兵曹長の内1人は掌機長、1人は機械長、1人は缶長、1人は補機長にあてる
(5) 兵科分隊長の内1人は特務大尉を以て、機関科分隊長中1人は機関特務大尉を以て補することが可
(6) 飛行機を搭載しないときは兵科尉官2人、機関特務中少尉又は機関兵曹長1人、兵曹3人、機関兵曹1人、水兵4人、機関兵4人を減ずることができる

古鷹・青葉 型 /Furutaka・Aoba Class

古鷹・青葉　定員 /Complement (2)

職名/Occupation	官名/Rank	定数/No.	職名/Occupation	官名/Rank	定数/No.
艦長	大佐	1		兵曹長	6
副長	中佐	1		機関兵曹長	3
砲術長兼分隊長	少佐	1		整備兵曹長	1
水雷長兼分隊長	少佐/大尉	1		主計兵曹長	1
航海長兼分隊長	〃	1		兵曹	①
通信長兼分隊長	〃	1		船匠兵曹	2
分隊長	〃	4		機関兵曹	②
	兵科尉官	2		看護兵曹	2
	中少尉	6		主計兵曹	5
機関長	機関中少佐	1		水兵	③
分隊長	機関少佐/大尉	3		船匠兵	6
	機関中少尉	2		機関兵	④
軍医長兼分隊長	軍医少佐/大尉	1		看護兵	2
	軍医中少尉	1		主計兵	17
主計長兼分隊長	主計少佐/大尉	1			
	特務中少尉	3			
	機関特務中少尉	3			
	主計特務中少尉	1	(合計)		⑦

左（士官）小計：士官/27　特士/7
右小計：准士/11　下士 ⑤/129 ⑥/124　兵 ⑤/464 ⑥/453

注/NOTES 昭和2年9月20日内令310による1等巡洋艦古鷹型、青葉型の定員を示す【出典】海軍制度沿革
①青葉型-81、古鷹型-78 ②青葉型-39、古鷹型-37 ③青葉型-288、古鷹型-279 ④青葉型-151、古鷹型-149 ⑤青葉型、
⑥古鷹型 ⑦青葉型-638、古鷹型-622
(1) 専務兵科分隊長の内2人は砲台長、1人は水雷砲長、1人は測的長にあたるものとする
(2) 機関科分隊長の内1人は機械部、1人は缶部、1人は補機部の各指揮官にあたる
(3) 特務中少尉2人及び兵曹長の内1人は掌砲長、1人は掌水雷長、1人は掌帆長、1人は掌信号長、1人は掌通信長、
　　3人は砲台付、射撃幹部付、水雷砲付にあたるものとする
(4) 機関特務中少尉2人及び機関兵曹長の内1人は掌機長、1人は機械長、1人は缶長、1人は補機長にあてる
(5) 兵科分隊長の内1人は特務大尉を以て、機関科分隊長中1人は機関特務大尉を以て補することが可
(6) 飛行機を搭載しないときは兵科尉官2人、機関特務中少尉又は機関兵曹長1人、兵曹3人、機関兵曹1人、水兵4人、
　　機関兵4人を減ずることができる

古鷹・青葉　定員 /Complement (3)

職名/Occupation	官名/Rank	定数/No.	職名/Occupation	官名/Rank	定数/No.
艦長	大佐	1		兵曹長	7
副長	中佐	1		機関兵曹長	3
砲術長兼分隊長	少佐	1		整備兵曹長	1
水雷長兼分隊長	少佐/大尉	1		飛行兵曹長	1
航海長兼分隊長	〃	1		工作兵曹長	1
通信長兼分隊長	〃	1		主計兵曹長	1
運用長兼分隊長	〃	1		兵曹	①
飛行長兼分隊長	〃	1		航空兵曹	5
分隊長	〃	3		整備兵曹	3
	中少尉	8		機関兵曹	②
機関長	機関中少佐	1		看護兵曹	2
分隊長	機関少佐/大尉	4		主計兵曹	5
	機関中少尉	2		水兵	③
軍医長兼分隊長	軍医少佐/大尉	1		航空兵	7
	軍医中少尉	1		整備兵	4
主計長兼分隊長	主計少佐/大尉	1		機関兵	④
	特務中少尉	3		看護兵	3
	機関特務中少尉	3		主計兵	19
	主計特務中少尉	1			⑤

左（士官）小計：士官/29　特士/7
右小計：准士/14　下士 青葉型/145 古鷹/144 加古/149 ②　兵 青葉型/460 古鷹/466 加古/438 ③④

注/NOTES 昭和12年4月内令169による1等巡洋艦古鷹型、青葉型の定員を示す【出典】海軍制度沿革
①青葉型、加古-89、古鷹-88 ②青葉、古鷹-41、加古-45 ③青葉型-274、古鷹-284、加古-257 ④青葉型-153、
古鷹-149、加古-148 ⑤青葉型-655、古鷹-660、加古-637
(1) 兵科分隊長の内2人は砲台長、1人は測的指揮官にあたるものとする
(2) 機関科分隊長の内1人は機械部、1人は缶部、1人は電機部、1人は工業部の各指揮官にあたる
(3) 特務中少尉及び兵曹長の内1人は掌砲長、1人は掌水雷長、1人は掌帆長、1人は掌運用長、1人は掌信号長、1人は
　　掌通信長、1人は操舵長、1人は見張長、1人は電信長、1人は主砲方位盤射手、1人は水雷砲台部付にあて、信号長、
　　操舵長又は見張長の中の1人は掌航海長を兼ねるものとする
(4) 機関特務中少尉2人及び機関兵曹長の内1人は掌機長、2人は機械長、2人は缶長、1人は電機長、1人は掌工作長に
　　あてる
(5) 兵科分隊長(砲術)の内1人は特務大尉を以て、中少尉の内2人は特務中少尉又は兵曹長を以て、機関科分隊長中1人
　　は機関特務大尉を以て補することが可
(6) 飛行機を搭載しないときは飛行長兼分隊長、航空兵曹長、整備兵曹長、航空兵曹、整備兵曹、航空及び整備兵を置かず
　　(飛行機の一部を搭載しないときはおおむねその数に比例し前記人員を置かないものとする)ただし航空科、整備科下士
　　官及び兵に限りその合計数の1/5の人員を置くことができる
(7) 飛行機(3座)搭載の場合においては1機に付き1人の割合で航空兵曹を増加すもものとする

古鷹・青葉 型 /Furutaka・Aoba Class

加古戦時乗員　　定員/Complement (4)

職名	主務	官名	定数	職名	主務	官名	定数	
艦長		大佐	1	乗組	掌機長	機特中尉	1	
副長		中佐	1	〃	機械長	機少尉	2	特務士官/6
砲術長		少佐	1	〃	電機長	〃	1	
航海長兼分隊長		〃	1	〃	掌整備長	整備少尉	1	
水雷長兼分隊長		大尉	1	〃	掌経理長	主特少尉	1	
通信長兼分隊長		〃	1	〃	見張長	兵曹長	1	
飛行長兼分隊長		〃	1	〃	操舵長	〃	1	
運用長兼分隊長		予大尉	1	〃	水雷砲台部付	〃	1	
分隊長		大尉	1	〃	掌通信長	〃	1	
〃		特大尉	1	〃	分隊士	〃	2	准士/13
〃		中尉	1	〃	掌飛行長	飛曹長	1	
乗組	砲術士兼分隊士	少尉	1	〃	分隊士	〃	1	
〃	通信士兼分隊士	〃	1	〃	缶長	機曹長	2	
〃	副長付甲板士官	〃	1	〃	機械長	〃	1	
〃	第2砲台部付兼分隊士	〃	1	〃	掌工作長	工曹長	1	
〃	航海士兼分隊士	〃	1	〃	掌衣糧長	主曹長	1	
〃	運用士兼分隊士	〃	1					
機関長		機中佐	1					
分隊長		機大尉	2	乗組	水兵科	下士官	96	
〃		機特大尉	1	〃	飛行科	〃	3	
〃		機中尉	1	〃	整備科	〃	6	下士/164
乗組	機関長付/分隊士	機少尉	3	〃	機関科	〃	46	
〃	工作士/分隊士	予機少尉	2	〃	工作科	〃	7	
軍医長兼分隊長		医大尉	1	〃	看護科	〃	2	
乗組	分隊士	医中尉	1	〃	主計科	〃	4	
主計長兼分隊長		主大尉	1					
乗組	庶務主任兼分隊士	主中尉	1	乗組	水兵科	兵	276	
〃	分隊士	主中尉	3	〃	整備科	〃	11	
〃	掌砲長	特中尉	1	〃	機関科	〃	149	
〃	掌航海長	特少尉	1	〃	工作科	〃	10	兵/470
〃	掌水雷長	〃	1	〃	看護科	〃	3	
〃	掌運用長	〃	1	〃	主計科	〃	17	
〃	電信長	〃	1	〃		傭人	4	
〃	分隊士	〃	3			(合計)	689	

（左側欄外注記：士官/33、特務士官/1、特務士官/8）

注/NOTES
昭和17年6月1日現在の軍艦加古の乗員実数を示す【出典】加古戦時日誌
(1) 本艦の開戦後半年時の乗員数を示すもので、機関科将校の兵科への統合及び特務士官の名称変更前の時期にあたる
　戦時下のため予備士官が乗り組みはじめているのに注意

艦　歴/Ship's History (1)

艦名	古 鷹 1/4
年 月 日	記 事/Notes
1922(T11)-8-11	命名
1922(T11)-8-29	呉鎮守府に仮入籍
1922(T11)-10-9	1等巡洋艦に類別
1922(T11)-12-5	三菱長崎造船所で起工、建造契約11年6月20日
1925(T14)-2-25	進水
1925(T14)-5-15	艤装員長塩沢幸一大佐(32期)就任
1926(T15)-3-31	竣工、横須賀鎮守府に入籍、第1予備艦、艦長塩沢幸一大佐(32期)就任、当初14年11月13日
	を竣工予定日としていたが、主機の不調により遅延
1926(T15)-4-1	第2艦隊第5戦隊に編入
1926(T15)-5-2	横須賀で仏海軍士官本艦を見学
1926(T15)-11-5	横須賀工廠で第1缶室通風口防波スクリーン新設改造工事着手、翌年5月26日完成
1926(T15)-11-18	横須賀工廠で入渠、12月9日出渠
1926(T15)-12-1	艦長菊井信義大佐(31期)就任
1926(T15)-12-22	横須賀工廠で水雷方位盤見透舷窓新設工事着手、翌年5月26日完成
1926(T15)-12-27	横須賀工廠で飛行機滑走台、4.5m測距儀台、探照灯台、煙突一部改造、翌々年2月12日完成
1927(S2)-3-7	杵築湾入港準備作業中、右舷主錨々鎖切断、亡失
1927(S2)-3-27	佐伯発厦門方面警備行動、4月5日馬公着
1927(S2)-8-8	横須賀工廠で缶室重油点火装置改造、翌年2月20日完
1927(S2)-10-30	横浜沖大演習観艦式参列
1927(S2)-11-15	艦長有馬寛大佐(33期)就任
1927(S2)-12-2	横須賀工廠で無電装置改修、翌年2月10日完成
1927(S2)-12-2	横須賀工廠で第2士官次室新設、翌年6月10日完成
1927(S2)-12-16	横須賀工廠で主砲射撃指揮所付近補強、翌年2月12日完成
1928(S3)-1-6	横須賀工廠で入渠、2月6日出渠
1928(S3)-1-10	横須賀工廠で砲戦指揮装置一部改造及び増設、30日完成
1928(S3)-1-23	横須賀工廠で飛行機滑走台右舷繋止装置新設、2月12日完成
1928(S3)-2-4	横須賀工廠で魚雷調整所天幕側幕新設訓令
1928(S3)-2-15	横須賀工廠で第6、7缶室通風防熱装置新設訓令
1928(S3)-3-29	有明湾発青島方面警備行動、4月9日旅順着
1928(S3)-4-17	大連発第2次山東出兵陸戦隊揚陸、27日青島発内地帰投
1928(S3)-5-12	横須賀工廠で多重受信装置装備、6月6日完成
1928(S3)-5-19	横須賀工廠で露天甲板兵員仮寝所設備新設、6月6日完成
1928(S3)-12-1	艦長大西次郎大佐(34期)就任
1928(S3)-12-4	横浜沖大礼特別観艦式参列
1928(S3)-12-7	横須賀工廠で入渠、14日出渠
1929(S4)-3-1	横須賀工廠で飛行機射出機の装備工事着手
1929(S4)-3-22	横須賀工廠で35'内火艇修理、4月30日完成
1929(S4)-3-28	呉発青島、芝罘方面行動、4月3日旅順着
1929(S4)-11-7	第2予備艦、
1929(S4)-11-30	艦長田尻敏郎大佐(33期)就任、翌年8月1日まで兼八雲艦長

古鷹・青葉 型/Furutaka・Aoba Class

艦 歴/Ship's History (2)

艦 名	古鷹 2/4
年 月 日	記 事/Notes
1930(S 5)- 8-13	横須賀工廠で揚錨機械推力軸受改造、翌年6月30日完成
1930(S 5)- 4- 4	横須賀工廠で測的所通路新設訓令、12月末完成予定
1930(S 5)- 5- 5	横須賀工廠で30'カッター1隻を12m発動機付ランチと換装訓令、12月末完成予定
1930(S 5)- 9- 1	第1予備艦
1930(S 5)-10-21	横須賀工廠で煙突覆改造、第1煙突雨水排除装置、第2、3煙突に固定式雨覆装置装着、翌年5月21日完成
1930(S 5)-10-26	神戸沖特別大演習観艦式参列
1930(S 5)-12- 1	第2艦隊第5戦隊、艦長町田進一郎大佐(35期)就任
1931(S 6)- 3- 6	横須賀工廠で第2士官次室、同食器室防熱装置新設訓令
1931(S 6)- 3-29	福岡発青島方面行動、4月5日裏長山列島着
1931(S 6)- 4- 1	横須賀工廠で20cm砲改修、10月20日完成
1931(S 6)- 6- 9	本艦搭載の2式水偵が高知県幡多郡大正村に墜落、重傷1、軽傷1
1931(S 6)-12- 1	第2予備艦、艦長神山忠大佐(34期)就任
1932(S 7)- 2- 1	呉鎮守府に転籍
1932(S 7)- 8-10	横須賀工廠で重油専焼缶煙幕噴油器改造訓令
1932(S 7)-12- 1	艦長高山忠三大佐(35期)就任
1933(S 8)- 5- 4	呉工廠で90cm追尾装置付探照灯を110cm探照灯に換装、翌年6月14日完成
1933(S 8)- 5-10	第1予備艦
1933(S 8)- 6-19	呉工廠で兵員烹炊室炊飯釜増設認可
1933(S 8)- 8- 7	館山発南洋方面行動、21日木更津沖着
1933(S 8)- 8-25	横浜沖大演習観艦式参列
1933(S 8)- 8- 4	呉工廠で安式航跡自画器装備着手及び艦底測程儀換装(10日着手)
1933(S 8)- 8- 9	呉工廠で12cm高角砲波除けスクリーン改正認可
1933(S 8)- 9-21	呉工廠で30'カッター1隻を加古12m30馬力ランチと相互交換搭載訓令
1933(S 8)- 9-27	呉工廠で対化学兵器防禦施設装備、翌年9月20日完成
1933(S 8)-10-10	呉工廠で主タービン反動翼検査修理、11月10日完成
1933(S 8)-10-11	呉工廠で30'30馬力内火艇1隻を加古11m60馬力ランチと相互交換搭載訓令
1933(S 8)-11- 7	呉工廠で2次電池室新設訓令
1933(S 8)-11-15	第2艦隊第6戦隊、艦長斉藤二郎大佐(36期)就任
1933(S 8)-11-20	呉工廠で入渠、翌年1月31日出渠
1933(S 8)-12- 1	呉工廠で測的所新設、翌年8月20日完成
1933(S 8)- -	呉工廠で水偵滑走台撤去、呉式2号射出機3型改1装備、93式測的盤装備
1934(S 9)- 2- 3	呉工廠で整備科倉庫新設訓令
1934(S 9)- 5- 9	呉工廠で飛行科搭乗員寝室、写真室新設訓令
1934(S 9)- 6-11	呉工廠で軽質油庫増設訓令
1934(S 9)- 9- 5	舞鶴工作部で入渠、船体修理、8日出渠
1934(S 9)- 9-27	旅順発青島方面行動、10月5日佐世保着
1934(S 9)-11-15	艦長角田覚治大佐(39期)就任
1935(S10)- 1-18	本艦搭載90式水偵2号2型機発動機故障のため不時着水、小破
1935(S10)- 1-20	呉工廠で防雷具揚収装置改造、2月20日完成

艦 歴/Ship's History (3)

艦 名	古鷹 3/4
年 月 日	記 事/Notes
1935(S10)- 3-29	油谷発馬鞍群島方面行動、4月4日寺島水道着
1935(S10)-10- 3	呉工廠で90式測深儀2型及び91式水深通報器装備、7日完成
1935(S10)-11-15	第3予備艦、呉警備戦隊、艦長水野準一大佐(37期)就任
1935(S10)- -	呉工廠で3、4番砲身撤去、同復旧作業
1935(S10)-12-16	第1予備艦
1936(S11)- 2-17	呉工廠で兵装公試、3月31日完成
1936(S11)- 2-15	呉警備戦隊より除く、第2艦隊第7戦隊
1936(S11)- 4-13	福岡発青島方面行動、22日佐世保着
1936(S11)- 8- 4	福岡発厦門方面行動、8月6日高雄着
1936(S11)-10-29	神戸沖特別大演習観艦式参列
1936(S11)-12- 1	第3予備艦、呉警備戦隊、艦長大塚幹大佐(39期)就任
1937(S12)- 3- 6	呉工廠で機関部大改装着手、14年1月末完成
1937(S12)- 4- 1	呉警備戦隊より除く、呉工廠で船体部大改装着手、14年4月30日完成
1937(S12)-12- 1	艦長友成佐市郎大佐(38期)就任
1938(S13)- 4-20	艦長岡村政夫大佐(38期)就任
1938(S13)-12-15	第2予備艦、艦長伊藤皎大佐(39期)就任、14年5月1日から7月1日まで兼加古艦長
1939(S14)-10-20	第1予備艦
1939(S14)-11-15	第1艦隊第6戦隊、艦長白石万隆大佐(42期)就任
1940(S15)- 3-26	福岡発南支方面行動、4月2日高雄着
1940(S15)-10-11	横浜沖紀元2600年特別観艦式に供奉艦として参列
1940(S15)-10-29	艦長中川浩大佐(42期)就任
1941(S16)- 2-24	佐世保発南支方面行動、3月3日馬公着
1941(S16)-11-28	艦長荒木伝大佐(45期)就任
1941(S16)-11-30	呉発12月2日母島着、4日発南洋部隊支援隊としてグアム島攻略部隊を支援、12日トラック着補給、13日発16日ロット着、21日発23日ウエーキ島上陸作戦支援、25日ルオット着
1942(S17)- 1- 5	ルオット発米機動部隊に備えたが敵情なく帰投、7日発10日トラック着、18日発ラバウル攻略作戦を支援、搭載水偵マヌス島爆撃に従事、30日ラバウル着燃料補給、同日発31日イサベラパセージ着
1942(S17)- 2- 1	イサベラパセージ発米機動部隊来襲の報によりマーシャル方面に向かったが会敵せず4日ルオット着5日クェゼリン着、6日発10日トラック着、20日米機動部隊来襲の報で出撃、23日会敵せずトラック帰投
1942(S17)- 3- 2	トラック発5日ラバウル着、同日発ラエ・サラモア攻略作戦支援のため出撃、8日上陸作戦成功、9日ブカ島クインカロラ着、10日発11日ラバウル着、14日発15日クインカロラ着、17日発メウエパセージ着、26日発27日ラバウル着
1942(S17)- 3-28	ラバウル発ブーゲンビル島攻略作戦支援、4月1日ラバウル着同日発、2日メウエパセージ着5日発ハーミット諸島攻略作戦に従事、陸戦隊を上陸、10日トラック着、整備作業
1942(S17)- 4-30	ラバウル発モレスビー攻略作戦に従事、5月4日クインカロラ着、同日発5日ショートランド着燃料補給、6日発珊瑚海海戦に空母祥鳳を掩護して参加、本艦2号水偵未帰還乗員3名戦死、祥鳳沈没後8日機動部隊本隊と合同空母部隊を掩護、12日機動部隊と分離キエタ着、同日発13日ショートランド着、14日発キエタ着、15日発17日トラック着、整備作業

古鷹・青葉 型/Furutaka・Aoba Class

艦　歴/Ship's History (4)

艦　名	古　鷹 4/4
年　月　日	記　事/Notes
1942(S17)- 5-31	トラック発6月5日呉着、10日入渠15日出渠、タービン修理(16年9月に高圧タービン第7段落に亀裂を発見しこれを撤去、制限出力94,000軸馬力、速力32.4ノットとされていたのを修理復旧したものと推定)、6月27日全力確認運転のため始動
1942(S17)- 6-28	呉発同日長浜沖着、30日発7月4日トラック着
1942(S17)- 7- 7	トラック発9日キエタ着燃料補給、10日発同日レタカ着、14日発16日メウエパセージ着、14日付で艦隊編制変え第6戦隊は外南洋部隊に編入、第8艦隊の指揮下に変わる、18日発19日クインカロラ着、22日発同日ラバウル着、23日発同日メウエパセージ着、24日発イザベルパセージ着26日発同日メウエパセージ着
1942(S17)- 8- 7	メウエパセージ発米軍ガダルカナル島来攻の報により、同日1605ラバウル港外で第8艦隊旗艦鳥海その他と合同ガダルカナル島に向かう、8日ガ島泊地に突入他艦とともに敵重巡4隻撃沈等の大戦果を挙げる、帰途僚艦加古が米潜水艦により撃沈され、乗員を救助10日メウエパセージ着
1942(S17)- 8-17	メウエパセージ発19日レカタ着、20日発22日ショートランド着燃料補給、同日発26キエタ着、27日発同日ショートランド着、28日発9月1日キエタ着以後7日まで同地で連日出撃帰投を繰り返す、この間5日ショートランドで燃料補給6日戻る、7日発8日ラバウル着航空燃料、弾薬、糧食補給、10日発同日クインカロラ着、11日発同日キエタ着同日発ソロモン方面で待機索敵行動をとる、15日ショートランド着以後同地で連日来襲B17と対空戦闘
1942(S17)- 9-18	ショートランド発、18日ガ島沖で敵輸送船団荷役中との報により出撃するも途中敵船団退避するとの報により突入中止、19日ショートランドに戻る、以後28日まで連日のB17の来襲に備えて警戒漂泊を続ける、28日発同日キエタ着、30日発同日ショートランド着敵潜の攻撃を回避対潜攻撃を加えるも効果不明、以後同地で警戒漂泊を続ける
1942(S17)-10-11	ショートランド発第6戦隊重巡3隻と駆逐艦2隻、ガ島敵飛行場砲撃任務のため出撃、同日深夜サボ島沖で米艦隊重巡2、軽巡2、駆逐艦5と交戦、2146米艦隊のレーダーによる先制攻撃を受けて、旗艦青葉に航続していた本艦は主砲30数発を発射反撃したが、2番発射管に被弾大火災を生じ、被弾落後した青葉にかわって集中打を浴びて、2240航行不能となり、12日0028サボ島の310度22浬の海面に沈没、艦長以下513名が衣笠と駆逐艦に救助されたが、夜明け後の敵空襲を恐れて0200救助打切り戦死、行方不明者258、この海戦を日本側ではサボ島沖夜戦と称する
1942(S17)-11-10	除籍

艦　歴/Ship's History (5)

艦　名	加　古 1/4
年　月　日	記　事/Notes
1921(T10)- 3-19	命名
1921(T10)- 6- 9	佐世保鎮守府に仮入籍、2等巡洋艦に類別
1921(T10)-11-29	佐世保工廠に製造訓令
1922(T11)- 3-17	2等巡洋艦の製造取止め
1922(T11)-10- 9	1等巡洋艦に類別変更
1922(T11)-11-17	神戸川崎造船所で起工
1925(T14)- 4-10	進水
1925(T14)- 4-21	鬼怒タービン故障修復工事優先のため竣工期延期願い認可
1925(T14)- 9-18	艤装員長後藤章大佐 (31期) 就任
1926(T15)- 3-10	横須賀工廠で第1缶室通風口防波スクリーン新設改造工事着手、翌年5月31日完成
1926(T15)- 7-20	竣工、横須賀鎮守府に入籍、第1予備艦、艦長後藤章大佐 (31期) 就任
1926(T15)- 8- 1	第2艦隊第5戦隊に編入
1926(T15)- 8-19	横須賀工廠で錨鎖増加、12月18日完成
1926(T15)-12-22	横須賀工廠で飛行機滑走台、4.5m測距儀台、探照灯台、煙突一部改造
1927(S 2)- 2- 4	横須賀工廠で水雷方位盤見通用舷窓新設工事着手、翌年5月31日完成
1927(S 2)- 3-27	佐伯発厦門方面警備行動、4月5日馬公着
1927(S 2)- 5-20	横須賀工廠で第1缶室通風口防波スクリーン内出入口新設、31日完成
1927(S 2)- 5-26	横須賀工廠で発射管室通風装置増設、31日完成
1927(S 2)- 8- 6	横須賀工廠で缶室重油点火装置改造、翌年2月20日完成
1927(S 2)- 9-16	横須賀工廠でYT式5号送信機装備、27日完成
1927(S 2)-10-30	横浜沖大演習観艦式参列
1927(S 2)-11-15	艦長吉武純蔵大佐 (32期) 就任
1927(S 2)-12- 3	横須賀工廠で第2士官次室新設、翌年6月23日完成
1927(S 2)-12- 4	横須賀工廠で爆雷用落下傘格納所新設、翌年11月10日完成
1927(S 2)-12-16	横須賀工廠で主砲射撃指揮所付近補強、翌年2月12日完成
1928(S 3)- 1-10	横須賀工廠で砲戦指揮装置一部改造及び増設、2月5日完成
1928(S 3)- 1-23	横須賀工廠で飛行機滑走台右舷繋止装置新設、2月12日完成
1928(S 3)- 3-29	有明湾発青島、泰皇島方面警備行動、4月9日旅順着
1928(S 3)- 4- 7	横須賀工廠で煙突雨覆装置試験訓練
1928(S 3)- 5- 9	横須賀工廠で多重受信装置装備、6月6日完成
1928(S 3)- 5-14	横須賀工廠で入渠、22日出渠、砲身、発射管中心検査
1928(S 3)- 5-24	横須賀工廠で露天甲板兵員仮寝所設備新設、6月5日完成
1928(S 3)- 6- 7	横須賀工廠で飛行機射出機装備工事着手
1928(S 3)- 7- 2	横須賀工廠で煙突雨覆装置取外し復旧工事、30日完成
1928(S 3)- 8-16	横須賀工廠でタービン改造、翌年4月8日完成
1928(S 3)-12- 4	横浜沖大礼特別観艦式参列
1928(S 3)-12-10	艦長秋山虎六大佐 (33期) 就任
1929(S 4)- 1-14	横須賀工廠で両舷後部高圧タービン修理、2月28日完成
1929(S 4)- 3-14	横須賀工廠で艦本式缶過熱器改造、7月25日完成
1929(S 4)- 4-20	横須賀工廠で音響測深儀装備、6月13日完成

古鷹・青葉 型 /Furutaka・Aoba Class

艦 歴 /Ship's History (6)

艦 名	加 古 2/4
年 月 日	記 事 /Notes
1929(S 4)- 5- 2	横浜4号岸壁でグロスター公お召艦英艦サフォーク /Suffork 入港を古鷹とともに奉迎、満艦飾、
	登舷礼実施 5月9日出港まで接伴艦を命じられ、加古、サフォーク、米巡トレントン /Trenton 相互
	訪問を実施、この間重要兵器は陸揚げまたは秘匿を命じられる
1929(S 4)- 5- 4	横須賀工廠で対駆逐艦標の船搭載工事、翌年1月11日完成
1929(S 4)- 5- 6	横須賀工廠で揚錨機錨纜車工事、9月19日完成
1929(S 4)- 7- 6	横須賀工廠でタービンブレード改造、翌年5月20日完成
1929(S 4)-11-30	艦長近藤信竹大佐 (35期) 就任
1929(S 4)-12- 2	横須賀工廠でガソリン庫通風装置設置、翌年5月20日完成
1929(S 4)-12- 4	横須賀工廠で魚雷吊揚げ油圧ポンプ増設、翌年2月20日完成
1930(S 5)- 1- 6	横須賀工廠で入渠、20日出渠、方位盤、砲身、発射管、射出機中心検査
1930(S 5)- 4- 8	横須賀工廠で20cm砲塔天蓋上に天幕装置新設、5月10日完成
1930(S 5)- 6-18	艦長中村亀三郎大佐 (33期) 就任
1930(S 5)- 5-17	古仁屋発南洋方面行動、6月19日横須賀着
1930(S 5)- 9- 1	横須賀工廠で揚錨機推力軸受改造、翌年6月30日完成
1930(S 5)-10-26	神戸沖特別大演習観艦式参列
1930(S 5)-12- 1	第2予備艦、艦長井上勝純大佐 (34期) 就任
1931(S 6)- 4- 1	横須賀工廠で20cm砲改修、10月20日完成
1931(S 6)- 4- 7	横須賀工廠で12式舷側発射管一部改修、8月20日完成
1931(S 6)- 8-18	横須賀にて缶室単底に浮遊する重油に引火出火、1時間後に消火
1931(S 6)-10- 1	呉鎮守府に転籍、第2予備艦
1931(S 6)-11-10	呉工廠で内火艇機関修理、翌年5月31日完成
1931(S 6)-12- 1	艦長古賀七三郎大佐 (36期) 就任
1932(S 7)- 2- 1	呉鎮守府に転籍
1932(S 7)-11- 1	第1予備艦
1932(S 7)-12- 1	第2艦隊第5戦隊、艦長水戸春造大佐 (36期) 就任
1932(S 7)-12-26	佐世保工廠で第3種標的1組搭載訓令
1933(S 8)- 5-20	第2艦隊第6戦隊
1933(S 8)- 6-29	佐世保発馬鞍群島方面行動、7月5日馬公着
1933(S 8)- 7-13	高雄発南洋方面行動、8月21日木更津沖着
1933(S 8)- 8- 2	呉工廠で低圧タービンブレード換装
1933(S 8)- 8-25	横浜沖大演習観艦式参列
1933(S 8)- 9-21	呉工廠で加古 12m30馬力ランチと古鷹 30' カッター1隻を相互交換搭載訓令
1933(S 8)-10- 9	呉工廠で方位盤通信装置一部改造
1933(S 8)-10-11	呉工廠で加古 11m60馬力ランチと古鷹 30' 30馬力内火艇1隻を相互交換搭載訓令
1933(S 8)-11-15	第2予備艦、艦長横山徳治郎大佐 (36期) 就任
1933(S 8)-12- 1	呉工廠で測的所新設、翌年8月20日完成
1933(S 8)-12-11	呉警備戦隊
1934(S 9)- 1-23	呉工廠で発射管取外し及び復旧、6月30日完成
1934(S 9)- 1-30	呉工廠で30' 30馬力内火艇 (旧古鷹艇) 1隻を那智 11m60馬力内火艇と相互交換訓令及び30'
	カッター1隻を妙高 12m30馬力1隻と相互交換訓令

艦 歴 /Ship's History (7)

艦 名	加 古 3/4
年 月 日	記 事 /Notes
1934(S 9)- 2- 1	第1予備艦
1934(S 9)- 5-11	呉工廠で重心査定検査施行訓令
1934(S 9)- 9- 1	佐世保工廠で20cm単砲架陸揚げ主砲換装工事着手、12年12月28日完成
1934(S 9)-11-15	第3予備艦、艦長柏木英大佐 (36期) 就任
1935(S10)- 2- 1	呉工廠で右舷巡航タービンブレード修理、6月30日完成
1935(S10)- 9-15	呉警備戦隊
1935(S10)-10- 7	呉工廠で発射管及び付属部品撤去、10日完成
1935(S10)-11-15	艦長藍原有孝大佐 (38期) 就任
1936(S11)- 4-25	佐世保工廠で20cm砲塔防炎装置装着工事着手、翌年7月15日完成
1936(S11)- 7- 1	艦長大島乾四郎大佐 (39期) 就任
1936(S11)- 7- 4	佐世保工廠で大改装工事着手、翌年12月27日完成
1936(S11)- 7- 7	佐世保工廠で缶改装工事着手、翌年12月15日完成
1936(S11)- 8-20	大阪鉄工所で大改装船体部工事着手、翌年9月30日完成
1936(S11)-10-29	改装砲塔領収発射
1936(S11)-12- 1	艦長岡村政夫大佐 (38期) 就任
1937(S12)- 1-12	佐世保工廠で主砲換装工事着手、12月27日完成
1937(S12)- 2-21	佐世保工廠で主砲砲戦指揮装置新設及び改造、12月27日完成
1937(S12)- 3- 9	佐世保工廠で防空兵装増備工事着手、12月28日完成
1937(S12)- 4- 1	佐世保工廠で射出機改装・公試、12月28日完成
1937(S12)- 8- 1	第2予備艦
1937(S12)- 8-14	佐世保工廠で測距儀装備工事着手、12月28日完成
1937(S12)-10-18	佐世保工廠で改装砲煩公試、12月28日完成
1937(S12)-11- 5	佐世保工廠で改装光学兵器公試、12月28日完成
1937(S12)-11-19	佐世保工廠で改装水雷公試、12月28日完成
1937(S12)-12- 1	艦長鎌田道章大佐 (39期) 就任
1937(S12)-12-28	佐世保工廠で大改装完成
1938(S13)-10-20	艦長緒方真記大佐 (41期) 就任
1938(S13)-11-15	第1予備艦
1938(S13)-12-15	第2予備艦
1939(S14)- 5- 1	艦長伊藤皎大佐 (39期) 就任、7月1日まで兼古鷹艦長
1939(S14)- 7- 1	艦長江戸兵太郎大佐 (40期) 就任
1939(S14)-10-20	第1予備艦
1939(S14)-11-15	第1艦隊第6戦隊、艦長堀江義一郎大佐 (43期) 就任
1940(S15)- 3-26	福岡発南支方面行動、4月2日高雄着
1940(S15)-10-11	横浜沖紀元 2600年特別観艦式に供奉艦として参列
1940(S15)-10-15	艦長木下三雄大佐 (43期) 就任
1941(S16)- 2-24	佐世保発南支方面行動、3月3日馬公着
1941(S16)- 6- 3	宿毛湾発5日名古屋着、9日発同日伊勢湾着、21日発23日有明湾着、27日発30日横須賀着、同
	日横浜に回航、7月5日横須賀回航、8日発11日有明湾着、16日発17日小松島着、21日発22日
	宿毛湾着、26日発同日別府着、8月1日発同日佐伯着、13日発同日呉着

145

古鷹・青葉 型/Furutaka・Aoba Class

艦 歴/Ship's History (8)

艦 名	加 古 4/4
年 月 日	記 事/Notes
1941(S16)- 9- 5	呉発同日室津沖回航、14日呉に回航
1941(S16)- 9-15	艦長高橋雄次大佐 (44期) 就任
1941(S16)-10- 7	呉発同日室津沖回航、19日佐伯湾着
1941(S16)-11- 1	南洋部隊に編入、豊後水道で訓練に従事、15日佐伯湾呉に回航、19日入渠24日出渠、燃料、弾薬、 糧食補給、25日柱島に回航
1941(S16)-11-30	柱島発12月2日母島着、4日発南洋部隊支援としてグアム島攻略部隊を支援、12日トラック着補 給、13日発16日ルオット着、21日発23日ウエーキ島上陸作戦支援、25日ルオット着
1942(S17)- 1- 5	ルオット発米機動部隊に備えたが会敵なく帰投、7日発10日トラック着、18日発ラバウル攻略作 戦を支援、搭載水偵マヌス島爆撃に従事、30日ラバウル着燃料補給、同日発31日イサベラパセー ジ着
1942(S17)- 2- 1	イサベラパセージ発米機動部隊来襲の報によりマーシャル方面に向かったが会敵せず4日ルオット 5日クェゼリン着、6日発10日トラック着、20日米機動部隊来襲の報で出撃、23日会敵せずトラッ ク帰投
1942(S17)- 3- 2	トラック発5日ラバウル着、同日発ラエ・サラモア攻略作戦支援のため出撃、8日上陸作戦成功、9 日ブカ島クインカロラ着、10日発11日ラバウル着、14日発15日クインカロラ着、17日発メウエ パセージ着、26日発27日ラバウル着
1942(S17)- 3-28	ラバウル発ブーゲンビル島攻略作戦支援、4月1日ラバウル着同日発、2日メウエパセージ着5日発 ハーミット諸島攻略作戦に従事、陸戦隊を上陸、10日トラック着、整備作業
1942(S17)- 4-30	トラック発モレスビー攻略作戦に従事、5月5日ショートランド着燃料補給、6日発珊瑚海海戦に 空母祥鳳を掩護して参加、本艦1号水偵未帰還乗員3名は救助、祥鳳沈没後10日機動部隊本隊と 合同空母部隊を掩護、11日ショートランドに向かう途中被雷した沖島救難に向かったが途中沈没、 12日今度はクインカロラ湾口で座礁した雄島を救援に向かう、14日同地発16日トラック着
1942(S17)- 5-17	トラック発22日呉着、タービン修理(16年9月に高圧タービン第7-8段落に亀裂を発見これを撤去、 制限出力94,000軸馬力、速力32.4ノットとされていたのを修理復旧したものと推定)6月13日全 力確認運転のため出動
1942(S17)- 6-16	呉発同日浜沖着、18日発23日トラック着
1942(S17)- 6-30	トラック発7月5日キエタ着燃料補給、6日発同日レタカ着第2小隊合同、14日発16日メウエパセー ジ着、14日付で艦隊編制替ええ第6戦隊は外南洋部隊に編入、第8隊の指揮下に変わる、18日 発19日クインカロラ着、22日発同日ラバウル着、23日発同日メウエパセージ着、24日発イサベ ルパセージ着、26日発同日メウエパセージ着
1942(S17)- 8- 7	メウエパセージ発米軍ガダルカナル島来攻の報により、同日午後4時5分ラバウル港外で第8艦隊 旗艦鳥海その他と合同ガ島に向かう、8日ガ島泊地に突入他艦とともに敵重巡4隻撃沈等の大戦果 を挙げる、発射弾数20cm砲-192、12cm高角砲-124、25mm機銃-149、93式魚雷-10、損害1 号水偵(零式水偵11型)未帰還乗員3名
1942(S17)- 8-10	メウエパセージに向け帰投中、0710シンベリ島の47度16.5浬の地点で速力16ノットで青葉の後 方を警戒航行中、右舷艦首、同中後部に計3本の魚雷(米潜水艦S-44が発射)が命中、右に大傾斜 0715沈没、戦死66、負傷16、艦長以下634が僚艦短艇に救助されてシンベリ島に上陸、翌日卯月 と陸戦隊舟艇3隻に収容、メウエパセージで6戦隊僚艦に収容される
1942(S17)-11-10	除籍

艦 歴/Ship's History (9)

艦 名	青 葉 1/5
年 月 日	記 事/Notes
1923(T12)- 9-18	命名、呉鎮守府に仮入籍、1等巡洋艦に類別
1923(T12)-12-15	仮入籍先を横須賀鎮守府に変更
1924(T13)- 2- 4	三菱長崎造船所で起工
1926(T15)- 9-25	進水
1927(S 2)- 4- 1	艤装員長大谷四郎大佐 (31期) 就任
1927(S 2)- 9-20	竣工、横須賀鎮守府に入籍、第1予備艦、艦長大谷四郎大佐 (31期) 就任
1927(S 2)-10- 1	横須賀工廠で15式受信機装備、翌年1月12日完成
1927(S 2)-12- 1	第2艦隊第5戦隊、艦長井上肇治大佐 (33期) 就任
1928(S 3)- 1-10	横須賀工廠で投錨機増加、5月25日完成
1928(S 3)- 3-29	有明湾発青島、泰皇島方面警備行動、4月9日旅順着
1928(S 3)- 4-20	横須賀工廠で上甲板第3砲塔付近補強一部増設、翌年2月20日完成
1928(S 3)- 5- 9	横須賀工廠で多重受信装置装備、6月5日完成
1928(S 3)- 5- 9	横須賀工廠で露天甲板兵員仮寝所設備新設、6月5日完成
1928(S 3)- 8- 4	横須賀工廠で艤装一部改造新設、5年5月10日完成
1928(S 3)-10-19	横須賀工廠で飛行機射出機設備同格納庫拡張、5年3月21日完成
1928(S 3)-12- 1	艦長日暮豊年大佐 (34期) 就任
1928(S 3)-12- 4	横浜沖大礼特別観艦式参列
1928(S 3)-12- 6	横須賀工廠で後部機械室補助蒸気管装置改造、翌年6月5日完成
1929(S 4)- 2-12	横須賀工廠で入渠、22日出渠、砲身、方位盤点検査、外板不良部修理
1929(S 4)- 3-14	横須賀工廠で艦本式缶過熱器改造、7月25日完成
1929(S 4)- 3-28	呉発芝罘方面警備行動、4月3日旅順着
1929(S 4)- 5- 3	横須賀工廠で対駆逐艦標の船搭載工事、12月2日完成
1929(S 4)- 5- 6	横須賀工廠で揚錨機錨纜車工事、12月27日完成
1929(S 4)- 5-18	横須賀工廠で入渠、6月3日出渠、砲身、方位盤中心検査
1929(S 4)- 6- 5	横須賀工廠で飛行機格納庫拡張のため現爆雷庫撤去、第2航空科倉庫を爆雷庫とする、10日完成
1929(S 4)- 6-26	横須賀工廠で30' 内火艇修理、7月30日完成
1929(S 4)-11-28	横須賀工廠で高角砲防波楯及び飛沫除け装備及び小鷹運搬用搭載設備装備、翌年2月20日完成
1929(S 4)-11-30	艦長片桐英吉大佐 (34期) 就任
1929(S 4)-12-20	横須賀工廠で重油噴燃装置改造、翌年2月20日完成
1930(S 5)- 1- 6	横須賀工廠で入渠、26日出渠、方位盤、砲身、発射管中心、方位盤検査、測深儀装備
1930(S 5)- 1-28	横須賀工廠で無電機改装、5月10日完成
1930(S 5)- 1-31	横須賀工廠で発電機換装、2月20日完成
1930(S 5)- 2- 1	横須賀工廠でガソリン庫通風装置設置、20日完成
1930(S 5)- 4- 8	横須賀工廠で20cm砲塔天蓋上に天幕装置新設、5月10日完成
1930(S 5)- 5- 5	30' カッター1隻を12m発動機付ランチと換装訓令
1930(S 5)- 5-17	古仁屋発南洋群島方面行動、6月19日横須賀着
1930(S 5)-10-26	神戸沖特別大演習観艦式参列
1930(S 5)-11- 8	横須賀工廠で揚錨機推力軸受改造、翌年1月31日完成
1930(S 5)-11-21	横須賀工廠で電力ポンプ1台換装、翌年2月10日完成
1930(S 5)-12- 1	艦長古賀峯一大佐 (34期) 就任

古鷹・青葉 型/Furutaka・Aoba Class

艦 歴/Ship's History (10)

艦 名	青葉 2/5
年 月 日	記 事 /Notes
1931(S 6)- 3-29	福岡発青島方面行動、4月5日裏長山列島着
1931(S 6)- 5- 8	横須賀軍港内にて呉式2号射出機1型修理完了試験のため15式水偵発射の際、射出後海中に突入
	死亡1、負傷1
1931(S 6)- 5-15	横須賀工廠で復水器修理、6月8日完成
1931(S 6)-12- 1	第2予備艦、艦長星野倉吉大佐(36期)就任
1931(S 6)-12- 6	横須賀港内で本艦ランチと太刀風内火艇が衝突、内火艇沈没重傷2、軽傷1
1932(S 7)- 2- 1	佐世保鎮守府に転籍
1932(S 7)- 8-11	佐世保工廠で煙突雨覆改造の件指令
1932(S 7)-11- 1	第1予備艦
1932(S 7)-11-15	艦長小池四郎大佐(37期)就任
1932(S 7)-11-30	佐世保工廠で方位盤俯仰装置に初速差修正装置装着、翌年6月11日完成
1932(S 7)-12- 1	第2艦隊第5戦隊
1933(S 8)- 1- 7	佐世保工廠で前部上甲板左舷軽質油庫改造の件指令
1933(S 8)- 2- 2	佐世保工廠で那珂12m80馬力内火艇1隻を本艦に貸与訓令
1933(S 8)- 3-15	佐世保工廠で兵員烹炊金釜増設の件認可
1933(S 8)- 3-29	長崎県男女群島南方にて90式水偵が夜間訓練飛行中行方不明、搭乗員殉職
1933(S 8)- 4-22	佐世保工廠で海図、作戦室設備改造の件指令
1933(S 8)- 5- 9	佐世保工廠で13mm機銃装備、6月15日完成
1933(S 8)- 5-15	佐世保工廠で20cm砲俯仰装置修理、6月11日完成
1933(S 8)- 5-18	佐世保工廠で方位盤射撃照準演習機改造、6月28日完成
1933(S 8)- 5-21	佐世保工廠で12cm高角砲楯補強、6月11日完成
1933(S 8)- 5-30	佐世保工廠で艦底測程儀装備、翌年1月31日完成
1933(S 8)- 6-21	佐世保工廠で飛行機揚卸デリック締付装置改造の件指令
1933(S 8)- 6-29	佐世保発馬鞍群島方面行動、7月5日馬公着
1933(S 8)- 7-13	高雄発南洋方面行動、8月21日木更津沖着
1933(S 8)- 8-20	第2艦隊第6戦隊
1933(S 8)- 8-25	横浜沖大演習観艦式参列
1933(S 8)- 8-30	佐世保工廠で安式航跡自画器装備、翌年3月31日完成
1933(S 8)-11-15	艦長杉山六蔵大佐(38期)就任
1934(S 9)- 1-14	佐世保工廠で18cm、15cm双眼鏡装備、翌年1月29日完成
1934(S 9)- 2-20	艦長三川軍一大佐(38期)就任
1934(S 9)- 3- 9	佐世保工廠で12cm高角砲防波スクリーン増設の件指令
1934(S 9)- 6- 3	佐世保工廠で測的用12cm双眼鏡に暗中測距装置装着、翌年6月14日完成
1934(S 9)- 9-27	旅順発青島方面行動、10月5日佐世保着
1934(S 9)-11-12	佐世保工廠で缶過熱管換装、翌年3月5日完成
1934(S 9)-11-15	呉鎮守府に転籍、艦長伍賀啓次郎大佐(38期)就任
1934(S 9)-12-27	呉工廠で大鯨11m内火艇1隻を本艦9m内火艇1隻と相互交換訓令
1935(S10)- 1-20	呉工廠で防雷具揚収装置改造、2月20日完成
1935(S10)- 3-29	油谷湾発馬鞍群島方面行動、4月4日寺島水道着
1935(S10)- -	呉工廠で20cm砲噴気装置改造及び保式13mm4連装機銃照準点灯装置装備

艦 歴/Ship's History (11)

艦 名	青葉 3/5
年 月 日	記 事 /Notes
1935(S10)- 4-17	呉工廠で兵員居住設備増設訓令
1935(S10)- 5-22	呉工廠で12cm高角砲指揮所新設指令
1935(S10)- 6-17	呉工廠で艦長休憩室新設、翌年6月21日完成
1935(S10)-11-15	第2艦隊第7戦隊、艦長平岡粂一大佐(39期)就任
1935(S10)-12-21	呉工廠で電気・無電関係損傷復旧工事(第4艦隊事件)、翌年3月31日完成
1936(S11)- 4-13	福岡湾発青島方面行動、22日佐世保着
1936(S11)- 6-	呉工廠で91式風信儀及び安式航跡自画器改2装備、翌年1月完成
1936(S11)- 8- 4	馬公発アモイ方面行動、6日高雄着
1936(S11)-10-29	神戸沖特別大演習観艦式参列
1936(S11)-12- 1	第3予備艦、呉警備戦隊付属
1936(S11)-12-30	呉工廠で損傷復旧工事、翌年3月31日完成
1937(S12)- 8-20	多度津発陸兵第11師団を上海に輸送、24日呉着
1937(S12)- 8-15	警備艦
1937(S12)- 9- 1	第2予備艦
1937(S12)-11-25	艦長広瀬末人大佐(39期)就任
1938(S13)-11-	佐世保工廠で大改装工事着手、15年10月30日完成
1939(S14)-11-25	艦長秋山勝三大佐(40期)就任、15年6月10日から7月20日まで兼八重山艦長
1940(S15)-10-15	特別役務艦
1940(S15)-11- 1	艦長森友一大佐(42期)就任
1940(S15)-11-15	第1艦隊第6戦隊
1941(S16)- 2-24	佐世保発南支方面行動、3月3日馬公着
1941(S16)- 7-25	艦長久宗米次郎大佐(41期)就任
1941(S16)-10- 7	呉発同日室津沖回航、21日佐伯湾着
1941(S16)-11- 1	南洋部隊に編入、豊後水道で訓練に従事、13日柱島に回航
1941(S16)-11-30	柱島発12月2日母島着、4日発南洋部隊支援としてグアム島攻略部隊を支援、12日トラック着補
	給、13日発16日ルオット着、21日発23日ウエーキ島上陸作戦支援、25日ルオット着
1942(S17)- 1- 5	ルオット発米機動部隊に備えたが敵情なく帰投、7日発10日トラック着、18日発ラバウル攻略作
	戦を支援、搭載水偵マヌス島爆撃に従事、30日ラバウル着燃料補給、同日発2月4日ルオット着
1942(S17)- 2- 6	ルオット発5日クェゼリン着、6日発10日トラック着、20日米機動部隊来襲の報で出撃、23日会
	敵せずトラック帰投
1942(S17)- 3- 2	トラック発5日ラバウル着、同日発ラエ・サラモア攻略作戦支援のため出撃、8日上陸作戦成功、9
	日ブカ島クインカロラ着、10日発11日ラバウル着、14日発15日クインカロラ着、17日発メウエ
	パセージ着、26日発27日ラバウル着
1942(S17)- 3-28	ラバウル発ブーゲンビル島攻略作戦支援、4月1日ラバウル着同日発、2日メウエパセージ着5日発
	ハーミット諸島攻略作戦に従事、陸戦隊を上陸、10日トラック着、整備作業
1942(S17)- 4-30	トラック発モレスビー攻略作戦に従事、5月5日ショートランド着燃料補給、6日発珊瑚海海戦に
	空母祥鳳を掩護して参加、9日ショートランド着同日発、10日機動部隊本隊と合同空母部隊を掩護、
	14日同地発16日トラック着
1942(S17)- 5-17	トラック発22日呉着、25日入渠29日出渠、タービン修理(16年9月に高圧タービン第7段落に亀
	裂を発見これを撤去、制限出力94,000軸馬力、速力32.4ノットとされていたのを修理修復したも

古鷹・青葉 型/Furutaka・Aoba Class

艦 歴/Ship's History (12)

艦 名	青 葉 4/5
年 月 日	記 事/Notes
	のと推定)
1942(S17)- 6-16	呉発同日長浜沖着、18 日発 23 日トラック着
1942(S17)- 6-30	トラック発 7 月 5 日キエタ着燃料給補、6 日発同日レタカ着第 2 小隊合同、14 日発 16 日メウエパセージ着、14 日付で艦隊編制替え第 6 戦隊は外南洋部隊に編入、第 8 艦隊の指揮下に変わる、18 日発 19 日クインカロラ着、22 日発同日ラバウル着、23 日発同日メウエパセージ着、30 日発 31 日ラバウル着、8 月 1 日発同日メウエパセージ着
1942(S17)- 8- 7	メウエパセージ発米軍ガダルカナル島来攻の報により、同日午後 1605 ラバウル港外で第 8 艦隊旗艦鳥海その他と合同同ガ島に向かう、8 日ガ島泊地に突入他艦とともに敵重巡 4 隻撃沈等の大戦果を挙げる (第 1 次ソロモン海戦)、2 番発射管に被弾火災発生、同連管 1、2 番管使用不能
1942(S17)- 8-10	メウエパセージ着重油補給、17 日発 19 日レカタ着、20 日発 22 日ショートランド着重油補給、同日発 27 日キエタ着、同日発 28 日ショートランド着、30 日発 9 月 1 日キエタ着
1942(S17)-10-11	ショートランド発、ガ島飛行場砲撃のため古鷹、衣笠とともに夜間ルンガ泊地に突入しようとして米艦隊の迎撃に遭遇、レーダー射撃による先制攻撃を受け、被弾 32 発の集中打により五藤司令官他 79 名戦死の大被害を受けて、後続の古鷹に砲撃が集中する間に戦場を離脱、12 日ショートランドに帰投、古鷹乗員を収容 13 日発 15 日トラック着、応急修理、補給、18 日発修理のため呉に向う
1942(S17)-10-22	呉着、損傷修理
1942(S17)-11-10	警備艦、艦長荒木伝大佐 (45 期) 就任、兼筑摩艦長
1943(S18)- 1- 1	艦長田原吉興大佐 (43 期) 就任、兼大淀艤装員長
1943(S18)- 2-15	第 8 艦隊、呉発 20 日トラック着
1943(S18)- 2-24	艦長山森亀之助大佐 (45 期) 就任
1943(S18)- 2-28	トラック発 3 月 2 日ラバウル着、3 日発 4 日メウエパセージ着、
1943(S18)- 4- 3	メウエパセージに碇泊中夜明けに爆撃を受け、右舷機械室に直撃弾 1 発を受け魚雷が誘爆火災を生じその他至近弾により浸水、沈没を免れるためカビエンの海岸に擱座、その後救難作業で浮揚、21 日川内に曳航されてカビエン発、25 日トラック着応急修理、この被害で戦死 36
1943(S18)- 7-25	トラック発 8 月 1 日呉着、損傷部修理及び機銃増備、電探装備工事を実施、11 月 28 日完成
1943(S18)-11-25	第 1 南遣艦隊第 16 戦隊
1943(S18)-12-15	呉発 20 日マニラ着、21 日発 24 日シンガポール着、翌年 1 月 3 日発 4 日ペナン着、5 日発陸兵輸送 9 日シンガポール着、11 日リンガ泊地に回航訓練、21 日シンガポール回航 23 日発輸送任務、27 日シンガポール着、整備補給、2 月 12 日リンガ泊地に回航、訓練、22 日シンガポール回航整備補給
1944(S19)- 2-27	シンガポール発ベンガル湾通商破壊戦に従事、3 月 15 日ジャカルタ着通商破壊戦編成を解く、19 日発 20 日バンカ着、25 日シンガポールに回航整備補給、4 月 2 日発 4 日バリクパパン着、5 日発 9 日タラカン着、10 日発 11 日バリクパパン着、同日発 14 日シンガポール着、15 日発魚雷輸送 16 日ペナン着、18 日発人員輸送 19 日シンガポール着、20 日発物資輸送、23 日天霧遭難の救援に向かい 24 日同乗員をタラカンに陸揚、25 日発 27 日ダバオ着輸送物件陸揚げ、28 日発 29 日タラカン着訓練待機
1944(S19)- 5-13	タラカン発 14 日ダバオ着、16 日発 17 日パラオ着、19 日発陸兵輸送、20 日ソロン着、24 日発 27 日タラカン着、30 日発 31 日サンボアンガ着、同日発陸兵輸送、6 月 1 日ダバオ着、2 日発渾作戦のためビアクに向かったが 3 日同作戦中止により 4 日ソロン着、5 日発 8 日アンボン着、9 日発 11 日バチャン着、14 日発オビ島錨地着、警泊、17 日発 18 日バンカラン着、警泊、25 日発 27 日マカッサル着

艦 歴/Ship's History (13)

艦 名	青 葉 5/5
年 月 日	記 事/Notes
1944(S19)- 6- 8	艦長山澄忠三郎大佐 (48 期) 就任
1944(S19)- 6- 8	アンボン入港、9 日、同出港
1944(S19)- 6-11	バチヤン着、警泊、14 日、同出港、18 日、バンカラン入港、警泊待機、14 日、同出港、オビ島北側錨地着、警泊待機、17 日、同発、18 日バンカラン入港、警泊待機、25 日、同発、27 日マカッサル入港、28 日同出港
1944(S19)- 7- 7	シンガポール着、入渠修理、25 日リンガ泊地回航、訓練に従事、この間 101 工部で機銃及び電探増備実施
1944(S19)-10-21	リンガ泊地発捷号作戦出撃、23 日 0432 マニラ湾口南西 70 浬にて米潜水艦 Bream の発射した魚雷 1 本が右舷前部機械室に命中、0545 主機停止、0815 鬼怒が曳航マニラに向かう、0945 実速 7.5 ノット可能、右に傾斜 12 度で 1815 マニラ着、前部右舷機械室全壊、同左舷機械室低圧タービン使用不能、後部右舷機械室は応急修理可、同左舷機械室被害なし、3 番砲塔使用不能、主砲方位盤及び高射装置使用不能、電探全て破壊又は使用不能、2-4 号発電機室浸水等の被害が発生、人的被害は 23 日以降死亡を含めて戦死 21、負傷 2、24 日慶州丸横付け排水後修理のためキャビテに曳航予定であったが、24 日 0729 より 1610 まで 3 度の米空母機の空襲を受け主に機銃掃射により戦死 15、負傷 45 艦上の各所に損傷を生じる、29 日再度空襲を受け戦死 1
1944(S19)-11- 5	マニラ発 12 日高雄着、右舷前後機械室隔壁仮防水工事実施、15 日発 16 日基隆着入渠、修理
1944(S19)-12- 9	基隆発 12 日呉着、修理未着手のまま港外に繋留
1945(S20)- 1- 1	艦長村山清六大佐 (42 期) 就任
1945(S20)- 2-17	呉鎮守府部隊付属
1945(S20)- 2-28	第 1 予備艦
1945(S20)- 4-20	第 4 予備艦
1945(S20)- 6-20	特殊警備艦、兵装の一部を陸揚げ呉港外鍋海岸に偽装を施して疎開繋留
1945(S20)- 7-24	米空母機の空襲を受け被爆 1
1945(S20)- 7-28	米空母機の空襲を受け被爆 3、艦尾切断着底、2 回の空襲による戦死 212
1945(S20)- 8-15	第 4 予備艦
1945(S20)-11-20	除籍、戦後 21 年に播磨造船の手で水面上部分のみ解体され、水中部分は後に浮揚解体

古鷹・青葉 型/Furutaka・Aoba Class

艦 歴/Ship's History (14)

艦 名	衣 笠 1/4
年 月 日	記 事 /Notes
1922(T11)- 8-11	命名
1922(T11)- 8-29	呉鎮守府に仮入籍
1922(T11)-10- 9	1 等巡洋艦に類別
1923(T12)-12-12	仮入籍先を横須賀鎮守府に変更
1924(T13)- 1-23	神戸川崎造船所で起工
1926(T15)-10-24	進水
1927(S 2)- 2- 1	艤装員長田村重彦大佐 (32 期) 就任
1927(S 2)- 9-30	竣工、横須賀鎮守府に入籍、第 1 予備艦、艦長田村重彦大佐 (32 期) 就任
1927(S 2)-12- 1	第 2 艦隊第 5 戦隊
1928(S 3)- 1-10	横須賀工廠で錨鎖増加
1928(S 3)- 3-10	艦長岩村兼言大佐 (31 期) 就任
1928(S 3)- 3-29	有明湾発青島、泰皇島方面警備行動、4 月 9 日旅順着
1928(S 3)- 4-20	横須賀工廠で上甲板 3 番砲塔付近補強一部増設、翌年 2 月 21 日完成
1928(S 3)- 5- 9	横須賀工廠で多重受信装置装備、6 月 5 日完成
1928(S 3)- 5-24	横須賀工廠で露天甲板兵員仮寝所設備新設、6 月 5 日完成
1928(S 3)- 8-26	横須賀工廠でタービン改造、翌年 4 月 8 日完成
1928(S 3)-12- 4	横浜沖大礼特別観艦式参列
1928(S 3)-12-10	艦長北川清大佐 (33 期) 就任
1929(S 4)- 1-31	横須賀工廠で入渠、2 月 12 日出渠、砲身、方位盤中心検査
1929(S 4)- 3-14	横須賀工廠で罐本式缶過熱器改造、6 月 5 日完成
1929(S 4)- 3-28	呉発芝罘方面警備行動、4 月 3 日旅順着
1929(S 4)- 4- 5	横須賀工廠で L 式測深儀装備、12 月 2 日完成
1929(S 4)- 4-26	横須賀工廠で発電機換装、翌年 2 月 21 日完成
1929(S 4)- 4-27	横須賀工廠で入渠、5 月 10 日出渠
1929(S 4)- 5- 6	横須賀工廠でキャプスタン改造、6 月 5 日完成
1929(S 4)- 7-11	大立島灯台より 22 浬の地点で伊 55 潜と接触、艦底部を損傷、佐世保工廠で入渠修理、19 日完成
1929(S 4)- 7-17	横須賀工廠で両舷内軸高圧タービンブレード改造、翌年 2 月 20 日完成
1929(S 4)-11- 1	艦長太田垣富三郎大佐 (34 期) 就任
1929(S 4)-11- 3	横須賀工廠で揚錨機錨纜車工事、翌年 2 月 20 日完成
1929(S 4)-12- 2	横須賀工廠でガソリン庫通風装置設置、翌年 1 月 31 日完成
1929(S 4)-12-20	横須賀工廠で重油噴燃装置改造、翌年 2 月 20 日完成
1930(S 5)- 1- 6	横須賀工廠で入渠、20 日出渠、砲身、方位盤、発射管、射出機中心検査、
1930(S 5)- 1-22	横須賀工廠で艤装一部改造新設、5 月 10 日完成
1930(S 5)- 3-22	横須賀工廠で高角砲防波楯及び飛沫除け装備、7 月 15 日完成
1930(S 5)- 4- 8	横須賀工廠で 20cm 砲塔天蓋上に天幕装置新設、5 月 10 日完成
1930(S 5)- 5-17	古仁屋発南洋群島方面行動、6 月 19 日横須賀着
1930(S 5)- 6- 4	横須賀工廠で入渠、18 日出渠
1930(S 5)- 9- 1	横須賀工廠で揚錨機推力軸受改造、翌年 6 月 30 日完成
1930(S 5)-10-26	神戸沖特別大演習観艦式参列
1930(S 5)-12- 1	第 2 予備艦、艦長染河啓三大佐 (34 期) 就任

艦 歴/Ship's History (15)

艦 名	衣 笠 2/4
年 月 日	記 事 /Notes
1931(S 6)- 3- 1	艦長渋谷荘司大佐 (34 期) 就任
1931(S 6)-10- 1	第 2 予備艦、佐世保鎮守府に転籍
1931(S 6)-11-14	艦長大崎義雄大佐 (35 期) 就任
1932(S 7)- 5-20	第 1 予備艦
1932(S 7)- 6-25	第 2 予備艦
1932(S 7)-11- 1	第 1 予備艦
1932(S 7)-11-30	佐世保工廠で方位盤俯仰装置に初速差修正装置装着、翌年 6 月 11 日完成
1932(S 7)-12- 1	第 2 艦隊第 5 戦隊、艦長丹下薫二大佐 (36 期) 就任
1933(S 8)- 5- 9	佐世保工廠で 13mm 機銃装備、6 月 15 日完成
1933(S 8)- 5-15	佐世保工廠で 20cm 砲俯仰装置修理、同砲塔動力油圧管改造、6 月 11 日完成
1933(S 8)- 5-18	佐世保工廠で方位盤射撃照準演習機改造、6 月 28 日完成
1933(S 8)- 5-20	第 2 艦隊第 6 戦隊
1933(S 8)- 5-21	佐世保工廠で 12cm 高角砲楯補強、6 月 11 日完成
1933(S 8)- 5-30	佐世保工廠で艦底測程儀装備、翌年 1 月 31 日完成
1933(S 8)- 6-29	佐世保発馬鞍群島方面行動、7 月 5 日馬公着
1933(S 8)- 7-13	高雄発南洋方面行動、8 月 21 日木更津沖着
1933(S 8)- 8-25	横浜沖大演習観艦式参列
1933(S 8)- 8-30	佐世保工廠で安式航跡自画器装備、翌年 3 月 31 日完成
1933(S 8)-11-15	艦長坂本伊久太大佐 (36 期) 就任
1934(S 9)- 5- 3	佐世保工廠で舵取装置改造訓令、35 馬力補助電動油圧ポンプ撤去、同 50 馬力に換装
1934(S 9)- 6- 3	佐世保工廠で測的用 12cm 双眼鏡に暗中測距装置装着、翌年 6 月 14 日完成
1934(S 9)- 9-27	旅順発青島方面行動、10 月 5 日佐世保着
1934(S 9)-11-12	臨時搭載中の公称 846 11m60 馬力内火艇を定数に加える訓令
1934(S 9)-11-15	呉鎮守府に転籍、艦長武田盛治大佐 (38 期) 就任
1934(S 9)-11-20	小那沙美島西北海面にて 90 式水偵失速状態で墜落操縦士死亡、偵察員重傷、機体大破
1935(S10)- 1-20	呉工廠で防雷具揚収装置改造、2 月 20 日完成
1935(S10)- 2- 9	90 式 2 号水偵離水時突風により右補助浮舟脱落、着水時に転覆機体大破
1935(S10)- 3-29	油谷湾発馬鞍群島方面行動、4 月 4 日寺島水道着
1935(S10)-11-15	第 2 艦隊第 7 戦隊、艦長畠山耕一郎大佐 (39 期) 就任
1935(S10)-12- 5	呉工廠で低圧タービン動翼修理、翌年 2 月 20 日完成
1936(S11)- 4-13	福岡湾発青島方面行動、22 日佐世保着
1936(S11)- 6-20	呉工廠で艤装改善、翌年 3 月 31 日完成
1936(S11)- 8- 4	馬公発厦門方面行動、6 日高雄着
1936(S11)- 8-14	北緯 28 度東経 134 度の海面で基本演習夜間警戒管制航行中変速の際本艦が青葉に追突、両艦とも損傷若干の浸水を生じる
1936(S11)-10-29	神戸沖特別大演習観艦式参列
1936(S11)-12- 1	第 3 予備艦、呉警備戦隊付属
1936(S11)-12-30	呉工廠で追突損傷修復、翌年 3 月 31 日完成
1937(S12)- 4- 1	艦長松永次郎大佐 (38 期) 就任
1937(S12)- 8-15	警備艦

古鷹・青葉 型/Furutaka・Aoba Class

艦 歴/Ship's History (16)

艦 名	衣 笠 3/4
年 月 日	記 事/Notes
1937(S12)- 8-20	多度津発中支方面行動、24 日呉着
1937(S12)- 9- 1	第 2 予備艦
1937(S12)-12- 1	艦長松山光治大佐 (40 期) 就任
1938(S13)- 6- 3	艦長広瀬末人大佐 (39 期) 就任
1938(S13)- 6-15	艦長佐藤勉大佐 (40 期) 就任、14 年 10 月 10 日より兼那智艦長
1938(S13)-12- 1	佐世保工廠で特定修理及び大改装工事着手、16 年 1 月 30 日完成予定
1939(S14)-11-15	艦長難波祐之大佐 (39 期) 就任
1940(S15)-11-15	特別役務艦
1940(S15)- 9-25	艦長清田孝彦大佐 (42 期) 就任
1940(S15)-11-15	第 1 艦隊第 6 戦隊
1941(S16)- 2-24	佐世保発南方面行動、3 月 3 日馬公着
1941(S16)- 8-20	艦長沢正雄大佐 (44 期) 就任
1941(S16)-10- 7	呉発同日室津沖回航、21 日佐伯湾着
1941(S16)-11- 1	南洋部隊に編入、豊後水道で訓練に従事、13 日柱島に回航
1941(S16)-11-30	柱島発 12 月 2 日母島着、4 日発南洋部隊支援隊としてグアム島攻略部隊を支援、12 日トラック着補給、13 日発 16 日ルオット着、21 日発 23 日ウエーキ島上陸作戦支援、25 日ルオット着
1942(S17)- 1- 5	ルオット発米機動部隊に備えたが敵情なく帰投、7 日発 10 日トラック着、18 日発ラバウル攻略作戦を支援、搭載水偵マヌス島爆撃に従事、30 日ラバウル着燃料補給、同日発 2 月 4 日ルオット着
1942(S17)- 2- 6	ルオット発 5 日クェゼリン着、6 日発 10 日トラック着、20 日米機動部隊来襲の報で出撃、23 日会敵せずトラック帰投
1942(S17)- 3- 2	トラック発 5 日ラバウル着、同日発ラエ・サラモア攻略作戦支援のため出撃、8 日上陸作戦成功、9 日ブカ島クインカロラ着、10 日発 11 日ラバウル着、14 日発 15 日クインカロラ着、17 日発メウエパセージ着、26 日発 27 日ラバウル着
1942(S17)- 3-28	ラバウル発ブーゲンビル島攻略作戦支援、4 月 1 日ラバウル着同日発、2 日メウエパセージ着 5 日発ハーミット諸島攻略作戦に従事、陸戦隊を上陸、10 日トラック着整備作業、26 日発敵機動部隊出現の報により出動したが誤報とわかり 27 日帰投
1942(S17)- 4-30	トラック発モレスビー攻略作戦に従事、5 月 3 日クインカロラ着、4 日発 5 日ショートランド着燃料補給、6 日発珊瑚海海戦に空母祥鳳を掩護して参加、8 日敵艦載機と交戦、本艦 2 号水偵大破搭乗員無事、12 日キエタ着 13 日発ショートランド着補給同日発、14 日キエタ着 15 日発、17 日トラック着
1942(S17)- 5-31	トラック発 6 月 5 日呉着、10 日入渠 15 日出渠、修理
1942(S17)- 6-29	長浜沖発 7 月 4 日トラック着、7 日発 9 日キエタ着補給、10 日レカタ湾に回航 14 日発、16 日メウエパセージ着 18 日発、22 日ラバウル着補給、23 日メウエパセージに回航、24 日イサベルに回航 26 日メウエパセージに回航
1942(S17)- 8- 7	メウエパセージ発ツラギに敵部隊来攻の報によりラバウル港外で鳥海等第 8 艦隊主力と合同、ガ島に向かう、第 1 次ソロモン海戦に参加他艦と協同で敵重巡 4 隻撃沈の大戦果を挙げ、10 日メウエパセージに帰投、警泊、17 日発 19 日レカタ着、20 日発 23 日ショートランド着燃料補給、同日発 26 日ラバウル着、27 日発 28 日ショートランド着、31 日発 9 月 1 日キエタ着、15 日発ショートランド着、18 日発ガ島泊地の敵増援部隊攻撃に出撃したが敵部隊不在の報で転針、19 日ショートランド着、連日の空襲で警成漂泊、29 日ラバウル回航、燃料、弾薬、糧食補給

艦 歴/Ship's History (17)

艦 名	衣 笠 4/4
年 月 日	記 事/Notes
1942(S17)- 9-30	ラバウル発 10 月 1 日ショートランド回航、11 日ガ島飛行場砲撃のため青葉、古鷹とともに出撃、米艦隊の先制攻撃を受けて古鷹沈没、青葉大破の大損害を受けたが本艦のみほぼ無傷 (被弾 4) で米艦隊に反撃 12 日ショートランド帰投 (サボ島沖夜戦)、13 日発鳥海等とともにガ島飛行場砲撃を実施砲撃成功、15 日ショートランド着、24 日発陸軍部隊のガ島総攻撃を支援、26 日ショートランド着
1942(S17)-11- 1	ショートランド発陸軍部隊ガ島増援を支援、5 日ショートランド着
1942(S17)-11-10	第 8 艦隊に編入、13 日ショートランド発ガ島上陸輸送船団を間接支援のため出動、14 日飛行場砲撃の支援隊と合同ショートランドに帰投中、0630 頃より米艦載機の攻撃を受け、本艦は艦橋前部に直撃弾を喫し艦長以下幹部が戦死、浸水により傾斜また至近弾により前部ガソリン庫から火災を生じたものの傾斜を修正、消火に成功したが、0845 頃よりの第 2 波の攻撃で至近弾により機関、舵が使用不能となり浸水を防止できず 0922 に全員退艦後に転覆沈没、戦死 51。緒戦で古鷹、青葉型重巡 3 隻が失われた要因の一つは機関区画の中央隔壁の存在があり、このため片舷への急速な浸水による大傾斜を修正できずに転覆をまねいたともいわれている
1942(S17)-12-15	除籍

妙高 型 /Myoko Class

型名 /Class name 妙高 /Myoko	同型艦数 /No. in class　4	設計番号 /Design No.		設計者 /Designer　平賀譲造船大監				

艦名 /Name	計画年度 /Prog. year	建造番号 /Prog. No	起工 /Laid down	進水 /Launch	竣工 /Completed	建造所 /Builder	建造費 (船体・機関＋兵器＝合計) /Cost(Hull・Mach. + Armament = Total)	除籍 /Deletion	喪失原因・日時・場所 /Loss data
妙高 /Myoko	T12/1923	第1大型巡洋艦	T13/1924-10-25	S02/1927-04-16	S04/1929-07-31	横須賀海軍工廠	15,996,447 + 12,406,539 = 28,402,986	S21/1946-08-10	S21/1946-7-5 英軍により自沈処分
那智 /Nachi	T12/1923	第2大型巡洋艦	T13/1924-11-26	S02/1927-06-15	S03/1928-11-26	呉海軍工廠	16,466,259 + 11,436,501 = 27,902,760	S20/1945-01-20	S19/1944-11-5 マニラ湾で米艦載機により撃沈
足柄 /Ashigara	T12/1923	第3大型巡洋艦	T14/1925-04-11	S03/1928-04-22	S04/1929-08-20	神戸川崎造船所	14,380,462 + 9,709,085 = 24,089,547	S20/1945-08-20	S20/1945-6-8 バンカ海峡で英潜トレンチャントの雷撃で沈没
羽黒 /Haguro	T12/1923	第4大型巡洋艦	T14/1925-03-16	S03/1928-03-24	S04/1929-04-25	三菱長崎造船所	14,585,228 + 10,303,499 = 24,888,727	S20/1945-06-20	S20/1945-5-16 マラッカ海峡で英駆逐艦により撃沈

注 /NOTES ワシントン条約に伴う大正12年度艦艇建造新計画によるもので、予算項目上では補助艦艇製造費による。建造費は海軍省年報各年度記載の支出額の累計を示す【出典】海軍軍戦備 / 海軍省年報

船 体 寸 法 /Hull Dimensions (1)

艦名 /Name	状態 /Condition	排水量 /Displacement		長さ /Length(m)			幅 /Breadth (m)			深さ /Depth(m)		吃水 /Draught(m)			乾舷 /Freeboard(m)			備考 /Note
				全長 /OA	水線 /WL	垂線 /PP	全幅 /Max	水線 /WL	水線下 /uw	上甲板 /m	最上甲板	前部 /F	後部 /A	平均 /M	艦首 /B	中央 /M	艦尾 /S	
妙高 /Myoko	新造完成 /As build (T)	基準 /St'd	10,939.972		198.12							5.369	5.461	5.377				新造完成時施行の重心査定試験による。公試以外は昭和8年6月艦本調製の各種艦船KG・GM等に関する参考資料(平賀資料)による。水線長について軽い軽荷排水量が基準排水量より長いのは疑問だがそのままとした
		2/3満載 /Full	13,071.220		201.32							6.227	6.182	6.229				
		満載 /Full	13,970.160		201.549							6.702	6.458	6.580				
		軽荷 /Light	10,423.021		198.765							5.029	5.312	5.171				
		公試 /Trial	13,281.2	203.759	201.625	192.481	18.999	17.856		10.973		6.227	6.180	6.230				
	昭和11年/1936 (t) (1次改装計画-共通 /1st Mod. Design)	公試 /Trial	14,144											6.401				艦船復原性能比較表S13/16(艦本4部)による
		満載 /Full	15,164											6.786				
		軽荷 /Light	11,474											5.439				
	昭和11年/1936 (t) (1次改装 /1st Mod.)	公試 /Trial	14,502											6.528				艦船復原性能比較表S13/16(艦本4部)による (S11/1936-3-3の重心公試による)
		満載 /Full	15,558											6.906				
		軽荷 /Light	11,811											5.536				
	昭和16年/1941 (t) (2次改装 /2nd Mod.)	基準 /St'd	13,000															昭和16年4月22日施行の重心査定試験による (一般計画要領書、中央乾舷が3.688としているのは4.688の誤りと推定)
		公試 /Trial	14,984.134	203.759	201.70		20.73	19.51		10.973				6.370	7.803	4.688	3.688	
		満載 /Full	15,952.127											6.700				
		軽荷 /Light	12,408.269											5.440				
那智 /Nachi	新造完成 /As build (T)	基準 /St'd	11,080.51		※192.024							5.048	5.640	5.344				新造完成時の昭和4年4月24日施行の重心査定試験による ※計画値で実際値とは異なると推定
		2/3満載 /Full	13,652.17	203.759	192.147		18.999	17.856		10.973		6.345	6.373	6.359				
		満載 /Full	14,662.47		※192.435							6.900	6.614	6.757				
		軽荷 /Light	10,577.13		※191.872							4.802	5.496	5.149				
	昭和11年/1936 (t) (1次改装 /1st Mod.)	公試 /Trial	14,499															艦船復原性能比較表S13/16(艦本4部)による (S11/1936-3-13の重心公試による)
		満載 /Full	15,637															
		軽荷 /Light	11,625															
	昭和15年/1940 (t) (2次改装 /2nd Mod.)	公試 /Trial	14,813															艦船復原性能比較表S13/16(艦本4部)による (S15/1940-3-17の重心公試による)
		満載 /Full	15,840															
		軽荷 /Light	12,154															
足柄 /Ashigara	新造完成 /As build (T)	基準 /St'd	11,128.858									5.185	5.576	5.381		5.592		新造完成時の昭和4年8月18日施行の重心査定試験による
		2/3満載 /Full	13,505.861	203.759		192.024	18.999	17.856		10.973		6.264	6.336	6.300		4.673		
		満載 /Full	14,425.706									6.716	6.595	6.656		4.317		
		軽荷 /Light	10,622.811									4.928	5.421	5.175		5.798		

151

妙高 型 /Myoko Class

船体 寸法/Hull Dimensions (2)

艦名 /Name	状態 /Condition		排水量 /Displacement	長さ /Length(m)			幅/Breadth (m)			深さ/Depth(m)		吃水/Draught(m)			乾舷/Freeboard(m)			備考 /Note
				全長/OA	水線/WL	垂線/PP	全幅/Max	水線/WL	水線下/uw	上甲板/m	最上甲板/m	前部/F	後部/A	平均/M	艦首/B	中央/M	艦尾/S	
足柄/Ashigara	昭和11年/1936 (t) (1次改装/1st Mod.)	公試/Trial	14,484											6.560				艦船復原性能比較表S13/16(艦本4部)による (S11/1936-6-4の重心公試による)
		満載/Full	15,587											6.959				
		軽荷/Light	11,773											5.569				
	昭和15年/1940 (t) (2次改装/2nd Mod.)	公試/Trial	14,949											6.352				艦船復原性能比較表S13/16(艦本4部)による (S15/1940-4-27の重心公試による)
		満載/Full	15,933											6.685				
		軽荷/Light	12,342											5.399				
羽黒/Haguro	新造完成/As build (T)	基準/St'd	11,191.049									5.066	5.736	5.401				新造完成時の昭和4年4月24日施行の重心査定試験による
		2/3満載/Full	13,559.377	203.759		192.024	18.999	17.856		10.919		6.295	6.376	6.336				
		満載/Full	14,598.518									6.824	6.656	6.740				
		軽荷/Light	10,590.962									4.761	5.736	5.154				
	昭和11年/1936 (t) (1次改装/1st Mod.)	公試/Trial	14,479											6.544				艦船復原性能比較表S13/16(艦本4部)による (S11/1936-3-9の重心公試による)
		満載/Full	15,622											6.980				
		軽荷/Light	11,686											5.504				
	昭和15年/1940 (t) (2次改装/2nd Mod.)	公試/Trial	14,747	203.76	201.72	192.02	20.73	19.51	20.73	10.97		6.29	6.29	6.29	7.88	4.68	3.77	羽黒要目簿による
		満載/Full	15,747									6.49	6.77	6.63	7.68	4.34	3.29	
		軽荷/Light	12,144									4.99	5.66	5.33	9.18	5.64	4.40	
(共通)	妙高新造計画/Design (T)	公試/Trial	12,374	203.759	201.503	192.390	18.999	17.739		10.973		5.889	5.904	5.897				軍艦基本計画(福田)による
	公称排水量/Official(T)	基準/St'd	10,000			192.1	19.0							5.0				新造完成以来の公表値

注/NOTES ①平賀資料中に妙高型の軽荷状態での各艦完成時の計画値との差異を示す「1万トン級計画完成重量比較表」がある。これによると計画値9,475Tに対して妙高10,368T(超過+893T/9.4%)、那智10,366T(+891T/9.4%)、足柄10,429T(+954T/10%)、羽黒10,356T(+881T/9.3%) とあり、船体・艤装関係で123〜210T、機関部372〜401T、砲熕兵器184〜228T、水雷兵器40〜67T、電気48〜105Tといった内訳がわかる。機関部重量の超過が最大であり、これに次ぐのが砲熕兵器と船体部で造船部以外の機関、造兵部担当の重量超過が多くを占めているのがわかる。昭和10年の第4艦隊事件による船体補強重量は妙高の場合で210t程度に達していることに注意

【出典】一般計画要領書/各種艦船KG、GM等に関する参考資料(平賀)/足柄要目簿/羽黒要目簿/軍艦基本計画(福田)

解説/COMMENT

妙高型は古鷹型に次ぐ平賀のデザイン(基本計画)した20cm砲搭載巡洋艦である。巡洋艦というカテゴリーでは夕張以降3型目のデザインだが、この妙高型ではワシントン条約の締結により、主力艦の新造休止期間に新造し得る最大戦闘艦の排水量と備砲口径制限が課せられたため、いわゆる条約型巡洋艦という特殊な制約、すなわち基準排水量1万トン以下、備砲口径8"/20.3cm以下という制限下にデザインされた巡洋艦であった。

日本海軍ではワシントン条約締結以前において、艦隊型巡洋艦としては14cm砲搭載の5,500トン型中型巡洋艦を整備してきたが、大正10年/1921ごろより米英海軍のより大型の巡洋艦に対抗上、7,100トン型大型軽巡及び12,000トン型偵察巡洋艦という新艦型の建造を模索しつつあったときに、このワシントン条約が締結されることになった背景があった。

7,100トン型は既に大正10年前半に平賀によりデザインされた艦型がほぼ完成して、条約締結時に最初の2隻は建造着手目前の状態であった。この時点で計画されていた12,000トン型偵察巡洋艦については平賀がどこまで関与していたか明確ではないが、用兵的には備砲20cm8門、61cm魚雷片舷4-6射線、速力33ノット(満載)、航力14ノットにて8,000浬、舷側防禦3-4"、飛行機1、高角砲12cm2門程度を想定、4隻で1隊隊を編制して文字通り偵察部隊の中核を成す巡洋艦として期待されていた。

条約の締結により従来の八八艦隊案は白紙にもどされ、大正12年度に計画された艦艇建造計画は予算組みの上からは既定の軍艦建造費により7,100トン型巡洋艦2隻(古鷹型)、新たに組み直された補助艦艇建造費により7,100トン型2隻(青葉型)と10,000トン型4隻(妙高型)の建造を決定した。

1万トン型巡洋艦については、大正12年5月16日に海軍技術会議に平賀案の基本計画が提出説明されており、同年8月25日には早くも横須賀工廠に建造訓令が発せられていた。ということは平賀案の基本計画はほぼ完成されたもので、技術会議ですんなり承認されたことがうかがえる。この時期の平賀は前年海軍造船少将に進級、艦本第4部の計画主任という立場で、順調に行けば次期第4部長は間違いなかった。

この経過から見ても先の12,000トン型偵察巡の基本計画に始まって平賀が少なくとも大正11年にはこの種大型巡洋艦の基本計画案の作成にとりかかっていたことがうかがえ、基本的に12,000トン型と条約による10,000トン型とは艦型的にほぼ同一ということができ、すなわち12,000トンが計画公試排水量とすると、ワシントン条約で新たに定義された基準排水量10,000トンは大差ないことになるので、12,000トン型を条約型巡に衣替えすることには大きな問題はなかったはずである。

公開された平賀資料には12,000トン型の具体的試案や計画番号をとった試案の類は残っておらず、この技術会議に提出された1万トン型巡洋艦についてというテキストとデータを掲げた要領書があるのみである。

ここで平賀は軍令部からの要求仕様を一に「高速力」、二に「航続力」、三に「攻撃力」であったことを冒頭に記しており、用兵側の要求が運動力、攻撃力、防禦力の順にあったことがわかる。この第1の要求に対しては要求通り公試排水量11,800トンにおいて速力35ノット、満載にて34.25ノットに達するとし、巡洋戦艦天城型と同じ13万馬力でこれを達成できたのはこの間における造機技術の進歩により天城型より小さな容積と重量で機関部を構成できたからと、珍しく他部署の仕事をほめていた。事実、天城型では混焼缶を交えて19缶、機関重量4,350トンを数えたが、妙高型では専焼缶のみとしたものの12缶、機関重量2,500トンほどでまとめることができた差は大きい。なお、専焼化は淡煙化をも考慮したものという。

航続距離はもちろん燃料搭載量により左右されるのは当然だが、基準速力14ノット近辺での燃料効率を高める必要性は言うまでもない。計画では重油搭載量2,470トンの9割をもって8,000浬を達成出来る予定であり、この重油搭載のため居住区の一部を圧迫することになったが、兵員居住区は5,500トン型より2割増加する方針で、なるべく機関区画から隔離することを意図したが、けっして十分とはいえなかったことを認めている。

攻撃力については軍令部要求の8門、4砲塔が目標であったが、そこは平賀らしく先の加賀や天城同様、1砲塔増加したデザインを万難を排して完成させたと述べており、このため弾薬定数が幾分減少、また主砲の高角射撃化も断念して対水上戦闘を優先した。

高角砲は12cm砲4門(実際は6門に増加)、探照灯は90cm4基(実際は110cm5基)、魚雷兵装は古鷹型と同じ舷側固定の61cm12門(片舷6門)の希望があったが、重量軽減、居住区画の確保等から8門に減じたとしている。

この発射管整備をめぐって、水雷関係者が用兵側の要求を入れない平賀の排斥を画策、かねてより自説を強引に押し通す平賀の性格が災いして、周りにかばう者もいなかったためか大正12年10月1日、平賀は艦本第4部の計画主任を解任、欧米視察を命じられ艦本を去ることになる。この平賀の留守中に妙高型の魚雷装備が12門に増加されていたのは事実で、翌年8月帰国後も艦本には平賀のいる場が無く、実質的な計画主任の地位はかつての部下の藤本喜久雄造船中佐に移されていた。

以上横道にそれたが、1万トン型巡洋艦の平賀デザインに戻ると、残りの防禦については機関区画の舷側甲帯に4"NCNV甲鈑、前後弾薬庫に3"NCNV甲鈑、甲板防禦は35mmとほぼ6"砲に対しては距離1万mで完全防禦、ただし8"砲に対してはやや不十分で、そのためには5"甲鈑を要するとしていた。水雷防禦に対してはバルジと29mm高張力鋼板2枚貼りの防禦隔壁を設けて機関区画水中防

妙高 型/Myoko Class

機　関/Machinery

妙高型/Myoko Class		妙高/Myoko	那智/Nachi	足柄/Ashigara	羽黒/Haguro
主機械 /Main mach.	型式 /Type ×基数 (軸数)/No.	艦本式衝動ギアード・タービン /Kanpon type geared turbine × 4 ①			
	機械室 長さ・幅・高さ (m)・面積 (㎡)・1 ㎡当たり馬力	32.917 × 14.935 × 7.010 × 464 × 282.3			
缶 /Boiler	型式 /Type ×基数 /No.	ロ号艦本式専焼缶× 12 ②			
	蒸気圧力 /Steam pressure (kg/cm²)	(計画 /Des.) 20			
	蒸気温度 /Steam temp.(℃)	(計画 /Des.) 飽和			
	缶室 長さ・幅・高さ (m)・面積 (㎡)・1 ㎡当たり馬力	49.340 × 13.563 × 7.163 × 666 × 196.7			
計画 /Design (普通 / 密閉)	速力 /Speed(ノット /kt)	/35 (公試状態)			
	出力 /Power(軸馬力 /SHP)	/130,000			
	推進軸回転数 /(rpm)	/320、 高圧タービン /H. Pressuer turbine-3,017rpm(外軸),2,899rpm(内軸) 低圧タービン /L. Pressuer turbine-1,998rpm(外軸),2,053rpm(内軸) 巡航タービン /Cruising turbine-3,764rpm(外軸)			
新造公試 /New trial (普通 / 密閉)	速力 /Speed(ノット /kt)	35.225/35.609	/35.82	35.134/35.594	35.847/36.185
	出力 /Power(軸馬力 /SHP)	131,762/138,692	/138,509	132,533/137,534	138,441/140,274
	推進軸回転数 /(rpm)	319.86/327.12	/326.93	320.84/326.54	328.25/331.6
	公試排水量 /T. disp.・施行年月日 /Date・場所 /Place	11,923T/11,751T・S4/1929-4-15・浦賀水道	/11,984T・S3/1928-10-22・佐田岬沖	12,295T/12,020T・S4/1929-4-11・紀州沖	12,007T/・S3/1928-12-21・甑島
改造 (修理)公試 /Repair trial (普通 / 密閉)	速力 /Speed(ノット /kt)	33.82(1 次改)　　　33.8(2 次改) ③	34.40(1 次改)	34.26(1 次改)	34.83(1 次改)　　　33.97(2 次改)
	出力 /Power(軸馬力 /SHP)	130,370(1 次改)　130,250(2 次改)	130,492(1 次改)	131,211(1 次改)	136,933(1 次改)　132,490(2 次改)
	推進軸回転数 /(rpm)	303(1 次改)	310(1 次改)	307(1 次改)	315(1 次改)　307(2 次改)
	公試排水量 /T. disp.・施行年月日 /Date・場所 /Place	14,490t・S11/1936-3-4・甑島 (1 次改)	14,544t・S11/1936-3-11・佐田岬 (1 次改)	14,592t・S11/1936-3-12・甑島 (1 次改)	14,448t・S11/1936-2-25・甑島 (1 次改)
推進器 /Propeller	数 /No.・直径 /Dia.(m)・節 /Pitch(m)・翼数 /Blade no.	× 4　・3.850(計画時 3.810)　・4.200　・3 翼			
舵 /Rudder	舵機型式 /Machine・舵型式 /Type・舵面積 /Rudder area(㎡)	ジョンネー式油圧機 (那智 / 英国製)ヘルショー式油圧機 (他艦 / 川崎製)・釣合舵 / balanced × 1・19.80			
燃料 /Fuel	重油 /Oil(T) 定量 (Norm.)/ 全量 (Max.)	/2,470 (S16/1941 2,217.309t) ④	/2,772.28 ⑤	/2,569.382	/2,690.21
	石炭 /Coal(T)・定量 (Norm.)/ 全量 (Max.)				
航続距離 /Range (ノット /Kts −浬 /SM)	計画航続力 /Design 基準速力 /Standard speed	14 − 8,000, 13.87kt, 6,817 SHP ⑥	14 − 8,000, 14.33kt, 5,895 SHP	14 − 8,000, 14.41kt, 5,602 SHP	14 − 8,000, 14.24kt, 5,510 SHP
	重油 1t 当たり航続距離、重油換算航続距離、公試時期	3.263 浬、8,060 浬、S4/1929-4-23	3.685 浬、10,215 浬、S3/1928-10-27	4.320 浬、11,098 浬、S4/1929-4-18	4.040 浬、10,868 浬、S3/1928-12-26
	巡航速力 /Cruising speed	17.53kt, 11,617 SHP ⑥	17.84kt, 11,761 SHP	17.43kt, 10,975 SHP	18.00kt, 11,564 SHP
	重油 1t 当たり航続距離、重油換算航続距離、公試時期	3.187 浬、7,872 浬、S4/1929-4-23	2.813 浬、7,798 浬、S3/1928-10-28	3.920 浬、10,070 浬、S4/1929-4-18	2.974 浬、8,000 浬、S3/1928-12-26
発電機 /Dynamo・発電量 /Electric power(W)		ターボ式 225V/889A × 3・600kW、ディーゼル式 225V/600A × 1・135kW ⑦			
新造機関製造所 / Machine maker at new		高圧タービンのみ佐世保工廠製、他は建造所	全て呉工廠製	主機械のみ呉工廠製、他は建造所	主機械のみ横須賀工廠製、他は建造所

注/NOTES ①後の 1 次改において巡航タービンを改造、巡航タービンは前部機械室の 2 軸のみに接続、後部 2 軸は巡航時カップリングボルトを抜いて絶縁前 2 軸のみで航行していたが、後機に誘導タービンを装備接続したまま使用加速とした、さらに 2 次改において誘導タービンを撤去、前機の巡航タービン排気を後機にも導入する方式に改造、また 1 次改で各機械室に操縦室を設置　②2 次改において各缶室の電話室に操縦室を新設、缶の半数に空気予熱器を新設、噴燃装置を改造、上甲板の補助缶を撤去　③妙高の 2 次改公試は S16/1941-3-31 宿毛湾で実施　④ 2,470T は妙高型の新造時の搭載量計画値を示す、2 次改において重油搭載量を 300t を減じて、2,200t として重油タンクの配置を改正、計画航続距離を 14 ノットにて 8,500 浬に改めた　⑤新造時の最大搭載量を示す、足柄、羽黒も同様　⑥1 次改における数値を示す換算航続力は省略、基準速力 13.83kt、5,783SHP、2.83 海里、S11-2-24　巡航速力 15.97kt、9,457SHP、2.59 海里、同月日、同様に那智、基準速力 13.82kt、6,133SHP、3.14 海里、S11-3-12　巡航速力 15.41kt、9,262SHP、2.79 海里、S11-3-13、足柄、基準速力 14.17kt、6,174SHP、3.633 海里、S11-3-12　巡航速力 17.71kt、12,340SHP、2.329 海里、同年月日、羽黒、基準速力 14.19kt、6,219SHP、3.943 海里、S11-2-25　巡航速力 17.11kt、11,120SHP、2.376 海里、同年月日　⑦S6 以降妙高型に改造訓令、ターボ式 200kW 発電機 3 基の内前部の 1 基を 300kW2 基に換装 400kW 増加、なお S7-1 に妙高型現有の 200kW 発電機を全て 250kW に増容量するとの訓令があり 2 基が 250kW に強化、さらに 2 改造でディーゼル発電機を 250kW に換装した結果、総発電量は 1,350kW に達した　【出典】帝国海軍機関史 / 一般計画要領書 / 軍艦基本計画 (福田)/ 艦艇燃料消費量及び航続距離調査表 (艦本基本計画班 S11-8-10)/ 公文備考 / 舶用蒸気タービン設計法 / 妙高戦時日誌

禦としてはかなり有力なものであった。

また、間接防禦として機械室を 4 室、缶室も後部 6 缶は 1 室 1 缶、前部 6 缶は 2 缶 1 室構造として細分化したが、中央部隔壁の存在が後の太平洋戦争において被雷時の浸水が片舷傾斜を助長するとして問題となることは前述のとおりである。

その他船体の細長い形状については、高速発揮上致し方なく、動揺に対して不利であるがビルジキールの幅を戦艦等の大型艦船と同じサイズにすることで動揺を抑えており、また高速時の振動対策として推進器のバランスを最適に調整、また推進器と船体の間隔をとり付近の船体構造強度を上げる等の対策を講じたという。また甲鈑や防禦材を重量軽減のため極力構造材として用いる設計にかかわらず、船体全体の構造上の強度を保つことにも意を用いているという。

この妙高型は列強の条約型巡の中では、英国のケント /Kent 級とともにもっとも早くに計画されたもので、平賀自身が英国で入手したケント級の設計資料により、帰国後に妙高型との比較資料 (極秘) を作成しているが、攻撃力、運動力、防禦力のどれをとってもケン

ト級を上回っていると評価できる反面、船体形状の相違から居住性や航洋性さらに航続力については明らかに英艦が上であった。

妙高は平賀が帰朝した 2 か月後の大正 13 年 10 月 25 日に横須賀工廠で起工、2 年半後の昭和 2 年 4 月に進水、2 年 3 か月後の昭和 4 年 7 月に竣工、5 年弱の建造期間はかなり長めであった。2 番艦の那智は呉工廠で建造、妙高より 8 か月早く竣工したが、これは建造中に訓令された艦橋両側のシェルター甲板新設、高角砲増備等の改正工事を省略して完成したためで、同年 12 月の横浜沖大礼特別観艦式に参列させるために竣工を急いだものだという。この観艦式には完成早々の英国支那艦隊のケント級条約型巡 3 隻がそろって参列することになっていたことから、これに対抗するのに古鷹型、青葉型の 4 隻では見劣りするという配慮があったためといわれる。

3、4 番艦の足柄、羽黒はそれぞれ神戸川崎造船所、三菱長崎造船所で建造、いずれも 4 年以上をかけて竣工していた。妙高の建造予算額は当初訓令 14,403,897 円に対して 870,000 円が増額されて 15,273,897 円とされこの内船体費 740 万円、機関費 774 万円、予備費 133,897 円となっている。実際の支出額の合計は別掲のように 15,996,472 円でほぼ一致し、他に兵器費として (P-156 に続く)

153

妙高 型 /Myoko Class

兵装・装備/Armament & Equipment (1)

妙高型 /Myoko Class		新造時 /New build	開戦時 /1941-12
砲熕兵器 / Guns	主砲 /Main guns	50口径3年式20cm砲/3 Year type II×5①	50口径3年式2号20cm砲/3 Year No.2 II×5①
	高角砲 /AA guns	45口径10年式12cm高角砲/10 Year type×6②	40口径89年式12.7cm高角砲/89 type II×4②
	機銃 /Machine guns	留式7.7mm機銃/Lewis type×2③	96式25mm連装2型/96 type Mod.2×4③
			93式13mm連装/93 type×2
	その他砲 /Misc. guns		留式7.7mm機銃/Lewis type×2
	陸戦兵器 /Personal weapons		
弾薬定数 /Ammunition	主砲 /Main guns	×120	×120
	高角砲 /AA guns	×150	×150
	機銃 /Machine guns	×10,000(留式)	
揚弾薬機 /Ammun.tube	主砲 /Main guns	押上式×5④	改吊瓶式×5④
	高角砲 /AA guns		
	機銃 /Machine guns		
射撃指揮装置 /Fire cont. system	主砲 /Main gun director	13式方位盤照準装置×2⑤	94式方位盤照準装置×2⑤
	高角砲 /AA gun director	高角砲射撃指揮装置×2⑥	91式高射装置×2⑥
	機銃 /Machine gun		95式機銃射撃装置×2⑦
	主砲射撃盤 /M. gun computer	13式距離時計×1⑧	92式射撃盤×1⑧
	その他装置 /	11式変距率盤 ⑨	92式測的盤 ⑨
装填演習砲 /Loading machine		12cm高角砲用×1	
発煙装置 /Smoke generator			
水雷兵器 / Torpedo etc	発射管 /Torpedo tube	12式61cm舷側水上発射管/12 type surf. fix.×12	92式61cm4連装1型/92 type Mod.1×4
	魚雷 /Torpedo	8年式61cm魚雷×24(戦時×30)⑩	93式61cm魚雷×24(戦時×30)⑩
	発射指揮装置 /Fire cont. 方位盤 /Director	14式2型⑪	14式2型×4、91式×2、90式×2⑪
	発射指揮盤 /Cont. board		92式×2
	射法盤 /Course indicator		
	その他 /		
	魚雷用空気圧縮機 /Air compressor	W8型250気圧×3	W8型250気圧×3
	酸素魚雷用第2空気圧縮機 /		94式改2×1、4型×1⑫
	爆雷投射機 /DC thrower		
	爆雷投下軌条 /DC rack		
	爆雷投下台 /DC chute		
	爆雷 /Depth charge	⑬	⑬
	機雷 /Mine		
	機雷敷設軌条 /Mine rail		
	掃海具 /Mine sweep. gear	小掃海具×2	小掃海具×2
	防雷具 /Paravane	中防雷具3型改1×2	中防雷具3型改1×2
	測深器 /		
	水中処分具 /		
	海底電線切断具 /		

兵装・装備/Armament & Equipment (2)

妙高型 /Myoko Class		新造時 /New build	開戦時 /1941-12
無線兵器 / Electronics Weapons	通信装置 Communication equipment 送信装置 /Transmitter		92式短4号改1×1　　① 95式短3号改1×1 95式短4号改1×1 95式短5号改1×2 91式特4号改1×1 YT式5号2型×1
	受信装置 /Receiver		91式1型改1×3 91式短×2 92式特改3×17 92式特改4×6
	無線電話装置 Radio telephone		2号話送改2×2 90式改4×3 93式超短送×2 同上受×2
	測波装置 /Wave measurement equipment		15式2号改1×1、92式長短各×4 92式短改1×3、96式超短×3 97式短1型×2、97式中1型×1、97式1型×2
	電波鑑査機 /Wave detector		92式改3×1
	方位測定装置 /DF		93式1号×1
	印字機 /Code machine		97式2型×2
電波兵器 Radar	電波探信儀 /Radar		②
	電波探知機 /Counter measure		②
水中兵器 UW weapon	探信儀 /Sonar		②
	聴音機 /Hydrophone		②
	信号装置 /UW commu. equip.		
	測深装置 /Echo sounder		
電気兵器 / Electric Weapons	一次電源 Main P Sup. ターボ発電機 /Turbo genera.	225V・200kW×3、600kW	225V・300kW×2、600kW③ 225V・250kW×2、500kW
	ディーゼル発電機 /Diesel genera.	225V・135kW×1、135kW	225V・250kW×1、250kW
	二次電源 2nd power supply 発電機 /Generator		
	蓄電池 /Battery		
	探照灯 /Searchlight	須(スペリー/Sperry)式110cm×5④	92式従動110cm×4④
	探照灯管制器 /SL controller	13式探照灯追尾照準装置×3④	94式従動装置×4④
	信号用探照灯 /Signal SL	40cm×2	40cm×2
	信号灯 /Signal light	2kW信号灯	2kW信号灯
	舷外電路 /Degaussing coil		一式⑤

妙高 型 /Myoko Class

兵装・装備 /Armament & Equipment (3)

妙高型 /Myoko Class			新造時 /New build	開戦時 /1941-12
航海兵器 /Navigation Equipment	羅針儀 /Compass	磁気 /Magnetic	磁気羅針儀×2	磁気羅針儀×2
		転輪 /Gyro	須 /Sperry 式 5 型 (単式)×1	須 /Sperry 式 5 型 (単式)×1
				安式 (単式)×1
	測深儀 /Echo sounder		電動式×1、90 式×1(加古 L 式×1)	電動式×1、L 式×1
	測程儀 /Log		91 式×1	玄式×1(那智、羽黒)、艦本式×1(妙高、足柄)
	航跡儀 /DRT		安式航跡自画器×1(S8)	安式改 1×1
	気象兵器 /Weather	風信儀 /Wind vane		91 式改 1×1
		海上測風経緯儀 /		
		高層気象観測儀 /		
	信号兵器 /Signal light			97 式山川灯改 1×2、亜式信号改 1×1
光学兵器 /Optical Weapons	測距儀 /Range finder		6m×3(1、2、4 番砲塔)	6m(2 重)×1(測距所) ①
			14 式 3.5m×2	6m×2(2、4 番砲塔)
			4.5m×2(高角砲用)	4.5m×2(高角砲用)
			1.5m×2(航海用)	1.5m×2(航海用)
	望遠鏡 /Binocular		12cm×4	18cm×1～2 ②
				15cm×1～2
				12cm×4
	見張方向盤 /Target sight		13 式×1	
	その他 /Etc.			
航空兵器 /Aviation Weapons	搭載機 /Aircraft		15 式水偵×2(S5)、90 式 2 号 2 型水偵×2(S7)	零式水偵×1/ 零式水観×2 ③
			94 式水偵×1/95 式水偵×2(S11) ③	
	射出機 /Catapult		呉式 2 号射出機 2 型④	呉式 2 号射出機 5 型 ④
	射出装薬 /Injection powder			
	搭載爆弾・機銃弾薬 /Bomb・MG ammunition			
	その他 /Etc			
短艇 /Boats	内火艇 /Motor boat		11m×2⑤	11m(60HP)×2
	内火ランチ /Motor launch		11.5m×2	12m(30HP)×2、8m(10HP)×1
	カッター /Cutter		30'×3	9m×3
	内火通船 /Motor utility boat			
	通船 /Utility boat		27'×1、20'×1	6m×1
	その他 /Etc.			

防 禦 /Armor

妙高型 /Myoko Class			新造時 /New build	新造以降 /
弾火薬庫 /Magazine	舷側 /Side		76mm/3"NVNC(水線高さ 0.74m) ①	
	甲板 /Deck		32mm/1.25" NVNC(下甲板 /L. deck)	
	前部隔壁 /Forw. bulkhead		57-64mm/2.25-2.5" NVNC(下甲板下 F58-64)	
	後部隔壁 /Aft. bulkhead		57mm/2.25" NVNC(下甲板下 F295)	
機関区画 /Machinery	舷側 /Side		102mm/4" NVNC(水線高さ 2.18m)	
	甲板 /Deck	上甲板 /Upper	25 + 16mm/1 + 0.625" 高張力鋼 /HT	
		中甲板 /Middle	35mm/1.375" NVNC	
	前部隔壁 /Forw. bulkhead		64mm/2.5" NVNC(中下甲板間 F116)	
	後部隔壁 /Aft. bulkhead		89mm/3.5" NVNC(中下甲板間 F258-263)	
	煙路 /Funnel		70-89mm/2.8-3.5" NVNC(高さ 1.83m)	
砲塔 /Turret	主砲楯 /Shield		25mm/1" NVNC(前楯全周 - 床のみ 19mm) ②	
	砲支筒 /Barbette		38-76mm/1.5-3" NVNC	
	揚弾薬筒 /Ammu. tube		38-57mm/1.5-2.25" NVNC	
舵機室 /Steering gear room	側部 /Side		51mm/2" /NVNC(F327-345)	
	横隔壁 /bulkhead		38mm/1.5" /NVNC(F327 及び 345)	
	甲板 /Deck		25.4mm/1" 高張力鋼 /HT(中甲板)	
操舵室 /Wheel house				
水中防禦 /UW protection			29mm×2/1.14"×2 高張力鋼 /HT	バルジ装着後バルジ内に防禦管充填
その他 /				S11/1936 羅針艦橋に防弾板装備
				S17/1942 魚雷頭部用防弾 1 板装備

注 /NOTES ①水線甲帯幅 / 前後部 2.13m、中央部 3.46m、水線下甲帯深さ (公試平均吃水線下)/ 前後部 0.96m、中央部 0.81m、水線甲帯全長 /124.59m、甲帯傾斜角度 /12 度　②足柄要目簿では砲楯天蓋部を 22mm としている
【出典】足柄要目簿 (昭和 4 年)/ 妙高最大中央断面図 / 平賀資料

注 /NOTES
兵装・装備 (1)
①1 次改前 S6-7 に 2 号 20cm 砲に砲身換装、1 次改において 91 式徹甲弾の搭載に合わせて弾薬庫、揚弾薬機等の改造を実施
②1 次改において 89 式 12.7cm 連装高角砲 4 基に換装
③1 次改において艦橋部両側に保式 13mm4 連装機銃各 1 基を装備、2 次改において 96 式 25mm 連装機銃 2 型 4 基を整備、艦橋部の保式 13mm4 連装機銃を 93 式 13mm 連装機銃に換装
④1 次改において揚薬装置を吊瓶式に改造、その他防炎装置等を追加
⑤1 次改において 13 式方位盤照準装置を改造、射撃指揮装置および配置を改正、なお < 日本の光学工業史 > では古鷹型の主砲方位盤照準装置を 14 式副砲用高角方位盤として、以後の青葉、妙高型にも装備されたと記しているが、公文備考によれば 13 式方位盤装置と明記されており、ここではこれを正とする。さらに 2 次改にて方位盤装置を 94 式に換装、後部の予備指揮所とともに 2 基を装備
⑥1 次改において 91 式高射装置 2 基を艦橋部両側に、4.5m 高角測距儀 2 基を前後煙突間両舷に装備
⑦2 次改において 95 式機銃射撃装置 2 基を装備
⑧1 次改またはその直後に羽黒等では 92 式射距盤を装備したもよう。ただし 4 隻全艦かは不明、2 次改までに全艦装備を完了
⑨1 次改前後に 11 式変距率盤またはその後に装備したと思われる 13 式測距盤は 92 式測距盤に変更したものと推定
⑩1 次改で舷側固定発射管を撤去、上甲板に 61cm92 式 4 連装発射管 1 型 2 基を装備、魚雷は将来的に 93 式 1 型 24 本搭載を予定していたが当面は 8 年式魚雷 8 本を搭載、2 次改で 4 連発射管 2 基を追加、魚雷搭載数 24 本、次発装填装置及び両舷への移動装置等を完成、93 式魚雷への変換を完成
⑪開戦時の装備はここに示す通りでこれらの装備の一部は新造時以降に逐次装備されたものと推定。2 次改で前檣を改正した際その上部に対勢観測所と仮称した発射指揮所を新設 (妙高のみは開戦後新設)、93 式魚雷の遠距離発射に備えた高所指揮所を設けた
⑫魚雷兵装の換装に伴って 94 式酸素発生機 (第 2 空気圧縮機 2 型) を装備
⑬S12 当時まで爆雷兵装を有していなかったのは確実、別記の戦時兵装変遷に示すように開戦後に爆雷兵装の追装備を実施しているところからも開戦時に爆雷兵装は有していなかったと推定

妙高 型 /Myoko Class

注 /NOTES

兵装・装備 (2)

① ここに示したのは <一般計画要領書> 記載の妙高型の無線装備だが時期について明確な記載が無く戦時中 S18 ごろのリストの可能性もあるものの、ほぼ開戦時と大差ないと推定

② 別記の戦時兵装変遷を参照

③ 1 次改前に前部のターボ式 200kW 発電機 1 基をターボ 式 300kW 発電機 2 基に換装、残りのターボ式 200kW 発電機 2 基の発電容量を各々 250kW に改造、さらに 2 次改でディーゼル式 125kW 発電機を 250kW 発電機に換装

④ 1 次改で艦橋部の須式 110cm 探照灯 2 基を 92 式 110cm 探照灯縦動装置付に換装、新規探照灯台に移設、2 次改において残りの須式 110cm 探照灯 3 基を 92 式 110cm 探照灯縦動装置付 2 基に換装、独立した新規探照灯台に装備

⑤ 舷外電路は各艦開戦前の出師準備で装備したものと推定

兵装・装備 (3)

① 2 次改において艦橋構造物トップに方位盤照準装置と 6m 2 重測距儀を一体化した射撃塔を新設、ただし最後に 2 次改を受けた妙高は方位盤装置と測距儀を個別に設置した。なお、足柄はこの射撃塔を 2 次改の前に装備、英国訪問に際しては秘密保持上の配慮で 6m 測距儀をはずして渡英、帰国後に復旧している。また 2 次改後に 1 番砲塔の 6m 砲塔測距儀は撤去されたが、これは 2 次改での工事ではなく開戦後 S17 中に実施したもの

② 2 次改または開戦までに羅針艦橋上部に防空指揮所を設けた際に 6cm ﾒは 8cm 高角双眼鏡を相当数装備、大戦中さらに増設されている

③ 妙高型の航空機搭載が定められたのは S5 年度から、最初の搭載機は 15 式水偵 2 機と推定、S7 ごろ以降 90 式 2 号 2 型 2 機に更新、1 次改後は 94 式水偵 (3 座) 1 機、95 式水偵 (2 座) 2 機の 3 機を定数としていたが 95 式水偵 4 機を搭載した例もあるという。開戦時には零式水偵 (3 座) 1 機、零式水観 (2 座) 2 機に更新されたが、開戦後しばらくはまだ 95 式水偵を搭載していたという。戦時中の状態は別記の戦時兵装変遷を参照

④ S5 以降呉式 2 号射出機 1 型 1 基を装備、1 次改で後檣後部に水偵搭載甲板を新設、両側に呉式 2 号射出機 3 型 2 基を装備、2 次改で搭載機の更新に備えて呉式 2 号射出機 5 型に換装

⑤ 新造時の足柄の 11m 内火艇 (1 号艇) の詳細は排水量 3.738T、全長 11.0m、最大幅 2.5m、深さ 1.22m 吃水 (前部) 0.412m、(後部) 0.723m、(平均) 0.57m、石油機関、速力 12.376 ノット、石油搭載量 160 リットル、船材檜

(P-153 から続く)

12,406,539 円が支出されており、合計 28,402,986 円は古鷹のほぼ 4 割増しの建造費となる。

妙高型各艦は新造完成時において、その基準排水量は 1,000 トン弱 1 万トンをオーバーしており、条約の定めた基準排水量 1 万トン以下という規定に抵触していた。もちろんこれは意図的におこなったものではなく、建造中に計画重量をオーバーしてしまったということで、平賀資料中に本型の計画完成重量比較表という極秘資料があるが、これによれば計画予定重量 9,475 トンに対して、妙高 893 トン、那智 891 トン、足柄 954 トン、羽黒 881 トンがオーバーしたとされているから、これは施工技術の問題ではなく、計画値自体に無理または問題のあったことを示している。計画値に対して最も超過割合の大きいのは水雷兵器の 44.5-75%、電気部 22-52%、砲熕兵器の 27.5-30%、機関部 18-19.4% 等で、船体については 1.9-3.3% と超過は少なく、超過重量は兵器と機関関係が多くを占めていることがわかる。とくに平賀はずしの直接原因となった水雷兵器の重量オーバーは当然のことといえばいえるが、砲熕兵器のオーバーについては 12cm 高角砲の 2 門増加等の計画変更はあったものの、全体の設計に甘さがあった疑いはあり、これは機関部についてもいえることであろう。

初期の各国条約型巡を見ると英米仏はほぼ正確に基準排水量 1 万トン以内に収めていたようであるが、戦後の資料によればイタリアの最初の条約型巡トレント /Trent 級は基準排水量 10,505-10,511 トンとほぼ 500 トンほどオーバーしていたようで、次のザラ /Zara 級にいたっては基準排水量 11,508-11,900 トンとかなり大幅に超過しており、これは当初の計画から超過を見越した確信犯といえそうである。

いずれにしろ妙高型は各国初期条約型巡の中では、攻撃、運動、防御力の 3 要素では最もバランスのとれた艦といって間違いないものの、個々の装備では問題がなかったわけではない。当時の日本海軍では上甲板からの発射に魚雷本体強度に不安があったために中甲板に装備された魚雷兵装は、英国ケント級では妙高型より高い乾舷にもかかわらず発射管の上甲板装備を実現、妙高型では未完備で竣工した射出機も新造時より完備しており、艦載機の揚収に用いる機力クレーンも優れていた。さらにケント級の 8" 主砲は最大仰角 70 度と対空射撃を可能とした兼用砲であった。(P-158 に続く)

重量配分 /Weight Distribution

妙高型 /Myoko		足柄新造時 /New build (単位 T)				妙高 1 次改装	妙高補強工事後	妙高 2 次改装後 /Modernization(単位 t)		
		公試 /Trial	満載 /Full	軽荷 /Light	基準 /St'd	公試 /Trial	公試 /Trial	公試 /Trial	満載 /Full	軽荷 /Light
船殻	船 殻	3,994.728	3,994.728	3,994.728	3,994.728	4,265.7	4,444.8	5,008.897	5,008.897	5,008.897
	甲 鈑	1,501.128	1,501.128	1,501.128	1,501.128	1,514.7	1,514.7	2,088.706	2,088.706	2,088.706
	防禦材	534.784	534.784	534.784	534.784	530.5	530.5			
	艤 装	471.666	471.666	471.666	466.963	498.2	529.4	574.781	574.781	574.781
	(合計)	(6,502.306)	(6,502.306)	(6,502.306)	(6,497.603)	(6,809.1)	(7,019.4)	(7,672.384)	(7,672.384)	(7,672.384)
斉備品	固定斉備品	158.592	158.592	158.592	157.910	158.6	171.6	186.303	186.303	186.303
	その他斉備品	380.321	390.482	119.640	224.275	313.6	344.6	394.165	501.401	177.821
	(合計)	(538.914)	(549.074)	(278.232)	(382.185)	(472.2)	(516.2)	(580.468)	(687.704)	(364.124)
兵器	砲 熕	1,127.634	1,127.634	903.561	1,061.154	1,278.2	1,362.4	1,376.072	1,379.014	1,064.025
	水 雷	229.464	229.464	164.250	193.679	128.4 ※	150.1 ※	205.561	215.040	193.149
	電 気	321.166	321.166	321.166	307.280	323.9	364.1	377.628	377.628	375.128
	光 学									
	航 海								17.010	17.214	13.789
	無 線									
	航 空	(飛行機)5.080	(飛行機)5.080			45.4	123.6	87.408	88.936	67.774
	(合計)	(1,683.344)	(1,683.344)	(1,388.977)	(1,562.113)	(1,775.9)	(2,000.2)	(2,063.679)	(2,077.832)	(1,713.865)
機関	主 機	937.150	937.150	937.150	937.150					
	缶 煙路 煙突	739.533	739.533	739.533	739.533					
	補 機	204.976	204.976	204.976	204.976					
	諸管 弁等	390.454	390.454	390.454	390.454					
	機関部所蓄の水	295.265	295.265	0	257.124					
	雑	157.720	157.720	157.720	157.720					
	予備品	23.463	23.463	0	0					
	淡水タンク水									
	(合計)	(2,748.561)	(2,748.561)	(2,453.296)	(2,686.957)	(2,782.9)	(2,758.5)	(2,883.215)	(2,909.075)	(2,569.171)
重油		1,712.921	2,569.382	0	0	1,685.2	1,685	1,479.446	2,217.309	0
石炭										
軽質油	内火艇用					29.7	31.3	14.841	22.141	
	飛行機用							12.207	18.325	
潤滑油	主機械用					35.8	35.8	33.082	49.357	
	飛行機用							1.598	2.416	
予備水		106.446	159.669	0	0	104.6	104.6	104.573	156.860	0
バラスト										
水中防禦管		213.370	213.370							
不明重量						72.2	146.8	138.725	138.725	138.725
マージン / 余裕										
(総合計)		(13,505.861)	(14,425.706)	(10,622.811)	(11,128.858)	(13,963)	(14,502)	(14,984.134)	(15,951.127)	(12,408.269)

注 /NOTES 新造時は足柄 S4(1929)-8-18 施行重心査定試験、2 次改装後は妙高の S16(1941)-4-24 施行の重心公試 (呉) による。新造時の公試状態は 2/3 満載状態。改装後の甲鈑に防禦板を含む。兵器の項中電気には無線を含む ※印は航海兵器を含む

【出典】一般計画要領書 / 新造完成重量表 (平賀)/ 海軍造船技術概要

戦時兵装・装備変遷一覧 1/2　妙高 型/Myoko Class

分類	兵装	妙高 (1941)	那智 (1941)	足柄 (1941)	羽黒 (1941)	妙高 増(42)	妙高 減(42)	妙高 現(42)	那智 増(42)	那智 減(42)	那智 現(42)	足柄 増(42)	足柄 減(42)	足柄 現(42)	羽黒 増(42)	羽黒 減(42)	羽黒 現(42)	妙高 増(43)	妙高 減(43)	妙高 現(43)	那智 増(43)	那智 減(43)	那智 現(43)	足柄 増(43)	足柄 減(43)	足柄 現(43)	羽黒 増(43)	羽黒 減(43)	羽黒 現(43)	妙高 増(44)	妙高 減(44)	妙高 現(44)	那智 増(44)	那智 減(44)	那智 現(44)
砲熕兵器・Gun	20cm連装砲	5	5	5	5			5①			5			5④			5⑤			5			5			5			5			5			5
	12.7cm連装高角砲	4	4	4	4			4			4			4			4			4			4			4			4			4			4
	短5cm外膅砲	5	5	5	5		5	0		5	0		5	0		5	0																		
	25mm機銃3連装																													4⑲		4			4
	〃　　連装	4	4	4	4			4			4			4			4	4⑪		8	4⑧		8	4⑫		8	4⑩		8			8	2⑳		10
	〃　　単装																	8⑬		8										20⑲		20	20⑳		28
	13mm機銃4連装																																		
	〃　　連装	2	2	2	2			2			2			2			2		2⑪	0		2⑧	0		2⑫	0		2⑩	0						
	〃　　単装																																		
	7.7mm機銃単装	2	2	2	2			2			2			2			2			2			2			2			2			2			2
	主砲方位盤	2	2	2	2			2			2			2			2			2			2			2			2			2			2
	高射装置	2	2	2	2			2			2			2			2			2			2			2			2			2			2
	機銃射撃装置	2	2	2	2			2			2			2			2			2			2			2			2			2			2
	その他					②			⑦																										
魚雷兵器・爆雷	61cm4連装発射管	4	4	4	4			4			4			4			4			4			4			4			4			4			4
	61cm魚雷 (93式)	24	24	24	24			24			24			24			24			24			24			24			24			24			24
	投射機																																		
	投下軌条																																		
	投下台					2⑤		2	2③		2	2⑥		2			2	2㉙		4	2㉙		4	2㉙		4	4㉙		4			4			4
	爆雷					6㉘		6	6㉘		6	6㉘		6			6			6			6			6			6			6			6
電子兵器・Electro. W.	21号電探																	1⑪		1	1⑨		1	1⑫		1	1⑩		1			1			1
	22号電探																	2⑮		2										2⑲		2			2
	13号電探																													1⑲		1	1㉑		1
	電波探知機																	1⑨																	1
	水中探信儀																																		
	水中聴音機																	1⑭		1							1⑭		1						1
	哨信儀																	2⑮		2										2⑲		2			2
航空兵装	射出機	2	2	2	2			2			2			2			2			2			2			2			2			2			2
	水上偵察機	3	3	3	3			3			3			3			3		2⑯	1		3⑯	0		3⑯	0		2⑯	1	1⑱		2	2⑱		2
探照灯	探照灯110cm	4	4	4	4			4			4			4			4			4			4			4			4			4			4

注/NOTES

① S17-1-9/2-19 佐世保で被爆損傷修理主砲砲身2門、高角砲砲身2門換装
② S17-3-17/4-7 佐世保で対勢観測所 (前檣)、旗艦施設、防寒施設新設
③ S17-7-14/8-2 佐世保で爆雷手動投下台2基、11m内火艇2隻に爆雷投下台各1基装備
④ S17-10-5/11-27 佐世保で高角砲砲身換装、水雷兵装一部改装、防空指揮所新設、後部クレーン換装、主砲砲身10門換装
⑤ S17-11-10/11-27 佐世保で爆雷手動投下台2基、11m内火艇2隻に爆雷投下台各1基装備、水雷兵装一部改装、主砲砲身10門換装
⑥ S17-6-2/2-24 佐世保で爆雷手動投下台2基、11m内火艇2隻に爆雷投下台各1基装備、
⑦ S17-10-23/S18-1-2 昭南で水雷兵装一部改装、高角測距儀換装、舷窓一部閉塞
⑧ S18-2-5/2-26 佐世保で13mm連装機銃を25mm連装機銃に換装、他に25mm連装銃2基増備、水雷兵装一部改装、21号電探装備のため対勢観測所撤去、短5cm外膅砲砲撤去

⑨ S18-4-3/5-10 横須賀で21号電探、逆探装備
⑩ S18-4-9/5-9 佐世保で機銃兵装増強⑧と同じ、21号電探装備、短5cm外膅砲5門撤去、防空指揮所拡充、羅針艦橋前面遮風装置装着
⑪ S18-6-16/7-15 佐世保で機銃兵装増強⑧と同じ、21号電探装備、短5cm外膅砲5門撤去、高角測距儀換装、舷窓一部閉塞、防寒施設工事、主砲砲身換装
⑫ S18-6-12/7-17 佐世保で主砲砲身換装を除いて⑪と同じ、他に羅針艦橋前面遮風装置装着
⑬ S18-8-20/9-5 大湊で25mm単装機銃8基、22号電探2基装備
⑭ S18-11-17/12-15 佐世保で零式水中聴音機装備
⑮ S18-11-22/S19-1-22 佐世保で21号電探装備、22号電探2基、2式哨信儀2基、零式聴音機装備、主砲砲身10門、高角測距儀換装、電波探知機回転式に改造その他

⑯ S18-12-15 搭載機定数削減、減数
⑰ S19-3-3/3-28 佐世保で21号電探換装、22号電探2基、2式哨信儀2基、零式聴音機、25mm単装機銃8基装備
⑱ S19-4-1 搭載機定数変更
⑲ S19-4-25/4-28 昭南で25mm機銃単装8基装備、S19-6-26/6-30 呉で25mm機銃3連装4基、同単装12基、22号電探2基、13号電探1基、2式哨信儀2基装備
⑳ S19-6-21/622 横須賀で25mm機銃連装2基、同単装20基装備
㉑ S19-9-9/9-12 呉で13号電探1基装備
㉒ S19-12-17 昭南でレイテ沖海戦で損傷した2番砲塔の砲身のみ撤去
㉓ S20-1-2/1-9 昭南、リンガ泊地で特設工作艦白沙により25mm単装機銃8基増備
㉔ S20-3-10 昭南で輸送任務に際して発射管、魚雷を陸揚げ沿岸防備に転用
㉕ S19-11-15 搭載機削除

妙高 型 /Myoko Class 戦時兵装・装備変遷一覧 2/2

		足柄 (End of 1944)			羽黒			妙高 (Aug.1945)			足柄(最終)			羽黒(最終)		
		増	減	現	増	減	現	増	減	現	増	減	現	増	減	現
砲熕兵器・Gun	20cm 連装砲			5			5			5			5	1 ㉒		4
	12.7cm 連装高角砲			4			4		4 ㉖	0			4			4
	短 5cm 外膛砲															
	25mm 機銃 3 連装				4 ⑲		4		4 ㉖	0						4
	〃　　　 連装	2 ⑯		10			8	8 ㉖		0			10			8
	〃　　　 単装	28 ⑰		28	20 ⑲		20	20 ㉖		0	8 ㉓		36			20
	13mm 機銃 4 連装															
	〃　　　 連装															
	〃　　　 単装															
	7.7mm 機銃単装			2			2			2			2			2
	主砲方位盤			2			2			2			2			2
	高射装置			2			2		2 ㉖	0			2			2
	機銃射撃装置			2			2		2 ㉖	0			2			2
	その他															
魚雷兵器・爆雷	61cm4 連装発射管			4			4	4 ㉖		0			4	4 ㉔		0
	61cm 魚雷 (93 式)			24			24	24 ㉖		0			24	24 ㉔		0
	投射機															
	投下軌条															
	投下台			4			4			4			4			4
	爆雷			6			6			6			6			6
電子兵器・Electro.W	21 号電探			1			1			1			1			1
	22 号電探	2 ⑰		2	2 ⑲		2	2 ㉖		0			2			2
	13 号電探	1 ㉑		1	1 ⑲		1	1 ㉖					1			1
	電波探知機						1						1			
	水中探信儀															
	水中聴音機	1 ⑰		1			1			1			1			1
	哨信儀	2 ⑰		2	2 ⑲		2			2			2			2
航空兵装	射出機			2			2	2 ㉖		0			2			2
	水上偵察機	1 ⑱		2	2 ⑱		2	2 ㉕		0	2 ㉗		0			2
探照灯	探照灯 110cm			4			4	2 ㉖		2			4			4

㉖ 内地への帰還及び行動可能な修復が断念された S20-5 ごろより終戦までに艦上の各兵装装備を陸揚げして陸上砲台等に転用した模様だが詳細は不明

㉗ S20-5-25 搭載機削除

㉘ 爆雷兵装は開戦時未装備と推定、S17 末ごろまでに手動投下台 2 基、爆雷 6 個を装備したものと推定、一般計画要書では妙高型の爆雷兵装として水圧投下台 2 基、95 式改 2 爆雷 6 個と記載されているがいつの時期かは不明

㉙ S18 末ごろまでに投下台 4 基装備に強化したものと推定、S19-7-1 艦本調査要目では妙高型の爆雷兵装を手動投下台 4 基、2 式爆雷 6 個としている

【出典】各鎮守府戦時日誌 / 各戦隊戦時日誌 / 各艦戦時日誌 / 既成艦船工事記録 / 一般計画要書 / 写真日本の軍艦 / 歴史群像・太平洋戦史シリーズ (艦載兵装の変遷 / 真実の艦艇史 3- 田村俊夫氏による妙高型の戦時兵装変遷調査)

復原性能 /Stability

	妙高 /Myoko	新造時 /New build			2 次改装後 /2nd Modernization		
		2/3 満載 /Trial	満載 /Full	軽荷 /Light	公試 /Trial	満載 /Full	軽荷 /Light
復原性能	排水量 /Displacement (T)	13,071.220	13,970.160	10,423.021	14,984.00	15,952.00	12,408.00
	平均吃水 /Draught,ave. (m)	6.229	6.580	5.170	6.370	6.700	5.440
	トリム /Trim (m)				0	後 0.190	後 0.450
	艦底より重心点の高さ /KG (m)	6.294	6.137	6.992	6.400	6.290	7.080
	重心からメタセンターの高さ /GM (m)	1.128	1.315	0.469	1.520	1.520	1.480
	最大復原挺 /GZ max. (m)						
	最大復原挺角度 /Angle of GZ max.						
	復原性範囲 /Range (度 /°)	※ 88.22	98.35	79.8	88.5	91.0	74.4
	水線上重心点の高さ /OG (m)	0.064	− 0.443	1.821	0.030	− 0.410	1.640
	艦底からの浮心の高さ /KB(m)	3.354	3.712	2.978			
	浮心からのメタセンターの高さ /BM(m)	3.889	3.740	4.484			
	予備浮力 /Reserve buoyancy (T)						
	動的復原力 /Dynamic Stability (T)						
	船体風圧側面積 / A (㎡)	1,860					
	船体水中側面積 / Am (㎡)	1,166					
	風圧側面積比 / A/Am (㎡/㎡)	1.595					
旋回性能	公試排水量 /Disp. Trial (T)	13,071					
	公試速力 /Speed (ノット /kts)	33.5					
	舵型式及び数 /Rudder Type & Qt'y	1					
	舵面積 /Rudder Area : Ar (㎡)	19.80					
	舵面積比 / Am/Ar (㎡/㎡)	58.89					
	舵角 /Rudder angle(度 /°)						
	旋回圏水線長比 /Turning Dia. (m/m)	4.37					
	旋回中最大傾斜角 /Heel Ang. (度°)	13.5					
	動揺周期 /Rolling Period (秒 /sec)						

注 /NOTES 2 次改装後は昭和 16 年 4 月 24 日施行の重心公試成績による【出典】一般計画要領表 / 各種艦船 KG、GM 等に関する参考資料 - 昭和 8 年 6 月調整、艦本計算班作成 / 軍艦基本計画資料

※常備排水量状態を示す

(P-156 から続く) この時期の条約型巡は基本的に第 1 次大戦の軽巡洋艦の延長で、防禦に関してはかっての装甲巡洋艦とは比較できないほど軽防禦に甘んじたのは、その排水量と備砲制限からも致し方ないところで、後にドイツのドイッチュラント /Deutschland のような奇形艦が出現すると、同排水量の条約型巡では対抗できないという矛盾が生じることになる。

　妙高型の就役後の実績は 6 門艦の古鷹、青葉型に比べて主砲射撃の散布界が大きく、命中率が 1/3 程度に低下するという時期が続き船体が細長いため発砲時の衝撃で船体が歪みを生じるのではとの疑いもいだかせたが、原因は解明出来ず、後に斉射時の各砲の発砲タイミングを微妙にずらして砲弾飛行時の相互干渉をなくすという 98 式発砲装置の装備で多少は改善されたといわれているものの、根本的解決はできなかったのが真相のようである。後に建造された利根型も同様に散布界が大きく、この場合 4 砲塔は艦首に集中装備されていたにもかかわらずこの結果は、船体の歪みや前後に砲塔群が分離していることによる誤差とは無関係であることを示していた。

　妙高型の第 1 次改装

　妙高型の第 1 次改装は次の高雄型の竣工した 2 年半後ごろに実施されている。昭和 5 年 /1930 のロンドン会議により主力艦新造延期と補助艦艇の保有量制限を受けて、日本海軍は条約型巡の保有枠は高雄型で一杯となったため、必然的に既成艦の性能向上を図ることが重要と考えられたようである。

妙高 型/Myoko Class

改装は魚雷兵装、航空兵装、対空兵装の換装、更新、機関部の改正、船体部の改造等で実際の改装工事期間は短く、その前後に関連工事を継続していたものと推定される。

■魚雷兵装／従来中甲板部に装備されていた固定式舷側発射管を廃止して通常の92式4連装旋回式発射管1型4基を後檣、4番砲塔間の上甲板両舷側に装備、その上面に水偵搭載用の飛行作業用板を設けて舷側部まで閉塞、発射管開口部を設けている。これは後出の高雄型と同様、発射管を旋回させたとき魚雷頭部を舷外に置くことで誘爆時の被害を局限したいとする意図があった。1次改装では発射管は後部の2基のみ装備、前部については開口部等の船殻工事のみ実施していた。予備魚雷は当面8本を搭載、両発射管の船体中心部に4本ずつ前後に格納、頭部を25mmDS鋼鈑で覆って防弾装置とした。魚雷の運搬には飛行甲板天井に吊って移動させるレールを設けていた。当面魚雷は従来通りの8年式を搭載90式魚雷は搭載されず、93式酸素魚雷の搭載は2次改装後のことであった。その他檣橋後方両側に魚雷発射用方位盤、下部に発射発令所が設けられた。

■航空兵装／後檣と4砲塔間に水偵搭載用のシェルター甲板を設けて舷側の前後発射管の間に射出機を両舷に装備したことで、2機同時発進が可能となり、水偵の搭載スペースが確保され運搬軌条も整備されて、2座水偵2、3座水偵1が定数となり95式水偵2機、94式水偵1機が搭載され、射出機も呉式2号3型に更新された。また後檣のデリックも鉄骨構造の機力旋回方式クレーンに換装された。これらに関連して中甲板右舷に搭乗員室、写真室を新設、その他発動機整備室、諸倉庫も新設、燃料の軽質油タンクを左舷の新設したバルジ内に、さらに隣接して軽質油ポンプ等を設けたが、そのための出入口がバルジ上縁から張り出す形で設けられ、飛沫を生じる原因になったという。

■主砲関係／従来の20cm砲身を2号20cm砲身(実口径20.3cm)に換装する工事はこの1次改装に先だってS7-8ごろから実施されていたといわれるが、1次改装では91式徹甲弾採用に伴う弾薬庫、揚薬筒装置等の砲雷関連工事が行われたようで、同時に方位盤照準装置を改造、また発令所機能を強化、92式射撃盤を装備した。

■対空兵装／従来の12cm単装高角砲6基に換え89式12.7cm40口径連装高角砲4基を装備、高射装置も91式を艦橋両側に装備、他に高角砲用の射撃盤と発令所を新設した。また艦橋両側に13mm4連装機銃を装備したが、これは一部の艦ではS7ごろに装備済だった。

■船体関係／改装による重量増加による吃水増加防止策のため、ほぼ従来のバルジ幅のままで水線少し上までバルジ上縁を拡大する形で比較的小型のバルジを設け、内部に防禦管を充填して水中防禦を強化することも意図していたが、全体的には新造時より約2千トン前後増加した船体重量による船舶性能の悪化を防止することができず速力の低下もやむを得ないとしていた。このため船首楼のあったシェルターデッキも電気溶接構造として重量軽減に努め、前端は伸縮接続して前部のシェルターデッキに接続していた。中甲板の旧発射管室は兵員居住区に当てられ、増員された高角砲、飛行科関係の居住区となり防熱、通風装置が施されたが十分とはいえなかった。旧発射管室の前端部に新設された後部電信室は送信用として用いられたが、防熱、通風対策が不足して室温は45-50℃まで上昇、電信員は常時裸で勤務したといわれている。その他烹炊所の設備、通風改善も講じられたという。

また、はじめて防毒施設が導入され、大排気通風装置、洗身装置、毒物検知室、除毒剤格納室等が新設、その他発令所、電話交換室に酸素供給装置を、前後の下部電信室等に炭酸ガス吸収装置が設置された。実際の防毒には通風を停止して酸素放出をおこなうわけだが、これは戦闘区画だけで居住区には及ばず、通風機系統の統一もなく効果的な防毒は実施困難であった。

■機関関係／改装で各機械室に操縦室を新設した。また巡航タービンは前部機械室の2軸に装備、その排気を各高圧タービンに送入、巡航時後ろ2軸は主軸カップリング・ボルトを抜いて絶縁、前2軸のみの運転としていたが、戦闘時に即応するには不適として改装で後2軸を絶縁のまま使用できるように誘導タービンを装備した。

■1次改装と第4艦隊事件による船体補強工事の実施／これまで妙高型の1次改装とこれに続く船体補強工事の実施時期については、<海軍造船技術概要>第5巻記載の重巡改装年表によるものが大半であった。ただし、この部分に推定との但し書きがあるように、その内容には疑問視されないわけではない。ここでは公文備考や極秘版海軍省年報等の資料によりほぼその実体を解明できたので改めて4隻の工事時期と施工場所について最も確実と思われる事実を説明したい。

[妙高] S9-5-29〜S9-8-5 三菱長崎造船所で船殻工事(バルジ工事)、S9-8-9〜S10-7-30 佐世保工廠で船殻残工、機関部および各兵器関係工事、S10-7-末〜S10-10大演習参加、S10-12-2〜S11-3-5 佐世保工廠で第4艦隊事件損傷修理、補強工事、誘導タービン装備(タービン台は三菱長崎造船所製)

[那智] 上記妙高とほぼ同様

[足柄] S8-5-〜S10-2-佐世保工廠で兵器関係工事、S10-2-〜S10-7-三菱長崎造船所で船殻工事(バルジ及びシェルター甲板工事)、S10-7-末〜S10-10大演習参加、S10-12-中旬〜S11-5-下旬 三菱長崎造船所で第4艦隊事件損傷修理、補強工事、誘導タービン装備(タービン台は三菱長崎造船所製)

[羽黒] 上記足柄にほぼ同様、S10-12-の三菱長崎造船所での工事はS11-3-中旬に完成

妙高型4隻は上記のように昭和10年7月下旬よりそろって大演習に参加した。もちろんこの4隻はこの年度の連合艦隊に属していたわけではなく予備艦として改装工事を実施中であり、あくまでも佐世保鎮守府所管艦船として臨時に参加したものであった。第4艦隊事件の際は赤軍は第4艦隊に属し、足柄は第2戦隊、羽黒、那智は本来の第5戦隊で行動し大型台風に遭遇したのであった。4隻とも損傷の程度は軽く羽黒はほぼ無傷、那智は通風筒より中、下甲板に浸水、妙高は同様の浸水の他に高角砲座歪曲、カッター及び通船各2隻損傷、足柄の場合はこれらに加え、舷窓ガラス破損1、通船ダビット受金流失、飛行甲板ラッタル破損といったもので、特に深刻なものではなかったが、妙高の艦底のシヤーストレイクの鋲接手に軽い損傷があるのを発見、20-22mmDS鋼板を重ね張りすることで補強を行い、同様に中央部舷側外板中甲板レベルにも20mmDS鋼板が重ね張りされて、その際の補強重量は200トン前後に達している。この工事は損傷修理を兼ねて全艦に実施したが、翌年英国王戴冠記念観艦式に参列するため訪英した足柄の舷側にはこの補強板がはっきり視認でき、造船専門家が見れば補強の跡は歴然としていた。

いずれにしろ妙高型は大演習参加時1次改装工事をほぼ終えていたとはいえ、各兵器の公試等は未完の状態で実際の戦闘状態を発揮出来る状況にはなく、三菱長崎造船所での工事は新規の船殻工事に限られたもので、兵器関係の工事は全て佐世保工廠で実施したものである。なお、公文備考にはこの時期長崎で工事中碇泊している足柄、羽黒が高角砲を搭載していないため礼砲の交換ができないとして事前に各国大使館武官に宛てた欠礼通告文書が残されており、これによって各艦の長崎滞在工事期間が推測出来る。

妙高型第2次改装

S14に入って妙高を除く各艦に対して第2次改装工事が実施され1年前後の工期で完成している。当時各工廠とも工事が輻輳しており羽黒は三菱長崎造船所で船殻工事を行い佐世保工廠で兵器関係工事を実施して同年末に完成、那智は佐世保工廠で全工事を行い翌年3月末に完成している。足柄は横須賀工廠で工事を実施したが高雄、愛宕の改装、鈴谷の主砲換装工事を待ってS14-6に着手、翌年6月に完成した。最後の妙高は呉工廠が担当したが最上、熊野の主砲換装工事を待って着手したため、S14-12着手予定が翌年2月に延期されS16-4末に完成した。

■旗艦施設／妙高、足柄に艦隊旗艦施設、那智、羽黒に戦隊旗艦施設を設けることとし、これに伴い艦隊旗艦用に無線能力の強化をはかるため後檣の後方移動を計画したがこれは保留とし、後檣のトップ檣を傾斜させて空中線の延長を図るにとどめた。

■主砲関係／艦橋部の主砲射撃装置、配置を改正、前後の方位盤照射照準装置を94式に更新、前部射撃指揮所は艦橋トップに6m二重測距儀を背後に内蔵した旋回式射撃塔に前記方位盤装置を置き形態に改めた。この形態は足柄では2次改装以前に実施済で訪英時には6m測距儀ははずし帰国後に再装備している。なお、最後の妙高では6m測距儀を射撃塔とは個別に独立した構造に改めている。この改装時に1番砲塔の6m測距儀は撤去されたといわれるが、実際の撤去は開戦後に実施されている。その他、主砲射訓練用に主砲各砲身装着する5cm(47mm)外膅砲を装備した。

■対空兵装／96式25mm連装機銃6基が両煙突辺両舷に、同時に95式機銃射撃装置2基が両舷に装備された。また艦橋両側13mm4連装機銃を同連装に換装した。

■魚雷兵装／後日装備としていた92式4連装発射管2基を増備、魚雷搭載数は24本を定数とした。魚雷は93式に更新され特別空気圧縮ポンプW8型改2 2基と艦本式3型改1 1基に改めた。93式魚雷の採用に伴って射程が遠距離化したため前檣を軽3脚檣に改めそのトップに魚雷発射指揮所を新設、方位盤装置と通信装置を設けた。ただしその用途を秘匿するため対空観測所と仮称した。

■航空兵装／搭載機種を零式水偵(3座)1機、零式水観(2座)2機に更新、射出機を呉式2号5型に換装、運搬軌条等を改正した他、爆弾庫を拡大25番(250キロ)4個、6番44個を格納した。実際の機種更新は開戦後にずれ込み、しばらく2座水偵は95式のままであった。

■電気関係／探照灯は従来の須式110cm5基を92式110cm従式4基に換装、艦橋部にあった2基は独立した探照灯管制器として94式従動装置4基を装備した。この工事は各艦2次改装に先だって実施ずみであった。操艦機械の2次電源として2次電池を装備、2次電池格納室を新設している。

なお、妙高型の発電能力はS7-8に前部のターボ式200kW発電機1基を同300kW発電機2基に換装、後部のターボ式200kW2基の能力をそれぞれ250kWにアップ、さらに後にディーゼル式発電機125kWを250kWに強化したとされている。したがって新造時の発電容量735kWは1,350kWまで大幅に強化されていた。

ちなみに、新造時の総myoko要電力は1,527kWで48%しかカバー出来なかったが、この改正で88%までカバーできる計算だが実際には2度の改装による所要電力増加もあり、ここまでの余裕はないはずである。新造時の電動機数は146個、交流式通信機器数は645個といわれており、艦内の電機材の重量は84トンという数字が残っている。

■船体関係／改装で前述の艦橋部、前檣の改正を実施、なおS15の訓令により艦橋上部に防空指揮所も設けられた。後檣の移設はS15にともなって後檣トップ檣の改正、デリックの改造をおこなわれた。

1次改装で設けられた小型バルジを撤去、一回り大型のバルジを新設、上縁部は中甲板の上までのびていた。これは高雄型の改装にならったものである。内部の一部に防禦鋼管を充填することで水中防禦力は新造時の対200キロ炸薬に対して対250キロまで強化されたと見込まれる。バルジの5区画は重油タンク、これを含めた15区画を各舷において応急注排水区画とし、最上型に準じて応急指揮所、注排水指揮所を新設した。また前部2区画、後部1区画をトリム匡正用として注排水装置を設けた他、重油移動ポンプ機能を強化して、重油移動によるトリム匡正も図っている。

重油搭載量に余裕があるため約300トンを減じて満載搭載量を2,200トンとした他、重油タンクの配置を変更した。居住施設の改善もはかられ、第1士官次室寝室に防熱装置を施したほか、下士官兵員収容能力を艦隊旗艦で970人、戦隊旗艦で920人を可能とするように設定された。

■機関関係／改装で各缶室の電話室を缶操縦室に変更した。巡航タービン排気を後部機械室の2軸に導入、4軸運転を可能としたことで誘導タービンは撤去された。

缶の半数6缶に空気予熱器を新設、噴燃装置を改正した。その他上甲板上の補助缶を撤去した。前述の重油搭載量の削減で航続距離は14ノットで8,500浬とされた(これは新造時の計画値と変わらず、当初機関計画が余裕をとりすぎた結果を修正したというべきであろう)

開戦以来、妙高型は昭和17年2月のスラバヤ沖海戦(那智、羽黒)、同18年3月のアッツ島沖海戦(那智)、同年10月のブーゲンビル島沖海戦(妙高、羽黒)、同19年10月のサマール沖海戦(羽黒)等米艦艇と砲火を交える機会は少なからずあったが、得意の砲戦能力を発揮して戦果を挙げたというにはほど遠いものであった。妙高型は昭和19年10月の捷号作戦後も那智を除く3隻が生き残り、これは日本重巡陣にあっては最も幸運な艦型であった(当時残存した他型は青葉、高雄、利根の3艦のみ)。 (P-185に続く)

159

妙高 型/Myoko Class

◎妙高型 4 隻中、最初に竣工したのは那智で、S3 12 月の観艦式に英国支那艦隊のケント級重巡が参列するため、これに対抗して急遽、1 隻のみ工事を繰り上げて S3 11 月に竣工して観艦式に間に合わせたのであった。この時の那智はこの図と異なって、12cm 高角砲は楯、ブルワーク無しで上甲板に 並べられ、最前部のシェルター甲板も存在しなかった。妙高型については現存する写真も多く、最初の同型 4 隻そろった大型艦として、4 隻の艦型上の細かい識別点がいろいろリサーチされており、公にされているのでここでは紙面の関係もあり、詳細には触れないことにする。

◎妙高の S7 頃の艦型で、S5 後半に前部煙突を延長、さらにその後前後煙突に雨水除け装置を設けている。
　射出機は竣工後間もない S5 9 月に呉式 2 号 3 型を装備、15 式水偵を搭載した。S8 には搭載機は 90 式 2 号水偵に変更されている。

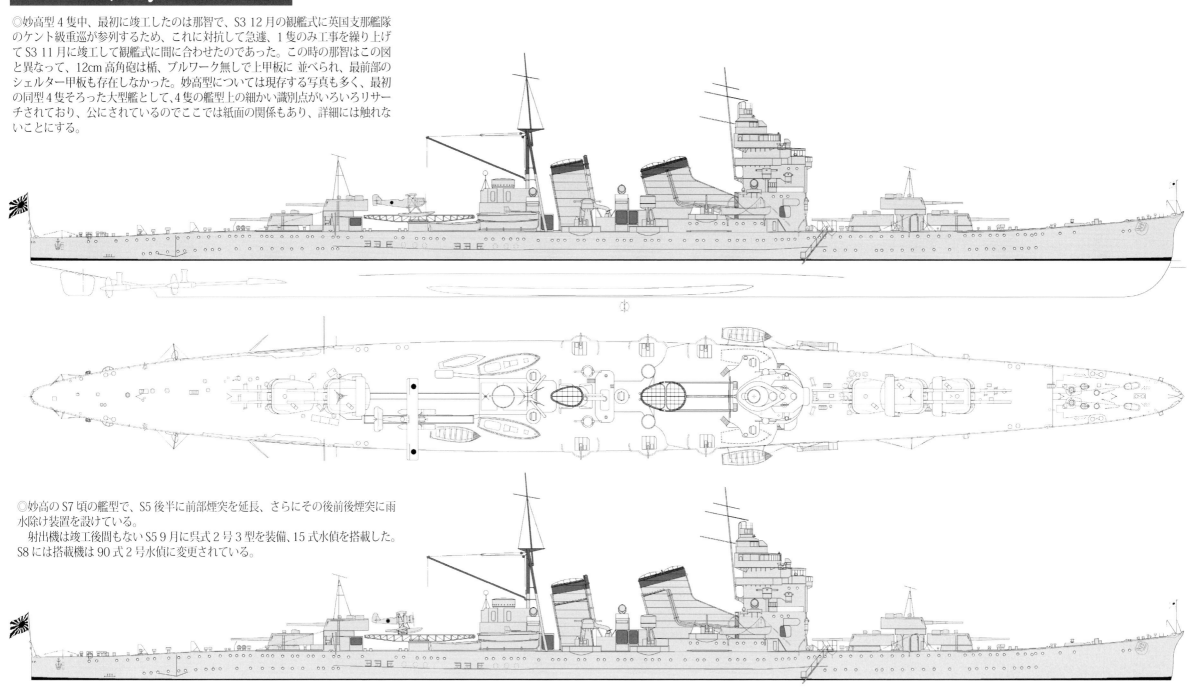

図 6-2-1 [S=1/650] 妙高 (新造時 /1932- 下)

妙高 型/Myoko Class

◎妙高型はS10前後に第1次改装を各艦で実施した。ここでは魚雷兵装、航空兵装及び高角砲の刷新および主砲の20cm2号砲への換装、91式徹甲弾採用に伴う、砲塔揚弾薬装置、弾庫の改修を実施した。艦型的には高角砲甲板を後部の4番砲塔部まで延長し、後部煙突から4番砲塔までは舷外に張りだす形で甲板面積を広げている。これにより後檣から後方の飛行甲板を大きくとり、上甲板に新設された舷側装備の92式4連装発射管を大きく舷外に振り出すことが可能となった。ただし、この改装では発射管は後方の各舷1基として、前方の1基は後日装備とされた。

◎同型の羽黒の同状態の艦型を下に示す。この改装時、羽黒と足柄のみは後檣を背の高い形状に変更しており、これは搭載機の揚げ降ろし用のデリック操作に関連した変更と思われる。

また改装では舷側にバルジが新設されたが、排水量の増加は新造時に比べて230トン程度でそれほど顕著ではない。改装では探照灯台が前後煙突の前と後部に新設され、110cm探照灯を備備、また12.7cm連装高角砲の装備に伴って艦橋両側に91式高射装置も新設されている。その他13mm4連装機銃も前後高角砲の中間部プラットフォームに新設されている。

また、航空兵装も大幅に強化され、射出機も呉式2号5型2基に換装され、搭載水偵は95式2座水偵2と94式3座水偵1機に変更されている。この改装では艦橋部、前檣はそのままとされていたが、足柄のみは艦橋部トップの射撃指揮所の改装を一足早く実施し、6m測距儀と94式方位盤射撃装置を一体化した射撃塔をS11に設けていた。S12の訪英にあたってはこの測距儀を外した状態で出かけている。

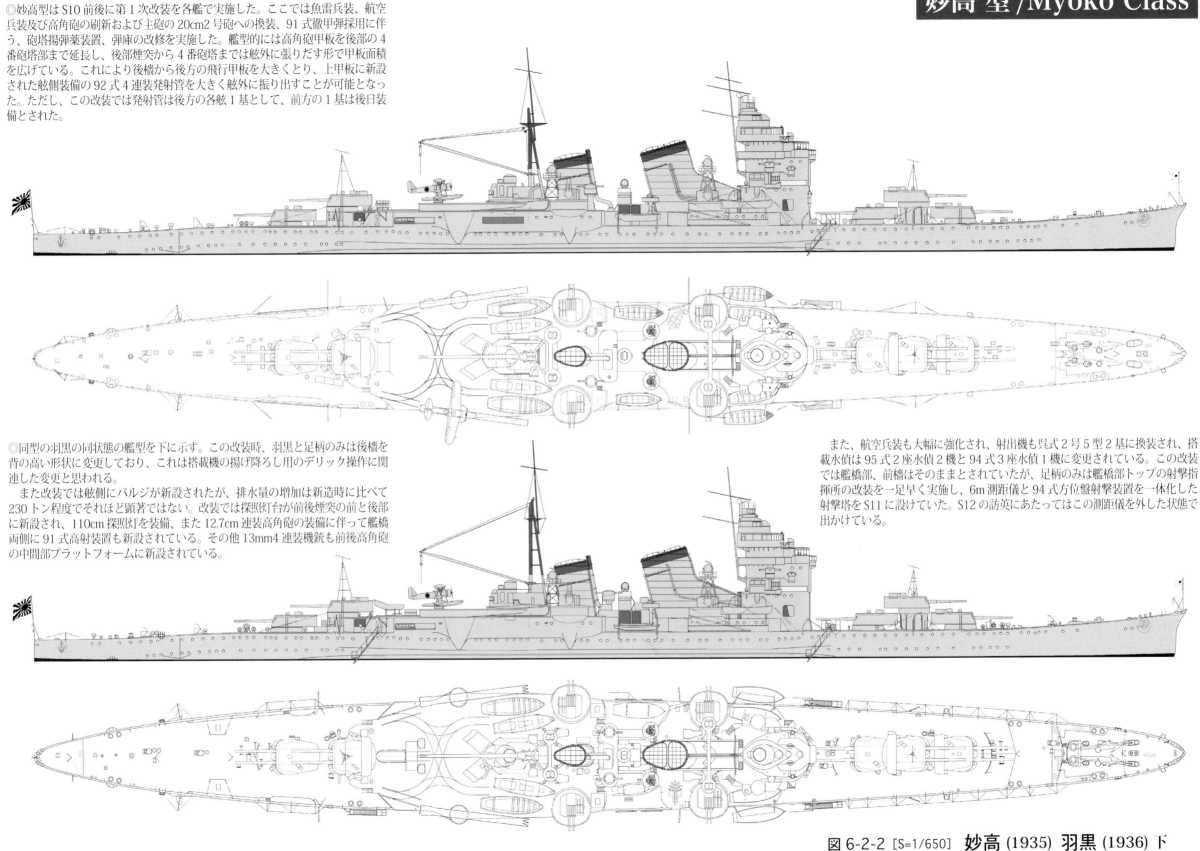

図 6-2-2 [S=1/650] 妙高 (1935) 羽黒 (1936) 下

妙高 型 /Myoko Class

図 6-2-3 [S=1/650] 妙高 (1941/1944- 下)

◎妙高の第2次改装は同型艦中、もっとも最後の工事でS16 4月に完成した。妙高のみが艦橋部トップの射撃指揮所を方位盤装置と6m測距儀を別々に装備しており、これはいい識別点になるがその理由はあきらかでない。
改装では高雄型のように後檣を後方に下げることも検討されたが、完成を急ぐため断念されたという。

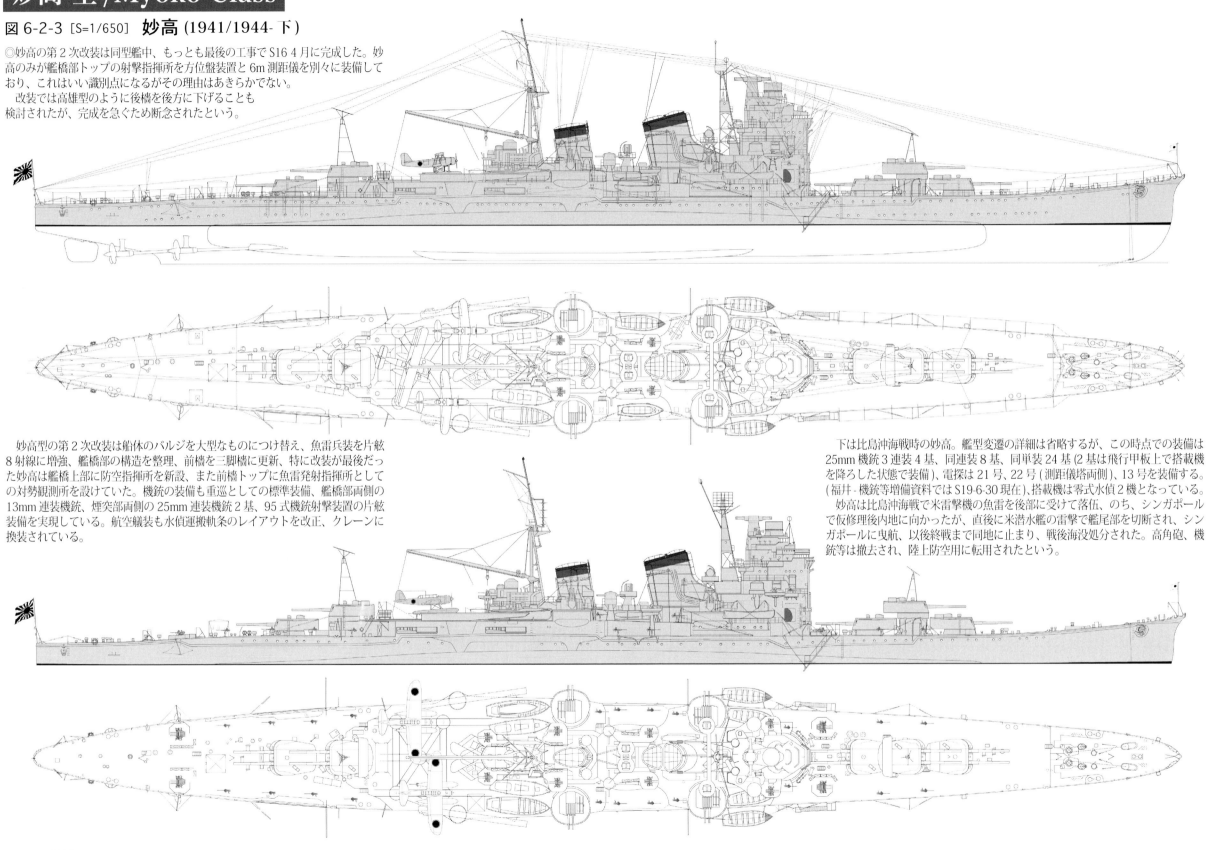

妙高型の第2次改装は船体のバルジを大型なものにつけ替え、魚雷兵装を片舷8射線に増強、艦橋部の構造を整理、前檣を三脚檣に更新、特に改装が最後だった妙高は艦橋上部に防空指揮所を新設、また前檣トップに魚雷発射指揮所としての対勢観測所を設けていた。機銃の装備も重巡としての標準装備、艦橋部両側の13mm連装機銃、煙突部両側の25mm連装機銃2基、95式機銃射撃装置の片舷装備を実現している。航空艤装も水偵運搬軌条のレイアウトを改正、クレーンに換装されている。

下は比島沖海戦時の妙高。艦型変遷の詳細は省略するが、この時点での装備は25mm機銃3連装4基、同連装8基、同単装24基 (2基は飛行甲板上で搭載機を降ろした状態で装備)、電探は21号、22号 (測距儀塔両側)、13号を装備する。(福井-機銃等増備資料ではS19-6-30現在)、搭載機は零式水偵2機となっている。
妙高は比島沖海戦で米雷撃機の魚雷を後部に受けて落伍、のち、シンガポールで仮修理後内地に向かったが、直後に米潜水艦の雷撃で艦尾部を切断され、シンガポールに曳航、以後終戦まで同地に止まり、戦後海没処分された。高角砲、機銃等は撤去され、陸上防空用に転用されたという。

妙高 型/Myoko Class

図 6-2-4 [S=1/650] 那智 (1944-3/1944-10 下)

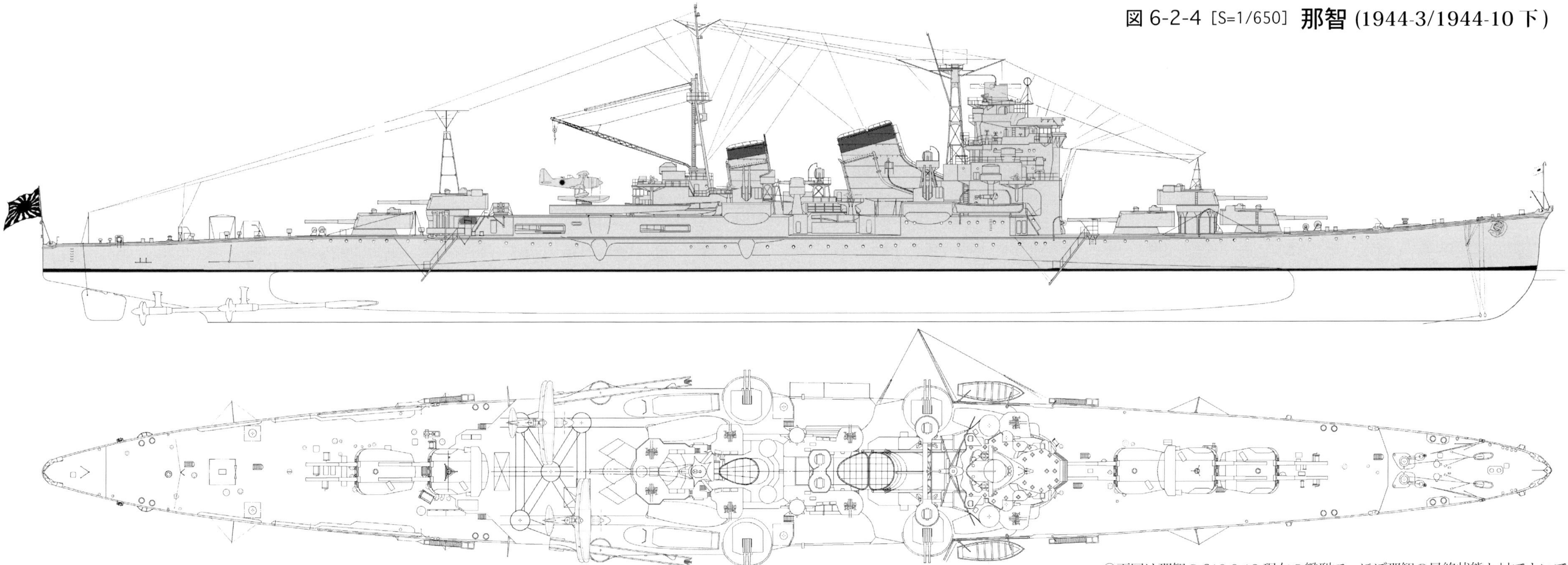

◎那智の第2次改装はS15に完成、改装内容は妙高と主砲射撃所を除いては同様である。那智は開戦時の南方作戦終了後、北方の第5艦隊に配属されたため以後大きな損傷もなく比島沖海戦を迎えている。上はS19 3月当時の艦型で、戦後写図された公式図によるものである。電探は21号と22号2基の装備を完了しているが、機銃は艦橋両側の13mm連装機銃を25mm連装機銃に換装、後部の予備指揮所前に同連装2基を追加しただけで極めて貧弱である。

◎下図は那智のS19-9-12 現在の艦型で、ほぼ那智の最終状態と見てよいであろう。上図に比べて25mm 機銃連装2基、同単装28基と13号電探を増備されているが、これらはこの間に横須賀、呉等で装備されたものと推定される。艦橋部の防空指揮所や整風装置等は開戦後の工事によるものである。
  那智は比島沖海戦で志摩艦隊に加わってスリガオ海峡に向かい、最上と接触損傷、マニラ湾に後退したが、数日後、米艦載機の集中攻撃により船体を切断し沈没した。

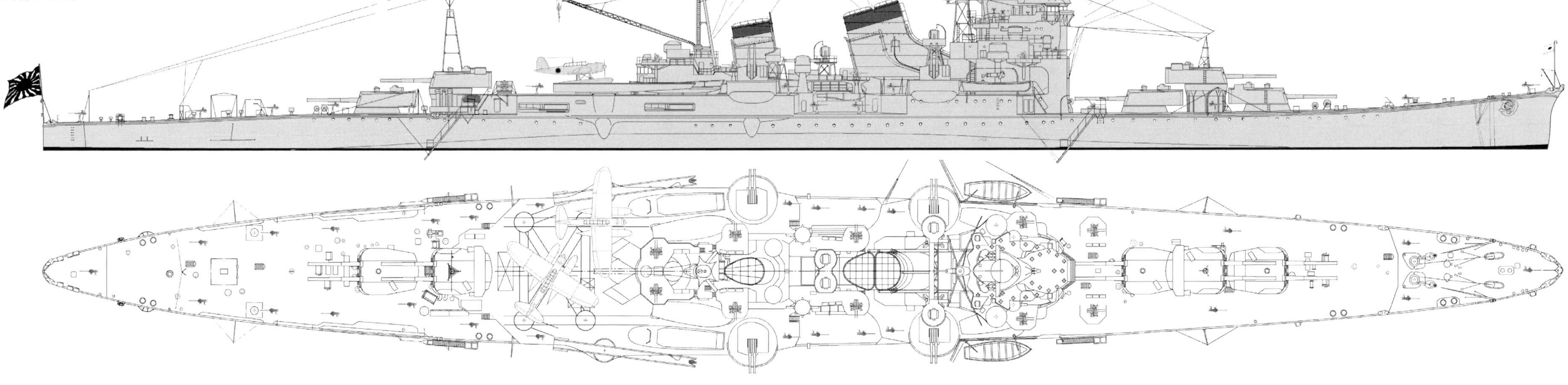

妙高 型/Myoko Class

図 6-2-5 [S=1/650] 足柄 (1940/1944-下)

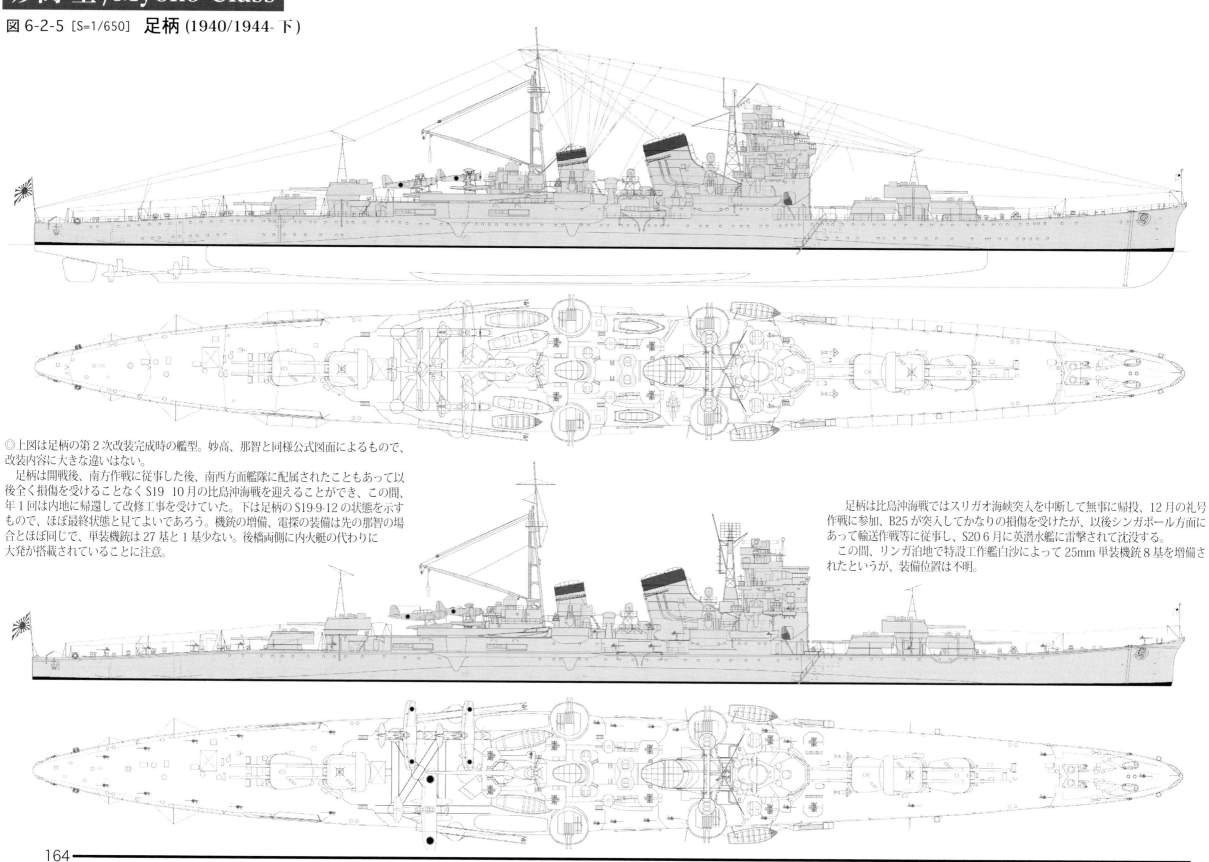

◎上図は足柄の第2次改装完成時の艦型。妙高、那智と同様公式図面によるもので、改装内容に大きな違いはない。

足柄は開戦後、南方作戦に従事した後、南西方面艦隊に配属されたこともあって以後全く損傷を受けることなくS19 10月の比島沖海戦を迎えることができ、この間、年1回は内地に帰還して改修工事を受けていた。下は足柄のS19-9-12の状態を示すもので、ほぼ最終状態と見てよいであろう。機銃の増備、電探の装備は先の那智の場合とほぼ同じで、単装機銃は27基と1基少ない。後檣両側に内火艇の代わりに大発が搭載されていることに注意。

足柄は比島沖海戦ではスリガオ海峡突入を中断して無事に帰投、12月の礼号作戦に参加、B25が突入してかなりの損傷を受けたが、以後シンガポール方面にあって輸送作戦等に従事し、S20 6月に英潜水艦に雷撃されて沈没する。

この間、リンガ泊地で特設工作艦白沙によって25mm単装機銃8基を増備されたというが、装備位置は不明。

妙高 型 / Myoko Class

図 6-2-6 [S=1/650] 羽黒 (1940/1944-下)

◎上図は羽黒の第2次改装完成時の艦型。この状態の羽黒の公式図はないが、全体の形態は足柄とほぼ同様。

◎下図は羽黒の比島沖海戦当時の状態。福井資料によるとS19-6-30現在ということになる。本艦は幸運に恵まれこの時点まで損傷することなく、機銃、電探等の増備を実施して、妙高型にあっては妙高とともに25mm3連装機銃を装備して比較的強化されていた。後檣とクレーンはS17-10に佐世保工廠で妙高と同型のものに換装している。比島沖海戦では2番砲塔に被弾、砲塔がほぼ全滅、弾薬庫への注水により大事には至らなかったが、12月にシンガポールで2番砲塔の砲身を撤去、砲塔そのものはそのままにされた。

羽黒はS20-5に輸送任務にあたる際、魚雷発射管と魚雷を全て陸揚げして出撃したが、夜間マラッカ海峡で待ち伏せしていた英駆逐艦5隻に襲撃されて魚雷多数が命中、沈没した。この後1隻のみ残った足柄も英潜水艦に喰われて、残存したのは艦尾を損傷して行動不能となった妙高と高雄のみであった。

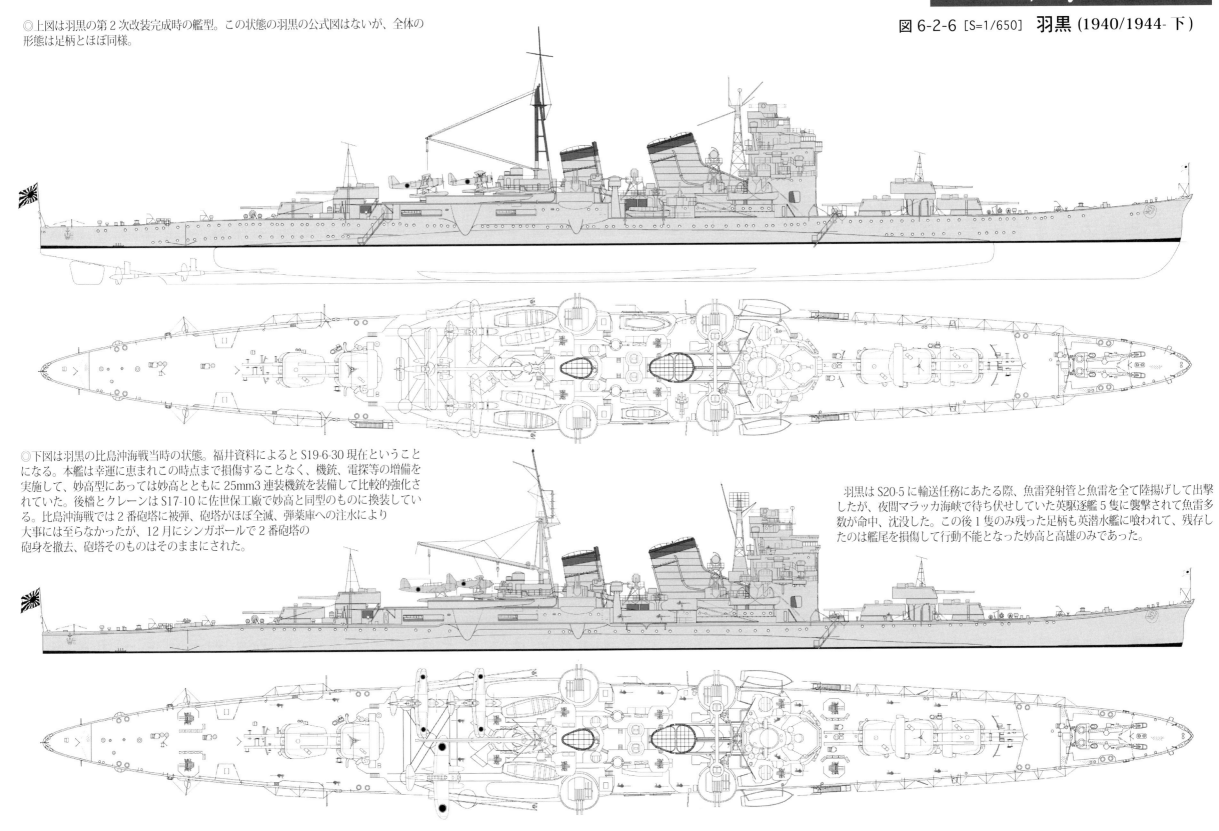

165

妙高 型/Myoko Class

図 6-2-7 妙高（計画時）一般配置図

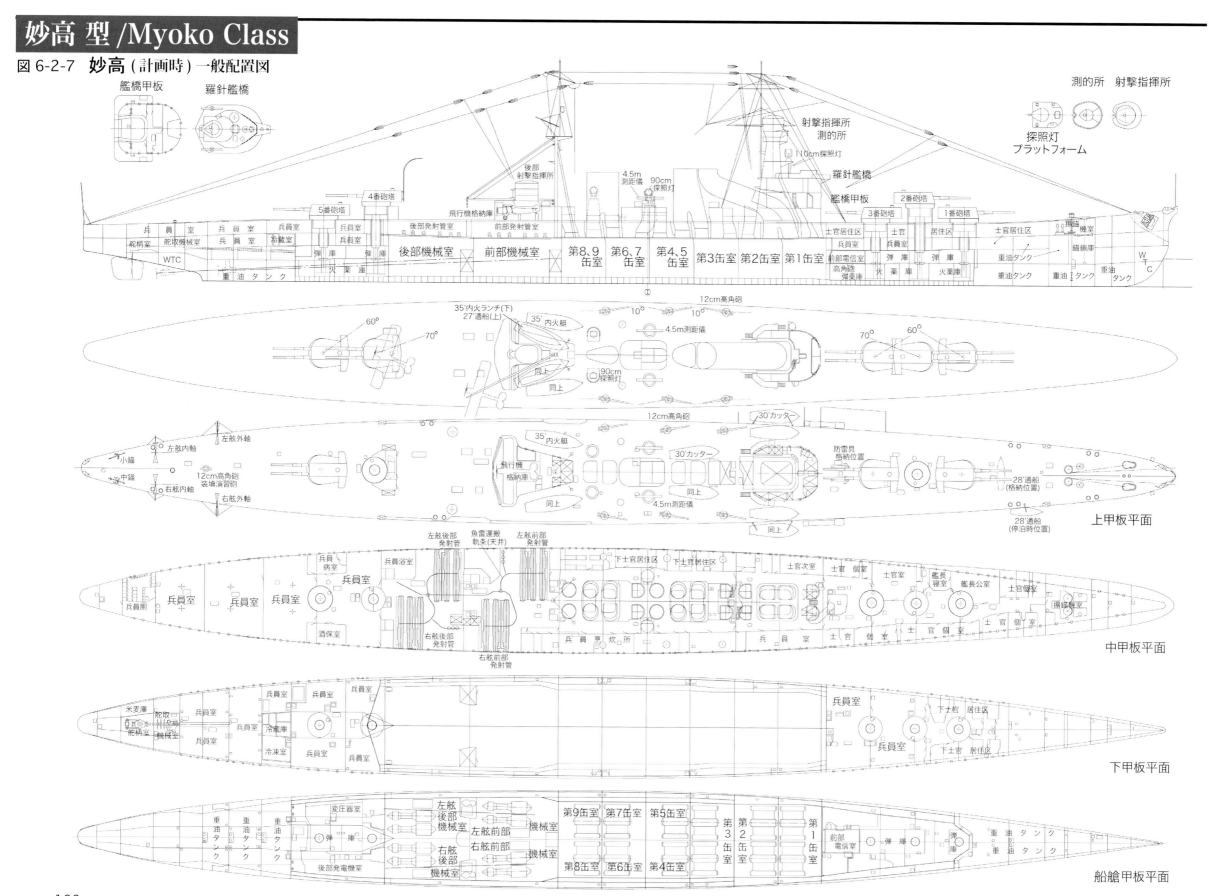

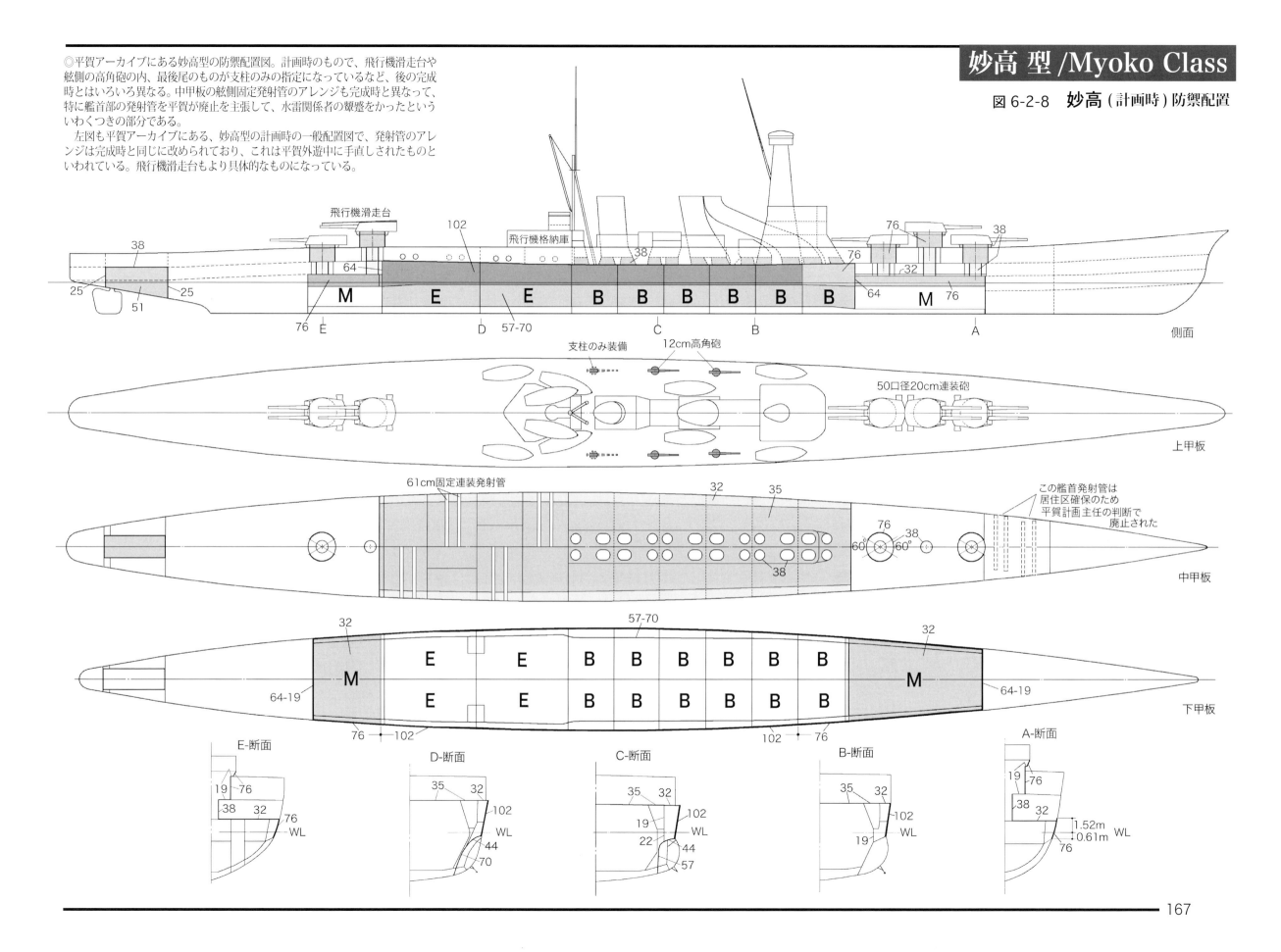

妙高 型 /Myoko Class

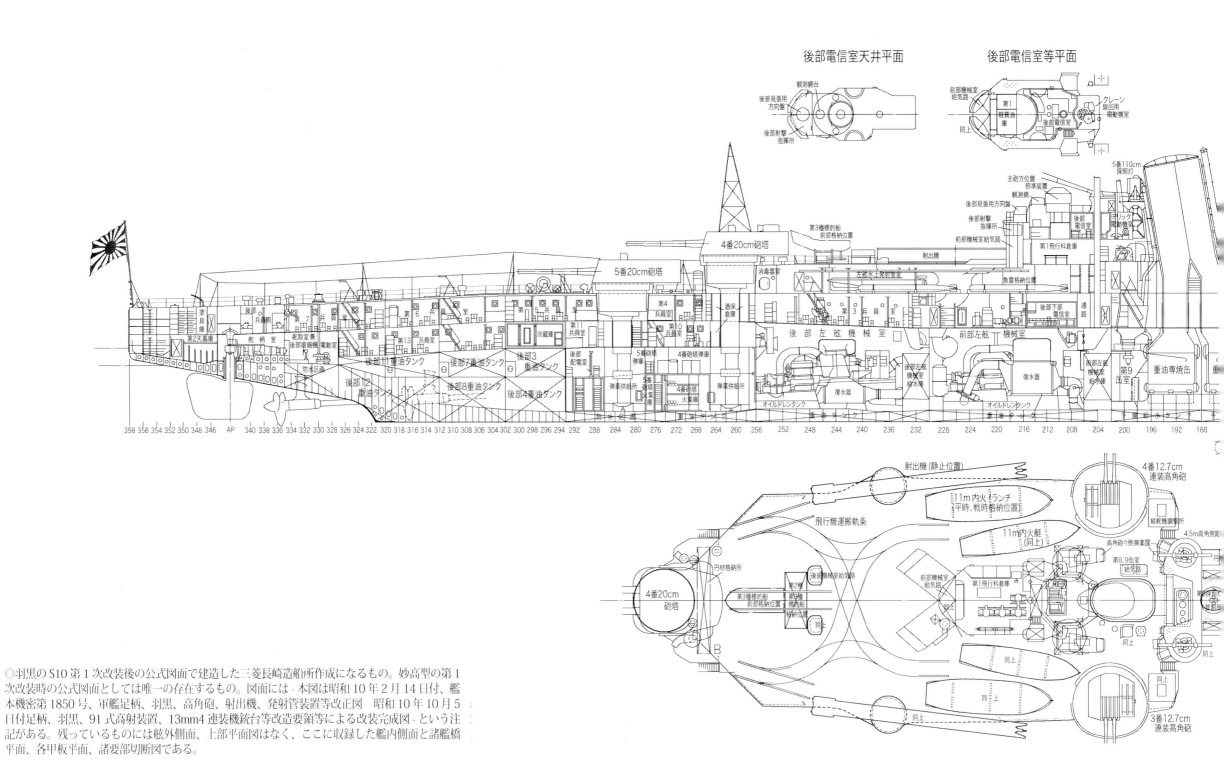

◎羽黒のS10第1次改装後の公式図面で建造した三菱長崎造船所作成になるもの。妙高型の第1次改装時の公式図面としては唯一の存在するもの。図面には - 本図は昭和10年2月14日付、艦本機密第1850号、軍艦足柄、羽黒、高角砲、射出機、発射管装置等改正図 昭和10年10月5日付足柄、羽黒、91式高射装置、13mm4連装機銃台等改造要領等による改装完成図 - という注記がある。残っているものには舷外側面、上部平面図はなく、ここに収録した艦内側面と諸艦橋平面、各甲板平面、諸要部切断図である。

妙高型／Myoko Class

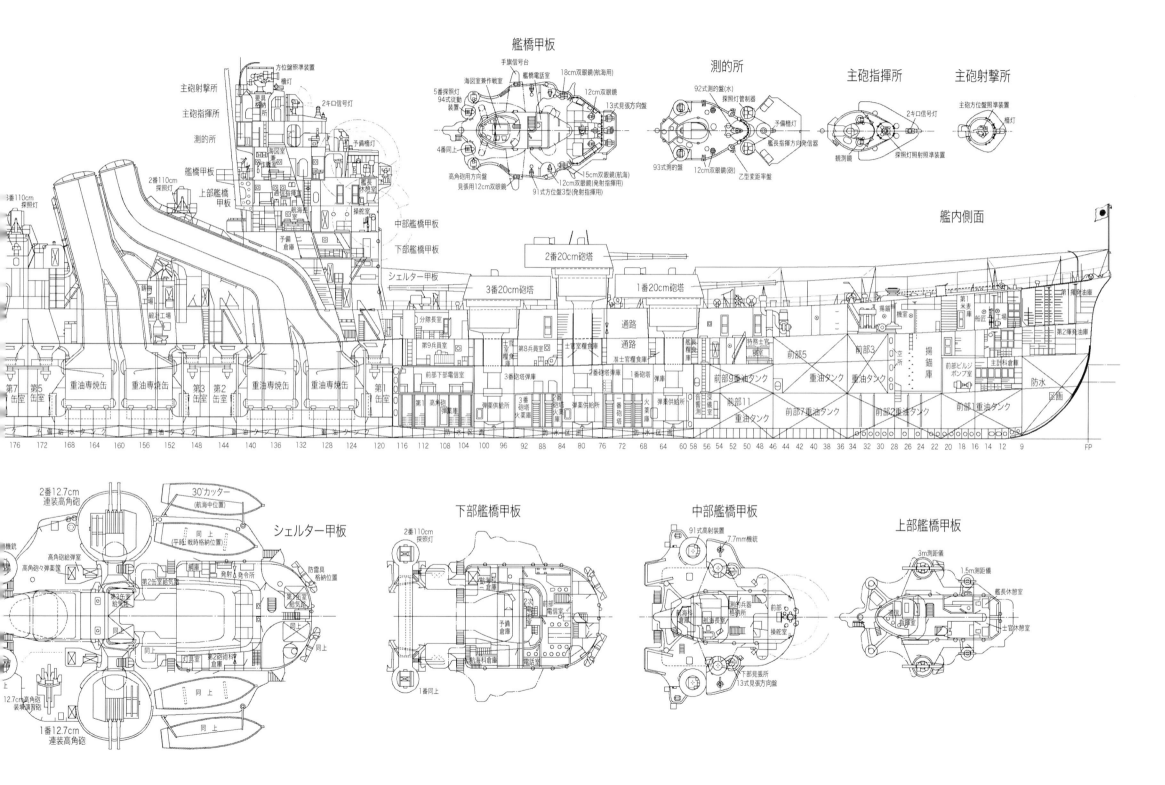

図 6-2-9 羽黒 (1935) 艦内側面・諸艦橋平面

妙高 型 /Myoko Class

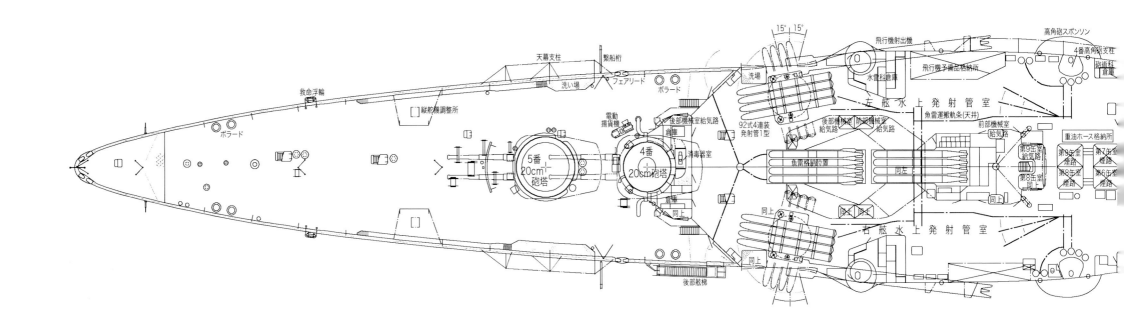

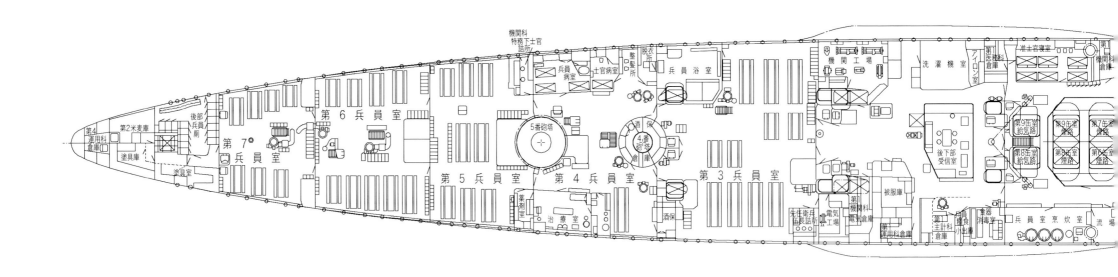

妙高 型 /Myoko Class

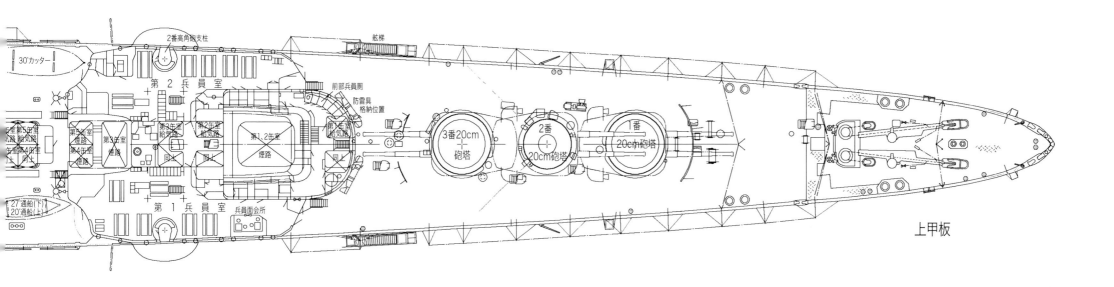

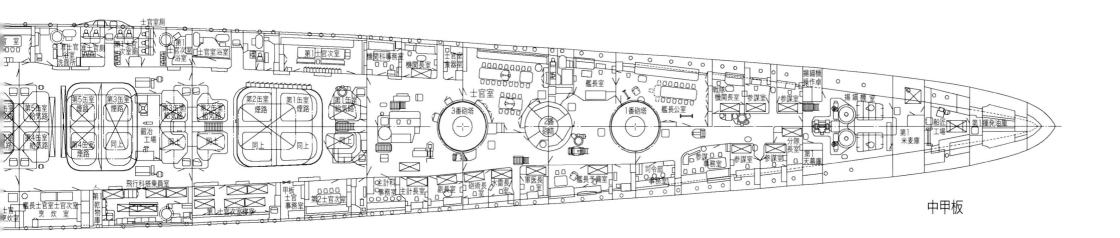

図 6-2-10 羽黒 (1935) 上甲板・中甲板平面

妙高型/Myoko Class

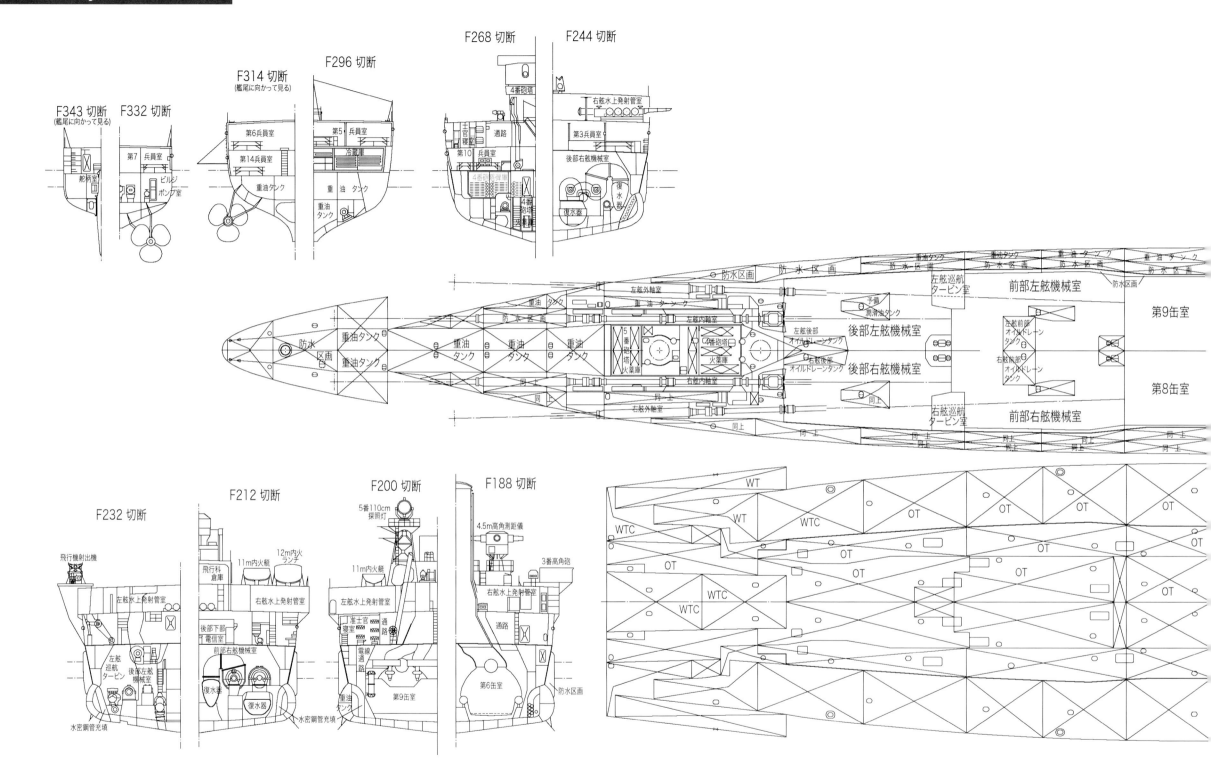

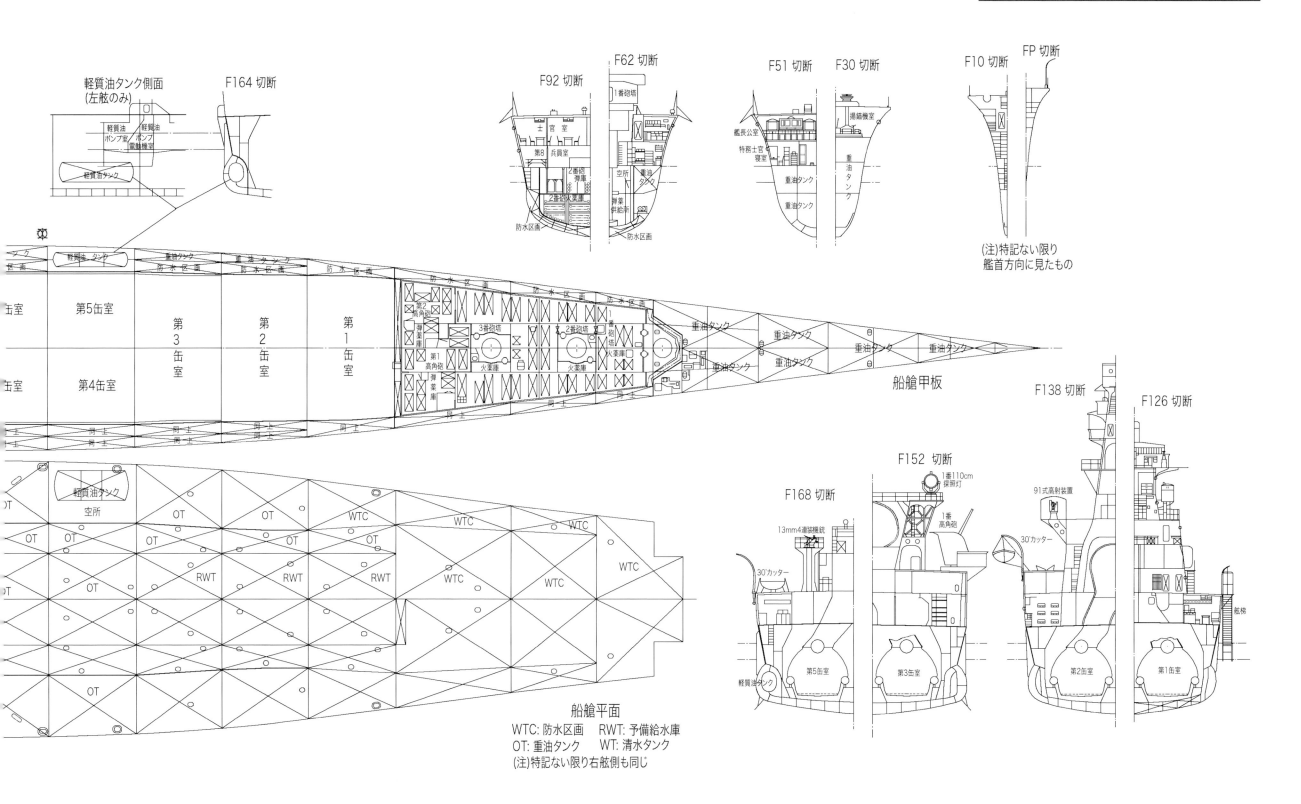

図 6-2-11 羽黒 (1935) 下甲板・船倉甲板平面・諸要部切断

妙高 型/Myoko Class

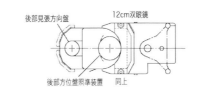

後部電信室天井平面

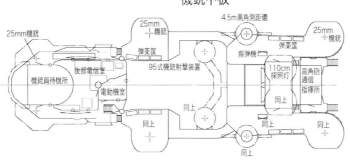

機銃甲板

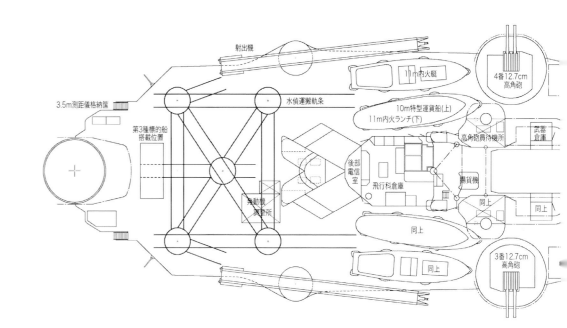

◎那智のS19 3月現在の一般配置図を以下に示す。
　前述のように戦後、造工資料の配布用として元図の青図を写図したものらしく、トレースの状態はあまりよいとはいえず、何箇所かの誤りもあり、本図ではもちろん修正済みである。妙高型の大戦中の公式図面はこれ以外には残されていないので、その意味では貴重かもしれない。この図でも上部構造物各所に兵員待機所が設けられており、後橋両側には10m特型運貨船が11m内火ランチ上に搭載されているなどは戦時下の工事による。
　那智はマニラ湾で沈没後、水深が浅かったのか後に米軍がダイバーを入れて、艦内を捜索して機密文書を相当数手に入れていたことが、戦後になってわかり、後に＜那智文書＞として返還されている。多分、艦橋部の暗号室や作戦室等に残っていたものと推定され、艦の沈没時に処分しなかったとすれば、不手際はまぬがれえない。

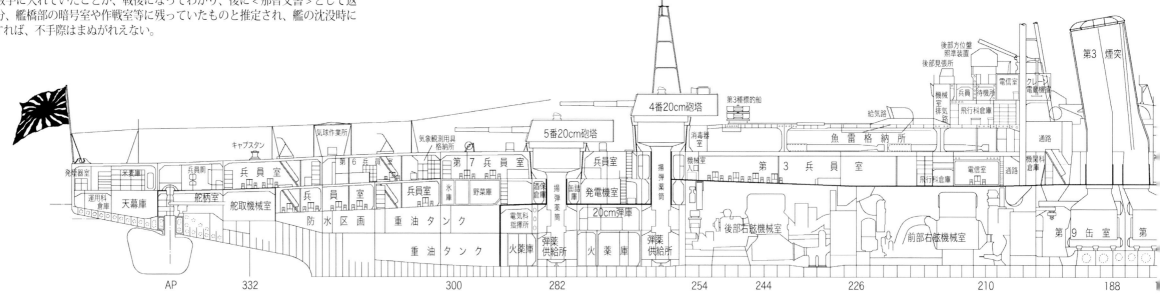

妙高 型 / Myoko Class

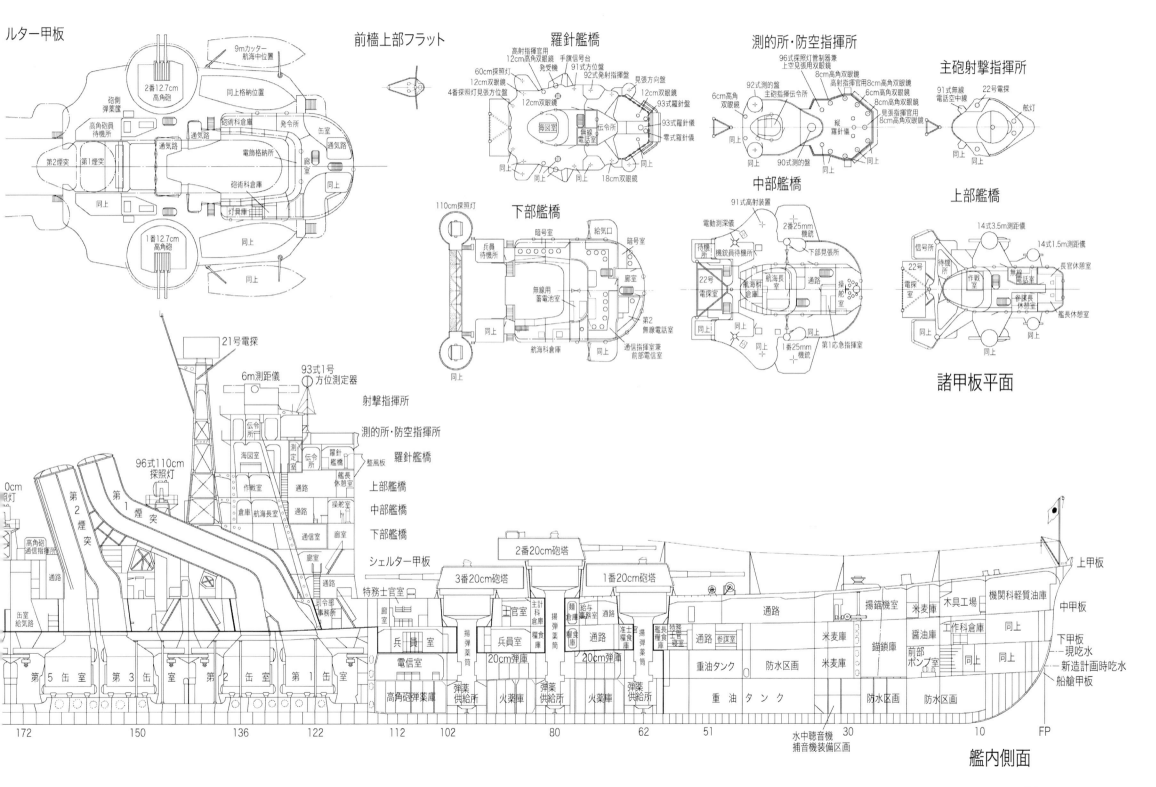

図 6-2-12 那智 (1944) 艦内側面・諸艦橋平面

妙高 型/Myoko Class

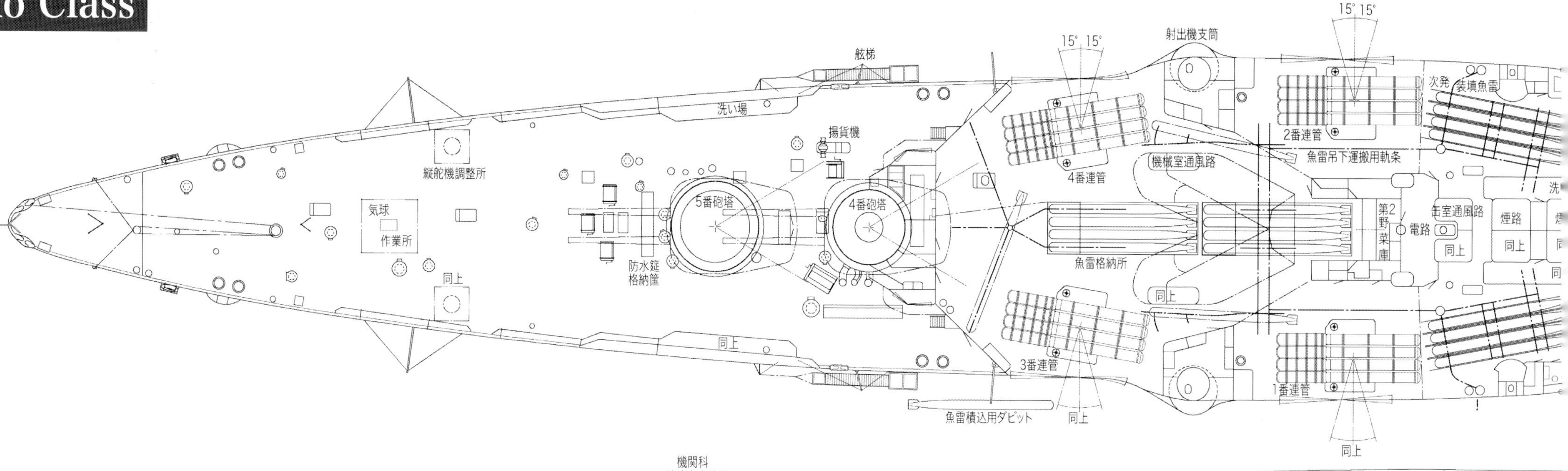

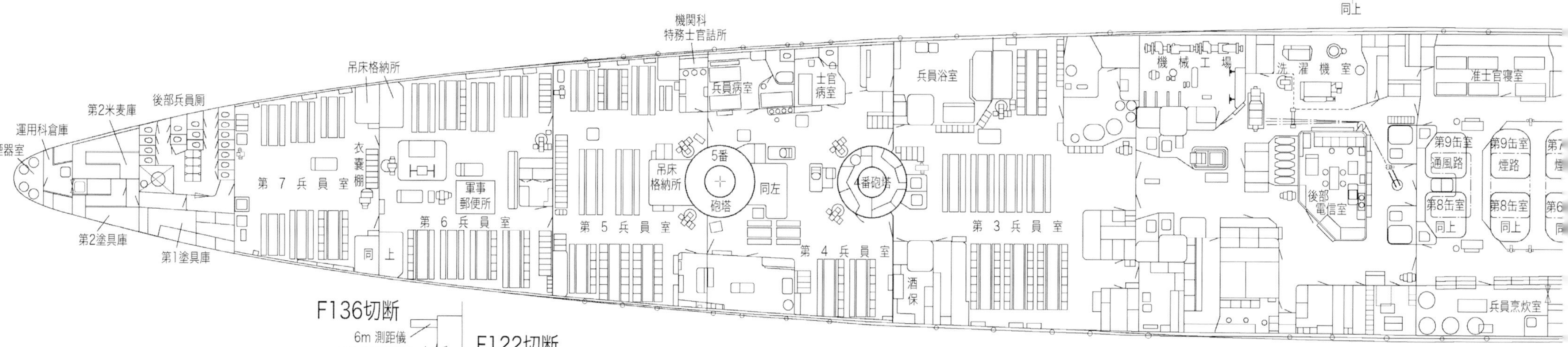

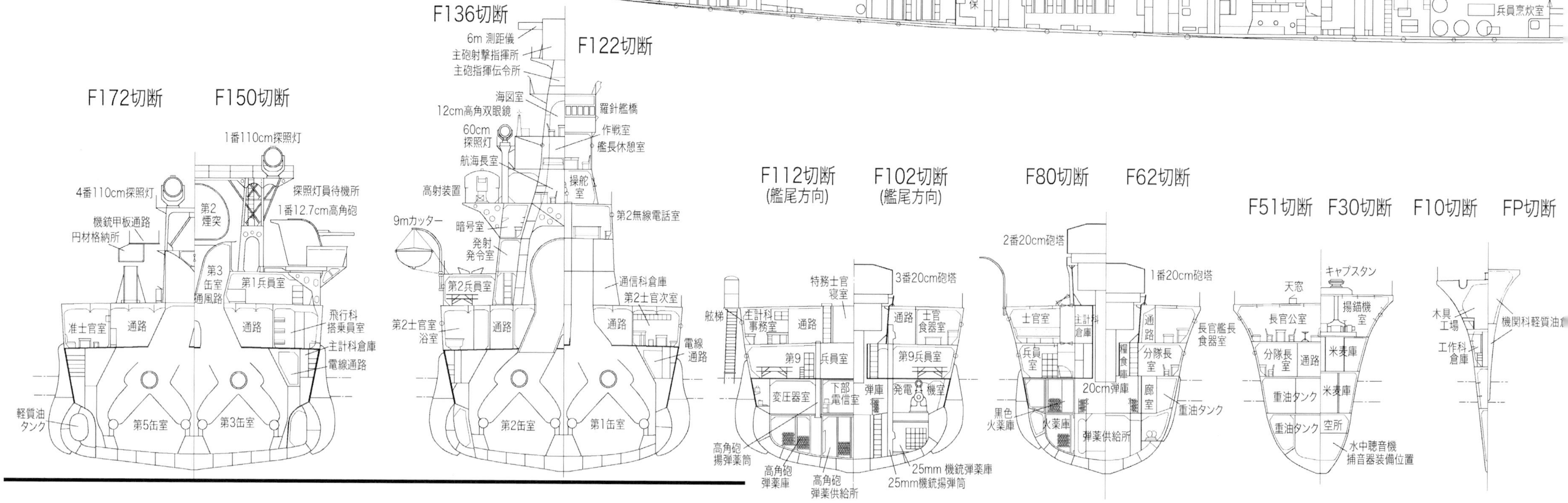

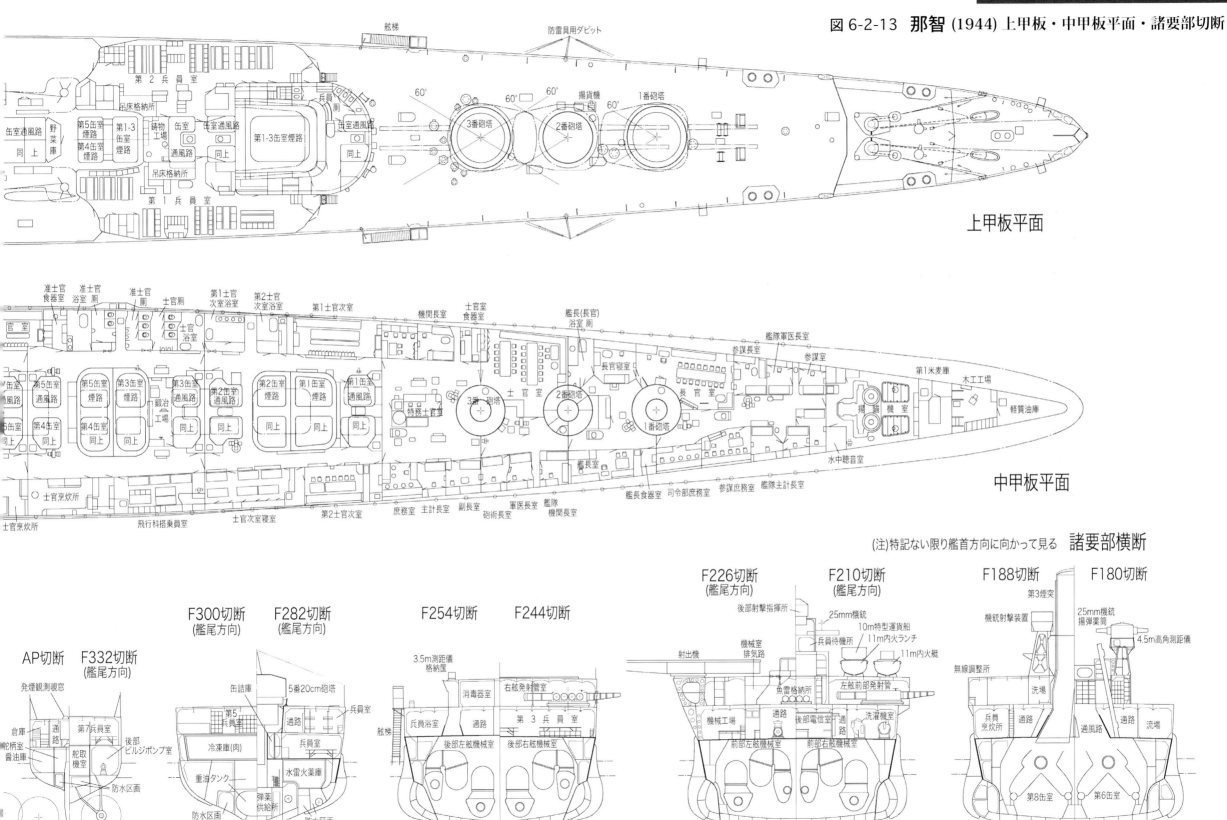
妙高型/Myoko Class
図 6-2-13 那智 (1944) 上甲板・中甲板平面・諸要部切断

妙高 型/Myoko Class

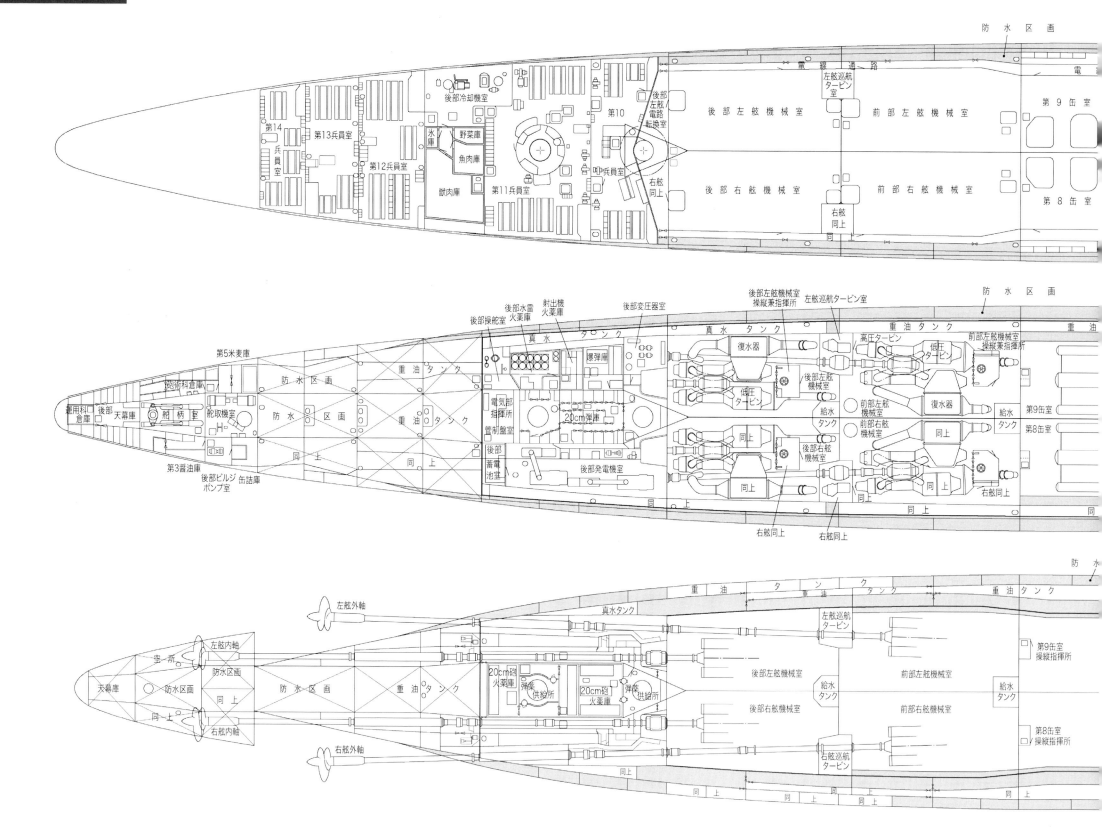

妙高型/Myoko Class

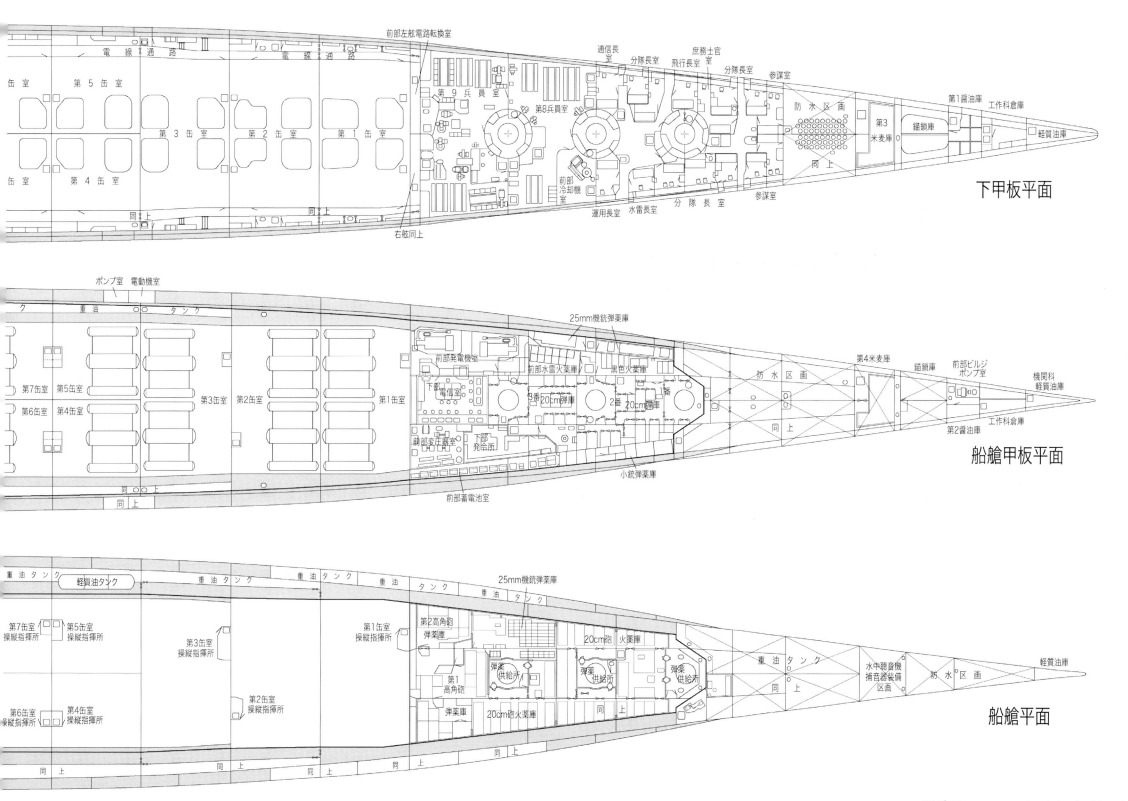

図 6-2-14 那智 (1944) 下甲板・船艙甲板・船艙平面

妙高 型/Myoko Class

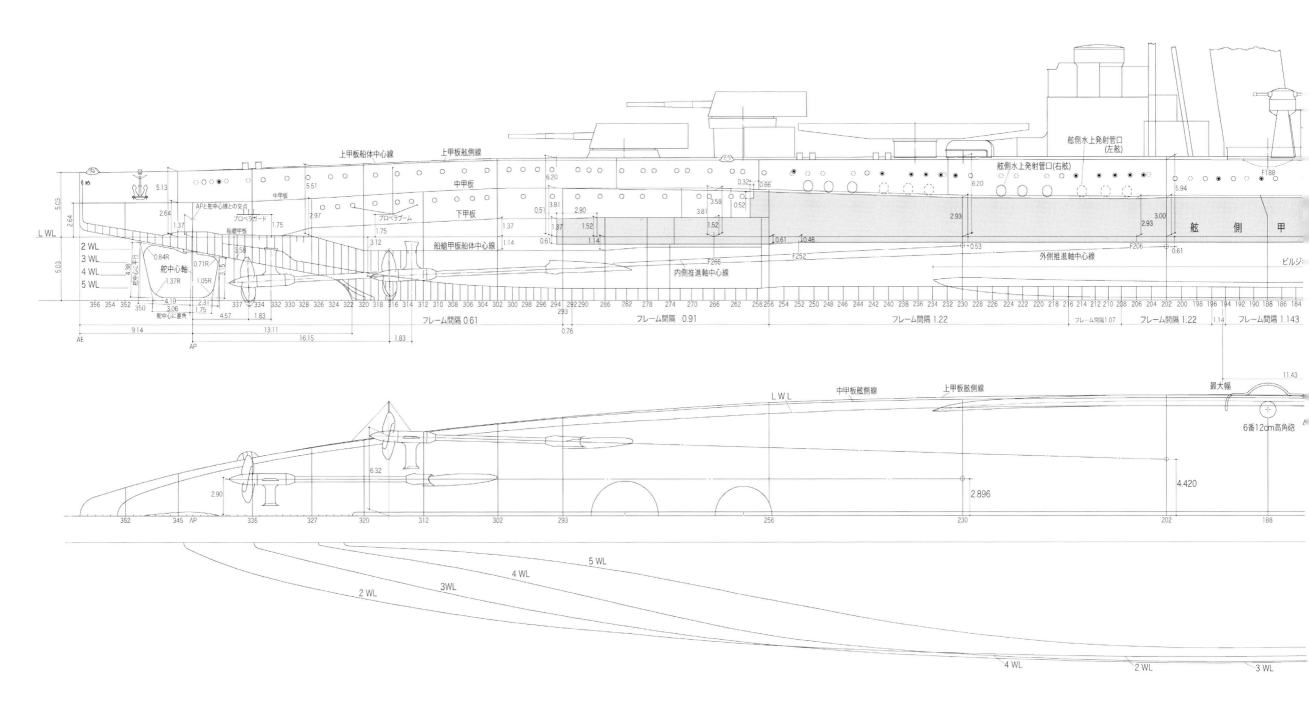

妙高 型/Myoko Class

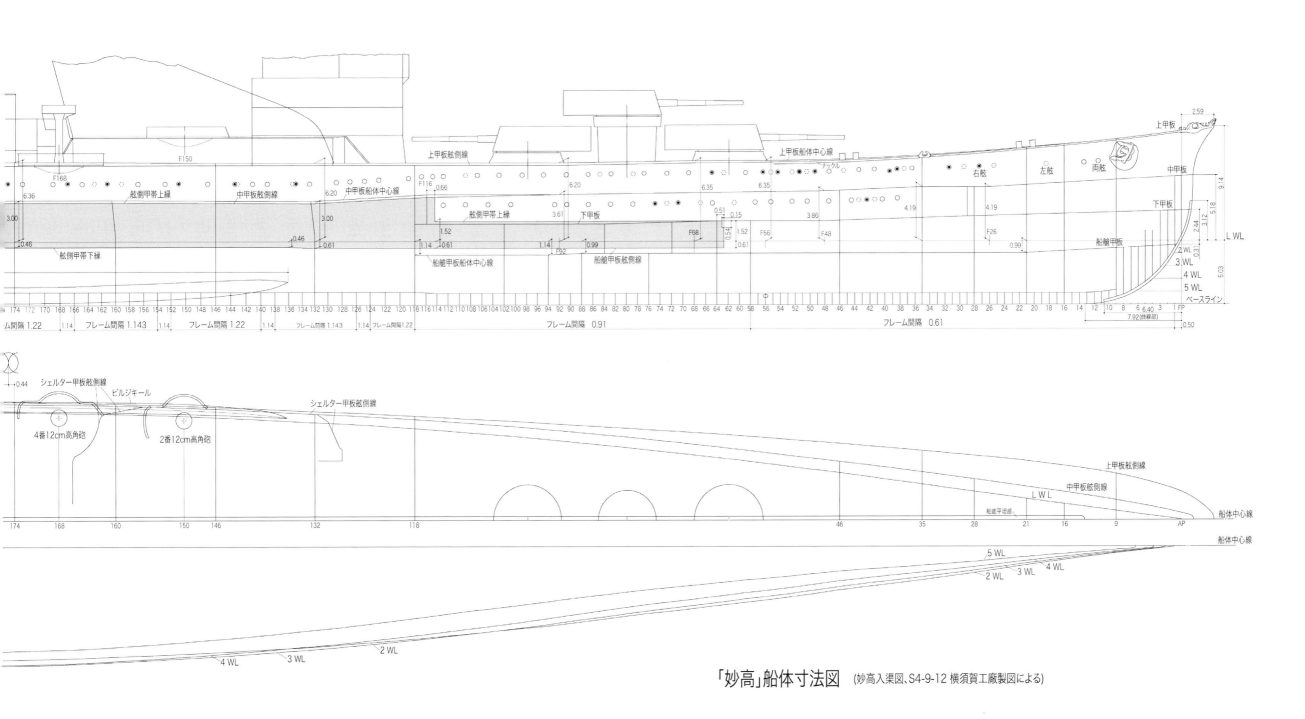

「妙高」船体寸法図　(妙高入渠図、S4-9-12 横須賀工廠製図による)

図 6-2-15　妙高（新造時）船体寸法図

妙高 型 /Myoko Class

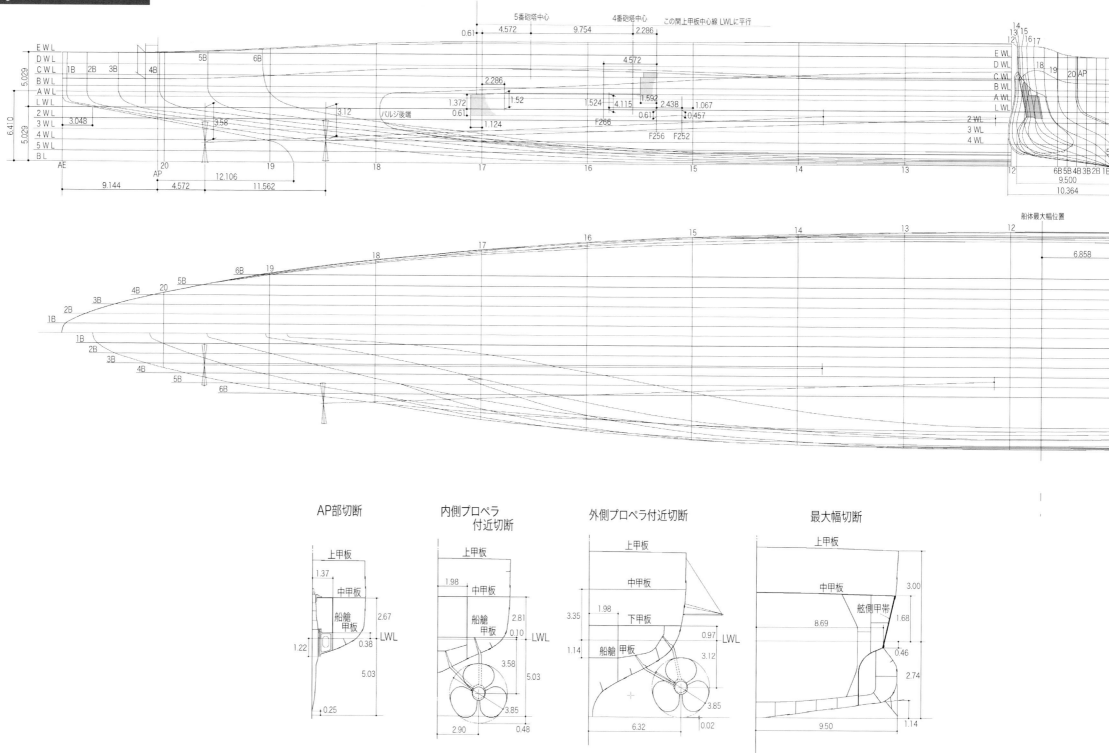

図 6-2-16 足柄 (新造時) 船体線図・妙高 正面線図及び諸要部断面

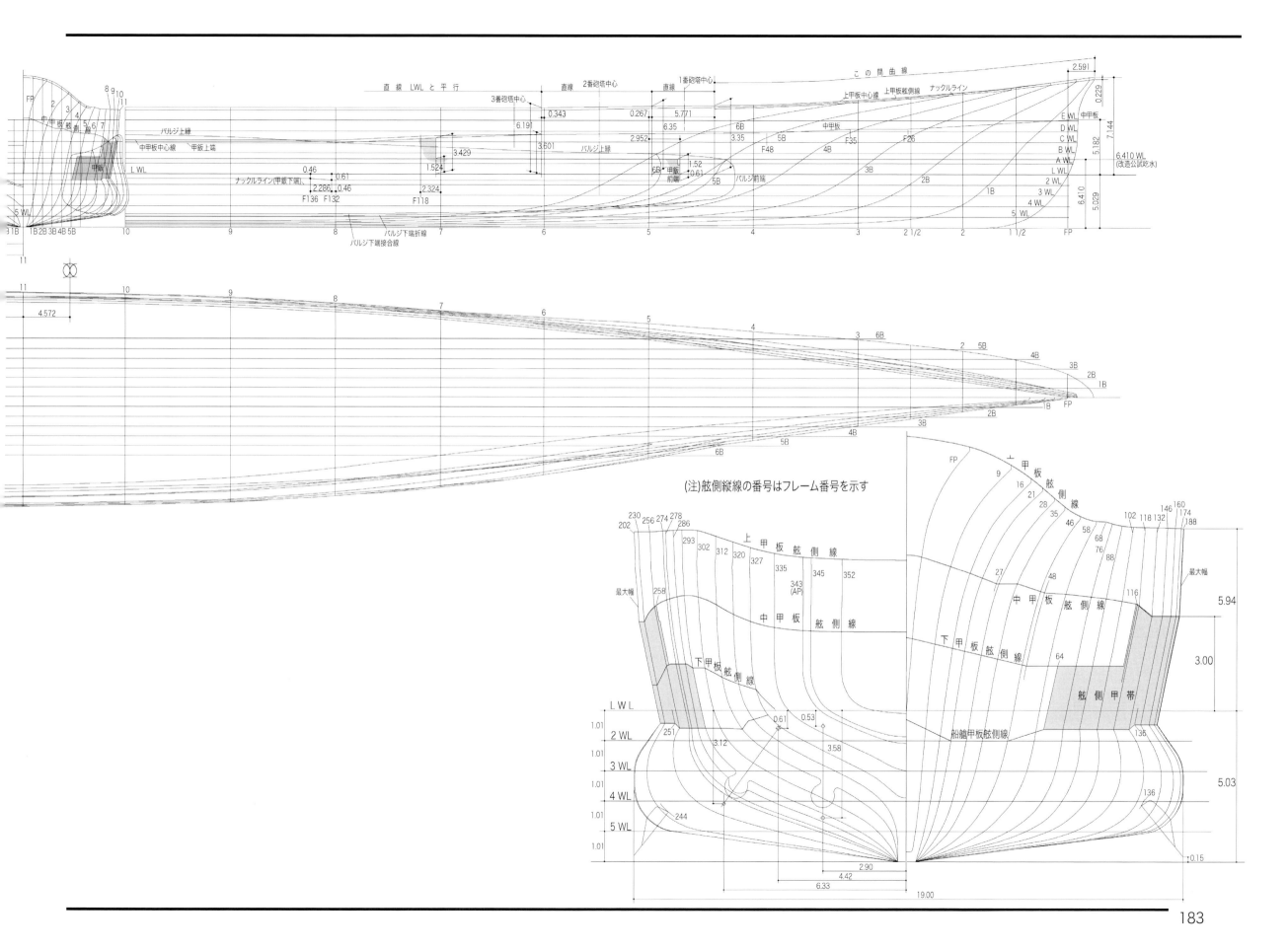

妙高 型/Myoko Class

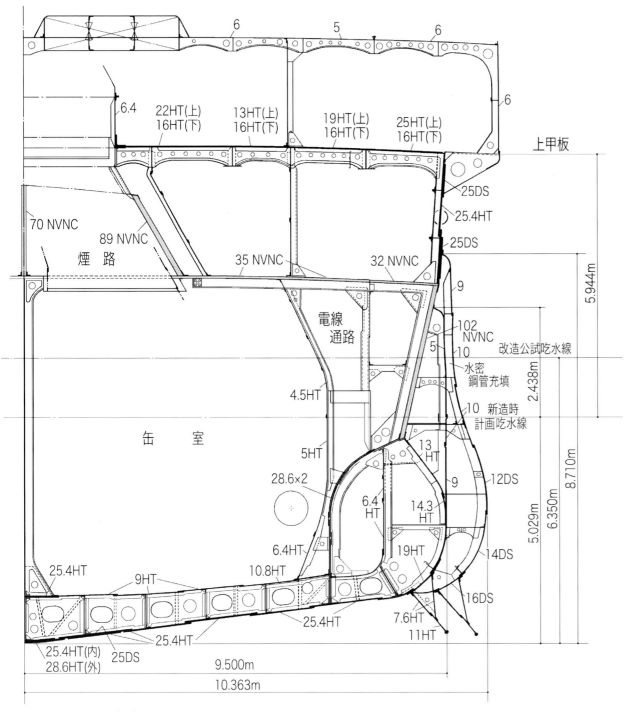

図 6-2-17 **妙高** (1941) 中央部切断構造図

妙高 型 /Myoko Class

妙高　定員/Complement (1)

職名 /Occupation	官名 /Rank	定数 /No.	職名 /Occupation	官名 /Rank	定数 /No.	
艦長	大佐	1		特務中少尉	4	特士 / 7
副長	中佐	1		機関特務中少尉	3	
砲術長兼分隊長	少佐	1		兵曹長	5	准士 / 10
水雷長兼分隊長	〃	1		機関兵曹長	3	
航海長兼分隊長	〃	1		船匠兵曹長	1	
通信長兼分隊長	少佐 / 大尉	1		主計兵曹長	1	
運用長兼分隊長	〃	1		兵曹	85	下士 /146
分隊長	〃	5		船匠兵曹	3	
	兵科尉官	2		機関兵曹	49	
	中少尉	6		看護兵曹	2	
機関長	機関中少佐	1		主計兵曹	7	
分隊長	機関少佐 / 大尉	3		水兵	285	兵 /511
	機関中少尉	2		船匠兵	6	
軍医長兼分隊長	軍医少佐	1		機関兵	190	
	軍医中少尉	1		看護兵	2	
主計長兼分隊長	主計少佐 / 大尉	1		主計兵	28	
	主計中少尉	1	（合　計）		704	

（士官 /30）

注/NOTES 昭和 2 年 4 月 16 日内令 132 による 1 等巡洋艦妙高の定員を示す【出典】海軍制度沿革
(1) 専務兵科分隊長の内 2 人は砲台長、1 人は水雷砲長、1 人は測的長にあたるものとする
(2) 機関科分隊長の内 1 人は機械部、1 人は缶部、1 人は補機部の各指揮官にあたる
(3) 特務中少尉 1 人及び兵曹長の内 1 人は掌砲長、1 人は掌水雷長 (飛行機掛を兼ねる)、1 人は掌帆長、1 人は掌信号長、
　　1 人は掌通信長にあたるものとする
(4) 機関特務中少尉 2 人及び機関兵曹長の内 1 人は掌機長、1 人は機械長、1 人は缶長、1 人は補機長にあてる
(5) 兵科分隊長の内 1 人は特務大尉を以て、機関科分隊長中 1 人は機関特務大尉を以て補することが可
(6) 飛行機を搭載しないときは兵科尉官 2 人、機関特務中少尉又は機関兵曹長 1 人、兵曹 3 人、機関兵曹 2 人、水兵 5 人、
　　機関兵 3 人を減ずることができる

妙高型　定員/Complement (2)

職名 /Occupation	官名 /Rank	定数 /No.	職名 /Occupation	官名 /Rank	定数 /No.	
艦長	大佐	1		兵曹長	5	准士 / 11
副長	中佐	1		機関兵曹長	4	
砲術長	少佐	1		整備兵曹長	1	
水雷長兼分隊長	〃	1		主計兵曹長	1	
航海長兼分隊長	〃	1		兵曹	89	下士 /155
通信長兼分隊長	少佐 / 大尉	1		航空兵曹	3	
運用長兼分隊長	〃	1		整備兵曹	3	
分隊長	〃	5		機関兵曹	51	
	兵科尉官	2		看護兵曹	2	
	中少尉	7		主計兵曹	7	
機関長	機関中少佐	1		水兵	352	兵 /587
分隊長	機関少佐 / 大尉	4		航空兵	2	
	機関中少尉	2		整備兵	7	
軍医長兼分隊長	軍医少佐	1		機関兵	197	
	軍医中少尉	1		看護兵	3	
主計長兼分隊長	主計少佐 / 大尉	1		主計兵	26	
	主計中少尉	1				
	特務中少尉	4	（合　計）		792	
	機関特務中少尉	3				

（士官 /32）　（特士 / 7）

注/NOTES 昭和 9 年 4 月 1 日内令 139 による 1 等巡洋艦妙高型の定員を示す【出典】海軍制度沿革
(1) 兵科分隊長の内 2 人は砲台長、1 人は射撃幹部、1 人は測的長、1 人は水雷砲長にあたるものとする
(2) 機関科分隊長の内 1 人は機械部、1 人は缶部、1 人は電機部、1 人は補機部の各指揮官にあたる
(3) 特務中少尉 1 人及び兵曹の内 1 人は掌砲長、1 人は掌水雷長、1 人は掌帆長、1 人は掌信号長、1 人は掌通信にあたるものとする
(4) 機関特務中少尉 2 人及び機関兵曹長の内 1 人は掌機長、1 人は機械長、1 人は缶長、1 人は電機部、1 人は補機長にあてる
(5) 兵科分隊長の内 1 人は特務大尉を以て、機関科分隊長中 1 人は機関特務大尉を以て補することが可
(6) 飛行機を搭載しないときは兵科尉官 2 人、整備兵曹長 1 人、航空兵曹 3 人、整備兵曹 3 人、航空兵 2 人及び整備兵 7
　　人を減ず、ただし必要に応じて航空科、整備科下士官及び兵に限りその減員合計数の 1/5 の人員を置くことができる

(P -159 から続く)

シブヤン海の空襲とその後の米潜水艦の雷撃で損傷した妙高は、同じく米潜水艦に雷撃された高雄とともに以後昭南 (シンガポール)
にとどめられ行動不能状態にあったが、足柄、羽黒は燃料に不足のない同方面にあって、日本海軍最後の作戦可能重巡として活動した。

しかし護衛艦艇にも事欠く同方面にあっては有効な艦隊作戦は望めず、進出してきた英海軍により個別に討ち取られてしまった。

先にマニラ湾で沈没した那智は深度が浅かったこともあって、進出してきた米軍が潜水夫を使って艦内の機密文書を引き揚げ、那智
文書として翻訳活用したことは戦後になって知ったことで、後の返還資料に含まれていた。終戦時、昭南で唯一残存した妙高は終戦翌
年に高雄とともに英軍により海没処分となり、その栄光の生涯を終えている。

1 番艦の妙高の艦名は新潟県にある山名、戦後海上自衛隊の護衛艦 (イージス艦) に引き継がれている。2 番艦以降の那智は和歌山県
南東部の山名、足柄は神奈川県西部の山名、羽黒は山形県中部の山名、この内「あしがら」は海上自衛隊護衛艦 (イージス艦) が襲名し
ている。

[資料] 本型の資料は公開された <平賀資料> において先の古鷹型と同様多くの計画、新造時の技術データが残されている。ただ図面類
は妙高型の基本計画時の一般艤装図と防禦配置図が主なもので、青図の画像化なので状態は余り良くなく、数値等が判読出来ないのは
古鷹型と変わりない。<平賀資料> には平賀自身の 1 万噸巡洋艦について海軍技術会議に提出した基本計画説明書があるが、それ以外
にも平賀が艦本を追われた後に艦本で作成された多くの技術資料が含まれており、新造時の本型についてはデータの宝庫といってよい。

<造工資料> にはあまり大型艦の図面はないが、足柄の 2 次装備時の図面ほぼ一式があり、他に妙高の入渠図がある。

呉の <福井資料> にはこれも大半が返還資料だが、第 2 次改装時の妙高、那智、足柄 (造工資料と同じ) の図面一式があり、また妙高、
足柄、羽黒の要目簿がある。この内足柄は新造時のもので造工資料が出所らしい。妙高の要目簿は 3 冊あり 2 冊は機関関係となっている。

他に羽黒、足柄、那智の船体寸法図、入渠図、線図、艦橋構造等の図面が相当数あり、公式資料としてはそろっている方である。

靖国神社偕行文庫に遠藤昭氏寄贈の羽黒の一般艤装図ほぼ一式があり、これは第 1 次改装時で、呉にはないものだが返還資料の一部
と思われる。また昭和 54 年に遠藤氏が有料配布していた「日本軍艦史考」には妙高型の部分図面及び呉工廠作成の妙高及び那智の砲熕
関係艤装の相違点を調査した報告書等が含まれている。この報告書は防衛研究所図書館所蔵の資料と推定される。

根本資料の一つである一般計画要領書においても、妙高型は計画、現状とも空欄が多くデータの欠落が多い。その他ネット上で公開
されているアジア歴史資料センターの防衛研究所図書館関係の資料に本型及び所属戦隊の戦時日誌、戦闘詳報の類が断片的に残されて
おり、その他ネット上では未公開の大戦中の行動調書等もいろいろ存在する。現在までに図面の類も何らかの形で雑誌や図面集等に復
元写真が掲載されており、日本重巡では最も資料の公開が進んでいるといえる。写真も大戦中を含めてもっとも豊富に残されており、
時代考証や模型制作に困ることは比較的少ないように思う。

妙高 型 /Myoko Class

妙高型　定　員 /Complement (3)

職名 /Occupation	官名 /Rank	定数 /No.	職名 /Occupation	官名 /Rank	定数 /No.
艦長	大佐	1		兵曹長	6
副長	中佐	1		機関兵曹長	5
砲術長	少佐	1		航空兵曹長	1
水雷長兼分隊長	〃	1		主計兵曹長	1
航海長	〃	1			（准士 /13）
通信長兼分隊長	少佐 / 大尉	1			
運用長兼分隊長	〃	1		兵曹	107
飛行長兼分隊長	〃	1		航空兵曹	7
分隊長	〃	5		整備兵曹	6
	兵科尉官	1		機関兵曹	58
	中少尉	8		看護兵曹	2
	（士官 /33）			主計兵曹	8
機関長	機関中少佐	1			（下士 /188）
分隊長	機関少佐 / 大尉	4		水兵	329
	機関中少尉	2		航空兵	11
軍医長兼分隊長	軍医少佐	1		整備兵	6
	軍医中少尉	1		機関兵	195
主計長兼分隊長	主計少佐 / 大尉	1		看護兵	4
	主計中少尉	1		主計兵	24
	特務中少尉	4			（兵 /569）
	機関特務中少尉	3			
	航空特務中少尉	1			
	整備特務中少尉	1			
	（特士 / 9）		（合　計）		812

注 /NOTES

昭和12年4月内令169による1等巡洋艦妙高型の定員を示す【出典】海軍制度沿革

(1) 兵科分隊長の内2人は砲台長、1人は射撃幹部、1人は測的指揮官、1人は見張指揮官兼航海長補佐官にあたる

(2) 機関科分隊長の内1人は機械部、1人は缶部、1人は電機部、1人は工業部の各指揮官にあたる

(3) 特務中少尉及び兵曹長の内1人は掌砲長、1人は掌水雷長、1人は掌運用長、1人は掌信号長、1人は掌通信長、1人は操舵長、1人は電信長、1人は主砲方位盤射手、1人は砲台部付、1人は水雷砲台部付にあて、信号長又は操舵長の中の1人は掌航海長を兼ねるものとする

(5) 機関特務中少尉及び機関兵曹長の内1人は掌機長、3人は機械長、2人は缶長、1人は電機部、1人は工作長にあてる

(6) 飛行機(3座)搭載の場合においては1機に付き1人の割合で航空兵曹を増加するものとする

(7) 飛行機を搭載しないときは飛行長兼分隊長、兵科尉官1人、航空特務中少尉、整備特務中少尉、航空兵曹長、整備兵曹長、航空兵曹、整備兵曹、航空及び整備兵を置かず(飛行機の一部を搭載しないときはおおむねその数に比例し前記人員を置かないものとする)ただし航空科、整備兵下士官及び兵に限りその合計数の1/5の人員を置くことができる

(8) 兵科分隊長(砲術)の内1人は特務大尉を以て、中少尉の中の2人は特務中少尉又は兵曹長を以て、機関科分隊長中1人は機関特務大尉を以て補することが可

(9) 以上は妙高型の第1次改装後の定員を示すものと推定される

妙高戦時乗員　定　員 /Complement (4)

職名	主務	官名	定数	職名	主務	官名	定数
艦長		少将	1	乗組	缶長	少尉	1
副長		大佐	1	〃	缶分隊士	〃	1
砲術長		中佐	1	軍医長兼分隊長	第14分隊長	医少佐	1
内務長兼分隊長	工業分隊長	〃	1	乗組	分隊士	医大尉	1
航海長兼分隊長	第7分隊長	少佐	1	承命服務	分隊士、5戦隊司令部付	医少尉	1
通信長兼分隊長	第6分隊長	〃	1	主計長兼分隊長	第15分隊長	主大尉	1
水雷長兼分隊長	第5分隊長	大尉	1	乗組	庶務主任	主中尉	1
飛行長		〃	1			（士官特士 / 7）	
分隊長	発令所長測の指揮官	〃	1	乗組	第1砲台部付	兵曹長	2
〃	応急部指揮官	〃	1	〃	水雷士	〃	1
〃	第1砲台長	中尉	1	〃	見張長	〃	1
〃	高射指揮官	〃	1	〃	操舵長	〃	1
〃	第11分隊長	少尉	1	〃	機銃群指揮官	〃	1
乗組	砲術士	中尉	1	〃	主砲方位盤射手	〃	1
〃	航海士	〃	1	〃	掌通信	〃	1
〃	掌水雷長	少尉	1	〃	分隊士	〃	1
〃	電信長	〃	1	〃	掌整備長	整曹長	1
〃	掌砲長	〃	1	〃	缶長	機曹長	1
〃	応急長	〃	1	〃	機械長	〃	1
〃	掌航海長	〃	1	〃	補機長	〃	1
〃	高角砲分火指揮官	〃	2	〃	電機長	〃	1
〃	内務士	〃	1	〃	掌経理長	主曹長	1
〃	暗号士	〃	1			（准士 /15）	
〃	飛行科分隊士	〃	4	乗組	水兵科	下士兵	649
〃	機銃群指揮官	〃	2	〃	飛行科	〃	7
〃	測的士	〃	1	〃	整備科	〃	19
〃	副長付甲板士官	〃	1	〃	機関科	〃	240
承命服務	電測士、5戦隊司令部付	〃	1	〃	工作科	〃	32
機関長		中佐	1	〃	衛生科	〃	7
分隊長	機械、缶、電機分隊長	大尉	3	〃	主計科	〃	37
乗組	掌機長	中尉	1	〃	備人	〃	5
〃	掌内務長	〃	1			（下士兵 /996）	
〃	機械長	〃	1				
〃	内務士、分隊士	〃	1				
〃	機関長付分隊士	〃	1				1,060
		（士官特士 / 42）					

注 /NOTES

昭和19年10月1日現在の軍艦妙高の乗員実数を示す【出典】妙高戦時日誌

(1) 本艦の比島沖海戦時の乗員数を示すものである。艦長、副長の階級は在任中に進級したもので、正規には大佐、中佐であることは変わりない。正規士官と特務士官の区別が不明確なため合計数で示した。分隊数は明確に示していないが愛宕の場合と同様である

妙高 型 /Myoko Class

羽黒戦時乗員　　定員/Complement (5)

職名	主務	官名	定数
艦長		大佐	1
副長		大佐	1
航海長兼分隊長	第7分隊長	中佐	1
機関長		〃	1
内務長兼分隊長	第9分隊長	〃	1
砲術長		〃	1
軍医兼分隊長	第14分隊長	医少佐	1
通信長兼分隊長	第6分隊長兼飛行長代理	少佐	1
水雷長兼分隊長	第5分隊長	大尉	1
分隊長	第1/2/8/10/12分隊長	〃	5
主計長兼分隊長	第15分隊長	主大尉	1
分隊長	第3、4/13分隊長	大尉	2
乗組	分隊士	医大尉	1
承命服務/第2艦隊司令部付　分隊士		〃	1
乗組	分隊士	歯中尉	1
〃	内務士兼分隊士	中尉	1
〃	砲術士/衛兵副司令	〃	1
〃	機関士付分隊士	〃	1
〃	飛行士兼分隊士	少尉	1
〃	内務長付甲板士官	〃	1
〃	航海士兼分隊士	〃	1
〃	通信士兼分隊士	〃	1
〃	副長付運用士甲板士官	〃	1
〃	分隊士	〃	11
承命服務/第5戦隊司令部付　電測士		〃	2
乗組	庶務主任兼分隊士	主少尉	1
〃		少候補	2
〃	掌機長	中尉	1
〃	掌内務長兼分隊士	〃	1
〃	機械長兼分隊士	〃	1
〃	工業長兼分隊士	〃	1
〃	掌経理長	主中尉	1
〃	掌砲長	少尉	1
〃	通信長	〃	1
〃	掌航海長	〃	1
〃	見張長	〃	1
乗組	缶長兼分隊士	少尉	1
〃	掌水雷長兼分隊士	〃	1
〃	機械兼分隊士	〃	1
〃	電機兼分隊士	〃	1
〃	掌通信長	〃	1
〃	水雷士兼分隊士	〃	1
〃	掌整備兼分隊士	〃	1
〃	補機長兼分隊士	〃	1
〃	分隊士	〃	3
乗組	操舵長兼分隊士	兵曹長	1
〃	掌砲長	〃	1
〃	分隊士	〃	4
一時乗組	分隊士	〃	1
乗組	缶長兼分隊士	機兵曹	1
〃	掌飛行長兼分隊士	飛曹長	1
〃	分隊士	〃	1
乗組	水兵科	下士兵	689
〃	飛行科	〃	5
〃	整備科	〃	23
〃	機関科	〃	260
〃	工作科	〃	30
〃	衛生科	〃	7
〃	主計科	〃	38
〃	備人	〃	3
			1,129

区分：特士/11、上官/44、准士/10、下士兵/1055、特士/9

注/NOTES 昭和20年2月1日現在の軍艦羽黒の乗員実数を示す【出典】羽黒戦時日誌
(1) 本艦のほぼ最終時の乗員数を示すものである。第11分隊長の記載がないが同分隊は飛行科で構成されているので、当然飛行長が分隊長を務めるはずだが、上表では飛行長は不在で通信長が飛行長代理を務めており同長が第6分隊長の他に第11分隊長を務めていたかどうかは不明
(2) 重巡の乗員数としてはかなり増員されているが、当時昭南地区で行動不能となっていた妙高、高雄の人員を吸収した可能性がある

那智戦時乗員　　定員/Complement (6)

職名	主務	官名	定数
艦長		大佐	1
副長	不在		
機関長		中佐	1
砲術長		〃	1
内務長兼分隊長	第8分隊長	少佐	1
航海長兼分隊長	第7分隊長	〃	1
水雷長兼分隊長	第5分隊長	〃	1
軍医長兼分隊長	第14分隊長	医少佐	1
通信長兼分隊長	第6分隊長	大尉	1
分隊長	第1/9/13分隊長	〃	3
〃	第2分隊長/衛兵司令	〃	1
飛行長		〃	1
主計長兼分隊長	第15分隊長	主大尉	1
乗組	分隊士	医大尉	1
分隊長	第10分隊長	中尉	1
〃	第11分隊長	〃	1
〃	第3、4分隊長	〃	1
乗組	缶長	〃	1
〃	砲術士	〃	1
〃	掌水雷長	〃	1
〃	掌整備長分隊士	〃	1
〃	副長付士甲板士官	〃	1
〃	掌砲長	少尉	1
〃	掌内務長	〃	1
〃	掌機長	〃	1
〃	通信士/分隊士	〃	2
〃	飛行士/分隊士	〃	1
〃	航海士/分隊士	〃	2
〃	機械士/分隊士	〃	1
〃	工業士/分隊士	〃	1
〃	衛兵副司令/分隊士	〃	1
〃	測士/分隊士	〃	1
〃	副長付甲板士官/分隊士	〃	1
〃	分隊士	〃	5
〃	庶務主任/分隊士　主見習尉官		1
〃	衣料主任/分隊士	〃	1
承命服務	分隊士	技中尉	1
〃	分隊士	歯少尉	1
乗組	操舵長掌航海長/分隊士	兵曹長	1
〃	電信長	〃	1
〃	掌通信長	〃	1
〃	水雷長/分隊士	〃	1
〃	見張長/分隊士	〃	1
〃	信号長/分隊士	〃	1
〃	分隊士	〃	3
〃	缶長	機兵曹	1
〃	分隊士	〃	1
〃	掌経理長兼分隊士	主曹長	1
承命服務	電測士/分隊士	兵曹長	1
乗組	水兵科	下士兵	685
〃	飛行科/整備科	〃	20
〃	機関科	〃	188
〃	工作科	〃	31
〃	衛生科	〃	7
〃	主計科	〃	38
〃	傭人	〃	4
(合計)			1,030

区分：士官特士/2、准士/13、士官特士/43、下士兵/972

注/NOTES
昭和19年11月1日現在の軍艦那智の乗員実数を示す【出典】那智戦時日誌
(1) 本艦の最終時の乗員数を示すものである。第12分隊長の記載がないが同分隊は機関科補機部で構成されていたものと推定

妙高 型 /Myoko Class

艦　歴 /Ship's History (1)	
艦　名	妙　高 (1/5)
年 月 日	記事 /Notes
1923(T12)-12-10	命名、呉鎮守府に仮入籍、1 等巡洋艦に類別
1924(T13)-10-25	横須賀工廠で起工
1927(S 2)- 4-16	進水、進水式に天皇行幸、呉鎮守府に入籍
1928(S 3)-12-10	艤装員長藤沢宅雄大佐 (33 期) 就任
1929(S 4)- 7-31	竣工、第 1 予備艦、艦長藤沢宅雄大佐 (33 期) 就任
1929(S 4)- 8- 3	横浜で国務大臣、国会議員等が本艦に乗艦、出動、横須賀航空隊の飛行作業等を参観
1929(S 4)- 8- 5	呉工廠で機関修理、翌年 5 月 30 日完成
1929(S 4)-11- 1	艦長新山良幸大佐 (32 期) 就任、兼那智艦長
1929(S 4)-11-30	第 2 艦隊第 4 戦隊、艦長植松練磨大佐 (33 期) 就任
1929(S 4)-12- 1	公称 688 12m 内火艇搭載設備新設、左舷上甲板の 11m 内火艇を 11m 半内火ランチに上積み
1930(S 5)- -	佐世保工廠で飛行機搭載 (15 式水偵 1 型)
1930(S 5)- -	呉工廠で呉式 2 号射出機 1 型装備
1930(S 5)- 5-17	古仁屋発南洋方面行動、6 月 19 日横須賀着
1930(S 5)- 7-10	呉工廠で艦本式缶過熱器改造、12 月 28 日完成
1930(S 5)-10-26	神戸沖特別大演習観艦式に供奉艦として参列
1930(S 5)-12- 1	艦長山口長南大佐 (34 期) 就任
1931(S 6)- 3-29	福岡発青島方面行動、4 月 5 日大連着
1931(S 6)- 9-10	呉工廠で 300kW 発電機増設、11 月 30 日完成
1931(S 6)- -	呉工廠で主砲射撃所に 12cm 観測鏡装備
1931(S 6)-11-15	呉工廠でメインデリック締付装置改造、翌年 2 月 1 日完成
1931(S 6)-12- 1	艦長井沢春馬大佐 (35 期) 就任
1932(S 7)- 1-24	呉工廠でサーモタンク利用冷房装置新設、11 月 20 日完成予定
1932(S 7)- 2- 6	佐世保発上海事変に参加、21 日着
1932(S 7)- 2-27	小松島発上海方面警備行動、3 月 7 日佐世保着
1932(S 7)-11-28	呉工廠で主砲射撃指揮装置改造、翌年 5 月 20 日完成
1932(S 7)-12- 1	第 1 予備艦、艦長高橋頴雄大佐 (36 期) 就任
1933(S 8)- -	呉工廠で 14 式 6m 二重測距儀装備
1933(S 8)- -	90 式 2 号水偵搭載
1933(S 8)- 8-16	館山発南洋方面警備行動、8 月 21 日木更津着
1933(S 8)-10- 9	上海初入港在留官民有力者、一般在留邦人約 1 万人及び中国要人 17 名が見学
1933(S 8)-11-15	第 2 予備艦
1933(S 8)-12-11	呉警備戦隊付属
1934(S 9)- 1-24	本艦 30' 10 馬力石油発動機付カッター 1 隻を日向 30' カッター 1 隻と相互交換
1934(S 9)- 2- 6	佐世保工廠で水雷兵装一部撤去、3 月 6 日完成
1934(S 9)- 5-18	那智 30' 10 馬力石油発動機付カッター 1 隻を本艦 30' カッター 1 隻と相互交換
1934(S 9)- 5-29	三菱長崎造船所で船体改装工事着手、8 月 5 日完成
1934(S 9)- 8- 9	佐世保工廠で船体その他改装工事着手、翌年 7 月 30 日完成
1934(S 9)- 8- 4	呉工廠で発砲表示灯増設、翌年 3 月 31 日完成
1934(S 9)- 9-21	呉工廠で主砲射撃指揮装置改造、翌年 3 月 31 日完成
1934(S 9)-11-15	佐世保鎮守府へ転籍、第 2 予備艦、佐世保警備戦隊付属、艦長浮田秀彦大佐 (37 期) 就任、本艦 30'

艦　歴 /Ship's History (2)	
艦　名	妙　高 (2/5)
年 月 日	記事 /Notes
	カッター 1 隻を加古 11.5m30 馬力ランチ 1 隻と相互交換
1935(S10)- 1- 6	佐世保工廠で 20cm 砲公試、3 月 5 日完成
1935(S10)- 3-13	佐世保工廠で飛行科用火工品倉庫新設、黒色火薬庫改造、7 月末及び 3 月 31 日完成
1935(S10)- 3-20	佐世保工廠で 13mm4 連装機銃装備、31 日完成
1935(S10)- 4- 1	第 1 予備艦
1935(S10)- 5-24	佐世保工廠で無線兵装改装、翌年 3 月 31 日完成
1935(S10)- 5-31	佐世保工廠で長官、艦長厠設置、6 月 17 日完成
1935(S10)- 6-13	佐世保工廠で予備射撃指揮所改造、12 月 5 日完成
1935(S10)- 6-21	佐世保工廠で主砲塔弾庫改造、翌年 3 月 20 日完成
1935(S10)- 7- 3	佐世保工廠で後部発電機室通風装置改造、20 日完成
1935(S10)- 7-21	佐世保工廠で 12.7cm 高角砲信管秒時機能試験及び調整、10 月 19 日完成
1935(S10)- 7- 末	海軍大演習に参加、赤軍第 4 艦隊第 5 戦隊に属す、9 月 26 日三陸沖で大型台風に遭遇軽微な損傷
1935(S10)- 8-23	佐世保工廠で 3 番連管室外板工事、24 日完成
1935(S10)- 9-16	佐世保工廠で主砲、高角砲発射制限装置装備、翌年 3 月 3 日完成
1935(S10)- 9-20	佐世保工廠で主砲、高角砲射戦指揮装置改造、翌年 3 月 20 日完成
1935(S10)-10-11	佐世保工廠で 91 式高射装置、探照灯、機銃改装、翌年 3 月 3 日完成
1935(S10)-10-25	佐世保工廠で旗艦施設に伴う艦橋諸室改造、翌年 3 月 1 日完成
1935(S10)-10-26	佐世保工廠で誘導タービン装備工事着手 (タービン台は長崎造船所製)、翌年 3 月 15 日完成
1935(S10)-11-11	佐世保工廠で 12.7cm 高角砲信管秒時調定装置装備、19 日完成
1935(S10)-11-15	第 2 艦隊第 5 戦隊、艦長伍賀啓次郎大佐 (38 期) 就任
1935(S10)-11-28	佐世保工廠で主砲方位盤照準装置防震装置装着、翌年 3 月 20 日完成
1935(S10)-12- 2	佐世保工廠で第 4 艦隊事件損傷修理、船体補強工事、翌年 3 月 31 日完成
1935(S10)-12-10	佐世保工廠で 20cm 砲噴気装置改造、翌年 3 月 15 日完成
1936(S11)- 1-20	佐世保工廠で改装公試、3 月 7 日完成
1936(S11)- 1-21	佐世保工廠で士官諸室、飛行科搭乗員室一部改造、3 月 17 日完成
1936(S11)- 1-26	佐世保工廠で 90 式山川灯装備、3 月 21 日完成
1936(S11)- 2- 7	本艦水偵佐世保航空隊で航法訓練中、中破人員無事
1936(S11)- 3- 1	佐世保工廠で第 4 艦隊事件損傷復旧に伴う砲熕公試、3 月 3 日完成
1936(S11)- 3- 9	佐世保工廠で巡洋艦側曳給油装置装備、6 月 29 日完成
1936(S11)- 4-13	福岡湾発青島方面行動、22 日佐世保着
1936(S11)- 5-15	横須賀工廠で 91 式風信儀装備、翌年 2 月 24 日完成
1936(S11)- 5-22	佐世保工廠で 11m 内火艇を陸揚げ、9m 内火ランチ搭載訓令
1936(S11)- 6- 1	佐世保工廠で愛宕搭載長官艇を本艦に搭載訓令
1936(S11)- 6- 1	佐世保工廠で揚艇桿、後橋改造、29 日完成
1936(S11)- 7-13	佐世保工廠で 11m 長官艇を本艦に臨時搭載訓令
1936(S11)- 7-17	佐世保工廠で Z 型万能調理器 1 台装備、7 月 20 日完成
1936(S11)- 7-30	佐世保工廠で 9m 内火艇 1 隻を本艦に増加搭載訓令
1936(S11)- 8-17	伊勢湾にて本艦 3 号水偵 (95 式水偵) 応用教練のため那智 2 号水偵と模擬空中戦中、高度を失い海中
	に突入沈没、搭乗員死亡
1936(S11)- 9-10	館山湾にて本艦 4 号水偵 (95 式水偵) 離水中ヨットの檣に接触、機体大破、搭乗員軽傷

妙高 型/Myoko Class

艦 歴/Ship's History (3)

艦 名	妙 高 (3/5)
年 月 日	記 事/Notes
1936(S11)-10-23	本艦水偵(94式水偵)沈没、搭乗員2名死亡
1936(S11)-10-29	神戸沖特別大演習観艦式参列
1936(S11)-12- 1	第3予備艦、艦長藤田類太郎大佐(38期)就任
1937(S12)- 1-17	佐世保工廠で飛行科倉庫新設、3月20日完成
1937(S12)- 1-21	佐世保工廠で第3運用科倉庫と第4砲術科倉庫位置相互交換、2月20日完成
1937(S12)- 3-25	第1予備艦
1937(S12)- 4-10	佐世保工廠で後部機械室排気路爆風除新設、翌年4月25日完成
1937(S12)- 6- 1	第3予備艦
1937(S12)- 7-28	第3艦隊第9戦隊
1937(S12)- 8- 2	佐世保工廠で出動準備、16日完成
1937(S12)- 8-20	多度津発日中戦争による陸兵輸送に従事、30日馬公着同日発、南支方面行動、9月15日馬公着18
	日南支方面行動
1937(S12)- 9-14	中国東沙島にて封鎖任務中同島西岸に仮泊の際、艦尾が振れ回り陸奥に接触、左舷内側推進器翼を損傷
1937(S12)-10-20	第4艦隊第9戦隊(支那方面艦隊)
1937(S12)-10-21	馬公着、24日高雄発南支方面行動、11月12日基隆着、15日馬公発南支方面行動
1937(S12)-12- 1	第3艦隊第9戦隊
1937(S12)-12-10	高雄着、14日馬公発南支方面行動、翌年1月15日高雄着、19日馬公発南支方面行動
1938(S13)- 2- 1	第5艦隊第9戦隊
1938(S13)- 2- 7	基隆着、10日発南支方面行動、3月2日馬公着、5日高雄発南支方面行動
1938(S13)- 4- 6	高雄着、9日馬公発南支方面行動、12日佐世保着、25日発南支方面行動
1938(S13)- 4-25	艦長保科善四郎大佐(41期)就任
1938(S13)- 5-24	基隆着、26日発南支方面行動、7月7日高雄着、10日発南支方面行動、8月5日基隆着8日発南支
	方面行動、9月14日佐世保着、19日発南支方面行動、9月30日馬公着10月9日発南支方面行動、
	11月21日高雄着、26日馬公発南支方面行動、12月11日基隆着、19日佐世保発南支方面行動
1938(S13)-11-15	艦長伊藤賢三大佐(41期)就任
1939(S14)- 3-10	高雄着、18日基隆発南支方面行動、5月3日基隆着、6日発南支方面行動、6月12日高雄着、20日
	馬公発南支方面行動
1939(S14)- 7-20	艦長阿部孝壮大佐(40期)就任
1939(S14)- 7-26	基隆着、30日馬公発南支方面行動、9月5日高雄着、8日発南支方面行動
1939(S14)- 9-25	第5艦隊付属
1939(S14)-10- 4	基隆着、7日発南支方面行動
1939(S14)-11-15	第2遣支艦隊第15戦隊、艦長板垣盛大佐(39期)就任
1939(S14)-11-25	第3予備艦
1939(S14)-12-	佐世保工廠で第2次改装及び特定修理に着手、16年6月末完成
1940(S15)-11-15	特別役務艦、艦長矢野英雄大佐(43期)就任
1941(S16)- 4-10	第2艦隊第5戦隊
1941(S16)- 8-11	艦長山澄貞次郎大佐(44期)就任
1941(S16)- 9-17	佐世保発、10月13日室津着、同日発佐伯、別府、宿毛、有明へ順次回航、11月17日呉着、弾薬、
	燃料、真水等を補給、26日発12月1日パラオ着
1941(S16)-12- 6	パラオ発レガスピー攻略作戦支援のため出撃、16日パラオ着、17日発ダバオ、ホロ攻略作戦支援、

艦 歴/Ship's History (4)

艦 名	妙 高 (4/5)
年 月 日	記 事/Notes
	28日パラオ着、29日発31日マララグ湾着
1942(S17)- 1- 4	マララグ湾にてB17の爆撃を受け、2番砲塔横左舷上甲板縁部に直撃弾を喫し、船体と前部砲塔群
	に相当の被害を生じ、戦死35、負傷29、旗艦を那智に変更、応急修理後佐世保に回航、本格修理
	を実施
1942(S17)- 1- 9	佐世保着、入渠修理、2番砲塔の砲身と2番高角砲砲身各2門を換装、2月20日修理完成、佐世保
	発26日マカッサル着、27日発スラバヤ沖に向い3月1日の英巡エクゼター/Exeterとの戦闘に参加、
	3月5日マカッサル着、6日発船団護衛部隊を支援、10日マカッサル着、13日発佐世保に向かう
1942(S17)- 3-20	佐世保着、整備作業、4月8日発9日柱島に回航、18日発敵機動部隊追撃のため出撃したが会敵せ
	ず4月22日横須賀着、23日発27日トラック着、5月1日発機動部隊に随伴珊瑚海海戦に参加、
	17日トラック着、同日発23日呉着、整備作業
1942(S17)- 5-23	艦長三好輝彦大佐(43期)就任
1942(S17)- 5-29	柱島発ミッドウエー攻略作戦に参加、6月14日北方部隊に編入、アリューシャン攻略作戦を支援、
	23日川内湾着、補給整備、28日発アリューシャン上陸部隊支援に従事、7月12日柱島着
1942(S17)- 8-11	柱島発ソロモン作戦支援のため出撃、17日トラック着、20日発第2次ソロモン海戦に参加、敵機と
	交戦被害なし、9月5日トラック着、弾薬補給、9日発14日洋上でB17の爆撃及び機銃掃射を受け、
	4番25mm機銃弾倉に敵機銃弾が命中炸裂、機銃員戦死2、さらに至近弾により重軽傷3
1942(S17)- 9-23	トラック着10月11日発、15日摩耶とともにガ島飛行場を砲撃、467発の主砲弾を打ち込む、26日
	南太平洋海戦に参加、30日トラック着、11月4日発佐世保に向かう
1942(S17)-11-10	佐世保着、11日入渠、24日出渠、この間訓令工事の魚雷の対舷移動装置一部改装、主砲砲身換装等
	を実施したものと思われる、27日佐世保発、29日横須賀着30日発、特別陸戦隊搭乗、12月5日トラッ
	ク着、同日発8日ラバウル着陸戦隊上陸、同日発10日トラック着、待機
1943(S18)- 1-31	トラック発ガ島撤収作戦支援、2月8日トラック着、警泊、訓練
1943(S18)- 3- 2	艦長中村勝平大佐(45期)就任
1943(S18)- 5- 8	トラック発、13日横須賀着、北方部隊に編入される、15日発増援部隊輸送支援、19日幌筵着、6
	月12日発、18日佐世保着
1943(S18)- 7- 1	佐世保工廠で入渠、損傷修理、舵防禦工事、機銃増備、21号電探装備等を実施、13日出渠
1943(S18)- 7-18	佐世保発、19日柱島回航、30日呉発長浜沖着、31日発陸軍部隊輸送、8月5日トラック着、6日
	発9日ラバウル着陸軍部隊陸揚、同日発10日トラック着訓練に従事
1943(S18)- 9-18	トラック発、20日ブラウン着、23日発25日トラック着、警泊、10月11日発13日ラバウル着、
	連日空襲対空戦闘を行う
1943(S18)-10-31	ラバウル発グゼレ湾付近の敵艦隊撃滅に向かう、11月2日ブーゲンビル島沖海戦で米艦隊と夜間交
	戦、戦闘中初風と触衝、2番高角砲使用不能、2番連管一部匙形変形、バルジ重油タンク浸水、その
	他盲弾1、重傷1を生じたが戦闘航行に支障なし、発射弾数20cm徹甲弾102、魚雷6、2日ラバウ
	ル着、4日発6日トラック着
1943(S18)-11-12	トラック発、17日佐世保着、18日入渠、損傷修理、12月13日出渠
1943(S18)-12- 5	艦長石原秀大佐(46期)就任
1943(S18)-12-16	佐世保発内海西部に回航、23日呉発平群島着、24日発29日トラック着、翌年1月2日発陸軍部
	隊輸送、4日カビエン着同日発、5日トラック着、警泊訓練、10日発13日パラオ着
1944(S19)- 3- 4	第1機動部隊に編入、9日パラオ発12日バリクパパン着、13日発14日タラカン着、20日発22日

189

妙高 型/Myoko Class

艦 歴/Ship's History (5)

艦 名	妙 高 (5/5)
年 月 日	記 事 /Notes
	パラオ着、29日発4月1日ダバオ着、5日発9日リンガ泊地着
1944(S19)- 5-12	リンガ泊地発15日タウイタウイ着、16日発同日タラカン着、18日発同日タウイタウイ着、30日発
	31日ダバオ着、6月2日発渾作戦に参加、5日作戦中止ダバオ着、7日発作戦再興、9日バチャン着
	13日発マリアナ沖海戦に参加
1944(S19)- 6-22	中城湾着23日発、24日柱島着、29日呉発陸軍部隊輸送、7月12日シンガポール着、リンガ泊地
	に回航待機、訓練
1944(S19)-10-18	リンガ泊地発20日ブルネイ着、22日発第1遊撃部隊としてレイテ突入作戦出撃、24日シブヤン海
	にて米空母機の攻撃を受ける、1029本艦は右舷後部に航空魚雷1が命中、右舷機関室、発電機室
	等が満水傾斜12.5度に達し、発揮出来る速力も20ノットに落ちる、その後浸水が増加速力も低下
	1105には可動1軸のみとなり速力12ノットまで低下、1138旗艦を羽黒に移し本艦は単独離脱コ
	ロンに向い応急修理を意図した、幸い敵機の追撃はなく速力も18ノットに回復、25日0740コロ
	ンに入泊、この被雷による人的被害は戦死25、負傷3であった、29日ブルネイに回航、30日発、
	11月3日シンガポール着、入渠応急修理を実施
1944(S19)-12-12	シンガポール発本格修理のため佐世保に向う、13日仏印サンジャック沖で、夜間米潜水艦ベーガル
	/Bergallの発射した魚雷1が5番砲のやや後方左舷艦尾に命中、先の損傷で左舷軸のみ可動であっ
	た推進軸を失って完全に航行不能となる、米潜水艦ベーガルは妙高の発射した20cm砲弾1発が命中、
	潜航不能となり水上航行で退避したため2次攻撃はなかった、15日にサイゴンからの救難船により
	曳航が開始されたが16日より悪天候となり、波浪により艦尾部が切断亡失、19日にシンガポール
	より羽黒が救援のため現場に到着、天候の回復を待って曳航開始、25日朝シンガポールに到着した。
	以後同地で応急修理の後内地に回航予定であったが、結局技術的な問題もあって工事未着手のまま
	高雄とともに港内の防空砲台として主砲のみ残して繋留状態で終戦を迎える
1945(S20)- 1-15	艦長小野田捨次郎大佐 (48期) 就任、兼高雄艦長
1945(S20)- 1-20	第1南遣艦隊付属
1945(S20)- 3-22	艦長加賀山外雄大佐 (45期) 就任
1946(S21)- 7- 2	英軍が自沈処分のためシンガポールより曳航、5日北緯3度5.6分東経100度40.6分の海域で海没
1946(S21)- 8-10	除籍

艦 歴/Ship's History (6)

艦 名	那 智 (1/5)
年 月 日	記 事 /Notes
1923(T12)-12-10	命名、呉鎮守府に仮入籍、1等巡洋艦に類別
1924(T13)-11-26	呉工廠で起工
1925(T14)-10-23	呉工廠第3船台のガントリークレーンの走行ガーダーが折損して重量物吊り下げのまま墜落、建造
	中の本艦船体の一部破損、工員死亡3、負傷2
1927(S 2)- 6-15	進水
1928(S 3)- 5-21	艤装員長新山良幸大佐 (32期) 就任
1928(S 3)-10-26	公試運転を終えて別府入港の際、投錨時両舷錨鎖切断
1928(S 3)-11-26	竣工、呉鎮守府に入籍、第1予備艦、艦長新山良幸大佐 (32期) 就任
1928(S 3)-12-12	本艦搭載の11m内火艇1隻を北上に搭載訓令
1929(S 4)- 3-27	横須賀工廠で第3種標的搭載設備新設訓練
1929(S 4)- 5- 4	横須賀工廠で飛行機搭載 (15式水偵)、28日完成
1929(S 4)- 5-28	横須賀発天皇海上行幸お召艦長門の供奉艦、八丈島、伊豆大島、南紀海岸、大阪方面6月4日まで
1929(S 4)- 5-31	呉工廠で予備推進器製造訓令
1929(S 4)- 8- 5	呉工廠で機関修理、翌年5月31日完成
1929(S 4)-11-30	艦長大西次郎大佐 (34期) 就任
1930(S 5)- 5-17	古仁屋発南洋方面行動、6月19日横須賀着
1930(S 5)- 7-10	呉工廠で艦本式缶過熱器改造、12月28日完成
1930(S 5)-10-26	神戸沖特別大演習観艦式に供奉艦として参列
1930(S 5)-11-29	呉工廠で補助排出管改造、翌年2月5日完成
1930(S 5)-12- 1	艦長平田昇大佐 (34期) 就任
1931(S 6)- 1- 8	佐世保工廠で艦橋主砲指揮所補強訓令、振動防止のため
1931(S 6)- 3-29	福岡発青島方面行動、4月5日大連着
1931(S 6)- 5-15	呉工廠で機関修理換装、翌年1月31日完成
1931(S 6)- 6- 7	漏電により2番砲塔動力室より出火、10分後に鎮火
1931(S 6)- 6-12	出港準備中兵員1が波浪にさらわれて行方不明
1931(S 6)- 9-10	呉工廠で300kW発電機増設、11月30日完成
1931(S 6)-11- 8	呉工廠で缶室通風装置改造、翌年2月1日完成
1931(S 6)-11-15	呉工廠でメインデリック締付装置改造、翌年2月1日完成
1931(S 6)-12- 1	艦長田畑啓義大佐 (35期) 就任
1932(S 7)- 1-27	呉工廠でサーモタンク利用冷房装置新設、11月20日完成
1932(S 7)- 2- 6	佐世保発上海事変に参加、21日着
1932(S 7)- 2-27	小松島発上海方面警備行動、3月7日佐世保着
1932(S 7)- 5-10	呉工廠で第4、5兵員室通風装置改造訓令
1932(S 7)- 7-13	佐世保工廠で船首材カバーリングプレート新設認可
1932(S 7)-11-28	呉工廠で主砲射撃指揮装置改造、翌年5月20日完成
1932(S 7)-12- 1	第2予備艦、艦長大和田芳之介大佐 (35期) 就任
1933(S 8)- 5-10	第1予備艦
1933(S 8)- 7-20	佐世保工廠で発電機換装、翌年3月31日完成
1933(S 8)- 8-16	館山発南洋方面警備行動、21日木更津着
1933(S 8)- 9-27	呉工廠で化学兵器防禦施設新設、翌年9月20日完成

妙高 型 /Myoko Class

艦 歴 /Ship's History (7)

艦 名	那 智 (2/5)
年 月 日	記 事 /Notes
1933(S 8)-11-15	艦長祝原不知名大佐 (36 期) 就任
1933(S 8)-12-11	呉警備戦隊付属
1934(S 9)- 1- 6	佐世保工廠で20cm砲公試、3 月 5 日完成
1934(S 9)- 1-30	呉工廠で加古 30' 30 馬力内火艇 1 隻と本艦 11m60 馬力内火艇 1 隻相互交換
1934(S 9)- 2- 1	呉警備戦隊付属を解く、第 2 予備艦
1934(S 9)- 2-21	呉工廠で防毒施設新設、翌年 3 月 31 日完成
1934(S 9)- 5-10	呉工廠で給水タンク一部改造、翌年 3 月 31 日完成
1934(S 9)- 5-14	呉工廠で缶室清水管改造、10 月 20 日完成
1934(S 9)- 5-20	三菱長崎造船所で船体艤装一部改造、8 月 5 日完成
1934(S 9)- 6-21	佐世保工廠で20cm 砲塔弾庫改造、翌年 3 月 30 日完成
1934(S 9)- 6-25	佐世保工廠で蒸気噴射缶外部掃除装置装備、11 月 15 日完成
1934(S 9)- 8- 2	佐世保工廠で船体改装、翌年 7 月 20 日完成
1934(S 9)- 8- 4	佐世保工廠で発砲表示灯増設、翌年 3 月 31 日完成
1934(S 9)- 8-25	佐世保工廠で改装に伴う水雷兵装工事、翌年 7 月 31 日完成
1934(S 9)- 9-13	呉工廠で舵取装置一部改造、翌年 3 月 31 日完成
1934(S 9)- 9-21	呉工廠で主砲及び高角砲射撃指揮装置改造、翌年 3 月 31 日完成
1934(S 9)-11-15	佐世保鎮守府に転籍、第 2 予備艦、佐世保警備戦隊付属、艦長小松輝久大佐 (37 期) 就任
1934(S 9)-11-17	佐世保工廠で上部見張所昇降筒撤去認可
1934(S 9)-11-28	佐世保工廠で主砲方位盤防震装置装備、翌年 3 月 20 日完成
1935(S10)- 3- 5	呉工廠で烹炊室流し場用天窓改正、16 日完成
1935(S10)- 3-13	呉工廠で飛行科火工品倉庫新設及び黒色火薬庫改造、7 月 31 日及び 3 月 31 日完成
1935(S10)- 4- 1	第 1 予備艦、砲術学校練習艦
1935(S10)- 4- 6	横浜で満州国皇帝来訪の奉迎警護任務
1935(S10)- 4-11	佐世保工廠で日向の 30' 発動機付カッターと本艦 30' カッター搭載換え、4 月 28 日完成
1935(S10)- 4-12	横須賀工廠で12.7cm 高角砲々眼孔改造、6 月 20 日完成
1935(S10)- 5-24	佐世保工廠で無線兵装改装、翌年 3 月 31 日完成
1935(S10)- 6-13	佐世保工廠で予備射撃指揮所改正、12 月 5 日完成
1935(S10)- 7- 8	佐世保工廠で空気圧搾ポンプ改造、翌年 3 月 6 日完成
1935(S10)- 7-10	砲術学校練習艦を解く、佐世保警備戦隊付属
1935(S10)- 7-11	横須賀工廠で第 3 種標的搭載施設新設、10 月 5 日完成
1935(S10)- 7-21	佐世保工廠で12.7cm 高角砲信管秒時調整装置試験及び調整、8 月 20 日完成
1935(S10)- 7- 末	海軍大演習に参加、赤軍第 4 艦隊第 5 戦隊に属し 9 月 26 日三陸沖で大型台風に遭遇軽微な損傷
1935(S10)- 8-23	横須賀工廠で3 番連管室外板工事、24 日完成
1935(S10)-10-11	呉工廠で艤装改装、翌年 3 月 31 日完成
1935(S10)-10-18	佐世保工廠で高射装置、探照灯、機銃改装、翌年 3 月 15 日完成
1935(S10)-10-20	佐世保工廠で誘導タービン装備 (タービン台は三菱長崎造船所製)、翌年 3 月 31 日完成
1935(S10)-10-30	佐世保工廠で第 3 ガソリン庫排気装置改造、翌年 2 月 29 日完成
1935(S10)-11-15	第 2 艦隊第 5 戦隊
1935(S10)-11-25	佐世保工廠で13mm 機銃照準装置点灯装置装備、12 月 6 日完成
1935(S10)-11-26	佐世保工廠で18cm、15cm、12cm 双眼鏡装備位置変更、翌年 3 月 15 日完成

艦 歴 /Ship's History (8)

艦 名	那 智 (3/5)
年 月 日	記 事 /Notes
1935(S10)-12- 1	呉工廠で第 4 艦隊事件機関損傷修理、翌年 3 月 31 日完成
1935(S10)-12- 2	艦長戸塚道太郎大佐 (38 期) 就任
1935(S10)-12-21	呉工廠で第 4 艦隊事件電気、無線関係損傷修復工事、船体補強工事、翌年 3 月 31 日完成
1936(S11)- 1-21	佐世保工廠で士官諸室、飛行科搭乗員室一部改造、3 月 17 日完成
1936(S11)- 1-24	広工廠で射出機公試、航空兵装工事、3 月 31 日完成
1936(S11)- 2- 4	広工廠で呉式 2 号射出機 5 型定期検査、7 月 14 日完成
1936(S11)- 2-10	佐世保工廠で艦砲射撃用標的の搭載、3 月 15 日完成
1936(S11)- 2-17	呉工廠で砲煩公試、3 月 31 日完成
1936(S11)- 3- 9	佐世保工廠で巡洋艦側々給油装置装備、6 月 29 日完成
1936(S11)- 4-13	福岡発青島方面警備行動、4 月 22 日佐世保着
1936(S11)- 6- 1	横須賀工廠で揚艇桿、後橋改造、29 日完成
1936(S11)- 6- 4	佐世保工廠で91 式発煙器、通信装置装備、29 日完成
1936(S11)- 6- 5	佐世保工廠で20cm 砲塔防炎装置新設、同噴気装置改造、7 月 20 日完成
1936(S11)- 8- 4	馬公発厦門方面警備行動、6 日高雄着
1936(S11)-11-16	艦長福田良三大佐 (38 期) 就任
1936(S11)-12- 5	横須賀工廠で90 式山川灯装備、翌年 3 月 25 日完成
1936(S11)-12-18	佐世保工廠で20cm 砲塔噴気装置一部改造、翌年 1 月 20 日完成
1937(S12)- 3-17	佐世保工廠で20cm 砲塔照準孔扉改造、翌年 2 月 18 日完成
1937(S12)- 3-27	佐世保発青島方面警備行動、4 月 6 日有明湾着
1937(S12)- 4- 7	高知県足摺岬灯台沖で飛行機接触教練中、2000 本艦艦首交角 60 度にて羽黒の左舷に触衝、両艦とも損傷す、これより先本艦の 95 式水偵宮県都井岬沖で接水訓練中転覆中破
1937(S12)- 4-10	呉工廠で上記損傷修理、5 月 20 日完成
1937(S12)- 8-20	名古屋発中支方面警備行動、24 日大連着
1937(S12)- 9-15	旅順発北支方面警備行動、21 日大連着
1937(S12)- 9-29	旅順発北支方面警備行動 (4 回)、11 月 16 日大連着
1937(S12)-10- 1	第 3 予備艦
1937(S12)-12- 1	艦長岩越寒季大佐 (38 期) 就任、14 年 1 月 28 日から 5 月 1 日まで兼磐手艦長
1939(S14)- 1-10	佐世保工廠で第 2 次改装工事着手、翌年 3 月 30 日完成
1939(S14)-10-10	艦長佐藤勉大佐 (40 期) 就任、兼衣笠艦長
1939(S14)-11-15	特別役務艦、艦長八代祐吉大佐 (40 期) 就任
1940(S15)- 5- 1	第 2 艦隊第 5 戦隊
1940(S15)-11-15	艦長高間完大佐 (41 期) 就任
1941(S16)- 2-26	中城湾発南支方面警備行動、3 月 3 日高雄着
1941(S16)- 8-20	艦長清田孝彦大佐 (42 期) 就任
1941(S16)-11-17	呉着、弾薬燃料補給、21 日発柱島経由 23 日佐世保着、26 日発 12 月 3 日馬公着、同日発 6 日パラオ着、7 日発サンベルナルジノ機雷敷設部隊支援、15 日パラオ着、燃料糧食補給、17 日発ダバオ、ホロ攻略作戦支援、28 日パラオ着 29 日発、31 日マララグ湾着
1942(S17)- 1- 4	マララグ湾で爆撃を受けたが被害なし、5 日発同日サマール湾着、8 日発メナド攻略作戦支援、14 日ダバオ着、22 日発ケンダリー攻略作戦支援、27 日ダバオ着、29 日発 30 日バンカ泊地着、31 日発アンボン攻略作戦支援

191

妙高 型 /Myoko Class

艦 歴 /Ship's History (9)

艦 名	那 智 (4/5)
年 月 日	記 事 /Notes
	1942(S17)- 2- 5 バンカ泊地発マカッサル攻略作戦支援、10日スターリング湾着 17日発デリー、クー
	パン攻略作戦支援、22日スターリング湾着、24日発ジャワ攻略作戦支援、27日スラバヤ沖海戦に参
	加、この戦闘は遠距離砲戦に終始し有効弾を欠き、夜戦の雷撃戦でかろうじて2隻のオランダ巡洋艦
	を撃沈面目をたもった、この戦闘での本艦の発射弾数は20cm砲約630、魚雷20にのぼった、3月
	3日ケンダリー着、5日発 6日マカッサル着
1942(S17)- 3-10	北方部隊、マカッサル発 17日佐世保着、21日入渠、旗艦施設、防寒施設、爆雷投下台新設
	等の工事を実施、4月4日出渠、7日佐世保発
1942(S17)- 4-11	厚岸着第5艦隊旗艦、15日発 16日室蘭着、18日発敵機動部隊迎撃に出動したが会敵できず
	25日横須賀着、補給、29日発 5月3日厚岸着、6日発千島東方海面行動、10日尻矢の救援に向か
	ったが既に多摩が曳航中のため帰投、12日厚岸着、13日発、15日大湊着
1942(S17)- 5-26	大湊発アリューシャン攻略作戦主隊として参加、6月2日幌筵着補給、3日発アリューシャン南方海
	面行動、23日大湊着、28日発アリューシャン南方海面行動
1942(S17)- 7-14	第5艦隊第21戦隊、横須賀着、24日入渠、30日出渠
1942(S17)- 8- 2	横須賀発 6日幌筵着、12日発 16日大湊着、29日発 9月2日幌筵着、3日発 18日大湊着、30日発
	敵機動部隊に備えたが 10月2日大湊帰投、22日発幌筵に向かう、10月26日発アッツ島方面行動、
	11月1日片岡湾着、2日発 6日大湊着
1942(S17)-11-15	艦長曽爾章大佐 (44期) 就任
1942(S17)-11-18	大湊発北太平洋方面行動、12月1日大湊着以後同地で訓練に従事
1943(S18)- 1-13	大湊発 17日幌筵着、29日発 2月1日横須賀着、3日発 5日佐世保着、訓令工事機銃増備 (艦橋前
	の13mm連装2基を25mm連装に換装、他に25mm連装2基を増備)、21号電探装備準備工事及
	び修理工事実施、6日入渠、25日出渠
1943(S18)- 2-27	佐世保発 3月4日幌筵着、7日発輸送作戦支援、13日幌筵着、23日発輸送作戦支援、アッツ島沖海
	戦で米艦隊と交戦、消極的遠距離砲戦に終始、米巡の一部に損害を与えたのみで戦闘中止、本艦の
	被弾7以上、損害軽微、戦死14、負傷21、発射弾数20cm砲 -707、12.7cm砲 -276、魚雷16
	28日幌筵着、31日発、4月3日横須賀着、損傷修理及び21号電探装備工事
1943(S18)- 5-11	横須賀発 15日幌筵着待機
1943(S18)- 7-10	幌筵発第1次キスカ撤収作戦に参加不成功、15日幌筵着、待機、8月10日発 13日大湊着整備作業
	この間大湊で 25mm単装機銃8基を装備、9月6日発 9日幌筵着、待機、この間6日大湊出港後
	2056米潜水艦ハリバット /Halibut の発射した魚雷2本が右舷後部煙突付近と艦尾に命中したが不
	発、艦尾部に若干の浸水があったものの航行に支障なく幌筵で応急修理を実施
1943(S18)- 9-10	艦長渋谷紫郎大佐 (44期) 就任
1943(S18)-10-25	幌筵発 27日厚岸着、警泊、11月1日発同日大湊着、整備作業、20日発 22日佐世保着、11月9日
	入渠訓令工事及び改造修理工事、20cm砲身換装、高角測距儀換装、魚雷対舷移動装置装備、重油
	タンク加熱装置新設、還式主電路管制電路装置装備、2式哨信儀、零式水中聴音機、音響測深儀、
	22号電探装備、21号電探換装等を実施、翌年1月15日出渠
1944(S19)- 1-22	佐世保発 23日柱島着、29日呉に回航、補給整備作業、2月7日徳山発 9日大湊着、警泊訓練
1944(S19)- 6-19	大湊発 21日横須賀着、25mm機銃連装2基、単装20基増備、11m内火艇2隻を中発2隻に換装
	搭載及び整備補給、29日発 7月1日大湊着、31日発 8月2日呉着、訓練に従事
1944(S19)- 8-20	艦長鹿岡円門平大佐 (49期) 就任
1944(S19)-10-15	呉発台湾沖航空戦残敵追撃に出動したが会敵せず 17日奄美大島着、18日発 20日馬公着、21日発

艦 歴 /Ship's History (10)

艦 名	那 智 (5/5)
年 月 日	記 事 /Notes
	23日コロン湾着、翌日足柄、阿武隈等と共に第2遊撃部隊として第1遊撃部隊の西村艦隊を追って
	スリガオ海峡突入のため出撃
1944(S19)-10-25	未明スリガオ海峡に突入した第2遊撃部隊は本艦が退避中の西村艦隊の最上と衝突、本艦は艦首を
	最上の右舷前部に突っ込み艦首部を大破、速力18ノットに落ち、敵を発見出来ずに 0425戦場離脱
	を命じて反転、25日コロン湾着、27日発 28日マニラ着、キャビテの103工作部で応急修理を実
	施 11月2日には一応工事を完成、内地への回航をはかったが、29日米艦載機の空襲があり被爆魚
	雷の誘爆等により小破、さらに 11月5日再度米艦載機の大規模な空襲があり、マニラ湾内で単独回
	避運動を行ったが、約60機の波状攻撃を受け、直撃弾及び魚雷により航行停止となりさらに多数の
	魚雷が命中、前部と後部の砲塔付近で船体切断沈没、戦死艦長以下乗員 788と司令部82、当時の総
	員は乗員 1,043、第5艦隊司令部 137であったが、司令長官をはじめ一部の乗員は上陸中であった。
	後にマニラを占領した米軍は沈没した本艦から多数の機密文書を引き揚げて、那智文書と称して
	作戦に役立てた経緯がある
1945(S20)- 1-20	除籍

妙高 型/Myoko Class

艦 歴/Ship's History (11)

艦 名	足 柄 (1/5)
年 月 日	記 事 /Notes
1925(T14)- 2-16	命名、呉鎮守府に仮入籍、1 等巡洋艦に類別
1925(T14)- 4-11	神戸川崎造船所で起工
1927(S 2)- 7- 1	佐世保鎮守府仮入籍に変更
1928(S 3)- 4-22	進水
1928(S 3)-10- 1	艤装員長小野弥一大佐 (33 期) 就任
1929(S 4)- 2- 8	艤装員長井上肇治大佐 (33 期) 就任
1929(S 4)- 8-20	竣工、第 1 予備艦、佐世保鎮守府に入籍、艦長井上肇治大佐 (33 期) 就任
1929(S 4)- 9- 6	佐世保工廠で短波無線機装備、10 月 10 日完成
1929(S 4)-11-30	第 2 艦隊第 4 戦隊、艦長羽仁六郎大佐 (33 期) 就任
1930(S 5)- 1-10	佐世保工廠で船体部艤装残工事実施、12 月 5 日完成
1930(S 5)- 1-15	佐世保工廠で 12m 内火艇公称 688 を搭載、2 月 10 日完成
1930(S 5)- 4-11	佐世保工廠で舷梯位置改正工事、5 月 8 日完成
1930(S 5)- 5-17	古仁屋発南洋方面行動、6 月 19 日横須賀着
1930(S 5)- 9- 8	佐世保工廠で 12m 内火艇公称 688 を陸揚げ、新造 12m 内火艇を搭載訓令、26 日完成
1930(S 5)-10-26	神戸沖特別大演習観艦式に先導艦として参列
1930(S 5)-11- 3	佐世保工廠で第 1、2 煙突間の両側塞板改造、12 月 20 日完成
1930(S 5)-11- 4	佐世保工廠で伝声管一部改造、15 日完成
1930(S 5)-11- 5	佐世保工廠で主砲指揮所観測鏡下部支柱増設、12 月 5 日完成
1930(S 5)-12- 1	艦長太田垣富三郎大佐 (34 期) 就任
1931(S 6)- 1-10	佐世保工廠で高角砲防波楯装備、31 日完成
1931(S 6)- 1-13	佐世保工廠で艦橋主砲指揮所等補強、31 日完成
1931(S 6)- 1-30	佐世保工廠で中部艦橋甲板以上補強、8 年 1 月 31 日完成
1931(S 6)- 3-29	福岡発青島方面行動、4 月 5 日大連着
1931(S 6)-10- 9	佐世保工廠で缶改造、翌年 1 月 29 日完成
1931(S 6)-11-18	佐世保工廠で缶室通風装置改造、翌年 2 月 1 日完成
1931(S 6)-11-26	佐世保工廠でメインデリック締付装置改造、翌年 5 月 25 日完成
1931(S 6)-12- 1	艦長三木太市大佐 (35 期) 就任、兼鳥海艦長 7 年 6 月 30 日まで
1931(S 6)-12-24	佐世保工廠で電動油圧舵取機改造、翌年 1 月 27 日完成
1932(S 7)- 1-15	佐世保工廠で 20cm 砲装填装置改造、5 月 25 日完成
1932(S 7)- 1-21	佐世保工廠で主砲射撃所の 12cm 観測鏡換装、29 日完成
1932(S 7)- 2- 3	佐世保工廠でサーモタンク利用冷房装置新設、翌年 1 月 30 日完成
1932(S 7)- 2- 6	佐世保発上海事変に参加、翌年 2 月 1 日着
1932(S 7)- 2-27	小松島発上海方面警備行動、3 月 7 日佐世保着
1932(S 7)-10-29	佐世保工廠で 12cm 高角砲身改造、翌年 6 月 12 日完成
1932(S 7)-11- 2	佐世保工廠で保式 13mm 機銃装備、翌年 9 月 20 日完成
1932(S 7)-11- 7	佐世保工廠で 89 式高角射撃盤を 12cm 高角砲用に改造、翌年 5 月 15 日完成
1932(S 7)-12- 1	第 1 予備艦
1933(S 8)- 2- 1	第 2 予備艦
1933(S 8)- 5- 1	佐世保工廠で 20cm 砲塔俯仰装置一部改造、翌年 3 月 31 日完成
1933(S 8)- 5-10	第 1 予備艦

艦 歴/Ship's History (12)

艦 名	足 柄 (2/5)
年 月 日	記 事 /Notes
1933(S 8)- 7-11	佐世保工廠で 20cm 砲塔装填装置一部改造、翌年 3 月 31 日完成
1933(S 8)- 7-13	佐世保工廠で 20cm 砲塔及び弾庫改造、翌年 3 月 31 日完成
1933(S 8)- 8-16	館山発南洋方面警備行動、21 日木更津着
1933(S 8)- 8-25	横浜沖大演習観艦式参列
1933(S 8)- 8-26	第 2 予備艦
1933(S 8)- 8-30	佐世保工廠で安式航跡自画器装備、翌年 3 月 31 日完成
1933(S 8)- 9- 1	佐世保工廠で 20cm 砲射撃指揮装置改造、翌年 3 月 31 日完成
1933(S 8)-11-15	艦長横山菅雄大佐 (36 期) 就任
1933(S 8)-12-11	佐世保警備戦隊付属
1934(S 9)- 5- 1	佐世保工廠で主砲方位盤照準演習装置改造、7 月 13 日完成
1934(S 9)- 5-20	第 1 予備艦
1934(S 9)- 6- 3	門司発秩父宮渡満のため乗艦、5 日大連着、15 日発 16 日門司帰着、同任務中夕張搭載の
	内火艇をお召艇として搭載
1934(S 9)- 7- 5	佐世保工廠で 2kW 信号灯装備、16 日完成
1934(S 9)- 7-14	佐世保工廠で標的搭載設備新設、10 月 21 日完成
1934(S 9)-11- 1	佐世保工廠で爆弾庫、射出機火薬庫新設、翌年 6 月末日完成
1934(S 9)-11-15	第 2 予備艦
1934(S 9)-12- 7	佐世保工廠で曳航装置改造、翌年 7 月 20 日完成
1934(S 9)- -	佐世保工廠で呉式 2 号射出機 3 型改 1 装備
1935(S10)- 1-15	佐世保工廠で水雷兵装一部撤去、2 月 20 日完成
1935(S10)- 2-	三菱長崎造船所で船体改装工事着手、7 月完成
1935(S10)- 4- 1	佐世保警備戦隊より除く
1935(S10)- 5- 8	佐世保工廠で対化学兵器防禦施設新設、翌年 3 月 15 日完成
1935(S10)- 5-21	大鯨搭載予定の 11m 内火艇 1 隻を本艦に搭載認可
1935(S10)- 5-23	佐世保工廠で高角砲同高射装置撤去、同弾火薬庫改造、10 月 15 日完成
1935(S10)- 6-20	第 1 予備艦
1935(S10)- 7- 1	佐世保工廠で艦橋部の 18cm、15cm、12cm 双眼鏡位置変更、方向発信器装備、7 月 20 日完成
1935(S10)- 7- 6	佐世保工廠で 11m 内火艇搭載換え、10 月 15 日完成
1935(S10)- 7- 9	佐世保工廠で 2kW 信号灯装備、翌年 3 月 15 日完成
1935(S10)- 7-22	佐世保工廠で電気冷蔵庫装備換え、12 月 10 日完成
1935(S10)- 7-末	海軍大演習に参加、赤軍第 4 艦隊第 2 戦隊に属し同 9 月 26 日三陸沖で大型台風に遭遇、軽微な損傷
1935(S10)- 9-14	室蘭沖にて第 3 回教練射撃中 0952、2 番砲塔右砲第 6 発目装填の際装薬に引火火災を生じ、砲台長
	以下検閲中の委員を含めて死亡 15、負傷者 26、砲塔の損害は火薬庫に注水したた損傷は軽微、負
	傷者は室蘭の日本製鋼所病院で治療
1935(S10)-10- 8	第 2 予備艦
1935(S10)-11-15	艦長佐倉武夫大佐 (37 期) 就任
1935(S10)-12- 中	三菱長崎造船所で損傷修理、船体補強工事、誘導タービン装備、翌年 5 月下旬完成
1936(S11)- 4-20	佐世保工廠で水雷兵装改装公試、5 月 31 日完成
1936(S11)- 5- 1	佐世保工廠で航空兵装改装公試、6 月 2 日完成
1936(S11)- 5-20	三菱長崎造船所で後部電信室改造、10 月 26 日完成

妙高 型 /Myoko Class

艦 歴 /Ship's History (13)

艦 名	足 柄 (3/5)
年 月 日	記 事 /Notes
1936(S11)- 6- 4	佐世保工廠で91式発煙器、通信装置装備、8月7日完成
1936(S11)- 6- 6	佐世保工廠で砲煩具兵装改装公試　　1936(S11)- 6-15　佐世保警備戦隊付属
1936(S11)- 7- 1	第1予備艦、横須賀工廠で94式特用空気圧搾機装備、翌年2月20日完成
1936(S11)- 7-25	佐世保工廠で11m内火艇換装、8月5日完成
1936(S11)- 7-27	大鯨11m内火艇と本艦同艇交換搭載認可
1936(S11)-11- 2	佐世保工廠で艦橋に測距儀装備、翌年2月22日完成
1936(S11)-11-13	佐世保工廠で主砲に短5cm外膅砲装備、翌年2月22日完成
1936(S11)-11-16	佐世保工廠で防雷具揚収装置改造、翌年1月15日完成
1936(S11)-12- 1	第2艦隊第5戦隊、艦長武田盛治大佐 (38期) 就任
1936(S11)-12- 2	佐世保工廠で主砲火薬庫撒水装置改造、翌年2月20日完成
1936(S11)-12- 5	横須賀工廠で90式山川灯装備、翌年3月25日完成
1936(S11)- -	横須賀工廠で主砲塔防熱板5砲塔分装着
1937(S12)- 1-14	佐世保工廠で主砲塔照準孔扉改造、2月22日完成
1937(S12)- 3- 5	訪英のため11m内火艇、9mカッター各2隻及び総天幕更新訓令
1937(S12)- 3-10	第2艦隊第4戦隊
1937(S12)- 4- 3	横須賀発英皇帝ジョージ6世の戴冠式記念観艦式参列のため英ポーツマスに向かう、指揮官第4戦隊司令官小林宗之助少将、シンガポール、アデン、スエズ、ポートサイド、マルタ経由5月9日ポーツマス着、同20日観艦式、同22日発23日独、キール着、30日発、以後ジブラルタル、ポートサイド、スエズ、コロンボ、香港を経て7月8日佐世保着、徳川夢声等民間人及び記録映画撮影のカメラマン等報道関係者が同行、途中英国とドイツで交換見学を行う、帰着後佐世保工廠で外した6m測距儀を復旧装備
1937(S12)- 7-15	第2艦隊第5戦隊
1937(S12)- 8-15	臨時装備の合成調理器を固有装備品とする
1937(S12)- 8-20	名古屋発中支方面行動、24日大連着、9月4日発中支方面行動、8日旅順着、10日発北支方面行動16日旅順着、10月12日旅順発北支方面行動、17日佐世保着
1937(S12)-10- 4	横須賀工廠で訪英のため外した発射管室内特用空気関係兵器復旧工事
1937(S12)-10-20	第4艦隊
1937(S12)-10-28	富江発中支方面行動、11月17日大連着
1937(S12)-12- 1	第4艦隊第12戦隊
1937(S12)-12- 7	基隆着、23日発中南支方面行動、翌年1月1日旅順着、8日発北支方面行動、2月5日旅順着、7日発北支方面行動、3月24日佐世保着
1937(S12)-12-15	艦長丸茂邦則大佐 (40期) 就任
1937(S12)-12-29	佐世保工廠で巡洋艦側曳給油装置装備訓令
1938(S13)- 4- 8	佐世保発北支方面行動、6月20日旅順着、22日大連発北支方面行動、8月21日大連着、23日北支方面行動、10月31日旅順着、11月2日発北支方面行動、12月4日旅順着、6日発北支方面行動、14年1月19日大連着、21日発北支方面行動、2月15日旅順着、17日発北支方面行動、3月14日佐世保着
1938(S13)- 6- 3	艦長醍醐忠重大佐 (40期) 就任
1938(S13)-12- 1	艦長鎌田道章大佐 (39期) 就任
1939(S14)- 3-12	第2予備艦、6月より横須賀工廠で第2次改装工事及び特定修理に着手、翌年6月に完成

艦 歴 /Ship's History (14)

艦 名	足 柄 (4/5)
年 月 日	記 事 /Notes
1939(S14)-11-15	第3予備艦
1940(S15)- 4- 1	特別役務艦
1940(S15)- 5-11	第2予備艦
1940(S15)- 9-25	第1予備艦
1940(S15)-10-10	第2遣支艦隊第15戦隊、佐世保発北支方面行動、20日基隆着
1940(S15)-10-15	艦長中沢佑大佐 (43期) 就任
1940(S15)-10-24	馬公発南中支方面行動、12月1日馬公着、7日基隆着、16日上海着、20日発南支方面行動、翌年1月22日海南島三亜発、北部仏印進駐作戦に従事、29日サイゴン沖着、31日発南支方面行動、2月24日高雄着、27日発南支方面行動、4月10日馬公着、以後6月末まで基隆を基地として南支方面行動
1941(S16)- 7- 5	艦長一宮義之大佐 (44期) 就任
1941(S16)- 7-12	馬公発南部仏印進駐作戦に参加、25日三亜発、29日サンジャック沖着、8月11日発、13日三亜着15日発南支方面行動、9月23日佐世保着
1941(S16)- 9-26	佐世保工廠で入渠、10月12日出渠、28日まで修理、出師準備
1941(S16)-10-10	第3艦隊第16戦隊
1941(S16)-11-28	寺島水道発出撃、12月1日馬公着、7日発ルソン西海面行動、14日馬公着、19日発リンガエン上陸作戦支援、23日馬公着、26日蘭印部隊に編入、高雄に回航
1942(S17)- 1- 2	高雄発、6日ダバオ着、2月13日発蘭印攻略作戦支援、14日ホロ島着、18日バリクパパン着、22日ケンダリー着、25日マカッサル着、26日発ジャワ攻略作戦に従事
1942(S17)- 3- 1	スラバヤ沖海戦に参加、妙高、第5戦隊 (那智、羽黒) とともに英巡エクゼター /Exeter を撃沈、5日マカッサル着
1942(S17)- 3-10	第2南遣艦隊旗艦、26日マカッサル発クリスマス島攻略作戦支援、4月6日マカッサル着
1942(S17)- 4-10	南西方面艦隊、23日マカッサル発、28日スラバヤ着、警泊、5月25日発佐世保に向かう
1942(S17)- 6- 2	佐世保着、10日入渠、20日出渠、この間修理及び爆雷投下台新設
1942(S17)- 6-25	佐世保発、7月1日マカッサル着、7日発8日スラバヤ着、10日第2南遣艦隊旗艦に復帰、8月11日発、12日マカッサル着、21日発同日シンガポール着
1942(S17)- 9-25	艦長阪匡身大佐 (42期) 就任
1942(S17)- 9-30	スラバヤ発陸軍部隊をショートランドに輸送、10月3日ダバオ着、4日発8日ラバウル着、9日ショートランド着、14日パラオ着、20日スラバヤ着、警泊
1942(S17)-10-22	南西方面艦隊旗艦
1942(S17)-12-18	第2南遣艦隊旗艦、23日シンガポール着入渠、修理及び訓令工事、1月2日出渠
1943(S18)- 1- 5	シンガポール発、5日スラバヤ着警泊、4月1日発佐世保に向かう
1943(S18)- 4- 9	佐世保着、12日入渠23日出渠、5月8日まで修理、機銃換装増備、21号電探装備、舵取機室防禦戦訓工事等を実施
1943(S18)- 5-10	佐世保発、20日スラバヤ着、警泊
1943(S18)- 9-20	第16戦隊旗艦、10月23日シンガポール着入渠、11月1日出渠、以後リンガ泊地に回航訓練に従事
1944(S19)- 1- 3	シンガポール発メルギーに陸軍部隊輸送、9日シンガポール着、リンガ泊地に回航
1944(S19)- 1-30	艦長三浦速雄大佐 (45期) 就任
1944(S19)- 2-25	第5艦隊第21戦隊

妙高 型 /Myoko Class

艦　歴 /Ship's History (15)	
艦　名	足柄 (5/5)
年　月　日	記　事 /Notes
1944(S19)- 2-25	第 5 艦隊第 21 戦隊
1944(S19)- 2-27	シンガポール発、3 月 3 日佐世保着、7 日入渠 22 日出渠、修理及び 21 号電探換装、22 号電探、水
	中聴音機、哨信儀、25mm 単装機銃 8 基装備
1944(S19)- 3-29	佐世保発、呉を経由 4 月 2 日大湊着、警泊、6 月 19 日発、21 横須賀着、機銃増備 (25mm 機銃連
	装 2、同単装 20)、29 日発 7 月 1 日大湊着、31 日発 8 月 2 日呉着、以後警泊及び 13 号電探装備
1944(S19)-10-14	呉発、台湾沖航空戦損傷米艦艇追撃に出撃したが会敵せず、20 日馬公着、21 日発捷号作戦参加のた
	め出撃、23 日コロン湾着、24 日発スリガオ海峡に向かう、25 日西村艦隊の後を追って海峡に突入
	したが会敵せず、西村艦隊の残存艦艇とともに反転マニラに帰投
1944(S19)-11-14	呉発、、16 日ブルネイ着、17 日発 22 日リンガ泊地着、12 月 12 日発、14 日カムラン湾着
1944(S19)-12-24	カムラン湾発、礼号作戦 (サンホセ突入作戦) に従事、26 日夜間被弾した B25 爆撃機が足柄の左舷
	中央部付近の上甲板に激突、水線上舷側に大破口を生じる、戦死 41、負傷 29、左舷の魚雷は
	火災発生のため投棄、28 日カムラン湾着、翌年 1 月 1 日シンガポール着、応急修理実施
1945(S20)- 1-22	リンガ泊地よりシンガポールに回航、急速整備工事として 3 番砲塔右砲が施條破損で使用不能となっ
	ていたのを羽黒の 2 番砲塔より撤去した砲身と換装、29 日完成
1945(S20)- 3-10	シンガポールで魚雷発射管を陸上防禦用に転用及び輸送用甲板スペース確保目的で陸揚げ
1945(S20)- 6- 7	バタビア発緊急輸送任務のため陸軍部隊 1,649 人、物資 480 トンを搭載シンガポールに向かったが、
	8 日昼過ぎバンカ水道北口付近で英潜水艦トレンチャント /Trenchant の発射した魚雷 8 本のうち 5
	本が右舷に命中、命中から 20 分後の 1237 右舷に横倒しとなって沈没、艦長以下乗員約 853 人と
	陸兵約 400 が随伴していた神風に救助された
1945(S20)- 8-20	除籍

艦　歴 /Ship's History (16)	
艦　名	羽黒 (1/5)
年　月　日	記　事 /Notes
1925(T14)- 2-16	命名、呉鎮守府に仮入籍、1 等巡洋艦に類別
1925(T14)- 3-16	三菱長崎造船所で起工
1927(S 2)- 7- 1	佐世保鎮守府仮入籍に変更
1928(S 3)- 3-24	進水
1928(S 3)-10- 1	艤装員長原敬太郎大佐 (33 期) 就任
1929(S 4)- 4-25	竣工、第 1 予備艦、佐世保鎮守府に入籍、艦長原敬太郎大佐 (33 期) 就任
1929(S 4)- 5- 2	長崎港で米海軍第 2 巡洋艦戦隊 (トレントン /Trenton、メンフィス /Memphis、ミルウォーキー
	/Milwaukee) と礼砲交換、乗員の相互訪問を実施
1929(S 4)- 8-20	佐世保工廠で射出機及び短波無線機装備、9 月 12 日完成
1929(S 4)- 8-31	9 月 25 日から 10 月 8 日まで軍楽隊を乗せ仁川に回航、朝鮮博覧会に協力することを命じられる
1929(S 4)-11-10	ロンドン軍縮会議全権一行横浜で本艦に乗艦出動、高速運転、潜水艦襲撃、飛行機射出、戦闘諸作
	業を見学
1929(S 4)-11-19	佐世保工廠で船体部艤装残工事実施、6 年 2 月 2 日完成
1929(S 4)-11-30	第 2 艦隊第 4 戦隊、艦長宇野積三大佐 (34 期) 就任
1930(S 5)- -	佐世保工廠で飛行機搭載 (15 式水偵 1 型)
1930(S 5)- 4- 7	佐世保工廠で舷梯位置改正工事、4 月 30 日完成
1930(S 5)- 5-17	古仁屋発南洋方面行動、6 月 19 日横須賀着
1930(S 5)-10- 6	佐世保工廠で主砲指揮所観測鏡下部支柱増設、14 日完成
1930(S 5)-10-26	神戸沖特別大演習観艦式に供奉艦として参列
1930(S 5)-11-21	天皇兵学校行幸にお召艦として神戸発、25 日神戸着
1930(S 5)-11-22	佐世保工廠で高角砲防波楯装備、翌年 1 月 31 日完成
1930(S 5)-12- 1	艦長小林宗之助大佐 (35 期) 就任
1931(S 6)- 1-13	佐世保工廠で艦橋主砲指揮所等補強、31 日完成
1931(S 6)- 3-29	福岡発青島方面行動、4 月 5 日大連着
1931(S 6)- 4- 2	佐世保工廠で前後水雷火薬庫改造、5 月 13 日完成
1931(S 6)- 6-12	須崎碇泊中荒天により前甲板で錨作業中の兵 1 が波浪により転倒、頭部強打死亡
1931(S 6)- 9-25	有明湾外にて小演習参加時本艦水偵が索敵哨戒飛行中、行方不明
1931(S 6)-10- 9	佐世保工廠で缶改造、翌年 1 月 29 日完成
1931(S 6)-10-10	艦長野村直邦大佐 (35 期) 就任
1931(S 6)-11- 9	佐世保工廠で鍛冶工場排気筒新設、翌年 2 月 1 日完成
1931(S 6)-11-18	佐世保工廠で缶室通風装置改造、翌年 5 月 13 日完成
1931(S 6)-11-26	佐世保工廠でメインデリック締付装置改造、翌年 5 月 25 日完成
1931(S 6)-12-24	佐世保工廠で電動油圧舵取機改造、翌年 1 月 27 日完成
1932(S 7)- 1-15	佐世保工廠で無線電話機用小型直流発電機装備、30 日完成
1932(S 7)- 1-21	佐世保工廠で主砲射撃所の 12cm 観測鏡換装、29 日完成
1932(S 7)- 2- 3	佐世保工廠でサーモタンク利用冷房装置新設、翌年 1 月 30 日完成予定
1932(S 7)- 2- 6	佐世保発上海事変に参加、翌年 2 月 1 日着
1932(S 7)- 2-27	小松島発上海方面警備行動、3 月 7 日佐世保着
1932(S 7)- 5- 1	佐世保工廠で 20cm 砲俯仰装置一部改造、9 年 3 月 31 日完成
1932(S 7)- 5-21	射出機公試実施 22 日まで

妙高 型 /Myoko Class

艦 歴 /Ship's History (17)

艦 名	羽 黒 (2/5)
年 月 日	記事 /Notes
1932(S 7)-10-29	佐世保工廠で 12cm 高角砲身改造、翌年 6 月 20 日完成
1932(S 7)-11- 2	佐世保工廠で保式 13mm 機銃装備、翌年 9 月 20 日完成
1932(S 7)-11- 7	佐世保工廠で 89 式高角射撃盤を 12cm 高角砲用に改造、翌年 5 月 15 日完成
1932(S 7)-12- 1	第 2 予備艦
1933(S 8)- 1- 3	佐世保港内にて本艦ランチ部外曳船と衝突沈没、兵 1 死亡
1933(S 8)- 2- 1	第 1 予備艦
1933(S 8)- 2-14	艦長森本丞大佐 (35 期) 就任
1933(S 8)- 7-13	佐世保工廠で 20cm 砲塔及び弾庫改造、翌年 3 月 31 日完成
1933(S 8)- 8-16	館山発南洋方面警備行動、21 日木更津着
1933(S 8)- 9- 1	佐世保工廠で 20cm 砲射撃指揮装置改造、翌年 3 月 31 日完成
1933(S 8)-11-15	第 2 予備艦、艦長山口実大佐 (36 期) 就任
1933(S 8)-12-11	佐世保警備隊付属
1934(S 9)- -	佐世保工廠で須式 110cm 探照灯装備
1934(S 9)- 1-15	佐世保工廠で連携識別信号灯装備、3 月 31 日完成
1934(S 9)- 5- 1	佐世保工廠で主砲方位盤照準演習装置改造、7 月 13 日完成
1934(S 9)- 5- 8	佐世保工廠で対化学兵器防禦施設新設、翌年 3 月 15 日完成
1934(S 9)- 5-18	佐世保工廠で 20cm 砲塔、弾庫改造、発電機換装、7 月 10 日完成
1934(S 9)- 5-23	佐世保工廠で高角砲同高射装置撤去、同弾火薬庫改造、翌年 10 月 15 日完成
1934(S 9)- 6-20	第 1 予備艦
1934(S 9)- 7- 5	佐世保工廠で 2kW 信号灯装備、16 日完成
1934(S 9)- 7-14	佐世保工廠で標的搭載設備新設、10 月 21 日完成
1934(S 9)-10-22	第 2 予備艦
1934(S 9)-11-1	佐世保工廠で爆弾庫、射出機火薬庫新設、翌年 10 月末完成
1934(S 9)-11-15	艦長中山道源大佐 (37 期) 就任
1935(S10)- 1-15	佐世保工廠で水雷兵装一部撤去、2 月 20 日完成
1935(S10)- 2-	三菱長崎造船所で船体改装工事着手、7 月完成
1935(S10)- 4- 1	佐世保警備戦隊より除く
1935(S10)- 7- 末	海軍大演習に参加、赤軍第 4 艦隊第 5 戦隊に属し同 9 月 26 日三陸沖で大型台風に遭遇、損傷なし
1935(S10)-11-15	第 2 艦隊第 5 戦隊、艦長鮫島具重大佐 (37 期) 就任
1935(S10)-11-16	佐世保工廠で改装に伴う水雷兵装公試、翌年 4 月 20 日完成
1935(S10)-11-26	佐世保工廠で艦橋部の 18cm、15cm、12cm 双眼鏡位置変更、翌年 3 月 15 日完成
1935(S10)-12-10	呉工廠で 20cm 砲噴気装置改造、翌年 3 月 5 日完成
1935(S10)-12- 中	三菱長崎造船所で船体補強工事、誘導タービン装備、翌年 3 月中旬完成
1936(S11)- 1-26	佐世保工廠で 90 式山川灯改 1 装備、3 月 21 日完成
1936(S11)- 2-10	佐世保工廠で安式航跡自画器装備、艦砲標の搭載、3 月 15 日完成
1936(S11)- -	横須賀工廠で 92 式射撃盤装備
1936(S11)- 2-17	佐世保工廠で改装砲煩及び航海兵器公試、3 月 15 日完成
1936(S11)- 3- 4	本艦 94 式水偵小破
1936(S11)- 3- 9	佐世保工廠で巡洋艦舷側曳給油装置装備、9 月 29 日完成
1936(S11)- 3-20	本艦 2 号水偵 (95 式) 佐世保航空隊スロープ沖合で雨中視界不良のため海面に突入転覆、機体大破、

艦 歴 /Ship's History (18)

艦 名	羽 黒 (3/5)
年 月 日	記事 /Notes
	操縦士死亡、偵察員軽傷
1936(S11)- 4-13	福岡湾発青島方面行動、22 日佐世保着
1936(S11)- 5- 7	佐世保工廠で第 4、5 探照灯台防熱スクリーン新設訓令
1936(S11)- 6- 7	佐世保工廠で無線兵装改造、23 日完成
1936(S11)- 6-22	佐世保工廠で三限と 11m 内火艇相互交換搭載訓令
1936(S11)- 7-29	本艦 4 号水偵 (95 式) 奄美大島西方海面で着水時跳躍失速右翼端浮舟破損転覆、機体中破人員無事
1936(S11)- 8- 4	馬公発厦門方面行動、6 日高雄着
1936(S11)-10-29	神戸沖特別大演習観艦式参列
1936(S11)-10-31	川崎造船所でお召し艦設備工事、12 月 24 日完成
1936(S11)-12- 1	艦長青柳宗重大佐 (37 期) 就任
1936(S11)-12- 2	佐世保工廠で主砲火薬庫撒水装置改装、翌年 2 月 20 日完成
1937(S12)- 2-26	第 1 内火艇を佐世保港務部に還納、代わりに旧足柄 11m 内火艇を搭載のこと
1937(S12)- 3-17	佐世保工廠で 20cm 砲塔照準孔扉改造、7 月 23 日完成
1937(S12)- 3-22	佐世保工廠で患者用寝台 6 個増設、25 日完成
1937(S12)- 3-25	佐世保工廠で 5cm 外膅砲装備、31 日完成
1937(S12)- 3-27	佐世保発青島方面行動、4 月 6 日有明湾着
1937(S12)- 4- 7	高知足摺岬灯台沖で夜間教練運動中那智と触衝、船体損傷
1937(S12)- -	91 式方位盤装備
1937(S12)- 4-28	佐世保工廠で後部機械室排気路爆風除新設、5 月 1 日完成
1937(S12)- 5-26	佐世保工廠で上記損傷修理、7 月 14 日完成
1937(S12)- 6- 2	佐世保工廠で 20cm 砲塔揚弾機一部改造、7 月 17 日完成
1937(S12)- 6- 7	佐世保工廠で 20cm 砲塔測距儀飛沫防止装置装備、18 日完成
1937(S12)- 8-14	佐世保工廠で高角砲砲側弾薬包筐増備、15 日完成
1937(S12)- 8-20	名古屋発中支方面行動、24 日大連着、9 月 4 日旅順発北支方面行動、11 日旅順着、17 日発北
	支方面行動、21 日旅順着、29 日発北支方面行動 (以後 4 度同行動)、10 月 16 日旅順着
1937(S12)-12- 1	第 2 予備艦、艦長山本正夫大佐 (38 期) 就任
1937(S12)-12-15	第 3 予備艦
1938(S13)- 4-20	艦長友成佐市郎大佐 (38 期) 就任、11 月 1 日より兼筑摩艤装員長
1939(S14)- 1-10	三菱長崎造船所で船体 2 次改装工事、12 月 28 日完成
1939(S14)-11-15	特別役務艦
1939(S14)-12-27	艦長緒方真記大佐 (41 期) 就任
1940(S15)- 5- 1	第 2 艦隊第 5 戦隊
1940(S15)-10-15	艦長浜田浄大佐 (42 期) 就任
1941(S16)- 2- 1	佐世保工廠で入渠、3 日出渠、17 日発南支方面行動、3 月 12 日佐世保着、13 日入渠 20 日出渠、29
	日有明湾発、4 月 8 日パラオ着、12 日発 20 日横須賀着、23 日佐世保に回航、27 日入渠 5 月 18 日
	出渠、6 月 30 日横須賀回航、8 月 20 日佐世保回航
1941(S16)- 7-25	艦長森友一大佐 (42 期) 就任
1941(S16)- 9- 6	佐世保工廠入渠、15 日出渠、17 日発 18 日室津沖着、10 月 14 日発佐伯、宿毛を経て有明湾に回航
1941(S16)-11-17	呉着、26 日発、12 月 1 日パラオ着、6 日発レガスピー攻略作戦支援、16 日パラオ着 18 日発、ダバオ、
	ホロ攻略作戦支援、27 日パラオ着、28 日発 30 日マララグ湾着

妙高 型/Myoko Class

艦　歴/Ship's History (19)

艦　名	羽　黒 (4/5)
年　月　日	記　事/Notes
1942(S17)- 1- 9	ダバオ発メドナ攻略作戦支援、14日ダバオ着、22日発ケンダリー攻略作戦支援、26日ダバオ着、29日発アンボン攻略作戦支援、2月5日バンカ泊地発マカッサル攻略作戦支援、10日スターリング湾着17日発デリー、クーパン攻略作戦支援、22日スターリング湾着、24日発ジャワ攻略作戦支援、27日スラバヤ沖海戦に参加、3月4日スターリング湾着、5日発6日マカッサル着、13日発佐世保に向かう
1942(S17)- 3-20	佐世保着整備作業、21日入渠4月4日出渠、8日発9日柱島に回航、18日発敵機動部隊追撃のため出撃したが会敵せず、4月22日横須賀着、23日発27日トラック着、5月1日発機動部隊に随伴珊瑚海海戦に参加、17日トラック着、同日発23日呉着、整備作業
1942(S17)- 5-29	柱島発ミッドウェー攻略作戦に参加、6月14日北方部隊に編入、アリューシャン攻略作戦を支援、23日川内湾着、補給整備、28日発アリューシャン上陸部隊支援に従事、7月12日柱島着
1942(S17)- 8-11	柱島発ソロモン作戦支援のため出撃、17日トラック着、20日発第2次ソロモン海戦に参加、敵機と交戦被害なし、9月5日トラック着、弾薬補給、9日発23日トラック着、29日発佐世保に向かう
1942(S17)-10- 5	佐世保着、6日入渠11月19日出渠、この間第2次ソロモン海戦後に発生したタービン故障修理と訓令工事の魚雷の対舷移動装置一部改装、主砲砲身換装等を実施したものと思われる
1942(S17)-10-20	艦長魚住治策大佐 (42期) 就任
1942(S17)-11-27	佐世保発、29日横須賀着、30日発特別陸戦隊搭乗、12月5日トラック着、同日発8日ラバウル着陸戦隊上陸、同日発10日トラック着、待機
1943(S18)- 1-31	トラック発ガ島撤収作戦支援、2月8日トラック着、警泊、訓練、
1943(S18)- 5- 8	トラック発13日横須賀着、北方部隊に編入される、15日発増援部隊輸送支援、19日幌筵着、6月12日発18日佐世保着
1943(S18)- 7- 4	佐世保工廠で入渠、損傷修理、舵防禦工事、機銃増備、21号電探装備等を実施、14日出渠
1943(S18)- 7-18	佐世保発19日柱島回航、30日発長浜沖着、31日発陸軍部隊輸送、8月5日トラック着、6日発9日ラバウル着陸軍部隊陸揚、同日発10日トラック着、訓練に従事
1943(S18)- 9-18	トラック発20日ブラウン着、23日発25日トラック着、警泊、10月11日発13日ラバウル着、連日空襲対空戦闘を行う
1943(S18)-10-31	ラバウル発グゼレ湾付近の敵艦隊撃滅に向かう、11月2日ブーゲンビル島沖海戦で米艦艇と夜間交戦、被弾6(内4盲弾)、2番砲塔旋回不能、2番高角砲、2番射出機使用不能、その他至近弾により右舷外軸低圧タービン脚部に亀裂を生じ、最大速力28ノット、戦死1、重傷1、軽傷1、発射弾数20cm徹甲弾145、2日ラバウル着、4日発6日トラック着
1943(S18)-11-12	トラック発、17日佐世保着、19日入渠、損傷修理、12月12日出渠
1943(S18)-12- 1	艦長杉浦嘉十大佐 (46期) 就任
1943(S18)-12-16	佐世保発、内海西部に回航、23日呉発平群島着、24日発29日トラック着、19年1月2日発陸軍部隊輸送、4日カビエン着同日発、5日トラック着、警泊訓練、10日発13日パラオ着
1944(S19)- 3- 4	第1機動部隊に編入、9日パラオ発12日バリクパパン着、13日発14日タラカン着、20日発22日パラオ着、29日発4月1日ダバオ着、5日発9日リンガ泊地着
1944(S19)- 5-12	リンガ泊地発、15日タウイタウイ着、16日発同日タラカン着、18日発同日タウイタウイ着、30日発31日ダバオ着、6月2日発渾作戦に参加、5日作戦中止ダバオ着、7日発作戦再興、9日バチャン着13日発マリアナ沖海戦に参加
1944(S19)- 6-22	中城湾着、23日発24日柱島着、29日呉発陸軍部隊輸送、7月12日シンガポール着、リンガ泊地に回航待機、訓練

艦　歴/Ship's History (20)

艦　名	羽　黒 (5/5)
年　月　日	記　事/Notes
1944(S19)-10-18	リンガ泊地発、20日ブルネイ着、22日発第1遊撃部隊としてレイテ突入作戦出撃、24日シブヤン海にて米空母機の攻撃を受ける、25日サマール沖にて米護衛空母部隊と交戦、0705から約2時間の交戦で20cm砲弾588を発射、一部の護衛空母にかなりの損害をあたえたものの、2番砲塔に被爆、砲員戦死38、重傷4の被害を受け、火薬庫への注水により誘爆は防いだが、2番砲塔は使用不能となる、その他敵駆逐艦からの被弾6もあり戦死者の総数は55、重傷13、軽傷62、28日ブルネイ着
1944(S19)-11-15	第2遊撃部隊、南西方面艦隊の指揮下入る
1944(S19)-11-17	ブルネイ発、新南群島を経て22日リンガ泊地着、29日シンガポールに回航砲塔修理、12月3日リンガ泊地に回航、7日再度シンガポール回航、弾薬補給中に原因不明の浸水があり10日入渠修理、17日出渠、この際2番砲塔砲身を撤去、18日発被雷した妙高の救援に出動、25日妙高を曳航してシンガポール着、翌年1月3日リンガ泊地回航、6日シンガポール回航、9日リンガ泊地回航、21日シンガポール回航、バルジ修理、損傷した舷外電路撤去、31日リンガ泊地回航
1945(S20)- 2- 5	第10艦隊方面艦隊の指揮下に入る
1945(S20)- 5- 3	シンガポールにてアンダマン諸島への輸送任務のため魚雷発射管及び主砲弾の半数を撤去、9日物資を満載してシンガポール発、途中英艦隊出現の報によりシンガポールに帰投する途中、16日夜間マラッカ海峡で先回りしていた英駆逐艦5隻が襲撃、一方的な砲雷撃を受けて魚雷命中4、さらに艦橋部への被弾で司令部、艦長等の幹部が全滅、船体切断沈没す、通信長以下約320が随伴していた神風に救助されたが、戦死者は20年1月現在の定員が1,124名だから800名前後に達したものと推定される
1945(S20)- 6-20	除籍

197

高雄 型 /Takao Class

| 型名 /Class name | 高雄 /Takao | 同型艦数 /No. in class | 4 | 設計番号 /Design No. | | 設計者 /Designer | 藤本喜久雄造船大佐 |

艦名 /Name	計画年度 /Prog. year	建造番号 /Prog. No	起工 /Laid down	進水 /Launch	竣工 /Completed	建造所 /Builder	建造費 (船体・機関+兵器=合計) /Cost(Hull・Mach. + Armament = Total)	除籍 /Deletion	喪失原因・日時・場所 /Loss data
高雄 /Takao	S02/1927	第5大型巡洋艦	S02/1927-04-28	S05/1930-05-12	S07/1932-05-31	横須賀海軍工廠	16,057,665 + 11,201,642 = 27,259,307	S22/1947-05-03	S21/1946-10-29 英軍により自沈処分
愛宕 /Atago	S02/1927	第6大型巡洋艦	S02/1927-04-28	S05/1930-06-16	S07/1932-03-30	呉海軍工廠	15,721,953 + 10,910,925 = 26,623,878	S19/1944-12-20	S19/1944-10-23 パラワン水道南口で米潜水艦 Darter により撃沈
鳥海 /Chokai	S02/1927	第7大型巡洋艦	S03/1928-03-26	S06/1931-04-05	S07/1932-06-30	三菱長崎造船所	15,827,943 + 9,878,185 = 25,706,128	S19/1944-12-20	S19/1944-10-25 レイテ沖で米空母機の爆撃で落伍後、雷撃処分沈没
摩耶 /Maya	S02/1927	第8大型巡洋艦	S03/1928-12-04	S05/1930-11-08	S07/1932-06-30	神戸川崎造船所	15,942,153 + 10,105,007 = 26,047,160	S19/1944-12-20	S19/1944-10-23 パラワン水道南口で米潜水艦 Dace により撃沈

注 /NOTES 昭和2年の第52回議会で承認された条約型巡の第2陣。本来大正13年における軍令部の補助艦艇補充計画において1万トン巡は12隻を要求しており、とりあえず老朽化した利根等の巡洋艦4隻の代艦として4隻の新造が昭和2年から同6年までの継続予算での建造が承認されたもの。船体線図は前型の妙高型を踏襲しているが艦橋部をはじめ上構の形態は大きく変化しており、兵装、防禦面でも多くの改善が施されている。基本計画は平賀の下にいた藤本喜久雄造船大佐が担当【出典】海軍軍戦備 / 海軍省年報

船 体 寸 法 /Hull Dimensions (1)

艦名 /Name	状態 /Condition		排水量 /Displacement	長さ /Length(m)			幅 /Breadth (m)			深さ /Depth(m)		吃水 /Draught(m)			乾舷 /Freeboard(m)			備考 /Note
				全長 /OA	水線 /WL	垂線 /PP	全幅 /Max	水線 /WL	水線下 /uw	上甲板 /m	最上甲板	前部 /F	後部 /A	平均 /M	艦首 /B	中央 /M	艦尾 /S	
高雄 /Takao	新造完成 /As build(T)	基準 /St'd	11,681.190									5.426	5.736	5.580				新造完成時の昭和7年6月26日施行の重心査定試験による
		2/3 満載 /Full	14,032.242	203.759		192.024	20.422	18.029	18.999	10.933				6.479				
		満載 /Full	15,143.902									6.891	6.883	6.887				
		軽荷 /Light	11,148.742									5.112	5.620	5.366				
	昭和12年 /1937 (t) (改装前 Before mod.)	公試 /Trial	14,579											6.680				昭和12年6月19日施行の重心査定試験による (艦船復原性能比較表 -S13/16)
		満載 /Full	15,697											7.094				
		軽荷 /Light	11,523											5.504				
	昭和14年 /1939 (t) (改装 /Mod.)	基準 /St'd	13,400															昭和14年7月23日施行の重心査定試験による (一般計画要領書)
		公試 /Trial	14,837.877	203.759	201.72		20.73	19.52	20.73	10.933				6.316				
		満載 /Full	15,874.770											6.670				
		軽荷 /Light	12,170.952											5.340				
愛宕 /Atago	新造完成 /As build(T)	基準 /St'd	11,699.224			192.237						5.469	5.709	5.589				新造完成時の昭和7年3月30日施行の重心査定試験による
		2/3 満載 /Full	14,259.251	203.759	201.717	192.573	20.422	18.029	18.999	10.933		6.655	6.481	6.572				
		満載 /Full	15,247.646			192.725						7.093	6.775	6.934				
		軽荷 /Light	11,154.437			192.085						5.161	5.573	5.370				
		公試計画 /T. Des	12,985.6	203.759	201.631	192.542	20.422	18.029	18.999	10.933		6.282	5.946	6.116	9.144	5.944	5.029	軍艦基本計画資料 - 福田
	昭和13年 /1938 (t) (改装計画 /Mod. Des.)	公試 /Trial	14,670											6.280				昭和13年4月時の改装計画 (艦船復原性能比較表 -S13/16)
		満載 /Full	15,751											6.630				
		軽荷 /Light	11,961											5.290				
	昭和14年 /1939 (t) (改装 /Mod.)	公試 /Trial	14,581	203.759	201.72		20.73	19.52	20.73	10.933				6.230				昭和14年8月2日施行の重心査定試験による (艦船復原性能比較表 -S13/16)
		満載 /Full	15,641											6.598				
		軽荷 /Light	11,897											5.249				
鳥海 /Chokai	新造完成 /New (T)	基準 /St'd	11,795.207									5.520	5.766	5.643				新造完成時の昭和7年6月18日施行の重心査定試験による
		2/3 満載 /Full	14,174.874	203.759		192.024	20.422	18.029	18.999	10.933		6.574	6.524	6.549				
		満載 /Full	15,206.223									6.990	6.859	6.925				
		軽荷 /Light	11,176.788									5.181	5.601	5.391				
	昭和13年 /1938 (t)	公試 /Trial	14,478											6.655				昭和13年1月14日施行の重心査定試験による (艦船復原性能比較表 -S13/16)
		満載 /Full	15,603											7.067				
		軽荷 /Light	11,459											5.751				

高雄 型/Takao Class

船体寸法/Hull Dimensions (2)

艦名/Name	状態/Condition	排水量/Displacement		長さ/Length(m)			幅/Breadth (m)			深さ/Depth(m)		吃水/Draught(m)			乾舷/Freeboard(m)			備考/Note
				全長/OA	水線/WL	垂線/PP	全幅/Max	水線/WL	水線下/uw	上甲板/m	最上甲板	前部/F	後部/A	平均/M	艦首/B	中央/M	艦尾/S	
摩耶/Maya	新造完成/As build (t)	基準/St'd	11,538.339									5.421	5.648	5.535				新造完成時の昭和7年6月26日施行の重心査定試験による
		2/3満載/Full	14,128.718	203.759		192.024	20.422	18.029	18.999	10.933		6.567	6.484	6.526				
		満載/Full	15,063.170									7.027	6.743	6.885				
		軽荷/Light	10,969.770									5.104	5.512	5.308				
	昭和12年/1937 (t)	公試/Trial	14,376											6.611				昭和12年6月21日施行の重心査定試験による(艦船復原性能比較表 -S13/16)
		満載/Full	15,490											7.039				
		軽荷/Light	11,332											5.446				
	戦時改装完成/1944(t)	基準/St'd	13,350									5.421	5.736	5.401				昭和19年4月バルジ装着後摩耶要目簿による
		公試/Trial	15,159	203.759		192.024	20.70	19.51		10.933		6.567	6.484	6.526				
		満載/Full	16,226									6.824	6.656	6.740				
		軽荷/Light	12,424									4.928	5.421	5.175				
(共通)	公称排水量/Official(T)	基準/St'd	9,850			198.00	19.00							5.000				公表要目

注/NOTES 本型の船体線図は基本的に妙高型と同型であるが、愛宕の場合、公試排水量の計画値は12,985.6tで、実際の完成公試排水量は14,259.3tと1,274tほど超過して、おりほぼ計画値の1割に達する。これは妙高の計画公試排水量12,374t、完成同排水量13,281.2tと比べると、計画値で1千t弱大型、超過量もより増大している。基準排水量では1,600噸ほど超過したことになり、ただし、公表値は妙高型より150噸ほど小さいのは多分に意図的なものを感じる。各艦改装は愛宕と高雄が開戦前に終えていたが、摩耶と鳥海は開戦により延期していたものの、摩耶のみが戦傷修理を兼ねて大戦後半に改装を実施したが、鳥海は未改装に終りバルジを装着しないと高角砲や発射管の換装もできなかったことは、復原性能にあまり余裕がなかったことを示しているようだ。
【出典】一般計画要領書/各種艦船 KG・GM 等に関する参考資料 (平賀) その他/軍艦基本計画 (福田)/艦船復原性能比較表 -S13/16(艦本4部)

解説/COMMENT

ワシントン条約による新造し得る最大の戦闘艦艇、条約型巡洋艦として妙高型に次いで計画された第2陣。本来日本海軍としてはワシントン条約下で大正14年から同19年までに1万噸型偵察巡洋艦を12隻建造することを計画していた。この計画は大正20年から主力艦の代艦建造が始まる予定であったので、それまでに完了させる必要があった。この第2陣4隻は老朽巡洋艦利根、筑摩、矢矧、平戸の代艦という位置付けにあり、大正15年8月に大臣から建造要求、大蔵省査定の後、昭和2年の第52議会の協賛をえて着工されたものである。前型の妙高型は平賀の艦本時代最後の基本計画担当艦で、本型起工時までに完成にいたっていなかったが、兵装、防禦、運動力にバランスがとれ、列強の初期条約型巡洋艦の中にあって最も前評判が高かった。

そのためもあって、船体線図をそのまま使うことになったものと思われ、基本計画は平賀の下にいた藤本造船中佐が担当、ただ上部構造物は艦橋をはじめ幅が加えられ、同様に兵装と防禦にも多くの変更が加えられていた。

艦型において妙高型との最大の相違点はその巨大？な艦橋構造物にあった。妙高型にしても本型にしてもこの艦橋構造物の下部には第1煙突の煙路が占めており、煙路の最先端はほぼ艦橋構造物前端下部にまで達している。そのため見た目ほど艦橋構造物の中は充実していたわけではなかったが、この本型の艦橋構造物が巨大化したことが定説となっているのは、基本計画を担当した藤本造船官が前任の平賀のように実際に艦橋で勤務する艦隊側各部署の要求をうのみにせず、厳しく査定したのに対して、その要求を拒絶せず出来る限り盛り込むことに努めたためとされている。平賀と藤本では確かに性格的相違があり、当然藤本の方が用兵側の受けがよかったのは事実のようだ。

ここで巨大化したといわれる本型の艦橋構造物を妙高型のそれと数値で比較してみると、側面積は252.4㎡：208.4㎡ (1.21：1)、正面面積は186.8㎡：159㎡ (1.17：1) となり、見た目ほどは大型化されていないことがわかる。藤本にしても無定見に大型化したわけではなく、事前に横須賀工廠で実物大の木製モックアップを製作して、各機器の配置やスペースのレイアウトを事前に確認してから実際の建造に着手していることも忘れてはならない。しかも、完成後の本型の重心査定試験等においても特に復原性能に問題は生じなかったわけで、就役後の実績も艦橋巨大化による不合は特に報告されていない。

ただ、いずれにしても艦橋構造物の巨大化は平時の演習向きでないと外国造艦官に批判されたように、実戦では被弾標的面積を局限すべきことは、日露戦争の重要な戦訓のひとつでもあった。事実、後の第1次ソロモン海戦で鳥海は艦橋後部に米巡の8"砲弾3発が命中、高射長以下36名死傷の被害を受けている。しかも、これらの砲弾は貫通炸裂しなかったため被害はこの程度におさまったともいわれている。このような批判に対する反省から次の最上型では最終的に艦橋構造物のコンパクト化が図られることになる。

本型の砲熕兵器は基本は前型と同じだが、主砲の20cm砲は正8"口径(20.3cm)で妙高型までの50口径3年式20cm砲の砲身をボーリングし直した3年式2号20cm砲で、しかも最大仰角を70度として高角射撃を可能にしたE型砲塔を装備していた。こうした主砲の高仰角化はすでに英国海軍最初の条約型巡ケント級で同じ70度の高仰角を可能にしており、それに追従した事になるが、こうした主砲の対空射撃能力の具備に藤本が熱心であったことは、彼の計画した特型駆逐艦でも後期艦では50口径3年式12.7cm砲において70度の高仰角を可能にしていた。ただし、この時期の砲の高仰角化は単に砲塔砲架の構造上、砲身の高仰角での発砲を可能にしていたというだけで、装填は5度固定式であり、いちいち砲身を装填角度まで下げる必要があり、さらに有効な対空射撃を行う射撃指揮装置がなかったことから考えると、その効果はきわめて制限されたものであった。今日的に考えれば航空機のスピードに追従出来る機動力と発射速度をこれらの大型砲塔に具備することは当時の技術力では無理であり、巡洋艦が5"以上の主砲の対空射撃を完全に可能にしたのは、第2次大戦後のレーダー射撃システムと自動制御技術を組み込むことで初めて実現したものであった。

この主砲の高仰角化により高角砲は45口径10年式12cm砲単装4基と前型より減少している。ただ、防空機銃として初めて英国ビッカース社より購入の毘式40mm単装機銃2基を装備した。ただし、この機銃は新造巡洋艦としては本型が採用しただけで、短期間のうちに保式13mm、同25mm機銃にとって代わられた。

水雷兵装としては前型で魚雷本体の強度不足から吃水線までの位置が低い中甲板部に固定発射管方式で装備した発射管を、旋回式連装発射管の上甲板装備が可能となり、89式連装発射管2基を艦の中央部の上甲板両舷にせり出す形で、かつ開口部を残し周囲をエンクローズして装備された。これは発射管を舷側に寄せることで被雷時に発射管を真横に指向し、先端の実用頭部を出来るだけ艦外に出すことで誘爆の被害を局限、さらに本型より装備された次発装填装置のスペースを得る目的もあった。また周囲をエンクローズすることで発射管を風波から護り操作を容易にする意味もあった。発射管の駆動は人力だったが、各発射管の後方に次発装填魚雷と装填装置が設けられ、装填動作は機力により迅速な装填を可能とし、第1魚雷発射後、第2魚雷を発射するまでの時間は1分ないし1分20秒にまで短縮された。このような迅速な次発魚雷装填は当時の特型駆逐艦でもできず、本型によってはじめて実現した装備である。魚雷は61cm8年式魚雷16本を標準装備とし、戦時では24本まで搭載する予定であった。

本型の防禦計画は基本的には前型と同じであったが、弾薬庫部分の防禦に就いては一段と強化され、舷側部は上部甲帯が4"(102mm)NVNCから5"(127mm)NVNCに、下部甲帯には上端3"(76mm)、下端1.5"(38mm)のNVNCテーパー甲鈑が装着、防禦甲板としての下甲板は1.875"(48mm)厚となっていた。こうしたテーパー甲鈑の採用は本型が最初で、水中弾実験から得られた水中弾効果に対応した水中防禦方式である。

機関も前型と変わるところは少なく、タービン機関に微細な改良が加えられただけで、公試成績も良好であった。

その他、船殻工事、上部構造工事の一部に電気溶接が採用され、また艤装、兵装、機関の広範囲に軽合金材が使用されて、重量軽減が図られた。また、魚雷兵装を上甲板に移したことで中甲板のスペースを居住区に転用、通風能力の強化等により、居住性は前型より改善されている。発令所には冷房装置も設けられ、これも新造艦でははじめての装備であった。また、妙高型では妙高と足柄に装備された艦隊旗艦施設が、本型では4隻全てに設置された。

前述のように本型の完成時の計画値に対する排水量の増加は妙高型を上回り、1千トンを越えていた。超過の多くが兵装関係重量ともいわれているが、高雄型の新造計画値の重量配分を示す資料が残っておらず、妙高型では多くのデータを残していた<平賀資料>にも高雄型の資料は全く残されてなく、確執のあった藤本のデザインを無視した平賀の思いを表しているようである。

高雄 型/Takao Class

機　関/Machinery

高雄型/Takao Class		高雄/Takao	愛宕/Atago	鳥海/Chokai	摩耶/Maya
主機械 /Main mach.	型式/Type ×基数(軸数)/No.	艦本式衝動ギアード・タービン/Kanpon type geared turbine × 4 ①			
	機械室 長さ・幅・高さ(m)・面積(㎡)・1㎡当たり馬力	32.917 × 14.935 × 7.010 × 464 × 282.3			
缶/Boiler	型式/Type ×基数/No.	ロ号艦本式専焼缶× 12 ②			
	蒸気圧力/Steam pressure (kg/cm²)	(計画/Des.) 20			
	蒸気温度/Steam temp.(℃)	(計画/Des.) 飽和			
	缶室 長さ・幅・高さ(m)・面積(㎡)・1㎡当たり馬力	49.340 × 13.563 × 7.163 × 666 × 196.7			
計画 /Design (公試全力)	速力/Speed(ノット/kt)	35 (公試状態)			
	出力/Power(軸馬力/SHP)	130,000			
	推進軸回転数/(rpm)	320、高圧タービン/H Pressuer turbine-3,017rpm(外軸)、2,899rpm(内軸)　低圧タービン/L Pressuer turbine-1,998rpm(外軸)、2,053rpm(内軸) 巡航タービン/Cruising turbine-3,764rpm(外軸)			
新造公試 /New trial (公試全力) /過負荷全力)	速力/Speed(ノット/kt)	35.268/ 35.609	35.198/35.419	35.60/36.40	35.0/35.70
	出力/Power(軸馬力/SHP)	133,038/139,525	140,719/144,925	134,246/143,455	133,352/137,684
	推進軸回転数/(rpm)	321/328	320.2/323.3	324.1/332.6	320/326
	公試排水量/T. disp.・施行年月日/Date・場所/Place	12,367/12,175T・S7/1932-3-15・浦賀水道	12,360/12,100T・S7/1932-1-13・佐田岬沖	12,356.4/12,234T・S7/1932-4-5・甑島	12,306/12,099T/・S7/1932-4-4・紀州沖
改造(修理)公試 /Repair trial (公試全力 /過負荷全力)	速力/Speed(ノット/kt)	34.25/			34.3/ ④
	出力/Power(軸馬力/SHP)	133,150/			
	推進軸回転数/(rpm)	309.5/			
	公試排水量/T. disp.・施行年月日/Date・場所/Place	14,989t/・S14/1939-7-　　・浦賀水道			
推進器/Propeller	数/No.・直径/Dia.(m)・節/Pitch(m)・翼数/Blade no.	× 4　・3.850(計画時 3.810)　・4.200　・3 翼			
舵/Rudder	舵機型式/Machine・舵型式/Type・舵面積/Rudder area(㎡)	ジョンネー式油圧機(高雄、愛宕)ヘルショー式油圧機(鳥海、摩耶)・釣合舵/ balanced × 1・19.84			
燃料/Fuel	重油/Oil(T)・定量(Norm.)/ 全量(Max.)	/2,631.857 (S14/1939 2,344.770t) ③	/2,715.020	/2,645.270	/2,644.371
	石炭/Coal(T)・定量(Norm.)/ 全量(Max.)				
航続距離/Range (ノット/Kts－浬/SM)	計画航続力/Design　基準速力/Standard speed	14 － 8,000、14.4kt、6,441 SHP	14 － 8,000、14.3kt、6,037 SHP	14 － 8,000、13.9kt、5,407 SHP	14 － 8,000、14.5kt、5,479 SHP
	重油1t当たり航続距離、重油換算航続距離、公試時期	3.91 浬、10,616 浬、S7/1932-3-26	4.2 浬、11,403 浬、S7/1932-1-20	4.413 浬、11,672 浬、S7/1932-4-12	4.1 浬、10,840 浬、S7/1932-4-7
	巡航速力/Cruising speed	19.2kt、14,256 SHP	18.8kt、14,130 SHP	19.2kt、14,520 SHP	19.2kt、14,072 SHP
	重油1t当たり航続距離、重油換算航続距離、公試時期	2.61 浬、6,870 浬、S7/1932-3-26	2.54 浬、6,896 浬、S7/1932-1-29	2.803 浬、7,413 浬、S7/1932-4-12	2.93 浬、7,747 浬、S7/1932-7-7
発電機/Dynamo・発電量/Electric power(W)		ターボ式 225V/1,333A × 1・300kW、ターボ式 225V/1,110A × 3・750kW、ディーゼル式 225V/778A × 1・175kW			
新造機関製造所/ Machine maker at new		建造所製	建造所製	建造所製	建造所製

注/NOTES ①後の高雄、愛宕の改装において誘導タービンを撤去、前機の巡航タービン排気を後機にも導入する方式に改造、改装未実施の鳥海、摩耶も S12 前後に同様の改造を実施したものと推定　②高雄、愛宕の改装において補助噴燃装置を新設、上甲板の補助缶を撤去　③ 2,631 は高雄の新造時の満載搭載量を示す。2 次改装において重油搭載量を 256t を減じたとしているが、この数字上は 330t(仏トンに換算) 減じていることになる。改装では重油タンク 480t 分の配置を改正、計画航続距離を 14 ノットにて 8,500 浬に改めた。これは妙高型の 2 次改装時と同じ　[公表機関要目] 速力 33 ノット、馬力 100,000、機械 タービン 4、缶艦本式 12、推進器数 4　④ S19 摩耶要目簿に公試速力の記載なし、S19-7 の艦本 2 課の調査表の数値を上げておく
【出典】帝国海軍機関史 / 一般計画要領書 / 軍艦基本計画(福田)/ 艦艇燃料消費量及び航続距離調査表(艦本基本計画班 S11-8-10)/ 公文備考 / 舶用蒸気タービン設計法 / 妙高戦時日誌 / その他艦本公試資料

ただ、<軍艦基本計画資料-福田>にある愛宕の新造計画公試排水量 12,985.6t が事実とすると、はじめからワシントン条約の制限条項を遵守する気があったとは思えず、国際条約に対する当時の日本海軍の意識はかなり薄れていたと感じざるを得ない。

昭和 7 年 4 月 16 日、完成早々の愛宕は横浜に回航、犬養総理以下閣僚、国会議員達が乗艦、東京湾外に出て 30 ノットの高速運転や戦闘諸作業及び駆逐艦、潜水艦、航空機の襲撃運動を見学して横須賀に帰っている。前述のように本型の城郭のような艦橋物は軍艦として非常に偉容ある艦として一般には非常に好評であった。また、この頃より海軍の検閲もうるさくなり、新造時の艦姿が無修整の写真で公表を許された最後の日本巡洋艦でもあった。

本型の完成した昭和 8 年、93 式酸素魚雷が開発され制式化されたわけだが、その制式年昭和 8 年 (紀元 2593 年) に実用化されたわけではなく、実際に艦隊が装備を開始したのは昭和 13 年とかなり後のことで、実用化までに多くの課題や問題を生じていたのであった。昭和 13 年に艦隊で最初に 93 式魚雷を装備したのは本型、すなわち高雄型重巡であったことはほとんど知られていない事実である。

特に本型の鳥海では 93 式魚雷搭載実用化試験艦として昭和 11 年 5 月ごろより酸素魚雷の搭載に備えて、94 式特用空気 (酸素) 圧搾機や 89 式発射管や次発装填装置の改造に着手、昭和 12 年 2 月から翌月末まで水雷学校の主催で浦賀水道で 93 式魚雷 1 型改 1 の試射に従事していた。従来の常識として 93 式酸素魚雷の装備には発射管の換装が必要との先入観があったが、実際には在来の 61cm

魚雷用発射管の改造、調整用やメインテ用の孔を明け直すことで発射を可能にしていたことが <海軍水雷史>に述べられている。

従って一般には高雄型の魚雷装備は昭和 14 年に改装された高雄と愛宕のみが開戦時 93 式魚雷を装備していたと考えられていたが、この改装が間に合わなかった鳥海と摩耶も実際は昭和 13 年以降は 93 式魚雷を装備していたわけで、これは太平洋戦争緒戦の第 1 次ソロモン海戦で鳥海が発射した魚雷が 93 式魚雷であることは同艦の戦闘詳報に明確に記載されている。

本型に対する近代化改装は妙高型の 1 次改装に次いで、昭和 12 年に計画され翌年まず高雄と愛宕に対して実施された。高雄が同年 5 月、愛宕が同 7 月に横須賀から舞鶴に回航、同工廠で船殻工事、バルジの装着等の船体工事を実施、翌年 4 月に高雄、同 5 月に愛宕が工事を終えて横須賀に回航、残工事をおこなって 11 月に工事完成、同年末に艦隊に復帰した。

この改装は妙高型に準じたものであったが、本型の場合、妙高型と異なって艦橋構造物の整理縮小、後檣の後方への移動が実施された。

砲熕関係では高角砲の 40 口径 89 式 12.7cm 連装砲への換装が主眼であったが、予算の都合で砲自体の換装はとりあえずおこなわず砲の支筒と弾薬庫関連の工事のみ実施、機銃については毘式 40mm 機銃を撤去、13mm 連装機銃 2 基 (艦橋部)、25mm 連装機銃 4 基を装備した。機銃射撃装置も 2 組装備されている。

水雷関係では魚雷兵装を妙高型と同じく 92 式 4 連装発射管 4 基に換装、関連する運搬、格納、次発装填装置の改造を (P-203 に続く)

高雄 型 /Takao Class

兵装・装備 /Armament & Equipment (1)

高雄型 /Takao Class		新造時 /New build	開戦時 /1941-12
砲熕兵器 / Guns	主砲 /Main guns	50口径3年式2号20cm砲 /3 Year No.2 Ⅱ×5 ①	50口径3年式2号20cm砲 /3 Year No.2 Ⅱ×5
	高角砲 /AA guns	45口径10年式12cm高角砲 /10 Year type×4	45口径10年式12cm高角砲 /10 Year type×4 ②
	機銃 /Machine guns	毘式40mm機銃1型 /Vickers type×2 ③ 留式7.7mm機銃 /Lewis type×2	96式25mm連装2型 /96 type Mod.2 Ⅱ×4 ③ 93式13mm連装 /93 type Ⅱ×2
	その他砲 /Misc. guns		留式7.7mm機銃 /Lewis type×2
	陸戦兵器 /Personal weapons		
弾薬定数 /Ammunition	主砲 /Main guns	×120	×120
	高角砲 /AA guns	×150	×150 ④
	機銃 /Machine guns		×2,000 (25mm) ×2,400 (13mm)
揚弾薬機 /Ammun.tube	主砲 /Main guns	改吊瓶式×5	改吊瓶式×5
	高角砲 /AA guns		
	機銃 /Machine guns		
射撃指揮装置 /Fire cont. system	主砲 /Main gun director	13式方位盤照準装置×2 ⑤	94式方位盤照準装置×2 ⑤
	高角砲 /AA gun director	91式高射装置×2 ⑥	91式高射装置×2
	機銃 /Machine gun		95式機銃射撃装置×2 ⑦
	主砲射撃盤 /M. gun computer		92式射撃盤×1、98式高角射撃盤×1 ⑧
	その他装置 /		92式測的盤 ⑨
	装填演習砲 /Loading machine		
	発煙装置 /Smoke generator		
水雷兵器 /Torpedo etc	発射管 /Torpedo tube	89式61cm連装 /89 type Ⅱ×4	92式61cm4連装1型 /92 type Mod.1 Ⅳ×4
	魚雷 /Torpedo	8年式61cm魚雷×16(戦時×24) ⑩	93式61cm魚雷×24(戦時×30) ⑩
発射指揮装置 /Fire cont.	方位盤 /Director	14式2型 ⑪	14式2型×4、91式×2、90式×2 ⑪
	発射指揮盤 /Cont. board		92式×2
	射法盤 /Course indicator		
	その他 /		
	魚雷用空気圧縮機 /Air compressor	W8型250気圧×3	W8型250気圧×3
	酸素魚雷用第2空気圧縮機 /		94式改2×1、4型×1 ⑫
	爆雷投射機 /DC thrower		
	爆雷投下軌条 /DC rack		
	爆雷投下台 /DC chute		
	爆雷 /Depth charge	⑬	⑬
	機雷 /Mine		
	機雷敷設軌条 /Mine rail		
	掃海具 /Mine sweep. gear	小掃海具×2	小掃海具×2
	防雷具 /Paravane	中防雷具3型改1×2	中防雷具3型改1×2
	測深器 /		
	水中処分具 /		
	海底電線切断具 /		

兵装・装備 /Armament & Equipment (2)

高雄型 /Takao Class		新造時 /New build	開戦時 /1941-12
無線兵器 / Electronics Weapons — 通信装置 / Communication equipment	送信装置 /Transmitter		92式短4号改1×1 ① 95式短3号改1×1 95式短4号改1×1 95式短5号改1×2 91式特4号改1×1 YT式5号1型×1
	受信装置 /Receiver		91式1型改1×3 97式短×3 92式特改3×17 92式特改4×5
	無線電話装置 /Radio telephone		2号話送1型×3、2号話送2型×1 90式改2×1、90式改4×2 93式超短送×2 同上受×2
	測波装置 /Wave measurement equipment		15式2号改1×1、92式短×3 92式改2×2、99式超短×3 92式短改2型×2
	電波鑑査機 /Wave detector		
	方位測定装置 /DF		93式1号×1
	印字機 /Code machine		97式1型×1、97式2型×1
電波兵器 / Radar	電波探信儀 /Radar		②
	電波探知機 /Counter measure		②
水中兵器 / UW weapon	探信儀 /Sonar		
	聴音機 /Hydrophone		②
	信号装置 /UW commu. equip.		
	測深装置 /Echo sounder		
電気兵器 / Electric Weapons — 一次電源 / Main P Sup.	ターボ発電機 /Turbo genera.	225V・300kW×1、300kW 225V・250kW×3、750kW	225V・300kW×1、300kW 225V・250kW×3、750kW
	ディーゼル発電機 /Diesel genera.	225V・175kW×1、175kW	225V・175kW×1、175kW
二次電源 / 2nd power supply	発電機 /Generator		
	蓄電池 /Battery		
	探照灯 /Searchlight	須(スペリー /Sperry)式110cm×4	92式従動110cm×4 ③
	探照灯管制器 /SL controller	13式探照灯追尾照準装置×4 ③	94式従動装置×4 ③
	信号用探照灯 /Signal SL	須式60cm×2、須式40cm×1 ④	60cm×2
	信号灯 /Signal light	2kW信号灯	2kW信号灯
	舷外電路 /Degaussing coil		一式 ⑤

高雄 型 /Takao Class

兵装・装備 /Armament & Equipment (3)

高雄型 /Takao Class			新造時 /New build	開戦時 /1941-12
航海兵器 /Navigation Equipment	羅針儀 Compass	磁気 /Magnetic	磁気羅針儀×2	93式×1、90式1型×1
		転輪 /Gyro	安式2号(複式)×1	安式2号(複式)×1
	測深儀 /Echo sounder		電動式×1、L式×1	電動式×1
	測程儀 / Log		艦本式×1(摩耶以外)、去式×1(摩耶のみ)	艦本式×1
	航跡儀 /DRT			安式改1×1
	気象兵器 Weather	風信儀 /Wind vane		91式改1×1
		海上測風経緯儀 /		
		高層気象観測儀 /		
	信号兵器 /Signal light			97式山川灯1型×2、亜式信号改×1
光学兵器 /Optical Weapons	測距儀 /Range finder		6m×3(1、2、4番砲塔)	6m(2重)×1(測距所)①
			4.5m×1	6m×2(2、4番砲塔)
			4.5m×2(高角砲用)	4.5m×2(高角砲用)
			3.5m×2	1.5m×2(航海用)
			1.5m×2(航海用)	
	望遠鏡 /Binocular		18cm×2	18cm×2 ②
			12cm×4	12cm×14
	見張方向盤 /Target sight		90式1号×3	×4③
			13式1号×2	
			15式高角×2	
	その他 /Etc.			
航空兵器 /Aviation Weapons	搭載機 /Aircraft		90式2号2型水偵×2(S7)	零式水偵×1/零式水観×2④
			94式水偵×1/95式水偵×2(S11)	
	射出機 /Catapult		呉式2号射出機2型	呉式2号射出機5④
	射出装薬 /Injection powder			
	搭載爆弾・機銃弾薬 /Bomb・MG ammunition			
	その他 /Etc.			
短艇 /Boats	内火艇 /Motor boat		11m×2、12m×1	11m(60HP)×2⑤
	内火ランチ /Motor launch		12m×2	12m(30HP)×2
	カッター /Cutter		9m×3	9m×3
	内火通船 /Motor utility boat			
	通船 /Utility boat		8m×1、6m×1	8m×1、6m×1
	その他 /Etc.			

防 禦 /Armor

高雄型 /Takao Class			新造時 /New build	新造以降 /
弾火薬庫 /Magazine	舷側 /Side		127mm/5"NVNC(水線高さ0.85m)①	
	甲板 /Deck		47mm/1.85" NVNC(下甲板 /L deck)	
	前部隔壁 /Fow. bulkhead		63-89mm/2.5-3.5" NVNC(下甲板下 F62-70)	
	後部隔壁 /Aft. bulkhead		76mm/3" NVNC(下甲板下 F292)	
機関区画 /Machinery	舷側 /Side		102mm/4" NVNC(水線高さ2.18m)	
	甲板 /Deck	上甲板 /Upper	12.7-25＋16mm/0.5-1＋0.625" 高張力鋼 /HT	
		中甲板 /Middle	35mm/1.375" NVNC	
	前部隔壁 /Fow. bulkhead		38-64mm/1.5-2.5" NVNC(中甲板下)	
	後部隔壁 /Aft. bulkhead		32-51mm/1.25-2" NVNC(中甲板下)	
	煙路 /Funnel		70-89mm/2.8-3.5" NVNC(高さ1.83m)	
砲塔 /Turret	主砲楯 /Shield		25mm/1" NVNC(前楯全周 - 床のみ19mm)②	
	砲支筒 /Barbette		38-76mm/1.5-3" NVNC	
	揚弾薬筒 /Ammu. tube		38-127mm/1.5-5" NVNC	
舵機室 /Steering gear room	側部 /Side		38-51mm/1.5-2" /NVNC(F327-345)	
	横隔壁 /Bulkhead		38mm/1.5"/NVNC(F327 及び 345)	
	甲板 /Deck		25.4mm/1" 高張力鋼 /HT(中甲板)	
操舵室 /Wheel house			10mm DS 鋼板	
水中防禦 /UW protection			29mm×2/1.14"×2 高張力鋼 /HT	
その他艦橋要所 /			10mm DS 鋼板 or 高張力鋼 /HT	S11/1936 羅針艦橋に防弾板装備
				S17/1942 魚雷頭部用防弾板装備

注 /NOTES ①水線甲帯幅 / 前後部 2.13m、中央部 3.46m、水線下甲帯深さ (公試平均吃水線下)/ 前後部 0.96m、中央部 0.81m、水線甲帯全長 /124.59m、甲帯傾斜角度 /12 度　②足柄要目簿では砲楯天蓋部を 22mm としている
【出典】足柄要目簿 (昭和 4 年)/ 妙高最大中央断面図 / 平賀資料

注 /NOTES 兵装・装備 (1)
① E1 型砲塔、最大仰角 70 度 / 俯角 5 度、摩耶のみは最大仰角 55 度との記述が準公式資料に多く見られるが、否定する証拠はない
② 高雄、愛宕は昭和 14 年の改装で 89 式 12.7cm 連装高角砲に換装予定であったが、関連工事のみ実施、高角砲自体は開戦後昭和 17 年 4 月に横須賀工廠で換装を実施した
③ 高雄、愛宕は昭和 14 年の改装時に機銃の換装を実施、鳥海のみは昭和 12 年に毘式 40mm 機銃を 96 式 13mm 連装機銃に換装しており、13mm 連装及び 25mm 連装機銃に換装したのは摩耶とともに昭和 14 年以降と推定される
④ 高雄は昭和 17 年 4 月 12.7cm 高角砲の換装を実施した際、弾薬定数は 110 発 (1 門あたり) となったが、実際は最大 1,220 発を搭載可能な格納能力があったという
⑤ 新造時 13 式方位盤照準装置改造の装置を装備、高雄、愛宕は改装時に 94 式に換装、後部の予備指揮所とともに 2 基を装備、鳥海、摩耶は開戦時までに 94 式に換装したものと推定、高雄は昭和 17 年 4 月の工事で方位盤覆を切欠仰角 55 度の射撃を可能としたという
⑥ 91 式高射装置は完成直後の昭和 8 年に各艦に装備
⑦ 機銃換装時に 95 式機銃射撃装置 2 基を装備したもの
⑧ 新造時は射撃盤は未装備と推定、昭和 9 年以降に 92 式射撃盤を装備したもよう、89 式高角射撃盤改 1 は昭和 17 年 4 月に高雄が換装訓令により装備したもので、従来も何らかの高角射撃盤を装備していたことを示す。ただし全艦が換装装備したかどうかは不明
⑨ 新造時装備していた 13 式測的盤は昭和 9 年以降に 92 式測的盤に変更したものと推定
⑩ 昭和 11 年より 93 式酸素魚雷の搭載施設の装備をはじめ、翌年末までに酸素魚雷の装備を終え、昭和 13 年度より艦隊に復帰、89 式発射管は改造の上使用。ただしこの時期改装に着手した高雄と愛宕は 92 式 4 連装発射管に換装、従ってこの 2 隻は改装着手時に従来発射管での酸素魚雷の搭載を実現していたかどうかは不明。重巡部隊で 93 魚雷の装備を完了したのは本型が最初
⑪ 開戦時の装備はここに示す通りでこれらの装備は新造時以降に逐次装備されていたものと推定。改装で前檣を改正した際その上部に対勢観測所と仮称した発射指揮所を新設 (未改装の鳥海、摩耶も前檣を改造)、93 式魚雷の遠距離発射に備えた高所指揮所を設けた
⑫ 昭和 11 年魚雷兵装の換装に伴って 94 式酸素発生機 (第 2 空気圧縮機 2 型) を装備
⑬ 昭和 12 年当時まで爆雷兵装を有していなかったのは確実、別記の戦時兵装変遷に示すように開戦後に爆雷兵装の追装備を実施しているところからも開戦時に爆雷兵装は有していなかったと推定

高雄 型 /Takao Class

注/NOTES

兵装・装備 (2)
① ここに示したのは <一般計画要領書> 記載の高雄型の現状無線装備である
② 別記の戦時兵装変遷を参照
③ 探照灯及び管制装置の換装は昭和12年以降と推定
④ 昭和11年に40cm信号用探照灯を撤去
⑤ 舷外電路は各艦開戦前の出師準備で装備したもの

兵装・装備 (3)
① 高雄、愛宕は改装時に艦橋構造物トップの測距塔の4.5m測距儀を1番砲塔より撤去の14式6m測距儀を改造の上換装、3.5m測距儀は撤去。高射装置の測距儀は開戦後の昭和17年4月の工事でステレオ式の94式4.5m測距儀に換装、この12.7cm高角砲の換装に際して高射装置のカムを12cm砲用から12.7cm砲用への改造が間に合わず、装備は後日装備となった。同年10月、もう1艦は12月完成の予定で、装備に2週間を要する見込みであったという。この高角砲の換装に関連して定員18名が増加された未改装の鳥海、摩耶は測距塔の測距儀換装は実施せず、大戦中の摩耶の改装に際してもこの換装は実施されなかったものと推定
② 昭和14年の改装後の愛宕の諸艦橋平面図より推定。開戦までに羅針艦橋上部に防空指揮所を設けた際に6cm又は8cm高角双眼鏡を相当数装備、大戦中にさらに増加されているものと推定
③ 同じく改装後の愛宕の諸艦橋平面図より推定。開戦時、他に高角見張盤が2基あった可能性がある
④ 開戦時には零式水偵(3座)1機、零式水観(2座)2機に更新されたが、開戦後しばらくはまだ95式水偵を搭載しており、愛宕では昭和17年末現在95式水偵2機を搭載した<愛宕戦時日誌>
呉式2号射出機1型射出機は昭和12年に4隻とも呉式2号射出機5型に換装したもよう
⑤ 艦隊旗艦の任務に就く場合は他に12m内火艇(長官艇80馬力)1隻を搭載

(P-200 から続く)
を実施した。魚雷搭載数は30本とした。
　無線関係では後檣を4番主砲塔の直前まで下げて空中線の展張長さを増して能力改善を図るとともに、前部電信室を改善拡張して通信指揮室を新設、後部の航空艤装の変更に伴って、後部電信室の位置変更や無線調整室の新設がおこなわれた。
　航空関係では射出機を呉式2号5型に換装、装備位置を変更するとともに移設した後檣と後部煙突間の後半部を飛行作業甲板として水偵運搬軌条を設け、3座水偵1機、2座水偵2機の搭載を実現した。
　これに関連して搭載爆弾250kg4個、60kg44個格納の爆弾庫、航空燃料としてガソリン19トンを格納できるガソリン庫を船舶甲板後部に設置した。
　船体関係では艦橋部の羅針艦橋より上部の諸室や各スペースを整理、縮小、艦橋構造物の縮小を図った。これにより羅針艦橋と測距所甲板面積が減少、主砲射撃塔を新設、測距儀は新たに1番砲塔にあった6m測距儀を改造装備した。前檣は新たに最上型で採用した小型軽量構造の三脚檣を設け、上部に方位測定室を設け、さらに頂部に魚雷発射指揮所が設けられたのは妙高型の改装と同じである。
　後部煙突の背後に後部艦橋が設けられ、高角砲甲板が4番砲塔の支筒部まで延長され飛行作業甲板が設けられたが、その前方にウエルデッキが設けられ、その上甲板部分が新たに短艇格納甲板となった。
　居住区画は若手士官のため士官次室寝室18人分を増加、下士官兵の居住区を増加、総員970人分とした。その他、応急指揮所、注排水指揮所、防毒指揮所等が最上、利根型並みの施設として新設された。
　船体応力対策として重油タンクの配置を変更、搭載量に余裕があったため搭載量256トンを減じた。
　バルジ内には水線付近に防禦管を充填、船体は上甲板の一部と中央部船底部に16-19mmDS板を重ね張りして強度補強としている。
　残る鳥海と摩耶にも同様の改装(ただし後檣の移動は行わず)を施工する予定で、摩耶は横須賀工廠で昭和15年11月に着工、翌年11月末完成予定、鳥海は舞鶴工廠で同工事期間で実施する計画であったが、結局未改装のまま開戦を迎えている。
　開戦後、昭和17年4月に高雄と愛宕は後日装備としていた高角砲の換装を実施したが、鳥海と摩耶は復原性能に余裕がなく、バルジの装着なしに高角砲や雷装の強化は不可能な状態にあり、貧弱な兵装のまま第一線にあったが、昭和18年末に摩耶はラバウルで空襲により甚大な被害を喫したのを機会に内地に帰還、改装を実施することとなった。
　この摩耶の戦時改装は約4か月弱で横須賀工廠で昭和19年4月に完成した。この改装ではバルジの装着は必須事項であったが、後檣の移動と艦橋部の縮小は省略され、対空火力の強化に主眼がおかれた。このため従来の12cm高角砲を12.7cm連装高角塔に換装した以外に3番20cm砲塔を(P-222に続く)

重量配分 /Weight Distribution

高雄型 /Takao		高雄新造時 /New build (単位T)				高雄改装後 /Modernization(単位t)			摩耶改装後 /Mod.(単位t)	
		公試 /Trial	満載 /Full	軽荷 /Light	基準 /St'd	公試 /Trial	満載 /Full	軽荷 /Light	公試 /Trial	満載 /Full
船殻	船殻	4,086.730	4,086.730	4,086.730	4,086.730	4,571.552	4,571.552	4,571.552	4,795.221	4,795.221
	甲鈑	1,764.003	1,764.003	1,764.003	1,764.003	2,393.286	2,393.286	2,393.286	2,586.738	2,586.738
	防禦材	604.202	604.202	604.202	604.202					
	艤装	521.662	521.662	521.662	517.428	563.785	563.785	563.785	484.881	484.881
	(合計)	(6,976.597)	(6,976.597)	(6,976.597)	(6,972.363)	(7,528.623)	(7,528.632)	(7,528.632)	(7,866.684)	(7,866.684)
斉備品	固定斉備品	179.798	179.798	179.798	177.338	187.993	187.993	187.993	206.475	206.475
	その他斉備品	254.536	408.454	121.584	233.481	414.815	535.106	173.922	406.031	526.583
	(合計)	(434.334)	(588.252)	(301.382)	※(410.819)	(602.808)	(724.099)	(361.915)	(612.506)	(733.058)
兵器	砲熕	1,166.408	1,166.408	929.308	1,104.619	1,248.364	1,251.799	986.303	1,259.149	1,289.101
	水雷	166.923	166.923	112.386	139.572	202.472	210.039	137.798	185.848	190.667
	電気	359.195	359.195	359.195	349.165	426.219	426.219	426.219	486.062	486.062
	光学									
	航海	5.546	5.546	5.546	5.186	17.555	17.555	12.555	6.188 ①	6.188 ①
	無線									
	航空	30.554	30.554	30.554	30.443	81.885	82.541	63.674	89.589	92.871
	(合計)	(1,728.736)	(1,728.736)	(1,437.099)	(1,628.985)	(1,976.495)	(1,988.153)	(1,626.549)	(2,026.836)	(2,064.889)
機関	主機	909.962	909.962	909.962	903.632					
	缶煙路煙突	706.874	706.874	706.874	698.208					
	補機	192.801	192.801	192.801	188.210					
	諸管弁等	555.090	555.090	555.090	553.147					
	缶水	154.695	154.695	0	154.695					
	復水器内水	102.194	102.194	0	102.194					
	給水	57.110	57.110	0	0					
	淡水タンク水	16.430	16.430	0	0					
	(合計)	(2,695.156)	(2,695.156)	(2,364.727)	(2,600.086)	(2,746.315)	(2,780.480)	(2,400.282)	(2,707.204)	(2,729.136)
重油		1,754.571	2,631.857	0	0	1,563.100	2,344.770	0	1,604.065	2,406.098
石炭										
軽質油	内火艇用					11.946	17.919	0	16.074	24.112
	飛行機用					11.692	17.538	0	13.745	20.618
潤滑油	主機械用	49.814	74.722	0	0	37.886	56.829	0	31.754	47.631
	飛行機用					1.689	2.534	0	1.733	2.600
予備水		104.651	156.976	0	0	104.651	156.976	0	105.991	158.986
バラスト										
水中防禦管		213.000	213.000							
不明重量		68.937	68.937	68.937	68.937	252.697	252.697	252.697	171.192 ②	171.197 ②
マージン / 余裕										
(総合計)		(14,032.242)	(15,143.902)	(11,148.742)	(11,681.190)	(14,837.877)	(15,874.770)	(12,170.952)	(15,158.601)	(16,225.250)

注/NOTES 新造時は S7(1932)-6-26 施行重心査定試験。改装後は S14(1939)-7-23 施行の重心公試による。新造時の公試状態は 2/3 満載状態。改装後の甲鈑に防禦板を含む。兵器の項中電気には無線を含む　※印は完成重量簿と相違するものを示す　① 光学を含む　② その他を含む
【出典】一般計画要領書 / 新造完成重量表 (平賀)/ 高雄要目簿 / 摩耶要目簿

高雄 型 /Takao Class 戦時兵装・装備変遷一覧 1/2

分類	装備	高雄	愛宕	鳥海	摩耶	高雄①増	高雄①減	高雄①現	愛宕②増	愛宕②減	愛宕②現	鳥海③増	鳥海③減	鳥海③現	摩耶④増	摩耶④減	摩耶④現	高雄⑤増	高雄⑤減	高雄⑤現	愛宕⑥増	愛宕⑥減	愛宕⑥現	鳥海⑦増	鳥海⑦減	鳥海⑦現	摩耶⑧増	摩耶⑧減	摩耶⑧現	高雄⑨増	高雄⑨減	高雄⑨現	愛宕⑩増	愛宕⑩減	愛宕⑩現
		開戦時/Dec.1941				昭和17年末/End of 1942												昭和18年末/End of 1943												昭和19年末/End of 1944					
砲熕兵器・Gun	20cm 連装砲	5	5	5	5			5			5			5			5			5			5			5			5			5			5
	12.7cm 連装高角砲	0	0	0	0	4		4	4		4			0			0			4			4										4		4
	12cm 単装高角砲	4	4	4	4		4	0		4	0			4			4									4			4						
	25mm 機銃 3 連装																		2		2	2		2									4	6	4	6
	〃 連装	4	4	4	4			4			4	2		6	2		6	2		6	2		6	2		8	2		8			6			6
	〃 単装																													24		24	24		24
	13mm 機銃 4 連装																																		
	〃 連装	2	2	2	2			2			2		2	0		2	0		2	0		2	0												
	〃 単装																																		
	7.7mm 機銃単装	2	2	2	2			2			2			2			2			2			2			2			2			2			2
	主砲方位盤	2	2	2	2			2			2			2			2			2			2			2			2			2			2
	高射装置	2	2	2	2			2			2			2			2			2			2			2			2			2			2
	機銃射撃装置	2	2	2	2			2			2			2			2			2			2			2			2			2			2
魚雷兵器・爆雷	61cm 連装発射管			4	4									4			4									4			4						
	61cm4 連装発射管	4	4					4			4									4			4									4			4
	61cm 魚雷 (93 式)	24	24	16	16			24			24			16			16			24			24			16			16			24			24
	投射機																																		
	投下軌条																																		
	投下台					2		2	2		2	2		2	2		2			2			2			2			2	2		4	2		4
	爆雷					6		6	6		6	6		6	6		6			6			6			6			6			6			6
電子兵器・Electro. W.	21 号電探																	1		1	1		1	1		1	1		1			1			1
	22 号電探																													2		2	2		2
	13 号電探																													1		1	1		1
	電波探知機																													1		1	1		1
	水中探信儀																																		
	水中聴音機																							1		1	1		1			1			1
	哨信儀																																		
航空兵装	射出機	2	2	2	2			2			2			2			2			2			2			2			2			2			2
	水上偵察機	3	3	3	3			3			3			3			3			3			3			3			3		1	2			2
探照灯	探照灯 110cm	4	4	4	4			4			4			4			4			4			4			4			4			4			4

注/NOTES

① S17-3-18/5-1 横須賀工廠で後日装備の高角砲、高角測距儀、高角射撃盤等の換装実施、爆雷兵装を新設、爆雷 (95 式) 6 個を搭載 (傘付)、爆雷庫を新設、上甲板に手動投下台 2 基を装備、さらに内火艇に爆雷投下装置 (2 個あて) を新設

② S17-4-23/5-24 同じく横須賀工廠で高雄と同内容の工事を実施したもの

③ S17-4-22/5-21 横須賀工廠及び横浜浅野船渠で爆雷兵装新設工事、爆雷庫、爆雷手動投下台 2 基装備、11m 内火艇 2 隻に爆雷投下台装備、更に艦橋部にあった 13mm 連装機銃 2 基を 25mm 連装機銃に換装、この工事は高雄、愛宕より対空火力の劣る鳥海と摩耶に優先して実施したものらしい

④ S17-3-19/5-1 横須賀工廠で鳥海と同様の工事を実施したものと推定

⑤ S18-7-26/8-17 横須賀で修理整備を行った際に艦橋部の 13mm 連装機銃を 25mm 連装機銃に換装、さらに 25mm3 連装機銃 2 基を後部艦橋付近に増備、また 21 号電探

1 基を前檣に装備

⑥ 高雄の場合も同時期に横須賀で同様の換装、増備を実施

⑦ S18-8-16/9-15 横須賀工廠で舵取機械の修理を兼ねて 25mm 連装機銃 2 基を増備、21 号電探 1 基を装備、さらにこの際水中聴音機を装備した可能性がある、25mm 機銃の増備で 3 連装を装備しなかったのは重量増加が復原性能の悪化をきたすおそれがあったためか

⑧ 摩耶の場合もほぼ同時期 S18-8-6/9-15 同じく横須賀で同様の工事を実施したものと推定される

⑨ S18-11-5 ラバウルにて空襲で直撃弾 2 発により損傷、その修理のため S18-11-15/S19-1-29 横須賀工廠で工事を実施、このさい 25mm 機銃 3 連装 4 基、同単装 8 基を増備その他 22 号電探 2 基、水中聴音機の装備行ったもよう。その後 S19-6-30 まで

にリンガ泊地在泊中または昭南で 13 号電探 1 基、25mm 単装機銃 16 基他に同機銃取り付け座金 6 基を増備したものらしい。マリアナ沖海戦後呉に帰投したさいか、その後のリンガ泊地待機中かの時期に、2 式哨信儀および 25mm 単装機銃の増備をはかった可能性があるが詳細は不明である。S19-3 以降本型の水偵搭載数は 3 座水偵 2 機に変更された

⑩ 愛宕の場合も同じくラバウルにて至近弾により損傷、高雄と一緒に横須賀に帰投、同様の工事を実施したものと推定される。その後の経緯もほぼ同様と考えられる

⑪ 鳥海は S19-6-30 現在、マリアナ沖海戦後の各艦機銃等の現状調査表によれば S18 末の増備以降、25mm 機銃単装 18 基、同銃座金 4 基、13mm 単装機銃 2 基、22 号電探 2 基 2 式哨信儀 2 基を増備したとしている。この間鳥海は内地に帰投せず、マリアナ沖海戦後、S19-6-25 に横須賀に帰投、7-14 まで在泊、入渠しているので、6-30 現在としているもののこの間の増備工事が含まれている可能性はある。またこの時点では 13 号電探が装備さ

戦時兵装・装備変遷一覧　2/2　　　　　　　　高雄 型 /Takao Class

		昭和19年末/End of 1944						昭和20年8月/Aug. 1945		
		鳥海(最終)⑪			摩耶(最終)⑫			高雄⑬		
		増	減	現	増	減	現	増	減	現
砲熕兵器・Gun	20cm 連装砲			5		1	4			5
	12.7cm 連装高角砲				6		6	4		0
	12cm 高角砲				4		4			0
	25mm 機銃 3連装				11		13	6		0
	〃　　連装			8			8			0
	〃　　単装	18+4		18+4	18+9		18+9	24		0
	13mm 機銃 4連装									
	〃　　連装									
	〃　　単装									
	7.7mm 機銃単装			2			2			2
	主砲方位盤			2			2			2
	高射装置			2			2	2		0
	機銃射撃装置			2			2	2		0
魚雷兵器・爆雷	61cm 連装発射管			4						
	61cm4 連装発射管						4	4		0
	61cm 魚雷(93式)			16			16	24		0
	投射機									
	投下軌条									
	投下台			4			4			4
	爆雷			6			6			6
電子兵器・Electro.W.	21号電探			1			1			1
	22号電探				2		2			2
	13号電探	1		1	1		1			1
	電波探知機	1		1	1		1			
	水中探信儀									
	水中聴音機			1			1			1
	哨信儀	2		2	2		2			2
航空兵装	射出機			2			2	2		0
	水上偵察機		1	2		1	2	2		0
探照灯	探照灯 110cm	2								4

復原性能 /Stability

高雄/Takao		新造時 /New build				改装後 / Modernization		
		公試/Trial	満載/Full	軽荷/Light	基準/St'd	公試/Trial	満載/Full	軽荷/Light
復原性能	排水量/Displacement (T)	14,032.24	15,143.90	11,148.74	11,681.19	14,838.00	15,875.00	12,171.00
	平均吃水/Draught,ave. (m)	6.479	6.887	5.366	5.580	6.320	6.670	5.340
	トリム/Trim (m)					0	後 0.180	後 0.610
	艦底より重心点の高さ/KG (m)	6.364	6.267	7.267	7.136	6.440	6.350	7.180
	重心からメタセンターの高さ/GM (m)	1.192	1.339	0.301	0.416	1.510	1.470	1.460
	最大復原挺/GZ max. (m)					1.315	1.290	1.101
	最大復原挺角度/Angle of GZ max.					42.6	42.6	38.2
	復原性範囲/Range (度/°)					89.1	91.4	73.4
	水線上重心点の高さ/OG (m)	※− 0.071	− 0.617	1.957		0.120	− 0.320	1.830
	艦底からの浮心の高さ/KB(m)	3.678	3.898	3.092	3.200			
	浮心からのメタセンターの高さ/BM(m)	3.878	3.708	4.476	4.346			
	予備浮力/Reserve buoyancy (T)							
	動的復原力/Dynamic Stability (T)							
	船体風圧側面積/ A (㎡)	1,954						
	船体水中側面積/ Am (㎡)	1,188						
	風圧側面積比/ A/Am (㎡/㎡)	1.645				1.553	1.408	2.058
旋回性能	公試排水量/Disp. Trial (T)	12,384						
	公試速力/Speed (ノット/kts)	34.3						
	舵型式及び数/Rudder Type & Qt'y	1						
	舵面積/Rudder Area：Ar (㎡)	19.84						
	舵面積比/ Am/Ar (㎡/㎡)	59.88						
	舵角/Rudder angle(度/°)							
	旋回圏水線長比/Turning Dia. (m/m)	4.7						
	旋回中最大傾斜角/Heel Ang. (度/°)	16.4						
	動揺周期/Rolling Period (秒/sec)							

注/NOTES 改装後は昭和14年7月23日施行の重心公試成績による
【出典】一般計画要領表 / 各種艦船 KG、GM 等に関する参考資料 - 昭和8年6月調整、艦本計算班作成 / 軍艦基本計画資料
※ この欄愛宕の値を示す

れていないが、この横須賀帰投時かその後リンガ泊地で待機中に装備された可能性があり、さらに 25mm、13mm 単装機銃の増備が実施された可能性もある。いずれにしても復原性能上、重量のかさむ増備　は出来なかったようである

⑫ 摩耶は S18-8 の工事を終えたばかりで S18-11-5 ラバウルで空襲を受け、被爆により中破状態、戦死 70 名の被害を出し、S18-12-5/S19-4-16 横須賀工廠で損傷修理を兼ねて予定していた改装工事を実施した。改装工事の詳細は別に述べるが、改装で 3 番主砲塔を撤去、12cm 高角砲の換装とは別に 2 基を増備、合計 6 基の 12.7cm 連装高角砲を装備、25mm 機銃 3 連装 13 基、同単装 8 基、同銃座 2 基を増備することが、バルジの装着により可能となった。さらにマリアナ沖海戦後の増備計画により、25mm 機銃単装 10 基、同銃座 7 基さらに 22 号電探 2 基、13 号電探 1 基、2 式哨信儀 2 基が装備されたとしているが、これ等は S19-6-25/7-14 横須賀帰投入渠時に実施されたものと推定されるが、この後のリンガ泊地での待機中に装備を実施したものがあるかもしれない

⑬ 昭南で損傷航行不能状態で終戦を迎えた高雄は、内地への帰還及び行動可能な修復が断念された S20-5 ごろより終戦までに艦上の各兵装備を陸揚げして陸上砲台等に転用した模様だが詳細は不明

【出典】各艦機銃、電探、哨信儀等現状調査表 / 巡洋艦砲熕兵器一覧 (甲巡 S19-3)/ 艦船要目概要一覧 (艦本総務 2 課調 S19-7)/ 各鎮守府戦時日誌 / 各戦隊戦時日誌 / 各艦戦時日誌 / 既成艦船工事記録 / 写真日本の軍艦 /

高雄 型 /Takao Class

図 6-3-1 [S=1/650] 高雄 (新造時)・鳥海 (1939-下)

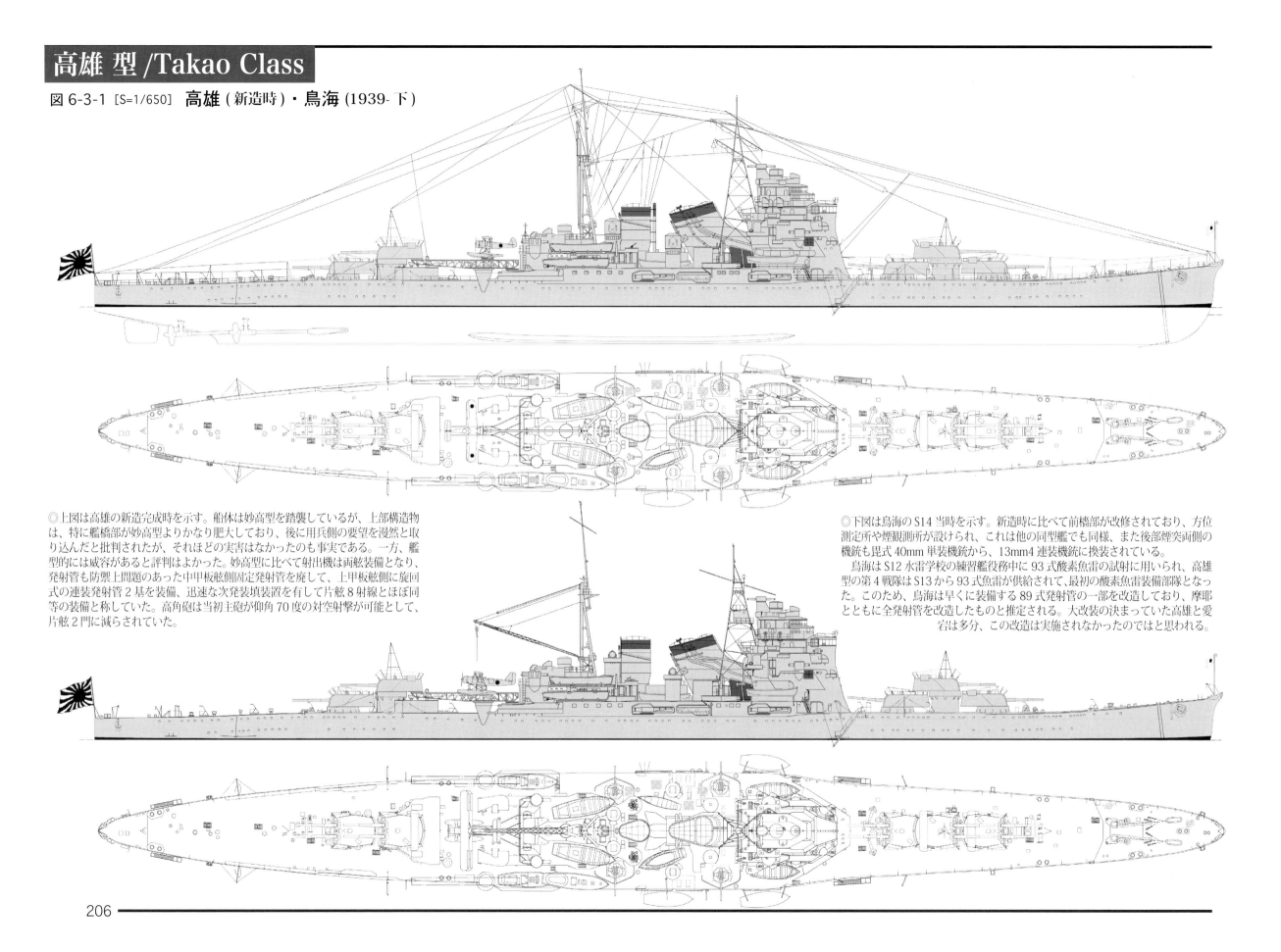

◎上図は高雄の新造完成時を示す。船体は妙高型を踏襲しているが、上部構造物は、特に艦橋部が妙高型よりかなり肥大しており、後に用兵側の要望を漫然と取り込んだと批判されたが、それほどの実害はなかったのも事実である。一方、艦型的には威容があると評判はよかった。妙高型に比べて射出機は両舷装備となり、発射管も防禦上問題のあった中甲板舷側固定発射管を廃して、上甲板舷側に旋回式の連装発射管2基を装備、迅速な次発填装装置を有して片舷8射線とほぼ同等の装備と称していた。高角砲は当初主砲が仰角70度の対空射撃が可能として、片舷2門に減らされていた。

◎下図は鳥海のS14当時を示す。新造時に比べて前檣部が改修されており、方位測定所や煙観測所が設けられ、これは他の同型艦でも同様、また後部煙突両側の機銃も毘式40mm単装機銃から、13mm4連装機銃に換装されている。
　鳥海はS12水雷学校の練習艦役務中に93式酸素魚雷の試射に用いられ、高雄型の第4戦隊はS13から93式魚雷が供給されて、最初の酸素魚雷装備部隊となった。このため、鳥海は早くに装備する89式発射管の一部を改造しており、摩耶とともに全発射管を改造したものと推定される。大改装の決まっていた高雄と愛宕は多分、この改造は実施されなかったのではと思われる。

高雄 型/Takao Class

図 6-3-2 [S=1/650] 鳥海 (1942/1944-下)

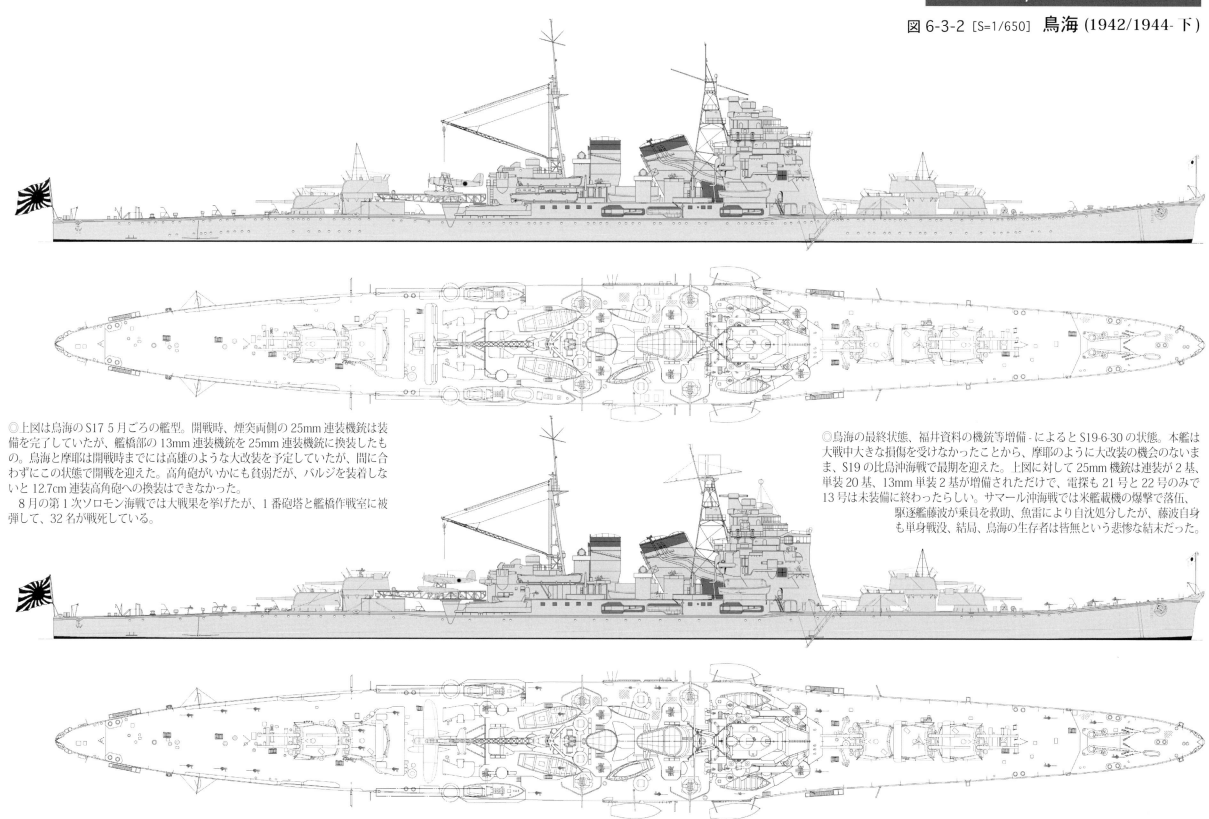

◎上図は鳥海のS17 5月ごろの艦型。開戦時、煙突両側の25mm連装機銃は装備を完了していたが、艦橋部の13mm連装機銃を25mm連装機銃に換装したもの。鳥海と摩耶は開戦時までには高雄のような大改装を予定していたが、間に合わずにこの状態で開戦を迎えた。高角砲がいかにも貧弱だが、バルジを装着しないと12.7cm連装高角砲への換装はできなかった。
　8月の第1次ソロモン海戦では大戦果を挙げたが、1番砲塔と艦橋作戦室に被弾して、32名が戦死している。

◎鳥海の最終状態、福井資料の機銃等増備-によるとS19-6-30の状態。本艦は大戦中大きな損傷を受けなかったことから、摩耶のように大改装の機会のないまま、S19の比島沖海戦で最期を迎えた。上図に対して25mm機銃は連装が2基、単装20基、13mm単装2基が増備されただけで、電探も21号と22号のみで13号は未装備に終わったらしい。サマール沖海戦では米艦載機の爆撃で落伍、駆逐艦藤波が乗員を救助、魚雷により自沈処分したが、藤波自身も単身戦没、結局、鳥海の生存者は皆無という悲惨な結末だった。

207

高雄 型 /Takao Class

図 6-3-3 [S=1/650]

愛宕 (1939)・高雄 (1944-下)

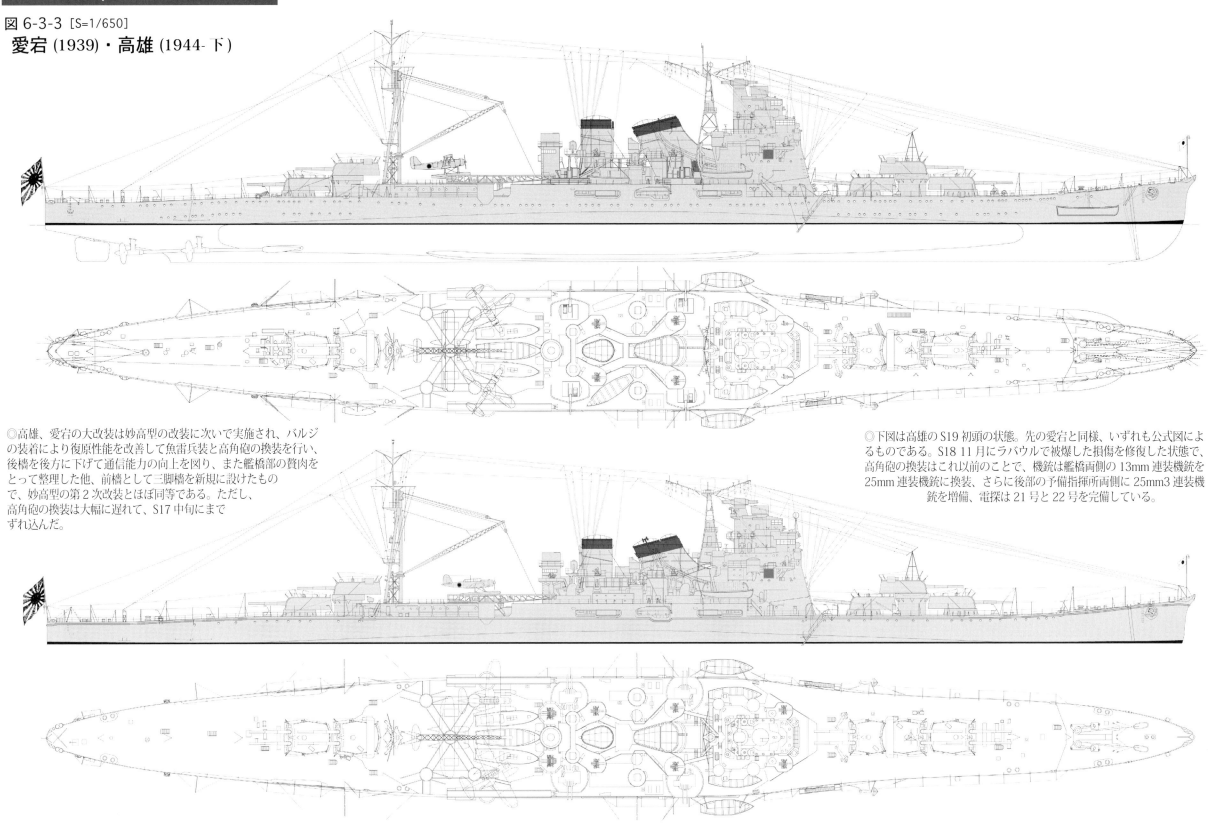

◎高雄、愛宕の大改装は妙高型の改装に次いで実施され、バルジの装着により復原性能を改善して魚雷兵装と高角砲の換装を行い、後檣を後方に下げて通信能力の向上を図り、また艦橋部の贅肉をとって整理した他、前檣として三脚檣を新規に設けたもので、妙高型の第2次改装とほぼ同等である。ただし、高角砲の換装は大幅に遅れて、S17中旬にまでずれ込んだ。

◎下図は高雄のS19初頭の状態。先の愛宕と同様、いずれも公式図によるものである。S18 11月にラバウルで被爆した損傷を修復した状態で、高角砲の換装はこれ以前のことで、機銃は艦橋両側の13mm連装機銃を25mm連装機銃に換装、さらに後部の予備指揮所両側に25mm3連装機銃を増備、電探は21号と22号を完備している。

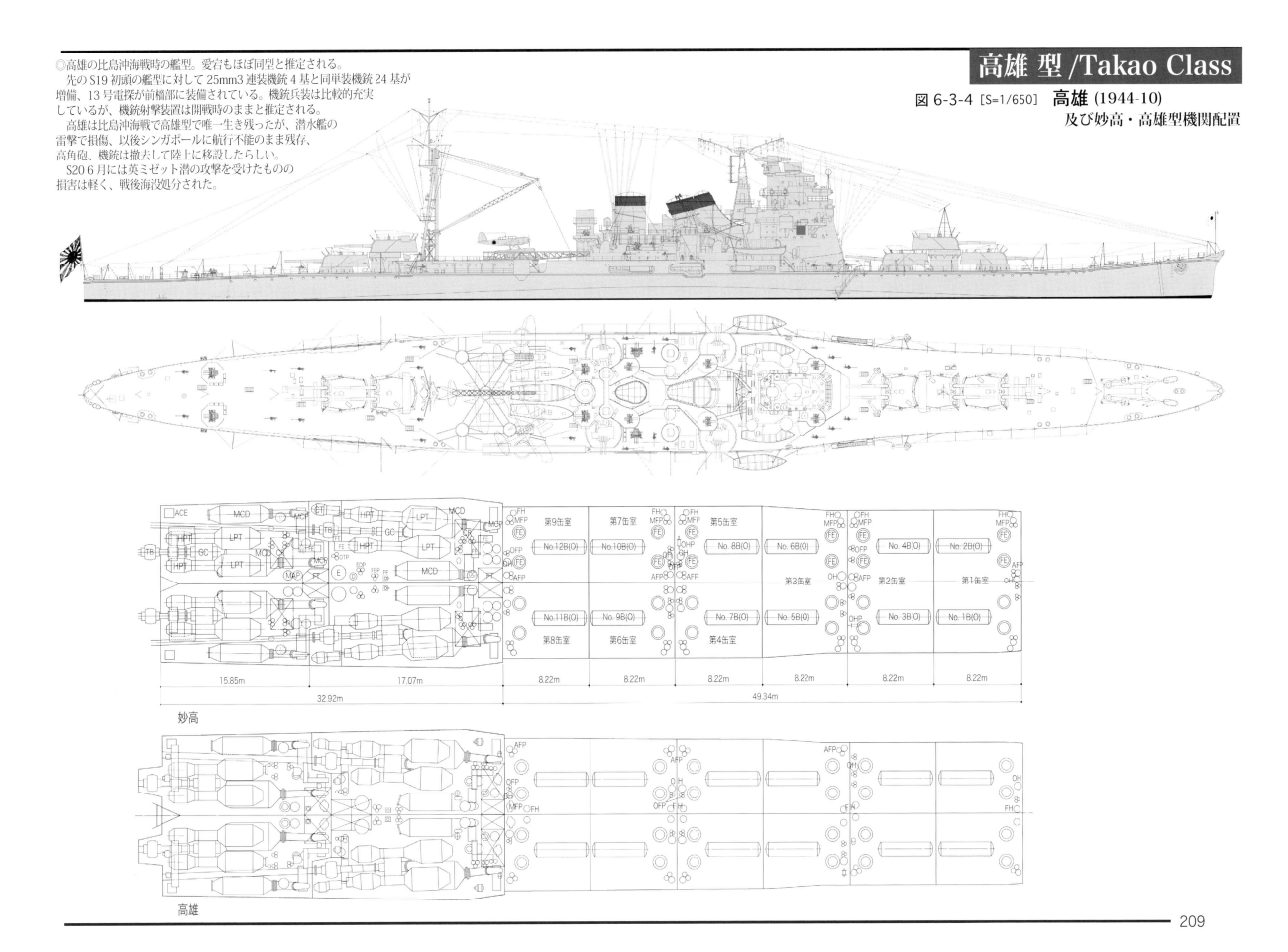

高雄 型 / Takao Class

図 6-3-5 [S=1/650] 摩耶 (1944/1944-10-下)

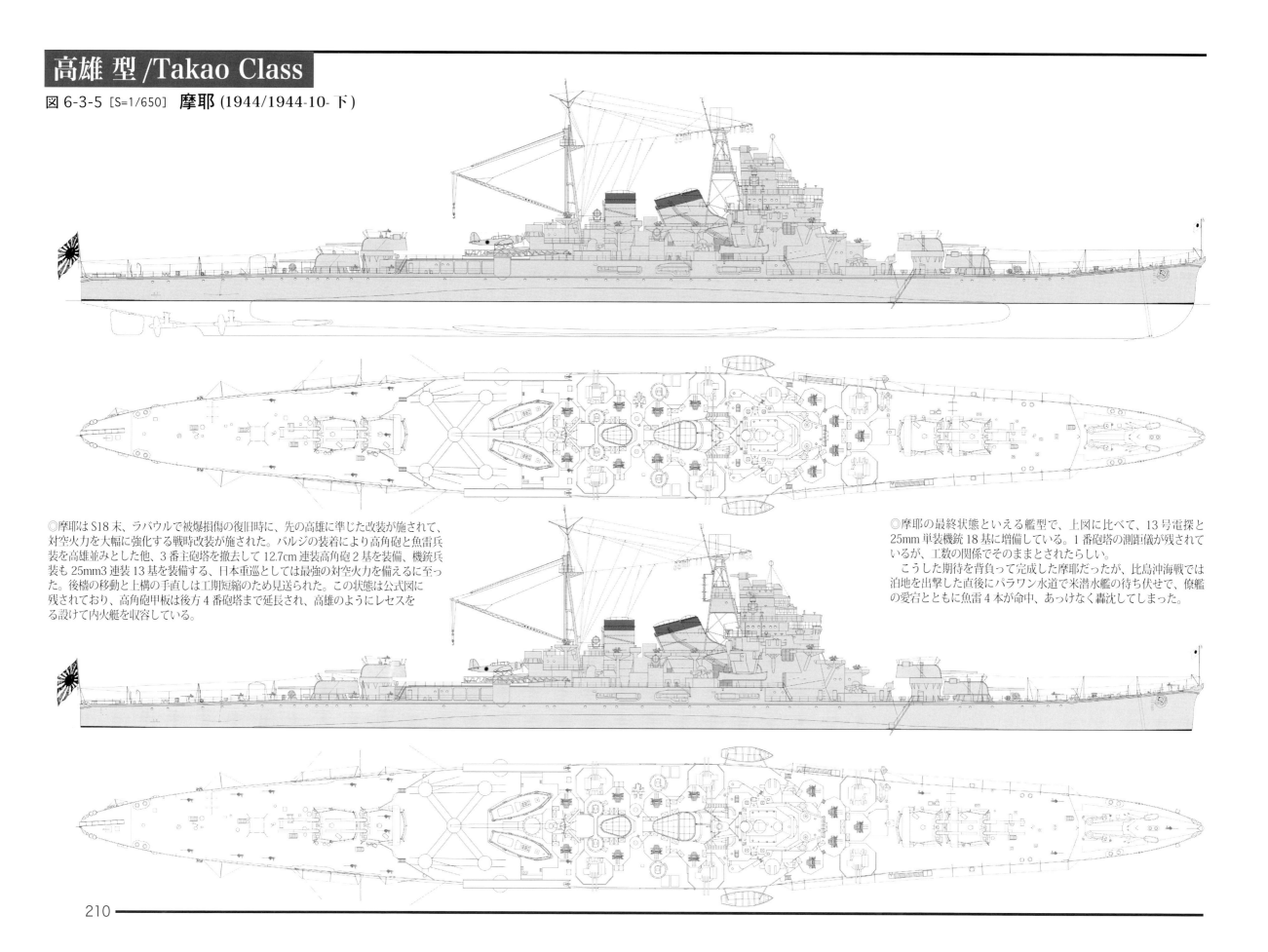

◎摩耶はS18末、ラバウルで被爆損傷の復旧時に、先の高雄に準じた改装が施されて、対空火力を大幅に強化する戦時改装が施された。バルジの装着により高角砲と魚雷兵装を高雄並みとした他、3番主砲塔を撤去して12.7cm連装高角砲2基を装備、機銃兵装も25mm3連装13基を装備する、日本重巡としては最強の対空火力を備えるに至った。後檣の移動と上構の手直しは工期短縮のため見送られた。この状態は公式図に残されており、高角砲甲板は後方4番砲塔まで延長され、高雄のようにレセスをる設けて内火艇を収容している。

◎摩耶の最終状態といえる艦型で、上図に比べて、13号電探と25mm単装機銃18基に増備している。1番砲塔の測距儀が残されているが、工数の関係でそのままとされたらしい。
　こうした期待を背負って完成した摩耶だったが、比島沖海戦では泊地を出撃した直後にパラワン水道で米潜水艦の待ち伏せで、僚艦の愛宕とともに魚雷4本が命中、あっけなく轟沈してしまった。

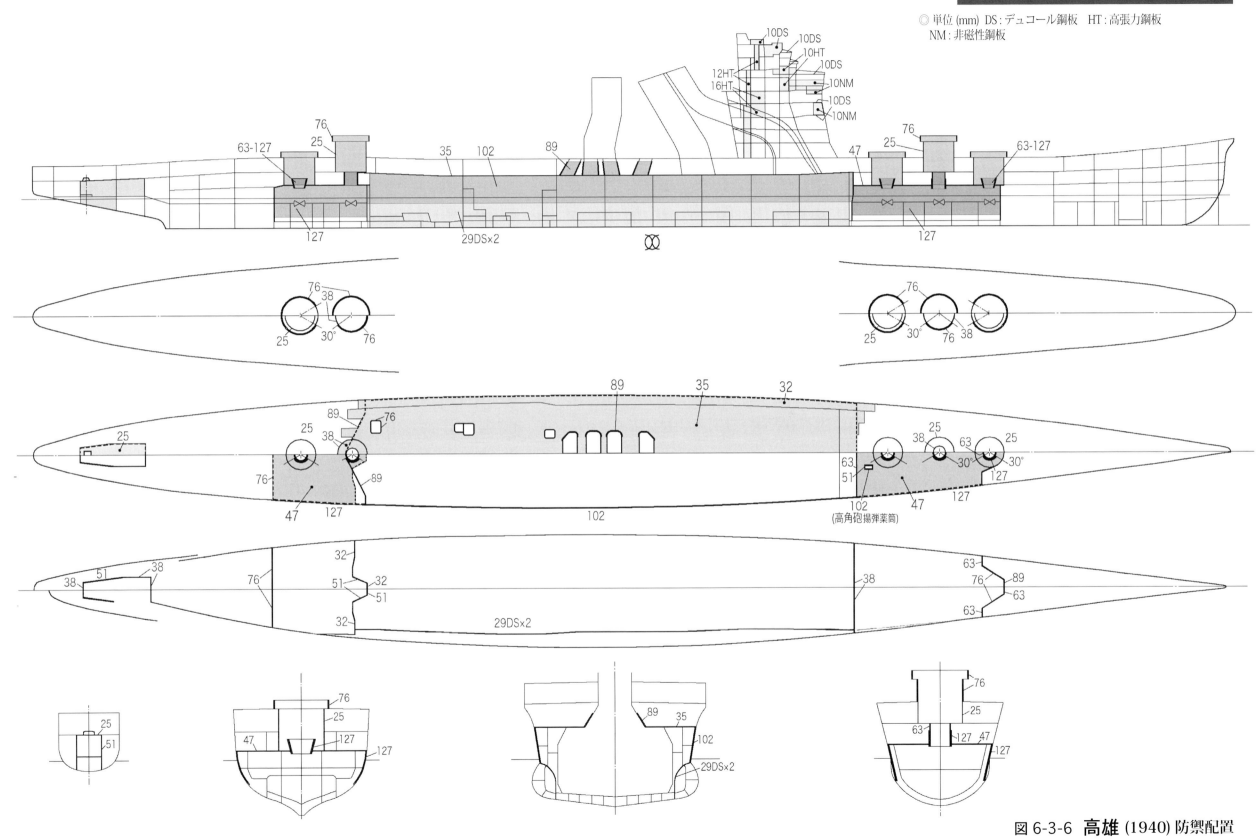

図 6-3-6 高雄 (1940) 防禦配置

高雄 型/Takao Class

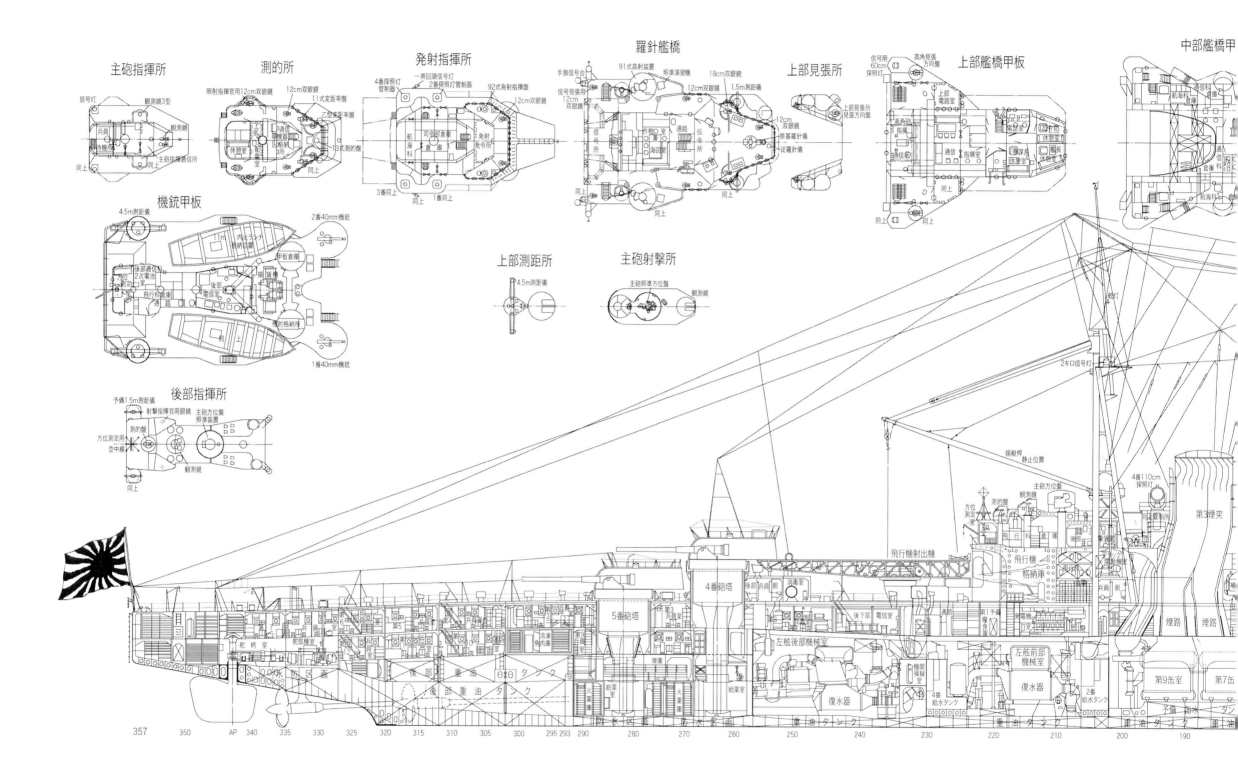

高雄 型 /Takao Class

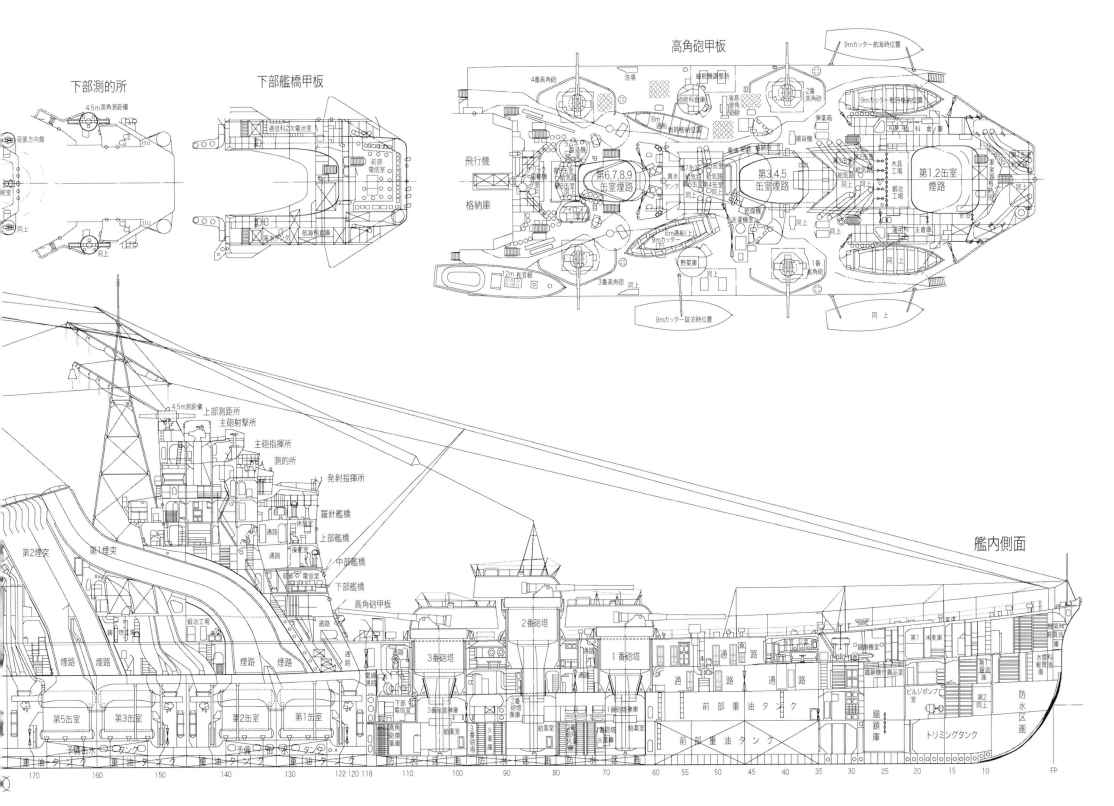

図 6-3-7　高雄（新造時）艦内側面・諸艦橋平面

高雄 型 /Takao Class

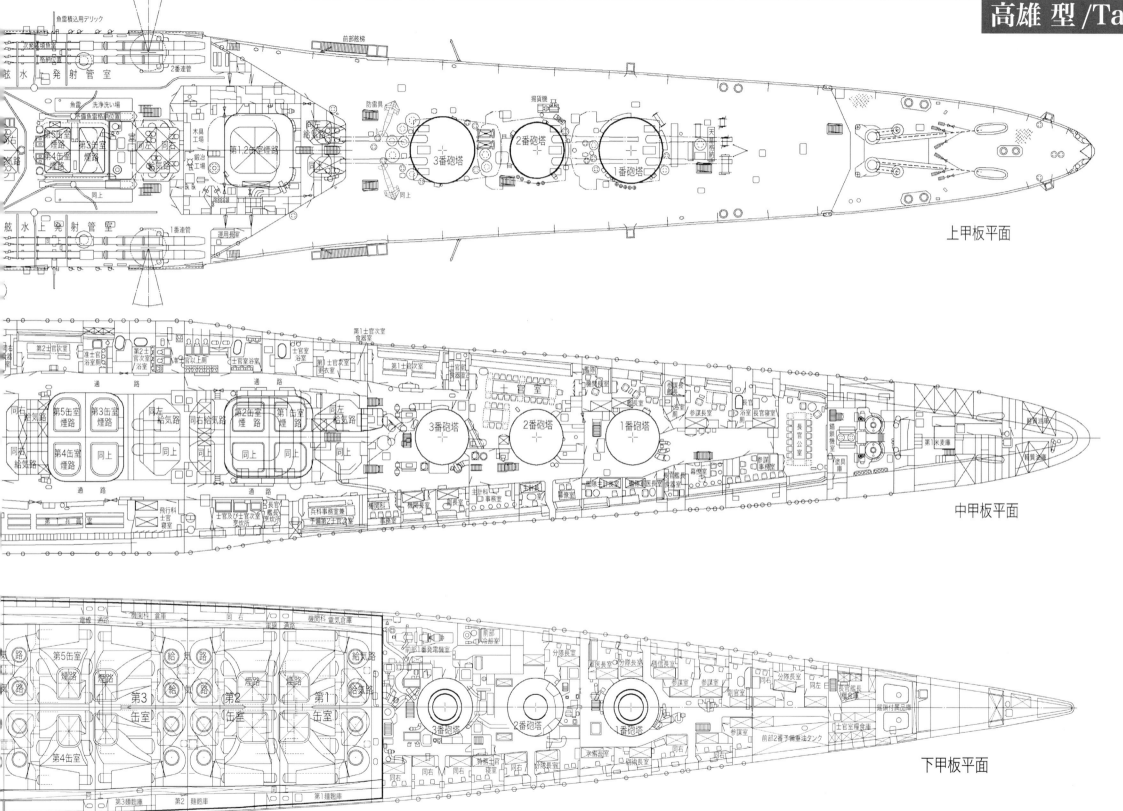

図 6-3-8 高雄 (新造時) 上甲板・中甲板・下甲板平面

高雄 型 / Takao Class

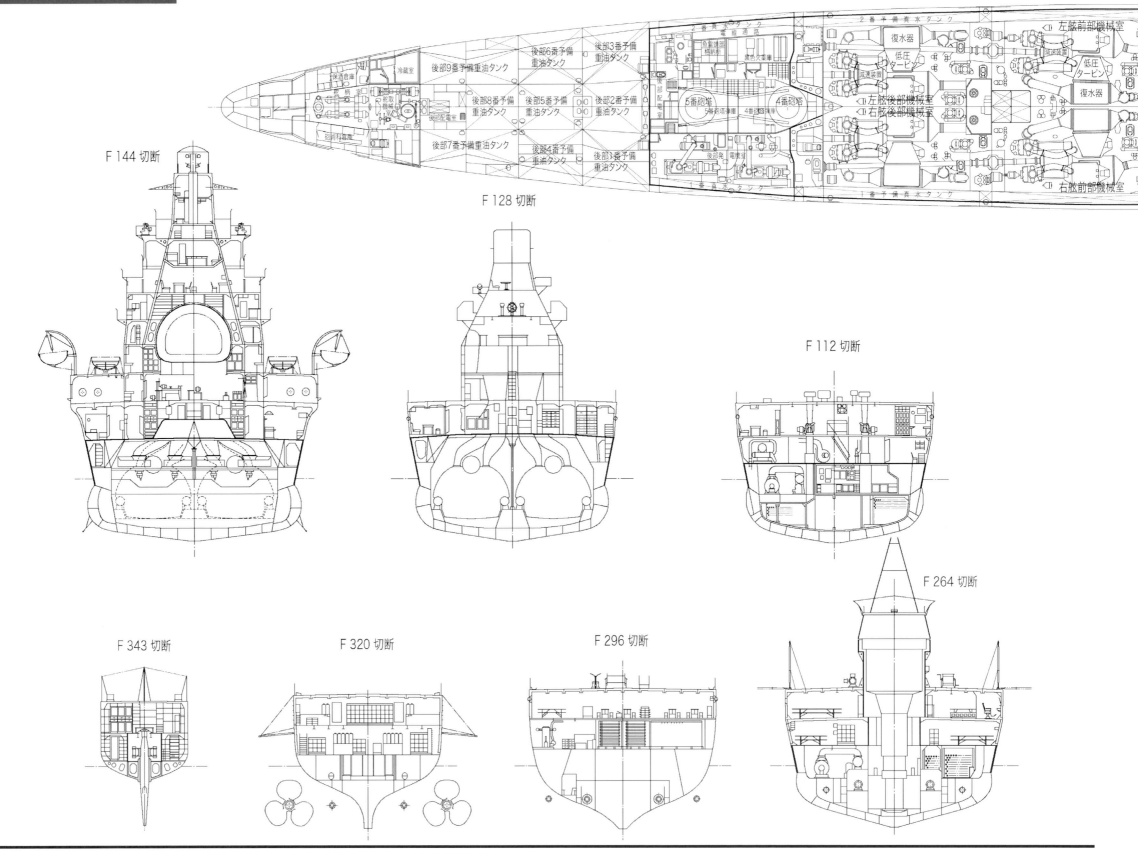

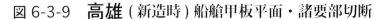

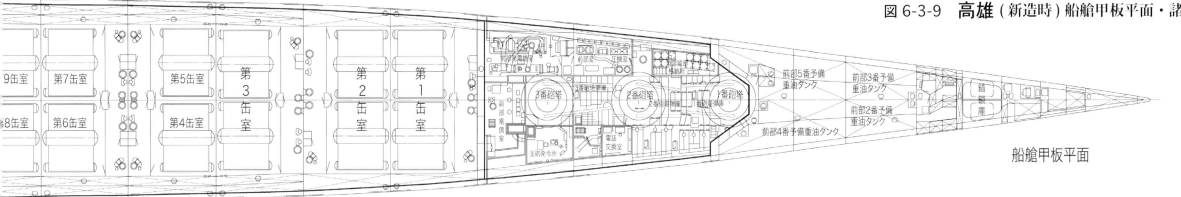

図 6-3-9　高雄 (新造時) 船艙甲板平面・諸要部切断

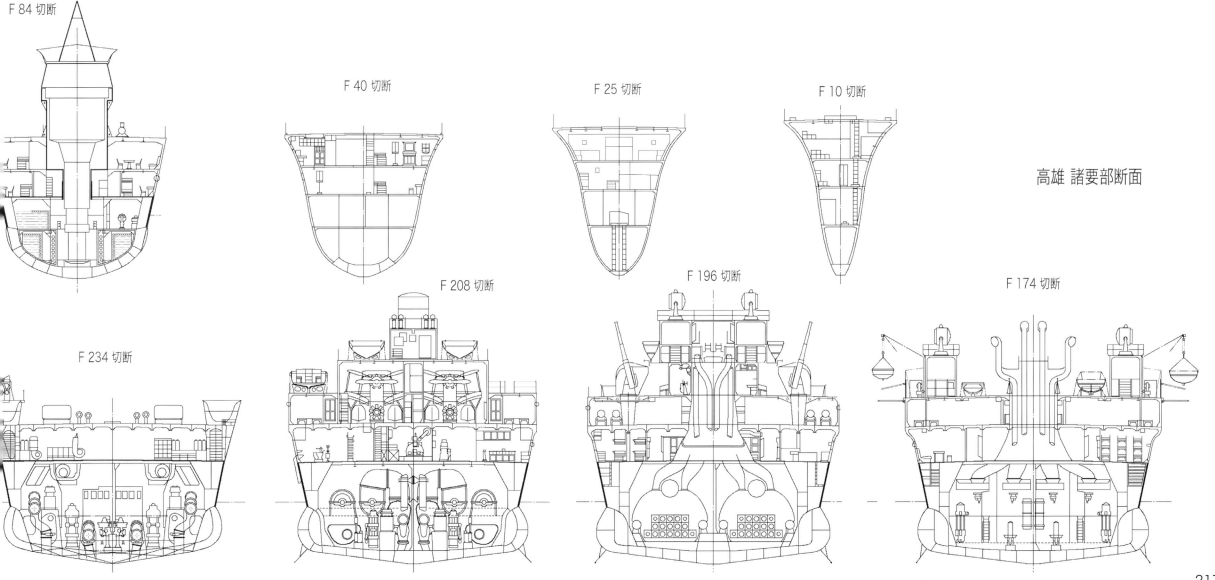

高雄 型 /Takao Class

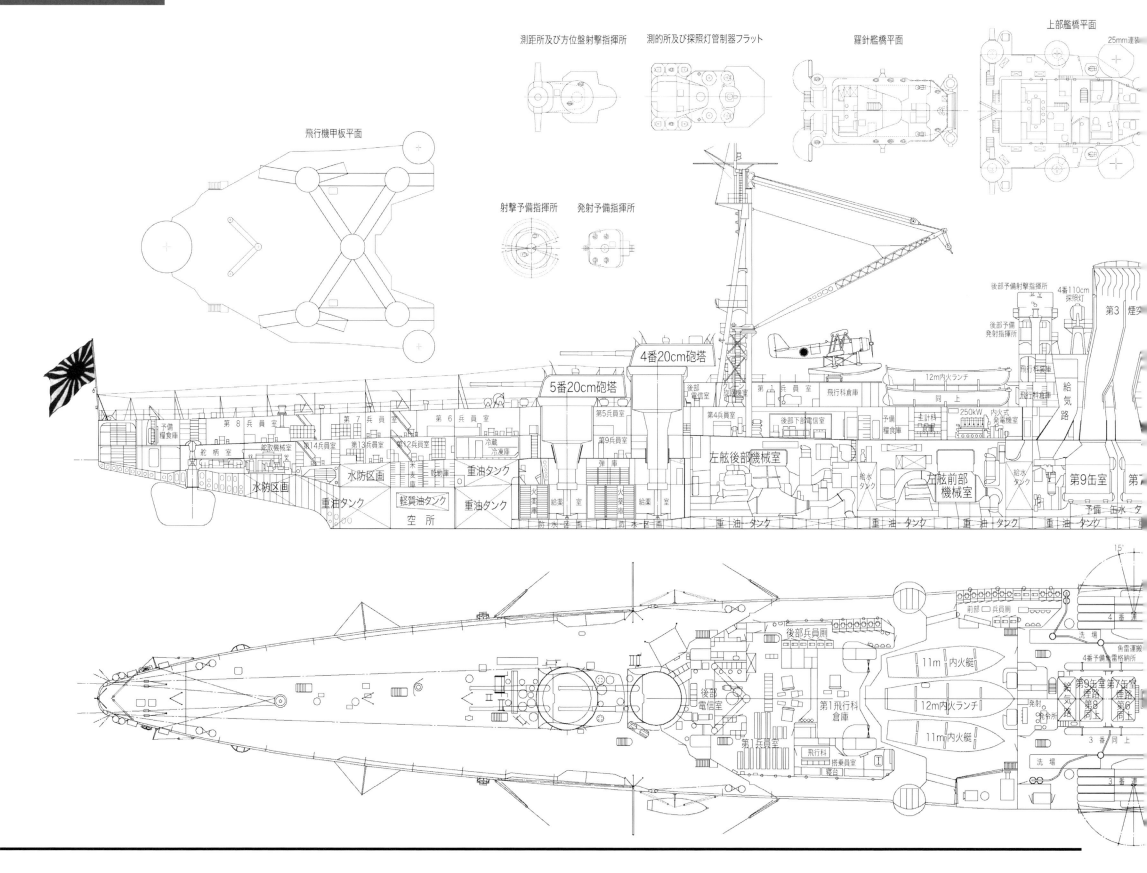

高雄 型 /Takao Class

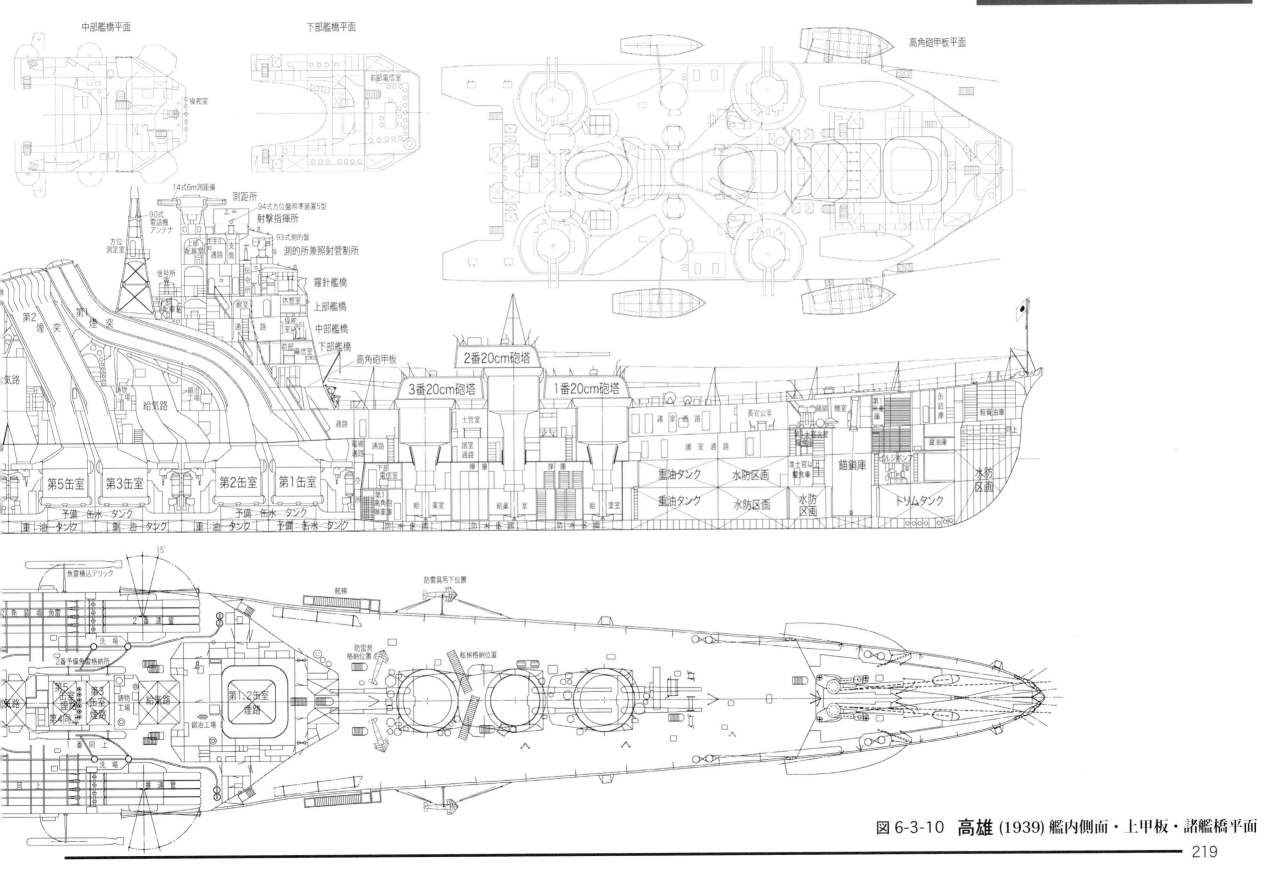

図 6-3-10　高雄 (1939) 艦内側面・上甲板・諸艦橋平面

高雄 型 /Takao Class

図 6-3-11 摩耶 (1944) 諸要部切断

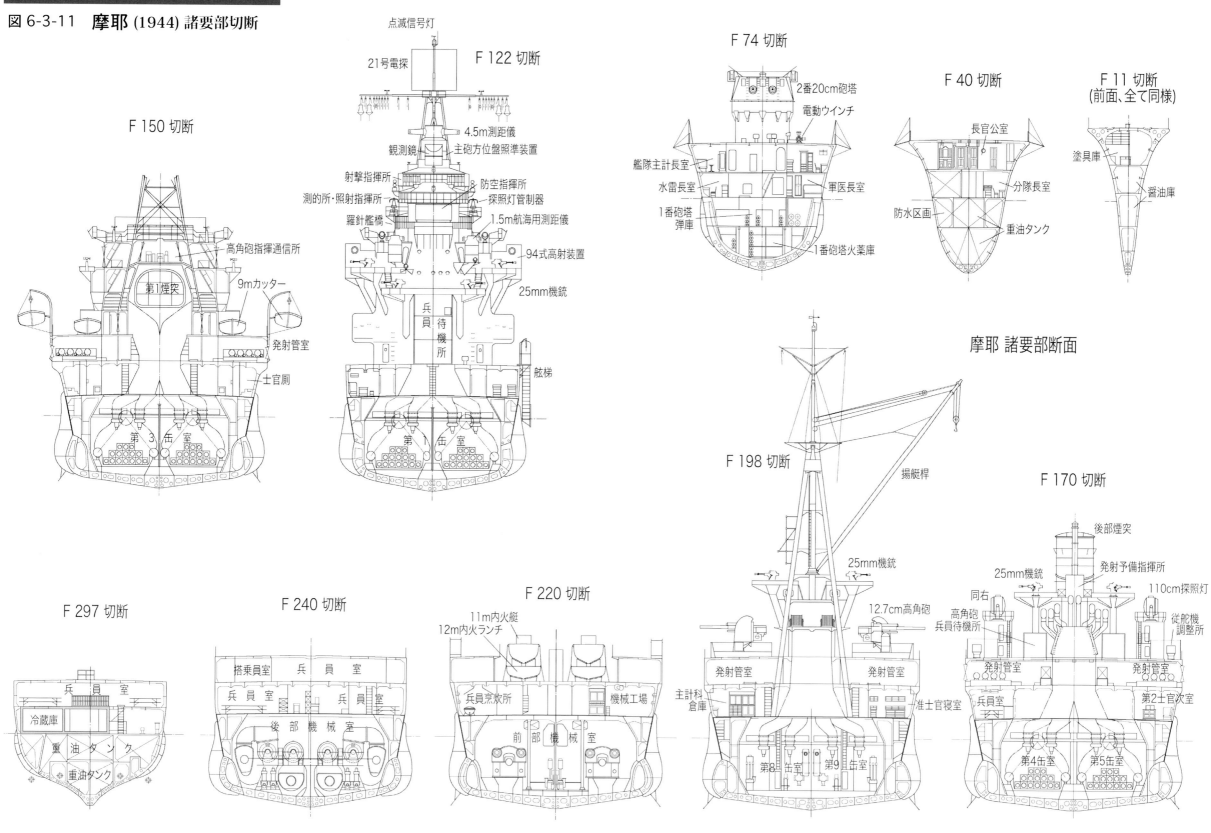

高雄 型 /Takao Class

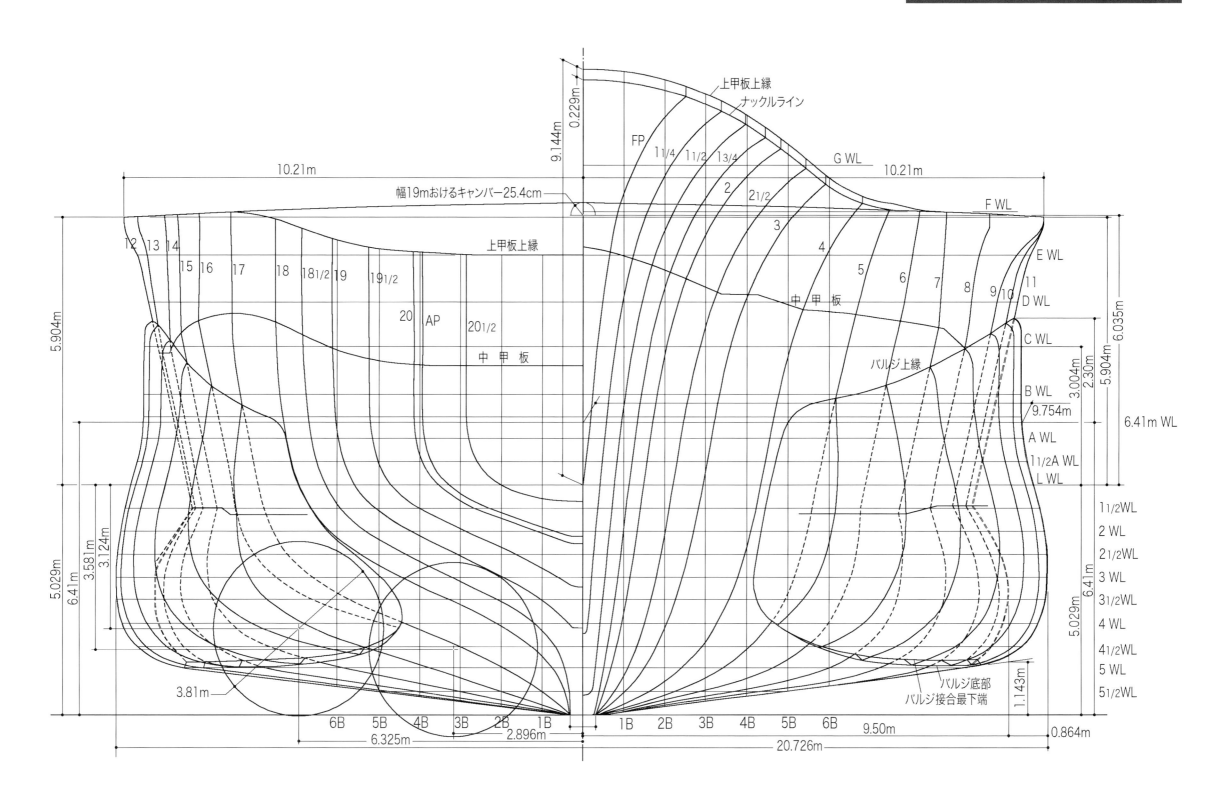

図 6-3-12 高雄 (1939) 線図

高雄 型 /Takao Class

図 6-3-13　高雄 (1939) 中央部切断構造図

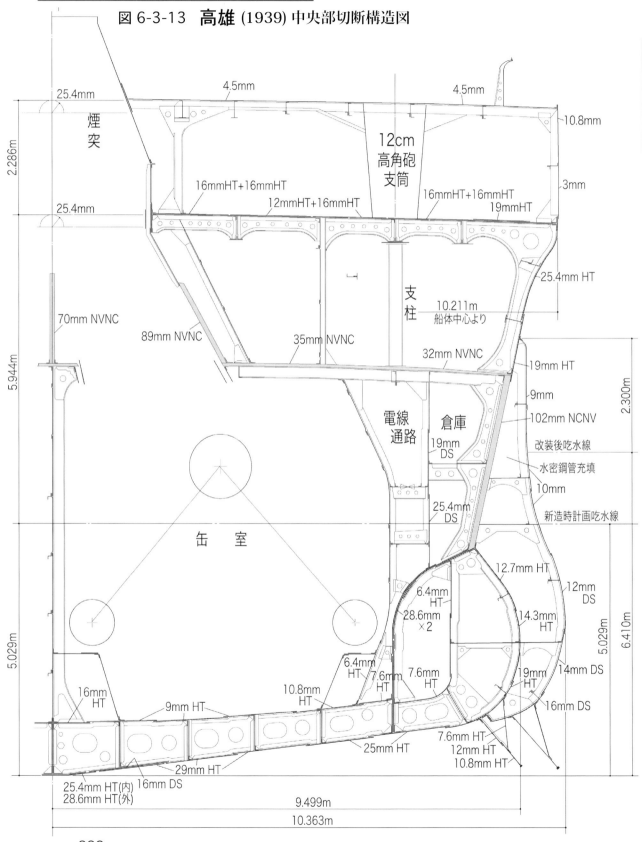

高雄型		定　員/Complement (1)			
職名/Occupation	官名/Rank	定数/No.	職名/Occupation	官名/Rank	定数/No.
艦長	大佐	1		兵曹長	5
副長	中佐	1		機関兵曹長	4
砲術長	少佐	1		整備兵曹長	1
水雷長兼分隊長	〃	1		主計兵曹長	1
航海長兼分隊長	〃	1		兵曹	83
通信長兼分隊長	少佐/大尉	1		航空兵曹	3
運用長兼分隊長	〃	1		整備兵曹	3
分隊長	〃	5		機関兵曹	53
	兵科尉官	2		看護兵曹	2
	中少尉	7		主計兵曹	7
機関長	機関中少佐	1		水兵	319
分隊長	機関少佐/大尉	4		航空兵	2
	機関中少尉	2		整備兵	7
軍医長兼分隊長	軍医少佐	1		機関兵	203
	軍医中少尉	1		看護兵	3
主計長兼分隊長	主計少佐/大尉	1		主計兵	25
	主計中少尉	1			
	特務中少尉	3			
	機関特務中少尉	3			
	主計特務中少尉	1	(合　計)		760

注/NOTES 昭和9年4月1日内令139による1等巡洋艦高雄型の定員を示す【出典】海軍制度沿革
(1) 兵科分隊長の内2人は砲台長、1人は射撃幹部、1人は測的長、1人は水雷砲台長にあたるものとする
(2) 機関科分隊長の内1人は機械部、1人は缶部、1人は電機部、1人は補機部の各指揮官にあたる
(3) 特務中少尉1人及び兵曹長の内1人は掌砲長、1人は掌水雷長、1人は掌帆長、1人は掌信号長、1人は掌通信長にあたるものとする
(4) 機関特務中少尉2人及び機関兵曹長の内1人は掌機長、1人は機械長、1人は缶長、1人は電機部、1人は補機長にあてる
(5) 兵科分隊長の内1人は特務大尉を以て、機関科分隊長中1人は機関特務大尉を以て補することが可
(6) 飛行機を搭載しないときは兵科尉官2人、整備兵曹長1人、航空兵曹3人、整備兵曹3人、航空兵2人及び整備兵7人を減ず、ただし必要に応じて航空科、整備科下士官及び兵に限りその減員合計数の1/5の人員を置くことができる

(P-203 から続く)

撤去してこの跡の両舷に12.7cm連装高角砲2基を増備、また25mm機銃も3連装13基が装備されて巡洋艦では最強の対空火器を備えた艦となった。魚雷兵装も高雄と同様92式4連装発射管4基に換装されたが、戦局に鑑みて次発装填魚雷は搭載せず、装填装置等は装備しなかったのは、対空火器増強分の重量増加をカバーする含みがあったのかもしれない。

しかし、こうした工廠側の努力も虚しく摩耶はマリアナ沖海戦に参加して対空戦闘を僅かに体験したのみで、昭和19年10月の比島沖海戦に出撃したとたん、米潜水艦の待ち伏せにあい、魚雷4本が命中、8分で轟沈してしまった。

残った鳥海も改装の予定はあったが、結局機会のないまま比島沖海戦で戦没してしまった。比島沖海戦では開戦以来約3年間も戦没艦を出さなかった本型にとって、一挙に3隻が戦没、残った高雄も被害損傷、以後戦線に復帰出来ず正に高雄型重巡の墓場と化した。

艦名の高雄は初代は明治7年購入の運送船、2代目は明治16年計画の国産巡洋艦、3代目は八八艦隊の天城型巡洋戦艦の一艦で未成、4代目が本艦である。高雄は京都近郊の山名、紅葉の名所として有名、海自では襲名なし。

愛宕は同じく京都府の山名、初代は明治16年度計画の砲艦、2代目は天城型巡洋戦艦の一艦で未成に終わる。3代目が本型である。海自では海上保安庁掃海船愛宕丸を昭和27年に編入、ただしこの愛宕が京都府の山名に因んだものかどうかには異論もある。その後平成14年度護衛艦(イージス艦)に襲名。

鳥海は秋田山形県境の山名、初代は明治16年度計画の砲艦、2代目が本型である。海自では平成5年計画の護衛艦(イージス艦)に襲名。

摩耶は兵庫県六甲山地の山名、初代は同じく明治16年度計画の砲艦、2代目が本型である。海自での襲名なし。

222

高雄 型 /Takao Class

高雄型　定　員 /Complement (2)

職名/Occupation	官名/Rank	定数/No.	区分	職名/Occupation	官名/Rank	定数/No.	区分
艦長	大佐	1		特務中少尉		4	特士/9
副長	中佐	1		機関特務中少尉		3	
砲術長	少佐	1		航空特務中少尉		1	
水雷長兼分隊長	〃	1		整備特務中少尉		1	
航海長	〃	1		兵曹長		6	准士/13
通信長兼分隊長	少佐/大尉	1		機関兵曹長		5	
運用長兼分隊長	〃	1		航空兵曹長		1	
飛行長兼分隊長	〃	1		主計兵曹長		1	
分隊長	〃	5	士官/33	兵曹		110	下士/191
	兵科尉官	1		航空兵曹		7	
	中少尉	8		整備兵曹		6	
機関長	機関中少佐	1		機関兵曹		58	
分隊長	機関少佐/大尉	4		看護兵曹		2	
	機関中少尉	2		主計兵曹		8	
軍医長兼分隊長	軍医少佐	1		水兵		337	兵/583
	軍医中少尉	1		航空兵		11	
主計長兼分隊長	主計少佐/大尉	1		整備兵		6	
	主計中少尉	1		機関兵		201	
				看護兵		4	
				主計兵		24	
				（合　計）		829	

注/NOTES 昭和12年4月内令169による1等巡洋艦高雄型の定員を示す【出典】海軍制度沿革
(1) 兵科分隊長の内2人は砲台長、1人は射撃幹部、1人は測的指揮官、1人は見張指揮官兼航海長補佐官にあたる
(2) 機関科分隊長の内1人は機械部、1人は缶部、1人は電機部、1人は工業部の各指揮官にあたる
(3) 特務中少尉及び兵曹長の内1人は掌砲長、1人は掌水雷長、1人は掌運用長、1人は掌信号長、1人は掌通信長、1人は操舵長、1人は電信長、1人は主砲方位盤射手、1人は砲台部付、1人は水雷砲台部付にあて、信号長又は操舵長の中の1人は掌航海長を兼ねるものとする
(5) 機関特務中少尉及び機関兵曹長の内1人は掌機長、3人は機械長、2人は缶長、1人は電機長、1人は工作長にあてる
(6) 飛行機(3座)搭載の場合においては1機に付き1人の割合で航空兵曹を増加するものとする
(7) 飛行機を搭載しないときは飛行長兼分隊長、兵科尉官1人、航空特務中少尉、整備特務中少尉、航空兵曹長、整備兵曹長、航空兵曹、整備兵曹、航空及び整備兵を置かず(飛行機の一部を搭載しないときはおおむねその数に比例し前記人員を置かないものとする)、ただし航空科、整備科下士官及び兵に限りその合計数の1/5の人員を置くことができる
(8) 兵科分隊長(砲術)の内1人は特務大尉を以て、中少尉の中の2人は特務中少尉又は兵曹長を以て、機関科分隊長中1人は機関特務大尉を以て補することが可

[資料] 本型の公式資料として残っている図面は呉の<福井資料>にある新造時の高雄一式、改装後のS19高雄同じくS19摩耶の改装後の図面がかなり揃っている。さらに鳥海のS19改装予定図、及び同艦の魚雷兵装関係の各種詳細図がまとまってある。要目書はS19高雄、摩耶新造時、同S19があるが、摩耶のS19の要目書には防禦配置図が付属しており、他に改装後の高雄の防禦配置図も別にある。
　その他国会図書館の憲政資料室にS14愛宕の改装後の図面一式、防禦配置図、正面線図、最大中央切断図、復原性能説明書等があり、まとまった改装後の愛宕の資料としてはもっとも有用である。これは返還資料からもれた資料の一部で、米国でマイクロ・フィルムとして市販されていたものである。また造工資料に鳥海の新造時正面線図、摩耶の入渠図がある。
　平賀アーカイブには先に述べたように高雄型に関する資料は少ないが、艦本4部作成の各種データ表の類にはもちろん高雄型も含まれており、これらの資料は有用である。アジア歴史資料センターの公文備考等には昭和年間には機密文書が省かれているので、めぼしいものない。

愛宕戦時乗員 1/2　　定　員 /Complement (3)

職名	主務	官名	定数	区分	職名	主務	官名	定数	区分
艦長		大佐	1		乗組	電信長	兵曹長	1	准士/17
副長		中佐	1		〃	見張長兼分隊士	〃	1	
砲術長		〃	1		〃	操舵長	〃	1	
航海長兼分隊長	第7分隊長	少佐	1		〃	水雷砲台部兼分隊士	〃	1	
運用長兼分隊長	第8分隊長	〃	1		〃	見張指揮官付兼分隊士	〃	1	
通信長兼分隊長	第6分隊長	〃	1		〃	掌通信長兼分隊士	〃	1	
水雷長兼分隊長	第5分隊長	大尉	1		〃	分隊士	〃	3	
飛行長兼分隊長	第9分隊長	〃	1		〃	掌飛行兼分隊士	飛曹長	1	
分隊長	第3、4分隊長衛兵司令	〃	1	士官/23	〃	分隊士	〃	1	
〃	第2分隊長	〃	1		〃	掌整備兼分隊士	整曹長	1	
乗組	砲術士 衛兵副司令	少尉	1		〃	缶長	機曹長	1	
〃	水雷士	〃	1		〃	機械長	〃	2	
〃	砲術士	〃	1		〃	電機長	〃	1	
〃	分隊士	〃	1		〃	掌経理長兼掌衣糧長	主曹長	1	
機関長		機少佐	1						
分隊長	第10分隊長	機大尉	1		乗組	水兵科	下士兵	539	下士兵/878
〃	第11、13分隊長	機中尉	2		〃	飛行科	〃	4	
乗組	機関長付	機少尉	1		〃	整備科	〃	23	
軍医長兼分隊長	第14分隊長	医少佐	1		〃	機関科	〃	245	
乗組	分隊士	医中尉	1		〃	工作科	〃	23	
主計長兼分隊長	第15分隊長	主大尉	1		〃	看護科	〃	6	
乗組	庶務主任兼分隊士	主少尉	1		〃	主計科	〃	34	
分隊長	第1分隊長	特中尉	1	特予士官/12	〃	備人		4	
〃	第12分隊長	機特中尉	1						
乗組	掌航海長	特少尉	1						
〃	掌砲長	〃	1						
〃	掌水雷長	〃	1						
〃	掌運用長	〃	1						
〃	掌機長	機特中尉	1						
〃	機械長	機特少尉	1						
〃	缶長	機特少尉	1						
〃	分隊士	予機少尉	1						
〃	分隊士	予機少尉	1						
〃	掌工作長兼分隊士	工特少尉	1						
〃		少尉候補生	10	候補/12					
〃		機少尉候補生	2		（合計）			942	

注/NOTES
昭和16年12月1日現在の軍艦愛宕の乗員実数を示す【出典】愛宕戦時日誌
(1) 本艦の開戦時の乗員数を示すもので、機関科将校の兵科への統合及び特務将校の名称変更前の時期にあたる

高雄 型 /Takao Class

愛宕戦時乗員 2/2　定員/Complement (4)

職名	主務	官名	定数		職名	主務	官名	定数
艦長		大佐	1		乗組	掌水雷長兼分隊士	兵曹長	1
副長		大佐	1		〃	水雷士兼分隊士	〃	1
砲術長		少佐	1		〃	見張長	〃	1
航海兼分隊長	第7分隊長	〃	1		〃	操舵長	〃	1
内務兼分隊長	第8分隊長	〃	1		〃	電信長兼分隊士	〃	1
水雷長兼分隊長	第5分隊長	〃	1		〃	見張指揮官付兼分隊士	〃	1
通信長兼分隊長	第6分隊長	大尉	1		〃	掌通信長	〃	1 （准士/15）
承命服務 飛行長		〃	1		〃	分隊士	〃	2
分隊長	第3分隊長衛兵司令	〃	1		〃	分隊士	飛曹長	1
〃	第4分隊長	〃	1		〃	掌整備長兼分隊士	整曹長	1
〃	第1、2、11分隊長	中尉	3 （士官/29）		〃	缶長	機曹長	1
乗組	分隊士	〃	3		〃	機械長	〃	1
〃	分隊士	少尉	4		〃	補機長兼分隊士	〃	1
承命服務	電測士兼分隊士				〃	掌経理長兼掌衣糧長	主曹長	1
機関長		中佐	1					
分隊長	第9/12/13分隊長	大尉	3		乗組	水兵科	下士兵	668
〃	第10分隊長	中尉	1		〃	飛行科	〃	9
軍医長兼分隊長	第14分隊長	医少佐	1		〃	整備科	〃	23 （下士兵/248/1018）
乗組	分隊士	医大尉	1		〃	機関科	〃	248
主計長兼分隊長	第15分隊長	主大尉	1		〃	工作科	〃	28
乗組	機械長兼分隊士	中尉	1		〃	看護科	〃	6
〃	掌砲長	〃	1		〃	主計科	〃	33
〃	掌機長	〃	1		〃	備人		3
〃	機関長付	〃	1					
〃	電機長兼分隊士	〃	1					
〃	内務士兼分隊士	〃	1					
〃	分隊士	〃	3 （特務士官/18）					
〃	工業長	少尉	1					
〃	缶長	〃	1					
〃	掌内務長	〃	1					
〃	掌航海長	〃	1					
〃	掌内務長	〃	1					
〃	暗号士兼分隊士	〃	2					
〃	分隊士	〃	2					
〃	少尉候補生		7 （候補/8）					
〃	主少尉候補生		1		（合計）			1,088

注/NOTES

昭和19年8月1日現在の軍艦愛宕の乗員実数を示す【出典】愛宕戦時日誌

(1) 本艦のほぼ最終時の乗員数を示すもので、比島沖海戦2か月前の状態、開戦時に比べて総人員で150人ほど増加しているのは機銃、電探等の大幅増強に対応したものであろうが分隊数は開戦時と変わらない。副長の階級が大佐となっているのは在任中に進級したもので、交代間近ということであろう

艦　歴/Ship's History (1)

艦名　高雄 1/4

年月日	記事/Notes
1927(S 2)- 4-28	横須賀工廠で起工
1927(S 2)- 6-23	命名、呉鎮守府に仮入籍、1等巡洋艦に類別
1927(S 2)- 7- 1	佐世保鎮守府仮入籍に変更
1930(S 5)- 5-12	進水
1930(S 5)- 5-15	艤装員長安藤隆大佐 (34期) 就任
1931(S 6)- 6- 1	横須賀鎮守府に入籍
1932(S 7)- 5-31	竣工、第1予備艦、艦長安藤隆大佐 (34期) 就任
1932(S 7)-11- 1	艦長沢本雄頼大佐 (36期) 就任
1932(S 7)-12- 1	第2艦隊第4戦隊
1933(S 8)- 4-10	横須賀工廠で巡航タービン嵌合用蒸気管装置改造、翌年6月9日完成
1933(S 8)- 4-22	航空廠で呉式2号射出機3型改2改造、翌年1月20日完成
1933(S 8)- 5- 2	航空廠で射出機滑走車改修、7月20日完成
1933(S 8)- 6- 1	横須賀工廠で転輪羅針儀一部換装及び公試、翌年1月20日完成
1933(S 8)- 6- 5	横須賀工廠で主砲戦砲戦指揮装置改造、翌年9月10日完成
1933(S 8)- 6-25	横須賀工廠で91式高射装置装備、10月20日完成
1933(S 8)- 7-13	高雄発南洋方面行動、8月21日横須賀着
1933(S 8)- 8-25	横浜沖大演習観艦式に供奉艦として参列
1933(S 8)-10-20	横須賀工廠で機械室通風路装置改造、12月7日完成
1933(S 8)-11- 4	横須賀工廠で強圧注油管一部改造、翌年1月23日完成
1933(S 8)-11-15	艦長南雲忠一大佐 (36期) 就任
1934(S 9)- 1- 7	横須賀工廠で重油専焼缶点火用噴燃器装備、4月30日完成
1934(S 9)- 2- 1	横須賀工廠で20cm砲俯仰装置一部改造、翌年1月31日完成
1934(S 9)- 4- 1	横須賀工廠で水雷戦指揮装置一部改造、8月19日完成
1934(S 9)- 4- 4	横須賀工廠で89式発射管魚雷装填装置改修、7月18日完成
1934(S 9)- 5- 3	横須賀工廠で缶室清水管改造、6月12日完成
1934(S 9)- 5-20	横須賀工廠で補助缶給水タンク防熱装置、前部ガソリン庫通風防熱装置新設改造、6月18日完成、前部転輪羅針儀室通風装置改造、11月22日完成
1934(S 9)- 5-22	横須賀工廠で連装発射管旋回制止装置一部改造、10月19日完成
1934(S 9)- 6- 1	横須賀工廠で発射管薬発装置装備、翌年3月31日完成
1934(S 9)- 6- 9	横須賀工廠で操舵自画器装備、11月7日完成
1934(S 9)- 6-14	横須賀工廠で発煙兵器装備、翌年7月20日完成
1934(S 9)- 8-17	横須賀工廠で艦橋伝声管一部改造、9月27日完成
1934(S 9)- 8-27	横須賀工廠で誘導タービン検査修理、翌年1月20日完成
1934(S 9)- 9- 4	本艦90式水偵東経137度53分北緯38度23分で夜間索敵飛行中行方不明、乗員死亡と認定
1934(S 9)- 9-27	旅順発青島方面行動、10月5日佐世保着
1934(S 9)-10-16	横須賀工廠で主砲戦砲戦指揮装置一部改造、翌年1月30日完成
1934(S 9)-10-22	横須賀工廠で舵取装置一部改造、12月30日完成
1934(S 9)-11-15	艦長後藤英次大佐 (37期) 就任
1934(S 9)-11-28	横須賀工廠で給水タンク一部改造、翌年1月20日完成
1934(S 9)-12- 1	横須賀工廠で安式2号転輪羅針儀換装、翌年3月20日完成

高雄 型/Takao Class

艦 歴/Ship's History (2)

艦 名	高 雄 2/4
年 月 日	記 事 /Notes
1934(S 9)-12- 6	横須賀工廠で無線兵器改造、翌年3月31日完成
1934(S 9)-12-10	航空廠で94式水偵搭載施設装備、翌年1月30日完成
1934(S 9)-12-25	横須賀工廠で合成調理機を万能調理機に換装、翌年1月20日完成
1935(S10)- 1- 9	横須賀工廠で機関部改造、2月20日完成
1935(S10)- 3-29	油谷湾発馬鞍群島方面行動、4月4日佐世保着
1935(S10)- 4-15	本艦90式2号水偵着水後砂州に乗り上げ、機体中破
1935(S10)- 7-31	本艦90式2号水偵着水時転覆、機体大破
1935(S10)-11-15	第2予備艦、横須賀警備戦隊付属、艦長原顕三郎大佐(37期)就任、翌年1月7日から4月25日まで兼五十鈴艦長
1935(S10)-11-15	横須賀工廠で20cm砲噴気装置改造、翌年5月31日完成
1936(S11)- 3- 9	横須賀工廠で20cm砲噴気装置関係空気管系改造、翌年5月31日完成
1936(S11)- 5-26	横須賀工廠で砲煩兵装改造、8月30日完成
1936(S11)- 6-13	横須賀工廠で外板補強工事、9月20日完成
1936(S11)- 6-22	横須賀工廠で艤装改善工事に伴う発射管、水雷兵装一部改造、翌年8月30日完成(搭載魚雷を93式魚雷に換装のため)
1936(S11)- 8-24	横須賀工廠で低圧タービン翼一部換装、翌年3月28日完成
1936(S11)-11- 1	第1予備艦
1936(S11)-11-29	横須賀工廠で20cm砲塔照準孔及び同扉改造、12月末完成
1936(S11)-12- 1	第2艦隊第4戦隊、艦長高木武雄大佐(39期)就任
1936(S11)-12-19	横須賀工廠で主砲火薬庫撒水装置改造、翌年1月31日完成
1936(S11)-12-23	横須賀工廠で最上搭載11m内火艇を本艦に搭載換え、翌年1月15日完成
1936(S11)-12-24	横須賀工廠で揚艇桿旋回装置換装、翌年1月20日完成
1936(S11)-12-28	横須賀工廠で兵員居住区設備改造、翌年2月末日完成
1936(S11)-12-30	横須賀工廠で巡洋艦側曳給油装置新設、翌年1月20日完成
1937(S12)- 1-19	横須賀工廠で航空施設に伴う船体工事、31日完成
1937(S12)- 2-24	横須賀工廠で旗艦施設に伴う艤装一部改造、3月31日完成
1937(S12)- 3-27	佐世保発青島方面行動、4月6日有明湾着
1937(S12)- 4-12	横須賀工廠で後部機械室排気路爆風除け新設、7月14日完成
1937(S12)- 5- 5	高知宿毛湾にて夜間訓練中の95式水偵、着水に際し岩礁に乗り揚げ、大破す
1937(S12)- 5- 8	横須賀工廠で誘導タービン一部改造、翌年1月20日完成
1937(S12)- 5-18	横須賀工廠で探照灯換装、翌年3月31日完成
1937(S12)- 5-23	横須賀工廠で20cm砲塔揚弾機一部改造、翌年3月20日完成
1937(S12)- 8-10	佐世保発旅順、大連を基地に北方面行動
1937(S12)-12- 1	第2予備艦、艦長醍醐忠重大佐(40期)就任
1938(S13)- 5-20	舞鶴工廠で大改装(船殻工事)に着手、翌年5月1日舞鶴発横須賀に回航
1938(S13)- 6- 3	艦長松山光治大佐(40期)就任
1938(S13)-12-15	第3予備艦
1939(S14)- 7- 1	第1予備艦
1939(S14)- 8-21	横須賀工廠で大改装工事完成
1939(S14)- 9- 1	第2予備艦

艦 歴/Ship's History (3)

艦 名	高 雄 3/4
年 月 日	記 事 /Notes
1939(S14)-10-20	第1予備艦
1939(S14)-11-15	第2艦隊第4戦隊　艦長小林謙五大佐(42期)就任
1940(S15)- 3-27	中城湾着南支方面行動、4月2日高雄着
1940(S15)-11- 1	艦長山口次平大佐(41期)就任
1941(S16)- 2-19	佐世保着、21日中城湾着、26日発南支方面行動、3月3日高雄着、7日発11日有明湾着、28日発30日横須賀着、4月11日入渠、23日出渠、26日発三河湾、別府、宿毛湾方面行動、6月30日横須賀着、7月5日発、有明湾、佐伯湾、別府、宿毛湾方面行動
1941(S16)- 8-15	艦長朝倉豊次大佐(44期)就任
1941(S16)- 8-31	横須賀着、9月5日横浜へ回航入渠、13日出渠横須賀に回航、10月1日入渠、11月25日出渠、出師準備、11月25日発、27日佐伯着
1941(S16)-11-27	佐伯発出撃、12月2日馬公着、4日発11日カムラン湾着、14日発マレー上陸輸送船団護衛、17日カムラン湾着、20日発リンガエン上陸作戦支援、24日カムラン湾着
1942(S17)- 1- 8	カムラン湾発、11日馬公着、補給整備、14日発18日パラオ着、2月15日発、機動部隊護衛、19日ポートダーウィン空襲支援、21日スターリング湾着、25日発ジャワ島南方機動作戦に従事、3月2日愛宕と協同で米駆逐艦 Pillsbury を撃沈、、4日同じく英国油槽船、商船、掃海艇を撃沈、以上共に被害なし、7日ケンダリー着、訓練に従事、11日発横須賀に向かう
1942(S17)- 3-18	横須賀着、整備及び大改装時св遅日装備となっていた高角砲の換装等を実施
1942(S17)- 4-18	横須賀発敵機動部隊迎撃のため出撃、22日会敵せず帰着、工事継続、5月1日工事完成、木更津沖で高角砲公試実施後、摩耶とともに柱島に回航途中、1日御前崎沖で被害した瑞穂の救援を命じられ2日0030現場に到着、同艦0347総員退去、0416沈没、瑞穂乗員607名を収容、同日横須賀に戻り救助人員陸揚げ後直ちに出港、4日柱島着、以後訓練に従事
1942(S17)- 5-22	呉発、北方部隊第2機動部隊に編入、24日大湊着、26日アリューシャン方面に出撃、6月3日ダッチハーバー攻撃作戦を支援、24日大湊着
1942(S17)- 6-28	大湊発、キスカ増援部隊を後方支援、7月13日柱島着、補給整備、南方作戦に備える
1942(S17)- 8-11	柱島発、17日トラック着、20日発、24日第2次ソロモン海戦参加、9月5日トラック着、9日発作戦支援、23日トラック着、10月11日発、26日南太平洋海戦に参加、31日トラック着、整備
1942(S17)-11- 9	トラック発、14日第3次ソロモン海戦に参加、夜間米戦艦 Washington、South Dakota と交戦、被害なし、18日トラック着、22日発横須賀に向かう
1942(S17)-11-27	横須賀着、整備、12月4日入渠、13日出渠、19日発、24日トラック着、警泊、31日発ガ島撤退作戦支援、2月9日トラック着、以後整備、訓練に従事
1943(S18)- 2-23	艦長猪口敏平大佐(46期)就任
1943(S18)- 7-21	トラック発26日横須賀着、28日入渠、8月2日出渠、修理整備、17日発人員輸送、23日トラック着、25日発27日ラバウル着人員上陸、同日発29日トラック着警泊、9月18日発、20日ブラウン着警泊待機、23日発25日トラック着訓練整備、10月17日発、19日ブラウン着、警泊待機、23日発26日トラック着訓練整備、11月3日発
1943(S18)-10-28	艦長林彙遷大佐(45期)就任
1943(S18)-11- 3	トラック発、5日ラバウル着
1943(S18)-11- 5	ラバウルにて米空母機の空襲を受け2番砲塔右舷側に直撃弾2発命中、船体、兵器等に被害を発生、同日発7日トラック着、11日発15日横須賀着
1943(S18)-12-17	横須賀で入渠、修理及び機銃電探増備、27日出渠、翌年1月13日再入渠、15日出渠、諸公試実施

225

高雄 型 /Takao Class

艦　歴/Ship's History (4)

艦　名	高 雄 4/4
年 月 日	記 事 /Notes
1944(S19)- 1-29	横須賀発、玉波とともに被雷してサイパンで応急修理後横須賀に向かっていた雲鷹の護衛に向かう
	2月1日雲鷹と合同、5日補給のため分離、6日横須賀着補給後出港、7日再合同同日横須賀着
1944(S19)- 2-15	横須賀発、20日パラオ着、警泊、3月29日発4月1日ダバオ着、6日発9日リンガ泊地着訓練に
	従事、29日発シンガポールに回航、5月2日発リンガ泊地回航、11日発14日タウイタウイ着訓練
	6月13日発14日ギマラス着、15日発、19日マリアナ沖海戦に参加、22日中城湾着、23日発24
	日柱島着、警泊、以後呉工廠で機銃、電探等増備
1944(S19)- 7- 8	呉発10日中城湾着、同日発16日シンガポール着、30日シンガポールで入渠、8月6日出渠、8日
	シンガポール発同日リンガ泊地着、訓練に従事、27日シンガポールに回航、30日発リンガ泊
	地に回航
1944(S19)- 8-29	艦長小野田捨次郎大佐(48期)就任
1944(S19)-10-18	リンガ泊地発20日ブルネイ着、22日発捷号作戦第1遊撃部隊として出撃、レイテ突入をはかる
1944(S19)-10-23	パラワン水道通過中、0633愛宕被雷に続いて0634本艦の右舷艦橋部と艦尾に魚雷2発が命中(米
	潜水艦 Darter 発射)、直後に右約10度傾斜操舵不能、機関停止したが応急処置につとめ、2144自
	力航行可能となり、2軸実速6-11ノットでブルネイに向い、25日1714到着、この間長波、朝霜が
	護衛にあたる、戦死34、重傷14、軽傷18、舵及び内軸2軸推進器脱落、 応急舵を艦尾両舷に仮
	設したが効果なし、主砲方位盤使用不能、1-3番砲塔機力旋回俯仰不能、25mm機銃及び発射管一
	部使用不能、11月8日ブルネイ発、12日シンガポール着
1944(S19)-11-15	第2艦隊第5戦隊
1945(S20)- 1- 1	南西方面艦隊第5戦隊
1945(S20)- 1- 5	シンガポールで入渠、10日出渠、損傷を調査したが修理は未着手
1945(S20)- 1-20	南西方面艦隊第1南遣艦隊付属
1945(S20)- 2- 5	第10方面艦隊第1南遣艦隊付属
1945(S20)- 3-	シンガポールで再入渠、損傷した艦尾を切断、臨時の舵を仮設、2軸で18ノット発揮として内地帰
	還をはかることになったが、結局本格修理は中止、艦尾を切断防水処置を施すだけにとどめる
1945(S20)- 3-22	艦長石坂竹雄大佐(50期)就任
1945(S20)- 4-	シンガポールに繋留防空艦として活用することに中央も異論なく、以後高角砲、機銃、発射管等を
	撤去、陸上に移設して防空砲台として用いる
1945(S20)- 7-31	2130英ミゼット潜水艇EX3が3番砲塔右舷下艦底部にしかけた爆薬が起爆したが、本体は不発の
	ため火薬庫の一部と発令所に浸水があったのみで重大な被害なし
1946(S21)-10-27	海没処分のため曳船3隻に引かれて1015セレター発、1700英巡ニューファンドランド
	/ Newfoundland が合同、(戦後現地でしばらく残留日本軍の指揮、通信、宿泊等の任務に用いられ
	たため処分が遅れる)
1946(S21)-10-29	1733処分海面着北緯3度6分、東経100度39分、1747キングストン弁開く、1809爆薬点火総
	員退去、1830爆薬起爆及びニューファンドランド発砲9発、1836射撃終了、1838全没
1947(S22)- 5- 3	除籍

艦　歴/Ship's History (5)

艦　名	愛 宕 1/4
年 月 日	記 事 /Notes
1927(S 2)- 4-28	呉工廠で起工
1927(S 2)- 6-23	命名、佐世保鎮守府に仮入籍、1等巡洋艦に類別
1927(S 2)- 7- 1	呉鎮守府仮入籍に変更
1930(S 5)- 6-16	進水
1930(S 5)- 6-20	艤装員長佐田健一大佐(35期)就任
1931(S 6)- 6- 1	横須賀鎮守府に入籍
1932(S 7)- 3-30	竣工、第1予備艦、艦長佐田健一大佐(35期)就任
1932(S 7)- 4-16	横浜発総理以下各閣僚本艦を視察、30ノット高速運転、戦闘諸作業、潜水艦、駆逐艦襲撃運動、
	館山航空隊飛行機による艦船攻撃を見学、1700横須賀着
1932(S 7)-12- 1	第2艦隊第4戦隊、艦長高橋伊望大佐(36期)就任
1933(S 8)- 3- 4	本艦90式水偵が土佐沖で夜間飛行中に行方不明、乗員死亡と認定
1933(S 8)- 4-22	航空廠で呉式2号射出機3型改2改造、翌年1月20日完成
1933(S 8)- 5- 2	航空廠で射出機滑走車改修、7月20日完成
1933(S 8)- 6- 1	横須賀工廠で転輪羅針儀一部換装及び公試、翌年1月20日完成
1933(S 8)- 6- 5	横須賀工廠で主砲射撃指揮装置改造、翌年9月10日完成
1933(S 8)- 6-25	横須賀工廠で91式高射装置装備、10月20日完成
1933(S 8)- 6-29	佐世保発馬鞍群島方面行動、7月5日馬公着
1933(S 8)- 7-13	高雄発南洋方面行動、8月21日横須賀着
1933(S 8)- 8-25	横浜沖大演習観艦式に供奉艦として参列
1933(S 8)-10-20	横須賀工廠で機械室通風路装置改造、12月7日完成
1933(S 8)-11- 4	横須賀工廠で強圧注油管一部改造、翌年1月23日完成
1933(S 8)-11-15	艦長宮田義一大佐(36期)就任
1934(S 9)- 1- 7	横須賀工廠で重油専焼缶点火用噴燃器装備、4月30日完成
1934(S 9)- 2- 1	横須賀工廠で20cm砲俯仰装置一部改造、翌年1月31日完成
1934(S 9)- 4- 1	横須賀工廠で水雷戦指揮装置一部改造、8月19日完成
1934(S 9)- 4- 4	横須賀工廠で89式発射管魚雷装填装置改造、7月18日完成
1934(S 9)- 5- 2	横須賀工廠で給水タンク一部改造、12月30日完成
1934(S 9)- 5- 3	横須賀工廠で缶室清水管改造、6月12日完成
1934(S 9)- 5-20	横須賀工廠で補助缶給水タンク防熱装置、前部ガソリン庫通風防熱装置新設改造、6月18日完成、
	前部転輪羅針儀室通風装置改造、11月22日完成
1934(S 9)- 6- 1	横須賀工廠で発射管薬発装置装備、翌年3月31日完成
1934(S 9)- 6-14	横須賀工廠で発煙兵器装備、翌年7月20日完成
1934(S 9)- 8-17	横須賀工廠で艦橋伝声管一部改造、9月27日完成
1934(S 9)- 8-27	横須賀工廠で誘導タービン検査修理、翌年1月20日完成
1934(S 9)- 9-27	旅順発青島方面行動、10月5日佐世保着
1934(S 9)-10- 6	佐世保港内で本艦内火艇が佐世保港務部汽艇と衝突沈没、翌日引き揚げ回収、人員被害なし
1934(S 9)-10-22	横須賀工廠で舵取装置一部改造、12月30日完成
1934(S 9)-11- 1	艦長園田滋大佐(37期)就任
1934(S 9)-12- 6	横須賀工廠で無線兵器改造、翌年3月31日完成
1934(S 9)-12-25	横須賀工廠で合成調理機を万能調理機に換装、翌年1月20日完成

高雄 型/Takao Class

艦 歴/Ship's History (6)

艦 名	愛 宕 2/4
年 月 日	記 事/Notes
1935(S10)- 1- 9	横須賀工廠で機関部改造、2月20日完成
1935(S10)- 1-14	本艦90式2号水偵2型機射出訓練中に誤って射出され、発動機停止のまま海中に落下、大破
1935(S10)- 2- 9	本艦90式2号水偵着水後水上滑走中に漂流物をプロペラが叩きプロペラ破損、機体小破
1935(S10)- 2-15	本艦90式2号水偵着水の際跳躍して浮舟損傷、機体小破
1935(S10)- 3-29	油谷湾発馬鞍群島方面行動、4月4日佐世保着
1935(S10)- 9-16	本艦90式2号水偵着水の際他艦の高速航跡に乗り転覆
1935(S10)-11-15	第3予備艦、横須賀警備戦隊付属、艦長鈴木田幸造大佐 (37期) 就任
1935(S10)-11-15	横須賀工廠で20cm砲噴気装置改造、翌年5月31日完成
1935(S10)-12- 6	第1予備艦
1935(S10)-12-16	第2艦隊第5戦隊
1936(S11)- 1- 8	横須賀工廠で鳥海搭載12m内火艇を本艦に搭載、28日完成
1936(S11)- 1-13	横須賀工廠で低圧タービン動翼一部換装、2月2日完成
1936(S11)- 3-10	第2予備艦、横須賀警備戦隊付属
1936(S11)- 4-15	艦長伊藤整一大佐 (39期) 就任
1936(S11)- 5- 1	横須賀工廠で94式特用空気圧搾機装備、翌年7月31日完成
1936(S11)- 6- 1	横須賀工廠で現長官艇12m内火艇を妙高に搭載換え訓令
1936(S11)- 6-22	横須賀工廠で艤装改善工事に伴う発射管、水雷兵装一部改造、翌年8月30日完成 (搭載魚雷を93式魚雷に換装のため)
1936(S11)- 6-14	横須賀工廠で外板補強工事、7月31日完成
1936(S11)- 7- 1	第1予備艦
1936(S11)- 7- 6	横須賀工廠でお召艦設備に伴う船体部改造、11月30日完成
1936(S11)- 9-18	横須賀工廠で右舷誘導タービン減速装置換装、翌年1月31日完成
1936(S11)-10-26	江田島行幸お召艦、28日まで
1936(S11)-10-29	神戸沖特別大演習観艦式に供奉艦として参列
1936(S11)-11-29	横須賀工廠で20cm砲塔照準孔及び同扉改造、12月末完成
1936(S11)-12- 1	第2予備艦、艦長五藤存知大佐 (38期) 就任
1937(S12)- 5-23	横須賀工廠で20cm砲塔揚弾機一部改造、翌年3月20日完成
1937(S12)- 7-12	艦長奥本武夫大佐 (38期) 就任
1937(S12)-10- 4	横須賀工廠で高低圧タービン噴口不良分換装、翌年6月末日完成
1937(S12)-10- 8	横須賀工廠で揚艇桿旋回装置換装、翌年2月28日完成
1937(S12)-12- 1	第3予備艦、艦長坂野民部大佐 (38期) 就任
1937(S12)-12-16	横須賀工廠で装薬庫填装置換装、翌年3月20日完成
1938(S13)- 4-	大改装に着手、舞鶴工廠で船体部、横須賀工廠で艤装、兵装工事を実施
1938(S13)- 8-10	艦長簑輪中五大佐 (38期) 就任
1938(S13)-11-15	艦長高塚省吾大佐 (38期) 就任
1939(S14)- 8-20	第1予備艦
1939(S14)-10-30	横須賀工廠で大改装工事完成
1939(S14)-11-15	第2艦隊第4戦隊、艦長河野千万城大佐 (42期) 就任
1940(S15)- 3-27	中城湾発、南支方面行動、4月2日基隆着
1940(S15)-10-15	艦長小柳富次大佐 (42期) 就任

艦 歴/Ship's History (7)

艦 名	愛 宕 3/4
年 月 日	記 事/Notes
1941(S16)- 2-19	佐世保発、21日中城湾着、26日発南支方面行動、3月3日高雄着、7日発11日有明湾着、28日
	30日横須賀着、4月17日入渠、28日出渠、5月4日発三河湾、別府、宿毛湾方面行動、6月30
	日横須賀着、8月4日発、6日宿毛湾、21日佐伯へ回航
1941(S16)- 8-11	艦長伊集院松治大佐 (43期) 就任
1941(S16)- 9- 1	呉発5日発、13日横須賀着、15日横浜へ回航入渠、22日出渠横須賀に回航、出師準備、11月9日発、
	12日柱島着
1941(S16)-11-27	佐伯発出撃、12月2日馬公着、4日発11日カムラン湾着、14日発マレー上陸輸送船団護衛、17日
	カムラン湾着、20日発リンガエン上陸作戦支援、24日カムラン湾着
1942(S17)- 1- 8	カムラン湾発、11日馬公着、補給整備、14日発18日パラオ着、2月18日発21日スターリング
	湾着、25日発ジャワ島南方機動作戦に従事、3月2日高雄と協同で米駆逐艦 Pillsbury を撃沈、発
	射弾数20cm砲 -54、12cm砲 -15、4日同じく英国油槽船、商船、掃海艇を撃沈、発射弾数20cm
	砲 -145、12cm砲 -43 以上共に被害なし
1942(S17)- 3- 7	ケンダリー着、訓練に従事、18日発21日バリクパパン着、22日発、23日マカッサル着、24日発
	27日シンガポール着、補給作業、4月2日発、同日ペナン着、4日発10日カムラン湾着、11日発
1942(S17)- 4-17	横須賀着、18日敵機動部隊迎撃のため出撃、23日会敵せず帰着、5月3日入渠、4日出渠、この間修理、
	整備作業及び大改装後後日装備となっていた高角砲の換装 (12cm単装から12.7cm連装に) を実施、
	13日横浜に回航浅野船渠で入渠、以後第2艦隊旗艦を鳥海に変更、21日出渠、
1942(S17)- 5-24	横須賀発、25日広島湾着、27日旗艦を本艦に復帰、29日柱島発ミッドウェー海戦に参加、6月14
	日柱島着、内海西部にて整備補給、訓練に従事
1942(S17)- 8-11	柱島発、17日トラック着、20日発、24日第2次ソロモン海戦参加、9月5日トラック着、9日発
	作戦支援、24日トラック着、10月11日発、26日南太平洋海戦に参加、30日トラック着、整備
1942(S17)-11- 9	トラック発、14日第3次ソロモン海戦に参加、夜間米戦艦 Washington、South Dakota と交戦、
	South Dakota にかなりの損害を与えたものの、発射した魚雷が敵戦艦の航跡で自爆、命中を逸し
	ている、発射弾数20cm砲 -61、12.7cm砲 -49、魚雷 -19、船体に軽微な損傷、人員に被害なし、
	19日トラック着、整備、12月12日呉に向かう
1942(S17)-12- 1	艦長中岡信喜大佐 (45期) 就任
1942(S17)-12-17	呉着、整備、29日入渠、翌年1月6日出渠、20日発25日トラック着、警泊、31日発ガ島撤退作
	戦支援、2月9日トラック着、以後整備、訓練に従事
1943(S18)- 7-21	トラック発26日横須賀着、8月2日入渠、9日出渠、16日公試、17日発23日トラック着、訓練整
	備、9月18日発20日ブラウン着、警泊待機、23日発25日トラック着訓練整備、10月17日発、
	19日ブラウン着、警泊待機、23日発、26日トラック着、訓練整備、11月3日発、5日ラバウル着
1943(S18)-11- 5	ラバウルにて米空母機の空襲を受け至近弾により船体、兵器等に被害を発生、艦長以下22名戦死
	同日発7日トラック着、11日発15日横須賀着
1943(S18)-11-15	艦長荒木伝大佐 (45期) 就任
1943(S18)-11-18	横須賀で入渠、修理、12月17日出渠、22日修理完成、26日木更津沖に回航訓練
1944(S19)- 1- 4	横須賀発、9日トラック着、警泊、2月10日発13日パラオ着、警泊、3月30日発、4月1日ダバ
	オ着5日発9日リンガ泊地着、訓練に従事、29日発シンガポールに回航、5月2日発リンガ泊地回航、
	11日発14日タウイタウイ着訓練、6月13日発14日ギマラス着、15日発、19日マリアナ沖海戦
	に参加、22日中城湾着、23日発24日柱島着、警泊
1944(S19)- 7- 8	呉発10日中城湾着、同日発16日シンガポール着、22日シンガポールで入渠、30日出渠、8月1

高雄 型 /Takao Class

艦　歴/Ship's History (9)

艦　名	鳥　海 1/4
年 月 日	記 事 /Notes
1928(S 3)- 3-26	三菱長崎造船所で起工
1928(S 3)- 4-13	命名、佐世保鎮守府に仮入籍、1 等巡洋艦に類別
1931(S 6)- 4- 5	進水、艤装員長三木太市大佐 (35 期) 就任
1931(S 6)- 6- 1	横須賀鎮守府に仮入籍
1931(S 6)-12- 1	艦長三木太市大佐 (35 期) 就任
1932(S 7)- 6-30	竣工、第 1 予備艦、横須賀鎮守府に入籍、艦長細萱戊子郎大佐 (36 期) 就任
1932(S 7)-12- 1	第 2 艦隊第 4 戦隊、艦長谷本馬太郎大佐 (35 期) 就任
1933(S 8)- 2-28	航空廠で飛行機用軌道改修、6 月 13 日完成
1933(S 8)- 4-10	横須賀工廠で巡航タービン嵌合用蒸気管装置改造、翌年 6 月 9 日完成
1933(S 8)- 4-17	沖縄中城湾基地にて 90 式水偵着水滑走中に出火、機体全焼
1933(S 8)- 4-22	航空廠で呉式 2 号射出機 3 型改 2 改造、翌年 1 月 20 日完成
1933(S 8)- 5- 2	航空廠で射出機滑走車改修、7 月 20 日完成
1933(S 8)- 6- 1	横須賀工廠で転輪羅針儀一部換装及び公試、翌年 1 月 20 日完成
1933(S 8)- 6- 5	横須賀工廠で主砲砲戦指揮装置改造、翌年 9 月 10 日完成
1933(S 8)- 6-25	横須賀工廠で 91 式高射装置装備、10 月 20 日完成
1933(S 8)- 7-13	高雄発南洋方面行動、8 月 21 日横須賀着
1933(S 8)- 8-25	横浜沖大演習観艦式に先導艦として参列
1933(S 8)-10-16	横須賀工廠で主砲砲戦指揮装置増設、翌年 7 月 20 日完成
1933(S 8)-10-20	横須賀工廠で機械室通風路装置改造、12 月 7 日完成
1933(S 8)-11- 4	横須賀工廠で強圧注油管一部改造、翌年 1 月 23 日完成
1933(S 8)-11-15	艦長小池四郎大佐 (37 期) 就任
1934(S 9)- 1-22	横須賀工廠で第 2、7 缶室消防ビルジポンプ用補助蒸気管改造、6 月 12 日完成
1934(S 9)- 2- 1	横須賀工廠で 20cm 砲俯仰装置一部改造、翌年 1 月 31 日完成
1934(S 9)- 4- 1	横須賀工廠で水雷戦指揮装置一部改造、8 月 19 日完成
1934(S 9)- 4- 4	横須賀工廠で 89 式発射管魚雷装填装置改修、7 月 18 日完成
1934(S 9)- 5- 3	横須賀工廠で缶室清水管改造、6 月 12 日完成
1934(S 9)- 5-20	横須賀工廠で補助缶給水タンク防熱装置、前部ガソリン庫通風防熱装置新設改造、6 月 18 日完成、前部転輪羅針儀室通風装置改造、11 月 22 日完成
1934(S 9)- 5-22	横須賀工廠で連装発射管旋回制止装置一部改造、10 月 19 日完成
1934(S 9)- 6- 1	横須賀工廠で発射管薬発装置装備、翌年 3 月 31 日完成
1934(S 9)- 6- 9	横須賀工廠で操舵自画器装備、11 月 7 日完成
1934(S 9)- 6-14	横須賀工廠で発煙兵器装備、翌年 7 月 20 日完成
1934(S 9)- 8-17	横須賀工廠で艦橋伝声管一部改造、9 月 27 日完成
1934(S 9)- 8-27	横須賀工廠で誘導タービン検査修理、翌年 1 月 20 日完成
1934(S 9)- 9-27	旅順発青島方面行動、10 月 5 日佐世保着
1934(S 9)-10-22	横須賀工廠で舵取装置一部改造、12 月 30 日完成
1934(S 9)-11-15	艦長三川軍一大佐 (38 期) 就任
1934(S 9)-11-28	横須賀工廠で給水タンク一部改造、翌年 1 月 20 日完成
1934(S 9)-12- 1	横須賀工廠で安式 2 号転輪羅針儀換装、翌年 3 月 20 日完成
1934(S 9)-12- 6	横須賀工廠で無線兵器改造、翌年 3 月 31 日完成

艦　歴/Ship's History (10)

艦　名	鳥　海 2/4
年 月 日	記 事 /Notes
1934(S 9)-12-25	横須賀工廠で合成調理機を万能調理機に換装、翌年 1 月 20 日完成
1935(S10)- 1- 9	横須賀工廠で機関部改造、2 月 20 日完成
1935(S10)-11-15	第 3 予備艦、横須賀警備戦隊付属、艦長春日篤大佐 (37 期) 就任、12 月 2 日まで兼陸奥艦長
1936(S11)- 5- 1	横須賀工廠で 94 式特用空気圧搾機装備、翌年 7 月 31 日完成 (93 式魚雷実用化実験のため搭載魚雷を 93 式魚雷に換装)
1936(S11)- 6-22	横須賀工廠で艤装改善工事に伴う水雷兵装一部改造、翌年 3 月 31 日完成
1936(S11)- 7- 1	第 1 予備艦
1936(S11)- 7-18	旧妙高 11m 内火艇を搭載訓令
1936(S11)- 8-22	横須賀工廠で塵芥焼却缶仮設、28 日完成
1936(S11)- 8-24	横須賀工廠で揚艇桿旋回装置換装、12 月 29 日完成
1936(S11)- 9-21	伊勢湾にて 94 式水偵機大破、人員無事
1936(S11)-10-19	横須賀工廠で艤装改善工事、翌年 7 月 31 日完成
1936(S11)-11-12	横須賀工廠で 90 式山川灯装備、翌年 1 月 30 日完成
1936(S11)-11-29	横須賀工廠で 20cm 砲塔照準孔及び同扉改造、12 月末完成
1936(S11)-12- 1	第 2 予備艦、艦長奥本武夫大佐 (38 期) 就任
1936(S11)-12-17	横須賀工廠で長官艇 1 隻搭載、10 日完成
1936(S11)-12-19	横須賀工廠で兵員室居住設増、13 年 1 月 14 日完成
1937(S12)- 2-10	浦賀水道で 93 式 1 型改 1 魚雷の試射に従事、3 月末まで水雷学校主催の実験に従事
1937(S12)- 4-10	横須賀工廠で砲塔測距儀防震装置装着、翌年 1 月 20 日完成
1937(S12)- 5-13	横須賀工廠で外板補強工事、7 月 31 日完成
1937(S12)- 5-18	横須賀工廠で探照灯換装、翌年 3 月 31 日完成
1937(S12)- 5-23	横須賀工廠で 20cm 砲塔揚弾機一部改造、翌年 3 月 20 日完成
1937(S12)- 5-26	横須賀工廠で航空施設に伴う船体工事、6 月 20 日完成
1937(S12)- 7-12	艦長五藤存知大佐 (38 期) 就任
1937(S12)- 7-30	横須賀工廠で兵員居住区設備改造、8 月 4 日完成
1937(S12)- 8- 1	横須賀工廠で妙高搭載 11m 内火艇を修理の上本艦に搭載、8 月 4 日完成
1937(S12)- 8- 7	第 2 艦隊第 4 戦隊
1937(S12)- 8- 7	横須賀工廠で 20cm 砲塔に短 5cm 外膅砲装備、翌年 3 月 20 日完成
1937(S12)- 8-10	横須賀工廠で 13mm4 連装機銃仮装備、翌年 2 月 20 日完成
1937(S12)- 8-15	横須賀工廠で防弾鋼板装備、19 日完成
1937(S12)- 8-22	横須賀工廠で塵埃焼却缶仮装備、28 日完成
1937(S12)- 8-24	横須賀工廠で揚艇桿装置改造、12 月 29 日完成
1937(S12)- 8-24	横須賀工廠で誘導タービン一部改造、翌年 1 月 31 日完成
1937(S12)- 9- 6	旅順発、以後旅順、大連を基地に北支方面行動、11 月 20 日まで
1937(S12)-11-22	横須賀工廠で昭和 13 年艦隊旗艦の間、長官公室寝室に絨毯装備訓令
1937(S12)-11-29	横須賀工廠で昭和 13 年艦隊旗艦の間、高雄搭載の長官艇を本艦に搭載訓令
1937(S12)-12- 9	横須賀工廠で補助缶同関連装備撤去、翌年 1 月 14 日完成
1937(S12)-12-17	横須賀工廠で長官艇 1 隻搭載、30 日完成
1937(S12)-12-19	横須賀工廠で兵員居住区設備増設、翌年 1 月 10 日完成
1938(S13)- 4- 9	寺島水道発南支方面行動、13 日高雄着

高雄 型/Takao Class

艦 歴/Ship's History (11)

艦 名	鳥 海 3/4
年 月 日	記 事/Notes
1938(S13)-10-17	寺島水道発南支方面行動、27日馬公着
1938(S13)-11-15	艦長科善四郎大佐(41期)就任
1939(S14)-3-21	佐世保発北支方面行動、4月3日志布志着
1939(S14)-10-20	第1予備艦
1939(S14)-11-1	艦長古宇田武郎大佐(41期)就任　10日第5艦隊付属
1939(S14)-11-14	馬公、基隆、高雄を基地として南支方面行動、翌年10月21日横須賀着
1939(S14)-11-15	第2遣支艦隊第15戦隊
1940(S15)-10-18	特別役務艦
1940(S15)-10-19	艦長渡辺清七大佐(42期)就任
1940(S15)-11-15	第2艦隊第4戦隊
1941(S16)-2-26	中城湾発南支方面行動、3月3日高雄着
1941(S16)-11-27	南遣艦隊旗艦
1941(S16)-12-4	三亜発、マレー上陸輸送船団護衛、8日輸送船団護衛中英国東洋艦隊出現の報により、船団を離れ
	迎撃態勢をとる、11日カムラン湾着、次期作戦打合せ、13日発第2次マレー上陸輸送船団護衛、
	20日カムラン湾着
1942(S17)-1-5	カムラン湾発、陸軍上陸輸送船団支援、9日カムラン湾着
1942(S17)-2-10	カムラン湾発、バンカ、パレンバン上陸作戦支援、19日サンジャック着、25日発27日シンガポー
	ル着、3月9日発北部スマトラ上陸部隊護衛、14日ペナン着、21日発ビルマ、アンダマン諸島
	攻略部隊護衛、26日メルギー着、4月1日発ベンガル湾北部機動作戦に従事、6日本艦が米英の油
	槽船、貨物船等3隻を撃沈、搭載水偵の爆撃で2隻の商船に損害を与える、11日シンガポー着、
	12日旗艦を香椎に移し、13日発横須賀に向かう
1942(S17)-4-22	横須賀着、5月3日横浜に回航浅野船渠に入渠、船体修理、整備工事を実施、9日出渠横須賀に回航
	機銃増備等の訓令工事を実施
1942(S17)-4-25	艦長早川幹夫大佐(44期)就任
1942(S17)-5-13	第2艦隊旗艦を愛宕より移す
1942(S17)-5-21	横須賀発、23日柱島着、27日旗艦を愛宕に戻す、
1942(S17)-5-29	呉発、ミッドウェー攻略作戦に参加、6月14日柱島着
1942(S17)-7-14	第8艦隊旗艦となる
1942(S17)-7-19	呉発、トラック経由30日ラバウル着、31日司令部を陸上に移しカビエンに回航、8月7日米軍ガ
	島来攻の報によりラバウルに回航し司令部乗艦後出撃、ラバウル港外で第6戦隊と合同ガ島に向かう
1942(S17)-8-8	第1次ソロモン海戦参加、8日から9日の深夜にルンガ泊地に突入、約40分の戦闘で他艦と協同で
	米豪重巡4隻を撃沈する大戦果を挙げる、発射弾数20cm砲-308、12cm高角砲-120、魚雷-8、
	被弾20cm-砲弾-6、12.7cm砲弾-4いずれも貫通弾、先頭で照射したため反撃が集中、1番砲塔に
	命中した20cm弾は右砲砲眼孔上縁に命中、砲塔を正面より貫通ののち炸裂、これにより砲塔は使
	用不能、死傷15、更に羅針艦橋後部に20cm砲弾3発が貫通、死傷36、戦死32、負傷32を生じ
	たものの、いずれも貫通弾で火災の発生はなく、戦闘航行に支障なし
1942(S17)-8-10	ラバウル着、以後同方面で各作戦支援
1942(S17)-10-12	ラバウル発、13日ショートランド着、同日発14日夜間ガ島飛行場砲撃に成功、本艦と衣笠で20cm
	砲弾752発を打ち込む、15日ショートランド着
1942(S17)-11-13	ショートランド発、支援隊(鈴谷、摩耶)のガ島飛行場の砲撃を支援、14日砲撃に成功した支援隊

艦 歴/Ship's History (12)

艦 名	鳥 海 4/4
年 月 日	記 事/Notes
	と合同、ショートランドに帰投する途中米空母機の空襲を受け僚艦衣笠が沈没、本艦も第4、5缶室
	に火災を生じたが間もなく鎮火、ショートランド着、同日船団支援のため再出撃、20日トラック着
1942(S17)-12-1	トラック発2日ラバウル着、以後ラバウル、カビエンにて作戦支援に当たる
1943(S18)-2-13	トラック着、15日横須賀に向かう
1943(S18)-2-20	横須賀着、修理、整備に着手、28日入渠、8月2日出渠、修理整備、
1943(S18)-3-1	艦長有賀幸作大佐(45期)就任
1943(S18)-3-1	横須賀工廠で入渠、13日出渠、訓令工事実施、31日完成
1943(S18)-4-4	横須賀発10日トラック着、13日発人員輸送、15日ラバウル着、ラバウル・カビエン間輸送に従事
	後20日トラック着、6月29日発7月2日ラバウル着、以後作戦支援任務
1943(S18)-8-10	ラバウル発、11日トラック着、12日発16日横須賀着
1943(S18)-8-20	第2艦隊第4戦隊
1943(S18)-9-6	横須賀工廠で入渠、11日出渠、損傷修理、舵取機修理、電探装備、機銃増備等を実施、14日完成
1943(S18)-9-15	横須賀発人員輸送、20日トラック着、10月17日発19日ブラウン着、23日発26日トラック着、
	11月3日発、4日米空母機と対空戦闘、損傷した日章丸を曳航、5日日章丸を羽黒に渡し、6日トラ
	ック着、24日発ギルバート方面作戦に従事、12月5日クェゼリン、ブラウン、ルオットを経てトラ
	ック着、以後警泊、訓練に従事
1944(S19)-1-21	トラック発、被雷した伊良湖の救援のため出動、同日曳航を中止トラックに帰投、2月10日発、13
	日パラオ着、3月29日発4月1日ダバオ着、5日発9日リンガ泊地着、14日タウイタウイ着
1944(S19)-6-6	艦長田中穣大佐(47期)就任
1944(S19)-6-13	タウイタウイ発、14日ギマラス着、15日発、19日マリアナ沖海戦に参加、22日中城湾着、23日発
	24日柱島着、警泊、26日呉工廠で入渠、7月8日出渠、整備、機銃、電探等増備
1944(S19)-7-10	呉発、16日リンガ泊地着、訓練に従事
1944(S19)-10-18	リンガ泊地発、20日ブルネイ着、22日発捷号作戦第1遊撃部隊として出撃、レイテ突入をはかる
1944(S19)-10-25	サマール沖で米護衛空母群を追撃中、米空母機の反撃により機械室に被爆、更に被害が増し航行不
	能となって、戦場に取り残され、藤波が乗員救助後魚雷で自沈処分、コロンに向かった藤波もシブ
	ヤン海で米空母機により撃沈され、鳥海乗員全員が戦死または行方不明となった
1944(S19)-12-20	除籍

艦 歴/Ship's History (8)

艦 名	愛 宕 4/4
年 月 日	記 事/Notes
	日シンガポール発同日リンガ泊地着、訓練に従事、26日発シンガポールに回航、30日発リンガ泊
	地に回航
1944(S19)-10-18	リンガ泊地発、20日ブルネイ着、22日発捷号作戦第1遊撃部隊として出撃、レイテ突入をはかる
1944(S19)-10-23	パラワン水道通過中、0633、米潜水艦Darterの発射した魚雷4本が、艦首、3番砲塔、後部煙突、
	4番砲塔付近の右舷に命中、第1、2、6缶室、右舷後部機械室等が浸水満水、浸水量推定約4,310
	トンに達し右に大きく傾斜、反対舷への注水を試みるも傾斜を回復できず、被雷より約20分後に右
	に50度以上傾斜、沈没、第2艦隊司令部は岸波に移乗、艦長以下711名は岸波、朝霜に救助され
	たが機関長以下360名が戦死
1944(S19)-12-20	除籍

高雄 型 /Takao Class

艦 歴 /Ship's History (13)

艦 名	摩 耶 1/4
年 月 日	記 事 /Notes
1928(S 3)- 9-11	命名、呉鎮守府に仮入籍、1 等巡洋艦に類別
1928(S 3)-12- 4	神戸川崎造船所で起工
1930(S 5)-11- 8	進水、艤装員長森本丞大佐 (35 期) 就任
1931(S 6)- 6- 1	横須賀鎮守府に仮入籍
1932(S 7)- 6-30	竣工、第 1 予備艦、横須賀鎮守府に入籍、艦長森本丞大佐 (35 期) 就任
1932(S 7)-12- 1	第 2 艦隊第 4 戦隊、艦長山本弘毅大佐 (36 期) 就任
1933(S 8)- 2-28	航空廠で飛行機用軌道改修、6 月 13 日完成
1933(S 8)- 3- 4	土佐沖で 90 式水偵射出時発動機停止、着水時機体大破、搭乗員無事
1933(S 8)- 4-10	横須賀工廠で巡航タービン嵌合用蒸気管装置改造、翌年 6 月 9 日完成
1933(S 8)- 4-22	航空廠で呉式 2 号射出機 3 型改 2 改造、翌年 1 月 20 日完成
1933(S 8)- 5- 2	航空廠で射出機滑走車改修、7 月 20 日完成
1933(S 8)- 6- 1	横須賀工廠で転輪羅針儀一部換装及び公試、翌年 1 月 20 日完成
1933(S 8)- 6- 5	横須賀工廠で主砲砲戦指揮装置改造、翌年 9 月 10 日完成
1933(S 8)- 6-29	佐世保発馬鞍群島方面行動、7 月 5 日馬公着
1933(S 8)- 7-13	高雄発南洋方面行動、8 月 21 日木更津沖着
1933(S 8)- 8-25	横浜沖大演習観艦式に供奉艦として参列
1933(S 8)-10-16	横須賀工廠で 91 式高射装置装備、翌年 2 月 2 日完成
1933(S 8)-10-20	横須賀工廠で機械室通風路装置改造、12 月 7 日完成
1933(S 8)-11- 4	横須賀工廠で強圧注油管一部改造、翌年 1 月 23 日完成
1933(S 8)-11-15	艦長新見政一大佐 (36 期) 就任
1934(S 9)- -	横須賀工廠で 14 式 6.5m 測距儀、須式 110cm 探照灯装備
1934(S 9)- 2- 1	横須賀工廠で 20cm 砲俯仰装置一部改造、翌年 1 月 31 日完成
1934(S 9)- 4- 1	横須賀工廠で水雷戦指揮装置一部改造、8 月 19 日完成
1934(S 9)- 4- 4	横須賀工廠で 89 式発射管魚雷装填装置改修、7 月 18 日完成
1934(S 9)- 4-28	横須賀工廠で無線兵器改造、翌年 3 月 31 日完成
1934(S 9)- 5- 3	横須賀工廠で缶室清水管改造、6 月 12 日完成
1934(S 9)- 5-20	横須賀工廠で補助缶給水タンク防熱装置、前部ガソリン庫通風防熱装置新設改造、6 月 18 日完成、前部転輪羅針儀室通風装置改造、11 月 22 日完成
1934(S 9)- 6- 1	横須賀工廠で発射管薬発装置装備、翌年 3 月 31 日完成
1934(S 9)- 6-14	横須賀工廠で発煙兵器装備、翌年 7 月 20 日完成
1934(S 9)- 7-31	佐伯東方海面で 90 式水偵夜間着水水上滑走中、水無月内火艇に左翼が触衝、内火艇乗員死亡 1、重傷 1
1934(S 9)- 8-17	横須賀工廠で艦橋伝声管一部改造、9 月 27 日完成
1934(S 9)- 8-27	横須賀工廠で誘導タービン検査修理、翌年 1 月 20 日完成
1934(S 9)- 9-27	旅順発青島方面行動、10 月 5 日佐世保着
1934(S 9)-10-22	横須賀工廠で舵取装置一部改造、12 月 30 日完成
1934(S 9)-11-15	艦長小沢治三郎大佐 (37 期) 就任
1934(S 9)-11-28	横須賀工廠で給水タンク一部改造、翌年 1 月 20 日完成
1934(S 9)-12-25	横須賀工廠で合成調理機を万能調理機に換装、翌年 1 月 20 日完成
1935(S10)- 1- 9	横須賀工廠で機関部改造、2 月 20 日完成

艦 歴 /Ship's History (14)

艦 名	摩 耶 2/4
年 月 日	記 事 /Notes
1935(S10)- 3-29	油谷湾発馬鞍群島方面行動、4 月 4 日寺島水道着
1935(S10)-10-28	艦長茂泉慎一大佐 (37 期) 就任
1935(S10)-11-15	第 2 予備艦、横須賀警備戦隊付属
1935(S10)-11-15	横須賀工廠で 20cm 砲噴気装置改造、翌年 5 月 31 日完成
1936(S11)- 5- 1	横須賀工廠で 94 式特用空気圧搾機装備、翌年 7 月 31 日完成 (搭載魚雷を 93 式魚雷に換装のため)
1936(S11)- 6-22	横須賀工廠で艤装改善工事に伴う水雷兵装一部改造、翌年 3 月 31 日完成
1936(S11)- 7- 9	横須賀工廠で外板補強工事、9 月 20 日完成
1936(S11)- 8-24	横須賀工廠で低圧タービン翼換装、翌年 3 月 28 日完成
1936(S11)-10-15	横須賀工廠で後部下部電信室新設、翌年 1 月 15 日完成
1936(S11)-11- 1	第 1 予備艦
1936(S11)-11-12	横須賀工廠で 90 式山川灯装備、翌年 1 月 30 日完成
1936(S11)-11-29	横須賀工廠で 20cm 砲塔照準孔及び同扉改造、12 月末完成
1936(S11)-12- 1	第 2 艦隊第 4 戦隊、艦長大島乾四郎大佐 (39 期) 就任
1936(S11)-12-16	横須賀工廠で主砲火薬庫撒水装置改造、翌年 1 月 31 日完成
1936(S11)-12-30	横須賀工廠で揚艇桿旋回装置換装、翌年 2 月 8 日完成
1936(S11)-12-30	横須賀工廠で巡洋艦側曳給油装置装備、翌年 1 月 20 日完成
1937(S12)- 1-28	横須賀工廠で兵員室居住設備増、2 月 1 日完成
1937(S12)- 3- 4	宮崎県南那珂郡崎田村崎田基地にて本艦 94 式水偵繋留中強風にあおられ転覆沈没
1937(S12)- 3- 8	宮崎県有明湾外で 95 式水偵が伊 66 潜水艦を目標に急降下爆撃訓練中、失速墜落沈没、搭乗員死亡
1937(S12)- 3-27	寺島水道発青島方面行動、4 月 6 日有明湾着
1937(S12)- 4-10	横須賀工廠で砲塔測距儀防震装置装着、翌年 1 月 20 日完成
1937(S12)- 4-30	航空廠で射出機修理、6 月 15 日完成
1937(S12)- 5-23	横須賀工廠で 20cm 砲塔揚弾機一部改造、翌年 3 月 20 日完成
1937(S12)- 6-23	横須賀工廠で 91 式高射装置改造、翌年 1 月 30 日完成
1937(S12)- 8- 7	横須賀工廠で 20cm 砲塔に短 5cm 外膅砲装備、翌年 3 月 20 日完成
1937(S12)- 8-15	横須賀工廠で防弾鋼板装備、19 日完成
1937(S12)- 8-20	名古屋発、以後旅順、大連を基地として中北支方面行動、11 月 17 日大連着
1937(S12)- 8-24	横須賀工廠で誘導タービン一部改造、翌年 1 月 31 日完成
1937(S12)- 9-14	横須賀工廠で魚雷装填装置一部改造、翌年 1 月 20 日完成
1937(S12)-11-15	艦長鈴木善義尾大佐 (40 期) 就任
1937(S12)-12-17	横須賀軍港にて 95 式水偵夜間離着水訓練中、着水時浮舟折損転覆、機体中破
1937(S12)-12- 8	横須賀工廠で補助缶及び関連装置撤去、翌年 1 月 14 日完成
1938(S13)- 4- 9	寺島水道発南支方面行動、14 日高雄着
1938(S13)-10-17	寺島水道発南支方面行動、23 日馬公着
1938(S13)-11-15	艦長中原義正大佐 (41 期) 就任
1939(S14)- 3-21	佐世保発北支方面行動、4 月 3 日有明湾着
1939(S14)-11-15	特別役務艦、艦長大杉守一大佐 (41 期) 就任
1939(S14)-12- 1	予備艦のまま砲術学校練習艦
1940(S15)- 2- 1	砲術学校練習艦任務を解く、横須賀鎮守府警備艦
1940(S15)- 3- 1	特別役務艦、砲術学校練習艦

高雄 型/Takao Class

艦 歴/Ship's History (15)

艦 名	摩 耶 3/4
年 月 日	記 事/Notes
1940(S15)- 5- 1	第2艦隊第4戦隊
1941(S16)- 4- 2	横浜浅野船渠で入渠、10日出渠
1941(S16)- 4-15	艦長伊崎俊二大佐 (42期) 就任
1941(S16)- 8-11	艦長鍋島俊策大佐 (42期) 就任
1941(S16)- 9- 2	呉工廠で入渠、9日出渠、出師準備
1941(S16)-11-25	南方部隊に編入、柱島より佐伯に回航
1941(S16)-11-29	佐伯出撃、12月2日馬公着、7日発フィリピン攻略作戦支援、14日馬公着、整備、19日発23日馬公着、31日発船団護衛、翌年1月4日馬公着、6日発12日パラオ着
1942(S17)- 1-21	パラオ発、ダバオを経て28日パラオ着、2月15日パラオ発、機動部隊に編入ポートダーウィン空襲を支援、19日ポートダーウィン空襲、21日スターリング湾着、南方部隊本隊に復帰、25日発ジャワ南方の機動掃討作戦に従事、他艦と協同で敵駆逐艦1、商船2を撃沈、3月7日スターリング湾着、11日発横須賀に向かう
1942(S17)- 3-18	横須賀着、修理、整備、19日入渠、28日出渠
1942(S17)- 4-19	横須賀発、15日三河湾着、18日ドーリットル空襲の米機動部隊追撃のため出撃、25日横須賀着
1942(S17)- 5- 1	横須賀発、高雄とともに柱島に回航途中被弾した瑞穂の救援に向かうも同艦沈没、横須賀に引き返す、2日発、3日別府着、4日発柱島着、5日実弾射撃標的の曳航艦として出動、19日呉に回航、休養整備
1942(S17)- 5-20	北方部隊第2機動部隊に配属、22日呉発24日大湊着、26日発アリューシャン方面に向かう、6月5日ダッチハーバー空襲を支援、24日大湊着、28日発柱島に回航途中八丈島沖でソ連船を臨検、7月12日柱島着、13日呉に回航、休養整備、17日柱島に回航、28日発大和の実弾射撃標的の曳航艦を務める
1942(S17)- 8- 3	呉発7日柱島回航、11日発17日トラック着、21日発南東方面作戦支援前進部隊本隊となる、24日第2次ソロモン海戦に従事、9月5日トラック着、9日発索敵、23日トラック着
1942(S17)- 9-30	艦長松本毅大佐 (45期) 就任
1942(S17)-10-11	トラック発、15日夜間妙高とともにガ島飛行場砲撃を実施、本艦450発、妙高467発を発射、26日南太平洋海戦に参加、30日トラック着
1942(S17)-11- 3	トラック発、5日ショートランド着、13日発13日夜間鈴谷とガ島飛行場砲撃に成功、主砲485発を打ち込む、14日輸送船団護衛中米機の攻撃を受け、被弾した米機が本艦後檣に右翼をひっかけて左舷の探照灯台付近に激突、ばらまかれた搭載燃料により左舷高角砲に火が着き砲弾が誘爆、下部の魚雷に誘発の危険があったので魚雷は投棄された、戦死37、負傷27を生じたが火災は間もなく鎮火、14日ショートランド着、以後ショートランド及びカビエンで作戦の支援にあたり、12月8日ラバウルを経てトラック着
1942(S17)-12-30	トラック発、翌年1月5日横須賀着、8日入渠、16日出渠、損傷修理、整備作業、30日北方部隊に配属2月12日再入渠、16日出渠
1943(S18)- 2-20	横須賀発、22日大湊着、23日発27日幌筵着、3月7日発13日幌筵着、23日発27日アッツ島沖海戦に参加、主砲弾904発、魚雷8本を発射したが有効打がなく撃滅の機会を取り逃がす、損害主砲発射の爆風で1号水偵が破損投棄、28日幌筵着、31日発4月4日横須賀着、補給整備、15日発、19日大湊着
1943(S18)- 4-27	大湊発、29日幌筵着、5月12日発アッツ島米軍上陸の報で出撃、15日帰投、6月18日発21日大湊着、7月1日発5日幌筵着、10日発キスカ撤退作戦支援、15日悪天候のため作戦中止幌筵着、8月3日発6日横須賀着

艦 歴/Ship's History (16)

艦 名	摩 耶 4/4
年 月 日	記 事/Notes
1943(S18)- 8-19	横須賀工廠で入渠、24日出渠、舵取機械その他修理、電探装備、機銃増備、9月4日再入渠、6日出渠、11日改装公試
1943(S18)- 9-15	横須賀発、20日トラック着、22日発ラバウルへ2往復、27日トラック着、10月17日発19日ブラウン着、23日発26日トラック着、11月3日発5日ラバウル着、0900ごろより大規模な空襲があり、飛行甲板左舷に直撃を受け機械室が全て火災等により機関停止、火災の鎮火には当日深夜までかかる、戦死70、負傷約60と人的被害も大きく、同地で10日まで航行不能のまま連日の空襲をしのぐ、10日右舷前部主機が運転可能となり12.5ノットまで回復、11日ラバウル発14日トラック着、18日明石に横付け応急修理実施、30日発12月5日横須賀着
1943(S18)-10-16	艦長加藤与四郎大佐 (43期) 就任
1943(S18)-12-21	横須賀工廠で入渠、損傷修理をかねてバルジ装着、対空火力の大幅強化、魚雷発射管の換装等の大改装を施すことになる、このため3番砲塔を撤去、12cm単装高角砲4基に代え12.7cm連装高角砲6基を装備、25mm機銃は3連装13基に強化、当時の重巡では最強の防空力を備えるにいたる、3月6日出渠、4月5、6日公試、9日完成
1943(S18)-12-26	艦長大江覧治大佐 (47期) 就任
1944(S19)- 4-16	横須賀発、18日呉着、補給整備、21日発26日マニラ着、28日発5月1日リンガ泊地着、11日タウイタウイ着、13日発14日ギマラス着、15日発、19日マリアナ沖海戦に参加、20日米機と交戦右舷中央部に至近弾、1番連管の魚雷が破片を受けて出火、右舷連管魚雷8本を投棄、戦死16、負傷40を生じたが戦闘航行に支障なし、22日中城湾着、23日発25日横須賀着、入渠、7月14日出渠、損傷修理、機銃、電探等増備を実施
1944(S19)- 7-14	横須賀発、16日呉着、18日発19日門司着陸軍部隊乗艦、20日発石垣島に陸軍部隊陸揚後、26日マニラ着、31日発8月2日リンガ泊地着、訓練に従事、30日シンガポール回航休養、9月4日リンガ泊地に回航、10月1日シンガポール回航、休養、5日リンガ泊地に回航、訓練続行
1944(S19)-10-18	リンガ泊地発、20日ブルネイ着、22日発捷号作戦第1遊撃部隊として出撃、レイテ突入をはかる
1944(S19)-10-23	パラワン水道南口通過中0657、米潜水艦Daceの発射した魚雷4本が、左舷艦首、同1番砲塔付近中央部第7缶室、左舷後部機械室に命中、0705轟沈、戦死艦長以下336、副長以下765は秋霜が救助収容、負傷33、同日1545全員武蔵に移乗、後武蔵の対空戦闘で内117名が戦死、607名は島風に収容される、ただし内5名は後の島風の対空戦闘中に戦死、8名負傷
1944(S19)-12-20	除籍

最上 (Ⅱ) 型 /Mogami Class

型名 /Class name	最上 /Mogami	同型艦数 /No. in class	4	設計番号 /Design No.	C 37	設計者 /Designer	藤本喜久雄造船大佐

艦名 /Name	計画年度 /Prog. year	建造番号 /Prog. No	起工 /Laid down	進水 /Launch	竣工 /Completed	建造所 /Builder	建造費 (船体・機関+兵器=合計) /Cost(Hull・Mach. + Armament = Total)	除籍 /Deletion	喪失原因・日時・場所 /Loss data
最上Ⅱ /Mogami	S06/1931	第1中型巡洋艦	S06/1931-10-27	S09/1934-03-14	S10/1935-07-28	呉海軍工廠	13,831,050 + 12,786,039 = 26,617,089	S19/1944-12-20	S19/1944-10-25 スリガオ海峡夜戦後米空母機により被爆自沈処分
三隈 /Mikuma	S06/1931	第2中型巡洋艦	S06/1931-12-24	S09/1934-05-31	S10/1935-08-29	三菱長崎造船所	13,831,741 + 12,753,154 = 26,584,895	S17/1942-08-10	S17/1942-6-7 ミッドウェー海戦で米空母機の爆撃で沈没
鈴谷Ⅱ /Suzuya	S06/1931	第3中型巡洋艦	S08/1933-12-11	S09/1934-11-10	S12/1937-10-31	横須賀海軍工廠	15,467,853 + 12,775,624 = 28,243,477	S19/1944-12-20	S19/1944-10-25 比島サマール沖で米護衛空母機の爆撃で沈没
熊野 /Kumano	S06/1931	第4中型巡洋艦	S09/1934-04-05	S11/1936-10-15	S12/1937-10-31	神戸川崎造船所	14,357,846 + 12,197,711 = 26,555,557	S20/1945-01-20	S19/1944-11-25 比島サンタクルス湾にて米空母機により撃沈

注/NOTES 昭和5年のロンドン軍縮条約により補助艦艇の保有量も制限され、日本は20cm砲搭載のいわゆる重巡が建造中の高雄型で制限一杯となり、軽巡ではまだ保有量に余裕があったためにその枠内で8,500トン型軽巡4隻が第1次補充計画①計画の目玉として計画されたもの。基本計画は高雄型に引き続き藤本造船大佐が担当、彼の担当した最後の巡洋艦となった。ここに示した建造費は海軍省年報記載の数字を集計したもので、もっとも正確な数字と判断される。予算額は造船5,927,916円、造機7,374,441円、造兵10,953,610円その他諸経費577,983円、合計24,833,950円となっており、もちろん実際の費用数値より低いが、その差は後の艦船に比べて小さい。 **【出典】海軍軍戦備 / 海軍省年報**

船体寸法 /Hull Dimensions (1)

艦名 /Name	状態 /Condition		排水量 /Displacement	全長 /OA	水線 /WL	垂線 /PP	全幅 /Max	水線 /WL	水線下 /uw	上甲板 /m	最上甲板	前部 /F	後部 /A	平均 /M	艦首 /B	中央 /M	艦尾 /S	備考 /Note
最上 /Mogami	新造計画 /New Des. (t)	公試 /Trial	11,168.670	200.60	197.00	189.00	20.60	18.0	18.0	10.679				5.50	8.000	5.250	5.300	S6-3-31 艦本計画初期のもの
	新造完成 /New (t)	公試 /Trial	12,962.470	200.600	198.300	187.800	20.600	18.450	18.220	10.768		6.130	6.170	6.150	7.389	4.618	4.627	新造完成時要目簿による
		満載 /Full	13,963.746									6.140	6.790	6.465	7.386	4.308	3.975	
		軽荷 /Light	10,346.860									4.840	5.440	5.140	8.686	5.628	5.470	
	昭和13年 /1938 (t)（性能改善計画 /Improved design）	公試 /Trial	13,864											6.00				艦船復原性能比較-S13による 艦本4部調製の計画重心計算書（改造計画第1回改正）
		満載 /Full	14,805											6.29				
		軽荷 /Light	11,455											5.11				
	昭和13年 /1938 (t)（性能改善後 /Improved）	公試 /Trial	14,112				20.68	19.15	20.51					6.09				艦船復原性能比較-S13による S13-2-7 施行の重心査定成績による
		満載 /Full	15,057											6.42				
		軽荷 /Light	11,620											5.21				
	昭和15年 /1940 (t)（主砲換装計画 /Guns exchange design）	公試 /Trial	14,122															艦船復原性能比較-S13による
		満載 /Full	15,067															
		軽荷 /Light	11,622															
	昭和15年 /1940 (t)（主砲換装 /Guns exchange）	公試 /Trial	14,146.290	200.600	198.300	187.800	20.68	19.15	20.51	10.77				6.10	7.42	4.67	4.32	主砲換装時昭和15年4月12日改装完成時の要目簿による
		満載 /Full	15,091.181									6.19	6.62	6.41	7.34	4.36	3.78	
		軽荷 /Light	11,655.149									4.91	5.46	5.19	8.62	5.58	4.93	
	昭和18年 /1943 (t)（戦時改装計画 /War time conv. design）	基準 /St'd	12,200	200.600	198.300	187.800	20.676	19.152	20.512	10.772				6.090				昭和17年の戦時改装計画値 一般計画要領書による
		公試 /Trial	14,110															
		満載 /Full	15,137															
		軽荷 /Light	11,448															
	同改装完成 /Actual	公試 /Trial																
三隈 /Mikuma	新造完成 /New (t)	公試 /Trial	12,816	200.600	198.100	187.800	20.68	18.34	20.20	10.433				5.89	7.260	4.543	4.262	軍艦基本計画資料-福田による
		満載 /Full	13,848									6.081	6.708	6.415				
		軽荷 /Light	10,331									4.653	5.551	5.102				
	昭和12年 /1937 (t)（性能改善 /Improved）	公試 /Trial	13,940	200.600	198.100	187.800	20.68	19.20	20.51	10.433				6.045				艦船復原性能比較表S13/16 S12-10-18 施行の重心査定による
		満載 /Full	14,888											6.379				
		軽荷 /Light	11,504											5.186				
	昭和15年 /1940 (t)（主砲換装 /Guns exchange）	公試 /Trial	13,985											6.061				艦船復原性能比較表S13/16 S15-2 改造完成時の復原性能説明書による
		満載 /Full	14,916											6.349				
		軽荷 /Light	11,560											5.166				

最上(Ⅱ)型/Mogami Class

船体寸法/Hull Dimensions (2)

艦名/Name	状態/Condition	排水量/Displacement		長さ/Length(m)			幅/Breadth(m)			深さ/Depth(m)		吃水/Draught(m)			乾舷/Freeboard(m)			備考/Note
				全長/OA	水線/WL	垂線/PP	全幅/Max	水線/WL	水線下/uw	上甲板/m	最上甲板	前部/F	後部/A	平均/M	艦首/B	中央/M	艦尾/S	
鈴谷/Suzuya	新造計画/Design(t)	公試/Trial	13,636											5.97				艦船復原性能比較表 艦本4部調製計画重心計算書による (改造後第1回改正)
		満載/Full	14,535											6.25				
		軽荷/Light	11,241											5.08				
	新造完成/New (t)	公試/Trial	13,887	200.600	198.22	187.800	20.68	19.20	20.20	10.433				6.051	7.260	4.543	4.262	艦船復原性能比較表 S12-10-12の重心公試成績による
		満載/Full	14,849											6.369				
		軽荷/Light	11,349											5.119				
	主砲換装計画 (t) /Guns exchange design	公試/Trial	13,849											6.04				艦船復原性能比較表による
		満載/Full	14,811											6.36				
		軽荷/Light	11,354											5.12				
	昭和14年/1939 (t) (主砲換装/Guns exchange)	公試/Trial	13,844											6.043				艦船復原性能比較表 S14-9改造完成時の復原性能説明書による
		満載/Full	14,795											6.344				
		軽荷/Light	11,362											5.116				
熊野/Kumano	新造完成/New (t)	公試/Trial	13,477	200.600	198.14	187.800	20.68	19.20	20.20	10.433				5.985				艦船復原性能比較表による
		満載/Full	14,366											6.303				
		軽荷/Light	11,065											5.034				
	主砲換装計画 (t) /Guns exchange design	公試/Trial	13,709											5.97				艦船復原性能比較表による
		満載/Full	14,684											6.29				
		軽荷/Light	11,162											5.03				
	昭和14年/1939 (t) (主砲換装/Guns exchange)	公試/Trial	13,813											6.02				艦船復原性能比較表 S14-12-8改造完成時の復原性能説明書による
		満載/Full	14,791											6.33				
		軽荷/Light	11,259											5.07				
(共通)	公称排水量/Official(T)	基準/St'd	8,500			190.5	18.2							4.5				公表要目

注/NOTES 最上型はワシントン・ロンドン軍縮条約時代に新造された最初にして最後の軽巡洋艦で、条約の保有量の枠内で個艦の排水量を極力抑えて、かつ性能的には重巡並み、すなわち有事には20cm主砲に換装することを前提に設計された矛盾点の多い艦であった。このため過度の重量軽減を考慮して船体の溶接構造が広範囲に採用されたこともあって、一旦、竣工後の改正計画と工事が数時、長期にわたり、そのため一番艦最上の排水量の変遷はこの表のようにきわめて多岐にわたっている。技術史的に見れば失敗の事例として多くの教訓を含んでおり、海軍としてこれに応じて多くのデータを残しており、この間の経緯についてはほぼ明確となっている。上記表はこうしたデータをまとめたもので、同型艦を含めて各排水量の変化と状況の対比を理解する上で有用であろう。
【出典】一般計画要領書 / 艦船復原性能比較表 (艦本) / 各種艦船 KG、GM 等に関する参考資料 (平賀) / 最上要目簿 / 軍艦基本計画 (福田)

解説/COMMENT

ワシントン条約以降の日本海軍は1万噸型大型巡洋艦、いわゆる条約型巡洋艦を主力艦に次ぐ有力戦闘艦と位置付け、昭和5年のロンドン条約以前においては、合計12隻の保有を最低目標としていた。条約型巡洋艦の出現以降主力艦の新造休止期間中にあっては機動力と戦闘力については条約型巡洋艦に優る艦種はなく、米国の条約型巡洋艦と大型空母レキシントン /Lexington 級の組合せによる高速機動部隊が日本近海に出現した場合、これに対抗するには同じ条約型巡洋艦しか対抗馬はなかった。その意味で日本海軍は条約型巡洋艦を最重要艦艇に位置付けていた。

昭和5年のロンドン条約はこうした補助艦艇の保有量まで制約を各国に課すことが定められ、補助艦艇全般では対米7割を確保したが、条約型巡洋艦について排水量では対米6割におさえられていた。ただし、米国の条約型巡洋艦の建造スピードが日本より遅かったため、現勢力ではそれほどの劣勢ではなかった。

ロンドン条約については不平等条約として海軍内部にも反対意見が多かったが、これが決裂すると再度日米で建艦競争が再開され、その財政負担は当時の日本の財政規模では到底耐えられず、米国との競争でかえって劣勢に陥るおそれがあったため、止むを得ない決断だった。ロンドン条約では1936年末時点での日本の巡洋艦保有量を重巡108,400噸、軽巡100,450噸と定めており、この内軽巡については1936年末までに着工できる代備量として50,955噸、同時期までに完成出来る代備量は35,655噸の特例を得ていた。このためには当時の保有艦から艦齢に達した利根、筑摩型2、天龍型2、球磨型3などの廃棄を要したが、この内、球磨型3隻については軽巡洋艦からはずした練習艦として保有することが認められていた。

このロンドン条約下の最初の海軍軍備整備計画として、昭和5年に第一次補充計画いわゆる①計画が発足した。この計画は同年6月の谷口軍令部長の財部海軍大臣に対する商議に端を発し、同年11月に閣議決定、第59回帝国議会で予算が成立、翌年3月に公布

された。ここではじめて8,500噸型軽巡最上型が出現したもので、単価 24,833,950円で4隻の建造が実行された。

最上型の艦本での基本計画は高雄型に次いで藤本喜久雄造船大佐が担当したものらしい。今日残っている最上型の原案をみると、全体のレイアウトは高雄型に良く似ており、ただ、主砲塔のレイアウトを艦橋直前の3番砲塔を一段高めて、1、2番砲塔を水平に置いた形に改め、艦橋構造物は高雄型より幾分縮小されたものの、かなり大型の形態を保っていた。

軍令部の要求仕様は基準排水量8,400噸、15.5cm砲3連装5基、これは将来条約失効時に20cm連装砲に置き換えることを前提としていた。発射管は61cm3連装4基、速力37ノット、防禦は弾火薬庫対20cm砲、機関区画対15cm砲とされていた。

これらの要求を8,500噸に収めるために、中央部の縦強度材以外の構造部材の重量軽減を徹底しておこない、電気溶接構造の採用、上部構造物への軽合金材の広範囲の適用等の対策を徹底したが、船体サイズは37ノットの高速を実現するため必然的に細長い水線長が必要で、重武装の船体で良好な凌波性を得るには高い乾舷が必要と、一万噸型より目立った削減は不可能であった。

こうしてまとめられた最終計画は公試排水量11,168噸、基準排水量では約9,500噸と公称値を1千噸オーバーしていた。本型の艦橋構造については、起工後も議論が続いていた。昭和7年度の公文備考には最上型の艦橋についての技術会議経過議事録が収められている。これを見るとこの技術会議は第7分科会として開催され、第1回は昭和6年11月10日に海軍省第1会議室で、第2回は翌年7月12日に開かれていた。第1回目の出席者は軍令部の第2班長(少将)を分科会長として事務局、軍務局、教育局、艦政局の大佐-少佐クラスが27名という多数が集まっている。艦本関係では藤本造船大佐等第4部関係者4名、第5部造機関係3名、その他8名と半数以上を占めていた。議事録は多岐、多頁にわたっているので詳細は省略するが、要するに藤本造船大佐が計画した艦橋構造2案について各人の意見を聴取したものであった。第1案は高雄型とほぼ同様の艦橋機器を配置して、これを極力縮小するため高雄型では

最上（Ⅱ）型 /Mogami Class

機 関 /Machinery

最上型 /Mogami Class		最上 /Mogami	三隈 /Mikuma	鈴谷 /Suzuya	熊野 /Kumano
主機械 /Main mach.	型式 /Type ×基数 (軸数)/No.	艦本式衝動ギアード・タービン /Kanpon type geared turbine × 4			
	機械室 長さ・幅・高さ(m)・面積(㎡)・1㎡当たり馬力	33.90 × 15.00 × 6.80 × 499 × 308.8		33.90 × 15.00 × 6.80 × 499 × 312.0	
缶 /Boiler	型式 /Type ×基数 /No.	ロ号艦本式専焼缶大型× 8、小型× 2		ロ号艦本式専焼缶× 8	
	蒸気圧力 /Steam pressure (kg/cm²)	(計画 /Des.) 22			
	蒸気温度 /Steam temp.(℃)	(計画 /Des.) 300℃			
	缶室 長さ・幅・高さ(m)・面積(㎡)・1㎡当たり馬力	44.24 × 14.00 × × 614 × 250.8		40.32 × 14.00 × × 563 × 276.5	
計画 /Design (公試全力)	速力 /Speed(ノット /kt)	37 (公試状態)			
	出力 /Power(軸馬力 /SHP)	152,000			
	推進軸回転数 /(rpm)	340 （高圧タービン及び中圧タービン /H. Pressuer & M. Pressuer turbine-2,613rpm 低圧タービン /L. Pressuer turbine-2,291rpm)			
新造公試 /New trial (公試全力)	速力 /Speed(ノット /kt)	35.961/36.436	36.47/36.87	35.50/	35.36/
	出力 /Power(軸馬力 /SHP)	154,266/160,912	154,056/159,999	154,000/	153,698/
	推進軸回転数 /(rpm)	331/337	327/342		
	公試排水量 /T. disp.・施行年月日 /Date・場所 /Place	12,538 t/12,464t・S10/1935-3-20・佐田岬沖	12,370/12,386t・S10/1935-6-14・甑島	13,636t/・S12/1937-8-18・館山沖	13,515t/・S12/1937-8-17・紀伊水道
改造 (修理) 公試 /Repair trial (公試全力)	速力 /Speed(ノット /kt)	34.735/			
	出力 /Power(軸馬力 /SHP)	152,432/			
	推進軸回転数 /(rpm)	319/			
	公試排水量 /T. disp.・施行年月日 /Date・場所 /Place	13,811t・S15/1940-3-25・			
推進器 /Propeller	数 /No.・直径 /Dia.(m)・節 /Pitch(m)・翼数 /Blade no.	× 4　・3.80　・4.100　・3 翼			
舵 /Rudder	舵機型式 /Machine・舵型式 /Type・舵面積 /Rudder area(㎡)	油圧機・釣合舵 / balanced × 2・9.9085 × 2(最上新造時)、9.97 × 2(性能改善後、全艦)			1,4
燃料 /Fuel	重油 /Oil(T)・定量 (Norm.)/ 全量 (Max.)	1,480.614 /2,218.903t (S15/1940) ①	/2,100t(計画値)	/2,100t(計画値)	/2,100t(計画値)
	石炭 /Coal(T)・定量 (Norm.)/ 全量 (Max.)				
航続距離 /Range (ノット /Kts −浬 /SM)	計画航続力 /Design　基準速力 /Standard speed	14 − 8,000, 14.8kt, 6,245 SHP	14 − 8,000, 14.23kt, 5,239 SHP	14 − 8,000	14 − 8,000
	重油 1t 当たり航続距離、重油換算航続距離、公試時期	3.947 浬、8,758 浬、S10/1935-3-15	4.24 浬、8,900 浬、S10/1935-6-20		
	巡航速力 /Cruising speed	18.1kt, 12,433 SHP	18.31kt, 12,495 SHP		
	重油 1t 当たり航続距離、重油換算航続距離、公試時期	3.273 浬、7,262 浬、S10/1935-3-25	3.25 浬、6,825 浬、S10/1935-6-20		
発電機 /Dynamo・発電量 /Electric power(W)		ターボ式 225V/300kW × 4・1,200kW、ディーゼル式 225V/250kW × 1		ターボ式 225V/300kW × 3・900kW、ディーゼル式 225V/200kW × 2・400kW	
新造機関製造所 / Machine maker at new		左舷機及び缶建造所製、右舷横須賀工廠製	主機呉工廠製、缶建造所製	右舷機川崎、左舷機三菱長崎製、缶建造所製	主機缶共建造所製

注 /NOTES 20cm砲装の状態。発電機用燃料を含む。大戦中に航空巡洋艦へ改装した際の重油搭載量 (計画) は 2,408.9t の数字があり、この時の航続距離 (計画) は 14 ノットにて 7,700 浬。
[公表機関要目] 速力 33 ノット、馬力 90,000、機械 タービン 4、缶 艦本式 10、推進器数 4

【出典】一般計画要領書 / 軍艦基本計画 (福田) / 艦艇燃料消費量及び航続距離調査表 (艦本基本計画班 S11-8-10)/ 舶用蒸気タービン設計法 / 公文備考 / 最上要目簿 / その他艦本公試資料

では筒状の支柱を中心に各配置をひな壇状に配していったのに対して、三脚柱を中心に構造物を設け、全体の高さも減じたもので、艦橋からの視界は 2 番砲塔を低め、3 番砲塔を高めたことで確保できたという。この状態の艦橋図は別図に示したが、高雄型の艦橋に対して側面積 67%、正面積 72% を減じた形態であった。

第 2 案は大体は第 1 案と同様であるが、射撃にかかわる測距儀、方位盤、観測、測的機器をまとめて一つの射撃塔に収めて、艦橋頂部に旋回可能な構造物として配置して、全体の縮小をはかったもので、面積的には高雄型に比して各々 53%、70% と更に縮小を図っている。この技術会議では、各関係者の意見、要望を聞くにとどめて最終的にこれはというものが決定されたわけではなかったようで、逆に各要望を実現すると最初より増大したという説もあった (別図参照)。

1 番艦の最上は友鶴事件発生の 2 日後に進水したが、この事件後に最上の艦橋は更に縮小されて最終的には最も小型の形態に改められ、バラスト搭載等による復原性能の改善が図られたものらしい。ただし、本艦の公試では船体の強度不足から推進器付近の外板、肋材の亀裂発生、艦首外板の凸凹発生、3 番砲塔の旋回トラブル等が発生、これらの改正工事で基準排水量は 11,200 噸まで増加、公試速力は 36 ノットに低下した。

昭和 10 年 7 月 28 日に最上は竣工、1 か月後に竣工した 2 番艦の三隈とともにその年の大演習に参加した。藤本はこの年の 1 月に急逝している。艦隊は三陸沖で大型台風に遭遇、沈没艦こそださなかったが、特型駆逐艦 2 隻が艦首を切断した。いわゆる第 4 艦隊事件の発生であった。この時、最上等には目立った被害はなかったものの、航行中の激しい振動やきしみ音等があり、帰港後の調査で艦首部外板に大きなシワが発生していた。このため再度船体強度の検討がおこなわれ、過度の重量削減や電気溶接構造の不備が指摘され、外板の一部交換、補強材の追加、後楼の縮小、射出機スポンソンの小型化、外部バルジの新設等の第 2 回改正工事を、昭和 11 年 4 月から昭和 13 年 2 月までの 1 年 8 か月を要して呉海軍工廠で実施した。この改正工事で本艦ははじめて復原性能、船体強度とも良好と判断されることになった。この状態の公試排水量は 14,112 噸と竣工時より 1,130 噸増大、新造時の計画値より実に 3,000 噸近く増大している。

これらの改正工事が電気溶接構造等に対する過剰な反発から、過度の工事になった可能性も否定出来ないが、これ以降こうした艦船の基本性能に関するトラブルは発生しなかったのも事実である。

2 番艦の三隈もほぼ同様の改正工事を建造地の三菱長崎で実施、昭和 12 年 10 月に完成した。3、4 番艦の鈴谷と熊野は特に鈴谷の場合は起工直後に友鶴事件が発生したため、船台上で復原性能の改正に伴う線図の改正を行い、船体寸法は最上等と若干異なることになった。第 4 艦隊事件が発生した時、鈴谷は概略完成して公試がはじまった時期にあたったため、ほぼ完成していた上部構造物や搭載兵器等を一旦船体からはずして、補強工事をおこなう大工事になってしまい、竣工は 1 年前後遅れて 4 番艦の熊野と同時期となった。このため後期建造艦ではバルジの形状が最上、三隈と幾分異なっており、寸法も異なる。

最上（Ⅱ）型 /Mogami Class

兵装・装備 /Armament & Equipment (1)

最上型 /Mogami Class			新造時 /New build	開戦時 /1941-12
砲熕兵器 / Guns		主砲 /Main guns	60 口径 15.5cm 砲 / Ⅲ × 5	50 口径 3 年式 2 号 20cm/3 year No.2 Ⅱ × 5
		高角砲 /AA guns	40 口径 89 式 12.7cm 高角砲 /89 type Ⅱ × 4	左に同じ
		機銃 /Machine guns	96 式 25mm 機銃 2 型 / 96 type Ⅱ × 4 ①	左に同じ
			保式 13mm 機銃 /Hotchkiss type Ⅱ × 2	
		その他砲 /Misc. guns		
		陸戦兵器 /Personal weapons		11 年式 6.5mm 軽機 /11Year type × 4
	弾薬定数 Ammunition	主砲 /Main guns	× 120	左に同じ
		高角砲 /AA guns	× 200	左に同じ
		機銃 /Machine guns	× 2,000(25mm)	左に同じ
			× 2,400(13mm)、 × 24,000(6.5mm)	左に同じ
	揚弾薬機 Ammun.tube	主砲 /Main guns		
		高角砲 /AA guns	× 8	左に同じ
		機銃 /Machine guns	× 2	左に同じ
	射撃指揮装置 Fire cont. system	主砲 /Main gun director	94 式方位盤照準装置 1 型 × 2	左に同じ
		高角砲 /AA gun director	91 式高射装置 × 2	左に同じ
		機銃 /Machine gun	95 式 × 2	左に同じ
		主砲射撃盤 /M. gun computer	92 式改 1 × 1	左に同じ
		その他装置 /		
		装填演習砲 /Loading machine	12.7cm 高角砲用 × 1	左に同じ
		発煙装置 /Smoke generator		
水雷兵器 / Torpedo etc		発射管 /Torpedo tube	90 式 1 型 61cm3 連装 /90 type Ⅲ × 4	左に同じ②
		魚雷 /Torpedo	8 年式 61cm 魚雷 × 18(戦時 × 24)	93 式 1 型改 3 61cm 魚雷 × 18(戦時 × 24)
	発射指揮装置 Fire cont.	方位盤 /Director	14 式 2 型 × 4、91 式 × 2、90 式 × 2	左に同じ
		発射指揮盤 /Cont. board	92 式 × 2	左に同じ
		射法盤 /Course indicator	93 式 1 型 × 1	左に同じ
		その他 /		
		魚雷用空気圧縮機 /Air compressor	KSW 型 300kg/cm² × 3	W5W 型 300 型 × 3
		酸素魚雷用第 2 空気圧縮機 /		94 式改 1 × 1、2 型 × 1、気蓄器 × 3
		爆雷投射機 /DC thrower		
		爆雷投下軌条 /DC rack		
		爆雷投下台 /DC chute		1 型 × 4、水圧式 × 2
		爆雷 /Depth charge		95 式改 2 × 6 (教練用 2 型 × 2)
		機雷 /Mine		
		機雷敷設軌条 /Mine rail		
		掃海具 /Mine sweep. gear	小掃海具 1 型 × 2	左に同じ
		防雷具 /Paravane	中防雷具 3 型改 1 × 2	左に同じ
		測深器 /	2 型 × 2	左に同じ
		水中処分具 /		
		海底電線切断具 /		

兵装・装備 /Armament & Equipment (2)

最上型 /Mogami Class			新造時 /New build	開戦時 /1941-12
無線兵器 / Electronics Weapons	通信装置 Communication equipment	送信装置 /Transmitter		92 式短 4 号改 1 × 1 ①
				95 式短 3 号改 1 × 1
				95 式短 4 号改 1 × 1
				95 式短 5 号改 1 × 2
				91 式特 4 号改 1 × 1
				15 式 4 号 × 1
		受信装置 /Receiver		91 式 1 型改 1 × 3
				91 式短 × 3
				92 式特改 4 × 16
		無線電話装置 /Radio telephone		2 号話送 1 型 × 2
				90 式改 4 × 2
				93 式超短送 × 1
				同上受 × 2
		測波装置 /Wave measurement equipment		96 式超短 × 3
				96 式 1 型 × 2
				96 式中波 × 2
		電波鑑査機 /Wave detector		92 式改 1 × 1
				92 式短改 1 × 1
		方位測定装置 /DF		93 式 1 号 × 1
		印字機 /Code machine		97 式 2 型 × 2
	電波兵器 Radar	電波探信儀 /Radar		
		電波探知機 /Counter measure		
	水中兵器 UW weapon	探信儀 /Sonar		
		聴音機 /Hydrophone		
		信号装置 /UW commu. equip.		
		測深装置 /Echo sounder		
電気兵器 / Electric Weapons	一次電源 Main P.Sup.	ターボ発電機 /Turbo genera.	225V・300kW × 4、1,200kW(最上、三隈)	左に同じ
			225V・300kW × 3、900kW(鈴谷、熊野)	
		ディーゼル発電機 /Diesel genera.	225V・250kW × 1(最上、三隈)、 225V・	200kW × 2(鈴谷、熊野) 左に同じ
	二次電源 2nd power supply	発電機 /Generator		
		蓄電池 /Battery		
		探照灯 /Searchlight	92 式従動 3 型 110cm × 3	左に同じ
		探照灯管制器 /SL controller	92 式従動装置 × 3	左に同じ
		信号用探照灯 /Signal SL	60cm × 2	左に同じ
		信号灯 /Signal light	1 型改 2 2kW 信号灯 × 2	左に同じ
		舷外電路 /Degaussing coil		一式

最上(Ⅱ)型/Mogami Class

兵装・装備/Armament & Equipment (3)

最上型/Mogami Class			新造時/New build	開戦時/1941-12
航海兵器/Navigation Equipment	羅針儀/Compass	磁気/Magnetic	×2	93式×1
				90式2型改1×1
		転輪/Gyro	安式2号(復式)×1	安式2号(復式)×1
	測深儀/Echo sounder		電動式×1、L式×1( )、90式×1( )	電動式×1
	測程儀/Log		去式×1	去式2号1型改1×1
	航跡儀/DRT			96式1型×1
	気象兵器/Weather	風信儀/Wind vane		91式×1
		海上測風経緯儀/		
		高層気象観測儀/		
	信号兵器/Signal light			90式山川灯1型×2、亜式信号改1×2
光学兵器/Optical Weapon	測距儀/Range finder		14式6m(二重)×1	左に同じ
			8m(二重)×2(3、4番砲塔)	93式8m×2(3、4番砲塔)①
			94式4.5m×2(高角砲用)	左に同じ
			14式1.5m×2(航海用)	左に同じ
	望遠鏡/Binocular		18cm×2	②
			12cm×4(最上、三隈のみ)	
			12cm×6(鈴谷、熊野のみ)	
			8cm×2(最上、三隈のみ)	
	見張方向盤/Target sight		13式×1	左に同じ
	その他/Etc.			
航空兵器/Aviation Weapons	搭載機/Aircraft		94式水偵×1/95式水偵×2(S11)	零式水偵×1/零式水観×2
	射出機/Catapult		呉式2号射出機5型×2	左に同じ
	射出装薬/Injection powder			
	搭載爆弾・機銃弾薬/Bomb・MG ammunition			99式6番通常爆弾2型×44
	その他/Etc.			
短艇/Boats	内火艇/Motor boat		11m(60HP)×2	左に同じ
	内火ランチ/Motor launch		12m(30HP)×2	左に同じ
	カッター/Cutter		9m×3	左に同じ
	内火通船/Motor utility boat			
	通船/Utility boat		8m×1、6m×1	左に同じ
	その他/Etc.			

防禦/Armor

最上型/Mogami Class			開戦時/1941	
弾火薬庫/Magazine	舷側/Side		140-30mm/5.5" NVNC ①傾斜20°	
	甲板/Deck		40mm/1.57" NVNC(下甲板/L deck)	
	前部隔壁/Forw. bulkhead		140-100mm/5.5-3.9" NVNC(下甲板下)	
	後部隔壁/Aft. bulkhead		96mm/3.8" NVNC(下甲板下)	
機関区画/Machinery	舷側/Side		100-65mm NVNC(水線高さ/Height from WL 1.6m、傾斜20°)	
	甲板 /Deck	上甲板/Upper	10-18＋18-20mm DS	
		中甲板/Middle	35mm CNC(傾斜部/Slope 60mm CNC)	
	前部隔壁/Forw. bulkhead		105-65mm/4.2-2.6" NVNC(中甲板下)	
	後部隔壁/Aft. bulkhead		105-65mm/4.2-2.6" NVNC(中甲板下)	
	煙路/Funnel		70-95mm NVNC	
砲塔/Turret	主砲楯/Shield		25mm CNC(前楯全周/All around)	
	砲支筒/Barbette		25mm CNC	
	揚弾薬筒/Ammu. tube		100-75mm NVNC	
舵機室/Steering gear room	側部/Side		100mm NVNC	
	横隔壁/Bulkhead		35mm CNC	
	甲板/Deck		30mm CNC(中甲板/M deck)	
操舵室/Wheel house			100mm NVNC(側面/Side)、50mm CNC(天蓋/Roof)	
水中防禦/UW protection			65-30mm CNC	
その他艦橋要所/				

注/NOTES
【出典】最上中央部構造切断図/鈴谷中央部構造切断図/海軍造船技術概要

注/NOTES
兵装・装備 (1)
① 最上型の新造時の予定では機銃は高雄型と同様毘式40mm機銃を装備することになっていたが、竣工時は未装備で後の改正工事が長く引く間に25mm連装機銃の装備に変更されている
② 93式魚雷の装備にあたっては90式発射管の改造が当然行われていたものと思われる

兵装・装備 (2)
①無線兵装に関しては新造時と大差ないものと推定される

兵装・装備 (3)
①主砲塔換装後においても砲塔測距儀は同じものを装備したと推定
②開戦前に防空指揮所を新たに設けたことで、高角用双眼鏡を含めて相当数が増備されたものとおもわれる

戦時兵装・装備変遷一覧 　最上(Ⅱ)型/Mogami Class

項目	最上	三隈	鈴谷	熊野	最上①			三隈(最終)			鈴谷			熊野			最上			鈴谷②			熊野③			最上(最終)④			鈴谷(最終)⑤			熊野(最終)⑥		
	開戦時/Dec. 1941				昭和17年末/End of 1942												昭和18年末/End of 1943									昭和19年末/End of 1944								
					増	減	現	増	減	現	増	減	現	増	減	現	増	減	現	増	減	現	増	減	現	増	減	現	増	減	現	増	減	現
砲熕兵器・Gun																																		
20cm 連装砲	5	5	5	5	2		5			5			5			5			3			5			5			3			5			5
12.7cm 連装高角砲	4	4	4	4			4			4			4			4			4			4			4			4			4			4
25mm 機銃3連装	0	0	0	0	10		10			0			0			0			10	4		4	4		4	4		14	4		8	4		8
〃　　連装	4	4	4	4		4	0			4			4			4			0			4			4			0			4			4
〃　　単装	0	0	0	0			0			0			0			0			0			0			0	18		18	18		18	24		24
13mm 機銃4連装	0	0	0	0			0			0			0			0			0			0			0			0			0			0
〃　　連装	2	2	2	2		2	0			2			2			2			0		2	0		2	0			0			0			0
〃　　単装	0	0	0	0			0			0			0			0			0			0			0			0			0			0
7.7mm 機銃単装	0	0	0	0			0			0			0			0			0			0			0			0			0			0
主砲方位盤	2	2	2	2			2			2			2			2			2			2			2			2			2			2
高射装置							2			2			2			2			2			2			2			2			2			2
機銃射撃装置	2	2	2	2	2		4			2			2			2			4			2			2			4			2			2
魚雷兵器・爆雷																																		
61cm3連装発射管	4	4	4	4			4			4			4			4			4			4			4			4			4			4
61cm魚雷(93式)	24	24	24	24			18			24			24			24			18			24			24			18			24			24
投射機																																		
投下軌条																																		
投下台	4	4	4	4			4			4			4			4			4			4			4			4			4			4
爆雷	6	6	6	6			6			6			6			6			6			6			6			6			6			6
電子兵器・Electro.W.																																		
21号電探					1		1										1		1	1		1	1		1			1			1			1
22号電探																										2		2	2		2	2		2
13号電探																										1		1	1		1	1		1
電波探知機																										1		1	1		1	1		1
水中探信儀																																		
水中聴音機																												1			1			1
哨信儀																										2		2	2		2	2		2
航空兵装																																		
射出機	2	2	2	2			2			2			2			2			2			2			2			2			2			2
水上偵察機	3	3	3	3	9		11			3			3			3			11			3			3			11			3			3
探照灯																																		
探照灯110cm	3	3	3	3			3			3			3			3			3			3			3			3			3			3

注/NOTES

① S17-9-1~S18-5-1 佐世保工廠でミッドウェー海戦における僚艦三隈との衝突損傷及び被爆損傷修理を兼ねて、後部主砲塔を撤去し後檣後方に高角砲甲板と同レベルの飛行甲板を設けて、水偵11機搭載の航空巡洋艦に改造されることになった。この際機銃装備を大幅に強化、従来の25mm連装及び13mm機銃を撤去、新たに25mm3連装6基を増備、合計10基を装備、機銃射撃装置も2基増備、さらに21号電探を装備された、この改造で予備魚雷は12本から8本に減少したもよう、多分水偵増加による航空艤装のスペース増加によるものと推定

② S18-3末~5-6呉工廠でタービン修理時に13mm機銃の撤去と25mm3連装機銃4基を増備、21号電探の装備を実施したもよう

③ 上記鈴谷とほぼ同時期に熊野に対しても同内容の改修を呉工廠で実施

④ S18-12-22/S19-2-17呉工廠でラバウルでの被爆損傷修理を実施したさいに、25mm機銃3連装4基、同単装8基を増備、また水中聴音機の装備を実施したもよう
「各艦機銃、電探、哨信儀等現状調査表」S19によれば、最上はS19-6のマリアナ沖海戦後、6-24に柱島着、翌月7-8呉発までの間に25mm機銃単装10基を装備したことになっている。ただし、一部は後のリンガ泊地での待機間に昭南(シンガポール)で装備、さらにこれ以上の機銃増備(25mm単装機銃)を実施した可能性がある

⑤ 鈴谷は上記「各艦‐‐調査表」によればマリアナ沖海戦後S19-6-30現在で25mm機銃は3連装8基、同連装4基、同単装18基を装備さらに2式哨信儀2基、22号電探2基、13号電探1基、21号電探1基を装備していたとしている。この内機銃は25mm3連装4基、同単装10基及び2式哨信儀2基、22号電探2基、13号電探1基はマリアナ沖海戦前に装備されたものとしている。したがって鈴谷はS19-6-25呉入港、同7-8

出港までの間に増備工事を終えたことになる。ただしこの短期間では水中聴音機の装備は無理と考えられ、S19-2末以降約2か月半リンガ泊地で待機中に昭南で同装その他を実施した可能性がある。さらに最上と同様、S19-7以降再度リンガ泊地での待機中にさらに機銃増備を実施した可能性がある

⑥ 熊野の場合も上記鈴谷と同様で、ただマリアナ沖海戦後の増備機銃が25mm単装が16基と鈴谷より6基多いことが相違している。内地への寄港やリンガ泊地での待機時期は鈴谷と同様なので、各装備の増備の時期は同様と考えてもよい。なお、熊野戦時日誌にマリアナ沖海戦前のS19-5に泊地で2式哨信儀2基と25mm機銃単装8基の装備を実施した旨の記録があり(鈴谷も同様)、またこの時期電探装備の零式水偵を受領していた記録もある

最上(Ⅱ)型 /Mogami Class

重量配分 /Weight Distribution

最上型/Mogami class		三隈新造完成	三隈性能改善後	鈴谷計画時	鈴谷新造完成	最上新造完成時 /Mogami new		最上主砲換装後 /Mogami changed gun			最上戦時改装(計画)/Mogami 1942 Conv.		
		公試/Trial	公試/Trial	公試/Trial	公試/Trial	公試計画	公試/Trial	公試/Trial	満載/Full	軽荷/Light	公試/Trial	満載/Full	軽荷/Light
船殻	船殻	3,596	4,686	4,513.6	4,583.8	3,479.0	3,632.318	4,756.339	4,756.339	4,756.339	4,834.30	4,834.30	4,834.30
	甲鈑	2,032	1,841	1,842.9	1,844.1	1,880.0	1,857.695	2,074.276	2,074.276	2,074.276	2,000.80	2,000.80	2,000.80
	防禦材		228	214.6	213.8	221.0	190.489						
	艤装	530	547	483.0	529.2	468.5	465.247	505.425	505.425	505.425	516.20	516.20	516.20
	(合計)	(6,158)	(7,302)	(7,054.1)	(7,170.9)	(6,048.5)	(6,145.749)	(7,336.040)	(7,336.040)	(7,336.040)	(7,351.30)	(7,351.30)	(7,351.30)
斉備品	固定斉備品	174	174	178.0	182.1	157.0	175.688	178.817	178.817	178.817	178.80	178.80	178.80
	その他斉備品	367	377	339.7	358.2	289.3	349.989	387.790	490.929	176.690	404.40	510.90	184.40
	(合計)	(541)	(551)	(517.7)	(540.3)	(446.3)	(525.677)	(566.607)	(669.746)	(355.507)	(583.20)	(689.70)	(363.20)
兵器	砲熕	1,405	1,415	1,468.1	1,453.9	1,383.0	1,405.071	1,399.702	1,399.702	1,096.878	1,044.10	1,046.80	780.50
	水雷	163	173	210.2	205.6	154.5	156.892	178.356	184.593	128.239	178.40	184.60	138.20
	電気	354	354	344.4	337.7	337.2	362.650	370.198	370.198	367.395	371.60	371.60	368.80
	無線												
	航海					10.0	12.522	14.744	14.744	11.879	14.80	14.80	11.90
	光学												
	航空	77	85	82.2	79.5	69.8	74.564	83.278	83.718	67.914	181.10	183.60	112.20
	(合計)	(1,999)	(2,027)	(2,104.9)	(2,076.7)	(1,954.5)	(2,011.699)	(2,046.278)	(2,052.955)	(1,672.305)	(1,790.00)	(1,801.40)	(1,399.70)
機関	主機軸系推進器			2,170.0	2,130.0	847.0	861.259						
	補機					158.0	152.448						
	缶煙路煙突					650.0	674.169						
	管弁その他雑					553.0	513.568						
	機関部所轄水油			232.9	241.6	200.0	267.522						
	(合計)	(2,400)	(2,417)	(2,337.8)	(2,371.6)	(2,408.0)	(2,468.966)	(2,500.137)	(2,519.627)	(2,229.247)	(2,510.10)	(2,529.60)	(2,239.00)
重油		1,520	1,452	1,400	1,495.2	1,400.0	1,591.210	1,480.614	2,218.903	0	1,607.00	2,408.90	0
石炭													
軽質油	内火艇用	21	21	16.6	24.5	10.0	16.254	7.108	10.642	0	10.60	15.90	0
	飛行機用							12.107	18.180	0			
潤滑油	主機械用	44	44	40.0	51.9	40.0	49.480	26.942	40.413	0	26.90	40.40	0
	飛行機用							1.587	2.384	0	35.20	52.80	0
予備水		105	105	100.0	105.7	100.0	103.950	103.347	155.020	0	103.30	155.00	0
不明重量 その他		29	61		47.07		49.485	60.052	60.052	60.052	62.10	62.10	62.10
マージン/余裕											8.70	8.70	8.70
重心公試後増加											19.00	19.00	19.00
応急諸材料											2.60	2.60	2.60
(総合計)		(12,817)	(13,923)	(13,636.0)	(13,887.0)	(12,407.3)	(12,962.470)	(14,146.790)	(15,091.181)	(11,655.149)	(14,110.00)	(15,136.90)	(11,447.50)

注/NOTES
　最上の重量配分に於いては、計画時、新造完成時、性能改善工事完成時、主砲換装時、昭和18年戦時改装時の5態を示す必要があるが、この内最上の性能改善後のデータがなく代わりに三隈の例を示す、防禦材が空欄の場合は甲鈑に含まれる、兵器の項中無線は電気に含まれる、最上の戦時改装後の軽質油の搭載量が少ないのには疑問があるが出典通りとする
【出典】三隈、鈴谷のデータ/軍艦基本計画、最上計画及び新造完成/最上要目簿(昭和10年)、最上主砲換装、昭和15年3月20日施行重心公試(呉)、同戦時改装、昭和17年12月16日艦本機密第4号ノ577による(計画時を示すもので完成値ではない)/一般計画要領書

(P-234 から続く)
10月は既に日本はロンドン条約からの脱退を表明しており、こんな苦労をしてまで無理な設計をする意味がなくなっていたわけだが、この最上型の建造が端緒となって、米英においてもブルックリン級、サウサンプトン級という新型の条約型軽巡が対抗馬として出現していた。

最上型の兵装でまず注目すべきはその新開発の主砲にあった。条約の許容最大口径である15.5cm(6.1インチ)であるばかりでなく、砲身長60口径という長身砲を採用、日本海軍としては最初の3連装砲塔を実現した。もちろん、20cm砲搭載の重巡に対抗せんと射程、発射弾量でほぼ互角の性能をねらったもので、最大射程27,000m、毎分7発(1門当たり)の発射速度で、射程1.5万ｍで114mm(4.5")厚のNVNC甲鈑を貫通出来る威力があった。

当初、最大仰角75度の高角射撃兼用砲として開発されたが、20cm砲での仰角70度の高角化があまり実用性のないことがわかって、最大仰角55度にとどめられた。

通常なら60口径3年式15.5cm砲と呼称されるはずであったが、60口径の砲身長を秘匿するため、公式にも単に15.5cm砲と呼称された。15門の一斉射撃は散布界も小さく、射撃関係者から好評で、後の条約明け後に20cm連装砲に換装された際、これを惜しむ声も少なくなかったという。

高角砲は、当初主砲が75度の高角射撃可能の兼用砲であったときは12.7cm高角砲単装4基であったが、55度に戻したため、同連装砲4基に強化、機銃も当初は毘式40mm連装2基、13mm4連装2基であったが、建造中に艦橋部を縮小した際に13mm機銃は連装に改め、毘式40mmは最上では竣工後の第2回改正工事中に25mm連装4基に強化換装されたものらしく、後期建造艦では最初から25mm連装機銃を装備していた。

魚雷兵装は、90式3連装発射管1型を片舷2基ずつを高雄型と同様上甲板中央部舷側に装備、各発射管は次発装填装置を持ち、魚雷搭載数は当初、最上と三隈は8年式61cm魚雷18本、鈴谷と熊野は多分建造中から93式魚雷の搭載施設を設けて、昭和13年以降93式魚雷24本を搭載装備したらしい。最上と三隈は第2回の改正工事時に93式魚雷の搭載工事を完了して、同数の魚雷を装備したものと推定される。

機関は、高雄型の35ノット、130,000軸馬力に対して37ノット、152,000軸馬力とアップされており、最上、三隈では缶数を大型8缶、小型2缶の10缶、鈴谷と熊野では大型8缶を8缶室に配置して高温高圧を進めて大出力を実現した。

しかし、改正工事を重ねたため排水量が当初の計画より大幅に増加したことで、速力の低下は避けられず、最終的には35ノットに達しなかった。

防禦計画は、機関区画は対15.5cm砲弾として舷側100mmの上部甲帯100-25mmの中下部テーパーNVNC甲帯を傾斜20度で装着、甲板防禦は中甲板水平部を30mmCNC甲鈑、舷側部の傾斜部に60mmCNC甲鈑を配して舷側甲帯の上端と結んでいる。

弾薬庫部は対20cm砲弾防禦として舷側140mmNVNC甲鈑、下部に140-30mmテーパー甲鈑を配し、甲板部は

最上(Ⅱ)型/Mogami Class

復原性能/Stability

最上型/Mogami class		最上 新造時/Mogami New			最上 昭和15年/Mogami 1940			最上 昭和18年戦時改装計画/1943 Conv.			鈴谷 新造時/Suzuya New			鈴谷 昭和14年/1939	
		公試/Trial	満載/Full	軽荷/Light	公試/Trial	満載/Full	軽荷/Light	公試/Trial	満載/Full	軽荷/Light	公試/Trial	満載/Full	軽荷/Light	公試/Trial	満載/Full
復原性能	排水量/Displacement (t)	12,980.8	13,980.2	10,379.0	14,146.00	15,091.00	11,655.00	14,110.00	15,137.00	11,448.00	13,887	14,849	11,349	13,844	14,795
	平均吃水/Draught,ave. (m)	6.16	6.48	5.15	6.100	6.410	5.190	6.090	6.440	5.390	6.058	6.369	5.119	6.043	6.344
	トリム/Trim (m)				0(後)	0.430(後)	0.550(後)	0(後)	0.150(後)	0.080(後)					
	艦底より重心点の高さ/KG (m)	6.56	6.43	7.39	6.680	6.570	7.390	6.660	5.530	7.400	6.605	6.490	7.358	6.616	6.506
	重心からメタセンターの高さ/GM (m)	1.49	1.69	0.53	1.35	1.27	1.43	1.380	1.290	1.510	1.498	1.428	1.524	1.498	1.421
	最大復原挺/GZ max. (m)	1.464	1.475	1.015	1.40	1.40	1.08	1.410	1.430	1.090	1.390	1.382	1.088	1.390	1.380
	最大復原挺角度/Angle of GZ max.	46.6	47.0	45.4	42.6	43.0	40.0	43.0	43.6	39.8	41.9	42.1	39.5	42.0	42.0
	復原性範囲/Range (度/°)	94.5	97.0	78.8	86.9	88.9	75.3	89.3	89.8	75.3	84.8	87.0	72.8	84.8	87.0
	水線上重心の高さ/OG (m)	0.40	− 0.05	2.24	0.580	0.160	2.200	0.590	0.110	2.280	0.547	0.121	2.239	0.573	0.162
	艦底からの浮心の高さ/KB(m)														
	浮心からのメタセンターの高さ/BM(m)	4.540	4.420	4.940											
	予備浮力/Reserve buoyancy (t)														
	動的復原力/Dynamic Stability (t・m)														
	船体風圧側面積/A (㎡)	1,806													
	船体水中側面積/Am (㎡)	1,106													
	風圧側面積比/A/Am (㎡/㎡)	1.633													
旋回性能	公試排水量/Disp. Trial (t)	12,445			14,087			14,110			13,914				
	公試速力/Speed (ノット/kts)	35.4			33.8			33.7			34.0				
	舵型式及び数/Rudder Type & Qt'y	釣合舵/Balance R × 2			釣合舵/Balance R × 2			釣合舵/Balance R × 2			釣合舵/Balance R × 2				
	舵面積/Rudder Area : Ar (㎡)	19.93			9.97 × 2			9.97 × 2			9.97 × 2				
	舵面積比/Am/Ar (㎡/㎡)	54.3			55.9			55.17			55.03				
	舵角/Rudder angle(度/°)	34			33.5			35			34.4				
	旋回圏水線長比/Turning Dia. (m/m)	3.96			4.02			4.00			3.96				
	旋回中最大傾斜角/Heel Ang. (度/°)	11.75			14.25			14.50			12.35				
	動揺周期/Rolling Period (秒/sec)														

注/NOTES 新造時は艦船復原性能比較表る。平賀資料及び軍艦基本計画 - 福田による。昭和15年状態は一般計画要領書及び要目簿による。昭和18年戦時改装は一般計画要領書による。鈴谷は艦船復原性能比較表による
【出典】最上要目簿(新造時)/最上要目簿(昭和15年)/各種艦船KG及びGMに関する参考資料/一般計画要領書/軍艦基本計画/艦船復原性能比較表S13-16/その他艦本資料

下甲板部に40mmCNC甲鈑を設けたもので、20cm砲重巡の高雄型に優る防禦力であった。これらからも本型が重巡とほぼ対等に渡り合える実力を備えていたことがわかる。

無条約時代に入って昭和14年はじめより本型に対して主砲を20cm砲に換装する工事がはじまり、2月より横須賀工廠で鈴谷、同じく呉工廠で最上が着工、6月から三隈が横須賀で、熊野が呉で同様の工事に入った。鈴谷が同年10月に完成、次いで熊野が呉で工事を終え、同年末より艦隊に復帰した。三隈は翌年2月末に、最上はもっとも工期が長く同3月末頃に工事を終え、第7戦隊として4隻がそろって20cm砲搭載の重巡に様変わりした艦姿を作業地で見せたのは昭和15年5月末のことであった。

この換装工事期間については4隻の工事完成時の重心査定検査の実施日時、最上S15-3-20、三隈S15-2-17、鈴谷S14-9-18、熊野S14-12-8から見ても、造船技術概要記載の工期とは幾分ずれがあり、再考を要する。

換装による公試排水量の増加は計画ではごく僅かであったが、最上で34t、三隈で45t、鈴谷で43t減、熊野104tとさまざまの数値が記録されている。ただし、熊野の場合も計画では僅かな減少であった。換装は当初の計画ではバーベットのリングサポートはそのまま使うることも考えていたらしいが、実際は交換が必要で、かなりの大工事になってしまったようである。換装で2番砲塔の砲身は水平な静止位置では1番砲塔につかえてしまうため、軽い仰角をかけて静止位置とすることになった。米海軍情報部はこの換装の事実を、開戦後のミッドウェー海戦で爆撃により航行不能になった三隈を見てはじめて知ったという。三隈は太平洋戦争での戦没日本重巡第1号の不名誉に甘んじることになった。

艦名の最上は山形県の川名、帝国海軍では2代目、海上自衛隊では昭和34年度護衛艦に襲名、三隈は同じく大分県の川名、帝国海軍では初代、海上自衛隊で昭和43年度護衛艦に襲名、鈴谷は樺太南部の川名、帝国海軍では2代目で初代は日露戦争の戦利艦ノーウィックに命名、海上自衛隊には襲名艦なし、鈴谷命名に当たっては昭和10年10月に当時の樺太庁長官より新造記念に艦内に飾って欲しいと鈴谷川の流れる鈴谷平野の油絵一点の献納があり、就役中本艦内に飾られていたものと思う。熊野は和歌山、三重県境にある川名、帝国海軍では初代、海上自衛隊では昭和47年度護衛艦に襲名

[資料]本型の公式資料として残っている図面は呉の<福井資料>にある主砲換装後の三隈と鈴谷及び航空巡改装後の最上の関係図面がほぼ一式あるが、15.5cm砲搭載時の図面は全く残されていない。要目簿は最上の新造時、主砲換装時、航空巡改装時の3種が残されているが、新造時の分は船体のみである。その他鈴谷の防禦配置図、復原性能表、最上の改造重心公試成績書も残されている。
写真もそこそこ残されているが、大戦中の写真は鮮明なものは航空巡最上を除くとほとんど皆無といってよい。他の重巡は終戦時ほぼ同型中1隻は残っていたが、本型は全艦戦没しており、その辺の事情にもよるようだ。

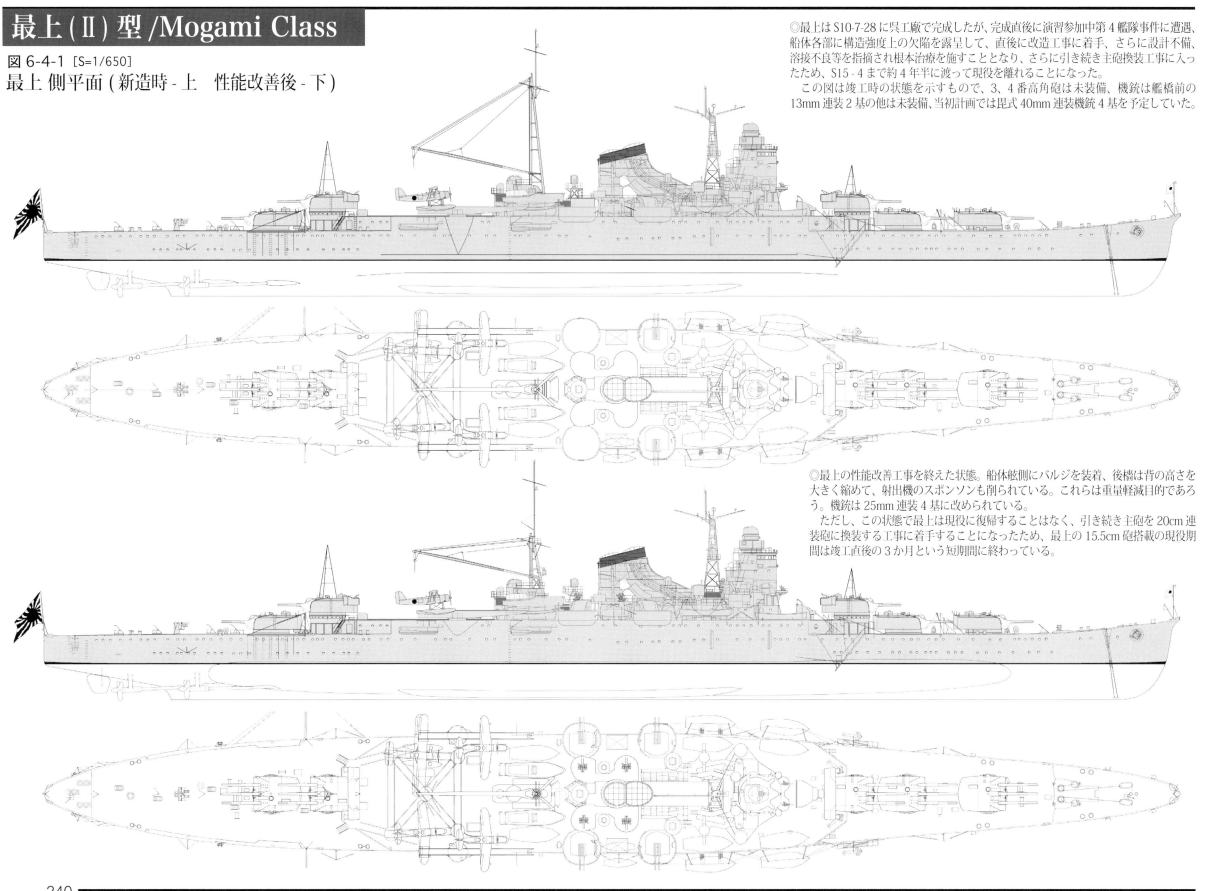

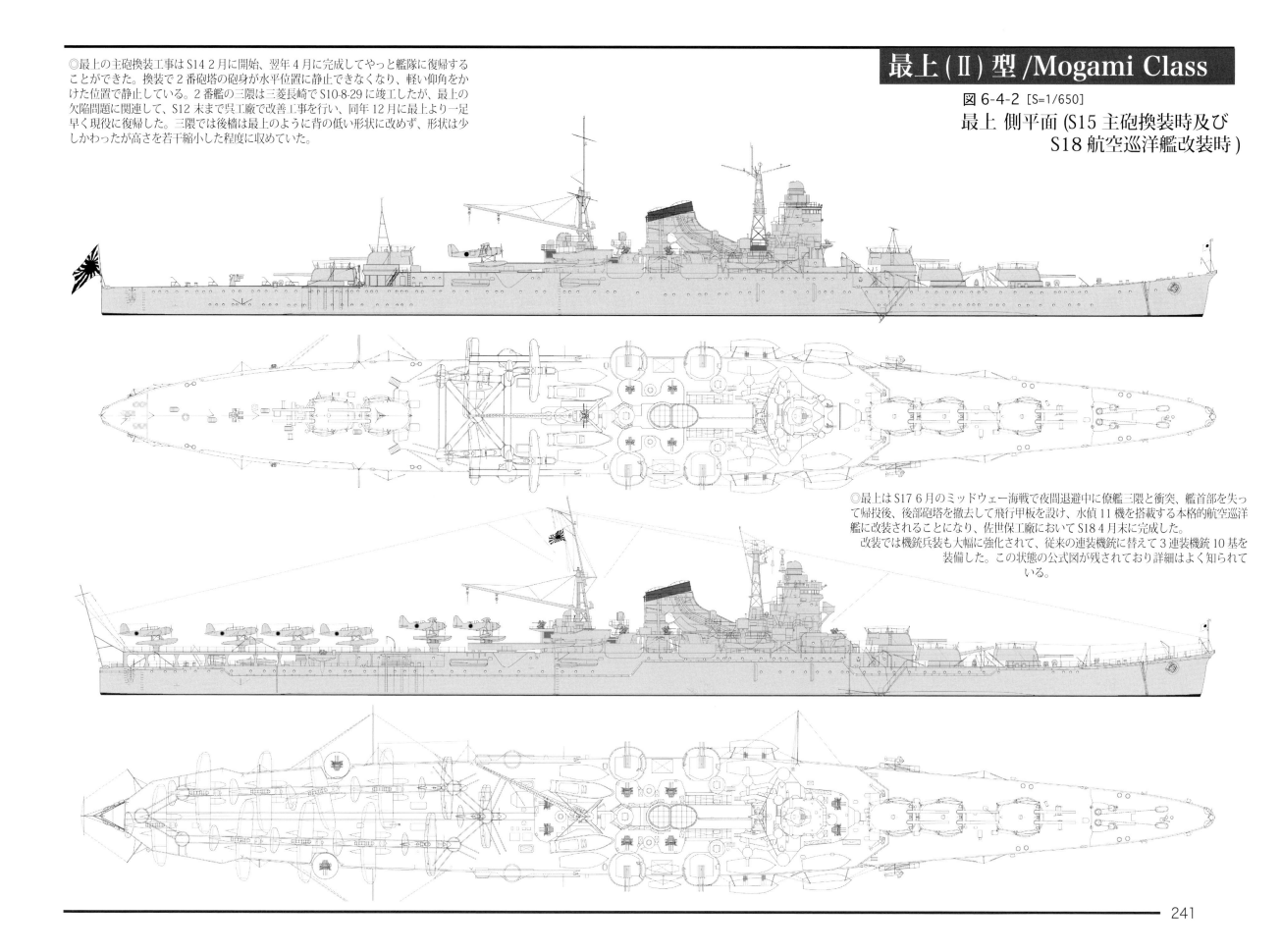

最上(II)型/Mogami Class

図 6-4-2 [S=1/650]

最上 側平面 (S15 主砲換装時及び S18 航空巡洋艦改装時)

◎最上の主砲換装工事はS14 2月に開始、翌年4月に完成してやっと艦隊に復帰することができた。換装で2番砲塔の砲身が水平位置に静止できなくなり、軽い仰角をかけた位置で静止している。2番艦の三隈は三菱長崎でS10-8-29に竣工したが、最上の欠陥問題に関連して、S12末まで呉工廠で改善工事を行い、同年12月に最上より一足早く現役に復帰した。三隈では後檣は最上のように背の低い形状に改めず、形状は少しかわったが高さを若干縮小した程度に収めていた。

◎最上はS17 6月のミッドウェー海戦で夜間退避中に僚艦三隈と衝突、艦首部を失って帰投後、後部砲塔を撤去して飛行甲板を設け、水偵11機を搭載する本格的航空巡洋艦に改装されることになり、佐世保工廠においてS18 4月末に完成した。
改装では機銃兵装も大幅に強化されて、従来の連装機銃に替えて3連装機銃10基を装備した。この状態の公式図が残されており詳細はよく知られている。

最上(Ⅱ)型 /Mogami Class

図 6-4-3 [S=1/650]
鈴谷 側平面 (新造完成時及び主砲換装時 - 下)

◎最上型の3、4番艦、鈴谷、熊野は起工直後に友鶴事件が発生、そのため線図の改正、重量軽減による復原性能の見直し等の性能改善策を盛り込んで工事を再開したが、次に第4艦隊事件が勃発、公試中だった鈴谷は最上の改善策が決定するまで一時工事を中断、上構の一部や搭載物の取り外し等の工事を行って、S12-10に就役した。
この2隻は主缶配置が最上の10缶から8缶に改正されており、このため最上の艦橋前の給気口はない。またバルジの形状も異なっており、船体の高さも若干異なる。
後檣の形状は公試時は最上の竣工時と同じであったが、その後図のような形状に改められており、これは三隈と同型である。

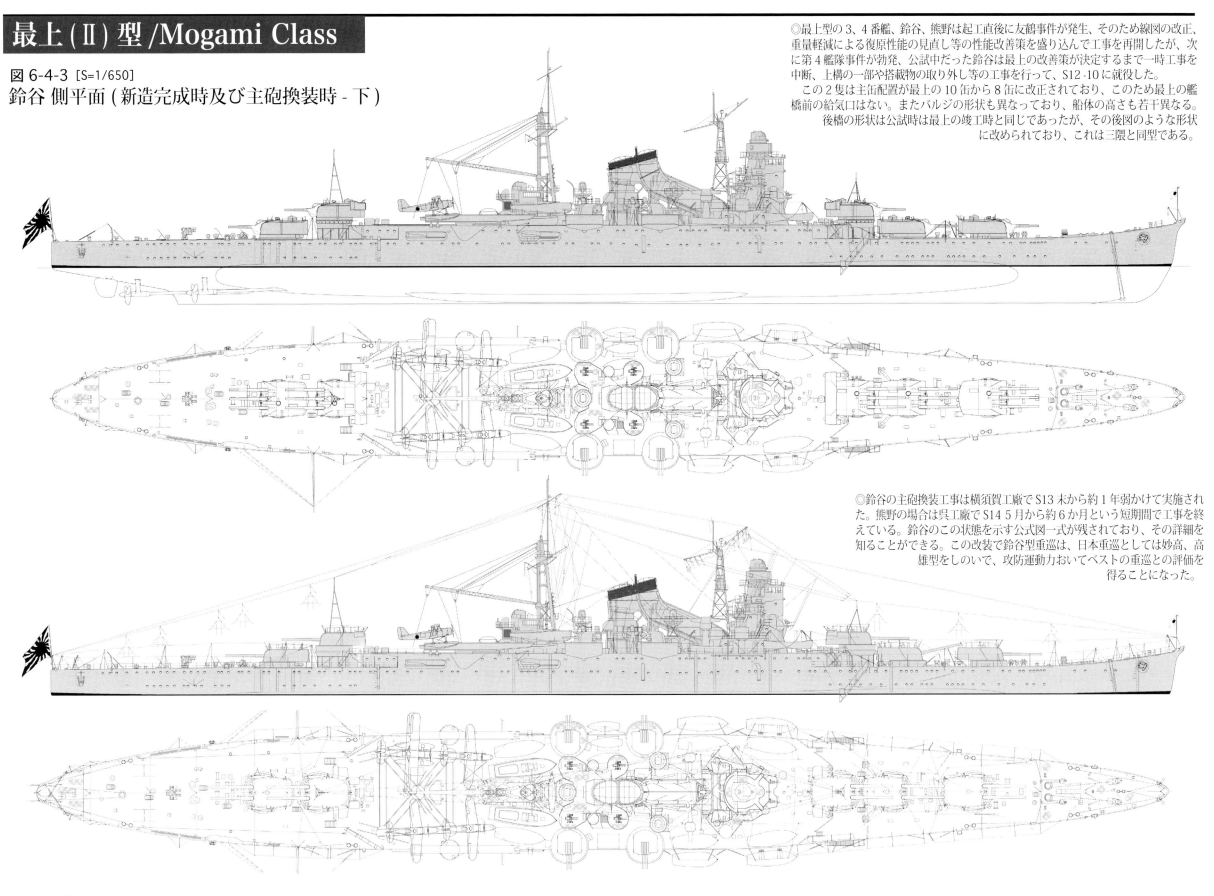

◎鈴谷の主砲換装工事は横須賀工廠でS13末から約1年弱かけて実施された。熊野の場合は呉工廠でS14 5月から約6か月という短期間で工事を終えている。鈴谷のこの状態を示す公式図一式が残されており、その詳細を知ることができる。この改装で鈴谷型重巡は、日本重巡としては妙高、高雄型をしのいで、攻防運動力おいてベストの重巡との評価を得ることになった。

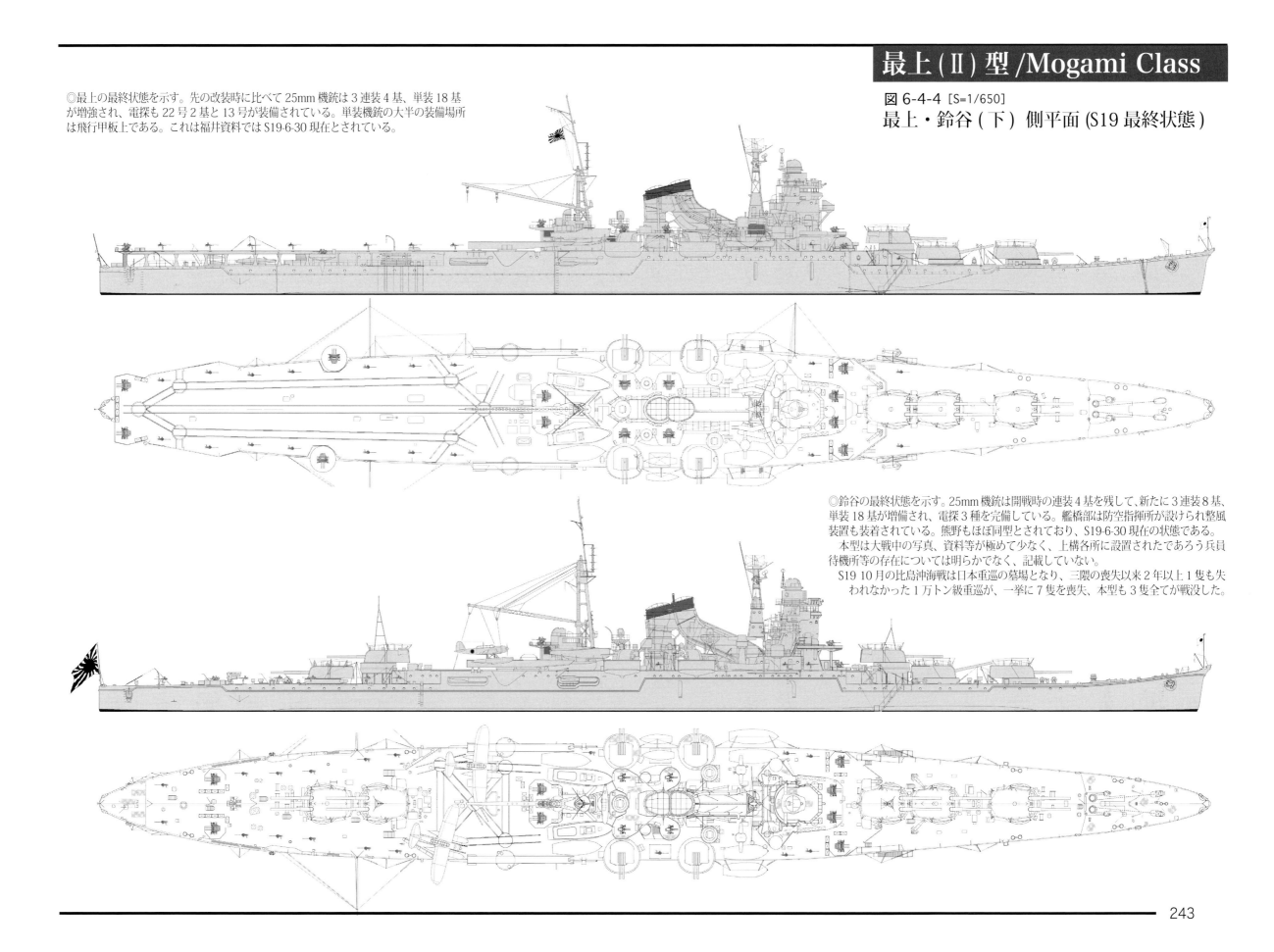

最上（Ⅱ）型 /Mogami Class

223 219　　194　　175　　167　　159　　151　　142　　135

244

最上(Ⅱ)型/Mogami Class

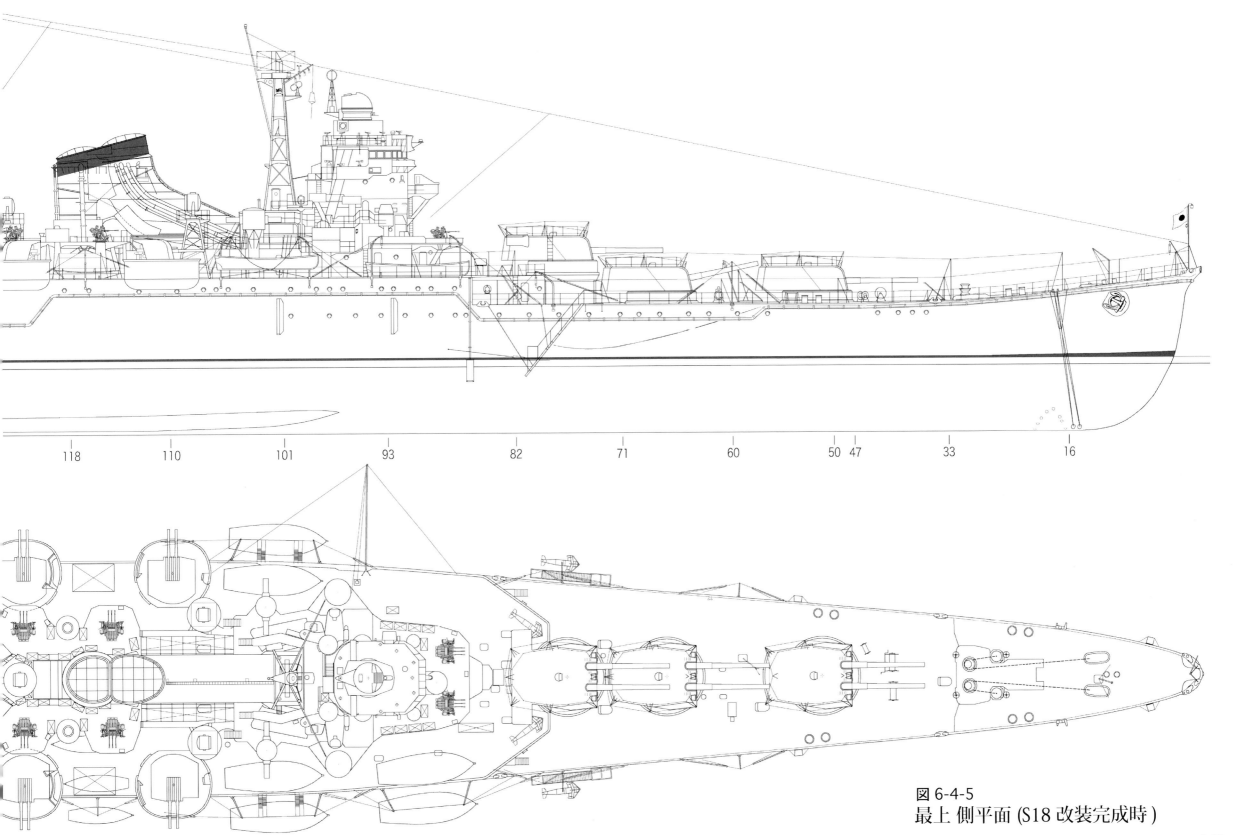

図 6-4-5
最上 側平面 (S18 改装完成時)

最上(Ⅱ)型 /Mogami Class

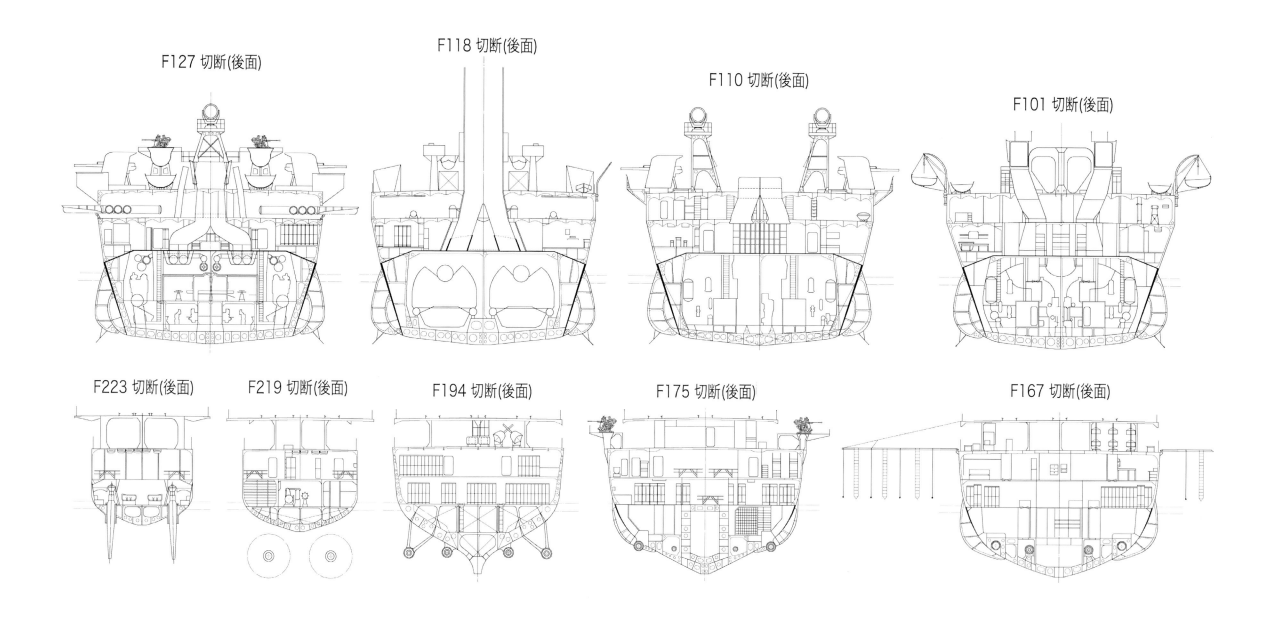

図 6-4-6
最上 諸要部切断 -1 (S18 改装完成時)

最上(Ⅱ)型/Mogami Class

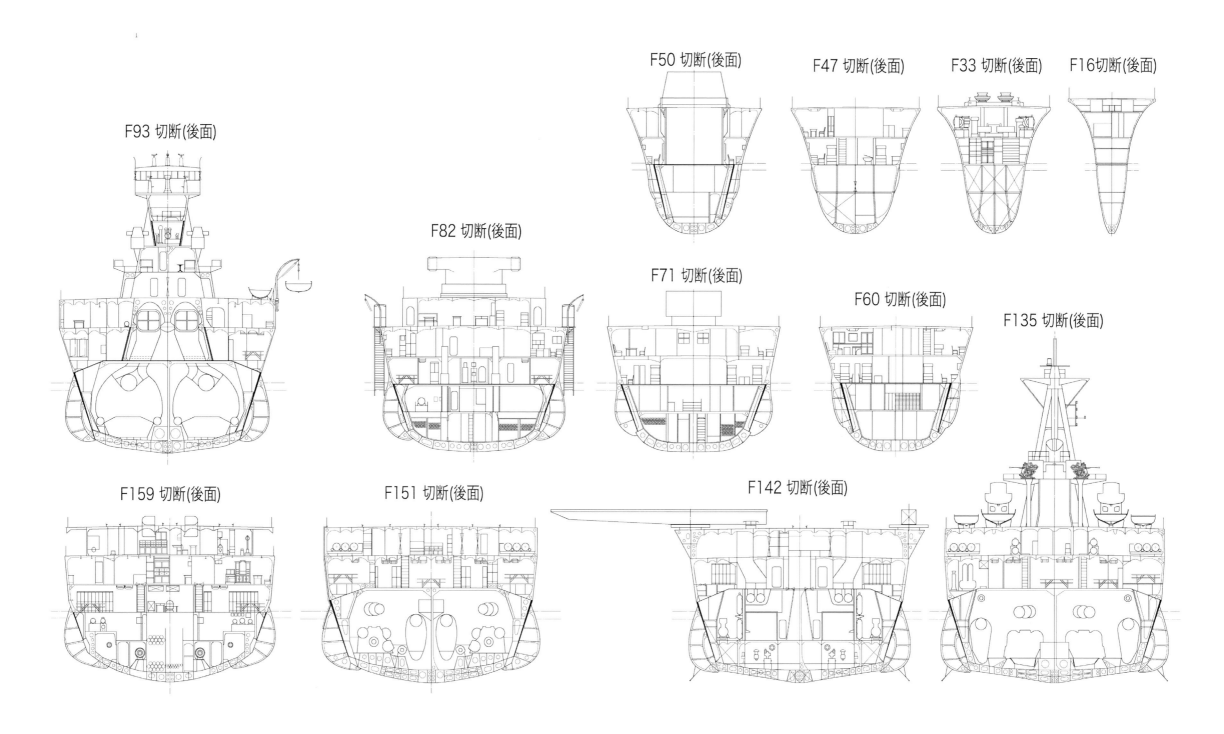

図 6-4-7
最上 諸要部切断 -2 (S18 改装完成時)

最上（II）型/Mogami Class

最上(Ⅱ)型 /Mogami Class

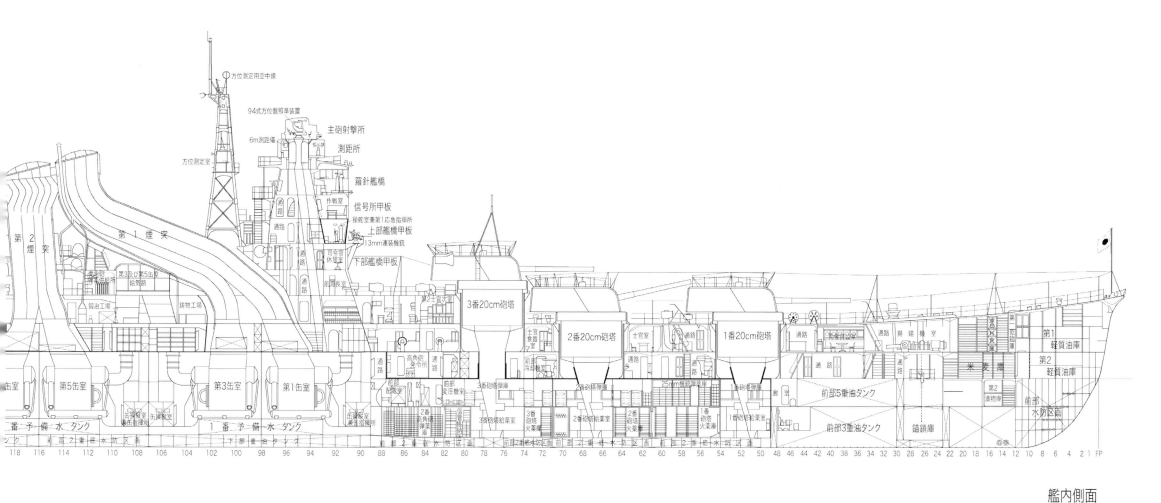

艦内側面

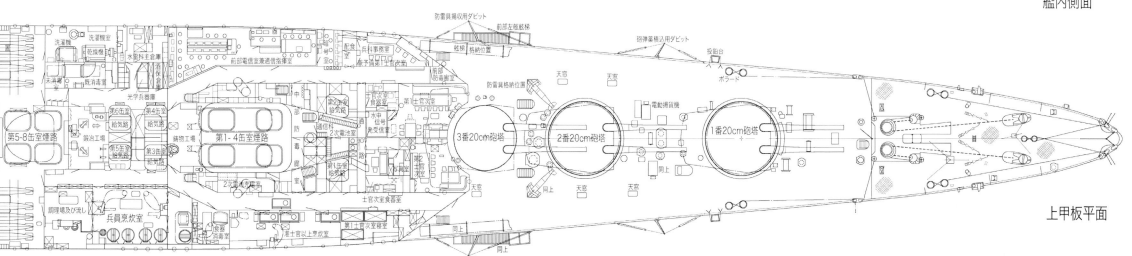

上甲板平面

図 6-4-7
鈴谷 艦内側面 上甲板平面 (S14 主砲換装時)

最上(Ⅱ)型/Mogami Class

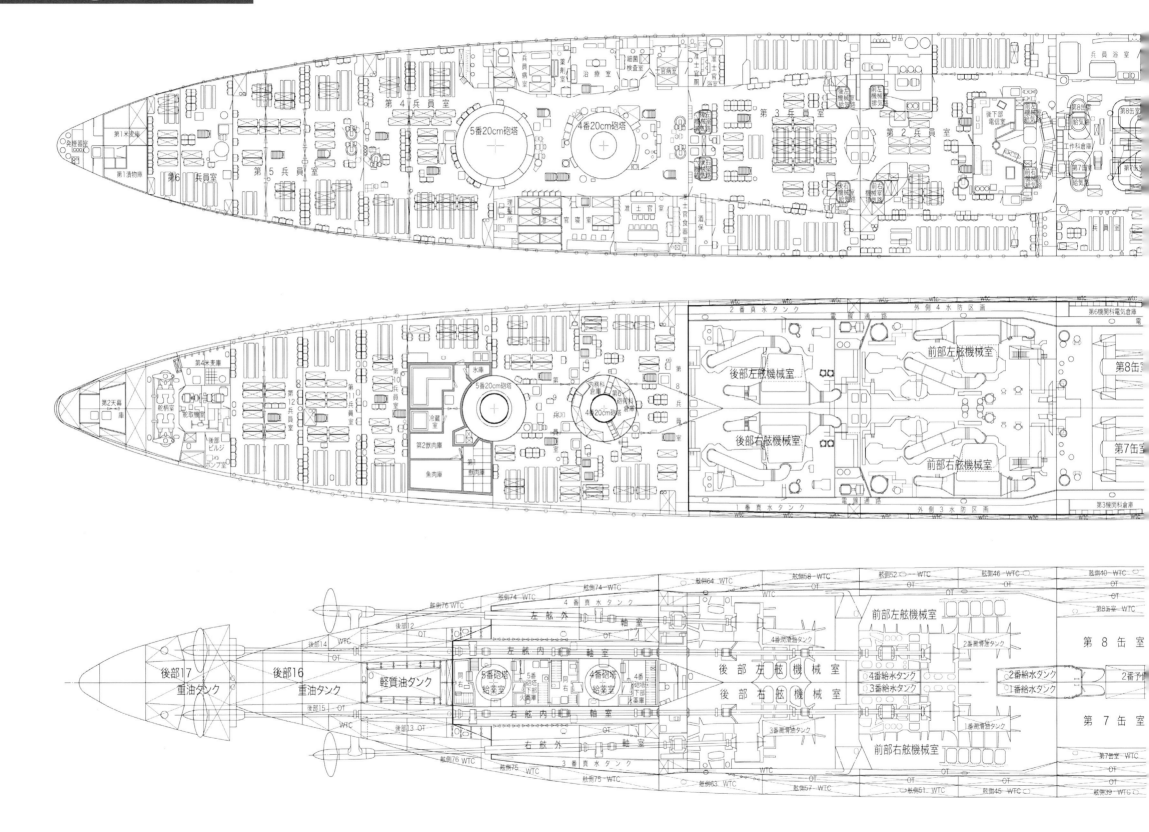

最上(Ⅱ)型/Mogami Class

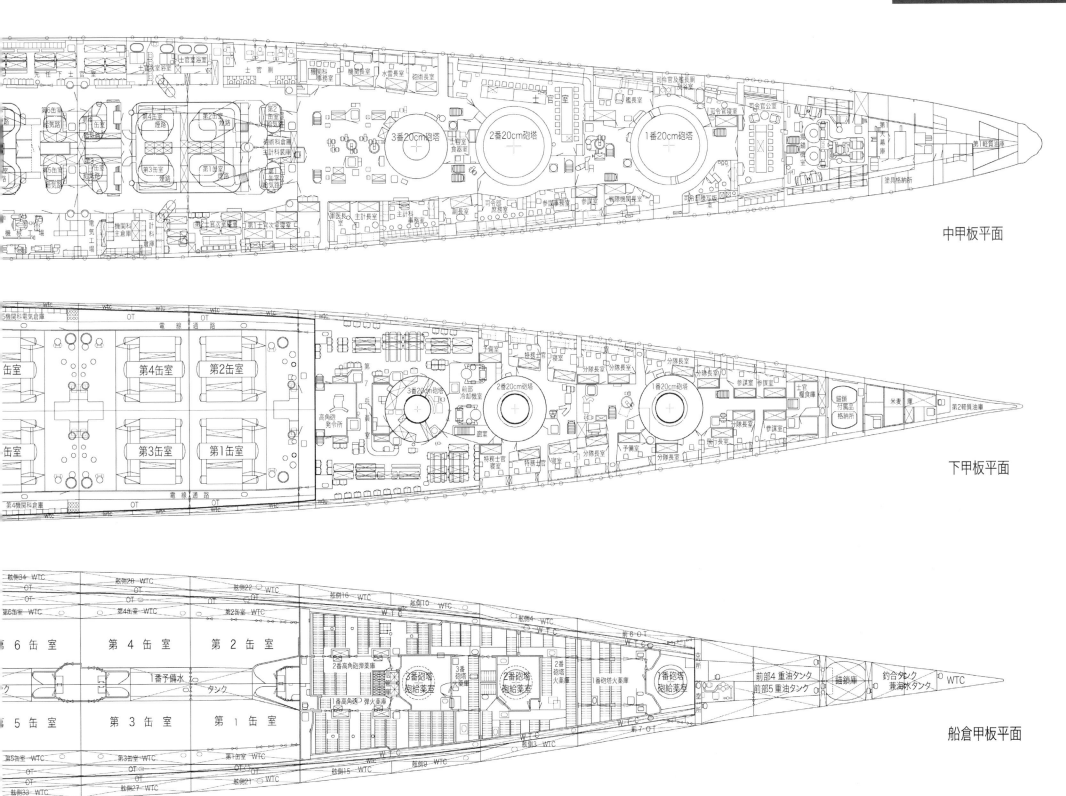

中甲板平面

下甲板平面

船倉甲板平面

鈴谷 各甲板平面 (S14 主砲換装時)

最上（Ⅱ）型 / Mogami Class

図 6-4-9　鈴谷 高角砲甲板平面 (S14 主砲換装時)

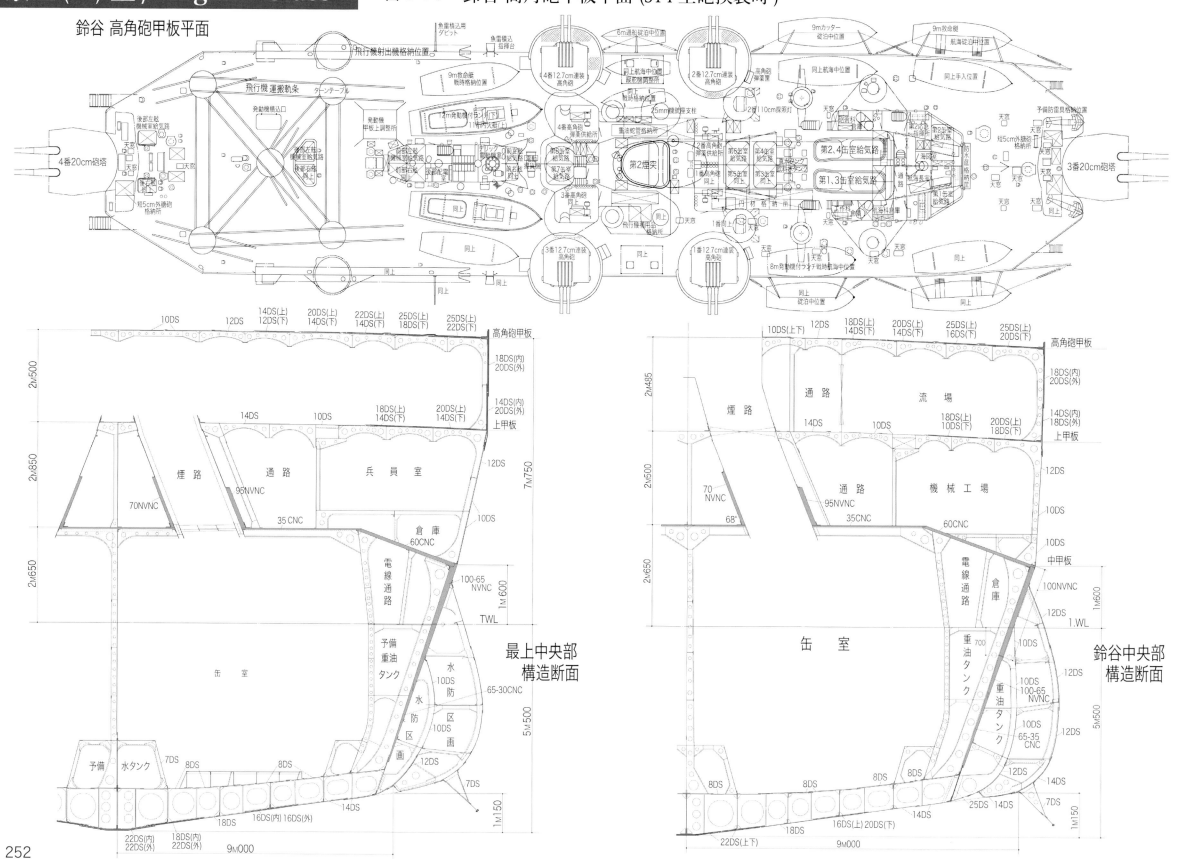

最上(II)型/Mogami Class

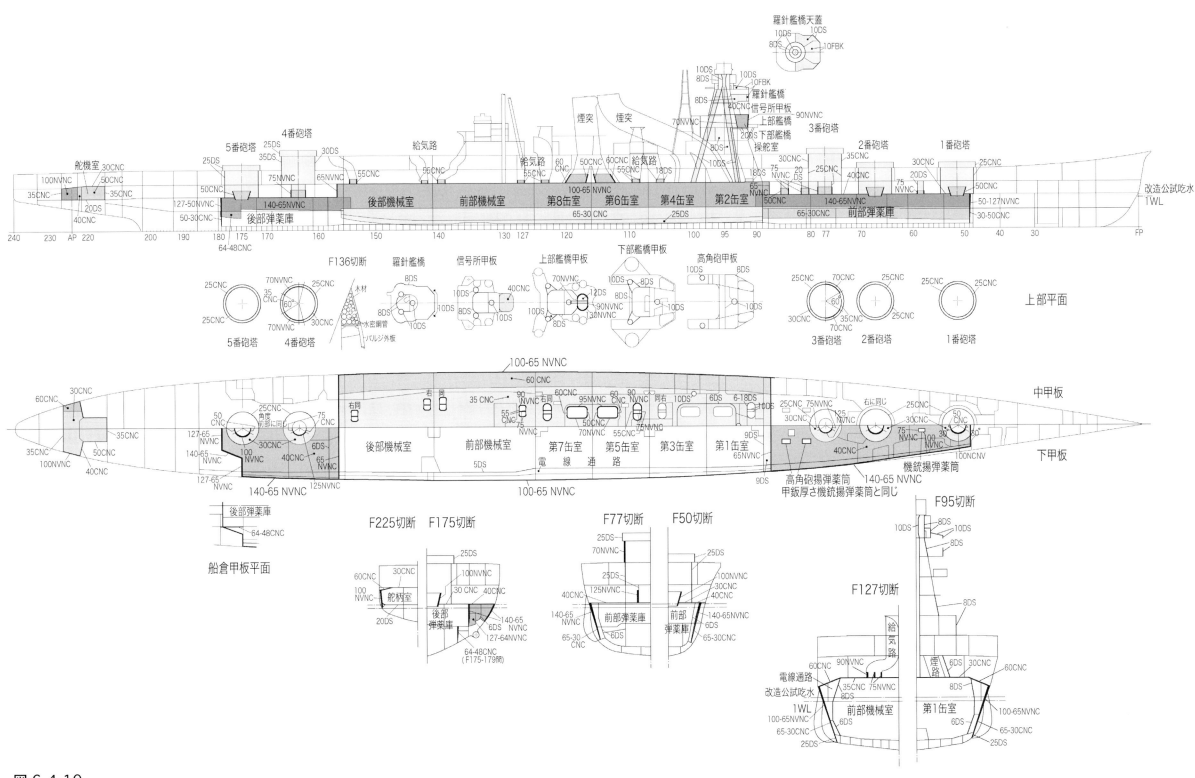

図 6-4-10
鈴谷 防禦配置図 (S14 主砲換装時)

最上(Ⅱ)型 / Mogami Class

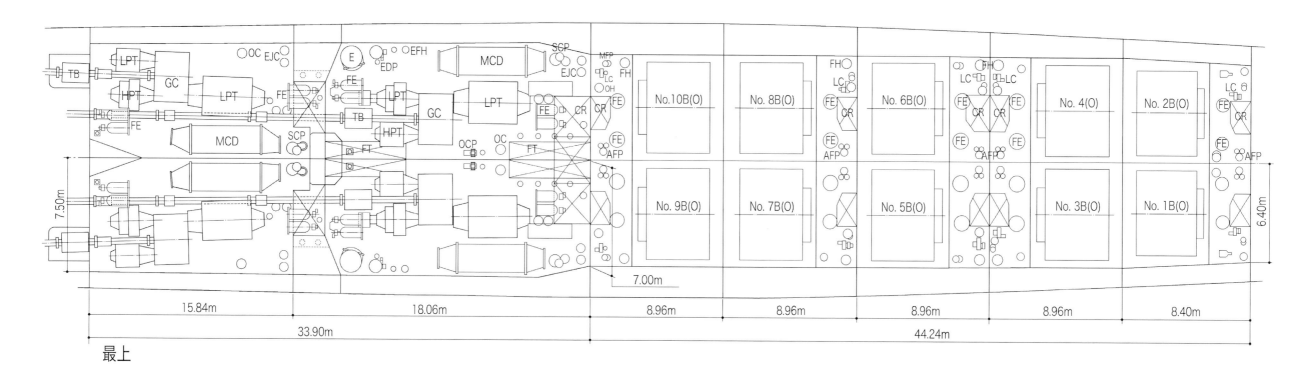

最上

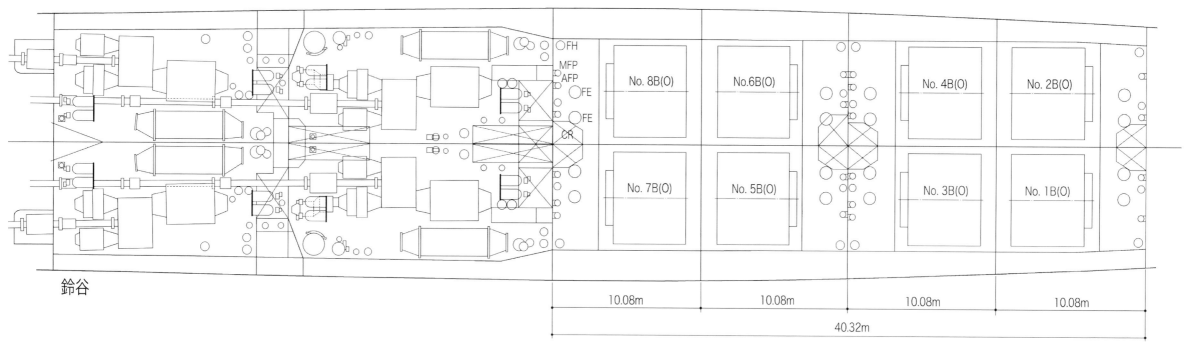

鈴谷

図 6-4-11
最上・鈴谷 機関配置図

最上(Ⅱ)型 /Mogami Class

◎最上の初期計画案で最上の基本計画番号C-37が付与されている。作成されたのはロンドン条約を締結して、巡洋艦の保有量が定められ、条約型巡洋艦は高雄型で一杯となり、建造できる軽巡枠でどれだけ条約型巡洋艦に近い艦が建造できるかということで最上型が計画されたもので、多分昭和5年頃の作成であろう。この艦型では高雄型を下敷きにして、前部の主砲配置を改め、艦橋構造物は高雄型を縮小する形で、煙突は結合煙突とし、後檣以降は高雄型と変わらない。

魚雷兵装は片舷3連装2基6射線とし、高角砲は12.7cm単装4基のままとしたのは主砲の15.5cm砲が対空射撃兼用であったためと思われる。計画では枠内で同型6隻を建造するため単艦基準排水量8,500トンと定められたが、このために基本計画はかなり無理なものとなり、必然的に過度の重量軽減等から、後に強度不足、復原力不良等の問題を露呈、手直しに長期の工数と予算を費やすことになるのであった。

図6-4-12
最上 原計画一般艤装図 (C-37)

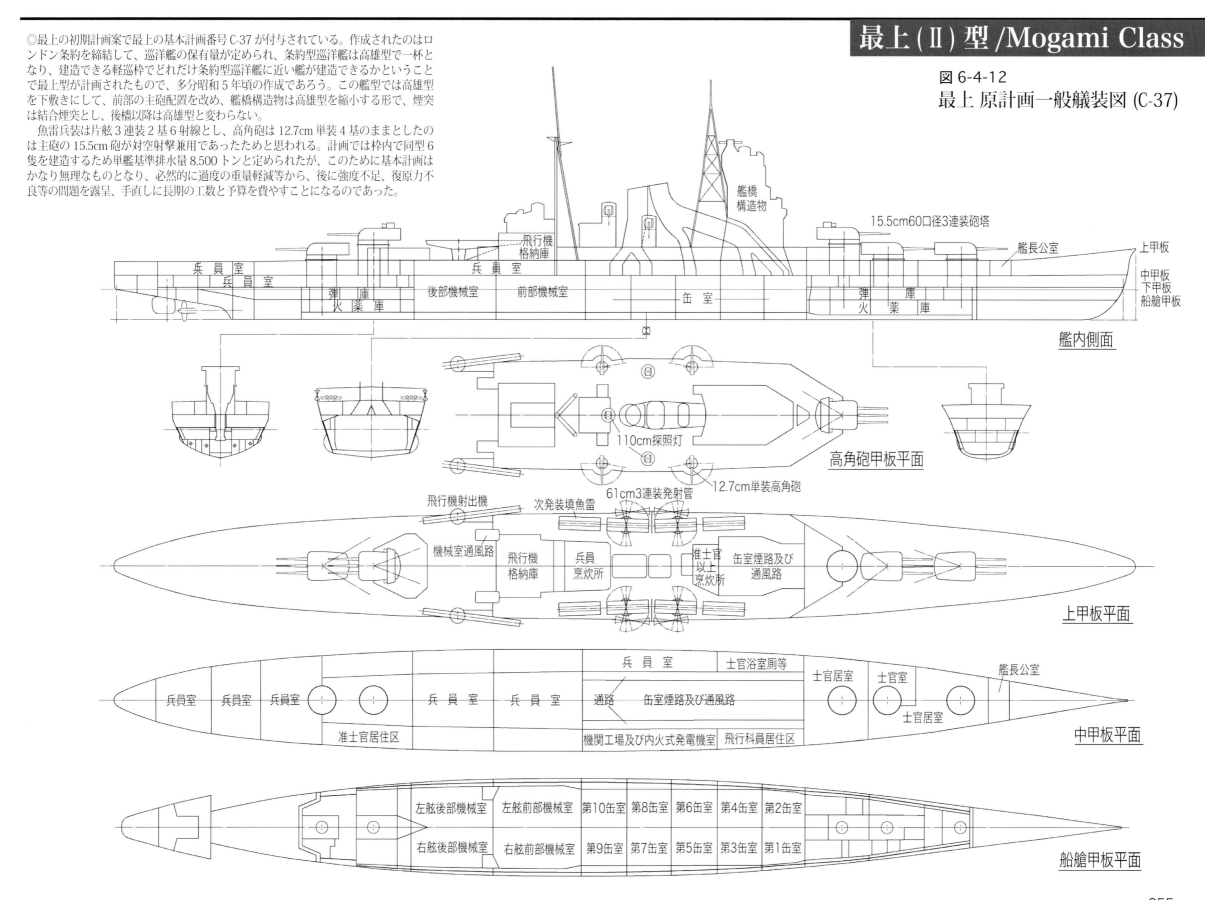

最上(II)型 /Mogami Class

図 6-4-13 最上 艦橋構造試案 (S 6)

◎最上の艦橋構造試案図。最上の艦橋構造については、先の高雄型においていろいろ批判の対象になったこともあって、最上型の計画にあたっては、技術会議の分科会が設けられ、軍令部、軍務局、教育局、艦政本部の関係者25名前後が集まって、昭和6年11月10日と翌年7月12日の2回、海軍省の会議室で開催されていた。この図面と会議の議事録は昭和7年の公文備考に収録されている。

会議では艦本の計画担当者である、藤本喜久雄造船大佐が出席者の質問、要望等に答える形でおこなわれ、その叩き台になったのがこの図の試案らしい。この時、藤本大佐の説明ではこれ以外に別案として、射撃指揮所と測距所を同軸上に重ねる案があり、これなら面積はもっと減少可能だが、ただしこの案は現状では難しいとしていた。

会議では下部艦橋甲板以上の実物大模型の作成を要望しており、各科、砲術、水雷、航海等の要望施設と装備を勘案してこの試案を決定したらしい。後の完成時の艦橋構造に比べて、ここでは難しいとされた射撃指揮所と測距所の同軸配置を実現しており、この試案より、よりコンパクトにまとめられたが、高角砲甲板上7層甲板構造はこの試案と同じである。前檣を含めてまだ高雄型の名残を各所に止めている。

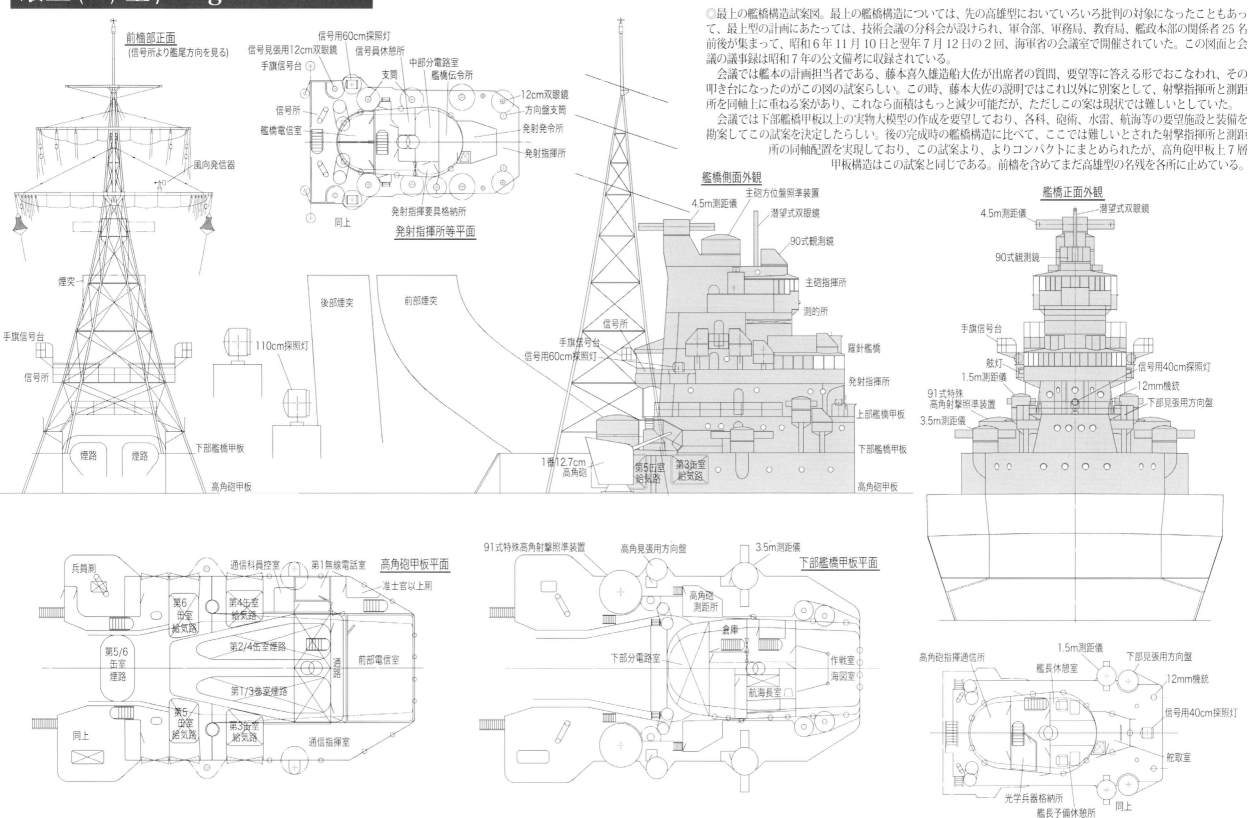

最上(Ⅱ)型 / Mogami Class

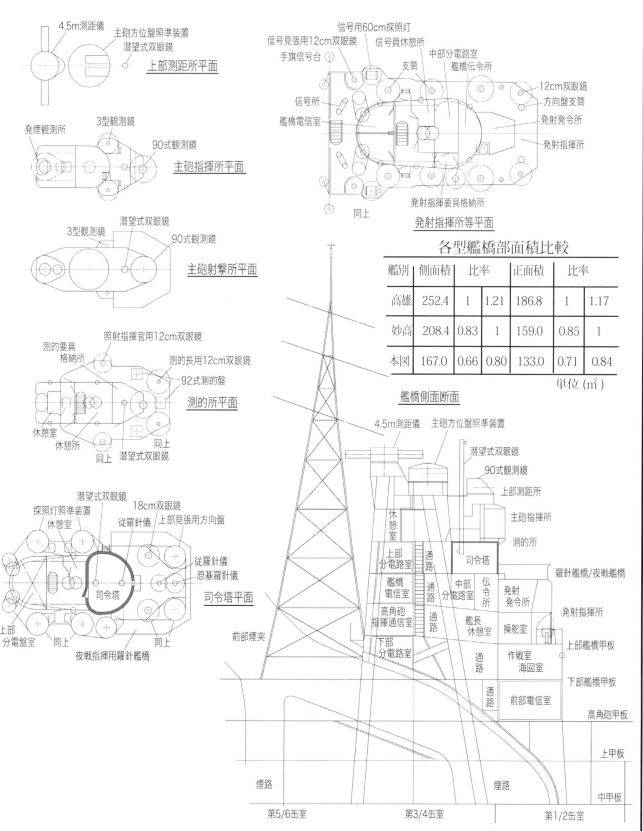

各型艦橋部面積比較

艦別	側面積	比率		正面積	比率	
高雄	252.4	1	1.21	186.8	1	1.17
妙高	208.4	0.83	1	159.0	0.85	1
本図	167.0	0.66	0.80	133.0	0.71	0.84

単位 (m²)

最上　定　員 / Complement (1)

職名/Occupation	官名/Rank	定数/No.		職名/Occupation	官名/Rank	定数/No.	
艦長	大佐	1			兵曹	142	下士/224
副長	中佐	1			航空兵曹	6	
砲術長	少佐	1			機関兵曹	67	
水雷長兼分隊長	〃	1			看護兵曹	2	
航海長兼分隊長	少佐/大尉	1			主計兵曹	7	
通信長兼分隊長	〃	1					
運用長兼分隊長	〃	1					
飛行長兼分隊長	〃	1					
分隊長	〃	5	士官/32				
	兵科尉官	1					
	中少尉	7			水兵	448	兵/702
機関長	機関中少佐	1			機関兵	220	
分隊長	機関少佐/大尉	4			看護兵	4	
	機関中少尉	2			主計兵	30	
軍医長兼分隊長	軍医少佐	1					
	軍医中少尉	1					
主計長兼分隊長	主計少佐	1					
	主計中少尉	1					
	特務中少尉	5	特士/10				
	機関特務中少尉	4					
	航空特務中少尉	1					
	兵曹長	5	准士/14				
	機関兵曹長	6					
	航空兵曹長	2					
	主計兵曹長	1					
					(合　計)	982	

注/NOTES
昭和9年3月14日内令92による2等巡洋艦最上の定員を示す【出典】海軍制度沿革
(1) 兵科分隊長の内2人は砲台長、1人は射撃幹部、1人は測的長、1人は水雷砲台長にあたるものとする
(2) 機関科分隊長の内1人は機械部、1人は缶部、1人は電機部、1人は補機部の各指揮官にあたる
(3) 特務中少尉1人及び兵曹長の内1人は掌砲長、1人は掌水雷長、1人は掌帆長、1人は掌信号長、1人は掌通信長にあたるものとする
(4) 機関特務中少尉2人及び機関兵曹長の内1人は掌機長、2人は機械長、2人は缶長、1人は電機部、1人は補機長にあてる
(5) 兵科分隊長の内1人は特務大尉を以て、機関科分隊長中1人は機関特務大尉を以て補することが可
(6) 飛行機を搭載しないときは飛行長兼分隊長1人、兵科尉官1人、特務中少尉1人、航空特務中少尉1人、航空兵曹長2人、機関兵曹長1人、兵曹7人、航空兵曹6人、機関兵曹5人、水兵8人及び機関兵7人減ずる(飛行機の一部を搭載しないときはおおむねその数に比例し前記人員に準ずる人員を減ず)、ただし必要に応じて前記下士官及び兵に限り減員合計数の1/5の人員を置くことができる

最上（Ⅱ）型 /Mogami Class

最上型　定　員/Complement（2）

職名/Occupation	官名/Rank	定数/No.		職名/Occupation	官名/Rank	定数/No.	
艦長	大佐	1			兵曹	120	下士 最上三隈/203 鈴谷熊野/200
副長	中佐	1			航空兵曹	7	
航海長	少佐	1			整備兵曹	6	
砲術長	〃	1			機関兵曹	①	
水雷兼分隊長	〃	1			看護兵曹	2	
通信長兼分隊長	少佐/大尉	1			主計兵曹	9	
運用長兼分隊長	〃	1					
飛行長兼分隊長	〃	1					
分隊長	〃	5	士官/35				
	兵科尉官	1					
	中少尉	9			水兵	369	兵 最上三隈/619 鈴谷熊野/618
機関長	機関中少佐	1			機関兵	②	
分隊長	機関少佐/大尉	4			航空兵	11	
	機関中少尉	2			整備兵	6	
軍医長兼分隊長	軍医少佐	1			看護兵	4	
	軍医中少尉	1			主計兵	25	
主計長兼分隊長	主計少佐	1					
	主計中少尉	1					
	特務中少尉	4					
	機関特務中少尉	3	特士/9				
	航空特務中少尉	1					
	整備特務中少尉	1					
	兵曹長	5					
	機関兵曹長	5	准士/12				
	航空兵曹長	1					
	主計兵曹長	1			（合　計）	③	

注/NOTES
昭和12年4月内令169による2等巡洋艦最上型の定員を示す【出典】海軍制度沿革
①最上、三隈-60、鈴谷、熊野-57　②最上、三隈-204、鈴谷、熊野-203　③最上、三隈-878、鈴谷、熊野-874
(1) 兵科分隊長の内2人は砲台長、1人は射撃幹部、1人は測的指揮官、1人は見張指揮官兼航海長補佐官にあたる
(2) 機関科分隊長の内1人は機械部、1人は缶部、1人は電機部、1人は工業部の各指揮官にあたる
(3) 特務中少尉及び兵曹長の内1人は掌砲長、1人は掌水雷長、1人は掌運用長、1人は掌信号長、1人は掌通信長、1人は操舵長、1人は電信長、1人は主砲方位盤射手、1人は砲台部付、1人は水雷砲台部付にあて、信号長又は操舵長の中の1人は掌航海長を兼ねるものとする
(5) 機関特務中少尉及び機関兵曹長の内1人は掌機長、3人は機械長、2人は缶長、1人は電機部、1人は工作部にあてる
(6) 飛行機(3座)搭載の場合においては1機に付き1人の割合で航空兵曹を増加するものとする
(7) 飛行機を搭載しないときは飛行長兼分隊長、兵科尉官1人、航空特務中少尉、整備特務中少尉、航空兵曹長、整備兵曹長、航空兵曹、整備兵、航空及び整備兵を置かず（飛行機の一部を搭載しないときはおおむねその数に比例し前記人員を置かないものとする）、ただし航空科、整備科下士官及び兵に限りその合計数の1/5の人員を置くことができる
(8) 兵科分隊長(砲術)の内1人は特務大尉を以て、中少尉の中の2人は特務中少尉又は兵曹長を以て、機関科分隊長中1人は機関特務大尉を以て補することが可

最上戦時改装後　定　員/Complement（3）

職名/Occupation	官名/Rank	定数/No.		職名/Occupation	官名/Rank	定数/No.	
艦長	大佐	1			兵曹	116	下士/221
副長	中佐	1			飛行兵曹	16	
機関長	中少佐	1			整備兵曹	16	
航海長	少佐	1			機関兵曹	54	
砲術長	〃	1			工作兵曹	9	
飛行長	〃	1			衛生兵曹	3	
水雷長兼分隊長	〃	1			主計兵曹	8	
通信長兼分隊長	少佐/大尉	1					
内務長兼分隊長	〃	1					
分隊長	〃	12	士官/43				
	兵科尉官	5			水兵	355	兵/661
	中少尉	13			機関兵	195	
軍医長兼分隊長	軍医少佐	1			整備兵	66	
	軍医中少尉	1			工作兵	16	
主計長兼分隊長	主計少佐	1			衛生兵	4	
	主計中少尉	1			主計兵	25	
	中少尉(水)	4					
	中少尉(飛)	5					
	中少尉(整)	1	特士/14				
	中少尉(機)	3					
	中少尉(工)	1					
	兵曹長	5					
	機関兵曹長	4					
	飛行兵曹長	6	准士/17				
	整備兵曹長	1					
	主計兵曹長	1			（合　計）	956	

注/NOTES
昭和18年5月12日内令918による2等巡洋艦最上の定員を示す【出典】内令提要
(1) 兵科分隊長は1人あて砲台長、射撃幹部員、測的指揮官、見張指揮官兼航海長補佐官、高角砲指揮官、機銃指揮官、飛行部指揮官、整備部兼兵器部指揮官、機械部指揮官、缶部指揮官、電機部指揮官及び工業部指揮官にあたる
(2) 中少尉(水)及び兵曹長は1人あて掌内務、掌砲長、掌水雷長、信号長、掌通信長、操舵長、電信長、砲台部付及び水雷砲台部付にあて、信号長又は操舵長の中の1人は掌航海長を兼ねるものとする
(3) 特務中少尉(機)及び機関兵曹長の1人は掌機長、3人は機械長、2人は缶長、1人は電機長にあてる
(4) 飛行機を搭載しないときは飛行長、分隊長2人、兵科尉官5人、中少尉(飛)5人、中少尉(整)1人、飛行兵曹長、整備兵曹長、飛行兵曹、整備兵曹及び整備兵を置かず（飛行機の一部を搭載しないときはおおむねその数に比例し前記人員を置かないものとする）、ただし飛行科、整備科下士官及び兵に限りその合計数の1/5の人員を置くことができる
(5) 兵科分隊長の内1人は大尉(水)を以て、1人は大尉(機)又は大尉(工)を以て、中少尉の中の3人は中少尉(水)又は兵曹長を以て、1人は中少尉(機)又は機関兵曹長を以て補することが可
(6) 昭和18年に損傷修復を兼ねて後部砲塔群を撤去、後部甲板を水偵搭載用の飛行甲板に改装した際の定員を示す、昭和17年11月1日の改正により従来の機関科将校が兵科に統合され、特務士官の呼称も変わっており、またこれ以前に准士官以下の専門を示す「航空」という名称が「飛行」に改められている

最上(Ⅱ)型/Mogami Class

熊野戦時乗員　定員/Complement (4)

職名	主務	官名	定数
艦長		大佐	1
副長	防禦総指揮官	大佐	1
機関長	運転指揮官	中佐	1
航海長兼分隊長		少佐	1
砲術長	射撃指揮官	〃	1
内務長兼分隊長	防禦指揮官	〃	1
通信長兼分隊長		大尉	1
水雷長兼分隊長		〃	1
分隊長	機械部指揮官	〃	1
〃	高射指揮官	〃	1
〃	缶部指揮官	〃	1
〃	主砲台長	〃	1
〃	工業部指揮官	〃	1
〃	発令所長	中尉	1
〃	電気部指揮官	〃	1
〃	飛行部指揮官	〃	1
乗組	電信長	〃	1
〃	掌砲長	〃	1
〃	主砲方位盤射手	〃	1
〃	掌水雷長	〃	1
〃	掌内務長	〃	1
〃	掌機長	〃	1
〃	掌航海長	〃	1
〃	缶部付	〃	1
〃	缶長	〃	1
〃	航海士	〃	1
〃	測の士照射指揮官	〃	1
〃	副長付応急班指揮官	〃	1
〃	工業長	少尉	1
〃	左高射指揮官	〃	1
〃	掌通信長	〃	1
〃	掌飛行長	〃	1
〃	補機長	〃	1
〃	機銃群指揮官	〃	4
〃	飛行部付兼機銃群指揮官	〃	4
〃	主砲台部付兼機銃群指揮官	〃	1

（定数欄注記：士官 特士/13、士官 特士/42）

職名	主務	官名	定数
乗組	機銃群指揮官兼通信士	少尉	1
〃	通信士	〃	2
〃	電測士	〃	1
〃	砲術士	〃	1
〃	航海士	〃	1
〃	電機部付	〃	1
軍医長兼分隊長		医少佐	1
乗組	軍医長補佐	医大尉	1
主計長兼分隊長		主大尉	1
乗組	掌経理長	主中尉	1
〃	主計長補佐	主少尉	1
承命服務	電探士	少尉	1
乗組	見張指揮官付	兵曹長	1
〃	見張長	〃	1
〃	操舵長	〃	1
〃	水雷砲台部付兼機銃群指揮官	〃	1
〃	主砲々台付兼機銃群指揮官	〃	1
〃	暗号部付	〃	1
〃	発令所号令官	〃	1
〃	主砲々台付	〃	1
〃	飛行部付	飛曹長	2
〃	掌整備長兼分隊士	整曹長	1
〃	缶長	機曹長	2
〃	機械長	〃	2
〃	補機長	〃	1
承命服務	飛行部付	予備学生	1
乗組	水兵科	下士兵	695
〃	飛行科/整備科	〃	34
〃	機関科	〃	247
〃	工作科	〃	36
〃	医務科	〃	7
〃	主計科	〃	38
〃	備人	〃	3
			1,132

（定数欄注記：士官 特士/13、准士 同相当/17、下士兵/1060）

注/NOTES
昭和19年10月1日現在の軍艦熊野の乗員実数を示す【出典】熊野戦時日誌
(1) 本艦の比島沖海戦参加直前の乗員数を示す
(2) 官名欄中に予備学生という名称があるが予備少尉任官前の意味か、原文のままとした

艦歴/Ship's History (1)

最上 (1/3)

年月日	記事/Notes
1931(S6)-10-27	呉工廠で起工
1932(S7)-8-1	命名、横須賀鎮守府に仮入籍、2等巡洋艦に類別
1934(S9)-3-3	呉鎮守府に仮入籍
1934(S9)-3-14	進水、艤装員長鮫島具重大佐(37期)就任
1935(S10)-7-28	竣工、第1予備艦、呉鎮守府に入籍、呉警備戦隊付属、艦長鮫島具重大佐(37期)就任
1935(S10)-9-1	本艦90式水偵、艦の航跡利用の着水訓練中転覆、機体大破
1935(S10)-9-26	大演習で赤軍第4艦隊として参加中三陸沖で大型台風に遭遇損傷(第4艦隊事件)、錨甲板波状に湾曲、外鈑の一部接合緩み浸水、1番砲塔支持枠湾曲、94式水偵方向舵破損その他
1935(S10)-10-3	呉工廠で艤装改造工事、翌年3月31日完成
1935(S10)-11-15	第2予備艦、艦長伊藤整一大佐(39期)就任
1936(S11)-4-1	第3予備艦
1936(S11)-4-15	艦長小林徹理大佐(38期)就任
1936(S11)-8-15	呉工廠で船体部改造、13年2月25日完成(設計不備及び溶接工事不良等の不具合修正、性能改善)
1936(S11)-12-1	艦長高塚省吾大佐(38期)就任、翌年12月1日まで兼韓崎艦長
1937(S12)-1-12	広工廠で呉式2号射出機5型改造、翌年6月20日完成
1937(S12)-5-	呉工廠で中低圧タービン改正工事、10月31日完成
1937(S12)-5-7	呉工廠で94式特用空気圧搾機装備、翌年2月完成(搭載魚雷を93式魚雷に換装のため)
1937(S12)-7-5	呉工廠で機関指揮所、前部機械操縦室に防毒循環通風装置新設、11月20日完成
1937(S12)-8-5	広工廠で航空兵装改造、翌年2月18日完成
1937(S12)-8-7	呉工廠で防空機銃改造、翌年2月10日完成
1937(S12)-9-1	第2予備艦
1937(S12)-9-25	呉工廠で揚艇桿装備及び同旋回装置復旧工事、翌年5月14日完成
1938(S13)-4-20	艦長千葉慶蔵大佐(38期)就任
1938(S13)-12-15	第3予備艦
1939(S14)-2-	呉工廠で主砲換装工事着手、翌年4月12日完成
1939(S14)-11-15	特別役務艦、艦長伊崎俊二大佐(42期)就任、12月5日まで兼神通艦長
1940(S15)-5-1	第2艦隊第7戦隊
1940(S15)-10-11	横浜沖紀元2600年特別観艦式参列
1941(S16)-1-8	艦長有賀武夫大佐(42期)就任
1941(S16)-1-23	呉発、29日海南島三亜着、対仏印武力顕示作戦支援、2月18日発20日馬公着、21日発23日中城湾着、26日発3月3日高雄着、7日発11日有明湾着、28日発29日呉着
1941(S16)-4-4	呉工廠入渠、11日出渠、5月15日発17日伊勢湾着、21日発22日三河湾着、6月3日発6日別府湾着、10日発12日宿毛湾着、19日発23日有明湾着、27日発30日横須賀着、7月8日発12日呉着、16日発南部仏印進駐作戦支援、22日三亜着、25日発31日サイゴン沖発
1941(S16)-8-20	呉着、9月8日入渠、13日出渠、出師準備、整備作業
1941(S16)-9-10	艦長曽爾章大佐(44期)就任
1941(S16)-9-16	呉発同日室積着、10月14日発15日佐伯着、19日発20日別府着、23日発当日宿毛湾着、11月1日発2日有明湾着、9日発10日宿毛湾着、12日発13日柱島着、15日呉に回航
1941(S16)-11-20	呉出撃、26日三亜着、12月4日発マレー上陸作戦支援、20日カムラン湾着、22日発クチン攻略作戦支援、29日カムラン湾着、1月23日発エンドウ上陸作戦支援、24日サンジャック入泊待機、

最上(Ⅱ)型/Mogami Class

艦 歴/Ship's History (2)

艦 名	最 上 (2/3)
年 月 日	記 事/Notes
	27 日発 28 日カムラン湾着、2 月 10 日発バンカ、パレンバン上陸作戦支援、17 日アナンバス着
1942(S17)- 2-24	アナンバス発ジャワ攻略作戦支援、3 月 1 日バタビア沖海戦に参加、三隈と協同して米巡ヒュースト
	ン /Houston と豪巡パース /Perth を撃沈、夜間一方的戦闘で損害なし、5 日シンガポール着、8 日発
	北部スマトラ攻略作戦を支援、15 日シンガポール着、同日発アンダマン、ビルマ攻略作戦支援、26
	日メルギー着、4 月 1 日発ベンガル湾掃討機動作戦南方部隊に参加、6 日ベンガル湾で三隈ととも
	に商船 5 隻を撃沈、消耗弾数 20cm-137、12.7cm-47、11 日シンガポール着、13 日発内地に向かう
1942(S17)- 4-22	呉着、5 月 4 日入渠、12 日出渠、整備、修理作業
1942(S17)- 5-20	ミッドウェー攻略部隊支援隊に編入
1942(S17)- 5-22	柱島発 26 日グアム島着、28 日発出撃、6 月 5 日ミッドウェー島砲撃のため前進中だった第 7 戦隊
	本艦等重巡 4 隻は空母部隊全滅により作戦中止、主隊への合同を命じられ反転中、深夜 2330 ころ、
	旗艦熊野以下単縦陣で航行中、旗艦が浮上潜水艦を発見、緊急回頭を行った際旗艦の転舵命令の
	不備から 3 番艦三隈の左舷中央部付近に 4 番艦本艦が斜めに衝突、艦首部が左に大きく屈曲する
	損傷を生じ本艦は 1 番砲塔前まで浸水一時前進航行不能となる、熊野と鈴谷は損傷した 2 隻を残し
	て離脱、低速で航行可能となった本艦を三隈が護衛して退避中、6 日ミッドウエー島から飛来した
	艦爆と B17 の爆撃を受けるも被害なく、7 日早朝には護衛の駆逐艦も合同無事に退避可能と見られ
	たが、やがて米空母機の攻撃が始まり、両艦とも 1 発ずつの被爆があったが、航行には支障なく、
	高速発揮可能な三隈のみ離脱をはかるも、引き続く空襲は三隈に集中多数の被爆で停止炎上乗員は
	駆逐艦に退避するにいたる、本艦も 4 発ほどの直撃弾を受けるも魚雷や爆雷等を事前に投棄してお
	いたために火災も大事にいたらず退避に成功す、この戦闘での本艦の戦死者は約 150 名といわれて
	いる、この時 2 隻を見捨てていち早く離脱した 7 戦隊の司令官は、後のレイテ突入の第 1 遊撃部隊
	指揮官栗田中将だった、14 日トラック着、応急修理を実施
1942(S17)- 7-14	第 3 艦隊第 7 戦隊となる、22 日応急修理完成、8 月 5 日トラック発 11 日佐世保着
1942(S17)- 8-25	特別役務艦、呉鎮守府予備艦となり佐世保工廠で損傷修理を兼ねて後部砲塔を撤去し飛行甲板を設
	けて水偵 11 機を搭載する航空巡洋艦に改装されることになる
1942(S17)-11-10	艦長佐々木静吾大佐 (45 期) 就任、11 月 25 日より兼千歳艦長
1943(S18)- 4-14	艦長相徳一郎大佐 (45 期) 就任
1943(S18)- 5- 1	改装完成、佐世保発 2 日柱島に回航、訓練
1943(S18)- 5-17	第 2 艦隊第 7 戦隊
1943(S18)- 5-20	徳山発 21 日横須賀着、北方作戦のため待機、31 日発 6 月 2 日柱島着、訓練に従事
1943(S18)- 6-10	第 3 艦隊第 7 戦隊
1943(S18)- 7- 8	呉発宇品回航、陸軍部隊乗艦、10 日八島沖発、15 日トラック着、19 日発陸軍兵員物資輸送、21 日
	ラバウル着搭載兵員物資揚陸、24 日発 26 日トラック着、警泊、訓練
1943(S18)- 9-18	トラック発 20 日ブラウン着、23 日発 25 日トラック着、10 月 17 日発 19 日ブラウン着、23 日発
	28 日トラック着、11 月 3 日トラック発 5 日ラバウル着、米空母機の空襲を受け 1、2 番砲塔間に
	被爆、小破、戦死 18、同日鈴谷の護衛のもとラバウル発、8 日トラック着、明石に横付け修理、
	12 月 16 日発内地に向かう
1943(S18)-12-21	呉着、22 日入渠、修理に従事
1944(S19)- 1- 1	第 3 艦隊付属
1944(S19)- 2-17	工事完成出渠、この間機銃増備、電探装備等の訓令工事を実施
1944(S19)- 3- 8	呉発、人員物資輸送、15 日シンガポール着、16 日リンガ泊地に回航、

艦 歴/Ship's History (3)

艦 名	最 上 (3/3)
年 月 日	記 事/Notes
1944(S19)- 4-10	艦長藤間良大佐 (47 期) 就任
1944(S19)- 5-11	リンガ泊地出撃、14 日タウイタウイ着、6 月 13 日発 14 日ギマラス着、15 日発マリアナ沖海戦に
	参加、軽微な損害、22 日中城湾着、23 日発 24 日柱島着、呉に回航、機銃、電探増備を実施
1944(S19)- 7- 8	呉発人員物資輸送、沖縄、マニラ経由 20 日リンガ泊地着、以後訓練等に従事
1944(S19)-10-18	リンガ泊地発、20 日ブルネイ着、22 日発、レイテ突入の第 3 部隊西村艦隊に参加してスリガオ海峡
	に向かう、24 日スルー海で敵空母機の空襲を受け、戦死 2、負傷 6、戦闘航行に支障なし、翌 25 日
	0100 スリガオ海峡入口で敵魚雷艇と交戦、0200 ごろより敵駆逐艦等が出現交戦、主力の扶桑、山
	城が被雷及び被弾により炎上停止する間、0340 本艦も被弾が続き火災を生じる、0345 反転退避中
	0402 艦橋に被弾、艦長、副長をはじめ艦橋にあった幹部の大半が戦死、0420 西村艦隊を追って海
	峡に突入してきた志摩艦隊の那智が右舷後部に追突するも、航行に支障なく 0500 には砲術長が艦
	を指揮して操舵も可能となる、0727 敵爆撃機が来襲、1、2 砲塔塔と 2 番高角砲のみで反撃撃退し
	たが、0830 中央部の火災が消えず機械室が高温、煙が充満、機械運転が不可能となり航行停止、
	0902 再度敵爆撃が来襲、前部と後部に被爆、火薬庫への注水もままならず、1047 総員退去、横付
	けした曙に移乗する、1230 曙が魚雷 1 本を発射左舷に転覆しつつ 1307 前部より沈没、24 日以降
	の戦死艦長以下 195、負傷 121、生存者は 26 日キャビテ着
1944(S19)-12-20	除籍

最上 (Ⅱ) 型 /Mogami Class

艦 歴 /Ship's History (4)

艦 名	三 隈 (1/2)
年 月 日	記事 /Notes
1931(S 6)-12-24	三菱長崎造船所で起工
1932(S 7)- 8- 1	命名、呉鎮守府に仮入籍、2 等巡洋艦に類別
1934(S 9)- 5-31	進水、艤装員長吉田庸光大佐 (36 期) 就任
1934(S 9)- 7- 4	艤装員長鈴木田幸造大佐 (37 期) 就任
1935(S10)- 8-29	竣工、第 1 予備艦、呉鎮守府に入籍、呉警備戦隊付属、艦長鈴木田幸造大佐 (37 期) 就任
1935(S10)- 9-26	大演習で赤軍第 4 艦隊として参加中三陸沖で大型台風に遭遇損傷 (第 4 艦隊事件)、電気溶接接合部
	亀裂十数個所、重油漏洩十数個所 (浸透程度)、前甲板スチールデッキ凹陥、94 式水偵方向舵破損
1935(S10)-10-	呉工廠で上記損傷修理工事
1935(S10)-11-30	呉工廠で入渠、増減速計装備、舵形状改正のため
1935(S10)-11-15	第 1 予備艦、艦長武田盛治大佐 (38 期) 就任
1936(S11)- 4- 1	第 3 予備艦、三菱長崎造船所で性能改善工事に着手、翌年 10 月末完成
1936(S11)- 5-19	呉工廠で揚艇桿装備及び同旋回装置復旧工事、22 日完成
1936(S11)-12- 1	艦長岩越寒季大佐 (38 期) 就任
1937(S12)- 5- 7	呉工廠で入渠、中低圧タービン間蒸気溜管の一部改正
1937(S12)- 7- 1	第 2 予備艦
1937(S12)-10-31	第 1 予備艦、呉工廠出渠
1937(S12)-12- 1	第 2 艦隊第 7 戦隊、艦長入船直三郎大佐 (39 期) 就任
1938(S13)- 4- 9	寺島水道発南支方面行動、14 日高雄着
1938(S13)-10-17	寺島水道発南支方面行動、23 日馬公着
1938(S13)-11-15	艦長平岡粂一大佐 (39 期) 就任、兼比叡艦長
1938(S13)-12-15	艦長阿部孝壮大佐 (40 期) 就任
1939(S14)- 3-21	佐世保発北支方面行動、4 月 3 日有明湾着
1939(S14)- 5-20	第 3 予備艦、横須賀工廠で主砲換装工事着手、12 月末完成
1939(S14)- 7-20	艦長久保九次大佐 (38 期) 就任、兼鈴谷艦長
1939(S14)-11-15	特別役務艦、艦長木村進大佐 (40 期) 就任
1940(S15)- 5- 1	第 2 艦隊第 7 戦隊
1940(S15)-11- 1	艦長崎山釈夫大佐 (42 期) 就任
1941(S16)- 1-23	呉発、29 日海南島三亜着、対仏印武力顕示作戦支援、2 月 18 日発 20 日馬公着、21 日発 23 日中城
	湾着、26 日発 3 月 3 日高雄着、7 日発 11 日有明湾着、28 日発 29 日呉着
1941(S16)- 4-11	呉工廠入渠、17 日出渠、24 日呉発 28 日三河湾着、5 月 17 日発同日伊勢湾着、21 日発 22 日三河湾着、
	6 月 3 日発 6 日呉着、16 日発 17 日宿毛湾着、22 日発 23 日有明湾着、27 日発 30 日横須賀着、
	7 月 6 日発木更津沖着、8 日発 12 日呉着、16 日発南部仏印進駐作戦支援、22 日三亜着 25 日発、
	31 日サイゴン沖発 8 月 7 日宿毛湾着、19 日発呉に向かう
1941(S16)- 8-20	呉着、入渠、13 日出渠、出師準備、整備作業
1941(S16)- 9-16	呉発同日室積着、10 月 14 日発 15 日佐伯着、19 日発 20 日別府着、23 日発当日宿毛湾着、11 月
	1 日発 2 日有明湾着、9 日発 10 日宿毛湾着、12 日発 13 日柱島着、15 日発呉に回航
1941(S16)-11-20	呉発出撃、26 日三亜着、12 月 4 日発マレー上陸作戦支援、10 日プロコンドル着、警泊、11 日発第
	2 次上陸作戦支援、19 日マレー半島沖発 20 日カムラン湾着、22 日発クチン攻略作戦支援、23 日
	クチン着、27 日発 29 日カムラン湾着、翌年 1 月 16 日発 19 日カムラン湾着、23 日発エンドウ上
	陸作戦支援、24 日サンジャック入泊待機、27 日発 28 日カムラン湾着、2 月 10 日発バンカ、パレ

艦 歴 /Ship's History (5)

艦 名	三 隈 (2/2)
年 月 日	記事 /Notes
	ンバン上陸作戦支援、17 日アナンバス着
1942(S17)- 2-24	アナンバス発ジャワ攻略作戦支援、3 月 1 日バタビヤ沖海戦に参加、最上と協同して米巡ヒュースト
	ンと豪巡パースを撃沈、夜間一方的の戦闘で損害なし、5 日シンガポール着、8 日発北部スマトラ攻略
	作戦を支援、15 日シンガポール着、同日発アンダマン、ビルマ攻略作戦支援、26 日メルギー着、
	4 月 1 日発ベンガル湾掃討機動作戦南方部隊に参加、6 日ベンガル湾で最上とともに商船 5 隻を
	撃沈、消耗弾数 20cm-120、12.7cm-22、11 日シンガポール着、13 日発内地に向かう
1942(S17)- 4-22	呉着、5 月 4 日入渠、12 日出渠、整備、修理作業、15 日柱島回航、18 日発訓練のため伊予灘に向か
	う、19 日柱島着呉に回航
1942(S17)- 5-20	ミッドウェー攻略部隊支援隊に編入される
1942(S17)- 5-22	柱島発 26 日グァム島着、28 日発出撃、6 月 5 日ミッドウェー島砲撃のため前進中だった第 7 戦隊
	本艦等重巡 4 隻は空母部隊全滅により作戦中止、主隊への合同を命じられ反転中、深夜 2330 ごろ、
	旗艦熊野以下単縦陣で航行中、旗艦が浮上潜水艦を発見、緊急回頭を行った際旗艦の転舵命令の
	不備から 3 番砲本艦の左舷中央部付近に 4 番艦最上が斜めに衝突、本艦は中央部舷側に破口を生じ
	るも僅かの浸水のみで航行に支障なし、最上は艦首部が左に大きく屈曲して 1 番砲塔前まで浸水一
	時前進航行不能となる、熊野と鈴谷は損傷した 2 隻を残して離脱、低速で航行可能となった最上を
	本艦が護衛して退避中、6 日ミッドウェー島から飛来した艦爆と B17 の爆撃を受けるも被害なく、
	7 日早朝には護衛の駆逐艦も合同無事に退避可能と見られたが、やがて米空母機の攻撃が始まり、
	両艦とも 1 発ずつの被爆があったが、航行には支障なく、高速発揮可能の本艦のみ離脱をはかるも、
	引き続く空襲は本艦に集中多数の被弾で魚雷が誘発、炎上、機関も停止鎮火不能となる、艦長も重
	傷を負い副長が指揮をとったもののいかんともしがたく、火災発生から 7 時間ほどで総員退去、総
	員 888 名のうち 240 名が朝潮と荒潮に救助された、約 150 名ほどがまだ海上にあったというが、駆
	逐艦は米水上艦出現の報により最上を護衛退避、同夕最上艦長が朝潮に現場に引き返して残った乗
	員の救助を命じたが、朝潮は夜間現場に達したものの本艦の姿はなく、乗員も発見できずに引き返
	した、本艦の崎山艦長はトラック到着前に死亡、副長以下約 640 名が戦死したことになる
	この本艦の喪失は日本重巡戦没第 1 号で、エンタープライズ機の撮影した炎上漂流中の本艦の写真
	は有名となり、これで米海軍は本型が 20cm 砲に換装した事実をはじめて知ったという
1942(S17)- 8-10	除籍

最上 (Ⅱ) 型 /Mogami Class

艦 歴/Ship's History (6)

艦 名	鈴 谷 (1/2)
年 月 日	記事/Notes
1933(S 8)- 8- 1	命名、横須賀鎮守府に仮入籍、2 等巡洋艦に類別
1933(S 8)-12-11	横須賀工廠で起工
1934(S 9)-11-20	進水、艤装員長吉田庸光大佐 (36 期) 就任
1936(S11)-12- 1	艤装員長水崎正次郎大佐 (38 期) 就任
1937(S12)-10-31	竣工、第 1 予備艦、呉鎮守府に入籍、艦長水崎正次郎大佐 (38 期) 就任
1937(S12)-12- 1	第 2 艦隊第 7 戦隊、艦長柴田弥一郎大佐 (40 期) 就任
1938(S13)- 4- 9	寺島水道発南支方面行動、14 日高雄着
1938(S13)-10-17	寺島水道発南支方面行動、23 日馬公着
1938(S13)-11-15	艦長久保九次大佐 (38 期) 就任
1938(S13)-12-15	第 3 予備艦、横須賀工廠で主砲換装工事着手、翌年 9 月末完成
1939(S14)- 9- 5	第 2 予備艦
1939(S14)-10-20	第 1 予備艦
1939(S14)-11-15	第 2 艦隊第 7 戦隊、艦長高柳儀八大佐 (41 期) 就任
1940(S15)- 3-27	中城湾発南支方面行動、4 月 2 日基隆着
1940(S15)-10-11	横浜沖紀元 2600 年特別観艦式参列
1940(S15)-10-15	艦長木村昌福大佐 (41 期) 就任
1941(S16)- 1-23	呉発、29 日海南島三亜着、対仏印武力顕示作戦支援、2 月 9 日発 10 日バンコク沖着、13 日サイゴン着、3 月 11 日馬公、高雄経由有明湾着、29 日呉着
1941(S16)- 4-11	呉工廠入渠、17 日出渠、25 日呉発 26 日三河着、5 月 17 日発同日伊勢着、22 日発同日三河湾着、6 月 4 日発 6 日別府湾着、10 日発 12 日宿毛湾着、19 日発 23 日有明湾着、27 日発 30 日横須賀着、7 月 12 日呉着、16 日発南部仏印進駐作戦支援、22 日三亜着、25 日発、31 日サイゴン沖発、8 月 7 日宿毛湾着、19 日発呉に向かう
1941(S16)- 8-20	呉着、31 日入渠、9 月 7 日出渠、出師準備、整備作業
1941(S16)-11-20	呉発出撃、26 日三亜着、12 月 4 日発マレー上陸作戦支援、11 日カムラン湾着、13 日上陸作戦支援、27 日カムラン湾着、1 月 5 日発輸送船団護衛、10 日カムラン湾着、14 日発 19 日カムラン湾着、26 日発アナンバス攻略作戦支援、30 日カムラン湾着、2 月 10 日発バンカ、パレンバン上陸作戦支援、24 日アナンバス発バタビア攻略戦支援
1942(S17)- 3- 5	シンガポール着、9 日発北部スマトラ攻略支援、15 日シンガポール着、燃料補給、20 日発アンダマン諸島攻略作戦支援、26 日メルギー着、4 月 1 日発ベンガル湾掃討機動作戦に参加、6 日ベンガル湾で熊野とともに連合国側商船 8 隻を撃沈、消費弾数 20cm-190、12.7cm-64、11 日シンガポール着 13 日発内地に向かう
1942(S17)- 4-22	呉着、27 日入渠、5 月 4 日出渠
1942(S17)- 5-22	柱島発、ミッドウェー攻略部隊支援隊に参加、26 日グアム島着、28 日発、6 月 5 日ミッドウェー島砲撃に向かう途中、作戦中止により反転中僚艦の三隈と最上が衝突、鈴谷は熊野とともに分離離脱、13 日トラック着、17 日発呉に向かう
1942(S17)- 6-23	呉着、整備作業
1942(S17)- 7-14	第 3 艦隊第 7 戦隊
1942(S17)- 7-17	柱島発、25 日シンガポール着、28 日発ベンガル湾方面行動、30 日メルギー着、8 月 8 日発 14 日バリクパパン着、機動部隊前衛部隊に編入、16 日発 24 日第 2 次ソロモン海戦に参加、9 月 5 日トラック着、10 日発、訓練、哨戒、23 日トラック着、燃料補給、10 月 11 日発機動部隊前衛部隊として

艦 歴/Ship's History (7)

艦 名	鈴 谷 (2/2)
年 月 日	記事/Notes
	出撃、26 日南太平洋海戦に参加、30 日トラック着、11 月 3 日発 5 日ショートランド着、連日対空戦闘、13 日発同夜摩耶とともにガ島飛行場砲撃を実施、消耗弾数 20cm 砲 -504、15 日ショートランド着、17 日発 18 日カビエン
1942(S17)-11-24	艦長大野竹二大佐 (44 期) 就任
1942(S17)-12- 2	カビエン発、3 日ショートランド着、4 日発 5 日ラバウル着、同日発 6 日カビエン着、12 日発同日ロレンゴウ着、13 日発 14 日カビエン着、翌年 1 月 4 日発 6 日トラック着、7 日発呉に向かう
1943(S18)- 1-12	呉着、14 日入渠、25 日出渠、修理、訓令工事実施、2 月 5 日発 10 日トラック着、訓練、3 月 24 日発 29 日呉着
1943(S18)- 4-27	入渠、5 月 2 日出渠、タービン修理、電探装備、機銃増備その他訓令工事実施、6 日完成
1943(S18)- 5-20	徳山発 21 日横須賀着、北方作戦のため待機、30 日発 6 月 1 日柱島着、11 日呉発 13 日横須賀着、16 日発防空隊輸送、21 日トラック着、23 日発 25 日ラバウル着防空隊陸揚げ、同日発 26 日トラック着、7 月 9 日発 11 日ラバウル着、18 日発クラ湾方面作戦行動、20 日ラバウル着、訓練、整備作業
1943(S18)- 9- 7	艦長高橋雄次大佐 (44 期) 就任
1943(S18)-10- 8	ラバウル発 10 日トラック着、17 日発 19 日ブラウン着、警泊待機、23 日発 28 日トラック着、11 月 3 日発 5 日ラバウル着、米空母機の大規模空襲があり在泊重巡多数が損傷、鈴谷は被害なく損傷した最上を護衛して 6 日発 8 日トラック着、24 日発 26 日ルオット着、27 日発 28 日ブラウン着、29 日発 30 日ルオット着、12 月 3 日発 5 日トラック着、26 日発カビエン輸送作戦、途中米機に発見され反転 28 日帰投、29 日発作戦再興 31 日カビエン着、同日発翌年 1 月 1 日トラック着、警泊訓練に従事
1944(S19)- 2- 1	トラック発 4 日パラオ着、訓練待機、16 日発 21 日リンガ泊地着以後同地で待機訓練
1944(S19)- 3- 1	第 2 艦隊第 7 戦隊
1944(S19)- 5-11	リンガ泊地発、14 日タウイタウイ着、15 日発 16 日タラカン着、17 日発タウイタウイ着待機、6 月 13 日発 14 日ギマラス着、15 日発 19 日マリアナ沖海戦参加、22 日中城湾着、23 日発 25 日呉着、機銃、電探増備、7 月 8 日発陸軍部隊輸送、16 日シンガポール着、リンガ泊地へ回航以後同地で訓練待機
1944(S19)- 8-29	艦長寺岡正雄大佐 (46 期) 就任
1944(S19)-10-18	リンガ泊地発 20 日ブルネイ着、22 日発第 1 遊撃部隊第 2 部隊としてレイテ突入を目指す、24 日シブヤン海での米空母機の空襲をしのいだが 25 日サマール沖で米護衛空母群と遭遇、これを追撃するも約 30 分後の 0735 敵空母機が来襲、左舷後部の至近弾により 3 軸運転となり速力低下、0830 旗艦を損傷した熊野から鈴谷に移し司令官移乗、1050 敵機約 30 機が来襲、右舷中央部付近に至近弾、これにより 1 番連管の魚雷が誘爆を続け、さらに高角砲弾の誘爆が加わり艦中央部が大火災となり、機関停止右に約 6 度傾斜、1130 司令部を利根に移乗、1320 沈没、沖波に艦長以下 415 名救助されるが戦死 90、戦傷 69、行方不明 564 と報告されている
1944(S19)-12-20	除籍

最上 (Ⅱ) 型 /Mogami Class

艦　歴 /Ship's History (8)

艦　名	熊　野 (1/2)
年　月　日	記　事 /Notes
1934(S 9)- 3-10	命名、呉鎮守府に仮入籍、2 等巡洋艦に類別
1934(S 9)- 4- 5	神戸川崎造船所で起工
1936(S11)-10-15	進水
1936(S11)-12- 1	艤装員長須賀彦次郎大佐 (38 期) 就任
1937(S12)-10-31	竣工、第 1 予備艦、呉鎮守府に入籍、艦長西村祥治大佐 (39 期) 就任、翌年 11 月 15 日から兼日向艦長
1937(S12)-12- 1	第 2 艦隊第 7 戦隊
1938(S13)- 4- 9	佐世保発南支方面行動、14 日高雄着
1938(S13)-10-17	佐世保発南支方面行動、23 日馬公着
1939(S14)- 3-21	佐世保発北支方面行動、4 月 3 日佐世保着
1939(S14)- 5-18	艦長八代祐吉大佐 (40 期) 就任
1939(S14)- 5-20	第 3 予備艦、呉工廠で主砲換装工事着手、10 月 20 日完成
1939(S14)-10-20	第 1 予備艦
1939(S14)-11-15	第 2 艦隊第 7 戦隊、艦長有馬馨大佐 (42 期) 就任
1940(S15)- 3-27	中城湾発南支方面行動、4 月 2 日基隆着
1940(S15)-10-11	横浜沖紀元 2600 年特別観艦式参列
1940(S15)-10-15	艦長小畑長左衛門大佐 (43 期) 就任
1941(S16)- 1-23	呉発 27 日馬公着、同日発 29 日海南島三亜着、対仏印武力顕示作戦支援、2 月 6 日発 10 日バンコク沖着、13 日サイゴン着、3 月 11 日馬公、高雄経由有明湾着、29 日呉着
1941(S16)- 4- 5	呉工廠入渠、11 日出渠、25 日呉発 26 日三河湾着、5 月 17 日発同日伊勢湾着、22 日発同日三河湾着、
1941(S16)- 5-24	艦長田中菊松大佐 (43 期) 就任
1941(S16)- 6- 4	三河湾発 6 日別府湾着、10 日発 12 日宿毛湾着、19 日発 23 日有明湾着、27 日発 30 日横須賀着、7 月 12 日呉着、16 日発南部仏印進駐作戦支援、22 日三亜着、25 日発、31 日サイゴン沖発、8 月 7 日宿毛湾着、19 日発呉に向かう
1941(S16)- 8-20	呉着、31 日入渠、9 月 7 日出渠、出師準備、整備作業
1941(S16)-11-20	呉発出撃、26 日三亜着、12 月 4 日発マレー上陸作戦支援、11 日カムラン湾着、13 日発上陸作戦支援、27 日カムラン湾着、翌年 1 月 5 日発輸送船団護衛、10 日カムラン湾着、14 日発 19 日カムラン湾着、26 日発アナンバス攻略作戦支援、30 日カムラン湾着、2 月 10 日発バンカ、パレンバン上陸作戦支援、24 日アナンバス発、バタビア攻略作戦支援
1942(S17)- 3- 5	シンガポール着、9 日発北部スマトラ攻略支援、15 日シンガポール着燃料補給、20 日発アンダマン諸島攻略作戦支援、26 日メルギー着、4 月 1 日発ベンガル湾掃討機動作戦に参加、6 日ベンガル湾で鈴谷とともに連合国側商船 8 隻を撃沈、消費弾数 20cm-333、12.7cm-186、11 日シンガポール着、13 日発内地に向かう
1942(S17)- 4-22	呉着、27 日入渠、5 月 4 日出渠
1942(S17)- 5-22	柱島発、ミッドウェー攻略部隊支援隊に参加、26 日グアム島着、28 日発、6 月 5 日ミッドウェー島砲撃に向かう途中、作戦中止により反転中僚艦の三隈と最上が衝突、熊野は鈴谷とともに分離離脱
	13 日トラック着、17 日発呉に向かう
1942(S17)- 6-23	呉着、整備
1942(S17)- 7-14	第 3 艦隊第 7 戦隊
1942(S17)- 7-17	柱島発、25 日シンガポール着、28 日発ベンガル湾方面行動、30 日メルギー着、8 月 8 日発 14 日

艦　歴 /Ship's History (9)

艦　名	熊　野 (2/2)
年　月　日	記　事 /Notes
	バリクパパン着、機動部隊前衛部隊に編入、16 日発 24 日第 2 次ソロモン海戦に参加、9 月 5 日トラック着、10 日発訓練、哨戒、23 日トラック着、燃料補給、10 月 11 日発機動部隊前衛部隊として出撃、26 日南太平洋海戦に参加、30 日トラック着、11 月 2 日発呉に向かう
1942(S17)-11- 7	呉着、15 日入渠、20 日出渠、修理、訓令工事、22 日発 27 日マニラ着、29 日発陸軍部隊輸送、12 月 4 日ラバウル着、5 日発 6 日カビエン着、12 日発同日ロレンゴウ着、13 日発 14 日カビエン着
1943(S18)- 2-11	カビエン発 13 日トラック着
1943(S18)- 2-17	艦長藤田俊造大佐 (42 期) 就任
1943(S18)- 3-24	トラック発 29 日呉着
1943(S18)- 4- 6	入渠、15 日出渠、タービン修理、電探装備、機銃増備その他訓令工事、5 月 6 日完成
1943(S18)- 5-20	徳山発 21 日横須賀着、北方作戦のため待機、30 日発 6 月 1 日柱島着、11 日呉発 13 日横須賀着、16 日発防空隊輸送、21 日トラック着、23 日発 25 日ラバウル着防空隊陸揚げ、同日発 26 日トラック着、7 月 9 日発 11 日ラバウル着、18 日発コロンバンガラに向かう途中 20 日早朝敵雷撃機の魚雷 1 本が艦尾に命中操舵不能となり、4、5 番砲塔及び主測距儀ショックで使用不能となる、21 日ラバウル着、応急修理、29 日発 31 日トラック着、8 月 1 日明石に横付け修理、28 日発 9 月 2 日呉着
1943(S18)- 9- 4	入渠、10 月 8 日出渠、損傷修理、水中聴音機装備、機銃増備その他訓令工事実施、10 月 31 日完成
1943(S18)-11- 3	呉発 8 日トラック着、24 日発 26 日クェゼリン着、27 日発 28 日ブラウン着、29 日発 30 日ルオット着、12 月 3 日発 5 日トラック着、警泊、26 日発カビエン輸送作戦、途中米機に発見され反転 28 日帰投、29 日発作戦再興 31 日カビエン着、同日発、翌年 1 月 1 日トラック着、警泊訓練
1944(S19)- 2- 1	トラック発 4 日パラオ着、訓練待機、16 日発 21 日リンガ泊地着、以後同地で待機、訓練
1944(S19)- 3- 1	第 2 艦隊第 7 戦隊
1944(S19)- 3-29	艦長人見錚一郎大佐 (47 期) 就任
1944(S19)- 5-11	リンガ泊地発 14 日タウイタウイ着、15 日発 16 日タラカン着、17 日発タウイタウイ着、待機、6 月 13 日発 14 日ギマラス着、15 日発 19 日マリアナ沖海戦参加、22 日中城湾着、23 日発 25 日呉着、機銃、電探増備、7 月 8 日発陸軍部隊輸送、16 日シンガポール着、リンガ泊地へ回航、以後同地で訓練待機
1944(S19)-10-18	リンガ泊地発 20 日ブルネイ着、22 日発第 1 遊撃部隊第 2 部隊としてレイテ突入を目指す、24 日シブヤン海での米空母機の空襲をしのいだが 25 日サマール沖で米護衛空母群と遭遇、これを追撃するも戦闘開始間もなく米駆逐艦 Johnston の発射した魚雷が艦首部に命中、艦首部が垂れ下がり速力 14 ノットまで低下、7 戦隊司令部は鈴谷に移乗、熊野は戦場離脱コロンに向け単独退避す
1944(S19)-10-26	コロン着日栄丸より重油補給、27 日発 28 日マニラ着、隠戸に横付け修理実施、11 月 4 日 2 缶 4 軸最大 18 ノット発揮可能となる、5 日同じく損傷した青葉その他船団とマニラ発同夜サンタクルス着、6 日 0700 発、1048 米潜水艦レイ/Ray の発射した魚雷 2 本が右舷艦首と前部機械室に命中、艦首は 1 番砲塔前で切断、機械室が満水航行不能となり傾斜は最大 11 度に達する、残った道豊丸が曳航 7 日夕刻にサンタクルス着、以後応急修理に努めた結果、20 日には 2 缶 1 軸で 6 ノット可能となったものの、米空母機の空襲が激化、25 日の空襲で直撃弾 4、航空魚雷 5 が命中、艦は横倒しとなり 1515 沈没、機関長以下 595 名が生存、25 日以降艦長、副長以下 477 名が戦死
1945(S20)- 1-20	除籍

263

利根(II)型/Tone Class

型名/Class name 利根/Tone		同型艦数/No. in class 2	設計番号/Design No. C 38	設計者/Designer 江崎岩吉造船大佐				

艦名/Name	計画年度/Prog. year	建造番号/Prog. No	起工/Laid down	進水/Launch	竣工/Completed	建造所/Builder	建造費(船体・機関+兵器=合計)/Cost(Hull・Mach. + Armament = Total)	除籍/Deletion	喪失原因・日時・場所/Loss data
利根II/Tone	S09/1934	第5中型巡洋艦	S09/1934-12-01	S12/1937-11-21	S13/1938-11-20	三菱長崎造船所	31,265,000(要求予算)	S20/1945-11-20	S20/1945-7-28 江田内で米空母機により被爆大破着底戦後解体処分
筑摩II/Chikuma	S09/1934	第6中型巡洋艦	S10/1935-10-01	S13/1938-03-19	S14/1939-05-20	三菱長崎造船所	31,265,000(要求予算)	S20/1945-04-20	S19/1944-10-25 サマール沖で米護衛空母機により損傷沈没

注/NOTES 昭和6年度①計画の最上型軽巡の同型艦として予定されたが途中で計画を変更、条約明けを見越して主砲を最初から20cm砲として連装4基を前部に集中、後部を水偵搭載施設にあてるという極めて特異な形態の重巡として完成した。建造費実費については昭和13年度以降のデータが欠落しており、昭和12年度までの実際の支出額は利根¥20,465,787、筑摩¥14,301,920という数字が残っている。実際には予算額を上回っているものと推定【出典】海軍軍戦備/海軍省年報

船 体 寸 法/Hull Dimensions (1)

艦名/Name	状態/Condition		排水量/Displacement	長さ/Length(m)			幅/Breadth (m)			深さ/Depth(m)		吃水/Draught(m)			乾舷/Freeboard(m)				備考/Note
				全長/OA	水線/WL	垂線/PP	全幅/Max	水線/WL	水線下/uw	上甲板/m	最上甲板	前部/F	後部/A	平均/M	艦首/B	中央/M	艦尾/S		
利根/Tone	新造計画/Design (t)(昭和9年計画時/1934 Design)	公試/Trial	13,320.110	201.60	198.00	190.30	19.40	18.50		10.900				6.225	7.475	4.625	4.675	軍艦基本計画資料-福田及び一般計画要領書による
	改正計画/Re-design(t)(昭和12年計画時/1937 Design)	公試/Trial	14,000															艦船復原性能比較表S13/16による
		満載/Full	15,137															
		軽荷/Light	11,192															
	新造完成/New (t)	基準/St'd	11,213															新造完成時要目簿による
		公試/Trial	14,058.224	201.600	198.750	190.300	19.400	18.500	19.400	10.900				6.480	7.220	4.420	4.370	
		満載/Full	15,198.509									6.621	7.086	6.854	7.085	4.046	3.743	
		軽荷/Light	11,257.768									5.234	5.605	5.420	8.471	5.480	5.228	
筑摩/Chikuma	新造完成/New (t)	公試/Trial	14,112															艦船復原性能比較表S13/16による 昭和14年4月2日の重心公試成績
		満載/Full	15,239															
		軽荷/Light	11,312															
共通	公称排水量/Official(T)	基準/St'd	8,500			190.50	18.20							4.40				公表要目

注/NOTES 予算要求上は許容保有量の建造枠の関係で単艦排水量8,450トンとして提示、最上型の同型艦として公表したが軍令部の要求で昭和8年前後に計画を変更、船体線図も新たな重巡として建造されたが実質的には最上型とサイズに大差なく、構造的にも最上型の鈴谷等に類似している。　【出典】利根要目簿/一般計画要領書/艦船復原性能比較表

解説/COMMENT

ロンドン条約における日本の軽巡建造枠は50,955トン、①計画の最上型4隻で34,000トンを使ったため残り16,955トンで8,450トン型2隻を建造できるとして、②計画で建造されたのがこの利根型である。もちろんこれは条約上の建前で、最上型自体が基準排水量で1万トンを超えておりワシントン条約の条項に違反していたが、日本海軍としては20cm砲重巡の対米劣勢を回復することを目的に、有事に20cm砲への換装を前提として設計されていたわけで、この2隻も当初最上型の同型艦として計画された。

問題はこの利根型が前部に主砲を集め、後部を水偵搭載施設に解放し索敵能力を高めた特異な重巡として、最上型からの艦型変更がいつ、誰がおこなったかという疑問で、これを明らかにした公式文書、資料の類いはまだ発見されていない。

1番艦の利根が起工されたのが昭和9年12月だから、建造所が三菱長崎という民間造船所であることを考慮しても、基本計画は最低でも1年前には完了していなければならず、とすれば昭和7年頃には軍令部の要求仕様があったと推定できる。昭和8年6月の軍令部長の②計画建造艦の商議において、8,450トン型巡洋艦(乙)2隻を要求した際の概略仕様には主砲を15.5cm砲3連装5基として偽装しているが、航続力を18ノットにて8,000浬と従来の巡洋艦の14ノットにて8,000浬より高めていることからも、この時点で索敵巡洋艦仕様に変更されていたことが想像し得る。建造予算についても先の最上型の¥24,833,950(単艦)に比べて¥31,265,000と643万円ほど増加していたことも注目される。

これらからも軍令部の索敵巡洋艦新規計画要求は艦本に対しては昭和7年後半から翌年はじめにおこなわれたと推測される。当時艦本4部の計画主任は藤本喜久雄造船大佐で、その部下であった江崎岩吉造船中佐が藤本の指導の下、基本計画の実務を担当したものとされている。藤本が友鶴事件の責任を問われてその心労?から急死したのが昭和10年1月9日だから、その前に利根型の計画は完成していたことになる。

利根型の基本計画において主砲4基の前部集中という特異な形態は誰の発想なのか公式には知られていないが、多分江崎造船中佐かその前の藤本造船大佐の発案の可能性が強い。藤本はネルソン式の砲塔前部集中案を好み、新戦艦もこの形態で試案している。いずれにしても江崎もこの前部集中案を引き継ぐ傾向があり、反対に平賀はこのネルソン式を嫌っていたという。当初、軍令部もこの4基

集中案に反対だったというが、当時軍令部と艦本兼務であった江崎は軍令部での受けが良く最終的にこの案に同意したものらしく、後の大和型の艦型でも軍令部は主砲前部集中案を主張していたという。

当時の軍令部の要求としては主砲は後の最上の戦時改装のような前部3基では承知せず、最低でも4基8門を要求したのであろうが、江崎の設計が見事にこれに応えたことになり、在来型の重巡では水偵の運用上主砲の発砲時の爆風の影響を排除できず、発砲時に水偵を発進させておかなければならないという制約をかかえていた。英米重巡のように中央に搭載機を置き、かつ格納施設を設けることができれば理想であるが、要求仕様であった6機搭載ともなると格納スペースを確保するのも難しかったと思われる。

なお、利根型では主砲は公表上は最上型と同じ15.5cm3連装砲とされていたが、計画時から完成が条約明け後になることを考慮して20cm2号砲(正8"砲)連装砲の装備を最初から想定していた。そのため部内でもこの事実を秘匿するために98式15.5cm砲塔とか改15.5cm砲塔などと呼称して軽巡であることを偽装していた。戦後一時期軍艦ファンの間で利根型の3番砲が20cm砲に換装後の最上型のように後方の4番砲塔に当たるために仰角をかけて静止位置としていたのか、水平位置に収まっていたのかの論争があったが、もちろん最初から20cm砲搭載で設計されていた利根型は公式図の示す通り水平な静止位置を可能にしていた。

もちろん今日的に考えれば主砲を3連装砲塔とすればスペース的には配置が楽になり、どうせ条約の遵守など無視するのであれば排水量を増して、後部に格納施設を設けた本格的航空施設を装備するのもできないことではないが、当時の時間的な制約、新規船体設計と3連装主砲塔を開発するための時間がなかったのも事実で、またそこまで露骨に条約を無視するのもはばかられたのであろう。

かくして船体サイズは最上型と同大で、全長で1m長く、最大幅は鈴谷に比べて0.8m小さく、深さは0.45m大きい。ただし線図は最上型と同一である。艦尾甲板平面は最上型より幅広な形状に改められており、これは水偵搭載のため甲板面積を大きくとったためと思われる。計画公試排水量は最上型とほぼ同大でまとめられている。

利根は起工より進水まで3年を要しており、起工後に最上型の不具合や第4艦隊事件による船体補強等が問題化したため、進水前に基本設計の見直し、構造設計の変更等があったのではと推測される。本型の基本構造は最上型の後期艦鈴谷の改正計画をほぼ踏襲して

利根(Ⅱ)型 /Tone Class

機 関/Machinery

利根型 /Tone Class		利根 /Tone	筑摩 /Chikuma
主機械 /Main mach.	型式 /Type ×基数 (軸数)/No.	艦本式衝動ギアード・タービン /Kanpon type geared turbine × 4 ①	
	機械室 長さ・幅・高さ (m)・面積 (㎡)・1㎡当たり馬力	33.90 × 15.50 × × 499.74 × 304.12	
缶 /Boiler	型式 /Type ×基数 /No.	ロ号艦本式専焼缶× 8	
	蒸気圧力 /Steam pressure (kg/㎝)	(計画 /Des.) 22	
	蒸気温度 /Steam temp.(℃)	(計画 /Des.) 300℃	
	缶室 長さ・幅・高さ (m)・面積 (㎡)・1㎡当たり馬力	40.32 × 14.00 × × 564.5 × 269.2	
計画 /Design (公試全力)	速力 /Speed(ノット /kt)	35.5 (公試状態)	
	出力 /Power(軸馬力 /SHP)	152,000	
	推進軸回転数 /(rpm)	340 (高圧タービン及び中圧タービン /H. Pressuer & M. Pressuer turbine-2,613rpm 低圧タービン /L. Pressuer turbine-2,291rpm)	
新造公試 /New trial (公試全力 / 過負荷全力)	速力 /Speed(ノット /kt)	35.55/35.86	35.44/35.74
	出力 /Power(軸馬力 /SHP)	152,189/161,212	152,915/160,722
	推進軸回転数 /(rpm)	336/344	337/344
	公試排水量 /T. disp.・施行年月日 /Date・場所 /Place	14,097 t/14.015t・S13/1938-7-・瓱島	14,080t/13,926t・S14/1939-1-29・瓱島
改造 (修理) 公試 /Repair trial (公試全力 / 過負荷全力)	速力 /Speed(ノット /kt)		
	出力 /Power(軸馬力 /SHP)		
	推進軸回転数 /(rpm)		
	公試排水量 /T. disp.・施行年月日 /Date・場所 /Place		
推進器 /Propeller	数 /No.・直径 /Dia.(m)・節 /Pitch(m)・翼数 /Blade no.	× 4 ・3.80 ・4.100 ・3 翼	
舵 /Rudder	舵機型式 /Machine・舵型式 /Type・舵面積 /Rudder area(㎡)	油圧電動機・釣合舵 / balanced × 1・21.20	
燃料 /Fuel	重油 /Oil(T)・定量 (Norm.)/ 全量 (Max.)	1,793.18t/2,411.596t (計画 3,010t) ②	
	石炭 /Coal(T)・定量 (Norm.)/ 全量 (Max.)		
航続距離 /Range (ノット /Kts −浬 /SM)	計画航続力 /Design 基準速力 /Standard speed	18 − 8,000	
	重油 1t 当たり航続距離、重油換算航続距離、公試時期		
	巡航速力 /Cruising speed		
	重油 1t 当たり航続距離、重油換算航続距離、公試時期		
発電機 /Dynamo・発電量 /Electric power(W)		ターボ式 225V/300kW × 3・900kW、ディーゼル式 225V/200kW × 2・400kW	
新造機関製造所 / Machine maker at new		左舷機及び缶 建造所製、右舷機横須賀工廠製	主機呉工廠製、缶建造所製

注 /NOTES ①機関計画は基本的に先の鈴谷型と同型、ただ巡航タービンの配置が若干異なっている ②一般計画要領書による (写本は一部誤記があるので要注意)、利根重心査定公試成績書によると公試状態 1,852.619 t 満載状態 2,689.77 t と記載されている
[公表機関要目] 速力 33 ノット、馬力 90,000、機械 タービン 4、缶 艦本式 8、推進器数 4

【出典】一般計画要領書 / 軍艦基本計画 (福田)/ 舶用蒸気タービン設計法 / 利根要目簿 / 利根重心査定公試成績書 / 公文備考

おり、ただ舷側甲帯を完全に船体内に包み込む形に改めて、中央部舷側外板は内側に傾斜すること無くほぼ垂直な形で水線下のバルジとスムーズに結合しており、最大艦幅はこの水線下のバルジ部となっている。約 10 か月遅れて起工された 2 番艦の筑摩は 2 年 5 か月で進水している。

利根の起工後、昭和 9 年 12 月 3 日起案で軍務局から外務次官宛に利根の要目について通達があり、これによれば基準排水量 8,500 噸 (8,636 メートルトン)、主要寸法、水線全長 187.21m、水線に於けるまたは水線下最大幅 19.22m、基準排水量に於ける平均吃水 4.45m 最大備砲の口径 15.5cm と記し、以上を在英米仏伊武官に送付のこととしている。これらはロンドン条約加盟国に課せられている新造艦船の要目通知義務であり、翌年の筑摩の起工直後の同様の通知では基準排水量 8,450 噸、水線全長 187.03m、最大幅 19.20m、平均吃水 4.42m、最大備砲口径 15.5cm と微妙に異なる数値を通知している。

これらは日本国内で公表した数値とは同一ではなく、国内向けには基準排水量 8,500 噸、長さ 190.50m、幅 18.20m、吃水 4.50m、速力 33 ノット、備砲 15.5cm 砲 12 門、12.7cm 高角砲 8 門、発射管 12、探照灯 3、タービン 4、艦本式缶 8、推進器 4、馬力 90,000 が公表範囲であった。これは 15.5cm 砲数を除いては最上型の鈴谷、熊野と同じ公表数値であった。もちろん比較すればわかるように全てが虚偽というわけではないが、20cm 砲については 15.5cm 砲で押し通しており、ただ 12 門と公表したことで 1940 年 1 月 5 日の英誌 <The Engineer> における「1939 年における艦艇建造」という記事では早くも写真の公表がないため詳細は不明と断りながらも、

本型について主砲を前甲板に集め、後部は航空機搭載施設にあてているという艦型を報じていたのは注目される。利根型が一般の目にはじめて公開されたのは昭和 15 年 10 月の横浜沖で挙行された紀元 2600 年記念観艦式においてであった。建造地が長崎であり外国艦船が頻繁に来航しているので、当時武蔵ほど厳しい秘密保持はおこなわれていなかったはずで、艤装中の艦姿を見られたのかもしれない。

これに対して米海軍の情報部が作成した太平洋戦争開戦直後の日本艦艇識別帳では、利根型の艦型は主砲を前部に集中したまではいいが 3 番砲が 2 番砲と同じ高さにあるなど奇妙な艦型をしており、情報が不足していたことを物語っている。

12.7cm 高角砲については一時期最上型より 1 基多い 5 基とされ、後部中心線上に 1 基配置されるのではと思われたが、構想のみで実施には至らなかった。これは軍令部の要望であったのかもしれないが、基本計画の段階で廃止されたものと思われた。

機関計画は鈴谷型と同型で魚雷兵装については最上型と変わらず、発射管は 90 式 61cm3 連装 4 基で 92 式 4 連装発射管は搭載されなかった。防禦計画はほぼ鈴谷型に準じたものであるが、重量配分を比較してもわかるように、防禦重量は大差ないものの弾火薬庫部の防禦面積はより小さくてすみ、さらに主砲塔が 1 基少ない分弾火薬庫の防禦を鈴谷型より強化しており、舷側 18mm、甲板 9mm 厚と甲鈑厚を増しているほか前後の隔壁や揚弾薬筒甲鈑厚も大幅に増している。その他操舵室の甲鈑厚も増しているが、機関区画についてはほぼ同様である。いずれにしても利根型は日本重巡ではもっとも防禦力に優れた艦といってよかった。

就役後の性能も最上型のように改正工事を繰り返すこともなく艦隊側の評判も良かったが、主砲を前部に集めた割には (P-268 に続く)

265

利根(II)型 /Tone Class

兵装・装備 /Armament & Equipment (1)

利根型 /Tone Class		新造時 /New build	開戦時 /1941-12
	主砲 /Main guns		50口径3年式2号20cm砲 /3 Year No.2 Ⅱ×4
	高角砲 /AA guns		40口径89式12.7cm砲 /89 Type Ⅱ×4
	機銃 /Machine guns		96式25mm連装2型 /96 type Mod.2 Ⅱ×6 11年式6.5mm機銃 / 11 Year type × 4
	その他砲 /Misc. guns		
	陸戦兵器 /Personal weapons		
砲熕兵器 / Guns	弾薬定数 Ammunition 主砲 /Main guns		×120(1門当たり) + 280(演習弾総数)
	高角砲 /AA guns		×200(1門当たり) + 172(演習弾総数)
	機銃 /Machine guns 25mm		×2,000(1挺当たり) + 1,200(演習用総数)
	6.5mm		×24,000(1挺当たり) + 1,600(演習用総数)
	揚弾薬機 Ammun.tube 主砲 /Main guns		改吊瓶式×4
	高角砲 /AA guns		
	機銃 /Machine guns		
	射撃指揮装置 Fire cont. system 主砲 /Main gun director		94式方位盤照準装置×2
	高角砲 /AA gun director		94式高射装置×2
	機銃 /Machine gun		95式機銃射撃装置×3
	主砲射撃盤 /M. gun computer		92式射撃盤×1
	その他装置 /		92式測的盤×1
	装填演習砲 /Loading machine		
	発煙装置 /Smoke generator		91式5型改1×1
水雷兵器 / Torpedo etc	発射管 /Torpedo tube		90式61cm3連装1型改1 /90type Mod.1 Ⅲ×4
	魚雷 /Torpedo		93式61cm魚雷1型改2×18
	発射指揮装置 Fire cont. 方位盤 /Director		14式2型×4、91式3型×2、90式3型×2
	発射指揮盤 /Cont. board		93式1型×1
	射法盤 /Course indicator		
	その他 /		
	魚雷用空気圧縮機 /Air compressor		W8型250気圧×3
	酸素魚雷用第2空気圧縮機 /		94式改2×1、4型×1
	爆雷投射機 /DC thrower		1型×2、艦載艇用×4
	爆雷投下軌条 /DC rack		
	爆雷投下台 /DC chute		
	爆雷 /Depth charge		95式改2×6
	機雷 /Mine		
	機雷敷設軌条 /Mine rail		
	掃海具 /Mine sweep. gear		小掃海具×2
	防雷具 /Paravane		中防雷具3型改1×2
	測深器 /		
	水中処分具 /		
	海底電線切断具 /		

兵装・装備 /Armament & Equipment (2)

利根型 /Tone Class		新造時 /New build	開戦時 /1941-12
無線兵器 / Electronics Weapons	通信装置 Communication equipment 送信装置 /Transmitter		92式短4号改2×1 ① 95式短3号改1×1 95式短4号改1×1 95式短5号改1×2 91式特4号改1×1 97式変調機×1
	受信装置 /Receiver		91式1型改1×3 92式特改4×16 92式特4号2型改2×1
	無線電話装置 /Radio telephone		2号話送1型×1、2号話送2型×1 90式改4×2 93式超短送×2 同上受×2
	測波装置 /Wave measurement equipment		15式2号改1×1、92式短×3 96式超短×3 96式中波×2
	電波鑑査機 /Wave detector		92式改2×1 92式特改2×1
	方位測定装置 /DF		93式1号×1
	印字機 /Code machine		97式2型×2
	電波兵器 Radar 電波探信儀 /Radar		
	電波探知機 /Counter measure		
	水中兵器 UW weapon 探信儀 /Sonar		
	聴音機 /Hydrophone		
	信号装置 /UW commu. equip.		
	測深装置 /Echo sounder		94式2型改1×1
電気兵器 / Electric Weapons	一次電源 Main P.Sup. ターボ発電機 /Turbo genera.		225V・300kW × 3、900kW
	ディーゼル発電機 /Diesel genera.		225V・200kW × 2、400kW
	二次電源 2nd power supply 発電機 /Generator		
	蓄電池 /Battery		
	探照灯 /Searchlight		92式従動110cm×3
	探照灯管制器 /SL controller		94式従動装置×4
	信号用探照灯 /Signal SL		60cm × 2
	信号灯 /Signal light		2kW信号灯
	舷外電路 /Degaussing coil		一式

利根 (II) 型 /Tone Class

兵装・装備 /Armament & Equipment (3)

利根型 /Tone Class			新造時 /New build	開戦時 /1941-12
航海兵器 / Navigation Equipment	羅針儀 /Compass	磁気 /Magnetic	90式1型改1×1、90式1型×1	左に同じ
			93式×1	左に同じ
		転輪 /Gyro	安式2号(複式)×1	
	測深儀 /Echo sounder			
	測程儀 /Log		去式×1	左に同じ
	航跡儀 /DRT		安式改4×1	左に同じ
	気象兵器 /Weather	風信儀 /Wind vane	91式改1×1	左に同じ
		海上測風経緯儀 /		
		高層気象観測儀 /		
	信号兵器 /Signal light		90式山川1型×2、亜式信号改1×2	左に同じ
光学兵器 / Optical Weapons	測距儀 /Range finder		93式2重8m×2(1、4番砲塔)	左に同じ
			14式2重6m×1(射撃塔)	左に同じ
			94式4.5m×2(高射装置用)	左に同じ
			14式1.5m×2(航海用)	左に同じ
	望遠鏡 /Binocular		18cm×2	18cm×2
			12cm×2	12cm×2
				12cm高角×4(防空指揮所)
				8cm高角×6(〃)
				6cm高角×4(〃)
	見張方向盤 /Target sight		1号13式×4	左に同じ
	その他 /Etc.			
航空兵器 / Aviation Weapons	搭載機 /Aircraft		94式水偵×2、95式水偵×4	零式水偵×5 ①
	射出機 /Catapult		呉式2号射出機5型×2	左に同じ
	射出装薬 /Injection powder			
	搭載爆弾・機銃弾薬 /Bomb・MG ammunition			
	その他 /Etc.			
短艇 /Boats	内火艇 /Motor boat		11m×2(60HP、4.96t/4.95t)	左に同じ
	内火ランチ /Motor launch		12m×2(30HP、5.92t/5.95t)	左に同じ
	カッター /Cutter		9m×3(1,479t/1.499t/1.529t)	左に同じ
	内火通船 /Motor utility boat		8m内火ランチ×1(10PH、2.543t)	左に同じ
	通船 /Utility boat		6m×1(0.448t)	左に同じ
	その他 /Etc.			

防 禦 /Armor

利根型 /Tone Class			新造時 /New build
弾火薬庫 /Magazine	舷側 /Side		145-55mm NVNC (吃水線下 0.325m) ①
	甲板 /Deck		56-50mm CNC (下甲板 /L deck)
	前部隔壁 /For. bulkhead		160-130mm NVNC(下甲板 - 下部船艙甲板間 F40-41)
	後部隔壁 /Aft. bulkhead		105mmNVNC(中下甲板間 F80)、67mmNVNC(下甲板 - 下部船艙甲板間 F81)
機関区画 /Machinery	舷側 /Side		100-65mm NVNC(水線高さ 1.1m、全幅 2.50m)
	甲板 /Deck	上甲板 /Upper	20-16mm 高張力鋼 /HT
		中甲板 /Middle	31mm CNC (傾斜部 /Slope 65mm CNC)
	前部隔壁 /Forw. bulkhead		弾薬庫後部参照
	後部隔壁 /Aft. bulkhead		105mm NVNC(中下甲板間 F148、下甲板下部船艙甲板間 F151)
	煙路 /Funnel		105-60mm NVNC
砲塔 /Turret	主砲楯 /Shield		25mm NVNC(前楯全周 /All around- 床のみ /floor 19mm)
	砲支筒 /Barbette		25mm CNC
	揚弾薬筒 /Ammu. tube		156-70mm NVNC
舵機室 /Steering gear room	側部 /Side		100-50mm NVNC
	横隔壁 /Bulkhead		35mm NVNC
	甲板 /Deck		31mm HT(中甲板)
操舵室 /Wheel house			130mm (側部 /Side)、90mm(前部 /Front)、70mm(後部 /Rear)、40mm(天蓋 /Roof)NVNC
水中防禦 /UW protection			18 + 16mm 高張力鋼 /HT
その他艦橋要所 /			S11/1936 羅針艦橋に防弾板装備
			S17/1942 魚雷頭部用防弾板装備

注 /NOTES

兵装・装備 (2)
① 無線兵装等は新造時と大差ないものと推定

兵装・装備 (3)
① 搭載機は開戦時 2 座水偵× 2、3 座水偵× 2
　　　　S17-6-1　2 座水偵× 2、3 座水偵× 3
　　　　S17-8-1　3 座水偵× 5
　　　　S19-1-1　3 座水偵× 3
　　　　S19-4-1　3 座水偵× 5
　　　　S19-11-1　搭載機 0

利根(II)型 /Tone Class

(P-265から続く) 主砲の散布界が大きく、命中率の低くさはその後も根本的な解決はできなかった (利根2代目艦長大西新蔵大佐の回想「海軍生活放談」による)、これは後の太平洋戦争でも実証？され、緒戦の蘭印方面の攻略戦で機動部隊に随伴していた利根、筑摩が米駆逐艦相手に砲撃戦を行った時、両艦合わせて主砲844発も発射しながら撃沈できず、味方空母機の攻撃でやっとしとめた経緯がある。

昭和16年の戦時建造計画で重巡建造2隻 (伊吹型) が建造されることになったさい、利根でなく鈴谷型を選んだのも、この散布界の不良が原因の一つであったとも考えられ、造船官の福井静夫氏が絶賛するほど利根型が全てにおいて理想的な重巡ではなかったのではという疑念は残る。確かに主砲を前部に集中して後部を航空兵装に明け渡すアイデアは一見理想的に見えるが、米国の重巡は艦の中間部に航空兵装を収めて、しかも水偵の格納庫も設けていたのは、また英国の巡洋艦サウサンプトン級ではカタパルトを甲板に埋め込み、艦を横断する形で射出する方式を考案、大型の格納庫を有して主砲発射の爆風の影響や航空機を風波から守っていたことに比べると、一概に利根型をベストとするには問題は残る。

艦名については利根、筑摩とも巡洋艦で2代目、ともに戦後の護衛艦 (DE) に襲名されている。

[資料] 本型の公式資料として残っているものは少なくない。まず、呉の福井資料に利根の要目簿が2冊(同一か?)、図面としては利根の舷外側面上部平面、艦内側面、諸艦橋平面、最上甲板平面図が2セット、一つは新造時、他はS20の最終状態か、他に筑摩の前部及び後部構造切断図、利根の一般艤装図、艦橋装置側面、平面図がある。

次に国会図書館憲政資料室にある「押収された日本艦艇設計図及び図面」マイクロフィルムに利根の第2次重心査定公試成績書、復原性能説明書、排水量等測線図、浸水状態計算書、船体寸法図、線図、中央、前部及び後部構造切断、構造用前部及び後部正面線図、前部、中部及び後部外板配置、防禦配置図、舷外側平面図(S20)が収録されている。

前者は終戦時米軍に押収され昭和33年に米国より返還された返還資料で、後者は終戦時米海軍の技術調査団が報告書作成のため押収した資料らしい。前者とは別ルートで米海軍に保管されたものらしく、返還資料には含まれずにまだ米国海軍歴史センター等にあるものと推定される。その一部を米国民間業者が販売目的でマイクロ化したものを国会図書館が購入した。

写真類はそれなりに幾つか存在するが、造船所または工廠の公試写真は1枚も残されていない。太平洋戦争時代の艦姿を示すものは何枚かあるが、利根は終戦時着底状態で残存していたので、米軍側撮影写真はかなり残されている。なお、利根、筑摩の戦時日誌の類は部分的に返還されて公開されている。

戦時兵装・装備変遷一覧

	開戦時 利根	開戦時 筑摩	利根① 増	利根① 減	利根① 現	筑摩② 増	筑摩② 減	筑摩② 現	利根③ 増	利根③ 減	利根③ 現	筑摩④ 増	筑摩④ 減	筑摩④ 現	利根⑤ 増	利根⑤ 減	利根⑤ 現	筑摩(最終)⑥ 増	筑摩(最終)⑥ 減	筑摩(最終)⑥ 現	利根⑦ 増	利根⑦ 減	利根⑦ 現
20cm連装砲	4	4			4			4			4			4			4			4			4
12.7cm連装高角砲	4	4			4			4			4			4			4			4			4
25mm機銃3連装									4		4	2		2	4		8	6		8	8		16
〃 連装	6	6			6			6		2	4		2	4			4			4		2	2
〃 単装															24		24	23		23		3	21
13mm機銃4連装																							
〃 連装																							
〃 単装									4		4				4		0	4		4			0
7.7mm機銃単装	2	2			2			2			2			2			2			2			2
主砲方位盤	2	2			2			2			2			2			2			2			2
高射装置	2	2			2			2			2			2			2			2			2
機銃射撃装置	3	3			3			3			3			3			3			3			3
61cm3連装発射管	4	4			4			4			4			4			4			4			4
61cm魚雷(93式)	18	18			18			18			18			18			18			18			18
投射機																							
投下軌条																							
投下台					4			4			4			4			4			4			4
爆雷					6			6			6			6			6			6			6
21号電探									1		1						1	1		1		1	0
22号電探															2		2	2		2	1		3
13号電探															1		1	1		1			1
電波探知機															1		1	1		1			1
水中探信儀																							
水中聴音機									1		1						1	1		1			1
哨信儀															2		2			2			2
射出機	2	2			2			2			2			2			2			2			2
水上偵察機	4	4	1		5	1		5			5			5			5			5		5	0
探照灯110cm	3	3			3			3			3			3			3			3			3

注/NOTES

① S17-7-16/8-5 舞鶴工廠で爆雷兵装の装備を実施 (投下台4基、爆雷6個搭載、爆雷庫新設) なおS17-5-7の訓令で水偵搭載定数を3座水偵 (零式11型) 常用3機に変更

② 筑摩も利根と同時期に舞鶴で同様の工事を実施したもの

③ S18-11-6/12-14 呉工廠で修理整備工事を実施した際に艦橋部の25mm連装機銃を3連装機銃に換装、また後檣両側の同連装機銃を3連装機銃に置換、その連装機銃2基を後部方位盤の周囲に移設、さらに後甲板に13mm単装機銃4基を増備、21号電探と93式水中聴音機各1を装備、また訓令工事の舵取機室防禦強化、防空指揮所新設、艦橋遮風装置等の工事を実施したものと推定

④ 筑摩はS17-11-7〜S18-2-27に呉工廠で南太平洋海戦での損傷修理を行った際に一部機銃装備の増備が行われた可能性があるが明確ではない。さらにS18-12-12〜S19-2-5に再度呉工廠で修理整備工事を実施した際に、上記利根と同様の工事を実施したものと推定

⑤ S19-6-30 現在の利根はマリアナ沖海戦後の緊急計画で25mm機銃3連装4基、同単装24基、22号電探2基、13号電探1基、2式哨信儀2基の増備を実施したとされているが、これが海戦後呉に寄港したS19-6-26/7-8の間に増備したのか、それ以前にリンガ泊地に待機中にその一部を実施したのかは明確でない。なお、13mm単装機銃は25mm単装機銃装備に際して撤去されたと推定

⑥ 筑摩の場合も一部数字の違いはあるが上記利根の状況と同様と推定

⑦ S19-11-17/S20-2-18 比島沖海戦から帰投した利根は損傷修理を兼ねて舞鶴工廠で機銃、電探の再増備を実施、機銃兵装は25mm機銃3連装16基、同単装21基に、21号電探を撤去、同22号1基を増備した。なお、13号電探についてはS20-2の公式図面では前檣部に装備されているが、終戦時の着底写真では後檣部に装備されており、比島沖海戦当時から後檣備だったのか、その後改正があったのかは明確でない

[出典] 各艦機銃等現状調査表/巡洋艦砲熕兵装一覧表(甲巡S19-3)/舞鶴鎮守府戦時日誌/利根、筑摩戦時日誌/第8戦隊戦時日誌/写真集日本の軍艦

利根 (II) 型 /Tone Class

重量配分 /Weight Distribution

利根/Tone		新造時 /New build (単位 t)			
		公試計画	公試 /Trial	満載 /Full	軽荷 /Light
船殻	船殻	4,616.0	4,692.001	4,692.001	4,692.001
	甲鈑	1,688.50	1,671.395	1,671.395	1,671.395
	防禦材	390.60	401.860	401.860	401.860
	艤装	500.00	537.900	537.900	537.900
	(合計)	(7,195.10)	(7,303.156)	(7,303.156)	(7,303.156)
斉備品	固定斉備品	179.40	182.907	182.907	182.907
	その他斉備品	364.80	336.537	466.490	163.034
	(合計)	(548.2)	(519.444)	(649.397)	(345.941)
兵器	砲熕	1,215.90	1,205.897	1,225.333	927.196
	水雷	196.10	190.018	198.697	125.485
	電気	344.80	329.299	329.299	327.799
	光学				
	航海	12.20	13.206	13.246	9.627
	無線		19.885	19.885	19.885
	航空	111.60	112.318	112.756	81.614
	(合計)	(1,880.60)	(1,870.623)	(1,899.216)	(1,491.606)
機関	主機 軸系 推進器	845.00			
	缶 煙路 煙突	172.00			
	補機	610.00			
	諸管 弁等	530.00			
	機関部所轄水油	250.40			
	(合計)	(2,407.40)	(2,388.276)	(2,411.596)	(2,145.892)
重油		1,800.00	1,993.180	2,689.970	0
石炭					
軽質油	内火艇用	9.80	30.575	46.193	0
	飛行機用	19.50			
潤滑油	主機械用	40.90	41.897	61.728	0
	飛行機用	2.50			
予備水		100.00	111.400	167.030	0
バラスト					
水中防禦管					
不明重量					
マージン / 余裕			− 29.827	− 29.827	− 29.827
(総合計)		(14,000.00)	(14,058.224)	(15,198.509)	(11,257.768)

注 /NOTES
S13(1938)-11-5 施行重心公試 (三菱長崎) による。【出典】一般計画要領書
公試計画は利根要目簿による。要目簿記載の新造完成時の公試排水量は
14,070.00T と一般計画要領書とは若干異なる。計画公試の無線重量は電気に
含まれると推定。

復原性能 /Stability

利根型 /Tone Class		計画時 /Design			利根新造時 /Tone new build			筑摩新造時 /Chikuma new build		
		公試 /Trial	満載 /Full	軽荷 /Light	公試 /Trial	満載 /Full	軽荷 /Light	公試 /Trial	満載 /Full	軽荷 /Light
復原性能	排水量 /Displacement (t)	14,000	15,137	11,192	14,058.00	15,199.00	11,258.00	14,112	15,239	11,312
	平均吃水 /Draught,ave. (m)	6.470	6.870	5.430	6.475	6.852	5.422	6.490	6.870	5.440
	トリム /Trim (m)				0	(後)0.470	(後)0.330			
	艦底より重心点の高さ /KG (m)	6.480	6.300	7.200	6.330	6.160	7.050	6.370	6.200	7.100
	重心からメタセンターの高さ /GM (m)	1.510	1.680	1.040	1.610	1.770	1.140	1.570	1.730	1.110
	最大復原挺 /GZ max. (m)	1.376	1.416	1.060	1.480	1.510	1.160	1.440	1.470	1.120
	最大復原挺角度 /Angle of GZ max.	46.0	46.6	46.0	47.8	46.8	47.4	47.4	47.2	47.0
	復原性範囲 /Range (度 /°)	92.5	96.9	77.7	97.3	102.9	80.8	96.4	102.0	79.4
	水線上重心点の高さ /OG (m)	0.01	− 0.57	1.77	− 0.150	− 0.690	1.630	− 0.120	− 0.670	1.660
	艦底からの浮心の高さ /KB(m)									
	浮心からのメタセンターの高さ /BM(m)	1.360	1.430	1.040						
	予備浮力 /Reserve buoyancy (t)									
	動的復原力 /Dynamic Stability (t)									
	船体風圧側面積 /A (㎡)	1.698								
	船体水中側面積 /Am (㎡)	1.170								
	風圧側面積比 / A/Am (㎡ /㎡)	1.488	1.332	2.016	1.51	1.37	1.99	1.51	1.36	1.98
旋回性能	公試排水量 /Disp. Trial (t)	14,000								
	公試速力 /Speed (ノット /kts)	34								
	舵型式及び数 /Rudder Type & Qt'y	釣合舵 /Balance R × 1								
	舵面積 /Rudder Area : Ar (㎡	21.20								
	舵面積比 / Am/Ar (㎡ /㎡)	55.19								
	舵角 /Rudder angle(度 /°)									
	旋回圏水線長比 /Turning Dia. (m/m)	5.1 ※								
	旋回中最大傾斜角 /Heel Ang. (度 /°)									
	動揺周期 /Rolling Period (秒 /sec)									

注 /NOTES
利根新造時の状態は S13-11-5 施行の重心公試 (三菱長崎) による。筑摩新造時の状態は S14-4-2 施行の重心公試 (三菱長崎) による。
【出典】一般計画要領書 / 軍艦基本計画 / 利根要目簿 / 艦船復原性能比較表・艦本 4 部 1938-41

利根(Ⅱ)型 /Tone Class

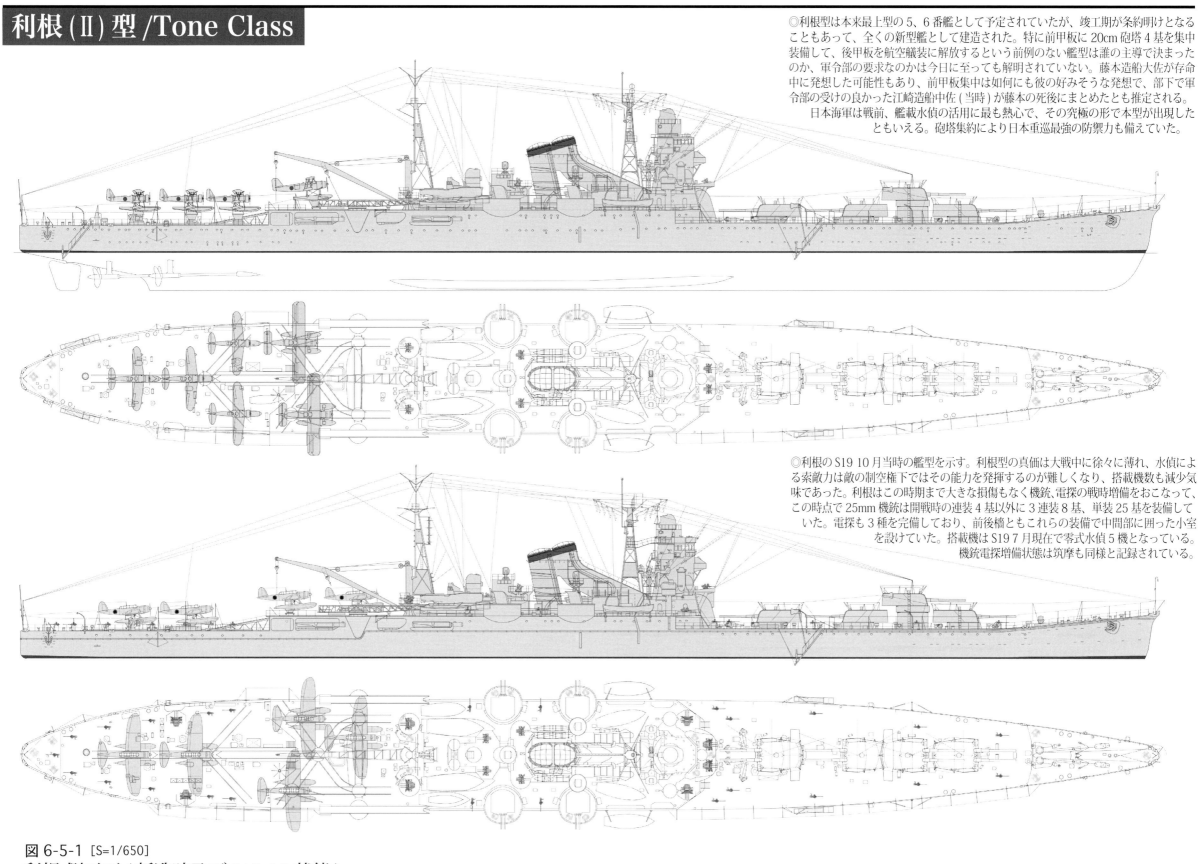

◎利根型は本来最上型の5、6番艦として予定されていたが、竣工期が条約明けとなることもあって、全くの新型艦として建造された。特に前甲板に20cm砲塔4基を集中装備して、後甲板を航空艤装に解放するという前例のない艦型は誰の主導で決まったのか、軍令部の要求なのかは今日に至っても解明されていない。藤本造船大佐が存命中に発想した可能性もあり、前甲板集中は如何にも彼の好みそうな発想で、部下で軍令部の受けの良かった江崎造船中佐(当時)が藤本の死後にまとめたとも推定される。
日本海軍は戦前、艦載水偵の活用に最も熱心で、その究極の形で本型が出現したともいえる。砲塔集約により日本重巡最強の防禦力も備えていた。

◎利根のS19 10月当時の艦型を示す。利根型の真価は大戦中に徐々に薄れ、水偵による索敵力は敵の制空権下ではその能力を発揮するのが難しくなり、搭載機数も減少気味であった。利根はこの時期まで大きな損傷もなく機銃、電探の戦時増備をおこなって、この時点で25mm機銃は開戦時の連装4基以外に3連装8基、単装25基を装備していた。電探も3種を完備しており、前後檣ともこれらの装備で中間部に囲った小室を設けていた。搭載機はS19 7月現在で零式水偵5機となっている。
機銃電探増備状態は筑摩も同様と記録されている。

図 6-5-1 [S=1/650]
利根 側平面 (新造時及びS19-10状態)

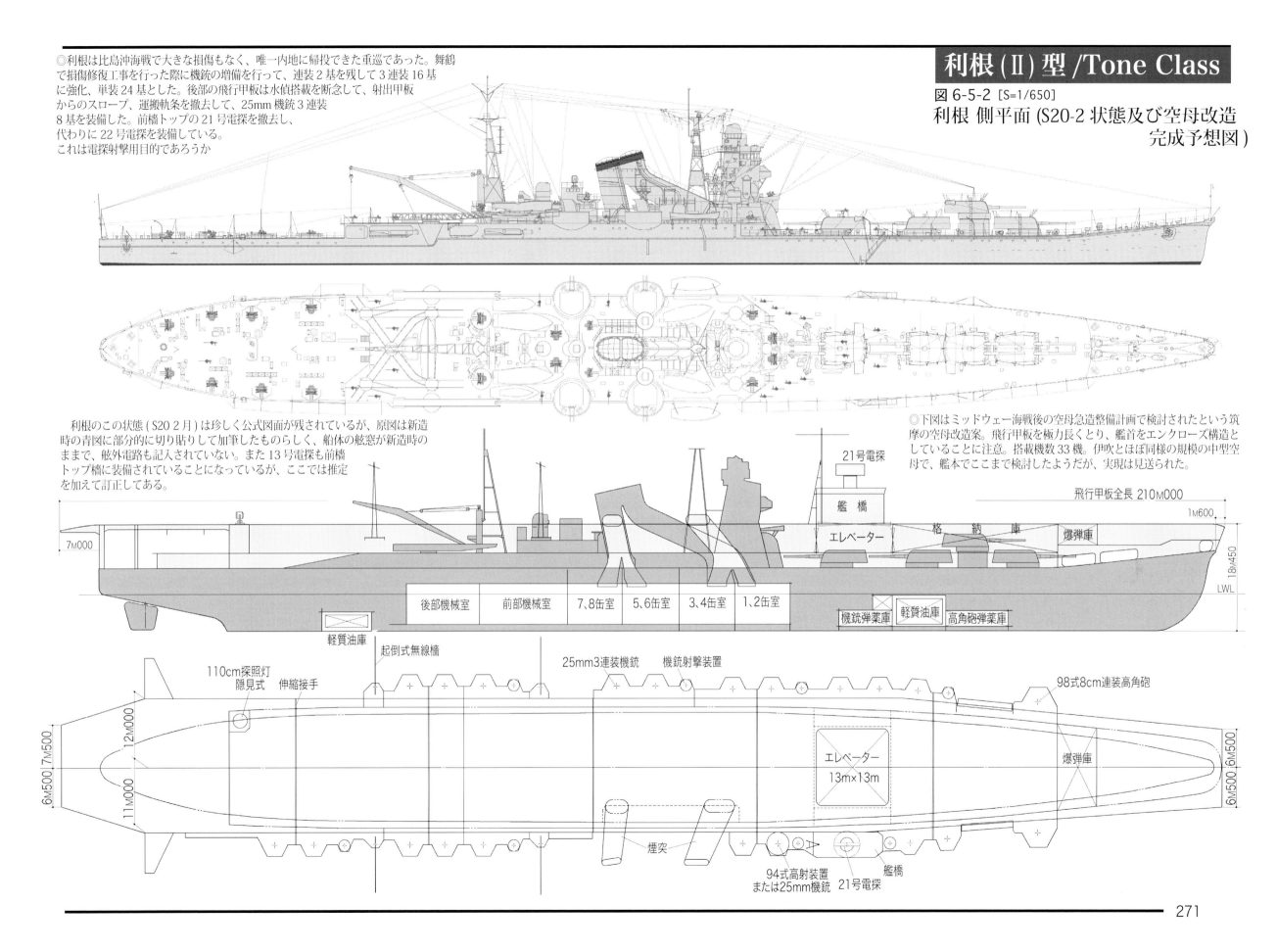

利根(II)型/Tone Class

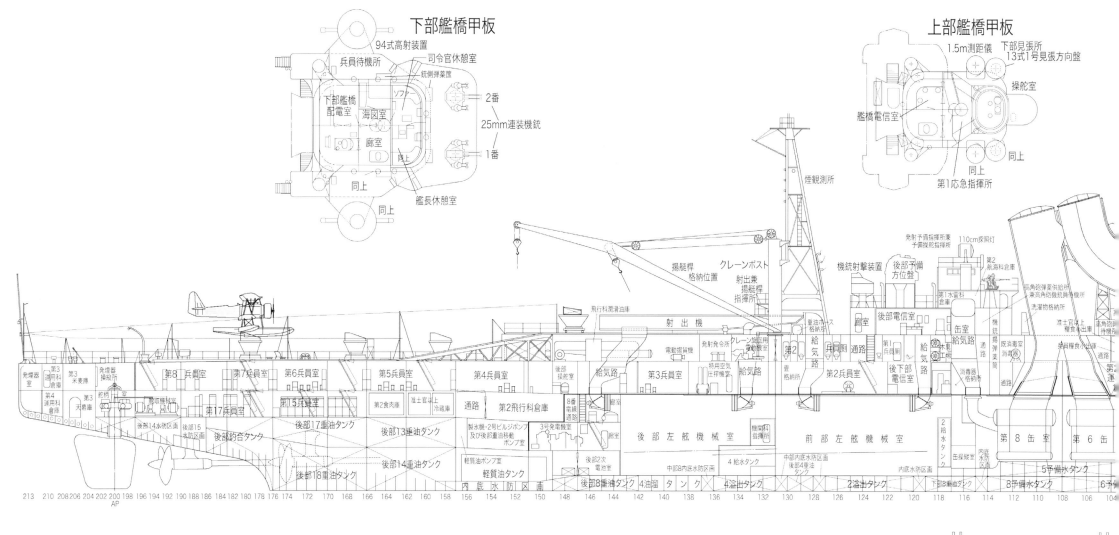
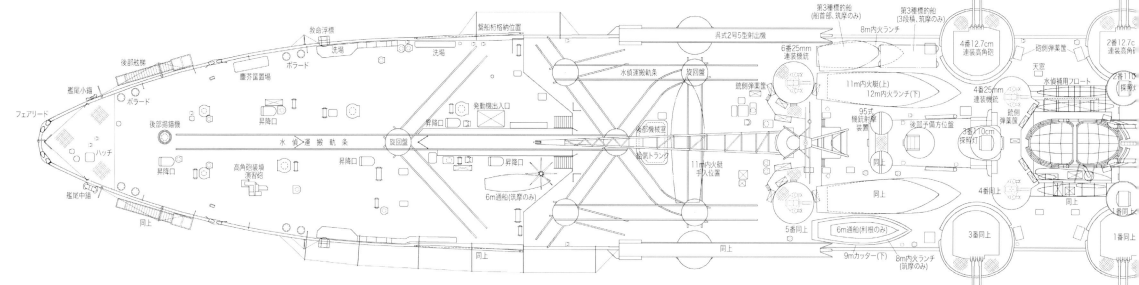

利根(Ⅱ)型 / Tone Class

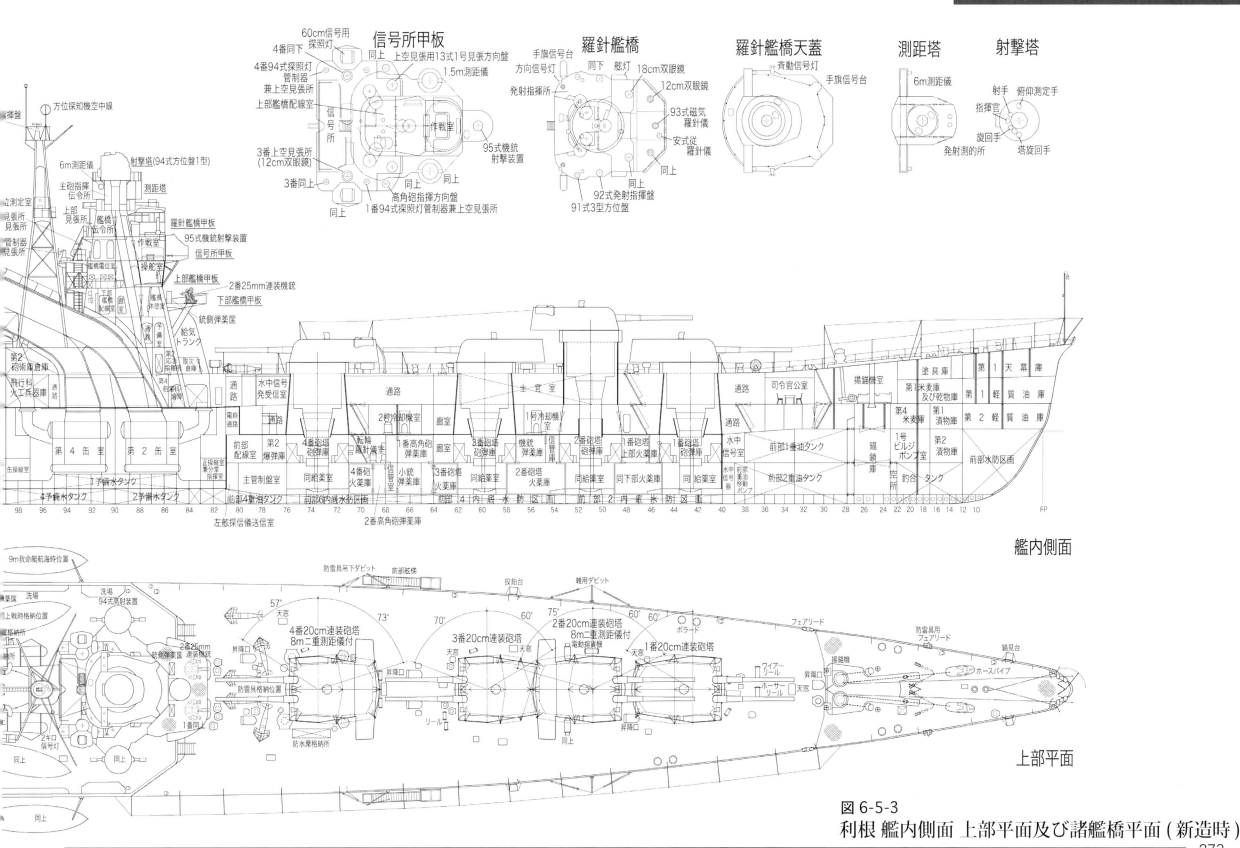

図 6-5-3
利根 艦内側面 上部平面及び諸艦橋平面 (新造時)

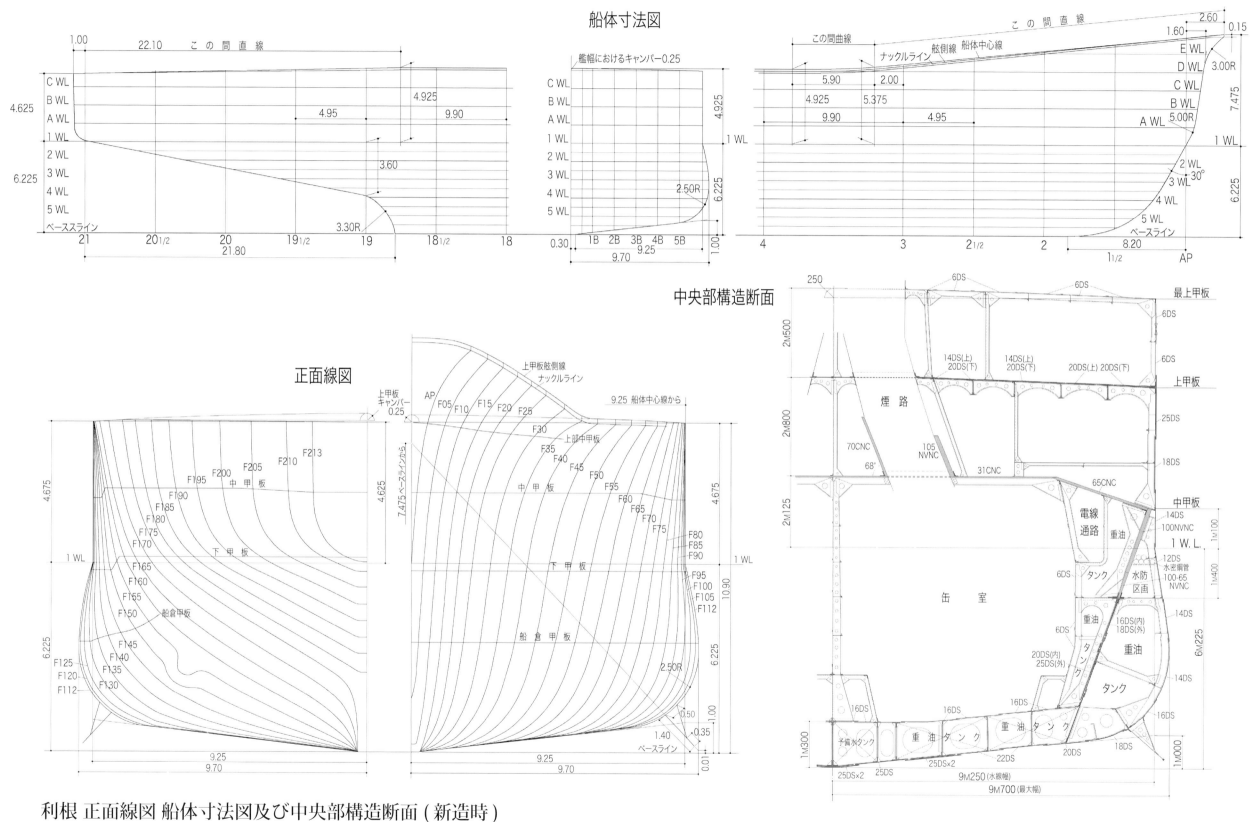

利根(II)型/Tone Class

利根 正面線図 船体寸法図及び中央部構造断面 (新造時)

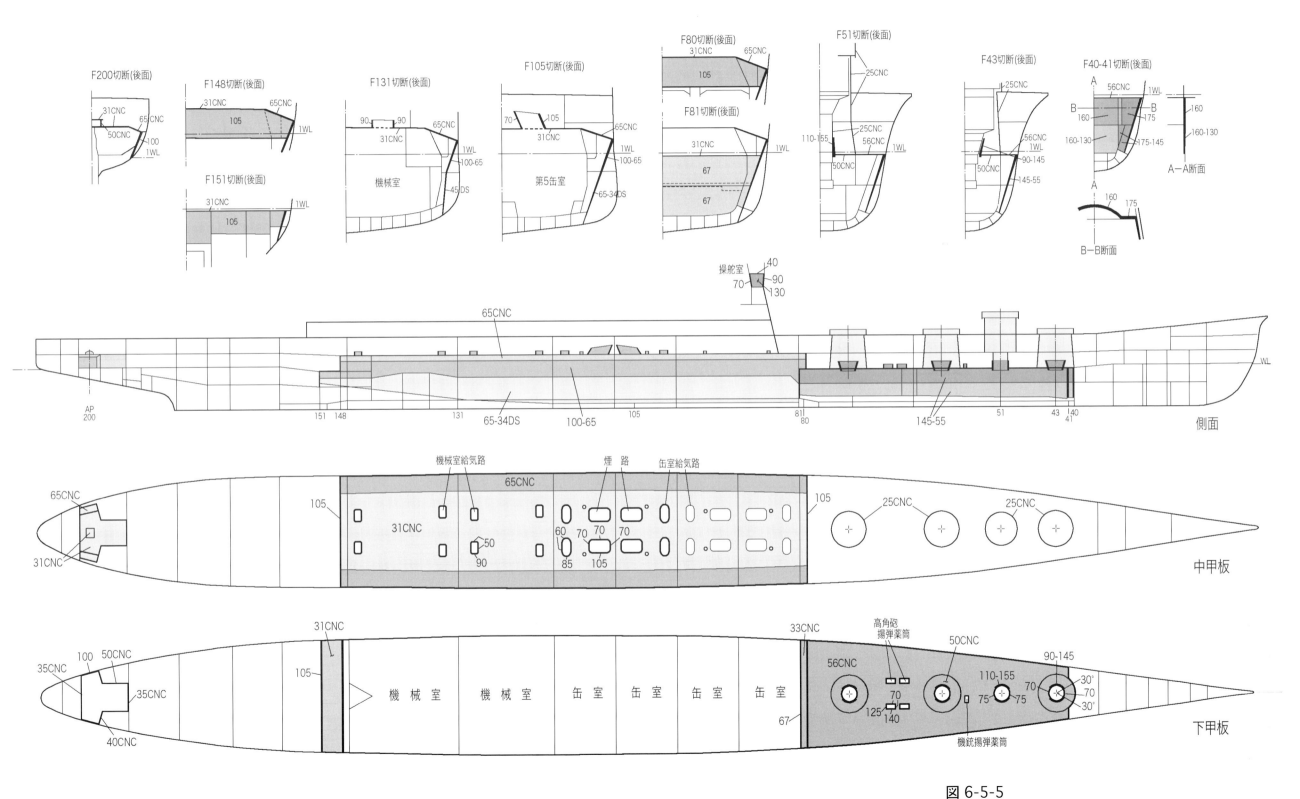

図 6-5-5
利根 防禦配置図 (新造時)

利根(Ⅱ)型 / Tone Class

図 6-5-6
利根 一般艤装図 (新造計画状態)

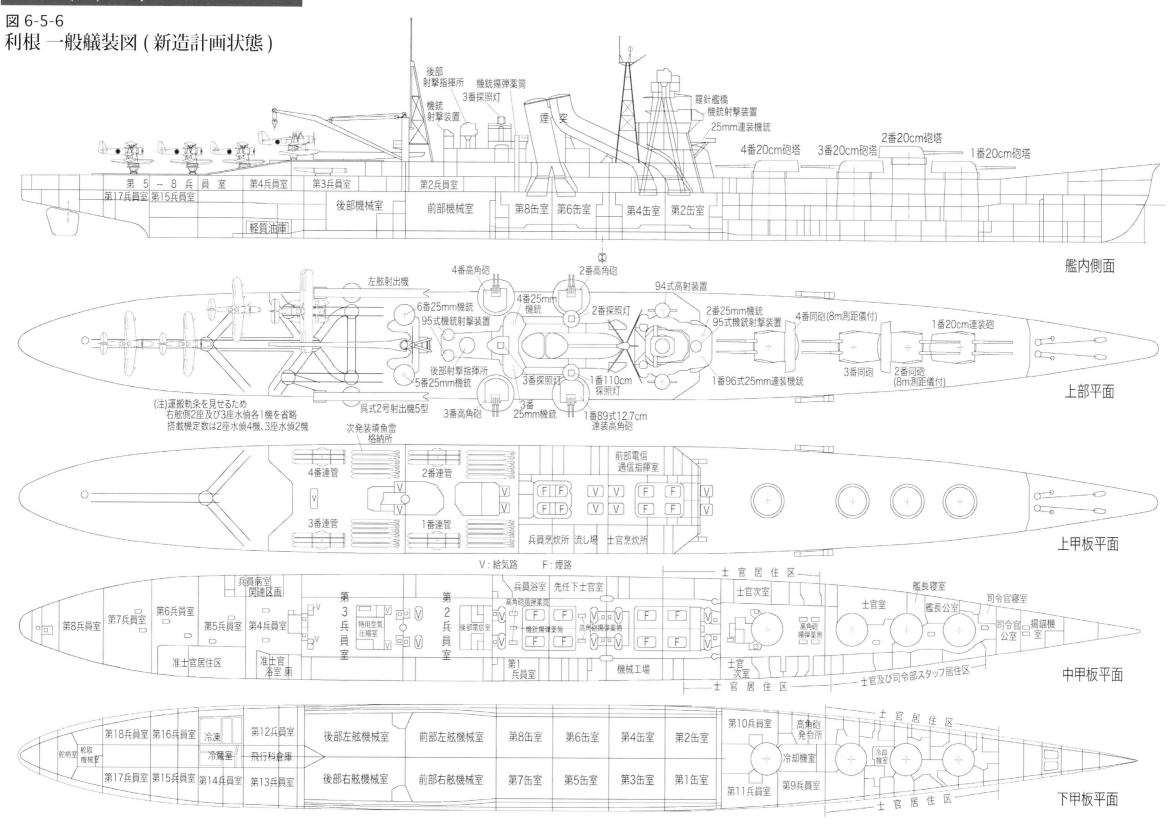

利根 (II) 型 /Tone Class

利根型　定　員/Complement (1)

職名/Occupation	官名/Rank	定数/No.	職名/Occupation	官名/Rank	定数/No.
艦長	大佐	1		兵曹	120
副長	中佐	1		航空兵曹	10
航海長	少佐	1		整備兵曹	9
砲術長	〃	1		機関兵曹	57 （下士/224）
水雷長兼分隊長	〃	1		看護兵曹	2
通信長兼分隊長	少佐/大尉	1		主計兵曹	8
運用長兼分隊長	〃	1			
飛行長兼分隊長	〃	1			
分隊長	〃	5 （士官/35）			
	兵科尉官	2			
	中少尉	8		水兵	346
機関長	機関中少佐	1		機関兵	203
分隊長	機関少佐/大尉	4		航空兵	17 （兵/604）
	機関中少尉	3		整備兵	9
軍医長兼分隊長	軍医少佐	1		看護兵	4
	軍医中少尉	1		主計兵	25
主計長兼分隊長	主計少佐	1			
	主計中少尉	1			
	特務中少尉	4			
	機関特務中少尉	3 （特士/9）			
	航空特務中少尉	1			
	整備特務中少尉	1			
	兵曹長	6			
	機関兵曹長	5 （准士/15）			
	航空兵曹長	3			
	主計兵曹長	1			
			（合　計）		887

注/NOTES
昭和13年11月20日内令974による2等巡洋艦利根型の定員を示す【出典】海軍制度沿革
(1) 兵科分隊長の内2人は砲台長、1人は射撃幹部、1人は測的指揮官、1人は見張指揮官兼航海長補佐官にあたる
(2) 機関科分隊長の内1人は機械部、1人は缶部、1人は電機部、1人は工業部の各指揮官にあたる
(3) 特務中少尉及び兵曹長の内1人は掌砲長、1人は掌水雷長、1人は掌運用長、1人は掌信号長、1人は掌通信長、1人は操舵長、1人は電信長、1人は主砲方位盤射手、1人は砲台部付、1人は水雷砲台部付にあて、信号長又は操舵長の中の1人は掌航海長を兼ねるものとする
(5) 機関特務中少尉及び機関兵曹長の内1人は掌機長、3人は機械長、2人は缶長、1人は電機部、1人は工作長にあてる
(6) 飛行機(3座)搭載の場合においては1機に付き1人の割合で航空兵曹を増加するものとする
(7) 飛行機を搭載しないときは飛行長兼分隊長、兵科尉官2人、航空特務中少尉、整備特務中少尉、航空兵曹長、整備兵曹長、航空兵曹、整備兵曹、航空及び整備兵を置かず（飛行機の一部を搭載しないときはおおむねその数に比例し前記人員を置かないものとする）、ただし航空科、整備科下士官及び兵に限りその合計数の1/5の人員を置くことができる
(8) 兵科分隊長(砲術)の内1人は特務大尉を以て、中少尉の中の2人は特務中少尉又は兵曹長を以て、機関科分隊長中1人は機関特務大尉を以て、機関中少尉中の1人は機関特務中少尉又は機関兵曹長を以て補することが可

筑摩戦時乗員　定　員/Complement (2)

職名	主務	官名	定数	職名	主務	官名	定数
艦長		大佐	1	乗組	運用長	兵曹長	1
副長		中佐	1	〃	見張長	〃	1
航海長兼分隊長	第7分隊長	〃	1	〃	操舵長	〃	1
砲術長		少佐	1	〃	水雷砲台部付兼分隊士	〃	1
運用長兼分隊長	第8分隊長	〃	1	〃	主砲々台付兼分隊士	〃	1
通信長兼分隊長	第6分隊長	大尉	1	〃	掌通信長	〃	1
水雷長兼分隊長	第5分隊長	〃	1	〃	測的分隊士	〃	1
飛行長兼分隊長	第9分隊長	〃	1	〃	高角砲機銃台付兼分隊士	〃	1 （准士同相当/16）
分隊長	第3、4分隊長兼発令所長	〃	1	〃	副長付甲板士官	〃	1
〃	第2分隊長兼高射指揮官	中尉	1	〃	主砲々台付兼分隊士	〃	1
〃	第1分隊長兼主砲台長	特中尉	1	〃	掌飛行兼分隊士	飛曹長	1
機関長		機中佐	1	〃	掌整備兼分隊士	整曹長	1
分隊長	工作分隊長	機大尉	1	〃	缶長	機曹長	1
〃	電気分隊長	特機中尉	1	〃	機械長	〃	2
〃	機械/缶分隊長	機中尉	2 （士官/32）	〃	掌経理長	主曹長	1
軍医長兼分隊長	第14分隊長	医少佐	1	承命服務	歯科治療	嘱託	1
乗組	分隊士	医中尉	1 （特務士官/1）				
主計長兼分隊長	第15分隊長	主大尉	1	乗組	水兵科	下士兵	508
乗組	庶務主任兼分隊士	主中尉	1	〃	飛行科	〃	13
〃	主計長付兼分隊士	〃	3	〃	整備科	〃	38
〃	砲術士兼分隊士	少尉	2	〃	機関科	〃	250 （下士兵/883）
〃	水雷士兼分隊士	〃	1	〃	工作科	〃	27
〃	航海士兼分隊士	〃	1	〃	看護科	〃	6
〃	通信士兼分隊士	予少尉	1	〃	主計科	〃	36
〃	機関長付分隊士	機少尉	1	〃	備人		5
〃	分隊士	〃	1				
〃	分隊士	予機少尉	2				
〃	軍医長補佐分隊士	医少尉	1				
〃	掌航海長	特少尉	1				
〃	掌砲長	〃	1				
〃	掌水雷長	〃	1				
〃	電信長	〃	1				
〃	主砲方位盤射手兼分隊士	〃	1 （特務士官/8）				
				（合　計）			940

注/NOTES
昭和17年10月1日現在の軍艦筑摩の乗員実数を示す【出典】筑摩戦時日誌
(1) 本艦の南太平洋海戦参加時の乗員数を示すもので、同海戦で被爆戦死192名という大被害を生じている

利根(Ⅱ)型 /Tone Class

利根戦時乗員　定員/Complement (3)

職名	主務	官名	定数
艦長		大佐	1
副長		中佐	1
機関長		〃	1
航海長兼分隊長	第7分隊長	少佐	1
砲術長		〃	1
内務長兼分隊長	第9分隊長	〃	1
軍医長兼分隊長	第14分隊長	医少佐	1
通信長兼分隊長	第6分隊長	大尉	1
水雷長兼分隊長	第5分隊長	〃	1
飛行長兼分隊長	第11分隊長	〃	1
主計長兼分隊長	第15分隊長	主大尉	1
分隊長	第8分隊長	大尉	1
〃	第1分隊長	〃	1
〃	第2分隊長/衛兵司令	〃	1
〃	第13分隊長	中尉	1
〃	第12分隊長	〃	1
〃	第10分隊長	〃	1
〃	第3、4分隊長	〃	1
乗組	分隊士	〃	1
〃	内務士兼分隊士	〃	1
〃	飛行士兼分隊士	〃	1
〃	電信長	〃	1
〃	掌機長	〃	1
〃	掌砲長	〃	1
〃	機械長	〃	1
〃	掌内務長	〃	1
〃	電機長兼分隊士	〃	1
〃	分隊士	医中尉	1
〃	掌水雷長	少尉	1
〃	見張長	〃	1
〃	艦長付航海士兼分隊士	〃	1
〃	砲術士兼衛兵副司令	〃	1
〃	分隊士	〃	4
〃	通信士兼分隊士	〃	1
〃	缶長	〃	1
〃	機関長付	〃	1

（士官特士/39）

職名	主務	官名	定数
乗組	副長付甲板士官	少尉	1
〃	庶務主任兼分隊士	主少尉	1
〃	艦長付/航海士/分隊士	少候補	1
〃	砲術士兼衛兵副司令	〃	1
〃	副長付内務士甲板士官	〃	1
〃	分隊士	〃	4
〃	主計長付兼分隊士	主少候	1

（士官特士/10）

職名	主務	官名	定数
乗組	分隊士	兵曹長	4
〃	水雷士	〃	1
〃	操舵長	〃	1
〃	掌通信長	〃	1
〃	掌航海長	〃	1
〃	分隊士	飛曹長	2
〃	掌飛行長	整曹長	1
〃	分隊士	〃	1
〃	缶長	機曹長	1
〃	機械長	〃	2
〃	掌経理長	主曹長	1

（准士/16）

職名	主務	官名	定数
乗組	水兵科	下士兵	540
〃	飛行科	〃	10
〃	整備科	〃	41
〃	機関科	〃	255
〃	工作科	〃	27
〃	看護科	〃	6
〃	主計科	〃	33
〃	傭人		7

（下士兵/919）

合計　984

注/NOTES
昭和18年12月1日現在の軍艦利根の乗員実数を示す【出典】利根戦時日誌

利根戦時乗員　定員/Complement (4)

職名	主務	官名	定数
艦長		大佐	1
砲術長	副長代理	中佐	1
機関長		〃	1
航海長兼分隊長	第7分隊長 ①	少佐	1
内務長兼分隊長	第9分隊長	〃	1
分隊長	第8分隊長	〃	1
軍医長兼分隊長	第14分隊長	医少佐	1
分隊長	第12分隊長	大尉	1
〃	第10分隊長	〃	1
〃	第1分隊長	〃	1
〃	第2、3、4分隊長	〃	1
〃	第13分隊長	〃	1
主計長兼分隊長	第15分隊長	主大尉	1
乗組	分隊士	中尉	5
〃	電機長兼分隊士	〃	1
〃	電測士兼分隊士	〃	2
〃	内務士兼分隊士	〃	1
〃	艦長付航海士兼分隊士	〃	1
〃	副長付甲板士官兼分隊士	〃	1
〃	砲術士兼衛兵副司令	〃	1
〃	掌機長	〃	1
〃	掌砲長	〃	1
〃	機関長付	〃	1
〃	掌内務長	〃	1
〃	分隊士	医中尉	1
〃	分隊士	少尉	8
〃	見張長	〃	1
〃	掌通信長	〃	1
〃	水雷士	〃	1
〃	水測士兼分隊士	〃	2
〃	通信士兼分隊士	〃	2
〃	暗号士兼分隊士	〃	1
〃	電測士兼分隊士	〃	1
〃	掌航海長	〃	1
〃	機械長	〃	1
〃	工業長兼分隊士	〃	1

（士官特士/50）

職名	主務	官名	定数
乗組	電信長兼分隊士	少尉	1
〃	航海士兼分隊士	〃	1
〃	掌経理兼分隊士	主少尉	1
〃	庶務主任兼分隊士	〃	1
〃	各科分隊士その他	少候補	20

（少候/20）

職名	主務	官名	定数
乗組	分隊士	兵曹長	2
〃	掌水雷長	〃	1
〃	操舵長	〃	1
〃	掌暗号長	〃	1
〃	掌飛行長兼分隊士	整曹長	1
〃	缶長	機曹長	1
〃	機械長	〃	1
〃	補機長兼分隊士	〃	1
〃	缶長兼分隊士	〃	1

（准士/10）

職名	主務	官名	定数
乗組	水兵科	下士兵	727
〃	整備科	〃	6
〃	機関科	〃	276
〃	工作科	〃	32
〃	看護科	〃	8
〃	主計科	〃	46
〃	傭人		6

（下士兵/1101）

（合計）　1185

注/NOTES 昭和20年6月1日現在の軍艦利根の乗員実数を示す【出典】利根戦時日誌
①通信長/第6分隊長、水雷長/第5分隊長代理、飛行長/第11分隊長職務執行 以上を兼務す
(1)昭和20年6月1日現在少尉候補生58名(内3名主計科)が乗艦していたが、6月中に38名が退艦、上記表には退艦者は含まず。また6月中に少尉11名、少尉候補生1名が着任している。本艦の最終期の乗艦実数を示すもので戦争末期のため、残存している行動可能な数少ない大型艦のために乗員構成や主務に多分に変則的な面が見られる

利根 (II) 型 /Tone Class

艦 歴 /Ship's History (1)

艦 名	利 根 (1/3)
年 月 日	記 事 /Notes
1934(S 9)-12- 1	三菱長崎造船所で起工、命名、横須賀鎮守府に仮入籍、2 等巡洋艦に類別
1937(S12)-11-21	進水、艤装員長龍崎留吉大佐 (40 期) 就任、13 年 5 月 18 日から兼筑摩艤装委員長
1938(S13)-11-20	竣工、第 1 予備艦、横須賀鎮守府に入籍、艦長原鼎三大佐 (41 期) 就任
1939(S14)- 5-20	第 2 艦隊第 6 戦隊
1939(S14)-11-15	第 2 艦隊第 8 戦隊、艦長大西新蔵大佐 (42 期) 就任
1939(S14)-12- 1	舞鶴鎮守府に転籍
1940(S15)- 3-27	中城湾発南支方面行動、4 月 2 日基隆着
1940(S15)- 9-17	呉発南支方面行動、10 月 6 日横須賀着
1940(S15)-10-11	横浜沖紀元 2600 年特別観艦式参列
1940(S15)-10-14	舞鶴着、11 月 11 日入渠、修理、27 日出渠
1940(S15)-10-15	艦長西田正雄大佐 (44 期) 就任
1940(S15)-10-30	舞鶴発、内海西部、有明湾方面行動
1941(S16)- 2-19	佐世保発南支方面行動、3 月 11 日有明湾着、28 日発 30 日舞鶴着
1941(S16)- 4-10	入渠、修理、21 日出渠、24 日発 27 日三河湾着
1941(S16)- 6- 3	三河湾発宿毛湾方面行動
1941(S16)- 8-27	舞鶴着、9 月 1 日入渠、8 日出渠、出師準備、整備作業
1941(S16)- 9-10	艦長岡田為次大佐 (45 期) 就任
1941(S16)- 9-22	舞鶴発内海西部方面行動、11 月 5 日有明湾発 7 日鹿児島湾着、8 日発 9 日呉着、臨戦準備、13 日発 14 日佐伯着、18 日発 22 日単冠湾着
1941(S16)-11-26	単冠湾発、真珠湾攻撃機動部隊支援隊として参加、12 月 8 日ハワイ空襲、21 日帰途ウエーキ島攻略作戦支援、29 日呉着、整備
1942(S17)- 1-10	呉発、機動部隊次期作戦出撃、15 日トラック着、17 日発ラバウル攻略作戦参加、27 日トラック着、2 月 1 日発 8 日パラオ着、15 日発 19 日ポートダーウィン空襲に参加、21 日スターリング湾着、25 日発 3 月 1 日米駆逐艦 Edsall を筑摩とともに砲撃撃沈、主砲消費弾数 8 戦隊で 944 発にものぼり問題となる、5 日ジャワ、チラチャップ攻撃に参加、11 日スターリング湾着、補給、整備
1942(S17)- 3-26	スターリング湾発、セイロン作戦に参加、4 月 5 日コロンボ空襲、9 日トリンコマリ空襲
1942(S17)- 4-23	舞鶴着、25 日入渠、5 月 3 日出渠、修理、訓令工事実施、16 日舞鶴発 17 日柱島回航、出動訓練
1942(S17)- 5-27	柱島発、ミッドウェー作戦機動部隊支援隊として参加、6 月 4、5 日ミッドウェー海戦に参加対空戦闘、空母部隊全滅撤退、24 日大湊着、28 日発 7 月 12 日柱島着
1942(S17)- 7-14	第 3 艦隊第 8 戦隊、艦長兒部勇治大佐 (45 期) 就任
1942(S17)- 7-15	柱島発、16 日舞鶴着、整備、訓令工事実施、8 月 5 日入渠、6 日出渠、同日発 7 日柱島に回航
1942(S17)- 8-16	呉発、機動部隊支援隊として出動、24 日第 2 次ソロモン海戦に参加、9 月 5 日トラック着、9 日ソロモン方面行動、23 日トラック着、整備補給、10 月 11 日発ソロモン方面行動、26 日南太平洋海戦に参加、30 日トラック着
1942(S17)-11- 9	トラック発ソロモン方面行動、18 日トラック着、警泊、訓練に従事、翌年 1 月 19 日発 22 日ヤルート着、23 日発 27 日ヤルート着、2 月 2 日発 7 日トラック着、15 日発 21 日舞鶴着
	1943(S18)- 3- 3 入渠、13 日出渠、修理、訓令工事実施、16 日発 19 日呉回航、21 日発 22 日佐伯着、22 日発 26 日トラック着、警泊

艦 歴 /Ship's History (2)

艦 名	利 根 (2/3)
年 月 日	記 事 /Notes
1943(S18)- 5-17	トラック発、主力部隊警戒隊に編入行動、22 日横須賀着、機動部隊に編入、北方作戦に備え待機、30 日発 6 月 1 日柱島回航、訓練
1943(S18)- 7- 8	呉発同県宇品着、9 日発陸軍部隊輸送、15 日トラック着、19 日発 21 日ラバウル着陸軍部隊揚陸、24 日発 26 日トラック着、警泊、訓練
1943(S18)- 9-18	トラック発、20 日ブラウン着、23 日発 25 日トラック着、警泊、10 月 17 日発 19 日ブラウン着、23 日発 26 日トラック着、31 日発 11 月 6 日呉着
1943(S18)-11-25	入渠、12 月 3 日出渠、修理、訓令工事実施、14 日工事完了
1943(S18)-12- 1	艦長黛治夫大佐 (47 期) 就任
1943(S18)-12-23	呉発陸軍部隊輸送、29 日トラック着、翌年 1 月 2 日発
1944(S19)- 1- 1	第 3 艦隊第 7 戦隊
1944(S19)- 1- 4	カビエン着、陸軍部隊揚陸、同日発 5 日トラック着、2 月 1 日発 4 日パラオ着、16 日発 21 日リンガ泊地着、27 日発 28 日バンカ泊地着、3 月 3 日発インド洋方面通商破壊戦に従事 (サ 1 号作戦) 9 日英商船 Behar (7,840 総トン) を撃沈、消費弾数 20cm 砲 -39、12.7cm 高角砲 -42、乗組員等 104 名を救助、捕虜とする、15 日ジャカルタ着捕虜の一部を地元の収容所に移す、18 日発 20 日シンガポール着、この間にインド人を主とする 80 人を司令部の命令で斬殺し、戦後戦犯裁判でこの作戦時の司令官左近允中将は死刑、黛艦長は重労働 7 年の刑をうける
1944(S19)- 4- 1	シンガポール発、航空部隊物件輸送、4 日帰投 5 日リンガ泊地に回航、訓練、5 月 11 日発 14 日タウイタウイ着、15 日発 16 日タラカン着、17 日発同日タウイタウイ着、6 月 10 日発 12 日バチャン着、13 日発マリアナ方面に出撃、19 日マリアナ沖海戦に参加、22 日中城湾着、23 日発 24 日柱島着
1944(S19)- 6-26	呉で入渠整備及び機銃、電探増備工事
1944(S19)- 7- 8	呉発、陸軍部隊輸送、16 日リンガ泊地着、以後同地で訓練、待機
1944(S19)-10-18	リンガ泊地発、20 日ブルネイ着、22 日発、第 1 遊撃部隊第 2 部隊としてレイテ突入作戦出撃、24 日シブヤン海で米空母機の連続攻撃を受け損傷、落後した武蔵の警戒に当たり、後本隊に復帰 24 日の消費弾数 20cm 砲 -88(対空)、12.7cm 高角砲 -350、機銃 -11,500、25 日サマール沖で米護衛空母群と遭遇、これを追撃砲撃で護衛空母 Gambier Bay の撃沈に最大の功績をあげる、戦闘中 7 戦隊、司令部鈴谷より移乗、1249 後部に被弾 1 舵取装置故障、兵員室火災、1331 1 番高角砲後部に再度被爆したが不発、25 日の消費弾数 20cm 砲 -419(水上)、94(対空)、12.7cm 高角砲 -1,030、機銃 -43,000、魚雷 -21、26 日撤退中対空戦闘、消費弾数 20cm 砲 -46(対空)、12.7cm 高角砲 -250、機銃 -5,000、24 日以降の人的被害、戦死 19(内 2 愛宕乗組員)、重傷 8、中程度及び軽傷 73(艦長を含む)、28 日ブルネイ着、11 月 8 日発
1944(S19)-11-15	第 2 艦隊第 5 戦隊編入
1944(S19)-11-17	舞鶴着、入渠損傷修理、整備工事、主砲砲身換装、兵装改装その他訓令工事
1945(S20)- 1- 1	呉練習戦隊
1945(S20)- 1- 6	艦長岡田有作大佐 (47 期) 就任
1945(S20)- 2-17	出渠、18 日舞鶴発 20 日呉回航、以後呉、江田島方面で兵学校生徒乗艦実習及び訓練、整備に従事
1945(S20)- 3-19	江田内で米空母機と対空戦闘、3 番砲塔右砲身に被爆、内膅膨張使用不能、旋回機故障、消費弾数 20cm 砲 -72(対空)、12.7cm 高角砲 -402、機銃 -12,400
1945(S20)- 7- 5	特殊警備艦、6 月 28 日以来擬装を施し江田内に繋留
1945(S20)- 7-24	敵空母機の空襲で被爆 4、至近弾 7 を受けて大破、28 日再度の空襲で被爆 2、至近弾 7 を受けて

利根 (II) 型 /Tone Class

艦 歴 /Ship's History (3)

艦　名	利　根 (3/3)
年 月 日	記 事 /Notes
	大破着底状態で終戦を迎える、この戦闘で相当の戦死者を生じた模様
1945(S20)-11-20	除籍
1947(S22)- 4- 7	播磨造船の手で引揚げに着手、翌年 5 月 4 日浮揚に成功、旧呉工廠船渠において解体、9 月 30 日に完了

艦 歴 /Ship's History (4)

艦　名	筑　摩 (1/3)
年 月 日	記 事 /Notes
1935(S10)- 9-25	命名、横須賀鎮守府に仮入籍、2 等巡洋艦に類別
1935(S10)-10- 1	三菱長崎造船所で起工
1938(S13)- 3-19	進水
1938(S13)- 5-18	艤装員長龍崎留吉大佐 (40 期) 就任、兼利根艤装員長
1938(S13)-11- 1	艤装員長友成佐市郎大佐 (38 期) 就任、兼羽黒艦長
1938(S13)-12-10	艤装員長西尾秀彦大佐 (41 期) 就任
1939(S14)- 5-20	竣工、横須賀鎮守府に入籍、第 2 艦隊第 6 戦隊、艦長西尾秀彦大佐 (41 期) 就任
1939(S14)-10-20	艦長原鼎三大佐 (41 期) 就任、兼利根艦長
1939(S14)-11-15	第 2 艦隊第 8 戦隊、艦長橋本信太郎大佐 (41 期) 就任
1939(S14)-12- 1	舞鶴鎮守府に転籍
1940(S15)- 3-27	中城湾発南支方面行動、4 月 2 日基隆着
1940(S15)- 9-17	呉発 21 日海南島三亜着、22 日発南支方面行動、10 月 6 日横須賀着
1940(S15)-10-11	横浜沖紀元 2600 年特別観艦式参列
1940(S15)-10-14	舞鶴着、16 日入渠、修理、11 月 8 日出渠
1940(S15)-11- 1	艦長小暮軍治大佐 (41 期) 就任
1940(S15)-12-25	舞鶴発内海西部方面行動
1941(S16)- 2- 4	有明湾着、13 日発 15 日佐世保着、19 日発 21 日中城湾着、26 日発 3 月 3 日高雄着、7 日発 11 日有明湾着、28 日発 30 日舞鶴着
1941(S16)- 4- 2	入渠、修理、10 日出渠、24 日発 27 日三河湾着、5 月 3 日発伊勢神宮沖着、4 日発 6 日呉着、20 日発 22 日三河湾着、6 月 3 日発 6 日別府湾着、10 日発宿毛湾着、22 日発 23 日有明湾着、27 日発 30 日横須賀着
1941(S16)- 7-11	有明湾着、16 日発 17 日小松島着、20 日発 22 日佐伯着、8 月 1 日発同日別府着、5 日発 6 日宿毛湾着、24 日発同日佐伯湾着、26 日発 27 日舞鶴着
1941(S16)- 8-11	艦長古村啓蔵大佐 (45 期) 就任
1941(S16)- 9- 8	舞鶴で入渠、16 日出渠、出師準備、整備作業
1941(S16)- 9-22	舞鶴発、23 日室積沖着、10 月 14 日発同日佐伯湾着、19 日発 22 日宿毛湾着、11 月 1 日発 2 日有明湾着、4 日発 7 日鹿児島湾着、8 日発 9 日呉着、臨戦準備、13 日発 14 日佐伯着、18 日発 22 日単冠湾着
1941(S16)-11-26	単冠湾発、真珠湾攻撃機動部隊支援隊として参加、12 月 8 日ハワイ空襲、21 日帰途ウエーキ島攻略作戦支援、29 日呉着、整備
1942(S17)- 1-10	呉発、機動部隊次期作戦出撃、15 日トラック着、17 日発ラバウル攻略作戦参加、27 日トラック着 2 月 1 日発 8 日パラオ着、15 日発 19 日ポートダーウィン空襲に参加、21 日スターリング湾着、25 日発 3 月 1 日米駆逐艦 Edsall を利根とともに砲撃撃沈、主砲消費弾数 8 戦隊で 944 発にものぼり問題となる、5 日ジャワ、チラチャップ攻撃に参加、11 日スターリング湾着補給、整備
1942(S17)- 3-26	スターリング湾発、セイロン作戦に参加、4 月 5 日コロンボ空襲、9 日トリンコマリー空襲
1942(S17)- 4-23	舞鶴着、5 月 3 日入渠、12 日出渠、修理、訓令工事実施、16 日舞鶴発 17 日柱島回航、出動訓練
1942(S17)- 5-27	柱島発、ミッドウェー作戦機動部隊支援隊として参加、6 月 4,5 日ミッドウェー海戦に参加、対空戦闘、空母部隊全滅撤退、24 日大湊着、28 日発 7 月 12 日柱島着
1942(S17)- 7-14	第 3 艦隊第 8 戦隊
1942(S17)- 7-15	柱島発、16 日舞鶴着、整備、訓令工事実施、8 月 4 日入渠、5 日出渠、6 日発 7 日柱島に回航

利根 (II) 型 /Tone Class

艦　歴 /Ship's History (5)

艦　名	筑　摩 (2/3)
年　月　日	記　事 /Notes
1942(S17)- 8-16	呉発、機動部隊支援隊として出動、24日第2次ソロモン海戦に参加、9月5日トラック着、9日発
	ソロモン方面行動、23日トラック着、整備補給、10月11日発ソロモン方面行動、26日南太平洋
	海戦に参加、機動部隊前衛の本艦は米空母ホーネットの艦爆、雷撃機の攻撃が集中、艦橋に2発、
	発射管に1発、その他至近弾により舷側に大破口を生じ缶室浸水、艦橋の副長以下幹部士官多数が
	戦死、全体で戦死192、負傷95という大被害を受け、主砲射撃指揮装置、水雷発射指揮装置等が使
	用不能、機械室は左舷前部のみの1軸可能、速力23ノットという状態になったが、谷風、浦風護衛
	の下29日トラック着、明石により応急修理、11月1日発7日呉着
1942(S17)-11-10	艦長荒木伝大佐(45期)就任、兼青葉艦長
1942(S17)-11-29	入渠、12月28日出渠、損傷修理、訓令工事、機銃増備、電探装備実施
1943(S18)- 1-20	艦長重永主計大佐(46期)就任
1943(S18)- 2-27	工事完成呉発、内海西部で訓練、22日佐伯発27日トラック着、訓練
1943(S18)- 5-17	トラック発、主力部隊警戒隊に編入行動、22日横須賀着、機動部隊に編入北方作戦に備え待機、30
	日発6月1日柱島回航、訓練
1943(S18)- 7- 8	呉発同日宇品着、9日発陸軍部隊輸送、15日トラック着、19日発21日ラバウル着陸軍部隊揚陸、
	24日発26日トラック着、警泊、訓練
1943(S18)- 9-18	トラック発、20日ブラウン着、23日発25日トラック着、警泊、10月17日発19日ブラウン着、
	23日発26日トラック着、11月3日発5日ラバウル着、米空母機の大規模空襲あり本艦も至近弾に
	より損傷、1番連管使用不能、舷側バルジ損傷、負傷3を生じるも戦闘航海に支障なし、7日トラッ
	ク着、20日発物件輸送、21日ブラウン着、22日発23日ルオット着、27日発28日ブラウン着、
	29日発30日ルオット着、12月3日発5日トラック着、7日発12日呉着
1943(S18)-12-20	入渠、翌年1月20日出渠、タービン及び損傷修理、訓令工事実施、19日工事完了
1944(S19)- 1- 1	第3艦隊第7戦隊
1944(S19)- 1- 7	艦長則満宰次大佐(46期)就任
1944(S19)- 2- 5	呉発物件輸送、13日シンガポール着、2月27日リンガ泊地発、28日バンカ泊地着
1944(S19)- 3- 1	第2艦隊第7戦隊
1944(S19)- 3- 2	バンカ泊地発、インド洋通商破壊戦に従事、15日ジャカルタ着、20日シンガポールへ回航、4月5
	日リンガ泊地へ回航、訓練、5月11日発14日タウイタウイ着、15日発16日タラカン着、17日発
	同日タウイタウイに戻る、6月10日発12日バチヤン着、13日発マリアナ方面に出撃、19日マリ
	アナ沖海戦に参加、22日中城湾着、23日発24日柱島着
1944(S19)- 6-26	呉で入渠整備及び機銃、電探増備工事
1944(S19)- 7- 8	呉発、陸軍部隊輸送、16日リンガ泊地着、以後同地で訓練、待機
1944(S19)-10-18	リンガ泊地発、20日ブルネイ着、22日発、第1遊撃部隊第2部隊としてレイテ突入作戦出撃、24
	日シブヤン海で米空母機の連続攻撃を受けたが損害なし、翌25日サマール沖で米護衛空母群と遭遇
	これに追撃砲戦を行ったが、追撃開始約2時間で敵雷撃機の魚雷1本が左舷艦尾に命中、舵及び3
	軸が破損、戦闘不能となり単独退避中、再度敵機の攻撃を受け中央部に被爆左舷に傾斜午後4時以
	降に総員退去、約100人程度が海上で救助を待つも同夜まで救助艦は来なかったという、公刊戦史
	では警戒のため派遣された野分が生存者を救助、野分自身も単独本隊の後を追ったものの追撃して
	きた米戦艦部隊の砲撃で撃沈されたため、本艦の乗員は全員戦死とされていたが、「連合艦隊 - サイ
	パン・レイテ海戦記 / 福田幸弘著」によれば本艦の乗員1名が米潜水艦に救助されて、戦後生還し
	ておりこの証言によれば上記のように夜間まで野分は現れず、野分が派遣を命じられて以降一切連

艦　歴 /Ship's History (6)

艦　名	筑　摩 (3/3)
年　月　日	記　事 /Notes
	絡がなく、本当に生存者を救助したかどうかは不明という、当時本艦の総員1,118のうち1名を除
	く1,117名が戦死したことになる
1945(S20)- 4-20	除籍

第7部/Part 7

◎ ③計画 (昭和 12 年度) 以降、終戦時までの計画巡洋艦

日本海軍最初にして最後の練習巡洋艦香取型
待望の 5,500 トン型の後継水雷戦隊旗艦型軽巡洋艦阿賀野型
潜水戦隊旗艦型特殊軽巡洋艦大淀
日本海軍最後の重巡洋艦伊吹
日本海軍最後の巡洋艦計画
6 年間放置されていた寧海・平海の活用

━━━━ 目 次 ━━━━

□ 香取型 (香取 /Katori・鹿島 /Kashima・香椎 /Kashii) ————————284

□ 阿賀野型 (阿賀野 /Agano・能代 /Noshiro・矢矧 II /Yahagi・酒匂 /Sakawa) 299

□ 大淀 /Oyodo ———————————————————————— 319

□ 伊吹 /Ibuki ————————————————————————333

□ 5037 号艦 /No.5037 ——————————————————— 338

□ 五百島 /Ioshima・八十島 /Yasoshima——————————— 340

香取 型 /Katori Class

型名 /Class name	香取 /Katori		同型艦数 /No. in class	3 +1	設計番号 /Design No.	J-16		設計者 /Designer	

艦名 /Name	計画年度 /Prog. year	建造番号 /Prog. No	起工 /Laid down	進水 /Launch	竣工 /Completed	建造所 /Builder	建造予算 (船体・機関＋兵器＝合計) /Est. (Hull・Mach + Armament = Total)	除籍 /Deletion	喪失原因・日時・場所 /Loss data
香取 /Katori	S13/1938	第 72 号艦	S13/1938-08-24	S14/1939-06-17	S15/1940-04-20	三菱横浜船渠	3,988,252 + 2,507,871 = 6,496,123 ①	S19/1944-03-31	S19/1944-02-17 トラック港外で米艦載機及び水上艦により撃沈
鹿島 /Kashima	S13/1938	第 73 号艦	S13/1938-10-06	S14/1939-09-25	S15/1940-05-31	三菱横浜船渠	3,988,252 + 2,507,871 = 6,496,123 ①	S20/1945-10-05	終戦時無傷のまま残存、復員船として使用後 S21/1946-11-26 解体
香椎 /Kashii	S14/1939	第 101 号艦	S14/1939-10-10	S15/1940-10-15	S16/1941-07-15	三菱横浜船渠	4,337,722 + 2,748,859 = 7,086,581 ②	S20/1945-03-20	S19/1945-01-12 仏印キノン湾沖で米艦載機により撃沈
橿原 /Kashihara	S16/1941	第 237 号艦	S16/1941-08-23			三菱横浜船渠			起工直後 S16/1941-11-6 開戦決定により建造中止となる

注 /NOTES 日本海軍最初の新造練習巡洋艦、① 予算項目は艦艇製造費、これ以外に事務費として 103,877 円を計上。②同じく 113,419 円を計上。本型の艦本 4 部での基本設計は岡本方行技術大佐及び大薗大輔技術大佐 (最終) が担当したと推定。香椎の建造実費については次の数字あり (単位円)、船体 7,298,000、機関 3,223,000、兵器 7,208,689、雑 323,614、建造実費なのか予定金額かのかは不明、予算額とかなり大幅なへだたりあり。【出典】海軍軍戦備 / 軍艦基本計画資料 - 福田 / 椎誌丸 S41-11 号 / その他

船 体 寸 法 /Hull Dimensions

艦名 /Name	状態 /Condition	排水量 /Displacement		長さ /Length(m)			幅 /Breadth (m)			深さ /Depth(m)		吃水 /Draught(m)			乾舷 /Freeboard(m)			備考 /Note
				全長 /OA	水線 /WL	垂線 /PP	全幅 /Max	水線 /WL	水線下 /uw	上甲板 /m	最上甲板	前部 /F	後部 /A	平均 /M	艦首 /B	中央 /M	艦尾 /S	
香取 /Katori	新造完成 /New (t)	公試 /Trial	6,352											5.76				艦船復原性能比較表による
		満載 /Full	6,753											6.04				
		軽荷 /Light	5,166											4.88				
鹿島 /Kashima	新造完成 /New (t)	公試 /Trial	6,280											5.71				艦船復原性能比較表による
		満載 /Full	6,697											5.98				
		軽荷 /Light	5,158											4.87				
香椎 /Kashii	新造完成 /New (t)	公試 /Trial	6,275									5.70	5.70	5.70	8.05	4.80	5.40	要目簿及び船体寸法図による
		満載 /Full	6,690									5.97	5.98	5.98	7.78	4.52	5.12	
		軽荷 /Light	5,156									4.37	5.38	4.88	9.40	5.62	5.66	
香取 /Katori	新造計画 /Design (t)	基準 /St'd(T)																艦船復原性能比較表による S15-4-6 重心公試による
		公試 /Trial	6,300	133.5	130.0	123.5	16.7	15.95		10.5				5.75				
		満載 /Full	6,700											6.02				
		軽荷 /Light	5,129											4.87				
	公称排水量 /Official(T)	基準 /St'd	6,300			129.65	15.95							5.47				部内限りの公表値

注 /NOTES
S19 に香椎と香取は対潜掃討艦に改装されたが、その際の排水量、船体寸法の変化、重心公試等の成績についての記録は残存していない。
【出典】艦船復原性能比較表 / 香椎要目簿 / 香椎船体図

解説 /COMMENT

日本海軍では創設後まもなくから士官候補生の遠洋航海を毎年恒例的に実施してきた。これらのために当てられた艦艇は当時における巡洋艦級で、第一線を退いた艦が多く、古くは筑波 (初)、金剛、比叡の姉妹艦、日露戦争前からは有名な三景艦が、さらに明治 40 年代以降は日露戦争中、第 2 艦隊で活躍した、装甲巡洋艦が練習艦に転用されはじめ、以後約 30 年弱にわたって旧装甲巡洋艦 (海防艦) の時代が続いてきた。

途中、昭和 5 年のロンドン軍縮会議時代には 5,500 トン軽巡の一部を練習巡洋艦に改装する案もあったが実現せず、旧装甲巡洋艦時代が継続されたが、さすがに昭和 10 年以降は遠洋航海に耐え得る艦も少なくなり、それにも増して艦そのものの老朽化とともに、搭載した兵器や装備の旧式化から、候補生の教育に支障をきたすこともあって、新しい練習艦の建造が必要になってきた。

昭和 13 年度計画において最初の練習艦香取、鹿島の建造が認められるところとなった。当初は同型 3 隻が要求されたが、大蔵省の査定で 2 隻に減じられたものとされている。新練習艦に対する軍令部の要求は、

基準排水量 5,800 トン
速力 18 ノット
候補生収容力 375 名 (兵科 200 名、機関科 100 名、主計科 50 名、軍医科 25 名)

というもの。ちなみに、昭和 13 年 4 月度の兵学校の入校者は 343 名であったから、他科を加えると 1 隻では収容できるものではなく、2 隻は必要で、運用上整備・修理を考慮すれば 3 隻はどうしても入用であった。

艦型は外国における儀礼上からも威厳のあるものとし、一部の艦内インテリアに対しては豪華さも要求された。ただし、兵装については軍令部からの要求は特になく、艦本側の基本計画にまかせられていた。そもそも、建造予算自体が当時の駆逐艦 1 隻が 900 万円なのに、新練習艦 1 隻は 660 万円という低額であった。これは、戦闘に加わることを最初から見込んでいなかったともいわれ、軍艦規格での建造は当初から考えておらず、商船規格での建造となった。

当時は、③計画艦艇の建造で各海軍工廠や主要造船所は繁忙をきわめており、そうしたことからも本型の建造は比較的軍艦建造実績の少ない、横浜の三菱横浜船渠に発注され、実際には軍艦規格と商船規格の中間的構造規格で建造したという。ということからもかなり造船所側の自由裁量で設計がすすめられたといわれている。

船型は船首楼甲板を採用することで、候補生の居住スペースや講義室、候補生用実習艦橋等の教育施設を確保したものの、船体は内部スペースを十分とったため、機関重量も軽く、防禦材もないため、排水量の割に軽く吃水の浅いものになり、要求された船舶性能を確保できないため、固定バラスト 822 トンを搭載することで解決している。

艦型は乾舷の高い船首楼甲板に 4 層の大型の艦橋構造物を有し、軽三脚檣を背後に設け、その後方に軽く傾斜した 1 本煙突を配置しさらにその後方、中心線上に射出機、やや大ぶりの三脚後檣がある。軍令部の要求した威厳のある艦型を実現するのにほぼ成功しており、なかなかバランスのとれた艦であった。

搭載兵装・装備は候補生の教育上多岐にわたるものを必要としたが、最新の装備は不要として、砲熕兵器は主砲として 14cm 連装砲

香取 型/Katori Class

機 関/Machinery

		香 取 型/Katori Class		注/NOTES
主機械 /Main mach.	型式 /Type ×基数 (軸数)/No.	艦本式衝動タービン /Kanpon type turbine × 2、艦本式 22 号 10 型ディーゼル /Kanpon type No.22 Mod 10 diesel × 2		【出典】軍艦基本計画 (福田)/ 舶用蒸気タービン設計法 / 香椎要目簿 / 艦本各種資料
	機械室 長さ・幅・高さ (m)・面積 (㎡)・1㎡当たり馬力	タービン機関面積・136　　ディーゼル機関面積・196		
缶 /Boiler	型式 /Type ×基数 /No.	ホ号艦本式専焼缶× 3/Ho-go kanpon type, 3 oil fired		
	蒸気圧力 /Steam pressure (kg/c㎡)	(計画 /Des.)　20		
	蒸気温度 /Steam temp.(℃)	(計画 /Des.)　280		
	缶室 長さ・幅・高さ (m)・面積 (㎡)・1㎡当たり馬力	・　　 ・　　 ・148.5・29.6		
計画 /Design	速力 /Speed(ノット /kt)	18 (10/10 全力)/		
	出力 /Power(軸馬力 /SHP)	8,000 (タービン 4,400、ディーゼル 3,600)/		
(全力 / 過負荷)	推進軸回転数 /(rpm)	280/		
新造公試 /New trial	速力 /Speed(ノット /kt)	(香取)19.03/19.23　　　　　(香椎)19.42/19.21		
	出力 /Power(軸馬力 /SHP)	7,896/8,356　　　　　8,534/8,049		
(全力 / 過負荷)	推進軸回転数 /(rpm)	282.2/286.5　　　　　288.1/283.6		
	公試排水量 /(t) disp.・施行年月日 /Date・場所 /Place	6,299/6,294　　　　　6,346/6,351(S16-2)		
改造 (修理) 公試 /Repair trial	速力 /Speed(ノット /kt)			
	出力 /Power(軸馬力 /SHP)			
(全力 / 過負荷)	推進軸回転数 /(rpm)			
	公試排水量 /(t) disp.・施行年月日 /Date・場所 /Place			
推進器 /Propeller	数 /No.・直径 /Dia.(m)・節 /Pitch(m)・翼数 /Blade no.	× 2　・2.80　　・3 翼		
舵 /Rudder	舵機型式 /Machine・舵型式 /Type・舵面積 /Rudder area(㎡)	・釣合舵 / Balanced × 1・15.65		
燃料 /Fuel	重油 /Oil(t)・定量 (Norm.)/ 全量 (Max.)	/600　　　　　(香椎)439/659		
	石炭 /Coal(t)・定量 (Norm.)/ 全量 (Max.)			
航続距離 /Range(ノット /Kts -浬 /SM)	基準速力 /Standard speed	(計画 /Des.)12 － 7,000、　　　(香椎)12 － 10,747		
	巡航速力 /Cruising speed			
発電機 /Dynamo・発電量 /Electric power(W)		タービン 450kW × 1、ディーゼル 350kW × 2・1,150kW		
新造機関製造所 / Machine maker at new				

　2 基を前後に配し、12.7cm 連装高角砲 1 基を後檣背後に、艦橋両側に 25mm 連装機銃、水雷兵器として 53cm 連装発射管を煙突両側に装備した。機関はタービン 2 基、艦本式専焼缶 3 基、4,400 馬力とディーゼル 2 基、3,600 馬力の併用で、フルカン・ギアーで連結され、機関科候補生の教育に対処しており、2 軸で 18 ノット、航続力は 12 ノットで 7,000 浬を計画値としていたが、公試ではいずれも、計画値を上回っており、実際の航続力も 1 万浬に近くかなり余裕のあるものであった。なお、缶は 2 缶分で全力発揮が可能で、1 缶は休止して機関科候補生の教育機材として用いることが配慮されていた。

　司令官公室のインテリアは各船建造の実績のある造船所側にまかされたが、装飾用の絵画としては当時の日本画壇の重鎮、木村壮八及び山口蓬春両画伯に依頼して、香取には＜松＞、鹿島には＜あやめ＞の日本画が飾られることになった。また後甲板は板張りとして、寄港地でのアットホーム等に備えたものとしているのも、練習艦特有の配慮であった。

　2 隻とも、昭和 13 年 8、10 月に起工され、翌年 6、9 月に進水、昭和 15 年 4、5 月に竣工した。2 隻の竣工を前に 3 隻目の同型練習艦香椎が同造船所で起工されており、これは昭和 14 年度の④計画で練習艦 1 隻の建造要求が認められたためであった。　さらに、当時の状況を配慮して、将来的に候補生数の増大が見込まれたため、4 隻目の練習艦 (予定艦名橿原) が昭和 16 年度の第 2 次追加計画で建造が認められ、昭和 16 年 8 月に同造船所で起工されたものの、直後の開戦決定により建造中止となり、解体された。

　香取、鹿島は竣工後 2 隻にして最初の練習艦隊を編成して、兵学校 68 期 288 名、機関学校 49 期 78 名、経理学校 29 期 26 名が乗艦して日本海軍最後の遠洋航海を実施した。時局柄、世界一周というわけにもいかず、昭和 15 年 8 月 7 日から 9 月 28 日までのほぼ 2 か月弱の短期間で、外地寄港は旅順、大連、上海だけという寂しいものであった。

　3 番艦の香椎は昭和 16 年 7 月に僅か 1 年 9 か月余の短期間で竣工したが、練習艦任務に就く暇はなく、開戦をひかえて南遣艦隊の旗艦として、サイゴンに派遣された。香取、鹿島も昭和 16 年に入ると練習艦任務を解かれ、臨戦体制に入り、それぞれ第 4 艦隊旗艦、第 6 艦隊旗艦に就き、中部太平洋に派遣された。

　これら練習艦は戦闘任務には不向きだが、広い艦内スペースを生かして艦隊旗艦任務に就くには最適で、泊地にとどまっている場面が多かったが、戦局の悪化とともに輸送任務や護送任務に引っ張り出されることも多くなり、香取昭和 19 年 2 月のトラック大空襲にさいして被爆損傷火災を生じた後に、接近してきた米水上艦艇により撃沈された。

　残った 2 隻は昭和 19 年に入って内地に呼び戻されて、再度本来の練習艦任務に就くことになったが、戦局の悪化はとてもそんな余裕がなく、2 隻は当時猛威をふるっていた米潜水艦に対する対戦掃討戦隊の旗艦として、海防艦部隊を指揮するため、自身も対空火力と対潜兵装を大幅に強化して戦線に加わることになった。改造は香椎は昭和 19 年 3-4 月に呉工廠で実施、両舷の発射管をおろした跡に 12.7cm 連装高角砲を、さらに 25mm3 連装機銃 4 基を増備、電探、水測兵器を新設した。また艦内の防水区画を強化、艦尾の司令官居住区を爆雷庫に改造、爆雷 200 個を搭載、周囲にコンクリートを充填して防禦策としている。艦尾甲板には爆雷投射機 8 基と同投下軌条 2 基を装備した。

　鹿島の改造は遅れて、昭和 19 年 12 月から翌年 1 月に同じく呉工廠で実施され、爆雷搭載量を半分に減じたが、機銃増備はより増強された。香椎は改装後、船団護送等に活躍したが、昭和 20 年 1 月に仏印沖で内地向け船団を護送中、米空母機に襲撃され撃沈された。鹿島は終戦まで残存し、戦後の引き揚げ任務を終えた後に解体されて任務を終えた。

香取 型 /Katori Class

兵装・装備 /Armament & Equipment (1)

香取型 /Katori Class		新造時 /New build
砲熕兵器 / Guns	主砲 /Main guns	50口径3年式14cm連装砲(A型改2)/50cal 3 Year type Ⅱ×2
	高角砲 /AA guns	40口径89式12.7cm連装高角砲/40cal 89 type Ⅱ×1 ①
	機銃 /Machine guns	96式25mm連装機銃×2/96 type Ⅱ×2 ②　(香椎のみ礼砲2を減じて25mm連装機銃2基を増備)
	その他砲 /Misc. guns	山内5cm砲/Yamanouchi type×4(礼砲/Salute)
	陸戦兵器 /Personal weapons	38式小銃×　92式重機×　陸用拳銃×　96式軽機×
弾薬定数 Ammunition	主砲 /Main guns	×150
	高角砲 /AA guns	×200
	機銃 /Machine guns	×2,000
揚弾薬機 Ammun.tube	主砲 /Main guns	横揚式×2
	高角砲 /AA guns	横揚式×1(後高角砲増備時に縦揚式2増設)
	機銃 /Machine guns	
射撃指揮装置 Fire cont. system	主砲 /Main gun director	94式方位盤×1
	高角砲 /AA gun director	91式高射装置×1
	機銃 /Machine gun	95式機銃射撃装置×1 ③
	主砲射撃盤 /M. gun computer	94式射撃盤2号2型×1
	その他装置 /	
	装填演習砲 /Loading machine	14cm砲用×1, 12.7cm高角砲用×1
	発煙装置 /Smoke generator	
水雷兵器 / Torpedo etc	発射管 /Torpedo tube	6年式53cm連装発射管/6 Year type Ⅱ×2 ①
	魚雷 /Torpedo	89式53cm魚雷/Type 89×4
発射指揮装置 Fire cont.	方位盤 /Director	91式3型×2
	発射指揮盤 /Cont. board	92式×2
	射法盤 /Course indicator	
	その他 /	
	魚雷用空気圧縮機 /Air compressor	×1
	酸素魚雷用第2空気圧縮機 /	
	爆雷投射機 /DC thrower	②
	爆雷投下軌条 /DC rack	
	爆雷投下台 /DC chute	手動投下台(艦載艇用)×2
	爆雷 /Depth charge	95式爆雷×10(艦載艇用)
	機雷 /Mine	
	機雷敷設軌条 /Mine rail	
	掃海具 /Mine sweep. gear	
	防雷具 /Paravane	中防雷具1型改1×1
	測深器 /	
	水中処分具 /	
	海底電線切断具 /	

注/NOTES

① S19に対潜掃討艦に改装された際に同高角砲2基を両舷の発射管を撤去して増備、香取は未工事のまま戦没
② 上記対潜掃討艦に改装された際の基本機銃装備は3連装4基、連装4基、香椎S19-7-20現在で他に25mm単装10基、13mm単装8基を装備、鹿島はS20-2-8現在で25mm単装10基を装備、香取は戦没時25mm連装4基程度を装備していたものと推定
③ 香椎と鹿島は改装後1基増備2基を装備

【出典】各艦機銃・電探・哨信儀等現状調査表/巡洋艦砲熕兵器一覧(乙巡)S19-3艦本/軍艦鹿島兵器軍需品引渡目録-S20-10-5/鹿島戦時日誌

注/NOTES

① S19/1944に対潜掃討艦に改装された際魚雷兵装を撤去、高角砲を増備(鹿島、香椎のみ)
② 竣工時。S19/1944に対潜掃討艦に改装された際に鹿島は爆雷投射機4基、同投下軌条2基を艦尾に装備、2式爆雷100個を搭載、香椎は爆雷投射機8基、爆雷200個を搭載

【出典】各艦機銃・電探・哨信儀等現状調査表/軍艦鹿島兵器軍需品引渡目録-S20-10-5/第102戦隊戦時日誌/鹿島戦時日誌

兵装・装備 /Armament & Equipment (2)

香取型 /Katori Class		新造時 /New build	昭和20年 /1945(鹿島)
通信装備 Communication equipment	送信装置 /Transmitter	×10	×5
	受信装置 /Receiver	×27	×12
	無線電話装置 /Radio telephone	×3(2式1型×2、90式改4×1)	×4
無線兵器 / Electronics Weapons	測波装置 /Wave measurement equipment		
	電波鑑査機 /Wave detector		×4
	方位測定装置 /DF	×1(93式1号)	×1
	印字機 /Code machine		97式印字機
電波兵器 Radar	電波探信儀 /Radar		22号×1
			13号×1
	電波探知機 /Counter measure		E-27型×2
水中兵器 UW weapon	探信儀 /Sonar		93式×2
	聴音機 /Hydrophone	×1(試製2型大艦用)	零式×2
	信号装置 /UW commu. equip.	×1(水中信号機10型)	
	測深装置 /Echo sounder		
電気兵器 / Electric Weapons	一次電源 Main P. Sup. ターボ発電機 /Turbo genera.	450kW×1	左に同じ
	ディーゼル発電機 /Diesel genera.	350kW×2	左に同じ
	二次電源 2nd power supply 発電機 /Generator		
	蓄電池 /Battery		
	探照灯 /Searchlight	96式1型110cm×2	左に同じ
	探照灯管制器 /SL controller	96式2型×2	左に同じ
	信号用探照灯 /Signal SL	40cm1型×2	左に同じ
	信号灯 /Signal light	2kW信号灯×2	左に同じ
	舷外電路 /Degaussing coil		

香取 型/Katori Class

兵装・装備/Armament & Equipment (3)

香取型/Katori Class			新造時/New build	鹿島 昭和20年/Kashima1945
航海兵器/Navigation Equipment	羅針儀/Compass	磁気/Magnetic	90式3号1型×2	90式3号×4
			90式1型×2	
		転輪/Gyro	安式2号改2×1	3式2号改2×1
			須式×1	1式1号×1
	測深儀/Echo sounder		90式2型改1×1	90式×1
	測程儀/Log		92式1型×1	92式×1
	航跡儀/DRT		2型×1	×1
	気象兵器/Weather	風信儀/Wind vane		
		海上測風経緯儀/		
		高層気象観測儀/		97式×1
	信号兵器/Signal light			97式山川灯1型×2、2式哨信儀×1
光学兵器/Optical Weapons	測距儀/Range finder		93式4.5m×1	93式4.5m×1
			97式2m高角×1	97式2m高角×1
			96式1.5m航海用×2	
	望遠鏡/Binocular		18cm×2	18cm×2
			12cm×4	12cm×14
			8cm(高角)×2	8cm×5
				6cm×3
	見張方向盤/Target sight		15式×2	×6
			13式1号1型×4	
	その他/Etc.			
航空兵器/Aviation Weapons	搭載機/Aircraft		零式3座水偵/0 type 3 seats RS×1	零式3座水偵/0 type 3 seats RS×2
			(就役後94式3座水偵を搭載していた時期あり)	(S18/1943以降搭載機を降ろしていた時期あり)
	射出機/Catapult		呉式2号5型/Kure type No.2 Mod 5×1	左に同じ
	射出装薬/Injection powder			
	搭載爆弾・機銃弾薬/Bomb・MG ammunition		(各種爆弾)×50	
	その他/Etc.			
短艇/Boats	内火艇/Motor boat		12m×2	
	内火ランチ/Motor launch		12m×3	
	カッター/Cutter		9m×2	
	内火通船/Motor utility boat			
	通船/Utility boat		6m×1	
	その他/Etc.			

防禦/Armor

香取型/Katori Class			計画/Design	新造時/New build
弾火薬庫/Magazine	舷側/Side			
	甲板/Deck			
	前部隔壁/Forw. bulkhead			
	後部隔壁/Aft. bulkhead			
機関区画/Machinery	舷側/Side			
	甲板/Deck	平坦/Flat		
		傾斜/Slope		
	前部隔壁/Forw. bulkhead			
	後部隔壁/Aft. bulkhead			
	煙路/Funnel			
砲塔/Turret	主砲楯/Shield			
	砲支筒/Barbette			
	揚弾薬筒/Ammu. tube			
舵機室/Steering gear room	舷側/Side			
	甲板/Deck			
	その他/			
操舵室/Wheel house				
水中防禦/UW protection				
その他/				S11/1936 羅針艦橋に防弾板装備
				S17/1942 魚雷頭部用防弾板装備

注/NOTES 基本的に防禦甲鈑はなし。
【出典】香椎要目簿/

[資料] 本型の公式資料として残っている図面類は呉の<福井資料>に新造時の香椎の図面一式に近いものがあり、さらに鹿島の昭和19年末の改装後の図面一式があり、本型の新造時と最終状態をほぼ確認できる。その他、香椎の船体寸法図、香取の一般艤装改装要領、香椎要目簿(新造時)、鹿島の終戦時の引渡目録が存在する。その他、国会図書館の憲政資料室のマイクロフィルムに本型の一般艤装大体図が収録されているが、残念ながら解像度が悪く、判読不能の文字が多い。

本型の写真は新造時のものはいろいろ残されており、遠洋航海で上海に寄港した際に米英側から撮影されたものも少なくない。ただし戦時中の写真はほとんどなく、残存した鹿島の終戦後の写真も、米軍側の撮影した鮮明な写真は見た記憶がなく、連合軍に提出するための解体過程を記録した数枚が残されているだけである。

なお、本型は新造時は練習艦という艦種名で予算がついたもので、後の艦艇類別等級において練習巡洋艦という艦種項目を新設してこれに類別されたが、巡洋艦というには実質的に機動性に欠けた性能であった。

艦名はいずれも日本の著名な旧官幣大社神社名にとったもので、香取、鹿島は明治36年度計画の戦艦名として命名済みで、いずれも2代目となる。3番艦の香椎は最初の命名であった。戦後の海上自衛隊においては初代の練習艦に「かとり」、2代目の練習艦に「かしま」を襲名している。

香取 型 /Katori Class

重量配分 /Weight Distribution

香椎 /Kashii		新造 /New build (単位 t)			
		公試 /Trial	満載 /Full	軽荷 /Light	基準 /St'd
船体	船殻	2,874.204	2,874.204	2,874.204	
	艤装	392.684	392.684	392.684	
	固定斉備	158.543	158.543	158.543	
	バラスト	583.190	583.190	576.000	
	(合計)	(4,008.621)	(4,008.621)	(4,001.431)	
斉備品	一般斉備品	459.980	599.879	178.807	
	(合計)	(459.980)	(599.879)	(178.807)	
兵器	砲熕	210.519	215.071	141.585	
	水雷	44.426	45.222	33.193	
	電気	168.999	169.149	168.699	
	光学	6.004	6.004	6.004	
	航海	8.251	8.278	6.451	
	無線	14.530	14.530	14.530	
	航空	32.779	37.993	29.987	
	(合計)	(485.508)	(496.247)	(400.449)	
機関	主機	166.996	166.996	166.996	
	缶 + 煙路煙突	119.261	119.261	119.261	
	補機	95.659	95.659	95.659	
	諸管弁等	82.213	82.213	82.213	
	軸系推進器	50.266	50.266	50.266	
	雑	59.437	59.437	59.437	
	缶水その他水	35.475	38.373	0	
	油	29.361	29.361	0	
	(合計)	(634.668)	(637.566)	(569.832)	
重油		442.975	663.937	0	
水中聴音機真水		25.692	25.692	25.692	
軽質油 ①	内火艇用	17.820	26.730	0	
	飛行機用	5.807	8.710	0	
潤滑油 ②	主機械用	25.957	38.935	0	
	飛行機用	1.585	2.528	0	
予備水		40.566	60.849	0	
復原性液体		115.200	115.200	0	
応急用諸材料		2.160	2.160	0	
不明重量		3.265	3.265	3.265	
マージン / 余裕					
(総合計)		(6,274.808)	(6,690.319)	(5,153.784)	

注 /NOTES 【出典】香椎要目簿
① 内火艇用に内火機械起動用、水雷用を含む ② 主機械用に内火艇用、水雷用を含む

復原性能 /Stability

香取型 /Katori Class		香取 /Katori			鹿島 /Kashima			香椎 /Kashii		
		公試 /Trial	満載 /Full	軽荷 /Light	公試 /Trial	満載 /Full	軽荷 /Light	公試 /Trial	満載 /Full	軽荷 /Light
復原性能	排水量 /Displacement (T)	6,352	6,753	5,166	6,280	6,697	5,158	6,275	6,690	5,295
	平均吃水 /Draught,ave. (m)	5.76	6.04	4.88	4.57	4.95	4.87	5.70	5.98	4.88
	トリム /Trim (m)									
	艦底より重心点の高さ /KG (m)	5.89	5.74	4.88	5.83	5.70	6.48	5.85	5.71	6.47
	重心からメタセンターの高さ /GM (m)	1.19	1.33	0.62	1.25	1.37	0.67	1.23	1.36	10.67
	最大復原挺 /GZ max. (m)	1.15	1.26	0.68	1.20	1.29	0.72			
	最大復原挺角度 /Angle of GZ max.	58.7	58.8	54.3	59.0	59.4	55.4			
	復原性範囲 /Range (度 /°)	120.3	127.0	95.5	122.5	128.5	97.3			
	水線上重心点の高さ /OG (m)	0.17	− 0.26	1.64	0.12	− 0.28	1.60	0.15	− 0.27	1.59
	艦底からの浮心の高さ /KB(m)							3.29	3.46	2.85
	浮心からのメタセンターの高さ /BM(m)							4.64	5.00	3.64
	予備浮力 /Reserve buoyancy (T)									
	動的復原力 /Dynamic Stability (T)									
	船体風圧側面積 / A (㎡)							1,249.0		
	船体水中側面積 / Am (㎡)							676.0		
	風圧側面積比 / A/Am (㎡ /㎡)	1.84	1.70	2.34	1.85	1.71	2.35	1.85		
旋回性能	公試排水量 /Disp. Trial (T)							6,295		
	公試速力 /Speed (ノット /kts)							18.0		
	舵型式及び数 /Rudder Type & Qt'y							舵懸垂式釣合舵 × 1		
	舵面積 /Rudder Area : Ar (㎡)							15.464		
	舵面積比 / Am/Ar (㎡ /㎡)									
	舵角 /Rudder angle(度 /°)							43.11/1		
	旋回圏水線長比 /Turning Dia. (m/m)							35n		
	旋回中最大傾斜角 /Heel Ang. (度 /°)							2.75--3.00		
	動揺周期 /Rolling Period (秒 /sec)							7.0--7.5		
搭載物件	バラスト /Ballast (t)									
	復原性能用重油 /Oil (t)	587	587	587	576	576	576	583	583	576
	水中聴音機区画真水 /Water (t)	115	115		115	115				
		26	26		26	26		25.7	25.7	

注 /NOTES
【出典】艦船復原性能比較表 / 香椎要目簿

香取 型 / Katori Class

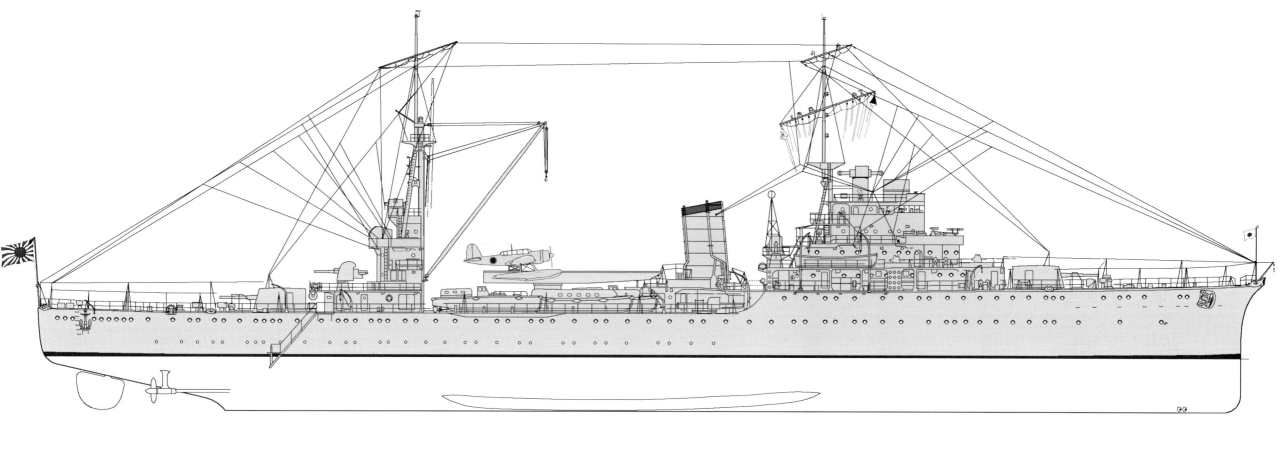

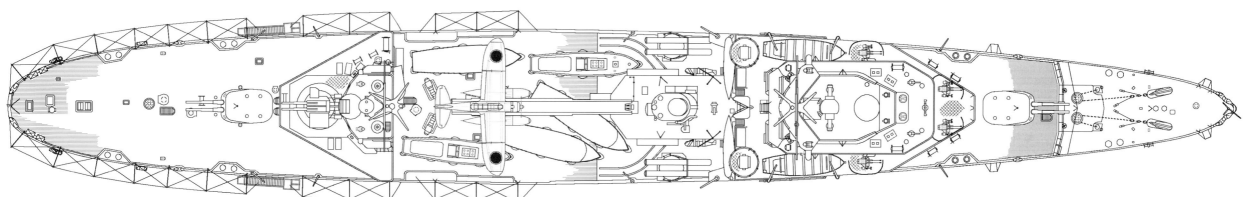

図 7-1-1 [S=1/400] 鹿島 側平面 (新造時)

香取 型 /Katori Class

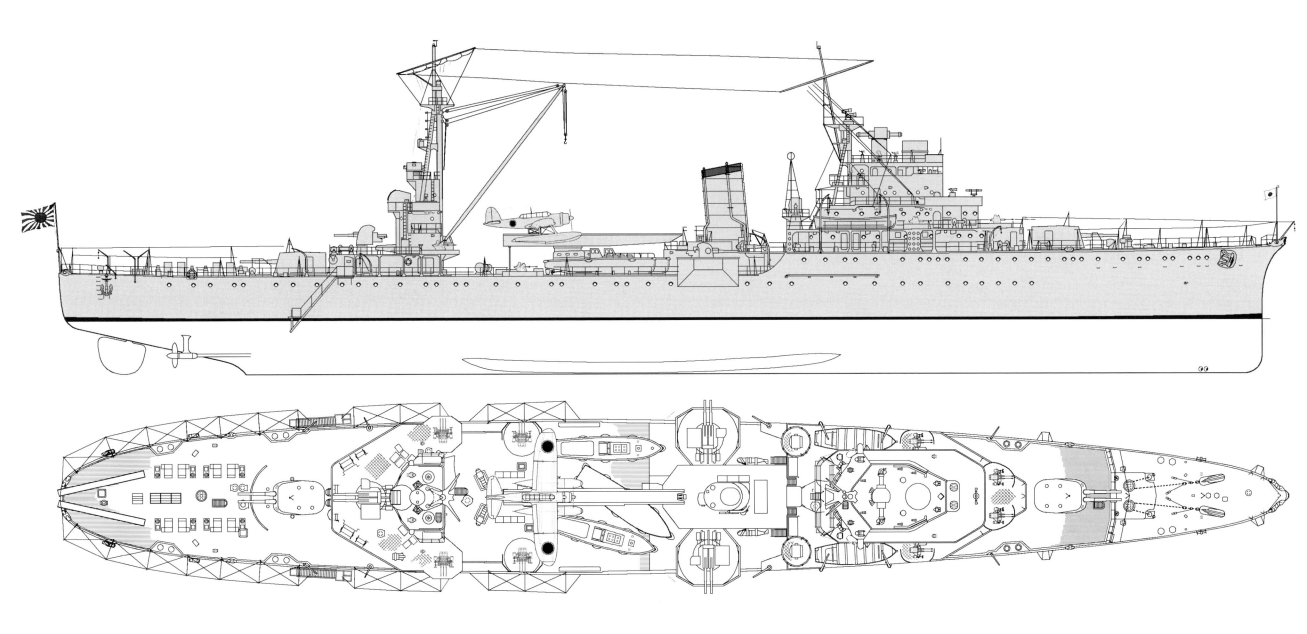

図 7-1-2 [S=1/400] 香椎 側平面 (S19 改装完成時)

香取 型/Katori Class

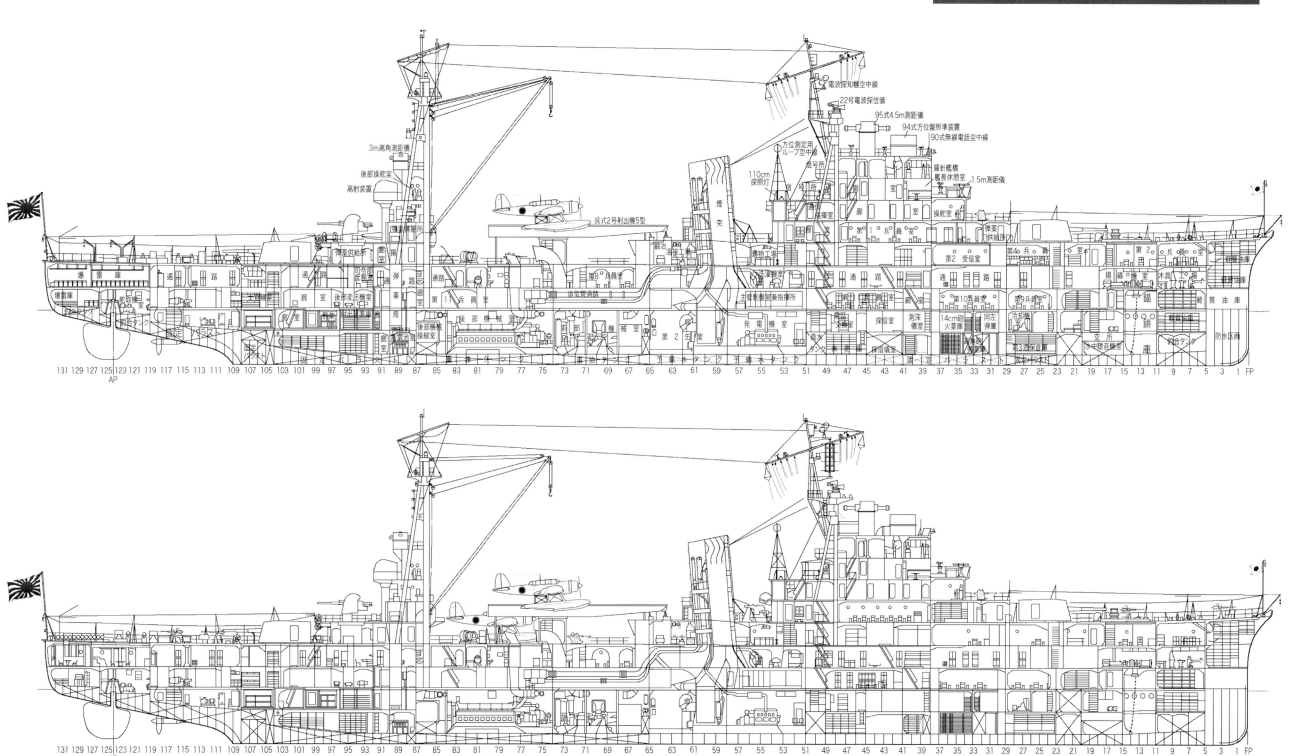

◎香椎（上）、鹿島（下）のS19における対潜掃討艦への改装状態を示す。一見差異が無いようだが、爆雷搭載数が香椎の方が200個、鹿島は100個と半分で、艦尾の爆雷庫の大きさが異なっているのがわかる。改装時期が大きく遅れた鹿島の場合は前檣に13号電探を装備している。

図 7-1-3 ［S=1/400］
香椎・鹿島 艦内側面 (S19 改装完成時)

香取 型/Katori Class

図 7-1-4 [S=1/400]
香椎 諸艦橋 船首楼 上甲板平面 (S19 改装完成時)

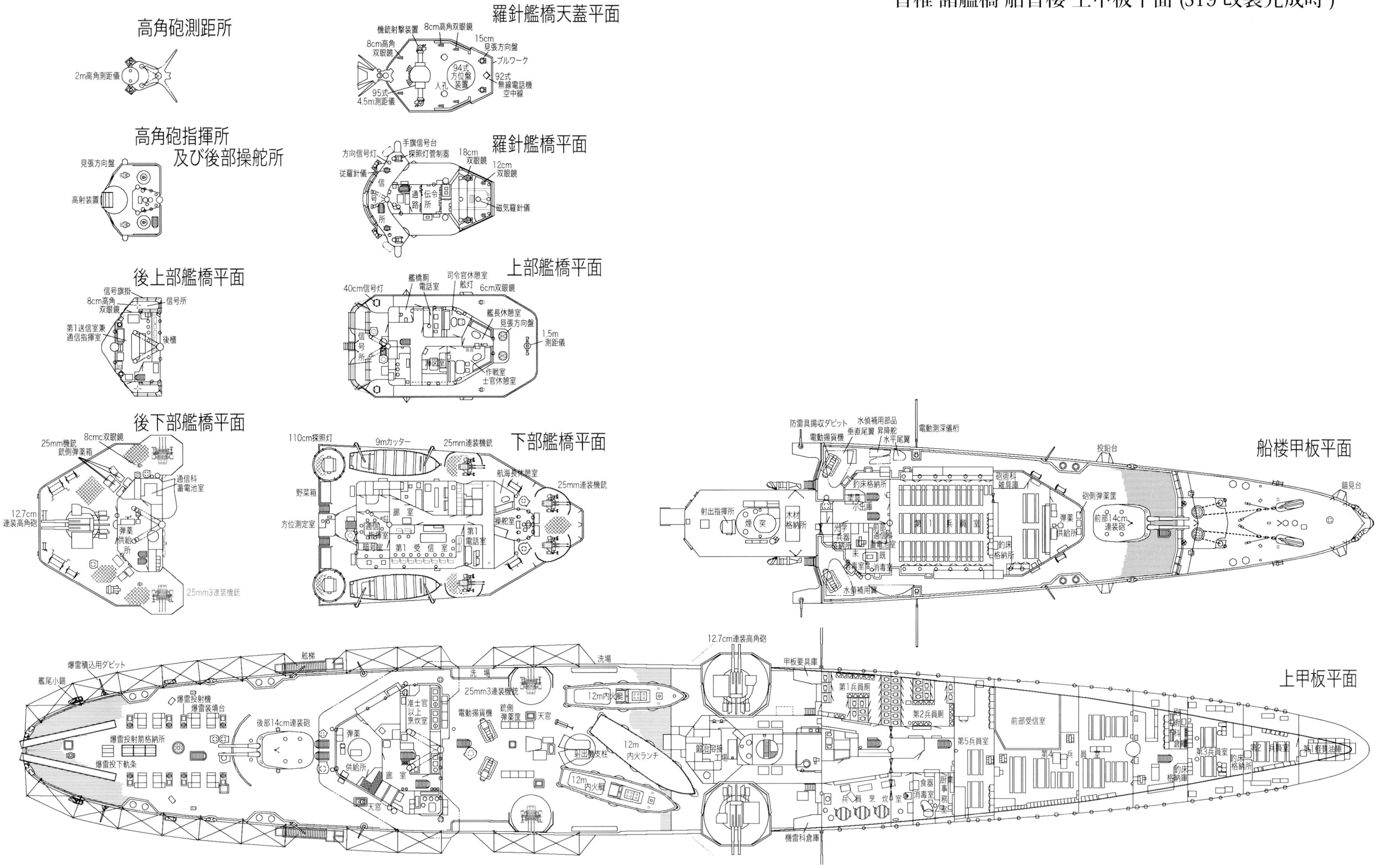

高角砲測距所
2m高角測距儀

羅針艦橋天蓋平面
機銃射撃装置
8cm高角双眼鏡
8cm高角双眼鏡
15cm見張方向盤
ブルワーク
94式方位盤装置
92式無線電話機空中線
人孔
95式4.5m測距儀

高角砲指揮所及び後部操舵所
見張方向盤
高射装置

羅針艦橋平面
手旗信号台
方向信号灯
探照灯管制器
従羅針儀
伝令所
通信所
18cm双眼鏡
12cm双眼鏡
磁気羅針儀

後上部艦橋平面
信号旗掛
8cm高角双眼鏡
信号所
第1送信室兼通信指揮室
後檣

上部艦橋平面
40cm信号灯
艦橋厠
電話室
司令官休憩室
舷灯
6cm双眼鏡
艦長休憩室
見張方向盤
1.5m測距儀
信号所
作戦室
海図室
士官休憩室

後下部艦橋平面
25mm機銃
8cm双眼鏡
銃側弾薬箱
通信科蓄電池室
12.7cm連装高角砲
弾薬供給所
25mm3連装機銃

下部艦橋平面
110cm探照灯
9mカッター
25mm連装機銃
航海長休憩室
25mm連装機銃
野菜箱
方位測定室
廊室
暗号室
通信室
操舵室
第1電信室
第1受信室

船楼甲板平面
防雷具揚収用ダビット
電動揚貨機
水偵補用部品
垂直尾翼
昇降舵
水平尾翼
電動測深儀桁
投鉛台
射出指揮所
煙突
木材格納所
釣床格納所
砲術科雑具庫
小出庫
砲側弾薬箱
光学兵器庫
砲側弾薬供給所
前部14cm連装砲
錨見台
水偵補用品
弾薬

上甲板平面
爆雷積込用ダビット
舵梯
洗場
洗場
洗場
12.7cm連装高角砲
甲板要具庫
艦尾小錨
爆雷投射機
爆雷装填台
後部14cm連装砲
准士官以上烹炊室
25mm3連装機銃
電動揚貨機
銃側弾薬箱
天窓
弾薬
供給所
廊
第1兵員厠
第2兵員厠
第5兵員室
前部受信室
爆雷投射弾格納所
12m内火艇
射出発柱
12m内火ランチ
鋼板接工場
兵員烹炊室
食器消毒室
兵員厠
第3兵員室
爆雷投下軌条
天窓
機雷科倉庫

香取 型/Katori Class

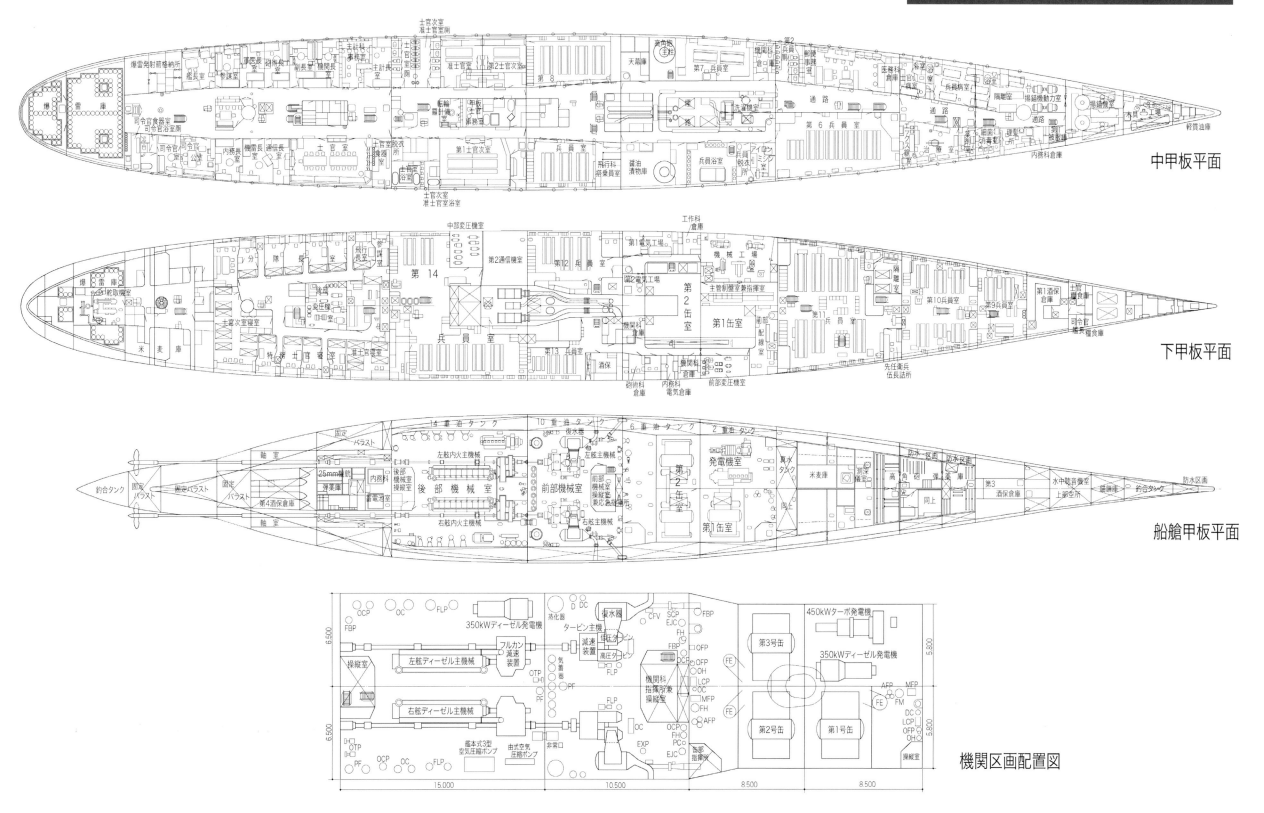

図 7-1-5 [S=1/400] 香椎 諸甲板平面 (S19改装完成時) 及び機関区画配置図

香取 型 /Katori Class

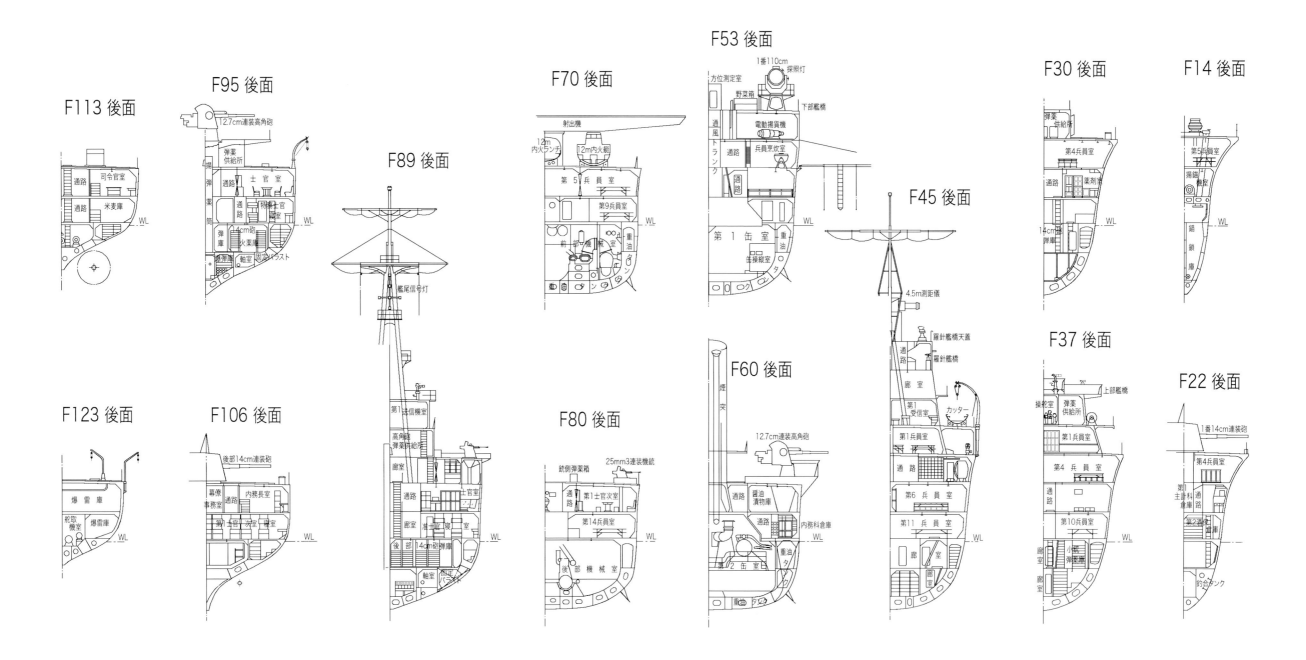

図 7-1-6 香椎 諸要部切断面 (S19 改装完成時)

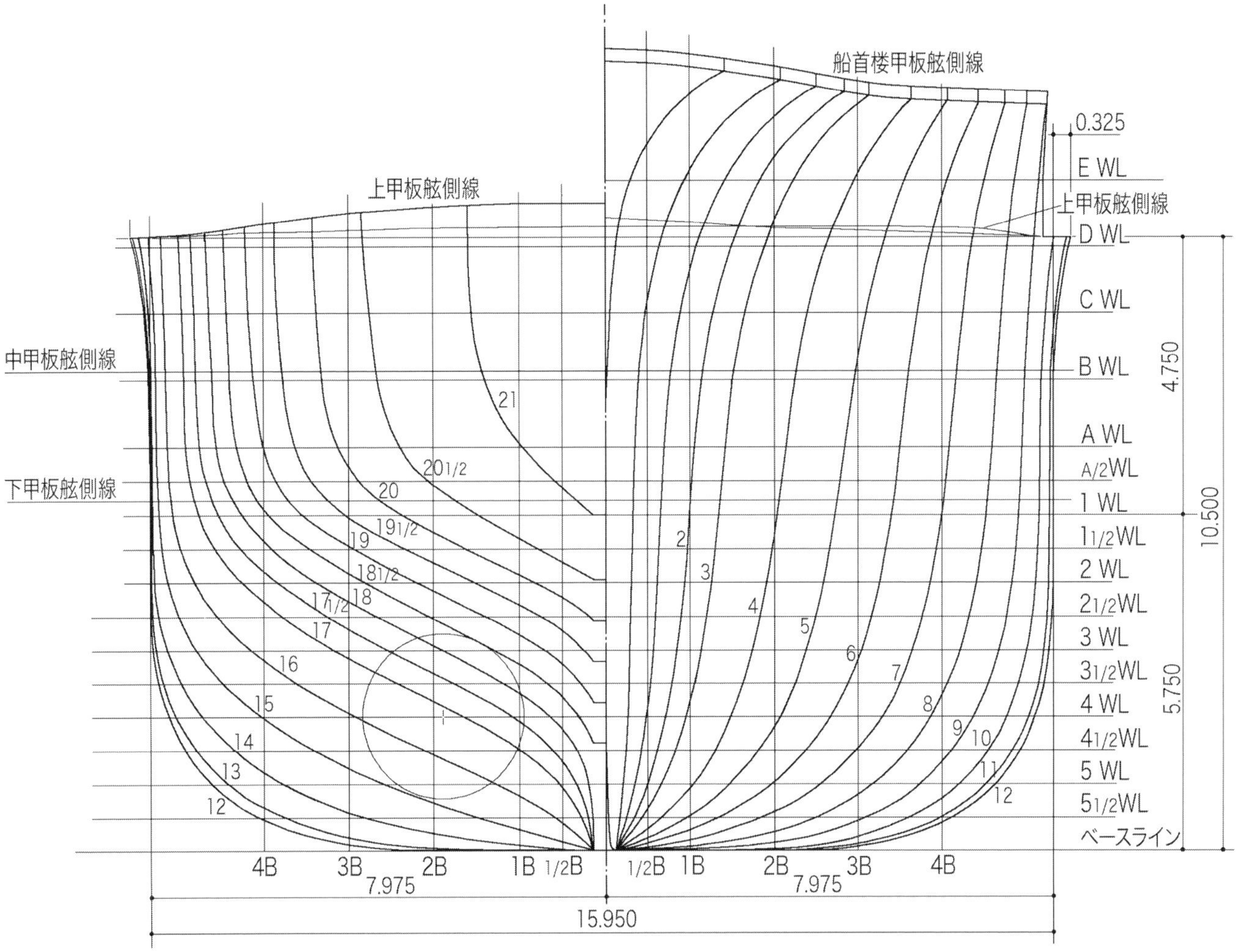

香取型/Katori Class

図 7-1-7 香椎 正面線図

香取型　定員/Complement (1)

職名 /Occupation	官名 /Rank	定数 /No.	職名 /Occupation	官名 /Rank	定数 /No.
艦長	大佐	1		兵曹	71
副長	中佐	1		飛行兵曹	3
砲術長	少佐	1		整備兵曹	2
航海長兼分隊長	〃	1		機関兵曹	51
内務長兼分隊長	〃	1		工作兵曹	7
水雷長兼分隊長	少佐 / 大尉	1		看護兵曹	2
通信長兼分隊長	〃	1		主計兵曹	6
分隊長	大尉	3			下士 /142
	中少尉	9			
機関長	機関中少佐	1			
分隊長	機関少佐 / 大尉	3		水兵	184
	機関中少尉	3		機関兵	84
軍医長兼分隊長	軍医少佐	1		工作兵	10
	軍医科尉官	1		整備兵	9
	軍医中少尉	1		看護兵	6
主計長兼分隊長	主計少佐	1		主計兵	22
	主計科尉官	1			兵 /315
	主計中少尉	1 士官 /32			
	特務中少尉	3			
	機関特務中少尉	2			
	工作特務中少尉	1 特士 / 7			
	主計特務中少尉	1			
	兵曹長	3			
	機関兵曹長	3			
	飛行兵曹長	1 准士 / 9			
	整備兵曹長	1			
	主計兵曹長	1	(合 計)		505

注/NOTES

昭和 15 年 4 月 20 日内令 272 による練習巡洋艦香取型の定員を示す【出典】内令提要

(1) 兵科分隊長の内 1 人は飛行長の職務を行い、2 人は砲台長にあてる

(2) 機関科分隊長の内 1 人は機械部、1 人は缶部、1 人は電機部兼工業部の各指揮官にあたる

(3) 特務中少尉及び兵曹長の内 1 人は掌内務長、1 人は掌砲長、1 人は掌水雷長、1 人は信号長、1 人は掌通信長、1 人は操舵長にあて、信号長又は操舵長の中の 1 人は掌航海長を兼ねるものとする

(4) 機関特務中少尉及び機関兵曹長の内 1 人は掌機長、2 人は機械長、1 人は缶長、1 人は電機部にあてる

(5) 飛行機を搭載しないときは兵科分隊長 1 人、飛行兵曹長、整備兵曹長、飛行兵曹、整備兵曹及び整備兵を置かず、ただし飛行科、整備科下士官及び兵に限り 4 人以内の人員を置くことができる

(6) 候補生の乗艦しない場合は中少尉 2 人、機関中少尉 1 人、軍医科尉官、主計科尉官、主計兵曹長、主計兵曹 2 人、看護兵 3 人及び主計兵 7 人をおかないものとする

香取 型 /Katori Class

鹿島戦時乗員　定　員 /Complement (2)

職名	主務	官名	定数	職名	主務	官名	定数
艦長		大佐	1	乗組	掌水雷長	兵曹長	1
副長	欠員中			〃	主砲台分隊士兼甲板士官	〃	1
砲術長	副長代理	少佐	1	〃	主砲台分隊士	〃	2
通信兼分隊長		〃	1	〃	高角砲機銃分隊士	〃	3
水雷長兼分隊長		〃	1	〃	掌整備員兼飛行分隊士	整曹長	1
航海長兼分隊長		大尉	1	〃	補機分隊士兼補機部付	機曹長	1
分隊長兼飛行長職務執行	高角砲機銃分隊長	〃	1	〃	電機長	〃	1
内務長兼分隊長		〃	1	〃	機械長	〃	1
分隊長	砲台分隊長兼衛兵司令	〃	1	〃	工業長	工曹長	1
乗組	艦長付航海士兼通信士	中尉	1	〃	掌経理長	主曹長	1
〃	副長付兼内務士	〃	1	派遣勤務	機械部付	機曹長	1
〃	航海士兼分隊士	〃	1	乗組	水兵科	下士兵	469
〃	砲術士兼衛兵副司令	〃	1	〃	飛行科	〃	25
〃	通信長兼分隊士	少尉	1	〃	工作科	〃	29
〃	高角砲機銃分隊士	〃	2	〃	機関科	〃	155
機関長		少佐	1	〃	看護科	〃	5
分隊長	機械、缶、電機工作	大尉	3	〃	主計科	〃	24
乗組	機関長付分隊士	中尉	1	〃	傭人		3
軍医長兼分隊長		医大尉	1				
乗組	分隊士	医中尉	1				
主計長兼分隊長		主大尉	1				
乗組	庶務主任兼分隊士　主見習尉		1				
派遣勤務	飛行科分隊士	少尉	1				
〃	掌飛行長	〃	1				
承命服務	電測士	〃	2				
〃	暗号士	〃	2				
乗組	掌内務長兼分隊士	中尉	1				
〃	操舵長	〃	1				
〃	缶分隊士	〃	1				
〃	掌通信長	少尉	1				
〃	掌航海長	〃	1				
〃	掌砲長	〃	1				
〃	掌機長	〃	1				
〃	機械長	〃	1				
〃	缶長	〃	1				
〃	機械分隊士	〃	1				

准士 /14　士官特士 /40　下士兵 /724

778

注 /NOTES

昭和20年5月現在の練習巡洋艦鹿島の乗員実数を示す【出典】鹿島戦時日誌
(1) 本艦のほぼ最後の乗員数を示すもの。当時本艦は第102戦隊の旗艦で海上護衛戦用に爆雷兵装や水測兵器を大幅に強化されていた。人員現状表からは兵科、機関科士官と特務士官の区別が不明確なため合計数で示す
(2) 派遣勤務、承命服務の人員は本艦固有の配員ではないが、合計数に含めてある

艦　歴 /Ship's History (1)

艦名：香取

年 月 日	記 事 /Notes
1938(S13)- 8-24	三菱横浜船渠で起工
1939(S14)- 6-17	進水
1939(S14)- 7- 1	艤装員長宮里秀徳大佐 (40期) 就任
1939(S14)-11- 1	艤装員長市岡寿大佐 (42期) 就任
1940(S15)- 4-20	竣工、横須賀鎮守府に入籍、艦長市岡寿大佐 (42期) 就任
1940(S15)- 6- 1	練習艦隊
1940(S15)- 8- 7	江田島発、鹿島とともに遠洋航海、大湊、舞鶴、鎮海、旅順、大連、上海、佐世保、二見を巡航、9月28日横須賀着
1940(S15)-10-15	艦長三戸寿大佐 (42期) 就任
1940(S15)-11-15	第6艦隊第1潜水戦隊
1941(S16)- 1- 6	艦長大和田昇大佐 (44期) 就任
1941(S16)- 2- 2	宿毛湾発南支方面行動、3月3日高雄着
1941(S16)- 5- 1	第6艦隊旗艦
1941(S16)- 5-24	知多湾発南洋方面行動、6月26日有明湾着
1941(S16)- 9- 5	別府発7日横須賀着、9日入渠、15日出渠、22日発24日佐伯着、10月7日発8日室積沖着、13日発15日佐伯着、24日発26日呉着、11月1日発3日佐伯着、12日発13日横須賀着、24日発30日トラック着、12月2日発5日クェゼリン着、臨戦準備、訓練に従事
1942(S17)- 2- 1	クェゼリンで米空母エンタープライズ /Enterprise 機の空襲を受け、至近弾及び艦橋を機銃掃射され、10余名の死傷者を生じ、清水第6艦隊司令長官も重傷を負う
1942(S17)- 2- 9	クェゼリン発16日横須賀着、21日入渠、損傷修理、3月5日出渠、18日発20日呉着、訓練に従事、
1942(S17)- 4-16	柱島発23日トラック着、30日発5月3日クェゼリン着、4日発ルオットへ回航、6日クェゼリンに帰投、訓練
1942(S17)- 7- 1	艦長中岡信喜大佐 (45期) 就任
1942(S17)- 8- 1	クェゼリン発8日横須賀着、同日入渠、17日出渠
1942(S17)- 8-18	横須賀発24日トラック着、訓練
1942(S17)-11-28	艦長宮崎武治大佐 (46期) 就任
1943(S18)- 3-21	トラック発27日横須賀着、4月16日入渠、30日出渠、5月3日出動、確認運転及び訓練
1943(S18)- 5- 5	横須賀発11日トラック着、以後19年2月まで同地で潜水艦作戦指揮支援
1943(S18)- 7-20	艦長水口兵衛大佐 (46期) 就任
1943(S18)-10-15	艦長小田為清大佐 (43期) 就任
1944(S19)- 2-15	海上護衛総隊
1944(S19)- 2-17	トラック発、赤城丸 (特設巡)、野分、舞風とともに内地に向かったが折から米機動部隊のトラック大空襲に遭遇、北水道を通過した0500ごろから米空母機の攻撃を受け、右舷機械室に魚雷命中、航行不能となる、1220ごろ米水上艦艇が現れて砲戦を交え敵重巡、駆逐艦の集中打を浴び、1341艦尾から沈没、当時艦上には赤城丸から救助した民間人多数もいた模様、野分は脱出、残った舞風も撃沈されたため本艦の生存者はいなかったと思われる
1944(S19)- 3-31	除籍

香取 型 /Katori Class

艦 歴 /Ship's History (2)

艦 名	鹿 島 1/2
年 月 日	記 事 /Notes
1938(S13)-10- 6	三菱横浜船渠で起工
1939(S14)- 9-24	進水、艤装員長宮里秀徳大佐 (40 期) 就任、兼香取艤装員長
1939(S14)-11- 1	艤装員長市岡寿大佐 (42 期) 就任兼香取艤装員長
1940(S15)- 3-15	艤装員長鍋島俊策大佐 (42 期) 就任
1940(S15)- 5-31	竣工、呉鎮守府に入籍、艦長鍋島俊策大佐 (42 期) 就任
1940(S15)- 6- 1	練習艦隊
1940(S15)- 8- 7	江田島発、香取とともに遠洋航海、大湊、舞鶴、鎮海、旅順、大連、上海、佐世保、二見を巡航、
	9 月 28 日横須賀着
1940(S15)-11- 1	艦長武田勇大佐 (43 期) 就任
1940(S15)-11-15	第 4 艦隊第 18 戦隊同艦隊同戦隊旗艦
1941(S16)- 2- 5	須崎発南洋方面行動、4 月 13 日呉着
1941(S16)- 5-26	横須賀発南洋方面行動
1941(S16)- 9- 1	艦長千田金二大佐 (45 期) 就任
1941(S16)- 9- 4	サイパン着、9 日発 13 日トラック着、10 月 1 日発 8 日帰投、11 月 13 日発 14 日サイパン着、18
	日発 20 日トラック着
1941(S16)-12- 1	第 4 艦隊旗艦
1942(S17)- 1-18	鹿島陸戦隊ラバウル、カビエン攻略に参加
1942(S17)- 2-10	トラック発索敵行動、23 日帰投、警泊
1942(S17)- 5- 1	トラック発、モレスビー攻略作戦支援、4 日ラバウル着、作戦中止、13 日発 14 日カビエン着同日
	発 16 日トラック着、警泊
1942(S17)- 7-19	第 4 艦隊司令部を陸上に移設
1942(S17)- 7-20	トラック発 26 日呉着、8 月 1 日入渠、26 日出渠、同日発 9 月 3 日トラック着、旗艦復帰
1942(S17)- 9- 7	艦長高田栄大佐 (46 期) 就任
1942(S17)-11-17	トラック発 20 日クェゼリン着、24 日ルオット発 25 日ヤルート着、29 日発 12 月 2 日トラック着
1943(S18)- 4- 8	トラック発 15 日呉着、21 日入渠、27 日出渠、整備
1943(S18)- 5-19	呉発 21 日横須賀着、24 日発 29 日トラック着、整備
1943(S18)- 7- 1	艦長林彙遒大佐 (45 期) 就任
1943(S18)- 8-27	トラック発 30 日クェゼリン着、警泊
1943(S18)-10-13	クェゼリン着、同日ルオット着、19 日クェゼリンに回航
1943(S18)-10-21	艦長梶原季義大佐 (47 期) 就任
1943(S18)-11- 5	クェゼリン発 8 日トラック着
1943(S18)-11-10	呉鎮守府警備艦
1943(S18)-11-18	トラック発 25 日呉着
1943(S18)-12- 1	呉鎮守府部隊呉練習戦隊
1943(S18)-12- 3	艦長長井満大佐 (45 期) 就任、兼隼鷹艦長
1943(S18)-12- 9	艦長山澄忠三郎大佐 (48 期) 就任
1943(S18)-12-16	呉工廠へ入渠、21 日出渠、翌年 1 月 6 日再入渠、12 日出渠
1944(S19)- 1-23	兵学校練習艦、内海西部で練習任務に従事
1944(S19)- 5-15	呉工廠に入渠、26 日出渠、損傷修理、電探、逆電装備、29 日完成
1944(S19)- 5-15	艦長高馬正義大佐 (49 期) 就任

艦 歴 /Ship's History (3)

艦 名	鹿 島 2/2
年 月 日	記 事 /Notes
1944(S19)- 6-23	呉工廠で沖縄への陸軍部隊輸送任務のため機銃増備、25mm3 連装 4 基、同単装 10 基、13mm 単装
	8 基を増備、12m 内火艇 2、12m ランチ 2 を降ろして中発 4 を搭載、26 日完成
1944(S19)- 7-14	下関発、沖縄への陸軍部隊輸送に 4 回従事
1944(S19)- 8-13	艦長平岡義方大佐 (47 期) 就任
1944(S19)- 9- 1	呉着練習任務に復帰
1944(S19)- 9-18	呉発第 2 航空艦隊の人員輸送任務に従事、20 日鹿児島着、22 日発 25 日隆着、10 月 1 日呉着 12
	日発、前回と同様輸送任務に従事
1944(S19)-10-28	呉着、再度練習任務に復帰
1944(S19)-12-20	呉工廠で発射管を撤去 12.7cm 連装高角砲 2 基を装備、機銃、電探を増備、水中聴音機等水測兵器
	を装備さらに爆雷兵装を大幅に強化、対潜掃討部隊旗艦としての改装工事を実施、1 月 23 日完成
1945(S20)- 1- 1	第 1 護衛艦隊第 102 戦隊旗艦
1945(S20)- 2-12	門司発船団護衛、18 日上海着、22 日舟山島方面で対潜掃討実施、3 月 12 日上海・定海方面で対潜
	掃討実施、19 日舟山島方面で対潜掃討実施
1945(S20)- 4-28	艦長高橋長十郎大佐 (49 期) 就任
1945(S20)- 5-19	巨済島南端沖で 0128 大阪商船大進丸 6,932 総トンと衝突、大進丸沈没、本艦の艦首水線付近小破、
	航行に支障なく双方とも人員の被害なし、20 日鎮海着、同工作部で応急修理、7 月 22 日完成
	ただし 6 月後半に主要工事を完了、以後行動しながら工事を続行していた模様
1945(S20)- 6-30	鎮海着、以後同方面で対潜掃討実施
1945(S20)- 7- 7	第 102 戦隊解隊にともない第 1 護衛艦隊直轄となる、
1945(S20)- 7-10	鎮海発、以後同方面で朝鮮・内地間の船団護衛に従事及び自身も重要物資輸送にあたる
1945(S20)- 7-23	七尾着、擬装を施し空襲に備える、この時期繋留されたまま母艦の任務を果たす
1945(S20)- 8-22	呉着、終戦により無傷のまま七尾より回航、連合軍の接収に備える
1945(S20)- 8-25	第 1 予備艦
1945(S20)- 9-27	艦長井浦祥二郎大佐 (51 期) 就任
1945(S20)-10- 2	艦長横田稔大佐 (51 期) 就任
1945(S20)-10- 5	除籍、この後特別輸送艦に指定され、兵装撤去、居住区の増設工事等を実施、海外からの旧陸海軍
	人及び民間人の引揚輸送に従事
1946(S21)-11-26	川南香焼島造船所で解体に着手、翌年 6 月 15 日完了

香取 型/Katori Class

艦 歴/Ship's History (4)

艦 名	香 椎 1/2
年 月 日	記 事/Notes
1939(S14)-10-10	三菱横浜船渠で起工
1940(S15)-10-15	進水
1941(S16)- 4- 1	艤装員長岩渕三次大佐(43期)就任
1941(S16)- 7-15	竣工、佐世保鎮守府に入籍、艦長岩渕三次大佐(43期)就任
1941(S16)- 7-31	南遣艦隊、旗艦
1941(S16)- 8- 4	佐世保発11日サイゴン着、10月7日発同日プロコンドル島着、9日発同日サイゴン着
1941(S16)-10-15	艦長小島秀雄大佐(44期)就任
1941(S16)-11- 6	司令部を陸上に移設してサイゴン発、8日カムラン湾着、戦備準備、20日発同日サイゴン着、23日
	発25日三亜着、29日発31日カムラン湾着
1941(S16)-12- 1	カムラン湾発、マレー上陸輸送船団護衛、3日サイゴン着、5日発8日チュンポン着上陸作戦支援、
	同日発11日カムラン湾着、13日発16日シンゴラ沖着上陸作戦支援、21日カムラン湾着、24日発
	27日被雷した野島を救援、28日馬公着、31日発輸送船団護衛
1942(S17)- 1- 3	第1南遣艦隊に編入、同日火災を生じた明光丸より人員救助
1942(S17)- 1-10	シンゴラ泊地着、警戒、船舶護衛に従事
1942(S17)- 2- 1	シンゴラ発2日サイゴン着、4日発6日ボルネオのパマンカット着陸軍部隊上陸支援、同日発9日、
	カムラン湾着、11日発船団護衛、16日スマトラのムシ河口着、同日発17日アナンバス着
1942(S17)- 3- 1	アナンバス発船団護衛、2日シンガポール着、8日発コタラジャ着、13日発16日シンガポール着、
	19日発船団護衛、25日ラングーン河口着、26日発28日ペナン着、30日発4月1日シンガポール
	着、2日発船団護衛、4日ペナン沖で護衛任務を初雁に引き継ぐ、6日シンガポール着、警泊、訓練
1942(S17)- 6- 3	ケッペル第3船渠に入渠、14日出渠、
1942(S17)- 6-25	艦長重水主計大佐(46期)就任
1942(S17)- 7- 3	シンガポール発4日ペナン着、12日発14日シンガポール着、28日発31日メルギー着、8月9日
	発10日ラングーン着、12日発13日ポートブレア着、14日発15日サバン着、16日発17日ペナ
	ン着、19日発20日シンガポール着、訓練
1942(S17)- 9-17	シンガポール発同日サイゴン着、21日発22日カムラン湾着、同日発24日香港着、26日発陸軍部
	隊輸送、10月8日ラバウル着、同日発13日ダバオ着、14日発19日シンガポール着、整備、
	11月9日発11日パレンバン着、13日発14日シンガポール着
1942(S17)-12- 3	シンガポール発4日ペラワン着、7日発9日ポートブレア着、10日発11日サバン着、13日発14
	日シボルカ着、18日発19日エンマ着、23日発同日セレター着、27日シンガポール回航
1943(S18)- 1- 7	艦長高田俐大佐(44期)就任
1943(S18)- 1-16	入渠、21日出渠、2月7日発8日ペナン着、訓練、12日発13日ポートエッテンハム着、18日発同
	日マラッカ着、警泊、訓練、25日発同日シンガポール着、訓練
1943(S18)- 4-26	シンガポール発マラッカ沖行動、28日帰投、5月20日発23日エンマ着、26日発27日シボルカ着、
	28日発29日サバン着、30日発31日カーニコバル着、同日発6月1日ポートブレア着、2日発4
	日ペナン着、5日発6日シンガポール着、警泊、訓練、整備
1943(S18)- 7-24	シンガポール発兵器機材輸送、28日ポートブレア着、同日発31日シンガポール着、警泊、8月17
	日発輸送任務、18日ペラワン着、20日発22日カーニコバル着、同日発25日シンガポール着、補
	給27日発29日サバン着、31日シンガポール着
1943(S18)- 9- 1	シンガポールで入渠、11日出渠、21日発ペラワン・ポートブレア間の輸送に従事、28日シンガポー
	ル着、10月6日発輸送任務、8日ペナン着、同日発10日カーニコバル着、同日発12日シンガポー

艦 歴/Ship's History (5)

艦 名	香 椎 2/2
年 月 日	記 事/Notes
	ル着、18日発輸送任務、21日ポートブレア着、同日発23日シンガポール着、28日発輸送任務、
	30日発ナンコウリ着、同日発11月1日シンガポール着、24日発輸送任務、27日カーニコバル着、
	同日発30日シンガポール着、警泊、訓練
1943(S18)-12-26	シンガポール発、翌年1月1日高雄着
1943(S18)-12-31	呉鎮守府部隊呉練習戦隊
1944(S19)- 1- 3	高雄発6日佐世保着、入渠整備
1944(S19)- 2- 1	佐世保発、内海西部で兵学校練習艦任務
1944(S19)- 3- 5	艦長松村翠大佐(48期)就任
1944(S19)- 3-26	呉工廠で改装工事、発射管を撤去12.7cm連装高角砲、25mm機銃を増備、電探、逆電及び爆雷兵
	装、水測兵装を大幅に強化、4月30日完成
1944(S19)- 5- 3	第1海上護衛隊
1944(S19)- 5-29	門司発船団護衛、6月4日高雄着、同日発12日シンガポール着、16日発船団護衛、26日門司着、
	28日呉工廠で機銃増備、12m内火艇2隻撤去中発2隻搭載
1944(S19)- 7-13	門司発船団護衛、21日マニラ着、24日発31日シンガポール着、8月5日発船団護衛、15日門司着、
	8月23日発船団護衛、9月7日シンガポール着、13日発船団護衛、23日門司着
1944(S19)- 9-25	佐世保に回航、入渠、電探増備、哨信儀装備、10月14日出渠
1944(S19)-10-26	門司発船団護衛、11月9日シンガポール着、17日発船団護衛、12月3日門司着
1944(S19)-11-15	第101戦隊旗艦
1944(S19)-12-21	門司発船団護衛、28日シンガポール着、30日発船団護衛、翌年1月4日サンジャック着、9日発
1945(S20)- 1-12	ヒ86船団(油槽船4、貨物船6)を配下の海防艦5隻とともに護衛、潜水艦攻撃を避けるため仏印
	沿岸沿いに北上中、0900頃からキノン湾沖で米空母機の連続空襲を受け、1400頃までに船団は海
	防艦3隻を残して全滅、香椎は午後の攻撃で1345被爆2、1353被爆2、1358-1400魚雷2本が命中、
	後部の火薬庫が爆発、1405総員退去、艦尾から沈没したが浅海のため艦尾が着底、艦首はしばらく
	海面上にあったという、戦隊司令官、艦長以下621名が戦死、鵜来に救助された7名のみが生存
1945(S20)- 3-20	除籍

阿賀野型 /Agano Class

型名/Class name	阿賀野/Agano		同型艦数/No. in class	4	設計番号/Design No.	C-41	設計者/Designer		
艦名/Name	計画年度/Prog. year	建造番号/Prog. No	起工/Laid down	進水/Launch	竣工/Completed	建造所/Builder	建造予算 (船体・機関＋兵器＝合計)/Cost(Hull・Mach.＋Armament = Total)	除籍/Deletion	喪失原因・日時・場所/Loss data
阿賀野/Agano	S14/1939	第132艦	S15/1940-06-18	S16/1941-10-22	S17/1942-10-31	佐世保海軍工廠	8,332,889・7,042,628+10,604,555=25,980,072	S19/1944-03-31	S19/1944-02-16 トラック北方で米潜水艦Skateの雷撃で沈没
能代/Noshiro	S14/1939	第133艦	S16/1941-09-04	S17/1942-07-19	S18/1943-06-30	横須賀海軍工廠		S19/1944-12-20	S19/1944-10-26 比島沖海戦で米艦載機の雷撃で沈没
矢矧(Ⅱ)/Yahagi	S14/1939	第134艦	S16/1941-11-11	S17/1942-10-25	S18/1943-12-29	佐世保海軍工廠		S20/1945-06-20	S20/1945-04-07 大和沖縄特攻戦で米艦載機により撃沈
酒匂/Sakawa	S14/1939	第135艦	S17/1942-11-21	S19/1944-04-09	S19/1944-11-30	佐世保海軍工廠		S20/1945-10-05	終戦時無傷残存 S21/1946-07-01 ビキニ環礁にて米原爆実験により沈没

注/NOTES 昭和14年度海軍軍備充実計画、④計画により巡洋艦乙として建造。長良型5,500トン型軽巡のうち水雷戦隊旗艦用の代替艦として最低限の4隻が計画された。艦本4部の基本計画は大薗大輔技術大佐 (最終) が担当したものと推定、本型の建造実費については次の数字あり(単位円)。船体9,063,800、機関8,042,000、兵器11,693,542、雑525,338、総計29,324,680、ただし阿賀野型のどの艦を指すのか予定金額なのかは不明 【出典】海軍軍戦備/軍艦基本計画資料 - 福田/雑誌丸 S41-11号

船体寸法/Hull Dimensions (1)

艦名/Name	状態/Condition	排水量/Displacement		長さ/Length(m)			幅/Breadth (m)			深さ/Depth(m)		吃水/Draught(m)			乾舷/Freeboard(m)			備考/Note
				全長/OA	水線/WL	垂線/PP	全幅/Max	水線/WL	水線下/uw	上甲板/m	最上甲板	前部/F	後部/A	平均/M	艦首/B	中央/M	艦尾/S	
阿賀野/Agano	新造完成/New (t)	公試/Trial	7,856.018	174.50	172.00	162.00	15.20	15.20	15.20	10.70				5.69				昭和17年/1942 10月19日施行の重心査定試験による (一般計画要領書による)
		満載/Full	8,500.575											5.98				
		軽荷/Light	6,237.215											4.71				
能代/Noshiro	新造完成/New (t)	公試/Trial										5.63	5.70		7.55		4.10	(能代艦内側面図による)
		満載/Full																
		軽荷/Light																
矢矧/Yahagi	新造完成/New (t)	公試/Trial	7,749.054	174.50	172.00	162.00	15.20	15.20	15.20	10.70				5.63				(矢矧入渠図による)
		満載/Full																
		軽荷/Light																
酒匂/Sakawa	新造完成/New (t)	公試/Trial	7,895	174.50	172.00	162.00	15.20	15.20	15.20	10.70		5.70	5.70	5.70	7.28	4.47	4.03	昭和19年/1944 11月24日施行の重心査定試験による (酒匂要目簿による)
		満載/Full	8,534									5.89	6.12	6.01	7.09	4.16	3.61	
		軽荷/Light	6,288									3.64	5.80	4.72	9.34	5.45	3.93	
共通	新造計画/Design (t)	基準/St'd(T)	6,652															昭和14年/1939 10月13日艦本計画案
		公試/Trial	7,710	174.50	172.00	162.00	15.20	15.20	15.20	10.70		5.63	5.63	5.63	7.35	4.10	4.54	
		満載/Full	8,338															
		軽荷/Light	6,137															
	公称排水量/Official (T)	基準/St'd	6,500															部内限り公表

注/NOTES 本型の船体寸法については吃水と乾舷寸法以外は全て計画値と同じとされているが、戦時下のため実測値を省略したとも推定される 【出典】一般計画要領書/酒匂要目簿

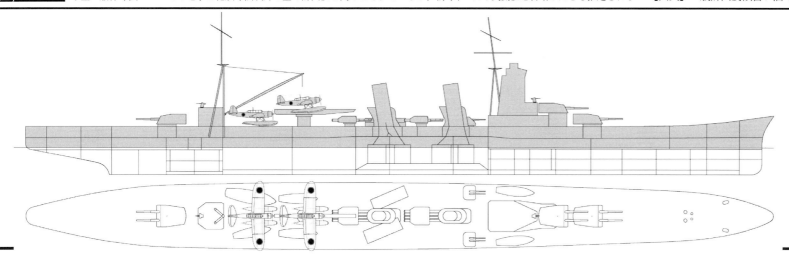

◎ 阿賀野型の原型としてS13の予算請求のために艦本が作成した基本計画案、計画番号C-39。後の阿賀野型最終艦型に比べて煙突や飛行作業台等細かいディテールでかなりの差異があるが、基本計画は大きな差はない。

公試排水量7,800 t、基準排水量6,688 t、船体寸法、機関、兵装、防禦等はほぼ変わりなく、軍令部要求の基準排水量5,000 tでは無理として15.5cm砲を15cm砲に、8cm高角砲を半減したとしている。15.5cm 3連装砲2基は重量的には15cm連装砲3基と同等なれど、前部に2基搭載すれば航空兵装上は有利だが、水雷戦隊旗艦として後方火力を欠くことはできないとし、前後に分ければ機関区画が前方に移り、船型上不利としている。新しい15cm連装砲塔は直下の機力揚弾薬筒を省くことで80tの重量軽減を図ったとしている。

この計画時に最上型より撤去の15.5cm砲の搭載が考慮されていたことがわかり、水雷戦隊旗艦に執着するあまりに断念されたことは興味深い。
【出典】計画巡洋艦 C-39 概算結果 (S13-3-2 艦本作成)

図 7-2-1 阿賀野 原案 C-39 (S13)

阿賀野型 /Agano Class

機 関 /Machinery

		阿賀野 型 /Agano Class			注 /NOTES
主機械 /Main mach.	型式 /Type ×基数 (軸数)/No.	艦本式衝動タービン /Kanpon type turbine × 4			①酒匂の公試は戦時下のため流木による簡易測定による成績記録
	機械室 長さ・幅・高さ (m)・面積 (㎡)・1㎡当たり馬力				【出典】一般計画要領書 / 公試解析 / 酒匂要目簿 / 艦艇公試運転成績 / 舶用蒸気タービン設計法
缶 /Boiler	型式 /Type ×基数 /No.	ロ号艦本式専焼缶× 6/Ro-go kanpon type, 6 oil fired			
	蒸気圧力 /Steam pressure (kg/cm㎡)	(計画 /Des.) 30			速力 35 ノット
	蒸気温度 /Steam temp.(℃)	(計画 /Des.) 350			航続力 18 ノットにて 6,000 浬
	缶室 長さ・幅・高さ (m)・面積 (㎡)・1㎡当たり馬力	・ ・ ・ ・			また水雷戦隊旗艦として艦型をできるだけ小さく機動性を備え、偵察能力、通信能力を備えるというものであった。
計画 /Design (全力 / 過負荷)	速力 /Speed(ノット /kt)	(前進) 35/ (後進) /			これに対して艦本では福田啓二計画主任のもとで大薗大輔技術大佐 (最終) が担当して、原案デザインを行ったが、基準排水量 6,000 トンにまとめるのは困難として、基準排水量 6,650 トン、公試排水量 7,800 トンに改めて要求仕様を盛り込んだ原案を作成して技術会議にはかることになった。待望の新水雷戦隊旗艦ということで、艦隊側からも活発な意見がだされ、特に対空火力の不足が指摘された。
	出力 /Power(軸馬力 /SHP)	100,000/ 25,000/			
	推進軸回転数 /(rpm)	360/			
新造公試 /New trial (全力 / 過負荷)	速力 /Speed(ノット /kt)	(阿賀野)35.56/	(矢矧)35.17/	(酒匂) 33.33/ ①	長 8cm 高角砲は当時制式化されたばかりの新型高角砲として同 10cm 高角砲とともに半自動構造の高性能砲として期待されていたが、片舷、連装 1 基というのはあまりに貧弱で、当時、米海軍が建造中であった同大の水雷戦隊旗艦軽巡、アトランタ /Atlanta 級が 5" 両用砲連装 8 基を装備した防空艦に徹していた情報も、少しは軍令部には入っていたはずで、艦隊側が心配するのも当然だった。
	出力 /Power(軸馬力 /SHP)	101,400/	101,100/	100,170/	
	推進軸回転数 /(rpm)	359.7/	357.7/	355/	
	公試排水量 /(t) disp.・施行年月日 /Date・場所 /Place	7,755・S17/1942-9-9・五島南方 7,673・S18/1943-11-24・ 7,212・S19/1944-11-25			なかには高角砲は全廃して機銃兵装を強化する案や、発射管を減らして高角砲を増強する案もあったが、結局、水雷戦隊旗艦の伝統任務を重んじる意見がまさって、ほぼ原案通りで建造することで決着した。原案では 2 本煙突であったが、当時の第一線駆逐艦と同等の魚雷兵装と次発装填魚雷を船体中央部、中心線上に装備、なおかつ射出機をこの後方に配置したため、水偵 2 機の搭載が窮屈になり、最終案では煙突を 1 本の結合煙突に改めて、魚雷兵装部分の上方に飛行作業甲板を設けることで、航空兵装のアレンジを解決している。
改造 (修理)公試 /Repair trial (全力 / 過負荷)	速力 /Speed(ノット /kt)				
	出力 /Power(軸馬力 /SHP)				
	推進軸回転数 /(rpm)				
	公試排水量 /(t) disp.・施行年月日 /Date・場所 /Place				船体は水平甲板型で艦首はシアーとフレアーを大きめとして凌波性を改善、艦尾はこれまでの古鷹型のように軽い傾斜を設けて重量軽減を図った。
推進器 /Propeller	数 /No.・直径 /Dia.(m)・節 /Pitch(m)・翼数 /Blade no.	× 4 ・3.30 ・3 翼			
舵 /Rudder	舵機型式 /Mechine・舵型式 /Type・舵面積 /Rudder area(㎡)	電動・油圧プランジャー 50kW ・釣合舵 / Balanced × 1・17.45			
燃料 /Fuel	重油 /Oil(t)・定量 (Norm.)・全量 (Max.)	/1,420(計画) /1,360(矢矧) /1,405(酒匂)			
	石炭 /Coal(t)・定量 (Norm.)/ 全量 (Max.)				
航続距離 /Range(ノット /Kts -浬 /SM)	基準速力 /Standard speed	(計画 /Des.)18 － 6,000 (酒匂)18.44 － 6,178			
	巡航速力 /Cruising speed				
発電機 /Dynamo・発電量 /Electric power(W)		ターボ 400kW × 3、ディーゼル 270kW × 2・1,740kW			
新造機関製造所 / Machine maker at new					

解説 /COMMENT

日本海軍では駆逐艦の集団部隊、水雷戦隊を編成したのは第 1 次世界大戦の直前で、当初は利根や音羽といった小型の防護巡が戦隊旗艦を務めていたが、大正中期以降はより高速の近代的軽巡、天龍型、さらに 5,500 トン型が出現することで水雷戦隊の旗艦任務はこれらに移っていった。特に 5,500 トン型は合計 14 隻もの多数が建造されたことで、以後の条約時代の日本海軍において、水雷戦隊のみならず潜水戦隊旗艦任務にも用いられるなど、便利に使われてきた。特に条約時代にあっては軽巡の新造枠は重巡代理の大型艦型軽巡に割り当てられ、水雷戦隊旗艦用の軽巡の新造までにいたらなかった。

この間、5,500 トン型は多少の近代化改装を施して能力アップを図ってはいたものの、子孫の駆逐艦の艦型大型化、性能向上にとても追従しきれず、その旧式化が問題になってきた。こうしたことを配慮して無条約時代に入って、遅ればせながら昭和 14 年度の④計画において、水雷戦隊旗艦および潜水戦隊旗艦用の新型軽巡 6 隻の新造が決まったのである。これらは大蔵省に対する説明では 5,500 トンの長良、名取、鬼怒、由良、五十鈴と夕張の代艦とされていた。この 6 隻は当面の水雷戦隊旗艦用 4 隻、潜水戦隊旗艦用 2 隻という最小限の必要数で、前者を乙型、後者を丙型として、艦型を区別している。

乙型に対する軍令部の要求仕様はつぎのようなものであった。

基準排水量 6,000 トン

兵装 15cm 砲 6 門、長 8cm 高角砲 4 門、25mm 機銃 3 連装 2 基
61cm 発射管 4 連装 2 基、予備魚雷 8 本
射出機 1 基、水偵 2 機

艦首水線下形状は戦艦大和型と同様の軽いバルバスバウ形状を採用、艦尾形状とも試験水槽による船型模型実験の結果を採用したものとされている。艦橋構造物はコンパクトなものに仕上げ、上部に対空指揮所が新造時より設けられた。後橋は日本巡洋艦としては珍しく太めの棒檣として後方視界の確保と重量軽減を図ったものらしく、水偵及び艦載艇の鉄骨クレーン・アームを支えている。

機関は当時の陽炎型駆逐艦 2 隻分を搭載、艦本式ロ号専焼缶 6 基を第 1、2 缶を 1 室、他は 1 缶 1 室の 5 缶室に、缶の蒸気圧 30kg/cm㎡、温度 350℃ は従来の巡洋艦より高めの高温高圧缶を採用している。機械室は前部を左右舷に並列、後部を 1 室として 4 基の艦本式タービンを配置、前部機械室で外軸、後部機械室で内軸を駆動している。

防禦計画は駆逐艦の砲撃に耐える程度と設定、機関区画舷側 60mm、中甲板 20mm、前後弾火薬庫部は舷側 55mm、下甲板 20mm、艦橋操舵室 20-40mm 厚の CNC 甲鈑を極力構造材に組入れる形で配置している。

主砲の 50 口径 41 式 15cm は、砲自体は特に新開発のものでなく従来、金剛、扶桑型戦艦の副砲に用いていたもので、砲塔、砲架構造を新たに開発した連装砲塔で、最大仰角を 55 度として、ある程度の対空射撃を可能としているものの両用砲ではない。阿賀野型に採用するため極力構造機構を簡略化してコンパクトなものにしたため、下部弾火薬庫からの揚弾薬装置も人力に頼る部分も多く、とても新型艦にふさわしいものとは言えない代物だった。結果論だが、せめて長 10cm 連装高角砲を前部に 3-4 基、後部に 2 基程度を搭載する防空艦仕様を採用していたらと惜しまれる。

1 番艦の阿賀野は佐世保工廠で昭和 15 年 6 月に起工、約 2 年 4 か月の比較的短期間の工期で開戦翌年の 10 月に竣工した。しかし戦局はガ島をめぐる泥沼状態にあり、想定したような水雷戦隊旗艦としてデビューするような場面はなく、空母機動部隊の護衛役の第 10 戦隊旗艦に就くのが精一杯であった。2 番艦の能代は横須賀工廠で約 1 年遅れで起工、昭和 18 年 6 月に竣工した。(P-302 に続く)

阿賀野型 /Agano Class

兵装・装備 /Armament & Equipment (1)

阿賀野型 /Agano Class		新造時 /New build
砲熕兵器 /Guns	主砲 /Main guns	50口径41式15cm砲 /50 cal 41 type Ⅱ×3
	高角砲 /AA guns	60口径98式8cm高角砲 /60 cal 98 type Ⅱ×2
	機銃 /Machine guns	96式25mm機銃 /96 type Ⅲ×2 ①
	その他砲 /Misc. guns	11年式軽機×4 ②
	陸戦兵器 /Personal weapons	小銃×③ / 拳銃×③
弾薬定数 Ammunition / 主砲 /Main guns	×150(1門当り) ④
	高角砲 /AA guns	×250(1門当り) ⑤
	機銃 /Machine guns	×2,000(25mm、1挺当り) / ×6,000(11式軽機、1挺当り)
揚弾薬機 Ammun.tube / 主砲 /Main guns	×3
	高角砲 /AA guns	×2
	機銃 /Machine guns	×2(上、下)
射撃指揮装置 Fire cont. system / 主砲 /Main gun director	94式方位盤×1 ⑥
	高角砲 /AA gun director	94式高射装置×2
	機銃 /Machine gun	95式機銃射撃装置×1 ⑦
	主砲射撃盤 /M. gun computer	94式射撃盤×1 ⑧
	その他装置 /	
	装填演習砲 /Loading machine	15cm砲用×1
	発煙装置 /Smoke generator	91式発煙器×1 ⑨
水雷兵器 /Torpedo etc	発射管 /Torpedo tube	92式4型61cm4連装発射管 /92 type mod 4 Ⅳ×2
	魚雷 /Torpedo	93式1型改 61cm魚雷 /93 type mod 1×16 ①
発射指揮装置 Fire cont. / 方位盤 /Director	90式2型×2、97式1型×2、14式2型×1 ②
	発射指揮盤 /Cont. board	92式改2×1、1式2型×2 ③
	射法盤 /Course indicator	1式×1 ④
	その他 /	
	魚雷用空気圧縮機 /Air compressor	艦本式3型改1×2、由式×2 ④
	酸素魚雷用第2空気圧縮機 /	94式改2×1、艦本式2型改1×1
	爆雷投射機 /DC thrower	
	爆雷投下軌条 /DC rack	
	爆雷投下台 /DC chute	水圧3型×2、手動(短艇用)×2
	爆雷 /Depth charge	95式改2×16
	機雷 /Mine	
	機雷敷設軌条 /Mine rail	
	掃海具 /Mine sweep. gear	小掃海具1型改1×2
	防雷具 /Paravane	小防雷具1型×2
	測深器 /	
	水中処分具 /	1型×2
	海底電線切断具 /	

注 /NOTES

①計画値、阿賀野、能代はこの状態で完成、矢矧は同連装4基を増備して竣工、最後の酒匂では3連装10基、単装18基を装備、その後の増備は
(阿賀野)S19-2最終時、3連装8基、単装8基
(能代)S19-6-30現在、3連装10基、単装18基、同銃座4基
(矢矧)S19-12-6現在、3連装10基、単装28基
②計画値、陸戦用兵器、酒匂要目簿には記載なし
③計画(一般計画要領書)及び酒匂要目簿に記載なしだか未装備とは考えられず
④計画では他に対空弾15を加える、演習弾は10
⑤計画では演習弾他に12
⑥最後の酒匂では94式方位盤5型
⑦機銃増備にともなって1-2基を増備、酒匂では2基装備で完成
⑧酒匂では94式射撃盤4号4型を装備
⑨酒匂では91式発煙機5型改4を装備

【出典】酒匂要目簿／一般計画要領書／巡洋艦砲熕兵器一覧-S19-3現在(乙巡)-艦本4部／各艦機銃・電探・哨信儀等現状調査表

注 /NOTES

①酒匂では93式魚雷1型改2
②計画では97式1型2基
③計画では92式2基
④計画では97式1基
④計画、酒匂では艦本式3型改2

【出典】酒匂要目簿／一般計画要領書

兵装・装備 /Armament & Equipment (2)

阿賀野型 /Agano Class			計画 /Design		阿賀野 /Agano		酒匂 /Sakawa	
通信兵器 Communication equipment	通信装置 Communication equipment	送信装置 /Transmitter	92式4号改1	2		2		
			97式楽音変調	1				
			95式短3号	1	改1	1	改1	1
			95式短4号	1	改1	1	改1	1
			95式短5号	2	改1	2	改1	2
			91式特4号	1	改1	1		
		受信装置 /Receiver	91式	3	1型改1	3		
			91式短	3	97式短	3	97式短	3
			92式特受改4	14		16		14
		無線電話装置 /Radio telephone	2号話送	2	1型	2	1型改2	2
			92式特受改4					3
			90式話改4	1		1		2
			93式超短話送	2		2		2
			93式超短話受	2		2		2
無線兵器 / Electronics Weapons	測波装置 /Wave measurement equipment		96式/同中測	3/2	同1型-2/3			
			92式短測改1/96式超測	3/2	97式短1型	2		
			15式2号測	1	99式短-4/同長-4			
			92式電査/同超電査	1/1		1/1		
	電波鑑査機 /Wave detector							
	方位測定装置 /DF		93式1号	1		1		1
	印字機 /Code machine				97式1型-1/同2型-3			
	電波兵器 Radar	電波探信儀 /Radar	計画時なし		21号			1
					22号	2		2
					13号			1
		電波探知機 /Counter measure	計画時なし				仮称電波探知機	-1
水中兵器 UW weapon	探信儀 /Sonar				93式3型	-1	仮称3式1型	-1
	聴音機 /Hydrophone		計画時なし				93式2型甲	-1
	信号装置 /UW commu. equip.							
	測深装置 /Echo sounder		90式2型改1	1	90式2号1型	-1		
電気兵器 / Electric Weapons	一次電源 Main P Sup.	ターボ発電機 /Turbo genera.	400kW	3		3		3
		ディーゼル発電機 /Diesel genera.	270kW	2		2		2
	二次電源 2nd power supply	発電機 /Generator						
		蓄電池 /Battery						
	探照灯 /Searchlight ①		96式1型110cm	3		3		2
	探照灯管制器 /SL controller		96式従動装置	3		3		2
	信号用探照灯 /Signal SL		40cm信号探照灯	2		2		2
	信号灯 /Signal light		2kW信号灯	2		2		2
	舷外電路 /Degaussing coil		新造時より装備		左に同じ		左に同じ	

301

阿賀野型 /Agano Class

兵装・装備 /Armament & Equipment (3)

阿賀野型 /Agano Class		計画 /Design		阿賀野 /Agano		酒匂 /Sakawa	
航海兵器 /Navigation Equipment	羅針儀 /Compass 磁気 /Magnetic	90式3号1型	1			93式3号	1
		90式3号	1			90式2型改1	1
	転輪 /Gyro	須 /Sperry式3号(複式)	1			1式3号2型	1
	測深儀 /Echo sounder					90式2号1型改1	1
	測程儀 /Log					3式2号1型改2	1
	航跡儀 /DRT					96式1型	1
	気象兵器 /Weather 風信儀 /Wind vane	91式改1	1			91式改2	1
	海上測風経緯儀 /	92式	1				
	高層気象観測儀 /						
	信号兵器 /Signal light	97式山川1型	2		2		2
光学兵器 /Optical Weapons	測距儀 /Range finder	14式6m(主砲射撃塔)	1		1		1
		96式1.5m(航海用)	2		2		2
		94式4.5m高角	2		2		2
	望遠鏡 /Binocular	18cm13型	2			12cm固定	5
		12cm指揮官用	2			12cm高角	2
		12cm固定	2			12cm哨信儀用	2
		12cm高角	2			6cm高角5型固定	4
		12cm懸吊式1	1			6cm高角5型	4
	見張方向盤 /Target sight	13式1号改1	3		3		3
	その他 /Etc.						
航空兵器 /Aviation Weapons	搭載機 /Aircraft②	12試3座水偵	1	零式2号水偵1型	2	同	2
		特殊水偵	1				
	射出機 /Catapult③	大型25m型	1	呉式2号5型	1	同	1
	射出装薬 /Injection powder						
	搭載爆弾・機銃弾薬 /Bomb・MG ammunition	6番(60kg)×20			20		20
	その他 /Etc						
短艇 /Boats	内火艇 /Motor boat	9m×1/11m×1			1/1		/1
	内火ランチ /Motor launch	12m×1			1		1
	カッター /Cutter	9m×3			3		2
	内火通船 /Motor utility boat						
	通船 /Utility boat						
	その他 /Etc.						

防禦 /Armor

阿賀野型 /Agano Class			計画 /Design	酒匂 /Sakawa
弾火薬庫 /Magazine	舷側 /Side		55mm CNC	55mm CNC
	甲板 /Deck		20mm CNC	20mm CNC
	前部隔壁 /Forw. bulkhead			20-25mm CNC
	後部隔壁 /Aft. bulkhead			20mm CNC
機関区画 /Machinery	舷側 /Side		60mm CNC	60mm CNC
	甲板 /Deck	平坦 /Flat	20mm CNC	20mm CNC
		傾斜 /Slope		
	前部隔壁 /Forw. bulkhead			20mm CNC
	後部隔壁 /Aft. bulkhead			20mm CNC
	煙路 /Funnel			16mm DS
砲塔 /Turret	主砲楯 /Shield		18mm	18mm
	砲支筒 /Barbette			25mm DS
	揚弾薬筒 /Ammu. tube			10mm DS
舵機室 /Steering gear room	舷側 /Side		30mm CNC	30mm CNC
	甲板 /Deck		20mm CNC	20mmCNC
	その他 /			
司令塔 /Conning tower			30mm CNC	40mm(側)、30mm(天蓋)、20mm(床)CNC
交通筒 /Comm. tube				10mm DS
その他 /				S17/1942魚雷頭部用防弾板装備

注 /NOTES

【出典】一般計画要領表 / 酒匂防禦配置図

注 /NOTES

① 阿賀野型の探照灯は阿賀野新造時では煙突付近両側の探照灯台と後檣下段の探照灯台の3基が標準であり、2番艦の能代、3番艦の矢矧ではこの3基を装備していたものの、能代が戦傷修復工事の際、煙突両側の探照灯台を廃止して、煙突前の中心線上に1基の探照灯台に改め、探照灯は2基に減少、最後の酒匂ではこれに倣って2基装備で完成した。

② 阿賀野型の計画時には搭載水偵として12試3座水偵(零式3座水偵)と98式夜偵各1機が予定されていた。これは水雷戦隊旗艦としての航空兵装だったが、新造時にはこの夜偵を搭載した写真が残されているものの、昭和17年末にトラックに出撃した際は零式水偵2機に改められていたらしい。

③ 阿賀野型の射出機は阿賀野新造完成時は1式2号11型を装備していた。この射出機は発進間隔を短縮し多数機を短時間で射出可能なタイプで、射出速度、射出重量も向上し、全長は25.6mと通常の呉式2号5型より6.2m長かった。他に大和型や日進に装備を予定していた。阿賀野ではトラック出撃時はこのまま装備していたのが写真等で確認できるが、最後まで装備していたかどうかは不明。

【出典】一般計画要領表 / 写真日本の軍艦

(P-300より続く) 戦訓から舷窓の一部閉塞や艦橋構造に一部改正があったが、ほぼ原型のまま完成している。3、4番艦の矢矧、酒匂はいずれも佐世保工廠で引き続き建造され、昭和18年12月と同19年11月に完成した。矢矧の場合はさすがに戦訓はいろいろ加味されて機銃の増備、電探の装備も終えており、飛行甲板両側の高射装置は前方に移された。酒匂の場合は終戦には間に合ったものの、すでに日本海軍の主力は比島沖海戦で壊滅しており、燃料も不足がちで空襲を避けてじっとしている他はなかった。

　酒匂を除く3艦は、阿賀野が昭和19年2月に米潜水艦により、能代は同年10月のサマール沖海戦で、矢矧は同20年4月の大和の特攻作戦でいずれも米空母機により撃沈された。本型の唯一最初にして最後の晴れ舞台は、昭和19年10月のサマール沖海戦で、能代と矢矧は米駆逐艦と護衛駆逐艦を蹴散らして、米護衛空母群を追いかけた場面であったが、不徹底な作戦指揮から、千載一遇の機会を逃してしまった。

阿賀野型 /Agano Class

重量配分 /Weight Distribution

阿賀野/Agano		計画/Design (単位t)				新造時/New build (単位t)		
		公試/Trial	満載/Full	軽荷/Light	基準/St'd	公試/Trial	満載/Full	軽荷/Light
船殻	船殻	2,572.00	2,572.00	2,572.00		2,562.975	2,562.975	2,562.975
	甲鈑	550.00	550.00	550.00		540.490	540.490	540.490
	防禦材	83.00	83.00	83.00		115.627	115.627	115.627
	艤装	335.00	335.00	335.00		361.238	361.238	361.238
	(合計)	(3,540.00)	(3,540.00)	(3,540.00)		(3,580.330)	(3,580.330)	(3,580.330)
斉備品	固定斉備品	146.00	146.00	146.00		158.812	158.812	158.812
	その他斉備品	276.60	349.20	131.40		290.692	364.344	138.611
	(合計)	(422.60)	(495.20)	(277.40)		(449.504)	(523.156)	(297.423)
兵器	砲熕	446.40	454.60	331.10		421.245	428.792	313.820
	水雷	154.30	160.10	102.90		134.911	139.546	94.526
	電気	232.00	232.00	232.00		303.922	303.922	303.922
	無線	18.50	18.50	18.50				
	航海					5.476	5.476	5.476
	光学					10.200	10.200	10.200
	航空	62.10	62.30	48.40		63.274	64.333	50.147
	(合計)	(913.30)	(927.50)	(732.90)		(939.028)	(952.269)	(778.091)
機関	主機							
	缶煙路煙突							
	補機							
	諸管弁等							
	缶水							
	復水器内水							
	給水							
	淡水タンク水							
	(合計)	(1,740.00)	(1,758.00)	(1,550.00)		(1,791.513)	(1,810.069)	(1,601.433)
重油		950.00	1,420.00	0		952.499	1,429.748	0
予備水		70.00	105.00	0		75.252	112.878	0
軽質油	内火艇用	4.90	7.40	0		6.467	9.701	0
	飛行機用	10.70	16.00	0		16.596	24.583	0
潤滑油	主機械用	20.50	30.70	0		18.962	28.465	0
	飛行機用	1.10	1.60	0		1.127	1.670	0
水中聴音機真水								
復原用液体								
応急用諸材料						2.900	2.900	2.900
不明重量						11.345	11.345	11.345
マージン/余裕		24.10	24.10	24.10				
(総合計)		(7,710.00)	(8,338.40)	(6,137.20)		(7,856.018)	(8,500.575)	(6,273.215)

注/NOTES 計画は S14/1939-10-12 艦本基本計画、新造時は S17/1942-10-19 施行重心公試による。重油には発電機用を含む。
【出典】一般計画要領書

復原性能 /Stability

阿賀野/Agano		計画時/Design			完成時/New build		
		公試/Trial	満載/Full	軽荷/Light	公試/Trial	満載/Full	軽荷/Light
復原性能	排水量/Displacement (t)	7,710.00	8,338.00	6,137.00	7,856.00	8,501.00	6,273.00
	平均吃水/Draught,ave. (m)	5.63	5.93	4.70	5.69	5.98	4.71
	トリム/Trim (m)		0.230	1.710	0	0.320(後)	2.150(後)
	艦底より重心点の高さ/KG (m)	5.850	5.740	6.550	5.990	5.800	6.670
	重心からメタセンターの高さ/GM (m)	1.220	1.240	0.620	1.060	1.180	0.480
	最大復原挺/GZ max. (m)						
	最大復原挺角度/Angle of GZ max.	48.0	47.0	50.0			
	復原性範囲/Range (度/°)	102.0	105.0	78.2	95.8	102.8	74.3
	水線上重心点の高さ/OG (m)	0.220	−0.190	1.850	0.300	−0.180	1.960
	艦底からの浮心の高さ/KB(m)	2.911	3.352	2.673	3.38※	3.58※	2.90※
	浮心からのメタセンターの高さ/BM(m)	3.834	3.136	4.249	3.66※	3.42※	4.24※
	予備浮力/Reserve buoyancy (t)		9,442	11,643			
	動的復原力/Dynamic Stability (t)						
	船体風圧側面積/A (㎡)				1,464※		
	船体水中側面積/Am (㎡)				882※		
	風圧側面積比/ A/Am (㎡/㎡)	1.71	1.56	2.24	1.60※		
旋回性能	公試排水量/Disp. Trial (t)	7,710			7,800※		
	公試速力/Speed (ノット/kts)	33.2(8/10)			34.0※		
	舵型式及び数/Rudder Type & Qt'y	平衡舵 1			平衡舵 1		
	舵面積/Rudder Area : Ar (㎡)	17.45			17.34※		
	舵面積比/ Am/Ar (㎡/㎡)	1/50			1/50.45※		
	舵角/Rudder angle(度/°)	35			34※		
	旋回圏水線長比/Turning Dia. (m/m)	5.0			4.35※		
	旋回中最大傾斜角/Heel Ang. (度/°)	13			15.0※		
	動揺周期/Rolling Period (秒/sec)	11.0			12.1※		

注/NOTES
計画時は昭和14年10月13日艦本基本計画当初案による。完成時は昭和17年10月19日施行の重心公試による。※印は酒匂を示す。
【出典】一般計画要領表/酒匂要目簿

[資料] 本型の公式資料として残っている図面類は呉の<福井資料>に新造時の阿賀野の一般艤装図として艦内側面、上甲板平面、入渠図、前部艦橋構造図、損傷報告書があり、さらに矢矧の新造完成時の図面ほぼ一式、防禦配置図、損傷報告書がある。また最終艦の酒匂の完成時の図面ほぼ一式、船体寸法図、前部艦橋構造図、後部艦橋構造図、防空指揮所装置図等がある。

その他S28年に戦後の艦艇建造の参考資料として造船7社に配布された造工資料に能代のS18損傷修復後の図面一式が収録されている。さらに国会図書館の憲政資料室のマイクロ・フィルムに酒匂の完成時の要目簿、完成重心公試成績書、復原性能説明書がある。

写真は戦時下の完成のため、全体に少ないが、各艦、公試写真を含めて幾つか残されており、最後の酒匂については終戦直後米軍に撮影された鮮明な写真が相当数知られている。

本型の艦名は軽巡として何も河川名だが、阿賀野は新潟県、能代は秋田県、矢矧は愛知県(現在は矢作と記す)、酒匂は神奈川県の河川名。矢矧のみ明治40年度計画の2等巡の2代目で、他は何も初代。戦後の海上自衛隊においては、能代(のしろ)のみがS48年度護衛艦(DE)に襲名。

阿賀野型/Agano Class

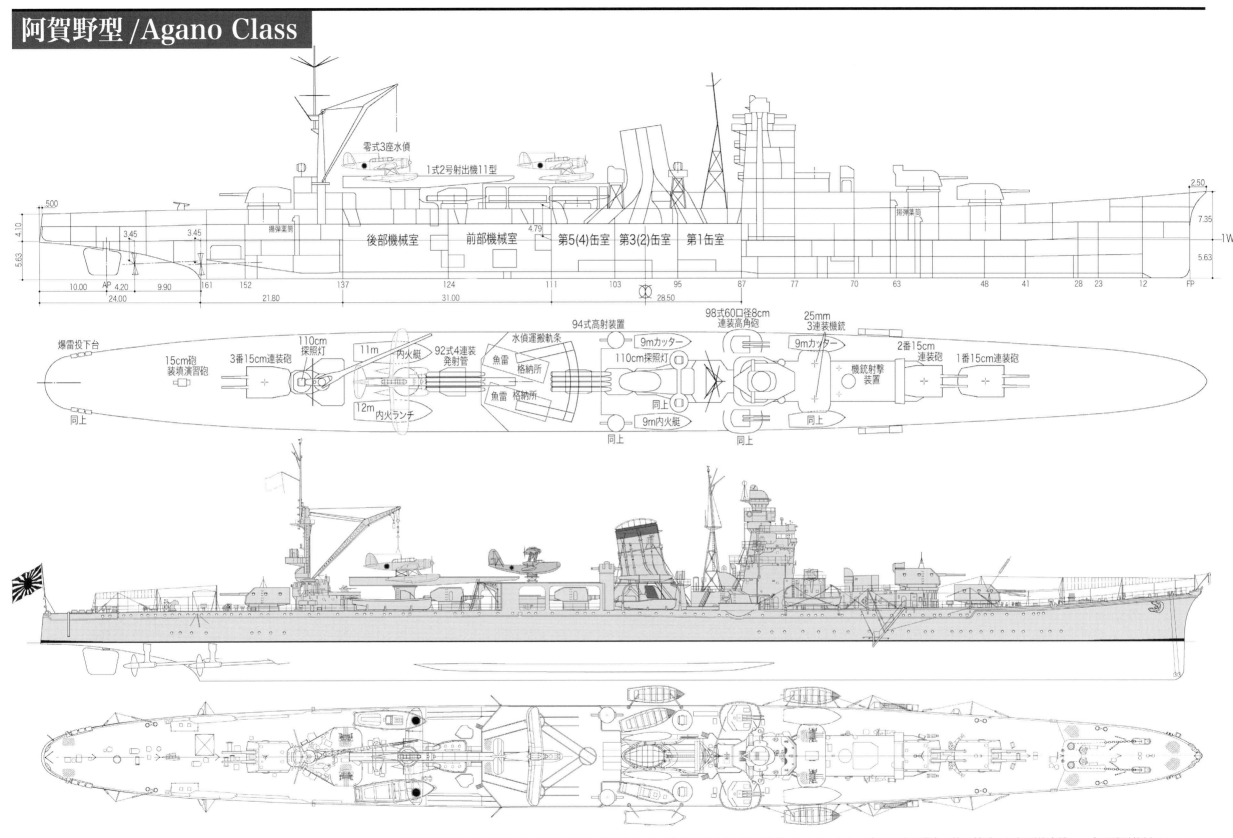

図 7-2-2 [S=1/550]
阿賀野一般艤装図 及び 新造完成時

◎ 阿賀野新造完成時S17年10月時の艦型。搭載機の98式夜偵は完成時短期間搭載されたといわれ、夜間長時間滞空可能な特殊飛行艇型偵察機で、水雷戦隊旗艦用として戦前に開発したもの。射出機は大型の1式2号11型を装備しており、これは写真からも確認できる。2番艦の能代からは通常の呉式2号5型射出機が装備された。阿賀野はほぼこの状態で戦没したとされている。【出典】阿賀野完成一般艤装図 (S17-10)

阿賀野型 / Agano Class

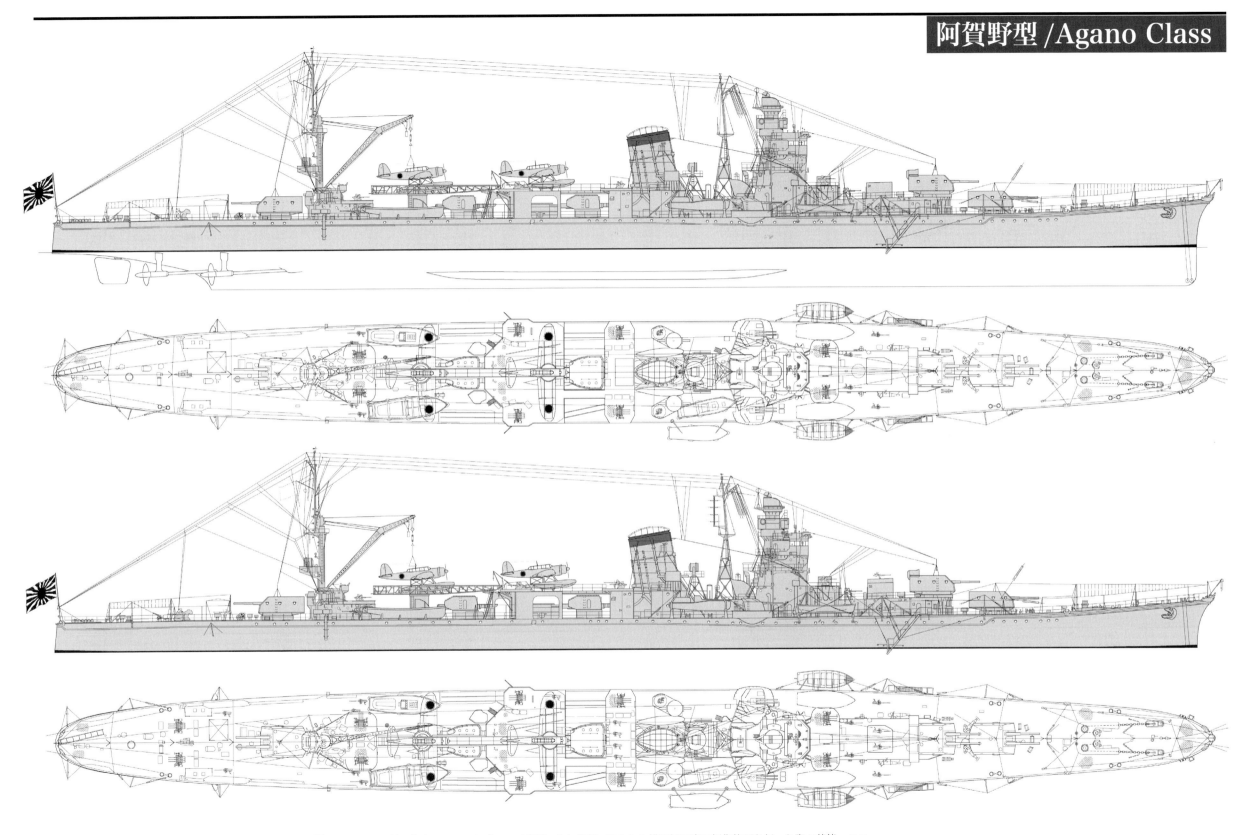

○ 能代の新造完成状態は射出機を除いて阿賀野と同様とされているが、上は S19-1 にカビエンで空爆により損傷、S19-2-3 横須賀工廠で損傷修理を行った際の状態。この工事で 21 号電探、機銃増備、舷窓閉塞等の戦訓工事の他、煙突両側の高射装置を前方に移し、この位置にあった両舷の探照灯台を廃止して、前檣と煙突間の中心線上の一個の探照灯台に改造しいてる。下は能代の S19-6-30 のマリアナ沖海戦後の機銃、電探の増備状態。この後 10 月の比島沖海戦の最終状態まで増備があったかどうかは不明。
【出典】能代 S19-3 完成舷外側面・上部平面図 / 各艦機銃 電探 哨信儀等現状調査票 - 福井静夫

図 7-2-3 [S=1/550]
能代 S19 損傷修復時及び最終状態

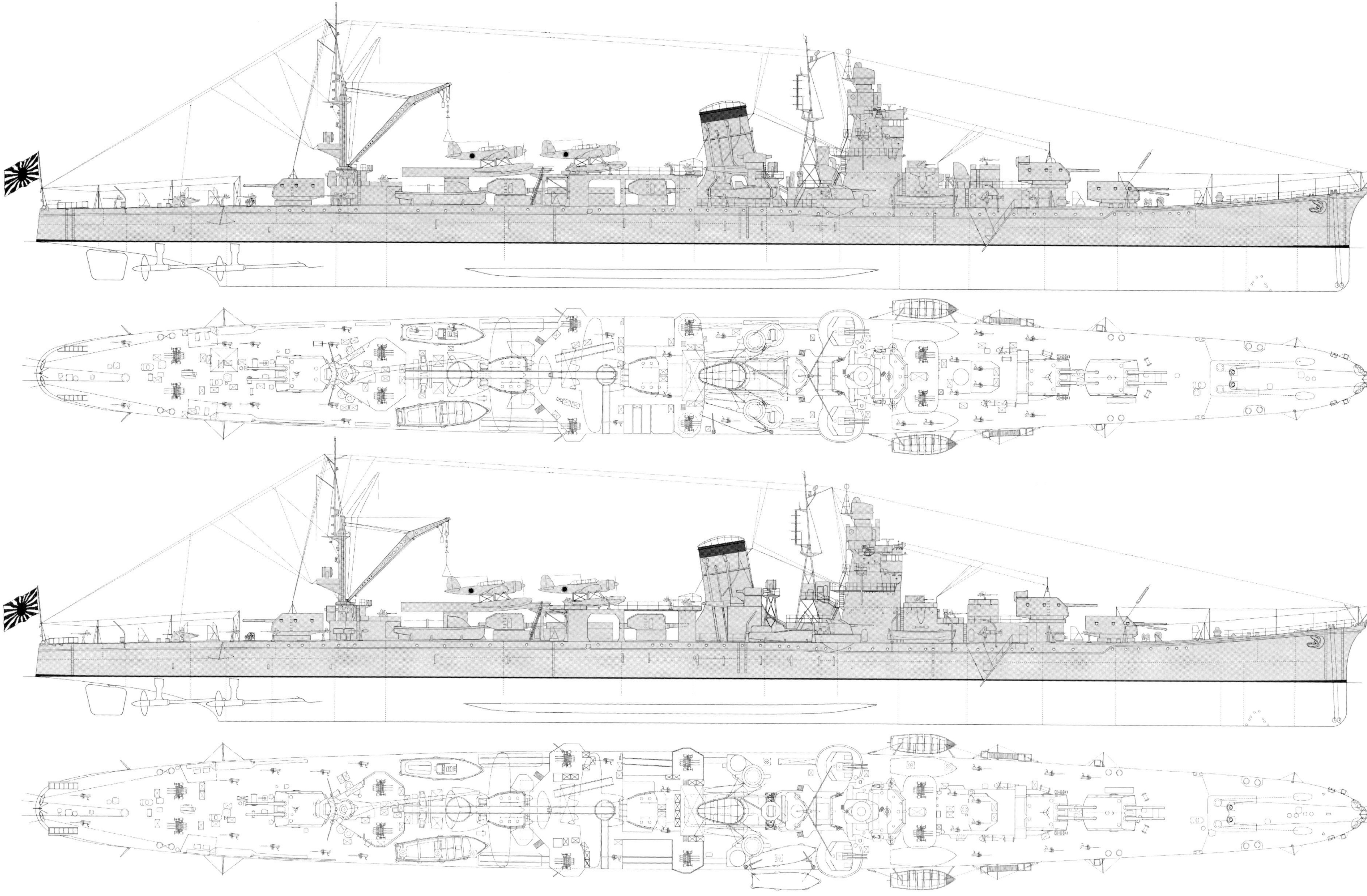

阿賀野型 /Agano Class

図 7-2-4 ［S=1/550］
矢矧 S20 年及び酒匂 新造完成時 (下)

◎ 矢矧 (上) は S20-2 の状態。本艦のほぼ最終状態と見てよいで
あろう。S18-12 に竣工した本艦は 21 号電探、機銃増備、舷窓閉塞等の戦訓改正を実施しており、高射装置の前方移動も実施済みで、ただし探照灯台はこの高射装置と一体構造と
なり両舷装備のまま完成している。マリアナ沖海戦後の増備で 13 号電探や 25mm 機銃 3 連装 6 基が追加装備され、比島沖海戦後に 25mm 単装が 10 基さらに増備された。酒匂 (下)
は S19-11-30 の状態で、新造完成時と見てよいであろう。水偵の搭載は実際はなかったと推定される。【出典】矢矧完成一般艤装図 (S20-1)/ 酒匂同艤装図 (S19-12)/ 福井前掲書

306

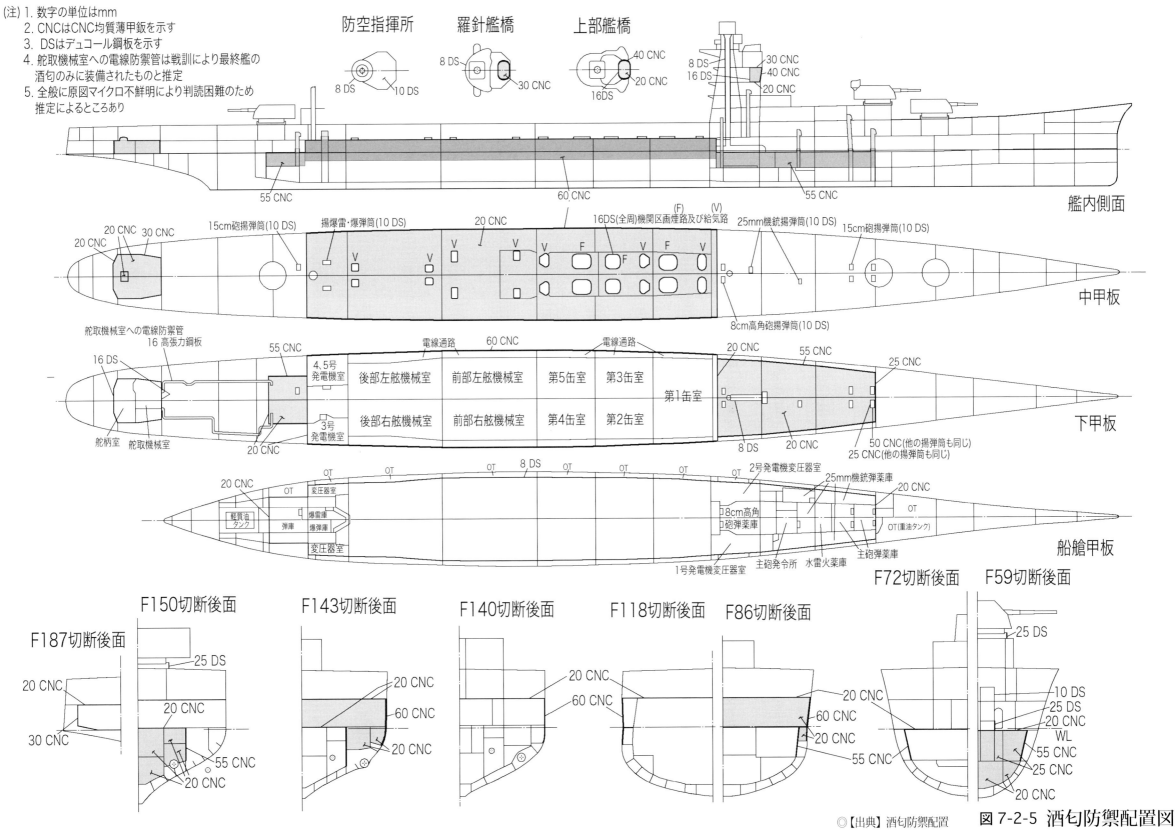

図 7-2-5 酒匂防禦配置図

阿賀野型 / Agano Class

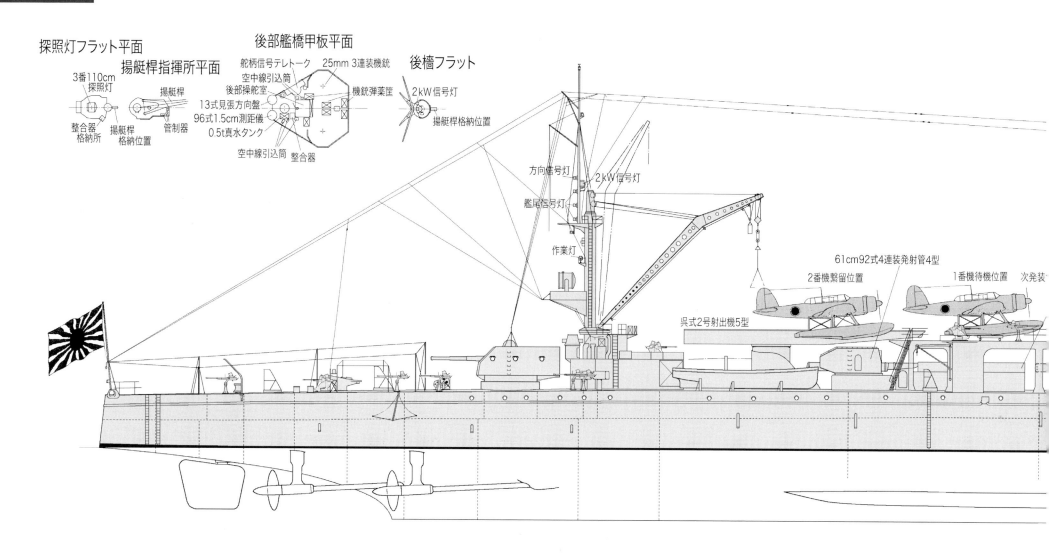
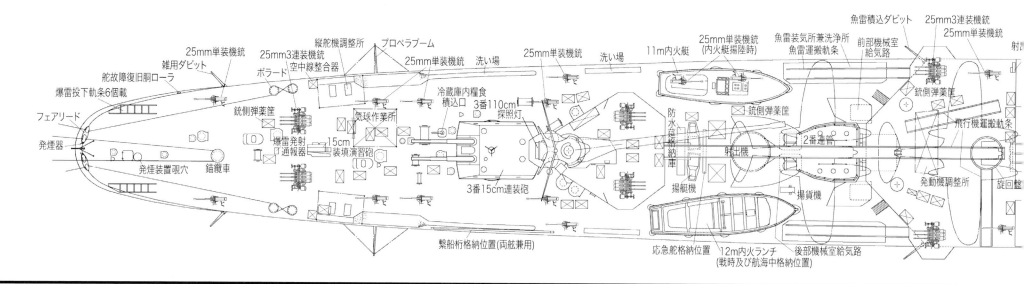

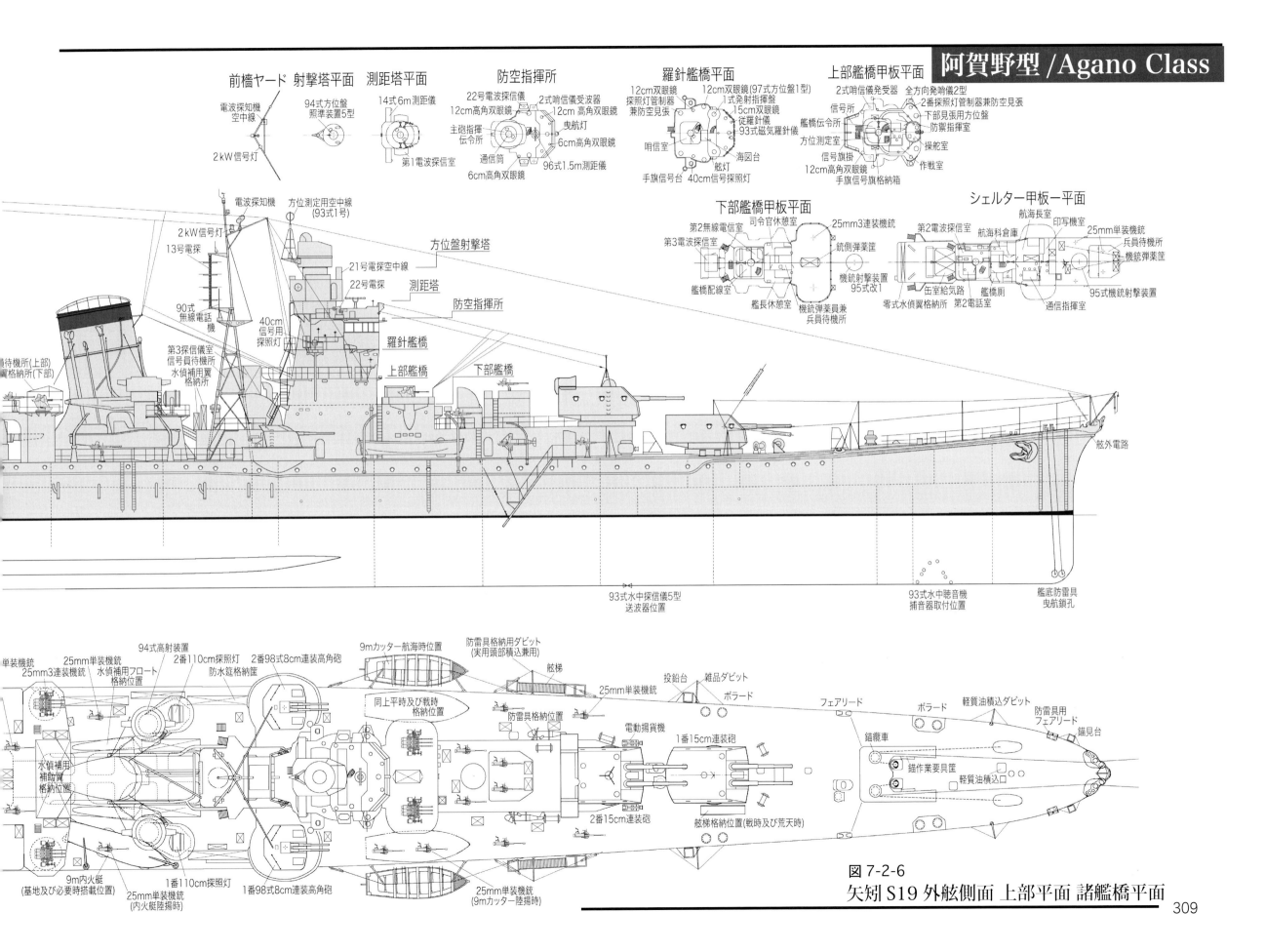

図 7-2-6 矢矧 S19 外舷側面 上部平面 諸艦橋平面

阿賀野型 / Agano Class

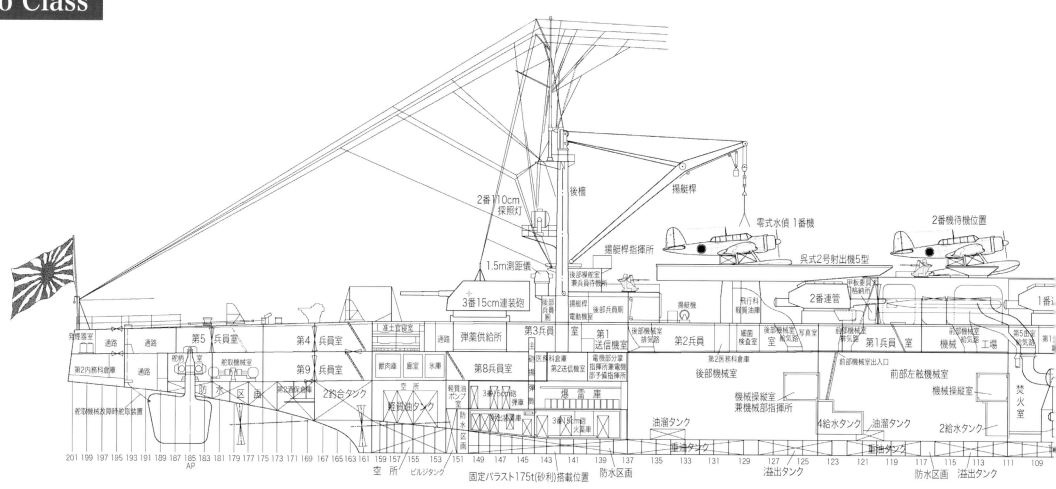

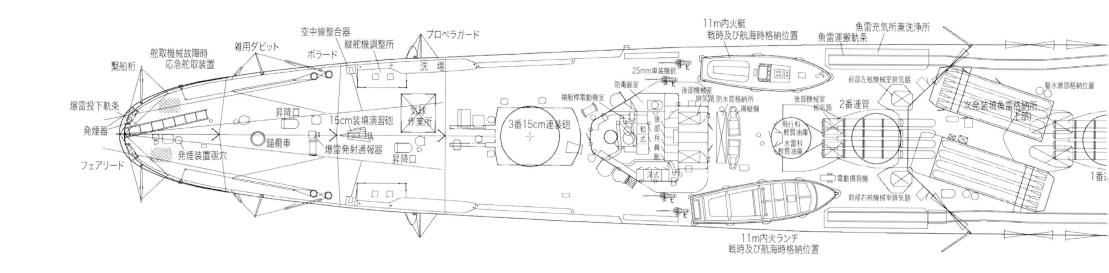

阿賀野型 / Agano Class

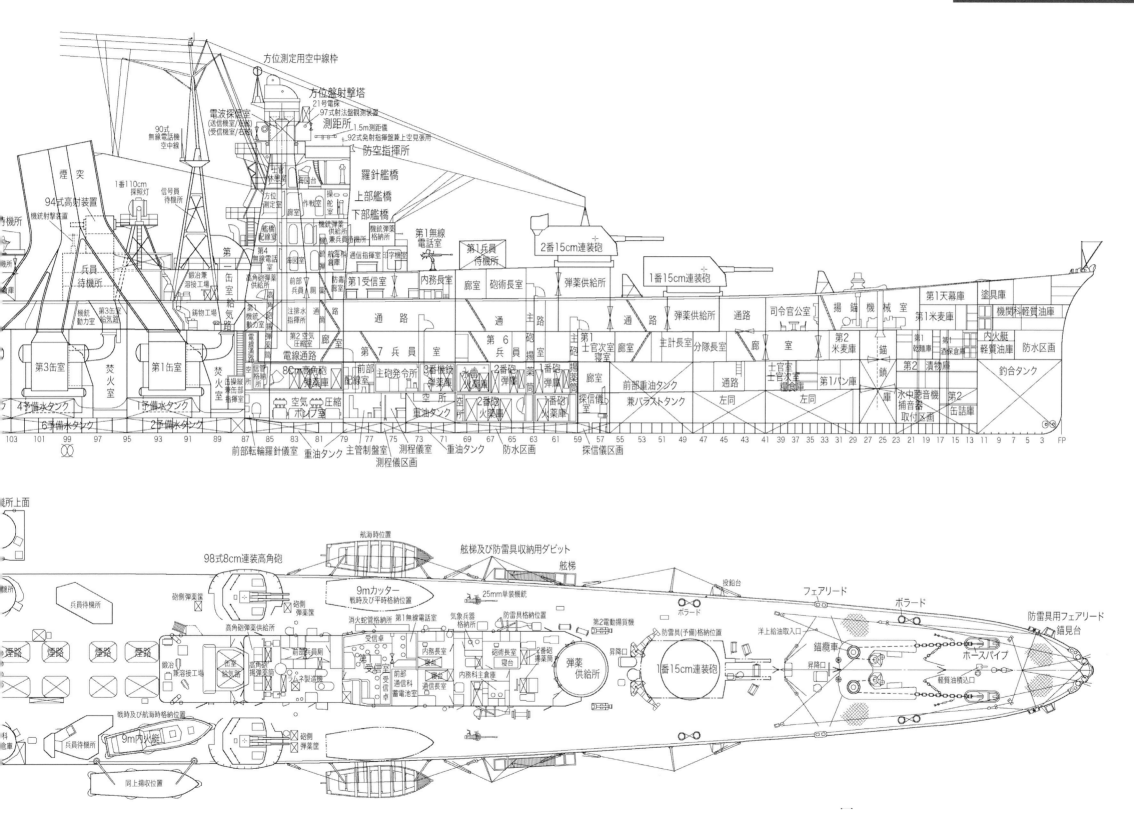

能代 S19 損傷修復時 艦内側面 上甲板平面

阿賀野型 / Agano Class

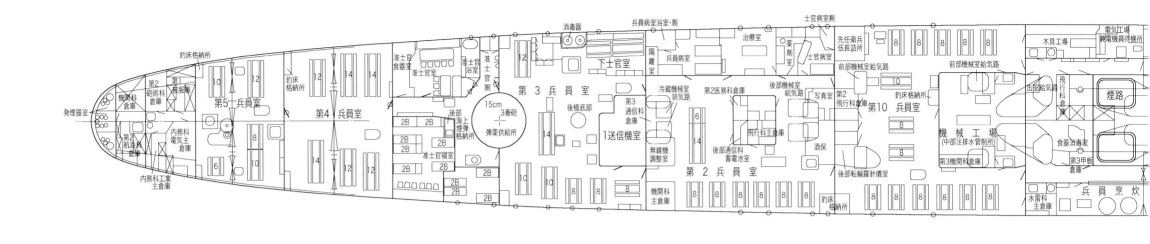

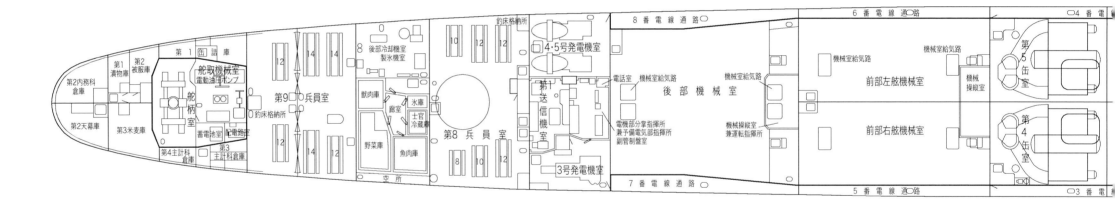

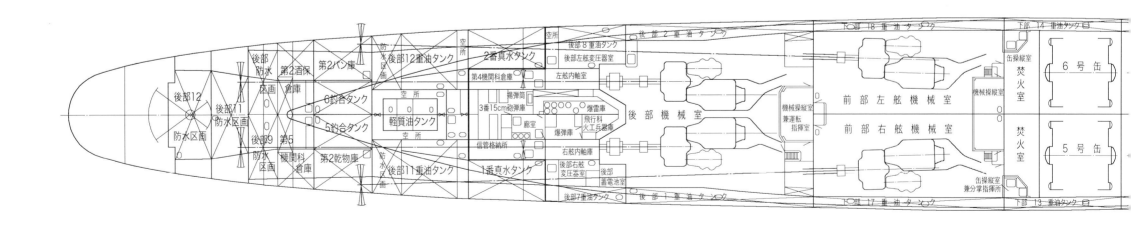

阿賀野型/Agano Class

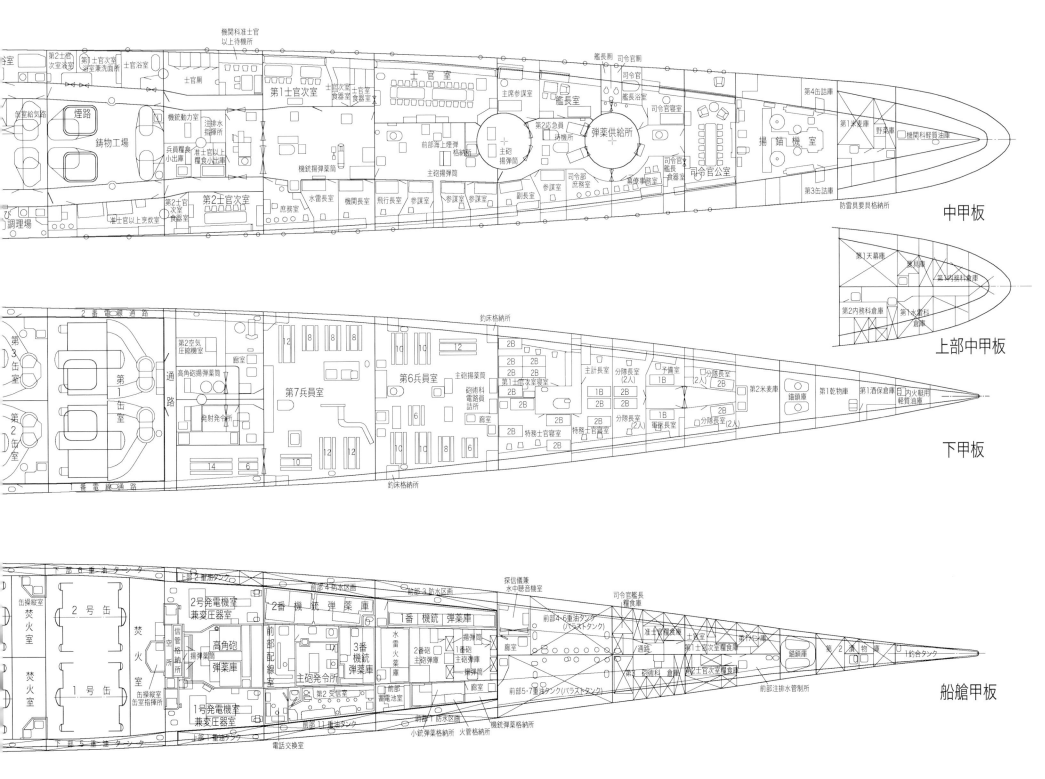

図 7-2-8
能代 S19 損傷修復時 各甲板平面

阿賀野型 /Agano Class

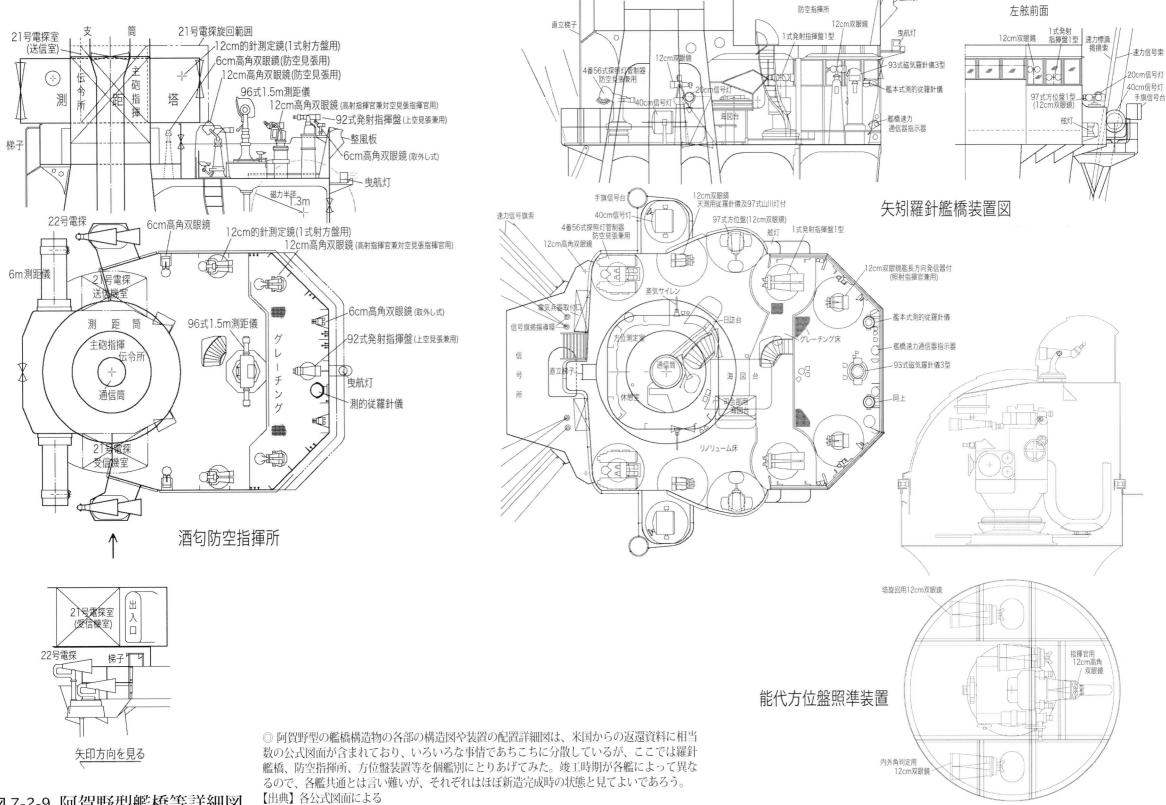

図 7-2-9 阿賀野型艦橋等詳細図

阿賀野型/Agano Class

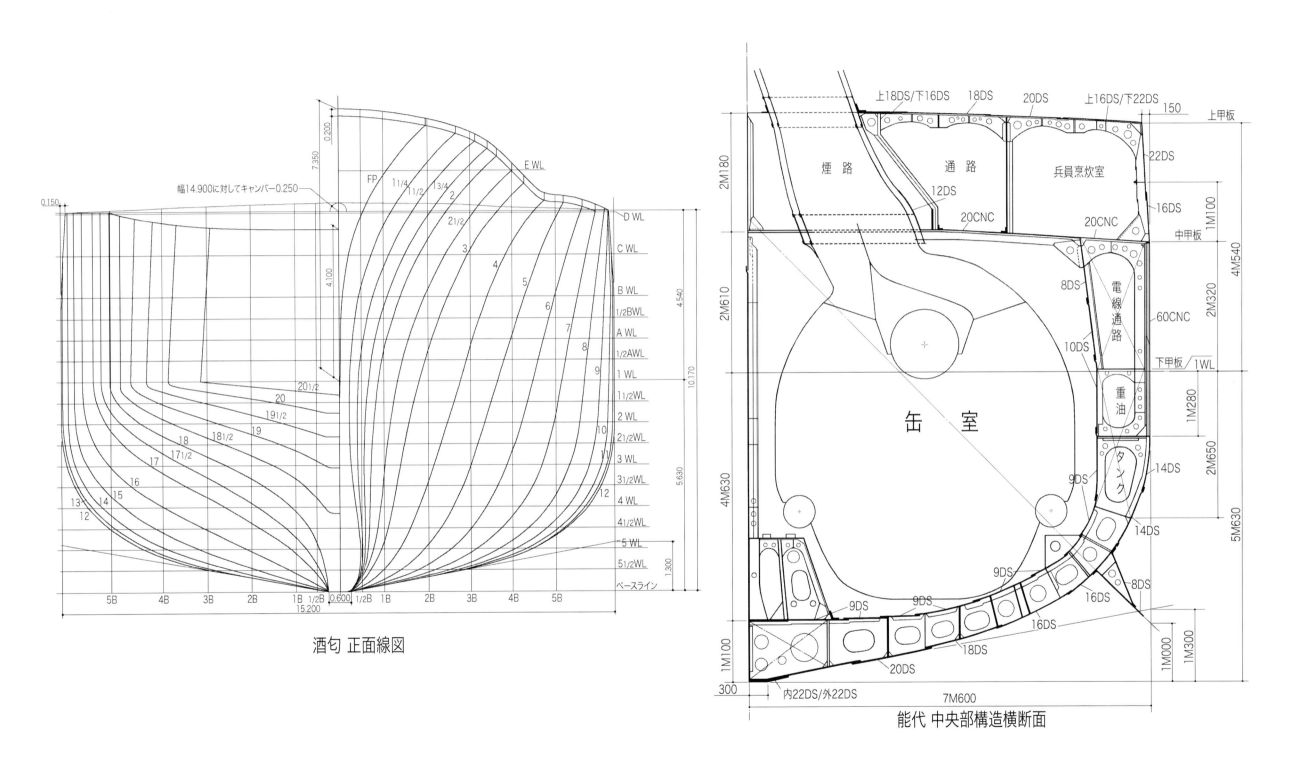

図 7-2-10 阿賀野型正面線図及び中央部構造切断

阿賀野型 /Agano Class

阿賀野型　　　　定　員/Complement（1）

職名 /Occupation	官名 /Rank	定数 /No.	職名 /Occupation	官名 /Rank	定数 /No.
艦長	大佐	1		兵曹	123	
副長	中佐	1		飛行兵曹	6	
砲術長兼分隊長	少佐	1		整備兵曹	4	
航海長兼分隊長	少佐／大尉	1		機関兵曹	49	下士 /199
水雷長兼分隊長	〃	1		工作兵曹	9	
通信長兼分隊長	〃	1		看護兵曹	2	
内務長兼分隊長	〃	1		主計兵曹	6	
飛行長兼分隊長	〃	1				
分隊長	〃	3	士官 /29			
	中少尉	8		水兵	273	
機関長	機関中少佐	1		機関兵	153	
分隊長	機関少佐／大尉	3		工作兵	16	兵 /481
	機関中少尉	2		整備兵	13	
軍医長兼分隊長	軍医少佐	1		看護兵	3	
	軍医中少尉	1		主計兵	23	
主計長兼分隊長	主計少佐	1				
	主計中少尉	1				
	特務中少尉	3	特士 / 7			
	機関特務中少尉	3				
	工作特務中少尉	1				
	兵曹長	7				
	機関兵曹長	4	准士 / 14			
	飛行兵曹長	1				
	整備兵曹長	1				
	主計兵曹長	1		（合　計）		730

注/NOTES
昭和16年12月15日内令1659による2等巡洋艦阿賀野型の定員を示す【出典】内令提要
(1) 兵科分隊長の内1人は砲台長、1人は射撃幹部、1人は測的指揮官にあてる
(2) 機関科分隊長の内1人は機械部、1人は缶部、1人は電機部兼工業部の各指揮官にあたる
(3) 特務中少尉及び兵曹長の内1人は掌内務長、1人は掌砲長、1人は掌水雷長、1人は掌信号長、1人は掌通信長、1人は操舵長、1人は電信長、1人は主砲方位盤射手、1人は砲台部付、1人は水雷砲台部付にあて、信号長又は操舵長の中の1人は掌航海長を兼ねるものとする
(4) 機関特務中少尉及び機関兵曹長の内1人は掌機長、3人は機械長、2人は缶長、1人は電機部にあてる
(5) 飛行機を搭載しないときは飛行長兼分隊長、飛行兵曹長、整備兵曹長、飛行兵曹、整備兵曹及び整備兵を置かず（飛行機の一部を搭載しないときはおおむねその数に比例し前記人員を置かないものとする）、ただし飛行科、整備科下士官及び兵に限りその合計数の1/5の人員を置くことができる
(6) 兵科分隊長の内1人は特務大尉を以て、中少尉の中の2人は特務中少尉又は兵曹長を以て、機関科分隊長中1人は機関特務大尉を以て、機関中少尉中の1人は機関特務中少尉又は機関兵曹長を以て補することが可

能代戦時乗員　　　定　員/Complement（2）

職名	主務	官名	定数	職名	主務	官名	定数
艦長		大佐	1	乗組	主砲方位盤射手電路長	兵曹長	1
副長		大佐	1	〃	見張指揮官付	〃	1
機関長		中佐	1	〃	水雷砲台部付	〃	1
砲術長兼分隊長		〃	1	〃	高角砲機銃分隊士	〃	1
航海長兼分隊長		少佐	1	〃	砲術士	〃	2
内務長兼分隊長		〃	1	〃	掌整備長	整曹長	1	准士 /14
水雷長兼分隊長		〃	1	〃	掌飛行長代理	飛曹長	1
軍医長兼分隊長		医少佐	1	〃	補機長	機曹長	1
分隊長	高角砲機銃分隊長	大尉	1	〃	缶長	〃	1
通信長兼分隊長		〃	1	〃	機械長	〃	2
分隊長	照射測的分隊長	〃	1	〃	工業長	工曹長	1
分隊長	機械、缶	〃	2	〃	掌経理長	主曹長	1
主計長兼分隊長		主大尉	1				
乗組	分隊士	医大尉	1	乗組	水兵科	下士兵	496
分隊長	砲台長	中尉	1	〃	飛行／整備科	〃	21
〃	缶分隊長	〃	1	〃	工作科	〃	26	下士兵 /788
〃	電機分隊長	〃	1	〃	機関科	〃	209
乗組	水雷士兼水測士	〃	1	〃	衛生科		5
〃	副長付兼甲板士官	〃	1	〃	主計科		27
〃	高角砲機銃分隊士	〃	1	〃	備人		4
〃	機関長付機械分隊士	〃	1				
〃	掌水雷長	〃	1				
〃	掌内務長	〃	1				
〃	操舵長	少尉	1				
〃	電機長	〃	1				
〃	副長付兼甲板士官	〃	1				
〃	高角砲機銃分隊士	〃	1				
〃	航海士	〃	1				
〃	電機分隊士	〃	1				
〃	缶長	〃	1				
〃	庶務主任	主少尉	1				
					（合計）		834

注/NOTES
昭和19年10月1日現在の2等巡洋艦能代の乗員実数を示す【出典】能代戦時日誌
(1) 本艦の最後の乗員数を示す。昭和16年12月の定員に比べて約100名ほど増加している

阿賀野型/Agano Class

艦　歴/Ship's History（1）

艦　名	阿賀野
年 月 日	記 事/Notes
1940(S15)- 6-18	佐世保工廠で起工
1941(S16)-10-22	進水
1942(S17)- 2-15	艤装員長中川浩大佐 (42 期) 就任
1942(S17)-10-31	竣工、呉鎮守府に入籍、呉鎮守府部隊に編入、艦長中川浩大佐 (42 期) 就任
1942(S17)-10-31	佐世保発、同日博多着、11 月 1 日発同日呉着、補給、4 日発同日柱島着、整備、訓練、11 日発安下庄着、訓練、14 日発同日呉着、臨戦準備
1942(S17)-11-20	第 3 艦隊第 10 戦隊
1942(S17)-11-26	呉発、12 月 1 日トラック着、16 日ウエワク・マダン攻略作戦支援のため出動、18 日作戦終了、20 日トラック着、翌年 1 月 18 日明石に横付け修理改装工事、26 日完成
1943(S18)- 1-31	トラック発ガ島撤収作戦支援のためソロモン東方方面に向かう、2 月 2 日健洋丸より洋上燃料補給、8 日撤収作戦成功により北上、9 日トラック着、以後 4 月末まで同地で訓練
1943(S18)- 5- 3	トラック発 8 日呉着、休養、補給、15 日柱島回航、16 日発確認運転同日徳山着、17 日発空積沖着、18 日発訓練、徳山着、19 日発速力試験その他のため出動、20 日発 21 日横須賀着、北方作戦のため待機、25 日木更津沖に回航、訓練及び試験のため出動、29 日横須賀に回航、30 日発 6 月 1 日呉着
1943(S18)- 6-23	入渠 30 日出渠、7 月 2 日公試及び訓練のため内海西部に出動、8 日宇品に回航陸軍部隊搭載、9 日発同日八島着、10 日発 15 日トラック着、19 日発 21 日ラバウル着陸軍部隊揚陸、24 日発 26 日トラック着、以後同地で訓練、警戒待機
1943(S18)- 8- 5	艦長松原博大佐 (45 期) 就任
1943(S18)- 9-18	トラック発、ギルバート方面米機動部隊来攻により大淀とともに出撃、20 日ブラウン着、23 日発 25 日トラック着、10 月 17 日発 19 日ブラウン着、23 日発ウエーキ島西方索敵、26 日トラック着、30 日発「ろ号」作戦用航空基地物件輸送、11 月 1 日ラバウル着、輸送物件揚陸、米軍タロキナ上陸との報で同方面に出動、2 日ブーゲンビル島沖海戦に参加、決定的打撃を与えられず川内を失って戦場を撤退、同日ラバウル着、同日米空母機の大規模空襲あり被害なし、5 日再度大規模空襲あり、至近弾で軽度の損傷、戦死 1、6 日発タロキナ逆上陸を支援、7 日ラバウル着
1943(S18)-11-11	ラバウル港外にて対空戦闘中航空魚雷が艦尾に命中、艦尾部切断、舵、内 2 軸脱落、外 2 軸で 12 ノット可能、12 日トラックに向かう途中、再度米潜水艦 Scamp の発射した魚雷 1 発が中部缶室に命中航行不能、両日の被害で戦死 90、13 日能代、長良の来援を受け能代が曳航トラックに向かったが、14 日曳索切断、長良が代わりに曳航、16 日トラック着、明石に横付け応急修理
1943(S18)-11-17	艦長松田尊睦大佐 (45 期) 就任
1944(S19)- 2-15	トラック発、追風、駆潜特務艇の護衛の下本格修理のため内地に向かう、16 日トラック北方 160 浬で 1645 米潜水艦スケート /Skate の発射した魚雷 2 本が右舷第 3 缶室と艦橋下に命中航行不能、トラックより那珂が救援に出動したが、到着前 17 日 0145 沈没、生存者は追風に救助されたが、追風はトラックに戻る途中トラック北水道付近で米空母機により撃沈され、阿賀野生存者も艦長以下全員行方不明、戦死と認定
1944(S19)- 3-31	除籍

艦　歴/Ship's History（2）

艦　名	能 代 1/2
年 月 日	記 事/Notes
1941(S16)- 9- 4	横須賀工廠で起工
1942(S17)- 7-19	進水
1943(S18)- 5- 6	艤装員長田原吉興大佐 (43 期) 就任
1943(S18)- 6-30	竣工、横須賀鎮守府に入籍、第 1 艦隊付属、艦長田原吉興大佐 (43 期) 就任
1943(S18)- 7- 1	在横須賀諸物件搭載、警泊、7 日入渠、9 日出渠、15 日発 16 日柱島着、整備、訓練作業、22 日発大津島着、23 日出動訓練、24 日発安下庄に回航、26 日発出動訓練、柱島に回航、30 日出動訓練、31 日着、8 月 3 日発伊予灘に出動訓練、4 日帰投、5 日発訓練、6 日呉に回航諸物件搭載
1943(S18)- 8-15	第 2 艦隊第 2 水雷戦隊旗艦
1943(S18)- 8-16	呉発、輸送物件搭載、同日八島仮泊、17 日発 23 日トラック着輸送物件移載、以後同地で訓練、整備、
1943(S18)- 9-18	トラック発、ギルバート方面米機動部隊来攻により出撃、20 日ブラウン着、23 日発 25 日トラック着、警泊、10 月 17 日発 19 日ブラウン着、23 日発ウエーキ島西方海面索敵行動、27 日トラック着、11 月 3 日発 5 日ラバウル着、同日米空母機の大規模空襲あり被害なし、6 日発タロキナ逆上陸を支援、7 日ラバウル着、11 日対空戦闘で機銃掃射により軽微な損傷、同日発損傷した摩耶、長鯨を護衛してトラックに向かったが、途中 13 日被雷した阿賀野の救援を命じられ、摩耶、長鯨と分離、救援に向かい阿賀野と会合、曳航したが 14 日曳索切断、長良が代わって曳航、15 日トラック着、警泊
1943(S18)-11-24	トラック発 26 日クエゼリン・ルオット着、27 日発 28 日ブラウン着、29 日発 30 日ルオット着警泊、12 月 3 日発 5 日トラック着
1943(S18)-12-15	艦長梶原季義大佐 (47 期) 就任
1943(S18)-12-21	トラック発照川丸救援に向かう、途中照川丸沈没により反転、22 日帰投、23 日出動訓練 24 日帰投、30 日発陸軍部隊物資輸送、翌年 1 月 1 日カビエン着揚陸、同地で敵機約 100 機の空襲を受け、本艦は被弾、至近弾 5 により艦橋前部右舷水線上舷側に破口、亀裂を生じ、浸水量約 1,000 トン、上部 6m 測距儀、2 番砲塔測距儀及び水中探信儀使用不能、1 番砲塔旋回不能、戦死 10、負傷 12、ただし機関に異常なく当面戦闘航海に支障なし、同日発 2 日トラック着応急修理
1944(S19)- 1-18	トラック発本格修理のため横須賀に向かう、19 日同航の雲鷹が被雷のため 20 日サイパンに回航、21 日発 24 日横須賀着
1944(S19)- 2- 1	横須賀工廠第 5 船渠に入渠、損傷部修理及び訓合工事、機銃増備等実施、3 月 19 日出渠、20 日工事完了、横須賀発 4 月 3 日ダバオ着、5 日発 9 日リンガ泊地着警泊、訓練、5 月 5 日発シンガポールに回航、7 日発リンガ泊地帰投、11 日発物件輸送任務 14 日タウイタウイ着、16 日発 17 日ダバオ着輸送物件陸揚げ、18 日発 19 日タウイタウイ着、訓練、待機
1944(S19)- 3-28	(上記に含む)
1944(S19)- 6-10	タウイタウイ発 12 日バチャン着、13 日発渾作戦発令でビアク島に向かったが、米軍マリアナ来攻により作戦中止、機動部隊に合同マリアナ沖海戦に参加、22 日中城湾着、23 日発 24 日柱島着、呉に回航、機銃、電探増備工事
1944(S19)- 7- 8	呉発陸軍兵員輸送、19 日シンガポール着リンガ泊地に回航、以後訓練に従事
1944(S19)-10-18	リンガ泊地発、20 日ブルネイ着大和より燃料補給、22 日発第 1 遊撃部隊第 1 部隊としてレイテ突入を目指す、24 日シブヤン海での対空戦では舷外電路切断、戦死 2、負傷 4 の被害を生じるも、翌 25 日サマール沖で米護衛空母群と遭遇、追撃戦となる、この間 0838 米駆逐艦の 1 弾を 2 番弾薬供給所右舷上甲板に受け戦死 1、負傷 3、同日 1243 追撃してきた米機の至近弾により、後部 2, 4 番重油タンクに破口、左舷外軸使用不能、最大速力 32 ノットに低下、26 日退避中米空母機の空襲が続き、0852 左舷第 1、3 缶室間に航空魚雷 1 本が命中、航行不能、左舷に 26 度傾斜、復原作業により傾斜は 8 度まで回復、曳航準備中に再度空襲を受け 1039、2 番砲塔右舷に魚雷 1 本が命中、艦橋よ

阿賀野型 /Agano Class

艦　歴 /Ship's History (4)

艦　名	矢矧
年 月 日	記　事 /Notes
1941(S16)-11-11	佐世保工廠で起工
1942(S17)-10-25	進水
1943(S18)-10-11	艤装員長吉村真武大佐 (45 期) 就任
1943(S18)-12-29	竣工、佐世保鎮守府に入籍、第 3 艦隊第 10 戦隊、艦長吉村真武大佐 (45 期) 就任
1944(S19)- 1- 4	佐世保工廠での入渠整備を終え出渠、6 日発電探公試、10 日発徳山着、11 日発八島着、13 日発柱
	島回航、警泊、27 日江田島沖発呉着、2 月 4 日発岩国沖着、5 日発洲本着、6 日発 13 日シンガポー
	ル着、補給、整備、18 日発リンガ泊地へ回航、訓練
1944(S19)- 3- 8	リンガ泊地発シンガポール回航、12 日発リンガ泊地回航、16 日発ペンゲラップ着、17 日発シンガポー
	ル着、電探修理、22 日発リンガ泊地回航、訓練、4 月 14 日発対潜掃討、15 日帰投、21 日発
	ペンゲラップ着、23 日発シンガポール着、5 月 1 日発リンガ泊地回航、11 日発ペンゲラップ着、
	12 日発 15 日タウイタウイ着、20 日「あ」号作戦発令
1944(S19)- 6-13	タウイタウイ発 14 日ギマラス着、15 日発 19 日マリアナ沖海戦に参加、22 日中城湾着、23 日発
	24 日柱島着、呉で機銃、電探増備
1944(S19)- 7- 8	呉発臼杵回航、9 日発 10 日中城湾着、12 日発 14 日マニラ着、17 日発 20 日リンガ泊地着訓練に従事、
1944(S19)- 8- 1	第 1 遊撃部隊
1944(S19)- 8-17	リンガ泊地発シンガポール回航、18 日第 3 船渠に入渠、24 日出渠、26 日発リンガ泊地に回航
1944(S19)-10-18	リンガ泊地発、20 日ブルネイ着、22 日発第 1 遊撃部隊第 2 部隊としてレイテ突入を目指す、24 日
	シブヤン海での対空戦で 1645、至近弾により右舷前部水線上舷側に破口を生じ、揚錨機、水測兵器
	破損、人員被害なし、25 日サマール沖で米護衛空母群と遭遇、追撃戦となる、0848 米空母に対し
	て魚雷戦を開始直前に、敵駆逐艦 1 隻が出現これと交戦撃沈するもこの駆逐艦の行動を魚雷攻撃
	と誤解して回避行動をしたことで、空母への魚雷戦の機会を逸した、0905 再度空母に対して 7 本 (1
	本は機銃掃射により発射不能となる) の魚雷を発射、駆逐隊も少し間を置いて 16 本以上を発射した、
	この雷撃は実際には何の効果もなかったが、10 戦隊司令部は米空母のまわりに立ち上る砲撃の水柱
	を命中と誤解、空母撃沈と報告している、本艦はこの戦闘で米駆逐艦 2 隻の撃沈に大きく寄与したのは
	事実だが、空母に対しては効果ある攻撃はおこなっていない、この対駆逐艦戦闘で 5" 砲弾 1 発が士
	官室に命中小破している、レイテ突入を断念反転退避中にたびたび米空母機の空襲を受けるが、
	1645、右舷中部の至近弾 2 により船体に損傷、1 番発射管に小火災及び死傷者 90? 名、26 日の対
	空戦闘も無事に乗り切り、28 日ブルネイ着、24 日以降の戦死 42、重傷 42、消耗弾数 15cm 砲
	-367(通常弾) 205(零式)、8cm 高角砲 -600、機銃 -30,000、魚雷 -7
1944(S19)-10-15	第 2 艦隊第 2 水雷戦隊、戦隊旗艦
1944(S19)-10-16	ブルネイ発内地に向かう、24 日佐世保着、損傷修理、8cm 高角砲々身 1 門換装
1944(S19)-12-20	艦長原為一大佐 (49 期) 就任
1944(S19)-12-21	佐世保発 22 日呉着、防空施設改正、防弾板装備及び訓練
1945(S20)- 3-19	呉地区で大規模空襲あり、被害なし
1945(S20)- 4- 6	呉発大和沖縄突入 (天 1 号作戦) に駆逐艦 8 隻とともに参加、7 日 1246 本艦被爆、被雷、航行不能
	1350 さらに被爆、被雷を重ね、1405 沈没、累計直撃弾 12、魚雷 7 と報告されている、戦死 446、
	戦傷 133、艦長以下 513 名は冬月と雪風に救助される
1945(S20)- 6-20	除籍

艦　歴 /Ship's History (5)

艦　名	酒匂
年 月 日	記　事 /Notes
1942(S17)-11-21	佐世保工廠で起工
1944(S19)- 4- 9	進水
1944(S19)- 9-25	艤装員長大原利通大佐 (49 期) 就任
1944(S19)-11-30	竣工、横須賀鎮守府に入籍、連合艦隊付属、艦長大原利通大佐 (49 期) 就任
1944(S19)-12- 1	佐世保で出動準備に着手、7 日発同日呉着
1945(S20)- 1-15	第 11 水雷戦隊、戦隊旗艦、以後内海西部で訓練
1945(S20)- 3-26	第 1 遊撃部隊
1945(S20)- 4- 1	第 2 艦隊
1945(S20)- 4-20	再度第 11 水雷戦隊
1945(S20)- 7-15	特殊警備艦、舞鶴鎮守府部隊
1945(S20)- 7-17	内海西部発、機雷の危険の少ない日本海側に移動、19 日舞鶴着、以後同方面で訓練、整備
1945(S20)- 8-15	ほぼ無傷のまま七尾湾で終戦を迎える
1945(S20)- 9-10	第 4 予備艦
1945(S20)-10- 5	除籍、特別輸送艦に指定されるが翌年 2 月 25 日特別輸送艦から除かれ、横須賀に回航、米海軍に引
	き渡される、主砲塔、高角砲、機銃、発射管等は特別輸送艦に指定された際に撤去した模様、ただ
	し米軍の命令で主砲塔のみは砲身を除いて再装備したものらしい
1946(S21)- 3-	米海軍の手でビキニ環礁に自力回航
1946(S21)- 7- 1	ビキニ環礁にて長門とともに原爆実験の標的艦に供せられる、最初の空中爆発実験 (A 実験) で爆心
	近くにあった本艦は投下位置がずれてほぼ上空で爆発、爆風により上部構造物が上から押し潰すよ
	うに圧壊、艦橋部のみが残存する形で爆発直後は浮上していたが、艦尾の亀裂部から浸水、浅瀬
	に曳航しょうとしたが翌朝艦尾から左舷に傾斜沈没

艦　歴 /Ship's History (3)

艦　名	能　代 2/2
年 月 日	記　事 /Notes
	り前部区画浸水、1106 総員退去、1113 沈没、沈没地点北緯 11 度 42 分東経 121 度 21 分、艦長以
	下約 300 名が浜波に 328 名が秋霜に収容救助される、24 日以降の戦死 87、負傷 51
1944(S19)-12-20	除籍

大淀 /Oyodo

型名 /Class name	大淀		同型艦数 /No. in class	1+1	設計番号 /Design No.	C-42	設計者 /Designer	

艦名 /Name	計画年度 /Prog. year	建造番号 /Prog. No	起工 /Laid down	進水 /Launch	竣工 /Completed	建造所 /Builder	建造予算 (船体・機関+兵器=合計) /Cost(Hull・Mach. + Armament = Total)	除籍 /Deletion	喪失原因・日時・場所 /Loss data
大淀 /Oyodo	S14/1939	第 136 号艦	S16/1941-02-14	S17/1942-04-02	S18/1943-02-28	呉海軍工廠	10,470,160・7,582,610 + 12,609,871 = 30,663,641	S20/1945-11-20	終戦時江田内にて米艦載機の爆撃で横転沈没状態、戦後解体
(仁淀 /Niyodo)	S14/1939	第 137 号艦				呉海軍工廠			開戦により起工前に建造中止

注 /NOTES 昭和 14 年海軍軍備充実計画。④計画にて巡洋艦丙として建造。巡洋艦乙が水雷戦隊旗艦用であったのに対して潜水艦隊旗艦の 5,500 トン型の代替として計画。艦本 4 部の基本計画は大薗大輔技術大佐 (最終) が担当したと推定。本艦の建造費について「軍艦基本計画資料 - 福田」に次の数値があり、建造実費としては正確な数字と思われる (単位円)、船体 10,470,160、機関 7,583,610、兵器 14,416,380、雑 641,587、総計 35,725,367 とあり、上記予算額を 5 百万円ほどオーバーしている。
【出典】 海軍軍戦備 / 軍艦基本計画資料 - 福田 / 雑誌丸 S41-11 号 / 日本巡洋艦物語 - 福井

船 体 寸 法 /Hull Dimensions

艦名 /Name	状態 /Condition	排水量 /Displacement		長さ /Length(m)			幅 /Breadth (m)			深さ /Depth(m)		吃水 /Draught(m)			乾舷 /Freeboard(m)			備考 /Note
				全長 /OA	水線 /WL	垂線 /PP	全幅 /Max	水線 /WL	水線下 /uw	上甲板 /m	最上甲板	前部 /F	後部 /A	平均 /M	艦首 /B	中央 /M	艦尾 /S	
大淀 /Oyodo	新造計画 /Design (t)	基準 /St'd(T)	8,164															昭和 14 年 10 月 6 日艦本基本計画による
		公試 /Trial	9,900	192.00	189.00	186.00	16.60	16.60	16.60	10.60		5.95	5.95	5.95	7.50	4.65	4.90	
		満載 /Full	10,990											6.36				
		軽荷 /Light	7,636											4.89				
	新造完成 /New (t)	公試 /Trial	10,417	192.00	189.00	186.00	16.60	16.60	16.60	10.60		6.10	6.10	6.10	7.35	4.50	4.45	昭和 18 年 2 月 17 日施行の重心査定試験による
		満載 /Full	11,433									6.32	6.67	6.50	7.13	4.10	3.88	
		軽荷 /Light	8,002									4.50	5.47	4.99	8.95	5.61	5.08	
	改造完成 /1944 (t)	公試 /Trial																
		満載 /Full																
		軽荷 /Light																
	公称排水量 /Official(T)	基準 /St'd	8,000															部内限りの公表値

注 /NOTES 昭和 19 年に連合艦隊旗艦用施設を設けるため航空兵装を大幅に改装した際の重心公試等のデータは残存していないもよう
【出典】 一般計画要領書 / 大淀要目簿

解説 /COMMENT

日本海軍では昭和期の軍縮条約時代に主力艦の対米比率を 6 割に抑えられたことで、将来、予想される対米海軍との艦隊決戦に際して、極力補助艦艇により決戦前に敵主力艦をできるだけ漸減し、主力同士の決戦を有利に持ち込もうとする漸減作戦の一つとして、水雷戦隊とともに潜水戦隊を編成して、決戦海面の前方に潜水艦部隊を配置し有効な襲撃を行うことを意図していた。

そのため潜水戦隊の旗艦としては、これら部隊に対して的確な情報を伝えて戦闘を指揮できる偵察・通信能力があり、機動力のある艦艇として、5,500 トン型軽巡が当てられてきた。しかし、水雷戦隊旗艦任務と同様、5,500 トン型の老朽化が進み、昭和 14 年度の④計画において水雷戦隊旗艦用軽巡 4 隻とともに潜水戦隊旗艦用軽巡 2 隻の新造が認められた。前者を乙型、後者を丙型と称して区別して、乙型としての当初の軍令部の基本要求仕様は次のようであった。

基準排水量 5,000 トン
兵装 12.7cm 高角砲 8 門、25mm 機銃 18 挺
速力 36 ノット
航続力 18 ノットにて 1 万浬
航空兵装 長距離高速水上偵察機 6-8 機、迅速連続発進を可能とする
その他 潜水戦隊旗艦として小型高速、通信設備を十分とし、水中聴音機、水中通信機を装備する

この要求により艦本で原案がつくられ最初の技術会議に提出されたが、軍務局第一課長より異議がだされ、潜水戦隊旗艦としても備砲が高角砲だけというのは、航空機を搭載しているとはいえあまりに貧弱すぎ、これでは敵駆逐艦と遭遇しても太刀打ちできず、幸い最上型から撤去した 15.5cm 砲塔があるのでこれを 2 基搭載、さらに発射管も装備すれば、巡洋艦にも対抗できるとの提案があった。

他に異議もなかったので、この仕様で再度艦本で基本計画を改正して完成したのが、
基準排水量 (公試状態) 9,800 トン
兵装 15.5cm3 連装砲 2 基、長 10cm 連装高角砲 4 基、25mm 連装機銃 8 基
航空兵装 水偵 (常用)6 機
速力 35 ノット (110,000 軸馬力)

航続力 18 ノットにて 8,700 浬
発射管については装備する場所がないとして装備をみあわせることになった。

この改正案で再度技術会議がもたれたが、ここでは新たに搭載を予定している高速水偵の完成が本艦の完成までに間に合うのか、また完成したとして当初の性能が発揮できるのか、さらに航続力が長時間に及ぶとして、その連絡方法、また無事に帰投できるのかといった、運用上の疑念が問題となった。さらに議論はここまで航空兵装を重視するのなら、いっそ、空母形式か航空巡洋艦形式 (後の最上または伊勢型戦艦の改造に準じたものか?) で建造してはという意見も出されるに至った。このため、艦本では空母、航空巡洋艦案を別途作成して高等技術会議に図ることになった。この空母案と航空巡洋艦案についてはなにも具体的な資料が残されていないので判断のしようがないが、結局会議では両案とも中途半端で二兎を追うものは -------- のたとえ通りということで、結局前の改正案通りで建造することがやっと決まった。

建造予算は最初の計画より大幅に大型化したため、阿賀野型 (乙型) の 2,600 万円に対して、3,116 万円となっていた。2 隻とも呉海軍工廠で建造される予定で、竣工時期は昭和 17 年と同 18 年を予定していたが、1 番艦の大淀は昭和 16 年 2 月に起工、同 18 年 2 月に竣工、線表上より 1 年遅れて完成、2 番艦の仁淀は起工前に開戦となり、建造を中止している。

本艦の船体線図は阿賀野型に類似したもので、航続距離を重要視したので 18 ノット付近でも最も有利な船型になるように、水槽試験の結果を反映しているという。艦本の基本計画は阿賀野型と同じ造船官が担当したらしく、艦の前半部の上構の形状、配置は類似点が多い。後半部は本艦の最大の特色である航空兵装関連の艤装が設けられており、これまでの日本巡洋艦の航空兵装とは一味異なる航空艤装が施された。配置的には煙突後方に艦幅一杯に甲板 3 層分の高さの方形、箱型の大型格納庫が置かれており、搭載水偵 4 機が翼を折りたたんで格納できるスペースを確保している。その後方に艦尾に達する全長 44m の長大な射出機、2 式 1 号 10 型が中心線上に置かれた。搭載水偵は当時戦闘機より速度の勝る高速水偵というふれこみで、川西で開発、昭和 14 年に試作された 14 試高速水偵 (後に紫雲と呼称) で、これを連続発進させるために、航空技術廠が開発した圧縮空気を動力とした新型射出機であった。

見込みでは射出重量 5 トンの水偵を 70 ノットの射出速度で、6 機を 4 分間隔で発進できるとしていた。常時 6 機の水偵のうち 1 機は射出機上に、1 機は格納庫外の移動軌条上に置かれており、4 機が格納庫内という状態にある。

大淀 /Oyodo

機　関/Machinery

		大 淀 /Oyodo	注/NOTES
主機械 /Main mach.	型式 /Type ×基数 (軸数)/No.	艦本式衝動タービン /Kanpon type impuls turbine × 4	①大淀の連合艦隊旗艦への改装時における公試成績は残されていない
	機械室 長さ・幅・高さ(m)・面積(㎡)・1㎡当たり馬力	・・・・	
缶 /Boiler	型式 /Type ×基数 /No.	ロ号艦本式専焼缶× 6/Ro-go kanpon type, 6 oil fired	【出典】一般計画要領書 / 大淀要目簿 / 舶用蒸気タービン設計法
	蒸気圧力 /Steam pressure (kg/c㎡)	(計画 /Des.) 30	
	蒸気温度 /Steam temp.(℃)	(計画 /Des.) 351	
	缶室 長さ・幅・高さ(m)・面積(㎡)・1㎡当たり馬力	・・・・	
計画 /Design (全力 / 過負荷)	速力 /Speed(ノット /kt)	35/ (10/10 全力)	
	出力 /Power(軸馬力 /SHP)	110,000/	
	推進軸回転数 /(rpm)	300 / (高圧タービン /H Pressure turbine-3,632rpm、中圧タービン /M Pressure turbine-3,385rpm、低圧タービン /L Pressure turbine-2,327rpm)	
新造公試 /New trial (全力 / 過負荷)	速力 /Speed(ノット /kt)	35.20/35.31	
	出力 /Power(軸馬力 /SHP)	110,430/115,760	
	推進軸回転数 /(rpm)	340.3/346.9	
	公試排水量 /(t) disp.・施行年月日 /Date・場所 /Place	10,381/10,302・S18/1943-1-23・	
改造 (修理) 公試 /Repair trial (全力 / 過負荷)	速力 /Speed(ノット /kt)		
	出力 /Power(軸馬力 /SHP)		
	推進軸回転数 /(rpm)		
	公試排水量 /(t) disp.・施行年月日 /Date・場所 /Place		
推進器 /Propeller	数 /No.・直径 /Dia.(m)・節 /Pitch(m)・翼数 /Blade no.	× 4　　・3.600　　・　・3 翼	
舵 /Rudder	舵機型式 /Machine・舵型式 /Type・舵面積 /Rudder area(㎡)	電動油圧・釣合舵 / Balanced × 1・20.30	
燃料 /Fuel	重油 /Oil(t)・定量 (Norm.)/ 全量 (Max.)	1,630/2,445(計画 /Des.)　　　1,635.273/2,452.910 (新造完成)	
	石炭 /Coal(t)・定量 (Norm.)/ 全量 (Max.)		
航続距離 /Range(ノット /Kts －浬 /SM)	基準速力 /Standard speed	18 － 8,700(計画 /Des.)　　　18 － 10,619(新造完成)	
	巡航速力 /Cruising speed		
発電機 /Dynamo・発電量 /Electric power(W)		ターボ発電機　400kW × 3、デーゼル発電機 270kW × 2・1740kW	
新造機関製造所 / Machine maker at new			

　射出機が射出位置から中心線上に戻ると、次機発進機は油圧昇降台により射出高さに揚げられて、射出機に移動する仕組みで、この繰り返しで、連続発進を行うものとしている。射出機に圧縮空気を使う上で、連続発進には大量の気蓄器を要したという。

　機関は艦本式ロ号専焼缶 6 基で阿賀野型と同様、高温、高圧缶で 110,000 軸馬力を発揮、タービン 4 基 4 軸で 35 ノットの計画速力に対して、公試では 35.2 ノットの成績を残している。航続力は完成後の実績では計画を大きく上回って 18 ノットで 1 万浬以上とかなり余裕のあるものとなった。

　兵装の 15.5cm 砲はすでに最上型で実績のある優秀砲で、阿賀野型の 15cm 砲より全てにおいて勝っており、高角砲の長 10cm 砲も連装 2 基を両舷配置としてまず十分なものであった。防禦計画は機関区画舷側 60mm、甲板 30mm、弾火薬庫舷側 75mm、甲板 50mm と軽巡との水上戦闘をほぼ可能にしている。

　昭和 18 年 2 月に完成した本艦だが、戦局は泥沼のガ島戦より撤収したものの、日米とも空母機動部隊の再建期に入り、中部太平洋では陸上基地をめぐる航空戦が続いており、潜水戦隊旗艦として用いるような戦術環境はもはや望めなかった。その上、期待された搭載用の高速水偵紫雲がトラブル続きで所期の性能を大幅に下回る実績しか発揮できず、量産に移れずに生産中止に追い込まれてしまった。

　結局、陸上での試験発進に成功しただけで、本艦に搭載されることは一度もなく、せっかく装備した射出機も文字通り無用の長物と化してしまった。

　大淀は、この状態のまましばらくは内地で訓練、整備に従事していたが、昭和 18 年 7 月に輸送任務でトラックに進出、以後翌年 2 月に横須賀に帰投するまで、大きな被害もなく同方面で各種任務についていた。この間、連合艦隊にあっては連合艦隊旗艦の取り扱いについていろいろな議論があり、従来のように戦艦武蔵に置くことに批判もあった。そのため、この大淀を連合艦隊旗艦に改装してはという話が持ち上がり、古賀連合艦隊司令長官の参謀副長であった小林謙吾少将が研究会を設けてこの問題に取り組むことになった。

　結論としては、2 つの案が提案され、第 1 案は前部砲塔を撤去して、この跡に司令部関係の施設を設けるものとし、後部格納庫を本艦乗員の居住区に改装する、第 2 案は後部格納庫を司令部施設に改装し、前部はそのままとするという提案であった。もちろん第 2 案の方が工事は簡単であり、海軍中央もこの案を選び、昭和 19 年 3 月 6 日に横須賀工廠で着工、同月 31 日に早くも完成した。

　格納庫は 3 層の甲板に仕切られ、各種司令部施設が設置されたが、司令部人員の居住性は多少犠牲になったといわれている。当然従来の射出機は撤去され、代わりに火薬式の呉式 2 号 5 型射出機が装備され、その前後に水偵を露天係止するための作業台が設けられた。

　水偵は当初、当時、航空戦艦に改装された戦艦伊勢型に搭載を予定していた高速 3 座水偵瑞雲の搭載を予定していたが、量産化が間に合わなかったのか、実際には零式 3 座水偵 2 機が搭載された。なお、昭和 19 年 2 月 19 日付の本艦一般艤装一部改正図においては、搭載水偵として、零式 3 座水偵 2 機の他に 98 式夜偵 1 機が描かれており、当初計画では夜偵の搭載もあったことがうかがえる。

　また 25mm 機銃は従来の連装を全て撤去して 3 連装 12 基に強化、格納庫上の 110cm 探照灯も 3 基から 2 基に改められた。

　本艦の工事完成時に、古賀連合艦隊司令長官が飛行艇でパラオからダバオに向かう途中、悪天候で遭難、殉職するという事故が発生、新しい連合艦隊司令長官豊田副武海軍大将が大淀に将旗をかかげたのは 5 月 3 日であった。呉の柱島に移った大淀は、以後同地で作戦指揮をとることになり、6 月のあ号作戦指導もここから行われたが、再建された日本海軍空母部隊は多くの主力空母と航空部隊を失って惨敗した。このため、比島決戦をひかえた 9 月 29 日、連合艦隊司令部は陸上の日吉に移り、ここに伝統ある連合艦隊旗艦の存在はなくなった。かくして、大淀の連合艦隊旗艦任務は 5 か月で終わり、またしても、戦時改装工事は無駄に終わってしまうことになる。

　日本海軍最後の大作戦、栗田艦隊のレイテ突入作戦において、本艦はオトリ艦隊となった残存空母部隊小沢艦隊の護衛役として出動、第 3 艦隊旗艦瑞鶴が沈没した際、一時旗艦を本艦に移す事態があったが、本艦自身は軽い損傷でこの海戦を生き抜き、呉にマニラ経由でリンガ泊地に進出、足柄等とともにサンホセ突入作戦に参加、無事に帰投、翌年 2 月には最後の南方からの重要物資輸送作戦、北号作戦に加わってシンガポールから無事に内地に帰還した。この 3 か月の戦闘をほぼ無事に切り抜けた本艦であったが、以後内地にあってはほとんど行動することなく、終戦直前に江田島湾で疎開中に米艦載機の数次の攻撃で大破転覆して果てた。

大淀 /Oyodo

兵装・装備 /Armament & Equipment (1)

大淀 /Oyodo		新造時 /1943-2
	主砲 /Main guns	60 口径 15.5cm 砲 /60 cal 15.5cm Ⅲ × 2
	高角砲 /AA guns	65 口径 98 式 10cm 高角砲 (A 型改 1)/65 cal 98 type Ⅱ × 4
	機銃 /Machine guns	96 式 25mm 連装機銃 (2 型)/96 type Ⅱ × 6
		(S19-4 改装工事完成時、25mm 機銃 3 連装 12 基、同単装 8 基を装備、以後比島沖海戦時までに 25mm 単装 8 基程度を増備、その後シンガポールで同単装を増備した可能性あり)
	陸戦兵器 /Personal weapons	38 式小銃×
		陸式拳銃×
弾薬定数 Ammunition 砲熕兵器 / Guns	主砲 /Main guns	× 150(1 門当り)
	高角砲 /AA guns	× 200(1 門当り)
	機銃 /Machine guns	× 2,000(1 挺当り)
揚弾薬機 Ammun.tube	主砲 /Main guns	
	高角砲 /AA guns	× 4
	機銃 /Machine guns	× 4
射撃指揮装置 Fire cont. system	主砲 /Main gun director	94 式方位盤× 1
	高角砲 /AA gun director	94 式高射装置× 2
	機銃 /Machine gun	95 式機銃射撃装置× 3
	主砲射撃盤 /M. gun computer	94 式射撃盤× 1
	その他装置 /	
	装填演習砲 /Loading machine	高角砲用× 1
	発煙装置 /Smoke generator	91 式発煙器 5 型改 4 × 1
水雷兵器 / Torpedo etc	発射管 /Torpedo tube	
	魚雷 /Torpedo	
発射指揮装置 Fire cont.	方位盤 /Director	
	発射指揮盤 /Cont. board	
	射法盤 /Course indicator	
	その他 /	
	魚雷用空気圧縮機 /Air compressor	
	酸素魚雷用第 2 空気圧縮機 /	
	爆雷投射機 /DC thrower	
	爆雷投下軌条 /DC rack	
	爆雷投下台 /DC chute	手動投下機 1 型× 2
	爆雷 /Depth charge	95 式× 6
	機雷 /Mine	
	機雷敷設軌条 /Mine rail	
	掃海具 /Mine sweep. gear	
	防雷具 /Paravane	小防雷具 1 型× 2
	測深器 /	2 型× 2
	水中処分具 /	
	海底電線切断具 /	

兵装・装備 /Armament & Equipment (2)

大淀 /Oyodo		新造時 /1943-2
通信装置 Communication equipment 無線兵器 / Electronics Weapons	送信装置 /Transmitter	95 式短 3 号改 1 × 1
		95 式短 4 号改 1 × 1
		95 式短 5 号改 1 × 1
		97 式短 6 号　　× 1
		試製式短 2 号　　× 1
	受信装置 /Receiver	97 式短 × 3　92 式 4 号改 1 × 2
		91 式 1 型改 1 × 3
		92 式特受信機改 4 × 18
		91 式特 4 号改 1 × 1
	無線電話装置 /Radio telephone	2 号送話機 1 型× 2　92 式特受信機改 4 × 2
		93 式超短波送話機× 2
		93 式超短波受話機× 2
		90 式送話機× 1　　90 式受話機× 1
	測波装置 /Wave measurement equipment	
	電波鑑査機 /Wave detector	
	方位測定装置 /DF	93 式 1 号× 2
	印字機 /Code machine	
電波兵器 Radar	電波探信儀 /Radar	21 号× 1(改正改装工事時)
		22 号× 2(改正改装工事時)
		13 号× 1(S19-8 ごろか)
	電波探知機 /Counter measure	(S19-8 ごろか ?)
水中兵器 UW weapon	探信儀 /Sonar	93 式 3 型改 1 × 1
	聴音機 /Hydrophone	零式× 1
	信号装置 /UW commu. equip.	復式 10 型× 1
	測深装置 /Echo sounder	90 式 2 号 1 型改 1 × 1
一次電源 Main P. Sup.	ターボ発電機 /Turbo genera.	3 相 60 サイクル 450V 400kW × 3
	ディーゼル発電機 /Diesel genera.	3 相 60 サイクル 450V 270kW × 2
二次電源 2nd power supply 電気兵器 / Electric Weapons	発電機 /Generator	
	蓄電池 /Battery	
	探照灯 /Searchlight	96 式 110cm1 型 (100V) × 3 (S19-3 の改装時に 1 基減)
	探照灯管制器 /SL controller	2 型× 2
	信号用探照灯 /Signal SL	60cm1 型 (交流 100V) × 2
	信号灯 /Signal light	20cm1 型 (60V) × 2　2kW1 型改 1 × 1
	舷外電路 /Degaussing coil	装備

大淀/Oyodo

兵装・装備/Armament & Equipment (3)

大淀/Oyodo			新造時/1943-2
航海兵器/Navigation Equipment	羅針儀/Compass	磁気/Magnetic	93式3号×1
			90式2型改1×1
		転輪/Gyro	須/Sperry式3号2型(複式)×1
	測深儀/Echo sounder		90式1型改1×1
	測程儀/Log		去式2号1型改1×1
	航跡儀/DRT		96式1型×1 操舵自画器改1×1
	気象兵器/Weather	風信儀/Wind vane	91式改1×1
		海上測風経緯儀/	92式改1×1
		高層気象観測儀/	97式改1×1
	信号兵器/Signal light		97式山川灯1型×2、亜式信号灯改1×2
光学兵器/Optical Weapon	測距儀/Range finder		93式8m(二重)×1(砲塔)
			14式6m(二重)×1(射撃塔)
			94式4.5m高角×2(高射装置)
			96式1.5m×2(航海用)
	望遠鏡/Binocular		18cm×2
			12cm(固定)×2
			12cm(格納)×2
			12cm(高角)×5
			12cm(懸吊)×1 6cm(高角)×4
	見張方向盤/Target sight		13式1号改1×3
	その他/Etc.		
航空兵器/Aviation Weapons	搭載機/Aircraft		14試高速水偵(紫雲)×6(S19-3の改正改装後零式3座水偵×2)
	射出機/Catapult		2式1号10型×1(S19-3の改正改装後呉式2号5型×1)
	射出装薬/Injection powder		
	搭載爆弾・機銃弾薬/Bomb・MG ammunition		6番(60kg)×80(S19-3の改正改装後は減少したものと推定)
	その他/Etc.		
短艇/Boats	内火艇/Motor boat		11m×2(連合艦隊旗艦時には他に15m長官艇を搭載していた可能性あり)
	内火ランチ/Motor launch		12m×2
	カッター/Cutter		9m×2
	内火通船/Motor utility boat		
	通船/Utility boat		
	その他/Etc.		

防 禦/Armor

大淀/Oyodo			計画/Design	新造時/New build
弾火薬庫/Magazine	舷側/Side		75mmCNC	75-40mm CNC
	甲板/Deck		50mmCNC	50mm CNC
	前部隔壁/Forw. bulkhead			60-50mm CNC
	後部隔壁/Aft. bulkhead			16-10mm DS
機関区画/Machinery	舷側/Side		60mmCNC	60mm CNC
	甲板 /Deck	平坦/Flat	30mmCNC	30mm CNC
		傾斜/Slope		
	前部隔壁/Forw. bulkhead			35mm DS
	後部隔壁/Aft. bulkhead			
	煙路/Funnel			16-10mm DS
砲塔/Turret	主砲楯/Shield			
	砲支筒/Barbette			30-20mm CNC
	揚弾薬筒/Ammu. tube			35mm CNC
舵機室/Steering gear room	舷側/Side		40mmCNC	40mm CNC
	甲板/Deck		20mmCNC	25-16+20mm DS
	その他/			
操舵室/Wheel house				40mm(側) 20mm(天蓋) 8mmDS(床)
水中防禦/UW protection				25mm DS
その他/				

【出典】一般計画要領表/大淀要目簿

[資料] 本型の公式資料は比較的多数が残されている。呉の福井資料には完成時の大淀の舷外側面平面、上甲板平面、諸艦橋甲板平面があり、さらに新造時の完成図面一式に対して黄色と朱色でS19-3の改正改装工事の変更点を書き込んだ図面があり、これにより改正点は極めて明瞭に示されている。その他、新造時の大淀の電気機器配置図一式があり、新造時の一般艤装図とほぼ同様の内容で参考になる。さらに船体寸法図、正面線図、損傷報告書等がある。

これらは戦後の返還資料に含まれていたものと推定されるが、この他に国会図書館の憲政資料室のマイクロフィルムに返還資料とは別に、国会図書館が個別に米国の市販マイクロフィルム資料を購入したものがある。これらは終戦直後に米海軍技術調査団が押収した旧海軍の公式資料の一部が、返還資料に含まれずに戦後米国でマイクロ化されて、市販ルートでながれたもので、この中に大淀の新造時の舷外側面平面図とともに、呉の福井資料にない大淀の改正改装後の舷外側面平面図、新造時の要目簿、防禦配置図、完成重心位置公試成績書、復原性能説明書等の貴重な資料がのこされている。

本艦の写真、特に全姿写真は少なく、しかも残っている写真の大半は改正改装工事後の部分写真が多く、新造時の艦姿は唯一本艦要目簿に貼り付けられていたものが、1枚だけ知られている。

艦名の大淀は宮崎県の河川名、建造中止となった仁淀は高知県の河川名。旧海軍では何も初代で、仁淀(によど)は戦後の海上自衛隊において、昭和46年度計画の護衛艦(DE)、大淀(おおよど)は昭和62年度計画の護衛艦(DE)に命名されている。

大淀 /Oyodo

重量配分 /Weight Distribution

大淀 /Oyodo		計画 /Design (単位 t)				新造時 /New build (単位 t)		
		公試 /Trial	満載 /Full	軽荷 /Light	基準 /St'd	公試 /Trial	満載 /Full	軽荷 /Light
船殻	船 殻	3,200.00	3,200.00	3,200.00		3,377.508	3,377.508	3,377.508
	甲 鈑	924.00	924.00	924.00		841.190	841.190	841.190
	防禦材	70.00	70.00	70.00		146.048	146.048	146.048
	艤 装	410.00	410.00	410.00		437.578	437.578	437.578
	（合計）	(4,604.00)	(4,604.00)	(4,604.00)		(4,802.324)	(4,802.324)	(4,802.324)
斉備品	固定斉備品	159.60	159.60	159.60		186.489	186.489	186.489
	一般斉備品	296.20	373.90	141.20		312.752	394.363	148.040
	（合計）	(455.80)	(533.50)	(300.80)		(499.241)	(580.852)	(334.529)
兵器	砲 熕	722.60	734.00	560.90		716.910	728.144	556.271
	水 雷	23.80	24.00	20.60		61.283	62.843	54.777
	電 気	220.00	220.00	220.00		316.326	316.326	316.326
	光 学					9.971	9.971	9.971
	航 海	11.80	11.80	11.80		5.802	5.802	5.802
	無 線	19.00	19.00	19.00				
	航 空①	171.10(186.00)	173.80(188.70)	136.10(148.90)		163.820	165.598	128.520
	（合計）	(1,168.30)	(1,182.60)	(968.40)		(1,274.112)	(1,288.684)	(1,071.667)
機関	主 機					464.592	464.592	464.592
	缶 + 煙路煙突					434.608+44.489	434.608+44.489	434.608+44.489
	補 機					175.967	175.967	175.967
	諸管 弁等					301.496	301.496	301.496
	軸系推進器					233.061	233.061	233.061
	雑					131.663	131.663	131.661
	缶水その他水					180.507	199.633	0
	油					16.156	16.156	0
	（合計）	(1,865.00)	(1,886.00)	(1,665.00)		(1,987.539)	(2,006.665)	(1,790.876)
重 油		1,630.00	2,445.00	0		1,635.273	2,452.910	0
水中聴音機真水						47.400	47.400	0
軽質油	内火艇用②	5.80	8.70	0		7.030	10.544	0
	飛行機用	48.60(42.70)	73.00(64.00)	0		49.971	74.956	0
潤滑油	主機械用	30.90	46.30	0		25.838	38.756	0
	飛行機用	4.60	6.90	0		5.503	8.255	0
予備水		74.00	111.00	0		79.398	119.100	0
復原性液体								
応急用諸材料						3.800	3.800	3.800
不明重量						− 0.850	− 0.850	− 0.850
マージン / 余裕		93.00	93.00	93.00				
（総合計）		(9,980.00)	(10,990.00)	(7,631.00)		(10,416.556)	(11,433.373)	(8,002.249)

注 /NOTES
新造時は S18/1943-2-17 施行重心査定試験による。①( ) 内は将来搭載機材を示す ②発電機用を含む
【出典】大淀要目簿 / 一般計画要領書

復原性能 /Stability

大淀 /Oyodo		計画 /Design (単位 t)			新造時 /New build (単位 t)		
		公試 /Trial	満載 /Full	軽荷 /Light	公試 /Trial	満載 /Full	軽荷 /Light
復原性能	排水量 /Displacement (t)	9,900.00	10,990.00	7,636.00	10,417.00	11,433.00	8,002.00
	平均吃水 /Draught,ave. (m)	5.95	6.36	4.89	6.100	6.500	4.900
	トリム /Trim (m)		0.26	0.59	0	0.35(後)	0.97(後)
	艦底より重心点の高さ /KG (m)	6.20	6.08	7.12	6.12	6.03	6.95
	重心からメタセンターの高さ /GM (m)	1.37	1.38	0.60	1.37	1.38	0.72
	最大復原挺 /GZ max. (m)						
	最大復原挺角度 /Angle of GZ max.	47.0	46.0	43.0			
	復原性範囲 /Range (度 / °)	90	92	68			
	水線上重心点の高さ /OG (m)	0.25	− 0.28	2.23	0.020	− 0.470	1.960
	艦底からの浮心の高さ /KB(m)	2.286	2.667	1.890	3.58	3.82	2.98
	浮心からのメタセンターの高さ /BM(m)				3.91	3.59	4.69
	予備浮力 /Reserve buoyancy (t)						
	動的復原力 /Dynamic Stability (T・m)						
	船体風圧側面積 / A (㎡)			1,731			
	船体水中側面積 / Am (㎡)			1,055			
	風圧側面積比 / A/Am (㎡ /㎡)	1.58			1.64		
	公試排水量 /Disp. Trial (T)	9,980			10,608		
	公試速力 /Speed (ノット /kts)	33.5			34.0		
旋回性能	舵型式及び数 /Rudder Type & Qt'y	釣合舵 /Balanced × 1			釣合舵 /Balanced × 1		
	舵面積 /Rudder Area : Ar (㎡)	20.30			20.44		
	舵面積比 / Am/Ar (㎡ /㎡)	1/50			1/52.2		
	舵角 /Rudder angle(度 / °)	35.0			35		
	旋回圏水線長比 /Turning Dia. (m/m)	4.5			4.42		
	旋回中最大傾斜角 /Heel Ang. (度 /°)	13			12.2		
	動揺周期 /Rolling Period (秒 /sec)	11.0			11.8		

注 /NOTES
【出典】一般計画要領書 / 大淀要目簿

大淀 /Oyodo

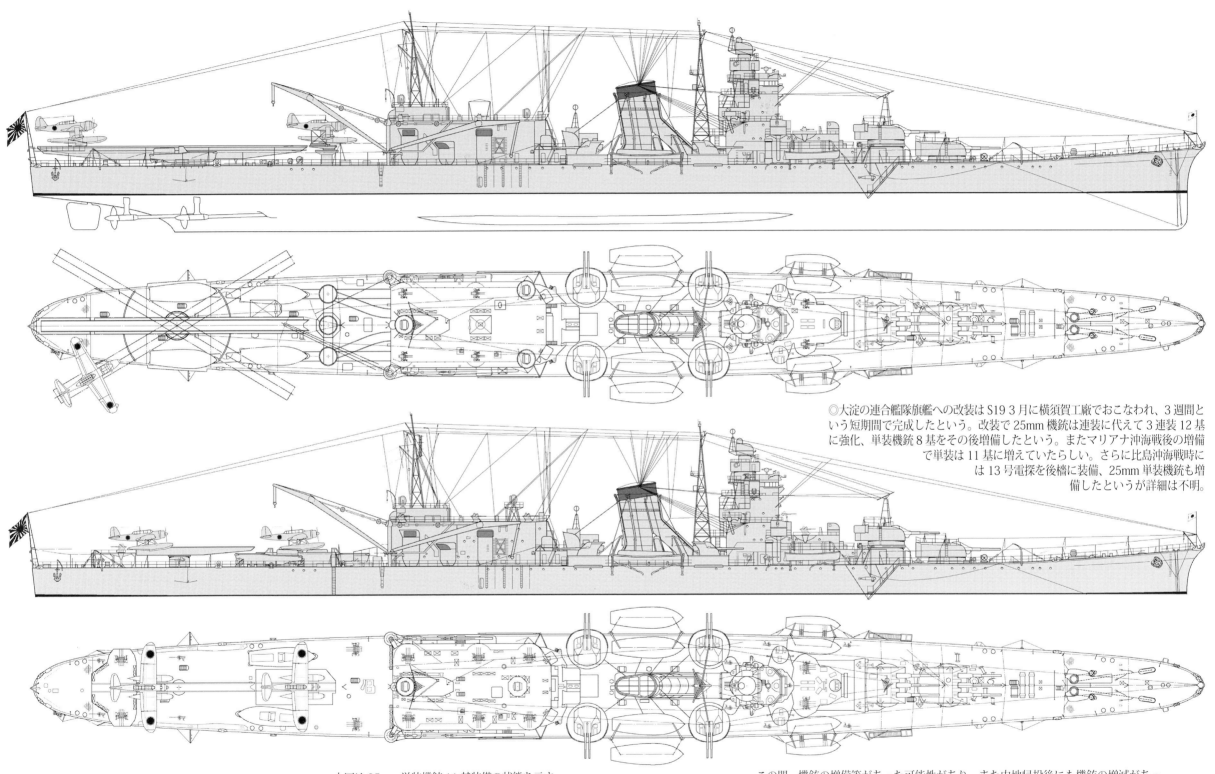

◎大淀の連合艦隊旗艦への改装はS19 3月に横須賀工廠でおこなわれ、3週間という短期間で完成したという。改装で25mm機銃は連装に代えて3連装12基に強化、単装機銃8基をその後増備したという。またマリアナ沖海戦後の増備で単装は11基に増えていたらしい。さらに比島沖海戦時には13号電探を後檣に装備、25mm単装機銃も増備したというが詳細は不明。

図 7-3-1 [S=1/600]
大淀新造完成時及びS19-10(下)

上図は25mm単装機銃11基装備の状態を示す。
大淀はS19 9月に連合艦隊司令部が陸上の日吉に移ったため、旗艦任務を解かれ、比島沖海戦を生き延びて、シンガポール方面にあって、S20 2月、伊勢、日向等とともに重要物資を搭載して内地に帰還する北号作戦で無事帰投できた。

この間、機銃の増備等があった可能性があり、また内地帰投後にも機銃の増減があったと推定されるが、全て不明である。

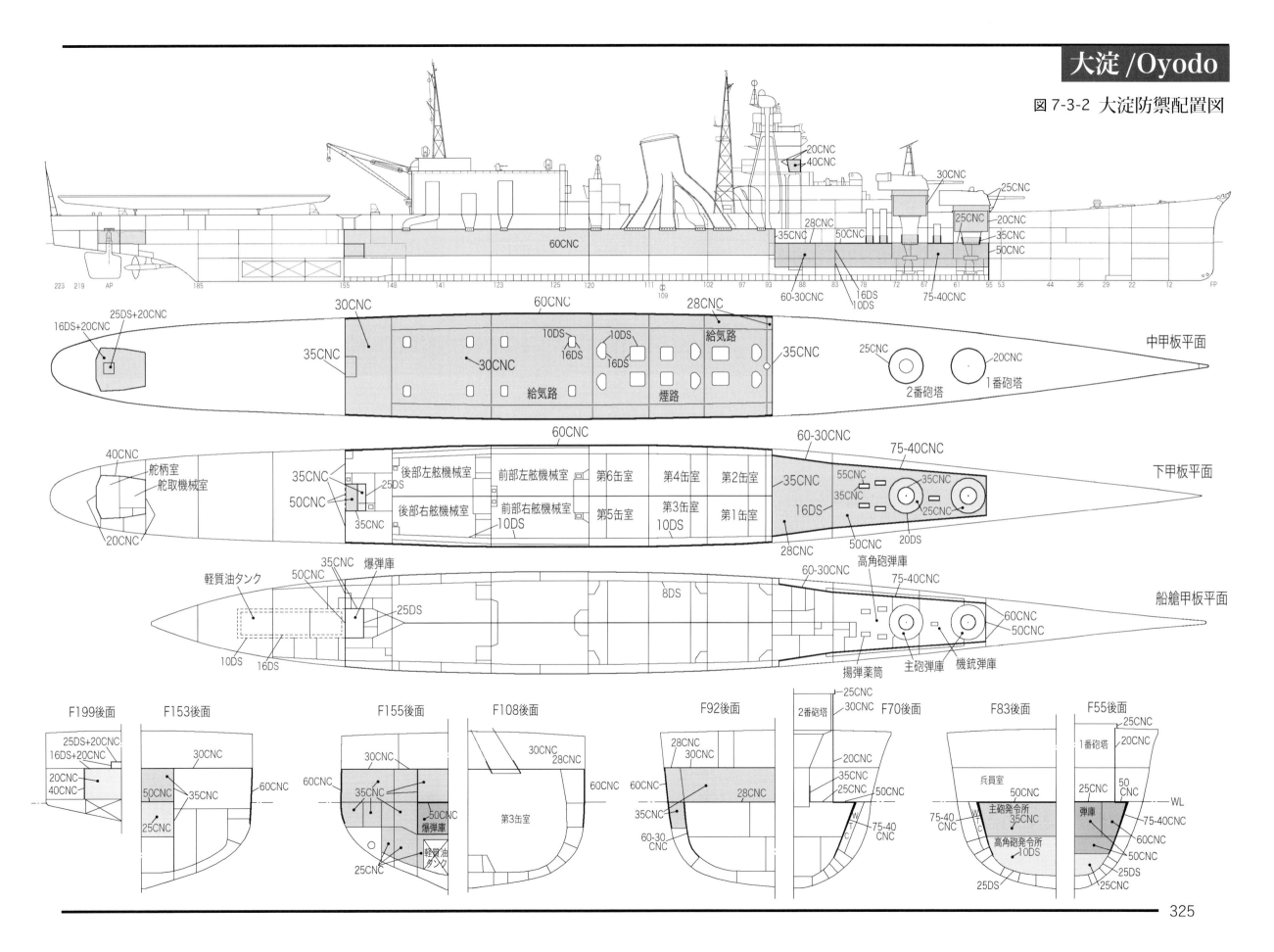

大淀/Oyodo

図 7-3-2 大淀防禦配置図

大淀 /Oyodo

◎大淀の航空兵装はかなり特異なもので、新造時に装備した2式1号射出機10型は全長44mという長大なもので、圧縮空気を動力として、搭載を予定していた高速水偵紫雲を6機連続発進させることを目的としていた。水偵は翼を折り畳んだ状態で4機を格納庫に収容、1機は射出機上、1機は射出機先端部にある昇降台に置かれ、最初の射出が終わったら昇降台を油圧で揚げて射出機に2番機を装填、この間に格納庫内の水偵を順次、運搬軌条でターンテーブルに運び、昇降台に移して射出する仕組みであった。

水偵の運搬軌条は艦尾両舷に延びており、内火艇の収容も兼ねており、これは格納庫側面のクレーンアームで操作するために内火艇を移動させる必要からである。こうした特殊装備も、肝心の水偵が揃わず、潜水戦隊旗艦任務も希薄になって、連合艦隊旗艦専用艦に改造されることになり、大型の格納庫を3層の甲板室に変えて、司令部用の事務、居住区等に変更し、後甲板の航空艤装を撤去して、射出機を通常の呉式2号5型に換装、搭載水偵も零式水偵に変更された。

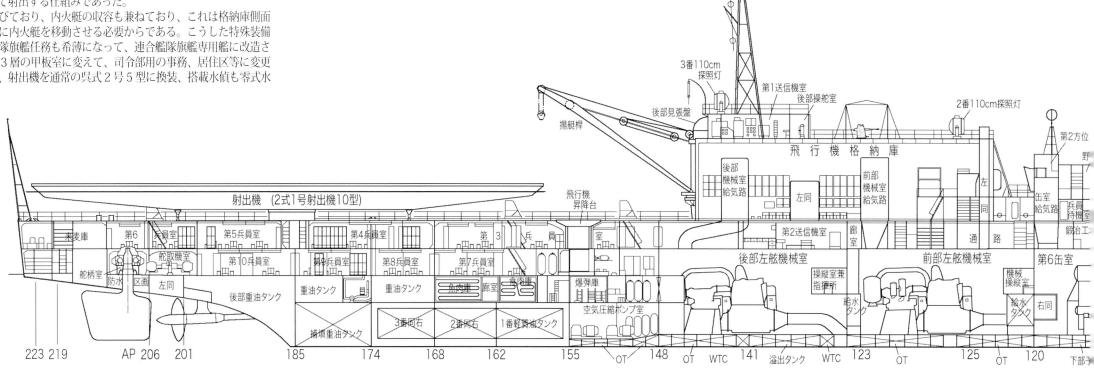

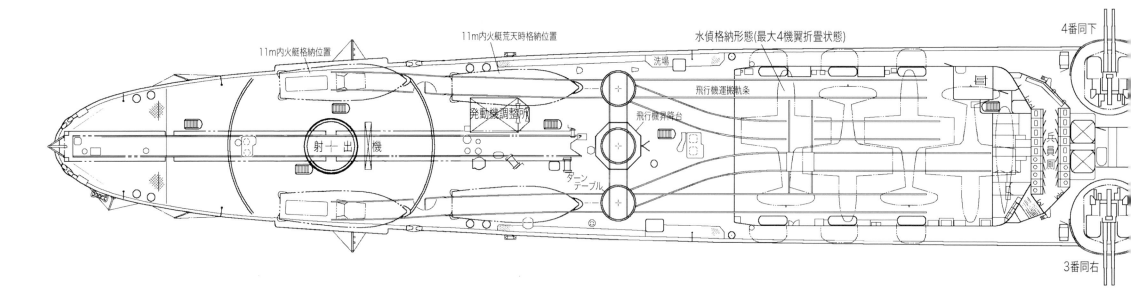

大淀 / Oyodo

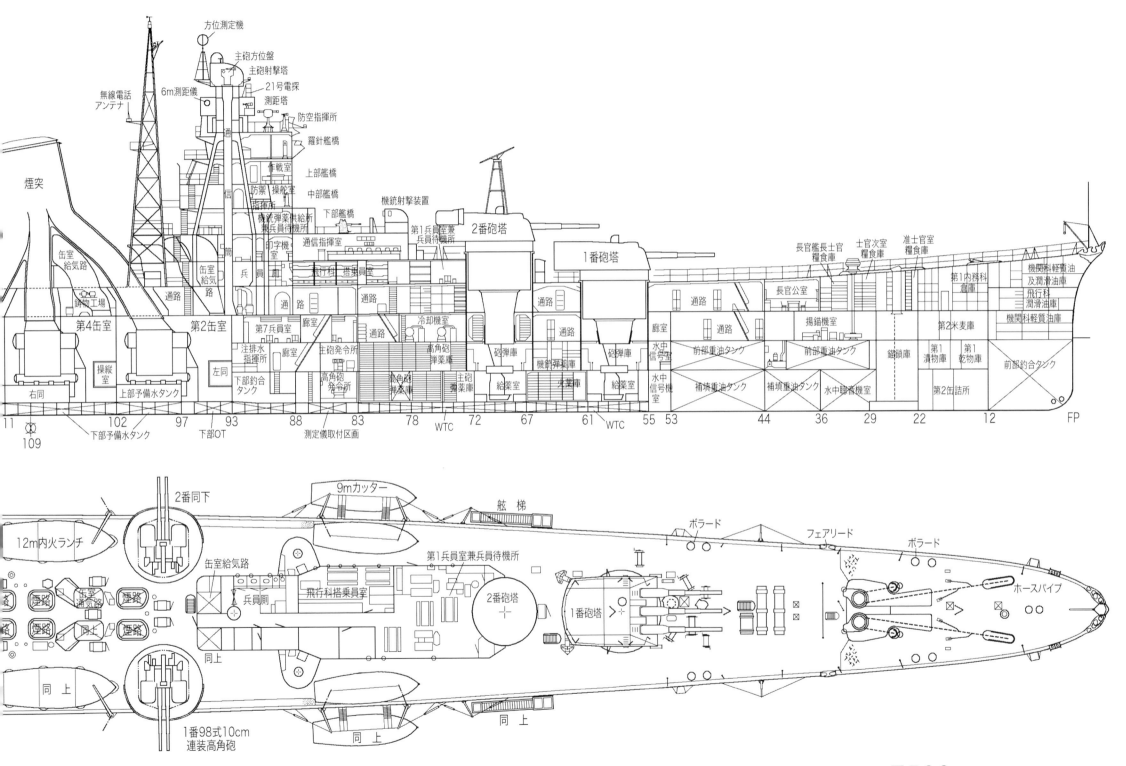

図 7-3-3
大淀新造完成時 艦内側面 上甲板平面

大淀 /Oyodo

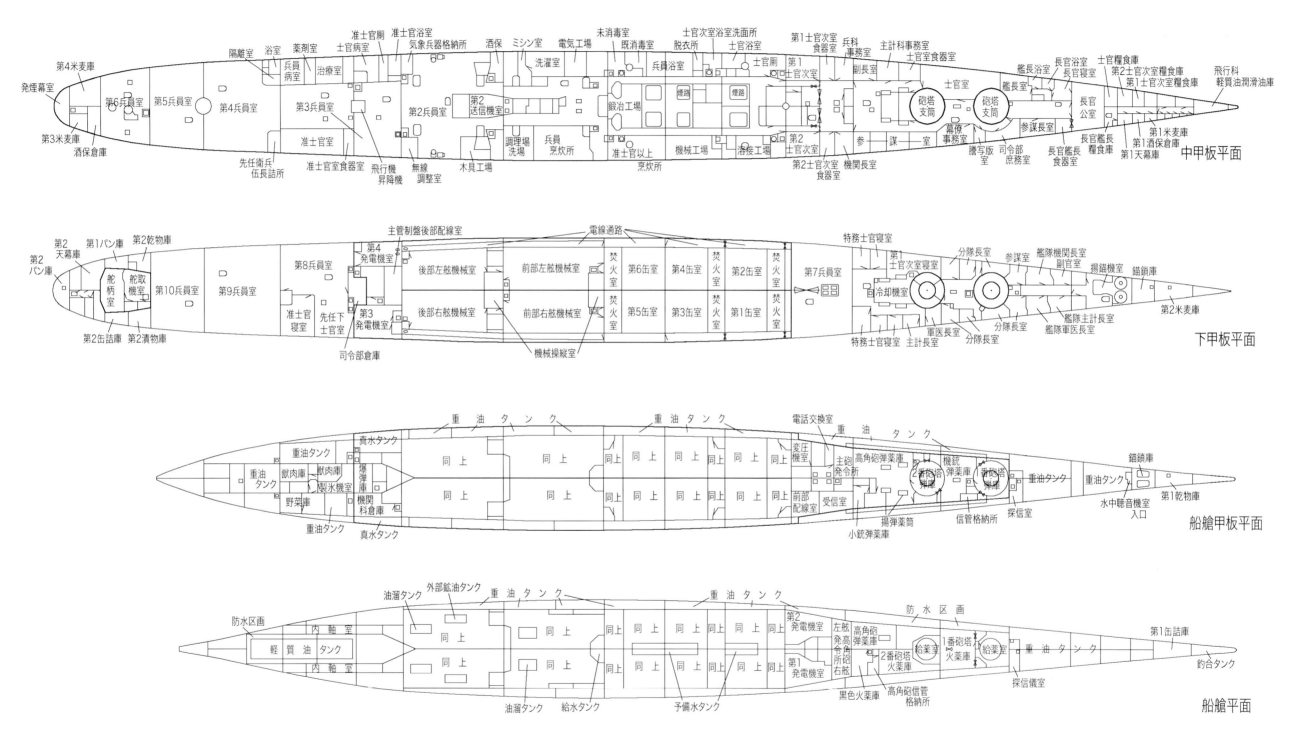

図7-3-4
大淀新造完成時 各甲板平面

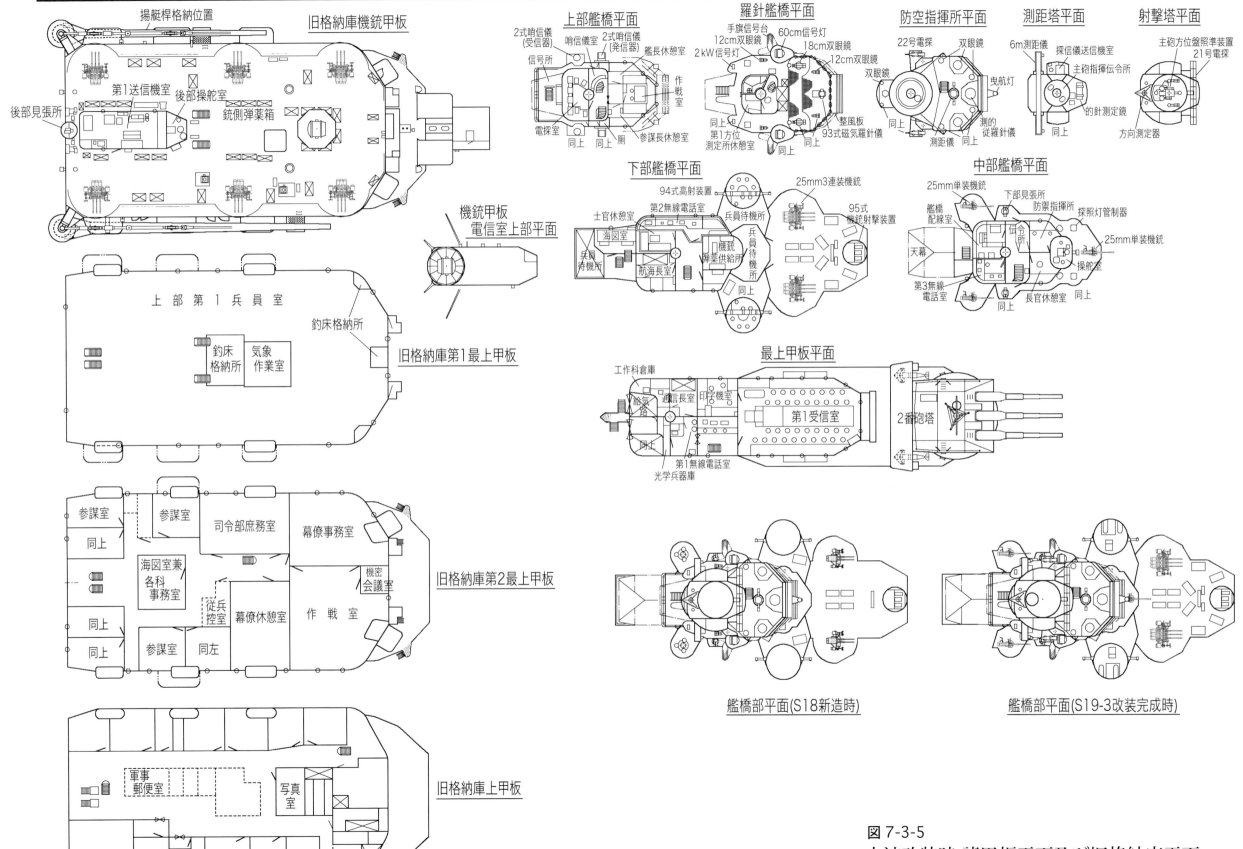

図 7-3-5
大淀改装時 諸甲板平面及び旧格納庫平面

大淀 /Oyodo

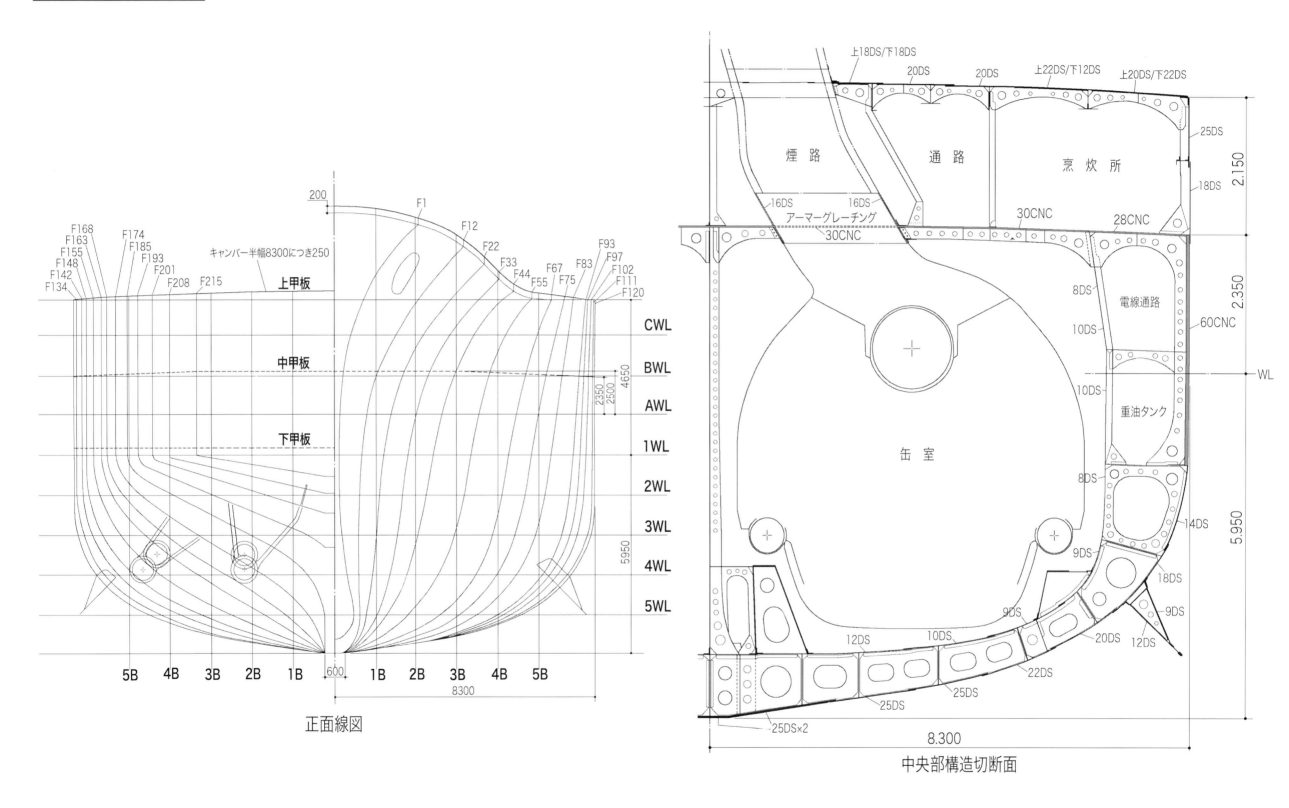

図 7-3-6 大淀正面線図及び中央部構造切断面

大淀 /Oyodo

定 員 /Complement (1)

職名 /Occupation	官名 /Rank	定数 /No.		職名 /Occupation	官名 /Rank	定数 /No.	
艦長	大佐	1			兵曹長	6	
副長	中佐	1			機関兵曹長	4	准士 / 13
砲術長兼分隊長	少佐	1			飛行兵曹長	1	
飛行長兼分隊長	〃	1			整備兵曹長	1	
航海長兼分隊長	少佐 / 大尉	1			主計兵曹長	1	
通信長兼分隊長	〃	1					
内務長兼分隊長	〃	1			兵曹	105	
分隊長	〃	4			飛行兵曹	13	
	兵科尉官	1			整備兵曹	12	下士 / 191
	中少尉	6	士官 /30		機関兵曹	44	
機関長	機関中少佐	1			工作兵曹	9	
整備長兼分隊長	機関少佐 / 大尉	1			看護兵曹	2	
分隊長	機関少佐 / 大尉	3			主計兵曹	6	
	機関科尉官	1					
	機関中少尉	2					
軍医長兼分隊長	軍医少佐	1			水兵	281	
	軍医中少尉	1			機関兵	160	
主計長兼分隊長	主計少佐	1			工作兵	16	兵 /532
	主計中少尉	1			整備兵	47	
	特務中少尉	2			看護兵	4	
	機関特務中少尉	3			主計兵	24	
	飛行特務中少尉	2	特士 / 10				
	整備特務中少尉	1					
	工作特務中少尉	1					
	主計特務中少尉	1					
				（合 計）		776	

注 /NOTES

昭和 17 年 4 月 27 日内令 747 による 2 等巡洋艦大淀の定員を示す【出典】内令提要
(1) 兵科分隊長の内 1 人は砲台長、1 人は高射指揮官、1 人は射撃幹部員、1 人は測的指揮官にあてる
(2) 機関科分隊長の内 1 人は機械部、1 人は缶部、1 人は電機部兼工業部の各指揮官にあたる
(3) 特務中少尉及び兵曹長の内 1 人は掌内務長、1 人は掌砲長、1 人は掌信号長、1 人は掌通信長、1 人は操舵長、1 人は電信長、
　　1 人は砲台部付、1 人は暗号員にあて、信号長又は操舵長の中の 1 人は掌航海長を兼ねるものとする
(4) 機関特務中少尉及び機関兵曹長の内 1 人は掌機長、3 人は機械長、2 人は缶長、1 人は電機部にあてる
(5) 主計特務中少尉及び主計兵曹長の内 1 人は掌経理長、1 人は衣糧長にあてる
(6) 飛行機を搭載しないときは飛行長兼分隊長、兵科尉官、機関科尉官、飛行特務中少尉、整備特務中少尉、飛行兵曹長、
　　整備兵曹長、飛行兵曹、整備兵曹及び整備兵を置かず (飛行機の一部を搭載しないときはおおむねその数に比例し前記
　　人員を置かないものとする)、ただし飛行科、整備科下士官及び兵に限りその合計数の 1/5 の人員を置くことができる
(7) 兵科分隊長の内 1 人は特務大尉を以て、中少尉の中の 2 人は特務中少尉又は兵曹長を以て、機関科分隊長中 1 人は機
　　関特務大尉を以て、機関中少尉中の 1 人は機関特務中少尉又は機関兵曹長を以て補することが可

大淀 /Oyodo

艦　歴/Ship's History (1)

艦　名	大　淀
年　月　日	記　事/Notes
1941(S16)- 2-14	呉工廠で起工
1942(S17)- 4- 2	進水
1942(S17)-12-31	艤装員長田原吉興大佐 (43 期) 就任
1943(S18)- 1-20	艤装員長富岡定俊大佐 (45 期) 就任
1943(S18)- 2-28	竣工、横須賀鎮守府に入籍、横須賀鎮守府部隊に編入、艦長富岡定俊大佐 (45 期) 就任
1943(S18)- 3- 7	徳山発、8 日横須賀着、整備、訓練、18 日発公試及び諸訓練
1943(S18)- 4- 1	第 3 艦隊付属
1943(S18)- 4-16	横須賀発、内海西部に回航、17 日長浜着、18 日柱島に回航、訓練整備
1943(S18)- 5- 1	機動部隊本隊
1943(S18)- 5-20	徳山発、21 日横須賀着、米軍アッツ島来攻により北方作戦に備えて待機、補給、整備、24 日訓　練
	のたの出動、29 日横須賀着、31 日発 6 月 1 日柱島に回航、15 日呉に回航、19 日入渠、23 日出渠、
	25 日発同日兜島沖着、26 日発同日八島着、27 日発長浜着、29 日曳航補給訓練のため出動、 30 日
	発同日徳山着、7 月 2 日発同日帰投、3 日訓練のため出動、4 日発同日呉着、8 日発宇品に回航、陸
	軍部隊搭載、9 日発八島に回航、10 日発阿賀野とともに 15 日トラック着、19 日発 21 日ラバウル
	着陸軍部隊陸揚げ、24 日発 26 日トラック着、訓練、警泊、待機
1943(S18)- 8-29	艦長篠田勝清大佐 (44 期) 就任
1943(S18)- 9-18	トラック発、ギルバート方面米機動部隊来攻により阿賀野とともに出撃、20 日ブラウン着、23 日発
	25 日トラック着、10 月 17 日発 19 日ブラウン着、23 日発ウエーキ島西方索敵、26 日トラック着
1943(S18)-12-30	トラック発陸軍部隊輸送、翌年 1 月 1 日カビエン着陸軍部隊陸揚げ、米空母機の空襲を受け至近弾
	により船体に軽い損傷及び戦死 2、負傷 6、対空戦における消耗弾数 15.5cm 砲 -194、10cm 高
	角砲 -240、機銃 -4,640、同日発途中 2 日秋月とともに被雷した清澄丸の救援に向かう、3 日清澄丸
	と合同するが救援隊が合同したためこれと交代、4 日トラック着
1944(S19)- 2-10	トラック発 16 日横須賀着、19 日発航空兵器輸送任務、22 日サイパン着、23 日発 26 日横須賀着
1944(S19)- 3- 6	横須賀工廠で連合艦隊旗艦用に改装工事着手、3 月 31 日完成、2 式 1 号射出機 10 型を呉式 2 号
	5 型に換装、飛行機格納庫を 3 段に仕切って司令部施設を設置、機銃、電探増備を実施
1944(S19)- 4- 1	連合艦隊直率
1944(S19)- 5- 4	新任豊田副武連合艦隊司令長官の就任と同時に連合艦隊旗艦
1944(S19)- 5- 6	艦長阿部俊雄大佐 (46 期) 就任
1944(S19)- 5-22	横須賀発、23 日柱島着、28 日発 29 日横須賀着
1944(S19)- 8-15	艦長牟田口格郎大佐 (44 期) 就任
1944(S19)- 9-29	連合艦隊司令部を陸上に移し日吉に置く
1944(S19)- 9-30	横須賀工廠で入渠、10 月 8 日出渠、機銃電探増備、11 日横須賀発、12 日柱島着
1944(S19)-10-19	第 3 艦隊第 31 戦隊旗艦
1944(S19)-10-20	豊後水道発、比島沖海戦に参加空母部隊を護衛、25 日米空母機の連続空襲で空母部隊が全滅、こ
	の間第 3 艦隊司令部が損傷して通信能力を失った瑞鶴から本艦に移乗、以後第 3 艦隊旗艦、この戦
	闘で本艦は中部上甲板に小型爆弾 2 が命中、破口、小火災を生じ更に至近弾で舷側水線下に軽度の
	損傷を受けるが戦闘航行に支障なく、戦死 8、負傷 17、消耗弾数 15.5cm 砲 -238(対空)、10cm 高
	角砲 -964、機銃 -24,477、27 日奄美大島着、28 日司令部撤去、29 日発 11 月 1 日マニラ着、4 日
	発 8 日ブルネイ着
1944(S19)-11-15	第 2 艦隊付属

艦　歴/Ship's History (2)

艦　名	大　淀
年　月　日	記　事/Notes
1944(S19)-11-17	ブルネイ発、18 日新南群島長島錨地着、19 日発 22 日リンガ泊地着、12 月 12 日発 14 日サンジャッ
	ク着、21 日発 23 日カムラン湾着、24 日出撃、礼号作戦 (サンホセ突入作戦) に参加、26 日夜間米
	海軍哨戒機 PB4Y の爆撃を受け 2 発が命中したが不発のため被害は軽度、この後サンホセ泊地に侵
	入、在泊の輸送船及び飛行場を砲撃して 28 日カムラン湾に帰投、この戦闘での人的被害負傷 1、
	消耗弾数 15.5cm 砲 -31(徹甲弾) 42(零式通常弾) 25(照明弾)、10cm 高角砲 -61、機銃 -9,200
	29 日発 30 日サンジャック着、31 日発翌年 1 月 1 日シンガポール着
1945(S20)- 1- 1	南西方面艦隊第 5 戦隊
1945(S20)- 2-10	シンガポール発、北号作戦、重要物資内地輸送作戦に従事、人員 159 人、ゴム 50 トン、錫 120 トン、
	亜鉛 40 トン、タングステン 10 トン、水銀 20 トン、航空揮発油ドラム缶 86 個、同 70 トンを艦内
	タンク搭載等で輸送、20 日呉着
1945(S20)- 2-25	呉練習戦隊、艦長松浦義大佐 (49 期) 就任
1945(S20)- 3-19	呉地区に米空母機の大規模空襲、本艦は爆弾 5 が中央部等に命中、煙突大破、第 2、4 番缶室浸水、
	第 4 機械室全滅等の大被害、戦死 54、かろうじて入渠、応急修理、本格修理はなされず 5 月 4 日に
	江田島の飛渡瀬沖に碇泊疎開
1945(S20)- 5-15	艦長田口正一大佐 (49 期) 就任
1945(S20)- 7-24	江田島飛渡瀬沖に碇泊状態で米空母機の空襲を受け、被爆 5、至近弾 4 により大破炎上、鎮火は 26
	日、乗員多数が戦死
1945(S20)- 7-28	同状態で再度空襲により命中弾多数、右舷に転覆横倒し、24 日以降の戦死 223 に達する
1945(S20)-11-20	除籍
1947(S22)- 8-29	播磨造船の手により引揚げ解体に着手、横倒しの船体を浮揚立て直して呉で入渠、船渠内で解体を
	行い 23 年 8 月 1 日に完了

伊吹/Ibuki

型名/Class name	伊吹		同型艦数/No. in class	0+2	設計番号/Design No.	C-46	設計者/Designer		

艦名/Name	計画年度/Prog. year	建造番号/Prog. No	起工/Laid down	進水/Launch	竣工/Completed	建造所/Builder	建造予算(船体・機関+兵器=合計)/Cost(Hull・Mach + Armament = Total)	除籍/Deletion	喪失原因・日時・場所/Loss data
伊吹/Ibuki	S17/1942 戦時急	第300号艦	S17/1942-04-24	S18/1943-05-21		呉海軍工廠	= 60,000,000	S20/1945-11-20	進水後空母に改造、終戦時完成度80%、戦後解体
	S17/1942 戦時急	第301号艦	S17/1942-06-01			三菱長崎造船所	= 60,000,000		空母建造のため建造中止、解体

注/NOTES 昭和16年末開戦をひかえた出師準備計画において戦時追加建造艦船、㊍計画として建造した日本海軍最後の重巡。建造を急ぐため鈴谷型の略同型艦として着工された。　【出典】海軍軍戦備/その他

船体寸法/Hull Dimensions

艦名/Name	状態/Condition	排水量/Displacement		長さ/Length(m)			幅/Breadth (m)			深さ/Depth(m)		吃水/Draught(m)			乾舷/Freeboard(m)			備考/Note
				全長/OA	水線/WL	垂線/PP	全幅/Max	水線/WL	水線下/uw	上甲板/m	最上甲板	前部/F	後部/A	平均/M	艦首/B	中央/M	艦尾/S	
伊吹/Ibuki	新造計画/Design (t)	基準/St'd(T)	12,200															昭和16年12月19日艦本基本計画による
		公試/Trial	13,890	200.60	198.30	187.80	20.20		19.12	10.433		6.043	6.043	6.043	7.107	4.390	4.107	
		満載/Full	14,828											6.320				
		軽荷/Light	11,440											5.130				
	公称排水量/Official(T)	基準/St'd																

注/NOTES 戦時急造のため鈴谷型を簡易化した艦型を採用、船体線図は同じと推定される。　【出典】一般計画要領書

機関/Machinery

		伊吹/Ibuki
主機械/Main mach.	型式/Type ×基数(軸数)/No.	艦本式衝動タービン/Kanpon type impuls turbine × 4
	機械室 長さ・幅・高さ(m)・面積(㎡)・1㎡当たり馬力	・・・・
缶/Boiler	型式/Type ×基数/No.	ロ号艦本式専焼缶× 8/Ro-go kanpon type, 8 oil fired
	蒸気圧力/Steam pressure(kg/c㎡)	(計画/Des.) 20
	蒸気温度/Steam temp.(℃)	(計画/Des.) 300
	缶室 長さ・幅・高さ(m)・面積(㎡)・1㎡当たり馬力	・・・・
計画/Design (全力/過負荷)	速力/Speed(ノット/kt)	35/ (10/10 全力)
	出力/Power(軸馬力/SHP)	152,000/
	推進軸回転数/(rpm)	340 /
推進器/Propeller	数/No.・直径/Dia.(m)・節/Pitch(m)・翼数/Blade no.	× 4 ・3.900 ・ ・3翼
舵/Rudder	舵機型式/Machine・舵型式/Type・舵面積/Rudder area(㎡)	電動油圧・釣合舵/ balanced × 2・19.92
燃料/Fuel	重油/Oil(t)・定量(Norm.)/ 全量(Max.)	1,442/2,163(計画/Des.)
	石炭/Coal(t)・定量(Norm.)/ 全量(Max.)	
航続距離/Range(ノット/Kts −浬/SM)	基準速力/Standard speed	14 − 6,300(計画/Des.)
	巡航速力/Cruising speed	
発電機/Dynamo・発電量/Electric power(W)		ターボ発電機 300kW-225V × 3、ディーゼル発電機 200kW-225V × 2・1,300kW
新造機関製造所/ Machine maker at new		

注/NOTES 【出典】一般計画要領書

防禦/Armor

伊吹/Ibuki			計画/Design
弾火薬庫/Magazine	舷側/Side		140mmCNC-30mmCNC
	甲板/Deck		35mmCNC
	前部隔壁/Forw. bulkhead		
	後部隔壁/Aft. bulkhead		
機関区画/Machinery	舷側/Side		100mmNVNC-30mmCNC
	甲板/Deck	平坦/Flat	35mmCNC
		傾斜/Slope	
	前部隔壁/Forw. bulkhead		
	後部隔壁/Aft. bulkhead		
	煙路/Funnel		
砲塔/Turret	主砲楯/Shield		25mm
	砲支筒/Barbette		
	揚弾薬筒/Ammu. tube		
舵機室/Steering gear room	舷側/Side		100mmNVNC
	甲板/Deck		50mmCNC
	天蓋/Roof		30mmCNC
操舵室/Wheel house			
水中防禦/UW protection			

注/NOTES 【出典】一般計画要領書/

解説/COMMENT 日本海軍の計画した最後の重巡。開戦直前S16-11に出師準備計画の一つとして、S16度戦時追加建造艦船として ㊍計画の名の下に2隻の建造を計画した。開戦時、重巡数は18隻で米海軍を上回っていたが、米海軍が1941年度の両洋艦隊計画で、新型重巡8隻の建造計画を発表したのに対抗したものと見られる。建造を急ぐため鈴谷型の艦型で建造することになったが、防空指揮所の設置と後檣の後方への移動(高雄型の改装と同様)を実施するものとされていた。1番艦の第300号艦(伊吹)はS17-4-24に呉廠で起工され、2番艦の第301号艦は同年6-1に三菱長崎で起工されたが、ミッドウエー海戦後の空母最優先整備計画により、300号艦は空母建造のため船台を明けるためにとにかく進水させることとし工事を続けて、翌年4-5に伊吹と命名して進水させ、以後呉港外に繋留されることになる。301号艦は起工直後に建造中止となり船台上で解体された。伊吹がすぐに空母への改装工事に着手しなかったのは、軍令部の意向としてこの程度の大きさでは有力な空母への改装に懐疑的であったからで、艦本で最大限飛行甲板を前後に拡大して新型艦上戦闘機、攻撃機27機が搭載可能な計画を完成、同年11月に迅鯨が曳航して佐世保工廠に渡し空母への改装工事に着手した。空母への艤装は極力簡素化することとし、格納庫は1段、最初は25mm機銃だけの対空火力だったが、後に長8cm高角砲と噴進砲を装備することになって工事を進めていたもののS20-3に小型潜水艦工事優先のため、完成度80%で工事中断、そのまま終戦を迎え、後に解体された。

333

伊吹 /Ibuki

兵装・装備 /Armament & Equipment (1)

伊吹 /Ibuki			計画 /Design
砲熕兵器 / Guns		主砲 /Main guns	50 口径 2 号 20cm 砲 /50 cal No.2 20cm Ⅱ × 5
		高角砲 /AA guns	40 口径 89 式 12.7cm 高角砲 /40 cal 89 type Ⅱ × 4
		機銃 /Machine guns	96 式 25mm 連装機銃 (2 型)/96 type Ⅱ × 4
			93 式 13mm 連装機銃 (2 型改 1)/93 type Ⅱ × 2
		その他砲 /Misc. guns	
		陸戦兵器 /Personal weapons	小銃× 拳銃×
	弾薬定数 Ammunition	主砲 /Main guns	× 120(1 門当り)
		高角砲 /AA guns	× 200(1 門当り)
		機銃 /Machine guns	× 2,000(25mm 1 挺当り) × 2,400(13mm 1 挺当り)
	揚弾薬機 Ammun.tube	主砲 /Main guns	
		高角砲 /AA guns	× 8
		機銃 /Machine guns	× 2
	射撃指揮装置 Fire cont. system	主砲 /Main gun director	94 式方位盤 5 型× 2
		高角砲 /AA gun director	94 式高射装置× 2
		機銃 /Machine gun	95 式機銃射撃装置× 2
		主砲射撃盤 /M. gun computer	92 式射撃盤改 2 × 1
		その他装置 /	
	装填演習砲 /Loading machine		
	発煙装置 /Smoke generator		91 式発煙器 5 型改 4 × 1
水雷兵器 / Torpedo etc	発射管 /Torpedo tube		92 式 61cm4 連装 1 型改 2/92 type mod 2 Ⅳ × 4
	魚雷 /Torpedo		61cm 93 式 1 型改 2/93 type mod 2 × 24、同 2 型頭部 /Mod 2 Head × 14
	発射指揮装置 Fire cont.	方位盤 /Director	14 式 2 型× 4、91 式 3 型× 2、90 式 3 型× 2
		発射指揮盤 /Cont. board	92 式× 2
		射法盤 /Course indicator	
		その他 /	
	魚雷用空気圧縮機 /Air compressor		
	酸素魚雷用第 2 空気圧縮機 /		
	爆雷投射機 /DC thrower		水圧式× 2
	爆雷投下軌条 /DC rack		
	爆雷投下台 /DC chute		
	爆雷 /Depth charge		95 式改 2 × 6
	機雷 /Mine		
	機雷敷設軌条 /Mine rail		
	掃海具 /Mine sweep. gear		小掃海具 1 型× 2
	防雷具 /Paravane		中防雷具 3 型改 1 × 2
	測深器 /		2 型× 2
	水中処分具 /		
	海底電線切断具 /		

兵装・装備 /Armament & Equipment (2)

伊吹 /Ibuki			計画 /Design
無線兵器 / Electronics Weapons	通信装置 Communication equipment	送信装置 /Transmitter	95 式短 3 号× 1 95 式短 4 号× 1 95 式短 5 号× 2 長波 4 号× 2 特 5 号× 2 楽音変調器× 2
		受信装置 /Receiver	短波受 × 3 特受信機× 17
		無線電話装置 /Radio telephone	中波送話機× 2 中波受話機× 2 超短波 2 号送話機× 2 超短 2 号波受話機× 5 超短波 3 号送話機× 3
	測波装置 /Wave measurement equipment		長波電査× 1 短電波× 2
			長測× 4 中測× 1 短測× 4
			超短測× 3
	電波鑑査機 /Wave detector		
	方位測定装置 /DF		長波× 1
	印字機 /Code machine		97 式× 4
	電波兵器 Radar	電波探信儀 /Radar	
		電波探知機 /Counter measure	
	水中兵器 UW weapon	探信儀 /Sonar	
		聴音機 /Hydrophone	
		信号装置 /UW commu. equip.	
		測深装置 /Echo sounder	90 式 3 号× 1
電気兵器 / Electric Weapons	一次電源 Main P.Sup.	ターボ発電機 /Turbo genera.	225V 300kW × 3
		ディーゼル発電機 /Diesel genera.	225V 200kW × 2
	二次電源 2nd power supply	発電機 /Generator	直流× 2
			交流× 1
			230V30kW × 3
		蓄電池 /Battery	3 号 1 型× 11 2 組
			1 型× 112 1 組
			2 型× 112 1 組
	探照灯 /Searchlight		96 式 1 型 110cm × 3
	探照灯管制器 /SL controller		96 式 2 型× 4
	信号用探照灯 /Signal SL		60cm × 2
	信号灯 /Signal light		
	舷外電路 /Degaussing coil		1 式

伊吹 /Ibuki

兵装・装備 /Armament & Equipment (3)

伊吹 /Ibuki			計画 /Design
航海兵器 /Navigation Equipment	羅針儀 Compass	磁気 /Magnetic	93式3号×1
			90式2型改1×1
		転輪 /Gyro	安式3号(複式)×1
			98式(単式)×1
	測深儀 /Echo sounder		
	測程儀 /Log		去式2号改1×1
	航跡儀 /DRT		96式2号×1
	気象兵器 Weather	風信儀 /Wind vane	91式改2×1
		海上測風経緯儀 /	92式改1×2
		高層気象観測儀 /	97式改1×1
	信号兵器 /Signal light		97式山川灯1型×2、
光学兵器 / Optical Weapons	測距儀 /Range finder		93式8m(二重)×2(砲塔)
			8m(二重)×1(射撃塔)
			94式4.5m高角×2(高射装置)
			96式1.5m×2(航海用)
	望遠鏡 /Binocular		18cm×2
			12cm(砲)×2
			12cm(格納)×2　12cm(固定)×2
			12cm(高角)5型×4　12cm(高角)12型×1　12cm(高角)大型×3
			12cm(懸吊)×3
	見張方向盤 /Target sight		13式1号改1
	その他 /Etc.		
航空兵器 /Aviation Weapons	搭載機 /Aircraft		2座水偵×2
			零式1号水偵1型×1
	射出機 /Catapult		呉式2号5型×2
	射出装薬 /Injection powder		
	搭載爆弾・機銃弾薬 /Bomb・MG ammunition		25番(250kg)×4、6番(60kg)×44、3号演習×6、1kg演習×80
	その他 /Etc		
短艇 /Boats	内火艇 /Motor boat		11m×2
	内火ランチ /Motor launch		12m×2、8m×1
	カッター /Cutter		9m×3
	内火通船 /Motor utility boat		
	通船 /Utility boat		
	その他 /Etc.		

重量配分 /Weight Distribution

伊吹 /Ibuki		計画 /Design (単位 t)		
		公試 /Trial	満載 /Full	軽荷 /Light
船殻	船殻	4,484.00	4,484.00	4,484.00
	甲鈑	1,845.00	1,845.00	1,845.00
	防禦材	243.20	243.20	234.20
	艤装	536.90	536.90	536.90
	(合計)	(7,109.10)	(7,109.10)	(7,109.10)
斉備品	固定斉備品	195.40	195.40	195.40
	一般斉備品	365.00	457.20	180.30
	(合計)	(560.40)	(625.60)	(375.70)
兵器	砲熕	1,396.00	1,419.30	1,092.20
	水雷	213.90	217.70	143.90
	電気	345.50	345.50	345.50
	光学	15.50	15.50	15.50
	航海	11.30	11.30	7.30
	無線	21.30	21.30	21.30
	航空	92.40	92.40	72.30
	(合計)	(2,095.90)	(2,123.00)	(1,698.00)
機関	主機			
	缶+煙路煙突			
	補機			
	諸管弁等			
	軸系推進器			
	雑			
	缶水その他水			
	油			
	(合計)	(2,440.00)	(2,459.30)	(2,171.00)
重油		1,442.00	2,163.00	0
水中聴音機真水				
軽質油	内火艇用②	10.80	16.20	0
	飛行機用	14.00	21.00	0
潤滑油	主機械用	23.50	35.20	0
	飛行機用	1.40	2.10	0
予備水		105.90	158.00	0
復原性液体				
応急用諸材料				
不明重量		2.60	2.60	2.60
マージン / 余裕		83.40	83.40	83.40
(総合計)		(13,890.00)	(14,827.90)	(11,440.40)

注 /NOTES
昭和16年12月19日艦本計画による
【出典】一般計画要領書

復原性能 /Stability

伊吹 /Ibuki		計画 /Design (単位 t)		
		公試 /Trial	満載 /Full	軽荷 /Light
復原性能	排水量 /Displacement (T)	13.890.00	14.828.00	11.440.00
	平均吃水 /Draught,ave. (m)	6.04	6.32	5.13
	トリム /Trim (m)	0	0.66	0.67
	艦底より重心点の高さ /KG (m)	6.62	6.49	7.35
	重心からメタセンターの高さ /GM (m)	1.48	1.41	1.47
	最大復原挺 /GZ max. (m)			
	最大復原挺角度 /Angle of GZ max.	42.4	43.0	40.6
	復原性範囲 /Range (度 /°)	85.8	88	74.2
	水線上重心点の高さ /OG (m)	0.58	0.17	2.22
	艦底からの浮心の高さ /KB(m)			
	浮心からのメタセンターの高さ /BM(m)			
	予備浮力 /Reserve buoyancy (T)	15,960	15,022	18,410
	動的復原力 /Dynamic Stability (T・m)			
	船体風圧側面積 / A (㎡)			
	船体水中側面積 / Am (㎡)			
	風圧側面積比 / A/Am (㎡ /㎡)	1.554		
旋回性能	公試排水量 /Disp. Trial (T)	13,870		
	公試速力 /Speed (ノット /kts)	34		
	舵型式及び数 /Rudder Type & Qt'y	釣合舵 /Balanced × 2		
	舵面積 /Rudder Area : Ar (㎡)	19.92		
	舵面積比 / Am/Ar (㎡ /㎡)	1/54.85		
	舵角 /Rudder angle(度 /°)	35.0		
	旋回圏水線長比 /Turning Dia. (m/m)	4.0		
	旋回中最大傾斜角 /Heel Ang. (度 /°)	12.5		
	動揺周期 /Rolling Period (秒 /sec)	13.0		

注 /NOTES
昭和16年12月19日艦本計画による
【出典】一般計画要領書

[資料] 伊吹は鈴谷型のリピートとして建造された。簡易化が施されていたといわれるが具体的には不明。ただ後檣は高雄の改造と同様後方に移動したといわれ、発射管も3連装から4連装に、高射装置も94式に換装されたという。資料的には船体正面線図と船体寸法図があるが、一般艤装図等は一切ない。ただ、一般計画要領書や計画重心計算書の残されており、要目的には十分な情報がある。空母への改造は、戦後図した一般艤装図が残されており、昭和造船史に掲載されている。これは最初の機銃のみの改装案で、後に高角砲と噴進砲を装備するように変更されたことは、戦後の米軍撮影や解体証拠写真等により確認できる。

改造にあたっては主機と缶の半数を減じて2軸艦として、機械室の空所は軽質油庫に、缶室は重油タンク等に転用された。

艦名の伊吹は明治36年度計画の装甲巡洋艦に次ぐ2代目。滋賀・岐阜県境の山名。

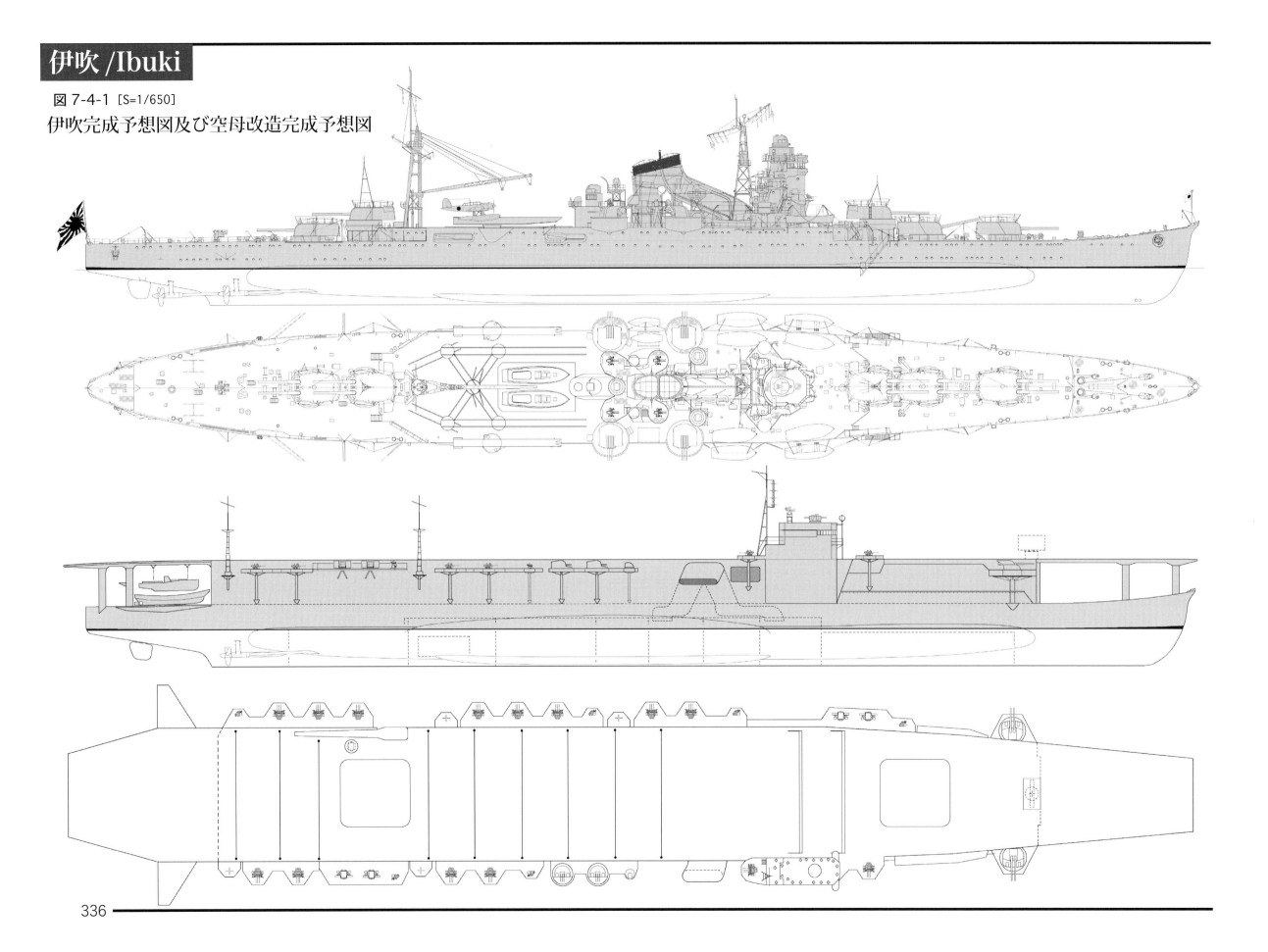

伊吹/Ibuki

◎左図の伊吹完成予想図について

前述のように艦型は鈴谷型のリピートということになっているが、主な相違点は、防空指揮所の設置、後檣位置の移動、発射管や高射装置の換装が実施される予定であったことは、一般計画要領書により確認できる。

問題は後檣の移動に関係して、水偵の運搬軌条と内火艇の格納位置が変わらざるをえないことは、艦型図の上からも明白で、内火艇収容のレセスを設けないと、クレーンアームがとどかず、そのレセスも高雄型のように舷側部に広げることは、この位置に前後の発射管が設けられているので、中央部に限られる。また、後部の予備射撃所周辺の上部構造物も変わることが予想される。

ここに掲げた図は編者の想定によるもので、実際にこの状態で設計されていたかどうかはわからないので、そのつもりでご理解されたい。実際に建造されていればS19頃には完成していたはずで、もちろん、その時点では機銃の増備、電探の装備、舷窓の閉塞等がおこなわれたはずであるが、ここでは計画時のままとした。

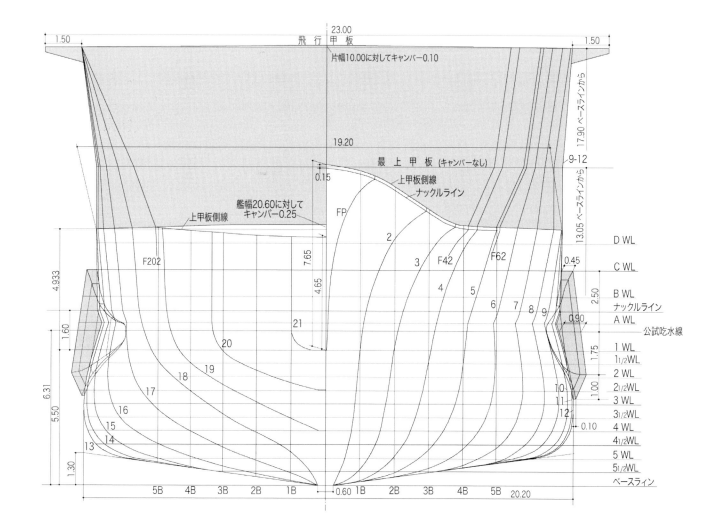

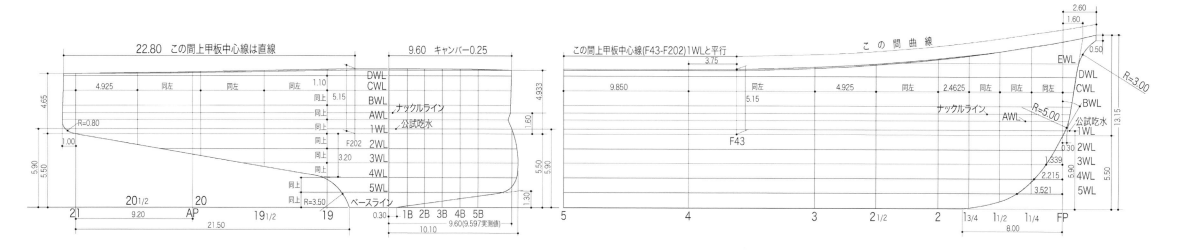

図7-4-2 伊吹正面線図及び巡洋艦時船体寸法

337

5037 号艦 /No.5037

| 型名 /Class name | | 同型艦数 /No. in class　0+2　設計番号 /Design No.　C-44　設計者 /Designer | | | | | | | | |

艦名 /Name	計画年度 /Prog. year	建造番号 /Prog. No	起工 /Laid down	進水 /Launch	竣工 /Completed	建造所 /Builder	建造予算 (船体・機関＋兵器＝合計) /Cost(Hull・Mach + Armament = Total)	除籍 /Deletion	喪失原因・日時・場所 /Loss data
	S17/1942 戦時補充改⑤計画	第 5037 号艦					＝ 48,380,000		S18-9-1 現在 S20-8 起工予定であった。建造中止
	S17/1942 戦時補充改⑤計画	第 5038 号艦					＝ 48,380,000		S18-9-1 現在 S21-8 起工予定であった。建造中止

注 /NOTES　昭和 17 年度の⑤計画で計画された巡洋艦乙 (8,500 基準トン)5 隻 (810 ～ 814 号艦) と巡洋艦小 (5,800 基準トン)4 隻 (815 ～ 818 号艦) が改⑤計画において、巡洋艦乙 2 隻に改定されたもので、ここに示した 2 隻が日本帝国海軍が計画した
最後の巡洋艦となったが、線局の悪化から結局着工に至らず詳細設計前の昭和 18 年末に建造中止が決定された。予定建造所は明らかにされていないが、佐世保工廠か横須賀工廠と推定される。
【出典】海軍軍戦備 (2)

船 体 寸 法 /Hull Dimensions

艦名 /Name	状態 /Condition	排水量 /Displacement		長さ /Length(m)			幅 /Breadth (m)			深さ /Depth(m)		吃水 /Draught(m)			乾舷 /Freeboard(m)			備考 /Note
				全長 /OA	水線 /WL	垂線 /PP	全幅 /Max	水線 /WL	水線下 /uw	上甲板 /m	最上甲板	前部 /F	後部 /A	平均 /M	艦首 /B	中央 /M	艦尾 /S	
5037 号艦	新造計画 /Design **(t)**	基準 /St'd(T)	8,520															昭和 18 年 9 月 1 日艦本総務 2 課調べによる
		公試 /Trial	9,670	186.5	184.00	175.0	16.40			10.60				5.86	7.45	4.74	4.20	
		満載 /Full																
		軽荷 /Light																
	公称排水量 /Official(T)	基準 /St'd																

注 /NOTES　阿賀野型の拡大型と称され公試排水量で 2,000 トン弱、水線長で 12m ほど大型化している。残されている数字からは艦本の基本計画はほぼ終わっていたものと推定される。
【出典】新艦船主要要目一覧表 -S18-9-1 艦本総務 2 課調 / 軍艦基本計画資料 - 福田

機 関 /Machinery

		5037 号艦 /No.5037
主機械 /Main mach.	型式 /Type ×基数 (軸数)/No.	艦本式衝動タービン /Kanpon type impuls turbine × 3
	機械室 長さ・幅・高さ (m)・面積 (㎡)・1㎡当たり馬力	・・・・
缶 /Boiler	型式 /Type ×基数 /No.	ロ号艦本式専焼缶× 6/Ro-go kanpon type, 6 oil fired
	蒸気圧力 /Steam pressure (kg/c㎡)	(計画 /Des.)
	蒸気温度 /Steam temp.(℃)	(計画 /Des.)
	缶室 長さ・幅・高さ (m)・面積 (㎡)・1㎡当たり馬力	・・・・
計画 /Design (全力 / 過負荷)	速力 /Speed(ノット /kt)	37.5/ (10/10 全力)
	出力 /Power(軸馬力 /SHP)	153,000/
	推進軸回転数 //(rpm)	/
推進器 /Propeller	数 /No.・直径 /Dia.(m)・節 /Pitch(m)・翼数 /Blade no.	× 3 ・ ・ ・
舵 /Rudder	舵機型式 /Machine・舵型式 /Type・舵面積 /Rudder area(㎡)	・・
燃料 /Fuel	重油 /Oil(t)・定量 (Norm.)/ 全量 (Max.)	/1,448(計画 /Des.)
	石炭 /Coal(t)・定量 (Norm.)/ 全量 (Max.)	
航続距離 /Range(ノット /Kts －浬 /SM)	基準速力 /Standard speed	18 － 6,000(計画 /Des.)
	巡航速力 /Cruising speed	
発電機 /Dynamo・発電量 /Electric power(W)		ターボ発電機 550kW × 2、400kW × 1、ディーゼル発電機 270kW × 2・2,040kW(交流電源)
新造機関製造所 / Machine maker at new		

注 /NOTES　この時期の巡洋艦として戦時急造を考慮すると新設計の 3 軸は珍しい。阿賀野型より高速化を意図して計画速力を 2.5 ノットほど向上させており、大和型戦艦を上回る軸馬力を具備している。【出典】新艦船主要要目一覧表 -S18-9-1 艦本総務 2 課調 / 軍艦基本計画資料 - 福田

兵装・その他 /Armament・etc.

		5037 号艦 /No.5037
砲熕	主砲 (弾薬定数 1 門あて)	50 口径 41 式 15cm 連装砲 /50 cal 41type Ⅱ × 4 (185)
	高角砲 (〃)	60 口径 98 式 8cm 連装高角砲 /60 cal 98 type Ⅱ × 4 (262)
	機銃 (〃)	25mm3 連装 /Ⅲ × 3 (2100)
水雷	魚雷発射管	92 式 61cm4 連装 /92 type TT Ⅳ × 2
	魚雷	93 式 61cm 魚雷 /Type 93 torpedo × 16
	爆雷	95 式 /Type 95 × 20
航空	搭載機	零式水偵 /0 type RS × 2 又は零式水偵× 1、98 式夜偵× 1
	射出機	呉式 2 号 5 型× 1
電気	探照灯	110cm × 3
防禦	弾薬庫 舷側	55mmCNC
	甲板	20mmCNC
	機関室 舷側	60mmCNC
	甲板	20mmCNC
乗員		832

注 /NOTES　阿賀野型より 15cm 連装主砲を 1 基、8cm 長砲身高角砲連装 2 基を増備しているが、その他の兵装、防禦はほぼ同様、丙巡大淀とほぼ同大の船体なのになぜ余剰の 15.5cm3 連装砲 3 基と 10cm 高角砲の装備を図らなかったのか、または 10cm 高角砲だけの防空巡洋艦の構想が生まれなかったのか、戦局がここまで悪化した時期の巡洋艦としては旧態依然とした要目で、従来の水雷戦隊旗艦から脱却できない、当時の硬直化した日本海軍の体質がまだ改められていないことを示している。
【出典】新艦船主要要目一覧表 -S18-9-1 艦本総務 2 課調

5037号艦/No.5037

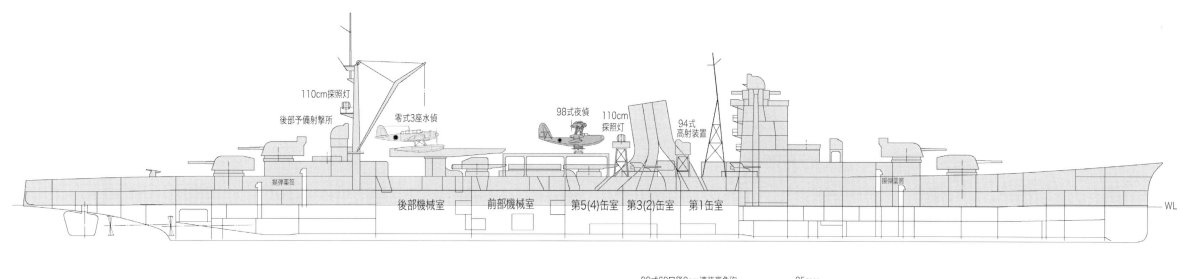

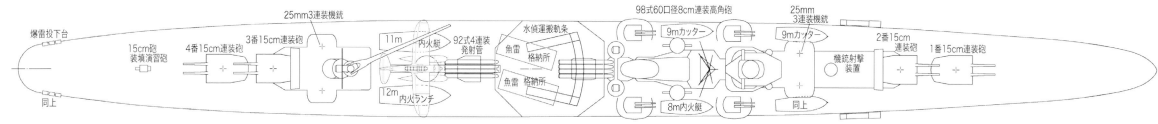

◎第5037号艦完成予想図について
　前述のように本艦に関する資料はS18-9-1に艦本総務2課で作成し＜新艦船主要要目一覧表＞に記載の5037号艦の主要目以外に詳しいものはない。本来は⑤計画で建造を予定していた改阿賀野型で、基本的には15cm連装砲1基と長8cm連装高角砲2基を増備、速力を島風型駆逐艦に対応して37.5ノットに高めることを改正事項として、他は阿賀野型に準じるとの計画案で基本設計を行ったものと推定される。公試排水量では810tほど増加、船体寸法上で水線長12m、最大幅1.2m、吃水23cmが阿賀野型に対して増加分である。要目からは機関区画後端より前方の船体長がほぼ同じとすると、そこから艦尾までの寸法が12m増加したと考えればよく、このスペースに4番砲塔を増備すればその他の上部構造物は阿賀野型と同様と考えてレイアウトしてみるとここに掲げた図のような形態が考えられる。
　後檣は三脚檣に変更できるスペースはあるが、重量的には棒檣のままにするのが後方視界確保からも妥当だと思われる。ただ、高さは少し高めている。後部に2砲塔を搭載するとなれば 分火指揮上からも、後部に方位盤照準装置の設置が不可欠となり、さらに3番探照灯と25mm3連装機銃の装備位置を考えると、要目から後部には25mm3連装機銃1基の中心線配備は無理であり、両舷配備が妥当と推定される。長8cm高角砲の増加分は煙突周辺の舷側に 装備するのが自然で、射界を考えると飛行作業甲板と高射装置位置を考える必要があり、高射装置と探照灯台はほぼ逆位置にするのが適当と判断した。
　航空兵装については阿賀野が新造完成時に搭載していた大型の1式2号射出機11型は、図では通常の呉式2号5型に改めているが、前記要目一覧表では、本型の搭載機として零式水偵2機、または同水偵1機と98夜偵1機と記載しており、水雷戦隊旗艦の任務の場合は夜偵の搭載にこだわっていた。水雷兵装は特に変わりなく阿賀野型と同様であろう。

図 7-5-1 [S=1/600]
第5037号艦完成予想図

五百島・八十島/Ioshima・Yasoshima

型名/Class name		同型艦数/No. in class		設計番号/Design No.		設計者/Designer		
艦名/Name	旧国籍・艦名 /Nationality・Name	起工 /Laid down	進水 /Launch	竣工 /Completed	建造所 /Builder	改装期間 /Repair term	改装実施 /Builder	除籍 /Deletion	喪失原因・日時・場所 /Loss data
五百島	中国・寧海 /Ning Hai	S6/1931- 2-20	S6/1931-10-10	S7/1932- 8-19	播磨造船所 (相生)	1944-1/1944-6-28	呉海軍工廠	S19/1944-10-10	S19/1944-9-19、御前崎南方で米潜水艦 Shad の雷撃により沈没
八十島	中国・平海 /Ping Hai	S6/1931- 6-28	S10/1935- 9-28	S11/1936- 6-18	江南造船所 (上海)	1944-2/1944-6-25	呉海軍工廠	S20/1945- 1-10	S19/1944-11-25、マニラ沖サンタクルス南方で米空母母機の雷爆撃より沈没

注/NOTES　昭和6-7年に日本の播磨造船所が中国より受注建造した小型巡洋艦。設計は播磨造船所が当時の日本海軍の協力のもとにおこなったもので、図面一式を中国側に提供して、現地の江南造船所で同型艦が建造されたが、機関と兵装は日本側から提供され、兵装艤装は播磨造船所で実施した。両艦とも日中戦争の緒戦時期に揚子江上で日本海軍機の爆撃で破壊、擱座放棄されていたものをS13に日本側が引き揚げて接収、内地に回航して日本艦として改修する案もあったが、もともと河川、沿岸での行動を考慮した特殊な船型であったことから、復原性能に問題があり、戦争末期のS19はじめまで放置されていた。戦局の悪化に備えて改修工事に着手、海防艦籍に編入して海上護衛任務に従事することになったが、海防艦としては図体が大きすぎ9月25日に2等巡洋艦に格上げされた。
　　艦名は海防艦ということで島嶼名が命名されたが、五百島は2等巡洋艦格上げ直前に戦没しており、類上では日本海軍最後の2等巡洋艦に編入されている。外務省文書では寧海の起工年月日を6月22日としているが、ここでは播磨造船所50年史によった。同じく竣工日についても播磨造船所50年史では7月31日としていたが、ここでは前後の行動から外務省文書の8月19日をとった。平海の竣工日は播磨造船所での兵装艤装工事が完成、引き渡し日を示すものである。建造受注額は1隻邦価432万円とされている。
【出典】播磨造船所50年史/公文備考/外務省文書/既成艦船工事記録/中国巡洋艦寧海と平海の建造 - 田村俊夫 (シーパワー 1984-4)

船体寸法/Hull Dimensions

艦名 /Name	状態 /Condition	排水量 /Displacement		長さ /Length(m)			幅 /Breadth (m)			深さ /Depth(m)		吃水 /Draught(m)			乾舷 /Freeboard(m)			備考 /Note
				全長 /OA	水線 /WL	垂線 /PP	全幅 /Max	水線 /WL	水線下 /uw	上甲板 /m	最上甲板	前部 /F	後部 /A	平均 /M	艦首 /B	中央 /M	艦尾 /S	
寧海	新造 /New (t)	基準 /St'd(T)	2,022															昭和13年1月20日艦本4部作成復原性能比較表による基準排水量は外務省文書による
		公試 /Trial	2,498.1	109.73	107.79	100.58	11.89			6.71				4.07				
		満載 /Full	3,015											4.64				
		軽荷 /Light	1,800.4											3.25				
寧海	現状 /Salvaged Cond (t) (S13/1938 艦本調べ)	公試 /Trial	2,538.1											4.12				同上復原性能比較表によるただし日付については引揚げ前のため疑問あり
		満載 /Full	3,055											4.68				
		軽荷 /Light	1,840.4											3.31				
寧海	改装案 /Convert Plan (t) (S13/1938 艦本調べ)	公試 /Trial	2,510.9											4.09				同上復原性能比較表による引揚後艦本で改造して日本艦として就役させる初期案があった
		満載 /Full	3,027.8											4.65				
		軽荷 /Light	1,813.2											3.28				
五百島	改装完成 /Conv. Com. (t) (S19/1944-6 完成時)	公試 /Trial	2,500		107.94									4.01				昭和19年1月五百島機関計画要領書による
平海	新造 /New (t)	公試 /Trial	2,383															
八十島	改装完成 /Conv. Com. (t) (S19/1944-6 完成時)	公試 /Trial	2,545			100.584	11.887			6.728				4.07	5.71	2.66	2.78	昭和19年7月5日改造後八十島復原性能説明書による他の船体寸法は寧海に準じると推定
		満載 /Full	2,906									4.57	4.38	4.48	5.21	2.25	2.47	
		軽荷 /Light	1,654									2.37	3.62	3.00	7.41	3.73	3.23	

注/NOTES　寧海、平海とも民間造船所で建造されたため、残存する公式な資料が極めて少なく、まして平海は外国建造のためほぼ皆無に近い。艦本の艦船復原性能比較表(S13/16)に寧海の新造時の各種排水量が記載されているのは、艦本が建造にいろいろ関わったため、新造完成時の各種データを播磨造船所側から提供されたもので特例であろう。ただし、備考欄に記したようにS13の現状には調査日時的に疑問があり、このデータが得られたのが日本に回航された後に行ったとしても、実際には兵装をはじめ多くの装備品が欠けている状態で、どのようにして測定したのか不明であったが、S19-6の八十島の改造後重心公試成績表によれば、平海の過去の重心公試の実施履歴を記しており、これによれば第1回はS12-3-22 播磨造船所で実施 (平海兵装工事完成時か)、第2回はS13-4-22 佐世保工廠 (浮揚日本に回航後現状調査)、第3回はS17-5-18 佐世保工廠 (現状確認)、第4回はS19-2-6 呉工廠 (改装着手前確認) となっており、寧海の場合もほぼ同様と考えられる。
　さらに、S13の改装案はもともと河川や内水域での行動を前提に設計されたため吃水が浅く、上構が大型で、波の荒い外洋での活動に適さないため、固定バラストを相当量搭載して、かつ兵装を半減して重心点を下げる、改装案を検討したものらしい。これは<戦前船舶>第7号(1999-01)に掲載されている寧海の改装図(電気兵装図)により、僅かに一部を窺い知ることができるだけで、これ以外の公式資料は全く知られていない。この図では、艦種を特設巡洋艦として、艦名も御蔵丸、見島丸(平海?)という新艦名を予定していたらしい。この図から読み取れる兵装は艦首の2番、後部の3番14cm連装砲を撤去、3番砲位置に14cm単装砲を装備、14cm砲3門、他に8cm高角砲2門、13mm連装機銃2基を装備、魚雷発射管等は撤去するというものである。
　この改装案はかなり具体的設計まで進んでいたらしいが、結局、出師準備等の緊急工事が優先したためか、この時期の寧海、平海の改装案は結局見送られたらしい。この改装案に比べると後のS19の改装は戦局の悪化もあって、思い切った対空兵装中心の軽兵装に改め、艦橋等の大型の上部構造物も大幅に縮小されて、復原性能の改善に努めている。八十島の復原性能説明書及び重心公試成績書によれば、改装完成時の固定バラストは25トン、さらに復原性能上最小平均吃水を3.22m(排水量1,822 t)として、これ以下に吃水が上がる場合は海水バラスト85tを搭載するとしている。八十島の改装後の公試排水量は新造時と大差なく、船体にも手が加えられていないのに艦の外容がこれだけ変わっているのは、兵装をはじめとする装備品の変化が大きいことを物語っている。両艦とも改装完成後海防艦のまま輸送任務に就いており、改装で自艦に輸送任務のため揚陸艇の搭載や車両の搭載スペースを設けており、一般の海防艦とは用途を異にしていた。八十島はS19-9に輸送戦隊の旗艦に就くため再度佐世保工廠で改装? 工事を実施しているが、その内容については明らかでない。

【出典】八十島復原性能説明書/八十島重心公試成績書/五百島機関計画要領書/艦船復原性能比較表/中国巡洋艦寧海と平海の建造 - 田村俊夫 (シーパワー 1984-4)/戦前船舶第7号

五百島・八十島/Ioshima・Yasoshima

機　関/Machinery

		寧海・平海 (新造時)	五百島	八十島
主機械 /Main mach.	型式 /Type ×基数 (軸数)/No.	レシプロ機関 /Recipro. Engine × 3 （平海× 2）	レシプロ機関 /Recipro. Engine × 3	レシプロ機関 /Recipro. Engine × 2
	機械室　長さ・幅・高さ (m)・面積 (㎡)・1㎡当たり馬力	・・・・		
缶 /Boiler	型式 /Type ×基数 /No.	艦本式混焼缶× 4/Kanpon type, 4 mix fired (平海のみ専焼缶× 1 を追加)	ロ号艦本式専焼缶× 2/Ro-go Kanpon type, 2 oil fired	艦本式混焼缶× 4/Kanpon type, 4 mix fired
	蒸気圧力 /Steam pressure (kg/㎠)	(計画 /Des.)		
	蒸気温度 /Steam temp.(℃)	(計画 /Des.)		
	缶室　長さ・幅・高さ (m)・面積 (㎡)・1㎡当たり馬力	・・・・		
計画 /Design (全力 / 過負荷)	速力 /Speed(ノット /kt)	寧海 22/ (公試 23.207)　　　　平海 22/ (公試 21.256)	22/	
	出力 /Power(軸馬力 /SHP)	寧海 9,000/ (公試 10.579)　　平海　/ (公試 7,488)	9,000/	
	推進軸回転数 /(rpm)	/		
推進器 /Propeller	数 /No.・直径 /Dia.(m)・節 /Pitch(m)・翼数 /Blade no.	× 3 （平海× 2）・・・・	× 3	× 2
舵 /Rudder	舵機型式 /Machine・舵型式 /Type・舵面積 /Rudder area(㎡)	・・		
燃料 /Fuel	重油 /Oil(t)・定量 (Norm.)/ 全量 (Max.)	/	680 /	
	石炭 /Coal(t)・定量 (Norm.)・全量 (Max.)			
航続距離 /Range(ノット /Kts －浬 /SM)	基準速力 /Standard speed	寧海　12 － 5,000(計画 /Des.)	16-4,500	
	巡航速力 /Cruising speed			
発電機 /Dynamo・発電量 /Electric power(W)				
新造機関製造所 / Machine maker at new				

注 /NOTES　寧海は播磨造船所に係留中に缶及び関連補機を全て撤去、他に流用したため、復旧工事にあたって駆逐艦松風、春風より陸揚げしたロ号艦本式専焼缶 2 基を過熱器撤去の上搭載、関連補機等は全て新製して装備した。レシプロ機関は寧海時と同じものを再生、八十島の場合は、平海時の専焼缶 1 基を撤去して混焼缶 4 基と主機械を再生して使用、若干出力が小さかったと思われる。【出典】軍艦基本計画資料 - 福田 / 五百島機関計画要領書 / 中国巡洋艦寧海と平海の建造 - 田村俊夫 (シーパワー 1984-4)

兵装・その他/Armament・etc.

		寧海・平海 (新造時)	五百島	八十島
砲熕	主砲	50 口径 3 年式 14cm 連装砲 /50 cal 3 year type Ⅱ× 3		
	高角砲	40 口径 3 年式 8cm 砲 /40 cal 3 year type × 6　（平海× 3）	45 口径 10 年式 12cm 高角砲 /45cal 10year Type × 2	45 口径 10 年式 12cm 高角砲 /45cal 10year Type × 2
	機銃		25mm3 連装× 5、25mm 連装× 4、25mm 単装× 8	25mm3 連装× 5、25mm 連装× 4、25mm 単装× 12、13mm 単装× 8
水雷	魚雷発射管	6 年式 53cm 連装 /6 year type TT Ⅱ× 2		
	魚雷	8 本		
	爆雷	投射機× 2、爆雷× 9	投下軌条× 2、投射機× 2	投下軌条× 2、投射機× 2
	防雷具			
航空	搭載機	単座水偵× 1(寧海のみ 愛知航空機製造、寧海 1 号と呼称)		
電気	探照灯	75cm × 2		
防禦	弾薬庫　舷側			
	甲板			
	機関室　舷側			
	甲板			
乗員		寧海 / 士官× 33、准士官× 9、下士官× 97、兵× 222(合計× 361)		

注 /NOTES　五百島と八十島の兵装では両艦とも改装完成時 22 号電探、電波探知機、水中聴音機等を装備、爆雷兵装を強化していた他、船体が大きいので輸送任務も兼ねるため煙突両側に 10m 小発と 14m 大発各 1 隻を搭載、さらにその後方の上甲板上に各舷トラック 2 両 (内 1 両は油タンク車) を搭載して輸送するものとし、このため後部構造物前端に太いデリックポストと 6 トン・デリックブームを装備して、車両の揚卸し用に用いている。
　八十島は改装完成後一時横須賀防備隊に配属されて任務についていたが、8 月呉に戻って機銃増備をしたとされている。これが、当初予定の機銃装備の後日装備なのか、追加装備なのかは不明。さらに八十島は輸送戦隊旗艦として 10-11 月に佐世保工廠で再度改装工事を実施しているが、この際に電探、機銃等の追加装備があったのかどうかは不明である。出典は下記参照。

注 /NOTES　寧海、平海の装備した兵装は全て当時の日本海軍の制式兵器で、もちろん海軍当局の承認と協力のもとに支給されたもので、使用弾薬も同様である。建造にあたっては当時の艦本第 4 部設計主任藤本造船大佐がいろいろ設計上の協力をしたとされている。寧海の搭載水偵は愛知航空機が独自に設計製造したもので、日本海軍の制式水偵ではない。特に平海は建造期間が長引き、日中関係が悪化する事態もあり、中国側の支払い遅延もあって、こうした兵器支給に疑問の声もあったが、最初の契約通り実行された。平海の高角砲は最初寧海と同様 6 門を予定していたが、後に 3 門に減らされて装備位置を変更、他に 5.7cm 高角砲 4 門を搭載する予定でいたが竣工時には未装備で、後に 2 門が艦橋両側に装備されたという。その他両艦とも日本製ではない 20mm 前後の機銃を就役後に装備したとされているが、詳細は不明である。寧海、平海の防禦計画については具体的数字は明らかにされていないが、何らかの装甲が施されていた可能性はある。
【出典】播磨造船所 50 年史 / 中国巡洋艦寧海と平海の建造 - 田村俊夫 (シーパワー 1984-4)/ 五百島、八十島公式図面 (海軍艦艇公式図面集 - 福井静夫)/ 横須賀防備隊戦時日誌 / 第 9 期海軍短期現役主計科士官の記録 (巡洋艦八十島の最期)

五百島・八十島 /Ioshima・Yasoshima

図 7-6-1 [S=1/400]
寧海・平海 (下) 新造完成時

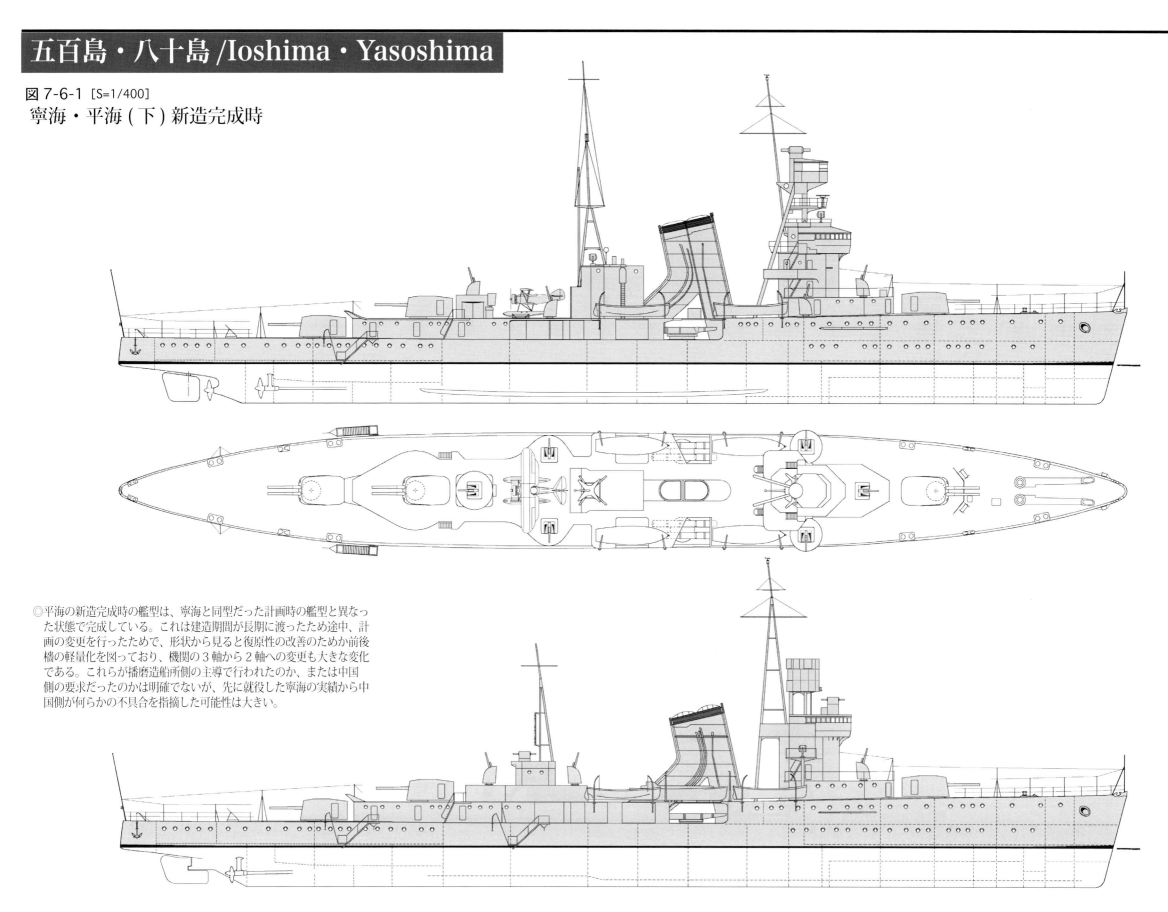

◎平海の新造完成時の艦型は、寧海と同型だった計画時の艦型と異なった状態で完成している。これは建造期間が長期に渡ったため途中、計画の変更を行ったためで、形状から見ると復原性の改善のためか前後檣の軽量化を図っており、機関の3軸から2軸への変更も大きな変化である。これらが播磨造船所側の主導で行われたのか、または中国側の要求だったのかは明確でないが、先に就役した寧海の実績から中国側が何らかの不具合を指摘した可能性は大きい。

五百島・八十島 / Ioshima・Yasoshima

○寧海の特設巡洋艦改装完成予想図について

前述のようにこれに関する資料は極めて断片的にしか残っておらず、その詳細については一切不明だが、この図では上構形態は極力原型のままとした。実際には復原性改善のために兵装だけではなく、大型の艦橋構造物その他をいじるのは当然であると考えるが、ここでは根拠になる資料が皆無のため、原型通りとしたことをご理解いただきたい。

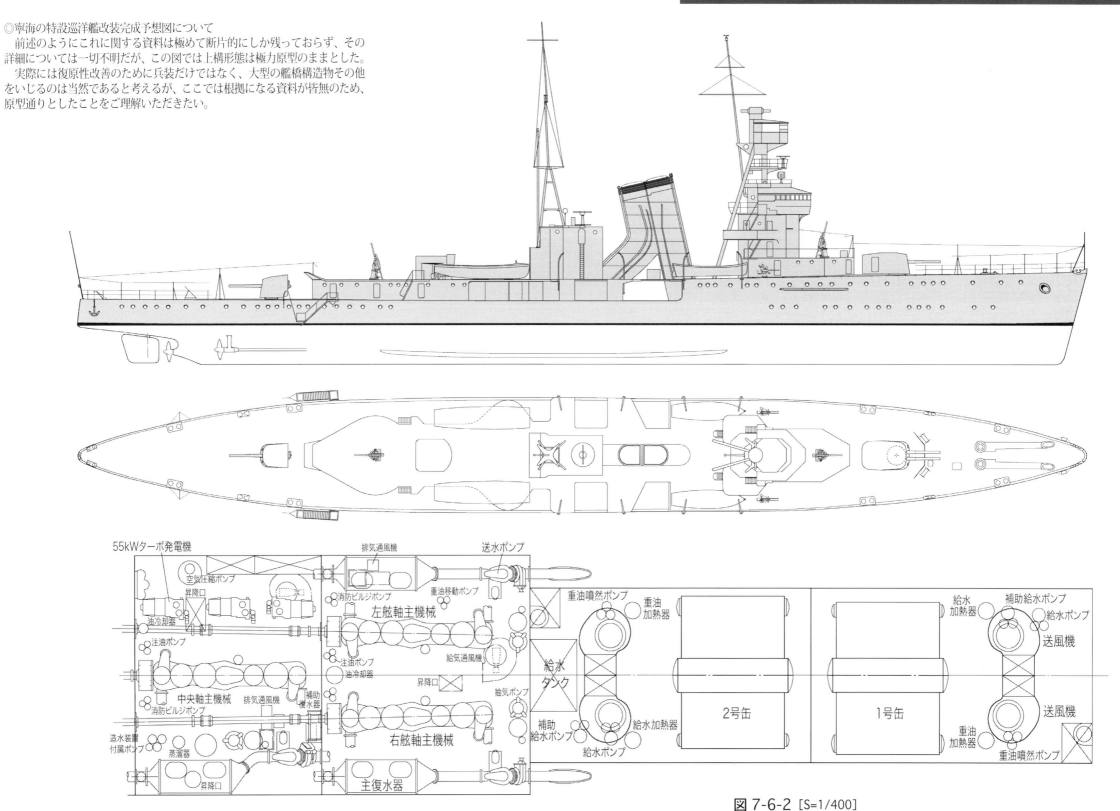

図 7-6-2 [S=1/400]
寧海改装計画完成予想図 (S13) 及び五百島機関配置

343

五百島・八十島/Ioshima・Yasoshima

図 7-6-3 [S=1/400]

八十島改装完成図 (S19-6)

◎改装では船体が一般の海防艦より大型なのを利用して兵員輸送任務の
ため揚陸艇や車両の搭載施設を設けており、後檣のデリックは車両の揚
降のためである。そのため、本来の兵装は貧弱だが、機銃と爆雷兵装は
比較的充実している。最後の佐世保での改装整備工事で、機銃は
さらに強化された可能性がある。

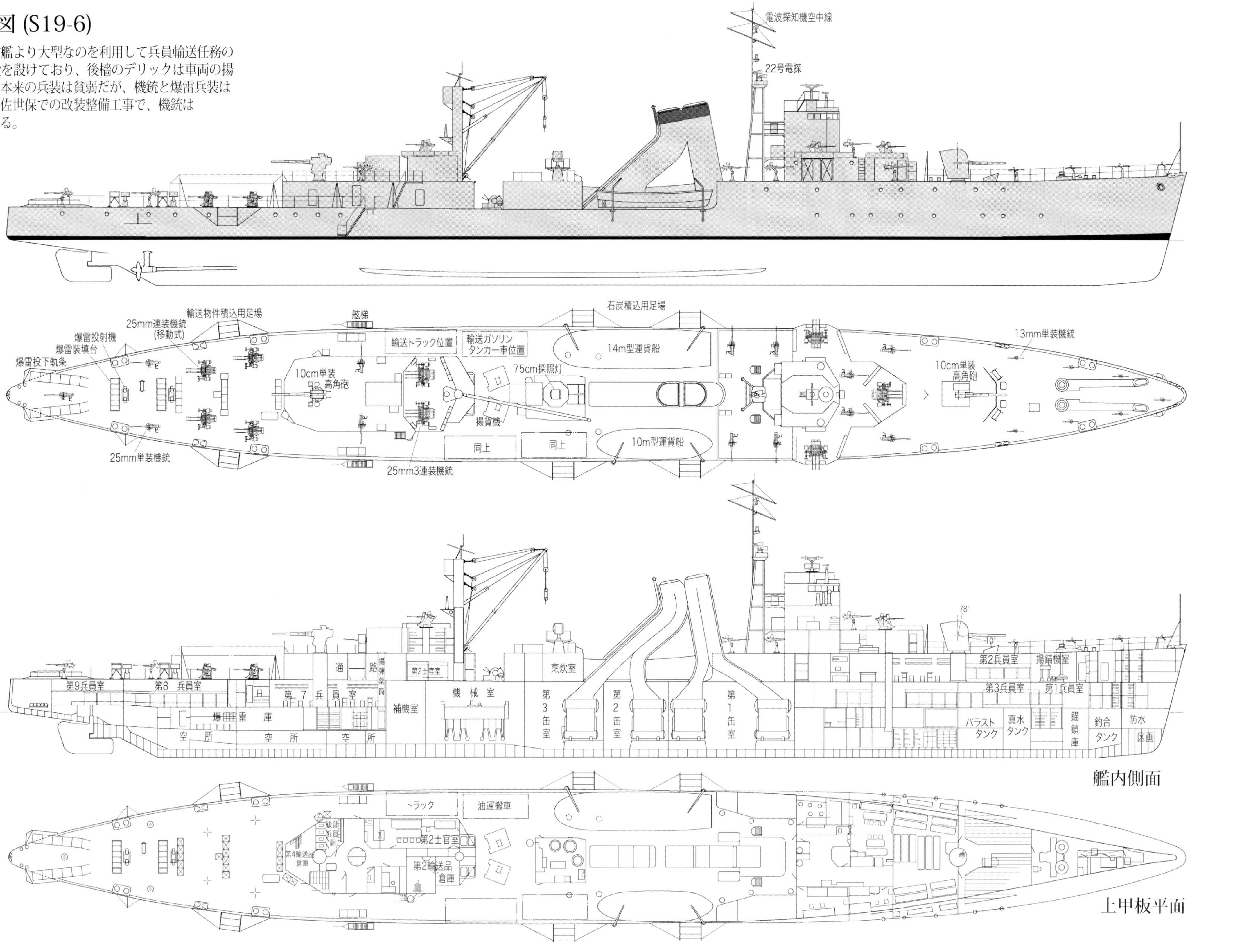

電波探知機空中線

22号電探

爆雷投射機
爆雷装填台
爆雷投下軌条

25mm連装機銃
(移動式)

輸送物件積込用足場

舷梯

石炭積込用足場

13mm単装機銃

14m型運貨船

10cm単装
高角砲

輸送トラック位置

輸送ガソリン
タンカー車位置

75cm探照灯

10cm単装
高角砲

25mm単装機銃

揚貨機

同上

同上

10m型運貨船

25mm3連装機銃

第9兵員室

第8 兵員室

第7 兵員室

通路

弾薬庫

第2士官室

烹炊室

第2兵員室

揚錨機室

第3兵員室

第1兵員室

爆雷庫

補機室

機械室

第3缶室

第2缶室

第1缶室

バラスト
タンク

真水
タンク

錨鎖庫

釣合
タンク

防水
区画

空所

空所

空所

78°

艦内側面

トラック

油運搬車

第4輸送品
食庫

第2士官室

第2輸送品倉庫

上甲板平面

344

五百島・八十島 /Ioshima・Yasoshima

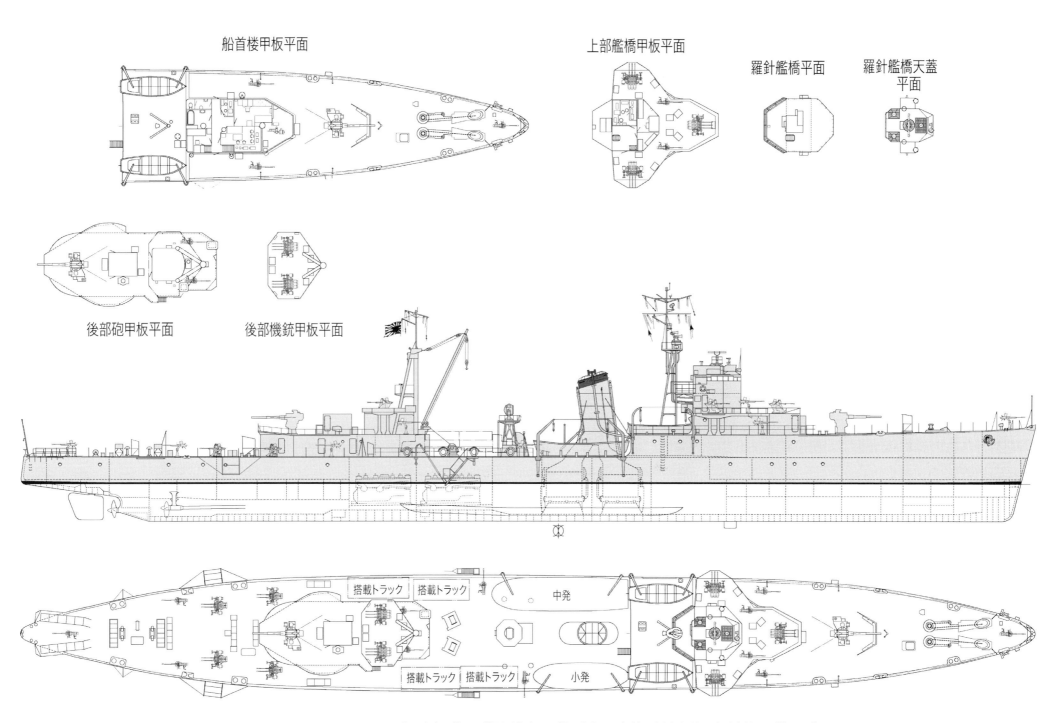

◎八十島に比べて機関が本来の3軸のままで、缶数と配置が異なるため煙突の形状その他は、かなり異なっている。兵装は八十島と同様で、船体形状は原型のままで、原型では40トンの固定バラストを搭載していたが、八十島の場合は改装後の固定バラストは24トンに減少している。改装就役後1か月半で米潜水艦に撃沈されており、せっかくの改装も無駄になってしまった感が強い。

図 7-6-4 [S=1/400]
五百島改装完成図 (S19-6)

五百島・八十島 /Ioshima・Yasoshima

解説 /COMMENT

旧中国巡洋艦寧海、平海については、戦前、外国向け軍艦として建造した最有力艦として知られている反面、公式資料として残されているものはあまり多くなく、これらについては個々の欄の注記で記していたのでここでは割愛する。

[資料] 本型は新造時の播磨造船所に残る公式資料がほとんどなく、また中国側に残る資料もめぼしいものはなく、中国海軍艦艇史に詳しい田村俊夫氏がいろいろ日本側、中国側の資料を収集して発表した記事以上のものは存在しない。

建造時には播磨造船所が当時の艦本の藤本計画主任の協力をあおいだことが記されており、その関係で建造データ等は艦本に提供されていたらしく、戦後の福田啓二元技術中将の個人的データメモ（軍艦基本計画資料 - 今日の話題社 1988）にもちらちら散見される。戦後の＜造工資料＞や米国からの＜返還資料＞には新造時の図面類は全くなく、ただ返還資料に旧海軍がS19になって改装した五百島と八十島の舷外側面、上部平面、各甲板平面図が幾つか残されており、呉の福井資料に含まれている。これらの一部は＜海軍艦艇公式図面集 - 今日の話題社 1992＞に掲載されているが、ディテールはかなりつぶれている。こうした図面類とは別に、福井資料には八十島の改装後復原性能説明書、重心公試成績書も残されており、改装後の排水量に関する貴重なデータとなっている。その意味では五百島の機関計画要領書もまた貴重である。

ちなみに、戦後出版された各種出版物の中で改装後の五百島と八十島の排水量を正しく記載した文献は1冊もなく、福井静夫氏の名で発表された各種写真集でもしかりである。

改装後に海防艦に類別されて命名された五百島は固有島名ではなく、たくさんの島々という意味で八十島の場合も同じく多くの島々を意味する古語。もちろん先代も襲名艦もない。なお、S13ごろ両艦を引き揚げて内地に回航した後に一時、特設巡洋艦として改装計画のあったときに予定艦名としていた御蔵丸と見島丸は、御蔵は後の海防艦に命名されており、見島は日露戦争の戦利艦の一隻、海防戦艦アドミラル・セニャーヴィに命名されていたが、S10に除籍されており、その襲名であった。

重量配分 /Weight Distribution

八十島 /Yasoshima		改造完成 /Convert comp.(単位 t)			
		公試 /Trial	満載 /Full	軽荷 /Light	基準 /St'd
船殻	船 殻	851.57	851.57	851.57	
	甲 鈑				
	防禦材				
	艤 装	181.43	181.43	181.43	
	（合計）	(1,033.00)	(1,033.00)	(1,033.00)	
斉備品	固定斉備品	71.45	71.45	71.45	
	一般斉備品	162.40	218.55	50.00	
	（合計）	(233.85)	(290.00)	(121.45)	
兵器	砲 熕	83.36	85.96	49.94	
	水 雷	16.71	16.71	3.09	
	電 気	48.53	48.57	48.42	
	光 学	1.06	1.06	1.06	
	航 海	1.24	1.24	1.21	
	無 線	（電気に含む）			
	航 空				
	（合計）	(150.90)	(153.54)	(103.72)	
機関	主 機				
	缶 + 煙路煙突				
	補 機	339.27	339.27	339.27	
	諸管 弁等				
	軸系推進器				
	雑				
	缶水その他水	39.48	39.48	0	
	油	0.13	0.13	0	
	（合計）	(378.88)	(378.88)	(0)	
石炭		441.00	661.40	0	
重 油		72.82	109.07	0	
軽質油		0.2	0.3	0	
潤滑油		4.87	7.32	0	
水中聴音機真水		7.3	7.3	0	
予備水		80.91	121.37	0	
固定バラスト		24.90	24.90	0	
復原性液体		0	0	0	
補給物件		85.0	85.0	0	
応急用諸材料		1.0	1.0	0	
不明重量		30.62	30.62	30.62	
マージン / 余裕					
（総合計）		2,545.25	2,905.75	1,653.96	

注 /NOTES 【出典】八十島重心公試成績書

復原性能 /Stability

八十島 /Yasogima		改造完成 /Convert comp. (単位 t)		
		公試 /Trial	満載 /Full	軽荷 /Light
復原性能	排水量 /Displacement (T)	2,545	2,906	1,654
	平均吃水 /Draught,ave. (m)	4.07	4.48	3.00
	トリム /Trim (m)	0	0.19 前	1.25 後
	艦底より重心点の高さ /KG (m)	4.20	4.23	4.76
	重心からメタセンターの高さ /GM (m)	1.34	1.29	0.93
	最大復原挺 /GZ max. (m)	0.77	0.69	0.54
	最大復原挺角度 /Angle of GZ max.	42.4	43.0	40.6
	復原性範囲 /Range (度 /°)	104.0	102.6	83.2
	水線上重心点の高さ /OG (m)	0.13	− 0.25	1.76
	艦底からの浮心の高さ /KB(m)	2.41	2.63	1.80
	浮心からのメタセンターの高さ /BM(m)	3.13	2.89	3.89
	予備浮力 /Reserve buoyancy (T)	3,125	2,764	4,016
	動的復原力 /Dynamic Stability (T・m)	2,146	2,097	807
	船体風圧側面積 / A (㎡)			
	船体水中側面積 / Am (㎡)			
	風圧側面積比 / A/Am (㎡ /㎡)	662.5	618.8	769.6
	公試排水量 /Disp. Trial (T)	2,545		
	公試速力 /Speed (ノット /kts)			
旋回性能	舵型式及び数 /Rudder Type & Qt'y	釣合舵 /Balanced × 1		
	舵面積 /Rudder Area : Ar (㎡)			
	舵面積比 / Am/Ar (㎡ /㎡)			
	舵角 /Rudder angle(度 /°)			
	旋回圏水線長比 /Turning Dia. (m/m)			
	旋回中最大傾斜角 /Heel Ang. (度 /°)			
	動揺周期 /Rolling Period (秒 /sec)			

注 /NOTES
【出典】八十島復原性能説明書 / 八十島重心公試成績書

五百島・八十島 /Ioshima・Yasoshima

艦　歴 /Ship's History (1)

艦　名	五百島
年 月 日	記 事 /Notes
1931(S 6)- 2-22	播磨造船所 (相生) で第 1000 番船、中国軍艦寧海として起工
1931(S 6)-10-10	進水
1932(S 7)- 8-19	竣工
1932(S 7)- 8-25	上海に向け相生を出港
1932(S 7)- 8-30	呉淞で中国海軍に引き渡し
1934(S 9)- 6- 3	東郷元帥国葬参列のため門司入港、儀仗隊のみ陸路先発
1934(S 9)- 6- 7	横浜入港、同 14 日横浜出港、相生に向かう
1934(S 9)- 6-20	播磨造船所で砲煩兵器に伴う電気関係工事を行う、8 月 30 日まで
1937(S12)- 9-22	第 2 及び第 12 航空隊の 92 式艦攻が江陰付近の揚子江上の寧海、平海を水平爆撃、若干の命中弾を
	得る。翌日、同航空隊と第 13 航空隊の 92 式艦攻と 96 式艦爆が加わって、両艦に連続爆撃を行っ
	た結果、両艦とも江岸に擱座炎上。寧海は 60 キロ爆弾 4 が直撃、至近弾 5 より傾斜擱座炎上後
	放棄
1938(S13)- 4-	同月上旬より播磨造船所の手により同艦の引揚作業に着手、浮上後機関を整備して自力で同造船所
	まで回航、6 月 10 日相生に入港、以後同地湾内に係留
1944(S19)- 1-	播磨造船所にて整備改修工事に着手
1944(S19)- 6- 1	五百島と命名、海防艦に類別、呉鎮守府に入籍
1944(S19)- 6-28	播磨造船所での整備改修工事完了、艦長福地秋二予備少佐着任
1944(S19)- 7- 1	横須賀防備隊
1944(S19)- 7- 8	呉着
1944(S19)- 7-10	横須賀着
1944(S19)- 7-22	横須賀発、父島に 7 月 26 日着、29 日同発、8 月 2 日横須賀着、以後修理
1944(S19)- 8-17	館山発船団護衛、21 日母島着、25 日硫黄島着、26 日同島発、29 日横須賀着
1944(S19)- 9-18	横須賀発船団護送で父島に向かう、自身も父島に展開予定の甲標的 1 隻を曳航していたが 19 日
	御前崎の南 60 海里で米潜水艦 Shad(SS-235) の発射した魚雷 4 本中 3 本が命中 0500 に沈没
	艦長以下戦死 18 名、178 名が輸送艦 134 号に救助され父島に入港、曳航中の甲標的は曳航索を
	切り離しため後に回収されて横須賀にもどっている
11944(S19)-11-10	除籍

艦　歴 /Ship's History (1)

艦　名	八十島
年 月 日	記 事 /Notes
1931(S 6)- 6-28	中国上海の江南造船所で中国軍艦平海として起工
1934(S 9)-12-	播磨造船所より主機と缶が到着
1935(S10)- 9-28	進水 (当初予定 S8-10-10)
1935(S10)-10-30	播磨造船所 (相生) に到着、兵装工事を行う
1936(S11)- 6-18	竣工、同日相生を出港し上海に向かう
1937(S12)- 9-22	揚子江江陰付近で寧海等とともに日本海軍航空隊の艦爆、艦攻の爆撃を受け、翌日の攻撃で江岸に
	擱座、炎上放棄。直撃 60kg 爆弾 6、至近弾 10(寧海の項参照)
1938(S13)- 3 -	日本海軍により引揚げ工事を実施、約 1 か月で浮揚に成功、上海経由佐世保に曳航、以後同地で海兵
	団の宿舎として使用
1944(S19)- 1- 4	平海を呉に回航するために必要な船体、機関の整備をなし、曳航準備工事を可能な限り速やかに実施
	しすべしとの訓令あり
1944(S19)- 2- 7	香椎に曳航されて呉着、以後呉工廠で復旧改修工事
1944(S19)- 6- 1	八十島と命名、海防艦に類別
1944(S19)- 6-10	呉鎮守府に入籍、警備海防艦
1944(S19)- 6-15	工事完成、艦長松村総一郎予備少佐着任
1944(S19)- 6-25	横須賀防備隊
1944(S19)- 7- 3	館山発船団護送、八丈島、父島経由、14 日長浦着 (横須賀)
1944(S19)- 7-21	館山発船団護送、父島経由、8 月 2 日横須賀着
1944(S19)- 8-17	館山発船団護送、父島、硫黄島経由、29 日横須賀着、この船団護送で五百島と最初にして最後
	の同航が実現
1944(S19)- 9- 2	館山発船団護送、八丈島、父島経由、13 日横須賀着
1944(S19)- 9-25	2 等巡洋艦に類別、警備海防艦の役務を解く、呉鎮守府入籍軍艦八十島となる
1944(S19)- 9-29	横須賀防備隊より転出
1944(S19)-10-15	佐世保工廠で第 1 輸送戦隊旗艦に就くための改装工事着手、11 月 5 日完成
1944(S19)-11-15	佐世保発 2 等輸送艦 113 号、142 号、161 号とともに輸送任務でマニラに向かう
1944(S19)-11-25	マニラ沖のサンタクルス南方で 0800 ごろより米空母機の数度にわたる空襲をうけ艦尾に魚雷が
	命中、戦闘 2 時間ほどで沈没、子隊の輸送艦も全て撃沈される、艦長以下 43 が救助。
1945(S20)- 1-10	除籍

347

第8部/Part 8

◎ 巡洋艦関連砲熕、魚雷兵器のデータ、図解資料

紙面の関係で本篇掲載の巡洋艦関連兵器に限定、その他に関しては第1巻「戦艦・巡洋戦艦」篇を
参照されたい。また重複分については割愛してあるので了承いただきたい。

———————————————— 目　次 ————————————————

□ 砲身データ一覧 ————————————————————352

□ 砲塔・砲架一覧 ————————————————————355

□ 砲熕兵器資料 —————————————————————358

□ 魚雷兵器資料 —————————————————————376

　日本海軍創設以来の制式魚雷一覧 ———————————— 376

　日本海軍主要制式魚雷の姿図 ——————————————378

　主要制式魚雷発射管外形略図及びデータ —————————380

　巡洋艦装備魚雷発射管詳細図 ——————————————385

□ 日本海軍巡洋艦図解年表 ———————————————391

□ 日本海軍巡洋艦艦型比較 ————————————————398

□ 索引 ————————————————————————410

砲身データ一覧 (1/5)

類別 /Classification	38口径32cm砲	克式26 -21cm砲			安式25cm砲			安式45口径20cm砲		
一般呼称 /Designation	38口径加式32cm砲	35口径克式26cm砲	35口径克式24cm砲	35口径克式21cm砲	32口径安式25cm砲	27口径安式25cm砲	40口径安式25cm砲	45口径安式20cm砲	45口径呉式20cm砲	45口径安式20cm砲
型名 /Suffix No.							I	I	III	IV
外型 /Gun housing type	加式	克式	克式	克式	安式	安式	安式	安式	安式	安式
尾栓型式 /Breechblock type	加式	克式	克式	克式	安式	安式	安式	安式	呉式	安式
実口径 /Actual bore (mm)	320	260	240	209.3	254	254	254	203.2	203.2	203.2
砲身長 /Gun length(m)(口径 /Cal.)	12.161 (38)	8.32 (35)	7.68 (35)	6.72 (35)	7.62 (32)	6.542 (27)	10.249 (40)	9.487 (45)	同左	同左
砲全長 /Length OA (m)	12.777	9.100	8.400	7.330	8.030	6.921		9.399	同左	同左
弾程 /Travel of projectile (m)							8.825	7.92	同左	同左
薬室容量 /Chamber volume (l)							98	53.3	同左	同左
腔腔断面積 /Bore cross sect.(cm²)							5.42	3.32/3.29	同左	3.32/3.31
砲身重量 /Gun weight (t)	66.00	27.70	20.85	13.50	24.516	25.400	31.000	19.710	同左	同左
施条本数 /No. of grooves	96	60	56	56		24	42	32	同左	48
施条纏度 /Twist(1回転 / 口径)	①	25口径にて1回転	25口径にて1回転	25口径にて1回転		砲口45口径 砲尾150口径	30口径	30口径	同左	28口径
深さ /Depth (mm)	1.6	1.75	1.5			0.64	2.03/1.52	2.05/1.27	同左	1.78/1.40
溝幅 /Lands (mm)	3.0	9.6	9.4	9.4		11.6		12.7	同左	
最大膅圧 /Max. pressure (kg/mm²)								24.77		
初速 /Muzzle velocity (m/sec)	650	580	530	530	617/533	560/492	700	808/756	同左	同左
砲口威力 /Muzzule energy (t・m)	9.690	3.987	3.018	2.004		1.902		3.171		
命数 /Life (発 /rounds)								538		
砲身構造 /Type of construction	層成式					層成式	鋼線式	鋼線式	鋼線式	鋼線式
初砲製造年 /Manufact. year	1891	1885	1885	1884	1883	1882	1904	1902	1906	1903
製造所 /Manufactry	仏Scheider社	独Krupp社	独Kurpp社	独Kurpp社	英Armstrong社	英Armstrong社	英Armstrong社	英Armstrong社	呉海軍工廠	英Armstrong社
製造数 /No. of production	3	4	4							
徹甲弾 AP 弾長 /Shell length (mm)	1,120	3.5口径		3.5口径	3.0口径	2.7口径		633.7(1号徹甲弾)	同左	同左
徹甲弾 AP 弾重 /Shell weight (kg)	450	274	215	140	204.0	181		113.4	同左	同左
徹甲弾 AP 炸薬量 /Charge weight(kg)	6.2	3.2	2.6	2.1	3.75	1.8		3.792	同左	同左
通常弾 弾長 /Shell length (mm)	1,120	4口径		4口径	3.2口径	3.2口径		771.4(鍛鋼榴弾)		
通常弾 弾重 /Shell weight (kg)	350	274	215	140	181.44	181	222.797	113.4	同左	同左
通常弾 HE 炸薬量 /Charge weight(kg)	14.0	9.3	6.9	5.6	9.2	9.2		11.550	同左	同左
常装薬量薬種 /Charge weight(kg)	強装89+131 弱装80×2②	43.2×2 褐色六稜薬	34×2 褐色六稜薬	22×2 褐色六稜薬	強装104.308 弱装68	63.5 礫薬	41.1 MD紐状火薬	27.3 MD紐状火薬	同左	同左
薬嚢数 /No. of powder bags	2	2	2	2		2	2	2	同左	同左
搭載艦	三景艦(各×1) ①砲口、放物線 砲尾、斉等5°18'18" ②PB火薬	浪速、高千穂(各×2)	畝傍(×4)	済遠(×2)	和泉(×2)	筑紫(×2)	春日(×1)	浅間型 出雲型(各×4) 高砂 千歳型 阿蘇(各×2)	日進(換装後)	春日 日進 八雲 吾妻(春日以外各×4)

砲身データ一覧 (2/5)

類別 /Classification		50口径3年式20cm砲及び同2号砲		克式17cm砲				克式15cm砲			
一般呼称 /Designation		50口径3年式20cm砲	左同2号砲	60口径15.5cm砲	25口径克式17cm重砲	25口径克式17cm軽砲	克式17cm砲80年前式	35口径克式15cm砲	25口径克式15cm重砲	克式15cm砲80年前式	克式15cm砲80年前式
砲身名称	型名 /Suffix No.	①	②								
	外型 /Gun housing type	3年式	3年式		克式	克式	克式	克式	克式	克式	克式
	尾栓型式 /Breechblock type	3年式	3年式	未付与?	克式	克式	克式	克式	克式	克式	克式
砲身寸法・重量	実口径 /Actual bore (mm)	200	203.2	155	172.6	172.6	172.6	149.1	149.1	149.1	149.1
	砲身長 /Gun length(m)(口径/Cal.)	10.00 (50)	10.00 (50)	9.30(60)	3.765 (25)	3.78 (25)	3.78 (25)	4.808 (35)	3.380(25)	2.680 (20)	3.430(25)
	砲全長 /Length OA (m)	10.503	10.503	9.615	4.250	4.250	4.250	5.220	3.750	3.000	3.850
	弾程 /Travel of projectile (m)	8.64	8.652	8.172							
	薬室容量 /Chamber volume (l)	66.0	68.0	38.0							
	腔腔断面積 /Bore cross sect.(cm²)	3.21	3.327	1.94							
	砲身重量 /Gun weight (t)	17.80	17.80	12.70	6.10	5.60	5.60	4.770	3.950	2.250	4.000
施条	施条本数 /No. of grooves	48	48	40	40	42	42	36	36	36	36
	施条纏度 /Twist(1回転/口径)	28口径	5.6mに1回転	28口径			45口径	25口径	25口径		45口径
	深さ /Depth (mm)	2.0	2.28	1.80	1.5	1.75		1.5	1.5		
	溝幅 /Lands (mm)				10	10	9.4	9.5	9.5	9.7	8.5
砲性能	最大腔圧 /Max. pressure (kg/mm²)	28.78	30.17	34.0							
	初速 /Muzzle velocity (m/sec)	875	840	920	475	450	460	560/492	580	475	530
	砲口威力 /Muzzule energy (t・m)	5.86	6.57	2.413				1.902	0.587	0.295	0.458
	命数 /Life (発/rounds)	302	279	258							
製造	砲身構造 /Type of construction	半鋼線式	半鋼線式 層成内筒自緊式	層成内筒自緊式							
	初砲製造年 /Manufact. year	1925	1930	1936	1886	1885	1877	1885	1884	1877	
	製造所 /Manufactry	呉海軍工廠	呉海軍工廠	呉海軍工廠	独Kurpp社	独Kurpp社	独Kurpp社	独Kurpp社	独Kurpp社	独Kurpp社	独Kurpp社
	製造数 /No. of production				6	3.5口径	10	16	1	14	10
弾薬	徹甲弾 AP 弾長 /Shell length (mm)	760(88式)	906.2(91式)	677.8(91式)	3.5口径	78	2.8口径	3.5口径	3.5口径	2.8口径	2.8口径
	徹甲弾 AP 弾重 /Shell weight (kg)	110	125.85	55.87	78	1.15	60	51	51	39	39
	徹甲弾 AP 炸薬量 /Charge weight(kg)	2.836	3.10	1.152	1.15	4口径	1.4	0.8	0.8	0.39	0.39
	通常弾 HE 弾長 /Shell length (mm)			651.8(零式)	4口径	78	2.8口径	4口径	4口径	2.8口径	2.8口径
	通常弾 HE 弾重 /Shell weight (kg)	110	125.85(91式)	55.87	78	3.1	51	51	51	31.5	31.5
	通常弾 HE 炸薬量 /Charge weight(kg)	8.144	8.144	3.311	3.1	18 褐色六稜薬2号	3.7	1.6	1.6	1.75	1.75
	常装薬量薬種 /Charge weight(kg)	34.32 80C2	35.50 53DC	19.50 36DC2	23 褐色六稜薬2号		12.5 黒色七孔六稜薬	17 褐色六稜薬2号	15 褐色六稜薬2号	5.0 黒色七孔六稜薬	9.0 褐色六稜薬
	薬嚢数 /No. of powder bags	2	2	1							
搭載艦		古鷹 青葉型(各×6) 妙高型(各×10)	高雄型(各×10) 最上型換装後(各×10) 利根型(各×8)、妙高型換装後(各×10)、古鷹 青葉型換装後(各×6) 伊吹(×10)	最上型(各×15) 大淀(×6)	葛城型(各×2)	天龍(×1)	金剛型(各×3) 天城 海門(各×1)	浪速型(各×6) 高雄(×4) 済遠(×1)	天龍(×1)	金剛型(各×6) 清輝(×1) 天城(×1)	筑波(×2換装後)

砲身データ一覧 (3/5)

類別 /Classification		克式 12cm 砲			その他克式砲			50-45 口径 15cm 砲			
	一般呼称 /Designation	35口径克式12cm砲	25口径克式12cm重砲	克式12cm砲80年前式	旧式長8cm克砲	新式7.5cm克式野砲	克式16cm前装砲	50口径41式15cm砲	45口径41式15cm砲	45口径克式15cm砲	45口径露式15cm砲
砲身名称	型名 /Suffix No.							Ⅲ	Ⅸ Ⅹ	Ⅵ	Ⅺ
	外型 /Gun housing type	克式	克式	克式	克式	克式	克式	毘式	毘式	毘式	露式
	尾栓型式 /Breechblock type	克式	克式	克式	克式	克式	克式	41式	41式	毘式	露式
砲身寸法・重量	実口径 /Actual bore (mm)	120.0	120.0	120.0	78.85	75.0	160.0	152.4	152.4	152.4	152.4
	砲身長 /Gun length(m)(口径 /Cal.)	3.87 (35)	2.675 (25)	2.602 (25)	(25)	(13)		7.620 (50)	6.624 (45)	6.858 (45)	6.627 (45)
	砲全長 /Length OA (m)	4.20	3.000	2.925	1.936	0.975		7.876	7.181	7.113	6.827
	弾程 /Travel of projectile (m)							6.67	6.08/6.16	6.09	5.53
	薬室容量 /Chamber volume (l)							26.14	24.37/24.5	24.717	21.7
	膅腔断面積 /Bore cross sect.(c㎡)							186	186/187	186	186
	砲身重量 /Gun weight (t)	2.29	1.950	1.40	0.235	0.105		8.360	8.200	7.443	5.79
施条	施条本数 /No. of grooves	32	32	32	12	24		42	42	58	38
	施条纏度 /Twist(1 回転 / 口径)			40口径				30口径	30口径	30口径	31.86口径
	深さ /Depth (mm)	1.5	1.5	1.5	1.35	1.30		1.27	1.27/1.65	1.27	1.08
	溝幅 /Lands (mm)	8.5	8.5	9.5	13.0	7.0					
砲性能	最大膅圧 /Max. pressure (kg/㎟)							28.70	26.90		
	初速 /Muzzle velocity (m/sec)	530	475	455	340	292		855	825	825	
	砲口威力 /Muzzule energy (t・m)	0.372	0.299	0.215							
	命数 /Life (発 /rounds)							367			
製造	砲身構造 /Type of construction							三層加圧	普通鋼半鋼線式	普通鋼半鋼線式	
	初砲製造年 /Manufact. year	1889	1887	1877	1877	1880		1913		1906	
	製造所 /Manufactry	独 Kurpp 社	独 Kurpp 社	独 Kurpp 社	独 Kurpp 社	独 Kurpp 社	独 Kurpp 社	呉海軍工廠・日本製鋼所	呉海軍工廠	英 Vickers 社	露海軍工廠
	製造数 /No. of production	1	16	24	14	16					
弾薬 徹甲弾 AP	弾長 /Shell length (mm)	3.5 口径	3.5 口径	2.8 口径					481	481	
	弾重 /Shell weight (kg)	26	26	20					45.3	45.3	
	炸薬量 /Charge weight(kg)	0.40	0.40	0.25					1.875	1.875	
通常弾 HE	弾長 /Shell length (mm)	4 口径	4 口径	2.8 口径				587.2(零式)	571	571	
	弾重 /Shell weight (kg)	26	26	16.4	4.13	4.10	26.1	45.36	45.3	45.3	
	炸薬量 /Charge weight(kg)	0.80	0.80	1.80	0.17	0.10	1.5	4.070	4.80	4.80	
	常装薬量薬種 /Charge weight(kg)	9.0 褐色六稜薬 2 号	9.0 褐色六稜薬 2 号	4.0 黒色七孔六稜薬	0.5 中粒	1.0 大粒	3.0	12.46 50C2	12.0 50C2	12.0 50C2	
	薬嚢数 /No. of powder bags							1	1	1	薬英式
搭載艦		高雄 (×1)	葛城型 (各 ×5)	天城 (×6) 海門 (×6) 天龍 (×4)	短艇搭載野戦砲	短艇搭載野戦砲	浅間 (×5) 筑波 (×8)	阿賀野型 (各 ×6)	利根 (×2) 筑摩型 (各 ×8)	阿蘇 (×8)	宗谷 (×12)

砲身データ一覧 (4/5)

類別/Classification	40口径15cm砲		50口径14cm砲	40口径12cm砲	50口径8cm砲	40口径8cm砲		山内(保)式6-5cm速射砲		
砲身名称 一般呼称/Designation	40口径安式15cm砲	40口径安式15cm砲	50口径3年式14cm砲	40口径安式12cm砲	50口径露式8cm砲	40口径安式8cm砲	40口径41式8cm砲	山内(保)式6cm	山内(保)式5cm	山内(保)式短5cm
型名/Suffix No.	I (1号)	III (2、3号)	III	I		I	III	I / II	I / II	I / II
外型/Gun housing type	安式	安式	3年式	安式	露式	安式	41式	保/山内式	保/山内式	保/山内式
尾栓型式/Breechblock type	安式	安式	3年式	安式	露式	安式	41式	保式	保式	保式
砲身寸法・重量 実口径/Actual bore (mm)	152.4	152.4	140.0	120.0	75.0	76.2	76.2	57.0	47.0	47.0
砲身長/Gun length(m)(口径/Cal.)	6.096 (40)	6.096 (40)	6.999 (50)	5.271 (40)	3.616 (50)	3.048 (40)	3.048 (40)	2.280 (40)	1.881 (40)	1.410 (30)
砲全長/Length OA (m)	6.331	6.331	6.235	5.400	3.750	3.139	3.139	2.480	2.048	1.558
弾程/Travel of projectile (m)	5.35	5.35	6.05	4.39		2.65	2.65	2.03	1.54	1.32
薬室容量/Chamber volume (l)		15.3	25.0	4.90	3.58	2.10	2.10	0.780	0.720	0.200
腔腔断面積/Bore cross sect.(cm²)	186	186	157	116		47	47	25.9	17.8	17.8
砲身重量/Gun weight (t)	5.283	5.842	5.475	2.692	0.952	0.610	0.610	0.360	0.220/0.230	0.120/0.127
施条 施条本数/No. of grooves	28	24	42	22	18	16	24	24	20	20
施条纏度/Twist(1回転/口径)	30口径	29.1口径	28口径	28口径	29.89口径	30口径	28口径	25/29.9口径	22/22.4口径	22.4/30口径
深さ/Depth (mm)	1.27	1.30	1.40	1.02		1.00	1.00	0.30	0.40	0.40
溝幅/Lands (mm)		5.58							5.85	5.85
砲性能 最大腔圧/Max. pressure (kg/mm²)							18.0			
初速/Muzzle velocity (m/sec)	670	700	850	783	823	680	680	550	610	450
砲口威力/Muzzule energy (t・m)		1.130				132		49.9	28	12
命数/Life (発/rounds)	330	330	315	440		730	634		1,230	1,230
製造 砲身構造/Type of construction	層成式	鋼線式	層成式	層成式				単肉加圧式	単肉加圧式	単肉加圧式
初砲製造年/Manufact. year			1914							
製造所/Manufactry	英安社 呉海軍工廠	英安社 呉海軍工廠	呉海軍工廠	英安社 呉海軍工廠	露海軍工廠	英安社 呉海軍工廠	呉工廠 日本製鋼所	仏保社 呉海軍工廠	仏保社 呉海軍工廠	仏保社 呉海軍工廠
製造数/No. of production										
弾薬 徹甲弾 弾長/Shell length (mm)	481	481	552.7	347		249		3.7口径	3.5口径	2.8口径
徹甲弾 弾重/Shell weight (kg)	45.3	45.3	38.0	20.413		5.72		2.720	1.500	1.115
AP 炸薬量/Charge weight(kg)	1.875	1.875	2.010	0.80		0.142		0.085	0.050	0.045
通常弾 弾長/Shell length (mm)	571	571	552.7	435		286	290	3.7口径	3.7口径	2.7口径
通常弾 弾重/Shell weight (kg)	45.3	45.3	38.0	20.413		5.72	5.67	2.720	1.500	1.085
HE 炸薬量/Charge weight(kg)	4.80	4.80	2.776	1.942		0.270	0.567	0.115	0.060	0.045
常装薬量薬種/Charge weight(kg)	6.85 紐状火薬	6.85 紐状火薬	10.22 40C2	3.764 紐状火薬		0.95 紐状火薬	0.90 20C2	0.295 10C2	0.250 10C2	0.200 10C2
薬嚢数/No. of powder bags	薬莢式	薬莢式	1	薬莢式	薬莢式	薬莢式	薬莢式	薬莢式	薬莢式	薬莢式
搭載艦	吉野 秋津洲 (各×4)	浅間型、出雲型、春日、日進 (各×14) 明石、須磨 (各×2) 新高型 (各×6 音羽のみ×2) 浪速型、和泉 (換装後各×8) 津軽 (換装後×10) 橋立 (換装後×4)	天龍型 (各×4)① 5,500トン型 (各×7) 夕張 (×6) 香取型 (各×4) ①天龍のみⅣ型砲身	三景艦 (各×10-11) 吉野 (×8)、高砂 千歳型 (各×8)、須磨型 (各×6)、音羽 (×6)、八重山 龍田 宮古 千早 淀 最上 鈴谷 (各×2) 利根 (×8 利根のみⅡ型砲身 41式12cm砲を搭載)	葛城型 (換装後各×4)	浅間 出雲型 (各12) 春日 日進 高砂 千歳型 (各10) 新高型 (各8 音羽のみ4) 千早 (4) 阿蘇 (16) 宗谷 (10) 姉川 満州 (2) その他略 以下はⅡ型砲身、呉式尾栓の1号8cm砲を装備 淀 最上 (各2) 鈴谷 (4)	筑摩型 (各×4) 利根 (×2) 津軽 (×12)	五十鈴 名取 鬼怒 阿武隈 川内型 (各×2) (以上礼砲用)	浪速 (10) 吉野 (22) 須磨型 (各6) 高砂 千歳型 (各6) 新高 対馬 (2) 秋津洲 (4) 浪速型 (各2) 須磨型 (各2) 筑紫 (4) 金剛型 (各2) 八重山 (6) 宮古 (6) 天城 (2) 阿蘇 (2) 宗谷 (2) 姉川 (2) 以下は礼砲用 天龍型 球磨型 長良 由良 (各2)	浅間 出雲型 (各8) 春日 日進 (各6) 高砂 千歳型 (各6) 新高 対馬 (各6) 秋津洲 龍田 (4) 浪速型 (各2) 須磨型 (各6) 以下は礼砲用 夕張 (2)

砲身データ一覧 (5/5)

類別 /Classification		高 角 砲							
	一般呼称 /Designation	40口径89式12.7cm砲	45口径10年式12cm砲	65口径98式10cm砲	60口径98式8cm砲	40口径3年式8cm砲			
砲身名称	型名 /Suffix No.	I	IX	I 2	I 2	VIII			
	外型 /Gun housing type		特	特	特	3年式			
	尾栓型式 /Breechblock type	89式	10年式	98式	98式	3年式			
砲身寸法・重量	実口径 /Actual bore (mm)	127.0	120.0	100.0	76.2	76.2			
	砲身長 /Gun length(m)(口径 /Cal.)	5.080 (40)	5.400 (45)	6.500 (65)	(60)	3.203 (40)			
	砲全長 /Length OA (m)	5.284	5.604	6.730	4.777				
	弾程 /Travel of projectile (m)	4.55	4.74	5.75	4.1265	2.66			
	薬室容量 /Chamber volume (l)	9.0	10.774	10.5	3.5	2.10			
	膛腔断面積 /Bore cross sect.(㎠)	130	116	81	47	47			
	砲身重量 /Gun weight (t)	3.102	2.910	3.053	1.317	0.685			
施条	施条本数 /No. of grooves	36	34	32	24	24			
	施条纏度 /Twist(1 回転 / 口径)	28口径	28口径	28口径	28口径	28口径			
	深さ /Depth (mm)	1.30	1.45	1.25	1.02	1,02			
	溝幅 /Lands (mm)	6.63	6.69	5.65		5.90			
砲性能	最大膛圧 /Max. pressure (kg/㎠)	25.0	26.5	30.0	30.0	21.6			
	初速 /Muzzle velocity (m/sec)	720	825	1,000	980	680			
	砲口威力 /Muzzule energy (t・m)	608	709	663	259	137			
	命数 /Life (発 /rounds)	1,000	900	350	600	1,500			
製造	砲身構造 /Type of construction	単肉加圧式	2 層加圧式	単肉加圧式	単肉加圧式	単肉加圧式			
	初砲製造年 /Manufact. year	1931	1916	1940	1940	1916			
	製造所 /Manufactry	呉工廠 日本製鋼所	呉工廠 日本製鋼所	呉海軍工廠	呉海軍工廠	呉工廠 日本製鋼所			
	製造数 /No. of production	1,306	2,152	169	28	825			
弾薬 徹甲弾 AP	弾長 /Shell length (mm)								
	弾重 /Shell weight (kg)								
	炸薬量 /Charge weight(kg)								
弾薬 通常弾 HE	弾長 /Shell length (mm)	436.8(971 薬英含)	406(1.068 薬英含)	413.3(1.163 薬英含)	324(769 薬英含)	321.9(711 薬英含)			
	弾重 /Shell weight (kg)	23.0(34.0 〃)	20.68(33.5 〃)	13.0(28.2 〃)	5.99(11.9 〃)	5.99(9.60 〃)			
	炸薬量 /Charge weight(kg)	1.736	1.687	0.948	0.380	0.407			
	常装薬量薬種 /Charge weight(kg)	4.00 21DC	5.21 35C2	5.83	1.95	0.927 20C2			
	薬嚢数 /No. of powder bags	薬英式	薬英式	薬英式	薬英式	薬英式			
搭載艦		妙高型 (換装後各 ×8)　高雄型 (鳥海以外換装後各×8)　最上 利根型 伊吹 (各 ×8)　香取型 (各 ×2)　5,500 トン型 (換装後各×1-3 特定艦のみ)	古鷹型 (換装後各 ×4)　青葉型 (各 ×4)　妙高型 (各 ×6)　高雄型 (各 ×4)　五百島 八十島 (各 ×2)	大淀 (×8)	阿賀野型 (各 ×4)	天龍型 (各 ×1)　5,500 トン型 (各 ×2)　古鷹型 (各 ×4)　筑摩型 利根型 (換装後各×2)　浅間型 出雲型 八雲 吾妻 春日 日進 千歳 新高 対馬 津軽 阿蘇 (換装後各 ×1)			

砲塔 砲架データ一覧 (1/4)

類別 /Classification		露 砲 塔					機 動 砲 塔				
一般呼称 /Designation		加式 32cm 砲	克式 26cm 連装砲	克式 21cm 連装砲	27口径安式 25cm 砲	32口径安式 25cm 砲	安式 25cm 単装砲	安式 20cm 連装砲	3年式 20cm 単装砲	3年式 20cm 連装砲	
型式 /Type									A	C	D
砲塔・砲架機能	最大仰角／俯角 /Elevation(度 /deg.)	+10/- 4					+35/−5	+15/−5 (+25/−5 日進 春日)	+25/−5	+40/−5	+40/−5
	最大射程／射高 /Max. range /Altit.(m)	8,000(有効射程)	12,200(有効射程)	8,300(有効射程)	8,000(有効射程)		19,000	15,000	21,200	25,500	25,500
	発射速度 /Rate of fire (発 / 分 min)	約 5 分に 1 発						1	3～5	3	3
	装填秒時 /Loading time(sec)									4	4
	旋回速度 /Train sp.(度 deg/sec)									6	6
	俯仰速度 /Elevation sp.(度 deg/sec)										
	装填方式 /Loading position	+5°固定機力装填						−5°～ +9°人力装填	全角自由機力装填		+5°固定機力装填
	揚弾薬速度 /Proj. lift up sp.(個 /min)							6			
	操作人員数 /No. of operators	5(露砲塔内)		19	11			16	13(砲室) 7-8(給弾薬室)		
	1 砲塔弾丸定数 /Shell fixed no. at G.H.	60	100		50		100	200	120	240	240
砲塔砲架寸法	バーベット直径 /Barbette dia. (m)							5.029(内径)	3.05(内径上端)		
	ローラーパス直径 /Roller path dia.(m)								3.70	4.826	4.826
	砲身間隔 /Barrel interval (m)							1.828		1.84	1.84
	砲身退却長 /Recoil length (m)	1.3-1.4									
原動機	水圧原動機 /Hydraulic motor										
	旋回動力 /Training actuator	水圧	水圧	水圧	水圧	水圧	水圧 電動	電動	電動 14HP	電動 油圧	電動 油圧
	俯仰動力 /Elevating actuator	水圧	水圧	水圧	水圧	水圧	水圧 電動	電動	電動 8HP	電動	電動
	駐退推進機構 /Recoil actuator								空気推進 油圧駐退	空気推進 油圧駐退	空気推進 油圧駐退
楯部装甲厚	前楯 /Front (mm)						150	152	50	25	25
	側面 /Side (mm)	110(照準者防禦)					102	152	6.4	6.3	25
	後面 /Rear (mm)						50	152	6.4	6.4	25
	天蓋 /Roof (mm)	50					25,4	25.4	19	6.3	25
	床面 /Floor (mm)								6.4-19	19	19
	バーベット /Barbette (mm)	300(露砲塔)					152	152			
砲塔・砲架各部重量	旋回部 /Revolving weight (t)	176							57.2	150.47	151.028
	砲身 /Barrel weight (t)						31.00		17.8	35.6	35.862
	俯仰部 /Elevating weight (t)								8.2	9.0	19.09
	旋回部 /Training weight (t)										31.549
	楯部 /Shield armor weight (t)										31.703
	砲架 /Mount weight (t)										
製造	製造所 同年度 / Manuf. & year	仏 Schneider 社 1891	英 Armstrong 社 1885	独 Kurpp 社 1882	英 Armstrong 社 1883	英 Armstorong 社 1884	伊 Ansaldo 社 1904	英 Armstrong 社 1902	呉 工廠 1925	横須賀 工廠 1927	呉 横須賀 工廠 1928
	製造数 /Production no.	3						15	12	6	20
	搭載艦 /Loaded ships	三景艦	浪速型	済遠	筑紫	和泉	春日	浅間型 出雲型 八雲 吾妻 (春日 日進は装甲厚異なる)	古鷹型	青葉型	妙高型

砲塔 砲架データ一覧 (2/4)

類別 /Classification	機動砲塔							円錐砲座砲		
一般呼称 /Designation	3年式20cm連装砲				15.5cm3連装砲	41式15cm連装砲	3年式14cm連装砲	45口径 安20cm砲	45口径 41式15cm砲	40口径 安式15cm砲
型式 /Type	E	最上型換装砲塔	E2	E3	A		A			高脚上甲板砲
最大仰角 / 俯角 /Elevation(度 /deg.)	+70/-5 (+55/-5)	+55/-5	+55/-5	+55/-5	+55/-7	+55/-5	+30/-7	+15/-5	+18/-7	+16/-7
最大射程 / 射高 /Max. range /Altitu.(m)	28,900/15,000	28,900	28,900	28,900	27,400	21,000	19,000	15,000	12,000	10,000
発射速度 /Rate of fire (発 / 分 min)	3	3	3	3	5	6	10			7/8
装填秒時 /Loading time(sec)										
旋回速度 /Train sp.(度 deg/sec)	4	4	4	4	6	10	4			
俯仰速度 /Elevation sp.(度 deg/sec)	6	6	6	6	10	6	6			
装填方式 /Loading position	+5°固定機力装填	+5°固定機力装填	+5°固定機力装填	+5°固定機力装填	+7°固定機力装填	+7°固定人力	人力	人力	人力	人力
揚弾薬速度 /Proj. lift up sp.(個 /min)	10 (ツルベ式油圧)	10(ツルベ式油圧)	10(ツルベ式油圧)	10(ツルベ式油圧)						
操作人員数 /No. of operators	22				23	18(砲室) 13(給弾薬室)		12	9	8
1 砲塔弾丸定数 /Shell fixed no.	240	240	240	240	480	300	300			
バーベット直径 /Barbette dia. (m)	5.790	5.790		5.790	5.710	4.200	1.500			
ローラーパス直径 /Roller path dia.(m)	5.030	5.030	5.710	5.030	5.710	4.200	1.500			
砲身間隔 /Barrel interval (m)	1.900	1.900	1.900	1.900	1.550	1.500	0.790			
砲身退却長 /Recoil length (m)							0.381-0.388	0.508	0.429	0.381
水圧原動機 /Hydraulic motor										
旋回動力 /Training actuator	電動 50HP	電動 50HP	電動 50HP	電動 50HP	電動	電動	電動	電動	電動 / 人力	電動 / 人力
俯仰動力 /Elevating actuator	電動 油圧	電動 油圧	電動 油圧	電動 油圧	電動 油圧	電動	電動	電動	人力	人力
駐退推進機構 /Recoil actuator	空気推進 油圧駐退	空気推進 油圧駐退	空気推進 油圧駐退	空気推進 油圧駐退	空気推進 油圧駐退		油圧発条式	油圧発条式	油圧発条式	油圧発条式
前楯 /Front (mm)	25	25	25	25	25	18	50	101	114	76.2
側面 /Side (mm)	25	25	25	25	25			32	32	
後面 /Rear (mm)	25	25	25	25	25					
天蓋 /Roof (mm)	25	25	25	25	25					
床面 /Floor (mm)	25	25	25	25	25					
バーベット /Barbette (mm)										
旋回部 /Revolving weight (t)	160		170	177	177.60	72	36.480		17.884	15.800
砲身 /Barrel weight (t)					37.692		10.950		7.400	6.680
俯仰部 /Elevating weight (t)										
旋回部 /Training weight (t)										
楯部 /Shield armor weight (t)					21.300		2.110		1.180	4.557
砲架 /Mount weight (t)					118.608		14.890		8.896	4.225
製造所 同年度 / Manuf. & year	呉 横須賀工廠 1931	呉工廠 1938	横須賀工廠 1938	呉工廠 1937	呉工廠その他 1934	佐世保工廠 1942	佐世保工廠 1923	英 Armstrong 社	佐世保工廠	英安社 呉工廠
製造数 /Production no.	20	20	6	8	20+	12	16+			
搭載艦 /Loaded ships	高雄型 (摩耶以外) (摩耶以外は +55/-5 に改修)	最上型 (換装後)	古鷹型 (換装後)	利根型	最上型 大淀 (原型は +75/-10)	阿賀野型	夕張 香取型	高砂 千歳型	利根 筑摩型	(砲身の項参照)

砲塔 砲架データ一覧 (3/4)

類別 /Classification		円錐砲座砲							高角砲		
	一般呼称 /Designation	40口径 安式15cm砲	50口径 3年式14cm砲	50口径 3年式14cm砲	40口径 安式12cm砲	40口径 安式8cm砲	山内(保)式5cm砲	山内(保)式短5cm砲	89式12.7cm連装砲	89式12.7cm単装砲	98式10cm連装砲
	型式 /Type	ケースメイト装備砲	D型	D4型					A型	B型	A型改1
砲塔・砲架機能	最大仰角/俯角 /Elevation(度 /deg.)	+15/-5	+25/-7	+25/-7	+20/-7	+20/-10	+25/-15	+20/-15	+90/-8	+75/-10	+90/-10
	最大射程/射高 /Max. range /Altitu.(m)	10,000	16,000	16,000	8,500	7,000	5,000	3,000	15,200/8,100	15,600/10,400	18,700/13,300
	発射速度 /Rate of fire (発 / 分 min)	7/8	10	10	10	15	20	20	14-16	10-11	19-21
	装填秒時 /Loading time(sec)								4.2		
	旋回速度 /Train sp.(度 deg/sec)		3	3					6	15	16
	俯仰速度 /Elevation sp.(度 deg/sec)		8	8					12	8	16
	装填方式 /Loading position	人力	人力	人力	人力	人力	人力	人力	人力	人力	半自動(機力)
	揚弾薬速度 /Proj. lift up sp.(個 /min)								12		
	操作人員数 /No. of operators	8	8	8	8	5	4	4	11		
	1砲塔弾丸定数 /Shell fixed no.		120	120	150	200	400	400	400	200	400
砲塔砲架寸法	バーベット直径 /Barbette dia. (m)								3.300(操作半径)		
	ローラーパス直径 /Roller path dia.(m)								2.280	1.160	2.23
	砲身間隔 /Barrel interval (m)								0.680		0.660
	砲身退却長 /Recoil length (m)	0.381	0.381/0.388	0.381/0.388	0.203	0.305	0.068	0.090	0.450/0.460	0.490/0.510	0.500
原動機	水圧原動機 /Hydraulic motor										
	旋回動力 /Training actuator	電動 / 人力	電動 / 人力	電動 / 人力	人力	人力	人力	人力	電動 (10HP)/ 人力	電動 (5HP)/ 人力	電動 (8HP)/ 人力
	俯仰動力 /Elevating actuator	人力	人力	人力	人力	人力	人力	人力	電動 / 人力	電動 / 人力	電動 / 人力
	駐退推進機構 /Recoil actuator	油圧発条式	油圧発条式	油圧発条式	油圧発条式	油圧発条式	発条式	発条式	油圧発条式	油圧発条式	油圧発条式
楯部装甲厚	前楯 /Front (mm)	152	38	38	114	51-76	25	25			
	側面 /Side (mm)				51						
	後面 /Rear (mm)										
	天蓋 /Roof (mm)										
	床面 /Floor (mm)										
	バーベット /Barbette (mm)										
砲塔・砲架各部重量	旋回部 /Revolving weight (t)	12.639	18.676	19.585	5.008	1.912	0.642	0.481	18.400	8.390	20.500
	砲身 /Barrel weight (t)	6.680	5.475	5.475	2.120	0.610	0.220	0.107	5.980	2.900	
	俯仰部 /Elevating weight (t)										
	旋回部 /Training weight (t)										
	楯部 /Shield armor weight (t)	1.326	5.291	5.291							
	砲架 /Mount weight (t)	4.225	7.599	7.599	2.377	1.190	0.402	0.360	11.920	4.856	
製造	製造所 同年度 / Manuf. & year	英 Armstrong 社	横須賀 佐世保工廠1919	横須賀 佐世保工廠1919	英安社 呉工廠その他	英安社 呉工廠その他	仏保社 呉工廠その他	仏保社 呉工廠その他	呉工廠その他	呉工廠その他	呉工廠1942
	製造数 /Production no.										
	搭載艦 /Loaded ships	浅間 出雲型 八雲 吾妻 春日 日進	天龍型	5,500t 型 夕張	(砲身の項参照)	(砲身の項参照)	(砲身の項参照)	(砲身の項参照)	(砲身の項参照)	古鷹型 (換装後) 青葉 妙高 高雄型	大淀

砲塔 砲架データ一覧 (4/4)

三景艦カネー砲 露砲塔構造

類別 /Classification		高 角 砲	
	一般呼称 /Designation	98式8cm連装砲	3年式8cm単装砲
	型式 /Type	A	C
砲塔・砲架機能	最大仰角 /俯角 /Elevation(度 /deg.)	+90/-10	+75/-5
	最大射程 /射高 /Max. range /Altitu.(m)	13,600/9,100	10,800/7,000
	発射速度 /Rate of fire (発/分 min)	25-28	13
	装填秒時 /Loading time(sec)		
	旋回速度 /Train sp.(度 deg/sec)	12-16	4°-54'(手動輪1回転)
	俯仰速度 /Elevation sp.(度 deg/sec)	16	1°-28'(手動輪1回転)
	装填方式 /Loading position	半自動(機力)	人力
	揚弾薬速度 /Proj. lift up sp.(個/min)		
	操作人員数 /No. of operators		5
	1砲塔弾丸定数 /Shell fixed no.	400	200
砲塔砲架寸法	バーベット直径 /Barbette dia. (m)		
	ローラーパス直径 /Roller path dia.(m)		
	砲身間隔 /Barrel interval (m)	0.480	
	砲身退却長 /Recoil length (m)	0.400	0.381
原動機	水圧原動機 /Hydraulic motor		
	旋回動力 /Training actuator	電動/人力	人力
	俯仰動力 /Elevating actuator	電動/人力	人力
	駐退推進機構 /Recoil actuator	油圧発条式	油圧発条式
楯部装甲厚	前楯 /Front (mm)		
	側面 /Side (mm)		
	後面 /Rear (mm)		
	天蓋 /Roof (mm)		
	床面 /Floor (mm)		
	バーベット /Barbette (mm)		
砲塔・砲架各部重量	旋回部 /Revolving weight (t)	9.500	3.392
	砲身 /Barrel weight (t)		0.584
	俯仰部 /Elevating weight (t)		
	旋回部 /Training weight (t)		
	楯部 /Shield armor weight (t)		
	砲架 /Mount weight (t)		2.416
製造	製造所 同年度 /Manuf. & year	佐世保工廠 1942	呉工廠
	製造数 /Production no.		
	搭載艦 /Loaded ships	阿賀野型	(砲身の項参照)

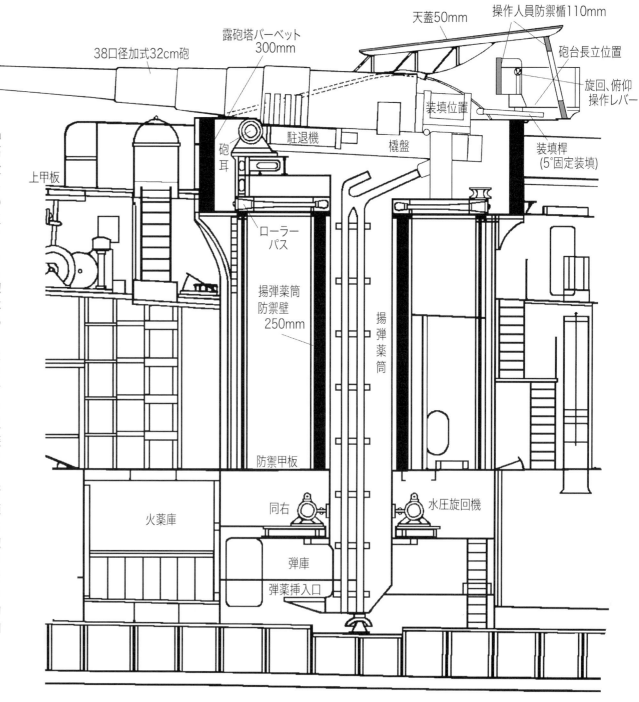

三景艦の搭載した38口径加式32cm砲は当時の大型砲としては長砲身の高初速砲で、当時日本海軍の造艦顧問役として招聘されていた、仏造船官として著名なエミール・ベルタンの主導のもとに建造された海防艦(巡洋艦)三景艦の主砲として、特別に仏シュナイダー社に注文された特注砲であった。

もちろん、当時の清国の装甲艦鎮遠、定遠の30cmの主甲帯を貫通できる砲として期待されたものであったが、承知の通り後の日清戦争での実績は極めて不満足な結果に終わっている。

砲そのものに問題があったわけではなく、この砲を搭載した三景艦があまりに小型で、子供が大太刀を振り回すようなもので、もっと安定したプラットフォームに搭載すべきで、3隻の三景艦より1隻の7,000-8,000トン級装甲艦に連装砲1基を搭載したほうがより有効な戦いが出来たであろう。

ここに示したのは橋立の露砲塔の断面図で、小型艦の割に分厚い装甲が施されている。砲塔動力は水圧機械により駆動され、砲尾の後方に位置する砲台長兼照準手がジョイント式のハンドルにより俯仰、旋回動作と発射動作を行うもので、砲台長以外は5名という少人数で揚弾薬、装填等を行う進歩的な機構を採用していたことはあまり知られていない。

クルップ砲について

砲熕兵器資料

クルップ砲の尾栓は全て横栓式で、砲身後端の横孔に尾栓を横より挿入して、ネジを締めて固定する方式である。通常の砲身後部の開閉式尾栓に比べて、頑丈で尾栓事故はなかったが、開閉に時間がかかるのが難である。

その他発砲時の衝撃で、砲架や橇盤の破損が、日清戦争中にしばしば報じられていた。

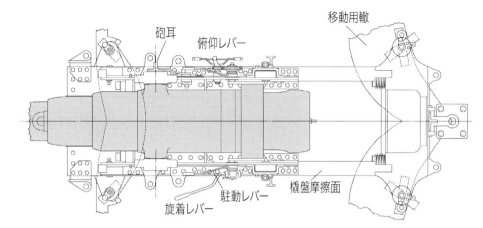

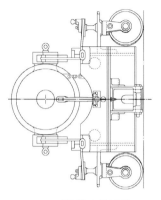

砲尾より見る

を行ったとかんがえてよい。これに対して秋津洲は安式15cm砲4門で214発、同12cm砲は6門で274発で、15cm砲が1門当たり53発強、12cm砲は1門当たり46発弱となる。ここで秋津洲の安式15cm砲の発射弾数を<100>とすると、同12cm砲は<86>、比叡の克式17cm砲は<19>、同15cm砲は<15>となる。もちろん、実際の砲戦時間は、多分秋津洲の方が長かったと推定されるので、あくまでも参考に止める。

ちなみに、秋津洲と同じ遊撃部隊にあった浪速の備砲は全て克式砲であったが、克式26cm砲が2門で33発、同15cm砲が6門で151発となっており、秋津洲の15cm砲に対して26cm砲は<23>、15cm砲は<47>ということになる。

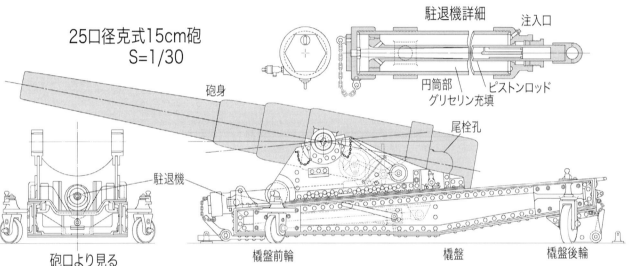

25口径克式15cm砲
S=1/30

砲口より見る

下図は高雄の搭載した35口径克式15cm砲で、舷側のスポンソンに装備された状態を示す。左の25口径克式砲に比べて、基本的な橇盤構造は変わりないが、橇盤前方に旋回支点を固定して、旋回動作を簡略化しているように見える。浪速の円筒砲座に至る過渡的な形態か。

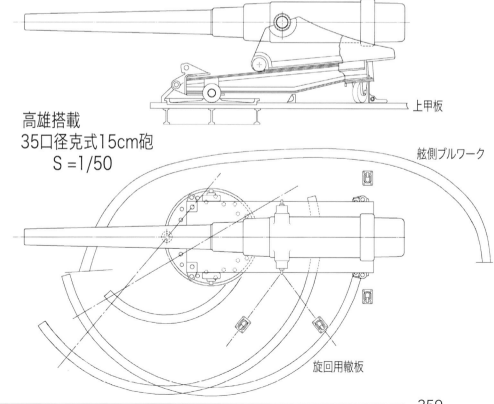

高雄搭載
35口径克式15cm砲
S=1/50

クルップ砲(克式砲)は日本海軍の創設期から明治前半にかけて、艦載砲の主力として多くの艦船が装備していた兵器である。ただ、今日その図面なり詳細データはあまり残されておらず、図解を困難にしている。

上に示したのは25口径克式15cm砲で、多分、金剛の搭載砲と同型と推定する。数少ない図面の一つで、ここでその概要を説明することにする。

当時、海軍部内では克式砲を1981年(M13)を境として、それ以前の砲を80年前式、さらに古いものを旧式として区別していた。金剛の搭載砲とすれば、多分80年前式にあたると思われる。この時代の艦載砲は帆船時代のからの前装、滑空砲の名残で橇盤と呼ばれる前方に傾斜した車輪付き台上に砲身を置き、発砲時の衝撃をこの橇盤上を後退する摩擦抵抗と、橇盤の下方に設けた駐退機により吸収する構造であった。これはクルップ砲だけではなく、アームストロング砲でも同じであった。俯仰は歯車の回転で仰角10-12度、俯角4-5度程度の設定がが可能で、旋回は橇盤ごと甲板に張った轍板にそって左右に梃子を用いて人力で振るという非効率的な方法によっていた。舷側の側砲の場合はまだいいが、中心線上に置かれた自在砲と呼ばれた砲の場合は、複雑な轍板に従って人力で各舷側に指向するのは一仕事だった。

もちろん、後の浪速の26cm砲の場合は同じクルップ砲でも水圧駆動の露砲塔型で、こんな苦労はなく、また浪速の装備した舷側の15cm砲も新型の円筒砲座でこうした構造は脱却していた。従って、この種のクルップ砲はそれ以前の12-17cm砲についてである。

明治27-28年の日清戦争はこうしたクルップ砲が、日清両海軍で多用された最後の戦争で、ただ、日本海軍ではすでにアームストロング式速射砲に切り替えがはじまっており、清国海軍を上回る安式速射砲の威力で勝利したと言っても過言ではなかった。

日清戦争の雌雄を決した黄海海戦は交戦距離は1,500-3,000mという近距離であった。この25口径克式15cm砲の最大射程は照尺の目盛り上では通常榴弾で4,600m、鋼鉄榴弾で5,000mとされているが、有効射撃距離は4,000m以下とされている。

この海戦で克式砲で戦った比叡と、安式速射砲で戦った秋津洲の発射弾数を比較してみると、比叡の克式15cm砲は7門で55発、1門当たりは8発前後、17cm砲は2門で20発、1門当たり10発ということになる。比叡はこの海戦で敵中突破で、敵艦に囲まれて交戦したから両舷で戦闘を

359

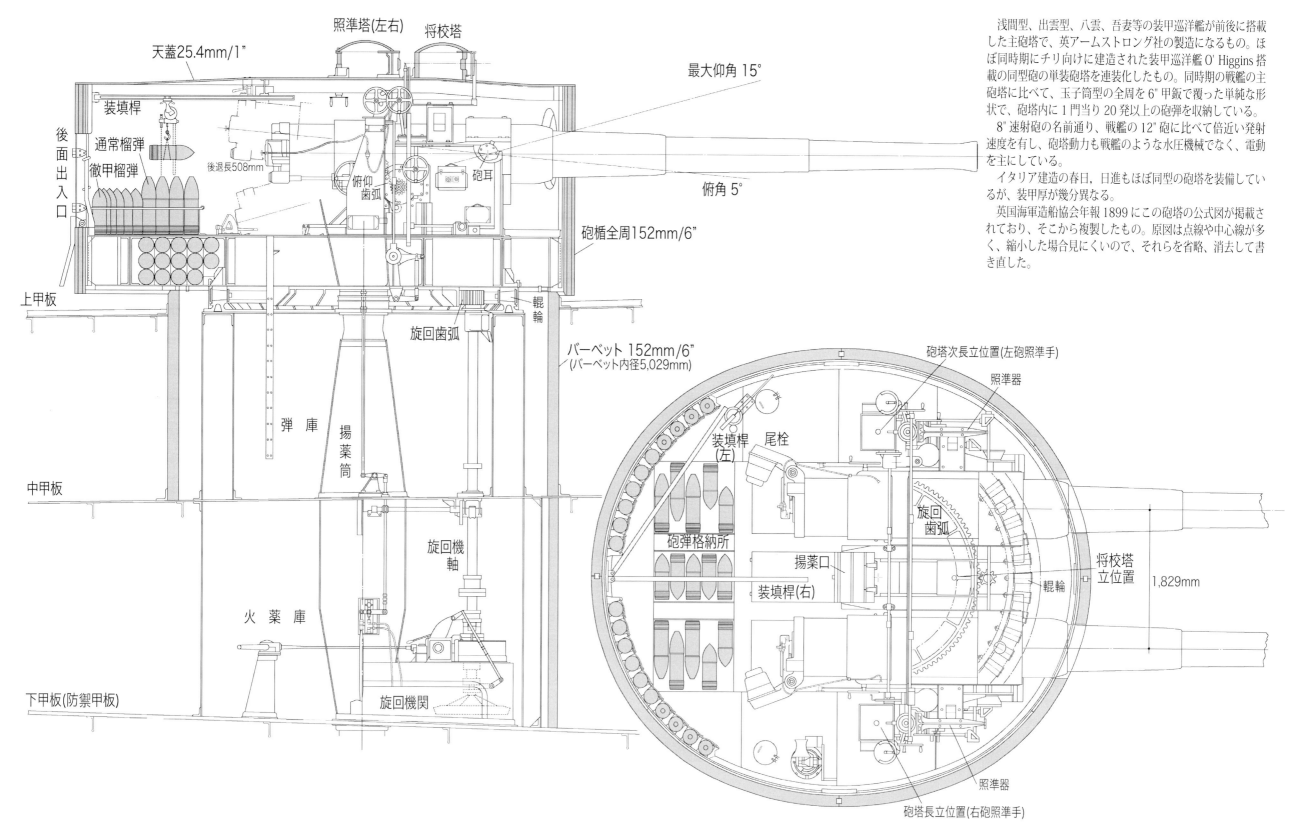

50口径3年式20cm 単装砲塔 (A型) S=1/50

砲熕兵器資料

古鷹型はワシントン条約後に出現した日本海軍最初の20cm砲搭載巡洋艦として、条約型巡の範疇に含まれたが、計画は条約以前の第1次大戦型軽巡を発展させた偵察巡洋艦である。当時、世界最初の20cm砲搭載巡洋艦として計画した平賀の名前は一躍有名になった。

こうした巡洋艦に20cm砲を単装砲塔として6砲塔を前後にピラミッド状に配したデザインは、平賀デザインとして高い評価をえたが、その単装砲塔は、その後の連装砲塔に比べて、人力に頼った構造で、ここに示したように砲塔関連人員は砲塔、給弾薬室、弾薬庫に配置される人員は、1砲塔あたり27-29名を数え、全6砲塔では161名にも達し、全乗組員の26%を占めるほどである。

このため砲戦時間が長引くと人員の疲労が蓄積して、戦闘効率が低下するとの指摘もあった。こうしたことからも平賀の外遊中に、部下の藤本造船官が後期艦の青葉と衣笠に連装砲塔を搭載する設計に変更してしまった。平賀としてはこれが面白くなく、単装砲のメリットをいろいろ主張しているが、誰の目にも連装砲塔に分があることは明らかで、結局、後に連装砲塔に換装している。

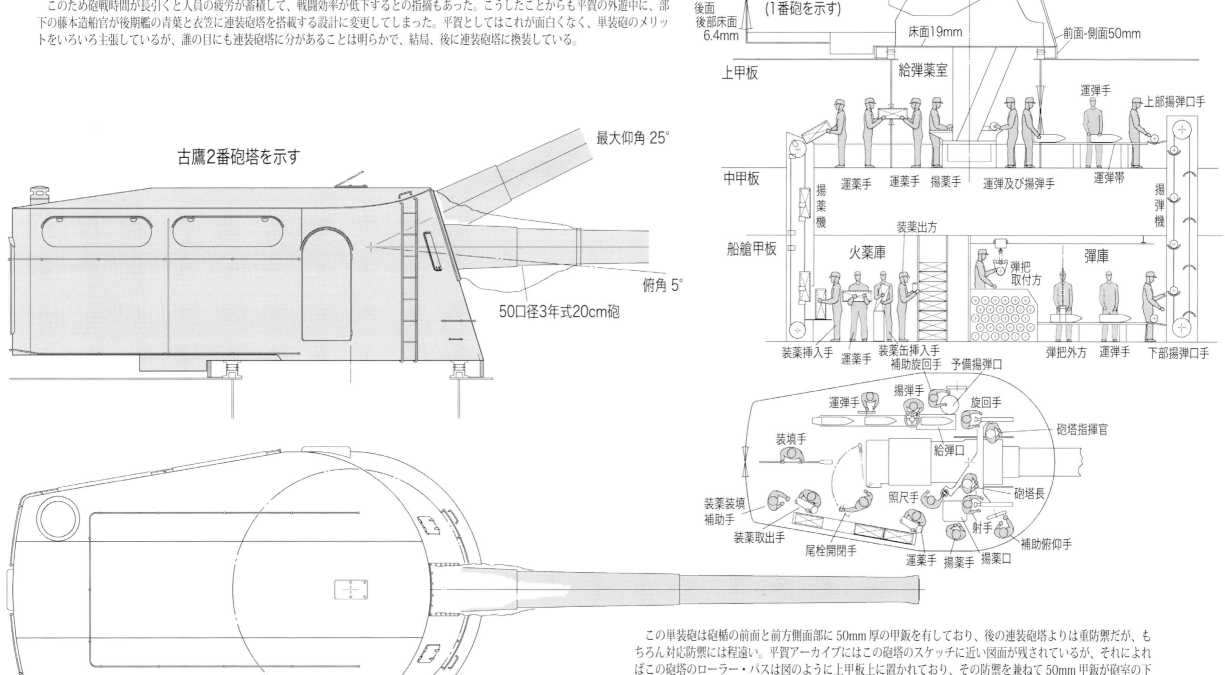

この単装砲は砲楯の前面と前方側面部に50mm厚の甲鈑を有しており、後の連装砲塔よりは重防禦だが、もちろん対応防禦には程遠い。平賀アーカイブにはこの砲塔のスケッチに近い図面が残されているが、それによればこの砲塔のローラー・パスは図のように上甲板上に置かれており、その防禦を兼ねて50mm甲鈑が砲室の下部にスカート状に下がっている特殊な構造となっている。

こうした、人力により構造機構を簡略化して重量軽減を図った例は、後の阿賀野型軽巡の15cm連装砲塔に見ることができ、本書においてもその人員配置図を掲載しているので、比べてみるのも一興であろう。

361

砲熕兵器資料

50口径3年式20cm連装砲塔 (C型) S=1/50

古鷹型の後期艦青葉、衣笠は前述のように単装砲6基から連装砲3基に改められた。この日本海軍最初の20cm連装砲塔はT14に計画が開始され、S2に完成したとされている。一般には、空母赤城、加賀用に開発されたB型連装砲塔が最初で、その次と位置づけられるが、本来は1万t型の妙高型に搭載を予定していたもので、これを先取りして急遽青葉型に装備したものであった。青葉型の船体は古鷹型と同型のため、重量的に軽量化を図るために後のD型砲塔とは異なる点が少なくない。もちろん基本構造はほぼ同じであり、砲身の50口径3年式20cm砲も同じで、下部の船艙甲板の弾薬庫から押上式という油圧駆動の機力式揚弾薬筒を設けて、上の砲室まで7-10秒間隔で給弾薬が可能となり、装填も油圧駆動となった。

最大仰角は40°に高められたが、対空射撃は考慮されていない。装填は全角度自由装填で、最大射程は古鷹型の21,200mから25,500mに延びている。砲塔防禦は前楯部と天蓋部が25mm厚、側面6.4mm、床部19mmと全体に極めて薄弱で、前楯部の厚さは古鷹型の半分に減じている。

2-3番砲塔後端上部に6m測距儀が設けられ、防熱用の薄鋼板で覆っているが、砲室自体には防熱板はなく、側面に2か所に通風窓がある。ただし、終戦直後の擱座状態の青葉の写真からは、砲室全体を覆う防熱板の装着が見られ、多分、戦前の大改装時に砲身を2号20cm砲に換装した際に装着した可能性が高い。バルジを設けたことで重量的に余裕ができたために実施したものと推定される。

また、大戦後半に測距儀フードも対空戦を考慮した高角形状に改められたらしい。

なお、平賀アーカイブには大正後期に試案したと思われる、戦艦の主砲塔類似の20cm連装砲等の図面があるが、多分、当初は条約型巡の主砲として、重防禦の砲塔が検討されたことがうかがえ、多分、平賀デザインの5砲塔艦の発想で、薄弱砲塔に甘んじたものと推定される。

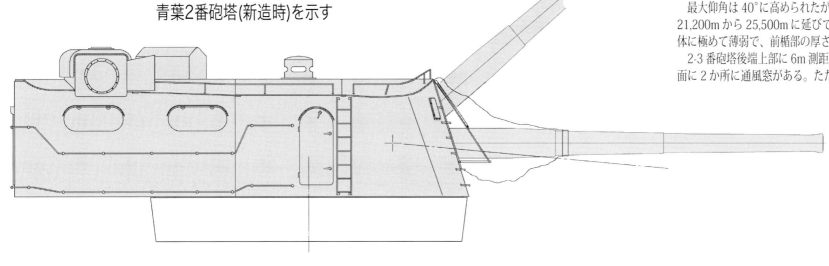

青葉2番砲塔(新造時)を示す

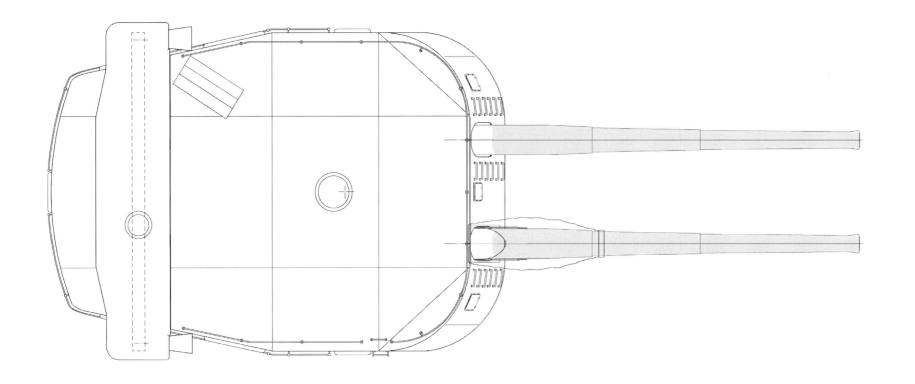
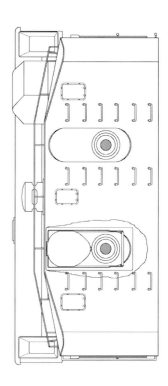

50口径3年式20cm連装砲塔 (D型) S=1/50

砲熕兵器資料

妙高型のD型砲塔は前述のように、青葉型のC型砲塔と全体の形状は同じである。ただ、砲室全体を薄い防熱板で覆ったことが最大の違いで、この防熱板の天蓋部の形状は各艦により幾分異なる。

俯仰角、砲塔内部の基本構造は青葉型とほぼ同じだが、揚弾機構が押上式からツルベ式に改められ、装填方式も5°固定に変わっている。砲塔旋回部の重量は青葉型の150.5tから158.6tに増加している。これには楯部の変更もあって、このD型砲塔では床部が19mm厚以外は25mmNVNC甲鈑で覆っており、C型砲塔より強化された。

この那智の2番砲塔も新造時は砲塔測距儀のフード形状や天蓋部にある空中線支柱の形状はこの図と異なる。

砲塔測距儀のフード形状は、終戦時の妙高の写真では対空戦を考慮した最大仰角40°に合わせた形状に改正していたが、那智の場合はS18後半ではこのままであった。砲塔後面の出入口は引き戸タイプに変わっている。

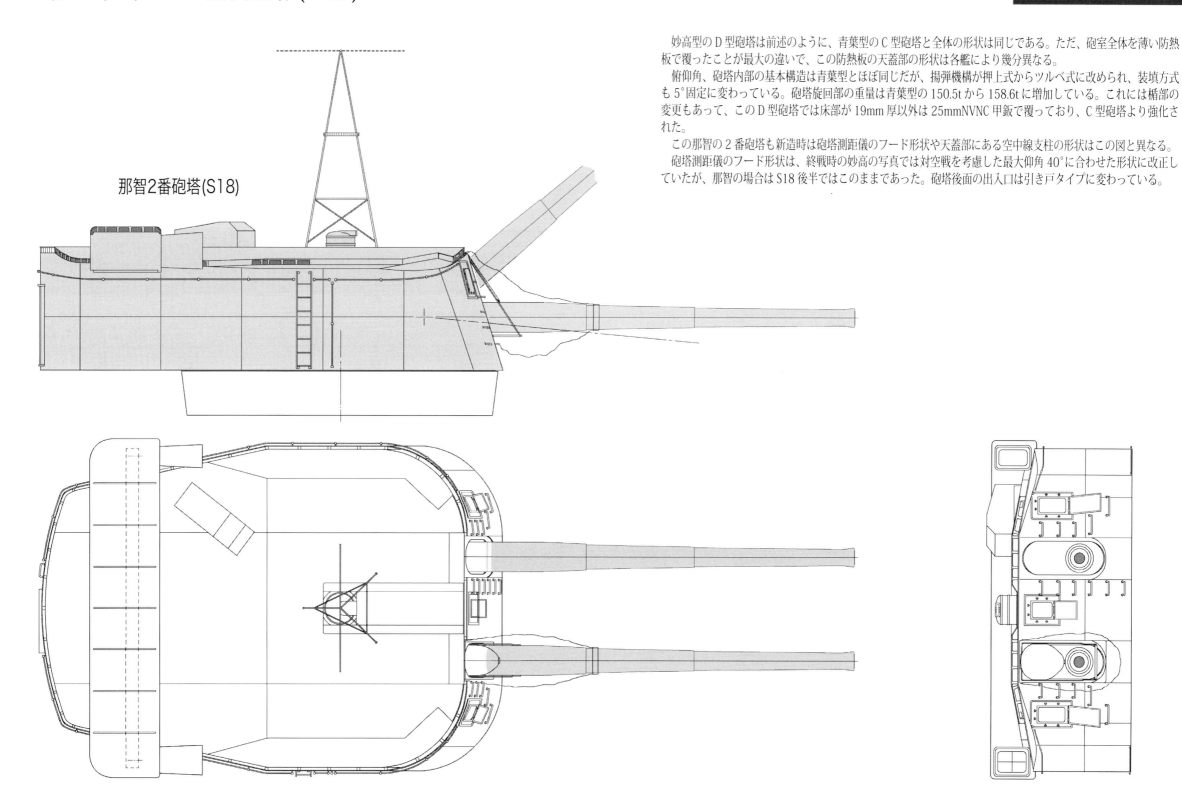

那智2番砲塔(S18)

砲熕兵器資料

50口径3年式20cm連装砲塔 (E型) S=1/50

高雄型のE型砲塔は妙高型のD型砲塔と異なり、砲身に50口径3年式2号砲を採用した。従来の砲身が実口径20cmであったものを、条約の最大口径8インチ、20.3cmに合わせて、0.3cm拡大して僅かな口径差ではあるが口径増大による威力の増大を図ったものである。当面は既成砲身の内径をボーリング加工して正8インチ砲に改正したが、砲身外形に変化はなかった。

当然既成砲弾は使用できず、新規砲弾が必要だったが、折からの91式徹甲弾の採用もあって、弾庫や揚弾装置の改正も同時に実施された。

また同時に用兵側の要求もあり、基本計画者の藤本造船官も主砲の対空射撃化に積極的で、英ケント/Kent級重巡にならって最大仰角70°を実現した。揚弾装置も対空射撃用に別個に設ける等の工夫も付加されていたが、搭載後の実績では高仰角のためのラック・ピニオン式機構のバックラッシュにより射撃が安定せず、仰角を55°に落として、油圧機構に改めることで落ち着いた。このため、前楯の砲眼部や左右の照準孔の形状もこの図とはことなるものに変わっている。最後の摩耶は最初からこの55°砲塔を搭載した。

砲塔外形はD型とは異なる平坦な直線的な形状に、前面は丸みをおびた形状に改められた。全体を薄い防熱板で覆った構造はおなじで、砲楯は全体を25mmNVNC甲鈑で構成されている。25mmという厚みは列強の条約型巡の中ではもっとも薄弱な部類で、大型機銃弾でも貫通される厚みで、被弾により下部弾薬庫に被害か及ぶおそれがあったが、逆に命中弾が炸裂しないで貫通してしまうため、被害が少ないというメリットもあった。

第1次ソロモン海戦時の鳥海がまさにこの状態だった。ただし、天蓋部への被爆は悲惨な結果を予想しえたが、幸い、太平洋戦争中にこのために致命傷を負った日本重巡は1隻もなかった。

最初の70°仰角時の最大射高は15,000m、最大射程は26,000mと称されており、当然D型砲塔よりも伸びている。

装填方式はD型と同じ5°固定装填で、弾丸は6秒に1発の速度でせり上がってくる。砲塔旋回部の重量は160tとD型砲塔より若干増大しており、開発はD型砲塔を元にS3に開始、S5に完成したとされている。空母赤城、加賀にも同形式の砲塔が装備されているが、これは型式的にはB型砲塔として分類されており、本来T13に開発が開始されたものの、一旦中止となり、このE型砲塔に合わせて再開発されたため、実質的にはこのE型砲塔と同型である。

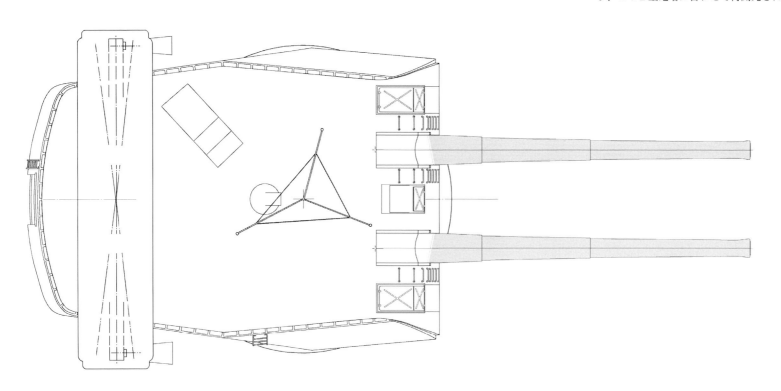

高雄2番砲塔(新造時)

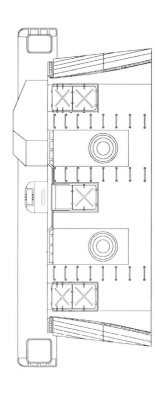

50口径3年式20cm連装砲塔 (E3型) S=1/50

砲熕兵器資料

高雄型のE型砲塔はその派生型として、古鷹型の改装時に単装砲塔と換装した連装砲塔をE2型、最上型の砲塔換装に際して搭載した連装砲塔(型番なし?)と利根型に装備したE3型がある。また、E1型がE型の仰角を55°に改正した砲塔を指すのか、それとも存在しないのか、明確に示した資料はない。

ここに示したのは利根型の装備したE3型で、基本的にはE型の改正砲塔と同型だが、砲塔測距儀を6mから8mに変更したのが最大の相違点で、砲楯、俯仰角、内部構造に大差はない。測距儀は従来より低い位置で砲塔後端に装備されており、防熱板で覆われている。利根型では2番砲塔と最後尾の4番砲塔に装備されており、最上型の換装砲塔も同じく8m測距儀を装備していたが、古鷹型の換装砲塔では6m測距儀である。

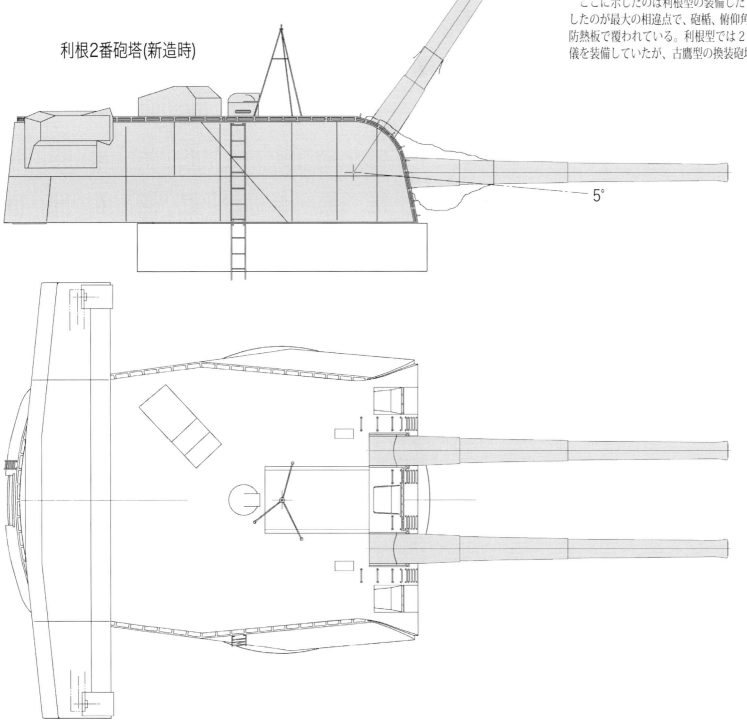

利根2番砲塔(新造時)

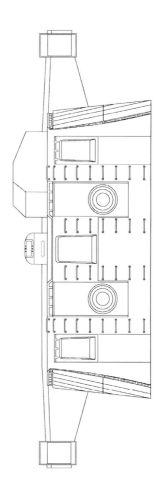

砲熕兵器資料　　50口径3年式20cm連装砲塔 (D、E型構造比較) S=1/50

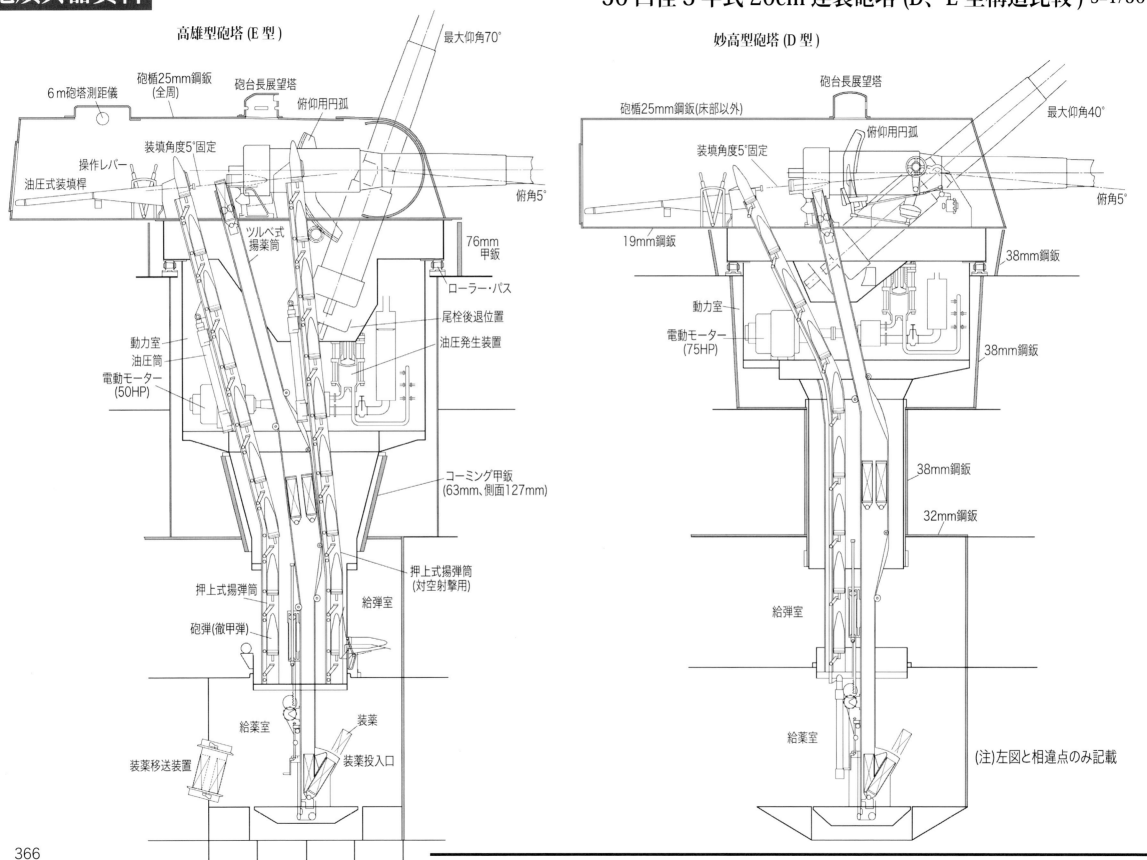

高雄型E型砲塔人員配置・五十鈴方位盤照準装置その他

砲熕兵器資料

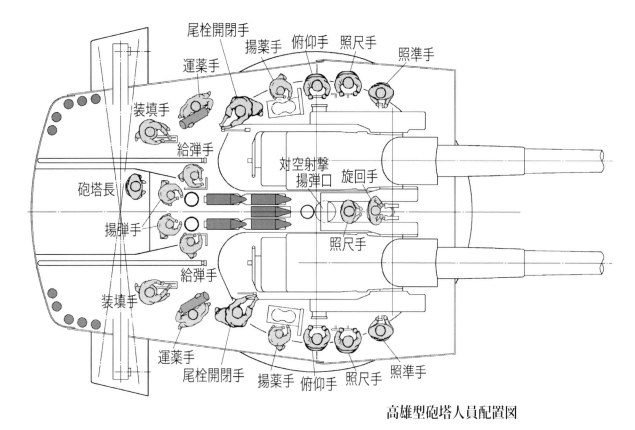

高雄型砲塔人員配置図

5,500トン型軽巡五十鈴搭載の方位盤照準装置の概略図、軽巡天龍の項に掲載した方位盤とほぼ同形式の方位盤らしく、特に制式名称はなく、14cm砲の方位盤照準装置として各艦に装備されたものらしい。

天龍の場合と同じく、照準演習機の装備状態示す図面より、演習機を取り除いて描き直したものである。

天龍の場合は艦橋上であったが、5,500トン型の五十鈴の場合は、三脚檣トップの射撃所に装備されていた。多少の改正はあったかもしれないが、太平洋戦争開戦時にもこのままであったらしく、五十鈴は大戦中に防空艦に改装された際に、94式高射装置に換装するまで装備していたものと推定される。

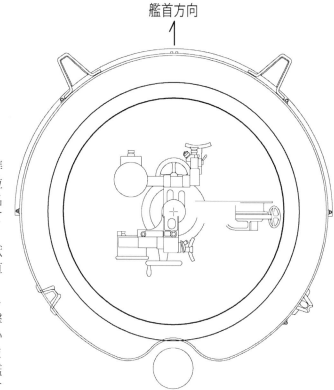

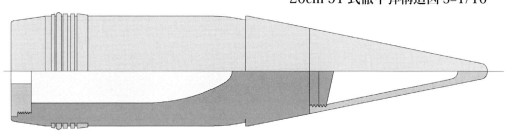

20cm91式徹甲弾構造図 S=1/10

50口径3年式20cm砲身構造図 S=1/50

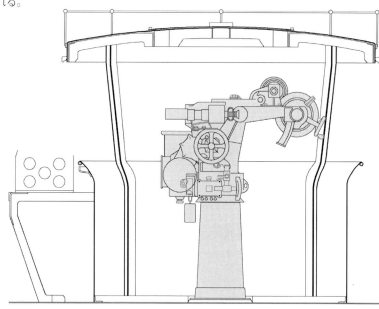

五十鈴 方位盤照準装置

砲熕兵器資料

50口径41式15cm連装砲塔 S=1/50

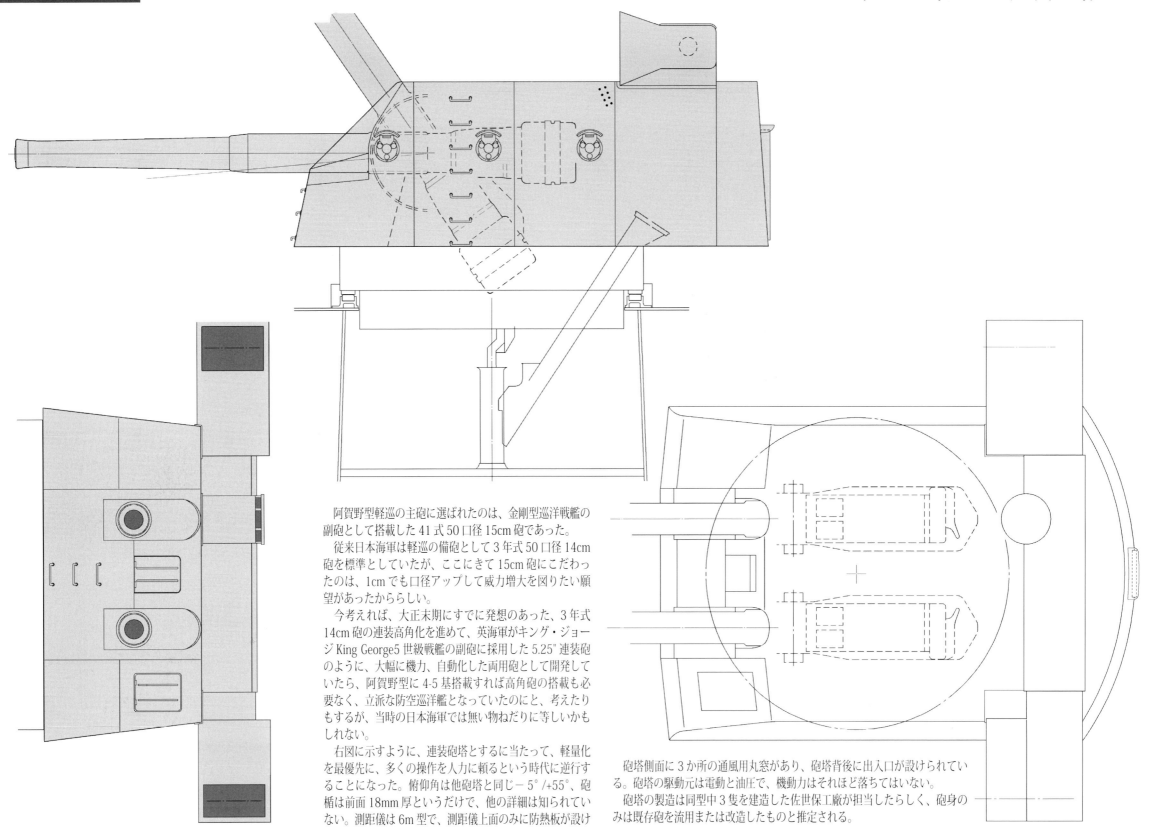

阿賀野型軽巡の主砲に選ばれたのは、金剛型巡洋戦艦の副砲として搭載した41式50口径15cm砲であった。

従来日本海軍は軽巡の備砲として3年式50口径14cm砲を標準としていたが、ここにきて15cm砲にこだわったのは、1cmでも口径アップして威力増大を図りたい願望があったかららしい。

今考えれば、大正末期にすでに発想のあった、3年式14cm砲の連装高角化を進めて、英海軍がキング・ジョージKing George5世級戦艦の副砲に採用した5.25"連装砲のように、大幅に機力、自動化した両用砲として開発していたら、阿賀野型に4-5基搭載すれば高角砲の搭載も必要なく、立派な防空巡洋艦となっていたのにと、考えたりもするが、当時の日本海軍では無い物ねだりに等しいかもしれない。

右図に示すように、連装砲塔とするに当たって、軽量化を最優先に、多くの操作を人力に頼るという時代に逆行することになった。俯仰角は他砲塔と同じ−5°/+55°、砲楯は前面18mm厚というだけで、他の詳細は知られていない。測距儀は6m型で、測距儀上面のみに防熱板が設け

砲塔側面に3か所の通風用丸窓があり、砲塔背後に出入口が設けられている。砲塔の駆動元は電動と油圧で、機動力はそれほど落ちてはいない。

砲塔の製造は同型中3隻を建造した佐世保工廠が担当したらしく、砲身のみは既存砲を流用または改造したものと推定される。

50口径41式15cm連装砲塔人員配置

砲煩兵器資料

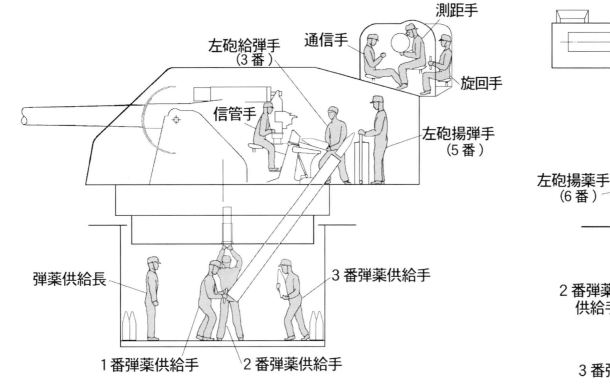
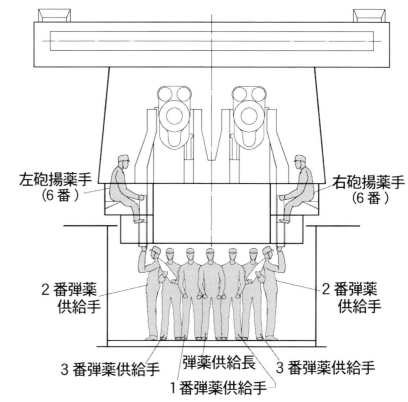
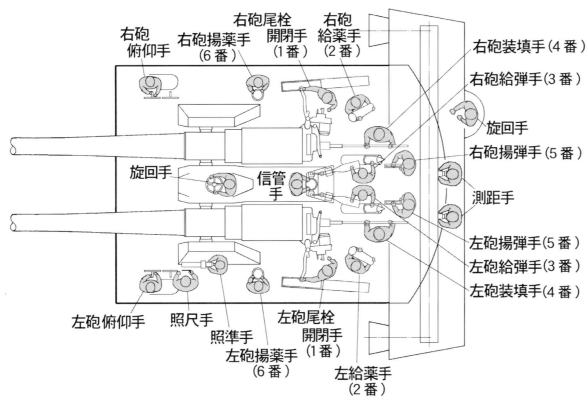

阿賀野型主砲塔の人員配置を示す概念図。計画時のものか、砲塔形状は前ページの実物図と異なっている。本型の主砲塔は日本海軍最後の水雷戦隊旗艦に不釣合な、自動化とは程遠い人力に頼った砲塔であった。これらは軽量化のために選択された手法らしく、砲塔内に測距手を含めて21名、下部の弾薬供給室に7名が配置されて作業を行っている。

弾丸のみは機力の揚弾機で下の供給室から砲塔に送り込んでいるが、装薬は手渡しで送っており、砲塔の装填も人力で、尾栓の開閉、信管の設定も人力で行う。こうした人力に頼った方式は長時間の戦闘には疲労により効率が低下する心配もあるが、人員の交代や補充が可能ならば柔軟な戦闘力維持も期待出来た。

砲熕兵器資料

60口径 15.5cm3連装砲塔 S=1/75

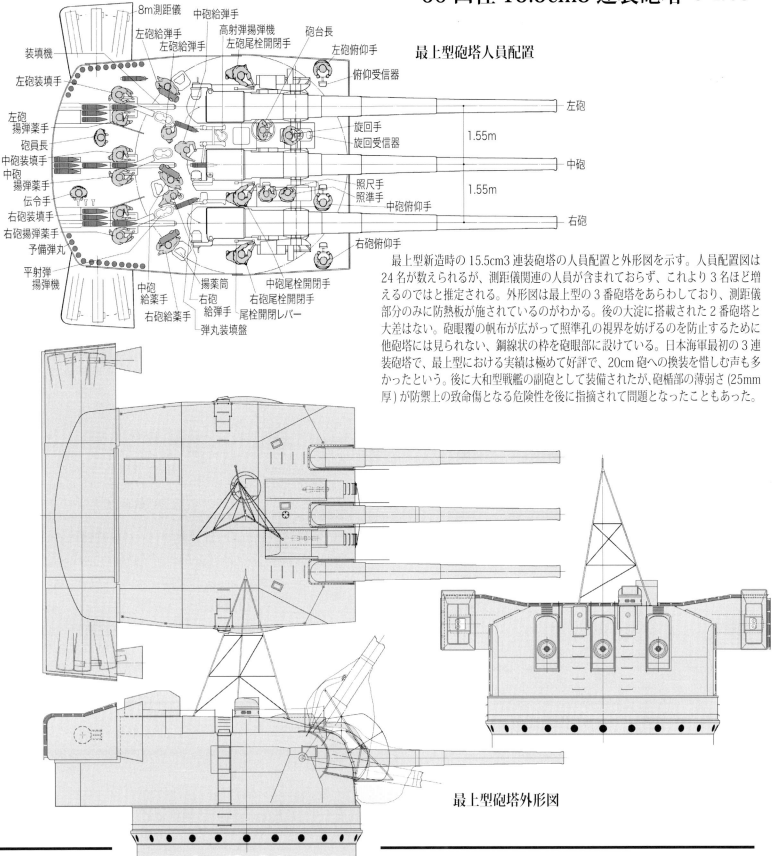

最上型砲塔人員配置

最上型新造時の15.5cm3連装砲塔の人員配置と外形図を示す。人員配置図は24名が数えられるが、測距儀関連の人員が含まれておらず、これより3名ほど増えるのではと推定される。外形図は最上型の3番砲塔をあらわしており、測距儀部分のみに防熱板が施されているのがわかる。後の大淀に搭載された2番砲塔と大差はない。砲眼覆の帆布が広がって照準孔の視界を妨げるのを防止するために他砲塔には見られない、鋼線状の枠を砲眼部に設けている。日本海軍最初の3連装砲塔で、最上型における実績は極めて好評で、20cm砲への換装を惜しむ声も多かったという。後に大和型戦艦の副砲として装備されたが、砲楯部の薄弱さ(25mm厚)が防禦上の致命傷となる危険性を後に指摘されて問題となったこともあった。

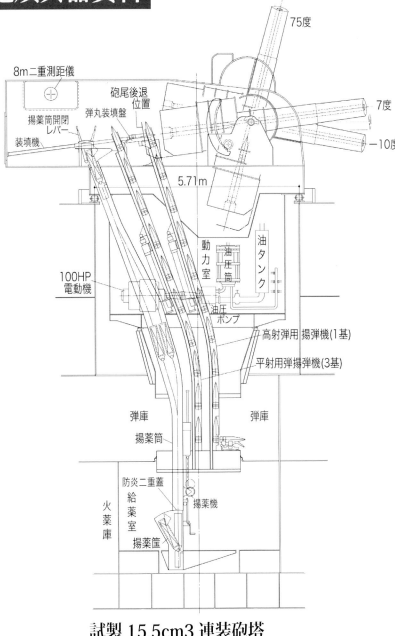

試製 15.5cm3連装砲塔

試作された最大仰角75°の15.5cm3連装砲塔の砲塔図で、実際に試作されたかどうかは明らかではない。後に実際に最上型に搭載された砲塔とは、幾分形状が異なるが、砲塔内部の基本構造はそれほど変わっていないと思われ、本砲塔の構造を理解する上で有用である。

この15.5cm砲については60口径という長砲身を秘匿する意味か通例の尾栓型式の制式名が付与されていず、機密公式文書でも未記載となっている。一部に3年式と20cm砲と同じ制式名を記したものもあるが、ここでは不明のままとする。

最上型砲塔外形図

50口径3年式14cm連装砲塔 S=1/50

砲熕兵器資料

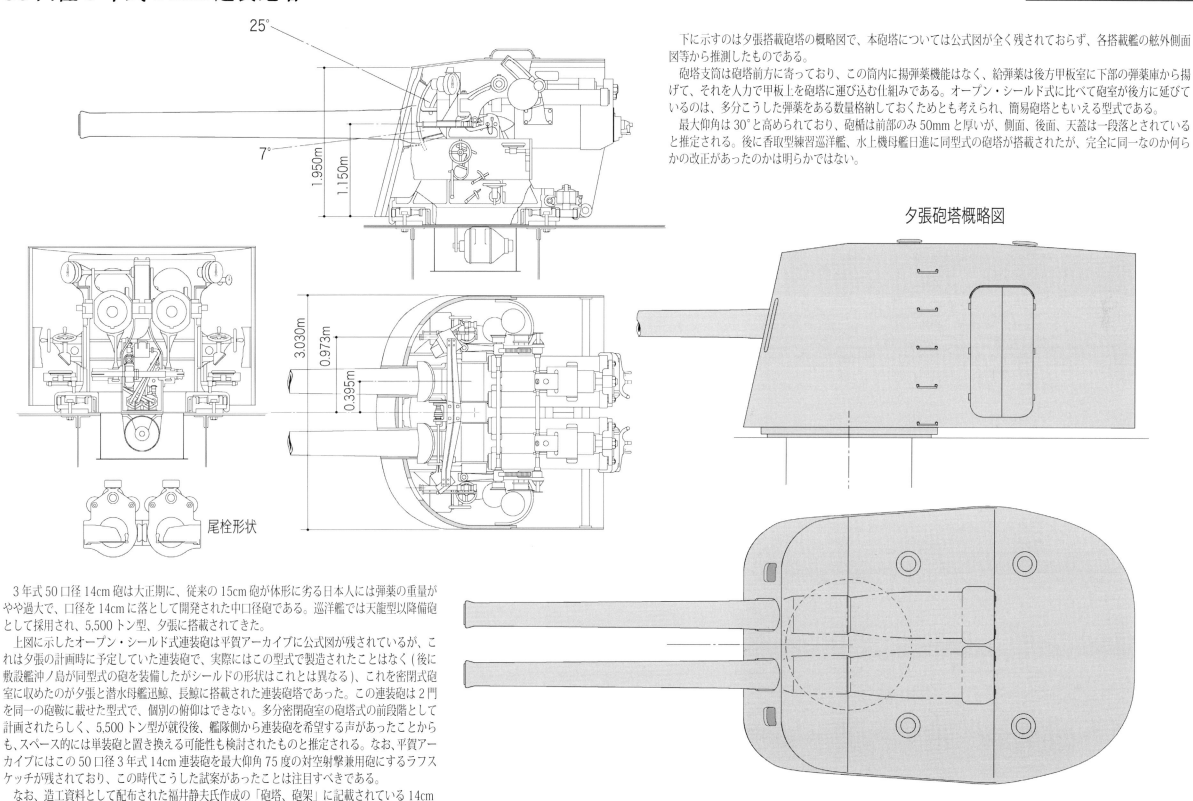

下に示すのは夕張搭載砲塔の概略図で、本砲塔については公式図が全く残されておらず、各搭載艦の舷外側面図等から推測したものである。

砲塔支筒は砲塔前方に寄っており、この筒内に揚弾薬機能はなく、給弾薬は後方甲板室に下部の弾薬庫から揚げて、それを人力で甲板上を砲塔に運び込む仕組みである。オープン・シールド式に比べて砲室が後方に延びているのは、多分こうした弾薬をある数量格納しておくためとも考えられ、簡易砲塔ともいえる型式である。

最大仰角は30°と高められており、砲楯は前部のみ50mmと厚いが、側面、後面、天蓋は一段落とされていると推定される。後に香取型練習巡洋艦、水上機母艦日進に同型式の砲塔が搭載されたが、完全に同一なのか何らかの改正があったのかは明らかではない。

夕張砲塔概略図

3年式50口径14cm砲は大正期に、従来の15cm砲が体形に劣る日本人には弾薬の重量がやや過大で、口径を14cmに落として開発された中口径砲である。巡洋艦では天龍型以降備砲として採用され、5,500トン型、夕張に搭載されてきた。

上図に示したオープン・シールド式連装砲は平賀アーカイブに公式図が残されているが、これは夕張の計画時に予定していた連装砲で、実際にはこの型式で製造されたことはなく(後に敷設艦沖ノ島が同型式の砲を装備したがシールドの形状はこれとは異なる)、これを密閉式砲室に収めたのが夕張と潜水母艦迅鯨、長鯨に搭載された連装砲であった。この連装砲は2門を同一の砲鞍に載せた型式で、個別の俯仰はできない。多分密閉砲室の砲塔式の前段階として計画されたらしく、5,500トン型が就役後、艦隊側から連装砲を希望する声があったことからも、スペース的には単装砲と置き換える可能性も検討されたものと推定される。なお、平賀アーカイブにはこの50口径3年式14cm連装砲を最大仰角75度の対空射撃兼用砲にするラフスケッチが残されており、この時代こうした試案があったことは注目すべきである。

なお、造工資料として配布された福井静夫氏作成の「砲塔、砲架」に記載されている14cm連装砲塔の砲身間隔寸法490mmは790mmの誤記であるので要注意。

砲熕兵器資料

40口径89式12.7cm連装高角砲 S=1/50

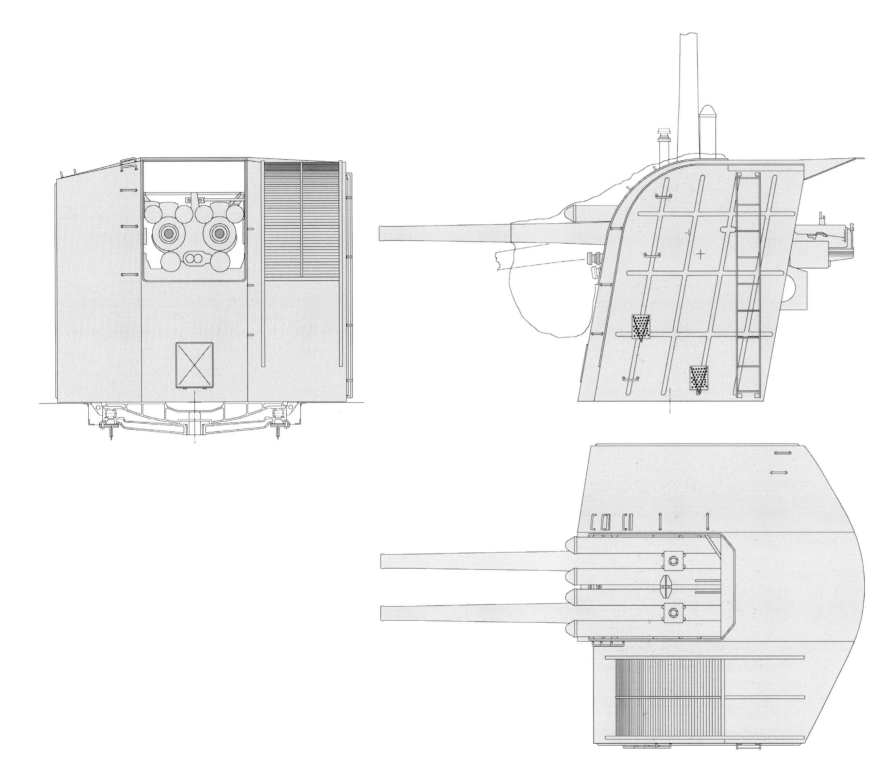

米海軍の終戦時の技術報告ではS6開発としているが、89式が採用年とすれば、砲身はS4に採用ということになり、砲架との組み合わせが後年にずれたということかもしれない。

日本海軍の艦載高角砲として初めて、新規砲身から開発された近代的対空砲で、信管の自動設定、装填の自動化、速射性、迅速な動作を実現した。

また、射撃指揮装置と組み合わせて遠隔操作可能な射撃システムを初めて可能にした。開発は信管の自動設定機構等に手間取り、艦隊に実際に装備が始まったのはS10ごろからで、巡洋艦では妙高型の1次改装時に装備されたのが最初で、以後高雄型の鳥海を除く全てに、最上型、利根型、香取型練習巡、5,500トン型軽巡の多くにも大戦中に装備されている。また明治期の装甲巡洋艦の生き残り、八雲、出雲、磐手にも終戦間際に装備されている。大戦中の日本海軍の主力艦艇の大半が装備した、文字どおり対空砲の要で、レーダー連動の射撃式装置があれば、米海軍の5インチ38口径砲並みに性能を発揮したかもしれない。

このオープン・シールド式楯付きをA1型改1といい、原型の楯無しをA1型という。他に空母用の煤煙除け楯付きがA1型改2、大和型戦艦の爆風除け楯付きがA1型改3、大戦中に丁型駆逐艦に装備したB1型等の派生型がある。終戦までに1,300門(砲身?)が製造されたという数字もある。

65口径89式10cm連装高角砲 S=1/50

砲熕兵器資料

98式という制式年からS13の制式化ということができるが、実際に完成したのはS15とされている。当時多くの艦艇に搭載されていた40口径89式12.7cm高角砲に満足しないで、上をゆく新型高角砲が開発されたのは、当時の航空機性能の飛躍的進歩に対処して、これに追従できるより機動力のある、高性能な高角砲が要求されたもので、各機構を機械化して自動化し、軽快な動作を得るために、小さめの口径10cm砲が、さらに弾道性に優れた長砲身が選択された。当初は70口径を予定していたが、途中65口径に落とされて完成した。日本海軍ではこれまでこれまで口径10cm砲は潜水艦用の50口径88式高角砲があったのみで、メートル法よる10cm砲としては2番目にあたる。89式高角砲に比べて弾丸威力は幾分劣るが、その他の性能、発射速度、射高、作動速力で勝っており、94式射撃装置と組み合わせて、最初に秋月型駆逐艦に装備されて、日本海軍最初の防空艦として、大きな期待を持って戦線に送り出された。秋月が初陣でB17爆撃機を数斉射で撃墜したことで、米軍側がこの新型駆逐艦に不用意に近寄らないようにとの通達を出したとの説があるが、真相は不明である。しかし、その後の記録でも、月型駆逐艦が戦場で抜群の撃墜能力を発揮したという評価は特になく、米海軍のようにVT信管付き弾丸とレーダー付き射撃指揮装置なくしては命中率の飛躍的向上は望めない状況にあった。

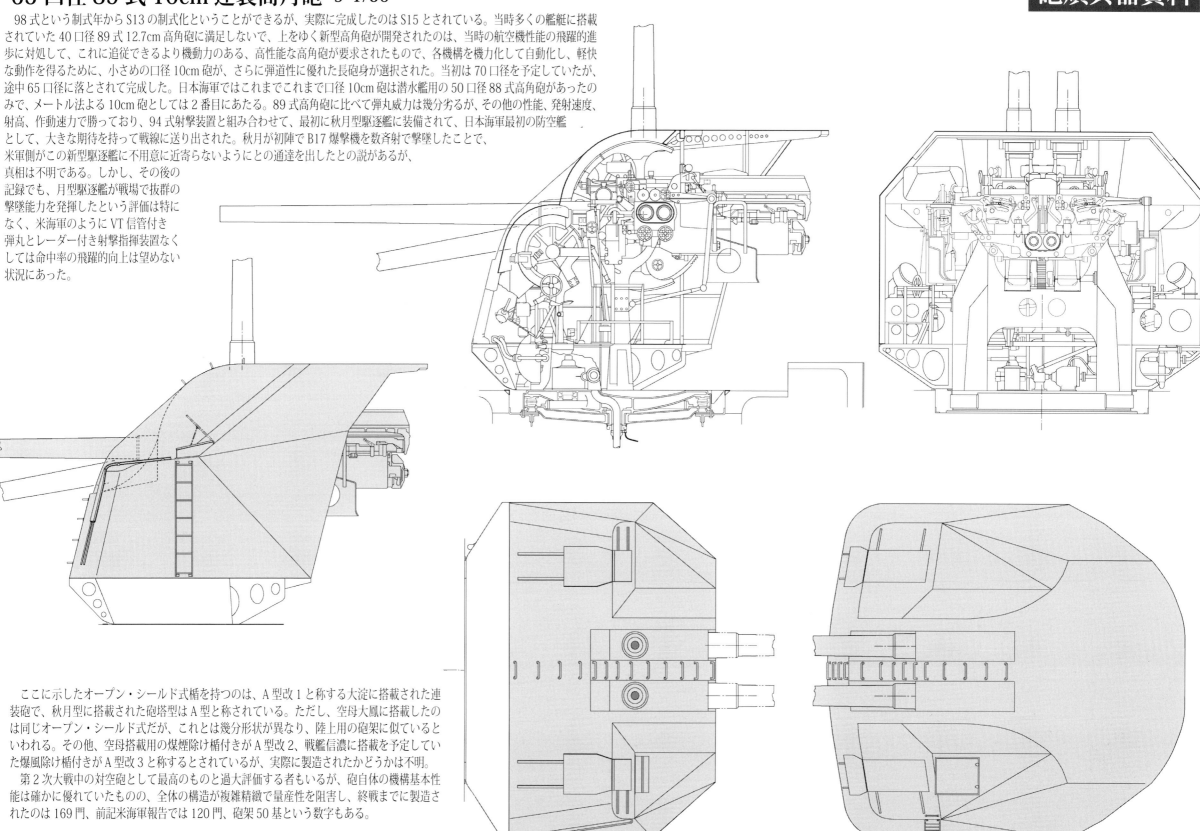

ここに示したオープン・シールド式楯を持つのは、A型改1と称する大淀に搭載された連装砲で、秋月型に搭載された砲塔型はA型と称されている。ただし、空母大鳳に搭載したのは同じオープン・シールド式だが、これとは幾分形状が異なり、陸上用の砲架に似ているといわれる。その他、空母搭載用の煤煙除け楯付きがA型改2、戦艦信濃に搭載を予定していた爆風除け楯付きがA型改3と称するとされているが、実際に製造されたかどうかは不明。

第2次大戦中の対空砲として最高のものと過大評価する者もいるが、砲自体の機構基本性能は確かに優れていたものの、全体の構造が複雑精緻で量産性を阻害し、終戦までに製造されたのは169門、前記米海軍報告では120門、砲架50基という数字もある。

砲煩兵器資料

60口径89式8cm連装高角砲及び45口径10年式12cm高角砲 S=1/50

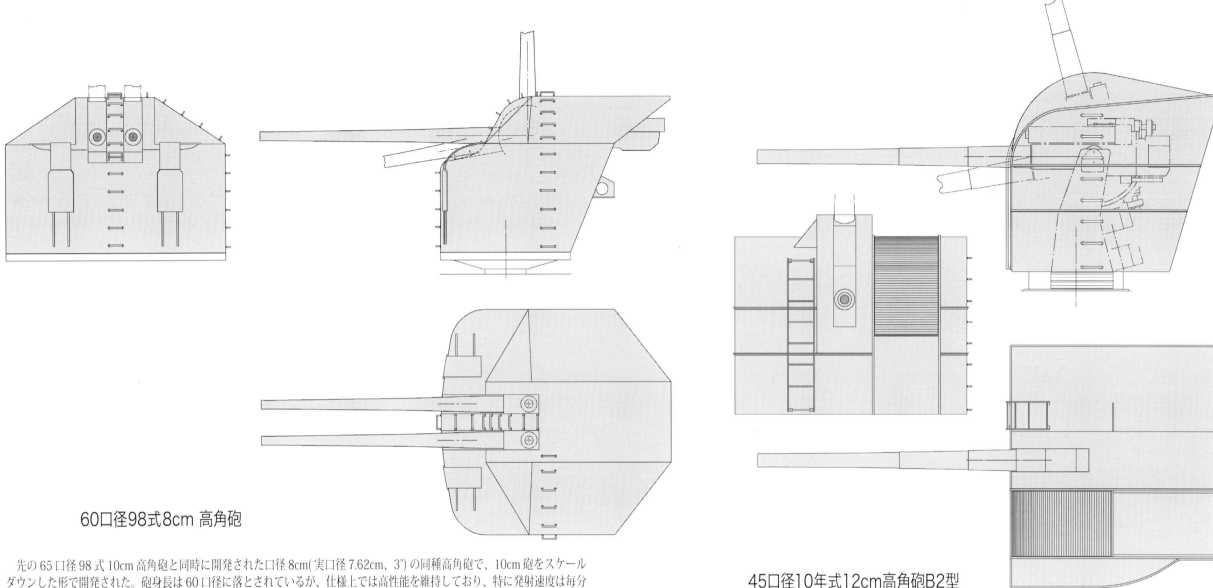

60口径98式8cm 高角砲

45口径10年式12cm高角砲B2型

　先の65口径98式10cm高角砲と同時に開発された口径8cm(実口径7.62cm、3")の同種高角砲で、10cm砲をスケールダウンした形で開発された。砲身長は60口径に落とされているが、仕様上では高性能を維持しており、特に発射速度は毎分25-28発という速射性を有している。大戦中にこの高角砲を搭載したのは阿賀野型のみで、未成空母の伊吹が搭載していたといわれている。一説には砲身振動に起因する散布界の大きさが修正できず、失敗作との評価もあり、それもあってか終戦までに製造されたのは28門という少数にとどまっている。
　本砲についてはオープン・シールド楯をもつ、この形状以外は知られていないが、これをA型とするともいわれている。

　この45口径10年式12Cm高角砲は、大正末期に45口径3年式12cm砲をベースに開発した、40口径3年式8cm高角砲に次ぐ、既成砲改造型高角砲で、性能的には多くは望めなかった。最大仰角75°俯角10°、毎分11発程度の発射速度を有したが、操作は多くが人力で、この辺にも限界があった。最初に開発された連装型A型は、八八艦隊の未成艦天城型に搭載予定だったが、後に空母に改造された赤城と加賀に搭載された。
　単装のB1型は最初青葉型に搭載されたが、次の妙高型ではB2型が装備され、このオープン・シールド式楯を装備したB2型では、作動が一部機力されていた。楯形状は那智などではこれと異なっている。高雄型にもこのB2型が装備され、古鷹型、青葉型も後にこのB2型に換装している。
　大戦中に、簡易構造のために量産可能とされ、陸上型のC型、D型、さらに海防艦の備砲としてE型も量産された。終戦までに2,152門が製造されたという数字があり、米海軍の技術調査報告書では終戦までに3,000門、砲架2,600基という数字をあげている。

45口径露式15cm砲及び5cm山内砲

砲熕兵器資料

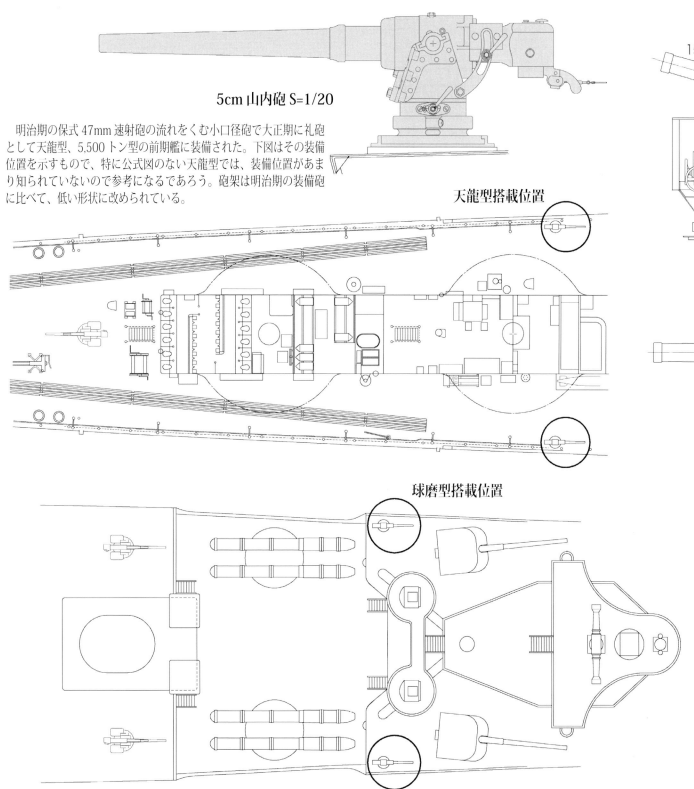

5cm 山内砲 S=1/20

明治期の保式47mm速射砲の流れをくむ小口径砲で大正期に礼砲として天龍型、5,500トン型の前期艦に装備された。下図はその装備位置を示すもので、特に公式図のない天龍型では、装備位置があまり知られていないので参考になるであろう。砲架は明治期の装備砲に比べて、低い形状に改められている。

天龍型搭載位置

球磨型搭載位置

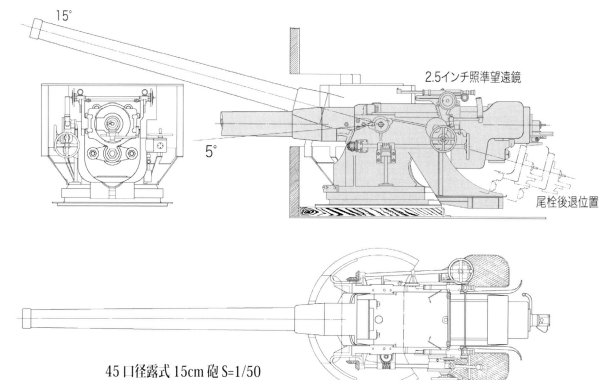

45口径露式15cm砲 S=1/50

日露戦争の戦利艦として接収、修復したロシア艦艇の多くが装備していた45口径15cm砲で、巡洋艦では開戦劈頭仁川で沈没、戦後引き揚げられ宗谷と改名されたワリヤーグ/Variagのみが装備していたものをそのまま流用、他の巡洋艦等は安式砲等に置き換えられた。

この図は舷側ケースメイト装備の形態を示しているが、上甲板装備の砲架、砲座もこのように姿勢の低い形態で、日本側の安式砲等とはかなり異なる。ロシアが自国海軍工廠で安式砲等を参考に独自製造したものらしい。宗谷以外に戦艦肥前、丹後、周防等が装備していたが、これがあって宗谷と丹後は後にロシア側に有償返還されている。

魚雷兵器資料

日本海軍創設以来の制式魚雷一覧 (1/2)

(注) 本表は極秘版「帝国海軍水雷術史」付表、「海軍水雷史」、「水中兵器の話」堀 夷-雑誌海と空1958-1月号、米海軍技術調査報告書等を基に作成したものである。
日本海軍創設以来制式化された魚雷をまとめたものだが、試作品や量産に至らなかったものは除外している。なお、日本海軍の採用した公称18"魚雷の実直径は45cmで45.7cmではない。

導入年度	名　称	直径(cm/in)	全長(m)	全重量(kg)	炸薬量(kg)	射程 速力(Kt)--距離(m)	深度(m)	駆動源(気圧またはkg/㎠)	主機関	推進器	縦舵機	起爆装置	用　途
M17/1884	朱式84式	35.6/14	4.581	274.5	21	22--400	1.5-4.5	圧搾空気90気圧(冷走)	3気筒星型単動機関	2翼二重反転	固定式	拘挺式爆発尖	水上艦艇(水雷艇)
M21/1888	朱式88式		4.620	331.0	56	24--600 26--400				4翼二重反転			
M26/1893	保式26式		4.572	338.0	52	26--540	0-1.8、1.8-6.7 (1.2m間隔設定)			2翼二重反転			
M30/1897	保式30式A型		4.594	338.0	50	11-2,500 21.7-800 25.4-600	0-2,2-6 (1m間隔設定)			4翼二重反転	30式発条型		
	保式30式B型		5.051	532.0	100	11.6-2,500 22-800 26.9-600				2翼/4翼 二重反転			
M32/1899	保式32式		5.494	338.0	50	15--1,500 24--800		圧搾空気100気圧(冷走)		4翼二重反転			
		45.0	5.083	541.0	90	15--3,000 28--1,000							水上艦艇
M34/1901	保式34式		6.502	859.0	90	20--3,500 27--2,000		圧搾空気150気圧(冷走)					港湾防禦用、敷設艇
M37/1904	保式37式		5.083	541.0	100	15--3,000 28--1,000		圧搾空気100気圧(冷走)					
M38/1905	保式38式1号		5.149	617.0	100	20--3,000		圧搾空気150気圧(冷走)		3翼二重反転	38式発条型		主に潜水艇用
	露式(石見用)	38.1/15	5.180	452.0	69	17--2,000 26--800							戦利艦石見のみ
M41/1908	保式38式2号	45.0	5.088	640.0	95	23--4,000 40--1,000	0-2,2-6 (1m間隔設定)	圧搾空気150kg(加熱乾燥)	4気筒星型単動機関	4翼二重反転	38式発条型		水上艦艇
	保式41式		4.572	338.0	50	23--1,000		圧搾空気100気圧(冷走)					3等駆逐艦、1等水雷艇
M42/1909	保式42式		5.150		95	26--4,000	2.0-6.0 (1m間隔設定)	圧搾空気150kg(加熱乾燥)					水上艦艇
M43/1910	43式		5.188	663.0	95	26--5,000	0-2,2-6 (1m間隔設定)						2等駆逐艦
M44/1911	43式	53.3/21	6.700	1,165.0	130			圧搾空気150kg(加熱噴水)			43式空気式		巡洋戦艦(筑波、生駒)
	44式1号		6.700	1,290	13/16	28--10,000							水上艦艇
M45/1912	44式2号	45.0	5.388	704.0	110	28--8,000							
T 6/1917	6年式	53.3/21	6.840	1,427	203	28--15,000	0-16 (1m間隔設定)	圧搾空気175kg(加熱噴水)			4年式空気式		
T 8/1919	8年式1号	61.0	8.415	2,290.87	300	27--20,000	0-2,2-16 (1m間隔設定)	圧搾空気180kg(加熱噴水)					重巡、軽巡、1等駆逐艦
	8年式2号		8.415	2,464.8	350	27.5--20,000		圧搾空気195kg(加熱噴水)					
S 4/1929	89式	53.3/21	7.150	1,625	295	36-11,100 43-6,000 45-5,500		圧搾空気215kg	横型複動2気筒機関		90式空気式	90式慣性式	水雷艇
S 5/1930	90式	61.0	8.550	2,540	390	35-15,000 42-10,000 46-7,000							1等駆逐艦
S 6/1931	91式	45.0	5.300	890	160/400	42--2,000		圧搾空気180kg	星型8気筒機関		91式無吹気式		航空機
S 7/1932	92式	53.3/21	7.150	1,720	300	30--7,000		電池	電動機		90式空気式		潜水艦
S 8/1933	93式1型改1	61.0	9.000	2,700	490	36-40,000 40-32,000 48-20,000	2-16	酸素225kg/㎠	横型複動2気筒機関		98式応差弁式		重巡、軽巡、1等駆逐艦
	93式1型改2		9.000	2,700	490								
S10/1935	95式1型	53.3/21	7.150	1,665	405	45-12,000 49-9,000		酸素220kg/㎠					潜水艦
S11/1936	96式		7.150	1,900	400	40-7,500 49-5,500		酸素215kg/㎠					
S12/1937	97式	45.0			300	45--5,000		酸素					特殊潜航艇(甲標的)
S17/1942	2式		5.600		350	39-3,000		圧搾空気180kg/㎠	星型8気筒機関		2式慣性式		魚雷艇
S18/1943	93式3型	61.0	9.000	2,800	780	36-30,000 40-25,000 48-15,000	2-16	酸素220kg/㎠	横型複動2気筒機関				重巡、軽巡、1等駆逐艦
	95式2型	53.3/21	7.150	1,665	550	45-7,500 49-5,500							潜水艦、軽巡

日本海軍創設以来の制式魚雷一覧 (2/2)

魚雷兵器資料

導入年度	名　称	備　考
M17/1884	朱式84式	M15-12、ドイツ、シュワルツコッフSchwartzkoff 社に注文した日本海軍最初の魚雷、合計200本を購入、次の朱式88式の307本とともにM33ごろまでに納品されたという。M19-10に扶桑、金剛、高千穂の3艦に各2本あて付属品とともに支給されたのが最初という。
M21/1888	朱式88式	次いで水雷船(水雷艇) 1-4号と水雷訓練船迅鯨に装備、以後、比叡、浪速、高雄、八重山、龍田、千代田、三景艦、各水雷艇に装備を完了した。日清戦争時の主要魚雷で、M24-7頃、国内で最初のコピー試作がおこなわれたと言われている。
M26/1893	保式26式	英国ホワイトヘッドWhitehead社より100本を購入、最初の実物は吉野が搭載して持ち帰ったという。
M30/1897	保式30式A型	最初に高砂が持ち帰ったといわれるホワイトヘッド社製の2番手で、後に呉海軍工廠で国産化されたものと合わせて125本が取得されたという。
	保式30式B型	推進器をA型の2翼から4翼に変え、性能が若干向上、これも一部国産化されて合計127本を取得した。
M32/1899	保式32式	最後の14インチ魚雷で76本が購入され、若干改良して国産化、これを甲種魚雷と称した。
		最初の18インチ魚雷(実直径45cm)132本が購入され、富士や八島等の戦艦に搭載された。日露戦争時の主力魚雷と推定。日露戦争中に製造された18インチ魚雷は合計121本、14インチ魚雷は39本と記録されている。
M34/1901	保式34式	海防魚雷と称する港湾海峡防禦用の魚雷で日本側の仕様で保社に163本注文された。装気圧を150気圧に高めた。
M37/1904	保式37式	32式に準じた構造で炸薬量を増加、50本が呉の他、横須賀、佐世保工廠でも製造されたという。
M38/1905	保式38式1号	日本海軍の最初の独自設計を盛り込んだ魚雷で、全体のデザインはまだ保社に倣っているので保式という。これまで国産化が難しかった気室も最初の国産化に成功。
	露式(石見用)	日露戦争で戦利品として取得した露国製魚雷で15インチという日本海軍と異なる直径を採用している。性能的には日本海軍の14インチ魚雷に準じたものと推定された。
M41/1908	保式38式2号	保社製の魚雷、これまでの冷走機関に対して加熱乾燥装気機関を採用した最初の魚雷で、新技術導入目的もあって購入したもの。各工廠で国産化されている。
	保式41式	38式魚雷に準じて国産化した魚雷。
M42/1909	保式42式	M42-T9という長期に渡って保社から購入納品されたもので、1号から5号に区分され、少しずつ仕様が異なる。多分、技術導入目的の購入と推定される。
M43/1910	43式	38式と42式の長所を取り入れて、排気冷却装置を採用した最初の国産魚雷。
M44/1911	43式	最初の21インチ魚雷、M42に試作に着手、列強の魚雷に準じる試射に成功する。
	44式1号	M43に試作に着手、翌年完成した。噴水加熱装置を採用、排気冷却を完全にして、21インチ魚雷では米英に劣らない第一級の性能を有する魚雷が完成。気室の素材からの製造にも成功。T7-10に三菱長崎で526本製造の記録あり。
M45/1912	44式2号	当時まだ相当艦艇が装備していた18インチ魚雷の代替魚雷として当時の最新技術を反映させたもの。
T 6/1917	6年式	44式が信頼性に今ひとつ欠けかつ射程が短かったものを日本独自の技術力で改良して、実用性の高い最初の21インチ魚雷が完成した。T3より設計着手、T5試射に成功、日本海軍最初の湿式加熱装置付魚雷で三菱長崎と呉工廠が主として量産、T11以降10年間で三菱長崎だけで3,537本を製造した記録がある。
T 8/1919	8年式1号	最初の61cm大直径魚雷で佐世保工廠と横須賀工廠で並行設計試作した結果、前者を1号、後者を2号としてそれぞれ制式兵器として採用したが、1号はまもなく製造を中止、2号1本に絞って量産された。2号の設計者は6年式の設計者で、6年式の欠陥は改善されていたが、浮力が小さく、訓練発射後の回収に難点があったという。製造は各海軍工廠が主に担当したらしく、S13現在での在庫数1,456本の記録あり、昭和初期の戦艦、巡洋艦、1等駆逐艦に広く搭載された。
	8年式2号	
S 4/1929	89式	S4頃に三菱長崎で設計に着手した潜水艦用の標準魚雷でS6に完成、S7-14に三菱長崎で1,147本が製造された。40ノットを超えた最初の日本魚雷で、保社より購入した高速魚雷を参考に主機関、起爆装置を更新 最初の2気筒機関搭載魚雷。
S 5/1930	90式	T15に保社からサンプル購入した46ノット高速魚雷を参考に新たにS3以降に艦本が設計、呉工廠で試作して完成した、8年式の後継魚雷、40ノットを超える高速と射程は大幅に向上した。S7以降8年式に代わり呉工廠で量産、特型後期以降の1等駆逐艦に搭載された。
S 6/1931	91式	航空魚雷として設計された最初の魚雷、これまで水上艦艇用魚雷の強度を改善したりして使用していたものを、大幅に改めて航空魚雷として改良を加え、S6に兵器に採用、終戦時まで改型を重ね、改7まで改良した。三菱長崎でS20までに8,935本が製造された。
S 7/1932	92式	T13以降横須賀工廠で続けられていた電池式魚雷の開発が一応S7頃に完成して92式魚雷として制式化された。 低速のため、一時的に棚上げされたが、第2次大戦の勃発とともにUボートが電池魚雷で大きな戦果をあげていることにちなみ、大戦中に量産化されたという。
S 8/1933	93式1型改1	大戦中にもっとも強力な魚雷として連合国側に恐れられた日本海軍の魚雷、駆動源に純酸素という他国が実用できなかった独自の技術を完成させて、例のない高速と大射程を実現して、大戦中に多くの戦果をあげた。駆動源に純酸素を用いる実験がS3ごろにスタートし、呉工廠でS7末に最初の設計が終わってから試作が行われ、試射が終わったのがS8であった。この時点で仮称93式魚雷と命名され、兵器として完成はS10であった。しかし量産化に手間取り、艦隊側に最初の魚雷が支給されたのはS13で、高雄型重巡の第4戦隊であった。
	93式1型改2	この場合は発射管は従来の8年式魚雷用の89式発射管を93式魚雷用に改造したものであった。93式魚雷は大戦中に3型に切り換えるまでに、1,150本が呉、横須賀工廠で製造されたとされているが、戦後米海軍に報告された数字で、確かではない。
S10/1935	95式1型	S9頃に潜水艦用の酸素魚雷として三菱長崎で開発設計がおこなわれ、S12より量産が開始され、S20までに三菱長崎で2,699本が製造された。その長大な射程はガ島戦で1回に発射した6本の魚雷で空母1隻を沈め、戦艦と駆逐艦を中破させる大戦果をあげている。
S11/1936	96式	酸素魚雷より幾分性能を落として、量産に有利な酸素、空気混合魚雷として開発され、大戦中のS17以降に製造されたが、本格的量産には至らなかった。
S12/1937	97式	小型潜水艇甲標的用の魚雷は当初53cm魚雷を予定していたが大型すぎて無理があり、93式魚雷に倣った45cm酸素魚雷を開発、S16-1に呉工廠で30本の製造に着手、同年10月に急遽完成させて真珠湾攻撃に間に合わせた。製造数は30本のみで初期の甲標的戦に使用。
S17/1942	2式	大戦中に魚雷艇用小型魚雷として91式航空魚雷を改造して設計された。魚雷艇以外にも小型潜水艇蛟龍にも搭載されたらしい。S19以降呉工廠で製造。
S18/1943	93式3型	大戦中に艦隊側から炸薬量を増やすようとの要求があり、このため射程の減少をしのんで炸薬量を490kgから780kgに増加した3型をS18から生産した。同時に燃焼方式を改良して発動時の爆燃を防止した。S20までに560本が製造された。重巡、軽巡、1等駆逐艦に搭載。
	95式2型	93式と同じ理由で炸薬量を増加した型、製造数は1型に含まれる。潜水艦以外の一部水上艦艇も搭載(木曽、発射管を改造して搭載)。

377

魚雷兵器資料

日本海軍創設以来の主要制式魚雷姿図 (1/2) S=1/30

日本海軍魚雷資料について

日本海軍の魚雷関係資料に関しては、現在知られているものはごく限られたものしかない。
ただし米国からの返還資料には膨大な魚雷関係公式図面が含まれていて、魚雷本体、発射管のほぼ全制式が網羅されているのが、リストから判明しているが、未だに未公開である。
資料整理の段階で一部抜き取られた図面があることは知られていたが、ここに収録したのはそうした図面を含めて、知りえた図面、資料よりまとめたものである。
魚雷本体の形状については防研図書室に存在した<各式魚雷本体図>によるところが大きい。これは大戦中に艦本造兵部門で作成されたと思われる、6年式から2式までの当時の現用魚雷の外形図で、戦後、海自OBより寄贈されたものという青焼図である。その他、同図書室にある兵学校の教科書や公文備考等に明治、大正期の魚雷の外形を示すものがいくつかあるが、公式図ではないので信頼性は劣る。
戦後、関係者により編纂された<海軍水雷史>にはこうした資料はほとんどみられない。

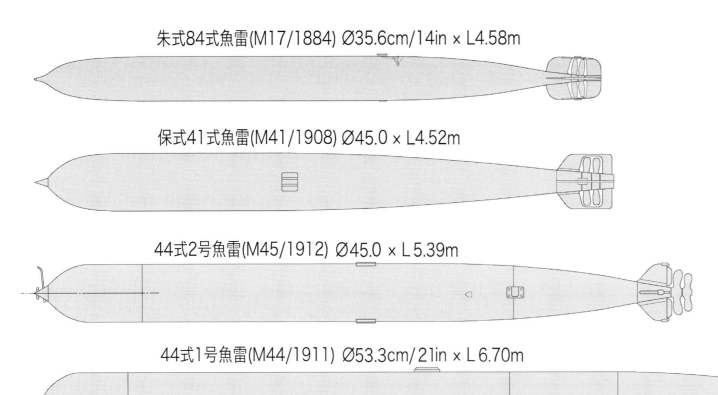

朱式84式魚雷(M17/1884) Ø35.6cm/14in × L4.58m

保式41式魚雷(M41/1908) Ø45.0 × L4.52m

44式2号魚雷(M45/1912) Ø45.0 × L5.39m

44式1号魚雷(M44/1911) Ø53.3cm/21in × L6.70m

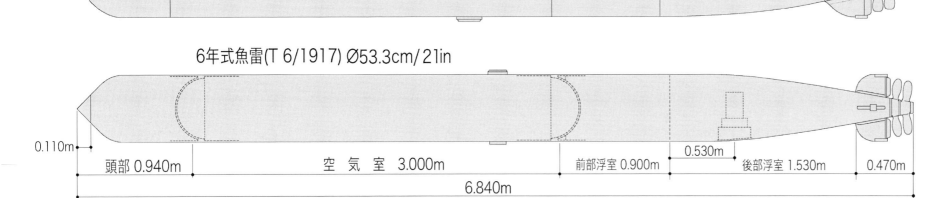

6年式魚雷(T 6/1917) Ø53.3cm/21in

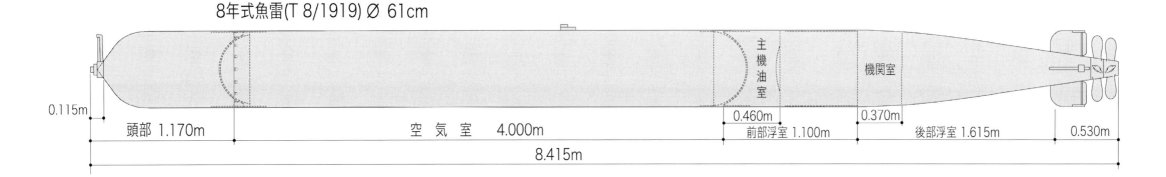

8年式魚雷(T 8/1919) Ø 61cm

日本海軍創設以来の主要制式魚雷姿図 (2/2) S=1/30　魚雷兵器資料

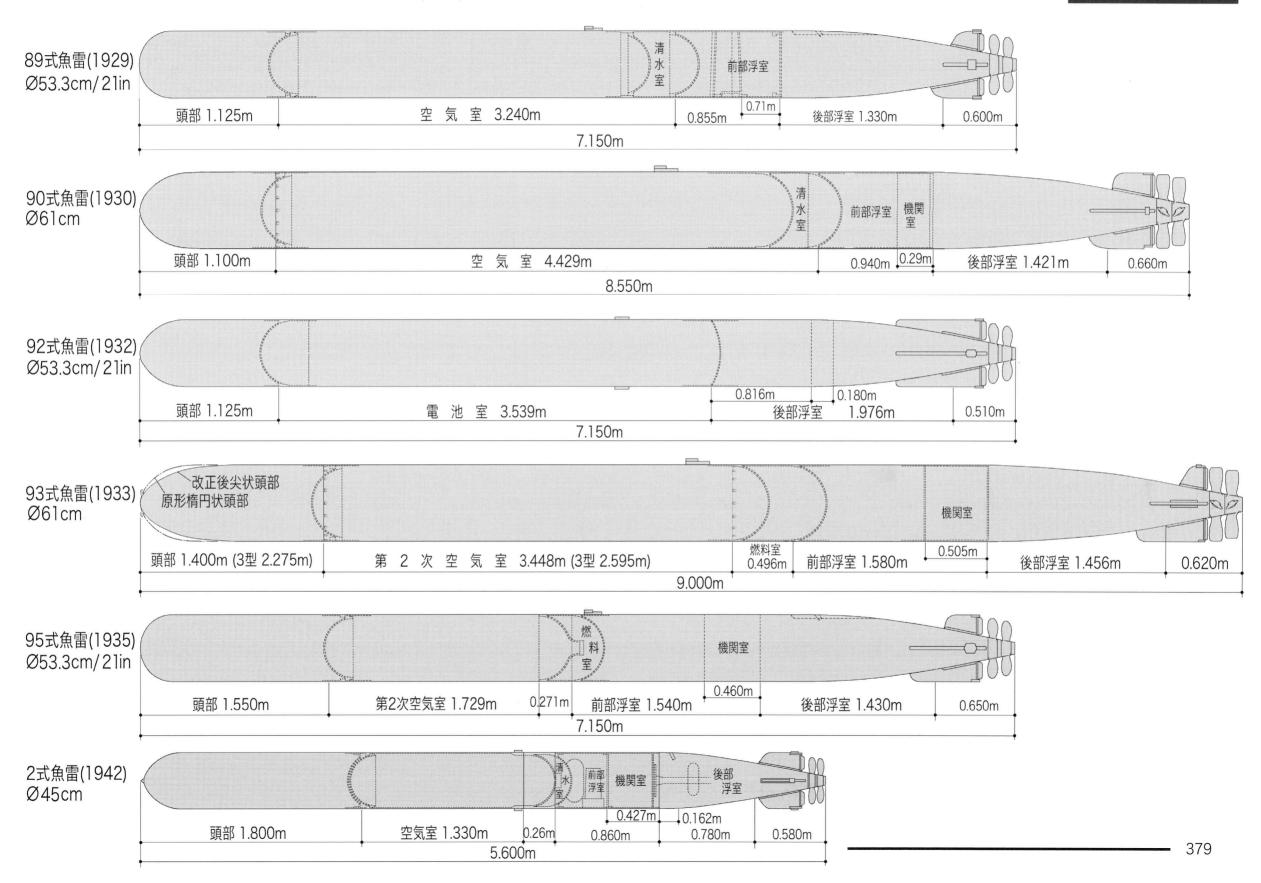

魚雷兵器資料

主要制式魚雷発射管概略図及びデータ (1/5)

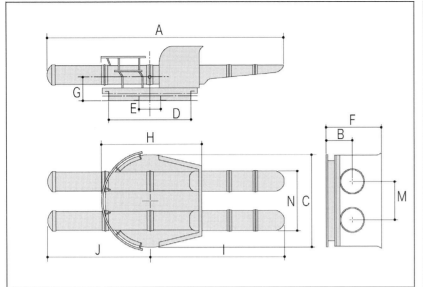

6年式53cm2連装水上発射管

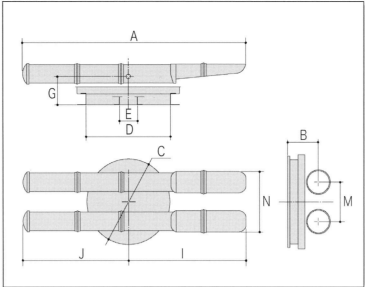

10年式53cm2連装水上発射管

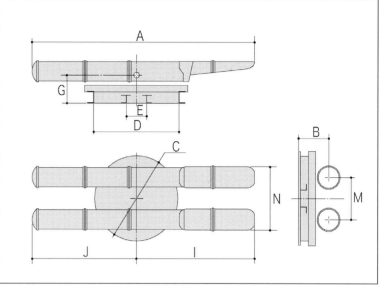

10年式(改)53cm2連装水上発射管

主　要　目		6年式53cm2連装水上発射管	10年式53cm2連装水上発射管	10年式(改)53cm2連装水上発射管
重量(T)	発射管	5.400	5.500	5.500
	防楯			
	発射管関係機器	0.100	0.100	0.100
	合計	5.500	5.600	5.600
旋回動力/旋回角度		人力 /360°	人力 機力/360°	人力 機力/360°
電動機	馬力		1.5	1.5
	回転数		460rpm	500rpm
	電圧		100V	100V
360度旋回所要秒時	人力	1分10秒	1分10秒	1分10秒
	機力		1分	54秒
魚雷装填所要秒時		1分	1分	40秒
搭載艦		球磨型 峯風型 樅型 香取型 千鳥型(楯付き)	神風型 朝風 春風 松風 旗風 若竹 呉竹 早苗 早蕨 朝顔 芙蓉	追風 疾風 朝凪 夕凪 夕顔 刈萱

主要寸法 (単位：m)		6年式53cm2連装水上発射管	10年式53cm2連装水上発射管	10年式(改)53cm2連装水上発射管
全長	A	7.376	6.925	6.925
管体中心高さ	B	①	0.889(0.838) ②	0.889(0.838) ②
旋回盤直径	C	2.860	2.760	2.760
圏轍直径	D	2.573	2.573	2.573
枢軸直径	E	0.635	0.470	0.470
防楯高さ	F	2.075	①	
重心点位置(空体)	G	0.750 ③	0.840	0.850(0.800) ②
〃　(魚雷装填時)		0.760 ③	0.850	0.870(0.820) ②
防楯長さ	H	3.100		
旋回中心から先端まで	I	4.226	3.719	3.719
旋回中心から後端まで	J	3.150	3.206	3.206
旋回中心から左端まで	K			
旋回中心から右端まで	L			
管体中心間隔	M	1.200	1.200	1.200
管体全幅	N	1.956	1.956	1.956

(注) 本資料は平賀アーカイブで公開された「水雷関係要領」を基本に図を描き直し、追加したもので、S12頃の部内限りの極秘資料と推定される。多分艦本造兵部門でまとめたものであろう。日本海軍の魚雷発射管のデータはこれ以外に存在しないと言ってよく、その意味では極めて貴重なものであるが、一部図とデータには若干疑問もあるがデータについては原本通りとした。<海軍水雷史>にもほぼそのまま転載されているので参照されたい。

① 球磨型 1.016 峯風型 0.850 樅型 0.902 千鳥型 0.800　② ( )内は2等駆逐艦のみ
③ 千鳥型の場合を示す

主要制式魚雷発射管概略図及びデータ (2/5)

魚雷兵器資料

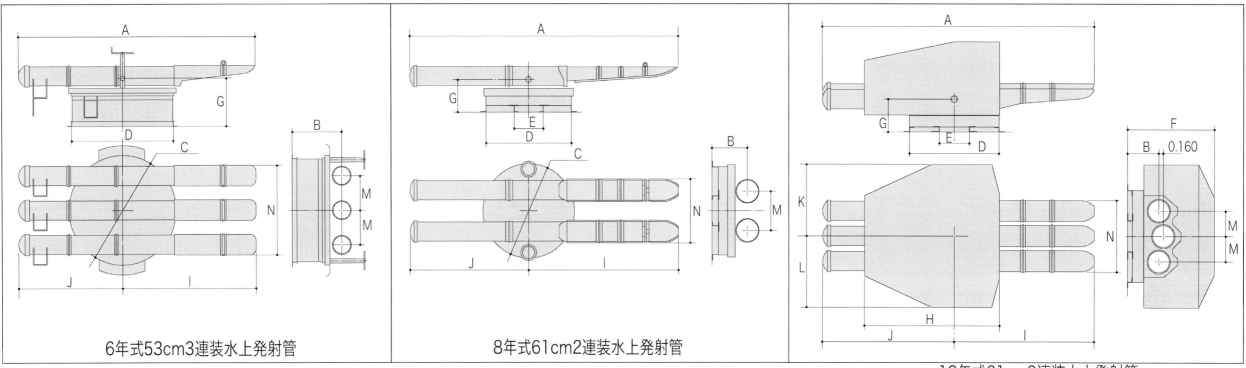

6年式53cm3連装水上発射管

8年式61cm2連装水上発射管

12年式61cm3連装水上発射管

主要目		6年式53cm3連装水上発射管	8年式61cm2連装水上発射管	12年式61cm3連装水上発射管
重量(T)	発射管	11.800	8.300	13.500
	防楯			1.900
	発射管関係機器	0.150	0.150	0.150
	合計	11.950	8.450	15.550
旋回動力/旋回角度		人力 機力/360°	人力 機力/360°	人力 機力/360°
電動機	馬力	10	5	5
	回転数	600rpm	450rpm	750rpm
	電圧	110V	220V	100V
360度旋回所要秒時	人力	50秒	1分30秒	35秒
	機力	37.5秒	1分	23秒
魚雷装填所要秒時		50秒		18秒
搭載艦		天龍型	長良型 川内型 夕張(後に楯追加)	睦月型 (装填距離4.5m)

主要寸法 (単位:m)		6年式53cm3連装水上発射管	8年式61cm2連装水上発射管	12年式61cm3連装水上発射管
全長	A	7.376	8.800	8.503
管体中心高さ	B	1.645	1.138	0.908
旋回盤直径	C	3.530	3.040	4.239
圏轍直径	D	3.149	2.861	2.975
枢軸直径	E	1.550	0.670	1.055
防楯高さ	F			2.708
重心点位置(空体)	G	1.500	1.070	0.825
〃 (魚雷装填時)		1.520	1.095	0.863
防楯長さ	H			4.225
旋回中心から先端まで	I	4.159	4.835	4.545
旋回中心から後端まで	J	3.217	3.965	3.958
旋回中心から左端まで	K			2.164
旋回中心から右端まで	L			2.075
管体中心間隔	M	1.050	1.300	0.780
管体全幅	N	2.812	2.106	2.353

魚雷兵器資料

主要制式魚雷発射管概略図及びデータ (3/5)

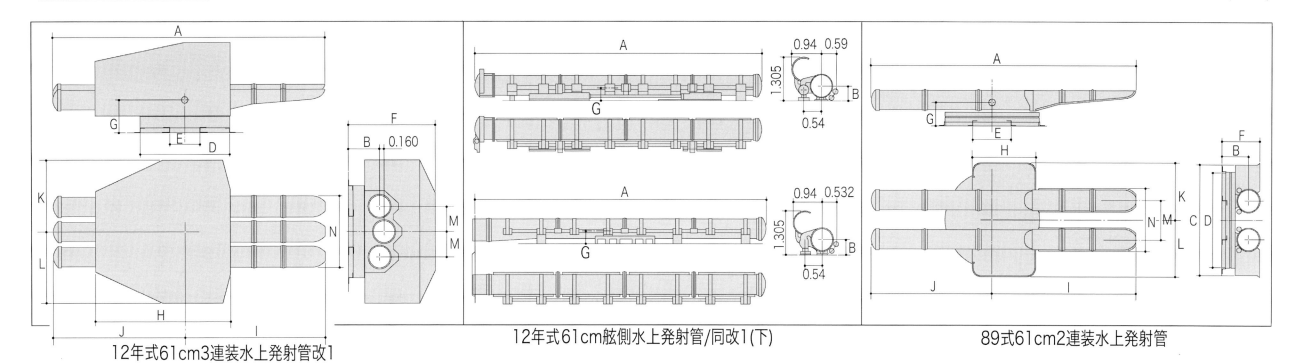

12年式61cm3連装水上発射管改1　　12年式61cm舷側水上発射管/同改1(下)　　89式61cm2連装水上発射管

主要目		12年式61cm3連装水上発射管改1	12年式61cm舷側水上発射管/同改1	89式61cm2連装水上発射管
重量(T)	発射管	13.850	6.700/5.750	14.350
	防楯	1.900		
	発射管関係機器	0.150	0.350/0.350	0.150
	合計	15.900	7.050/6.100	14.600
旋回動力/旋回角度		人力　機力/360°		人力
電動機	馬力	5		15
	回転数	750rpm		600rpm
	電圧	100V		220V
360度旋回所要秒時	人力	35秒		23.3秒
	機力	23秒		
魚雷装填所要秒時		18秒		20秒
搭載艦		吹雪型(装填距離4.5m)	古鷹型/青葉型 妙高型　開閉は油圧を使用	高雄型(装填距離10m)　機力は次発装填のみ

主要寸法 (単位：m)		12年式61cm3連装水上発射管改1	12年式61cm舷側水上発射管/同改1	89式61cm2連装水上発射管
全長	A	8.503	9.105/9.203	8.503
管体中心高さ	B	0.908	0.500/0.500	0.855
旋回盤直径	C	4.239	1.510/1.472	3.400
圏轍直径	D	2.975		2.990
枢軸直径	E	1.055		1.069
防楯高さ	F	2.708		1.170
重心点位置(空体)	G	0.825	0.450/0.450	0.656
〃 (魚雷装填時)		0.863	0.460/0.460	0.712
防楯長さ	H	4.225		1.878
旋回中心から先端まで	I	4.545		4.544
旋回中心から後端まで	J	3.958		3.959
旋回中心から左端まで	K	2.164		1.700
旋回中心から右端まで	L	2.075		1.700
管体中心間隔	M	0.780		1.200
管体全幅	N	2.353		1.980

主要制式魚雷発射管概略図及びデータ (4/5)

魚雷兵器資料

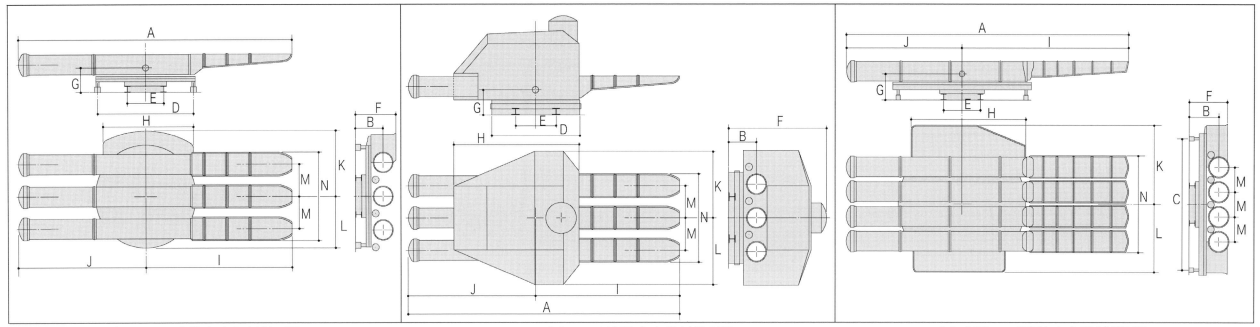

90式61cm3連装水上発射管1型　　　90式61cm3連装水上発射管2型　　　92式61cm4連装水上発射管1型

主　要　目		90式61cm3連装水上発射管1型	90式61cm3連装水上発射管2型	92式61cm4連装水上発射管1型
重量(T)	発射管	15.600	12.095	14.600
	防楯		1.700	
	発射管関係機器	0.150	0.166	0.160
	合計	15.750	14.141	14.760
旋回動力/旋回角度		人力　機力/180°	人力　機力/360°	人力/105°
電動機	馬力	20	5	
	回転数	600rpm	800rpm	
	電圧	220V	100V	
360度旋回所要秒時	人力	1分10秒	2分	35秒
	機力	5.3秒	25秒	
魚雷装填所要秒時		16.6秒	23秒	
搭載艦		最上型 利根型(改1)(右舷、左舷用の区別あり)	初春型	妙高型 青葉型 高雄型(鳥海以外、改1) 神通 那珂 阿武隈 五十鈴 伊吹(改1)

主要寸法 (単位：m)		90式61cm3連装水上発射管1型	90式61cm3連装水上発射管2型	92式61cm4連装水上発射管1型
全長	A	8.870	8.870	8.870
管体中心高さ	B	0.860	0.855	0.920
旋回盤直径	C	3.585	4.465	4.530
圏轍直径	D	3.100	3.000	4.064
枢軸直径	E	1.160	1.160	1.160
防楯高さ	F	1.192	3.105	1.005
重心点位置(空体)	G	0.722	0.774	0.790
〃　(魚雷装填時)		0.776	0.803	0.860
防楯長さ	H	2.800	4.100	3.740
旋回中心から先端まで	I	4.957	4.650	4.650
旋回中心から後端まで	J	3.913	4.220	4.220
旋回中心から左端まで	K	2.035	2.200	2.440
旋回中心から右端まで	L	1.550	2.265	2.090
管体中心間隔	M	0.780	0.780	0.780
管体全幅	N	2.230	2.330	3.110

魚雷兵器資料

主要制式魚雷発射管概略図及びデータ (5/5)

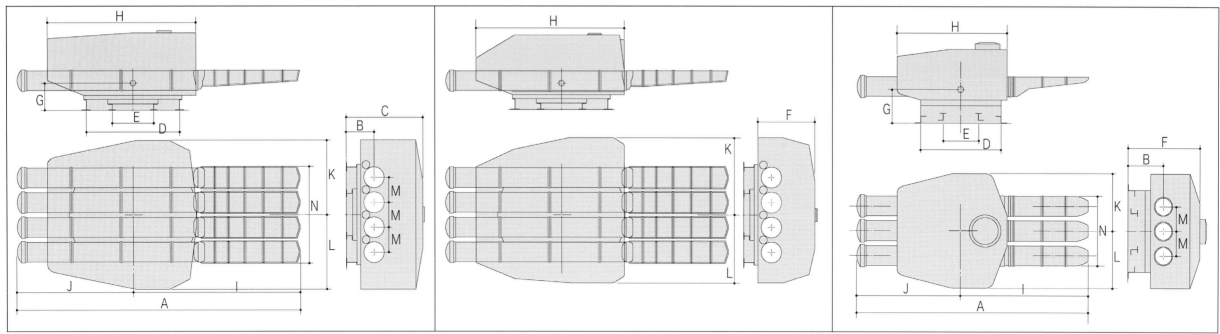

92式61cm4連装水上発射管2型　　　92式61cm4連装水上発射管4型　　　94式53cm3連装水上発射管

主　要　目		92式61cm4連装水上発射管2型	92式61cm4連装水上発射管4型	94式53cm 3連装水上発射管
重量(T)	発射管	16.200		8.550
	防楯	2.000		0.950
	発射管関係機器	0.160		0.150
	合計	18.360		9.650
旋回動力/旋回角度		人力 機力/360°	人力 機力/360°	人力 機力/360°
電動機	馬力	10		7
	回転数	700rpm		600rpm
	電圧	100V		空気圧8.5kg/m²
360度旋回所要秒時	人力	1分52秒		1分10秒
	機力	25.2秒		24秒
魚雷装填所要秒時		32秒		
搭載艦		白露型 朝潮型 古鷹型	陽炎型 夕雲型 秋月型 松型 阿賀野型	鴻型

主 要 寸 法 (単位：m)		92式61cm4連装水上発射管2型	92式61cm4連装水上発射管4型	94式53cm 3連装水上発射管
全長	A	8.870		7.400
管体中心高さ	B	0.955(0.855)①		0.800
旋回盤直径	C	4.600		3.600
圏轍直径	D	3.000		2.600
枢軸直径	E	1.160		0.970
防楯高さ	F	2.470(2.370)①	1.900	2.090
重心点位置(空体)	G	(0.783)①		0.770
〃　　(魚雷装填時)		(0.809)①		0.778
防楯長さ	H	4.650	5.030	3.540
旋回中心から先端まで	I	4.650		4.200
旋回中心から後端まで	J	4.220		3.200
旋回中心から左端まで	K	2.300	2.390	1.800
旋回中心から右端まで	L	2.300	2.180	1.800
管体中心間隔	M	0.780		0.680
管体全幅	N	3.110		2.030

(注)92式61cm4連装発射管3型は重雷装艦大井、北上搭載専用、右舷、左舷用区分あり、後日専用楯を追加、
　　重量11.5-12トンに軽量化し旋回角度は105°、人力による。
　　同4型は上図のように2型楯形状を改正したもの、楯形状以外は2型とほぼ同様、左右非対称形状に注意。

①(　)付き数値は1番連管の場合を示す

巡洋艦装備魚雷発射管詳細図 (1/6) S=1/30

魚雷兵器資料

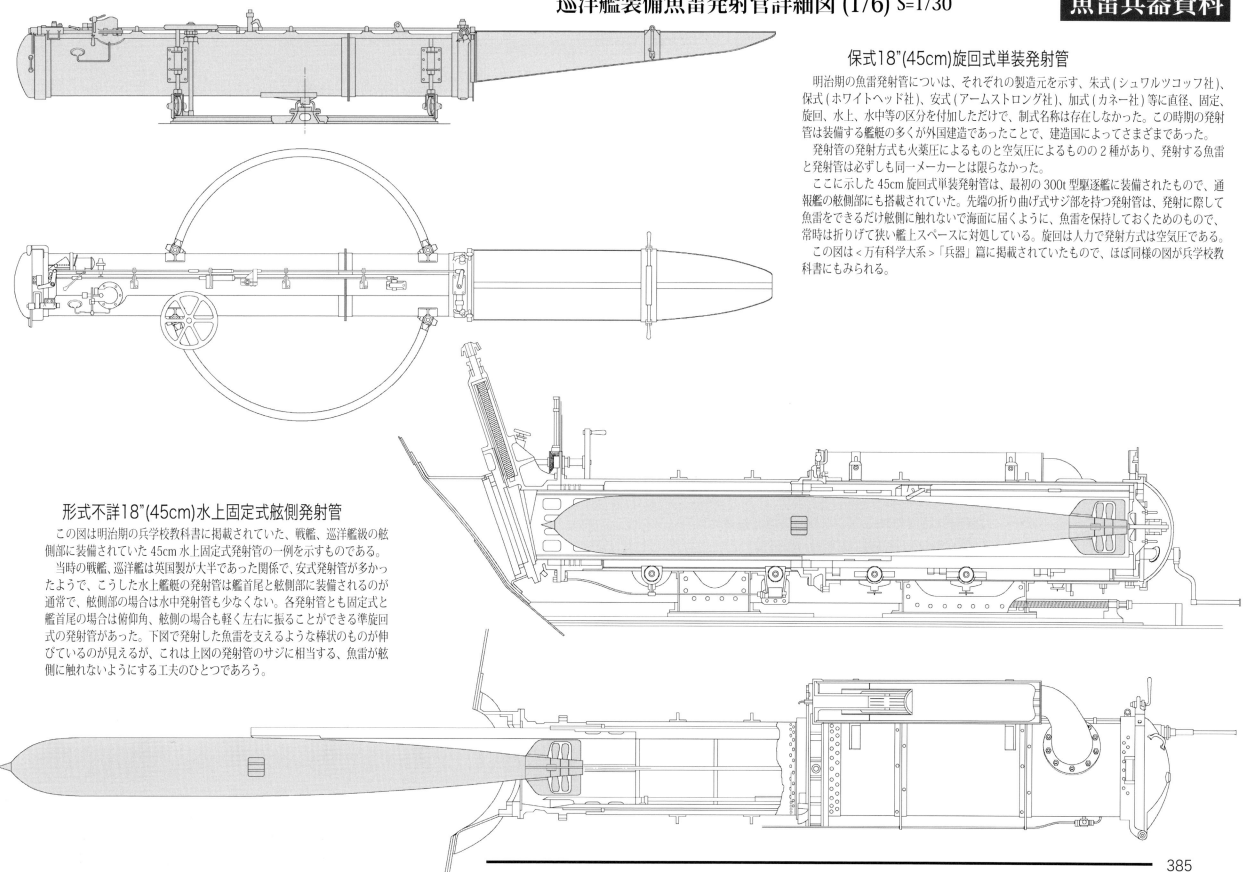

保式18"(45cm)旋回式単装発射管

明治期の魚雷発射管については、それぞれの製造元を示す、朱式(シュワルツコッフ社)、保式(ホワイトヘッド社)、安式(アームストロング社)、加式(カネー社)等に直径、固定、旋回、水上、水中等の区分を付加しただけで、制式名称は存在しなかった。この時期の発射管は装備する艦艇の多くが外国建造であったことで、建造国によってさまざまであった。

発射管の発射方式も火薬圧によるものと空気圧によるものの2種があり、発射する魚雷と発射管は必ずしも同一メーカーとは限らなかった。

ここに示した45cm旋回式単装発射管は、最初の300t型駆逐艦に装備されたもので、通報艦の舷側部にも搭載されていた。先端の折り曲げ式サジ部を持つ発射管は、発射に際して魚雷をできるだけ舷側に触れないで海面に届くように、魚雷を保持しておくためのもので、常時は折りげて狭い艦上スペースに対処している。旋回は人力で発射方式は空気圧である。

この図は<万有科学大系>「兵器」篇に掲載されていたもので、ほぼ同様の図が兵学校教科書にもみられる。

形式不詳18"(45cm)水上固定式舷側発射管

この図は明治期の兵学校教科書に掲載されていた、戦艦、巡洋艦級の舷側部に装備されていた45cm水上固定式発射管の一例を示すものである。

当時の戦艦、巡洋艦は英国製が大半であった関係で、安式発射管が多かったようで、こうした水上艦艇の発射管は艦首尾と舷側部に装備されるのが通常で、舷側部の場合は水中発射管も少なくない。各発射管とも固定式と艦首尾の場合は俯仰角、舷側の場合も軽く左右に振ることができる準旋回式の発射管があった。下図で発射した魚雷を支えるような棒状のものが伸びているのが見えるが、これは上図の発射管のサジに相当する、魚雷が舷側に触れないようにする工夫のひとつであろう。

385

魚雷兵器資料

巡洋艦装備魚雷発射管詳細図 (2/6) S=1/50

8年式2連装発射管

T8に導入した日本海軍最初の大型魚雷、8年式61cm魚雷に合わせて開発された発射管。5,500トン型の長良以降に装備され、5,500トン型の前期艦に装備した6年式53cm連装発射管を拡大した形で、基本構造は大差ない。旋回は機力と人力の両用で中央に照準手、左右に旋回ハンドルがあって、人力操作の場合にあたる。サジ部の先端が折り曲げ式になっているのは、装填した魚雷の頭部に爆発尖を挿入するためである。

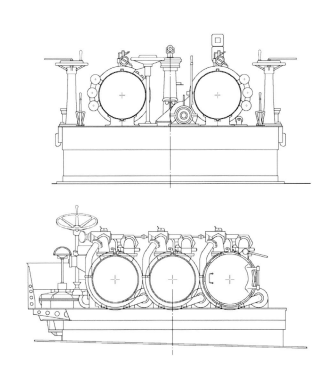

90式3連装発射管1型

最上型軽巡の舷側発射管として開発。同時に楯付駆逐艦用として2型が出現している。S9に制式化され、61cm魚雷用3連装発射管としては、駆逐艦用の12年式発射管に次ぐもので、90式61cm魚雷に対応したもの。

この図は操作スペースが左側に寄っているので、右舷装備用、左舷装備はこれと反対になる。利根型には90式1型改という改型が装備されたとされているが、詳細は不明。

巡洋艦装備魚雷発射管詳細図 (3/6) S=1/50

魚雷兵器資料

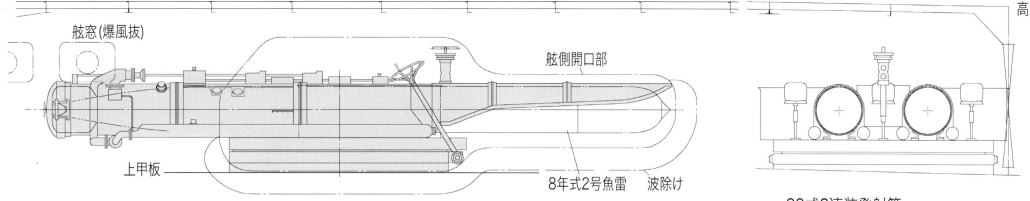

89式2連装発射管

高雄型重巡用に開発された舷側発射管。前型の妙高型までは中甲板装備の舷側固定発射管を装備して、片舷6射線を確保してきたが、重量的に重く、かつ被弾にさいして危険度が大きいため、高雄型においては上甲板装備の旋回発射管を採用した。これは魚雷強度も向上して、高い上甲板からの発射が可能になったこともある。片舷連装2基で、4射線と減少しているが、迅速な機力による次発装填装置を設けることで、20秒で次発装填を完了して、次発魚雷を発射でき、事実上8射線に相当するとしている。

また、舷側部に張り出しを設けて、発射管を舷外に指向したとき、頭部が完全に舷外にあるように装備することで、誘爆被害の減少を図っており、舷側部の発射管開口部も発射管の形状に合わせて局限している。その他、格納している次発魚雷頭部付近舷側に数カ所の爆風抜け用舷窓をもうけて、誘爆に対処している。

高雄型はS11にこの発射管を後の93式魚雷の仕様に合わせて改造、S13より93式魚雷が供給され、実用装備最初の日本巡洋艦になった。後の改装で鳥海以外は92式4連装発射管に換装している。鳥海はS12-2に東京湾で水雷学校の練習艦として93式魚雷の試射に従事しており、高雄型は93式魚雷との縁が深かった。それもあってか、鳥海は第1次ソロモン海戦でこの発射管で米重巡を雷撃しており、さらに第3次ソロモン海戦では高雄、愛宕が米新戦艦ワシントン、サウス・ダコタに雷撃をおこなう機会があったが命中を逸している。これは太平洋戦争で日本重巡が米戦艦と交戦した唯一の事例である(一方的に壊滅したスリガオ海峡夜戦は除く)。

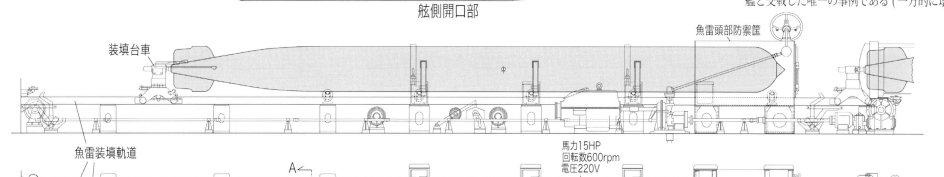
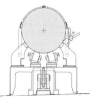

鳥海魚雷装填装置詳細

【出典】軍艦鳥海魚雷装填装置図

電動機によるワイヤー・ケーブル巻き取りにより、装填台車が魚雷尾部を押して発射管に装填する仕組みになっている。魚雷は当初8年式2号であったが、93式魚雷の装備にあたっては、当然こうした装備も改造されたものと思われる。

魚雷兵器資料

巡洋艦装備魚雷発射管詳細図 (4/6) S=1/50

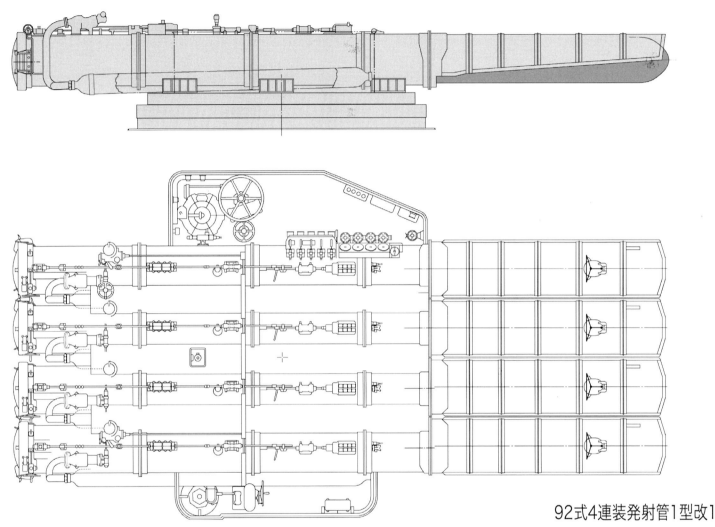

92式4連装発射管1型改1

92式4連装発射管は93式魚雷に対応した、日本海軍最初の4連装発射管である。巡洋艦舷側装備用の1型、駆逐艦用の楯付き2型、重雷装艦用の3型、さらに楯形状を改良した4型があり、太平洋戦争を通じて多くの艦艇が装備した。

最初の1型は妙高型の改装時に装備されたのが最初で、その後、古鷹型、青葉型の改装時にも装備、高雄型の改装では1型改1が装備されたが、1型との相違点は明らかでない。同様の発射管は5,500トン型の水雷戦隊旗艦型に、大戦中の摩耶、五十鈴にも装備された。

操作台が片側にあり左右非対称で、操作台のある方が艦の内側に位置するため、この図は右舷用ということになり左舷用ではこれと反対になる。発射管全長に対して、魚雷を装填した状態では僅かに魚雷先端が飛び出す形状になる。

大型発射管にかかわらず重量軽減のため、旋回は機力を省いて人力のみで、旋回角度は全周ではなく、105°におさえられている。魚雷発射管の管体内径は魚雷とのすり合わせのため、ボーリング加工をおこなって精密仕上げが普通であったが、管体全長のボーリングは非常に手間がかかるため、92式からは管体の一部のボーリング加工ですます方式に改め、大幅に工程を改善できたという。なお、当時の魚雷発射管メーカーは愛知時計電機社と九州の渡辺製作所(後に九州兵器会社と改名)の2か所で、渡辺製作所は戦後の海上自衛隊の魚雷発射管の製造も受け持っている。

巡洋艦装備魚雷発射管詳細図 (5/6) S=1/50

魚雷兵器資料

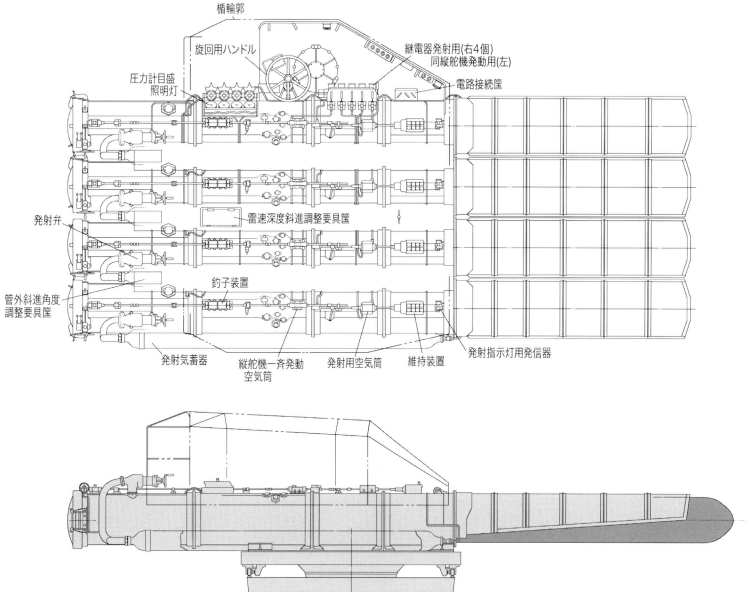
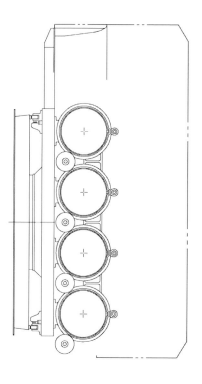

92式4連装発射管3型

重雷装艦大井、北上搭載用に開発された発射管。S12頃より開発に着手、翌年の第3次戦備促進計画で22基の製造訓令があった。本来なら3隻分30基が必要数だが、この時は2隻分に予備を加えた22基にとどめていた。S16の改装工事で大井、北上に各10基を搭載して開戦直前に完成した。搭載にあたっては10基という多数のため重量軽減に努め、1型では14.6tもあった重量をさらに削って12t弱におさめた。このため、管体を30数cm短縮しており、これは公式図からも確認できる。旋回方式も重量面から人力により、旋回角度は105°に限定している。

当初、重量面から楯はなかったが、艦隊側から強く装着を要望され簡易型の軽量楯が装着されることになった。楯の後面はキャンバスで覆うオープン式であった。楯の重量は1t前後といわれている。操作台が片側にあるため楯も当然左右非対称で、操作台のある側が艦の中心線よりになり、この図は右舷用発射管で、左舷用はこの反対になる。

ただし、こうした苦労も日の目を見ることはなく、会敵の機会もないまま戦局の悪化にともない、発射管の一部を下ろして、そのスペースを用いて、兵員や装備を搭載する高速輸送艦として用いられることが多くなり、途中戦況に応じて撤去と再搭載を繰り返していたが、S18後期にいたり重雷装艦をあきらめて、本格的、高速輸送艦に改装することが決まった。しかしその機会のないまま大井は戦没、北上は後に改装に着手したものの、途中、回天母艦に変更されて完成した。このため、この発射管は相当数が余剰品としてあったはずだが、香港で捕獲した英駆逐艦スレイシアン/Thracianを哨戒艇101号とし編入した後、大戦末期に練習艇として用いた際に、この発射管1基を搭載したことが知られている。その他、終戦まで建造が続けられた丁型駆逐艦用の発射管に転用された可能性も考えられる。

魚雷兵器資料

巡洋艦装備魚雷発射管詳細図 (6/6) S=1/50

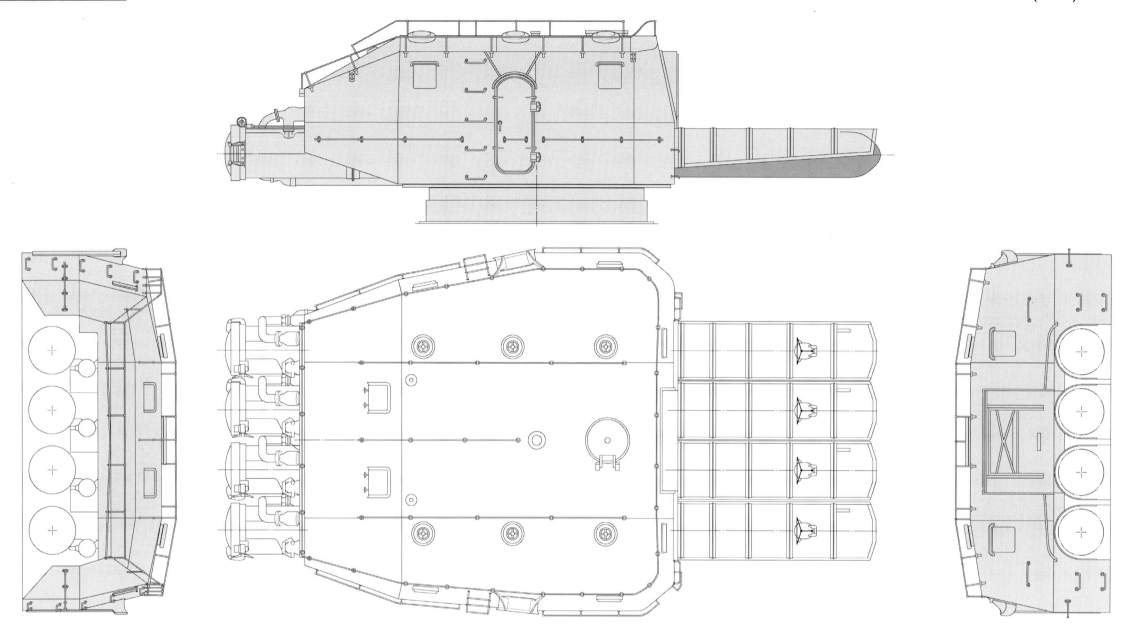

92式4連装発射管4型

陽炎型駆逐艦以降に装備された楯の一部を改正したのがこの4型である。駆逐艦用の2型とこの4型は旋回部位置が、巡洋艦用の1型、3型に比べてやや前方に寄っており、これは楯装備による重心点の変化と、旋回角度の相違によるものと思われる。巡洋艦では阿賀野型のみが装備している。

本来、発射管の楯は特型駆逐艦の新造時に、艤装員の発想からベニヤ板で仮の楯を試作して装着したら、艦隊側から好評であったことで、特型、睦月型の装備した12年式3連装発射管に軽量化を図ったジュラルミン製楯を装着したが、海水による腐食を生じたので、鉄製鋼板に切り替えて採用したもので、3mm厚の鋼板が用いられてきた。これは、駆逐艦の12.7cm砲塔の砲楯の3.2mmとあまり変わらず、2型楯の重量が2t程度といわれているから、この4型楯は若干重いと推定される。

このように発射管楯は艦隊側の要望から装着されたもので、弾片、機銃弾防禦には薄弱で、波浪や雨風から操作員をまもる役割しかない。日本以外の駆逐艦にはあまり見られない装備で、英米駆逐艦では大半は裸のままである。江田島の海自第1術科学校のそばに、戦後引き揚げられた丁型駆逐艦梨のこの型の発射管が楯無しの状態で、展示されているが、この図と異なる戦時簡易化が各所に見られる。

日本海軍巡洋艦図解年表　1/3

●購入　　◎外国注文新造　●国産新造(建造所)　□戦利艦　　⊗喪失(原因)

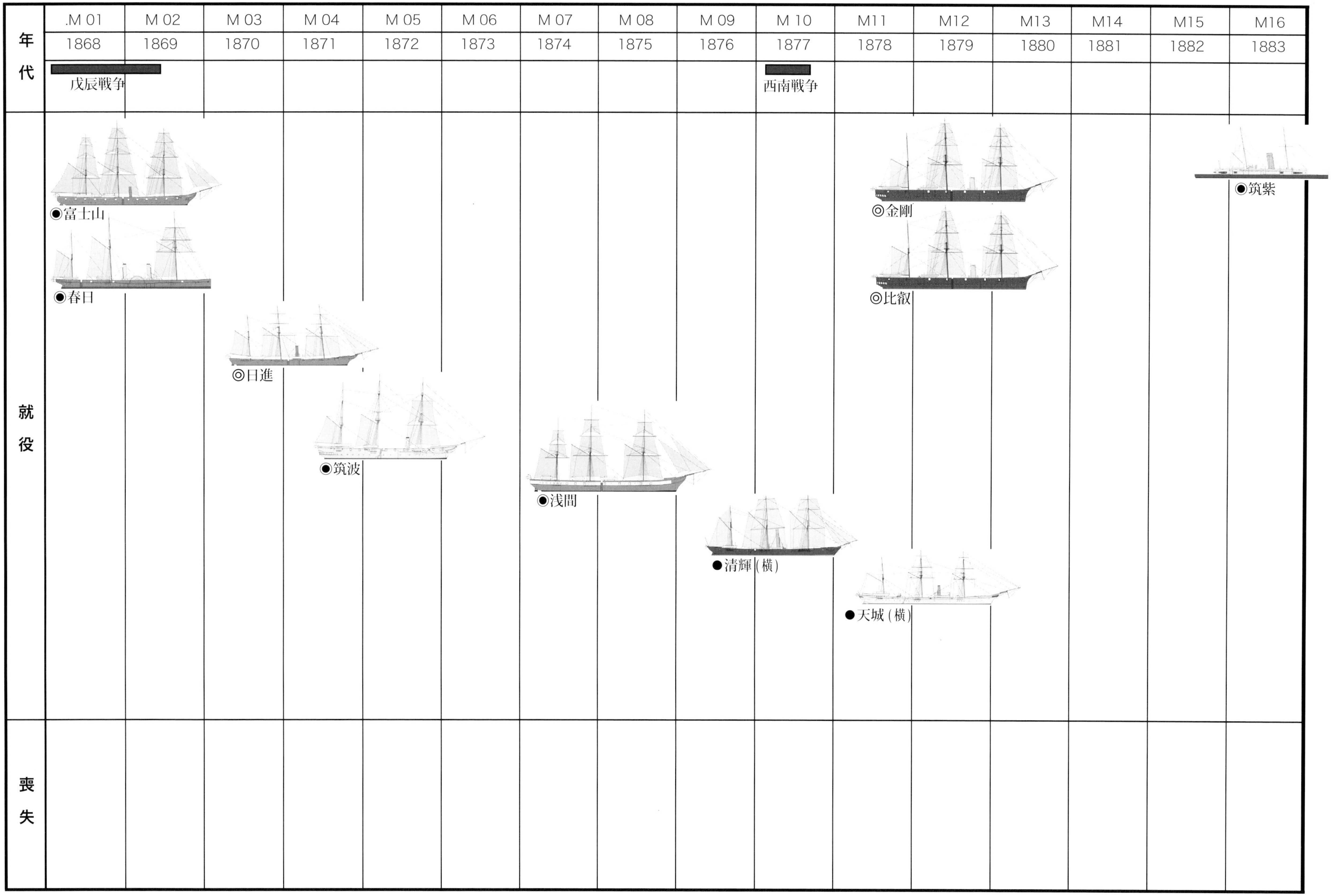

年号	.M 01	M 02	M 03	M 04	M 05	M 06	M 07	M 08	M 09	M 10	M11	M12	M13	M14	M15	M16
年代	1868	1869	1870	1871	1872	1873	1874	1875	1876	1877	1878	1879	1880	1881	1882	1883

戊辰戦争

西南戦争

就役

●富士山

●春日

◎日進

●筑波

◎金剛

◎比叡

●浅間

●清輝(横)

●天城(横)

●筑紫

喪失

日本海軍巡洋艦図解年表　2/3

	M17	M18	M19	M20	M21	M22	M23	M24	M25	M26	M27	M28	M29	M30	M31	M32	M3
年代	1884	1885	1886	1887	1888	1889	1890	1891	1892	1893	1894	1895	1896	1897	1898	1899	190

日清戦争

就役

◎浪速

◎高千穂

◎畝傍

●海門 (横)

●天龍 (横)

●葛城 (横)

●大和 (小野浜)

●武蔵 (横)

◎千代田

◎厳島

◎松島

●橋立 (横)

●秋津洲 (横)

◎吉野

●八重山 (横)

●高雄 (横)

◎千島

◎龍田

●和泉

◎浅間 (Ⅱ)

◎常磐

◎八雲

◎吾妻

◎出

◎高砂

◎笠置

●須磨 (横)

◎千歳

喪失

⊗畝傍 (海難)

⊗清輝 (海難)

⊗千島 (衝突)

回広丙

回済遠

⊗広丙 (海難)

●明石 (横)

●宮古 (呉)

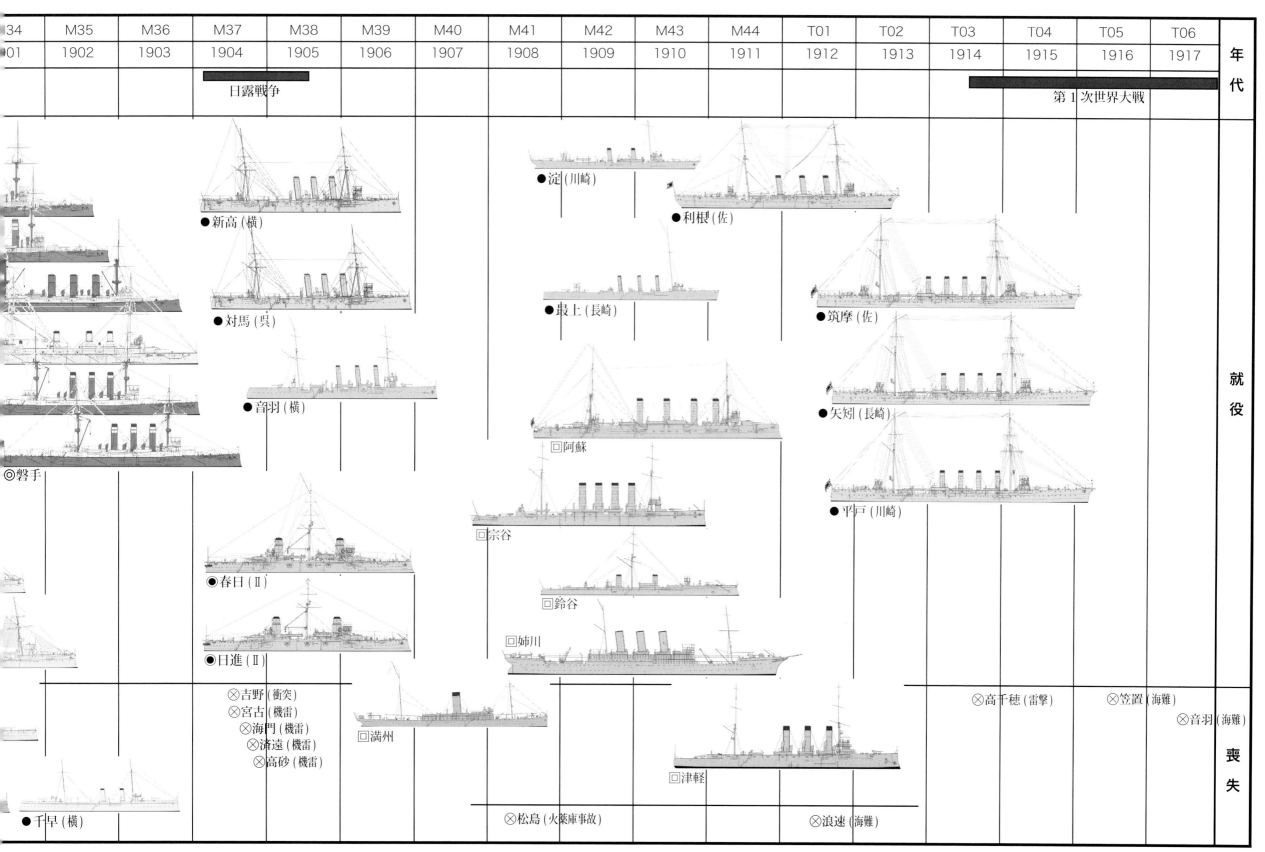

日本海軍巡洋艦図解年表　3/3

	T07	T08	T09	T10	T11	T12	T13	T14	S01	S02	S03	S04	S05	S06	S07	S08	S09
年代	1918	1919	1920	1921	1922	1923	1924	1925	1926	1927	1928	1929	1930	1931	1932	1933	193
									ワシントン条約時代							ロンドン条約時代	
就役																	
喪失					⊗新高(海難)												

●天龍(Ⅱ)(横)
●龍田(Ⅱ)(佐)
●球磨(佐)
●多摩(長崎)
●北上(佐)
●大井(川崎)
●木曽(長崎)
●長良(佐)
●五十鈴(浦賀)
●名取(長崎)
●由良(佐)
●鬼怒(川崎)
●夕張(佐)
●阿武隈(浦賀)
●川内(長崎)
●神通(川崎)
●那珂(横浜)
●古鷹(長崎)
●加古(川崎)
●青葉(長崎)
●衣笠(川崎)
●妙高(横)
●那智(呉)
●足柄(川崎)
●羽黒(長崎)
●高雄(Ⅱ)(横)
●愛宕(呉)
●摩耶(川崎)
●鳥海(長崎)

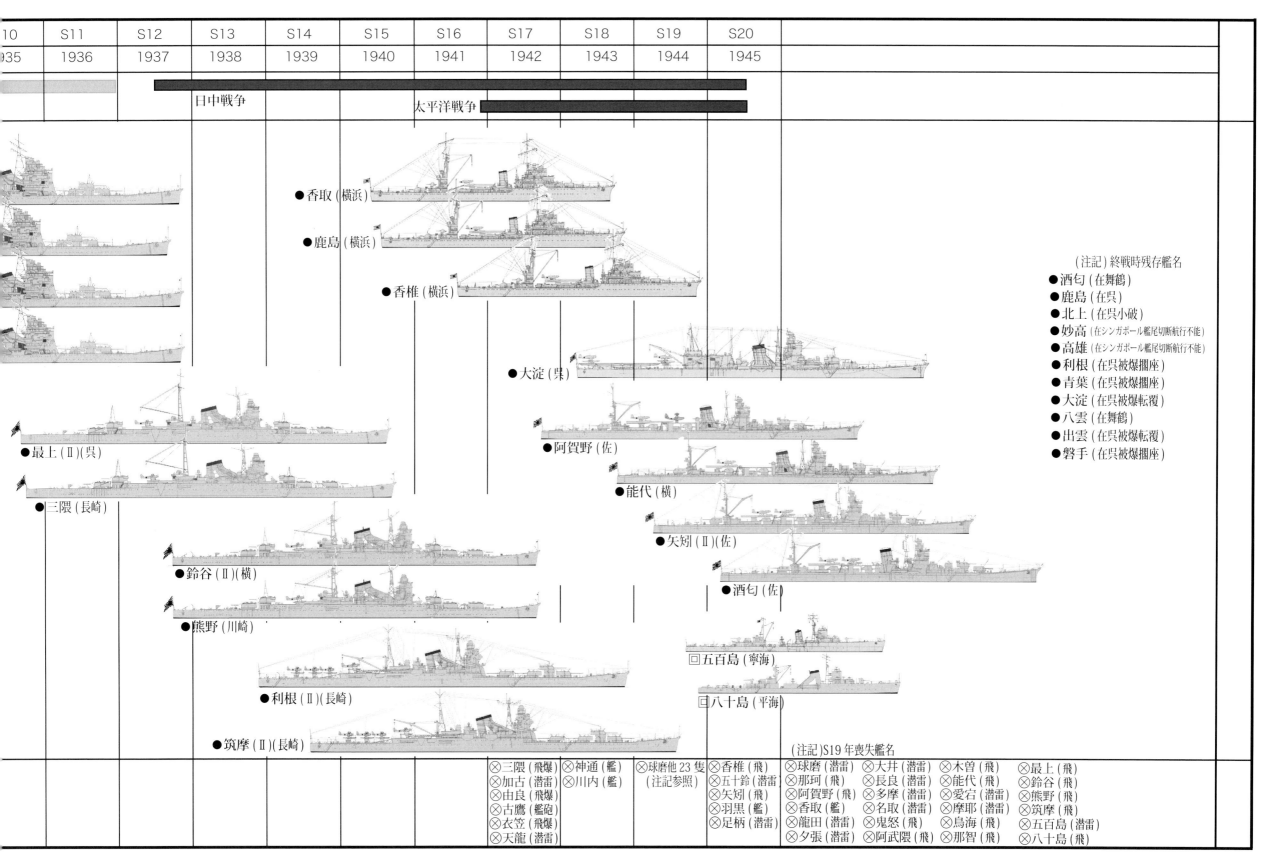

日本海軍巡洋艦図解改装年表 1/2

年代	S10	S11	S12	S13	S14	S15	S16	S17	S18	S19	S20
	1935	1936	1937	1938	1939	1940	1941	1942	1943	1944	1945

太平洋戦争

重雷装艦

● 北上 (佐 S16-8-25/S16-12-27)

● 大井 (舞 S16-8-25/S16-12-27)

防空艦

● 五十鈴 (横 S19-5-1/S19-9-24 船体横浜)

古鷹型青葉型大改装

● 古鷹 (呉 S12-3-6/S14-4-30)

● 加古 (佐 S11-8-20/S12-12-28 船体大阪鉄工所)

● 青葉 (佐 S13-11- /S15-10-30)

● 衣笠 (佐 S13-12-1/S16-1-30)

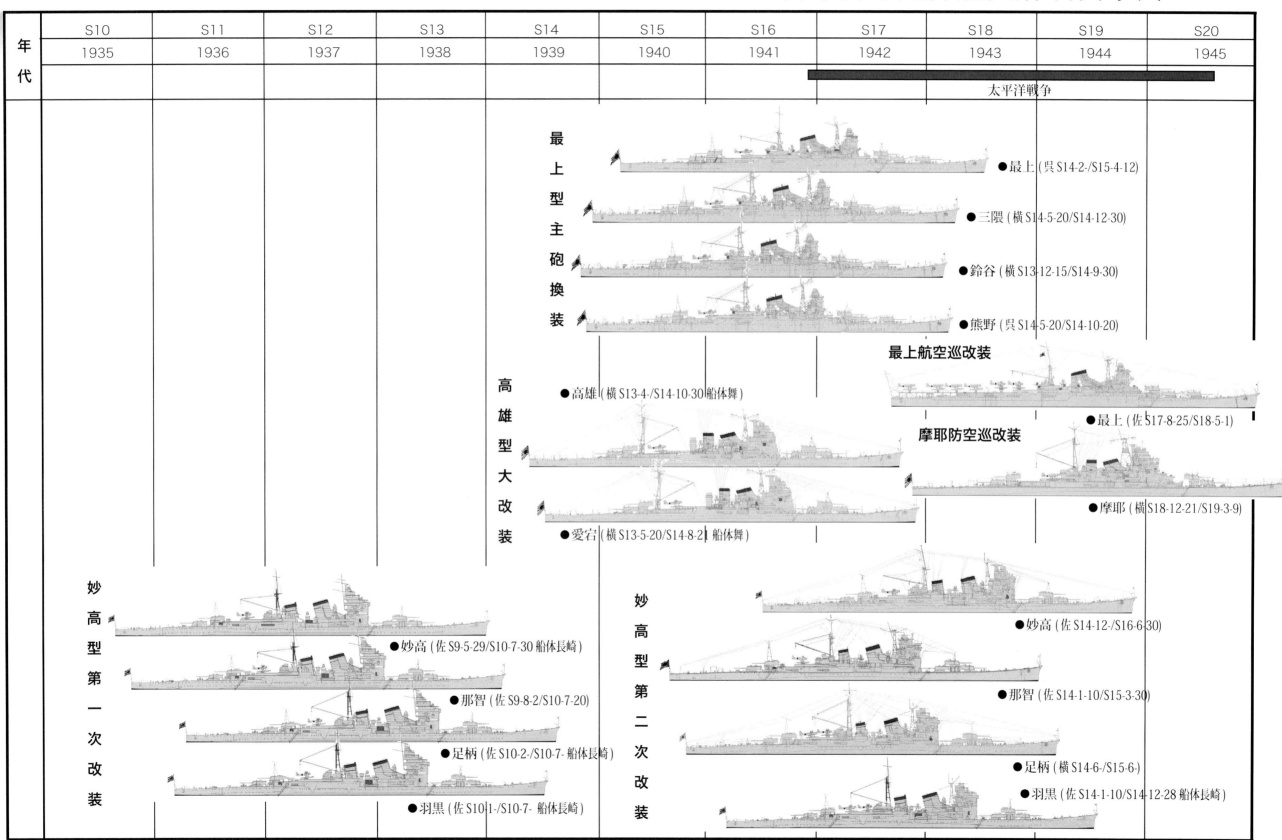

艦型比較 S=1/1000　　明治初期のコルベット・スループ

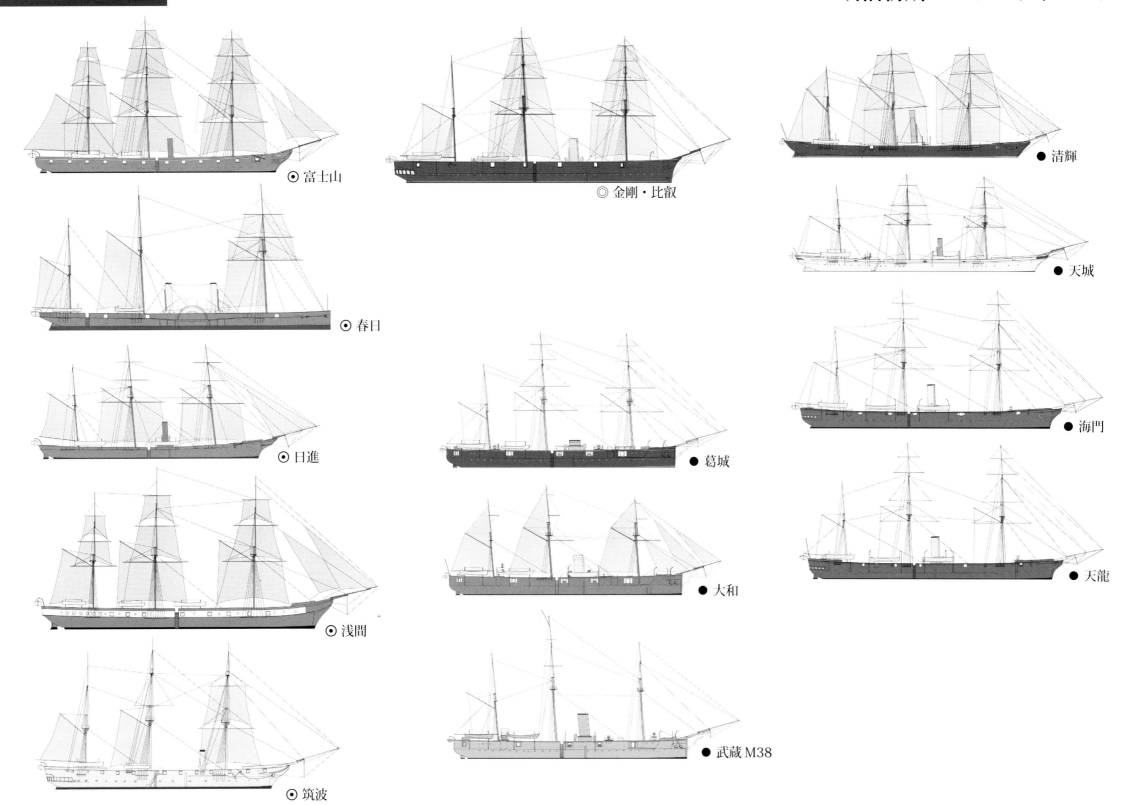

通報艦及び日清、日露戦争の戦利艦

艦型比較 S=1/1000

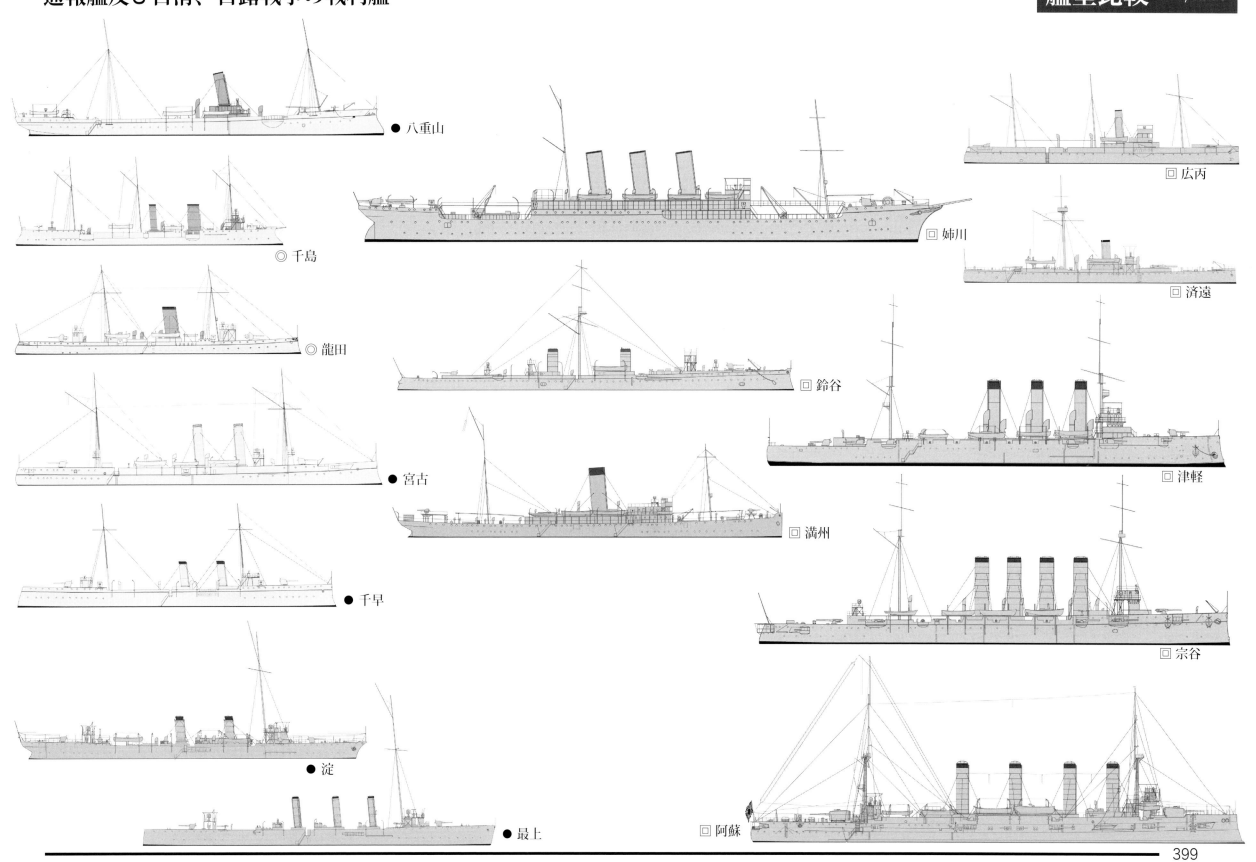

艦型比較 S=1/1000

明治期の防護巡洋艦その他

⊙ 筑紫

◎ 浪速・高千穂

◎ 畝傍

● 高雄

◎ 千代田

◎ 厳島・● 橋立

◎ 松島

● 秋津洲

⊙ 和泉

● 須磨

● 明石

● 対馬・新高

◎ 吉野

◎ 高砂

◎ 千歳

◎ 笠置

● 音羽

明治期の装甲巡洋艦

艦型比較 S=1/1000

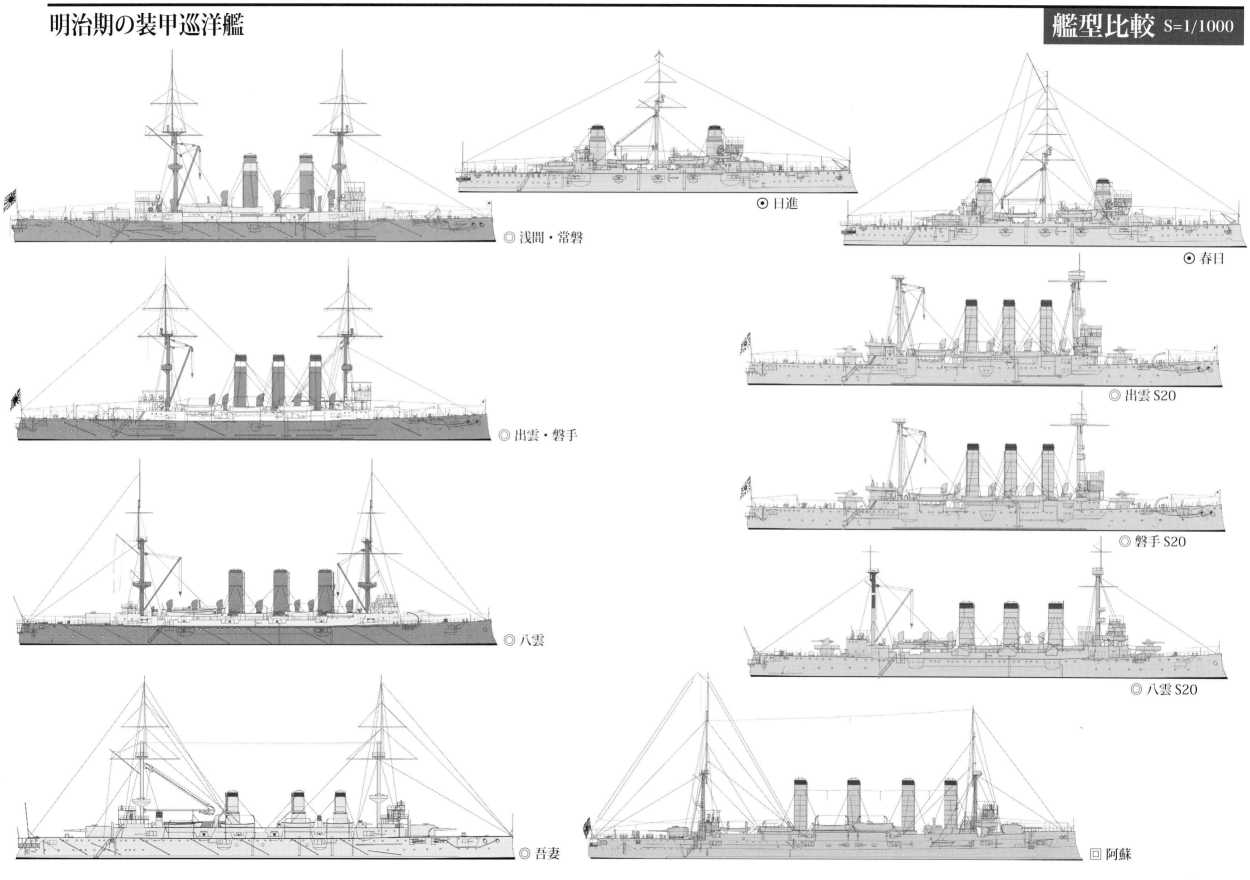

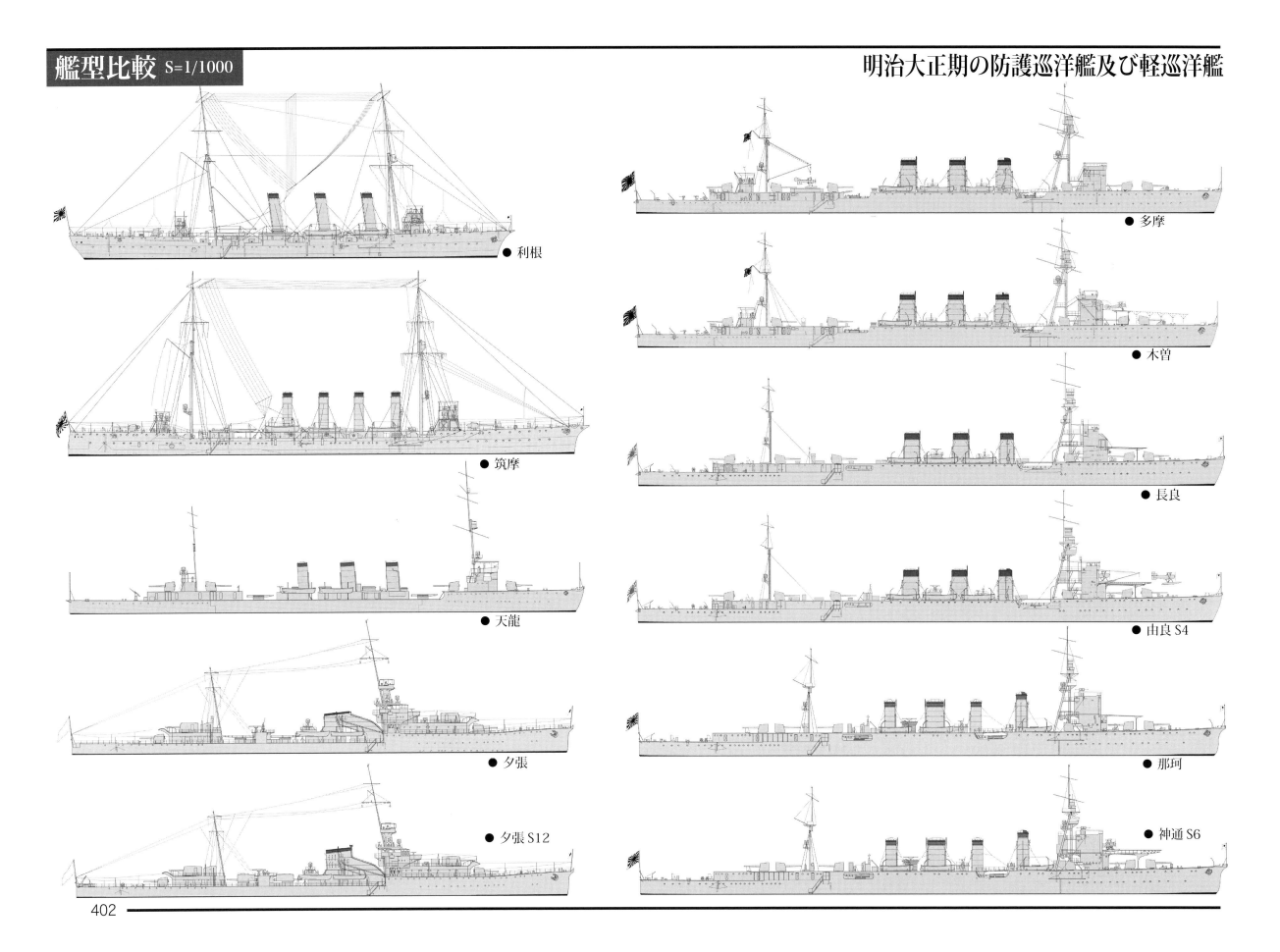

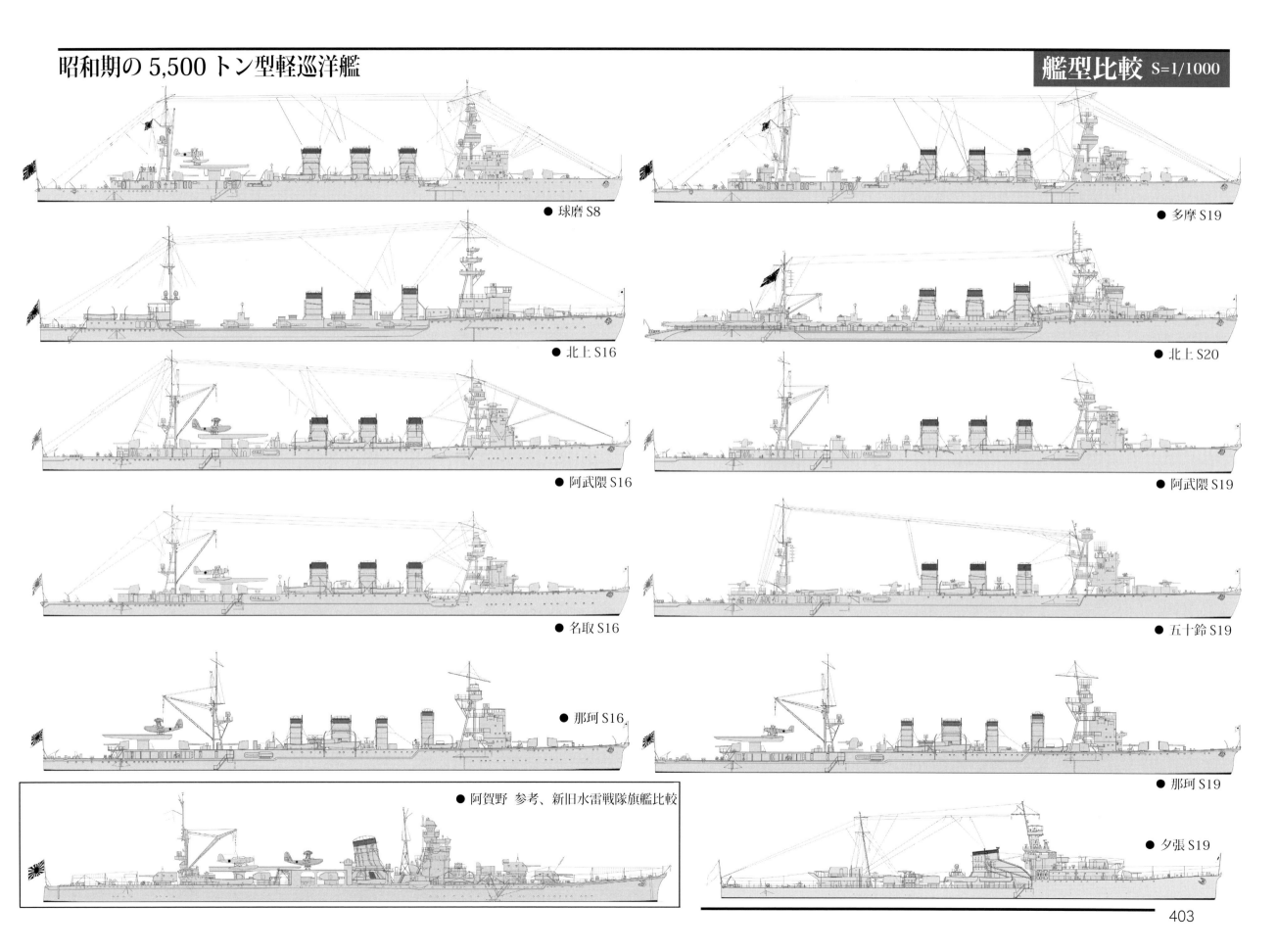

艦型比較 S=1/1000

昭和期の条約型巡洋艦

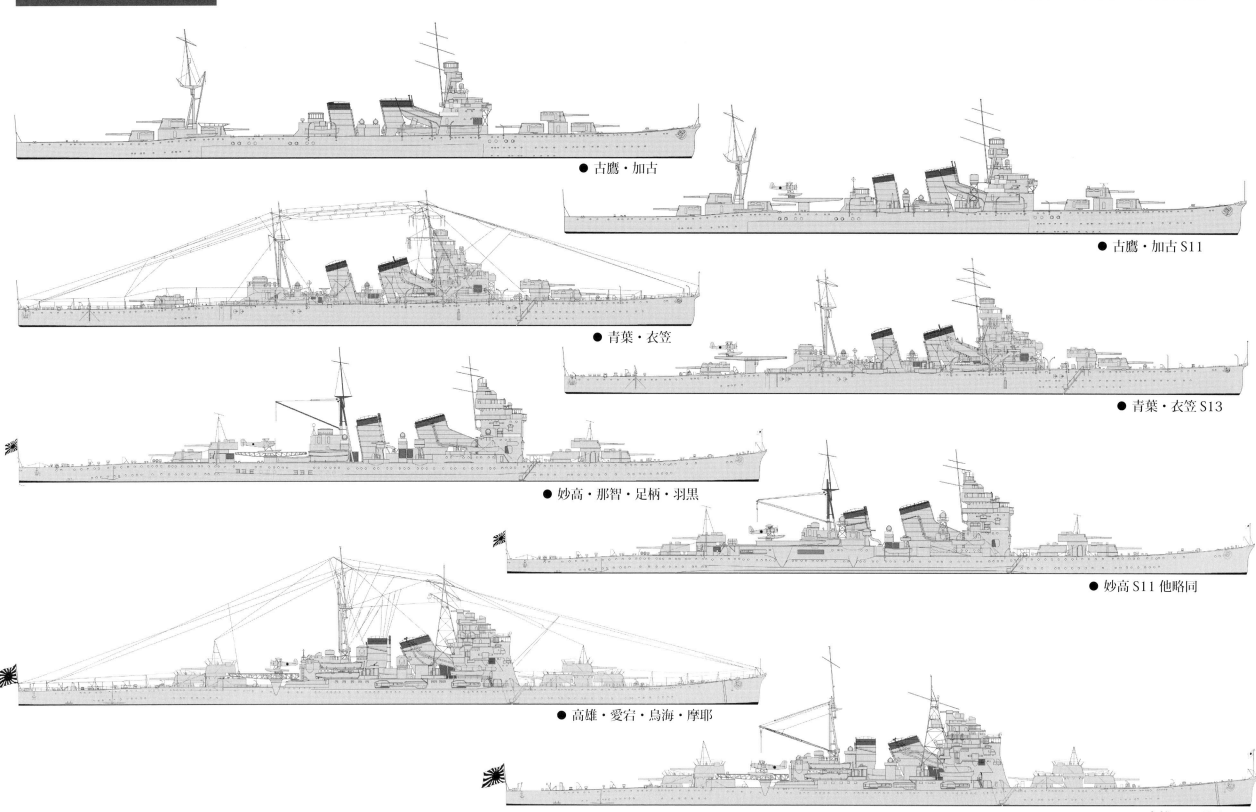

- 古鷹・加古
- 古鷹・加古 S11
- 青葉・衣笠
- 青葉・衣笠 S13
- 妙高・那智・足柄・羽黒
- 妙高 S11 他略同
- 高雄・愛宕・鳥海・摩耶
- 高雄 S12 他略同

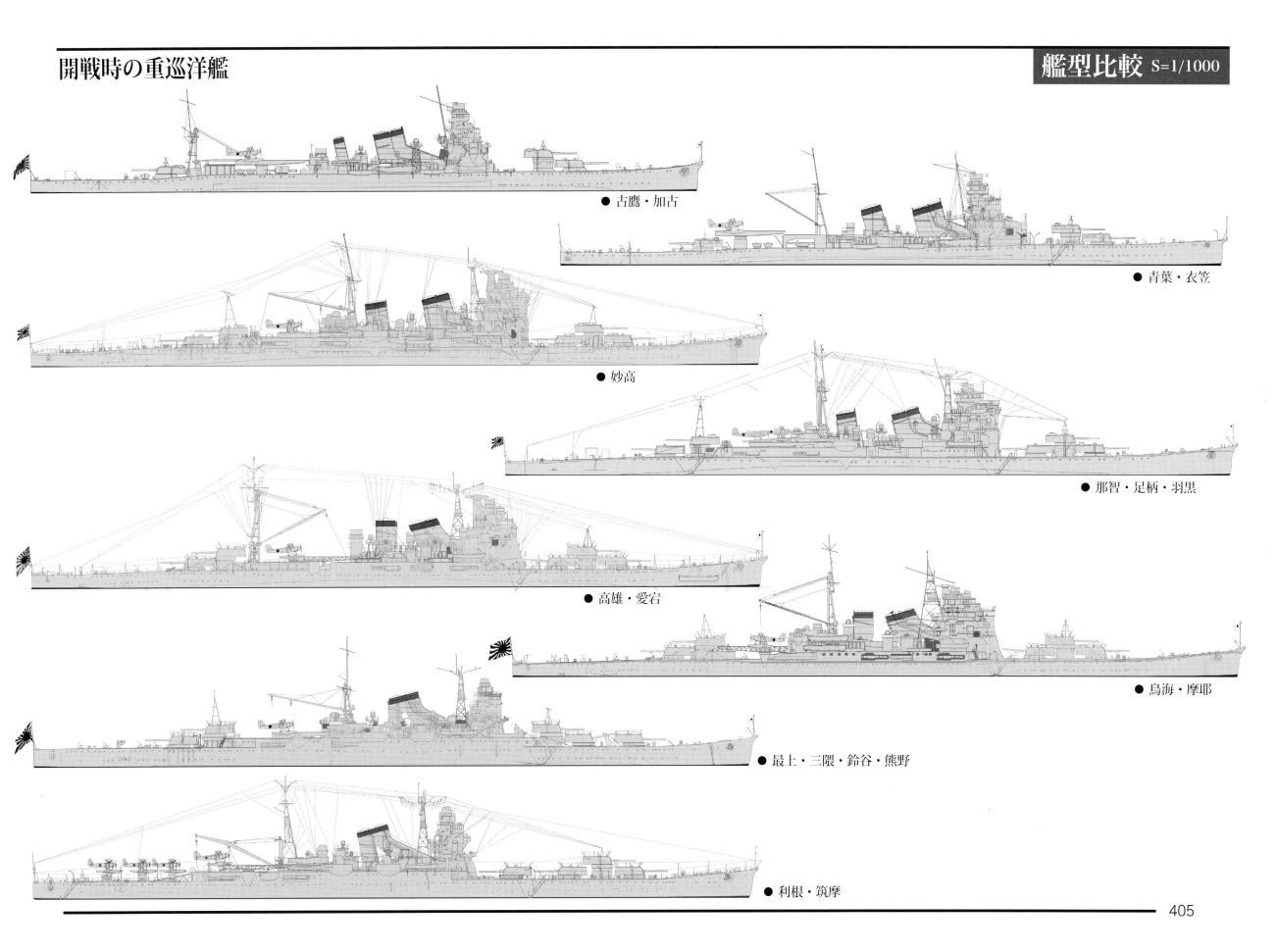

艦型比較 S=1/1000　　戦時完成及び計画艦

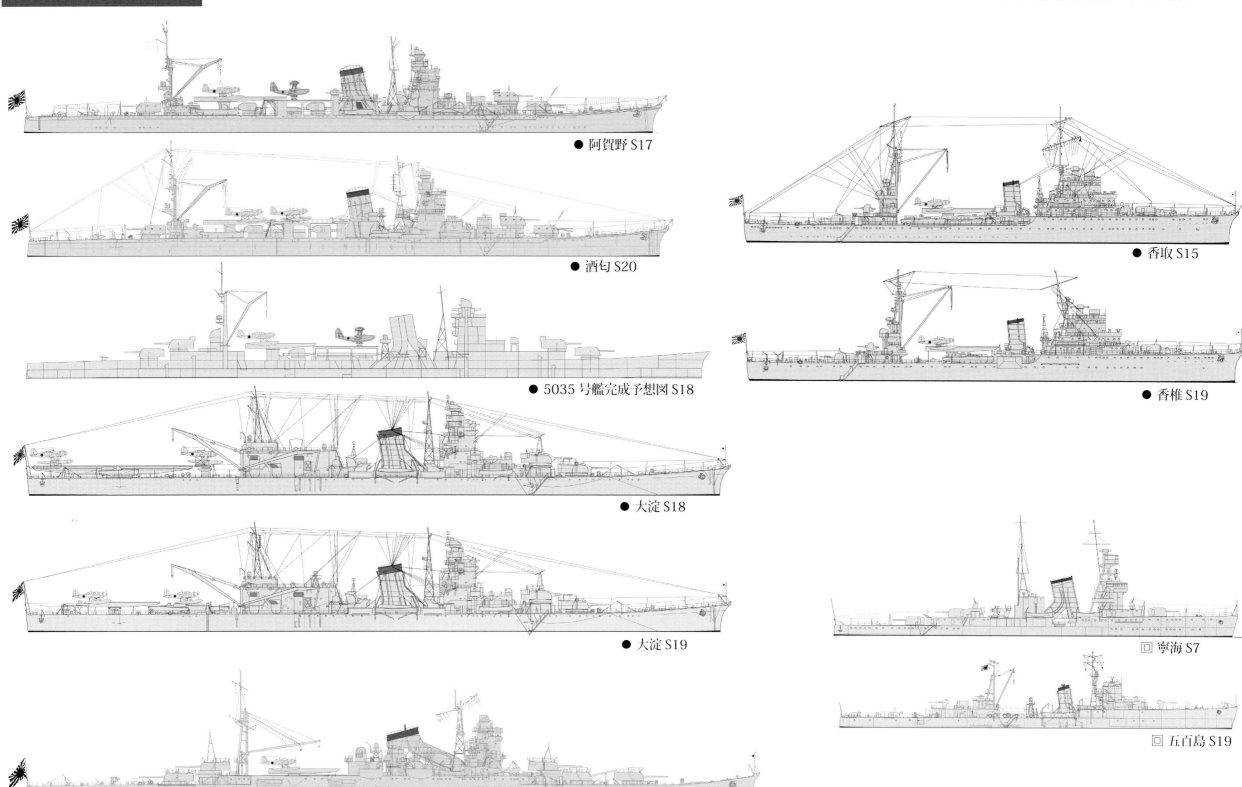

● 阿賀野 S17
● 酒匂 S20
● 5035号艦完成予想図 S18
● 大淀 S18
● 大淀 S19
● 伊吹完成予想図 S16
● 香取 S15
● 香椎 S19
□ 寧海 S7
□ 五百島 S19

海軍兵学校練習艦 /1 明治8~40年 (1875~1907)

艦型比較 S=1/1000

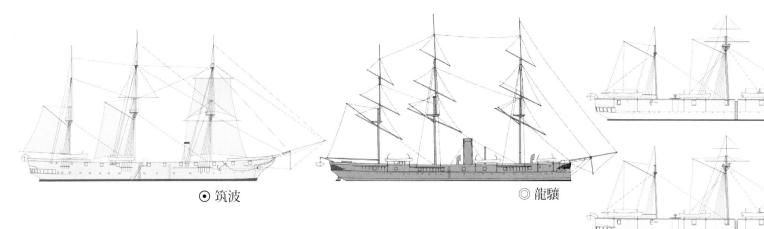
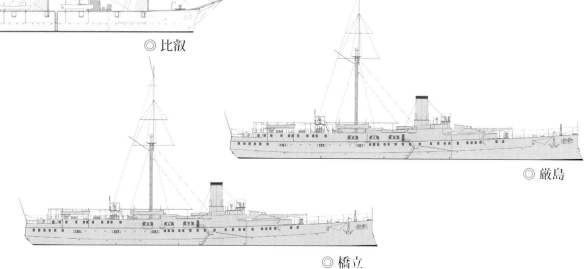

◎筑波　◎龍驤　◎金剛　◎比叡　◎松島　◎厳島　◎橋立

遠洋練習航海一覧
日本海軍史第十一巻による、一部寄港地を省略

回次	艦名	実習員	期間	寄港地
1.	筑波	2-4期42名	1875(M 8)-11- 6/1876(M 9)- 4-14	品川 - 北米 - ハワイ - 横浜
2.	筑波	5期43名	1878(M11)- 1-17/1878(M11)- 6-13	横浜 - 豪州 - 品川
3.	筑波	6期17名	1879(M12)- 3- 3/1879(M12)- 6-23	品川 - シンガポール - ペナン - 香港 - 品川
4.	筑波	7期30名	1880(M13)- 4-29/1880(M13)- 9-29	品川 - カナダ - 米国 - ハワイ - 横浜
5.	龍驤	8期35名	1881(M14)- 2- 2/1881(M14)- 7-28	品川 - 豪州 - タスマニア - 横浜
6.	筑波	9期18名	1882(M15)- 3- 4/1882(M15)-10- 5	品川 - 香港 - シンガポール - 蘭印 - 豪州 - ニュージーランド - 品川
7.	龍驤	10期27名	1882(M15)-12-19/1883(M16)- 9-15	品川 - ニュージーランド - 南米 - ハワイ - 品川
8.	筑波	11期26名	1884(M17)- 2- 3/1884(M17)-11-16	前回と同じ
9.	筑波	12期19名	1886(M19)- 2- 9/1886(M19)- 9-11	品川 - 豪州 - ニュージーランド - フィジー - ハワイ - 品川
10.	龍驤	13期37名	1887(M20)- 2- 1/1887(M20)- 9-11	品川 - シンガポール - 蘭印 - 豪州 - ニュージーランド - 品川
11.	筑波	14期44名	1887(M20)- 9- 4/1888(M21)- 7- 6	品川 - 米国 - パナマ - タヒチ - 品川
12.	金剛 比叡	15期80名	1889(M22)- 8-13/1890(M23)- 2-22	品川 - ハワイ - アピア - スーバ - グアム - 品川
13.	筑波	16期29名	1890(M23)- 6-16/1890(M23)-12-24	品川 - 上海 - 旅順 - 釜山 - ウラジオストク - ハワイ - 品川
14.	金剛 比叡	17期88名	1890(M23)-10-11/1891(M24)- 5-10	神戸 - 香港 - シンガポール - コロンボ - スエズ - ポートサイド - イスタンブール - ピレエフス - アレキサンドリア - 品川
15.	比叡	18期61名	1891(M24)- 9-20/1892(M25)- 4-10	品川 - グアム - 豪州 - マニラ - ホロ - 香港 - 品川
16.	金剛	19期50名	1892(M25)- 9-24/1893(M26)- 4-22	品川 - 北米 - ハワイ - 品川
17.	金剛	20期31名	1894(M27)- 4-19/1894(M27)-12- 6	品川 - ハワイ - タヒチ - フィジー - 豪州 - ソロモン - 品川
18.	金剛	22/23期24/19名	1896(M29)-4-10/1896(M29)- 9-16	品川 - マニラ - シンガポール - 上海 - 大連 - 釜山 - ウラジオストク - 根室 - 室蘭 - 函館 - 品川
19.	比叡	24期18名	1897(M30)- 4-13/1897(M30)- 9-20	横須賀 - 北米 - ハワイ - 横須賀
20.	金剛	25期32名	1898(M31)- 3-17/1898(M31)- 9-18	横須賀 - 豪州 - 横須賀
21.	比叡	26期59名	1899(M32)- 3-19/1899(M32)- 9-16	横須賀 - 北米 - ハワイ - 横須賀
22.	金剛 比叡	27期113名	1900(M33)- 2-21/1900(M33)- 7-31	横須賀 - 香港 - マニラ - バンカ - 豪州 - フィジー - 横須賀
23.	厳島 橋立	28期104名	1901(M34)- 2-25/1901(M34)- 8-14	横須賀 - マニラ - 蘭印 - シンガポール - タイ - 香港 - 韓国 - ウラジオストク - 横須賀
24.	金剛 比叡	29期125名	1902(M35)- 2-19/1902(M35)- 8-25	横須賀 - マニラ - 豪州 - ニュージーランド - スーバ - 韓国 - 横須賀
25.	松島 厳島 橋立	30期187名	1903(M36)- 2-15/1903(M36)- 8-21	横須賀 - シンガポール - 豪州 - マニラ - 仁川 - 横須賀
26.	松島 厳島 橋立	33期171名	1906(M39)- 2-15/1906(M39)- 8-25	横須賀 - 旅順 - 威海衛 - 香港 - マニラ - 豪州 - 蘭印 - シンガポール - 台湾 - 元山 - 大湊 - 横須賀
27.	松島 厳島 橋立	34期175名	1907(M40)- 1-31/1907(M40)- 8- 3	横須賀 - ハワイ - ニュージーランド - 豪州 - 蘭印 - シンガポール - 馬公 - 旅順 - 韓国 - 鹿児島 - 横須賀
28.	松島 厳島 橋立	35期171名	1907(M40)-11-20/1908(M41)- 8- 2	横須賀 - 香港 - サイゴン - シンガポール - ペナン - コロンボ - 蘭印 - マニラ - 馬公(松島爆沈) - 佐世保 - 大連 - 釜山 - 大湊 - 横須賀

艦型比較 S=1/1000　　　海軍兵学校練習艦 /2 明治42~大正14年 (1909~1925)

□宗谷

◎吾妻

◎浅間・常磐

◎笠置

□阿蘇

回次	艦名	実習員	期間	寄港地
29.	阿蘇 宗谷	36期188名	1909(M42)- 3-14/1909(M42)- 8- 7	横須賀・ハワイ・北米・ハワイ・函館・大湊・横須賀
30.	阿蘇 宗谷	37期179名	1910(M43)- 2- 1/1910(M43)- 7-23	横須賀・マニラ・豪州・蘭印・シンガポール・香港・台湾・横須賀
31.	浅間 笠置	38期149名	1910(M43)-10-16/1911(M44)- 3- 6	横須賀・ハワイ・北米・中米・ハワイ・横須賀
32.	阿蘇 宗谷	39期148名	1911(M44)-11-25/1912(M45)- 3-28	横須賀・グアム・スーパ・ニュージーランド・豪州・蘭印・シンガポール・マニラ・呉淞・横須賀
33.	吾妻 宗谷	40期144名	1912(T 1)-12- 5/1913(T 2)- 4-21	横須賀・香港・シンガポール・豪州・マカッサル・セブ・呉淞・横須賀
34.	浅間 吾妻	41期113名	1914(T 3)- 4-20/1914(T 3)- 8-11	横須賀・ハワイ・北米・函館・青森・横須賀
35.	阿蘇 宗谷	42期117名	1915(T 4)- 4-20/1915(T 4)- 8 22	横須賀・香港・サイゴン・豪州・ラバウル・トラック・パラオ・二見・横須賀

回次	艦名	実習員	期間	寄港地
36.	磐手 吾妻	43期 95名	1916(T 5)- 4-20/1916(T 5)- 8-22	横須賀・香港・シンガポール・豪州・ニュージーランド・ラバウル・トラック・パラオ・二見・横須賀
37.	常磐 八雲	44期 95名	1917(T 6)- 4- 5/1917(T 6)- 8-17	横須賀・北米・ハワイ・ヤルート・トラック・ヤップ・パラオ・香港・馬公・基隆・那覇・横須賀
38.	磐手 浅間	45期 89名	1918(T 7)- 3- 2/1918(T 7)- 7- 6	横須賀・北米・パナマ・ハワイ・ヤルート・トラック・サイパン・小笠原・横須賀
39.	常磐 吾妻	46期124名	1919(T 8)- 3- 1/1919(T 8)- 7-26	横須賀・上海・台湾・香港・マニラ・シンガポール・豪州・コロンボ・シンガポール・セブ・パラオ・トラック・サイパン・小笠原・横須賀
40.	常磐 吾妻	47期115名	1919(T 8)-11-24/1920(T 9)- 5-22	横須賀・台湾・香港・シンガポール・コロンボ・アデン・ポートサイド・ナポリ・マルセイユ・ツーロン・ビゼルタ・マルタ・ポートサイド・コロンボ・バタビア・マニラ・横須賀
41.	浅間 磐手	48期171名	1920(T 9)- 8-21/1921(T10)- 4- 2	横須賀・台湾・香港・シンガポール・コロンボ・ダーバン・ケープタウン・南米・タヒチ・トラック・サイパン・小笠原・横須賀(機関学校29期64名経理学校9期19名も乗艦)
42.	出雲 八雲	49期177名	1921(T10)- 8-20/1922(T11)- 4- 4	横須賀・ハワイ・サンディゴ・パナマ・コロン・ニューヨーク・ポンタ・ルアーブル・ジブラルタル・マルタ・ポートサイド・コロンボ・シンガポール・台湾・横須賀(機関学校30期65名経理学校10期21名も乗艦)
43.	磐手 出雲 浅間	50期272名	1922(T11)- 6-26/1923(T12)- 2-17	横須賀・ハワイ・パナマ・コロン・南米・ケープタウン・ダーバン・コロンボ・シンガポール・香港・台湾・上海・横須賀(機関学校31期108名経理学校11期30名も乗艦)
44.	磐手 八雲 浅間	51期255名	1923(T12)-11- 7/1924(T13)- 4- 5	横須賀・上海・マニラ・シンガポール・蘭印・豪州・ニュージーランド・ヌーメア・ラバウル・トラック・パラオ・サイパン・横須賀(機関学校32期102名経理学校12期34名も乗艦)
45.	八雲 浅間 出雲	52期236名	1924(T13)-11-10/1925(T14)- 4- 4	横須賀・ハワイ・中米・北米・トラック・サイパン・小笠原・横須賀(機関学校33期97名経理学校13期27名も乗艦)

海軍兵学校練習艦 /3 大正14~昭和15年 (1925~1940)

艦型比較 S=1/1000

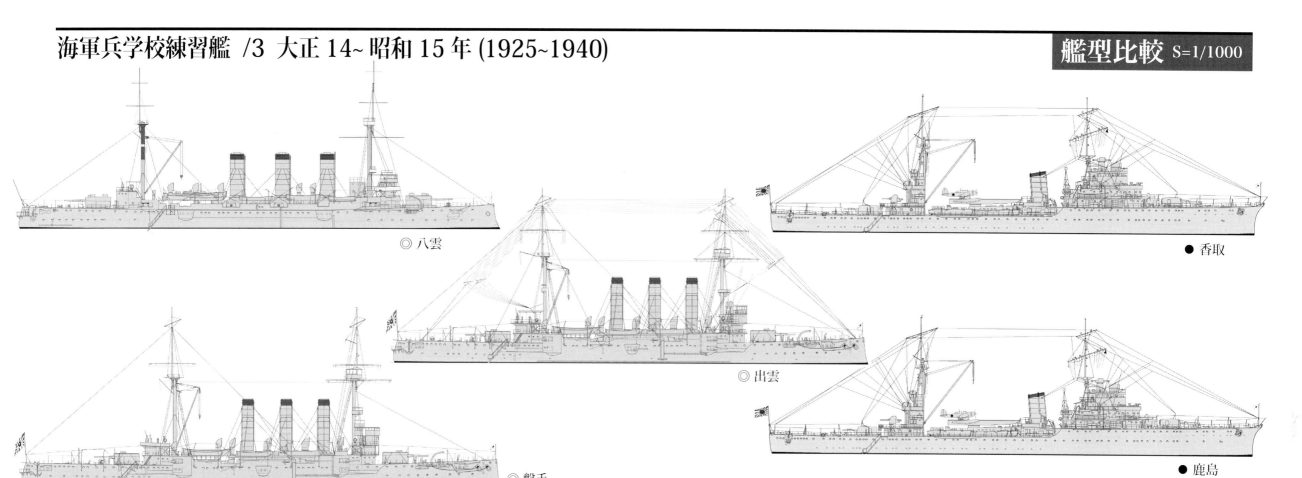

◎ 八雲
◎ 出雲
● 香取
◎ 磐手
● 鹿島

回次	艦名	実習員	期間	寄港地
46.	磐手	53期 62名	1925(T14)-11-10/1926(T15)- 4- 6	横須賀・上海・台湾・香港・マニラ・シンガポール・バタビア・豪州・ニュージーランド・スーバ・トラック・サイパン・横須賀 (機関学校34期21名 経理学校14期12名 医官初任も乗艦)
47.	八雲 出雲	54期 68名	1926(T15)- 6-30/1927(S 2)- 1-17	横須賀・台湾・香港・シンガポール・コロンボ・アデン・ポートサイド・イスタンブール・アテネ・ナポリ・スペチャ・ツーロン・マルセイユ・バルセロナ・ビゼルト・マルタ・アレキサンドリア・ジブチ・モンバサ・コロンボ・バタビア・マニラ・横須賀 (機関学校35期25名 経理学校15期12名 初任医官も乗艦)
48.	磐手 浅間	55期 120名	1927(S 2)- 6-30/1927(S 2)-12-26	横須賀・ハワイ・サンフランシスコ・バルボア・コロン・ニューオリンズ・ハバナ・ボストン・ニューヨーク・アナポリス・ノーフォーク・コロン・バルボア・マンサニーヨ・ハワイ・横須賀 (機関学校36期45名 経理学校16期19名 初任医官も乗艦)
49.	八雲 出雲	56期 111名	1928(S 3)- 4-23/1928(S 3)-10- 3	横須賀・台湾・上海・香港・マニラ・シンガポール・バタビア・豪州・ニュージーランド・スーバ・ハワイ・ヤルート・トラック・パラオ・横須賀 (機関学校37期43名 経理学校17期19名 初任医官も乗艦)
50.	磐手 浅間	57期 122名	1929(S 4)- 7- 1/1929(S 4)-12-27	横須賀・ハワイ・北米西岸・バルボア・コロン・ハバナ・ボルチモア・ニューヨーク・コロン・ハワイ・ヤルート・トラック・サイパン・横須賀 (機関学校38期49名 経理学校18期17名 初任医官も乗艦)
51.	八雲 出雲	58期 113名	1931(S 6)- 3- 5/1931(S 6)- 8-15	横須賀・台湾・香港・シンガポール・コロンボ・アデン・ポートサイド・ナポリ・ツーロン・マルセイユ・マルタ・アレキサンドリア・ジブチ・コロンボ・バタビア・マニラ・パラオ・横須賀 (機関学校39期36名 経理学校19期15名 初任医官も乗艦)
52.	磐手 浅間	59期 123名	1932(S 7)- 3- 1/1932(S 7)- 7-14	横須賀・台湾・マニラ・シンガポール・バタビア・豪州・ニュージーランド・スバ・トラック・サイパン・横須賀 (機関学校40期34名 経理学校20期20名 研究医官も乗艦)
53.	磐手 八雲	60期 127名	1933(S 8)- 3- 6/1933(S 8)- 7-26	横須賀・北米・アカプルコ・バルボア・ハワイ・ヤルート・ブラウン・トラック・サイパン・パラオ・横須賀 (機関学校41期34名 経理学校21期14名 研究医官も乗艦)
54.	磐手 浅間	61期 116名	1934(S 9)- 2-15/1934(S 9)- 7-26	横須賀・台湾・マニラ・シンガポール・アデン・ポートサイド・イスタンブール・アテネ・ナポリ・リボルノ・マルセイユ・バルセロナ・マルタ・アレキサンドリア・ジブチ・コロンボ・バタビア・パラオ・サイパン・横須賀 (機関学校42期35名 経理学校22期15名 研究医官も乗艦)
55.	浅間 八雲	62期 125名	1935(S10)- 2-10/1935(S10)- 7-22	横須賀・台湾・香港・マニラ・バンコク・シンガポール・豪州・ニュージーランド・スーバ・ハワイ・ヤルート・トラック・サイパン・横須賀 (機関学校43期37名 経理学校23期14名 研究医官も乗艦)
56.	八雲 磐手	63期 124名	1936(S11)- 6- 9/1936(S11)-11-20	横須賀・北米西岸・バルボア・コロン・ハバナ・ボルチモア・ニューヨーク・コロン・ハワイ・ヤルート・トラック・サイパン・横須賀 (機関学校44期40名 経理学校24期15名 研究医官も乗艦)
57.	八雲 磐手	64期 160名	1937(S12)- 6- 7/1937(S12)-11- 1	横須賀・台湾・マニラ・シンガポール・コロンボ・ジブチ・イスタンブール・アテネ・パレルモ・ナポリ・マルセイユ・アレキサンドリア・アデン・バタビア・横須賀 (機関学校45期58名 経理学校25期19名 研究医官も乗艦)
58.	八雲 磐手	65期 187名	1938(S13)- 4- 6/1938(S13)- 6-29	横須賀・大連・旅順・青島・上海・台湾・バンコク・パラオ・トラック・サイパン・横須賀 (機関学校46期69名 経理学校26期20名 研究医官も乗艦)
59.	八雲 磐手	66期 219名	1938(S13)-11-16/1939(S14)- 1-28	横須賀・大連・青島・上海・台湾・厦門・マニラ・パラオ・横須賀 (機関学校47期75名 経理学校27期25名 研究医官も乗艦)
60.	八雲 磐手	67期 248名	1939(S14)- 7-25/1939(S14)-12-20	江田島・舞鶴・鎮海・旅順・大連・青島・上海・台湾・厦門・佐世保・横須賀・ハワイ・ヤルート・トラック・パラオ・サイパン・横須賀 (機関学校48期74名 経理学校28期25名 研究医官も乗艦)
61.	香取 鹿島	68期 288名	1940(S15)- 8- 7/1940(S15)- 9-28	江田島・舞鶴・大湊・鎮海・大連・上海・佐世保・横須賀 (機関学校49期78名 経理学校29期26名 研究医官も乗艦)

索引

［ア］

阿武隈 /Abukuma	21(下)
阿賀野 /Agano	299(下)
明石 /Akashi	258(上)
秋津洲 /Akitsushima	125(上)
天城 /Amagi	33(上)
姉川 /Anekawa	323(上)
青葉 /Aoba	119(下)
浅間 /Asama	17(上)
浅間（Ⅱ)/Asama	180(上)
足柄 /Ashigara	151(下)
阿蘇 /Aso	295(上)
愛宕 /Atago	200(下)
吾妻 /Azuma	180(上)

［イ］

伊吹 /Ibuki	333(下)
五百島 /Ioshima	340(下)
五十鈴 /Isuzu	21(下)
厳島 /Itsukushima	110(上)
磐手 /Iwate	180(上)
和泉 /Izumi	132(上)
出雲 /Izumo	180(上)

［ウ］

畝傍 /Unebi	76(上)

［オ］

大井 /Oi	27(下)
大淀 /Oyodo	319(下)
音羽 /Otowa	270(上)

［カ］

海門 /Kaimon	33(上)
加古 /Kako	119(下)
香椎 /Kashii	284(下)
鹿島 /Kashima	284(下)
香取 /Katori	284(下)
葛城 /Katsuragi	80(上)
笠置 /Kasagi	162(上)
春日 /Kasuga	9(上)
春日（Ⅱ)/Kasuga	241(上)

［キ］

鬼怒 /Kinu	21(下)
衣笠 /Kinugasa	119(下)
木曽 /Kiso	21(下)
北上 /Kitakami	21(下)

［ク］

球磨 /Kuma	21(下)
熊野 /Kumano	232(下)

［コ］

広丙 /Kohei	288(上)
金剛 /Kongo	25(上)
5037 号艦 /No.5037	338(下)

［サ］

斉遠 /Saien	288(上)
酒匂 /Sakawa	299(下)

［シ］

神通 /Jintsu	21(下)

［ス］

須磨 /Suma	258(上)
鈴谷 /Suzuya	323(上)
鈴谷（Ⅱ)/Suzuya	232(下)

［セ］

清輝 /Seiki	33(上)
川内 /Sendai	21(下)

［ソ］

宗谷 /Soya	295(上)

［タ］

高千穂 /Takachiho	60(上)
高雄 /Takao	96(上)
高雄（Ⅱ)/Takao	200(下)
高砂 /Takasago	162(上)
多摩 /Tama	21(下)
龍田 /Tatsuta	138(上)
龍田（Ⅱ)/Tatsuta	6(下)

［チ］

筑摩 /Chikuma	350(上)
筑摩（Ⅱ)/Chikuma	264(下)
千早 /Chihaya	138(上)
千島 /Chishima	138(上)
千歳 /Chitose	162(上)
鳥海 /Chokai	200(下)
千代田 /Chiyoda	103(上)

［ツ］

津軽 /Tsugaru	295(上)
筑波 /Tsukuba	20(上)
筑紫 /Tsukushi	52(上)
対馬 /Tsushima	270(上)

［テ］

天龍 /Tenryu	33(上)
天龍（Ⅱ)/Tenryu	6(下)

［ト］

常磐 /Tokiwa	180(上)
利根 /Tone	339(上)
利根（Ⅱ)/Tone	264(下)

索引

[ナ]

那智 /Nachi	151(下)
長良 /Nagara	21(下)
那珂 /Naka	21(下)
浪速 /Naniwa	60(上)
名取 /Natori	21(下)

[二]

新高 /Niitaka	270(上)
寧海 /Ning Hai	340(下)
日進 /Nisshin	13(上)
日進(Ⅱ)/Nisshin	241(上)
仁淀 /Niyodo	319(下)

[ノ]

能代 / Noshiro	299(下)

[ハ]

羽黒 / Haguro	151(下)
橋立 /Hashidate	110(上)

[ヒ]

比叡 /Hiei	25(上)
平海 /Ping Hai	340(下)
平戸 /Hirato	350(上)

[フ]

富士山 /Fujiyama	6(上)
古鷹 /Furutaka	119(下)

[マ]

満州 /Mansyu	323(上)
松島 /Matsushima	110(上)
摩耶 /Maya	200(下)

[ミ]

三隈 /Mikuma	232(下)
宮古 /Miyako	138(上)

[ム]

武蔵 /Musashi	80(上)

[メ]

妙高 /Myoko	151(下)

[モ]

最上 /Mogami	366(上)
最上(Ⅱ)/Mogami	232(下)

[ヤ]

八重山 /Yaeyama	138(上)
矢矧 /Yahagi	350(上)
矢矧(Ⅱ)/Yahagi	299(下)
八雲 /Yakumo	180(上)
大和 /Yamato	80(上)
八十島 /Yasoshima	340(下)

[ユ]

夕張 /Yubari	103(下)
由良 /Yura	21(下)

[ヨ]

吉野 /Yoshino	162(上)
淀 /Yodo	366(上)

参考文献・資料について

　本編の参考文献、資料について基本的なものについて記しておく。日本海軍艦艇の広範囲な文献、資料については前篇の「戦艦・巡洋戦艦」に詳しく書いてあるので参照されたい。

　本来、海軍艦艇の要目といった技術データは軍事上の秘密とされて、一般に公表、発表されるものは限られた範囲だけで、部内の規定にそったものとなっているのが普通で、戦後の海上自衛隊でもほぼ同様である。さすがに、戦前のようにデータを偽って発表することはないものの、艦艇の排水量として今では死語となっている、大正時代のワシントン条約時の各国共通の尺度として選ばれた基準排水量がいまだに用いられており、一般に艦艇の通常活動時の排水量、常備排水量とはかなりの差異がある。

　旧海軍では艦艇の要目について記録されるのは一般的に「要目簿」、明治期には「明細書」とも呼ばれていた文書に記録されている。これは完成時または改装時等その艦艇の節々に建造所が記録したデータ・ブックで、新造時には写真が添付されているのが普通であった。ただ、船体、機関だけで兵装がないものや、機関だけのものなどいろいろある。もちろん秘密扱いで一般には公表されず、当該艦艇や関係部署に配布されていた。当然今日残っているものは終戦時に焼却をまぬがれた限られたものしかなく、中には戦後の造工資料として各社に配布するため青図原紙を写筆したものも含まれている。

　こうした要目の一つに、大戦中の昭和18年に艦政本部第4部で作成した「一般計画要領書」がある。これは現役海軍艦艇の全艦種にわたって各型別に、ほぼ要目簿に準じたデータを収録した文書である。

　その作成目的については明確ではないが、戦後、連合軍の接収をまぬがれて、造工資料配布時に資料の一つとして配布されたことで今日残っているものである。全艦種といったが戦艦や練習巡洋艦は除外されており、また当時すでに戦没した大型艦の一部のデータはかなり欠落しており、完全なものではない。

　潜水艦についてはもっとも充実した資料が、ミゼット潜を除く現役全艦種にわたって欠落なく収録されており貴重である。

　同様な資料として機関計画要領書というものもあり、個艦別に機関部の詳細を記述してあるが、これは返還資料に多く含まれていたようである。

　一般的に公表された要目としては、昭和初年まで海軍省年報に掲載されている数値がもっとも詳しいが、大正末期からは一部艦艇のデータは作為的に実際と異なるものに脚色されている。これとは別に極秘版海軍省年報が大正期から部内向けに配布されており、これには大判折り込みの要目表が添付されている。この極秘版は現在防衛省の防衛研究所図書館に大正7年版から昭和12年版まで、途中数年の欠落があるものの存在する。この要目表の一部はかつての公刊戦史「海軍軍戦備」(1) の付録としてそのままの版で収録されている。もちろん、この極秘版の要目表は一般公表要目表より記載項目も多く記載データに偽りはなく、例えば一般用にはない搭載砲煩兵器の型式が記載されており有用であるが、反面、大正後期に海防艦に類別された旧戦艦、装甲巡洋艦等に搭載された8cm高角砲の記載が欠落しているなどのミスもあり、要注意である。

　明治期の艦艇の要目については上記要目簿 (明細書) 以外には一般公表の要目以上のものはあまり知られていなかったが、前書きに書いたように、英国の造船専門誌 <Engineering> に掲載の要目が一般公表データを大きく上回る詳細なものにわたっていることが、一部には知られていたことになる。専門誌だけに一般人の目に触れることがなかったものらしい。

　<Engineering> 誌　1904年8月12日号に掲載された <On Recent Warships in the Japanese Navy> は、当時の艦政本部第3部 (造船) 部長だった佐雙佐仲造船総監が寄稿したもので、当時日露戦争の最中であったことを考えると、対象の大半が英国建造艦であったことを考えても、かなり特異なものであった。

　ここでは一般的な要目以外に公試結果、復原性能、船舶係数の一部、石炭搭載量、防禦甲鈑の詳細、舵部の詳細まで記載されており、全く包み隠すことはなかった。

　佐雙造船総監は当時の艦本造船部の最高責任者で、この時期の日本海軍対露軍戦備の造艦部門の功労者であったが、翌明治38年に急逝している。

　この <Engineering> 誌には1914年3月27日号にも < Recent Japanese Warships --- On the Ships build for the Imperial Japanese Navy during the last Ten Years > のタイトルで近藤基樹造船総監が寄稿しており、ここでは国内建造の戦艦安芸、河内、巡洋戦艦鞍馬、巡洋艦利根、同筑摩等が正確な艦型図とともに、さすがに要目は佐雙造船総監の時ほど詳細ではないが、それでも重量配分を含む詳細が述べられており、当時の一般公表値を上回るものがあった。

　これらの <Engineering> 誌は筆者はスウェーデンの友人よりコピーをもらったものだが、現在、日本の国会図書館等にあるのかどうかは不明である。

　昭和9年に「海と空」社が発刊した「写真日本軍艦史」は戦後、復刻版も出たことで、戦前の日本の発刊した軍艦史としては、その膨大な収録写真とともに特筆すべき文献だが、このうち明治期の艦艇に関しては、ここに記載された要目データは多分当時存在した要目簿より収録したものと推定され、その意味では注意して見る必要がある。もちろん、現役艦艇に関してはあまり見るべきものはない。

　戦後原書房より復刻された「海軍制度沿革」は部内限りの赤本だけに巻8の艦船と巻9の兵器は研究者にとっては必携のものともいえるが、揃いだと価格も高く、バラではなかなか手に入らない存在であったが、最近国会図書館の近代デジタル・ライブラリーにおいて閲覧可能となっているので、利用することができる。この文献は文字どおり海軍制度の沿革を記したもので、艦艇の要目または兵器の諸元的な記述は全くないので、それらを求める人には役に立たないが、研究者として得るべき知識は多々含まれている。

　ただ内容は昭和12年ぐらいまでで終わっており、防衛研究所図書館にはこの沿革史編纂に際して作成されたものの収録されなかった資料類も存在しており、各艦種別の役務一覧や海難事故履歴等も残されている。

　国会図書館の憲政資料室にあるマイクロフィルムに収録されている、艦本作成の「艦船復原性能比較表」はかなり専門的にはなるが、昭和16年ごろまでの海軍全艦種の復原性能が、個艦別、時系列に記載されているデータシート集で、時期、排水量、吃水、各種復原性能値が記載されており、500シート以上があり、排水量の変遷をたどるのに有用である。

　同じマイクロフィルムの別リールには昭和15年当時の艦本で基本計画を終えた艦艇の一般艤装図が収録されており、これもあまり知られていない一次資料で、終戦時に米国が接収した資料の一つらしく、返還資料に含まれずにマイクロ化して米国で市販されていたものらしい。

　昨年、潮書房光人社で出版された故福井静夫氏が保管していた昭和19年後半期調査の「各艦機銃、電探、哨信儀等現状調査表」は長年存在は知られていたが、筆者もコピー1式を持っていたが、原色で復元されて価値を増している。こうした一次資料の復刻は珍しく、戦時機銃、電探の装備を知りたがっていた人にとっては貴重な資料であろう。ただし、ここに掲載されているのは略図であり、機銃の縮小図を公式図の上で当てはめた場合、実際に装備可能な位置は必ずしも正確ではないこともわかる。

　これらの増備を裏付ける公式文書の存在も一部知られているが、多くは不明で推定に頼らざるをえないのは残念なことである。

前回の「戦艦・巡洋戦艦」篇ではまだ出来たばかりで、あまり利用することができなかった、ネット上の検索資料サイトに「アジア歴史資料センター」と「平賀デジタルアーカイブ」の二つがある。

前者は防衛研究所図書館の多くの資料を閲覧することができ、合計6,000冊といわれる返還資料の「公文備考」をはじめ、海軍の法令的資料さらに戦後皇室所蔵の資料を移管した千代田資料等がある。

前篇ではそのために当時恵比寿の防衛研究所戦史室図書館に数十回かよったものだが、いまでは家で座りながら検索できる便利さは筆舌につくしがたいものがある。

公文備考自体は明治19年から昭和12年まで欠落なくそろっているものの、昭和期のものは秘密項目が除外されたようで、艦船に関しては有用な資料は消えているが、ただ海難や衝突事故の記録は詳細に収録されている。

ただ、明治期の艦船の調査には、公文備考とともに公文類纂、公文原書、公文別輯とうがあり、年度別に記述されているので艦船、兵器だけでも相当な分量だが、資料の宝庫とはいっても自分の欲しい情報にいきあたるには相当に時間をかけて探す必要がある。しかも、書かれている文字は毛筆による肉筆が多く、慣れてもなかなか読みづらく、理解に時間を要することも忘れてはならない。外国注文艦についてはその接渉過程が延々と記録されていて、結論的なことになかなか行きつかないことが多い。

他に日清、日露及び第1次大戦時の関係書類が膨大にあり、千代田資料に含まれる「極秘明治三十七、八年海戦史」とともに、ここにも見るべきものが多数含まれている。ここでは各戦役における各艦艇の行動の詳細、戦闘詳報等が記載されており、搭載兵器の一覧や機関関係の各種データ一覧とうの参考資料も数多く含まれている。

とくに日露戦争中の特設艦船については詳細な艤装図とともに多くのデータもあり、他にはない充実した資料である。

一方、「平賀デジタルアーカイブ」は海軍技術中将平賀譲が生前に所持していた膨大な艦艇関係資料を、保管していた家族が東大に渡し、デジタル化されて2008年に公開されたものである。平賀の性格からメモ1枚にわたるまで、几帳面に保管されていた資料は、特に八八艦隊の主力艦に関しては、従来の定説をくつがえす多くの内容を含み、特に平賀の関わった長門型の改正計画、土佐型戦艦、天城型巡洋戦艦では多くの計画図が残されていて、その過程が明確になるとともに、最後の紀伊型戦艦についても未知の資料が見つかっている。

これらの平賀自身が関わった基本計画資料とは別に、平賀自身が仕事上で入手した艦政本部等が作成の戦前昭和期の参考資料の類が数多く収録されており、極めて有用である。
「各種艦船KG及びGM等に関する参考資料」昭和8年6月調製／計算班
「新造完成重量表」昭和9年12月
「完成常備排水量に対する各重量割合」昭和6年3月調製／計算班
「各艦艇重心査定公試成績表」S6-1-27調製
「艦船速力比較表」
中でもこれらは当時の艦艇の基本的な復原性能に関するデータシート集で、多分平賀が友鶴事件の後、艦政本部の嘱託として返り咲いた際に、艦本から入手した資料らしく、いずれも極秘の印が押されている。

これらとは別に第1次大戦時の英国艦艇や昭和期の外国艦艇、特に米戦艦の改装内容等の調査資料もいろいろ含まれており、興味は尽きない。

ただ、この「平賀デジタルアーカイブ」は東大でデジタル化したものらしいが、特に大型図面を分割しないで1枚にまとめたのはいいとして、図面上の文字、数字が判読出来ないものが相当数あり、価値を半減している。また資料全体の分類がまったくでたらめといってよくで、タイトルと内容が一致しないものが多い。かって東大に海軍の造船官となる委託学生が在学して、海軍造船官が教授として存在した時代はすでに遠く、今の東大教授にはそれこそ軍艦と戦艦の区別もつかない人ばっかりではと勘ぐりたくもなる次第で、戦後の軍事に関することを忌み嫌う象牙の塔の人たちには、どだい、こうした資料の整理は無理なことである。

また、個艦の艦歴について、特に艦長人事については「外山操」氏の労作「艦長たちの軍艦史」を全面的に参照させていただいた。氏の著作外の艦艇の艦長名は多くの資料を参照させていただいたが、「日本海軍史」の第9、10巻、「将官履歴」は大いに参考になったものの、将官に進級しなかった人物の艦長人事については、完全なリストは存在せず、昨今の個人データ保護の影響もあって、正確なリストができたという自信はなく、判別できた範囲内での内容とご理解いただきたい。また、各艦艇の今次大戦中の行動については、潮書房刊の「丸スペシャル」誌及び「写真日本の軍艦」に掲載されていた行動年表を引用させていただいた。この記事の作成者「小山健二」氏並びに先の「外山操」氏各位の労に対してともに深い感謝の念を捧げる。

最後に、この著作の最後の難関、校正作業を快く引き受けていただいた、「長谷川均」氏に最大限の感謝をささげる。氏のご尽力がなかったら、この大冊は完成しなかったであろう。

今日、巷にあふれているいわゆるホビーと称される艦船に関する雑誌や本の類に記載されている日本艦船に関する数値はこうした一次資料から引用したものは皆無であろう。要するに一次資料から引用した市販の書籍やさらにその次のいわゆる、孫引きに頼っているのが実情である。もちろんこれが悪いこととは言わないが、その源流がどこにあるのかぐらいは知っておくべきである。排水量一つとってもそれがどんな意味を持つのか、計画値なのか、実際の常備排水量なのか、さらにはいつの状態なのかといった難しいことをホビー誌レベルに求める必要はないが、そういう知識を持って書くのと、知らないで書くのでは書き手のスキルに差が出てくるのは当然である。

もはや戦後ではない、と言われて久しいが、旧海軍関係者がほぼ皆無となり、戦後第1世代の軍艦ファンと言われた筆者レベルがはや老齢に達して、終活の準備をしなければならない昨今を考えると、こうした旧海軍艦艇のリサーチを次世代にバトンタッチすべき一助として本書が役立ってくれればと願う次第である。

2018年10月　　石橋孝夫

著作権に関する注意

　本書は著作権法 (法律第 48 号) 第 6 条により著作権及び出版権が保護されている著作物です。
　本書の一部または全部を著作者に無断で複写・複製すると特例を除いて著作権及び出版権の侵害になる場合があります。

　ここでいう複写・複製とは一般的な複写機器による複写、またはスキャナー等によるパソコンへの読み込み、さらに手書きによる複写、複製行為を包含します。
　またパソコンのデータ・ベースとして本書の内容の一部または全部を入力してホームページ上に公開することも著作者の承諾なしに行うと著作権の侵害になりますのでご注意ください。
　本書の内容の一部または全部を著作物に引用転載する場合は著作者の承諾をえない限り、著作権及び出版権の侵害になります。

　特にここに収録した図版は全て著作者が新規に作図したオリジナル図版で、これらの図版のスミアミをパソコン等で取り除き、陰影や着色を加えて使用する行為は盗作とみなされますのでご注意ください。

　本書の複写、複製または他出版物への転載を希望する場合、また本書の無断複写、転載の事実をご存知の方は下記までご連絡ください。

　　　〒 207-0022/ 東京都東大和市桜が丘 4 -310 -22　　/Tel 042 -564 -0034
　　　石橋　孝夫

Copyright Ⓒ 2018 by Takao Ishibashi/ printed Japan
All right reserved
No part of this book may be reproduced in any form by any means without the prior permission from the copyright holders.

著者略歴
石橋孝夫 (いしばし たかお)

- ●昭和 14 年 3 月東京大田区で誕生
- ●終戦時樺太より引き揚げ
- ●昭和 37 年東海大学工学部卒業
- ●大学在学中より「世界の艦船」「丸」誌等に寄稿
- ●昭和 37 年日本映画機械株式会社入社
- ●昭和 57 年「シーパワー」誌編集長
- ●昭和 60 年北辰プレシジョン株式会社入社
- ●平成 11 年「図解シップスデータ海上自衛隊全艦船 1952-98」自家出版
- ●平成 20 年「図解シップスデータ日本帝国海軍全艦船 1868-1945 第 1 巻 戦艦・巡洋戦艦」自家出版
- ●平成 28 年潮書房光人社より「世界の大艦巨砲」「艦艇防空」出版
- ●平成 30 年潮書房光人新社より「日本海軍の大口径艦載砲」出版
- ●その他著作、翻訳、監修本、雑誌等寄稿多数

[図解シップス・データ]
日本帝国海軍全艦船 1868-1945 ＜第 2 巻＞

巡洋艦 （下）

平成 30 年 12 月 10 日　印刷
平成 30 年 12 月 31 日　発行　（分売不可）

著者　　石橋孝夫
発行者　石橋孝夫
〒 207-0022　東京都東大和市桜が丘 4-310-22
Tel 042-564-0034

発売所　株式会社並木書房
〒 170-0002　東京都豊島区巣鴨 2-4-2 岡田ビル 501
Tel 03-6903-4366　Fax 03-6903-4368
www.namiki-shobo.co.jp

印刷製本　文唱堂印刷株式会社

ISBN978-4-89063-380-7
ⓒ Takao Ishibashi 2018 Printed Japan